Tributes
Volume 14

Construction
Festschrift for Gerhard Heinzmann

Volume 4
The Way Through Science and Philosophy:
Essays in Honour of Stig Andur Pedersen
H. B. Andersen, F. V. Christiansen, K. F. Jørgensen, and V. F. Hendricks, eds.

Volume 5
Approaching Truth: Essays in Honour of Ilkka Niiniluoto
Sami Pihlström, Panu Raatikainen and Matti Sintonen, eds.

Volume 6
Linguistics, Computer Science and Language Processing.
Festschrift for Franz Guenthner on the Occasion of his 60th Birthday
Gaston Gross and Klaus U. Schulz, eds.

Volume 7
Dialogues, Logics and Other Strange Things.
Essays in Honour of Shahid Rahman.
Cédric Dégremont, Laurent Keiff and Helge Rückert, eds.

Volume 8
Logos and Language.
Essays in Honour of Julius Moravcsik.
Dagfinn Follesdal and John Woods, eds.

Volume 9
Acts of Knowledge: History, Philosophy and Logic.
Essays dedicated to Göran Sundholm
Giuseppe Primiero and Shahid Rahman, eds.

Volume 10
Witnessed Years. Essays in Honor of Petr Hájek
Petr Cintula, Zuzana Haniková and Vítězslav Švejdar, eds.

Volume 11
Heuristics, Probability and Causality. A Tribute to Judea Pearl
Rina Dechter, Hector Geffner and Joseph Y. Halpern, eds.

Volume 12
Dialectics, Dialogue and Argumentation. An Examination of Douglas Walton's Theories of Reasoning and Argument
Chris Reed and Christoher W. Tindale, eds.

Volume 13
Proofs, Categories and Computations. Essays in Honor of Grigori Mints
Solomon Feferman and Wilfried Sieg, eds.

Volume 14
Construction. Festschrift for Gerhard Heinzmann
Pierre Edouard Bour, Manuel Rebuschi and Laurent Rollet, eds.

Tributes Series Editor
Dov Gabbay   dov.gabbay@kcl.ac.uk

Construction
Festschrift for Gerhard Heinzmann

edited by

Pierre Edouard Bour

Manuel Rebuschi

and

Laurent Rollet

© Individual author and College Publications 2010. All rights reserved.

ISBN 978-1-84890-016-5

College Publications
Scientific Director: Dov Gabbay
Managing Director: Jane Spurr
Department of Computer Science
King's College London, Strand, London WC2R 2LS, UK

http://www.collegepublications.co.uk

Original cover design by orchid creative   www.orchidcreative.co.uk
Printed by Lightning Source, Milton Keynes, UK

All rights reserved. No part of this publication may be reproduced, stored in a retrieval system or transmitted in any form, or by any means, electronic, mechanical, photocopying, recording or otherwise without prior permission, in writing, from the publisher.

Gerhard Heinzmann, 2007.
(*Photograph: Alex Hérail.*)

Foreword

This *Festschrift* is dedicated to Gerhard Heinzmann. It is published on the occasion of his 60th birthday, on October, 12th, 2010. We, as the colleagues and friends who kindly accepted to contribute to the volume, wished to offer this present, with the idea that he would feel both happy and honoured. No need to say that the first and the main person we all want to thank is Gerhard himself. The contributions we are glad to present, are intended to witness his various centers of interest and intellectual achievements. But they are also a testimony of the unique role he has been playing in our lives for many years.

Editing such a volume has been a hard, though stimulating task. We are grateful to all the people who helped us in that enterprise. Ralf Krömer first launched the idea of a *Festschrift* a few years ago. Sandrine Avril worked with her usual competence on the LATEX layout of this volume. Roger Pouivet assisted us in the organization of the ceremony and the Henri Poincaré Archives bought the volumes for contributors. All the staff of the Henri Poincaré Archives, Anny Regard, Lydie Mariani, Clémentine Le Monnier and Geneviève Schwartz, also played an important part in making the whole project reach a festive end. We are grateful that Dov Gabbay accepted the *Festschrift* in his Tributes Collection. We thank Shahid Rahman who interceded for us and supported the project, and Jane Spurr who has been our contact at College Publications for technical matters. Thanks go to Alex Hérail for the beautiful photography of Gerhard and the kind authorization to use it in this volume, and to Marie L'Étang who first had the idea of this photography. Anne-Marie Merlin was kind enough to provide us with biographic material, and generously accepted the idea of turning the very evening of Gerhard's birthday into a public event.

We are also particularly grateful to the many persons who took part to the project by reading one or several contributions. In addition to some contributors, we are particularly indebted to Uwe Behrens, Caroline Benas, Mathieu Chauffray, Yannick Chin-Driant, Sandrine Darsel, Sebastian Enqvist, Sébastien Gandon, Éric Lemaire, Franck Lihoreau, Sébastien Magnier, Aimee Orsini, Oliver Schlaudt, and Jonathan A. Zvesper, who had the patience to accomplish this friendly work, without which we could not have achieved this volume.

Of course, we want to thank all the authors who have contributed to this *Festschrift*, and have thus helped to make it more exhaustive, by shedding various and complementary lights on Gerhard's work. We hope that everyone will take as much pleasure as we did when reading those texts. No doubt that Gerhard will be the most attentive reader of all.

The editors

TABLE OF CONTENTS

Foreword   vii

P. E. BOUR, M. REBUSCHI & L. ROLLET
Préface   xv

PART I   HENRI POINCARÉ   1

JEREMY GRAY
Poincaré and Complex Function Theory   3

IGOR LY
Analyse et analyticité dans la philosophie de Poincaré   23

PHILIPPE NABONNAND
De l'utilité de publier des correspondances de scientifiques :
L'exemple de Henri Poincaré   35

MICHEL PATY
Analogie et intuition dans l'invention mathématique selon Poincaré   51

LAURENT ROLLET
De l'Algérie à Vesoul : Henri Poincaré ingénieur des mines   63

ANNE-FRANÇOISE SCHMID
Méditation sur la clause finale   75

FRANÇOIS SCHMITZ
Wittgentstein contre Poincaré sur les preuves par récurrence   85

RICHARD TIESZEN
Poincaré on Intuition and Arithmetic: une "saine psychologie"?   97

HENK VISSER
Brouwer's Debt to Poincaré   107

KLAUS VOLKERT
Poincarés Konventionalismus und der Empirismus in der Geometrie
(à la Recherche de l'harmonie préétablie perdue) 113

SCOTT WALTER
L'hypothèse naturelle, ou quatre jours dans la vie de Gerhard
Heinzmann 129

PART II HISTOIRE ET PHILOSOPHIE DES MATHÉMATIQUES / HISTORY AND PHILOSOPHY OF MATHEMATICS 137

EVANDRO AGAZZI
Les mathématiques comme théories et comme langages 139

THOMAS BÉNATOUÏL
Les critiques épicuriennes de la géométrie 151

HÉLÈNE BOUCHILLOUX
Réflexions sur le discours mathématique chez Pascal et Kant 163

MIC DETLEFSEN
Rigor, Re-proof and Bolzano's Critical Program 171

PASCAL ENGEL
Peut-on naturaliser le platonisme mathématique ? 185

MARCEL GUILLAUME
Sous la plume de Julius König, ultimes traitements des paradoxes 199

RALF KRÖMER
Was ist Mathematik? Versuch einer wittgensteinschen
Charakterisierung der Sprache der Mathematik 209

PHILIPPE LOMBARD
La revanche des bergers 223

ULRICH MAJER
The Reasonable Effectiveness of Mathematics in the Natural Sciences 239

GIUSEPPINA RONZITTI
Anschauung as Evidence   251

HOURYA BENIS SINACEUR
Nominalisme ancien, nominalisme moderne.
Les entités mathématiques sont-elles des créations de notre esprit ?   261

JOHAN VAN BENTHEM
Logic, Mathematics, and General Agency   277

PART III   HISTOIRE ET PHILOSOPHIE DE LA LOGIQUE / HISTORY AND PHILOSOPHY OF LOGIC 297

DENIS BONNAY
Charité et pluralisme logique   299

VIRGINIE FIUTEK, HELGE RÜCKERT & SHAHID RAHMAN
A Dialogical Semantics for Bonanno's System of Belief Revision   315

DIDIER GALMICHE, DOMINIQUE LARCHEY-WENDLING
& JOSEPH VIDAL-ROSSET
Some Remarks on Relations between Proofs and Games   335

PAUL GOCHET
La théorie de l'objet de Meinong à la lumière de la logique actuelle   355

JAAKKO HINTIKKA
Reforming Logic (and Set Theory)   365

MANUEL REBUSCHI
Heinzmann, Hintikka, et la vérité   387

PHILIPPE DE ROUILHAN
Russell and the Meaning of Contradiction   397

FABIEN SCHANG
Trois paralogismes épistémiques, une logique des énonciations   407

TERO TULENHEIMO
Comparative Remarks on Dialogical Logic
and Game-Theoretical Semantics   417

PART IV   PRAGMATISME / PRAGMATISM   431

PIERRE EDOUARD BOUR
„Man kann nur philosophieren lernen."
Gerhard Heinzmann enseignant   433

CHRISTOPHE BOURIAU
Hans Vaihinger: un pragmatisme faible ?   443

CHRISTIANE CHAUVIRÉ
Y a-t-il une grammaire de la science ?   455

JACQUES LAMBERT
Pragmatisme et logique mathématiques, de Giovani Vailati   467

KUNO LORENZ
Zum dialogischen Prinzip in der Philosophie der "Erlangen Schule"   477

MATHIEU MARION
Between Saying and Doing: From Lorenzen To Brandom and Back   489

ANTONIA SOULEZ
L'aspect pragmatique de la compréhension musicale dans la
philosophie de Wittgenstein   499

CLAUDINE TIERCELIN
Comment accéder à la connaissance mathématique ?
Quelques suggestions peirciennes   517

FRÉDÉRICK TREMBLAY
Variété de pragmatisme   527

PART V   VARIA / MISCELLANEOUS 537

MICHAEL ASTROH
Ausdruck und Darstellung 539

HERVÉ BARREAU
L'intuition du temps dans la connaissance commune et dans la
connaissance scientifique 549

MICHEL BOURDEAU
Quelle science pour quelle société ? 559

DOMINIQUE FAGNOT
Au commencement était l'Action 569

BERTRAM KIENZLE
Giving and Taking as a Background Model of Locke's Empiricism 573

ALEXANDRE MÉTRAUX
Est-ce que les hirondelles se retirent au fond de l'eau en hiver ?
À propos d'une observation peu ordinaire 585

MICHEL MEULDERS
Les consonances, des mathématiques à la physiologie 593

ROGER POUIVET
Les vertus académiques sont-elles chrétiennes ? 603

JOËLLE PROUST
L'esprit et le cerveau comme système de contrôle adaptatif :
pour un D-fonctionnalisme 615

B. NARAHARI RAO
Inter-Cultural Dialogue as a Form of Liberal Education 627

SÉVERINE ROLLET
Du directeur de laboratoire CNRS 643

ELISABETH SCHWARTZ
Gerhard Heinzmann et les Archives Vuillemin 647

LOUIS VAX
En marge de la science :
Du revenant de Brunswick à la nonne de Borley   657

DENIS VERNANT
De la bipolarité des concepts, des théories & des axiomatiques   667

GUDRUN VUILLEMIN
La création des Archives Jules Vuillemin.
Remerciements à Gerhard Heinzmann   683

Préface
« C'est bien ce que fait Heinzmann ! »[1]

PIERRE EDOUARD BOUR, MANUEL REBUSCHI
& LAURENT ROLLET

> *On résout les problèmes qu'on se pose et non les problèmes qui se posent.*
>
> *C'est avec la logique que nous prouvons et avec l'intuition que nous trouvons.*
>
> Henri Poincaré

Une *Festschrift* est un cadeau bien singulier : hommage de ses étudiants et de ses collègues, elle vise d'abord à célébrer une œuvre et un homme ; elle met en scène sous une forme académique convenue l'idée d'une filiation intellectuelle, d'un passage de relais, voire d'un héritage. De là à parler de l'homme et de l'œuvre au passé, il y a un pas... que nous ne franchirons pas.

Gerhard Heinzmann vient d'avoir 60 ans, il est bien (bon) vivant et rien dans son activité débordante ne laisse présager la moindre volonté de passer au stade du bilan ou de la liquidation d'un quelconque dossier de succession.

Mais qui est Gerhard Heinzmann ? Ses identités professionnelles s'entrecroisent : professeur, chercheur, philosophe, logicien, mathématicien, directeur de thèse, créateur puis directeur de laboratoire, fondateur et rédacteur en chef de la revue *Philosophia scientiæ*, éditeur de la correspondance d'Henri Poincaré, administrateur de la recherche, etc. Telles sont quelques-unes des facettes de sa carrière, une carrière passionnément consacrée à la promotion du savoir et au développement en France de la philosophie et de l'histoire des sciences.

Pour la plupart des contributeurs de ce volume, il a d'abord été un collègue ; pour d'autres, plus jeunes (notamment les auteurs de cette préface)

---

[1] Les propos sont de Jules Vuillemin. Voir l'article d'Elisabeth Schwartz, qui évoque longuement l'amitié entre Gerhard et son maître.

il a d'abord été un professeur, avant de devenir un collègue. Pour tous, cependant, c'est un ami et c'est au nom de cette amitié, longue et durable, que cette *Festschrift* a été préparée depuis maintenant trois ans.

Les conventions veulent, dans un tel ouvrage, que la préface soit consacrée à une présentation de l'homme et de son œuvre. L'homme ? Tous les auteurs de ce volume le connaissent et ont pu en apprécier la valeur. L'œuvre ? Elle est vaste, rigoureuse, riche, ouverte, parfois ardue et, à en juger par le nombre de contributions de cet ouvrage, stimulante. Reste le parcours... Mais comment dresser le tableau d'un parcours universitaire, académique et intellectuel sans sombrer dans la caricature du discours d'hommage convenu ?

Pour contourner cet obstacle nous laisserons la parole à Gerhard. Dans un *curriculum vitæ* de 1994, il décrivait le parcours qui l'avait amené à créer les Archives - Centre d'Etudes et de Recherche Henri Poincaré (ACERHP). C'est en restant au plus près de cette source que nous décrirons les grandes étapes de sa vie professionnelle.

Gerhard Heinzmann est né le 12 octobre 1950 à Fribourg-en-Brisgau. Après un baccalauréat classique obtenu en 1969, il part effectuer son service militaire (qui dure alors un an et demi en Allemagne). A son retour en mars 1971, il commence ses études : elles le mènent de l'Université de Fribourg à l'Université Paris VII, puis à celle d'Heidelberg ; ses centres d'intérêt le portent vers les mathématiques mais aussi vers la philosophie et le grec classique. En 1977, il soutient un mémoire de mathématiques à l'Université de Heidelberg (qui a pour titre *Une caractérisation du nombre ordinal* Γ) mais c'est sur la voie d'une thèse de philosophie sur Ferdinand Gonseth qu'il s'engage ensuite. Il la soutient en 1981 à l'Université de Sarrebrück, avec les honneurs (mention *summa cum laude*), et devant un jury qui comprenait notamment Kuno Lorenz et Gilles-Gaston Granger.

Suite à cette thèse, il devient, au Collège de France, l'assistant de Jules Vuillemin, avec qui il nouera une amitié durable. Après deux années passées à Paris, son parcours l'amène à nouveau vers Sarrebrück. Il accepte en 1984 un emploi de *wissenschaftlicher Mitarbeiter* à l'Institut de philosophie de l'Université de la Sarre, poste qu'il occupe pendant quatre ans avant d'être nommé *Hochschulassistent* à la Faculté des lettres de la même université. Durant l'année 1989-1990, il assure déjà quelques enseignements au sein du département de philosophie de l'Université Nancy 2.

En juillet 1990, il soutient sa thèse de doctorat d'Etat à la Faculté de philosophie de l'Université de la Sarre. Son travail s'intitule *Entre construction d'objets et analyse de structures : réflexions sur la philosophie d'Henri Poincaré et de Charles Sanders Peirce* et son jury comprend K. Lorenz,

J. Loecks, G. Meggle, J.-P. Pariente et E. Zahar. La même année, en octobre, il est nommé maître de conférences en philosophie à l'Université Nancy 2. Deux ans plus tard il devient professeur et il fonde les Archives Henri Poincaré.

Que s'est-il passé depuis ? Trois fois rien. Les archives Poincaré, qui étaient au départ cantonnées dans un bureau de 4 m^2 où les piles de livres menaçaient constamment de s'effondrer, sont rapidement devenues une Unité Mixte de Recherche du CNRS et elles occupent aujourd'hui une place de premier plan dans la recherche en histoire et en philosophie des sciences.

L'organisation en 1994 du premier Congrès international Henri Poincaré a permis de lancer une dynamique de collaboration scientifique internationale qui ne s'est jamais émoussée depuis. Son engagement sans faille au service d'une recherche de qualité, soumise aux exigences de rigueur et de contrôle et tournée vers l'international, a permis de faire émerger un projet de Maison des Sciences de l'Homme en Lorraine.

Enfin, il a obtenu pour Nancy la tâche d'organiser en 2011 le 14e Congrès de Logique, Méthodologie et Philosophie des Sciences.

Il fallait une énergie considérable pour mener à bien de tels projets – et bien d'autres que nous ne mentionnerons pas – et beaucoup auraient certainement et à bon droit abandonné tout espoir de continuer à mener des recherches personnelles. Ce n'est pas le cas de Gerhard qui continue de jouer un rôle essentiel dans la structuration de la communauté des philosophes et des historiens des sciences, dont témoigne également, depuis 2001, son engagement au sein du Comité national français d'histoire et de philosophie des sciences.

Deux qualités nous semblent définir au mieux la personnalité scientifique de Gerhard et justifier le titre du présent ouvrage.

D'une part sa conception de la transmission de professeur à élève. Plusieurs des auteurs de ce volume ont eu Gerhard comme professeur ou comme directeur de thèse. Cependant, il est fort peu probable qu'ils pensent leur relation avec lui sur le mode du rapport « maître-élève ». Le maître-mot de Gerhard en la matière a toujours été de prendre ses étudiants tels qu'ils sont, de les accompagner et de les aider à tracer leur chemin. Quelques-uns ont suivi les lignes tracées par ses travaux, mais bien peu sont devenus ses « disciples » et la plupart ont suivi la voie que leur dictaient leurs goûts et leurs compétences. Tous lui savent gré de leur avoir laissé cette salutaire liberté et de l'avoir même encouragée.

D'autre part sa conception de la recherche philosophique. Alors que la recherche philosophique est souvent considérée et pratiquée comme une entreprise individuelle, Gerhard n'a jamais ménagé ses efforts pour développer des modes de fonctionnement collectifs : les colloques internationaux (comme le colloque dédié à Nelson Goodman en 1998) en sont un exemple, mais il faudrait également citer les innombrables groupes de travail, séminaires, *workshops* qu'il a pu créer ou auxquels il a accepté de s'associer (l'Académie Helmholtz est à ce titre tout à fait emblématique). Ceci témoigne de la volonté très forte de Gerhard d'être au plus près de la recherche qui se fait et de se situer sans cesse dans une posture discursive et dialogique.

Lorsque nous avons commencé à évoquer l'idée d'un ouvrage en l'honneur de Gerhard en 2008, ces qualités nous sont apparues de manière évidente et il nous a très vite semblé que cet ouvrage ne pourrait porter un autre titre que *Construction*.

Ce terme constitue en quelque sorte le noyau dur du parcours philosophique de Gerhard et résume son intérêt pour le dialogisme et le pragmatisme. Mais il renvoie aussi à des usages métaphoriques qui, en l'espèce, ont toute leur justification : construction d'un laboratoire, construction d'un projet collectif, construction d'une communauté, construction d'une œuvre... Ce sont ainsi tous ces types de constructions initiées par Gerhard que le titre de ce volume veut évoquer.

Le livre s'articule autour de cinq grandes sections correspondant à des recherches menées par Gerhard depuis le début de sa carrière ou à ses centres d'intérêt philosophiques.

La première propose des études sur la vie et l'œuvre d'Henri Poincaré. La seconde rassemble des articles dédiés à l'histoire et à la philosophie des mathématiques. La troisième section porte plus spécifiquement sur l'histoire et la philosophie de la logique. La quatrième rassemble des contributions autour du pragmatisme. Enfin, nous avons rassemblé dans une section « *Miscellaneous* » des contributions portant sur des sujets plus larges ainsi que des témoignages plus personnels sur l'œuvre de Gerhard.

Au total, les 56 contributions de cet ouvrage vont bien au-delà de l'exercice convenu du discours d'hommage : elles sont la manifestation en actes de la nécessité de rapprocher les sciences et la philosophie et de mettre l'interdisciplinarité au centre des pratiques de recherche... Deux impératifs qui ont guidé toute la carrière de Gerhard et qu'il ne pourra qu'approuver.

Pierre Edouard Bour, Manuel Rebuschi & Laurent Rollet
L.H.S.P. – Archives Henri Poincaré
(UMR 7117 CNRS-Nancy Université)
& MSH Lorraine

PART I

HENRI POINCARÉ

Poincaré and Complex Function Theory

JEREMY GRAY

1 Introduction

Poincaré is still well known for the mathematical work that first made his name: his discovery in 1880–1881 of automorphic functions. New documents and insights were added in [15], which can also be consulted for references to the well-known history of his work in this area. He is also remembered for one further theorem that grew out of that early work: the uniformisation theorem, which he sketched a proof of in 1883 and then proved rigorously in 1907, as did Koebe independently.[1] The rest of his numerous contributions to complex function theory are more scattered and do not seem to have been the focus of much attention.[2] In this paper I survey what he did and argue that they tell an eloquent story not only about the state of the subject in the years around 1900 but about Poincaré's place in the mathematical community of his day. To understand either of these it is necessary to give a quick summary of the prior development of complex function theory, which was growing rapidly into a central topic in all mathematics, and that will occupy the first half of this paper. The second half will consider Poincaré's contributions. We will see that although he was actively involved in many aspects of the subject, his influence is scarcely to be noticed in the many books that were published, and I will investigate why that was and what it may tell us about relationship between research and teaching in the years around 1900.[3]

2 The first textbooks on complex function theory

Cauchy was the first mathematician to appreciate that within the class of functions from $\mathbb{R}^2$ to $\mathbb{R}^2$ there is a significant subclass of functions from $\mathbb{C}$ to $\mathbb{C}$ and to begin to spell out their distinctive properties. He appreciated complex function theory on intrinsic grounds: it was a new subject, with

---

[1] At great length in [23] and numerous other publications of the time.
[2] For an account from a modern mathematical perspective, see [54].
[3] The first full-length history of complex function theory, in which the issues in this essay are explored in greater detail, is given in [6] (to appear).

fascinating implications for evaluating integrals, but essentially the theory was about what happens when you do mathematical analysis with complex variables. Riemann, on the other hand, was developing complex function theory in order to do something else: to study Abelian functions, differential equations and the distribution of the prime numbers. His appreciation of the merits of the new subject was not Cauchy's. Weierstrass began closer to Riemann's opinion, and indeed on almost the same theme, hyper-elliptic functions, which are a special case of Abelian functions. Later, and consistent with his position in Berlin, he was to build up the subject of complex function theory in its own right (thus endorsing Cauchy's opinion if not his methods) and to put it to use.

So for Riemann and Weierstrass complex function theory, whatever it might be, was a preliminary. The real focus of interest was Abelian functions, a vast and misty generalisation of elliptic functions that had themselves only been in the literature since the late 1820s (the famous work of Abel and Jacobi). Even these functions were not properly understood, and one of the great forces promoting complex function theory was the idea that it would make good sense of the elliptic functions themselves. For, on any account and however formulated, elliptic function theory is about complex-valued functions of a complex variable.

The task of isolating and pulling together the foundations of a theory of complex functions of a complex variable, which interested Cauchy only slightly, was carried to success by two of his close followers and co-religionists, Briot and Bouquet, who, like Cauchy, were attracted to the Catholic Right and the Jesuits, and therefore close to Cauchy in the master's final years. Their book [8] has the distinction of being the first on the subject of complex function theory. 40 of its 326 pages set out the general theory, the rest puts it to work to define the elliptic functions in this way and deduce their major properties, going via the theory of differential equations to elliptic functions as doubly periodic functions.

The first textbook in German on complex function theory was written not many years later. The author was Heinrich Durège, a friend and colleague of Riemann's who had passed through Göttingen, and who also had access to a set of Riemann's lectures published by Gustav Roch [46]. Durège's textbook [13] proved to be quite successful, it ran to four editions in his lifetime and was translated into English for the American market in 1896. Mention should also be made of the book by Schlömilch (who, by the way, was the person who encouraged the young Roch to go to Göttingen and study with Riemann). His *Vorlesungen* [47] contains enough material on the subject to count as only the third book on complex function theory to be published, and it ran to several editions. Pages 35 to 111 cover functions of a complex variable, and further chapters look at elliptic integrals and elliptic functions. He, somewhat like Briot and Bouquet, developed the theory of complex function and then used the theory of Riemann surfaces to deduce the properties of elliptic functions from the elliptic integrals.

The books by Briot and Bouquet, Durège, and Schlömilch did more than put elliptic function theory on a sound footing. They established a textbook subject – complex function theory – with reasons for studying it. The subject was more than a preliminary: it had its own methods, distinct from the theory of functions from $\mathbb{R}^2$ to $\mathbb{R}^2$, and its own charm (the residue theorem) quite independent of the fact that it grounded elliptic function theory. With these books it became possible to speak of a genuine new subject within mathematics.

Briot and Bouquet's route up Mont Cauchy proceeded as follows. They said a function is monodromic if it is single-valued in its domain, and monogenic if it is complex differentiable. They then showed that such a function satisfies the Cauchy-Riemann equations, an observation which is a commonplace today but the significance of which had only dawned on Cauchy in the late 1840s. Briot and Bouquet added that such a function is also conformal when the derivative does not vanish. They then defined a function to be synectic (the modern word is holomorphic)n if it is monodromic, monogenic, finite and continuous in the entire plane.

Throughout this period among the canonical examples of complex functions were such functions as square roots, and quite generally nth roots and the logarithm function, none of which are single-valued on the entire complex plane. For that reason they are not considered functions in the modern sense of the term, but they were then, and Cauchy had dealt with them by first cutting the plane to reduce them to a single-valued branch on the cut plane, which could then be studied by letting the independent variable move in the plane and cross the cut. This ad hoc solution to a genuine difficulty was the best that Cauchy had been able to come up with, and Briot and Bouquet could do no better.

Central to Cauchy's theory was the study of the integral of a single-valued complex function taken around a closed path. Briot and Bouquet gave a proof using the calculus of variations to show that a function which is synectic in a portion of the plane if has an integral along arcs in that domain that depends only on the end points. From this they deduced the Cauchy integral theorem: if $f(z)$ is a synectic function in a domain, ζ. is a point in that domain, and γ is a simple closed curve in that domain that enclosed ζ then

$$f(\zeta) = \frac{1}{2\pi i} \int_\gamma \frac{f(t)drt}{z-\zeta}.$$

As they then quickly showed, still following Cauchy, it follows that synectic function is infinitely differentiable, and (by a convergence argument akin to the maximum modulus principle) a function synectic in a disc has a convergent power series expansion in the disc. Moreover, the derivatives of a synectic function are synectic. Cauchy had also shown how to deal with – the concept of residue and the terminology were created by him in the 1820s. As he showed, and in their turn Briot and Bouquet, functions with infinities have (Laurent) expansions. It had been shown by Liouville in the 1840s that a function which monodromic and monogenic everywhere in the plane must become infinite somewhere. Briot and Bouquet took this to mean what the elementary examples of rational and elliptic functions confirm, that therefore every non-constant synectic function will take every possible value, and they deduced that two monodromic and monogenic function with the same zeros and infinities are constants multiples of each other. This was enough abstract theory for them, and they now turned to recap their earlier study of differential equations, upon which they went on to base their theory of elliptic functions. Not only did this free the theory of elliptic functions from any dependence on elliptic integrals with their confusing two-valued integrands, it meant that Briot and Bourquet denied themselves the chance to show how real integrals can be evaluated by Cauchy's calculus of residues.

Durège's route up the Riemannberg in his [13] was more thorough because it was offered as the whole of a book and not a mere preliminary. He explained the arithmetic of complex numbers before saying that a function is a function of a complex variable if it is complex differentiable. Such a function satisfies the Cauchy-Riemann equations (and conversely, he said, as had Riemann) and is conformal when the derivative does not vanish. Many-valued functions are studied by considering the corresponding Riemann surface, not by cutting the complex plane. He used Green's theorem to show that the integral of a nowhere infinite function of a complex variable around a closed contour in the plane vanishes, and then he deduced the Cauchy integral theorem and the Cauchy residue theorem for function of a complex variable with simple infinities. As was standard since the work of Cauchy, and very clear in the lectures by Riemann, such functions are infinitely differentiable and have convergent power series expansions. Durège also followed Riemann in noting that, because the real and imaginary parts of a complex function are harmonic, they take their maxima and minima on the boundary of their domains. He then deduced Liouville's principle, that a function of a complex variable defined everywhere in the plane must become infinite somewhere, and followed Briot and Bouquet in believing that this implied that such a function will take every possible value (or it is a constant). Durège concluded his book with the very Riemannian topic of branch points and non-simply connected domains.

But the person to whom the task fell of getting complex function theory right was the third of the founding fathers, and a very different mathematician indeed: Weierstrass. Weierstrass defined an analytic function by a power series convergent in some disc and by the analytic continuation of this 'function element' as he called it. It is well known, and has recently been described in [51], that Weierstrass had a dislike of the integral, and after a few (unpublished) papers using it in the 1840s it disappeared from his repertoire. Weierstrass also distrusted the Cauchy-Riemann equations on the grounds that they were a pair of partial differential equations and as such examples of a poorly understood mathematical entity and therefore not well suited to the foundations of a subject.

If the work of Cauchy and Riemann lent itself to occasionally misty views the Weierstrass plateau required a steep ascent of its own and then a long march that exchanged the dubious pleasures of intuition for the sturdier virtues of rigour. Weierstrass based his lectures – he never wrote a book on complex function theory but required people to come to him and listen – on a theory of convergent power series, which define function elements, and analytic continuation, Single and many-valued functions are studied in this way. Gradually he isolated the central concepts: he was the first to distinguish between poles or finite singularities and essential singularities, and to show the falsehood of the claim that a non-constant analytic function takes every value. In its place he put the Casorati-Weierstrass theorem, which says that in the neighbourhood of an essential singularity an analytic function gets arbitrarily close to every value. Analytic continuation of an analytic function proceeds until it can go no further; the points, curves, and regions where it cannot be done form what he called the natural boundary of the function (a concept Cauchy had missed and which Riemann did not attach a central role to).

Weierstrass continually reworked his theory and frequently revised his lectures on the subject, which formed the first quarter of his two-year four-semester lecture cycle in Berlin. In the 1870s he was happy to add his representation theorem, which describes the possible zero set of a complex function, and not long afterwards Mittag-Leffler contributed his complementary theorem on the possible singularities of a complex function. representation theorem.

The emphasis on power series and algebraic considerations, to the exclusion of much geometry and any interest in the integral and Cauchy's integral and residue theorems are simply explained [5]. Weierstrass's lifelong ambition was to do for Abelian functions what had already been done for elliptic functions. Abel and Jacobi had begun the process of giving a formal complex theory of the functions that arise by inverting elliptic integrals. Subsequent mathematicians took up the task of creating a rigorous theory of complex functions and placing elliptic functions securely in the new theory, a task accomplished most successfully by Weierstrass himself. However, not only was there not a satisfactory theory of Abelian functions, it has been argued by Jacobi that any such theory would have to be based on a theory of complex functions of several variables. Weierstrass agreed, and it became his life's mission to create a theory of complex functions of several variables and to show how the theory of Abelian functions grew out of it. This ambition determined his preference for the method of power series over that of either Cauchy or Riemann, because neither the Cauchy integral and residue theorems nor the Cauchy-Riemann equations generalise well to several variables. Weierstrass always sought to cast the single-variable theory in a way that would generalise to several variables, and for all his considerable success with a single variable he was unable to clarify the major features of the several variable theory or to make the progress he had hoped for. In this respect his work was a mixture of some insights, some unproved claims, and some actual errors.

Weierstrass also had an aversion to publishing, and so the first German textbooks on complex function theory were largely Riemannian. A year after Durège's book came Carl Neumann's [28]. Its first edition followed a careful presentation of the idea of a Riemann surface with an account of hyperelliptic functions (the second edition went on to consider Abelian functions in general). Casorati, the leading Italian in the field and the author of the first Italian book on the subject, also chose to give a deliberately Riemannian account in his *Teorica* [11], from the opening definitions to the proof of the Cauchy theorems and the deduction that analytic functions have power series expansions. He intended to write a second volume on elliptic and Abelian functions, but sadly he never did. The first Weierstrassian book was Thomae's second book on complex function theory, his *Elementare Theorie* [49]. It was much more elementary than his first, Riemannian text book, and it took a strictly Weierstrasian route because, said Thomae, there was no Weierstrassian textbook and it was unreasonable to expect the students to learn it on the own.

3 Later French textbooks in complex function theory

Cauchy's approach to complex analysis, however briefly it was treated by Briot and Bouquet, was naturally attractive to a French audience. It offered a natural starting point, a good range of standard techniques, and you did not have to go to Berlin to learn it. When French mathematics began to recover as a result of the reforms that followed the defeat of the Franco-Prussian war, Hermite and Jules Tannery encouraged their doctoral students to write theses on various aspects of German (largely Riemannian) complex function theory. Bertrand also devoted part of his *Traité* on analysis to complex analysis [2], and while he inclined to present the theory of complex integrals as a way to evaluate real integrals he did not agree with Briot and Bouquet that Puiseux's treatment of integrals of many-valued functions was adequate and instead gave an account of Riemann surfaces, the first, therefore, in French. In his review of the book Darboux welcomed this part as being the first to show a proper understanding of this difficult subject and therefore to offer the hope that Riemann's ideas would not be abandoned. Briot and Bouquet for their part, reverted to Puiseux's account and added the Clebsch-Gordan theory of fundamental loops when they wrote their the second book, the *Théorie des fonctions elliptiques* [9] – which is very different from the first – and they never acknowledged a direct influence of Riemann.

This dichotomy marks the beginning of what one might call a policy decision among French authors. Given that Cauchy and Riemann largely agreed about where to start (with the definition of complex differentiability and the derivation of the Cauchy-Riemann equations) mathematicians faced with the sheer profusion of Cauchy's ideas and the greater focus and clarity of Riemann's had to decide if their treatment was intended to illuminate many-valued functions and, if it was, if the difficulty of understanding a Riemann surface has other merits that outweigh the ad hoc approach via cuts.

Hermite, for example, when he presented his *Cours* of 1880/81 at the Faculty of Sciences at the Sorbonne did not commit himself to a definition of a complex analytic function, and in the opening chapters showed a marked allegiance to the early work of Cauchy. But then he gathered speed and used Riemann's method (a Green's theorem argument) to prove the Cauchy integral theorem and so climb Mont Cauchy to the result that holomorphic functions are analytic. Then he continued along a Weierstrassian path: poles and essential singularities are distinguished and the Casorati-Weierstrass theorem proved; the Weierstrass and Mittag-Leffler representation theorems are proved, and then he turned to elliptic functions.

In the years 1885 to 1891 the other Laurent (H., not Pierre after whom the Laurent series is named) published his seven-volume *Traité* [25]. As one might suppose in a work of this size an attempt was made to cover everything and, as one might also expect, not everything was described correctly. For example, the existence of the higher derivatives of a function that is once complex differentiable is assumed without proof. Nor did he see that there was anything to prove when he turned to (Pierre) Laurent's theorem. In fact, oddly enough, the book improved when its author turns to the Riemannian parts of the theory.

To draw this survey of textbooks on complex function theory to an end some general remarks can be made. There was something of a consensus in France that the elementary theory would be treated as Cauchy, or perhaps Briot and Bouquet, had presented, but that the higher reaches of the the theory would be presented in Weierstrassian terms, the bridge from the Cauchy-Riemann equations and the use of the integral to the use of power series methods (and infinite products) being provided by the Cauchy integral theorem. Then, with the foundations of the new theory in place the young researcher could be expected to move into the realms of elliptic function theory, or, less likely, into the deep waters of Abelian function theory. But if that route was to be taken nothing prepared anyone for what they might find except the difficult, and frankly sketchy original literature. In this respect Simart's doctoral thesis of 1882 is instructive. Simart described Riemann's theory of algebraic functions and (Riemann) surfaces as far as the Riemann-Roch theorem, and at the end he noted that he had just come across Klein's little book *Ueber Riemanns Theorie der algebraischen Funktionen und ihrer Integrale* [22], which he hoped his 'preliminary study' would make it easy to read. Altogether a painful measure of the gap between French and German work on this important subject.

4 Poincaré

Poincaré was, of course, only recently out of his student days in 1880, and the origins of his work on Fuchsian and Kleinian automorphic functions lay in a prize competition of the Paris Academy of Sciences organised at that time by Hermite which also aimed to push French mathematicians in the direction of their German peers. But he was no ordinary student. His work on automorphic functions in 1881 and 1882 produced a class of functions that were considerable generalisations of the familiar elliptic functions.[4] He studied them by imposing non-Euclidean geometry on their maximal domain of definition, which was a disc, and his work marks the first use of non-Euclidean geometry outside the realm of pure geometry. This work occupied him for something like four years, and by the time he abandoned the field he had already taken up the study of lacunary functions – a topic to be defined in a moment. He had also begun to think about complex functions in two variables. He was to return to some of these themes some 20 years later and enrich them considerably. He also raised, even if he did not fully solve, the question of how many values a many-valued complex function could take,

---

[4] See [43] and the literature cited there.

and investigated the theory of complex partial differential equations (a topic outside the theme of this paper).

In the course of his work on automorphic functions he was led to propose, and to sketch a proof of, the uniformisation theorem. As such, it is one of the first studies in which Riemann surfaces play an essential role. There is no question that Poincaré and Picard were the first to bring the Riemannian approach successfully to France, given the stated dislike that Hermite had for the subject (Darboux might have regarded Bertrand's book as giving Riemannian function theory some chance of life, but it took the next generation to bring it fully alive). But Poincaré's was not a wholly Riemannian understanding of the subject. The Fuchsian and Kleinian functions, as he noted, typically have the boundary of the non-Euclidean disc as their natural boundary, even if they can be made to define another analytic function outside the disc. This means that they cannot be continued analytically across the circle that bounds the disc. The concept of a natural boundary is very much a Weierstrassian one, present in the work of neither Cauchy nor Riemann.

The presence of a natural boundary in these examples raises the question of whether the two functions on the two domains (inside and outside the circle) should be considered as nonetheless one function, or as two. In 1883 [31] Poincaré showed that it is possible to divide the unit circle into two arcs A_1 and A_2 and find two (single-valued) functions Φ_1 and Φ_2 with these properties: Φ_1 is analytic in $\mathbb{C} \setminus A_1$; Φ_2 is analytic in $\mathbb{C} \setminus A_2$; and the sum $\Phi_1 + \Phi_2$ defines a function F inside D, the unit disc, and a function G outside D. This means that the function F has an entirely arbitrary analytic continuation outside D to the function G.

Another aspect of Poincaré's work that is both Riemannian and Weierstrassian was his contribution to the Poincaré-Volterra theorem. This is the claim that a many-valued analytic function can take only countably many values at a point, or, alternatively, that a Riemann surface can only be a countable covering of the sphere. It seems that Weierstrass was aware of this result in 1885, to judge by letters he wrote to Schwarz and Kovalevskaya, but he did not publish anything about it. He had learned the result some years before from Cantor, or so Cantor claimed when in 1888 Vivanti published a flawed version of it. It was Vivanti's flawed but publicly available proof that inspired first Poincaré and then Volterra to give their own, rigorous versions. The reader is referred to [50] for a full account.

Another important theme in Weierstrass's work was his proof that every analytic function can be written as an infinite product. Indeed, the product representation is in many ways more informative, because it locates the zeros of the function and says something about its rate of growth. Weierstrass's work of 1876 was followed by Laguerre [24]. Laguerre's original motivation (more akin to that of Weierstrass than Picard) was to show that some transcendental functions could be thought of as very like polynomials, so much so that the theorems of Rolle and Descartes about the location of their zeros applied to them.[5] To this end he drew attention to primary factors of the form $e^{x/a}(1 - \frac{x}{a})$ which he called of order ("genre") 1, those of order zero being functions with no exponential factor. He also showed how one might determine the order of a given entire function. But he published only three short notes on the matter in the *Comptes rendus* for 1882 (and a later one in 1884) before leaving the field to Poincaré. They were, however, to be much appreciated by Emile Borel, who savoured Laguerre's habit of giving precise and interesting results without any systematic presentation of the underlying ideas (see [3]).

Poincaré, however, picked up the baton at once. In [30] he defined an entire function to be of genre n if its primary factors were of the form $e^{P(x)}\left(1 - \frac{x}{a}\right)$ where $P(x)$ was a polynomial of degree n. He then considered functions of order zero, and showed that if F is such a function and α is such that $\exp\left(\alpha r e^{i\theta}\right)$ tends to zero as r increases (θ being fixed), then $\exp\left(\alpha r e^{i\theta}\right) F\left(r e^{i\theta}\right)$ likewise tends to zero. One can paraphrase this as: if F is of genre zero and $e^{\alpha x}$ tends to zero along a ray, then it tends to zero more strongly than F tends to infinity; or, even more shortly, that $e^{\alpha x}$ dominates F. As Poincaré noted with regret, this and some other properties he presented did not characterise functions of genre 0. It was true, however, that if F was of genre n, then $\exp\left(\alpha x^{n+1}\right)$ dominated F.

More troublingly, as he noted in a longer but inconclusive paper the next year [30] it seemed very difficult to establish such basic results as:

1. the sum of two functions of genre n is also of genre n;

2. the derivative of a function of genre n is also of genre n.

Indeed, he said, one could not be sure that the results were true. He was right to register a doubt: Boutroux [7] showed that pairs of certain types of function of genre n had a sum of genre $n + 1$. Borel was among those who were surprised, and impressed, by Boutroux's example, which exploited the fact that some functions of genre p grow like functions of genre $p - 1$ and order p, as the remarks in his *Fonctions méromorphes* attest [4, p. 113]. Blocked in this direction Poincaré turned aside, publishing in April on another topic pioneered by Weierstrass, the theory of lacunary spaces [34] [35], and in May on the uniformisation theorem [30] [36].

---

[5] Among the functions that behave very like a polynomial is Riemann's ξ function.

As noted earlier, the only accepted formulation of the hope that Abelian integrals would produce a theory of Abelian functions was to seek to create a theory of complex functions in several variables. This remained the case even though Poincaré's admittedly difficult theory of Fuchsian and Kleinian functions offered a single-variable alternative, and in any case a theory of complex functions of several variables would surely be an interesting thing to have.

In this context he and Picard first moved beyond Weierstrass in the study of functions of two variables [44]. This step from one to two is enough to raise the most salient difficulties. One mathematical aspect of the problem that Poincaré emphasised was the utility of the equations that replace the Cauchy-Riemann equations in the several variable setting. There are, in a sense, too many of them, so the system of equations need not have a solution, and certainly there will be harmonic functions that are not the real or imaginary part of a complex analytic functions – contrary to the case for functions of a single variable. But Poincaré was nonetheless able to show that in fact one can solve important problems in the function theory of several variables by working with harmonic functions first.

A function of several variables whose only singularities are poles – points at which it can meaningfully be said to tend to an infinite value – are called meromorphic. Weierstrass had claimed in 1880 [52] that a function that is meromorphic everywhere is also rational, a result that is true for functions of a single variable, but which he could not prove for functions of several variables. It was , however, soon proved by Hurwitz and Poincaré independently. It implies that if a function is meromorphic on a domain but not a rational function everywhere then its domain of definition is bounded. Hurwitz's argument [20] used induction on the number of variables. Poincaré, in the papers that mark his first involvement with the complex function theory of several variables (see [31], [32] and especially [33]), exploited what analogy he could find with the theory of harmonic functions. He began by writing down the partial differential equations for the real part of an analytic function of two complex variables.

If $z_r = x_r + iy_r$, and $F = u + iv$, then these equations hold for the real part u (and similar ones for the imaginary part v):

(1) $$\frac{\partial^2 u}{\partial x_r^2} + \frac{\partial^2 u}{\partial y_r^2}, \quad r = 1, 2, \ldots, n ,$$

(2) $$\frac{\partial^2 u}{\partial x_r \partial x_s} + \frac{\partial^2 u}{\partial y_r \partial y_s} = 0 ,$$

(3) $$\frac{\partial^2 u}{\partial x_r \partial y_s} = \frac{\partial^2 u}{\partial y_r \partial x_s} .$$

These equations seem to have been written down for the first time by Poincaré in 1883. Weierstrass did not do so, because he was unwilling to base even the theory of a single variable on such foundations. These equations make it plain that there can be no simple relationship with harmonic functions of several variables, for there are more differential equations than variables. In particular, there are harmonic functions of four real variables that are not the real part of a complex function of two complex variables. This is just one mathematical reason why generalising from one variable was to prove difficult.

Poincaré then covered the plane $\mathbb{C}^2$ by "hyperspheres" (open balls of 4 real dimensions) inside any one of which the given meromorphic function, F, was representable as a quotient of two analytic functions. For each ball he found a harmonic function analytic outside the ball and tending to zero at infinity. These functions enabled him to define a harmonic function Φ such that if at an arbitrary point $F = \frac{N}{D}$, then $\Phi - \log|D|$ was analytic. For this, he said, it was enough to apply Weierstrass's proof of Mittag-Leffler's theorem. Although the function Φ was not an analytic function, he claimed that one could always find an entire harmonic function G satisfying equations (1)-(3) and such that the difference $\Phi - G$ was the real part of an analytic function Ψ of two variables. It followed that the functions G_1 and G_2 defined by the equations

$$e^\Psi = G_1 \text{ and } Fe^\Psi = G_2$$

were entire and that the function F was their quotient everywhere, $F = \frac{G_2}{G_1}$.

It seems that this work did not satisfy Weierstrass, who, without mentioning Poincaré by name, noted in 1886 in his [53, p. 137], that the question was unresolved and some considerable difficulties seemed to lie in the path of a solution.

The next significant result came in 1890, when Appell gave a proof in [1] that a function of two variables with four pairs of periods and no essential singularities at a finite distance can be written as a quotient of theta functions. In his thesis of 1895 [12] Cousin generalised Poincaré's result to any dimension and so Appell's proof became valid for all g.[6]

Then in 1897 Poincaré announced detailed proofs of two of the essential steps in Weierstrass's programme for Abelian functions. The second of these said that every Abelian function can be written as a quotient of theta functions, and Poincaré remarked that Weierstrass had never published a proof of this result. Details of the proof of this second claim appeared in 1898. To prove it, Poincaré went back to his work of 1883 [33], in which

---

[6] Cousin's paper and Poincaré's work on this topic are discussed in Chorlay (to appear).

he showed that a meromorphic function is a quotient, and modified it to establish that the entire functions forming the quotient can be taken to be theta functions.

In a paper of 1902, written in answer to a request from Mittag-Leffler, Poincaré proved, amongst other things, that every $2n$-fold periodic function whose periods satisfy the Riemann conditions can be expressed by means of theta functions. He gave a geometrical demonstration that a modern commentator [21, p. 163] observes is interesting but not quite satisfactory. This theorem had, of course, been claimed long ago by Weierstrass, but no proof had ever been forthcoming. Poincaré had seemingly grown tired of this, however, and commented tartly at the start of part III of his paper that although he believed that Weierstrass had given the principles of his proof in lectures, "be that as it may, the proof has never been made public and his pupils, if they knew it, have communicated it to no-one". So he and Picard had given a proof in 1883, entirely ignorant of Weierstrass's, and it only turned out much later, when Weierstrass's proof of this result appeared in 1903 in the third volume of his *Mathematische Werke* that the proofs were essentially identical. Appell, and later Picard, had then given other proofs. This new one by Poincaré occupied a middle position between his first proof and the methods of Cousin.

5 Poincaré and conformal maps in two variables

In his paper of 1907 [40], Poincaré raised the question of the conformal nature of maps between domains in two complex variables. He considered his work to be incomplete, although it contained enough material to establish conclusively that the boundaries of some domains are such that there can be no conformal map between the interiors of these domains. It follows that there is no possibility of an analogue of the Riemann mapping theorem in two complex dimensions, but Poincaré stopped short of giving specific examples, and the first of these are due to Reinhardt in 1921.[7]

Poincaré began his paper by observing that in the complex function theory of a single complex variable, there are two distinct ways of asking a question about the existence of a conformal map. One, which he called the local problem, takes as given two copies of $\mathbb{C}$ the first of which contains a curve ℓ upon which there is a point m and the second of which contains a curve $\mathcal{L}$ upon which there is a point M, and asks if there is an analytic func-

---

[7] The first explicit examples of domains with inequivalent boundaries were given in [45], where he introduced what are often called Reinhardt domains. As he noted, his paper marks an advance upon Poincaré's because it drops the requirement that the map be regular on the boundary hypersurfaces. It also used quite different methods, being an ingenious blend of elementary four-dimensional geometry and the use of two complex variables.

tion regular in a neighbourhood of m that maps m to M and ℓ to $\mathcal{L}$. The second problem, which he called the extended problem, takes as given two copies of $\mathbb{C}$ the first of which contains a closed curve ℓ bounding a domain d and the second of which contains a closed curve $\mathcal{L}$ bounding a domain D, and asks if there is an analytic function that maps ℓ to $\mathcal{L}$ and d to D. The former problem is always solvable and in infinitely many ways; the second problem has a unique solution via the Dirichlet principle.

The analogous problems for analytic functions of two complex variables behave very differently, however, as Poincaré proceeded to show. The local problem takes as given two copies of $\mathbb{C}^2$, the first of which contains a three-dimensional "surface" s upon which there is a point m and the second of which contains a three-dimensional hypersurface S upon which there is a point M, and asks if there is an analytic function regular in a neighbourhood of m that maps m to M and s to S. The extended problem takes as given two copies of $\mathbb{C}^2$, the first of which contains a closed hypersurface s bounding a domain d and the second of which contains a closed hypersurface S bounding a domain D, and asks if there is a regular function that maps s to S and d to D.

Poincaré showed at once that the local problem will not always have a solution. It is over-determined because it asks for three functions that are the solutions of four differential equations. So Poincaré turned the local question into one about types of surfaces, classified according to their groups of analytic automorphisms. He observed that is a surface s admits only the identity analytic automorphism, then the local problem has at most one solution, else the automorphism can be used to generate a second solution. Similarly, if two surfaces correspond under an analytic automorphism, their groups are necessarily conjugate, and so the surfaces belong to the same class. Poincaré now invoked Lie's theory of transformation groups to obtain all the relevant groups, citing Lie *Theorie der Transformationsgruppen*, vol III [26], and Campbell's [10] to establish that there are 27 possible groups, and showed explicitly that for most groups there is a hypersurface having that group as its analytic automorphism group, but some groups correspond to two-dimensional surfaces. It follows that there are hypersurfaces that not analytically equivalent. Unfortunately, Poincaré's account was very unspecific. The hypersurface (hypersphere) with equation $z\bar{z} + z'\bar{z}' = 1$ was discussed, and its group described explicitly (in § 7), but otherwise the nearest Poincaré got to describing a hypersurface with a different group was to indicate how its equation could be found by means of Lie's theory.

In § 8 of the paper Poincaré turned to the extended problem in two complex dimensions. He supposed given an analytic map between the hypersurfaces s and S and asked if it necessarily extended to an analytic map between the interiors, d and D. He found that Hartogs' theorem said directly that the answer was "Yes", and sketched his own proof of that result. The paper then ended with some investigations of the hypersphere and hypersurfaces "infinitely close" to it, which we shall not discuss.

6 Conclusions

Poincaré contributed in important ways to three topics in the complex function theory of his day: Fuchsian and Kleinian functions; genre and lacunary series; and functions of several variables including Abelian functions. Of these, he is well remembered today only for the first. But after him very little was done in that area of lasting significance – one might say of comparable significance – for a long time. In the field of genre and lacunary series his work was dissolved into the much more elaborate theories of Hadamard and, especially, of Emile Borel. As for functions of several variables and Abelian functions, he is well remembered for his discovery of different domains of holomorphy, but the rest of his contributions are hard to evaluate because we lack a good history of complex function theory in several variables, and the modern theory starts with the work of Oka and Henri Cartan in the 1930s (although Renaud Chorlay has begun to work in this area, see his paper to appear in *Archive for History of Exact Sciences*).

How then should we regard Poincaré's contributions today? From the standpoint of elementary complex function theory we can note the following. Throughout the period and indeed ever since, the elementary theory is exclusively concerned with a single variable. Textbook writers increasingly started by climbing Mont Cauchy to the point where they proved that a holomorphic function is analytic, then they slid over to the Weierstrass plateau for a selection of the topics that are best done that way: the distinction between poles and essential singularities, the Weierstrass and Mittag-Leffler representation theorems. Even the Weierstrass theory of elliptic functions, which is generally regarded as the best one to start with, is omitted from most accounts of complex function theory today, and Weierstrass's aspiration to bring about a complex function theory in several variables is entirely forgotten. This consensus emerged in the 1890s, it is visible early on in Hilbert's lectures at Göttingen in 1896/97, and it was forged in Germany. The French textbooks made more of the transition from Cauchy to Riemann, for those who wanted to venture so far, reflecting an acceptance of many-valued functions that we also do not share. It will be evident that Poincaré made no attempt to contribute to forging this consensus, and of course this reflects the fact that professionally his teaching was in branches of physics. But it is also the case that the whole theory of how properties of functions are encoded in their Taylor series never became part of the consensus either. It remained firmly part of the research enterprise, one with a strongly French flavour.

That raises more puzzles than it might seem. The Weierstrass approach emphasised power series and natural boundaries, but there was little done to connect the two until Borel, Fabry, and others took up the subject. It would be interesting to understand better why what might seem to be an obvious topic of interest for any pupil of Weierstrass's was not taken up by any of them but prospered instead in France. The way that work on power series and convergence never became part of the elementary theory is also worth reflecting upon. One might say that such work is simply not elementary, and that is true – the approach via the Cauchy integral theorem is much more direct, in the opinion of all but Weierstrass and his most loyal disciples. But there is also a component of what makes a teaching package, a package that others can accept and teach on their own account; what makes a textbook, in other words, and at that level what swayed most authors was the fact the the theory of the integral was known to all students from their study of real analysis before they ever encountered complex function theory.

In the last years of Weierstrass's life it became clear that the next generation in Berlin (Fuchs, Schwarz, and Frobenius) would not be carrying on his work, and at the same time in Paris Emile Borel drew around him people who shared his interests in real and complex function theory. Whether or not they formed a school in Parshall's sense of the term [29] they formed the first research group in mathematics in France. Borel's famous series of monographs testify to the shared interests of this group, and famously its emergence marks a generational shift in French mathematics. The influence Poincaré had on this group was slight, another instance of the fascinating question of the impact Poincaré had on his contemporaries, and how slight it seems to have been. The difference is that in this case, instead of doing too much and leaving nothing easy for any followers to get started on, in this case he did not do enough and was soon pushed out of the way.

Much of Poincaré's work on complex function theory in one or several variables lay well beyond any teaching frontier. With the exception of his work on lacunary series, and perhaps the Poincaré-Volterra theorem, nothing he did picked up on issues that might engage the beginning graduate student of his time. This may well reflect his official position as a physicist - he was not lecturing on complex function theory, and need not attend to its development. But his work on the complex function theory of several variables was influential, it drew contributions from Appell and Cousin, and it did so by shifting the formulation of problems away from those laid down by Weierstrass.

The work on Fuchsian and Kleinian functions was driven by a vision, a desire to create a new class of functions that generalised and extended a range of known examples. This was not the case with Poincaré's work on function theory in several variables, which respected the structure of the theory as Weierstrass had expected it to be but brought to it a (Riemannian, one might say) wish to exploit what remained of the connection to harmonic function theory. This was difficult enough, but one can always ask of a piece of research why and when it ended. In 1884 Poincaré abandoned Fuchsian and Kleinian functions because he had established the fundamentals of the theory, and identified and even imperfectly proved the most important theorem to which it led. If he also thought that further progress with Kleinian functions would be hard to come by, and he did not say so, he was proved to be right: the theory rested more or less where he left it until the 1960s.

In looking at several complex variables Poincaré was much more conservative. His most unexpected result was his proof that there are domains which are topologically but not conformally equivalent. Overall, his discoveries are piecemeal, spread out over a number of years, the product undoubtedly of considerable thought and insight, but not a programme. It would be unfair to call them opportunistic, because they do not seem to have capitalised on the recent work of other mathematicians. Rather, they reflect a mature mathematician, aware of a number of important issues, who carries around with him a number of ideas that he explores, some of which turn out to be fruitful. In the topic at hand, it is most likely that Poincaré's deepening interest in the 1890s in harmonic function theory and the partial differential equations of mathematical physics that brought him back to the subject, until he was able to find a way to resolve the major questions.

The fact is that the subject was difficult, the advances Poincaré and others made were restricted, the best ideas some 30 or 40 years in the future. Piecemeal progress was all anyone could achieve, the hoped-for analogy with the complex function theory of a single variable was insubstantial. Poincaré's work reminds us what historians of mathematics and historians of science too easily forget: there is no guarantee of success in the best research, and if a breakthrough is made, there is no guarantee that another will follow. Researchers know this very well, and the best, like Poincaré, deal with it by cultivating several topics at once until good fortune strikes. His work belongs to an honourable short list of achievements in a very difficult branch of mathematics that, impressive as they are, did not produce a systematic theory. The reasons for this are measured by the steps Oka and Cartan needed to take to advance the theory beyond the place where Weierstrass, Poincaré and Cousin left it.

BIBLIOGRAPHY

[1] Appell, Paul 1890. Sur les fonctions de deux variables à plusieurs paires de périodes. *CR*, 110, 181–183.

[2] Bertrand, Jules 1870. *Traité de calcul différentiel et de calcul intégral*, Paris Gauthier-Villars.

[3] Borel, Emile 1900. *Leçons sur les Fonctions entières*. Gauthier-Villars, Paris.

[4] Borel, Emile 1903. *Leçons sur les Fonctions méromorphes*. Recueillies et rédigées par L. Zoretti. Paris, Gauthier-Villars.

[5] Bottazzini, U. 2002. "Algebraic Truths" vs. "Geometric Fantasies": Weierstrass' Response to Riemann. *Proceedings of the International Congress of Mathematicians, Beijing 2002*, 3, 923-934. Higher Education Press, Beijing.

[6] Bottazzini, U. and J.J. Gray (to appear) *Hidden Harmony — Geometric Fantasies; The rise of complex function theory* to be submitted to HMath in 2009.

[7] Boutroux, Pierre 1903/4. Sur quelques propriétés des fonctions entières. *Acta Mathematica*, 28, 97–224.

[8] Briot, C.A.A. & J.C. Bouquet, 1859. *Théorie des fonctions doublement périodiques et, en particulier, des fonctions elliptiques*. Mallet-Bachelier, Paris.

[9] Briot, C.A.A. & J.C. Bouquet, 1875. *Théorie des fonctions elliptiques*, Gauthier-Villars, Paris.

[10] Campbell, J. 1903. *Introductory treatise on Lie's theory of finite continuous transformation groups*. Clarendon Press. Oxford.

[11] Casorati, F. 1868. *Teorica delle funzioni di variabili complesse*, Pavia.

[12] Cousin, P. 1895. Sur les fonctions de n variables complexes. *Acta Mathematica*, 19, 1–62.

[13] Dürège, H. 1864. *Elemente der Theorie der Functionen einer complexen veränderlichen Grösse. Mit besonderer Berücksichtigung der Schöpfungen Riemanns, etc..* Leipzig. English translation *Elements of the theory of functions of a complex variable, with special reference to the methods of Riemann*. Authorized translation from the fourth German edition by G. E. Fischer and J. J. Schwatt. Philadelphia 1896.

[14] Goursat, E. 1902-1915. *Cours d'analyse mathématique*. 3 vols, Gauthier-Villars, Paris English tr. 1904-1917

[15] Gray, Jeremy & Walter, Scott 1999. *Henri Poincaré : Trois suppléments sur la découverte des fonctions fuchsiennes*, Berlin, Akademie Verlag.

[16] Harnack, A. 1887. *Grundlagen der Theorie des logarithmischen Potentiales* etc. Teubner, Leipzig.

[17] Hermite, Charles 1873. *Cours d'analyse*. Gauthier-Villars, Paris.

[18] Hermite, Charles 1881. *Cours d'analyse*. Lithographed edition, Paris.

[19] Hilbert, David 1896-1897. *Theorie der Functionen einer complexen Variabeln* (Göttingen Lectures).

[20] Hurwitz, A. 1883. Beweis des Satzes, dass eine einwertige Funktion beliebig vieler variabalen, etc. *JfM*, 95, 201–206, in *Math. Werke*, I, nr. VXXX, 147–152.

[21] Igusa, J. 1982. Problems on abelian functions at the time of Poincaré and some at present. *Bull AMS*, (ns) 6, 161–174.

[22] Klein, F. 1882. *Ueber Riemanns Theorie der algebraischen Funktionen und ihrer Integrale*. Teubner, Leipzig in *Ges. Math. Abh.* 3, 499-573.

[23] Koebe, P. 1909. Über die Uniformisierung der algebraischen Kurven, I. *Math. Ann.*, 67, 145-224.

[24] Laguerre, E.N. 1882. Sur la détermination de genre d'une fonction transcendente entière *Comptes rendus*, 94, 635–638, in *Oeuvres* 1, 171–3, Chelsea, New York, 1972.

[25] Laurent, H. 1885-1891. *Traité d'analyse*, 7 vols, Gauthier-Villars, Paris.

[26] Lie, S. 1893. *Theorie der Transformationsgruppen* vol. III. ed. F. Engel, Leipzig, Teubner.
[27] Lindelöf, E. 1905. *Le calcul des résidus et ses applications à la théorie des fonctions*, Gauthier-Villars, Paris.
[28] Neumann, C.A. 1865. *Vorlesungen über Riemann's Theorie der Abel'schen Integrale.* Teubner, Leipzig. 2nd ed, Teubner, Leipzig, 1884.
[29] Parshall, K.H. 2004. Defining a mathematical research school: the case of algebra at the University of Chicago, 1892-1945. *HM* 31, 263-278.
[30] Poincaré, Henri 1883a. Sur un théorème de la Théorie générale des fonctions. *Bull SMF*, 11, 112-125, in *Oeuvres*, 4, 57-69.
[31] Poincaré, Henri 1883b. Sur les fonctions de deux variables. *Comptes rendus*, 96, 238-240, in *Oeuvres*, 4, 144-6.
[32] Poincaré, Henri 1883c. Sur les fonctions entières. *Bull SMF*, 11, 136-144, in *Oeuvres* 4, 17-24.
[33] Poincaré, Henri 1883d. Sur les fonctions de deux variables, *Acta*, 2, 1883, 97-113, in *Oeuvres*, 4, 147-161.
[34] Poincaré, Henri 1883e. Sur les fonctions à espaces lacunaires. *Comptes rendus* Paris 96, 1134-1136, in *Oeuvres*, 4, 25-27.
[35] Poincaré, Henri 1883f. Sur les fonctions à espaces lacunaires. *Acta Societas scientiarum Fennicae*, 12, 343-350, in *Oeuvres*, 4, 28-35.
[36] Poincaré, Henri 1883g. Sur un théorème de la Théorie générale des fonctions, *Bull SMF*, 11, 112-125 in *Oeuvres* 4, 57-69.
[37] Poincaré, Henri 1890. Sur une classe nouvelle de transcendentes uniformes. *J de math*, (4) 6, 313-365 in *Oeuvres* 4, 537-582.
[38] Poincaré, Henri 1898. Sur les propriétés du potential et sur les fonctions Abéliennes. *Acta*, 22, 89-178, in *Oeuvres* 4, 161-243.
[39] Poincaré, Henri 1902 Sur les fonctions abéliennes, *Acta Mathematica* 26, 43-98, in *Oeuvres* 4, 473-526.
[40] Poincaré, Henri 1907. Sur l'uniformisation des fonctions analytiques. *Acta Mathematica* 31, 1-63, in *Oeuvres* 4, 70-139.
[41] Poincaré, Henri 1923a. Extrait d'un Mémoire inédit de Henri Poincaré sur les fonctions fuchsiennes. *Acta*, 39, 94-132, in *Oeuvres*, 1, 578-613.
[42] Poincaré, Henri 1923b. Correspondance d'Henri Poincaré et de Felix Klein. *Acta*, 39, 94-132, in *Oeuvres*, 11, 26-51.
[43] Poincaré, Henri 1997. *Three Supplementary Essays on the Discovery of Fuchsian Functions.* Gray J.J. and S.A. Walter (eds.), with an introductory essay, Akademie Verlag, Berlin, Blanchard, Paris.
[44] Poincaré, H. & Picard, Emile 1883. Sur un théorème de Riemann, [etc]. *Comptes rendus*, 97 1284-1287, in *Oeuvres* IV, 307-310.
[45] Reinhardt, K. 1921. Über Abbildungen durch analytische Funktionen zweier Veränderlichen. *Math. Ann.* 83, 211–255.
[46] Roch, G. 1863. Ueber Functionen complexer Grössen, *ZMP*, 8, 12–26 and 183–203.
[47] Schlömilch, O. 1866. *Vorlesungen über einzelne Theile der Höheren Analysis gehalten an der K.S. Polytechnischen Schule zu Dresden*, Teubner
[48] Thomae, J. 1870. *Abriss einer Theorie der complexen Functionen und der Thetafunctionen einer Veränderlichen.* Halle,. 3rd ed. 1890.
[49] Thomae, J. 1880. (2nd. ed. 1898); *Elementare Theorie der analytischen Functionen einer complexen Veränderlichen* Halle. Nebert.
[50] Ullrich, P. 2000. The Poincaré-Volterra theorem: from hyperelliptic integrals to manifolds with countable topology. *AHES* 54, 375–402.

[51] Ullrich, P. 2003. Die Weierstraßschen "analytischen Gebilde": Alternativen zu Riemanns "Flächen" und Vorboten der komplexen Räume. *Jahresber. Deutsch. Math.-Verein.* 105, 30–59.
[52] Weierstrass, K.T.W. 1880. Über 2r-fach periodische Funktionen. *Journal für die reine und angewandte Mathematik*, 89, 1–8 in *Mathematische Werke*, II, 125–133.
[53] Weierstrass, K.T.W. 1886. *Abhandlungen aus der Functionenlehre*. Springer, Berlin.
[54] Yger, A. 2006. Le 'Residu' de Poincaré, in *L'héritage scientifique de Poincaré*, é. Charpentier, , é. Ghys, A. Lesne (eds) Belin, 244-262.

Jeremy Gray
Open University Milton Keynes
J.J.Gray@open.ac.uk

Analyse et analyticité dans la philosophie de Poincaré
Igor Ly

Lors d'une réunion de travail consacrée à *La science et l'hypothèse*, Gerhard Heinzmann fit la remarque suivante : « Chez Poincaré, l'analyticité est conçue bien davantage à la manière de Bolzano qu'à la manière de Kant ». L'objet de cet article est d'exposer le sens que nous donnons à cette suggestion. Si elle ne correspond sans doute que partiellement à la lecture de Gerhard Heinzmann, cette interprétation nous fut inspirée par sa remarque et nous semble entrer en conformité avec elle au moins sur le point suivant : Poincaré conçoit l'analyticité, non pas comme une propriété de certains jugements due à une relation spécifique entre les concepts qui y sont impliqués, mais en termes d'*opérations* de nature logico-symbolique. Nous défendons ici la thèse selon laquelle c'est en fin de compte, dans la philosophie de Poincaré, une forme particulière d'*intuition* qui permet de caractériser l'analyticité, de sorte que, contrairement à la caractérisation par Kant des jugements analytiques, ce ne sont pas directement des considérations relatives aux *concepts* et à leurs relations qui permettent à Poincaré de définir l'analyticité et, en corrélation avec celle-ci, l'analyse.

Il convient de noter en premier lieu que Poincaré utilise le terme « analyse » selon au moins trois acceptions.

Ce terme – que nous notons alors avec une majuscule – désigne en premier lieu, conformément à l'usage, l'ensemble des disciplines mathématiques qui ont pour objets principaux les fonctions et le calcul différentiel et intégral.

En second lieu, « l'analyse » – c'est souvent alors l'adjectif « analytique » – qui est utilisé – désigne l'ensemble des opérations et des procédures qui relèvent de la logique formelle. C'est ce deuxième sens qui correspond à l'*analyticité*. Par cet usage, Poincaré reprend le vocabulaire kantien de la distinction entre les jugements analytiques et les jugements synthétique. Dans la mesure où il s'agit notamment pour Poincaré, comme pour Kant, de montrer que les mathématiques ne peuvent être réduites à la logique, cet emprunt est légitime ; mais il convient de noter que, dans le détail, Poincaré fait un usage différent de ces expressions. Par exemple, selon Kant, « $7 + 5 = 12$ » est un jugement synthétique *a priori*, alors que Poincaré le rapporte à « l'analytique » puisqu'il peut être établi par une simple *vérification*, c'est-à-dire par la seule mise en œuvre des procédures analytiques de la logique formelle; autrement dit, il n'est pas nécessaire pour l'établir de construire une « véritable démonstration » *mathématique* [9, p. 33] en ayant recours au principe du raisonnement par récurrence qui « est le véritable type du jugement synthétique *a priori*. » [9, p. 41] Pour désigner ce deuxième emploi du terme « analyse », nous parlerons d'« *analyse au sens étroit* ». C'est au sein de ce que Poincaré appelle les « vérifications »[1] qu'interviennent seulement ces procédures analytiques qui, comme l'écrit G. Heinzmann, « se fondent sur le syllogisme, la substitution et la définition nominale » [6].

En troisième lieu, le terme « analyse » est utilisé par Poincaré pour faire référence au type d'esprit mathématique qu'il attribue à ceux qu'il appelle les « analystes » ou les « logiciens », lesquels sont opposés aux « géomètres » ou mathématiciens « intuitifs ». Ce qui caractérise ces derniers est le recours à l'intuition sensible, notamment pour concevoir les notions mathématiques qu'ils étudient ; les « analystes », en revanche, ne font pas appel aux représentations sensibles. Lorsqu'il est employé en ce troisième sens – que nous appellerons « large » – le terme « analyse » ne désigne pas une discipline mathématique particulière; il n'en reste pas moins que Poincaré le met en rapport avec un certain nombre de disciplines – mathématiques et non mathématiques – dans la mesure où leur compréhension, leur étude et leur développement ne font pas appel à l'intuition sensible : il s'agit principalement de la logique, de la théorie des ensembles, de l'arithmétique et de la théorie des substitutions. Si Poincaré établit un lien privilégié – dont nous nous efforcerons de déterminer la nature – *entre l'analyse au sens étroit et l'analyse au sens large*, il faut souligner qu'il ne les confond pas :

> M. Hermite, par exemple, que je citais tout à l'heure, ne peut être classé parmi les géomètres qui font usage de l'intuition sensible ; mais il n'est pas non plus un logicien proprement dit. [23, p. 40]

Si Poincaré caractérise explicitement les mathématiciens « intuitifs » par leur usage de l'intuition sensible, ce qui caractérise les « analystes » est moins clairement déterminé et doit être reconstitué à partir des textes dont nous disposons. Par exemple, le passage suivant évoque le recours à une certaine « intuition » spécifique au mode de pensée des analystes, intuition

---

[1] La notion de vérification est introduite au premier chapitre de *La science et l'hypothèse* pour y être opposée à la « démonstration véritable » : « La *vérification* diffère précisément de la véritable démonstration, parce qu'elle est purement analytique et parce qu'elle est stérile. Elle est stérile parce que la conclusion n'est que la traduction des prémisses dans un autre langage. La démonstration véritable est féconde au contraire parce que la conclusion y est en un sens plus générale que les prémisses. » [9, p. 34]

que Poincaré rattache à « l'intuition du nombre pur » et à « celle des formes logiques pures », sans en préciser davantage la nature :

> C'est l'intuition du nombre pur, celle des formes logiques pures qui éclaire et dirige ceux que nous avons appelés analystes. C'est elle qui leur permet non seulement de démontrer, mais encore d'inventer. [23, p. 39]

Il faut noter ici que, à notre connaissance, Poincaré n'utilise jamais le terme « analyse » selon le sens que prend ce terme dans son opposition traditionnelle à la « synthèse ». En revanche, le qualificatif « intuitif » attribué aux mathématiciens qui font usage de représentations sensibles n'est pas étranger à l'expression : « géométrie synthétique ».

Par ailleurs, soulignons que la distinction entre les analystes et les intuitifs recoupe, pour Poincaré, deux aspects de l'activité mathématique, à savoir, d'une part, la « pensée par formules » que l'on peut décrire comme une activité de nature discursive ou verbale et, d'autre part, l'usage d'images et de représentations sensibles comme le sont les figures dessinées par le géomètre.

Il importe de comprendre en quoi résident fondamentalement la communauté et la différence entre ces deux types d'esprits et entre les mathématiques qu'ils pratiquent. Il nous apparaît que de nombreux textes de Poincaré s'éclairent si l'on prête attention à cette distinction. Signalons à cet égard que le second chapitre de *La science et l'hypothèse*, consacré au continu mathématique, peut être lu à l'aune de cette distinction : Poincaré y développe une analyse visant à distinguer le double rapport qu'entretient la *notion* mathématique de continu avec des systèmes de symboles (la définition des réels par Dedekind, notamment) d'une part, et avec les *intuitions sensibles* qui sont à l'origine de l'élaboration de cette notion d'autre part.

Nous allons tâcher de montrer que l'attention à la caractérisation de la pensée mathématique par la mise en œuvre de ce qu'il appelle « la puissance de l'esprit » permet de comprendre comment Poincaré peut tout à la fois établir une distinction nette entre les « mathématiques analytiques » et les « mathématiques intuitives » sans renoncer pour autant à les rapporter toutes deux à *la science mathématique*, dont l'unité pose dès lors problème. L'indication donnée par Poincaré au sujet des intuitions dont font usage les « analystes » y conduit directement et permet aussi de déterminer ce qui fait la différence entre l'analyse au sens étroit du terme et le mode de pensée des « analystes ». Poincaré écrit que les « analystes », pour inventer, font, entre autres, appel à l'« intuition du nombre pur ». Or, le recours à celle-ci ne saurait en aucune manière être remplacé ou réduit à l'utilisation de procédures logiques ; en effet, elle s'identifie à l'intuition de la « puissance de l'esprit », laquelle est manifestée par la conviction que nous éprouvons eu égard à la validité du principe du raisonnement par récurrence qui, selon Poincaré, ne peut être ramené aux règles de la logique formelle qui définissent le domaine de l'analyticité. Cette identification est affirmée par Poincaré lui-même lorsqu'il affirme que « l'intuition du nombre pur [est] celle d'où peut sortir l'induction mathématique rigoureuse » [23, p. 39]. Or, c'est dans la description qu'il fait de cette forme d'intuition que Poincaré évoque « la puissance de l'esprit » :

> Pourquoi donc [le principe du raisonnement par récurrence] s'impose-t-il à nous avec une irrésistible évidence ? C'est qu'il n'est que l'affirmation de la puissance de l'esprit qui se sait capable de concevoir la répétition indéfinie d'un même acte dès que cet acte est une fois possible. L'esprit a de cette puissance une intuition directe [...]. [9, p. 41]

La « puissance de l'esprit » est ainsi la faculté de concevoir la répétition indéfinie de certains actes. Dans le cas du raisonnement par récurrence, l'acte concerné est un syllogisme hypothétique – un *modus ponens* : l'analyse de Poincaré vise, dans ce premier chapitre de *La science et l'hypothèse*, à montrer que l'induction mathématique consiste à concevoir la répétition indéfinie d'un tel syllogisme et l'intuition qui nous occupe – qui s'identifie à « l'intuition du nombre pur » – est la conscience ou le sentiment de la possession de cette faculté.

De nombreux textes indiquent que « la puissance de l'esprit », loin de ne concerner que le raisonnement par récurrence, est à l'œuvre sous une forme ou une autre, selon Poincaré, au sein de toutes les constructions mathématiques qui font l'objet de son attention philosophique et constitue à n'en pas douter l'opération qui marque pour lui la spécificité de la pensée mathématique. Sans entrer dans des analyses détaillées, passons en revue ces différentes constructions en soulignant, pour chacune d'entre elle, le rôle qu'y joue la puissance de l'esprit.

Le nombre entier. La caractérisation même que Poincaré donne du concept mathématique de nombre entier fait apparaître l'implication en son sein de la conception de la répétition indéfinie d'un certain acte :

> Tout se passe comme pour la suite des nombres entiers. Nous avons la faculté de concevoir qu'une unité peut être ajoutée à une collection d'unités ; c'est grâce à l'expérience que nous avons l'occasion d'exercer cette faculté et que nous en prenons conscience ; mais, dès ce moment, nous sentons que notre pouvoir n'a pas de limite et que nous pourrions compter indéfiniment, quoique nous n'ayons jamais eu à compter qu'un nombre fini d'objets. [9, p. 53]

L'acte concerné est ici l'ajout d'une unité à une collection d'unités.

Le concept d'ensemble infini. Comme le montre le passage cité ci-dessus, ce concept est impliqué dans celui de nombre entier, ce qui explique pourquoi la caractérisation qu'en donne Poincaré en est très proche :

> Quand je parle de tous les nombres entiers, je veux dire tous les nombres entiers qu'on a inventés et tous ceux qu'on pourra inventer un jour ; quand je parle de tous les points de l'espace, je veux dire tous les points dont les coordonnées sont

exprimables par des nombres rationnels, on par des nombres algébriques, ou par des intégrales, ou de toute autre manière que l'on pourra inventer. Et c'est ce « l'on pourra » qui est l'infini. [14, p. 131]

Ainsi, c'est la conception de la répétition indéfinie d'adjonctions successives d'éléments à un ensemble qui définit le caractère infini d'un ensemble et met en évidence la façon dont Poincaré conçoit les ensembles infinis.

Le continu mathématique. Le passage concernant les nombres entiers cité plus haut s'inscrit au sein de l'analyse conduite par Poincaré du concept mathématique de continu, et plus précisément du « continu du 1er ordre » qui correspond aux nombres rationnels. Poincaré explique la construction de ce concept à partir du « continu physique », c'est-à-dire des données sensibles qui, lorsqu'on essaie de les appréhender quantitativement, donnent lieu à une formule contradictoire, la « formule du continu physique »[2]. Le continu mathématique a pour vocation, d'une part, de résoudre cette contradiction et, d'autre part, de fournir un concept au moyen duquel les données sensibles peuvent être appréhendées. Au sujet de cette construction, Poincaré écrit :

> Mais ce n'est pas seulement pour échapper à cette contradiction contenue dans les données empiriques que l'esprit est amené à créer le concept d'un continu, formé d'un nombre indéfini de termes.
> Tout se passe comme pour la suite des nombres entiers. [...]
> De même, dès que nous avons été amenés à intercaler des moyens entre deux termes consécutifs d'une série, nous sentons que cette opération peut être poursuivie au-delà de toute limite et qu'il n'y a pour ainsi dire aucune raison intrinsèque de s'arrêter. [9, p. 53]

Le troisième alinéa de ce texte ne laisse guère de doute sur le fait que Poincaré fait à nouveau ici référence à la puissance de l'esprit : l'opération qui consiste « à intercaler des moyens entre deux termes consécutifs d'une série » est l'acte dont est conçue la répétition indéfinie. Précisons ici que les « termes » considérés sont des éléments sensibles ordonnés selon leur intensité : Poincaré, s'appuyant sur les seuils de sensibilité mis en évidence par la psychologie empirique de son époque, remarque que des éléments indiscernables (eu égard à l'intensité sentie) peuvent être rendus discernables au moyen de l'utilisation d'un instrument de mesure plus précis, de sorte que cette utilisation nous conduit à intercaler entre les éléments ainsi distingués de nouveaux éléments sensibles deux à deux indiscernables :

> Nous n'échapperons [à la formule du continu physique] qu'en intercalant sans cesse des termes nouveaux entre les termes déjà discernés, et cette opération devra être poursuivie indéfiniment. Nous ne pourrions concevoir qu'on dût l'arrêter que si nous nous représentions quelque instrument assez puissant pour décomposer le continu physique en éléments discrets, comme le télescope résout la voie lactée en étoiles. Mais nous ne pouvons nous imaginer cela ; en effet, c'est toujours avec nos sens que nous nous servons de nos instruments ; c'est avec l'œil que nous observons l'image

---

[2] « $A = B$; $B = C$; $A < C$ ».

agrandie par le microscope, et cette image doit, par conséquent, toujours conserver les caractères de la sensation visuelle et par conséquent ceux du continu physique. [9, p. 52]

C'est ainsi la conception de la répétition indéfinie de l'opération ici décrite qui constitue le concept de continu mathématique du premier ordre.

L'espace. « Qu'est-ce que la géométrie pour le philosophe ? C'est l'étude d'un groupe » [12, p. 118] : Poincaré place en effet au centre de sa philosophie de la géométrie le concept de groupe continu, qu'il décrit comme étant conçu à partir de l'expérience des changements observés dans l'expérience sensible et de la distinction, au sein de ces changements, de ceux qui peuvent être corrigés par une activité musculaire volontaire qui est elle-même donnée sous forme sensible. Cette distinction d'une classe de changements sensibles fait l'objet d'une idéalisation particulière qui conduit à leur associer les éléments d'un groupe continu de transformations qui définit une géométrie :

> Nous avons en nous, en puissance, un certain nombre de modèles de groupes et l'expérience nous aide seulement à découvrir lequel de ces modèles s'écarte le moins de la réalité. [9, p. 13]

> Parmi les groupes mathématiques continus que notre esprit peut construire, nous choisissons celui qui s'écarte le moins de ce groupe brut, analogue au continu physique, que l'expérience nous a fait connaître comme groupe des déplacements. [9, p. 31]

Sans examiner ici le détail complexe de ce passage du « groupe brut » *sensible* au groupe de transformations *mathématique*, nous pouvons noter qu'il consiste en une construction de concepts que « nous avons en nous, en puissance ». Or, cette construction occasionnée par l'expérience fait intervenir la puissance de l'esprit de deux façons : d'une part, par la conception de la composition indéfinie de transformations données, qui correspond à la propriété de clôture caractéristique du concept de groupe ; d'autre part, par la division indéfinie d'une transformation en divisions « plus petites », ce qui correspond au caractère continu du groupe. Poincaré fait d'ailleurs référence à la puissance de l'esprit dans le passage suivant :

> [...] L'espace est homogène et isotrope.
> On peut dire aussi qu'un mouvement qui s'est produit une fois peut se répéter une seconde fois, une troisième fois, et ainsi de suite, sans que ses propriétés varient.
> Dans le chapitre premier, où nous avons étudié la nature du raisonnement mathématique, nous avons vu l'importance qu'on doit attribuer à la possibilité de répéter indéfiniment une même opération.
> C'est de cette répétition que le raisonnement mathématique tire sa vertu ; c'est donc grâce à la loi d'homogénéité qu'il a prise sur les faits géométriques. [9, p. 88]

A l'issue de ce parcours rapide de l'implication de la puissance de l'esprit au sein de la construction des concepts mathématiques fondamentaux de nombre entier, d'ensemble infini, de continu et d'espace géométrique, nous pouvons revenir au thème de l'analyse en remarquant que Poincaré associe les deux premiers d'entre eux – auxquels il convient d'ajouter le raisonnement par récurrence – au mode de pensée des « analystes » alors qu'il fait dépendre les deux derniers, dans la mesure où leurs constructions respectives font intervenir l'intuition sensible, à l'esprit des « intuitifs ». Nous nous demandions plus haut ce qui distingue, selon Poincaré, ces deux types d'esprits et ce qui néanmoins explique que leur activité soit, au même titre, *mathématique*. En vertu de ce que nous venons de voir, nous sommes en mesure de répondre à la deuxième de ces questions : c'est la mise en œuvre de la puissance de l'esprit dans tous les cas qui marque la nature mathématique de leurs constructions conceptuelles.

Il nous reste donc à examiner ce qui les distingue. Nous allons voir que cela permet de préciser le sens que Poincaré donne à l'analyse entendue au sens large et à l'analyticité. Notre réponse consiste à situer la différence entre les « analystes » et les « intuitifs » dans la nature des actes dont est conçue la répétition indéfinie, plus précisément dans les modes d'intuition par lesquels nous sont donnés ces actes. Le fait que les mathématiciens « intuitifs » ont recours à des représentations sensibles peut en effet être précisé à partir des constructions des concepts de continu mathématique et d'espace géométrique : si l'on peut considérer que ces constructions relèvent de l'esprit des « intuitifs »[3], c'est parce que les actes dont la conception de la répétition indéfinie donne lieu à ces concepts sont donnés par l'intermédiaire de l'intuition sensible. On peut à partir de là suggérer que les actes dont la conception de la répétition indéfinie conduisent à l'adoption du principe du raisonnement par récurrence, du concept de nombre entier et de celui d'ensemble infini relèvent d'une forme d'intuition qui diffère de l'intuition sensible et qui caractérise le mode de pensée des mathématiciens « analystes ».

Nous avons vu que le principe du raisonnement par récurrence résulte de l'application de la puissance de l'esprit à des syllogismes hypothétiques enchaînés. Or, dans *Science et méthode*, Poincaré écrit :

> [...] Le principe d'induction complète me paraissait à la fois nécessaire au mathématicien et irréductible à la logique. [...] J'y voyais le raisonnement mathématique par excellence. Je ne voulais pas dire, comme on l'a cru, que tous les raisonnements mathématiques peuvent se réduire à une application de ce principe. En examinant ces raisonnements d'un peu près, on y verrait appliqués beaucoup d'autres principes analogues, présentant les mêmes caractères essentiels. [12, p. 130]

Affirmant ici encore que les raisonnements mathématiques sont irréductibles à la logique, il est légitime de proposer que les « caractères essentiels » de ces raisonnements ont trait à l'intervention de l'infini dans la

---

[3] Nous ne parlons pas ici, en effet, du continu mathématique tel qu'il est défini par les « analystes » (par Dedekind par exemple) mais du concept mathématique construit à partir des représentations sensibles.

mesure où c'est en vertu l'opposition de l'infini et du fini que Poincaré oppose les véritables raisonnements mathématiques et les simples vérifications qui, elles, sont finies. Or, c'est précisément la puissance de l'esprit qui nous donne accès à l'infini. Dans cette perspective, on peut considérer que les raisonnements mathématiques sont conçus par Poincaré comme consistant en la conception de la répétition indéfinie d'opérations logiques. La question qui nous intéresse ici est celle de savoir sous quelle forme ou de quelle manière ces dernières sont saisies par l'esprit. Plusieurs textes attribuent cette saisie à l'intuition. A cet égard, nous avons déjà cité un texte dans lequel Poincaré mentionne « l'intuition des formes logiques pures » [23, p. 39]; or au sein du chapitre de *La valeur de la science* dans lequel cette formule apparaît, Poincaré écrit :

> Comparons ces quatre axiomes :
> 1/ Deux quantités égales à une troisième sont égales entre elles ;
> 2/ Si un théorème est vrai du nombre 1 et si l'on démontre qu'il est vrai de $n+1$, pourvu qu'il le soit de n, il sera vrai de tous les nombres entiers ;
> 3/ Si sur une droite le point C est entre A et B et le point D entre A et C, le point D sera entre A et B ;
> 4/ Par un point on ne peut mener qu'une parallèle à une droite.
> Tous quatre doivent être attribués à l'intuition, et cependant le premier est l'énoncé d'une des règles de la logique formelle. [23, p. 32]

Ainsi, c'est effectivement, selon Poincaré, à une certaine forme d'intuition qu'une règle de la logique formelle est due. Il est intéressant de noter que la règle mentionnée ici est précisément celle qui est utilisée dans les exemples de *vérifications* donnés par Poincaré : c'est en effet cette règle qui permet les *substitutions* mises en œuvre pour vérifier par exemple que $2+2=4$. A cet égard, on peut noter que Poincaré insiste souvent sur la dimension *symbolique* de la logique formelle, dimension particulièrement importante dans le cadre de l'opération de substitution. Il en résulte l'idée qu'un aspect de « l'intuition des formes logiques pures » peut être décrit comme une forme d'intuition grâce à laquelle nous sommes capables de manipuler des configurations finies de symboles. L'affirmation du recours à une tette forme d'intuition logico-symbolique peut être rapprochée de la thèse défendue par Hilbert d'une faculté minimale nécessaire à la mathématique formelle et aux inférences logiques elles-mêmes, faculté dont un cas important correspond à ce que l'on peut qualifier d'« intuition symbolique » en raison du fait qu'elle rend possible la simple manipulation de symboles, indépendamment de toute question relative à leur signification. Par ailleurs, Poincaré caractérise la logique formelle en termes ensemblistes :

> La logique formelle n'est autre chose que l'étude des propriétés communes à toute classification ; elle nous apprend que deux soldats qui font partie du même régiment

appartiennent par cela même à la même brigade, et par conséquent à la même division, et c'est à cela que se réduit toute la théorie du syllogisme[4].

Ainsi, « l'intuition des formes logiques pures » doit aussi être entendue comme une capacité liée à la saisie intuitive de collections, comme c'est le cas au sujet des intuitions qui sont à la base de la construction des nombres entiers et des ensembles infinis. Nous avons vu que les actes dont est conçue la répétition indéfinie correspondent dans ces deux cas à l'opération qui consiste à adjoindre un élément (une unité) – ou tout au moins un nombre fini d'éléments – à une collection finie. Ce qui est en question est ici le mode d'appréhension cette opération. Ici encore, plusieurs textes suggèrent que ce mode est une saisie de nature intuitive : il s'agit de l'intuition que nous pouvons avoir d'une collection finie d'éléments individuels. C'est par exemple ce qui apparaît à plusieurs reprises dans la critique que fait Poincaré de l'axiomatisation de la théorie des ensembles élaborée par Zermelo :

> Cela pourrait aller si ce symbole ϵ devait être défini dans la suite par les axiomes eux-mêmes qui seraient regardés comme des décrets arbitraires. Mais nous venons de voir que ce point de vue était intenable. Il faut donc que nous sachions d'avance ce que c'est qu'une *Menge*, que nous en ayons l'intuition, et c'est cette intuition qui nous fera comprendre ce que c'est que ϵ, qui ne serait sans cela qu'un symbole dépourvu de sens, et dont on ne pourrait affirmer aucune propriété évidente par elle-même. Mais qu'est-ce que cette intuition peut être si elle n'est pas la définition de Cantor que nous avons dédaigneusement rejetée ? [14, p. 123-124]

Or, cette intuition que traduit la définition de Cantor n'est autre que celle qui nous permet d'appréhender les *ensembles finis*, comme le montre par exemple le passage suivant :

> Passons aux six premiers axiomes ; ils peuvent être regardés comme évidents, dès qu'on donne au mot *Menge* son sens intuitif et si on ne considère que des objets en nombre fini. [14, p. 126-127]

Si Poincaré exclut de cette remarque le septième axiome qui affirme l'existence d'un ensemble infini, c'est précisément parce que celui-ci fait intervenir la notion d'infini. En effet, Poincaré souligne ici que l'évidence associée aux axiomes n'apparaît que lorsqu'on applique ces axiomes à des ensembles *finis*, comme il le répète plus loin au sein du même chapitre :

> Aucune proposition concernant les collections infinies ne peut être évidente par intuition. [14, p. 138]

Ces textes montrent que, selon Poincaré, nous avons une intuition associée aux ensembles finis et on peut ainsi suggérer que c'est par l'intermédiaire de cette intuition que sont saisis les actes dont la conception de la répétition indéfinie permet de construire des ensembles infinis. Il en résulte que c'est

---

[4] [14, p. 102]. On trouve la même caractérisation de la logique formelle dans *Science et méthode* : « Les règles de la logique formelle expriment simplement les propriétés de toutes les classifications possibles. » [12, p. 167]

aussi une telle forme d'intuition qui réside à la base de la construction des nombres entiers.

Les raisonnements mathématiques, le concept de nombre entier et celui d'ensemble infini semblent donc être admis et conçus par l'application de la puissance de l'esprit à des actes qui relèvent de saisies intuitives associées aux règles de la logique formelle, à la manipulation de symboles et de classes finies. Si la prudence interprétative interdit d'identifier entre elles les formes d'intuition qui permettent ces saisies, et dont le rôle est structurellement le même que celui de l'intuition sensible dans le cas des concepts mathématiques de continu et d'espace, il est toutefois possible de mettre en évidence une communauté entre elles qui explique leur différence fondamentale avec l'intuition sensible : toutes ont trait à la saisie d'*éléments individuels* ou, ce qui revient au même, de configurations « logiquement discrètes », pour reprendre une formule par laquelle Poincaré décrit le continu mathématique envisagé non plus à partir de son origine sensible mais, à la manière des « analystes », comme un ensemble :

> [...] Il semble qu'en s'arithmétisant, en s'idéalisant pour ainsi dire, la mathématique s'éloignait de la nature et le philosophe peut toujours se demander si les procédés du calcul différentiel et intégral, aujourd'hui justifiés au point de vue logique, peuvent être légitimement appliqués à la nature. Le continu que nous offre la nature et qui est en quelque sorte une unité est-il semblable au continu mathématique, tel que l'ont défini les plus récents géomètres, et qui n'est plus qu'une multiplicité d'éléments, en nombre infini, mais extérieurs les uns aux autres et pour ainsi dire logiquement discrets ? [9, p. 107]

L'exemple de l'arithmétisation de l'Analyse est instructif dans la mesure où, comme ce passage le montre, Poincaré y voit une redéfinition du continu mathématique qui conjoint les moyens de l'arithmétique, de la logique et de la théorie des ensembles pour ne plus faire intervenir l'intuition sensible. On peut en outre y ajouter une dimension symbolique sur laquelle Poincaré insiste dans le deuxième chapitre de *La science et l'hypothèse*, comme cela est manifeste par exemple dans le passage suivant :

> Dans la manière de voir de M. Dedekind, le nombre incommensurable $\sqrt{2}$ n'est autre chose que le symbole de ce mode particulier de répartition des nombres commensurables ; et à chaque mode de répartition correspond ainsi un nombre commensurable ou non, qui lui sert de symbole. [9, p. 50-51]

Les remarques de Poincaré consacrées à l'arithmétisation de l'Analyse suggèrent ainsi une communauté entre les intuitions qui se trouvent à la base des constructions logiques, arithmétiques, ensemblistes et symboliques, communauté qui repose sur la saisie intuitive et la manipulation de configurations finies d'entités individuelles (symboles, unités, éléments individués pouvant être réunis au sein de classes).

Nous pouvons à présent revenir à la distinction entre les « analystes » et les « intuitifs ». Les domaines que nous venons d'évoquer – logique, arithmétique, théorie des ensembles, manipulations symboliques – correspondent en effet exactement à ce sur quoi les mathématiciens « analystes » s'appuient dans leur manière de penser. Or, ce qui les distingue des « intuitifs » est le fait que ces derniers ont recours à l'intuition sensible, dont nous avons vu qu'elle permet la saisie des actes dont la conception de la répétition indéfinie constitue les concepts de continu mathématique « intuitif »[5] et d'espace géométrique. Il en résulte que ce qui caractérise l'esprit des « analystes » et ce que l'on peut appeler « les mathématiques analytiques » est le recours aux formes d'intuition que nous venons d'examiner, qui permettent la saisie des actes dont la conception de la répétition indéfinie conduit à la construction des raisonnements mathématiques et des concepts de nombre entier et d'ensemble infini. Autrement dit, les « analystes » comme les « intuitifs » font des mathématiques dans la mesure où les concepts mathématiques fondamentaux qu'ils utilisent sont construits de façon similaire : par la conception de la répétition indéfinie de certains actes ; mais ils se distinguent par la nature des actes en question, plus précisément par la nature des intuitions par lesquelles ces actes sont appréhendés : l'intuition sensible dans le cas des « intuitifs » et des formes d'intuition liées à la manipulation des symboles et des configurations finies d'éléments individuels dans le cas des « analystes ».

Cette première conclusion permet de revenir sur l'articulation entre l'analyse et l'analyticité dans la pensée philosophique de Poincaré. Comme nous l'avons vu, Poincaré n'identifie pas les « analystes » aux « faiseurs de syllogismes » dans la mesure où il ne réduit pas les « mathématiques analytiques » (c'est-à-dire : les mathématiques pratiquées à la manière des « analystes ») à la logique formelle et aux seules procédures « analytiques ». Il n'en reste pas moins qu'en distinguant les analystes et les intuitifs, Poincaré range du même côté, dans un texte cité plus haut, le recours à l'intuition du nombre pur et le recours aux procédures analytiques pour les opposer au recours à l'intuition sensible. Ainsi, Poincaré rapproche l'intuition pure de l'analyste et les procédures strictement analytiques de la logique formelle, en dépit de leurs différences. Précisons ce qui justifie ce rapprochement. Nous avons affaire dans tous les cas à la situation suivante : certains actes qui relèvent d'intuitions diverses donnent lieu à des objets ou à des modes de raisonnement *mathématiques* dès lors qu'est conçue leur répétition indéfinie. De la sorte, on peut faire jouer aux intuitions ensemblistes, logiques et

---

[5] Insistons sur le fait que, par cette expression, nous désignons bel et bien un concept *mathématique* et non pas ce que Poincaré appelle le « continu physique » : le continu mathématique « intuitif » est en effet le concept mathématique construit à partir du continu physique par l'application de la puissance de l'esprit à l'acte – donné sous forme sensible – qui consiste à intercaler entre des éléments indiscernables du continu physique d'autres éléments sensibles auxquels l'utilisation d'un instrument de mesure plus précis donne accès.

symboliques décrites plus haut le rôle que joue l'intuition sensible au sein, par exemple, de l'élaboration du concept géométrique d'espace. Ceci permet de comprendre pourquoi Poincaré conçoit un rapport privilégié entre les mathématiciens « analystes » et l'analyse au sens étroit, c'est-à-dire l'analyticité : *celle-ci met en jeu des opérations finies qui relèvent d'intuitions qui sont les mêmes que celles à partir desquelles les « analystes » construisent les concepts mathématiques.* C'est la raison pour laquelle les domaines dont relève l'analyse au sens étroit du terme sont privilégiés par les mathématiciens « analystes » dans leur manière de pratiquer les mathématiques. En d'autres termes, les mathématiques pratiquées par les « analystes » sont construites à partir d'intuitions qui sont exactement celles qui définissent l'analyse au sens étroit du terme, c'est-à-dire le domaine de l'analyticité. Si celles-là ne se réduisent cependant pas à celle-ci – s'il s'agit d'authentiques mathématiques et non pas de logique – c'est parce que ces intuitions sont limitées au *fini*, alors que les concepts mathématiques construits à partir d'actes qui relèvent de ces intuitions le sont par la mise en œuvre de la puissance de l'esprit et impliquent donc l'*infini*. Il est par conséquent possible de proposer une lecture des écrits philosophiques de Poincaré selon laquelle les *opérations finies* effectuées par l'entremise des intuitions que nous venons d'évoquer définissent ce que l'on peut décrire comme le domaine de l'*analyticité*, si l'on associe à ce terme l'analyse comprise au sens étroit et l'usage que fait Poincaré du qualificatif « analytique ». L'analyticité ainsi comprise est dans une large mesure, comme nous l'annoncions au début de cet article, différente de celle qui peut être conçue à partir de la définition kantienne des jugements analytiques.

BIBLIOGRAPHIE

[1] Poincaré, Jules Henri 1902. *La science et l'hypothèse*. Paris, Flammarion. L'édition utilisée ici est celle de 1968.
[2] Poincaré, Jules Henri 1905. *La valeur de la science*. Paris, Flammarion. L'édition utilisée ici est celle de 1970.
[3] Poincaré, Jules Henri 1908. *Science et méthode*. Paris, Flammarion. Réédition par L. Rollet, *Philosophia scientiæ*, 1998-1999, cahier spécial 3, Paris, Kimé.
[4] Poincaré, Jules Henri 1913. *Dernières pensées*. Paris, Flammarion. L'édition utilisée ici est celle de 1930.
[5] Poincaré, Jules Henri 2002. *L'opportunisme scientifique. Textes réunis par L. Rougier, édités par L. Rollet*. Basel/Boston/Berlin, Birkhäuser.
[6] Heinzmann, Gerhard 1988. « Poincaré et la philosophie des mathématiques », *Cahiers du séminaire d'histoire des mathématiques* 9, 99-121.

Igor Ly
Université de Provence – CEPERC
`igor.ly55@gmail.com`

De l'utilité de publier des correspondances de scientifiques :
L'exemple de Henri Poincaré

PHILIPPE NABONNAND

Les Archives Poincaré, le laboratoire que Gerhard a fondé, se sont longtemps structurées autour du projet d'édition de la correspondance de Poincaré. L'idée de ce projet est apparue au cours d'une réunion informelle lors du congrès Poincaré de 1994 à laquelle participaient Pierre-Édouard Bour, Jeremy Gray, Gerhard Heinzmann, Arthur Miller, Laurent Rollet et moi-même. Les Archives Poincaré venaient d'être créées et l'objectif de cette réunion était de débattre de l'intérêt d'un certain nombre de propositions concernant l'étude de l'œuvre de Poincaré. Très rapidement, la publication de la correspondance de Poincaré dont la majeure partie n'était alors disponible que sous forme de microfilms apparut comme le projet le plus urgent et le plus significatif historiographiquement.

Peu après, Pierre Dugac confiait à Gerhard et aux Archives Poincaré ses dossiers concernant la correspondance de Poincaré. Ce fut un encouragement décisif, il ne restait plus qu'à se mettre au travail.

L'étude de la correspondance de Poincaré a permis de réévaluer le personnage, ses inscriptions dans les réseaux scientifiques et académiques, ses pratiques de recherche et d'édition et plus généralement comment se construisent les différentes identités de Poincaré. Avec ce texte, je voudrais revenir sur les nombreuses et fructueuses discussions que j'ai eues avec Gerhard sur cette question.

1 Introduction

On pourrait penser que l'étude et l'édition des correspondances des mathématiciens du 19e et du 20e siècles est d'un intérêt moindre que celles des mathématiciens des siècles précédents. En effet, contrairement aux 16e, 17e ou 18e siècles[1], l'échange de lettres n'est plus au 19e siècle (et *a fortiori* au 20e siècle) le vecteur essentiel de communication entre mathématiciens.

---

[1] Sur l'importance de la forme épistolaire dans la pratique scientifique de cette époque, voir l'article de Jeanne Peiffer, « Faire des mathématiques par lettres »[23].

Certes, des revues savantes généralistes importantes existaient depuis la fin du 17e siècle, mais la correspondance scientifique resta jusqu'à la fin du 18e siècle le meilleur moyen d'échanges et de débats entre scientifique et plus généralement entre intellectuels. Pendant une période que l'on pourrait qualifier d'intermédiaire entre les 18e et 19e siècles, les revues scientifiques publièrent des lettres ou des extraits de lettres adressées à un des rédacteurs de la revue[2]. Le 19e siècle voit apparaître les revues spécialisées et celles-ci vont s'imposer progressivement comme le moyen privilégié de diffusion et de communication des connaissances scientifiques. De plus, avec la professionnalisation des scientifiques, les cours universitaires, les séminaires et les congrès deviennent aussi des outils de diffusion significatifs.

Pourtant, dans les milieux mathématiques de la fin du 19e siècle ou du début du 20e siècle, les correspondances de mathématiciens contemporains ne sont pas considérées comme inintéressantes. Ainsi, la publication des œuvres complètes d'un auteur est souvent accompagnée de quelques lettres à caractère mathématique, philosophique ou méthodologique. Pour les éditeurs, la plupart de ces lettres n'ont pas seulement un caractère historique mais sont considérés comme d'authentiques documents de travail. Un exemple significatif est la publication du *Nachlaß* de Carl Friedrich Gauß [13] dont l'importance est fondamentale pour la réception des géométries non-euclidiennes. En 1926, Paul Barbarin, tout en partageant les visions hagiographiques et scientistes de cette période, défend l'idée que les correspondances font partie intégrante du corpus des textes mathématiques :

> La correspondance entre les Savants est toujours d'un puissant intérêt, et l'Histoire de la Science trouve un avantage de premier ordre à ce qu'elle soit recueillie et conservée avec soin, publiée même si cela devient nécessaire, car elle fait partie de leur œuvre et du patrimoine scientifique qu'ils nous ont légué. Non seulement nous devons rendre ce pieux hommage à la mémoire des Savants, mais nous devons estimer avec raison que leur correspondance complète ce patrimoine en y ajoutant une note intime qui nous aide à mieux comprendre le sens et l'orientation de leurs Travaux et quelquefois même en révèle la raison d'être. [1, p. 51]

Barbarin insiste sur l'importance historique et disciplinaire des correspondances en soulignant l'intérêt de celles-ci pour l'intelligence de la genèse des résultats obtenus par les « grands hommes de sciences » et pour la compréhension profonde de certains résultats. Tout en restant dans le cadre des conceptions internalistes de l'histoire des sciences, naissante à l'époque, les

---

[2] Dans le même ordre d'idée, on peut rappeler qu'au cours du 19e siècle, les revues portaient le nom de leur créateur telles les Annales de Gergonne, les journaux de Crelle, de Liouville, Jordan... On ne soumettait pas un article aux *Annales de mathématiques pures et appliquées* ; on adressait une lettre au rédacteur de ce journal. Sur les questions de diffusion des résultats et de communication au sein des communautés de mathématiciens en Europe, on peut consulter les articles de Hélène Gispert, « Les journaux scientifiques en Europe » [14], et de Catherine Goldstein, « Sur quelques pratiques de l'information mathématique » [15].

historiens des mathématiques et les mathématiciens considèrent avec Barbarin que le corpus des textes relevant de leurs disciplines ne s'arrête pas aux textes imprimés. La plupart du temps, du fait des conceptions internalistes ou disciplinaires de l'époque, seules les lettres ayant un intérêt directement mathématique ou éventuellement philosophique sont retenues et étudiées. Néanmoins, celles à caractère familial, amical, institutionnel, académique, etc. peuvent éventuellement servir de sources pour les biographes[3].

L'historiographie des mathématiques (et plus généralement des sciences) de la seconde moitié du 20e siècle a considérablement étendu ses champs d'investigation et ses recherches en prenant en compte entre autres les méthodes et les résultats de l'histoire des institutions, de l'histoire de l'enseignement, de la bibliométrie et de la sociologie des sciences. La production de mathématiques ne peut plus être conçue de manière indépendante de leur circulation; le travail des mathématiciens est pensé dans ses relations avec les autres sciences et disciplines, avec l'enseignement[4], les institutions et plus généralement considéré comme une activité sociale.

> De manière générale, il n'existe pas de sphère de la production théorique qui serait entièrement autonome, mais plutôt des activités intellectuelles engagées dans des contextes spécifiques qui déterminent les conditions de leur développement. C'est pourquoi l'étude de la circulation des textes et des pratiques dans le temps et l'espace social et géographique me paraît au cœur du travail de l'historien. [3, p. 289]

Dans un tel cadre théorique, les notions de texte et même d'énoncé mathématique sont profondément bouleversées. L'étude des correspondances ne se limite plus aux lettres ayant un intérêt interne ou biographique mais s'étend à celles qui sont significatives du point de vue institutionnel, éditorial ou sociologique.

L'édition des correspondances entre Henri Poincaré et ses collègues scientifiques n'a pas échappé à ces contextes. Les premières publications de correspondances de Poincaré datent de 1921 et 1923 dans deux volumes édités en hommage à Poincaré de la revue *Acta Mathematica* créée et dirigée par Gösta Mittag-Leffler[5]. Les lettres polémiques échangées par Poincaré et Felix Klein au sujet de la théorie des fonctions fuchsiennes publiées à cette occasion sont présentées comme devant « intéresser tous les géomètres comme un document humain » et permettant de « retracer le développement de

---

[3] On peut citer à cet égard une des rares biographies existantes de Henri Poincaré, celle d'André Bellivier *Henri Poincaré ou la vocation souveraine* [2] qui utilise quelque lettres familiales et académiques.

[4] Sur cette question, voir l'article de Bruno Belhoste, « Pour une réévaluation du rôle de l'enseignement dans l'histoire des mathématiques » [3].

[5] Mittag-Leffler avait prévu de publier les volumes « en hommage à Poincaré » beaucoup plus tôt qu'ils ne l'ont été. En fait, il eut certaines difficultés à réunir les contributions et la Première Guerre mondiale retarda définitivement ce projet. Le tome 11 des œuvres de Poincaré est en grande partie une réédition de ces deux volumes.

cette belle théorie d'une manière plus intime qu'on ne peut le faire dans une Encyclopédie[6] ».

A l'exception de rééditions de parties des volumes des *Acta mathematica* et de l'édition des lettres échangées par Ernst Zermelo et Poincaré ([7] & [18]), la seule tentative significative de publication de la correspondance de Poincaré avec des mathématiciens est le projet (1986) de Pierre Dugac dans les *Cahiers du séminaire d'histoire des mathématiques*. Bien que cette édition ait participé de manière significative à réévaluer le rôle de Poincaré et à souligner l'importance des correspondances comme source pour l'historien des mathématiques, elle n'est pas complètement satisfaisante ; en effet, les correspondances sont éditées souvent de manière fragmentaire et de plus, seuls des extraits des correspondances considérées comme « sans grand intérêt mathématique » sont proposés.

L'édition de la correspondance de Poincaré par les Archives Poincaré est de ce point de vue complète et obéit aux standards de la nouvelle historiographie des sciences. En particulier, les correspondances sont éditées intégralement et celles avec des mathématiciens de moindre importance ne sont pas négligées[7].

Dans la suite, nous essayerons de montrer à partir de quelques exemples comment l'épaisseur historiographique de Poincaré a été renouvelée récemment à partir entre autres d'une meilleure connaissance de sa correspondance. En particulier, nous nous intéresserons à la manière d'appréhender l'investissement de Poincaré dans les institutions internationales scientifiques à travers ces correspondances. Enfin, nous étudierons en croisant diverses correspondances la reconnaissance et l'image de Poincaré parmi ses pairs.

2 Poincaré et son investissement dans la communauté mathématique internationale

A la fin du 19$^\text{e}$ siècle, le mode d'organisation des communautés scientifiques s'internationalise : de multiples initiatives revendiquant un statut international voient alors le jour[8]. L'analyse de la correspondance scientifique de Poincaré a contribué entre autres à mesurer l'étendue des relations de Poincaré avec la communauté des mathématiciens et à faire apparaître l'importance de son implication dans un certain nombre d'entreprises in-

---

[6] *Acta mathematica*, 39 (1923), p. 93.

[7] Pour une intéressante discussion sur le rapport à l'exhaustivité lors de l'édition d'une correspondance, on peut consulter la note de Pierre Crépel [10].

[8] Sur les questions d'internationalisation de la science au tournant du 20$^\text{e}$ siècle, voir la thèse d'Anne Rasmussen [27].

ternationales comme l'organisation des congrès, l'entreprise du répertoire bibliographique ou l'attribution de prix scientifiques.

2.1 Poincaré et les entreprises internationales de bibliographie scientifique

Le 4 mars 1885, en raison de l'accroissement du nombre de revues mathématiques et plus généralement de l'augmentation de la publication d'imprimés, la Société mathématique de France lançait le projet d'un répertoire bibliographique des sciences mathématiques[9]. Poincaré assura la présidence de cette entreprise qui fut dès le départ conçue dans une perspective internationale[10]. Il fallut donc animer un groupe international de mathématiciens dont la première tâche fut de proposer une classification des divers domaines mathématiques. Poincaré échangea avec de nombreux mathématiciens (Francesco Brioschi, Arthur Cayley, Gustav Eneström, Jorgen Gram, Sophus Lie, Émile Mathieu, Maurice d'Ocagne, Joseph de Perott, Victor Schlegel, Vito Volterra, Emil Weyr, ...) une correspondance sur la conception du projet de bibliographie mathématique, sur la définition et l'organisation des rubriques de l'index et enfin sur la recension des références[11]. En particulier, Poincaré est soucieux d'offrir aux mathématiciens un véritable outil bibliographique et plaide à plusieurs reprises pour l'adoption d'une classification systématique :

> Le classement par noms d'auteurs ne peut être utile aux géomètres, mais seulement aux historiens des sciences ; le classement logique convient seul aux géomètres[12].

Les discussions suscitées par le projet de répertoire bibliographique constituent une source directe pour saisir comment le groupe de mathématiciens auxquels était lié Poincaré envisageait l'organisation de leur discipline et les outils dont ils avaient besoin. Elles permettent aussi de mieux comprendre un certain nombre de débats conceptuels. Ainsi, Lie adresse à Poincaré quelques suggestions au sujet de la définition des rubriques concernant les groupes :

> Mes remarques sont surtout relatives aux groupes de substitutions et aux groupes de transformations. Les premiers traitent d'objets discrets ; les derniers de domaines continus. Ne serait-il pas correct de tenir compte de cette différence de

---

[9] Pour plus de précisions sur l'entreprise du répertoire, voir les articles de Laurent Rollet et Philippe Nabonnand ([29] & [30]).

[10] Le terme « international » dans ce contexte signifie à l'époque essentiellement « Europe (Russie comprise) et États-Unis ».

[11] Poincaré fut impliqué aussi dans une autre tentative, anglaise celle-ci, de bibliographie scientifique. On trouve dans la correspondance de Poincaré des lettres échangées avec Gaston Darboux, de Perott et Klein sur ce sujet.

[12] Lettre de Poincaré adressée à Eneström datée du 3 juin 1885.

nature ? Il n'est guère possible d'étudier exhaustivement la notion de groupe de transformations[13].

Lie terminait ses recommandations en proposant de donner à l'idée de classification des groupes de transformations plus d'importance dans l'index et d'y adjoindre les applications à la théorie des équations différentielles. Lie défendait ici son approche des groupes continus de transformations comme tentative de produire une théorie pour les équations différentielles[14].

> Ce travail [un article d'Ernest Vessiot sur l'intégration des équations différentielles linéaires] m'intéresse beaucoup parce que l'importance de ma théorie des groupes pour les équations différentielles linéaires [...] y est exposée de façon particulièrement claire. Il est inconcevable que les principes posés par Galois aient une validité aussi étendue. Et il est encore plus curieux qu'on mette si longtemps à le reconnaître peu à peu. Les idées de Galois s'imposent petit à petit dans tous les domaines[15].

En subordonnant l'étude des propriétés formelles des groupes à leur application en théorie des équations différentielles et en géométrie, Lie ne laissait guère de place dans sa lettre à Poincaré aux approches naissantes de la théorie des groupes abstraits. Par contre, Perott, qui était plutôt un algébriste et arithméticien, défendait ce type d'approche en faisant lui-même de nombreuses référence aux travaux de Galois[16] :

> Il est quelquefois utile de traiter la théorie des groupes d'une manière abstraite, indépendamment de son application à la théorie des nombres, théorie des équations, théorie des substitutions, etc. [...] Je veux naturellement parler des groupes qui s'appliquent à telle ou telle branche de mathém[atiques] mais que l'auteur pour une raison ou pour une autre traite d'une manière abstraite[17].

Perott ne défendait pas, ici, une conception intrinsèque des groupes, mais une approche privilégiant l'étude des « propriétés formelles » des groupes de transformations. Pour la plupart des mathématiciens de l'époque, un groupe ne pouvait apparaître que comme opérant sur un ensemble (discret ou continu). Par contre, de nombreux mathématiciens (dont Poincaré et Lie malgré l'impression que pourraient donner ses lettres précédentes) étaient convaincus qu'étudier la structure des groupes indépendamment de l'action du groupe était possible et utile[18].

---

[13] Lettre non datée de Lie adressée à Poincaré. La correspondance entre Lie et Poincaré est publiée dans les *Cahier du séminaire d'histoire des mathématiques*. Les lettres de Lie sont traduites par Jeanne Peiffer.

[14] Sur cette question, on peut consulter le livre d'Armand Borel sur l'histoire des groupes de Lie et des groupes algébriques [4] et celui de Thomas Hawkins sur les débuts de la théorie des groupes de Lie [17].

[15] Lettre de Lie adressée à Poincaré datée d'octobre 1892.

[16] Sur les manières dont les idées et les travaux de Galois ont été repris, on peut consulter la thèse de Caroline Ehrhardt, *Évariste Galois et la théorie des groupes. Fortune et réélaborations* [12].

[17] Lettre de Perott adressée à Poincaré datée du 5 mai 1887.

[18] Poincaré définit les propriétés formelles d'un groupe de transformations comme étant celles qui sont indépendantes de l'ensemble sur lequel les transformations opèrent, « celles

Les correspondances non directement mathématiques qu'échangeait Poincaré avec ses collègues de la commission permanente du répertoire reflètent bien les hésitations et les interrogations des mathématiciens devant la théorie des groupes de transformation. Ces réflexions sur la place de cette théorie dans le champ disciplinaire des mathématiques occasionnées par les débats concernant l'index du répertoire bibliographique constituent de fait une nouvelle source, non négligeable, pour l'histoire de la théorie des groupes.

Par ailleurs, les outils bibliographiques sont une source apparue récemment dans l'histoire des disciplines. Les correspondances échangées lors de l'élaboration de l'index et du répertoire permettent de mieux saisir l'ambition de cette entreprise et montre l'engagement de Poincaré tout au long de sa réalisation.

L'internationalisation de la science ne signifie pas pour autant la disparition des points de vue nationaux et de leur confrontation. La lettre, adressée, en 1899, par Poincaré à Gaston Darboux, au sujet des classifications de l'index de l'*International Catalogue of Scientific Literature*, mis en œuvre par la *Royal Society*, montre la part des points de vue nationaux dans ce type d'entreprise à vocation internationale :

> [...] la question des *Subject-entries* est toujours pendante. Les Allemands avaient des instructions impératives, et d'autre part les Anglais n'ont pas voulu faire de concession, sinon *ad referendum*. On a rédigé une sorte de compromis qui doit être soumis d'une part au gouvernement allemand par les délégués allemands, d'autre part à la Société Royale par les Anglais.

2.2 Les congrès internationaux de mathématiciens

Le signe le plus caractéristique de l'internationalisation de la science à la fin du 19e siècle est sans doute la multiplication des congrès. Le premier congrès international des mathématiciens fut organisé en 1897 à Zurich. Dès 1895, Poincaré exprimait son soutien à ces initiatives et envisageait d'y participer :

> J'espère que les congrès mathématiques que l'on projette d'organiser pourront rendre des services, ne serait-ce qu'en fournissant aux géomètres une occasion de se connaître. Aussi ai-je l'intention d'y prendre part personnellement si on parvient à les mettre en train. (Lettre de Poincaré adressée à Klein datée de 1895)

De même, dans sa lettre adressée à Poincaré le 15 décembre 1895, Georg Cantor évoque leur dernière conversation à la gare de Halle alors que Poincaré prenait le train et lui propose d'entamer une réflexion sur la question

---

qui sont indépendantes de toute qualité et en particulier de la nature qualitative des phénomènes qui constituent [...] le déplacement » :

> Les propriétés dites formelles sont celles qui sont communes à tous les groupes isomorphes. [...] De telles propriétés formelles sont susceptibles d'être étudiées mathématiquement. [24, p. 13]

des congrès internationaux[19]. La suite de la correspondance entre Poincaré et Cantor est en partie consacrées aux congrès internationaux de mathématiciens et montre les efforts de ce dernier pour convaincre ses collègues allemands dont la société avaient voté en 1895 qu'« en ce qui concerne le projet de congrès international des mathématiciens, l'union a simplement précisé son opinion de l'année dernière, à savoir qu'un tel projet a toute sa sympathie mais qu'elle s'abstient d'en prendre l'initiative[20] ». Selon Cantor, une première réunion devait avoir lieu en 1897 à Bruxelles ou Zurich, « mais le premier congrès véritable et proprement dit à Paris au cours de l'année 1900[21] ».

Le premier congrès eut lieu effectivement à Zurich en 1897 et le second à Paris en 1900 sous la présidence de Poincaré. Dans ce cadre, Poincaré encouragea directement certains de ses correspondants à participer au congrès de Paris, et invita Mittag-Leffler et Volterra à donner une conférence plénière :

> J'espère que je vous verrai au congrès des Mathématiciens cette année à Paris et à ce propos je voudrais vous demander si vous consentiriez à faire une conférence qui devrait porter sur un sujet d'un intérêt un peu général, afin d'être facilement suivi par tout le monde[22].

Volterra reçoit quant à lui une invitation plus formelle et répond en proposant plusieurs sujets de conférence. Poincaré l'incita à se déterminer pour la proposition concernant les fondateurs de l'école analytique italienne[23]. Dans un premier temps, la conférence de David Hilbert ne semble pas avoir été prévue comme devant être plénière ce qui n'empêcha pas Poincaré d'accorder à ce dernier le temps nécessaire pour prononcer sa célèbre conférence programmatique [19][24].

---

[19] Pour plus de précisions sur les échanges épistolaires entre Cantor et les mathématiciens français, on peut consulter le livre d'Anne-Marie Decaillot, *Cantor et la France : correspondance du mathématicien allemand avec les français à la fin du XIXe siècle* [11].

[20] Lettre de Cantor à Poincaré datée du 22 janvier 1896.

[21] Lettre de Cantor à Poincaré datée du 7 janvier 1896.

[22] Lettre de Poincaré adressée à Mittag-Leffler datée du 29 janvier 1900. Entre 1881 et 1911, Gösta Mittag-Leffler et Henri Poincaré échangent une correspondance régulière qui couvre quasiment la carrière scientifique de Poincaré. Cette correspondance montre que Poincaré était au centre du réseau européen mis en place par Mittag-Leffler. La stratégie éditoriale de ce dernier rencontre les aspirations de Poincaré à une renommée internationale. Contrairement à l'image de savant un peu éthérée, couramment propagée par l'hagiographie officielle, Poincaré était très soucieux de la diffusion de son travail et de sa réputation internationale. Cette correspondance constitue le premier volume de l'édition de la correspondance de Poincaré par les Archives Poincaré [22].

[23] Lettre de Poincaré adressée à Volterra datée de 1900.

[24] D'après le programme du congrès de Paris, Hilbert prononce sa conférence dans le cadre des sections V et VI bibliographie et histoire, enseignement et méthodes. Elle est publiée avec les quatre conférences plénières qui furent quant à elles prononcées lors des séances d'ouverture (Cantor et Volterra) et de cloture (Poincaré et Mittag-Leffler) du congrès.

Nous serons très heureux d'entendre votre communication. Nous vous accordons volontiers trois quarts d'heure ; seulement ne le racontez pas, tout le monde ferait la même demande. Pour ce qui vient de vous plus on en aura, plus on sera content[25].

Poincaré ne participa pas au congrès d'Heidelberg en 1904[26] ; par contre il s'investit de nouveau dans l'organisation de celui de Rome en 1908 en acceptant de prononcer une conférence plénière et en participant avec Max Nœther et Corrado Segre au jury du prix international pour la médaille Guccia. Le lauréat de ce concours fut Francesco Severi pour ses travaux en géométrie algébrique mais le jury semble avoir eu quelques hésitations pour se déterminer car Poincaré évoque l'éventualité d'un partage du prix dans une lettre adressée à Giovanni Guccia le 4 décembre 1904.

Les correspondances échangées à l'occasion de l'organisation des congrès de mathématiciens montrent comment les organisateurs, et Poincaré en premier lieu, tenaient à ce que les conférences plénières gardent un caractère général et réflexif. Les conférences prononcées en 1900 à Paris sont à cet égard exemplaires : une conférence sur l'historiographie des mathématiques par Moritz Cantor [6], une sur l'école italienne d'analyse dans laquelle Volterra s'intéresse au style de Betti, Brioschi et Casorati [31], celle à caractère philosophique de Poincaré sur le rôle de l'intuition et de la logique en mathématiques [25], et celle de Mittag-Leffler consacrée au début des relations épistolaires entre Weierstrass et Sonia Kowalevskaja [21]. On notera aussi l'équilibre entre d'une part l'Allemagne et la France et d'autre part, le souci de faire apparaître deux autres écoles mathématiques nationales importantes (Italie et Suède).

Les correspondances montrent aussi que les congrès sont des moments privilégiés de sociabilité et d'organisation de la communauté internationale. Par exemple, c'est au moment du congrès de Paris que sont évoqués pour la première fois la proposition de Hendrik Lorentz au prix Nobel ou encore un projet avorté de publication de biographies de scientifiques. Elles montrent aussi l'implication de Poincaré dans différents réseaux dont il n'est pas le centre mais un acteur nodal comme ceux de Guccia ou de Mittag-Leffler.

2.3 Les prix Nobel

Dès la création des prix Nobel de physique, Poincaré participa avec le « réseau Mittag-Leffler[27] » à la promotion de candidats venus de la physique

---

[25] Lettre de Poincaré adressée à Hilbert datée de 1900.

[26] Poincaré avait accepté de faire une conférence au congrès de Saint Louis (USA) prévu aux mêmes dates : « Je n'irai pas à Heidelberg parce que je pars le 6 Août pour St Louis ». Lettre de Poincaré adressée à Guccia datée du 30 juillet 1907.

[27] Elisabeth Crawford, dans son livre sur les débuts des prix Nobel [8] décrit les débats concernant la définition du champs de la physique que suscite l'attribution du prix Nobel de Physique. Elle montre que ces débats s'articulent sur la constitution de deux réseaux : celui de Mittag-Leffler et celui d'Arrhenius.

théorique. Il semble avoir été avec certains de ses collègues parisiens à l'origine de la candidature de Lorentz en 1902. Répondant à l'invitation de Mittag-Leffler, Poincaré rédigea le rapport appuyant la proposition d'attribution du prix Nobel de physique à Lorentz comme un plaidoyer en faveur de la théorie en physique.

> J'espère que nous réussirons et que cela sera le premier pas pour tirer le prix vers le côté de la théorie. C'est toujours le premier pas qui est le plus difficile. Sans un rapport de vous, il n'y aurait pas eu moyen d'amener le prix aux théories mathématiques[28].

Cette tentative ne se solda pas par un succès complet puisque le théoricien Lorentz partagea le prix Nobel 1902 de physique avec l'expérimentateur Zeeman.

A partir de 1904, plusieurs propositions (1904, 1906, 1907, 1909) en faveur de la candidature de Poincaré au prix Nobel de physique émanèrent des milieux scientifiques et académiques français et se soldèrent par des échecs. Poincaré n'était sûrement pas insensible à ces tentatives et il suggéra dans plusieurs lettres adressées en 1909 à Darboux la trame du rapport présentant sa candidature :

> On peut prendre soit les mémoires sur les équations de la Physique Mathématique (*Rendiconti* et *Acta*, Problème de Neumann), soit par exemple le mémoire sur la Polarisation par Diffraction (*Acta*).

Poincaré envoya un peu plus tard une liste exhaustive et commentée de ses travaux en physique mathématique. En 1910, la campagne en faveur de Poincaré fut orchestrée par Mittag-Leffler[29] qui réunit autour du nom de Poincaré 34 signatures parmi les plus éminents physiciens ou mathématiciens. La commission Nobel ne fut néanmoins pas convaincue et le prix fut attribué à un autre physicien théoricien, Johannes Diderik van der Waals[30].

La correspondance concernant la désignation du prix Nobel de physique montre l'importance que Poincaré accorde à ces questions. Il est la cheville ouvrière de l'attribution à Lorentz de ce prix mais il sera partie prenante d'un certain nombre d'autres propositions certaines couronnées de succès comme celle en 1903 de Marie et Pierre Curie et Henri Becquerel pour le prix de chimie. En même temps qu'il assurait son autorité en participant aux campagnes de proposition pour le prix Nobel, il confortait en même

---

[28] Lettre de Mittag-Leffler adressée à Poincaré datée du 5 février 1902.

[29] La correspondance de Mittag-Leffler, conservée à l'Institut Mittag-Leffler à Djursholm (Suède), contient de nombreuses lettres (de ou adressée à Painlevé, Darboux, Volterra, Rutherford, ...) concernant l'attribution du prix Nobel de Physique. Ces correspondances sont particulièrement éclairantes sur les débats aux sein des milieux physiciens (et mathématiciens) sur la place et le statut des mathématiques ou plus généralement de la théorie au sein de leur discipline.

[30] Pour plus de précisions sur le Prix Nobel raté de Poincaré, on peut consulter l'article de E. Crawford [9].

sa stature de candidat suivant en cela la stratégie de Mittag-Leffler. En même temps, s'il s'investit particulièrement pour des candidats théoriciens, il participe aussi à des campagnes comme celle en faveur des promoteurs de l'aviation. Certes, Poincaré œuvre pour la reconnaissance par les physiciens de la théorie mais il ne le fait pas de manière frontale, sans opposer la théorie à l'expérience.

3 Le travail de mathématicien

Poincaré était évidemment reconnu par ses pairs comme un mathématicien exceptionnel : « Moi, comme bien d'autres, nous vous regardons être après la mort de Weierstraß le premier analyste maintenant vivant[31]. » Cependant, de nombreuses voix dont celles de Mittag-Leffler, Hermite, Picard se font entendre pour déplorer son style d'exposition et de démonstration ainsi que son manque de rigueur :

> [Poincaré] a pourtant une faute qui est extrêmement à regretter. Il écrit avec trop peu de soin, c'est incontestable, et ses mémoires sont remplis d'inexactitudes[32].

Hermite, quant à lui, regrettait que Poincaré exposât ses résultats par la « méthode qui les lui a fait découvrir[33] » sans chercher à en améliorer la forme. Hermite reprend à plusieurs reprises dans sa correspondance avec Mittag-Leffler ses reproches, qui semblent avoir été partagés par Picard :

> Mais il faut bien le reconnaître, dans ce travail comme dans presque toutes ses recherches, Mr. Poincaré montre bien la voie et donne des indications, mais laisse considérablement à faire pour combler les lacunes et compléter son œuvre. Souvent, Picard lui a demandé, sur des points d'une grande importance dans ses articles des *Comptes rendus*, des éclaircissements et des explications, sans pouvoir jamais rien obtenir qu'une affirmation : « c'est ainsi, c'est comme cela », de sorte qu'il semble comme un voyant auquel apparaissent les vérités dans une vive lumière, mais en grande partie pour lui seulement[34].

On comprend mieux les reproches des collègues de Poincaré lorsque l'on lit le témoignage de Pierre Boutroux, le neveu de Poincaré, sur la manière dont rédigeait son oncle en soulignant sa rapidité :

> Presque jamais une rature, très rarement une hésitation. En quelques jours un long mémoire se trouvait achevé, prêt à être imprimé [...]. [5]

Même si Poincaré ne se préoccupait pas réellement de son style de rédaction en mathématiques, la question de la difficulté de certaines démonstrations de Poincaré réside aussi, comme l'a montré Anne Robadey [28]

---

[31] Lettre de Mittag-Leffler adressée à Poincaré datée du 13 mars 1897.
[32] Lettre de Mittag-Leffler adressée à Hermite datée du 27 octobre 1887.
[33] Lettre de Hermite adressée à Poincaré datée du 2 avril 1881. Au delà de ce reproche de forme, Hermite critiquait l'utilisation par Poincaré de la géométrie non-euclidienne dans ses recherches analytiques.
[34] Lettre de Hermite adressée à Mittag-Leffler datée du 22 octobre 1888.

dans sa manière d'appréhender les questions de généralité. On peut aussi penser qu'il écrivait pour des mathématiciens qui travaillaient comme lui ; peu importe que les démonstrations ou même les résultats soient clairement exposés puisqu'il s'agit de tout refaire soi-même :

> J'ai l'habitude, quand je lis un mémoire, de le parcourir d'abord rapidement de façon à me donner une idée de l'ensemble et de revenir ensuite sur les points qui me semblent obscurs. Je trouve plus commode de refaire des démonstrations que d'approfondir celles de l'auteur. Mes démonstrations peuvent être généralement beaucoup moins bonnes mais elles ont pour moi l'avantage d'être miennes[35].

Il ne faut pas pour autant en conclure que Poincaré ne se souciait pas de la rigueur de ses développements. Il évoquera à plusieurs reprises dans ses textes à caractère philosophique la question de la rigueur et le rôle de la logique dans les mathématiques. Il opposait « deux sortes d'esprits entièrement opposés » [26, p. 27], les logiciens et les intuitifs. Les premiers sont plus soucieux de rigueur et de la logique de leurs développements[36], les autres se laissent guider par leur intuition au risque de se laisser abuser. Hermite ou Weierstraß représentaient pour Poincaré le modèle du mathématicien logicien.[37] Aux yeux de Poincaré, « les deux sortes d'esprits sont également nécessaires aux progrès de la Science » [26, p. 29] même si l'époque caractérisée par l'esprit de rigueur de l'arithmétisation des mathématiques exige des intuitifs « plus de concessions ». Tout en se considérant sans nul doute du côté des intuitifs, Poincaré n'était pas prêt malgré ses indéniables négligences rédactionnelles, à céder sur la rigueur :

> Je ne crois pas qu'une démonstration puisse être résumée ; on ne peut en retrancher sans lui enlever sa rigueur et une démonstration sans rigueur n'est pas une démonstration[38].

Si Poincaré travaillait et écrivait rapidement, si selon ses collègues, il ne faisait guère d'efforts pour rendre ses travaux plus accessibles, il était néan-

---

[35] Lettre de Poincaré adressée à Mittag-Leffler datée du 5 février 1889.

[36] Les mathématiciens qui critiquaient le style de Poincaré sont tous des mathématiciens que Poincaré qualifiait de logiciens.

[37] Le cas de Hermite est plus délicat. S'il défendait un exposé rigoureux des mathématiques, son épistémologie platoniste l'amenait à considérer les mathématiques comme une science d'observation d'un monde idéal :

> Je ne sais si vous partagez mon sentiment que l'analyse est en grande partie une science d'observation, ayant pour objet des réalités qui sont en dehors de nous, tout autant que les choses du monde physique. Au moins vous admettrez qu'en s'avançant à l'aveugle dans une recherche difficile on tente de tirer des exemples, des cas particuliers, des observations possibles quelque indications de la voie à suivre. (Lettre de Hermite à Poincaré datée du 11 juillet 1881.)

Pour plus de détails sur les conceptions épistémologiques de Hermite, on peut consulter l'article de C. Goldstein, Un arithméticien contre l'arithmétisation : les principes de Charles Hermite [16].

[38] Lettre de Poincaré adressée à Klein datée du 17 décembre 1881.

moins soucieux de leur bonne diffusion dans la communauté des mathématiciens et collabora avec de nombreuses revues françaises et étrangères. Ses stratégies de publication montrent le souci qu'il avait d'annoncer rapidement ses nouveaux résultats à des communautés bien précises :

> Si les auteurs sont généralement pressés d'avoir leur tirages à part, ce n'est pas pour faire une ample distribution à tous leurs amis, mais pour envoyer aussitôt que possible un exemplaire à une dizaine de grands noms à qui ils désirent faire connaître leurs travaux[39].

La puissance de travail de Poincaré l'amène très tôt à diversifier les domaines auxquels il contribue. Ainsi, dès le début des années 1880, alors qu'il publie ses travaux sur les équations différentielles linéaires et non-linéaires, il s'investit en même temps dans des questions de mécanique céleste. La correspondance avec l'astronome suédois Lindstedt illustre la puissance des méthodes de Poincaré pour résoudre certaines équations de mécanique céleste. A la fin de leurs échanges, Lindstedt est amené à faire le constat que Poincaré comprend mieux que lui le statut des séries dites de Lindstedt et leur utilité. Lindstedt termine leur échange en annonçant qu'il compte apprendre les mathématiques[40]. De même, la lecture de sa correspondance avec les mécaniciens célestes Octave Callandreau et Félix Tisserand montre que Poincaré contribue de manière significative au *Bulletin astronomique* dès les débuts de la revue. En effet, Poincaré répond immédiatement aux sollicitations de Tisserand et Callandreau de développer des notes publiées aux *Comptes rendus de l'Académie des sciences* dans lesquelles il signalait que certains résultats obtenus dans le cadre de son étude des équations différentielles pouvaient recevoir des applications en mécanique céleste. Sa collaboration active avec le *Bulletin astronomique* participe indéniablement au succès international de la revue tout en permettant à Poincaré d'acquérir une reconnaissance rapide dans le champ de la mécanique céleste. De même, la correspondance de Poincaré et Mittag-Leffler montre que si Mittag-Leffler compte assurer le succès du journal qu'il crée dans les années 1882, les *Acta Mathematica*, en publiant les résultats de Poincaré sur les fonctions fuchsiennes, dans le même temps, Poincaré utilise les *Acta Mathematica* pour assurer une diffusion internationale à sa théorie qu'aucun journal français n'aurait pu donner[41].

4 Conclusion

La correspondance scientifique et administrative de Poincaré permet de reconstituer les réseaux de sociabilité et d'amitié qui structurent son parcours

---

[39] Lettre de Poincaré adressée à Eneström datée du 3 juin 1885.

[40] Pour plus de précisions sur ces questions, on peut consulter le 3e volume de la correspondance de Poincaré consacré aux astronomes, géodésiens et mécaniciens célestes [33].

[41] Sur cette question, on peut consulter [22].

professionnel (et privé). De manière indirecte, les allusions à Poincaré présentes dans d'autres correspondances permettent elles-aussi de préciser les degrés d'implication dans ces réseaux. D'une part, les lettres où Poincaré discute de résultats scientifiques constituent des sources que l'on pourrait qualifier d'immédiates en histoire des sciences ; elles contribuent à une meileure compréhension de la part prise par Poincaré dans les divers champs scientifiques (et philosophiques) auxquels il contribue. D'autre part, la correspondance professionnelle de Poincaré comporte également des aspects éditoriaux et institutionnels. Elle permet ainsi de faire apparaître un scientifique qui non seulement écrit des articles mais aussi les publie en choisissant soigneusement les journaux et en investissant des champs selon des stratégies élaborées et/ou en répondant aux opportunités qui s'offrent à lui. D'autres aspects de l'activité de Poincaré sont de même réévalués par l'étude de sa correspondance : ses participations directe ou plus implicite à la rédaction de revues comme le *Journal de mathématiques pures et appliquées* ou le *Bulletin astronomique*, ses contributions à la structuration du champ mathématique (présidence et animation du comité éditorial du répertoire bibliographique des sciences mathématiques, participation à l'organisation des premiers congrès internationaux de mathématiciens mais aussi à ceux des physiciens ou de philosophes), ses voyages en Europe et aux États-Unis pour participer à des congrès ou des rencontres académiques. Par ailleurs, les correspondances qu'il entretient officiellement alors qu'il assure la présidence ou le secrétariat de sociétés ou d'institutions savantes (Société mathématique de France, Société astronomique de France, Association géodésique internationale, etc.) ou d' organismes officiels (Bureau des longitudes, Académie des sciences, Commission du méridien, ...) montrent que son investissement n'est pas seulement institutionnel mais souvent bien réel.

BIBLIOGRAPHIE

[1] Barbarin, Paul (éd.) 1926. « La correspondance entre Houël et de Tilly », *Bulletin des sciences mathématiques* (2) 50, 50-62, 74-88.
[2] Bellivier, André 1956. *Henri Poincaré ou la vocation souveraine*, Paris : Gallimard.
[3] Belhoste, Bruno 1998. « Pour une réévaluation du rôle de l'enseignement dans l'histoire des mathématiques », *Revue d'histoire des mathématiques* 4, 289-304.
[4] Borel, Armand 2001. *Essays in the History of Lie Groups and Algebraic Groups*, Providence/Londres : AMS/LMS.
[5] Boutroux, Pierre 1921. « Témoignage », *Acta Mathematica* 38, 197-201.
[6] Cantor, Moritz 1900. « Sur l'historiographie des mathématiques, *Comptes rendus du deuxième congrès des mathématiciens*, (Paris, 6-12 août 1900), 27-42.
[7] Cassinnet, Jean (éd.) 1983. « La position d'Henri Poincaré par rapport à l'axiome du choix, à travers ses écrits et sa correspondance avec Zermelo (1905-1912) », *History and Philosophy of Logic* 4, 145-155.

[8] Crawford, Elisabeth 1984. *The Beginnings of the Nobel Institution*, Cambridge/Paris : Cambridge University Press/Éditions de la MSH.
[9] Crawford, Elisabeth 1984. « Le prix Nobel raté de Henri Poincaré : définition du champ de la physique au début du siècle », *Bulletin de la société française de physique* 54, 19-22.
[10] Crépel, Pierre 2002. « Lettre à la Gazette des mathématiciens », *La gazette des mathématiciens* 92, 84-85.
[11] Decaillot, Anne-Marie (éd.) 2009. *Cantor et la France : correspondance du mathématicien allemand avec les français à la fin du XIXe siècle*, Paris : Kimé.
[12] Ehrhardt, Caroline 2007. *Évariste Galois et la théorie des groupes. Fortune et réélaborations (1811-1910)*, Paris : EHESS.
[13] Gauß, Carl Friederich 1900. *Werke*, volume 8, Leipzig : Teubner.
[14] Gispert, Hélène 2001. « Les journaux scientifiques en Europe », in *L'Europe des sciences*, M. Blay – E. Nicolaïdis éds., Paris : Seuil, 191-211.
[15] Goldstein, Catherine 2001. « Sur quelques pratiques de l'information mathématique », *Philosophia Scientiae* 5, 125-2001.
[16] Goldstein, Catherine, 2010. Un arithméticien contre l'arithmétisation : les principes de Charles Hermite, in *Justifier en mathématiques*, à paraître en 2010 aux éditions de la MSH.
[17] Hawkins, Thomas 2000. *The Emergence of the Theory of Lie Groups ; An Essay in History of Mathematics, 1869-1926*, New York-Berlin-Heidelberg : Springer.
[18] Heinzmann, Gerhard (éd.) 1986. *Poincaré, Russell, Zermelo et Peano. Textes de la discussion (1906-1912) sur les fondements des mathématiques : des antinomies à la prédicativité*, Paris : Blanchard.
[19] Hilbert, David 1902. « Sur les problèmes futurs des mathématiques », in *Comptes rendus du deuxième congrès international des mathématiciens*, Paris : Gauthier-Villars, 58-114.
[20] Lie, Sophus & Poincaré, Henri 1989. « Correspondance », *Cahiers du séminaire d'histoire des mathématiques* 10, 151-179.
[21] Mittag-Leffler, Gösta 1900. « Une page de la vie de Weierstrass », *Comptes rendus du deuxième congrès des mathématiciens* (Paris, 6-12 août 1900), 131-153.
[22] Nabonnand, Philippe (éd.) 1999. *La correspondance entre Henri Poincaré et Gösta Mittag-Leffler*, Bâles-Boston-Berlin : Birkhaüser.
[23] Peiffer, Jeanne 1998. « Faire des mathématiques par lettres », *Revue d'histoire des mathématiques* 4, 143-157.
[24] Poincaré, Henri 1898. « On the Foundations of Geometry », *The Monist*, 9 (1898), 1-43 ; tr. fr. par L. Rougier, *Des Fondements de la géométrie*, Paris : Chiron, 1921 ; cité d'après la réédition dans *L'opportunisme scientifique*, L. Rollet (éd.), Bâle-Boston-Berlin : Birkhäuser.
[25] Poincaré, Henri 1900. « Sur le rôle de la l'intuition et de la logique en mathématiques », *Comptes rendus du deuxième congrès des mathématiciens* (Paris, 6-12 août 1900), 115-130.
[26] Poincaré, Henri 1970. *La valeur de la science*, Paris : Flammarion, 1905 ; cité d'après la réédition (avec une préface de Jules Vuillemin), Paris : Flammarion.
[27] Rasmussen, Anne 1995. *L'internationale scientifique : 1890-1914*, Paris : EHESS.
[28] Robadey, Anne 2004. « Exploration d'un mode d'écriture de la généralité : l'article de Poincaré sur les lignes géodésiques des surfaces convexes (1905) », *Revue d'histoire des mathématiques* 10, 257-318.
[29] Rollet, Laurent & Nabonnand, Philippe 2002. « Une bibliographie mathématique idéale ? Le Répertoire Bibliographique des Sciences Mathématiques », *La Gazette des mathématiciens* 92, 11-25.
[30] Rollet, Laurent & Nabonnand, Philippe 2003. « An Answer to the Growth of Mathematical Knowledge ? The Répertoire Bibliographique des Sciences Mathématiques », *European Mathematical Society Newsletter* 47, 9-14.

[31] Volterra, Vito 1900. « Betti, Brioschi, Casorati, trois analystes italiens et trois manières d'envisager les questions d'analyse », *Comptes rendus du deuxième congrès des mathématiciens* (Paris, 6-12 août 1900), 43-57.
[32] Walter, Scott, Bolmont, Etienne & Coret, André (éds.) 2007. *La correspondance de Henri Poincaré avec les physiciens*, Bâle-Boston-Berlin : Birkhaüser.
[33] Walter, Scott, Krömer, Ralf, Nabonnand, Philippe & Schiavon, Martina (éds.), *La correspondance de Poincaré avec les astronomes, les mécaniciens célestes et les géodésiens*, Bâle-Boston-Berlin : Birkhaüser. (*A paraître*)

Philippe Nabonnand
L.H.S.P. – Archives Henri Poincaré (UMR 7117)
MSH Lorraine
philippe.nabonnand@univ-nancy2.fr

Analogie et intuition dans l'invention mathématique selon Poincaré
MICHEL PATY

Ce travail est dédié en hommage d'estime et d'amitié à Gerhard Heinzmann, qui s'est consacré de longue date à l'étude de la pensée d'Henri Poincaré, et qui n'a jamais ménagé ses efforts pour préserver la mémoire de l'un des plus grands savants et penseurs de notre temps, pour faciliter l'accès à son œuvre et la faire fructifier[1].

Poincaré invoque assez souvent, dans ses écrits philosophiques de réflexion et d'analyse sur la pensée scientifique, l'analogie comme l'un des guides du raisonnement dans les sciences. Toutefois cette considération, faite avec le recul de la réflexion, ne doit pas forcément être attribuée à sa pensée scientifique telle qu'on la voit mise en œuvre dans son travail théorique en mathématiques et en physique, même si elle s'en est évidemment inspirée. La notion d'analogie n'est pas nécessairement directement opératoire dans l'œuvre scientifique, même si le savant qui la considère la fait intervenir lorsqu'il tente de rendre compte de son travail et du processus de pensée qui l'aura mené dans la mise au jour de connaissances nouvelles. C'est généralement après coup qu'il la convoque, comme on pourrait le faire voir dans nombre de travaux en mathématiques et en physique dans la période moderne (sans nous prononcer ici sur d'autres sciences) [13], et comme on le conçoit fort bien pour d'autres notions qui concernent aussi le travail de la pensée, comme celles d'intuition, d'invention, de création – pour ne mentionner que celles qui vont nous retenir ici. Ces notions sont centrales dans la philosophie des sciences de Poincaré, qui s'est établie en grande partie sur sa propre expérience de la pensée scientifique, et nous nous proposons d'examiner le rapport qu'elles ont entre elles dans ses conceptions,

---

[1] La présente contribution s'inscrit dans une recherche sur la philosophie d'Henri Poincaré en rapport à son travail scientifique, et en particulier sur le rôle, dans sa pensée, de l'analogie, de l'intuition et de l'invention scientifiques. Sur l'analogie chez et selon Poincaré, voir [12] et [13]. Sur Poincaré et l'invention et la création scientifiques, voir [10] et [11].

ce qui pourra éclairer leur signification et leur portée philosophique, tant chez notre auteur que de manière plus générale.

* * *

L'analogie est une notion flexible et vague, polyvalente, qui peut s'entendre diversement, d'un sens banal de similitude apparente sans autre portée à celui d'« analogie mathématique » ou structurelle qui saisit des rapports fondamentaux. Elle n'appartient pas en tant que telle au raisonnement lui-même et elle n'est pas a priori un principe d'explication, sauf dans certains cas où l'on peut la caractériser d'une manière précise, mais c'est alors cette caractérisation qui importe. C'est une notion métathéorique qui qualifie la nature du résultat d'un raisonnement par les rapprochements, les mises en relation, voire les unifications, que ce résultat met en évidence. Il faudra donc la concevoir d'une manière diversifiée en explicitant ce qu'elle recouvre.

Certains penseurs y voient un des ressorts de l'invention, par son aptitude à faire jouer l'imagination. Théodule Ribot (un des pionniers de la psychologie expérimentale, contemporain de Poincaré) la considérait comme un « élément essentiel [...] de l'imagination créatrice dans l'ordre intellectuel ». La précision (« créatrice », « intellectuel ») est intéressante, car l'appel à l'imagination dans ce domaine restait, et reste encore très souvent cantonné à une psychologie extérieure à la sphère rationnelle. Même si chez cet auteur, comme d'ailleurs chez Poincaré, la frontière entre le psychologique et le rationnel reste parfois indistincte, le second n'est pas éliminé par principe, comme il l'a été dans les tendances dominantes de la philosophie de la connaissance du XXe siècle. Il manifeste au contraire sa pertinence dès lors que l'analogie recouvre sans ambiguïté une dimension intellectuelle qui touche directement à la rationalité comme le laisse entendre son étymologie.

Poincaré fait appel à l'analogie à propos du raisonnement scientifique en général, et d'abord à propos des faits qu'il s'agit de réunir en lois, et ici toutes les sciences sont concernées, de l'histoire à la physique et aux mathématiques elles-mêmes (car on peut parler de « faits mathématiques »). Dans toutes, le chercheur doit choisir dans une multitude de faits ceux qui lui paraissent les plus signifiants, car le cerveau humain est d'une capacité finie alors que les faits sont en nombre pratiquement illimité [26, *in* [24], p. 20]. La représentation du monde ne peut recouvrir ce dernier. Cette différence, qui implique la nécessité d'un choix, ouvre un espace d'arbitraire et de liberté. Mach, dont l'empirisme contribua à inspirer celui de Poincaré, soulignait ce caractère arbitraire, tout en faisant valoir que les analogies de sensations peuvent être rapportées à des congruences analogues, telles que, par exemple, les variétés continues de l'espace et du temps [4].

Dans la même ligne, mais de manière plus précise, Poincaré qualifie un tel passage comme celui du sensible à l'intellectuel, que l'on peut constater dans la différence, qu'il décrit en détail, entre des espaces physiologiques constitués par les sens et l'espace géométrique, celui des rapports métriques, établi par l'entendement. Ce qui rend possible, pour Poincaré, ce passage, c'est la notion aprioristique (dans un sens inspiré de Kant, mais transformé) de groupe de transformation, dans laquelle il voit le fondement même de la géométrie : or la notion de groupe isomorphe exprime, pour lui, l'essence de l'analogie par la forme (cf. [26, *in* [24], p. 30], [16], [21] & [6, chap. 6]). On peut penser que cet a priori-là, et l'analogie qui l'active, assurent la dynamique du transfert de la perception sensible à l'entendement. Ce passage implique une certaine liberté, à savoir le « libre choix » sur lequel Poincaré base son « conventionnalisme » (que Jules Vuillemin appelle « commodisme »), et par ailleurs Einstein son réalisme critique (sur Einstein, voir [6, chap. 9].).

Cet espace de liberté ouvre la possibilité d'intervenir dans le raisonnement à l'imagination, à l'intuition, à l'invention et à la création d'idées. Nous entrevoyons ainsi déjà comment l'analogie, qui dans son sens fécond est constatation d'identité profonde de structure (dans les théories mathématiques ou dans les phénomènes physiques), entretient un lien dynamique avec ces notions.

L'analogie est un outil de l'analyse, indique par exemple Poincaré, quand elle permet, à partir d'un calcul péniblement acquis sur un problème donné, « de prévoir les résultats d'autres calculs analogues et de les diriger à coup sûr en évitant les tâtonnements auxquels [on aura dû] se résigner la première fois » [25, *in* [24], p. 24]. Ce qu'il veut désigner par cette fécondité de généralisation acquise par tâtonnements, ce n'est pas tant l'utilisation de formules algébriques, qui n'en représente qu'un exemple trivial et mécanique, qu'un processus de la pensée plus subtil et plus inventif, qui se rattache en fait à l'exercice de l'intuition (en mathématiques pour ce qui est de ce texte). « Tout le monde sent » ajoute-t-il, « qu'il y a des analogies qui ne peuvent s'exprimer par une formule et qui sont les plus précieuses ». Telles sont les analogies qui introduisent un ordre entre des éléments ayant semblé auparavant sans relation, ou laissés au hasard, et permettent ainsi l'accès à la « complexité du monde », en révélant son harmonie, entendons son intelligibilité [*Ibid.*, p. 24-25].

L'appel à l'entendement, déjà relevé à propos des faits, physiques ou mathématiques, est pleinement explicite dans ce texte sur « l'invention mathématique ». Ordre, unité, clarté participent de la révélation de cette harmonie qui permet de comprendre et l'ensemble et le détail (par exemple, dans la démonstration de la solution d'un problème). Ces caractères se rapprochent de ceux que Poincaré attachait à l'intuition mathématique dont il faisait lui-même l'expérience dans son travail de création[2] : « Plus nous verrons cet ensemble clairement et d'un seul coup d'œil, mieux nous apercevrons ses analogies avec d'autres objets voisins, plus par conséquent nous aurons de chances de deviner les généralisations possibles » [26, *in* [24], p. 26 (souligné par moi)].

Former des combinaisons fécondes relève du processus de l'« invention mathématique » [27, *in* [24], p. 49], que Poincaré s'est attaché à tenter de saisir considérée dans son processus même, avant tout à travers celle dont il eut l'expérience la plus forte : l'analogie y tient un rôle qui n'est pas seulement psychologique, puisqu'elle concerne des éléments et des procédures rationnels [10].

Nous sommes maintenant en mesure d'examiner les traits les plus significatifs de l'usage de l'analogie dans le travail créatif de la pensée – objet privilégié de l'épistémologie de Poincaré –, en physique comme en mathématiques, qui l'établissent dans sa fonction par rapport à l'entendement. Nous verrons comment se noue le lien entre l'analogie et l'intuition dans le processus qui mène à l'invention mathématique (toujours quant au moment de la réflexion postérieure à ce processus lui-même).

∗ ∗ ∗

Les démonstrations des mathématiques, écrit Poincaré dans son texte sur « L'invention mathématique » [27, *in* [24], p. 44-45], ne sont qu'une accumulation de petits raisonnements courts qui sont après tout analogues à ceux que nécessitent les actes ordinaires de la vie. Le mot « analogie » est ici à entendre dans le sens banal, et exprime la conception de Poincaré de la continuité entre le sens commun de la vie courante et la science ; l'analogie entre les deux est d'ailleurs limitée, et ne suffit pas à faire d'un homme ordinaire un mathématicien. Car la pensée de ce dernier est menée par une intuition de l'ordre dans les éléments du raisonnement, et c'est cet ordre qui importe dans l'invention mathématique, plus que les éléments eux-mêmes : c'est lui qui guide la marche générale du raisonnement et en particulier son utilisation de la mémoire. Le degré élevé de développement de cette intuition fait la capacité à inventer, à être créateur en mathématiques, et c'est pourquoi elle doit être objet de formation, d'exercice, pour accéder à un niveau plus élevé que les intuitions directement sensibles.

Poincaré se réclamait, parmi les mathématiciens, de l'« esprit d'intuition » par opposition à l'« esprit d'analyse ». Rappelant le caractère intuitif de la géométrie, dans laquelle « les sens [...] peuvent venir au secours de

---

[2] Je renvoie à une autre étude sur la création scientifique chez Poincaré et chez Einstein [10].

l'intelligence et aident à deviner la route à suivre », il faisait remarquer que les sens ne sont plus utiles « en dehors des trois dimensions classiques », et que, pourtant, l'on s'est familiarisé avec des géométries à plus de trois dimensions, qui aident à se représenter plus immédiatement des propositions analytiques. Le langage de la géométrie reste le même, et la représentation intuitive s'aide de l'analogie (« l'analogie avec ce qui est simple qui nous permet de comprendre ce qui est complexe »), en s'appuyant sur l'espace à trois dimensions pour nous diriger dans un espace à un nombre quelconque de dimensions, « trop grand pour nous et que nous ne pouvons voir » [26, in [24], p. 38-40].

L'analogie mathématique tient un rôle fondamental dans l'intuition, notion centrale de la philosophie de la connaissance de Poincaré. Examinant le rapport entre deux tendances relevant de ce que nous pourrions appeler le « style » des mathématiciens[3], l'esprit d'analyse et l'esprit d'intuition (qui se marquent aussi en physique), Poincaré faisait valoir que l'Analyse pure elle-même a besoin de l'intuition : si elle a progressé, c'est parce que les mathématiciens analystes avaient à leur disposition la faculté d'intuition pour deviner le but à atteindre, en prenant pour guide, en premier lieu, l'analogie [18, in [23], chap. 1, p. 36, 38]. Il s'agit de voir l'analogie qui existe entre le problème nouveau que l'on se propose de résoudre, d'une part, et d'autres questions déjà résolues par une certaine méthode (par exemple, l'utilisation des fonctions majorantes), d'autre part, tout en sachant identifier les différences entre les deux, pour être en mesure d'établir les modifications nécessaires. Cela demande une perspicacité particulière, qui échappe à la logique déductive. Dans le cas des « esprits analystes » (tels Charles Hermite, qui fut le maître de Poincaré), elle leur est donnée par l'« intuition des formes logiques pures » : « Les analystes, pour ne pas laisser échapper ces analogies cachées [...] doivent, sans le secours des sens et de l'imagination, avoir le sentiment direct de ce qui fait l'unité d'un raisonnement, de ce qui en fait pour ainsi dire l'âme et la vie intime » [*Ibid.*, p. 38-39].

Les esprits analystes ne dérogent pas à la règle selon laquelle « la logique qui peut seule donner la certitude est l'instrument de la démonstration » et « l'intuition est l'instrument de l'invention ». Mais, dans leur cas, c'est d'« intuition non sensible » qu'il s'agit. Pour évoquer cette « intuition non sensible » qui fait sentir à l'analyste le « principe d'unité interne » de ces entités abstraites, Poincaré parait recourir à la métaphore : « les entités les plus abstraites étaient pour lui comme des êtres vivants », écrit-il à propos d'Hermite. Mais c'est pour indiquer ce « je ne sais quel principe d'unité interne » senti par le créateur, sans projection en image sensible, qui lui permet de comprendre ces êtres abstraits. Cette intuition particu-

---

[3] Sur le « style scientifique », cf. [1], [5, chap. 4], [6] et [8].

lière qu'est l'« intuition pure » des analystes, qui se rattache à celle « du nombre pur », diffère de l'« intuition sensible » (du moins de ce que lui-même nomme ainsi) : les deux n'ont pas le même objet, et renvoient à « deux facultés différentes de notre âme », qui sont comme « deux projecteurs braqués sur deux mondes étrangers l'un à l'autre » (autre métaphore), et correspondent à deux modalités distinctes de l'invention.

Poincaré lui-même se situe dans la seconde, celle qu'il qualifie d'« intuition sensible », bien qu'elle soit à vrai dire davantage ancrée dans l'entendement que dans la sensibilité – et qu'elle soit ainsi plus intellectuelle que vraiment sensible. Cette « intuition sensible » – sensible seulement en un certain sens – reste, malgré tout, à ses yeux, « l'instrument le plus ordinaire de l'invention » en mathématiques [*Ibid.*, p. 39-40]. Le travail d'analyse s'appuie généralement, pour les « esprits intuitifs », sur des images qui sont géométriques mais qui peuvent être aussi bien physiques. L'analogie physique peut aider l'intuition (« sensible ») mathématique, en suscitant des images qui la stimulent et l'aident à deviner la solution avant d'avoir les moyens de la démonstration, et c'est de cette façon « que se sont faites presque toutes les découvertes importantes ». Ainsi, « dans l'étude des fonctions de variables complexes, l'analyste, à côté de l'image géométrique qui est son instrument habituel, trouve plusieurs images physiques dont il peut faire usage avec le même succès. Grâce à ces images, il peut voir d'un coup d'œil ce que la déduction pure ne lui montrerait que successivement. Il rassemble ainsi les éléments épars de la solution (notons le caractère synthétique appelé par l'expression) et, par une sorte d'intuition, devine avant de pouvoir démontrer » [17, souligné par moi].

Les « analogies physiques » permettent de pressentir des vérités mathématiques qui échappent encore à la rigueur du raisonnement : telle, par exemple, l'utilisation par Félix Klein des propriétés des courants électriques pour résoudre certaine question relative aux surfaces de Riemann [*Ibid.*]. La rigueur au sens de l'analyste viendra plus tard : le résultat est du moins acquis, et nous n'en doutons pas, sans en avoir encore la certitude mathématique.

Nous avons fait remarquer incidemment que l'« intuition sensible » dont il est question se rapporte de fait à la fonction de l'entendement (telle qu'elle fonctionne le plus souvent, indique-t-il par ailleurs, chez les mathématiciens, différemment de l'« intuition pure » des analystes). Elle n'est « sensible » que dans la mesure où elle s'appuie sur des images, soit géométriques, soit physico-mathématiques, mais ces images elles-mêmes sont intellectuelles avant d'être sensibles dans l'acception courante. Elles ont une fonction avant tout synthétique, ce qui est en fait les placer du côté de l'entendement, bien plutôt que du sensible entendu comme perçu par les sens. D'ailleurs, pour

Poincaré, la géométrie résulte d'un travail de la pensée rationnelle sur l'espace physiologique tel qu'il est donné par les expériences des sens ; et quant aux phénomènes physiques, ils sont connus par les concepts de la « physique mathématique », et ne s'identifient nullement aux données brutes de la perception.

On doit ici expliciter que les « images » que Poincaré invoque ne sont telles qu'au second degré : ce sont des images dans l'entendement, qui se présentent comme immédiatement à celui-ci, dans une saisie englobante, synthétique, de ce qui est représenté – ce caractère synthétique et immédiat correspondant en quelque sorte pour l'entendement à ce qu'est une image pour la vue. Il ne semble pas, en tout cas, que l'« intuition sensible » au sens de Poincaré se recouvre avec celle au sens de Kant. Elle n'est « sensible » que par opposition à une approche purement formelle ou à une déduction logique. Elle est, en fait, intellectuelle et synthétique, donnée immédiatement à la compréhension. Si l'on se défait de la prégnance du vocabulaire kantien qui influence encore Poincaré, on la qualifiera plutôt, pour sa nature et sa fonction, d'« intuition intellectuelle », dans un sens que l'on peut déceler précédemment chez des philosophes comme Descartes (l'« évidence » cartésienne) et chez Spinoza (la « connaissance du troisième genre »), mais aussi chez des penseurs, savants et philosophes, contemporains de Poincaré comme Einstein[4].

Mais revenons à l'analogie elle-même, telle que Poincaré la considère selon les modalités de son intervention dans l'invention mathématique : on note qu'il s'agit, ici encore, d'une qualification faite après le travail mathématique proprement dit. Telle qu'elle est décrite, l'analogie fonctionne dans le moment du raisonnement qui se rapporte à l'intuition elle-même et elle figure, pour Poincaré, au rang des propriétés qui constituent l'intuition. C'est, en somme, l'un des aspects de l'intuition ; celle-ci fonctionne en vérité d'elle-même chez le mathématicien, sans qu'on la voie apparaître comme un stade de son travail auquel il se serait explicitement arrêté. On dira que les mathématiciens (et, à un degré peut-être moindre, les physiciens) présentent leurs résultats par leurs raisonnements, sans exposer leurs méthodes implicites (que, d'ailleurs, ils n'auraient pas forcément analysées). Mais c'est bien, précisément, que l'analogie telle que Poincaré l'invoque en rapport à l'invention reste souterraine, et n'est rendue explicite (du moins par lui) que dans la constatation du résultat ou dans la réflexion méthodologique postérieure.

Il reste à voir quel rôle joue l'analogie dans la description du processus d'invention lui-même, à laquelle Poincaré s'est essayé. Dans un passage de sa conférence à la Société de Psychologie de Paris sur « L'invention mathé-

---

[4] Sur Descartes, cf. [7] et [11]. Sur Einstein, cf. [6, chap. 10].

matique », où il raconte sa propre expérience de la découverte des fonctions fuchsiennes en tentant d'analyser ce que fut le processus de sa pensée, l'analogie est invoquée à plusieurs reprises [27, *in* [24], p. 50-63 (souligné par moi)] [2, p. 22-23].

Elle figure, tout d'abord, dans l'énoncé du problème de l'existence ou non d'une certaine classe de fonctions, solutions d'équations différentielles linéaires, « analogue » à ce qu'il appela ensuite les fonctions fuchsiennes [*Ibid.*, p. 50 (souligné par moi)]. Le terme « analogue », dans ce récit postérieur à l'événement, est mis pour « ayant les propriétés de », et ne concerne pas le processus de pensée.

L'analogie est invoquée, dans un sens plus profond, pour un deuxième stade de travail conscient : « Je voulus ensuite représenter ces fonctions par le quotient de deux séries ; cette idée fut parfaitement consciente et réfléchie ; l'analogie avec les fonctions elliptiques me guidait ». Poincaré parvint ainsi à établir l'existence des séries « thétafuchsiennes ». L'analogie, telle qu'elle est convoquée ici, possède un rôle opératoire qui correspond au projet de généraliser des classes de fonctions : les nouvelles fonctions correspondant à une classe d'équations plus étendue que celle des fonctions elliptiques, la généralisation de la propriété remarquable de ces dernières apparaît naturelle.

Les termes analogue ou analogie ont, dans cette circonstance, le même sens exactement que celui dans lequel Poincaré les emploie par ailleurs dans les exposés de ses travaux sur le sujet, dans son mémoire principal (soumis au concours en 1880) et dans les annexes, ou encore dans ses lettres à Fuchs, ainsi que dans ses recherches ultérieures[5]. Poincaré évoque d'entrée, dans son mémoire, des « fonctions analogues aux fonctions abéliennes », des « fonctions analogues aux fonctions doublement périodiques » discutées par Fuchs, et dont l'étude constitue le point de départ de ses propres développements et de sa découverte des fonctions qu'il appela fuchsiennes en hommage à son inspirateur [14].

« La fonction fuchsienne », écrit peu après Poincaré à Fuchs, « a beaucoup d'analogies avec les fonctions elliptiques ; elle n'existe que dans l'intérieur d'un certain cercle et reste méromorphe à l'intérieur de ce cercle. Elle s'ex-

---

[5] La seconde partie du mémoire porte sur les fonctions fuchsiennes ; elle a été publiée pour la première fois dans les *Acta Mathematica* en 1923 [14]. Malgré la richesse et l'importance de ses résultats novateurs, Poincaré ne reçut que le second prix. Pour les annexes, publiées seulement récemment, voir [15]. Pour les lettres à L. Fuchs, voir le volume 11 des *Œuvres complètes* [28]. La suite des travaux de Poincaré sur les fonctions automorphes et leurs applications emplit tout le deuxième volume de ses *Œuvres complètes*. On y trouve un recours fréquent à l'analogie, dans le même sens que dans les textes évoqués ici.

prime par le quotient de deux séries convergentes dans tout ce cercle »[6]. Et encore : les nouvelles fonctions qu'il a trouvées, explique-t-il, « présentent avec les fonctions elliptiques les plus grandes analogies, et sont susceptibles d'être représentées par le quotient de deux séries convergentes, et cela d'une infinité de manières »[7]. La seule différence avec la citation du récit de l'invention est que cette fois l'analogie est une constatation après démonstration.

Il en va de même avec les autres fonctions qu'il découvrit alors, les fonctions « thétafuchsiennes » et « zétafuchsiennes ». Poincaré justifie l'appellation des premières « à cause de [leurs] nombreuses analogies avec les fonctions Θ » ; et celle des dernières « parce qu'elles nous semblent présenter quelque analogie avec les fonctions zéta considérées dans la théorie des fonctions doublement périodiques » [15, *in* [30], p. 55, 64].

Parfois, dans ces mêmes textes, Poincaré emploie, de manière équivalente au mot analogue (et dans le sens étymologique même) des expressions du genre A est à B ce que B est à C. Ainsi écrit-il, dans le premier supplément au mémoire soumis pour le prix : « La fonction fuchsienne [qu'il vient de proposer] est à la géométrie de Lobatchewski ce que la fonction doublement périodique est à celle d'Euclide » [*Ibid.*, p. 37]. Ou encore, dans la lettre déjà citée à Fuchs : « J'ai imaginé aussi des fonctions qui sont aux fonctions fuchsiennes ce que les fonctions abéliennes sont aux fonctions elliptiques [...] ». A quoi il ajoute d'ailleurs : « Des fonctions tout à fait analogues aux fonctions fuchsiennes me donneront, je crois, les intégrales d'un grand nombre d'équations à coefficients irrationnels » [28, vol. 11, p. 23]. Et encore, dans le supplément au mémoire : les séries thétazéta « seront aux fonctions zétafuchsiennes, ce que les séries thétafuchsiennes sont aux fonctions fuchsiennes » [15, *in* [30], p. 65].

Les nouvelles fonctions transcendantes que sont les fonctions automorphes, découvertes par Poincaré qui s'était inspiré au départ de la théorie des fonctions (modulaires) elliptiques (de Hermite), comprennent les diverses classes de fonctions indiquées (fuchsiennes, etc.) ainsi que les fonctions kleinéennes[8]. Elles fournissent des solutions de nombreuses équations différentielles linéaires à coefficients rationnels, ou algébriques[9]. L'« analogie », dans cette construction, est au cœur de la procédure d'extension de propriétés – l'extension des fonctions à partir de celle des équations respectant certains groupes de transformation –, tant en ce qui concerne la formulation du projet que

---

[6] H. Poincaré, lettre à Lazarus Fuchs, du 19 juin 1880 [28, vol. 11, p. 23].
[7] H. Poincaré, lettre à Lazarus Fuchs, du 30 juillet 1880 [*Ibid.*, p. 24].
[8] Dénommées ainsi encore par Poincaré, ces dernières correspondent aux transformations qui altèrent le « cercle fondamental » (du plan complexe), contrairement aux fuchsiennes, qui le conservent.
[9] Il s'agit de toutes les équations du second ordre de cette nature et même de certaines formes d'équations d'ordre quelconque.

les résultats obtenus. Du moins, elle l'exprime : dans les citations ci-dessus, l'analogie ressortit de cette fonction du raisonnement mathématique, considérée plus haut, qui vise à une plus grande généralité. L'analogie réside, en fait, dans la formulation du problème et de la propriété des transformations et des fonctions correspondantes recherchées, qui oriente le mouvement de la pensée[10].

* * *

Il ressort clairement de ce qui précède que l'« intuition sensible », que Poincaré lie aux opérations de l'analogie tant au niveau des faits qu'à celui des formes est en réalité une « intuition intellectuelle » qui opère dans l'entendement (sans doute selon des modalités où la psychologie a sa part, mais qui ne font pas de lui un « intuitionniste » dans le sens communément admis). Les rapports d'analogie évoqués dans cet ordre se ramènent à ceux, structurels, des « analogies mathématiques », sur lesquelles Poincaré s'est également étendu, et qui renvoient directement à l'exercice de la raison. De celles-ci nous indiquerons très brièvement, pour conclure, la thématique, que nous analysons par ailleurs [12].

Les « analogies mathématiques », aux yeux de Poincaré, sont les seules qui comptent vraiment du point de vue de la connaissance. Elles sont aux antipodes des rapprochements superficiels ou subjectifs. Par « analogie mathématique », Poincaré conçoit – très près du sens étymologique de rapport de proportion, mais allant beaucoup plus loin, dans le sens des développements les plus récents des mathématiques et de la physique mathématique et théorique –, l'analogie dans la forme que donne l'analyse mathématique (c'est-à-dire le calcul différentiel et intégral). Cette analyse qui permet à la physique d'appréhender « les analogies de l'expérience » dont parlait Kant [3], et à partir desquelles il est possible d'établir les lois générales des phénomènes. Les conceptions de Poincaré sur la « physique mathématique » et sur la nature de la théorie physique [9] sont étroitement liées au rôle fonctionnel de l'analogie prise dans ce sens précis – et renouvelé. À travers le travail de la pensée sur la forme (mathématique), elle permet d'atteindre la structure profonde des relations mathématiques, mais aussi celle des phénomènes du monde physique lui-même appréhendés dans leur domaine. Dans cette opération, l'analyse et l'intuition apparaissent liées entre elles, en physique aussi bien qu'en mathématiques.

---

[10] Sur la description par Poincaré des phases de travail, alternativement conscient et inconscient, de sa pensée, voir [10].

BIBLIOGRAPHIE

[1] Granger, Gilles Gaston 1968. *Essai d'une philosophie du style*. Paris, Armand Colin; éd. revue, Odile Jacob, Paris, 1988.

[2] Hadamard, Jacques 1945. *An Essay on the Psychology of Invention in the Mathematical Field*. Princeton (N.J.), Princeton University Press. Trad. fr. par Jaqueline Hadamard, *Essai sur la psychologie de l'invention dans le domaine mathématique*. Paris, Gauthier-Villars, 1975.

[3] Kant, Immanuel 1781, 1787. *Critik der reinen Vernunft*. J.F. Hartknoch, Riga, 1781; 2^eéd., modifiée, 1787. Trad. fr. par Alexandre J.L. Delamarre et François Marty, *Critique de la raison pure*, in Kant, Emmanuel, *Œuvres philosophiques*, vol. 1, Gallimard, Paris, 1980, p. 705-1470.

[4] Mach, Ernst 1906. *Space and Geometry, in the Light of Physiological, Psychological, and Physical Inquiry*. Tr. T.J. McCormack, Open Court, Chicago.

[5] Paty, Michel 1990. *L'analyse critique des sciences, ou le tétraèdre épistémologique (sciences, philosophie, épistémologie, histoire des sciences)*. Paris, L'Harmattan.

[6] Paty, Michel 1993. *Einstein philosophe. La physique comme pratique philosophique*. Paris, Presses Universitaires de France.

[7] Paty, Michel 1996a, 2005. « 'Mathesis universalis' et intelligibilité chez Descartes ». *In* Probst, Siegmund & Chemla, Karine & Erdély, Agnès & Moretto, Antonio (eds.), *Liberté et négation. Ceci n'est pas un festschrift pour Imre Toth (29.12.1996)*. Archives Ouvertes, HAL-SHS (halshs.archives-ouvertes.fr), Paris, 1996-2005, 36 p.

[8] Paty, Michel 1996b. « Le style d'Einstein, la nature du travail scientifique et le problème de la découverte ». *Revue philosophique de Louvain* 94, 1996 (3, août), 447-470.

[9] Paty, Michel 1999a. « La place des principes dans la physique mathématique au sens de Poincaré ». *In* Sebestik, Jan & Soulez, Antonia (éds.), *Actes du Colloque Philosophie et Science au tournant du siècle : Mach, Boltzmann, Poincaré et Duhem*, Paris, 29 mai-1er juin 1995, *Fundamenta philosophiæ*, 3 (2), 1998-1999, 75-90.

[10] Paty, Michel 1999b. « La création scientifique selon Poincaré et Einstein ». *In* Serfati, Michel (éd.), *La recherche de la vérité*. Paris, Editions ACL, Coll. Ecriture des Mathématiques.

[11] Paty, Michel 2005. « Pensée rationnelle et création scientifique chez Poincaré ». *Colloque Henri Poincaré « Science et pensées »*, lundi 17 janvier 2005, CD-Rom Fondation Sophia-Antipolis 19 p.

[12] Paty, Michel 2008. « Les analogies mathématiques au sens de Poincaré et leur fonction en physique ». *In* Durand-Richard, Marie-José (éd.), *Le statut de l'analogie dans la démarche scientifique. Perspective historique*. Paris, L'Harmattan, p. 171-193.

[13] Paty, Michel 2010. « Remarques sur l'usage de l'analogie dans le raisonnement scientifique ». A paraître.

[14] Poincaré, Henri 1880a. « Mémoire (n. 5) soumis au Concours pour le Prix des Sciences Mathématiques ». Archives de l'Académie des Sciences (1er juin 1880), dossier Poincaré. La seconde partie, sur les fonctions fuchsiennes, a été publiée pour la première fois dans *Acta Mathematica* 39, 1923, 58-93 ; repris dans [28], vol. 1, p. 336-373.

[15] Poincaré, Henri 1880b. « Suppléments au mémoire soumis au Concours pour le Prix des Sciences Mathématiques ». Archives de l'Académie des Sciences, dossier Poincaré. (Séances des 28 juin, 6 septembre, et manuscrit reçu le 20 déc. 1880). Publié dans [30].

[16] Poincaré, Henri 1895. « L'espace et la géométrie ». *Revue de métaphysique et de morale* 3, 631-646. Repris [19] (chap. 4).

[17] Poincaré, Henri 1897. « Sur les rapports de l'analyse pure et de la physique mathématique ». *Acta mathematica* 21, 331-341 ; républié dans [29], p. 17-30. Egalement paru, avec des modifications, sous le titre « Les rapports de l'analyse et de la physique mathématique », *Revue générale des sciences pures et appliquées* 8, 1897, 857-861 ; repris dans [23] (chapitre 5 : « L'analyse et la physique »), éd. 1970, p. 103-113.

[18] Poincaré, Henri 1900. « Du rôle de l'intuition et de la logique en mathématiques ». *Compte-rendu du Deuxième Congrès Internationale des Mathématiciens*, Paris, p. 115-130. Repris avec modifications dans Poincaré [23], chap. 1 (« L'intuition et la logique en mathématiques »).
[19] Poincaré, Henri 1902a. *La science et l'hypothèse*. Paris, Flammarion ; 1968.
[20] Poincaré, Henri 1902b. « Sur la valeur objective de la science ». *Revue de métaphysique et de morale* 10, 263-293. (Repris et augm. dans [23], chap 10 et 11).
[21] Poincaré, Henri 1903. « L'espace et ses trois dimensions ». *Revue de métaphysique et de morale* 11, 281-301 ; 407-429. Repris dans Poincaré [23] (chap. 3 : La notion d'espace, et 4 : L'espace et ses trois dimensions), ed. 1970, p. 55-76, 77-100.
[22] Poincaré, Henri 1904. « L'état actuel et l'avenir de la physique mathématique ». *La revue des idées,* novembre 1904, 801-818. Egalement, *Bulletin des sciences mathématiques* 28, 1904 (décembre), 302-324 [Conférence au Congrès international des arts et des sciences, Saint-Louis, Missouri, 24 septembre 1904]. Egalement dans [23] (chapitres 7 : L'histoire de la physique mathématique, 8 : La crise actuelle de la physique mathématique, et 9 : L'avenir de la physique mathématique), éd. 1970, p. 123-128, 129-140, 141-147].
[23] Poincaré, Henri 1905. *La valeur de la science*. Paris, Flammarion ; 1970.
[24] Poincaré, Henri 1908a. *Science et méthode*. Paris, Flammarion ; 1918.
[25] Poincaré, Henri 1908b. « L'avenir des mathématiques », *Atti IV Congr. Internat. Matematici*, Roma, 11 aprile 1908, p. 167-182 ; repris dans [24], livre 1, chap. 2, éd. 1918, p. 19-42.
[26] Poincaré, Henri 1908c. « L'invention mathématique ». *Bulletin de l'Institut Général de Psychologie*, 8e année, 3, 175-196. Repris dans [24], livre 1, chap. 3, p. 43-63.
[27] Poincaré, Henri 1908d. « Le choix des faits ». *The Monist*, 231-232. Publié dans [24], livre 1, chap. 1, éd. 1918, p. 16-18.
[28] Poincaré, Henri 1916-1965. *Œuvres.* Paris, Gauthier-Villars, 11 vols.
[29] Poincaré, Henri 1991. *L'analyse et la recherche*, choix de textes et introduction de Girolamo Ramunni. Paris, Hermann.
[30] Poincaré, Henri 1996. *Trois suppléments sur la découverte des fonctions fuchsiennes. Three supplementary Essays on the Discovery of Fuchsian Functions*, éd. par Jeremy J. Gray et Scott A. Walter. Akademie Verlag, Berlin/Albert Blanchard, Paris.
[31] Vuillemin, Jules 1968. Préface à *La science et l'hypothèse* [19]. Flammarion, Paris, p. 7-19.

Michel Paty
Equipe REHSEIS – Laboratoire de Philosophie et d'Histoire des Sciences (SPHERE) UMR 7219,
CNRS et Université Paris 7 – Denis Diderot
michel.paty@univ-paris-diderot.fr

De l'Algérie à Vesoul : Henri Poincaré ingénieur des mines

LAURENT ROLLET

Outre son intérêt pour la dimension pragmatique de la philosophie de Poincaré, Gerhard Heinzmann a toujours manifesté un réel souci du biographique au point, probablement, de caresser l'idée de publier un jour un ouvrage sur la vie du mathématicien nancéien [10].

Cet article porte sur le parcours de Poincaré comme ingénieur des mines jusqu'à son entrée dans la carrière universitaire en 1879. S'appuyant sur l'analyse des dossiers administratifs conservés aux Archives nationales, il propose une réévaluation de certaines sources biographiques existantes et quelques révélations inédites sur les débuts de carrière du jeune mathématicien. On y apprendra ainsi par quel moyen il évita d'extrême justesse de commencer sa carrière comme ingénieur en Algérie[1].

1 Quelle école choisir ?

Poincaré est attiré très jeune par les mathématiques, probablement dès son entrée en quatrième. Il passe les épreuves de son baccalauréat ès lettres le 5 août 1871 pour lequel il obtient la mention « Bien ». Les épreuves de son baccalauréat ès sciences ont lieu le 7 novembre 1871 mais il n'obtient qu'une mention « Assez Bien » en raison d'un zéro obtenu à l'une des deux compositions scientifiques portant sur les progressions géométriques. Cette note aurait pu l'éliminer d'entrée mais sa réputation avait déjà dépassé le lycée et s'était étendue à la Faculté des sciences de Nancy, qui a alors pour

---

[1] Ma dette personnelle et professionnelle envers Gerhard Heinzmann étant quasiment incalculable, j'aurai bien des difficultés à la rembourser un jour. Je ne m'attarderai pas sur ma dette personnelle, qui est sans objet ici. En ce qui concerne ma dette professionnelle, il me semble qu'elle concerne justement ce souci du biographique. Les quelques vingt années écoulées depuis notre première rencontre en 1993 ont été marquées de cette empreinte : de la création des archives Poincaré à la thèse, des premières publications au travail sur la correspondance privée, c'est toujours la perspective d'une biographie de Poincaré qui a animé une partie de mes recherches. S'il est peut-être encore prématuré d'annoncer officiellement le projet d'une biographie de Poincaré, le soixantième anniversaire de Gerhard me fournit cependant l'occasion de rembourser une infime partie des intérêts du capital en proposant ce texte biographique qui un jour peut-être pourrait devenir le chapitre 3 ou 4 d'un ouvrage bien plus ambitieux.

charge d'organiser les épreuves du baccalauréat. Le père de Poincaré, Léon, est fort bien implanté dans la communauté intellectuelle locale : médecin de formation, il est alors professeur à l'Ecole préparatoire de médecine et de pharmacie. La famille entretient ainsi des liens d'amitié avec plusieurs acteurs de la communauté universitaire, dont notamment Camille Forthomme (1821-1884). Professeur de chimie à la Faculté des sciences depuis 1869, celui-ci connaît bien le jeune candidat, dont il a pu apprécier les talents lorsqu'il l'a eu au lycée en tant que professeur de physique[2]. A l'automne 1871, Poincaré entre en classe de mathématiques élémentaires, où il se distingue très vite : premier de sa classe, premier au concours académique, second au concours d'entrée à l'Ecole forestière ; n'ayant aucunement l'intention d'intégrer cette école, qui fait pourtant la renommée de Nancy, il démissionne aussitôt. Le concours ne constitue qu'un entraînement pour lui.

Les choses sérieuses commencent en 1872-1873. Il obtient le premier prix du concours général de mathématiques et, suivant les conseils de son professeur (Victor Elliott), il accepte de passer le concours d'entrée à l'Ecole normale supérieure, où il est classé cinquième. Cependant, tout comme son ami Paul Appell qu'il rencontre dans la classe de mathématiques spéciales, il ne pense alors qu'à l'Ecole polytechnique. Un débat très partagé anime alors la famille Poincaré sur le choix de l'école. Son père préférerait voir son fils entrer à l'Ecole polytechnique, suivant ainsi l'exemple de son propre frère Antonin Poincaré, polytechnicien et ingénieur des Ponts et chaussées. Eugénie, sa mère, afficherait plutôt une préférence d'ordre romantique pour l'Ecole normale supérieure. Quant à sa sœur, Aline, elle semble avoir le pressentiment que cette dernière école serait mieux adaptée à son tempérament[3]. C'est finalement Léon qui obtiendra gain de cause : Poincaré passe les épreuves du concours du 4 au 6 août 1873 à Nancy et il obtient la première place. Il entre donc à l'Ecole polytechnique en tant que major de promotion. Son refus d'entrer à l'Ecole normale supérieure le suivra durant quelques années. En novembre 1873, dans une lettre à sa mère, Poincaré rendra compte d'une discussion avec Pierre-Augustin Bertin à propos de son

---

[2] La sœur d'Henri Poincaré, Aline, est ainsi très amie avec l'une des filles du physicien [5].

[3] « Henri, admissible à l'Ecole Normale, dut se transporter à Paris pour les examens oraux. Maman l'y accompagna et revint tout à fait séduite par les beaux ombrages qu'elle avait aperçus de la rue d'Ulm. Cela faillit faire pencher le plateau de la balance vers l'Ecole Normale. Les avis étaient, en effet, très partagés, dans la famille, sur la question de savoir laquelle des deux écoles Henri devait choisir. L'Ecole polytechnique avait des partisans ardents, par exemple l'oncle Antoni [sic], par esprit de corps ; et l'uniforme exerçait son prestige. Quant à moi, une sorte de pressentiment me faisait préférer l'Ecole Normale, qui eût été mieux appropriée au tempérament d'Henri. Si je ne l'ai pas emporté à l'époque, la suite est venue me donner raison. » [5].

échec relatif au concours d'entrée à l'école : celui-ci s'excusera quasiment de lui avoir donné deux points de moins qu'à Appell lors d'une des épreuves :

> Vous comprenez, me dit-il [Bertin] que M. Elliott ne nous avait pas écrit que vous aviez eu le 1er prix l'année dernière. Nous ne savions pas encore que vous l'aviez cette année là. Nous ne savions que pour Riquier[4]. Du reste c'est moi qui ai commis la maladresse ; je vous ai donné deux points de moins qu'à votre ami Appell. Mais je croyais que c'était l'examen de M. Darbout (sic) qui m'avait recalé. Non, vous aviez 19 comme note moyenne en mathématiques[5].

Plus tard en 1878, Poincaré racontera également à sa mère cette autre anecdote :

> Mardi soir j'ai été chez M. Boutroux qui va un peu mieux puisqu'il a fait son cours mardi. J'ai vu lui, son frère et sa mère. Il paraît que M. Pasteur quand je suis sorti du labo, a demandé qui j'étais et quand il l'a su il a dit vous auriez dû me le dire je lui aurais fait une mercurl [mercuriale] pour être entré à l'X[6].

Durant ses deux années à Polytechnique, Poincaré ne manque pas à sa réputation et il est particulièrement jaloux de sa position au sein du classement. Il est tout particulièrement en compétition avec Jules Petitdidier et Marcel Bonnefoy, respectivement entrés à la douzième et à la dixième place[7]. Malgré tous ses efforts, Poincaré ne parviendra pas à conserver son rang et quittera l'Ecole polytechnique en seconde place, derrière Bonnefoy et devant Petitdidier, sorti troisième. Tous trois intégreront l'Ecole des mines de Paris en novembre 1875 ; la promotion destinée aux élèves de l'Ecole polytechnique ne comporte en effet que trois places réservées pour les trois majors de sortie ; les trois anciens rivaux seront donc à nouveaux rassemblés pour trois nouvelles années.

2 Devenir ingénieur mais pour quoi faire ?

A partir de son entrée à l'Ecole des mines, Poincaré semble se désintéresser des questions de classement. Il porte peu d'attention aux cours d'application et réserve ses efforts aux quelques rares cours qui ont un contenu mathématique, en particulier le cours de cristallographie d'Ernest Mallard qui consacre une large part à la cristallographie mathématique et physique [2, p. 25]. Ses cahiers de cours de cette époque comportent de très nombreux

---

[4] Charles Riquier. Normalien (promotion 1873, celle de Paul Appell) et agrégé (1876), il sera professeur à la Faculté des sciences de Caen. On lui doit notamment plusieurs travaux sur les systèmes d'équations aux dérivées partielles [13].

[5] Lettre de Poincaré à sa mère, 24 novembre 1873, collection particulière, Paris. Pierre Augustin Bertin-Mourot (1818-1885) est un physicien né Besançon. Normalien (promotion 1848) il fera une grande partie de sa carrière en tant que professeur de physique à la Faculté des sciences de Strasbourg. Au moment où Poincaré lui écrit cette lettre, Bertin est maître de conférences et sous-directeur de l'Ecole normale supérieure.

[6] Lettre de Poincaré à sa mère, 1878, collection particulière, Paris.

[7] Poincaré échange près de 200 lettres avec sa mère durant sa scolarité à Polytechnique, dont une large partie est consacrée à cette compétition.

graffitis et gribouillages qui témoignent de son manque de concentration voire de son désintérêt pour certaines matières [17].

Durant sa première année d'étude il prépare activement une licence ès sciences, qu'il obtient en août 1876, sans même avoir pu suivre les cours à la Sorbonne, faute d'autorisation d'absence. Il a déjà à son actif deux articles mathématiques. L'un publié en 1874 lorsqu'il était étudiant à Polytechnique proposait une démonstration nouvelle des propriétés de l'indicatrice d'une surface [11][8]. L'autre en 1875, inséré dans le *Journal de l'Ecole polytechnique*, portait sur les propriétés des fonctions définies par les équations différentielles [12].

Veut-il véritablement devenir ingénieur des mines ? Rien n'est moins sûr. Contrairement à son oncle paternel Antonin Poincaré, qui fait une belle carrière en Meuse en tant qu'ingénieur des Ponts et chaussées[9], Poincaré ne semble guère attiré par le métier et semble songer à l'enseignement : une nomination comme ingénieur dans une ville universitaire de province pourrait ainsi lui convenir en lui offrant la possibilité de changer d'orientation [15, p. 29]. Il est cependant encore trop tôt pour y songer sérieusement.

La scolarité de l'Ecole des mines impose à l'époque plusieurs voyages d'études, dont deux voyages d'étude à l'étranger de cent jours chacun, l'un à la fin de la seconde année, l'autre à la fin de la troisième. En juillet 1877, Bonnefoy, Petitdidier et Poincaré partent ainsi pour un voyage de plusieurs semaines en Autriche-Hongrie. Poincaré rédigera un rapport sur l'exploitation des mines de houille de la *Staatsbahn* de Hongrie et sur la métallurgie de l'étain dans le Banat. C'est encore avec ses deux camarades qu'il visitera durant l'été 1878 la Suède et la Norvège, voyage qui donnera lieu à la rédaction d'un journal de voyage et de deux rapports sur les exploitations minières en Norvège[10].

3   De l'Algérie à Vesoul

Poincaré sort de l'Ecole des mines à l'automne 1878 au troisième rang et il se lance dans la préparation de sa thèse. Sa nomination comme ingénieur semble alors le préoccuper : il accuse un certain retard pour la remise de ses mémoires de fin d'étude et il n'a pas d'idée précise de l'endroit où il

---

[8] Poincaré publie cet article dans les *Nouvelles annales de mathématiques*, un journal destiné aux candidats des concours aux grandes écoles et qui accueille régulièrement des contributions d'élèves de l'Ecole polytechnique.

[9] Il sera notamment attaché au Service hydraulique de la Meuse et il terminera sa carrière en tant qu'Inspecteur général de l'hydraulique agricole à Paris en 1887. Archives nationales, dossier de carrière, F/14/2301/2.

[10] Le journal de voyage est conservé aux Archives de l'Ecole des mines de Paris, sous la cote M1878, 611. Les deux rapports ont pour titres : *Sur la préparation mécanique et le traitement métallurgique des minerais d'argent à Konsberg* (M1878, 989) et *Mémoire sur les sites de Pyrite de la Norvège* (M1878, 990).

pourrait être affecté en résidence. Il sait bien-sûr qu'il est susceptible d'être nommé en Algérie, dans les colonies françaises, mais il est probable qu'il n'envisage pas sérieusement cette éventualité, ne serait-ce qu'en raison de son attachement à sa famille et à sa mère en particulier[11].

Au début de l'année 1879, Poincaré n'est donc pas fixé sur son sort et il ne semble pas avoir formulé de demande précise. Trois résidences semblent devoir se libérer : les sous-arrondissements minéralogiques de Clermont-Ferrand, de Vesoul et de Bône, une ville de l'extrême nord est de l'Algérie (aujourd'hui Annaba).

Peut-être renseignée par des réseaux familiaux, sa mère semble penser qu'il pourrait être nommé à Vesoul. Cependant, la résidence de Vesoul paraît réservée à Jules Roche, qui a précédé Poincaré à l'Ecole des mines d'un an (il est de la promotion 1872) et qui serait donc prioritaire. Poincaré croit savoir que Roche, qui est alors en poste à Besançon, n'est pas très attiré par Vesoul ; il entrevoit donc la possibilité de permuter son poste avec le sien au bout d'un an, de manière à se rapprocher de Nancy[12]. Il écrit ainsi à sa mère :

> Je ne peux pas passer avant mes camarades, c'est absolut [absolument] évident. Mais ce n'est pas tout, mes anciens seront nommés avant que j'aie passé mes examens et comme il n'y a que 3 places, il faudra bien que Roche prenne Vesoul ; mais je crois que cela ne l'amuse pas de sorte qu'il y aura sans doute moyen, si cela me convient, de permuter avec lui l'année prochaine. [...] Si je vois Roche ce soir, je vais tâcher de le sonder.

Par ailleurs – mais est-il au courant ? – son ami Bonnefoy a écrit au ministre des Travaux publics pour lui indiquer qu'il est candidat pour la résidence de Clermont-Ferrand et que si le choix devait se faire entre les services de Vesoul et de Bône il opterait, si possible, pour celui de Vesoul en raison de ses attaches familiales (il est originaire d'Artenay dans le Loiret)[13].

La nouvelle tombe quelques semaines plus tard, au début du mois de mars, et provoque la panique dans la famille de Poincaré : on parle de le nommer en résidence à Bône. A cette époque, Bône est l'une des plus riches villes du département algérien ; elle dispose d'importantes ressources minières dans le Kouif et dans l'Ouenza[14] et possède de nombreux équipements industriels (une usine de traitement des phosphates, plusieurs coopératives agricoles, un port de commerce, etc.).

Son père s'effraie de cette nomination et fait alors jouer des relations politiques. Il demande ainsi à deux personnalités politiques locales, Auguste

---

[11] Lettre de Poincaré à sa mère, janvier février 1879, collection particulière, Paris.
[12] *Ibidem*.
[13] Lettre datée du 13 mars 1879. Dossier de carrière de Marcel Bonnefoy. Archives nationales, F/14/2715/1.
[14] Sur les exploitations minières de cette région cf. [16].

Bernard et Henry-Auguste Varroy, d'intercéder auprès du ministre des Travaux publics, Charles Louis de Saulces de Freycinet[15]. Sénateur des Vosges depuis 1876, Bernard est maire de Nancy depuis 1872[16]. Varroy est quant à lui sénateur de la Meurthe et sera appelé à succéder à Freycinet au ministère des Travaux publics en 1880[17]. Tous deux connaissent très bien le père d'Henri Poincaré, qu'ils côtoient depuis des années au conseil municipal de Nancy, et qui partage semble-t-il leurs convictions politiques. A deux jours d'écart, Bernard et Varroy écrivent au ministre Freycinet pour solliciter sa bienveillance. Particulièrement détaillée, la lettre de Bernard invoque les problèmes de santé du jeune homme et la préparation de sa thèse :

> Versailles, le 12 mars 1879
> Monsieur le ministre, Je viens vous rappeler, ainsi que vous avez bien voulu m'y autoriser hier, la situation du jeune Poincaré qui doit être appelé à un poste d'ingénieur des mines. Il s'agit uniquement d'une question de résidence mais qui peut avoir, pour son avenir, des conséquences très fâcheuses. Ce jeune homme est entré le premier à l'Ecole polytechnique et en est sorti le second. C'est un jeune homme fort distingué mais qui n'est pas d'une santé robuste ; son père, qui est docteur en médecine et professeur à la Faculté de Nancy, vient d'apprendre que, par suite d'une combinaison que je ne puis apprécier, son fils serait menacé d'être désigné pour le poste de Bône (Algérie). Cette nouvelle cause à sa famille une émotion très vive. Connaissant le tempérament de son fils. M. le docteur Poincaré redoute extrêmement le climat de l'Afrique pour son fils et il vous supplie, par mon intermédiaire et celui de Varroy, de prendre sa requête en considération pour qu'il puisse rester sur le continent. On me donne une seconde raison pour appuyer cette requête. C'est que Poincaré prépare sa thèse de doctorat ès sciences mathématiques qui est déjà entre les mains des examinateurs et que la désignation pour Bône le mettrait dans l'impossibilité de soutenir sa thèse, qu'il doit passer dans quelques mois. Il paraît qu'on avait espéré un instant que Clermont et Vesoul seraient vacants, ce

---

[15] Louis Charles de Saulces de Freycinet (1828-1923) est polytechnicien (promotion 1846) et ingénieur des mines. Il sera sénateur, ministre des Travaux publics dans le gouvernement de Jules Dufaure (1877-1879) et président du Conseil, du 28 décembre 1879 au 19 septembre 1880.

[16] Né le 1er décembre 1824 à Château-Salins Auguste Joseph Emile Bernard est avocat de formation (membre du conseil de l'ordre des avocats puis bâtonnier à Nancy, conseiller à la Cour de Cassation en 1881). Conseiller municipal de Nancy pendant vingt cinq ans, il sera également adjoint au maire de 1852 à 1857, puis maire de 1872 à 1879. Il est élu sénateur des Vosges sur une liste républicaine conservatrice en janvier 1876, mandat qu'il occupe jusqu'à sa mort à Ramonchamp dans les Vosges en 1883. Cf. [6] et [8].

[17] Henry-Auguste Varroy, né le 25 mars 1826 à Vittel, est major d'entrée et de sortie à l'Ecole polytechnique (promotion 1843) et également major de promotion de l'Ecole des ponts et chaussées. Son activité d'ingénieur le conduira sur les travaux de régularisation du Rhin et à la direction de la construction de différentes lignes de chemin de fer dans la Meurthe (notamment la ligne Lunéville Saint-Dié). Ingénieur en chef des ponts et chaussées à Nancy à partir de 1869, il s'engage très vite dans la vie politique locale. Il est élu député de la Meurthe en 1871 sous l'étiquette républicaine. Il sera également conseiller général du canton Est de Nancy (1871), président du Conseil général et sénateur de la Meurthe (1876), ministre des Travaux publics au sein des gouvernements Freycinet (de décembre 1879 à septembre 1880, puis de janvier à août 1882). Il meurt le 23 mars 1883 à Lacomarelle (Vosges). Pour plus de détails, cf. [6] ainsi que [8].

qui permettrait à Poincaré d'espérer un de ces postes. Je ne sais quelle combinaison pourrait assurer le succès de la demande que je vous soumets ; mais, les raisons de santé mises en avant par la famille de Poincaré aussi bien que les motifs scientifiques ci-dessus rappelés nous déterminent Varroy et moi à insister vivement par devoir, M. le ministre, pour vous recommander, d'une façon toute spéciale, la supplique du docteur Poincaré. Inutile de vous dire que cette famille est libérale de vieille date et toute dévouée à nos institutions. Veuillez agréer, M. le ministre, l'expression de ma haute considération.

Bernard sénateur[18]

Quelques jours plus tard, le médecin assermenté des élèves des ponts et chaussées et des mines fait parvenir au ministère un certificat attestant que Poincaré est d'une « d'une constitution délicate, qu'il est atteint de troubles cardiaques » et « sous la dépendance d'une anémie nettement caractérisée qui nécessite des soins particuliers ». En conclusion, un séjour prolongé en Algérie pourrait avoir des conséquences sérieuses sur sa santé[19].

Le résultat de ces démarches ne se fait pas attendre très longtemps. Le 1er avril 1879, Poincaré est nommé ingénieur ordinaire des mines ; il est chargé du service du sous-arrondissement minéralogique de Vesoul et attaché au service de contrôle de l'exploitation des chemins de fer de l'Est[20]. Bonnefoy est nommé, comme il le souhaitait, à Clermont-Ferrand[21]. Petitdidier est quant à lui attaché à titre temporaire au service du secrétariat du Conseil général des mines et continuera ensuite sa carrière dans le sous-arrondissement minéralogique d'Angers[22]. Enfin, Roche est nommé à Nice avant de partir en Algérie pour se joindre à l'expédition transsaharienne du colonel Paul Flatters[23].

La constitution de Poincaré est-elle faible au point d'empêcher sa nomination en Afrique du Nord ? Il est vrai qu'il a souffert de la diphtérie lorsqu'il avait quatre ans et que cette maladie a eu des séquelles assez importantes

---

[18] Lettre d'Auguste Bernard à Charles Louis de Saulces de Freycinet, ministre des Travaux publics, 12 mars 1879. Varroy fera la même démarche auprès du ministre le 14 mars mais de manière moins détaillée. Archives nationales, F/14/11417.

[19] Archives nationales, F/14/11417.

[20] Le ministre répondra à la lettre de Varroy le jour même de la signature du décret de nomination, le 1er avril : « Vous m'avez fait l'honneur de me demander que M. Poincaré, ingénieur ordinaire des mines fût désigné pour occuper l'un des postes vacants de Clermont ou de Vesoul au lieu du poste de Bône pour lequel il paraissait devoir être appelé. Je suis heureux de vous informer que je viens de donner satisfaction au désir que vous avez voulu m'exprimer et que M. Poincaré sera chargé du sous-arrondissement minéralogique de Vesoul. » Archives nationales, F/14/11417.

[21] Dossier de carrière de Marcel Bonnefoy. Archives nationales, F/14/2715/1.

[22] Dossier de carrière de Jules Petitdidier. Archives nationales, F/14/2735/1.

[23] Il est difficile de savoir si cette nomination en Algérie correspond au poste de Bône qui devait échoir à Poincaré. De toute évidence, Roche connaissait l'Algérie car il y avait fait un long voyage en 1877 lors de ses études à l'Ecole des mines. Dossier de carrière de Jules Roche, Archives nationales, F/14/2736/2.

durant plusieurs mois (paralysie des jambes et aphasie notamment). Cependant, une attestation médicale d'Edmond Simonin (1812-1884), professeur à la Faculté de médecine de Nancy et collègue de Léon Poincaré, certifiait en avril 1873 que Poincaré jouissait d'une bonne santé et qu'il n'était atteint « d'aucune infirmité ou difformité qui puisse empêcher son admission à l'Ecole polytechnique[24]. » De même, en tant qu'officier de réserve, Poincaré était soumis à des stages et à des examens médicaux réguliers de 1879 à 1890 et ceux-ci ne mentionnent pas de troubles cardiaques ou d'anémie grave. Seul un rapport de septembre 1879 mentionne sans plus de détails qu'il est de constitution faible et de santé débile mais sans faire état de troubles cardiaques ou d'anémie[25].

4 Le service des mines à Vesoul

Le sous-arrondissement de Vesoul dépend alors de l'arrondissement minéralogique de Chaumont en Haute-Marne. Poincaré a en charge la surveillance de l'exploitation des houillères de Ronchamp. Il assume ses multiples fonctions de contrôle minier et ferroviaire avec beaucoup de sérieux. Il mène ainsi plusieurs visites dans les mines dépendant de son arrondissement et qui sont joints au rapport établi en 1880 par l'ingénieur en chef Louis Trautmann, dont il dépend. On trouve ainsi des traces de plusieurs inspections : le 4 juin, il descend dans le puits Saint-Charles et son rapport mentionne avec précisions les caractéristiques de ce gisement irrégulier en fin d'exploitation ; en septembre, il inspecte le puits Saint Pauline et il s'intéresse à l'aérage, aux dégagements des gaz et aux infiltrations d'eau[26]. Il ne semble cependant pas complètement passionné par ses nouvelles fonctions et il compense son ennui en écrivant un roman[27] et en terminant sa thèse. Celle-ci semble déjà bien avancée avant sa nomination à Vesoul, au point que sa mère est persuadée qu'il pourra la soutenir avant Pâques. Poincaré est beaucoup plus

---

[24] Ce certificat était contresigné par Auguste Bernard, en qualité de maire de Nancy. Archives nationales, F/14/11417.

[25] De 1879 à 1887 Poincaré fait plusieurs stages militaires d'un mois, le plus souvent dans des régiments d'artillerie. Lorsqu'il est rayé des cadres, le 9 novembre 1898, il est alors chef d'escadron à l'Etat-major particulier de l'artillerie territoriale (sous-direction des Forges du Midi). Archives de l'Armée de Terre, Vincennes, dossier militaire de Poincaré, Yh 254.

[26] Dugas évoque sans les citer ces rapports dans son article publié à l'occasion du centenaire de la naissance de Poincaré [7]. Ils sont conservés aux Archives nationales avec les rapports annuels envoyés aux conseils généraux par les ingénieurs chargés de l'exploitation technique des mines et du matériel ferroviaire (rapport de l'année 1880 pour le département de la Haute-Saône, F/14/3902).

[27] Celui-ci est aujourd'hui perdu mais on en connaît quelques extraits grâce à André Bellivier [4].

sceptique et se plaint plusieurs fois dans les lettres qu'il lui écrit de la lenteur de Darboux :

> Comment, tu parles de passer ma thèse avant Pâques ; mais cela est impossible. Je doute fort que Darboux, du train dont il y va ait fini dans 15 jours ; il faut ensuite que Bonnet la voie ; Bouquet voudra peut-être la revoir encore. Puis l'impression prend bien trois semaines. Enfin j'aurai probablement à y faire des corrections et surtout des additions. Car Darboux dit qu'il faudrait mettre des exemples pour rendre le tout plus clair ; enfin et peut-être aurai-je à ajouter tout un chapitre si une idée que j'étudie en ce moment et qui se rattache directement à ma thèse me donne les résultats que j'attends ; ils voudront probablement la revoir après les corrections faites ; de sorte que c'est tout au plus si nous serons prêts avant mon départ[28].

Cette situation n'échappe pas à son supérieur hiérarchique, l'ingénieur en chef Louis Trautmann, responsable du contrôle de l'arrondissement de Chaumont, lorsqu'il rédige un rapport administratif sur le jeune ingénieur. Celui-ci n'est pas spécialement négatif sur le zèle et la qualité du service mais il mentionne que ses goûts le portent vers d'autres perspectives que le service ordinaire des mines :

> M. Poincaré est depuis trop peu de temps sous nos ordres pour que nous puissions à son égard donner des renseignements bien précis ; nous croyons portant que ses goûts le portent plutôt vers le professorat que vers un service ordinaire, qu'il remplira sans doute convenablement mais sans beaucoup de zèle[29].

Au-delà de son manque de vocation, Poincaré est peut-être également peu attiré par les dangers inhérents au métier d'ingénieur des mines. Il en fera l'expérience directe en septembre 1879 lors du tragique accident du puits du Magny. Situé à dizaine de kilomètres de Lure et à une vingtaine de kilomètres de Belfort, à Magny-Danigon, ce puits, dont le forage débute en 1873, est à l'époque l'un des plus profonds de France (la première couche de charbon est découverte à 663 mètres le 30 avril 1877). En 1879, des travaux sont entrepris en direction du nord et c'est lors de cette étape qu'un violent coup de grisou provoque la mort de plusieurs mineurs. L'explosion se produit le 1er septembre et les opérations de sauvetage durent trois jours. Poincaré se rend rapidement sur les lieux afin d'enquêter sur les causes de l'accident. Très précis, s'appuyant sur des constations faites sur le site de l'explosion et sur les expertises médico-légales, son rapport envisage plusieurs hypothèses explicatives pour finalement se fixer sur celle d'une détérioration accidentelle de la lampe d'un mineur par un coup de pic. Il se termine par une évocation

---

[28] Lettre de Poincaré à sa mère, janvier février 1879, *ibidem*, collection particulière, Paris. Dans une autre lettre à sa mère datant de la même période, Poincaré lui écrit : « Avant hier j'ai été chez Darboux - je suis fort ennuyé ; je croyais qu'il ne mettrait pas longtemps à la lire, tandis que depuis 3 semaines il n'en a encore vu qu'une partie. De plus il dit que la rédaction ne lui paraît pas encore assez claire et qu'il y aura des retouches à faire, si bien que nous n'aurons que tout juste le temps ».

[29] Rapport de Louis Trautmann sur Henri Poincaré, 26 mai 1879. Archives nationales, F/14/11417. Celui-ci fera une partie de sa carrière en tant qu'ingénieur en chef à Nancy.

du bilan humain : 16 morts, « 9 veuves et 35 orphelins dont le plus âgé a 17 ans et dont 6 seulement ont plus de 12 ans[30]. »

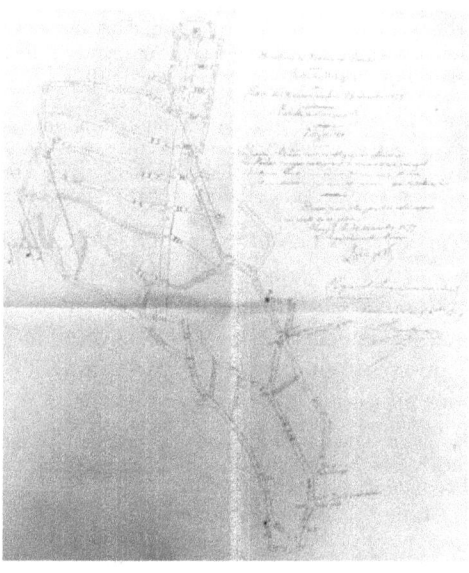

Plan du puits du Magny après l'accident de septembre 1879[31]

Cette expérience jouera-t-elle un rôle dans sa décision de se tourner vers le professorat ? S'il est difficile de se prononcer sur ce point, il n'en demeure pas moins que quelques années plus tard Poincaré pourra apprécier la justesse de son choix en regard du destin tragique de ses camarades de promotion. De constitution faible et sujet à des bronchites chroniques, Jules Petitdidier mourra de maladie le 29 avril 1884. Marcel Bonnefoy mourra en service le 28 mai 1881 dans la mine de Champagnac (Cantal) : réalisant, tout comme Poincaré, une enquête légale suite à un coup de grisou survenu dans cette mine il décédera d'une nouvelle explosion qui fera en tout cinq morts[32]. Quant à Roche, qui avait fait le choix de l'Algérie, son destin sera plus tragique encore : il mourra en février 1881, à Bir El Gahrama, tué par des touaregs lors de la seconde expédition transsaharienne dirigée par le colonel Flatters[33]. Le 30 novembre 1879, Poincaré rédige un dernier rapport

---

[30] Rapport daté du 20 septembre 1879, cité dans [7]. Pour une analyse de ce rapport, voir [3].

[31] Archives nationales, F/14/3902.

[32] [1]. Voir aussi le dossier Bonnefoy, Archives nationales, F/14/2715/1.

[33] Les sources divergent sur la date exacte de sa mort : celle-ci eut lieu entre février et avril 1881. Voir [14].

d'inspection sur le puits du Magny et sur les suites de l'accident. Il est cependant déjà sur le départ vers la Faculté des sciences de Caen où un poste de chargé de cours de calcul différentiel et intégral est annoncé comme vacant. Dès novembre 1879, il formule au ministre des Travaux publics une demande de mise en service détaché :

> On m'a fait espérer que je pourrais être chargé du cours de Calcul Différentiel et intégral à la Faculté des Sciences de Caen. Je serais disposé à accepter cette chaire, si vous vouliez bien me mettre à la disposition de Monsieur le Ministre de l'Instruction. C'est pourquoi, Monsieur le Ministre, j'ai l'honneur de solliciter de vous ma mise en service détaché[34].

Il est nommé le 1er décembre 1879. Il assure en remplacement de Charles-François Girault professeur honoraire sur cette chaire. A partir de cette date, s'achève sa carrière active dans les mines ; il ne s'agit cependant pas de la fin de sa carrière comme ingénieur du Corps des mines car tout au long de sa carrière universitaire Poincaré exercera des fonctions de contrôle et d'expertise, notamment dans l'administration des chemins de fer[35]. Il terminera sa carrière d'ingénieur comme inspecteur général des Mines de seconde classe (nommé hors cadre le 16 juin 1910).

BIBLIOGRAPHIE

[1] Aguillon, Louis 1897. « L'œuvre des ingénieurs du Corps des mines (1794-1894) », *Livre du centenaire (1794-1894)*, tome III, Paris, Gauthier-Villars. Texte en ligne : http://www.annales.org/archives/x/oeuvre.html
[2] Appell, Paul 1925. *Henri Poincaré*. Paris, Plon.
[3] Barbe, Noël 2005. « Écrire la mine : le corps entre indicateur et ressource » in Dutertre Emmanuelle, Ouedraogo Jean-Bernard, Trivière François Xavier (Ed.), *Exercices sociologiques autour de Roger Cornu. Dans le chaudron de la sorcière*, Paris, L'Harmattan, pp. 117-139. Texte en ligne : http://halshs.archives-ouvertes.fr/docs/00/07/92/33/PDF/CorpsMineur.pdf
[4] Bellivier, André 1956. *Henri Poincaré ou la vocation spirituelle*. Paris, Gallimard.
[5] Boutroux, Aline 1913. *Vingt ans de ma vie, simple vérité*. A paraître.
[6] Adolphe, Robert & Bourloton, Edgar & Cougny, Gaston (ed.) 1890-1891. *Dictionnaire des parlementaires français comprenant tous les membres des assemblées françaises et de tous les ministres français depuis le 1er mai 1789 jusqu'au 1er mai 1889, avec leurs noms, état civil, état de service, actes politiques, votes parlementaires, etc.* Cinq volumes, Paris, Bourloton. Reprint, Genève, Slatkine Reprints, 2000.
[7] Dugas, René, Roy Maurice 1954. « Henri Poincaré, ingénieur des Mines ». *Annales des Mines*, 143.

---

[34] Lettre de Poincaré à De Freycinet, 19 novembre 1879. Archives nationales, F/14/11417.

[35] Il sera même nommé le 21 mai 1902 membre de la Commission des phares en remplacement d'Alfred Cornu, décédé le 12 avril. Créée en 1811, cette commission a pour mission d'organiser les expériences scientifiques comparant les différents systèmes d'éclairage. Elle est composée de neuf membres, trois savants de l'Académie des Sciences, trois inspecteurs des Ponts et Chaussées et trois officiers supérieurs de la marine militaire. Voir [9].

[8] El Gammal, Jean (ed.) 2006. *Dictionnaire des parlementaires lorrains de la Troisième République*. Metz, Editions Serpenoise.
[9] Guigueno, Vincent 2001. *Au service des phares. La Signalisation maritime en France, XIXe-XXe siècle*. Rennes, Presses universitaires de Rennes.
[10] Heinzmann, Gerhard 1995. « Henri Poincaré ». *Le pays lorrain*, **volume 76**, numéro 4, pp. 271-280.
[11] Poincaré, Jules Henri 1874. « Démonstration nouvelle des propriétés de l'indicatrice d'une surface ». *Nouvelles annales de mathématiques*, **12**, 2, 449-456.
[12] Poincaré, Jules Henri 1875. « Note sur les propriétés des fonctions définies par les équations différentielles ». *Journal de l'École Polytechnique*, **45**, 13-26.
[13] Riquier, Charles 1910. *Les systèmes d'équations aux dérivées partielles*. Paris, Gauthier-Villars.
[14] Rolland, Georges 1881. « Notice nécrologique sur M. Roche, ingénieur des mines », *Annales des mines*, 7e série, **XIX**. Texte en ligne :
http ://www.annales.org/archives/x/roche.html
[15] Toulouse, Edouard 1910. *Enquête médio-psychologique sur la supériorité intellectuelle : Henri Poincaré*. Paris, Flammarion.
[16] Tomas François 1970. « Les mines et la région d'Annaba », *Revue de géographie de Lyon*, **45**, 1, pp. 31-59.
[17] Walter, Scott 1996. « Henri Poincaré's Student Notebooks (1870-1878) », *Philosophia scientiae*, **volume 1**, **cahier 4**, pp. 1-17.

Laurent Rollet
L.H.S.P. – Archives Henri Poincaré (UMR 7117)
MSH Lorraine
laurent.rollet@univ-nancy2.fr

Méditation sur la clause finale
ANNE-FRANÇOISE SCHMID

Pour Gerhard Heinzmann
« Dies ist ein Wort, das neben den Worten einherging »
Paul Celan, *Von Schwelle zu Schwelle*

Nous aimerions montrer que la question dite de la « clause finale » se double d'un point de vue sur ce qu'on appelle « nombre naturel », point de vue relativement indépendant de la construction de l'argumentation autour de l'induction complète. La mise en évidence de ce double jeu fait voir l'importance non seulement d'un problème d'arithmétique, ou éventuellement de logique et d'arithmétique, mais du jeu complet des disciplines les unes par rapport aux autres dans une philosophie des sciences. Ce point de vue modifie la question de la discussion sur la clause finale, discutée presque toujours chez les interprètes du point de vue logique et/ou arithmétique. Elle n'est pas seulement un objet particulier, mais aussi une façon de concentrer un problème, celui de la décision, en fonction de choix disciplinaires (est-ce que l'on admet la « logique mathématique » comme discipline ?). La question est celle des rapports entre les langages scientifiques. Nous proposons une généralisation de la méthode de fiction par Poincaré pour les géométries pour comprendre ces rapports. Le passage d'une philosophie critique à une posture fictionnelle pour manifester les relations entre philosophies et sciences est proposée autour d'une généralisation de l'idée de fiction géométrique par Henri Poincaré. Cette méditation est une réflexion sur les objets ou non-objets particuliers de sa philosophie. Que se passe-t-il si l'on ouvre les limites de celles-ci ? Certains modes d'invention ou de conception peuvent se généraliser.

* * *

Nous sommes redevables à Gerhard Heinzmann d'une interprétation de l'induction complète chez Poincaré qui fait une place effective à ce que d'autres interprètes ont vu comme un manque dans sa conception du raisonnement et de la définition par induction, soit à la « clause finale » [4]. Son interprétation montre le passage de la définition au raisonnement comme permettant un passage de la constitution à la description de l'objet « nombre naturel ». On le connaît au moment où on le constitue. *Cum homo mathematicus calculat, fit mundus*, pour paraphraser un fragment de phrase bien connu de Leibniz (*cum deus calculat...*). C'est là une vision pragmatiste ou, comme le dit encore ailleurs l'auteur, une vision poiétique des mathématiques qui le rapproche des thèses des Lumières sur le « philosophe », qu'il réhabilite dans la philosophie des mathématiques actuelles, à l'aide de l'idéonéisme de Ferdinand Gonseth[1].

Cette interprétation me satisfait de plusieurs façons. Elle éclaire plusieurs remarques que Poincaré a faites lui-même. Par exemple, il voit dans l'induction complète la concrétisation immédiate mathématique du « jugement synthétique *a priori* » de Kant, par le passage que suppose l'induction entre la définition et le raisonnement. On ne peut raisonner par induction que sur ce qui a été défini par induction, et le jugement synthétique permet d'éviter tous les cercles entre l'un et l'autre, cercles que Poincaré s'est évertué à dénoncer dans les usages de l'induction.

D'autre part, Poincaré voit le principe d'induction comme créateur, l'un des raisonnements qui font que la mathématique n'est pas une « immense tautologie » – il suppose qu'il y en a d'autres, mais il ne les nomme pas. C'est là aussi une idée qui milite pour une interprétation poiétique de l'induction complète, directement et au ras des textes. William James pensait que la philosophie de Poincaré ne se distinguait que d'un cheveu du pragmatisme[2] – mais en France on savait distinguer le point de vue de Poincaré de celui de Le Roy.

L'induction serait-elle, une sorte de méthode générique pour reprendre un terme maintenant souvent utilisé ? Celle qui permettrait de passer du connu à l'inconnu ? Et pourtant elle semble nous reproduire quelque chose de bien connu, la suite des nombres naturels, que l'on pourrait supposer être connue de tout humain capable de répéter une opération une fois qu'elle est reconnue possible. Le commun et le connu sont-ils génériques ? Nous verrons que la philosophie de Poincaré pose ce problème, mais qu'il laisse ouverte la solution, et que ce n'est sans doute pas un hasard s'il ne cite de façon explicite aucun autre raisonnement mathématique créateur, permettant de passer du connu à l'inconnu. Il était comme pris entre un point de vue générique proche du nominalisme, où la répétition avait valeur dans toutes

---

[1] Voir ainsi son article « L'épistémologie mathématique de Gonseth dans la perspective du pragmatisme de Peirce » [3]. Voir également son livre *Schematisierte Strukturen* [2] et la conférence faite à Fribourg le 20 mars 2000 « Les révisions poiétiques du « philosophe »(XVIIIe siècle) et du logicien (XXe siècle) ».

[2] Voir la lettre de Louis Couturat à Bertrand Russell du 12 décembre 1905 : « M. W. James dit qu'il [Poincaré] n'était séparé du pragmatisme que par un cheveu : ce cheveu est énorme ! » [12, pp. 565-566].

les disciplines, et un point de vue qui trouve une source de la valeur des mathématiques et des sciences dans la pensée et l'expérience respectivement. Peut-être cherchait-il à les traiter comme identiques.

Qu'est-ce que la suite des « nombres naturels » ? À l'époque où Poincaré écrit, il y a une hésitation entre un objet donné et/ou construit et un particulier parmi une infinité de suites possibles. L'idée de Poincaré n'est pas simple sans doute. Il y a les nombres entiers, mais ils sont construits, et c'est le seul objet naturel de la pensée mathématique[3]. Le « nombre naturel » est sans doute pour lui l'interprétation la plus « naturelle » de ces suites construites, de la même façon que plus tard d'« électron réel » ou d'« électron idéal » selon qu'il est au repos ou en mouvement dans *La dynamique de l'électron* [10]. Ce n'est qu'une nuance, mais une nuance significative, elle témoigne de l'usage d'une distinction épistémologique qui n'est plus nécessaire.

À l'époque où écrit Poincaré, d'autres interprètes ont fait une place autre au principe d'induction. Peano l'a intégré dans son système d'axiomes de l'arithmétique. Kleene [5, p. 20] a fait remarquer que c'était là une façon de se servir de l'induction comme d'une limitation. Mais cette limitation déterminait plutôt une structure que des êtres mathématiques. Russell, dans la même lignée, a fait de l'induction la définition du nombre fini pouvant être représentée par n'importe quelle suite. L'induction chez Russell, est doublement générale en ce qu'elle porte pas seulement sur les nombres entiers finis mais aussi sur toutes les propriétés, qui, si elles appartiennent à 0, appartiennent au suivant de n si elles appartiennent à n. Poincaré ne pouvait y voir qu'une pétition de principe, alors que chez Russell il s'agissait à la fois d'une conception des êtres mathématiques comme pouvant être atteints comme individus (et non seulement en tant que structure) grâce au principe qui permet de se passer de l'abstraction, mais aussi d'une conception ouverte qui ne réduise pas le nombre fini au nombre naturel. En géométrie aussi, Russell pensait que son point de vue de génération de l'espace permettait une combinatoire beaucoup plus libre que celle de Poincaré [12, pp. 376-378]. À l'époque de cette seconde discussion avec Henri Poincaré et Pierre Boutroux, Russell commençait à se distinguer des positions qu'il avait partagées avec Louis Couturat. Selon ce dernier, la logique pouvait être un « fondement » rationaliste et critique pour les mathématiques, la logique devenait pour Russell très clairement comme il le dit une « science expérimentale » [13, p. 630] au même titre que l'astronomie. Comme l'a

---

[3] « Le seul objet naturel de la pensée mathématique, c'est le nombre entier » [8, p. 110 de l'édition de 1970].

montré de façon convaincante Gregory Landini[4], pour Russell le nombre n'est pas un être mais un concept[5].

La position de Poincaré qui « retourne » au nombre naturel n'est sans doute qu'une nuance de langage - mais on sait par ailleurs quelle importance il accordait à ces nuances, sachant que la découverte mathématique consistait d'abord à donner le même nom à des choses différentes. La philosophie des sciences de Poincaré impose évidemment, comme toutes les positions nominalistes, un « décollement » ou un « découplage »de chaque notion avec celles les plus proches avec les quelles on les confond habituellement (par exemple répétition et nombre naturel). C'est le fond de son conventionnalisme, ne confondons pas géométrie et vérité. Néanmoins entre le commode et le naturel se tissent des relations qui ne sont pas tout à fait banales.

L'idée que nous proposons est qu'il ne suffit pas de s'en tenir à la logique et à l'arithmétique pour comprendre l'apparente absence de la clause finale chez Poincaré. Poincaré a su créer une philosophie des sciences presque parfaite, à la fois systématique et locale, rendant cet oxymore le plus performatif possible. Pour cela, il fallait rayer la logique de l'ordre des disciplines, et réduire le « fait » à ce qu'il a d'expérimental. Ces raisons ont fait que cette perfection ne pouvait se conserver longtemps devant les développements extraordinaires des sciences contemporaines. Poincaré les connaissait bien, mais il cherchait parfois à les relativiser dans le champ des connaissances scientifiques[6].

Pour permettre une épistémologie locale, qui était au temps de Poincaré, une véritable nouveauté, il en fallait paradoxalement une très systématique, qui intervienne là où les sources minimales de la pensée (l'idée de répétition) et de la vérité (dans et par l'expérience brute ou scientifique) pouvaient donner sens et origine à l'interprétation langagière et relativement conventionnelle que Poincaré donnait aux diverses disciplines scientifiques. Chacune d'entre elles trouvait son interprétation en fonction de sa place respective par rapport à ces sources. Pour Poincaré en effet, si les êtres mathématiques ne sont donnés qu'en tant que construits, les disciplines mathématiques elles-mêmes sont l'effet de construction. Comme tout grand penseur, Poincaré *ne sait pas* ce que sont arithmétique, algèbre, analyse, géométrie, mécanique, physique théorique, physique expérimentale, mais il élabore ces identités et leurs différences progressivement dans sa philoso-

---

[4] Dans une conférence à l'Université de Paris Ouest Nanterre, « The Number of Numbers », avril 2009.

[5] Nous ne pouvons donc partager complètement le point de vue soutenu par Geoffrey Hellman sur l'attachement de Russell au « nombre naturel » au début de *Mathematics without Numbers* [1, pp. 11-12].

[6] « ...les électrons sont bien légers, l'uranium est bien rare... » [8, p. 110].

phie des sciences, et c'est cette construction qui lui permet de comprendre les problèmes « locaux » et de les relier avec une épistémologie systématique. Mais il connaît l'ordre dans lequel il traite ces diverses disciplines, car cet ordre a un sens dans sa métaphysique minimale où la répétition et le fait sont mis en articulation selon beaucoup de formes possibles, comme en un groupe de transformations.

Or les interprétations habituelles de Poincaré s'en tiennent en général à une discipline pour la discussion de chaque problème. Par exemple, son conventionnalisme à été souvent mis en rapport avec l'unique géométrie, l'inductivisme avec sa conception de la physique expérimentale, et l'interprétation de l'absence de clause finale avec les écrits de Poincaré sur l'arithmétique. C'est à notre avis une méthode qui manque quelque chose de très important dans la façon de faire de Poincaré, dans les rapports qu'il tisse du « local » au « systématique ». Dans son travail scientifique, souvent Poincaré passe d'une formulation disciplinaire à une autre, de façon très rapide, comme s'il « modélisait » déjà les problèmes relativement indépendamment de l'image toute faite des disciplines[7]. Pour voir cela, il suffit de lire les résumés annuels qu'il faisait de ses travaux dans les *Comptes-rendus de l'Académie des sciences*. C'est cette mobilité d'une discipline à l'autre qui a permis au mathématicien de laisser tant de résultats en physique, utilisés parfois dans d'autres disciplines encore. Ce sont toujours des textes qui témoignent d'une démarche de mathématicien, mais peuvent prendre immédiatement ancrage dans des problèmes qui ne sont pas seulement mathématiques. En cela, Poincaré fait de sa démarche mathématique un usage véritablement générique.

Il faut donc que dans nos interprétations nous prenions acte de ce rapport si original aux disciplines, et que nous ne nous fassions pas plus scholastiques que Poincaré. L'interprétation du conventionnalisme en fonction de cette diversité de disciplines a été faite explicitement, elle l'a moins été en ce qui concerne la « clause finale » ou son absence apparente.

La plupart des interprétations soit reprochent à Poincaré de n'avoir pas « compris » ce qu'est une clause finale – et, effectivement, il y a des choses que Poincaré n'a manifestement pas voulu comprendre dans son débat avec les « logiciens » –, ou au contraire, comme Javier de Lorenzo, d'avoir eu comme une première intuition des théorèmes de limitation de Gödel. Ou encore, on peut donner une interprétation *pragmatiste* de cette absence,

---

[7] Voir le compte-rendu par Russell de l'édition anglaise de *La science et l'hypothèse* dans *The Westminster Gazette* du 3 juin 1905. Il y décrit « l'attitude souveraine » de Poincaré : « Il joue avec les sciences comme avec un jeu de quilles. Il en autorise certaines à rester debout et il en renverse d'autres ».

comme Gerhard Heinzmann qui permet de « fermer » le raisonnement de Poincaré, de passer de la répétition à l'induction complète.

Si l'on tient compte de la mobilité de Poincaré sur la carte des sciences qu'avait si bien vue Russell[8], il convient de se demander où il pouvait avoir une idée ou une pratique des procédures de décision dans les mathématiques, que suppose la clause finale. C'est sans doute dans l'idée que Poincaré mettait au centre de sa philosophie des mathématiques celle de groupe[9]. Il la traitait comme une « idée innée »(« dont Lie a fait la théorie »), quoiqu'elle fût au centre de son dispositif et non à l'un de ses bords comme la répétition et l'expérience. Que l'idée de groupe soit innée montre-t-elle une exception ou une adjonction au système épistémologique de Poincaré entre répétition et fait ? Tout se passe comme si l'idée de groupe permettait de tenir à la fois les grandes structures et le langage des « espaces » que Poincaré déduit des géométries. On se souvient de son ouvrage *Les fondements de la géométrie* [6], qui tant inspiré les travaux en psychologie de Jean Piaget, où Poincaré, tout conventionnaliste qu'il est, montre que nous avons toutes les raisons de constituer un espace qui a toutes les propriétés de groupes de Lie, et qui, selon les *fictions* produites (voir *La science et l'hypothèse*), détermine lequel de ces groupes peut être considéré comme plus commode qu'un autre dans un monde particulier. Nous avons là de nouveau une sorte de superposition entre deux argumentations, celle du philosophe qui distingue les notions, mais aussi de celui qui les superpose, le conventionnel devient commode, adapté, voire « contraignant » du point de vue de la conservation des

---

[8] Poincaré fait explicitement le lien entre répétition et les structures de groupe, dans *La science et l'hypothèse* [7, p. 83 de l'édition de 1932] : « C'est ce fait que l'on énonce d'ordinaire en disant que *l'espace est homogène et isotrope*. On peut dire aussi qu'un mouvement qui s'est produit une fois peut se répéter une seconde, une troisième fois, et ainsi de suite, sans que ses propriétés varient. Dans le chapitre premier, où nous avons étudié la nature du raisonnement mathématique, nous avons vu l'importance qu'on doit attribuer à la possibilité de répéter une même opération. C'est de cette répétition que le raisonnement mathématique tire sa vertu ; c'est donc grâce à la loi d'homogénéité qu'il a prise sur les faits géométriques ». Voir aussi dans le même ouvrage [7, p. 187], où Poincaré voit chaque phénomène observable comme superposition de phénomènes élémentaires « tous semblables entre eux » : « C'est alors seulement que l'intervention des mathématiques peut être utile, les mathématiques nous apprennent, en effet, à combiner le semblable au semblable. Leur but est de deviner le résultat d'une combinaison, sans avoir besoin de refaire cette combinaison pièce à pièce. Si l'on a à répéter plusieurs fois une même opération, elles nous permettent d'éviter cette répétition en nous faisant d'avance connaître le résultat par une sorte d'induction ». Poincaré utilise cette description aussi bien pour expliquer l'induction que les équations différentielles.

[9] C'est une idée qui a été proposée en novembre 1982 dans la discussion qui a suivi une conférence de l'auteur à l'Université de Genève par le mathématicien suisse Georges de Rham, qui était, on le sait, un spécialiste des idées mathématiques de Poincaré, en particulier de la topologie.

espèces, plus « approprié » de toute façon, même s'il n'est pas possible empiriquement de distinguer les espaces euclidiens des espaces non-euclidiens.

Tous ces rapports subtils entre théorie des groupes, géométries et espaces, ont été explicités à propos de la philosophie de Poincaré. Par contre les rapports entre théorie des groupes, arithmétique, et « répétition » l'ont été assez peu dans les interprétations. Je pense que c'est la voie par laquelle la question de la clause finale trouverait son interprétation la plus simple et la plus « adaptée », sans vouloir « forcer » la logique ou le principe d'induction. Elle n'infirme d'ailleurs en aucune manière les travaux faits sur l'arithmétique et la logique. D'autres philosophes contemporains de Poincaré, dont Russell[10], ont choisi de distinguer la logique et l'arithmétique, ce qu'il a refusé, et l'engageait dans une autre logique disciplinaire. Poincaré a obturé la logique, mais la fonction qu'il faisait occuper à la théorie des groupes lui permettait cette élision. Ce sont les sources minimales de la pensée et celles de la vérité qui sont les génératrices de sa philosophie dans un ensemble qui ne peut être interprété comme complètement pragmatiste au sens classique, et c'est la théorie des groupes qui permet l'articulation des unes et des autres. C'est pourquoi on aboutit à une philosophie de la géométrie où chacun des espaces est conventionnel et où pourtant, dans les diverses fictions que l'on construit, l'un ou l'autre espace peut paraître plus simple (avec moins de termes dans les équations) ou plus « commode » (eu égard au monde habité).

Nous touchons là une limite à la généricité de la démarche mathématique de Poincaré. On peut faire des fictions, comme il le fait dans *La science et l'hypothèse* à propos des géométries non-euclidiennes et de leurs rapports à la géométrie euclidienne, mais juste au point de son « espace philosophique » où l'on est également éloigné de la répétition vide et formelle et de la vérité brute. C'est cet espace qui peut donner lieu à des fictions, entre géométrie et à la rigueur mécanique. En arithmétique et en physique expérimentale, la fiction ne peut avoir la même valeur dans la philosophie de Poincaré. Evidemment, en théorie des marées (une des rares *théories* que Poincaré nous

---

[10] Russell pensait en effet que l'idée de répétition était beaucoup plus compliquée que ne l'imaginaient Poincaré et Hilbert. Voir par exemple sa lettre à Couturat du 9 février 1905 à propos de Hilbert [12, p. 475] : « Son idée de combinaison est d'une complication dont il n'a aucun soupçon. Il se permet la répétition d'un même objet 1 ; donc, il faut que ce ne soit pas une classe dont il s'occupe, mais une corrélation, une relation $1 \to Nc$ entre 1 et les objets d'une classe donnée, ou plutôt d'une série donnée. Puisqu'il se permet tout nombre fini de répétitions, il faut que cette série soit infinie. Si vous essayez d'analyser et de préciser la notion de répétition, vous verrez que ces conséquences sont nécessaires ». Nous touchons là un désaccord fondamental, qui rejoint évidemment la conception des nombres. L'idée de répétition est soit très formelle (Hilbert), soit très proche de l'objet construit (Poincaré), deux solutions qui ne convenaient pas à Russell, le créateur d'une logique des relations. Cf. également [19].

ait laissé avec sa relativité et sa ... philosophie), il faut bien faire la fiction d'un point fixe permettant de calculer les marées, décision délicate puisque l'on sait qu'il y a une marée terrestre aussi bien que maritime. S'agit-il de la même fiction ? Il s'agit toujours de dessiner une distinction, et de faire une décision. Mais ce que l'on décide n'est pas tout à fait de la même nature. Dans le dernier cas, on fera une décision entre ce que l'on peut écrire en langage mathématique et ce qui sera finalement considéré comme un ensemble de phénomènes perturbateurs, on fait une « décomposition » qui permettra la généralisation du fait en fait scientifique. Pourtant, le « fait brut » nous est donné aussi dans un langage. Dans le cas des fictions géométriques, il s'agit de savoir si une géométrie peut être un modèle pour une autre. Mais finalement, il s'agit aussi de la commodité de ces langages par rapport aux mondes construits par fiction. Dans un cas, la décision porte prioritairement entre le langage mathématique et le réel, dans le second plutôt entre divers langages mathématiques, mais sans exclure l'autre démarche. Est-ce la même chose ? C'est un point difficile à décider. Si l'on reste dans le cadre de méthodes scientifiques, il n'est pas certain que l'on puisse déterminer une différence. Par contre du point de vue de sa philosophie et des limites qu'elle décide, ce n'est pas la même chose. C'est en effet la philosophie qui, chez Poincaré, limite l'usage de la fiction. Il a fait de sa philosophie non pas seulement un miroir de sa pratique scientifique, mais une posture performative pour celle-ci, c'est pourquoi il importe qu'elle soit « minimale », ou encore « pragmatiste » selon Gerhard Heinzmann, et que, dans le principe, elle ne se distingue pas de la construction de ses objets. C'est sa philosophie qui fait que ses méthodes apparaissent soit comme « génériques », permettant le passage libre d'une discipline à l'autre, soit comme « fondatrices », lorsqu'elles organisent un ordre déterminé dans la distribution de celles-ci.

Pour conclure, j'aimerais prolonger la méditation sur un terrain plus généralement philosophique. Imaginons que nous ne puissions plus accepter la façon dont Poincaré pense les limites de son dispositif, répétition et expérience, et les interprétations minimales, mais néanmoins « métaphysique » au sens large qu'il leur donne, que devient la fiction, à laquelle il a su donner sa place ? On pourrait la généraliser et faire éclater les verrous qui l'ont laissée à son lieu géométrique.

Or on peut supposer que c'est ce que la philosophie des mathématiques anglo-saxonnes a fait depuis une bonne quinzaine d'années sur trois continents, et dont Gerhard Heinzmann parle en 1990 dans l'un de ses articles [3]. Ces conceptions de la fiction en philosophie des mathématiques se présentent souvent sous la forme de textes qui cherchent ce qui resterait des mathématiques sans telle ou telle de leurs caractéristiques qui paraissent les plus naturelles (sans structure, intuition, démonstration, fondation, fait, objet, nombre, grandeur, décision...), et, en cela, elles prolongent le propos de Russell qui était *de ne pas réduire* les mathématiques au nombre, à la grandeur, à la géométrie euclidienne. C'est une façon indirecte de caractériser les mathématiques sans les réduire à tel ou tel objet particulier. Longtemps, on est resté fasciné par les positions métaphysiques des divers auteurs, à savoir s'ils acceptent tel ou tel être mathématique, les classes, les relations, les fonctions, les nombres « naturels », etc. C'est un aspect de leur argumentation, mais ce n'est sans doute pas le plus pertinent. Je pense qu'avec le temps, on pourra voir tout autre chose dans cette généralisation de la fiction, une mise à distance des relations critiques entre philosophie et sciences, telles que les voyaient Poincaré et le « Boutroux Circle » et encore beaucoup d'entre nous, pour de nouvelles relations entre philosophies et sciences, plus fictionnelles et plus « interactionnelles » que critiques. Ce thème de la « fiction », reprises de façon insigne de la tradition par Poincaré (à l'occasion des géométries non-euclidiennes) et par Russell (par sa notion « fiction logique »), prend actuellement de nouvelles formes, simultanément en philosophie des mathématiques, en philosophie dite « continentale », et dans les nouvelles théories de la conception. C'est une convergence très intéressante, qui traverse les disciplines, les langues et les continents. Supposons par exemple une arithmétique *sans* logique, qu'apprenons-nous alors ? Justement peut-être des liens entre la théorie des groupes et l'arithmétique, on renouvelle les relations entre les disciplines, on voit la clause finale comme cas particulier d'un ensemble de types de raisonnements, ceux peut-être que Poincaré n'a pas voulu nommer. Il n'est pas inintéressant que pour la philosophie d'Alain Badiou et la théorie de la conception d'Armand Hatchuel, c'est la théorie des ensembles de Paul J. Cohen qui, à partir de 1963, inaugure une méthode de construction de nouveaux objets. Nous entrons selon eux dans une ère différente philosophiquement de celle des Lumières – ce qui ne signifie pas « relativiste », irrationaliste, sans ordres, sans hiérarchies, etc. –, mais une ère où la critique ne serait plus la norme des relations entre philosophies et sciences. Si les philosophies se travaillent comme les sciences, et ne sont plus le « cadre » ou la « grille » de lecture des sciences, que s'ensuit-il alors concernant les relations entre philosophies et sciences ? Voici l'une des questions qui me paraît déterminante dans la conjoncture actuelle, et que l'on peut, selon une perspective, imaginer comme la généralisation de l'écriture des fictions géométriques chez Poincaré.

Ces pages ne forment pas un article scientifique, mais une méditation offerte à mon ami Gerhard Heinzmann. Il y a un objet « particulier », la clause finale, il y a la philosophie de Poincaré, il y a ses fictions géométriques, il y a les problèmes de la conception contemporaine des relations entre philosophies et sciences, leurs interactions multiples et mobiles, à tel point qu'on ne peut plus à mon avis les penser dans le cadre de l'épistémologie classique. Les règles qui régissent les relations entre ces niveaux et ces objets ne sont pas visibles dans ce texte, ce dernier est juste comme la section d'une conique. Je souhaite que Gerhard Heinzmann voie ces pages comme une sorte de fable permettant de faire le départ entre nos deux chemins, l'un prolongeant le pragmatisme de Poincaré, l'autre ses « fictions », mais aussi et surtout de manifester les préoccupations communes qui en ont généré le dessin, et qui peuvent, toutes deux, se dire « poiétiques » (*Dies ist ein Wort...*).

BIBLIOGRAPHIE

[1] Hellman, Geoffrey 1989. *Mathematics without Numbers*. Oxford, Clarendon Press.
[2] Heinzmann, Gerhard 1982. *Schematisierte Strukturen. Eine Untersuchung über den Idoneïsmus Ferdinand Gonseths auf dem Hintergrund eines konstruktivistischen Ansatzes*. Bern, Stuttgart, Paul Haupt.
[3] Heinzmann, Gerhard 1990. « L'épistémologie mathématique de Gonseth dans la perspective du pragmatisme de Peirce », *Dialectica*, XLIV, pp. 279-296.
[4] Heinzmann, Gerhard 1994. « On the Controversy between Poincaré and Russell about the Status of Complete Induction », *Epistemologia*, XVII, pp. 35-52.
[5] Kleene, Stephen Cole 1952. *Introduction to Metamathematics*. Amsterdam, NorthHolland Publ. Co., Groningen, Wolters-Noordhoff Publ.
[6] Poincaré, Henri 1898-1899. « Les fondements de la géométrie ». *The Monist*, 9, pp. 1-43. Traduit chez Chiron en 1921 par Louis Rougier.
[7] Poincaré, Henri 1902. *La science et l'hypothèse*. Paris, Flammarion (1968 pour l'édition courante).
[8] Poincaré, Henri 1905. *La valeur de la science*. Paris, Flammarion (1970 pour l'édition courante).
[9] Poincaré, Henri 1906. « Sur la dynamique de l'électron ». *Rendiconti del Circolo Matematico di Palermo*, 21, pp. 129-176. Reproduit dans le volume IX des *Oeuvres complètes*, pp. 494-550.
[10] Russell, Bertrand 1905. « Compte rendu de la traduction anglaise de *La science et l'hypothèse* ». *Mind*, 14 juillet 1905, pp. 412-414.
[11] Russell, Bertrand 1906. « Les paradoxes de la logique ». *Revue de métaphysique et de morale*, p. 630.
[12] Russell, Bertrand 2001. *Correspondance sur la philosophie, la logique et la politique avec Louis Couturat (1897-1913)*. Paris, Kimé.

Anne-Françoise Schmid
Institut national des sciences appliquées de Lyon
Ecole des Mines de Paris
Institut national de la recherche
agronomique de Jouy-en-Josas
afschmid@free.fr

Wittgenstein contre Poincaré sur les preuves par récurrence

FRANÇOIS SCHMITZ

Il est parfois admis dans la littérature secondaire concernant Wittgenstein, que sur certains points les positions de cet auteur en matière de « philosophie » des mathématiques, ont quelque similitude avec celles de Poincaré[1]. C'est un particulier le cas s'agissant de la question de l'induction mathématique. Ces deux auteurs partagent en effet les même réticences à l'égard de la prétention des logicistes à avoir « réduit » l'induction à une simple définition, ou à admettre que, *via* la notion d'ancestrale, il est possible de définir de manière purement logique ce que veut dire : « ξ suit ζ dans la R-suite ». Ces réticences font pendant à leur commune méfiance à l'égard de la théorie des ensembles et à son infinitisme « extensionnaliste », ou comme on dit plus communément, à son acceptation de l'« infini actuel ».

De tels points de convergence peuvent sembler remarquables et on ne saurait les sous-estimer. Il reste, comme on sait bien, que ce n'est pas parce que des auteurs partagent des points de vue apparemment semblables, qu'ils leur donnent la même signification. Comme c'est certainement sur la question de l'induction que nos deux auteurs semblent les plus proches, nous nous proposons de revenir sur quelques points développés par Wittgenstein qui vont directement à l'encontre des positions de Poincaré[2].

---

[1] G. Heinzmann lui-même n'hésitait pas à intituler son intervention au colloque Wittgenstein organisé en 2001 à Nice par E. Rigal : « Poincaré wittgensteinien ? », ce pourquoi il ne nous semble pas mal venu de reprendre la question de l'induction dans un *Festschrift* en son honneur !

[2] Nous n'avons pas la place de revenir ici sur la position adoptée par Poincaré dans son célèbre article de 1894 (repris, en 1902, comme chapitre 1 de *La Science et l'Hypothèse* [3]) « Sur la nature du raisonnement mathématique » ; mais elle est suffisamment connue pour que cela ne soit pas dommageable. Les remarques que Wittgenstein consacre aux preuves par récurrence datent du début des années trente et portent plus spécifiquement sur la preuve de l'associativité de l'addition donnée par Skolem dans son mémoire de 1923, « Begründung der elementären Arithmetik durch die rekurrienrende Denkweise... ». Elles figurent essentiellement dans le *Big Typescript* de 1932-33 [7, §126-135], et ont été insérées par les éditeurs de la *Grammaire Philosophique* dans sa deuxième partie (§29-38). Dans ce qui suit nous donnons les références dans le [7] suivies, entre parenthèses, de la page correspondante dans la traduction française de la *Grammaire Philosophique* parue chez Gallimard en 1980 (les traductions sont de notre fait). Remarquons que Wittgenstein

* * *

On pourrait avoir le sentiment que Wittgenstein aurait du être prêt à reconnaître dans la preuve par récurrence le type même de raisonnement qui convient pour les entiers, si tant est que la « forme générale » qu'il en donne (en symbole : $|1, \xi, \xi + 1|$) est précisément de type inductif et pourrait être paraphrasée par : la suite des nombres est engendrée, à partir de 1, par addition successive de 1. C'est du reste ce qu'il semblait déclarer à ses étudiants en 1930 lorsqu'il soulignait qu'il « y a deux types très différents de preuve en mathématiques : la première va d'équations en équations selon certaines règles de substitution. La seconde est la preuve par induction mathématique. »[3]. Et dans les *Remarques Philosophiques* [8, §129], il affirmait : « En arithmétique, la *généralité* est représentée par l'induction. L'induction est l'expression de la généralité arithmétique ».

Toutefois ces affirmations sont immédiatement pondérées par la remarque qui peut sembler à première vue énigmatique que « la nature de l'induction n'est pas exprimée sous la forme d'une proposition (...) ; elle est mathématiquement inexprimable. L'induction se montre d'elle-même dans la structure des équations » [9, p. 34]. Ce qui suit est une tentative pour comprendre cette remarque.

Peut-on admettre que la « preuve par récurrence » de l'associativité de l'addition (sous la forme : « $a + (b + c) = (a + b) + c$ vaut pour tous les nombres (cardinaux) ») prouve effectivement cette proposition ? La réponse de Wittgenstein est non.

Rappelons tout d'abord succinctement la preuve de Skolem. On admet que l'on sait ce que veut dire que n est un nombre et que $n + 1$ suit n dans la suite des nombres. On définit récursivement l'addition par la formule classique : $a + (b + 1) = (a + b) + 1$ ($Df.1$).

On « démontre » alors par récurrence : $a + (b + c) = (a + b) + c$. Cette formule vaut pour $c = 1$ par la $Df.1$. On suppose ($h.r.$) qu'elle vaut pour un c donné (a et b ayant des valeurs quelconques) et on montre qu'alors elle vaut pour $c+1$, autrement dit que l'on a : $a+(b+(c+1)) = (a+b)+(c+1)$. En effet :

---

n'évoque pas la figure de Poincaré, alors que Waismann, reprenant bon nombre de thèmes wittgensteiniens, critiquait certaines des formulations de l'article de 1894 au chapitre 8 de son [5]. Ces remarques de Wittgenstein sont d'une grande subtilité et nous ne pouvons prétendre en restituer toute le saveur ici ; de plus elles s'adossent à toute une série de « thèses » que notre auteur défendait à cette époque et qui peuvent sembler souvent très paradoxales. Faute de place, là encore, nous ne pourrons qu'à peine les effleurer et encore moins les discuter. Pour plus de détails, nous nous permettons de renvoyer le lecteur intéressé à notre ouvrage, *Wittgenstein, la philosophie et les mathématiques* [4].

[3] [6, p. 18]. Voir également [9, p. 33]

$$a + (b + (c + 1)) \stackrel{Df.1}{=} a + ((b + c) + 1) \stackrel{Df.1}{=} (a + (b + c)) + 1 \stackrel{h.r.}{=}$$
$$((a + b) + c) + 1 \stackrel{Df.1}{=} (a + b) + (c + 1).$$

Présentée ainsi, cette suite d'équations semble tout à fait analogue à ce que l'on écrirait à titre de calcul pour $(a + b)^2$, à savoir quelque chose de la forme : $(a + b)^2 = \ldots = \ldots = \ldots = a^2 + 2.a.b + b2$ (exemple pris constamment par Wittgenstein). On peut donc avoir le sentiment que l'on a prouvé que, en suivant certaines règles données préalablement, l'on obtient bien $(a + b) + (c + 1)$ à partir de $a + (b + (c + 1))$, et que cela permet de conclure, comme le fait Skolem, que « la proposition vaut donc en général ».

Tout d'abord, supposons un instant que cette analogie ne soit pas trompeuse et que nous ayons, dans les deux cas, affaire à un calcul en un même sens. On ne pourrait alors en tirer la conclusion qu'en tire Skolem, car, soutient Wittgenstein, « on ne peut conférer à un calcul le titre (le statut) de preuve d'une proposition » [7, p. 454 (415)]. Pourquoi?

Soit, par ex., le calcul pour $(a+b)^2 = a^2+2.a.b+b^2$. Comme dans tout calcul, on part de l'expression $(a+b)^2$ et, en application des règles (paradigmes) habituelles, déjà stipulées, qui président à l'élévation à la puissance, à la multiplication, à l'addition, etc. on en tire : $a^2 + 2.a.b + b^2$; ce genre de calcul consiste donc à transformer une expression en une autre, en se conformant à certaines règles fixées antérieurement. Ce faisant, on peut alors répondre à la question (qui a un sens dans ce calcul) : les règles conduisent-elles à transformer $(a+b)^2$ en $a^2+2.a.b+b^2$ ou en a^2+b^2, ou en $a^2+3.a.b+b^2$, etc. (cf. [7, p. 423 (372), 449 (407)]) ; *mais on ne répond pas à la question de savoir si l'équation est vraie ou fausse* ; car, par ex. $(a + b)^2 = a^2 + 3.a.b + b^2$ n'est pas la « contradictoire » de $(a + b)^2 = a^2 + 2.a.b + b^2$, mais une *autre* équation qui se révèle n'être pas accessible à partir de $(a + b)^2$ en suivant les règles admises. En d'autres termes, le calcul ne cherche pas à trancher entre $(a + b)^2 = a^2 + 2.a.b + b^2$ et $(a + b)^2 \neq a^2 + 2.a.b + b^2$, mais entre $(a + b)^2 = a^2 + 2.a.b + b^2$ et diverses autres possibilités, comme par ex. $a^2 + 3.a.b + b^2$, compatibles avec le « système » dans lequel la question est posée.

Et la pire des illusions, aux yeux de Wittgenstein, serait de croire qu'en prouvant $(a + b)^2 = a^2 + 2.a.b + b^2$, on aurait prouvé que cela vaut « pour tous les nombres », par opposition, alors, à : il existe au moins deux nombres a' et b' tels que $(a' + b')^2 \neq a'^2 + 2.a'.b' + b'^2$. Ce qui revient à dire qu'un calcul comme celui menant de $(a + b)^2$ à $a^2 + 2.ab + b^2$ ne peut prouver une proposition de la forme $\forall x \varphi x$ [4].

On voit donc que si l'on admettait que la « preuve par récurrence » de l'associativité est un calcul du même genre, on ne pourrait en conclure ce

---

[4] Cf. [7, p. 444 (402), 448-449 (407)], ainsi que [5, p. 77-78] ; sur le rapport de l'arithmétique à l'algèbre, voir à la fin de ce papier.

qu'en conclut Skolem, à savoir que « "$a + (b + c) = (a + b) + c$" vaut de *tous* les nombres cardinaux ».

Cependant il est facile de voir que cette suite d'équations se distingue de ce que l'on fait avec $(a + b)^2$, puisqu'elle fait intervenir la proposition qu'il s'agit précisément de prouver. Wittgenstein, au dire de ses étudiants, insistait particulièrement sur la bizarrerie de l'introduction de « l'hypothèse de récurrence », remarquant que « si nous nous laissons aller à des suppositions, pourquoi ne pas supposer simplement que (1) [*i.e. la formule de d'associativité*] vaut de tout c ? »[5]. En réalité, les seuls *calculs* effectués par Skolem sont ceux qui le sont à gauche et à droite de « $\stackrel{h.r.}{=}$ », ce qui conduit Wittgenstein à reformuler la preuve de la manière suivante :

$$\begin{array}{lll}
\alpha \; (=Df.1) & a + (b + 1) = (a + b) + 1 & \\
\beta & a + (b + (c + 1)) \stackrel{\alpha}{=} a + ((b + c) + 1) \stackrel{\alpha}{=} (a + (b + c)) + 1 & \quad\text{B} \\
\gamma & (a + b) + (c + 1) \stackrel{\alpha}{=} ((a + b) + c) + 1 &
\end{array}$$

Ainsi reconstruite, cette « preuve » ne fait appel qu'à α, pas à la loi d'associativité ; d'où l'affirmation répétée de Wittgenstein : « La proposition prouvée n'intervient nullement dans la preuve »[6] ; et cela non seulement parce que l'on ne pose plus l'hypothèse de récurrence, mais également, parce que la proposition affirmant que la formule de l'associativité vaut pour tous les nombres n'apparaît plus comme *résultat* de ces calculs : « La proposition qui affirme la généralité, est donc supprimée, « il n'y a rien de *démontré* », « rien ne *s'ensuit* » [7, p. 455 (416)] : la « preuve » se limite à calculer β et γ à l'aide de α et rien de plus.

Si l'on prétend qu'en conséquence du calcul de B, la formule de l'associativité (= A dans la notation de Wittgenstein) vaut pour tous les nombres, on va donc au delà de ce que montre la preuve et on fait comme si la proposition générale avait un sens avant que l'on en apporte la preuve ; or seule la preuve d'une proposition mathématique montre ce qu'elle « signifie »[7] ; prétendre que l'équation vaut de « tous » les nombres relève de ce que Wittgenstein appelle la « prose » qui entoure le calcul et croît lui donner un sens qu'il n'a pas, surtout, évidemment, si l'on prend « tous » au sens qu'il a dans une proposition comme « tous les hommes présents dans cette pièce

---

[5] Ce que rapporte R.L. Goodstein [1, p. 281]. Voir également G.E. Moore [2, p. 269].

[6] Par ex. [7, p. 445 (403)]. Il faut alors reconnaître dans la $Df.1$ (i.e. α), non pas *une* définition mais le « terme général » d'une suite de suites de définition, cf. [7, p. 469-470 (437-438)] ; nous ne pouvons malheureusement entrer dans ces détails ici.

[7] Il s'agit là d'une « thèse » générale que Wittgenstein a constamment soutenue au début des années trente, thèse qui s'inscrit dans le cadre général du « vérificationnisme », cf. par ex. [8, §166].

portent des lunettes »[8]. Le mieux que l'on puisse dire est donc que la proposition générale *signifie* le « complexe » B, or celui-ci « ne donne aucune méthode pour *contrôler* si la proposition générale est correcte ou fausse » [7, p. 449 (407)].

Pourquoi cette dernière remarque ? C'est que cette « induction » (le complexe B) ne « calcule » pas « toutes les propositions de la forme » : $a + (b + n) = (a + b) + n$. La seule chose que montre le complexe B est ce qui est *commun* à tous les calculs des équations $a + (b + 2) = (a + b) + 2$, $a + (b + 3) = (a + b) + 3$, etc. (id.). Ce que l'on peut mettre en évidence ainsi :

α $\quad\quad\quad\quad\quad\quad\quad\quad\quad\quad\quad\quad\quad\quad\quad\quad\quad\quad\quad\quad a + (b+1)$
$\quad\quad\quad\quad\quad\quad\quad\quad\quad\quad\quad\quad\quad\quad\quad\quad\quad\quad\quad\quad\quad\quad ||$
$\quad\quad\quad\quad\quad\quad\quad\quad\quad\quad\quad\quad\quad\quad\quad\quad\quad\quad\quad\quad (a+b)+1$

$\beta'\quad\quad a + (b+2) \stackrel{df.de2}{=} a + (b + (1+1)) \stackrel{\alpha}{=} a + ((b+1)+1) \stackrel{\alpha}{=} \quad (a + (b+1)) + 1$
$\quad\quad\quad\quad\quad\quad\quad\quad\quad\quad\quad\quad\quad\quad\quad\quad\quad\quad\quad\quad\quad\quad ||\alpha$
$\gamma'\quad\quad (a+b) + 2 \stackrel{df.de2}{=} (a+b) + (1+1) \stackrel{\alpha}{=} \quad\quad\quad\quad\quad\quad\quad ((a+b)+1) + 1$

$\alpha'\quad\quad$ donc $a + (b+2) = (a+b) + 2$, puis :

$\beta''\quad\quad a + (b+3) \stackrel{df.de3}{=} a + (b + (2+1)) \stackrel{\alpha}{=} a + ((b+2)+1) \stackrel{\alpha}{=} \quad (a + (b+2)) + 1$
$\quad\quad\quad\quad\quad\quad\quad\quad\quad\quad\quad\quad\quad\quad\quad\quad\quad\quad\quad\quad\quad\quad ||\alpha'$
$\gamma''\quad\quad (a+b) + 3 \stackrel{df.de3}{=} (a+b) + (2+1) \stackrel{\alpha}{=} \quad\quad\quad\quad\quad\quad\quad ((a+b)+2) + 1$

$\alpha''\quad\quad$ donc : $a + (b+3) = (a+b) + 3$, etc., etc.

Le complexe B ne fait que montrer de manière simple comment l'on peut calculer pas à pas, en parcourant la suite des nombres (donnée par la forme générale $|1, \xi, \xi + 1|$), chaque équation de la forme $a + (b + n) = (a + b) + n$; il montre donc seulement que le même calcul se répétera et permettra de retrouver à chaque étape le même type d'égalité ; mais, insiste Wittgenstein, « la récurrence, en vérité, ne montre qu'elle même », elle n'est pas un moyen pour en arriver à une proposition sur *tous* les nombres [7, p. 453 (412)].

Ne peut-on dire cependant qu'il suffit de *stipuler* que lorsque l'on a prouvé, comme ici, β et γ à partir de α, le passage à A est justifié ? Plus généralement, une preuve par récurrence n'obéit-elle pas à un schéma gé-

---

[8] Cf. [7, p. 462 (427)]. La confusion de la généralité en mathématiques avec la généralité « extensionnelle » que la théorie des ensembles ou la logique de Russell commettent constamment, est sans cesse épinglée par Wittgenstien dans ces années et l'étaient déjà dans le *Tractatus* ; à cet égard, ses remarques critiques sur les preuves par récurrence se situent dans le droit fil de cette thématique. Du reste Wittgenstein admet qu'une preuve par récurrence permettrait bien de conclure à quelque chose de la forme $\forall x \varphi(x)$ au cas où l'on aurait affaire à un ensemble *fini* [7, p. 453 (412)]. Il y a là une analogie trompeuse qui conduit à penser que la même chose vaut lorsque l'on considère, par ex., la suite (dite *infinie*) des entiers.

néral, tel que si une preuve particulière s'y conforme, alors on est autorisé à dire que la proposition générale est prouvée ? Après tout, rien ne semble interdire d'introduire ainsi une nouvelle de règle d'inférence.

On peut, en effet, remarquer que toutes les preuves de Skolem suivent un même schéma ; considérons B ci-dessus : en α on a quelque chose de la forme $\varphi(1) = \psi(1)$, en faisant : $\varphi(\xi) = a + (b + \xi)$ et $\psi(\xi) = (a + b) + \xi$ et en prenant 1 pour ξ. Puis, en faisant, de plus, $F(\zeta) = \zeta + 1$, on voit que β est de la forme : $\varphi(\xi + 1) = F(\varphi(\xi))$, et γ, de la forme : $\psi(\xi + 1) = F(\psi(\xi))$, en prenant c pour ξ.

On a donc le schéma suivant :

$$
\begin{array}{lll|l}
\alpha & \varphi(1) = \psi(1) & & \\
\beta & \varphi(\xi + 1) = F(\varphi(\xi)) & \varphi(\zeta) = \psi(\zeta) & \ldots\ldots \Delta \\
\gamma & \psi(\xi + 1) = F(\psi(\xi)) & &
\end{array}
$$

Ce que Wittgenstein paraphrase ainsi : « Lorsque trois équations de la forme α, β, γ sont prouvées, nous disons que « l'équation Δ est prouvée pour tous les nombres cardinaux » [7, p. 445 (403)].

La question est alors : le fait que les « preuves par récurrence » suivent un même schéma, en fait-il des preuves ? La réponse de Wittgenstein est clairement négative : « Cette preuve est construite selon un plan déterminé (selon lequel encore d'autres preuves sont construites). Mais ce plan ne peut faire de la preuve, une preuve »[9]. On pourrait présenter la chose ainsi : chaque preuve particulière (chaque complexe de type B) suit son propre cours et doit se montrer comme probante par elle-même ; et dans le cours particulier qu'elle prend, le « plan » général n'intervient pas car, comme le dit Wittgenstein, « la preuve doit parler pour elle-même » [7, p. 459 (422)]. Ce plan, pour ainsi dire, lui est extérieur et la parenté qu'il est censé mettre en évidence avec d'autres preuves ne l'affecte en rien en tant que preuve. Or dans les preuves de Skolem telles que reconstruites par Wittgenstein, ce qui relève du genre « preuve » s'arrête aux trois équations α, β, γ et rien ne « conduit » à A (ou, en général, à quelque chose de la forme $\varphi(\zeta) = \psi(\zeta)$). S'il suffisait que des constructions suivent un même plan (une « même règle générale ») pour mériter le titre de preuve, c'est que l'on aurait admis à l'avance qu'il s'agit de preuves : « Car cette règle générale ne pourrait montrer que B est la preuve *de A et d'aucune autre proposition* que si c'était bien une preuve. C'est à dire : le fait que la liaison entre B

---

[9] [7, p. 459 (422)]. Il est assez curieux que R. L. Goodstein affirme dans sa contribution citée ci-dessus [1, p. 281], que Wittgenstein aurait simplement cherché à donner aux preuves par récurrence la forme de la « règle » : $\alpha, \beta, \gamma \vdash \varphi(x) = \psi(x)$; peut-être est-ce cela qu'il a retiré de la fréquentation de Wittgenstein, mais les textes publiés par la suite, en particulier dans le [7], montrent que c'est très douteux.

et A obéisse à une règle, ne peut montrer que B est une *preuve* de A »
[7, p. 459 (423)].

En réalité, ce n'est pas sur cette règle générale que l'on fait fond pour se convaincre de la « généralité » de la formule de l'associativité : on donne une série d'exemples et la *loi* qu'ils suivent (cf. [7, p. 462 (427)]). Autrement dit, on fait voir comment l'on pourra, par une procédure uniforme, prouver que la formule vaut pour tel ou tel nombre particulier.

C'est ce qu'exprime Wittgenstein en disant que la « preuve par récurrence » est le « terme général d'une suite de preuves » ; et il poursuit : « C'est donc une loi selon laquelle on peut construire des preuves. Si l'on demande comment il est possible que cette forme générale me permette de faire l'économie de la preuve d'une proposition particulière, par ex. $7 + (8 + 9) = (7 + 8) + 9$, la réponse est qu'elle ne fait que tout préparer pour la preuve de cette proposition, mais elle ne la prouve pas (elle [*i.e.* $7 + (8 + 9) = (7 + 8) + 9$] ne figure pas en elle) » [7, p. 468 (435)].

On pourrait du reste se contenter de présenter cette « preuve » sous la forme ci-dessus (p. 89), c'est dire en écrivant le début de la suite des preuves (calculs) particulières, suivi de « et ainsi de suite » ; on pourrait même se contenter de présenter un de ces calculs particuliers en attirant l'attention sur le fait que l'on peut le refaire pour le nombre suivant, etc. [7, p. 468 (436)]. Il s'agit toujours de la même chose, à savoir de mettre en évidence la périodicité de la procédure, le fait qu'elle reproduit un même schéma à chaque étape[10].

C'est là, aux yeux de Wittgenstein, la véritable portée de la preuve par récurrence : faire voir des calculs, qui intrinsèquement ne font voir qu'eux-mêmes dans leur particularité, *comme* membres d'une suite obéissant à une loi. Autrement dit, il s'agit de voir des calculs sous un *nouvel* aspect. Wittgenstein utilise pour faire comprendre cela, la comparaison avec une division périodique comme 1 : 3. On pourrait imaginer que quelqu'un, disons Rudolf, effectuant cette division, remarque bien que les premiers restes sont égaux au dividende, sans cependant qu'il n'en tire la « conclusion » que le développement décimal du quotient de 1 : 3 est périodique. Lorsqu'on attire son attention sur ce dernier point, on lui « fait voir » la même chose, à savoir que le reste est égal au dividende, mais sous un nouvel aspect, celui

---

[10] Rappelons que, pour Wittgenstein, donner un segment initial d'une suite (« infinie ») régulièrement construite (c'est à dire par le biais d'une opération), suivi de « et ainsi de suite », ou de « etc. » est un symbole parfaitement respectable qui exprime adéquatement le fait que la suite se poursuit sans limite ; ce n'est pas un pis aller, qui ne serait là « qu'à défaut de pouvoir écrire la suite (« infinie ») entière ».

de la périodicité du développement décimal du quotient ; et cela revient, en termes non psychologiques, à introduire un *nouveau* calcul[11].

Il faut cependant se garder d'interpréter cela comme si on avait « prouvé » que, par ex., « *toutes* les décimales du quotient de 1 : 3 sont des 3 » ; on a juste fait voir la loi qui gouverne ce développement décimal, mais la seule chose qui est ici « prouvée » (ici le terme de « prouver » est excessif, disons : « constater ») est que le reste est égal au dividende. C'est pourquoi Wittgenstein note : « L'affirmation que la division $a : b$ donne comme quotient $0, \dot{c}$ est la même affirmation que : la première place du quotient est c et le premier reste est égal au dividende »[12]. En ce sens, la « constatation » (ou « preuve ») ne va pas au delà de qui était déjà remarqué par Rudolf alors qu'il n'avait pas remarqué la périodicité. Seulement, cette « preuve » est maintenant une manière d'introduire un *nouveau* calcul, calcul qui n'est pas dans le prolongement du précédent, pas plus que la vision du lapin dans le canard-lapin n'est dans le prolongement de la vision du canard (ou *vice-versa*).

Il en est de même pour le passage du complexe B à « A vaut de tous les nombres (cardinaux) » : « Maintenant, B est à l'affirmation que A vaut de tous les nombres cardinaux, dans la même relation que

$$\underline{1} : 3 = 0{,}3$$
$$\underline{1}$$

l'est à $1 : 3 = 0, \dot{3}$ »[13].

Quel nouveau calcul est-il ainsi introduit ? Réponse : l'algèbre littérale (le « calcul avec des lettres »). Plus exactement, l'induction (le complexe B) permet de montrer qu'il y a concordance entre les règles qui valent pour l'algèbre et celles qui valent pour l'arithmétique : « Mais on pourrait très bien dire maintenant : si j'introduis la règle A pour le calcul avec des lettres, ce calcul s'harmonise par là, en un certain sens, avec le calcul des nombres cardinaux, tel que je l'ai fixé par la loi de la règle (*sic*) de l'addition (définition récursive $a + (b + 1) = (a + b) + 1$ » ([7, p. 481 (455)] ; voir également [8, §164]).

Il y a en arrière fond de ces remarques de Wittgenstein, quelques « thèses » (mais on sait que Wittgenstein prétendait ne pas avancer de « thèses » !)

---

[11] Voir sur ce point [7, p. 446 et 451]. Ces considérations sur la possibilité de « voir » le même calcul sous des aspects variés sont à mettre en relation avec ce que dit Wittgenstein dans le *Tractatus*, en 5. 5423, à propos du dessin d'un cube, et plus encore avec ce qu'il développe dans la deuxième partie des *Recherches Philosophiques* sur le canard-lapin de J. Jastrow ainsi que sur d'autres figures « réversibles ».

[12] [7, p. 446 (405)]. Dans la notation de Wittgenstein, $0, \dot{c}$ (attention au petit point au dessus de c !) peut se lire « suite indéfinie de c après la virgule ».

[13] La notation avec les « 1 » soulignés, signifie : le premier reste de la division est égal au dividende.

qu'il ne cessait de soutenir dans les années trente : un calcul est entièrement déterminé par les règles qui y président, en conséquence, il ne peut rien y avoir à découvrir *à propos* d'un calcul et, *a fortiori*, un calcul ne peut-il rien « dire » d'un autre calcul (il n'y a pas de méta-mathématique, par ex.) ; entre un calcul et un autre, il y a un gouffre et donc aucune transition possible. Ce sont ces thèses que l'on retrouve ici : entre α et A, dit-il « il y a le fossé entre l'arithmétique et l'algèbre » [7, p. 481 (454)], et l'illusion serait de croire que ce fossé pourrait être comblé par une preuve *arithmétique* d'une équation *algébrique*, tout comme il serait illusoire de croire que le calcul des propositions tel que présenté par Sheffer, constituerait une « découverte » concernant le calcul correspondant dans les *Principia*. En ce sens l'illusion serait de penser que l'on aurait pu découvrir des lois générales concernant par ex. l'addition *arithmétique* par le biais des preuves par récurrence : en arithmétique, nous ne faisons aucun usage de la « loi d'associativité »[14], nos calculs se débrouillent très bien sans elle et nous n'avons rien à « découvrir » à son égard ; nos règles élémentaires de calcul, celles que l'on nous enseigne à l'école primaire, ne sont pas rendues plus claires, ou mieux « établies » par ces soi-disant preuves « par récurrence » de l'associativité, de la commutativité, etc., de l'addition ou de la multiplication.

Du reste à l'intérieur de l'arithmétique la question de l'associativité, etc. ne se pose pas et ne peut être posée et donc aucune « preuve » ne peut en être apportée. En réalité, donc, la seule chose que fait Skolem est « de nous montrer une connexion entre les paradigmes de l'algèbre et les règles du calcul arithmétique » [7, p. 463 (428)].

* * *

Revenons un instant à Poincaré. Admettons que nous ayons démontré « par récurrence » le « théorème » de l'associativité de l'addition. On peut maintenant « faire voir qu'il est vrai du nombre 6, il nous suffira d'établir les 5 premiers syllogismes... quelque grand que soit ce nombre nous finirons toujours par l'atteindre, et la vérification analytique serait possible ». Mais cela ne suffit pas car « aussi loin que nous allions ainsi nous ne nous élèverions pas jusqu'au théorème général, applicable à tous les nombres, qui seul peut être objet de science » [3, p. 39-40]. Mais voilà : la démonstration de l'associativité devrait apparaître au tout début d'un traité d'*arithmétique* [3, p. 34] ; or qu'a-t-elle démontré ? Les règles du calcul *algébrique* [3, p. 38]. Cela signifie-t-il que l'algèbre (littérale) livre des théorèmes « applicables à

---

[14] Cf. par ex. [7, p. 480 (454)] : « On pourrait dire également : en arithmétique la loi d'associativité n'est tout simplement pas utilisée, nous ne faisons que travailler avec des calculs numériques particuliers. » Et Wittgenstein ajoute ; « Et l'algèbre, même si elle fait usage de la notation arithmétique, est un tout autre calcul que l'on ne peut dériver de l'arithmétique. »

tous les nombres » et que le raisonnement par récurrence est l'échelle qui permet de monter de l'arithmétique élémentaire dans laquelle on ne trouve que des « vérifications », aux généralités de l'algèbre qui, elles, concernent *tous* les nombres ? C'était sans doute là le sentiment de Poincaré, ce qui lui faisait dire que « les preuves par récurrence sont un instrument qui permet de passer du fini à l'infini » [3, p. 40] et qu'elles permettent de « remonter du particulier au général, en gravissant un ou plusieurs échelons » [3, p. 44].

On trouve sans doute là, condensé, tout ce contre quoi Wittgenstein s'élève. Supposons que nous calculions ces premières équations pour 2, pour 3, etc. en suivant le schéma de la preuve par récurrence telle que la formule Poincaré. Nous avons :

$$Df.1 : a + (b+1) = (a+b) + 1$$

d'où l'on tire immédiatement,

$$(a + (b+1)) + 1 = ((a+b) + 1) + 1$$

mais par la $Df.1$, on a :

$$(a + (b+1)) + 1 = a + ((b+1) + 1) = a + (b + (1+1)) = a + (b+2)$$

et

$$((a+b) + 1) + 1 = (a+b) + (1+1) = (a+b) + 2$$

donc : $a+(b+2) = (a+b)+2$; et, en suivant le même schéma, on recommence avec $(a + (b+2)) + 1$ et $((a+b) + 2) + 1$, et l'on obtient sans surprise : $a + (b+3) = (a+b) + 3$, etc. etc. Que veut dire cet « etc., etc. » ? Que cette suite de calculs, se dispose le long de la suite des nombres $(|1, \xi, \xi+1|)$ et que rien n'est prévu pour la limiter. C'est là *tout* ce que l'on veut dire lorsque l'on parle de la suite « infinie » des preuves (calculs) de ces équations pour 2, 3, etc. ; cela suffit et il n'est nullement question d'une formule qui vaudrait de « tous » les nombres cardinaux.

Voilà ce que veut dire Wittgenstein par la formule que nous citions au début de ce petit papier : « ...elle [*i.e. l'induction*] elle est mathématiquement inexprimable. L'induction se montre d'elle-même dans la structure des équations ». [9, p. 34]. « Elle est mathématiquement inexprimable », c'est à dire que ce n'est pas la proposition « $a + (b+c) = (a+b) + c$ vaut de tout nombre » qui peut exprimer l'induction, l'induction est ce que montre l'illimitation de la suite des preuves. Il ne peut donc être question de passer « du fini à 'infini » puisque les calculs arithmétiques emportent déjà avec eux « l'infini ». En conséquence, dans l'algèbre, on ne trouve certainement pas des « théorème généraux » concernant, par ex., les propriétés des opérations *arithmétiques*[15].

Pour finir : l'induction dont parle Wittgenstein, lorsqu'il affirme que « l'induction est l'expression de la généralité arithmétique » [8, §129] ne renvoie pas aux « preuves par récurrence » en ce qu'elles permettraient de « prouver » des propositions valant de *tous* les cardinaux, mais seulement en tant que dans ces preuves on construit le « terme général » d'une suite de preuves par quoi se montre que ces preuves *peuvent* (« logiquement ») se répéter sans limite.

BIBLIOGRAPHIE

[1] Goodstein, R.L., 1972 : "Wittgenstein's Philosophy of Mathematics", *in* A. Ambrose & D. Lazerowitz, eds., *L. Wittgenstein : Philosophy and Language*, Londres, Allen and Unwin.
[2] Moore, G. E., 1965 : "Wittgenstein's Lectures in 1930-1933", *in* R. R. Ammerman (ed.), *Classics of Analytic Philosophy*, New York, Mc Graw-Hill.
[3] Poincaré, H., 1902 : *La science et l'hypothèse*, Paris, Flammarion (1968).
[4] Schmitz, F., 1988 : *Wittgenstein, la philosophie et les mathématiques*, Paris, P.U.F..
[5] Waismann, F., 1936 : *Einführung in das matematische Denken*, Vienne, Gerold et Co.
[6] Wittgenstein, L., 1988 : *Cours 30-32*, Mauvezin, TER, 1988.
[7] Wittgenstein, L., 1932-33 : *Big Typescript*. C.G. Luckhardt & M.A.E Aue (eds.), Oxford, Blackwell Publishing, 2005.
[8] Wittgenstein, L., 1964 : *Philosophische Bemerkungen (Remarques Philosophiques)*, dans *Schriften* 2, Francfort, Suhrkamp.
[9] Wittgenstein, L., 1967 : *Wittgenstein und die Wiener Kreis*, dans *Schriften* 3, Francfort, Suhrkamp.

François Schmitz
Département de Philosophie
Université de Nantes
`francois.schmitz@univ-nantes.fr`

---

[15] Qu'une d'affirmation de ce genre puisse sembler aller à l'encontre d'une certain « bon sens » mathématique est bien clair ; mais Wittgenstein n'avait aucun respect pour ledit « bon sens mathématique » et il lui semblait même qu'il s'agissait plutôt d'une « maladie » dont il fallait soigner les mathmaticiens...

Poincaré on Intuition and Arithmetic: une "saine psychologie"?

RICHARD TIESZEN

To my friend and colleague, Gerhard Heinzmann,
on the occasion of his 60th birthday.

In this short paper I would like to make a few comments about the foundations of arithmetic that have been prompted by some of my discussions with Gerhard. I am curious about what contemporary philosophers, logicians, and mathematicians regard as a foundation of arithmetic. Do we now understand the foundations of arithmetic any better than we did early in the 20th century? Some of the major figures in the late 19th and early 20th centuries, such as Poincaré, the early Husserl, Brouwer, and Weyl (in his predicativist and intuitionist phases), were concerned with the "intuitive" or "authentic" foundations of arithmetic and they leveled various criticisms at set-theoretic, logicist, or purely formalistic treatments of arithmetic stemming from the work of Cantor, Dedekind, Frege, Russell, Couturat, and Hilbert. Of course Poincaré, early Husserl, Brouwer, and Weyl differ from one another on various particulars but, generally speaking, I would argue that they are more focused on locating the *origins* of arithmetic in various human cognitive acts and processes than are Cantor, Dedekind, Frege, Russell, Couturat, and Hilbert. From the point of view of epistemological or psychological origins, the views of these latter figures are then regarded as "symbolic" or "logical", not grounded in human cognitive capacities or not based on intuition, and perhaps even as "inauthentic" in some sense. For convenience, I will refer to these two kinds of approaches as the "intuitive" and the "symbolic". Poincaré's principal objections, in particular, can be seen as objections to views that do not attend to the epistemological or psychological origins of arithmetic. Poincaré claimed that (1) set-theoretic and logicist foundations of arithmetic are "contrary to all healthy psychology" and that they appear contrived or artificial relative to a healthy psychology about arithmetic, and that (2) set-theoretic, logicist and Hilbertian formalistic accounts of the foundations of arithmetic are all guilty of a *petitio principii*. These approaches assume the very thing for which they are supposed to provide the foundation. They presuppose various arithmetic concepts or principles. The details of these objections will be familiar to many of the readers of this *Festschrift,* but I want to link them to the broader program, ultimately a phenomenological program, of analyzing the origins of concepts of mathematics and logic.

These two objections of Poincaré seem to me to apply not only to the earlier set-theoretic, logicist, and purely formalistic treatments of arithmetic but also to more recent views that can be found in the work of neo-Fregean logicists, neo-formalists, some of the remarks of structuralists and category theorists, as well as some other views that I do not have the space to discuss here. Thus, I think the divisions between, on the one hand, the intuitive and authentic and, on the other hand, the symbolic, logical or even inauthentic are still involved in how we think about the foundations of arithmetic. Genetic analyses of arithmetic in psychology or epistemology have led and will presumably continue to lead us in quite different directions from logical or symbolic analyses of arithmetic. My own view is that an account of the epistemological and psychological origins of arithmetic should at least be a part of any adequate conception of the foundations of arithmetic, and that Poincaré's objections can help us to see how any view that ignores this fact is essentially incomplete if not seriously flawed.

A general question that still seems to be with us, therefore, is this: are these two types of approaches just flatly incompatible with one another? Is it possible to somehow reconcile the "intuitive" and the "symbolic" approaches to the foundations of arithmetic? I will not try to answer such questions in this note. Instead, I want to present examples of some of the differences between the approaches. The examples are not all from Poincaré's work but I think they are certainly in the spirit of his claim that we cannot abstract away from human subjects, from the scientists themselves, when we study the sciences. Poincaré asks whether we should study the sciences, including mathematics and logic, with the supposition that there are scientists or without this supposition. Since he is interested in foundations that are not contrary to all healthy psychology, he is critical of positions that seem to forget about the scientists themselves. Insofar as we are supposed to *reduce* arithmetic to X, where X is set theory, higher-order logic, a particular purely formal system, and so on, we need to ask whether arithmetic is founded on X or whether, given the psychology of the scientists involved, X presupposes arithmetic.

1 Hume's Principle

As a first example of the difference between the intuitive and the symbolic approaches let us consider what has come to be called "Hume's Principle" in much of the neo-logicist literature on the foundations of arithmetic. Hume's Principle is meant to specify a criterion of identity for numbers. It is the assertion that the number of Fs is equal to the number of Gs if and only if the concept F is equinumerous to the concept G. In symbols, we can write it as $(Nx : Fx = Nx : Gx) \leftrightarrow (F \approx G)$. To say that F and G are equinumerous, $F \approx G$, is to say that the objects that fall under the concept F can be correlated 1-to-1 with the objects that fall under the concept G. It is difficult to quarrel with this principle as a purely logical or mathematical principle, in the sense that it gives us (at least in the context of sortal concepts) a necessary and sufficient condition for the identity of numbers that can be used in purely mathematical or logical developments.

Let us consider the principle, however, from the point of view of epistemological or psychological origins. If we are not dealing with too many objects then it is certainly possible to carry out a process or a series of acts in which we put objects that fall under a concept F into 1-to-1 correlation with objects that fall under a concept G, or in which we find that we cannot put the objects into 1-to-1 correlation. Someone might give me a bunch of spoons, for example, and ask me to correlate them 1-to-1 with a bunch of forks, and I will then find that I can either establish such a 1-to-1 correlation or not. This is a very basic psychological capacity that can figure into number awareness. Is it really true, however, that to *know* that the number of Fs is the same as the number of Gs we have to know that the concept F is equinumerous to the concept G? Is this involved in all cases when we *know* that the number of Fs is equal to the number of Gs? In the case of small multiplicities it appears that it need not be involved. As far as I am aware, Poincaré does not address this question but in his *Philosophy of Arithmetic*, [1], Edmund Husserl argued that we can know that two numbers that are given to us authentically or intuitively are equal without having to engage in any process of putting objects that fall under concepts into 1-to-1 correlation. I think this can be easily verified in simple psychological experiments. We have to be dealing of course with small multiplicities. In this case, Husserl says, we might see at once that the numbers are equal. We might determine that larger totalities are equal in terms of their number by counting their elements, in which case we obtain not merely the conviction of the equality of the numbers but we also obtain the numbers themselves, [1, Chap. VII]. Husserl thus argues that the possibility of correlating the elements of two multiplicities 1-to-1 is not the same thing as their number equality but rather only guarantees it. It formulates a necessary and sufficient condition in the *logical* sense but it does not do justice to the descriptive psychology or the epistemology in the case of authentic or intuitive presentations. The claim is that if we attend to epistemological or psychological origins, then the concepts "equal in number" and "equinumerosity (by way of 1-to-1 correlation)" do not have the same meaning or content, even though their extensions are the same. Because we are now dealing with knowledge and human psychology we must distinguish extensional identity from intensional identity and hold that these concepts are not intensionally identical. The upshot is that Hume's Principle does not hold as a general psychological principle or as a universal principle about knowledge of number.

I noted a moment ago that in his account of origins Husserl also mentions the role of counting in determining sameness of number. Counting can be involved in finding that larger numbers are equal but does counting necessarily involve the active process of forming 1-to-1 correlations? In any case, counting is an important phenomenon in arithmetic but it tends to be overlooked in logicist, set- theoretic or formalist foundations. One would hope for some treatment of the phenomenon by neo-formalists, neo-logicists, structuralists or category theorists who are interested in the foundations of arithmetic.

2 Definitions of Number and Simple Singular Statements About Numbers

We might go on to discuss the idea of defining number in terms of the notion of equinumerosity, as in logicist or certain set-theoretic views of the foundations of arithmetic. For the logicist the number that belongs to the concept F is the extension of the concept *equal to the concept F*. On this view we would, for example, call a group of matches lying before us "four" because, in effect, it belongs to a certain class of infinitely many classes that can be put into 1-to-1 correspondence with one another. To ascribe a determinate number to a class would, in effect, be to classify it under a group of equivalent classes. Poincaré does not explicitly consider the psychology or epistemology here but Husserl also takes this up, [1, Chap. VII]. From Husserl's point of view it means that what the mind is directed toward in thinking of the number belonging to F is the totality of extensions of concepts that can be correlated 1-to-1 with the extension of F.

A basic problem here is this: if totalities consisting of more than around twelve elements cannot be immediately and directly present to the human mind, then how could a number defined in terms of such equivalence be immediately and directly present? Think of all the actual or possible classes that would be correlated with a given group. From the point of view of epistemology and human psychology this view of number involves us in a tremendous idealization. Definitions of this type do not do justice to the authentic concepts of number or authentic numbers. They do not give us the *sense* or *meaning* of authentic numerical assertions. Husserl is, in effect, measuring such accounts against the standard of providing a good descriptive psychological account of authentic numbers or of the origins of authentic number awareness and, not surprisingly, he finds that they fail. They do not describe the mental acts or processes we carry out to bring a number to mind immediately and directly. In fact, for a good part of our arithmetical thinking they do not present an accurate picture of the intentionality of consciousness that is involved, of how our mind is actually directed. One can very well think about numbers and work with numbers without having anything like the logicist's or set-theoretician's "numbers" in mind. This remains true if one considers the many other ways of defining numbers in set theory, such as those due to Zermelo or von Neumann. Many people work with natural numbers on a daily basis and have no such conceptions of numbers in mind. It seems highly unlikely that children have such conceptions in mind or that our ancestors had such conceptions in mind. If this is correct then some other kinds of cognitive acts and processes must be involved in basic number awareness, and these are the acts and processes that would be uncovered in an account of the origins of number concepts.

As Poincaré says,

> You give a subtle definition of number and then, once the definition has been given, you think no more about it, because in reality it is not your definition that has taught you what a number is, you knew it long before, and when you come to write the word "number" farther on, you give it the same meaning as anybody else. [4, Book II, Part III, section V]

It is for this reason that Poincaré, Husserl, and others who have focused on intuitive foundations have remarked on the artificiality of the definitions of number in set-theoretic and logicist accounts of the foundations of arithmetic. An analysis of epistemological and psychological origins, however, should reveal what it is that we knew about numbers long before such subtle definitions of number were given. Poincaré thinks that the problem is compounded by the fact that logicists and Cantorians start with notions that are unfamiliar and unclear instead of starting with familiar and clear notions.

In a similar vein, consider a simple singular statement about natural numbers, such as $2 + 2 = 4$. Suppose a person P knows that $2 + 2 = 4$. On a logicist analysis

(i) $\quad 2 + 2 = 4$

goes over into a statement of higher-order logic of the form

(ii) $(\forall X)(\forall Y)((\neg(\exists z)(Xz \wedge Yz) \wedge (2X \wedge 2Y)) \rightarrow 4(X \vee Y))$.

Does it follow with necessity that if P knows that (i) then P knows that (ii)? Does (i) have the *same meaning* as (ii)? If so, we would expect the substitution to hold. It seems, however, that a person might very well know that $2 + 2 = 4$ without knowing that

(1) $(\forall X)(\forall Y)((\neg(\exists z)(Xz \wedge Yz) \wedge (2X \wedge 2Y)) \rightarrow 4(X \vee Y))$.

Consider, after all, what the domain of quantification must consist of in the later statement, whether impredicativity is involved, and so on. Our ancestors knew that $2+2 = 4$, our children know it, and it seems that many people know it without knowing what goes into making a statement such as

$$(\forall X)(\forall Y)((\neg(\exists z)(Xz \wedge Yz) \wedge (2X \wedge 2Y)) \rightarrow 4(X \vee Y))$$

true. How could this be? One can see Poincaré, Husserl and Brouwer as trying to provide an answer to this latter question by going back to the epistemological and psychological origins of the concept of natural number. Brouwer traces the origin all the way back to the perception of the move of time, to the primordial two-ity, while in [1] Husserl starts with our everyday experience and simple cognitive activities such as running through a group of objects, or experiencing objects in groups, counting, and so on. Poincaré is well-known for focusing on mathematical induction.

3 Mathematical Induction

I now come to a principle that Poincaré explicitly and famously links to human cognition, the principle of mathematical induction. Poincaré argues that logicist, set-theoretic, and Hilbertian formalist views are all guilty of a *petitio principia*: they presuppose various arithmetic concepts and principles instead of providing a foundation for these concepts and principles. In particular, they all presuppose or use mathematical induction (MI). The claim here would also apply to neo-formalist, neo-logicist, set-theoretic, structuralist, and category-theoretic views insofar as they are supposed to provide a foundation for arithmetic. Poincaré says that MI is an expression *par excellence* of the primitive basis of our synthetic *a priori* arithmetical knowledge in intuition. In a formulation that resembles some remarks of Husserl and of Brouwer, Poincaré describes MI as "the affirmation of the power of the mind which knows it can conceive of the indefinite repetition of the same act, once the act is possible." [2, Chap. 1, section VI] MI is said to express an *a priori* property of the mind itself. It is of course a basis for generalizations in arithmetic but we are told by Poincaré that it is distinct from empirical induction, that it is not a matter of convention, and that it is not subject to "analytic" proof.

Concerning the matter of an analytic proof of mathematical induction, Poincaré thinks of analyticity in Kantian terms, i.e., in terms of the principles of either identity or contradiction. This is different, for example, from the way that Frege thinks of analyticity. Poincaré argues that MI ("the rule of reasoning by recurrence") is irreducible to the principle of contradiction. Analytic proof, which he takes to be found in pure logic, is characterized as "sterile" and "empty" when contrasted with mathematics. Logic remains barren, Poincaré says, unless it is fertilized by intuition.

Poincaré's objection is that set-theoretic, logicist and formalist accounts of foundations will need to use inductive definitions to set up their systems of set theory, logic, or arithmetic, e.g., in the definition of a "formula" of the system or of a "theorem" of the system. Set-theoretic and logicist accounts will need to use induction to establish the truth of the propositions to which arithmetic propositions are to be reduced or to establish the equivalence of the propositions with their arithmetic correlates. It will be necessary to define for each formula of arithmetic A a translation $T(A)$ into the favored system and to use induction to show that if A is a theorem of arithmetic then $T(A)$ is a theorem of the favored system. How could neo-logicists, set-theorists, structuralists or category theorists possibly avoid this?

Poincaré also turned his attention to the place of MI in Hilbert's program. Would we have a foundation for arithmetic if we could provide a (finitist) consistency proof for a suitable axiomatic formalization of arithmetic? The axiomatic formal system would itself either include MI or a principle from which MI could be derived. The consistency proof for such a formal system, however, would have to use MI. For systems such as Peano Arithmetic we now know, by Gödel's second incompleteness theorem, that a consistency proof will actually require a principle that is stronger than MI, such as a principle of transfinite induction on ordinals $< \varepsilon_0$. Poincaré asked whether a proof-theoretic consistency proof of PA, assuming it could be established on the basis of MI, would make us any more certain of the consistency of PA than the certainty we already ascribe to MI. The certainty we ascribe to MI, for Poincaré, must have its foundation, if anywhere, in a particular power of the human mind. MI is an expression of the basis of our *a priori* knowledge in intuition. It is interesting that in his philosophical writings on the incompleteness theorems Gödel also thinks that we must appeal to a type of mathematical intuition that goes beyond Hilbertian intuition of concrete finite sign configurations if we are to see that arithmetic is consistent.

Poincaré also contrasts the "living arguments" in which intuition still plays a part and in which the mind still remains active with purely formal proofs in which it is not necessary to know the meaning of a theorem in order to demonstrate it. A machine that does not know what it is doing could provide "proofs" in the formalists' sense. He links these points in a nice way to the claim that pure formalism cannot tell us why, in the space of all possible formal systems, we select and find some formal systems interesting but not others, and of why some but not others are so fruitful.

4 Impredicativity

Poincaré deserves credit for alerting us early on to psychological and epistemological aspects of the predicativity/impredicativity distinction. Questions about the psychological and epistemological aspects of the predicativity/impredicativity distinction are, in my view, very interesting but I will hardly be able to touch on them here at all. I will just note that the use of impredicative definition or specification in higher set theory or in certain expressive systems of logic needed to derive arithmetic would no doubt count as unhealthy psychology for Poincaré. To put it briefly, the picture we obtain of the predicative build-up of collections or extensions of concepts from given finite multiplicities of objects or even from the natural numbers conforms naturally to the idea of psychological or epistemological genesis. Roughly speaking, we start with some given objects and form collections of such objects, then collections of such collections, and so on. Collections are formed from previously given objects. What would it mean to form a collection if we are not forming it from some previously given objects? In particular, how could we form a collection x if we are not to form it from some previously given objects but only by reference to a (transfinite) collection to which x belongs? To form x we would need to form the totality of which x is a member, but to form the totality of which x is a member we would need to form x–a vicious circle. Here we seem to be talking about things that the human mind cannot do. In higher set theory or systems of logic suitable for deriving arithmetic the point is made all the more telling by virtue of the fact that we would be quantifying over transfinite sets or transfinite extensions of concepts. There are grounds for arguing that we have now abstracted away from the scientists. To use impredicative mathematics to provide a foundation for arithmetic arguably reverses the correct founding/founded order. How could arithmetic have its *origins* in impredicative systems?

5 Actual Infinite Sets

The same points can be made about the use of mathematical and philosophical systems that would have us quantify over transfinite sets to provide a foundation for arithmetic. How could arithmetic have its origins here? Do we really want to say that the infinite exists before the finite, and that the finite is derived from the infinite? What is the psychology and epistemology in this case? What mind can construct actual complete infinite totalities? A tremendous idealization of our cognitive capacities would have to be involved in this case, so much so that we are evidently once again abstracting away from the scientists and yet still supposing that there is a "science" of such entities.

Poincaré thus says that set-theoretic and logicist accounts of the foundations of arithmetic would teach the student all that can be known about infinity without being concerned with the difference between the finite and the infinite. He continues,

> Then in a remote region of the field in which they made him wander, they show him a small corner where the finite numbers are hidden. This seems to me psychologically false. The human mind does not proceed naturally in this manner, and even though we might extricate ourselves without too many antinomical mishaps, this method would be no less contrary to sound psychology. [5, Chap. IV]

In [4, Chap. III, Introduction] he makes a similar comment and says that "it is certainly not in this manner that the human mind proceeds to construct mathematics".

So we again see a split between the "intuitive" and the "authentic" on the one hand and the merely "symbolic" or "logical" on the other hand.

6 Paradoxes

Very briefly, for Poincaré the utlimate sign of unhealthy psychology would presumably be the paradoxes that appeared in earlier versions of set theoretic and logicist foundations. A proper psychology and epistemology would avoid paradoxes and yet conform to an analysis of the origins of mathematical and logic concepts in various human cognitive acts and processes.

7 Conclusion

Thus, as I write this short paper for Gerhard in 2009, I wonder what should count as a foundation of arithmetic. A "healthy psychology" should presumably figure into an answer to this question.

BIBLIOGRAPHY

[1] Husserl, E., 1891, *Philosophie der Arithmetik. Psychologische und logische Untersuchungen,* Halle, Pfeffer. English translation by Willard, D., as *Philosophy of Arithmetic. Psychological and Logical Investigations* (2003), Dordrecht, Kluwer.

[2] Poincaré, H., 1902, *La Science et l'hypothèse,* Paris, Ernest Flammarion. English Translation as *Science and Hypothesis* (1952), New York, Dover.

[3] Poincaré, H., 1905, *La Valeur de la science,* Paris, Ernest Flammarion. English translation by Halsted, G., as *The Value of Science* (1958), New York, Dover.

[4] Poincaré, H., 1908, *Science et méthode,* Paris, Ernest Flammarion. English Translation by Maitland, F., as *Science and Method* (1952), New York, Dover.

[5] Poincaré, H., 1913, *Dernières pensées,* Paris, Ernest Flammarion. English translation by Bolduc, J., as *Mathematics and Science: Last Essays* (1963), New York, Dover.

Richard Tieszen
Department of Philosophy
San José State University
RichardTieszen@aol.com

Brouwer's Debt to Poincaré

HENK VISSER

It is well known that Poincaré's 'Popular Scientific Papers' ran to many impressions. *La science et l'hypothèse, La valeur de la science, Science et méthode*, and *Dernières pensées* were read by thousands of people. Among them were Dutch thinkers, and, of course, among them, Dutch mathematicians with philosophical and psychological interests. They must have been surprised that a mathematician and scientist was so prolific in presenting his ideas to a general audience. His essays gave them food for thought, and it is obvious that they didn't keep this silent.

It would be interesting to collect 'all' their responses, but I will restrict my overview to L. E. J. Brouwer[1]. This overview is mainly based on the original publications and quotations by Brouwer scholars[2].

When I visited the Archives Poincaré, the excellent director showed me original documents of that period, and it was clear that we shared the fascination of taking these treasures in our hands, and feasting our eyes on the authentic pages.

In the course of the nineteenth century mathematicians increasingly used stronger proof methods to achieve greater generality. A well-known example is Kummer's test of convergence [8]. Was Kummer the last mathematician who produced 'constructive' proofs in the theory of infinite series[3]? In his version, the test was restricted because it assumed that a certain limit is given. When later mathematicians proved this assumption to be superfluous, it is likely that their proofs were no longer constructive. I am not in a position to verify this point, but I have no doubts about the nonconstructivity of proofs of convergence theorems for sequences that are only

---

[1] This restriction does not mean that Gerrit Mannoury's criticism from 1901 to 1909 is not interesting, on the contrary.

[2] The quotations are taken from publications by Kuiper and Van Dalen.

[3] Oral communication by the late Arend Heyting. Especially in its original form Kummer's test is constructive in the sense that 'the existence of an object is never asserted without giving the means of constructing it'. The same holds for Cauchy's test. The quotation is borrowed from Herbrand (1930) in the translation of Beth [2, p. 94].

bounded monotone, even when there is no means to determine the sum of such a sequence.

It was L. E. J. Brouwer who regarded finitary proofs as the only admissible type, but Poincaré already mentioned their most important method, the argument by recursion (*le raisonnement par récurrence*) or mathematical induction (*le principe d'induction complète*) [12, p. 198] [2, p. 94]. It is generally assumed that Brouwer was tributary to Poincaré on this point. And when he developed a 'philosophical' foundation in the form of a 'theory' of the 'mathematical mind', he seems to have been inspired by Poincaré himself as well. This follows from the fact that Brouwer copied an important quotation from Poincaré in his first notebook.

Considering the difference between *induction as applied in the physical sciences*, which is always uncertain because it is based on the belief in a general order of the universe, that is, an external order, and mathematical induction, Poincaré writes:

> L'induction mathématique, c'est-à-dire la démonstration par récurrence, s'impose au contraire nécessairement, parce qu'elle n'est que l'affirmation d'une propriété de l'esprit lui-même [9, p. 24].

Brouwer quoted this statement, and obviously agreed with it [7, p. 27]. His remark that Poincaré was perhaps the only one to recognize complete induction as the pre-eminent form of mathematical reasoning ("*le raisonnement mathématique par excellence*") [4, p. 157, note 1] speaks for itself. But he went further than Poincaré, who considered the principle of the mathematical induction a synthetic *apriori* judgment [12, p. 198], necessary for mathematicians, and irreducible to logic [12, p. 159]. Brouwer postulated a primordial intuition' (Dutch: *oer-intuïtie*), the intuition of time, in the organization of the human intellect. According to him, the permissibility of mathematical induction, being 'an act of mathematical construction', cannot be proved. It finds its justification in the *oer-intuïtie* of mathematics[4]. Unfortunately, Brouwer did not tell how this justification is brought about.

Brouwer also acknowledged Poincaré's criticism of logicism and Cantorism, as set forth in "Les mathématiques et la logique"[5]. He also agreed with Poincaré's comment on Hilbert's lecture "Über die Grundlagen der Logik und der Arithmetik" [7, p. 307-308]. Of course, he endorsed Poincaré's view that mathematics is independent from the existence of material objects. But he repudiated the view – to which he had been sympathetic in an earlier

---

[4] Thesis 2 added to Brouwer's [3]. Cf. [7, p. 316, note 13].

[5] When he wrote his dissertation, Brouwer had read Poincaré's articles in the *Revue de métaphysique et de morale* of 1905 and 1906. *Science et méthode*, with its Chaper III ("Les Mathématiques et la Logique"), appeared in 1908.

notebook [7, p. 251] – that the word 'existence' (*le mot exister*) has only one meaning, namely 'exempt of contradiction'[6]. For Brouwer, existence in mathematics means 'intuitively constructed'. 'Freedom of contradiction' is a matter of the accompanying language. Whether this is the case, is in itself unimportant, but neither is it a criterion for mathematical existence [3, p. 177]. This distinction between 'the language of mathematics' and 'the act of mathematical construction' was also missed by Poincaré in his criticism of logicism. He did not see that the true error of logicism consists in the fact that it only creates a linguistic construction, which can never be transferred to mathematics proper [3, p. 176].

Brouwer's dissertation contains no remarks on the intrinsic 'beauty' of mathematics, a subject dealt with by Poincaré in "L'avenir des Mathématiques"[7]. His answer to the question 'What gives us in a solution, a demonstration, the feeling of elegance?' is well-known: 'It is the harmony of the various parts, their symmetry, their happy balance; in one word, anything that lends them an order, anything that gives them an unity, anything that thus permits us to see clearly and to understand the whole and at the same time the details".

Yet Brouwer admired this paper[8], and he did pay attention to the question of harmony in a fragment that was presumably meant to be inserted in his dissertation. After a remark on 'the natural sciences, which have value as weapon, but do not further touch life, and are even disturbing it, as is *anything* that is connected with fighting', he writes:

> Whereas mathematics, done for itself, can achieve all harmony (the overwhelming multitude of various, simple, visible buildings, in one and the same building) of music and architecture, and can provide all forbidden pleasures which lie in the free development of faculties, without coercion from outside.

It is remarkable that this was written before Poincaré touched upon the same subject. Moreover, Brouwer already ascribed to him a similar view:

> Poincaré [10, p. 264] is tempted to reduce all aesthetic emotions to such an emotion of harmony. Perhaps by aesthetic emotion he simply understands the same as an emotion of harmony.

But Brouwer would not be Brouwer if he could not show that he went 'deeper' than Poincaré in this case too, so he continues:

---

[6] Cf. [11, p. 819] or [12, p. 162].
[7] *Revue générale des sciences pures et appliquées* 19 (1908), 930-939 (cf. [12, p. 19-42].
[8] This was expressed by Brouwer in his letter from Milan to Korteweg, April 1908; reprinted in [17].

but what he says is rather, that outside science and aesthetics there is nothing but "le pur néant". Thus he seems to believe that it is the aesthetic emotion that is spoken of as the so highly vulnerable highest human good; which shows that he is also blind for the illicit free development of faculties [15, p. 30].

In fact, Poincaré wrote on the last page of *La valeur de la science*, and not in relation to science or aesthetics:

Tout ce qui n'est pas pensée est le pur néant; puisque nous ne pouvons penser que la pensée et que tous les mots dont nous disposons pour parler des choses ne peuvent exprimer que des pensées; dire qu'il y a autre chose que la pensée, c'est donc une affirmation qui ne peut avoir de sens [10, p. 276].

It seems that Brouwer connected this remark with passages in the introduction of the same book, in which Poincaré answered the question 'whether the harmony which the human intellect believes to discover in nature, exists outside this intellect' with: 'No, no doubt a reality completely independent of the mind which conceives it, sees it, or feels it, is an impossibility' [10, p. 9]. To his remark that 'we create the objective world in freedom', Brouwer added the following footnote:

Attributing to this objective world an existence independent of human beings themselves, is something that has only become a habit through the life of this attribution in the mutual understanding of men [...] [15, p. 31].

The further discussion of such themes was not reserved for Brouwer. But his respect for Poincaré[9] remained, witness the following pregnant quotation – without references – from Brouwer's inaugural speech of 1912, just before his expression of thanks to the officials: *"Les hommes ne s'entendent pas parce qu'ils ne parlent pas la même langue et qu'il y a des langues qui ne s'apprennent pas"*. Brouwer took this quotation from the journal *Scientia*. It was reprinted a year later as chapitre V in *Dernières pensées* [14, p. 161].

The importance of this chapter cannot be overestimated. Poincaré also dealt with the subject of convergence in the theory of infinite series, but as yet I have found no comments by Brouwer on this subject. His new position as an extraordinary professor enabled him to continue his work in pure mathematics. And once again he got his inspiration from Poincaré, this time Poincaré's requirement of the recursive definition of a n-dimensional continuum, posthumously published in *Revue de métaphysique et de morale*. Brouwer repeats Poincaré's objection– from the point of view of a philosopher (*philosophe*) – to the arithmetization of such concepts, and he shows

---

[9] The respect was mutual, witness the following quotation from a letter by Poincaré to Brouwer, date-stamp December 11, 1911: "Je suis heureux d'avoir cette occasion d'entrer en rapport avec un homme de votre valeur". *Brouwer Edition*, forthcoming.

that he can accommodate it, although in a way which Poincaré did not foresee, namely by a definition for 'normal sets'[10] and a theorem[11].

From 1916 on, Brouwer began with the 'reconstruction' of mathematics into a 'constructive mathematics' in which applications of the principle of excluded middle or reductio ad absurdum are not admitted. Poincaré has become history. He is not even mentioned in the first publication after Kummer which is wholly devoted to intuitionistic proofs in the theory of infinite series, Belinfante's dissertation [1].

BIBLIOGRAPHY

[1] Belinfante, M. J. 1923. *Oneindige reeksen*. *Academisch proefschrift*. Groningen, P. Noordhoff.
[2] Beth, E. W. 1965. *Mathematical Thought. An Introduction to the Philosophy of Mathematics*. Dordrecht, D. Reidel.
[3] Brouwer, L. E. J. 1907. *Over de grondslagen der wiskunde*. Amsterdam-Leipzig, Maas & Van Suchtelen.
[4] Brouwer, L. E. J. 1908. "De onbetrouwbaarheid der logische principes". *Tijdschrift voor Wijsbegeerte* 2, 152-158.
[5] Brouwer, L. E. J. 1913. "Über den natürlichen Dimensionsbegriff". *Journal für die reine und angewandte Mathematik* 142, 146-152.
[6] Brouwer, L. E. J. 1923. "Over het natuurlijke dimensiebegrip". *Verslagen der Afdeeling Natuurkunde van de Koninklijke Akademie van Wetenschappen* 32, 881-890.
[7] Kuiper, J. J. C. 2004. *Ideas and Explorations. Brouwer's Road to Intuitionism*. Proefschrift Universiteit Utrecht, Zeno, The Leiden-Utrecht Research Institute.
[8] Kummer, E. 1835. "Ueber die Convergenz und Divergenz der unendlichen Reihen". *Journal für die reine und angewandte Mathematik* 13, 171-184.
[9] Poincaré, H. 1902. *La science et l'hypothèse*. Paris, Flammarion.
[10] Poincaré, H. 1905. *La valeur de la science*. Paris, Flammarion.
[11] Poincaré, H. 1905-1906. "Les mathématiques et la logique". *Revue de métaphysique et de morale* 13(1905), 815-835, 14(1906), 17-34, 294-317.
[12] Poincaré, H. 1908. *Science et méthode*. Paris, Ernst Flammarion.
[13] Poincaré, H. 1912. "Pourquoi l'espace a trois dimensions". *Revue de métaphysique et de morale* 20, 483-504.
[14] Poincaré, H. 1913. *Dernières pensées*. Paris, Ernst Flammarion.
[15] Van Dalen, D. 1981. *L. E. J. Brouwer. Over de grondslagen der wiskunde*. Amsterdam, Mathematisch Centrum.
[16] Van Dalen, D. 1999. *Mystic, Geometer and Intuitionist: The Life of L. E. J. Brouwer*, vol. I. Oxford, Clarendon Press.
[17] Van Dalen, D. 2001. *L. E. J. Brouwer 1881-1996. Een biografie. Het heldere licht van de wiskunde*. Amsterdam, Bert Bakker.

Henk Visser
Evert Willem Beth Foundation
h.visser@maastrichtuniversity.nl

---

[10] *Normalmengen*, that is, 'sets with the property that any two of their points are contained in a closed connected subset' [16, p. 448].

[11] See [5] & [6]. Dutch translation with two extra footnotes.

Poincarés Konventionalismus und der Empirismus in der Geometrie
(à la Recherche de l'harmonie préétablie perdue)

KLAUS VOLKERT

1 Eine ganz kurze Geschichte der Geometrie und ihrer fundamentalen Ambiguität

Das klassische Bild der Geometrie war (und ist immer noch) stark geprägt von Euklids "Elementen" (300 v. u. Z.). In diesem Werk gab Euklid eine Zusammenfassung der zu seiner Zeit bekannten Ergebnisse, wobei es ihm gelang – und darin ist sicher sein wichtigster Beitrag zu sehen – der Geometrie einen axiomatisch-deduktiven Aufbau zu geben. Damit schuf er das Paradigma einer mathematischen Theorie, welches bis in die zweite Hälfte des 19. Jhs. hinein Vorbildcharakter behalten sollte. Natürlich sah man, dass das Euklidische System Lücken und Inkonsistenzen enthielt – man denke etwa an das berühmte Parallelenpostulat – aber erst Moritz Pasch gelang es mit seinen "Vorlesungen über neuere Geometrie" (1882) [14], Euklids System wirklich zu vervollkommnen, indem er die Anordnungsaxiome explizit einführte und auch andere Axiome (z. B. der Inzidenz) prägnanter formulierte. "Methode der Geometrie" (Spinozas "more geometrico") und "Geist der Geometrie" (Pascals "esprit de géométrie") waren Synonyme für die mathematische Methode schlechthin, welche wiederum erkenntnistheoretisch gesehen unangefochten dastand. Das wird z. B. bei d'Alembert sehr deutlich: "Geometer, Bezeichnung für eine in der Geometrie bewanderte Person; allerdings verwendet man diese Bezeichnung allgemein für Mathematiker, da die Geometrie ein wesentlicher Teil der Mathematik ist, & auf praktisch alle anderen Gebiete einen notwendigen Einfluss besitzt ..." [2, S. 125] Pascal verwandte "Geometrie" oft synonym mit "Mathematik" schlechthin, er unterschied die "Geometrie" im weiteren Sinne mit ihren drei Themenbereichen (Bewegung, Zahl und Raum) von derjenigen im engeren Sinne, welche sich ausschließlich dem Raum widmet: Die Geometrie ist sowohl Gattung als auch Art [13, S. 351].

In den "Elementen" von Euklid wird sogar die Arithmetik weitgehend geometrisiert: Die Regeln, welche die Arithmetik beherrschen, sind Sonderfälle der allgemeinen Regeln für den Umgang mit Größen, welche ihrerseits in Gestalt von Axiomen am Anfang des ersten Buches formuliert werden:

Axiome.

1. *Was demselben gleich ist, ist auch einander gleich.*
2. *Wenn Gleichem Gleiches hinzugefügt wird, sind die Ganzen gleich.*
3. *Wenn von Gleichem Gleiches weggenommen wird, sind die Reste gleich.*
4. [*Wenn Ungleichem Gleiches hinzugefügt wird, sind die Ganzen ungleich.*]
5. (6) [*Die Doppelten von demselben sind einander gleich.*]
6. (7) [*Die Halben von demselben sind einander gleich.*]

Zahlen sind diskrete Größen; sie werden oft durch Striche oder Punkte dargestellt:

$a \_\_ 120 \_\_$ $c \_\_ 180 \_\_$ $d \_\_ 270 \_\_$ $b \_\_ 405 \_\_$

$e \_\_\_\_$ $f _____$ $g _____$

$h \_\_$ $k \_\_$ $n \_\_ 30 \_\_$ $l \_\_\_$ $m \_\_\_$ $o \_\_ 45 \_\_$

Proposition 21 Buch VIII

Allerdings überschreitet Euklid in seinen Betrachtungen zur Arithmetik gelegentlich doch den Bereich der geometrischen Interpretation, etwa dann, wenn er geometrische Folgen betrachtet: Während die Geometrie bei (modern geschrieben) x^3 stehen bleibt, kann man in der Arithmetik auch x^n zulassen.

Bis hin zu Poincarés Zeiten war die Bezeichnung "Geometer" sehr ehrenvoll für einen Mathematiker; sie meinte keineswegs, dass es sich bei der betreffenden Person um einen Landvermesser handele. Halten wir fest: Die Geometrie konnte beanspruchen, als der vornehmste Teil der Mathematik zu gelten.

Andererseits war die Geometrie – wie ja schon der Wortsinn selbst suggeriert – stets nahe an der Realität. Man kann sie u. a. dazu verwenden, Aspekte der Realität begrifflich zu beschreiben (dieses Bauwerk hat die Form einer Pyramide) oder um sie zu vermessen (dieser Hörsaal ist 15 m lang). Nach Herodot entsprang die Geometrie sogar dem alleinigen Bedürfnis nach Vermessung! Vom Standpunkt der Platonischen Ontologie aus ist dies nicht sehr würdig. So schreibt Proklos (412-485), der große Neuplatoniker, welche die abendländische Philosophie bis weit in die Neuzeit erheblich beeinflusste:

Daß die Geometrie ein Teil der gesamten Mathematik ist, und dass sie die zweite Stelle einnimmt nach der Arithmetik, von der sie ihre Seineserfüllung und ihren exakten Charakter erhält – denn alle feststellbaren Erkenntnisinhalte in ihrem Bereich werden durch Zahlenverhältnisse bestimmt –, ist schon von den Alten dargelegt worden und bedarf gegenwärtig keiner breiten Ausführung. [17, S. 199]

Lange Zeit war die Position der Geometrie durch eine Ambiguität geprägt: Methodologisch gesehen war sie durch Euklids Axiomatisierung das Vorbild für die Mathematik schlechthin, andererseits rückte sie ihre Realitätsnähe an die Mechanik heran.

In der Zeit nach Proklos wurde es üblich zwischen der "geometria speculativa" und der "geometria practica" zu unterscheiden, die erstere war Euklids Geometrie, während die zweite die Geometrie der Handwerker, Bauleute, Künstler war und damit Gebiete wie Landvermessung und Stereotomie umfasste, ihr Vorbild war Heron mit seinen "Metrica" [11, S. 1-30]. Diese Unterscheidung wurde bis ins 17. Jh. hinein aufrecht erhalten, so schrieb noch Christoph Clavius 1604 eine "Geometria practica". Im 18. Jh. wurden die Gebiete der praktischen Geometrie den "mathématiques mixtes" zugeordnet – also jenen Teilgebieten der Mathematik, welche sich mit den "konkreten Größen, insofern sie messbar oder berechenbar sind... das heißt von Größen als Bestandteile von bestimmten Körpern oder einzelnen Objekten" [2, S. 366], beschäftigen Wichtig ist, dass hier nicht von der Anwendung der Mathematik, in Sonderheit der Geometrie, die Rede ist. Gonseth hat im Anschluss an seine Diskussion der "Eléments" des Bertrand de Genève (Louis Bertrand) treffend drei Aspekte der Geometrie unterschieden: den anschaulichen, den experimentellen und den deduktiven. Bis hin zum 19. Jh. bilden diese eine Einheit [4, S. 73f], was der euklidischen Geometrie eine unangefochtete Unizität verlieh. Dagegen setzt die Sichtweise, dass die Geometrie auf die Realität angewandt werden kann, die Auflösung der präetablierten Harmonie der drei genannten Aspekte voraus, indem sie die Geometrie als der Wirklichkeit extern betrachtet, und kommt erst wirklich im 19. Jh. zum Tragen. Damit verbunden war eine neue Aufteilung des epistemischen Raumes.

Es fällt dem modernen Leser schwer, diese Position nachzuvollziehen. Insbesondere erscheint es uns erstaunlich, dass man die sphärische Geometrie, die ja schon im Altertum entwickelt worden ist, nicht als eine Alternativgeometrie (zur ebenen euklidischen) angesehen hat. Dies lag daran, dass man letztere eben als eine Teilgeometrie der ersteren auffasste – und ein Teil ist niemals Alternative zu dem ihn umfassenden Ganzen!

2 Was ist das der Empirismus in der Geometrie?

Der bereits erwähnte Bertrand schreibt am Anfang seiner "Eléments" (1812): "Es ist nicht einfach, von den Ideen, welche unmittelbar in die Sinne fallen, zu den abstrakten Ideen der Geometrie überzugehen. Dennoch geschieht das seit ältesten Zeiten; allerdings wissen wir nicht, wer das getan hat und in welcher Weise." [4, S. 73]. Diese später empiristisch genannte Position wird meist angeführt, wenn es darum geht, zu erklären, wieso die Geometrie sich auf die Wirklichkeit anwenden lässt (das sog. Anwendungsproblem): Das liegt daran, dass ihre Ideen eben aus der Wirklichkeit abstrahiert wurden! Man beachte aber, dass sich – wie oben ausgeführt – das Anwendungsproblem aus der Sicht der Mathématiques mixtes gar nicht stellte.

Genauer kann man zwei Varianten des Empirismus unterscheiden: Die erste besagt, dass die Ideen der Geometrie (um Bertrands Formulierung zu gebrauchen) durch die Wirklichkeit motiviert werden (vielleicht wäre mobilisiert treffender): In Anbetracht einer Pyramide – etwa der im Hof des Louvre - bildet sich die Idee der Pyramide im Sinne eines Körpers mit viereckiger Grundfläche und einer Spitze, in der alle Mantellinien zusammenlaufen. Jemand, der nie eine Pyramide sah, wird diese Idee möglicherweise nie entwickeln. Diese Spielart möchte ich den schwachen Empirismus in der Geometrie nennen; er ist der Psychologie nahe. Man beachte, dass der schwache Empirismus durchaus mit einer platonischen Ansicht oder auch einer cartesischen vereinbar ist: So gesehen werden die angeborenen Ideen (z. B. der Pyramide) eben durch entsprechende Erfahrungen geweckt oder wieder erinnert. Sie kommen durch Erfahrung zu Bewußtsein, aber sie stammen nicht notwendig aus der Erfahrung. Oder, wie Kant es formulierte: "Wenn aber gleich alle unsere Erkenntnis mit der Erfahrung anhebt, so entspringt sie darum doch nicht eben alle aus der Erfahrung." (B 1)

Der starke Empirismus dagegen macht eine Aussage über den ontologischen Status der geometrischen Ideen: Diese sind empirisch wie andere empirische Begriffe etwa der Physik auch; die Methode der Geometrie ist vergleichbar derjenigen der Physik. Der Unterschied zwischen Physik, in Sonderheit Mechanik, welche traditionell immer nahe der Geometrie gesehen wurde, und Geometrie ist ein gradueller hinsichtlich der Allgemeinheit der Begriffsbildungen aber kein prinzipieller. So schreibt Moritz Pasch in seinen "Vorlesungen über neuere Geometrie" [14]: "Die geometrischen Begriffe bilden eine besondere Gruppe innerhalb der Begriffe, die überhaupt zur Beschreibung der Außenwelt dienen; sie beziehen sich auf Gestalt, Maß und gegenseitige Lage der Körper. Zwischen den geometrischen Begriffen ergeben sich unter Zuziehung von Zahlbegriffen Zusammenhänge, die durch Beobachtung erkannt werden. Damit ist der Standpunkt angegeben, die wir im Folgenden festzuhalten beabsichtigen, wonach wir in der Geometrie einen Teil der Naturwissenschaft erblicken." [14, S. 3]. Studiert man Paschs "Vorlesungen" so bemerkt man rasch, dass sein Empirismus nur mit der Frage zu tun hat, welche Ausgangsbasis man für die Geometrie wählt. Bei ihm kommt das deutlich zum Ausdruck in seinem Bestreben, den Raum (oder die Ebene) durch Erweiterung eines endlichen Teils zu gewinnen. Sobald die Basis gewonnen ist, arbeitet Pasch deduktiv und ohne irgendeinen Bezug zur Erfahrung. So zitiert er kein Experiment, das zum Beweis eines geometrischen Satzes dienen könnte.

Selbst David Hilbert, von Hans Freudenthal in Folge seiner "Grundlagen der Geometrie" (1899/1900) irreführend als derjenige bezeichnet, der die "ontologische Bindung" der Geometrie aufgehoben habe, äußerte über die Geometrie: "Ihrer Struktur nach ist sie ein System von Sätzen, die – im großen und ganzen wenigstens – auf rein logischem Wege aus gewissen selbst unbeweisbaren Sätzen, den Axiomen, hergeleitet werden. Dieses Verhalten, wie wir es in geringerer Vollkommenheit z. B. auch bei der mathematischen Physik finden, drückt sich am kürzesten in dem Satz aus: Geometrie ist eine vollkommene Naturwissenschaft." [10, S. 302]. Dieses Zitat stammt aus dem Vorlesungsmanuskript für die Vorlesung "Elemente der Euklidischen Geometrie", welche Hilbert in Göttingen im WS 98/99 hielt. Es macht verständlich, was Hilbert, als er seinem epochalen Werk das Motto "So fängt denn alle menschliche Erkenntnis mit Anschauungen an, geht von da zu Begriffen und endigt mit Ideen." von Kant voranstellte, ausdrücken wollte. Ähnliche Aussagen wie oben finden sich auch weit später bei ihm etwa in seinen Vorlesungen über die Grundlagen der Physik (diese Information verdanke ich T. Sauer). Interessant ist, dass bei Pasch und Hilbert die Anschauung oder Beobachtung an die Stelle tritt, die das Experiment in der Naturwissenschaft innehat. Soweit ich sehe, wird das allerdings nie genauer untersucht bei diesen Autoren.

Im Folgenden möchte ich einige Hinweise zur Entwicklung des Empirismus in der Geometrie im 19. Jh. geben, ohne dabei Anspruch auf Vollständigkeit zu erheben. Eine bemerkenswerte Belegstelle findet sich bei Gauß, allerdings nicht in seinen gedruckten Werken sondern in einem Brief an den befreundeten Astronomen Bessel vom 27.1.1829: " ... meine Überzeugung, dass wir die Geometrie nicht vollkommen a priori begründen können, ist wo möglich noch fester geworden." [3, S. 200] Und ein Jahr später heißt es: " ... nach meiner innigsten Überzeugung hat die Raumlehre zu unserem Wissen a priori eine ganz andere Stellung wie die reine Größenlehre; es geht unserer Kenntnis von jener durchaus diejenige vollständige Überzeugung von ihrer Notwendigkeit (also auch von ihrer absoluten Wahrheit) ab, die der letzteren eigen ist; wir müssen in Demut zugeben, dass wenn die Zahl bloß unseres Geistes Produkt ist, der Raum auch außer unserem Geiste eine Realität hat, der wir a priori ihre Gesetze nicht vollständig vorschreiben können." [3, S. 201] Gaußens Position war vermutlich motiviert durch seine Entdeckung, dass es neben der traditionellen Euklidischen Geometrie auch nichteuklidische gibt; insgesamt bilden die Geometrien eine Art Kontinuum, wobei eine Konstante – welche wir als Krümmung interpretieren – festlegt, um welche Geometrie es sich handelt. Wirklich relevant ist allerdings nur die Frage, ob die fragliche Konstante kleiner, gleich oder größer Null ist. Die überkommene Geometrie ist "unvollständig", weil sie diese Konstante nicht berücksichtigt, was sich wiederum daraus erklärt, dass sie im Euklidischen Falle Null ist. Die bekannten und viel diskutierten Messungen von Gauß im Harz werden manchmal als Versuch betrachtet, empirisch herauszufinden, ob die Krümmung des Raumes Null ist oder nicht (vgl. hierzu die Diskussion bei Scholz [19]). Dahinter steht eine Alternative: Entweder man gibt zu, dass der Wert der Krümmung willkürlich festgelegt werden kann (modulo Widerspruchsfreiheit selbstredend) oder man muss zugestehen, dass diese Frage "außermathematisch" – also empirisch – geregelt werden muss: "..., so liesse sie [die Konstante] sich a posteriori ausmitteln." [3, S. 187] Gemäß der letzteren Lesart wird die Unizität der Geometrie aufgegeben – die traditionelle Geometrie muss denkbare Alternativen hinnehmen – aber die Identität von Geometrie und Raum aufrechterhalten. Hat man die richtige Geometrie gefunden (d.h. den Wert der Konstanten ermittelt), so ist diese die Geometrie des Raumes; das erklärt auch die gängige (z. B. bei Gauß) Rede von der "wahren" Geometrie, denn "wahr" ist hier zu verstehen im Sinne der klassischen Adäquationstheorie. Man beachte, dass bei Gauß nicht weiter ausgeführt wird, um welchen Raum es denn geht in seinen Messungen und in seinen Überlegungen. Eine Unterscheidung etwa der Art, wie sie dem logischen Empirismus am Herzen lag (vgl. Carnap 1977 [1]) zwischen einer mathematischen Geometrie (oder einem mathematischen Raum) und einer physikalischen Geometrie (und einem physikalischen Raum) scheint bei Gauß noch nicht angedacht.

Weiter gegangen ist in dieser Hinsicht – wenn auch aus anderen Motiven heraus als Gauß – Hermann Grassmann: "Schon lange war es mir einleuchtend geworden, dass die Geometrie keineswegs in dem Sinne wie die Arithmetik oder die Kombinationslehre, als ein Zweig der Mathematik anzusehen ist, vielmehr die Geometrie schon auf ein in der Natur gegebenes (nämlich den Raum) sich beziehe, und dass es daher einen Zweig der Mathematik geben müsse, der in abstrakter Weise ähnliche Gesetze aus sich erzeuge, wie sie in der Geometrie an den Raum gebunden erscheinen. Durch die neue Analyse war die Möglichkeit, einen solchen rein abstrakten Zweig der Mathematik auszubilden, gegeben; ..." [5, S. 11] Abstrakt gesehen lassen sich Räume von höheren Dimensionen als drei – Grassmann spricht von "Systemen" fünfter oder höherer "Stufe" – durchaus behandeln, aber: "Ebenso gelangt man zu dem ganzen unendlichen Raume, als dem System dritter Stufe, wenn man die Punkte der Ebene nach einer neuen, nicht in der Ebene liegenden Richtung [...] fortbewegt; und weiter kann die Geometrie nicht fortschreiten, während die abstrakte Wissenschaft keine Gränze kennt." [5, S. 52f] Während die Größenlehre keine Einschränkungen außer der offensichtlichen Widerspruchsfreiheit kennt, gilt für die Geometrie: "In der Geometrie bleiben daher als Grundsätze nur übrig diejenigen Wahrheiten, welche der Anschauung des Raumes entnommen sind." [5, S. 65-...und S. 293]

Während bei Gauß alle Geometrien prinzipiell in Betracht kommen, ist die Scheidung bei Grassmann viel klarer, da für ihn nur ein System für die Wirklichkeit in Betracht kommt, alle anderen sind theoretisch oder analytisch.

Der unmittelbare Einfluss der geschilderten Ideen von Gauß und Grassmann auf die Entwicklung der Mathematik und der mit ihnen verbundenen philosophischen Ansichten vor allem der Mathematiker selbst dürfte gering gewesen sein. Grassmann blieb bis weit ins 20. Jh. hinein weitgehend unbeachtet – seine Anhänger bildeten eine kleine Außenseiterschule der "Grassmannianer" (Viktor Schlegel war darunter wohl der bedeutendste Mathematiker) – und Gaußens Bemerkungen wurden erst in den 1860iger Jahren einer breiteren (Fach-) Öffentlichkeit bekannt durch die Publikation großer Teile seiner Korrespondenz (vgl. hierzu Voelke 2005 [20]). Inwieweit Gauß Mathematiker wie Riemann oder Listing direkt beeinflusst hat durch mündliche Mitteilungen, bleibt Spekulation. Auch Riemanns Habilitationsvortrag "Über die Hypothesen, welche der Geometrie zu Grunde liegen" von 1854 wurde erst durch seine von Richard Dedekind veranstaltete posthume Publikation 1868 allgemein zugänglich; so entfaltete auch dieses Plädoyer für den Empirismus erst spät eine Wirkung.

Festzuhalten bleibt, dass sich der Empirismus den Mathematikern des 19. Jhs. als eine Möglichkeit anbot, die bedrohte Unizität der Euklidischen Geometrie und die Identität von Raum und Geometrie zu retten – allerdings um den Preis, dass ihr apriorischer Charakter aufgeben werden musste. Es bahnt sich hier eine Alternative an, die im 20. Jh. wichtig werden sollte: insofern die Geometrie mit der Wirklichkeit zu tun hat, ist sie nicht apriorisch sondern empirisch, insofern sie apriorisch ist, ist sie analytisch und hat deshalb nichts mit der Wirklichkeit zu tun. So etwa hat das Rudolf Carnap formuliert; berühmt geworden ist diese Alternative durch Einsteins Vortrag "Geometrie und Erfahrung".

Wirklich einflussreich vertreten hat den Empirismus im deutschen Sprachraum (aber auch darüber hinaus – vgl. hierzu [20, S. 223–250] und [18, S. 86]). Hermann Helmholtz. Hierfür lassen sich mehrere Faktoren angeben. Zum einen die unbestrittene Autorität des Naturforschers, dem man später gar den Ehrentitel "Bismarck der Wissenschaften" beilegte, die enge

Verbindung, welche er zwischen den Grundlagenfragen der Geometrie und Problemen anderer Wissenschaften, insbesondere der zu seiner Zeit sehr einflussreichen Physiologie, herzustellen wusste, aber auch das große didaktische Geschick, das Helmholtz erfolgreich beim Verfassen seiner Schriften und Reden einsetzte. Die Wendung zur Physiologie hat eine Zeit lang die erkenntnistheoretische Debatte um die Grundlagen der Geometrie beeinflusst, so zum Beispiel bei Poincaré und Enrigues.

Die uns zugänglichen Arbeiten zur Geometrie von Helmholtz setzen im Jahre 1868 ein. In diesem Jahr hielt er in Heidelberg im Dozentenverein einen Vortrag "Über die thatsächlichen Grundlagen der Geometrie". Es liegt natürlich nahe, in diesem Titel eine Anspielung auf Riemann zu sehen, dessen Habilitationsvortrag etwa zeitgleich publiziert wurde. Hiervon wusste Helmholtz als korrespondierendes Mitglied der Göttinger Akademie durch die Vermittlung von Schering. Das Ziel von Helmholtz war durchaus kantianisch: Er wollte die Unizität der Euklidischen Geometrie deduzieren. Allerdings wählte er als inhaltlichen Ausgangspunkt nicht den traditionell Euklidischen der axiomatischen Kennzeichnung von Punkten, Geraden etc.; Helmholtz entwickelte vielmehr eine neue Axiomatik, welche die Idee der freien Beweglichkeit eines starren Körpers zu fassen suchte. Dieser Zugang liegt natürlich anschaulich nahe und wird von der naturwissenschaftlichen und technischen Messpraxis favorisiert. Helmholtz als Naturwissenschaftler bevorzugt den analytischen Zugang zur Geometrie, was ihn ebenfalls von der Euklidischen Tradition abhebt. Als Analytiker bereiteten ihm übrigens anders als Grassmann Räume höherer Dimension keine Schwierigkeiten; sie sind analytische Gebilde, für deren Beschreibung eine geometrische Sprache von Vorteil ist. Allerdings war Helmholtz davon überzeugt, dass unser Sinnesapparat, insbesondere die Augen, nur einen dreidimensionalen Raum zulassen, was aber seiner Ansicht nach mit analytischen Entwicklungen in keinerlei Widerspruch stand. Nahe liegend aber bei Helmholtz noch nicht explizit ist der durch die Bewegungen vermittelte Bezug zur Gruppentheorie, ein Ausgangspunkt, der später für Poincaré sehr wichtig werden sollte. Helmholtzens Fazit lautet:

> Sobald diese vier Bedingungen erfüllt werden sollen, folgt auf rein analytischem Wege, dass eine homogene Function zweiten Grades der Größen du, dv, dw existiert, welche bei der Drehung unverändert bleibt, und es also ein von der Richtung unabhängiges Maass des Linienelementes gibt. Damit ist Riemanns Ausgangspunkt gewonnen und es folgt auf dem von ihm betretenen Wege weiter, dass wenn die Zahl der Dimensionen auf drei festgestellt, und die unendliche Ausdehnung des Raumes gefordert wird, keine andere Geometrie möglich ist, als die von Euklides gelehrte. [6, S. 219f]

Erst als Beltrami ihn brieflich auf eine Lücke in seiner Argumentation hinwies [20, S. 225f], welche den Nachweis der Unizität der Euklidischen

Geometrie zur Illusion werden ließ, da auch die hyperbolische Geometrie mit Helmholtz? Ansatz verträglich ist, vollzog dieser eine Kehrtwendung. Ähnlich wie schon Gauß zuvor sah es Helmholtz von nun an als notwendig an, auf die Erfahrung zu rekurrieren, um eine Entscheidung zwischen den verschiedenen alternativen Geometrien herbeizuführen; so schlug er etwa folgende Messung vor, um die Frage, welche Geometrie die gültige sei, zu entscheiden: In einem gleichschenkligen Dreieck ABC nehme man die Mitten M und N der Schenkel AB und AC. Ist nun die Strecke AM gleichlang wie die Strecke MN, so gilt die Euklidische Geometrie. Insofern hier nur Längenmessungen gebraucht werden, kann man behaupten, dass Helmholtzens Vorschlag einfacher als der von Gauß ist; die wirklichen Probleme sind aber letztlich dieselben. Helmholtz behauptete, dass die Begriffe der Geometrie erfahrungsgebunden seien. Andere Erfahrungen führen zu einer anderen Geometrie – so seine bekannte These. Um diese zu stützen, führte er Flächenwesen ein, die übrigens schon Jahrzehnte zuvor von Gustav Fechner alias Dr. Mises verwandt worden waren, um plastisch zu machen, was die vierte Dimension bedeutet: Wesen, die auf eine Kugeloberfläche beschränkt sind, entwickeln nach Helmholtz eine sphärische Geometrie und keine Euklidische. Ja, Helmholtz ging noch einen Schritt weiter, indem er die Erlebnisse eines euklidisch ausgebildeten Beobachters in einer hyperbolischen Welt beschrieb. Dem modernen Leser fällt es nicht schwer, hier an eine Art Trickfilm oder an eine Computeranimation zu denken; es blieb durchaus kontrovers, wie weit Helmholtzens Ausführungen wirklich als Argument anzusehen sind (vgl. Volkert 1994 [21]). Zu beachten ist, dass auch bei Helmholtz die Identität von Raum und Geometrie nicht aufgelöst wird. Hat die Erfahrung erst die Frage entschieden, welche Geometrie zu wählen ist, so ist die Identität von Raum und Geometrie wieder gewonnen. Helmholtz wurde damit zum Antikantianer, wie er selbst ausdrücklich hervorhebt:

> Wir können uns den Anblick einer pseudosphärischen [ist gleich hyperbolischen] Welt ebenso gut nach allen Richtungen hin ausmalen, wie wir ihren Begriff entwickeln können. Wir können deshalb auch nicht zugeben, dass die Axiome unserer Geometrie in der gegebenen Form unseres Anschauungsvermögens begründet wären, oder mit einer solchen irgendwie zusammenhingen. [9, S. 28]

Zusammenfassend kann man feststellen, dass die empiristische Richtung im 19. Jh. einen erheblichen Einfluss auf die erkenntnistheoretischen Vorstellungen der Mathematiker hatte. Diese Position war eng verknüpft mit der Frage nach der Unizität der Euklidischen Geometrie und kann als Reflex auf deren Verlust aufgefasst werden: Das kantische, in den Formen der Anschauung verankerte Apriori wird ersetzt durch ein "Apriori der Erfahrung"". Daneben finden wir die Idee, dass die Erfahrung die geometrische Begriffsbildung bedinge, also die Position, die wir oben schwachen Empirismus genannt haben. Der starke Empirismus spielt dagegen nur eine untergeordnete

Rolle. Erhalten bleibt weitgehend noch die Identität von Raum, Geometrie und Wirklichkeit, wenn sich auch schon erste Risse in dieser in der im 19. Jh. aufkommenden Redeweise von der Anwendung der Mathematik auf die Wirklichkeit andeuten. Diese zeigt deutlich, dass die von der gemischten Mathematik unterstellte präetablierte Harmonie in der Auflösung begriffen ist. Entscheiden für unseren Zusammenhang wird der Modellgedanke sein, der im Weiteren zu erläutern sein wird. Er markiert einen weiteren tiefen Einschnitt und bereitet den Übergang vom Empirismus in der Geometrie zum Konventionalismus vor, den Henri Poincaré vollziehen sollte.

3 Poincarés Konventionalismus

Im Laufe des 19. Jhs. veränderte sich die Bedeutung des Begriffs "Modell": Während um 1800 herum Modell noch das Original meinte, jenes Objekt, welches für sich steht und in besonders eindrücklicher Weise etwas verkörpert – die Venus von Milo etwa die Schönheit – wurde gegen Ende des Jhs. die Bedeutung vorherrschend, welche "Modell" als ein Objekt sieht, das für etwas anderes steht und als solches austauschbar sein kann (vgl. [5, S. 443-453]). In der Mathematik des 19. Jhs. wichtig war insbesondere auch der Aspekt des materiellen Modells, etwa das Fadenmodell einer Fläche (prominente Beispiele: Steiners römische Fläche, Clebsch' Diagonalfläche) oder das Drahtmodell einer Kurve. Um diesen Sinn geht es uns hier nicht.

Der Problemzusammenhang, in dem sich zuerst die moderne Idee eines Modells (ohne dass dieser Begriff gefallen wäre, der erst in den 1930iger Jahren gebräuchlich wurde) herausbildete – mit vielen Schwierigkeiten und Umwegen, wie man in Voelke 2005 nachlesen kann [20, S. 133-218] – war die nichteuklidische Geometrie. Hier stand anfänglich durchaus die Idee der Veranschaulichung, Klein nannte es "Versinnlichung", im Vordergrund, also der Wunsch, die Verhältnisse der abstrakt beschriebenen hyperbolischen Welt sich irgendwie vertraut zu machen. So schreibt Beltrami, der 1868 das erste Modell der ebenen hyperbolischen Geometrie in Gestalt der Pseudosphäre veröffentlichte, dass er der hyperbolischen Geometrie ein "reales Substrakt" verschafft habe [20, S. 145]. Bemerkenswerter Weise war Beltrami anfänglich noch der Ansicht, dass eine analoge Interpretation der räumlichen hyperbolischen Geometrie nicht möglich sei; diese erfordert ja einen gekrümmten Raum, welcher sich nicht als Teil des gewöhnlichen Raum realisieren lässt. In der Einleitung zu seinem "Versuch einer Interpretation ..." von 1868 schreibt er:

> Wir glauben, diese Intention [ein reales Substrat zu finden] für den ebenen Teil dieser Lehre erfüllt zu haben, sind aber davon überzeugt, dass dies für deren Rest [d. i. der räumliche Fall] nicht möglich ist. [20, S. 145]

Diese Position hat Beltrami später dann abgeschwächt. 1869 heißt es bei ihm:

> ...während die Begriffe der ebenen Geometrie eine wahre und angemessene Interpretation erfahren, da sie auf einer reellen Fläche konstruiert werden können, sind jene, welche sich auf drei Dimensionen beziehen nur einer analytischen Repräsentation fähig, weil der Raum, in dem sich eine solche Interpretation realisieren lässt, verschieden ist von demjenigen, den man üblicherweise Raum nennt. [20, S. 168]

Man bemerkt auch hier noch die Position, die oben mit Identität beschrieben wurde: Der Raum ist einzig, die Interpretation seiner Grundbegriffe steht nicht zur Disposition. Die hyperbolische Geometrie der Ebene lässt sich als eine Teilgeometrie des Euklidischen Raums realisieren, was zeigt, dass sie keine "geometrische Halluzination" [20, S. 163] ist. In einem gewissen Sinne zeichnet dies wieder die Euklidische Geometrie aus, denn sie ist die umfassendere Geometrie. Man bemerkt, dass die Geschichte der nichteuklidischen Geometrie in dieser Hinsicht oft falsch dargestellt wird, indem die aus moderner Sicht zentrale Idee des Widerspruchsfreiheitsbeweises vorschnell in die Quellen hinein interpretiert wird.

Daneben trat erst allmählich die Einsicht, dass Modelle vermöge der konkreten Interpretation abstrakter Zusammenhänge, die sie liefern, zum Beweis der relativen Widerspruchsfreiheit verwandt werden können. Es scheint Houël (1870) gewesen zu sein, der dies als erster sah und benannte (vgl. Voelke 2005 [20, S. 171-178]). Damit wird ein Schritt in Richtung Aufgabe der Identität vollzogen, denn es ist nun wichtig, dass Begriffe wie Punkt, Gerade und Ebene abstrakt gesehen werden; ihnen können verschiedene Bedeutungen beigelegt werden. So können beispielsweise Geraden eben Geraden im Sinne der gewöhnlichen Geometrie sein (gegeben etwa durch Gleichungen) oder aber Orthogonalkreise oder auch Sehnen in einem Kegelschnitt.

Poincarés Konventionalismus scheint mir tief von diesen Einsichten – oder vielleicht besser gesagt: dieser Technik – geprägt zu sein. Er war vielleicht der erste Mathematiker, der dieser Entwicklung in erkenntnistheoretischer Richtung Rechnung trug.

Bekannt geblieben ist Poincarés Kernsatz: "Eine Geometrie kann nicht wahrer sein als eine andere; sie kann nur bequemer sein." [16, S. 76]. Dieser markiert einen tiefgehenden Bruch mit den Vorstellungen, die wir weiter oben kennen gelernt haben: Denn der Empirismus ging stets davon aus, dass sich die Frage nach der "wahren" Geometrie mit Hilfe der Erfahrung entscheiden lasse., das heißt, dass sich die zum Raum passende Geometrie erfahrungsgemäß bestimmen lasse. Ab etwa 1890 setzen diverse Differenzierungen im Raumbegriff ein, welche zum Teil bei Poincaré selbst zu finden sind oder von ihm angelegt wurden. Man beginnt zu unterscheiden zwischen dem mathematischen Raum, dem physikalischen und dem sinnesphysiologischen. Letztere lässt sich weiter differenzieren in der haptischen, den Sehraum und so weiter. Damit geht klarerweise jegliche Identität von Geometrie und Raum verloren, denn den Raum gibt es nicht mehr.

Poincaré war von seiner Ausbildung her analytisch ausgerichtet; seine wichtigsten Arbeitsfelder waren anfänglich die Theorie der Differentialgleichungen und die der automorphen Funktionen. Ein ganz zentraler Gedanke war Poincaré stets die Gruppe, was ihn als Vollender der Ideen Helmholtz erscheinen lässt: "Eine Geometrie ist das Studium einer Gruppe." Im Rahmen seiner Untersuchungen zu modern gesprochen automorphen Funktionen entdeckte Poincaré 1880 die beiden heute nach ihm benannten Modelle (das Kreis- und das Halbebenenmodell); im Druck erscheinen sie episodisch erstmals 1882 bei ihm [15, II, S. 114]. Bezeichnenderweise spielte bei dieser Entdeckung die Einsicht eine entscheidende Rolle, dass ein bestimmter analytischer Ausdruck unter der Operation einer bestimmten Gruppe invariant bleibt und daher als Länge angesehen werden kann (und die Elemente der Gruppe folglich als Bewegungen). Anders gesagt hat Poincaré nicht in erster Linie über Punkte, Strecken, Geraden, Winkel etc. nachgedacht; all das kam erst an zweiter Stelle bei ihm. Die Modelle waren für Poincaré zuerst technische Hilfsmittel, die Beweise zu finden oder auch zu vereinfachen erlaubten – eine besonders geeignete Sprache eben, deren Vorteil im Wesentlichen auf Anschaulichkeit beruht: "Diese Terminologie hat mir in meinen Untersuchungen gute Dienste geleistet, ... " [15, II, S. 114].

Eine erste erkenntnistheoretisch ausgerichtete Publikation zur Geometrie legte Poincaré 1887 unter dem auf Riemann und Helmholtz anspielenden Titel "Über die fundamentalen Hypothesen der Geometrie" vor. In ihr erläutert er die Idee des "Wörterbuchs" [16, S. 68]:

Raum ... Halbraum oberhalb der Fundamentalebene

Ebene ... Sphäre, welche die Fundamentalebene senkrecht schneidet

Gerade ... Kreis, der die Fundamentalebene senkrecht schneidet

Sphäre ... Sphäre

Kreis ... Kreis

Winkel ... Winkel

Abstand ... Logarithmus des Doppelverhältnisses der fraglichen beiden Punkte und der beiden Schnittpunkte eines Kreises, der durch diese beiden Punkte geht, mit der Fundamentalebene, wobei der Kreis diese senkrecht schneidet

Interessanter Weise hatte Poincaré 1882 denselben Sachverhalt noch so ausgedrückt: "Angenommen, man kommt überein, den Begriffen Gerade, Länge, Abstand, Fläche ihre übliche Bedeutung zu nehmen, um Gerade alle Kreise zu nennen, deren Mittelpunkt auf X liegt, Länge einer Kurve das, was wir als sein L bezeichnet haben, Abstand zweier Punkte das L des Kreisbogens mit Mittelpunkt auf X, der die bedien Punkte verbindet, und endlich Fläche einer Figur das, was wir sein S genannt haben." [15, II, S. 114]. Im Unterschied zum Wörterbuch mit seinen gleichberechtigten Sprachen, gibt es hier noch eine Originalsprache und eine Übersetzung.

Das Wörterbuch erlaubt es, Aussagen der hyperbolischen Geometrie in solche der euklidischen zu übersetzen; lassen sich letztere beweisen, so sind damit auch erstere gezeigt. Poincaré gibt hierfür folgendes Beispiel:

> Der Satz der Lobatchevski-Geometrie "die Winkelsumme im Dreieck ist kleiner als zwei Rechte" übersetzt sich in "die Summe der Winkel in einem Dreieck, welches von Kreisbögen gebildet wird, die bei geeigneter Verlängerung die Fundamentalebene senkrecht schneiden, ist kleiner als zwei Rechte". Folglich wird man niemals auf einen Widerspruch stoßen, so weit man auch die Konsequenzen der Lobatchevski-Geometrie entwickelt. [16, S. 69]

Es ergibt sich so eine Art von universeller Übersetzbarkeit jeder Geometrie in jede Geometrie – allerdings können sich durchaus unterschiedliche Theoreme ergeben, wie das obige Beispiel schon zeigt. Für welche Geometrie, für welche Sprache, man sich entscheidet, ist gewissermaßen Konvention. Es gibt keine Unizität und keine Identität mehr – so kann man die Position Poincarés zusammenfassen. Alle Geometrien sind gleichberechtigt und jede Geometrie hat ihren Raum. Allerdings bleibt die Frage nach der Struktur des physikalischenh Raumes hiervon unberührt. Dabei spielen andere Interpretationen eine Rolle, etwa die Frage, was als starrer Körper angesehen wird. In dieser Hinsicht geht Poincarés Konventionalismus viel weiter, insbesondere wenn es um die Frage der Längenmessung, des starren Körpers, geht. Hierauf soll an dieser Stelle nicht eingegangen werden.

Aus Poincarés Sicht ist das ursprüngliche Anliegen des Empirismus hinfällig: Testen kann man immer nur eine physikalisch interpretierte Geometrie, nie aber eine rein mathematische. Letztere ist sinnvoll, wenn sie widerspruchsfrei ist (was Poincaré unterstellt und was sich später als ein großes Problem erweisen sollte); mehr braucht es nicht: "Eine mathematische Entität existiert, wenn ihre Definition keinen Widerspruch impliziert." [16, S. 70] Man bemerkt, dass Poincaré hier Positionen nahe kommt, die später von Hilbert vertreten werden sollten. Dabei ist für Poincaré jede Geometrie so etwas wie eine Definition – ähnlich wie man später sagen wird, ein Axiomensystem definiere eine Struktur. Wie die Geometrie konkret beschreiben wird (z. B. durch Axiome), wird bei Poincaré nicht wirklich diskutiert.

Im geschilderten Sinn kann man Poincaré als den Vollender des Empirismus in der Geometrie ansehen; seine Vollendung bedeutete zugleich dessen Überwindung. Es fällt denn auch auf, dass der Empirismus in der Philosophie der Geometrie im 20. Jh. kaum noch eine Rolle gespielt hat – wenn man sich wohlgemerkt auf die "arbeitenden Mathematiker" beschränkt (eine prominente Ausnahme ist Oswald Veblen gewesen). Dabei hat neben

Poincaré sicherlich auch Hilbert mit seinen "Grundlagen" eine wichtige Rolle gespielt, zeigten diese doch den Weg, wie man Geometrie als eine abstrakte rein formale Theorie auffassen kann. Die drei Aspekte des Bertrand de Genève sind im 20. Jh. vollkommen auseinander gefallen und stehen beziehungslos nebeneinander: Was mathematisch zählt, ist die deduktive Struktur, der anschauliche Aspekt ist unwichtig und wird in die Didaktik geschoben, der experimentelle betrifft nur konkret physikalisch interpretierte Theorien. So etwa könnte man die Commen-Sense-Position innerhalb der mathematischen Gemeinschaft gegen Ende des 20. Jhs. beschreiben; ihren deutlichen Ausdruck fand diese in den Außerungen Bourbakis.

LITERATURVERZEICHNIS

[1] Carnap, Rudolf 1977. "Einleitende Bemerkungen zur englischen Ausgabe der *Philosophie der Raum-Zeit-Lehre*". In: Hans Reichenbach *Die Philosophie der Raum-Zeit-Lehre. Gesammelte Werke*, Band 2. Braunschweig, Vieweg, 1977, hg. von Andreas Kamlah und Maria Reichenbach, 3-5.

[2] D'Alembert, Jean le Rond 1785. "Mathématiques" in *Dictionnaire méthodique*. "Mathématiques". Tome second. Paris, Panckouche. Nachdruck Paris, ACL, 1987.

[3] Gauß, Karl Friedrich 1900. *Werke*. Band VIII. Leipzig, Teubner.

[4] Gonseth, Ferdinand 1946. *La géométrie et le problème de l'espace*. Neuchatel, Griffon.

[5] Grassmann, Hermann 1844. *Die Lineale Ausdehnungslehre*. Leipzig. Zitiert nach : Hermann Grassmans *Gesammelte Mathematische und Physikalische Schriften*. Ersten Bandes erster Theil: Die Ausdehnungslehre von 1844 und die geometrische Analyse. Unter Mitwirkung von Eduard Study hg. von Friedrich Engel. Leipzig, Teubner, 1894. Nachdruck New York, Dover, 1969.

[6] Helmholtz, Hermann (von) 1865. "Ueber die thatsächlichen Grundlagen der Geometrie", *Verhandlungen des naturhistorisch-medicinischen Vereins zu Heidelberg* 4, 51-55.

[7] Helmholtz, Hermann (von) 1868. "Über die Thatsachen, die der Geometrie zum Grunde liegen", *Nachrichten von der Königlichen Gesellschaft der Wissenschaften zu Göttingen und der Georg-August-Universität aus dem Jahre 1868*, 193-221.

[8] Helmholtz, Hermann (von) 1869. "Correctur zu dem Vortrag vom 22. Mai 1868 [sic!], die thatsächlichen Grundlagen der Geometrie betreffend von H. Helmholtz", *Verhandlungen des naturhistorisch-medicinischen Vereins zu Heidelberg* 5, 31-32.

[9] Helmholtz, Hermann (von) 1903. "Ueber den Ursprung und die Bedeutung der geometrischen Axiome". In. ders. *Vorträge und Reden*, Bd. 2. Braunschweig, Vieweg, 1903), 1-32.

[10] Hilbert, David 2003. *Lectures on the Foundations of Geometry 1891-1902*. Ed. by M. Hallett und U. Majer, Berlin u.a., Springer.

[11] Homann, Frederick A. 1991. *Practical Geometry*. Milwaukee, Marquette University Press.

[12] De Chadarevian, Soraya & Hopwood Nick 2004. *Models. The third Dimension of Science*. Stanford, Stanford University Press.

[13] Pascal, Blaise 1963. *Œuvres complètes*, éd. par L. Lafuma. Paris, Seuil.

[14] Pasch, Moritz 1882. *Vorlesungen über neuere Geometrie*. Berlin, Springer, 1926. Nachdruck Berlin u.a., Springer, 1976.

[15] Poincaré, Henri 1952. *Œuvres*, tome II. Paris, Gauthier-Villars.

[16] Poincaré, Henri 1968. *La science et l'hypothèse*. Paris, Flammarion.

[17] Proklus Diadochus 1945. *Kommentar zum ersten Buch von Euklids "Elementen"*. Halle (Saale), Leopoldina, 1945.
[18] Richards, Joan 1988. *Mathematical Visions*. San Diego, Academic Press.
[19] Scholz, Erhard 2004. "C. F. Gauß' Präzisionsmessungen terrestrischer Dreiecke und seine Überlegungen zur empirischen Fundierung der Geometrie". In: *Zahl, Form, Ordnung. Studien zur Wissenschafts- und Technikgeschichte*, hg. von R. Seising, M. Folkerts und U. Hashagen. Wiesbaden, Steiner, 211-226.
[20] Voelke, Jean-Daniel 2005. *Renaissance de la géométrie non euclidienne entre 1860 et 1900*. Bern u.a., Lang.
[21] Volkert, Klaus 1994. "Zur Rolle der Anschauung in mathematischen Grundlagenfragen: die Kontroverse zwischen Hans Reichenbach und Oskar Becker über die Apriorität der euklidischen Geometrie". In: *Hans Reichenbach und die Berliner Gruppe*, hg. von Lutz Dannenberg u.a. Braunschweig / Wiesebaden, Vieweg, 275-293.
[22] Volkert, Klaus 1996. "Hermann von Helmholtz und die Grundlagen der Geometrie". In: *Hermann von Helmholtz*, hg. von Wolfgang U. Eckart und Klaus Volkert. Pfaffenweiler, Centaurus, 177-205.

Klaus Volkert
Université de Wuppertal
L.H.S.P. – Archives Henri Poincaré (UMR 7117)
Klaus.Volkert@math.uni-wuppertal.de

L'hypothèse naturelle, ou quatre jours dans la vie de Gerhard Heinzmann

Scott Walter

Comment se fait-il que la science moderne découvre les lois de la nature ? Henri Poincaré a posé cette question au début du vingtième siècle, lorsqu'il découvrait lui-même trois grandes théories qui sous-tendent la science du vingt-et-unième siècle : la théorie des systèmes dynamiques, la topologie algébrique, et la théorie de la relativité. Les réponses de Poincaré à sa propre question, contenues surtout dans *La science et l'hypothèse*, ont marqué l'histoire des idées, et inauguré le tournant linguistique de la philosophie occidentale[1]. L'évolution des idées philosophiques de Poincaré, et de leur réception dans les communautés philosophiques et scientifiques, ont fait l'objet de plusieurs études, dont celles du fondateur des Archives Poincaré, Gerhard Heinzmann, et de ses étudiants[2].

Dans un article récent [9], Gerhard prend en considération un puzzle que nous livre la lecture de *La science et l'hypothèse*, qui se trouve au cœur de la philosophie conventionnaliste de Poincaré. Comme le suggère le titre même du livre de Poincaré, la notion de l'hypothèse est le noyau de l'analyse que fait Poincaré de l'activité scientifique. Curieusement, dans un intervalle de deux ans, Poincaré a publié deux typologies de l'hypothèse scientifique, qui sont incompatibles, du moins en apparence. Pour les détails des deux typologies, on peut consulter la thèse d'Igor Ly (*op. cit.*, note 2), ou un article de Gerhard [9].

Un aspect de l'analyse de Gerhard a retenu mon attention, et a donné lieu a un échange de courriels, pendant quatre jours, du 28 juin au 1er juillet 2007. Ces courriels sont reproduits presque tel quels ici, avec l'ajout de quelques précisions bibliographiques dans les notes de bas de page[3].

---

[1] Voir, par exemple, Walter [17].
[2] Voir, par exemple, Heinzmann [4], [5], [6], [7], [8], Heinzmann et Rollet [10], Rollet [16], Ly [11].
[3] Nous employons les abréviations *SH* pour *La science et l'hypothèse* (édition de 1902 [12], rééditée en 1968 [14]), et *VS* pour *La valeur de la science* (édition de 1905 [13], rééditée en 1970 [15]).

1 Jeudi soir : que signifie l'hypothèse naturelle ?

Date : 28 Juin 2007 20h35

Hi Gerhard,
Voici le passage auquel je pensais, qui date de 1900 : *Revue générale des sciences pures et appliquées* 11, 1163–1175 ; réédité dans *Science et hypothèse,* chap. 9 :

> « Il faut également avoir soin de distinguer entre les différentes sortes d'hypothèses. Il y a d'abord celles qui sont toutes naturelles et auxquelles on ne peut guère se soustraire. Il est difficile de ne pas supposer que l'influence des corps très éloignés est tout à fait négligeable, que les petits mouvements obéissent à une loi linéaire, que l'effet est une fonction continue de sa cause. J'en dirai autant des conditions imposées par la symétrie. Toutes ces hypothèses forment pour ainsi dire le fonds commun de toutes les théories de la physique mathématique. Ce sont les dernières que l'on doit abandonner. »

Par la suite, toutes les hypothèses citées ont été montrées contraires à l'expérience, et abandonnées – en dernier, comme le voulait H[enri] P[oincaré]. Il semble clair que toute hypothèse naturelle peut être abandonnée. Les exemples de HP suggèrent qu'il s'agit d'hypothèses falsifiables. Nous cherchons donc l'exemple :

1. d'une H[ypothèse] N[aturelle] qu'on ne peut pas abandonner ;
2. d'une HN qui n'est pas falsifiable.

Bien à toi, Scott

2 Une condition indispensable

Date : 28 Juin 2007 22h20

Hi Scott,
Mais je citais justement ce passage. Ma thèse est : une hypothèse naturelle peut être une condition indispensable pour la science sans quelle soit expérimentalement accessible, comme : l'effet est une fonction continue de sa cause (également SH, 166), ce qui ne constitue qu'une autre expression pour l'induction physique (VS, 176–177). Le principe d'induction est donc une hypothèse naturelle non vérifiable (voir Hume). Tout cela est cité dans mon article mais, en apparence, l'expression est mauvaise.

Amitiés, Gerhard

3 Une condition dispensable

Date : 28 Jun 2007 23h46

Hi Gerhard,
Je ne suis toujours pas d'accord. HP prend soin de distinguer, d'une part, le principe d'induction, et de l'autre part, l'hypothèse qu'un conséquent

est une fonction continue de l'antécédent (VS, 177). Quand il dit que la science serait impossible sans l'interpolation, il cherche l'effet rhétorique. Il est évident qu'on puisse mettre en cause l'hypothèse qu'un effet donné est une fonction continue de sa cause ; Planck, Einstein, Ehrenfest, Rutherford et les Curie nous ont donné des exemples concrets. D'ailleurs, HP évoque lui-même le cas d'une courbe « trop capricieuse », qui mettrait en doute l'hypothèse. Ce qu'il veut dire, c'est que même dans ce cas extrême nous ne serions pas obligés d'abandonner l'hypothèse. C'est du Poincaré à l'état pur. Mais comme dans le cas des rayons de lumière stellaire courbés, les réalistes seraient tentés d'admettre que l'espace est hyperbolique.

Amicalement, S

4 Vendredi : une explication de texte

Date : 29 Jun 2007 20h38
Cher Scott,
je ne comprend pas ton argumentation :

> « D'ailleurs, HP évoque lui-même le cas d'une courbe « trop capricieuse », qui mettrait en doute l'hypothèse. »

Mettre en doute l'hypothèse ne signifie pas de la mettre directement en défaut ; c'est cela le point important ! et Poinca le dit bien : capricieuse, mais le principe ne sera pas mis en défaut.

> « Ce qu'il veut dire, c'est que même dans ce cas extrême nous ne serions pas obligés d'abandonner l'hypothèse. »

C'est cela une hypothèse naturelle : on ne peut pas la mettre en défaut, ce n'est pas une convention puisque c'est un élément indispensable, c'est le dernière hypothèse que l'on rejette. Elle n'est pas accessible à l'expérience

Amicalement, G

5 Samedi : le devenir de l'hypothèse naturelle

Date : 30 Juin 2007 01h05
Hi Gerhard,
Mes remarques visent ta thèse, que voici :

> Ma thèse est : une hypothèse naturelle peut être une condition indispensable pour la science sans quelle soit expérimentalement accessible, comme : l'effet est une fonction continue de sa cause (également SH, 166), ce qui ne constitue qu'une autre expression pour l'induction physique (VS, 176–177).

Je conteste deux propositions contenues dans le passage cité :

1. Le principe d'induction physique n'est pas équivalent au principe de continuité entre cause et effet. Poincaré le dit clairement : « le principe [d'induction phys.] ne pourra recevoir aucune application. Nous devons

donc modifier l'énoncé .... [L]e principe signifie alors que le conséquent est une fonction continue de l'antécédent » (VS, 177).

2. Le principe de continuité entre cause et effet est accessible à l'expérience, au même titre que les autres hypothèses naturelles. HP considère le cas limite de corrélation zéro, et dit qu' « on peut toujours faire passer une courbe continue » (VS, 177). Il est aussi vrai qu'on peut sauter toute la journée sur une jambe, mais ce serait de la folie .... (Tu sembles bien d'accord avec moi sur ce point, si je comprend ta réponse.)

En fait, la question qui me préoccupe est celle-ci : pourquoi HP a-t-il supprimé la classe des hypothèses naturelles de sa typologie d'hypothèses dans l'introduction de SH ? Je suppose qu'entre 1900 et 1902 il a reconnu que la distinction entre les hypothèses naturelles et les généralisations était trop artificielle. Pendant ce temps, le rayonnement des corps noirs, par exemple, contredit l'hypothèse de continuité de cause et effet, et aurait pu le pousser à resserrer sa typologie. Qu'en dis-tu ?

Amicalement, Scott

6 Deux langages

Date : 30 Jun 2007 22h40
Hi Scott,

Poincaré dirait peut-être que l'on parle deux langages différents[4] : Nous avons des difficultés avec les hypothèses naturelles ; tu dis : elles tombent dans la classification des hypothèses mais « que la distinction entre les hypothèses naturelles et les les généralisations était trop artificielle ». Je dis : elles ne sont pas de vraies hypothèses mais des présuppositions. C'est pour cette raison qu' elles ne figurent plus dans la classification de l'introduction. Ton interprétation est peut-être (je n'en suis pas sûr) bien fondée historiquement, la mienne me semble bien fondée systématiquement. On ne peut commencer à zéro. Une règle pratique peut être abandonnée parce qu'elle ne s'applique pas (c'est le problème de l'induction), mais elle ne peut être falsifiée.

[Gerhard reprend les deux points du dernier message de Scott]

1. D'accord, tu as raison quant à cette différence qui m'avais échappé. Le principe est transformé « en règle pratique » et en tant que telle elle ne peut être soumise à l'expérience.

2. Mon interprétation : les hypothèses naturelles ne sont pas de vraies hypothèses (c'est-à-dire vérifiables), mais plutôt des présuppositions

---

[4] Rappelons que Gerhard est un philosophe d'origine allemande, et Scott est un historien d'origine américaine.

qui « servent de fonds commun de toutes les théories de la physique mathématique » (SH, 166).

Amicalement, Gerhard

7 Dimanche : le style de Poincaré

Date : 01 Juillet 2007 18h04
Hi Gerhard,

J'ai du mal à te suivre. Si Poincaré supprime les hypothèses naturelles en 1902 parce qu'elles ne sont pas de vraies hypothèses, comme tu le supposes, pourquoi garde-t-il les hypothèses apparentes, qui ne sont pas de vraies hypothèses non plus ? Tu as peut-être raison de penser qu'on ne parle pas le même langage, parce que pour moi, une présupposition est une sorte d'hypothèse, et Poincaré devait le savoir.

Malgré notre différend langagier, nous sommes d'accord que les hypothèses naturelles sont autant de règles pratiques. En tant que telles, selon toi, elles ne peuvent pas être falsifiées. Tu as raison : je pensais surtout à leur signification expérimentale, pas à leur fonction dans la construction théorique.

Entre 1900 et 1902, il reconsidère sa distinction entre les hypothèses naturelles et les généralisations, et la fait disparaître, en faveur de celles-ci. Pourquoi ? Poincaré sait qu'au fond, *toute* loi physique est une règle pratique.

Aujourd'hui, on aurait tendance à garder sa distinction, parce qu'une hypothèse naturelle à la Poincaré ressemble à un style de raisonnement à la Hacking, en ce qu'elle a une naissance, mais pas de mort, on ne songe plus la mettre en question, et elle contribue à la construction d'un fait scientifique[5]. Mais en 1902, la physique semblait prête à s'écrouler, et il n'y avait pas lieu d'expliquer sa stabilité.

Amitiés, Scott

8 La promesse d'une explication

Date : 1 Juillet 2007 18h16
Hi Scott,
Je crois j'ai une bonne explication pour

> « Si Poincaré supprime les hypothèses naturelles en 1902 parce qu'elles ne sont pas de vraies hypothèses, comme tu le supposes, pourquoi garde-t-il les hypothèses apparentes, qui ne sont pas de vraies hypothèses non plus ? »

Mais je dois d'abord faire 8 rapports pour le C[onseil] S[cientifique] concernant les avancements des professeurs ; merci de ne pas perdre la patience. Cela

---

[5] Voir Hacking [2].

me plaît bien et on continue la semaine prochaine.
Amitiés, Gerhard

9 Épilogue

Lors de notre échange, nous avons essayé, Gerhard et moi, de sonder la raison d'être des deux typologies de l'hypothèse scientifique de Poincaré. La lecture rétrospective de notre échange de courriels montre une confrontation de deux points de vues sur la nature de l'hypothèse naturelle chez Poincaré, qui aboutit sur deux explications de texte distinctes.

L'explication « synchronique » adoptée par Gerhard [9] passe par la création d'une troisième typologie de l'hypothèse scientifique, qui est la somme des deux typologies de Poincaré. Elle se place ainsi dans le courant de la philosophie conventionnaliste contemporaine, menée autrefois par Jerzy Giedymin [1].

La lecture que j'ai fini par proposer ne cherche pas à créer une nouvelle typologie de l'hypothèse scientifique, mais à rendre compte de l'évolution de la pensée de Poincaré. Elle suppose ainsi que la suppression de l'hypothèse naturelle par Poincaré est signifiante (Walter [18; 19]), même si les raisons de cette suppression restent obscures.

BIBLIOGRAPHIE

[1] Giedymin, J. 1982. *Science and Convention : Essays on Henri Poincaré's Philosophy of Science and the Conventionalist Tradition.* Oxford, Pergamon.
[2] Hacking, I. 1992. « 'Style' for Historians and Philosophers ». *Studies in History and Philosophy of Science* 23, 1–20.
[3] Heidelberger, M. & Schiemann, G. (eds) 2009. *The Significance of the Hypothetical in the Natural Sciences.* Berlin, Walter de Gruyter.
[4] Heinzmann, G. 1985. *Entre intuition et analyse : Poincaré et le concept de prédicativité.* Paris, Blanchard.
[5] Heinzmann, G. 1992. *Helmholtz and Poincaré's Considerations on the Genesis of Geometry.* In L. Boi, D. Flament & J.-M. Salanskis (Ed.), *1830–1930 : A Century of Geometry ; Epistemology, History and Mathematics.* Lecture Notes in Physics 402. Berlin, Springer-Verlag, 245–249.
[6] Heinzmann, G. 1995. *Zwischen Objektkonstruktion und Strukturanalyse : Zur Philosophie der Mathematik bei Jules Henri Poincaré.* Göttingen, Vandenhoeck und Ruprecht.
[7] Heinzmann, G. 2001. « The Foundations of Geometry and the Concept of Motion : Helmholtz and Poincaré ». *Science in Context* 14, 457–470.
[8] Heinzmann, G. 2006. « Philosophie des sciences ». In E. Charpentier, E. Ghys & A. Lesne (dir.), *L'héritage scientifique de Poincaré.* Paris, Belin, 404–423.
[9] Heinzmann, G. 2009. *Hypotheses and Conventions : on the Philosophical and Scientific Motivations of Poincaré's Pragmatic Occasionalism.* In [3], 163–186.
[10] Heinzmann, G. & Rollet, L. 1999. « Sciences et humanités chez Henri Poincaré ». In M. Samuel-Scheyder & P. Alexandre (ed.), *Pensée pédagogique : Enjeux, continuités et ruptures en Europe du XVIe au XXe siècle.* Bern, Peter Lang, 343–355.
[11] Ly, I. 2008. *Mathématique et physique dans l'œuvre philosophique de Poincaré.* Thèse soutenue pour le doctorat de philosophie, Université Nancy 2.
[12] Poincaré, H. 1902. *La science et l'hypothèse.* Paris, Flammarion.

[13] Poincaré, H. 1905. *La valeur de la science*. Paris, Flammarion.
[14] Poincaré, H. 1968. *La science et l'hypothèse*. Paris, Flammarion.
[15] Poincaré, H. 1970. *La valeur de la science*. Paris, Flammarion.
[16] Rollet, L. 2001. *Henri Poincaré, des mathématiques à la philosophie : étude du parcours intellectuel, social et politique d'un mathématicien au début du siècle*. Lille, éditions du Septentrion.
[17] Walter, S. 2006. « Henri Poincaré ». *In* J. Merriman & J. Winter (eds.), *Europe 1789–1914 : Encyclopedia of the Age of Industry and Empire*, 5 vols. New York, Charles Scribner's Sons, vol. 4, 1804–1805.
[18] Walter, S. 2008. « Henri Poincaré et l'espace-temps conventionnel ». *In* I. Smadja (dir.), *Réalisme et théories physiques. Cahiers de philosophie de l'université de Caen* 45. Caen, Presses universitaires de Caen, 87–19.
[19] Walter, S. 2009. « Hypothesis and Convention in Poincaré's Defense of Galilei Spacetime ». *In* [3], 187–214.

Scott Walter
L.H.S.P. – Archives Henri Poincaré (UMR 7117)
`scott.walter@univ-nancy2.fr`

PART II

HISTOIRE ET PHILOSOPHIE DES MATHÉMATIQUES / HISTORY AND PHILOSOPHY OF MATHEMATICS

Les mathématiques comme théories et comme langages

Evandro Agazzi

Je me propose d'examiner, dans ce travail, une sorte de double nature qui semble devoir être reconnue aux mathématiques et qui pourrait être exprimée en disant que, suivant le point de vue qu'on adopte, celles-ci peuvent être considérées ou bien comme un ensemble de théories, ou bien comme un langage (soit dans le sens d'un grand langage articulé, soit dans le sens d'un système de plusieurs langages séparés).

Quand je parle des mathématiques comme d'un ensemble de théories, j'entends ce terme dans son acception la plus générale et même générique, selon laquelle une théorie est un langage L qui parle à propos d'un certain univers d'objets U, dont on cherche à décrire la structure. Il est donc sous-entendu que la conception qui considère les mathématiques comme un système de théories renferme, de façon explicite ou implicite, la conviction qu'il existe des objets mathématiques vers la connaissance desquels les différentes théories dirigent leurs efforts de recherche, tandis qu'une conviction pareille n'accompagne pas la conception selon laquelle les mathématiques sont essentiellement un système de langages.

On peut aussi remarquer que la présence de cette double perspective à propos des mathématiques est un produit de leur évolution historique, au sens où la conception classique se caractérisait par le fait de les concevoir comme des théories, tandis que la conception moderne semble privilégier leur nature de langages. En effet, il n'est guère difficile de se rendre compte que la pensée traditionnelle inclinait à considérer l'arithmétique, la géométrie, l'analyse, etc. comme des disciplines qui concernaient des entités mathématiques bien précisées et différenciées, telles que les nombres naturels, les êtres géométriques, les nombres réels ou complexes, et la chose devient encore plus claire si on remarque que, selon cette pensée, les propositions mathématiques étaient censées être vraies. Or, la vérité est une caractéristique qu'on attribue à des propositions lorsqu'elles expriment avec fidélité la réalité telle qu'elle est, ou, si on préfère, une proposition n'est jamais vraie (ou fausse) en soi, mais bien à propos de quelque chose. Par conséquent, la vérité des propositions mathématiques impliquait qu'elles se référaient à des objets à propos desquels elles énonçaient une vérité.

1 L'effet de la construction des géométries non euclidiennes

Comme il est bien connu, la crise de cette façon de penser, qui était tout à fait générale parmi les mathématiciens et les philosophes, se produisit à partir de la première moitié du 19ème siècle, comme conséquence de la construction des géométries non euclidiennes. Celles-ci offraient des exemples de théories mathématiques qui ne se laissaient pas maîtriser par l'intuition mais qui, n'étant pas contradictoires, semblaient ne pas pouvoir être refusées à l'intérieur du domaine mathématique. Mais, une fois admises comme théories mathématiques légitimes, elles provoquaient tout de suite une seconde crise, après celle de l'intuition : en effet, si on considère par exemple l'énoncé à propos de la somme des angles du triangle, on trouve que la géométrie euclidienne, la géométrie non euclidienne hyperbolique et la géométrie non euclidienne elliptique en donnent trois valeurs différentes et incompatibles. Voilà donc la question : si le triangle existe comme entité mathématique, la somme de ses angles ne pourra avoir qu'une valeur déterminée et donc, une seulement des trois géométries sera la vraie et les autres seront logiquement non contradictoires, mais fausses. Mais on sait qu'aucune possibilité n'est donnée de discriminer les trois géométries sur une base empirique immédiate et qu'en plus elles se montrent enchaînées par des liaisons logiques profondes et fort intéressantes, ce qui empêche d'en garder une seule et de refuser les autres. Il faut donc faire place à toutes ; mais alors, comme il n'est pas possible de les déclarer toutes à la fois vraies, on dira qu'elles ne sont ni vraies ni fausses parce que toute géométrie se réduit à un discours hypothético-déductif, qui pourra se révéler vrai ou faux selon les cas particuliers dans lesquels on l'interprétera. Il vaut la peine de souligner que, par là, on renonçait à attribuer à la géométrie des objets propres, et on la concevait comme un pur et simple langage (ou comme un système de langages), susceptible d'être interprété sur des domaines d'objets différents, mais lié à aucun d'entre eux comme son domaine propre et, pour ainsi dire, naturel.

2 Y a-t-il des objets propres des théories mathématiques ?

En présence de ce résultat, on pourrait peut-être penser que rien de particulièrement nouveau ne s'est produit, étant donné que les mathématiques ont joué le rôle de langage depuis longtemps et spécialement à partir du temps de Galilée, Descartes et Newton, qui les ont consacrées comme langage de la physique et, peut-être même, de la science en général. Pour cette raison, le fait de reconnaître que la géométrie euclidienne se prête de façon convenable à la description des phénomènes du monde macroscopique ordinaire, tandis qu'une géométrie riemannienne est plutôt capable d'encadrer le monde de la théorie de la relativité, ne ferait que rappeler une situation bien connue dans l'histoire des sciences, à savoir que chaque branche de la physique a pu se développer au fur et à mesure que des théories mathématiques appropriées lui ont offert des langages convenables.

Tout ceci est bien vrai, mais un trait essentiel reste caché : traditionnellement on pensait que toute théorie mathématique avait affaire, en premier lieu, à *ses objets propres* et que, en plus, il arrivait qu'elle pouvait aussi se prêter à fonctionner comme langage pour des théories empiriques particulières. Dans le cas des géométries qu'on vient de donner comme exemples, au contraire, les théories mathématiques semblent se réduire à la pure fonction de langage et ce qu'on a dit des géométries peut se répéter même à plus forte raison pour d'autres branches des mathématiques encore. On n'a pas besoin de souligner que la tendance formaliste, tellement répandue dans les mathématiques modernes, exprime justement ce point de vue : elle n'admet plus qu'on puisse concevoir des objets mathématiques indépendants du langage, mais elle conçoit le langage même comme capable, pour ainsi dire, d'engendrer ses propres objets : il suffit de penser à des affirmations telles que celle qui prétend que les nombres naturels sont constitués par les axiomes de Peano ou que les objets géométriques sont constitués par les axiomes de Hilbert, etc.

La question qui se pose est donc la suivante : tout en étant d'accord que les mathématiques constituent *aussi* des langages, peut-on penser, de nos jours, qu'elles ne sont autre chose que des langages, ou bien doit-on sauver, et dans quelle mesure, l'ancienne conviction qu'elles sont encore de véritables théories, dans le sens d'avoir des objets propres dont elles traitent ? Et, dans ce cas, quel est le point de vue différent qui permet de considérer les mathématiques tantôt dans le premier, tantôt dans le second rôle ?

Pour répondre d'une façon suffisamment objective à des questions de ce genre on ne peut pas faire appel tout simplement à des convictions personnelles d'ordre philosophique, ni se rapporter à la soi-disant expérience mathématique, qui demeure toujours subjective et discutable. Je propose de prendre plutôt en considération certains plans de recherche et certains résultats de la logique mathématique, dans lesquels il me semble qu'on peut trouver des indications pour le problème qui nous intéresse.

3 Les instruments offerts par la logique mathématique

On peut tout d'abord remarquer que, dans la logique mathématique, il y a une dimension explicite pour chacun des deux points de vue, étant donné que la syntaxe s'occupe de toute théorie formalisée uniquement pour ce qui concerne la structure de son langage, tandis que la sémantique prend en considération les possibilités qui existent d'interpréter un tel langage de sorte à le faire parler à propos d'univers d'objets arbitraires, qu'on suppose donnés de façon indépendante du langage lui-même. La théorie des modèles, qui constitue le développement technique de la sémantique, s'efforce de préciser les différents types de structures d'objets qui se prêtent à une description par des langages donnés et, par cela, elle fournit des précisions essentielles sur la considération des mathématiques en tant que théories. Une fois précisé ceci, il faut quand même se rendre compte que la présence de ces points de vue distincts ne suffit pas encore pour justifier l'affirmation selon laquelle les mathématiques s'occupent d'objets propres : en effet, la présence de ces deux points de vue nous offre des instruments pour explorer la question, mais elle ne nous donne aucune indication sur le résultat final de cette exploration. Comment pouvons-nous donc imaginer d'employer l'instrument syntaxique et l'instrument sémantique pour en tirer des renseignements sur notre question ?

Une première indication de recherche semble devoir être la suivante : étant donné qu'on ne peut pas mettre en doute que toute théorie mathématique se présente sous la forme d'un langage, l'unique point qui est vraiment en question est de savoir si on peut de quelque façon découvrir, pour ainsi dire au-dessous de ce langage, une structure d'objets auxquels il se réfère et cela pourrait devenir possible si on arrivait à mettre en évidence des discordances possibles entre le langage et cette structure. En effet, il est bien compréhensible que si de telles discordances étaient introuvables, si le langage apparaissait comme capable de couvrir totalement la structure d'objets, on pourrait à juste titre commencer à se demander si l'existence de cette structure n'est pas une sorte de représentation inutile et si une attitude plus critique ne serait pas celle qui réduit entièrement au langage tout ce qui peut objectivement être affirmé par une théorie mathématique.

4 Quelque conséquence du théorème de Gödel

Or, il faut dire que la logique mathématique nous permet effectivement de découvrir des discordances du genre qu'on vient de mentionner. Une question classique qui se pose quand on présente un système d'axiomes pour une théorie mathématique formalisée est celle de sa *complétude sémantique* qui, sous forme intuitive, peut être présentée de la façon suivante : les axiomes sont-ils en mesure de nous faire rejoindre, par des déductions formelles correctes, *toutes* les propositions vraies de la théorie en question ? Il y a des cas dans lesquels on doit donner une réponse négative à cette exigence : notamment, le théorème de Gödel de 1931 nous montre un exemple de proposition mathématique qui doit être reconnue comme vraie à propos des nombres naturels, mais qui n'est pas déductible des axiomes de l'arithmétique. Dans ce cas on doit donc conclure que la théorie, conçue comme langage, ne domine pas complètement le domaine d'objets auquel elle est censée se référer, parce qu'elle laisse en dehors de ses possibilités de contrôle des propositions qui sont vraies dans ce domaine. La chose intéressante est que cela arrive non comme conséquence d'une faiblesse de l'instrument déductif qu'on emploie, mais précisément comme quelque chose qui est intrinsèque à la théorie elle-meme. En effet, le théorème de Gödel est déjà valable pour une arithmétique formulée dans la logique du premier ordre, qui est sémantiquement complète par elle-même. Cela signifie que, une fois donné un ensemble P d'expressions formulées dans le langage du premier ordre, un des calculs qu'on emploie usuellement pour obtenir des déductions dans cet ordre suffit pour déduire toutes les *conséquences logiques* de P, c'est-à-dire toutes les propositions qui sont vraies dans tous les modèles possibles de cet ensemble d'expressions. Le résultat de Gödel nous propose donc deux considérations distinctes : (a) qu'il y a des propositions formulables dans le langage de l'arithmétique et qui ne sont pas vraies dans tous les modèles possibles, des axiomes de Peano, par exemple, mais seulement dans celui qu'on peut appeler le « modèle naturel » ou le « modèle standard » de ces axiomes ; (b) deuxièmement, que ce genre de propositions n'est pas contrôlable grace aux purs instruments de la déduction formelle. Ce résultat est à première vue surtout intéressant parce qu'il nous indique l'existence de modèles non-standard de l'arithmétique, mais nous pouvons dire qu'il est encore plus intéressant parce qu'il nous confirme la légitimité de parler d'un modèle standard de l'arithmétique, qui possède son individualité et qui montre une indépendance vis-à-vis du langage qui en parle et qui n'arrive pas à en dire tout ce qui y est vrai. En effet, le moyen grâce auquel on arrive à établir la vérité des propositions non déductibles de l'arithmétique est une réflexion métathéorique, qui pourrait être comparée à une heureuse circonstance, laquelle nous permet de jeter un coup d'œil indirect sur le domaine des nombres naturels sans avoir à passer par la théorie formelle de l'arithmétique. Nous pouvons partant nous considérer autorisés à dire : les nombres naturels *existent* d'une certaine façon et jouissent de certaines propriétés qu'ils ne partagent pas avec d'autres structures possibles qui sont capables de fournir des modèles des axiomes de l'arithmétique formalisée. Celle-ci se trouve dans la situation de pouvoir établir un grand nombre de propositions qui sont valables à propos des nombres naturels aussi bien qu'à propos d'autres structures non-standard, mais elle dit trop peu sur les nombres naturels et laisse échapper une partie de la vérité qui les concerne.

Une autre chose intéressante est que les langages formels peuvent se révéler non complètement adéquats vis-à-vis des objets mathématiques non seulement par défaut, mais aussi par excès, en un sens qui ne se détache plus tellement du sens des théories des sciences empiriques. En effet, si une théorie formelle est créée avec l'intention de décrire un certain domaine d'objets (par exemple les nombres naturels), mais qu'il s'avère qu'elle dit des choses qui sont vraies aussi d'univers non isomorphes à celui-ci (les modèles non-standard), on se trouve dans la même situation qu'une formalisation d'une théorie physique qui n'arrive pas à caractériser son « modèle entendu » (*intended model*).

5 La détermination des objets mathématiques

Cette conclusion donne naissance à des problèmes d'ordre philosophique assez intéressants, car elle nous amène tout de suite à la question de la possibilité effective d'indiquer ces objets d'une façon qui, tout en n'étant peut-être pas complètement indépendante du langage qui en parle, n'arrive pas à coïncider avec celui-ci. A première vue, on pourrait croire que la conception soi-disant « platoniste » possède des avantages sur ce point, parce qu'elle conçoit les entités mathématiques comme des « choses en soi », douées d'une existence autonome, laquelle rappelle assez bien l'idée des objets physiques, qui existent avant que nos recherches empiriques et théoriques n'en découvrent les propriétés. Mais, en dépit de cette première impression, les choses ne sont pas ainsi : en effet, même dans la physique (et dans les sciences empiriques en général) nous n'avons jamais affaire aux choses brutes de notre expérience quotidienne, mais bien à des découpages de ces choses, que nous réalisons à travers l'établissement de certains prédicats et fonctions, qui sont à leur tour liés à des manipulations, à des procédés de caractère opératoire et constructif. Il paraît donc que la perspective la plus fertile à ce propos soit celle du point de vue constructiviste, qui nous met en présence des moyens de donner les objets mathématiques, lesquels, tout en étant suffisamment bien déterminés, ne coïncident pas avec le langage des théories mathématiques et en déterminent, plutôt, certaines conditions de fidélité.

Il vaut la peine de remarquer que, en acceptant cette conception constructiviste et opératoire de la pensée mathématique, on n'a point besoin de renoncer aux grandes conquêtes intellectuelles qui ont été représentées par la soi-disant « révolution axiomatique », pourvu qu'on établisse en mathématique aussi une distinction entre le problème de la signification et le problème de la dénotation (ou référence), tandis que le sens de cette révolution est encore bien souvent interprété comme touchant au problème de la dénotation. En effet, on entend assez souvent affirmer, par exemple, que le point, la droite, le plan, etc., ne sont pas des entités existant quelque part, mais qu'elles sont tout simplement ce que disent les axiomes de Hilbert ; la même chose est répétée à propos des nombres naturels, qui ne seraient que ce que disent les axiomes de Peano, etc. Dans des façons de parler comme celles qu'on vient de mentionner, on veut donner l'impression que les systèmes d'axiomes *constituent* ou créent les entités mathématiques, tandis que tout ce qu'on pourrait correctement affirmer est qu'ils précisent de façon rigoureuse et exacte, bien qu'implicite, la *signification* de ces concepts. En d'autres termes, la véritable portée de la révolution axiomatique est celle d'avoir rendu clair, à coté de la fonction *syntaxique* des axiomes qui était reconnue déjà dans les *Eléments* d'Euclide, une fonction *sémantique* qu'ils possèdent et qui consiste à admettre dans les théories mathématiques uniquement les éléments de signification qui se trouvent explicités dans le réseau complexe des propositions primitives. Cela n'entraîne pas du tout, au contraire, que les axiomes possèdent aussi une sorte de *fonction ontologique* et le fait de leur attribuer celle-ci est une pure et simple prise de position *philosophique* additionnelle, qui est affirmée sans un véritable fondement.

La question peut devenir encore plus claire si on réfléchit au fait que les axiomatisations sont devenues usuelles même dans le domaine des sciences empiriques (notamment dans la physique) et leur fonction, dans ces sciences, est en partie de nature syntaxique, dans la mesure où les axiomes permettent une clarification de la structure déductive de ces disciplines, mais elle est surtout sémantique, dans la mesure où ils assurent une explicitation de la signification des concepts qui jouent un rôle dans la théorie, décomposant cette signification, pour ainsi dire, en ses éléments constitutifs et montrant les relations qui subsistent entre ces différents éléments. Les axiomes, en d'autres termes, assurent une *analyse de la signification* d'importance capitale, mais ils ne sauraient jamais assurer à une théorie ce qu'on appelle *signification physique*, qui est liée, au contraire, aux opérations de mesure empirique et qu'on devrait mieux qualifier comme *dénotation physique* ou *référence physique*.

6 Les théories « abstraites »

Si nous considérons, par contraste, les théories mathématiques qu'on appelle couramment *abstraites*, on peut facilement se rendre compte qu'elles sont, en effet, de purs langages parce que, même quand on dit qu'elles parlent de *structures*, on entend en réalité ces structures comme des sortes de mondes possibles, sans référence à quelque chose de concret : elles sont tout à fait génériques et représentent l'idée d'une possibilité théorique de voir concrétisées les conditions imposées par les stipulations linguistiques contenues dans les axiomes. On vérifie facilement ceci quand on se propose d'interpréter ces soi-disant structures sur de véritables structures concrètes (tout en étant encore des structures mathématiques) telles que celles des nombres naturels, des réels, des complexes, etc., qui sont pensées comme des exemples qui « réalisent » effectivement la généricité des structures abstraites.

Le discours que nous avons conduit jusqu'ici nous a amenés à reconnaître, dans le domaine des mathématiques, l'existence de disciplines qui se configurent comme des *théories* au sens propre, à côté d'autres qui se laissent caractériser plutôt comme des *langages*. Mais nous voulons voir aussi comment les théories elles-mêmes se prêtent à un emploi comme langages et, à ce propos, l'idée de formalisation nous fournira une solution très simple. Nous avons déjà constaté comment un usage trop poussé de cette idée a pu conduire trop loin, c'est-à-dire à penser qu'on peut faire disparaître les objets mathématiques complètement ; mais un usage approprié de cette idée nous permet tout simplement de constater que, même dans le cas des théories mathématiques *concrètes*, le langage qui se réfère à leurs objets n'est pas indissolublement lié à ceux-ci. On peut, en effet, envisager la possibilité de considérer ce langage de façon indépendante et chercher s'il admet d'autres modèles au delà de la structure mathématique pour la description de laquelle il avait été créé.

7 Ce que signifie « appliquer » une théorie mathématique concrète

En d'autres termes, les théories mathématiques concrètes peuvent se comporter comme des théories abstraites quand on fait abstraction de leurs contenus mathématiques spécifiques. A ce moment, leur langage reste libre d'être interprété sur d'autres univers d'objets, qui pourront être, par exemple, des entités physiques, et il pourra se révéler capable d'exprimer une grande quantité de vérités concernant ces nouveaux objets. Si, en plus, il arrive que la structure des nouveaux objets est isomorphe à celle des objets mathématiques dont la théorie s'occupait, il en résultera que tous les théorèmes mathématiques de cette théorie restent encore vrais pour la nouvelle structure.

L'exemple le plus connu d'un fait pareil est offert par la théorie des grandeurs dans les sciences empiriques et spécialement en physique. On sait bien que la possibilité d'introduire des grandeurs dans un certain domaine d'objets matériels n'est pas du tout immédiate et élémentaire : il faut d'abord trouver une propriété de ces objets qui permette de les comparer et d'introduire dans leur ensemble un ordre quasi-sériel, c'est-à-dire un ordre linéaire total, avec la possibilité que plusieurs objets occupent la même place dans la chaîne. Il faut ensuite métriser cet ordre en trouvant un procédé de mesure fondamental qui nous permette de désigner un étalon auquel rattacher l'unité de mesure, mais cela dépend aussi du fait qu'il existe une opération de composition physique qui se comporte de façon additive par rapport à cette quantité qu'on veut mesurer. C'est seulement quand ces conditions sont satisfaites qu'on peut passer à l'introduction d'une véritable grandeur, à savoir à une fonction qui assigne à tout objet du domaine matériel un nombre réel qui en représente la mesure par rapport à la grandeur donnée. C'est cette condition, laquelle introduit une homomorphie entre le domaine d'objets matériels et le domaine des nombres réels positifs, qui transforme le langage de l'analyse (c'est-à-dire de la théorie concrète des nombres réels) en langage capable de parler avec vérité et fidélité de ces objets physiques, considérés comme porteurs d'une telle grandeur.

On a très souvent interprété cette possibilité d'application féconde des mathématiques à l'étude des phénomènes physiques comme la conséquence et la preuve que la réalité physique possède une structure mathématique et on a invoqué Pythagore et Platon comme précurseurs d'une telle intuition, sur laquelle reposerait l'éclat de la science moderne. D'autres personnes, au contraire, ont affirmé que la mathématisation constitue tout simplement un instrument commode mais conventionnel grâce auquel nous organisons nos connaissances, sans que cela puisse indiquer aucune présence d'une structure mathématique sous-jacente dans le réel physique.

Une telle querelle ne pourrait jamais conduire à quelque chose de satisfaisant parce que l'une et l'autre des deux positions comportent la même équivoque : à savoir, elles conçoivent les sciences comme des discours qui affrontent la réalité des choses, pour ainsi dire, en soi, tandis qu'aucune science exacte ne fait cela. Nous avons déjà fait allusion au fait que toute science s'occupe seulement d'un certain découpage de la réalité, obtenu en se plaçant à un certain point de vue, qui se concrétise dans le choix d'un nombre limité de prédicats et de fonctions de base, moyennant lesquels on parle de la réalité. Nous venons aussi de rappeler, dans le bref discours explicatif que nous avons consacré aux grandeurs et à la mesure, que l'établissement de ces prédicats et de ces fonctions n'est pas du tout quelque chose d'élémentaire et immédiat, mais qu'il demande l'intervention de plusieurs manipulations opératoires bien étudiées et capables de faire sortir un homomorphisme par rapport à la structure des réels positifs. On comprend bien, alors, que les objets, dont s'occupe une théorie empirique, ne sont pas les choses brutes de la réalité quotidienne, mais bien des faisceaux de prédicats et de fonctions, introduits selon des méthodes opératoires qui ont très souvent pour but explicite de parvenir à déterminer une structure concrète qui soit isomorphe ou au moins homomorphe à la structure des réels ou à quelque autre structure mathématique. Mais alors, si les objets d'une théorie empirique sont des entités pareilles, on a bien le droit de dire qu'ils possèdent effectivement une structure mathématique : il s'agit de la structure que nous avons introduite moyennant nos manipulations opératoires, mais elle est objective et réelle et, par rapport à celle-ci, le discours mathématique n'a guère que la fonction d'un pur et simple outil conventionnel pour ordonner nos idées : il en constitue une description fidèle. Naturellement, on ne saurait jamais prétendre que ce discours détermine de façon exhaustive la structure de la réalité, parce que celle-ci est beaucoup plus riche que cette tranche particulière qu'on a découpée grâce à nos manipulations opératoires, mais cela ne nous empêche pas de reconnaître que pour toutes les situations comparables à celle qu'on vient de mentionner, les mathématiques constituent le langage le plus exact et le plus fidèle qu'on puisse employer pour la description d'une certaine structure objective.

8 L'application des théories abstraites

L'expérience historique nous montre que l'usage des mathématiques comme langage s'est produit d'abord à travers l'emploi linguistique de certaines théories mathématiques concrètes, telles que l'analyse ou la géométrie. La chose ne nous étonne pas : c'est la richesse des connaissances qu'on avait accumulées dans ces théories qui a permis d'utiliser leur langage comme une source merveilleuse d'outils pour traiter les problèmes des sciences physiques. Mais une réflexion très naturelle s'impose maintenant : si des résultats tellement féconds ont été obtenus en exploitant le langage de théories qui n'étaient pas en elles-mêmes de purs langages, à plus forte raison on pourra espérer obtenir des succès en exploitant les théories mathématiques qui sont déjà, par leur nature même, des langages, à savoir les théories que nous avons appelées abstraites. Ceci pourra se passer selon deux approches différentes : on pourra parfois utiliser des langages abstraits déjà prêts et bien développés, qui se montrent directement applicables à certains domaines de recherche empirique (cela est arrivé, par exemple, quand on a appliqué la théorie des groupes à la mécanique quantique). Mais on peut aussi envisager la possibilité de construire de nouveaux langages mathématiques, à savoir des théories abstraites nouvelles, pour parler de façon adéquate de structures empiriques qu'on n'arrive pas encore à bien maîtriser : la souplesse dont jouit un langage abstrait, qui ne procède pas comme une sorte de projection d'une structure particulière et qui est partant ouvert vers toute interprétation possible, lui garantit des possibilités de succès, dans l'exploration de nouveaux domaines de recherches, qui ne sont peut-être pas offertes aux langages traditionnels. C'est pour cette raison que la polémique contre la mesure et la quantité, qu'on entend assez souvent aujourd'hui de la part de ceux qui les considèrent comme des préjugés qu'on devrait refuser, par exemple, dans le domaine des sciences de l'homme, ne peut pas signifier un refus des mathématiques. La mesure et la quantité correspondent à un emploi des mathématiques comme langage basé sur l'utilisation d'un seul ou d'un nombre très limité de langages effectivement contenus dans les mathématiques ; notamment des langages de certaines théories concrètes. Mais les mathématiques abstraites possèdent des possibilités de traiter les questions qui, tout en étant encore exactes, ne sont plus nécessairement quantitatives.

En conclusion, on peut dire que la réflexion contemporaine sur les fondements des mathématiques nous a permis de gagner certaines perspectives complémentaires et importantes. D'un côté, elle a justifié l'ancienne conviction selon laquelle il existe un domaine mathématique propre, une sphère de recherche objective qui ne se réduit pas à la construction d'hypothèses fictives : le mathématicien possède son monde à lui, qui ne sera peut-être pas le paradis de l'infini dont parlait Hilbert, mais qui est quand même quelque chose de concret, dans lequel il s'agit de savoir pénétrer, d'y voir, d'y comprendre, d'y construire et d'y découvrir. D'autre part, les mathématiques se révèlent comme la plus grande source du pouvoir rationnel pour maîtriser la réalité, du moment qu'elles fournissent un spectre pratiquement illimité de langages et, en dernière analyse, la possibilité de connaître un secteur quelconque de la réalité dépend strictement de la possibilité de formuler ces connaissances dans un langage aussi fidèle que possible, un langage quantitatif et qualitatif. Il serait dangereux de sacrifier soit l'un soit l'autre de ces deux aspects : en les gardant tous les deux on peut affirmer à juste titre que dans les mathématiques on connaît quelque chose et on trouve les moyens les plus efficaces pour connaître aussi beaucoup d'autres choses.

Evandro Agazzi
Département de Philosophie
Université de Gênes
`agazzi@unige.it`

Les critiques épicuriennes de la géométrie[1]

THOMAS BÉNATOUÏL

À l'ἑστιά du 5, rue du Manège

*Puisque plusieurs géométries sont possibles,
est-il certain que ce soit la nôtre qui soit vraie ?*
(Poincaré 1968, p. 74)

*Épicure admet que ce qui est vrai est nécessaire, mais
il n'y a que des vérités de fait ; ce qui ne tombe pas
sous la sensation n'impose pas non plus de nécessité*
(Vuillemin 1984, p. 214)

Dans son *Commentaire sur le premier livre des* Éléments *d'Euclide,* Proclus (410-485) distingue trois types de critiques adressées à la géométrie pour la disqualifier :

> Parmi ceux qui se sont opposés à la géométrie, les plus nombreux ont émis des doutes sur les principes, s'efforçant d'en montrer les parties infondées. Ces arguments, répandus partout, proviennent d'une part de ceux qui, comme les éphectiques, condamnent toute la science, à la manière de soldats ennemis détruisant les récoltes d'un champ étranger qui a donné naissance à la philosophie ; [ils proviennent] d'autre part de ceux qui se proposent de renverser les seuls principes de la géométrie, comme les épicuriens. D'autres [critiques], en revanche, bien qu'ils concèdent les principes, disent que les choses qui viennent à la suite des principes ne se démontrent pas sans qu'ils accordent quelque chose d'autre qui n'est pas présupposé dans ces principes. C'est d'ailleurs ce mode de réfutation qui fut suivi par Zénon de Sidon, adepte de la doctrine d'Épicure et contre lequel Posidonius a écrit un livre entier, qui montre que toutes ses thèses sont inconsistantes[2].

---

[1] C'est un honneur et une grande joie de pouvoir rendre hommage à Gerhard Heinzmann et lui témoigner ma reconnaissance pour son accueil à Nancy, son amitié, sa passion de la philosophie (de la plus classique à la plus contemporaine) et son énergie inusable pour la promouvoir. Je remercie Hélène Bouchilloux, Julie Giovacchini, Philippe Nabonnand, Laurent Rollet, Emidio Spinelli et Bernard Vitrac pour leurs remarques très utiles sur des versions antérieures de ce texte. Je suis particulièrement reconnaissant à Francesco Verde pour sa lecture détaillée, ses suggestions et son aide bibliographique.

[2] Proclus, *In Eucl.,* p. 199, 3–200, 3. Les traductions des textes anciens sont les miennes.

Proclus présente les critiques par ordre de radicalité décroissante. Premier groupe, majoritaire : (1) ceux qui se sont attaqués aux « principes », à savoir les définitions, postulats et axiomes de la géométrie, que Proclus a commentés dans les pages qui précèdent. Parmi ces critiques, viennent d'abord (a) ceux pour qui la critique de la géométrie n'est qu'un cas particulier de leur scepticisme à l'égard de la connaissance scientifique en général. Proclus les nomme *ephektikoi*, « ceux qui suspendent » : il s'agit dans l'Antiquité de l'une des désignations des sceptiques, et nous avons justement conservé un long traité *Contre les géomètres* (*CG*) du pyrrhonien Sextus Empiricus (IIe-IIIe s. apr. J.-C.). Viennent ensuite (b) ceux qui s'en prennent spécifiquement à la géométrie. Second groupe de critiques : (2) ceux qui admettent les principes, mais contestent la rigueur des déductions faites à partir d'eux, par exemple Zénon de Sidon (150-75 av. J.-C.).

Cette division paraît très claire, mais les exemples sont troublants, puisque Zénon de Sidon, incarnation du type (2), appartient à l'école épicurienne, qui illustre le type (1. b). Or, les deux types de critique sont à première vue incompatibles. Comment comprendre alors la position de Zénon de Sidon ? A-t-il développé une critique strictement interne et logique de la géométrie, comme le suggère Proclus[3] ? Dans ce cas, comment s'articulait-elle à la critique « épicurienne » plus radicale ? En quoi consistait exactement cette dernière ? Telles sont les questions auxquelles je voudrais répondre.

1 Les critiques éthiques et épistémologiques

Le témoignage le plus éloquent sur les rapports entre l'épicurisme et la géométrie est l'histoire du mathématicien Polyène de Lampsaque (mort en 277 av. J.-C.), qui aurait répudié toute la géométrie comme fausse après avoir adopté la doctrine d'Épicure[4]. Pourquoi cet antagonisme ? Il est d'abord éthique : Épicure (341-270 av. J.-C.) conteste l'utilité des disciplines (rhétorique, poésie, musique) qui composent l'éducation grecque, mais aussi des mathématiques (y compris l'astronomie) promues à leur place (ou en complément) par des philosophes comme les pythagoriciens, Platon et ses

---

[3] Sur les travaux géométriques de Zénon, on ne dispose que du témoignage de Proclus et d'un titre reconstitué à partir de fragments du papyrus *PHerc*. 1533 par Kleve et Del Mastro [18] : « De Zénon, *A Cratès*, Contre le livre *Sur les démonstrations géométriques* ». Il semble donc que Zénon ait répondu à un livre qui réfutait l'un de ses traités sur la géométrie. Proclus, *In Eucl.* p. 214, 15–218, 11, rapporte quant à lui certains des arguments du stoïcien Posidonius contre les critiques de Zénon à l'égard d'Euclide. Démétrius Lacon, que j'évoquerai plus loin, semble également avoir polémiqué sur la géométrie avec le stoïcien Denys de Cyrène. Je négligerai ici ce débat entre épicurisme et stoïcisme au sujet de la géométrie : voir [1, p. 63–68, 123–125] et [17].

[4] Voir Cicéron, *Académiques* II, 106 & Diogène Laërce, *Vies et doctrines des philosophes illustres* (abrégé désormais *DL*) X, 25 avec [28].

successeurs. Épicure les juge en effet toutes inutiles pour atteindre le bonheur et leur substitue la seule connaissance de la nature *(phusiologia)*[5].

Mais les mathématiques sont également et surtout mises en question d'un point de vue épistémologique par Épicure. Ce dernier tient la sensation pour le critère ultime de toute vérité et adopte donc une méthode de connaissance strictement empiriste, d'où un refus de ce que les anciens appellent la « dialectique » (*DL* X, 31), à savoir la logique. Les épicuriens proposaient en particulier une critique épistémologique de la définition et de la démonstration[6], qui visait principalement les autres philosophes, mais s'appliquait sans doute aussi aux mathématiques[7]. Cette critique des mathématiques est souvent négligée, alors qu'elle est la plus originale parmi toutes celles développées par les épicuriens.

On en trouve un bon exemple à propos de la proposition I, 20 des *Éléments* : « Dans tout triangle, deux côtés pris ensemble de quelque façon que ce soit, sont plus grands que le côté restant ». Selon Proclus, les épicuriens « ont l'habitude de ridiculiser ce théorème, en disant qu'il est évident même pour un âne et n'a besoin d'aucune preuve. Demander une explication pour ce qui est manifeste est le fait d'un ignorant, tout comme croire immédiatement à ce qui est obscur » (*In Eucl.* p. 322, 4–8). Or la proposition est évidente, puisqu'un âne cherchant du foin le rejoindra en suivant le côté droit et non les deux côtés du triangle (formé par la position initiale de l'âne, le foin et un autre point).

Proclus répond à l'objection contre I, 20 que ce qui est clair pour la sensation peut souvent ne pas être clair pour le « raisonnement scientifique », par exemple le fait que le feu chauffe et le mouvement (p. 322, 15–323, 3) : il s'agit de deux phénomènes évidents pour la sensation mais dont le « comment » *(pôs)* doit être recherché par « la science ». Le feu brûle-t-il en vertu « d'une puissance incorporelle ou de parties corporelles, comme des particules sphériques ou en forme de pyramides » ? Le mouvement a-t-il lieu à travers un espace sans parties ou en passant d'un intervalle à un autre et, dans ce cas, comment peut-on en traverser une infinité ? Dans les deux exemples, Proclus mentionne des explications atomistes, sans doute pour indiquer que les épicuriens se contredisent : ils pratiquaient la science des causes cachées qu'ils refusent. Or Épicure reconnaît en réalité que le raison-

---

[5] Voir *Sentences vaticanes* 45 (*DL* X, 6) et Cicéron, *Sur les fins des biens et des maux* I, 72.

[6] Voir *DL* X, 37–38 *(Lettre à Hérodote)*, *Commentaire anonyme du* Théétète, col. XXII, 39–47 ; voir également Cicéron, *Sur les fins* I, 22 et II, 4 ainsi que [4, p. 35–47], [15], et [16].

[7] C'est peut-être pour cette raison que l'épicurien Philonide avait écrit un ouvrage « contre les rhéteurs qui jugent que la dialectique diffère de diverses manières de la géométrie » : voir *Vie de Philonide,* PHerc.1044, col. 13, édité par Gallo [13, p. 59–207].

nement est utile et nécessaire pour accéder aux *causes* cachées des phénomènes[8] ; il nie seulement l'intérêt de *démontrer des faits évidents,* comme celui énoncé par la proposition I, 20 ou le fait que le feu chauffe[9], dont même les animaux témoignent, par leur comportement, qu'ils les connaissent[10].

Les épicuriens n'hésitent donc pas à soumettre le domaine des mathématiques à leur conception empiriste de la vérification[11]. Philodème affirme que « les nombres carrés eux-mêmes sont [examinés] expérimentalement *(ek peiras)* », si bien que les vérités mathématiques sont, comme les autres, établies grâce à une « transposition selon la similarité » *(kath' homoiotèta metabasis)* : « après avoir clairement observé, une fois au moins, un tel nombre carré, celui qui, depuis les nombres tels autour de nous, infère également au sujet de ceux des mondes infinis, que tout carré de quatre sur quatre a son périmètre égal à son aire[12], il infère correctement, en concluant qu'il est inconcevable que ceux qui sont autour de nous soient tels et que ceux qui sont ailleurs ne le soient pas »[13]. Les jugements universels sont des généralisations à l'ensemble de l'univers de nos observations. Contrairement à Hume ou au cercle de Vienne, l'empirisme épicurien ne reconnaît pas l'existence d'une connaissance abstraite *a priori* à côté de celle que les sens nous procurent sur la nature[14].

---

[8] Voir *DL* X, 38, Sextus, *Contre les professeurs* VII, 211–216. L'explication du feu et du mouvement sont pris comme exemples d'inférences empiriques par Philodème : voir *Sur les inférences,* col. XXIII-XXIV, VIII-IX, X, XII, XXXV-XXXVIII, édité et traduit par De Lacy [12].

[9] Voir l'argument et les exemples épicuriens (le feu chauffe, la neige est blanche) rapportés par Cicéron, *Sur les fins des biens et des maux,* I, 30–31.

[10] Sur le fait que, selon la méthode empirique *(epilogismos)* d'Épicure, des opinions « théoriques », qui ne concernent pas l'action, peuvent être réfutées (si elles sont fausses) par le fait qu'elles fondent des opinions non-théoriques fausses ou des actions désavantageuses, voir Épicure, *Sur la nature* XXVIII, fr. 13, col. VIII inf.-IX sup., édité et traduit dans Sedley [25, p. 52].

[11] Vlastos [29, p. 133] méconnaît entièrement le sens de la critique contre I, 20 en l'interprétant comme une demande de reconnaître le postulat selon lequel la droite est le plus court chemin entre deux points.

[12] Les stoïciens invoquaient des objets uniques en leur genre, comme des géants, l'aimant ou le carré de quatre sur quatre, pour réfuter la prétention épicurienne à fonder l'ensemble de la connaissance sur « l'inférence selon la similarité ». Voir [11].

[13] *Sur les inférences,* col. XV, 19-XVI, 1. Philodème précise auparavant que la transposition est possible parce que l'on a vérifié que rien ne la contredit dans les phénomènes (non-infirmation).

[14] Dans sa *Rhétorique,* livre VIII, Philodème discute la thèse de Nausiphane selon laquelle la science de la nature rend compétent en politique. Pour la réfuter, il insiste sur les différences entre ces domaines et prend d'autres exemples : « celui qui fera ce qui est analogue à ce qui est propre au géomètre ne fera pas pour autant de la géométrie au moyen de la science de la nature *(apo phusiologias).* (...) en effet, raisonner sur ce qui n'est pas apparent au moyen de ce qui l'est appartient à tous ceux qui comprennent *(theôrounti)* quelque chose de caché grâce aux sens. Or l'homme politique comme le médecin et le

Jules Vuillemin [31, p. 194–219] a interprété l'épistémologie épicurienne comme un intuitionnisme et l'a rapprochée de celles de Descartes et de Kant. Cela permet en particulier de comprendre la critique épicurienne de la logique. En effet, l'intuitionnisme « oppose (...) à l'adéquation dogmatique un concept plus étroit de la vérité, fondé sur une épreuve spécifique (...) indépendante de la logique et préalable à elle. C'est pourquoi Épicure resserre ce qu'il faut retenir de la dialectique dans les limites étroites de la canonique » (p. 210). Vuillemin maintient ainsi une interprétation logique de certaines méthodes épicuriennes : la non-infirmation est selon lui une implication entre une hypothèse sur l'invisible et un phénomène (p. 197). Or, certains épicuriens incluaient également l'inférence « s'il y a du mouvement, il y a du vide » parmi celles « selon la similarité », c'est-à-dire obtenues par induction à partir de constats empiriques nombreux : ils refusaient son interprétation stoïcienne comme une inférence logique « selon l'élimination »[15].

2   Atomisme épicurien et géométrie

Contre l'astronomie mathématique développée par Eudoxe et ses successeurs, Épicure déclare qu'« il ne faut pas raisonner sur la nature en fonction d'axiomes vides et de décrets mais comme le réclament les phénomènes »[16]. La méthode hypothético-déductive de la géométrie est non seulement inutile et sans rigueur, mais elle est également fausse, car elle pose arbitrairement des réalités qui n'existent pas dans la nature. Selon Épicure, la connaissance objective de la nature conduit en effet à l'atomisme, c'est-à-dire à la thèse que tous les corps visibles sont composés de corps microscopiques, éternels et indivisibles. Il existe des atomes de différentes tailles et formes (mais non

---

géomètre font usage de raisonnements *(sullogismoi)* de ce type, mais chacun ne pourra pas pour autant comprendre ce qui est propre à l'autre... » (*PHerc.* 832/1015, col. XL, 5-18 édité par Sudhaus [27, t. II, p. 38]). L'idée semble être que pratiquer un certain type de raisonnement ne suffit pas à rendre compétent en géométrie (ou en politique), car la manière de raisonner est la même dans tous les domaines : c'est l'inférence empirique. Chaque compétence demeure néanmoins distincte du fait de la spécificité de ses objets. La géométrie est donc épistémologiquement très proche mais indépendante de la médecine ou de la politique ; elle dépend en revanche de la physique, qui seule connaît vraiment ses objets (voir section suivante).

[15] Philodème, *Sur les inférences,* col. VIII, 28-IX, 7 et XXXVII, 23-XXXVIII, 8= §§13 et 58 dans [12]. Certains passages de ce texte semblent toutefois admettre l'interprétation stoïcienne de l'inférence du mouvement au vide en termes d'élimination et reconnaître la légitimité de cette méthode logique (*A* suit de *B* si et seulement si, lorsque *B* est éliminé, *A* est *par là même* « co-éliminé ») : voir col. XII, 2-14 et col. XXXII, 32-XXXIII, 10= §§17 et 50 avec [1, p. 60–61] et [4, p. 199–211]. Les épicuriens ont hésité ou n'étaient pas d'accord entre eux sur ce point, si bien que l'interprétation intuitionniste de leur épistémologie par Vuillemin demeure possible et mériterait d'être approfondie à partir du traité de Philodème.

[16] *DL* X, 86 *(Lettre à Pythoclès)* avec [26] et [5, p. 33–35]. Cf. Cicéron, *Sur les fins* I, 72 cité note 33.

de toutes les tailles), et l'on peut donc considérer qu'ils ont des parties, qui permettent de les distinguer entre eux. Elles sont néanmoins absolument inséparables les unes des autres, puisque les atomes sont immuables. Or il existe une taille minimale pour ces parties (et donc pour les atomes). De même qu'il existe un « minimum » sensible *(to elachiston en tei aisthesei)*, qui a une grandeur visible mais dans lequel on ne peut distinguer de parties et qui ne peut être détaché du corps où on l'aperçoit (à l'instar d'une limite), de même il existe un « minimum dans l'atome » *(to en tei atomoi elachiston)*. Je manque de place pour expliquer précisément ces thèses difficiles et leur justification[17]. Il est néanmoins facile de comprendre, comme l'indique déjà Cicéron (*Des fins* I, 20), qu'elles s'opposent frontalement à la conception de l'espace propre à la géométrie grecque, qui admet la divisibilité infinie des grandeurs et l'existence de grandeurs incommensurables (alors que « le minimum » permet de mesurer toutes les grandeurs, qui semblent donc en être nécessairement des multiples)[18].

On conserve cependant peu de traces d'une polémique directe des épicuriens contre la géométrie sur ces questions. La *Lettre à Hérodote* d'Épicure propose certes une réfutation précise de la divisibilité à l'infini des corps (*DL* X 56–57), inspirée des paradoxes de Zénon d'Élée, mais il n'est pas certain que la géométrie y soit visée spécifiquement, même si elle constitue sans doute l'une des cibles d'Épicure[19]. On dispose ensuite de fragments de traités de l'épicurien Démétrius Lacon, un contemporain de Zénon de Sidon. Dans son *Sur les* Apories *de Polyène*, le terme *elachiston* était employé fréquemment, ce qui laisse penser qu'« au moins certaines des apories [de Polyène] à propos de la géométrie concernaient son incompatibilité avec la théorie épicurienne des parties minimales »[20]. Dans les fragments du *Sur la géométrie* de Démétrius Lacon sont évoquées les propositions 3, 9 et 10 du livre I des *Éléments*[21], qui concernent la bisection d'un angle et la bisec-

---

[17] Voir *DL* X, 56–59 *(Lettre à Hérodote)* et Lucrèce, *De la nature des choses* I, 599–634. [26, p. 23] fournit une bibliographie des études classiques sur le sujet, auxquelles plusieurs se sont ajoutées depuis, en particulier [22], [19] et [32, p. 193–251].

[18] *Cf.* Proclus, *Commentaire sur la* République, t. II, p. 27, 1-5 Kroll : l'irrationalité de la diagonale du carré « montre qu'il y a des grandeurs incommensurables et qu'Épicure a posé à tort que l'atome est la mesure de tous les corps ». C'est en fait du « minimum dans l'atome » que toutes les grandeurs sont multiples, par analogie avec « l'unité de mesure » (*katametrèma*) que constitue le minimum sensible (*DL* X, 59).

[19] C'est à Empédocle et ses successeurs (probablement Anaxagore) que Lucrèce reproche d'admettre la divisibilité à l'infini et de nier l'existence d'un *minimum in rebus* : voir *De la nature des choses* I, 746–752. Jürgen Mau [21, p. 422] pense qu'Épicure vise la thèse mathématique selon laquelle une grandeur peut être divisée sans limite, à travers l'expression *eis apeiron tomé,* car *tomé* désigne une section dans les textes mathématiques ou chez Aristote. Il me semble qu'Épicure peut viser toutes ces doctrines à la fois.

[20] [26, p. 24] et [28, p. 58 sq.]. Sur ce traité, voir [2, p. 99–103].

[21] Sur ces fragments, voir [2, p. 92–99].

tion d'un segment de droite. On peut supposer que Démétrius s'intéressait à ces opérations parce que sa physique lui interdisait de les effectuer « à l'infini »[22]. Proclus remarque précisément que la proposition 10 « pourrait peut-être laisser penser à certains que les géomètres présupposent comme hypothèse que la ligne n'est pas composée d'indivisibles », car, si elle l'était, elle pourrait être composée d'un nombre impair de parties et ne pourrait alors être divisée en deux segments égaux[23]. « Il semble donc, disent-ils, que la divisibilité à l'infini de toute grandeur soit admise et soit un principe géométrique » (*In Eucl.* p. 277, 25–278, 12). Si ces critiques anonymes étaient épicuriens, ils voulaient sans doute montrer que les géomètres présupposent la divisibilité à l'infini dans leurs raisonnements, ce qui les rend invalides *du point de vue même* des géomètres. Il s'agit là précisément de la méthode critique que Proclus attribue à Zénon de Sidon, on va y revenir.

Les épicuriens formulaient donc des critiques radicales et variées contre la géométrie. Selon certains commentateurs, ces critiques auraient été complétées par l'élaboration d'une géométrie alternative compatible avec la physique épicurienne. Il est certes difficile d'admettre qu'une véritable « géométrie » (au sens des mathématiciens antiques) atomiste ou finitiste ait été développée par les épicuriens, et ce d'autant plus qu'on n'en conserve aucune trace[24]. Mais on peut répondre à la première objection, soit qu'il existe des démonstrations d'allure finitiste chez certains géomètres antiques[25], soit que la géométrie épicurienne pourrait avoir été une géométrie appliquée et inexacte élaborée pour les besoins de la physique épicurienne (voir [26, p. 26] et [32, p. 239–244]). Face à la seconde objection, on ne peut qu'invoquer (a) le nombre important d'épicuriens ayant traité de géométrie, (b) quelques fragments qui peuvent être lus comme leur attribuant des « solutions » plu-

---

[22] [22, p. 95] Les fragments n'indiquent presque rien sur les thèses que développait Démétrius Lacon. Seule la colonne VIII du *Sur la géométrie* laisse entrevoir un argument, où la division d'un segment, proposée pour résoudre une aporie, est refusée, en partie semble-t-il parce qu'elle implique une division à l'infini.

[23] Cette objection est utilisée également par Sextus Empiricus, *CG* 110–111, qui a emprunté certains de ses arguments contre la géométrie aux épicuriens (*CG* 98). On a également rapproché le fait que Démétrius Lacon évoquait la bisection de l'angle (Euclide I, 9) d'un autre passage où une définition de l'angle comme « partie minimale » est réfutée par Sextus au nom de la divisibilité à l'infini de l'angle et d'autres considérations (*CG* 100–103). L'ensemble de l'argument ne peut cependant pas être épicurien et il est difficile de déterminer ses sources, comme l'a montré Giovacchini [16]. Sur la question des sources épicuriennes de Sextus, voir [10], [30], [14, p. 209], [2, p. 96].

[24] Voir [29, p. 127–128], qui soutient que les épicuriens ne rejetaient en fait pas du tout la géométrie euclidienne, et [8, p. 588–589].

[25] Mau [21, p. 428] se réfère à la *Méthode*, où Archimède suppose qu'une figure plane ou solide est composée de lignes ou de surfaces en grand nombre. Archimède ne dit cependant pas si leur nombre est fini ou infini et considère que cette méthode « mécanique » ne démontre pas les résultats qu'elle découvre.

tôt que des objections en matière géométrique[26], et (c) certaines thèses de la physique épicurienne, comme le fameux *clinamen,* qui pourrait reposer — on va y revenir — sur des raisonnements géométriques non-euclidiens à propos des parallèles[27].

3 La critique de Zénon de Sidon

Selon le texte de Proclus cité plus haut (p. 151), Zénon prétendait montrer que les déductions faites par les géomètres à partir de leurs principes présupposent plus que ce que ces principes autorisent. Proclus nous fournit un exemple à propos de la première proposition des *Éléments,* qui est un « problème » : construire un triangle équilatéral à partir d'un segment donné. Selon Zénon, « même si on accorde les principes, les conséquences ne suivent pas, à moins que l'on ne présuppose également que ni des circonférences ni des lignes droites n'ont de segment commun », et il en fournissait la démonstration (*In Eucl.* p. 214, 18–215, 13). Cette hypothèse ne figure pas dans les principes mais est requise pour démontrer la conclusion d'Euclide.

Il s'agit apparemment d'une mise en cause ponctuelle de la rigueur de l'édifice euclidien. Gregory Vlastos [30, p. 151] parle d'une « critique purement *méthodologique* d'Euclide, qui trouve défectueuses les preuves d'Euclide mais ne fait aucune critique substantielle et, en particulier, aucune qui mettrait en cause les principes d'Euclide ». Cette attitude semble peu plausible pour un philosophe qui a dirigé l'école épicurienne, et Crönert [10] avait donc soutenu que ses objections contre la géométrie étaient plus radicales. Vlastos objecte que Crönert confond la critique épicurienne (1. b.) des principes de la géométrie et celle de Zénon (2.), alors que Proclus les distingue nettement. Mais l'argument de Zénon contre la première proposition visait, de l'aveu même de Proclus, à « réfuter toute la géométrie » (*In Eucl.* p. 214, 17). Vlastos [30, p. 153] pense que le seul sens possible de cette formule *dans son contexte* est le suivant : si l'on n'ajoute pas un postulat excluant les segments communs aux droites, alors non seulement la première proposition d'Euclide, mais aussi tout ce qui en découle et toutes les autres propositions présupposant ce postulat sont invalidées.

---

[26] Outre les fragments de Démétrius Lacon déjà mentionnés, il s'agit surtout d'un fragment de la *Vie de Philonide,* où cet épicurien est dit avoir écrit un commentaire « au livre VIII du *Sur la nature* [d'Épicure], et divers autres sur ses doctrines, et [plusieurs] d'ordre géométrique au sujet du minimum » (*PHerc* 1044, col. XIII inf.-XIV). Sur ce témoignage et quelques autres, voir [10, p. 87–89 ; 181–182], [21, p. 427], [26, p. 24], [22, p. 93–95], [13, p. 165], [2], [3]. Vlastos [29, p. 127] estime à tort que les nombreux épicuriens ayant pratiqué la géométrie ne peuvent avoir pratiqué que la même géométrie qu'Euclide et les autres mathématiciens.

[27] Voir [21, p. 426], [32, p. 244–251] et [16]. Épicure avait écrit un traité *Sur l'angle dans l'atome* (*DL* X, 27).

Cette interprétation attribue à Zénon la critique de Pappus, qui souhaitait ajouter plusieurs axiomes aux quatre d'Euclide, parmi lesquels « une droite coupe une droite en un point (dont nous avons besoin dans la première proposition) »[28]. Proclus cite et critique plusieurs mathématiciens, à savoir Apollonius, Héron et Pappus, qui proposaient respectivement de démontrer, supprimer ou ajouter certains axiomes (*In Eucl.* p. 194, 9–198, 15). Or Proclus ne met en aucun cas ces mathématiciens, qui cherchaient à corriger l'édifice euclidien[29], sur le même plan que les philosophes qui « s'opposent à la géométrie »[30]. Il me semble donc que la critique de Zénon ne devait pas être seulement une critique interne, mais constituait une stratégie complémentaire de celle de ses prédécesseurs épicuriens. Au minimum, il s'agissait de montrer que, même en concédant aux géomètres leurs principes et en renonçant donc à toute critique ontologique, on pouvait néanmoins les réfuter en exhibant leurs contradictions internes[31].

L'objection de Zénon s'intègre en outre dans la partie épistémologique de la critique épicurienne. Zénon avait particulièrement défendu la méthode empirique épicurienne contre ses adversaires : les arguments de Philodème cités plus haut viennent de Zénon[32]. Quand Zénon mettait en évidence le présupposé de la construction du triangle équilatéral, ce n'était donc pas pour corriger la démonstration euclidienne, mais sans doute pour montrer que le discours géométrique n'a aucune rigueur propre et ne peut être fondé que dans la sensation : soit il la paraphrase inutilement (comme le montre la critique de la proposition I, 20 citée plus haut), soit il la présuppose sans s'en rendre compte, comme dans la proposition I, 1. Zénon pourrait

---

[28] Selon an-Nairizi dans son commentaire d'Euclide, voir [6, vol I, p. 31].

[29] Sur ces discussions des mathématiciens antiques autour d'Euclide, voir [9, p. 28–44 ; 59–60 ; 300–310].

[30] Comme l'a bien noté D. Sedley [26, p. 25, n. 15], ceci est confirmé par le fait que Proclus (*In Eucl.* p. 215, 14–218, 11) présente Zénon comme opposé aux tentatives pour prouver le postulat implicite selon lequel deux lignes droites se coupent en un point. Voir [17, p. 213] pour d'autres arguments contre Vlastos.

[31] Voir [21, p. 429], [1, p. 65–67] et [8, p. 590]. G. Cambiano note justement [8, p. 594] que Sextus Empiricus commence également par réfuter les principes, puis les concède (*CG* 65, 93 & 108) pour attaquer les théorèmes censés en découler. Cette seconde étape (analogue à la critique de Zénon) peut paraître inutile voire absurde après la première, mais ce type de critique par vagues successives et divergentes est assez fréquent dans les polémiques antiques : on préfère noyer l'adversaire sous les arguments que de se contenter d'une seule réfutation décisive.

[32] Voir [1, p. 54–59]. Dans les deux premières parties du *Sur les inférences,* Philodème résume les réponses de Zénon de Sidon aux objections du stoïcien et mathématicien Denys de Cyrène contre l'inférence selon la similarité : voir *PHerc.* 1065, col. XIX, 4–11. L'une de ses réponses (col. IX, 12-XI, 9) défend la thèse d'Épicure selon laquelle la taille réelle du Soleil est proche de sa taille apparente (*DL* IX, 91), ce qui ne suggère vraiment pas une attitude constructive à l'égard de la géométrie (cf. Cicéron, *Des fins* I, 20) ! Sur cette thèse épicurienne, voir [26, p. 48–53].

avoir ainsi anticipé, dans un contexte évidemment très différent, l'analyse de Pasch et Hilbert, qui souligneront que c'est sur sa figure que le mathématicien euclidien voit le point d'intersection des deux cercles dont il a besoin pour construire son triangle équilatéral dans la première proposition des *Eléments*[33].

En outre, contrairement à Pappus et Pasch, Zénon ne pouvait pas penser qu'il suffisait d'ajouter un postulat, c'est-à-dire d'expliciter le présupposé, pour rendre la démonstration valable, non seulement parce qu'il ne reconnaissait pas la légitimité de cette méthode fondée sur des « axiomes vides », mais peut-être aussi parce qu'il jugeait ce présupposé *faux* du fait de son adhésion à la physique épicurienne[34]. Comme l'a suggéré Luria [20, p. 170–171], si l'on admet la doctrine épicurienne des grandeurs minimales, deux lignes ont une épaisseur d'un minimum et ne se coupent pas en un point mais ont en commun un segment de la taille d'un minimum. La critique de Zénon se serait alors inscrite également dans la partie physique ou ontologique de la critique épicurienne.

Deux éléments pourraient le confirmer. Le premier est l'argument contre la proposition I, 10, cité par Proclus : bien qu'il ne soit pas attribué à Zénon de Sidon, on a vu ci-dessus qu'il adopte exactement sa méthode de réfutation pour exhiber le présupposé non-démontré de la divisibilité à l'infini de tout segment[35]. Le second est le fait que Zénon avait écrit un traité *Sur la déclinaison*, à savoir sur la doctrine du *clinamen* : D. Sedley [26, p. 25] a souligné qu'elle pourrait reposer sur la conception de la ligne droite comme dotée d'une épaisseur irréductible d'un minimum. Lucrèce (*De la nature* II, 244–245) dit en effet que le *clinamen* consiste pour un atome à se décaler d'un minimum sans changer de direction, ce qui n'est pas inexplicable si la trajectoire verticale de chaque atome a une épaisseur : le *clinamen* aurait lieu dans une zone d'indistinction.

Si l'on se demande pour finir pourquoi les épicuriens ont élaboré des critiques aussi diverses et aussi radicales des mathématiques, il faut se rappeler qu'ils les attaquaient parce que d'autres philosophes, comme Platon ou les stoïciens, les utilisaient pour promouvoir certaines de leurs doctrines. Les positions épicuriennes opposées ne pouvaient dès lors être défendues

---

[33] Voir [7, p. 15] et [9, p. 188–197]. Sur le rôle important des diagrammes dans les raisonnements de la géométrie grecque, voir [24, p. 12–67].

[34] Cf. Cicéron, *Sur les fins* I, 72 à propos des disciplines recommandées par Platon (musique, géométrie, arithmétique, astronomie) : « partant de principes faux, elles ne peuvent pas être vraies ».

[35] Crönert [10, p. 109] a attribué l'argument contre I, 10 à Zénon. Comme le note Vlastos [30, p. 154], il est attesté avant et ailleurs. Cela n'exclut pas qu'il ait été repris par des épicuriens, mais les témoignages de Sextus et Proclus ne peuvent pas le prouver : voir [1, p. 124].

qu'en contestant l'autorité des mathématiques. L'originalité des épicuriens, en particulier avec Zénon de Sidon, est qu'ils ne se sont pas contentés de polémiquer contre des interprétations philosophiques des mathématiques, mais n'ont pas hésité à s'en prendre précisément à la géométrie euclidienne en elle-même, bien qu'il nous reste peu d'informations précises sur leurs critiques et moins encore sur la géométrie alternative qu'ils pourraient avoir élaborée pour les besoins de leur atomisme.

BIBLIOGRAPHIE

[1] Angeli, A. & Colaizzo, M., 1979, « I frammenti di Zenone Sidonio », *Cronache Ercolanesi*, 9, 47–133.
[2] Angeli, A. & Dorandi, T., 1987, « Il pensiero matematico di Demetrio Lacone », *Cronache Ercolanesi*, 17, 89–103.
[3] Angeli, A. & Dorandi, T., 2008, « Gli epicurei e la geometria. Un progetto di geometria antieuclidea nel giardino di Epicuro ? », in Beretta, M. & Citti, F. (éd.), *Lucrezio : la natura e la scienza*, Florence, Olschki, 1–9.
[4] Asmis, E., 1984, *Epicurus' Scientific Method*, Ithaca et Londres, Cornell University Press.
[5] Bénatouïl, T., 2003, « La méthode épicurienne des explications multiples », in Bénatouïl, T., Laurand, V., Macé, A. (éd.), *Études épicuriennes, Cahiers philosophiques de Strasbourg*, 15, 15–47.
[6] Besthorn, R. O. & Heiberg, J. L. (éd.), 1897-1900, *Codex Leidensis 399, 1. Euclidis Elementa ex interpratione Al-Hadschdschadschii cum commentariis al-Narizii*, Copenhague, Hegel, 2 volumes.
[7] Blanché, R., 1990 (1955), *L'axiomatique*, Paris, Presses Universitaires de France.
[8] Cambiano, G., 1999, « Philosophy, science and medicine », in Algra, K., Barnes, J., Mansfeld, J. & Schofield, M. (éd.), *The Cambridge History of Hellenistic Philosophy*, Cambridge, Cambridge University Press, 585–595.
[9] Caveing, M. & Vitrac, B., 1990, *Euclide : Les Éléments (Introduction générale, livre I à IV)*, Paris, Flammarion.
[10] Crönert, W., 1965 (1906), *Kolotes und Menedemos*, Amsterdam, Hakkert.
[11] Delattre, D. et J. 2004. « Le recours aux *mirabilia* dans les polémiques logiques du Portique et du jardin (Philodème, *De signis*, col. 1.-2) », in O. Bianchi et O. Thévenaz (éd.), *Mirabilia. Conceptions et représentations de l'extraordinaire dans le monde antique*. Berne, Lang, 221-237.
[12] De Lacy, P. et E., 1978 (1941), *Philodemus : On Methods of Inference*, Naples, Bibliopolis.
[13] Gallo, I., 2002, *Studi di papirologia ercolanese*, Naples, D'Auria.
[14] Gigante, M., 1981, *Scetticismo e epicureismo*, Naples, Bibliopolis.
[15] Giovacchini, J., 2003, « Le refus épicurien de la définition », in Bénatouïl, T., Laurand, V. Macé, A. (éd.), *Études épicuriennes, Cahiers philosophiques de Strasbourg*, 15, 71–89.
[16] Giovacchini, J., 2010, « L'angle et l'atome dans la physique épicurienne : réflexions sur un témoignage de Sextus Empiricus », *Philosophie Antique*, n° 10, à paraître.
[17] Kidd, I., 1988, *Posidonius II. The Commentary*, Cambridge, Cambridge University Press.
[18] Kleve, K. & Del Mastro, G., 2000, « Il PHerc. 1533 : Zenone Sidonio *A Cratero* », *Cronache Ercolanesi*, 30, 149–56.
[19] Laks, A., 1991, « Épicure et la doctrine aristotélicienne du continu », in Gandt, F. (de) & Souffrin, P. (éd.), *La Physique d'Aristote et les conditions d'une science de la nature*, Paris, Vrin, 181–194.

[20] Luria, S., 1933, « Die Infinitesimallehre der antiken Atomisten », *Quellen und Studien zur Geschichte der Mathematik, Astronomie und Physik,* 2B, 106–185.

[21] Mau, J., 1973, « Was There a Special Epicurean Mathematics ? », *Exegesis and Argument : Studies Presented to G. Vlastos, Phronesis* Supplementary Volumes I, 421–430.

[22] Mueller, I., 1982, « Geometry and Scepticism », *in* Barnes, J., Brunschwig, J., Burnyeat, M., Schofield, M. (éd.), *Science and Speculation,* Cambridge et Paris, Cambridge University Press et Editions de l'EHESS, 69–95.

[23] Poincaré, H., 1968 (1902), *La science et l'hypothèse,* Paris, Flammarion.

[24] Netz, R., 1999, *The Shaping of Deduction in Greek Mathematics,* Cambridge, Cambridge University Press.

[25] Sedley, D., 1973, « Epicurus, *On Nature,* Book XXVIII », *Cronache Ercolanesi* 3, 5–83.

[26] Sedley, D., 1976, « Epicurus and the mathematicians of Cyzicus », *Cronache Ercolanesi,* 6, 23–54.

[27] Sudhaus, S., 1964 (1896), *Philodemi Volumina Rhetorica,* Amsterdam, Hakkert.

[28] Tepedino Guerra, A., 1991, *Polieno : Frammenti,* Naples, Bibliopolis.

[29] Vlastos, G., 1965, « Minimal Parts in Epicurean Atomism », *Isis,* 56/2, 121–147.

[30] Vlastos, G., 1966, « Zeno of Sidon as a Critic of Euclid », *The Classical Tradition : Studies in Honour of H. Caplan,* New York, 148–159, repris dans *Studies in Greek Philosophy,* Princeton, Princeton University Press, 1995, vol. II, 315–324.

[31] Vuillemin, J., 1984, *Nécessité ou contingence. L'aporie de Diodore et les systèmes philosophiques,* Paris, Minuit.

[32] White, M. J., 1992, *The Continuous and the Discrete,* Oxford, Oxford University Press.

Thomas Bénatouïl
L.H.S.P. – Archives Henri Poincaré (UMR 7117)
Université Nancy 2
Institut Universitaire de France
thomas.benatouil@univ-nancy2.fr

Réflexions sur le discours mathématique chez Pascal et Kant
HÉLÈNE BOUCHILLOUX

Comme on sait, il est permis d'établir une certaine continuité entre Platon, Descartes et Kant, concernant la spécificité du discours mathématique, dans son rapport au discours philosophique[1].

Au livre VI de la *République*[2], dans le fameux passage de la ligne, Platon divise le genre intelligible en deux segments et distingue deux démarches de l'âme : l'une dans laquelle, partant d'hypothèses qu'elle regarde comme des principes, elle se dirige vers une conclusion ; l'autre dans laquelle, partant également d'hypothèses – mais d'hypothèses qu'elle regarde comme des hypothèses, et non comme des principes –, elle s'élève jusqu'à un principe anhypothétique, avant de descendre jusqu'aux ultimes conséquences de ce principe. Dans la première démarche, l'âme raisonne sur les idées ou les essences qui sont les originaux des choses sensibles, en se servant de ces choses sensibles comme d'images pour se rendre sensibles ces originaux en eux-mêmes insensibles. Dans la seconde démarche, l'âme raisonne également sur les idées ou les essences qui sont les originaux des choses sensibles, mais sans se servir de ces choses sensibles comme d'images pour se rendre sensibles ces originaux en eux-mêmes insensibles, conduisant au contraire sa recherche à l'aide des seules idées qu'elle trouve dans son propre fonds, comme l'explicite par ailleurs la théorie de la réminiscence.

Dans la lettre dédicatoire des *Méditations* aux théologiens de la Sorbonne[3], Descartes soutient, quant à lui, deux thèses : d'une part, que les démonstrations de la métaphysique sont plus certaines et plus évidentes que les démonstrations des mathématiques ; d'autre part, que les démonstrations de la métaphysique, quoiqu'elles soient plus certaines et plus évidentes que

---

[1] Je remercie Christophe Bouriau et Thomas Bénatouïl : le premier, pour l'impulsion que j'ai reçue à la lecture de ses travaux sur l'imagination chez Descartes (voir notamment *Aspects de la finitude : Descartes et Kant*, Presses universitaires de Bordeaux, 2000 ; et « L'imagination productrice : Descartes entre Proclus et Kant », *Littératures Classiques*, 45, 2002, p. 47–62) ; le second, pour ses suggestions, toujours très savantes et très pertinentes, concernant les liens entre philosophie classique et philosophie ancienne.
[2] Voir 509d–511e.
[3] Voir AT, IX-1, p. 6–7 (texte latin : AT, VII, p. 4–5).

les démonstrations des mathématiques, risquent fort d'être encore moins aisément reçues qu'elles. Pourquoi les démonstrations de la métaphysique sont-elles réputées plus certaines et plus évidentes que les démonstrations des mathématiques ? Parce que, comme chez Platon, les mathématiques tirent des conséquences de principes qui sont admis sans être sondés, alors que la métaphysique ne tire aucune conséquence avant d'être parvenue à un premier principe indépassable : en l'occurrence, avant d'être parvenue à la formulation du *cogito* – ce principe absolument indubitable qui est le premier principe de toute la philosophie, dans la mesure où, à partir de lui, sont mises au jour l'idée vraie de Dieu qu'enveloppe l'âme humaine, ainsi que la véracité de ce Dieu, laquelle est l'indispensable fondement requis pour conférer valeur de vérité à la certitude. Pourquoi les démonstrations de la métaphysique, quoiqu'elles soient plus certaines et plus évidentes que les démonstrations des mathématiques, sont-elles réputées encore moins aisément recevables qu'elles ? Parce que, outre qu'elles réclament, comme elles, une attention continue et entière qui embrasse tout un enchaînement de raisons, elles réclament de surcroît, contrairement à elles, une pensée totalement abstraite, délivrée à la fois des préjugés et des images. Comme chez Platon, la métaphysique suppose que l'âme se détache de tout ce qu'elle tient de son union au corps.

Dans les *Secondes Réponses*[4], Descartes commence par opposer la voie analytique et la voie synthétique, avant de justifier le choix de la voie analytique dans ses *Méditations*. L'analyse – ou résolution – doit être préférée quand il s'agit de montrer comment une chose est découverte méthodiquement et, pour ainsi dire, *a priori*, alors que la synthèse – ou composition – ne fait que démontrer comment une chose est conclue à partir d'antécédents, certes indéniablement, mais, pour ainsi dire, *a posteriori*. Dans la métaphysique comme dans les mathématiques, la synthèse peut donc compléter l'analyse, et néanmoins plus facilement dans les mathématiques que dans la métaphysique. Quel est le motif de cette différence ? C'est que, dans les mathématiques, les principes d'où sont dérivées les conclusions gardent quelque convenance avec les sens, alors que, dans la métaphysique, les principes d'où sont dérivées les conclusions ne s'accordent aucunement avec les préjugés ou les jugements naturels qui s'appuient sur les sens.

Dans la lettre à Élisabeth du 28 juin 1643[5], Descartes revient sur la tripartition des notions primitives qu'il avait amorcée dans la lettre précédente : celle de l'âme ; celle du corps ; celle de l'union de l'âme et du corps. L'âme ne se connaît bien, en sa nature, ni par les sens ni par l'imagination, mais par l'entendement pur. En sa nature, le corps se connaît bien par l'entende-

---

[4] Voir AT, IX-1, p. 121–123 (texte latin : AT, VII, p. 155–157).
[5] Voir AT, III, p. 691–692.

ment pur, mais se connaît mieux par l'entendement aidé de l'imagination. Pour ce qui est, enfin, de l'union de l'âme et du corps, elle ne se connaît, en elle-même, ni par l'entendement pur ni par l'imagination : c'est par les sens qu'elle se connaît en elle-même. La métaphysique exerce l'entendement pur. Les mathématiques exercent l'entendement aidé de l'imagination. L'usage de la vie exerce les sens. Descartes estime donc que le discours de la métaphysique, dont les deux principaux objets sont l'*ego* et Dieu, est par purs concepts, sans images, tandis que le discours des mathématiques, qui porte sur l'essence des choses matérielles, n'est pas par purs concepts, sans images. Les concepts mathématiques relatifs à l'essence des choses matérielles, qui, en tant que concepts, ne peuvent être représentés que dans l'entendement pur, peuvent aussi, en tant que relatifs à l'essence des choses matérielles, être représentés dans l'imagination, laquelle n'est par conséquent nullement réductible à une faculté de remémoration involontaire. Il y a une imagination volontaire : d'une part, celle par laquelle on forge des êtres fictifs à partir d'êtres réels ; d'autre part, celle par laquelle on schématise de purs concepts de l'entendement susceptibles d'une telle schématisation, pour parler à l'avance comme Kant.

Kant dénonce la confusion entre deux discours : le discours par purs concepts, qui est le discours de la métaphysique, et le discours par construction de concepts, qui est le discours des mathématiques. Dans la 1re section de la « Discipline de la raison pure », au sein de la « Méthodologie transcendantale » de la *Critique de la Raison pure*, il s'agit d'empêcher la raison pure de se prévaloir de ses succès dans le domaine des mathématiques pour autoriser ses prétentions dans le domaine de la métaphysique. Car, même si la métaphysique et les mathématiques procèdent toutes deux *a priori* et non *a posteriori*, il ne s'ensuit pas que les mathématiques renoncent à tout rapport avec l'expérience, contrairement à la métaphysique, puisque les concepts des mathématiques sont constructibles dans les formes pures de la sensibilité que sont l'espace et le temps, ce qui n'est pas le cas des purs concepts de la métaphysique. Or, c'est grâce à cette constructibilité de leurs concepts que les mathématiques évitent non seulement les erreurs, mais surtout, plus gravement, les illusions dans lesquelles tombe en revanche, de manière quasiment inévitable, la métaphysique dogmatique.

Au terme de ce rappel, il paraît donc incontestable que Kant prolonge à sa façon une dichotomie inaugurée par Platon et retravaillée par Descartes. Les trois auteurs conviennent du fait que, dans les mathématiques, des réalités purement intelligibles, perceptibles par la pensée pure, sont néanmoins représentables par cette faculté, l'imagination, qui permet de se les rendre sensibles ou de les appréhender concrètement. Les trois auteurs conviennent-ils, pour autant, du statut à octroyer à ces réalités purement intelligibles, perceptibles par la pensée pure et néanmoins représentables par l'imagination ? Il est permis d'en douter si on remarque d'emblée que, chez Platon et chez Descartes, on a affaire à des essences qu'on perçoit mieux, selon le vocabulaire cartésien, par l'entendement aidé de l'imagination que par l'entendement pur, alors que, chez Kant, on a affaire, non pas à des essences, mais à des concepts, et à des concepts de l'entendement qui ne sont conçus que par leur constructibilité, ou que par la schématisation imputable à l'imagination.

C'est sur cette divergence qu'on s'interrogera maintenant.

Chez Platon, les réalités intelligibles dont traitent les mathématiques sont manifestement des essences : dans l'arithmétique, l'un en soi, le deux en soi, etc. ; dans la géométrie, le triangle en soi, le carré en soi, etc. On ne raisonne pas sur autre chose que sur ces essences en elles-mêmes insensibles, mais non sans pouvoir transformer les réalités sensibles qui leur sont conformes en autant d'images destinées à se les rendre sensibles.

Chez Descartes également, les réalités intelligibles dont traitent les mathématiques sont manifestement des essences, ou le contenu d'idées innées. Toutes ces réalités n'ont pas, ontologiquement parlant, le même statut. Ainsi, d'après la typologie de la règle XII des *Règles pour la direction de l'esprit*[6], puis d'après la typologie de l'article 48 de la 1re partie des *Principes de la philosophie*[7], le nombre est une notion générale applicable à toutes les substances, indépendamment de leur disjonction en matérielles et intellectuelles, alors que la figure et le mouvement sont des notions particulières applicables aux seules substances matérielles, en tant que modalités de l'étendue qui en est l'essence. Mais toutes ces réalités ont, épistémologiquement parlant, le même statut. On se les représente par des idées innées, non par des idées adventices ou des idées fictives. D'après la 5e *Méditation*, les idées innées sont des idées auxquelles on peut penser ou ne pas penser, selon qu'on le veut ou non, mais des idées auxquelles on ne peut penser sans que leur contenu s'impose à la pensée ou impose sa nécessité à la pensée. Il n'est pas nécessaire que je pense jamais à 2 et à 4, et il n'est pas nécessaire que, articulant ces deux pensées, je pense jamais que 2 et 2 font 4 ; mais, s'il m'arrive d'y penser, je ne peux penser autre chose que ce que je pense. Pareillement pour le quadrilatère et le cercle : il n'est pas nécessaire que je pense jamais à ces figures ; mais, s'il m'arrive d'y penser, il m'est rigoureusement impossible d'affirmer que tous les quadrilatères sont inscriptibles dans le cercle, lors même qu'il m'est rigoureusement nécessaire d'affirmer que le carré est inscriptible dans le cercle. Voilà pourquoi Descartes n'hésite pas à déclarer que ces idées innées représentent, à l'es-

---

[6] Voir AT, X, p. 419–420.
[7] Voir AT, IX-2, p. 45 (texte latin : AT, VIII-1, p. 22–23).

prit qui les forme, ce qu'il nomme de « vraies et immuables natures ». Ces idées innées qui lui représentent de vraies et immuables natures, l'esprit les forme par l'entendement pur. Mais l'imagination s'avère un précieux auxiliaire de l'entendement, dans la mesure où toutes les notions du discours mathématique sont des notions applicables aux substances matérielles définies par l'étendue.

Chez Kant, en revanche, les réalités intelligibles dont traitent les mathématiques ne sont manifestement pas des essences. Ce sont manifestement des concepts de l'entendement, mais qu'il est ensuite assez difficile de caractériser. Cette caractérisation s'effectue de manière négative et par élimination[8]. Premièrement, ces concepts ne sont pas des concepts empiriques. Deuxièmement, ces concepts ne sont pas de purs concepts de l'entendement. Troisièmement, ces concepts ne sont pas des concepts forgés arbitrairement. Car aucune de ces trois éventualités ne rend compte du fait que ces concepts peuvent être proprement « définis ». Dire que ces concepts peuvent être proprement définis, cela revient à dire qu'ils peuvent fournir la possibilité d'un objet qui ne contienne ni plus ni moins que ce que la définition place très précisément dans le concept de cet objet. Reste donc que ces concepts soient, non pas des concepts forgés arbitrairement, puisque la possibilité de leur objet n'est nullement avérée, mais des concepts forgés, quoique non arbitrairement, en l'occurrence des concepts enfermant une synthèse arbitraire et, néanmoins, constructible *a priori* dans les formes de l'intuition sensible. De là, touchant les définitions mathématiques, deux traits saillants : premièrement, elles sont nécessairement liminaires, aucun concept ne précédant la définition qu'on en donne ; deuxièmement, elles sont nécessairement vraies, l'objet pensé, dont la possibilité est avérée, coïncidant parfaitement avec la définition de son concept.

Mais, si les concepts mathématiques sont des concepts constructibles dans les formes pures de la sensibilité que sont l'espace et le temps, ce sont des concepts de l'entendement qui doivent pouvoir être schématisés par l'imagination. L'imagination n'est donc plus simplement jointe à l'entendement : elle entre dans la constitution même des concepts de l'entendement.

On aimerait étudier, pour finir, comment cet écart par rapport à Platon et à Descartes déporte Kant vers Pascal. Car, pour celui-ci également, les réalités intelligibles dont traitent les mathématiques ne sont pas des essences relevant prioritairement de l'entendement pur, mais des concepts qui, quoique forgés arbitrairement, voient la possibilité ou l'impossibilité de leur objet décidées par leur constructibilité ou leur non-constructibilité dans ces conditions de l'expérience que sont, pour les hommes, que leur situation au sein de la nature assigne à un insurmontable milieu, l'espace et le temps.

---

[8] Voir Pléiade, I, p. 1308–1312 (AK, III, 477–480).

Le rapprochement entre Pascal et Kant comporte cependant une nuance. Car, pour Pascal, ni les concepts mathématiques, en tant que tels, ni subsidiairement leur définition, laquelle est purement nominale, n'impliquent la possibilité de leur objet ; et la constructibilité ou la non-constructibilité qui décident ensuite de la possibilité ou de l'impossibilité de leur objet sont à rattacher, non à la sphère de la définition, mais à la sphère de l'axiome et de la preuve[9].

Dans l'opuscule *De l'esprit géométrique*, Pascal insiste sur cette partition, qu'il opère constamment, entre signification et vérité. La signification des mots d'espace, de temps, de nombre, de mouvement, est connue sans qu'on ait besoin de les définir. Chacun, en sa langue, sait de quoi on parle en employant ces mots. Il y a un rapport entre le mot, l'idée et la chose, qu'il n'est pas besoin d'éclaircir par une définition nominale quand tout le monde comprend naturellement et sans art ce que le mot signifie et désigne. Mais cela n'entraîne en rien que tous aient la même idée de ce qu'est l'espace, de ce qu'est le temps, de ce qu'est le nombre, de ce qu'est le mouvement, qu'il s'agisse de l'essence de ces choses, recherchée par les philosophes, ou qu'il s'agisse, plus modestement, des propriétés qui leur sont inhérentes, recherchées par les mathématiciens. Ceux-ci entreprennent de formuler, au sujet de ces quatre grandeurs, des propositions qu'on puisse tenir pour vraies. Mais, pour que tous reconnaissent la vérité de ces propositions, il faut impérativement les démontrer, à moins qu'elles ne soient évidentes parce que, faisant office de principes pour d'autres, elles deviennent par là même indémontrables. Pascal trace en effet une analogie entre la sphère de la signification et la sphère de la vérité : la science mathématique ne définit pas tous les termes et ne démontre pas toutes les propositions, mais elle ne verse dans les indéfinissables que les termes dont la signification est assez évidente pour supporter celle des termes qui restent à définir, et dans les indémontrables, que les propositions dont la vérité est assez évidente pour supporter celle des propositions qui restent à démontrer. Est donc indémontrable une proposition dont la démonstration est immédiate. Pour Pascal comme pour Kant, une telle proposition est un axiome. Par exemple, dans l'opuscule *De l'esprit géométrique*, la proposition qui énonce que l'espace est divisible à l'infini. L'espace, le temps, le nombre, le mouvement sont quatre grandeurs continues qu'on peut multiplier et diviser à l'infini, sans qu'on puisse engendrer quelque espace que ce soit à partir d'un néant d'espace, quelque temps que ce soit à partir d'un néant de temps, quelque nombre que ce soit à partir d'un néant de nombre, quelque mouvement que ce soit à partir d'un néant de mouvement. Par exemple, dans les *Pensées*[10], la pro-

---

[9] Voir la lettre à Le Pailleur.
[10] Voir Lafuma 110.

position qui énonce que l'espace a trois dimensions et, dans la lettre à Le Pailleur, les propositions qui énoncent que les parallèles et le cercle sont possibles. La possibilité des parallèles et la possibilité du cercle résultent de leur constructibilité ; l'impossibilité d'un triangle rectangle à plus d'un angle droit résulte de sa non-constructibilité. Ce n'est pas qu'on ne puisse définir le concept, mais c'est que la possibilité de son objet est infirmée par sa non-constructibilité.

Dans la perspective de Pascal, les théorèmes reposent sur les axiomes, c'est-à-dire sur des propositions principielles qui enregistrent les propriétés fondamentales de ces quatre grandeurs – espace, temps, nombre, mouvement – telles qu'elles s'offrent à l'homme, du seul fait de sa situation physique. Situé au sein de la nature entre un infini de grandeur et un infini de petitesse, il ne peut pas ne pas percevoir ces quatre grandeurs comme à la fois connexes et proportionnées. S'il ne peut les percevoir autrement qu'il ne les perçoit, ce n'est nullement à cause de la nécessité d'une essence, mais à cause de la nécessité de ses conditions d'expérience accoutumées :

> Notre âme est jetée dans le corps où elle trouve nombre, temps, dimensions, elle raisonne là-dessus et appelle cela nature, nécessité, et ne peut croire autre chose. [Lafuma 418]
>
> Qui doute donc que notre âme étant accoutumée à voir nombre, espace, mouvement, croit cela et rien que cela. [Lafuma 419]

Au terme de ces quelques réflexions sur le discours mathématique, on constate que l'imagination joue, chez Kant, un rôle beaucoup plus radical que chez Platon et chez Descartes. On constate surtout que, anticipant la position de Kant grâce à sa critique de la position cartésienne, taxée de métaphysique, Pascal ne sépare déjà plus la possibilité de l'objet des concepts mathématiques de la constructibilité de ces concepts dans les conditions de l'expérience sensible que sont pour lui, à travers leur connexion et leur proportion, l'espace, le temps, le nombre, le mouvement. Un concept impossible à construire est certes susceptible d'être forgé par les noms – par exemple, le concept d'un triangle rectangle à plus d'un angle droit –, mais il n'est pas susceptible d'être maintenu par les choses, puisqu'il est prouvé faux par sa non-constructibilité. Dès lors que les définitions ne sont plus purement nominales, contrairement à la thèse de Pascal, un concept impossible à construire devient un concept impossible à définir, conformément à la thèse de Kant : il suffit d'envisager ce déplacement pour détecter la profonde affinité qui lie les deux auteurs.

Hélène Bouchilloux
Université Nancy 2
Département de Philosophie
Helene.Bouchilloux@univ-nancy2.fr

Rigor, Re-proof and Bolzano's Critical Program

MIC DETLEFSEN

1 Introduction

The so-called *critical movement* in nineteenth and twentieth century foundational thinking[1] was described by the American mathematician George Miller (1863–1951) as one in which "[o]ur geometric intuitions are forced into the background" [27, p. 530] as, more and more, "logical deductions from definitions" (*loc. cit.*) take their place.

The main sources of this movement, as both Miller and others described them, were the widely advertised problems concerning geometrical intuition as a guide to our thinking about continuity and differentiability. As mathematicians became increasingly sensitive to the press of these problems, they also "naturally became ... more exacting in regard to rigor" (*loc. cit.*), and this renewed emphasis on rigor became the central element of nineteenth and early twentieth century attempts to "arithmetize" mathematics.

How the notion of rigor mentioned was conceived and what its principal benefits were taken to be are prime concerns for me here. A better understanding of these matters should contribute to a better understanding of rigor and its motives and benefits overall. Therewith, I believe, should also come a fuller appreciation of the attention given to rigor by nineteenth century foundational thinkers. These at any rate are my chief goals here.

2 The Probative Ideal

Some saw the renewal of rigor as a call for stricter standards of logical reasoning, and they believed that a proper response to this call would provide a basis for increased confidence in mathematics.[2] Others focused less on the

---

[1] "Critical" was the term that was used by Felix Klein (cf. [20]) and various other writers (cf. e.g. [22]), F. Engel ([8]), J. Merz (cf. [25] and [26]), C. Keyser (cf. [17], [18] and [19]) and G. Kneebone (cf. [24]) to describe the proposals in the nineteenth century that called for the reformation of proof practices in mathematics, particularly analysis.

[2] See [18, p. 674] for a statement to this effect. Keyser remarked there that the reduction of "error" and "indetermination" are the constant goals of the pursuit of rigor

reliability of proofs and more on whether and to what extent they deepened our understanding.

The deepening of knowledge was a central aim of the critical proposal with which I will be most concerned here, namely, Bolzano's. Bolzano's program for reform centered on what I will call the (or a) *probative* ideal of rigor. This was a standard for mathematical reasoning which urged the retrogressive development of proofs, a persistent and systematic tracing back of a theorem to such premises as left no further room for probative development.

Judged by such a standard, a proof was taken to be rigorous only if it was *probatively complete*—that is, only if every proposition on which it relied was either itself proved or was such as to not admit of further proof. A little more exactly, rigor required satisfaction of conditions of the following two types:

I. <u>Identificative Completeness</u>: Every proposition $\mathcal{P}$ (or inference $\mathcal{I}$) that plays a justificative role in proving a given proposition $\mathcal{C}$ is identified as playing that role.[3]

II. <u>Probative Completeness</u>: Every proposition $\mathcal{P}$ (or inference $\mathcal{I}$) that plays a justificative role in proving $\mathcal{C}$ is either proved or neither needs nor admits of proof.[4]

Probative completeness is the distinctive trait of what I am calling the *probative* ideal of rigor.[5] It is worth emphasizing a difference between it and a more popular alternative standard of rigor that I will call the *common ideal*. Like the probative ideal, the common ideal too accepted Identificative Completeness as a constraint on rigor. Unlike the probative ideal, though,

---

in mathematics. He then added that the distinctiveness of mathematics is its devotion to rigor even while conceding that it can never be completely attained.

[3] By the *justificative* role of a proposition $\mathcal{P}$, I mean a role that $\mathcal{P}$ plays by dint of its perceived evidentness and its perceived logical relationship to $\mathcal{C}$ or to some other proposition(s) that stands in a relationship of greater justificative proximity to $\mathcal{C}$. Justificative proximity can be thought of roughly as follows. Let Φ be the set of propositions from which $\mathcal{C}$ is directly or immediately inferred. The propositions in Φ are in greater justificative proximity to $\mathcal{C}$ than any other propositions. The next most justificatively proximate propositions are those from which the elements of Φ are immediately inferred, and so on. Conceived this way, whether or not degrees of justificative proximity are unique will depend on the details of one's conception and procedures of proof. Whether or not, all things considered, it is desirable that degrees of justificative proximity be unique is a difficult question and one I will not address further here.

[4] A parallel condition for inferences seems also to have generally been intended by those who urged Probative Completeness. In the interest of brevity and focus, though, I will not give a more careful statement of it here.

[5] It should be noted, though, that it is not a single standard but a family of related standards, one for each different understanding of provability/unprovability.

it replaced Probative Completeness with the following (in certain ways) less demanding condition:

IIΔ. <u>Probative Adequacy</u>: Every proposition $\mathcal{P}$ that plays a justificative role in proving $\mathcal{C}$ is either proved or is sufficiently evident without being proved to eliminate the need for such certainty as might be gained by its being further proved.

The questions with which I will primarily be concerned are questions having to do with the differences between the probative and common ideals, and their respective advantages and disadvantages. As regards the latter, my focus will be epistemological. I want particularly to get clearer on the epistemic advantages of conducting proof according to a probative ideal of the type formulated above. In this connection I will pay particular attention to a proposal of Bolzano's which saw probative completeness as a means of controlling the threat of a certain type of circularity.

3 The Critical Movement & The Call to Rigor

The critical movement of the nineteenth and early twentieth centuries was primarily a reaction to what were seen as insufficiently strict standards of reasoning in late eighteenth and early and mid-nineteenth century analysis. A central part of the envisioned reforms was a return to what were commonly taken to be classical standards of rigor.

Frege was among those who urged such a return, and he saw it as being particularly appropriate in the broadly arithmetical parts of mathematics.

> After wandering for a long time from the Euclidean standards of rigor (der euklidischen Strenge), mathematics is now returning to them, and even striving to go beyond them. In arithmetic ... reasoning has generally been laxer than in the geometry of the Greeks .... The discovery of higher analysis only confirmed this tendency .... [D]evelopments ... have shown more and more clearly that in mathematics a *mere moral conviction (eine blos moralische Ueberzeugung), supported by a mass of successful applications, is not enough (nicht genügt)*. Proof is now demanded of many things that formerly passed as self-evident. Again and again the limits to the validity of a proposition have been in this way established for the first time. ...
>
> Everywhere there are indications of the working of these ideals, the rigour of proof (streng zu beweisen), the precise delimitation of the bounds of validity (Giltigkeitsgrenzen genau zu ziehen), and as a means to this, the sharp definition of concepts.[6]

Many of the proofs in higher analysis were thus seen as providing insufficient bases for belief in their conclusions, and this was so in spite of the fact that they conferred "moral certainty" on them. These conclusions needed

---

[6] [9, §1], emphasis added. Translations are mine unless otherwise noted.

to be re-proved, and re-proved in such a way as to more accurately reflect, and perhaps also to make clearer, the scope or extent of their validity.

Perhaps surprisingly, the concern here was as much one of underestimation as of overestimation. Specifically, it was believed that arithmetical truths were commonly treated as having a narrower scope of validity than they in fact have. Indeed as Frege saw it, this type of error was considerably more common than that in which the scope of arithmetical truths was overestimated.

Frege thus joined a line of reformers going back to Descartes and his development of analytic geometry. A *leitmotif* of Descartes' program was the idea that what had often been treated as laws of geometry were in fact much broader general laws of quantity—laws which applied not only to geometrical but also to non-geometrical quantities. A major aim of Descartes' reform was to correct these misclassifications. There was nothing wrong (and much that was right) with using general laws of quantity to prove truths concerning geometrical figures and quantities. What was wrong was to fail to see and to properly appreciate the significance of the differences between general truths of quantity and the narrower and more particular truths of geometry.

Frege's logicism was similar in spirit. He believed that mathematicians had generally underestimated the scope of validity of arithmetical laws, and the principal aim of his logicist program was to correct this systematic underestimation of scope.

Others took less radical views of both the reasons for and the reforms proper to the critical movement. The following statement by Klein is a case in point:

> [T]he ideal of "rigor" has not always had the same significance for the development of our science ... In times of great, powerful productivity it has often receded to the background in favor of the richest and quickest possible growth, only to be ... stressed once again in a succeeding critical period, when the concern is to secure the treasures already won. It suffices to recall the growth of the differential and integral calculus in the 18th century, when much that was inadequately grounded or even ... false was done by imaginations stirred ... by the urge to discovery ... By contrast ... recall the age of scholasticism, which united low productivity with an extremely sharp critical ... understanding. [23, p. 48][7,8]

As Klein saw it, then, there are creative times and critical times in the history of mathematics. In creative times, imaginative freedom is emphasized

---

[7] Klein went on to say that the thinkers termed "scholastics" in this remark were often unfairly dismissed as hair-splitters. He offered the following remark in their defense:
"If one strips away the covering of scholastic speculation, what appears at first glance to be purely theological sophistry often proves to be correct formulations of what we today would call "set theory.""[23, p. 48–49]

[8] For similar statements see [27, p. 534], [17] and [18, p. 674].

and rigor de-emphasized. In critical times, security and, on its account, rigor is emphasized, and with this emphasis come demands for re-proof.

The differences between Klein's and Frege's views are illustrative of the general fact that those who supported the critical movement of the nineteenth century often did so for different reasons. Klein and others like him were concerned with security, and they saw re-proof primarily as a means of increasing it. For Frege, on the other hand, the end of re-proof was not so much the improvement of certainty or security as the attainment of a proper level of generality in proving a theorem, and therewith a proper reckoning of the most basic ($\approx$ most general?) reasons for its truth. In this way, said Frege, we "gain a basis on which to judge the epistemological nature (*erkenntnistheoretischen Natur*) of the law that is proved" [11, VII].

For others, the reasons for seeking re-proof were to some extent different still. I'll focus on one of these proposals in the remainder of the paper, namely, Bolzano's program of re-proof.

4 Bolzano's Critical Program

Bolzano's program of re-proof was directed primarily towards the use of geometrical intuition in (proofs in) analysis, which he saw as engendering circularities—specifically, circularities of the type traditionally known as *petitio principii*. He believed circles of this type to amount essentially to gaps in our reasoning, and he believed the attainment of rigor to require the avoidance of such gaps. Allow me to explain.

4.1 Geometrical Intuition & Rigor

The gaps with which Bolzano was principally concerned were gaps of *intentionality* or "aboutness". Bolzano took proofs to be sequences of judgments, and he saw judgments as consisting in the adoption of certain types of attitudes towards propositions. These propositions were taken to have *subjects*, or to be *about* various things. These subjects were then also, by extension, taken to be the subjects of those judgments which have the propositions in question as their contents.

So far as I know, Bolzano never expressly claimed that proofs should also be seen as having subjects, but much of what he wrote implies or at least strongly suggests that he held such a view. This is particularly true of remarks he made concerning rigorous (or at least properly careful) reasoning, which he believed to require a certain type of *intentional* or *subjectival* continuity or "gaplessness." By this he seems to have meant that, at every point, a proof should be about what its conclusion is about.[9]

---

[9] This raises an obvious question concerning what it is that we mean or should mean by a "point" in a piece reasoning. This is an important and difficult question but for

This basic conception of gaplessness was a fairly common ideal of rigor in the seventeenth, eighteenth and nineteenth centuries. Berkeley, for example, identified it as such in *The Analyst*, though what he emphasized there were not so much its justificative as its *intervenient* virtues (i.e. virtues of training or formation):

> It hath been an old remark that Geometry is an excellent Logic. And it must be owned, that when the Definitions are clear; when the Postulata cannot be refused, nor the Axioms denied; when from the distinct Contemplation and Comparison of Figures, their Properties are derived, *by a perpetual well-connected chain of Consequences, the Objects being still kept in view, and the attention ever fixed upon them*; there is acquired a habit of reasoning, close and exact and methodical: which habit strengthens and sharpens the Mind, and being transferred to other Subjects, is of general use in the inquiry after Truth. ([1, sec. 2], emphasis added)

NB The reader should note, however, that though Berkeley describes the "presentist" conception of rigor in the remark just quoted, he did not generally endorse it. Indeed, he argued that reasoning could be rigorous without being intentionally gapless.[10]

4.2 Rigor, Probative Completeness & Circularity

On the interpretation I am offering here, then, Bolzano's view of proper proof emphasized a type of continuity of thinking that might be called *intentional* continuity. Reasoning is properly rigorous only if each inference that belongs to it is such that the content of the judgment that is its conclusion is intentionally continuous with the contents of the premises from which it is inferred.

This was not, however, the only condition on rigor that Bolzano stressed, and it is not the one I am most interested in here. That condition is rather one which bears a closer relationship to probative completeness. In fact, it offers a clarification of probative completeness by proposing a criterion for determining whether a proposition is such as to neither need nor admit of proof. For convenience and memorability, I'll call this the condition of *probative termination*.

> Probative Termination: A reason $\mathcal{R}$ is *probatively terminal* for a conclusion $\mathcal{C}$ only if $\mathcal{R}$ is seen to be: (i) at least as general as $\mathcal{C}$, (ii)

---

present purposes it is enough to note that points track steps. We will thus take the starting point of a piece of reasoning to be a *point* of it, and we will regard each step of a piece of reasoning as leading from one point(s) to another.

[10] For more on the presentist conception and Berkeley's attitude towards it (cf. [7, p. 265–267]).

fundatively necessary for $\mathcal{C}$,[11] and (iii) as general as any other reason for $\mathcal{C}$ which satisfies (i) and (ii).[12]

What I am calling a *reason* for $\mathcal{C}$ is an affirmed propositional content. For present purposes, we can take it to be provided by (even if it may not in a simple and direct way be constituted by) the premises and inferences of a proof of $\mathcal{C}$. By natural extension, we can then also say that a *proof* of $\mathcal{C}$ is *probatively terminal* if the reason it provides for $\mathcal{C}$ is probatively terminal.

On the interpretation of Bolzano I am proposing, attainment of rigor in a proof of $\mathcal{C}$ is essentially attainment of probative completeness, attainment of probative completeness is essentially attainment of a probatively terminal proof for $\mathcal{C}$, and attainment of such a proof consists essentially in the joint attainment of a maximally general, fundatively necessary reason for $\mathcal{C}$.

Bolzano's emphasis on generality was linked to his belief that certain appeals to geometrical intuition common in his day posed a threat to rigor. This indeed was the theme of his well-known criticism of those of his contemporaries who attempted to prove a general mean value theorem (i.e. a mean value theorem for continuous quantities generally)[13] from a mean value theorem for specifically geometrical quantities (or, more accurately, for geometrically continuous quantities).[14]

Bolzano summed up his criticism of these attempts in the following remark:

> There is certainly nothing to be said against the *correctness*, nor against the *obviousness* of this geometrical proposition. But it is also equally clear that it is an unacceptable breach of *good method* to try to derive truths of *pure* (or general) mathematics (i.e. arithmetic, algebra, analysis) from considerations which belong to a merely *applied* (or special) part of it, namely *geometry*. [2, p. 254] (emphases as in the text)

In Bolzano's view, then, it was important that the order of reasoning in a proof follow the (or an) order of relative generality between propositions. In particular, it was important that reasoning should proceed from the more

---

[11] In saying that $\mathcal{R}$ is seen to be fundatively necessary for $\mathcal{C}$, I mean that the reasoner justifiedly believes that if not-$\mathcal{R}$, then not-$\mathcal{C}$.

[12] This characterization does not imply the uniqueness of a probatively terminal reason. Those who believe that a Bolzanian conception of probative termination would or should require uniqueness might thus want to strengthen (iii) by changing 'as general as' to 'more general than'.

[13] We can take this to be the proposition that: if ϕ is a continuous real function defined on a closed interval $[a,b]$, and $\phi(a)$ and $\phi(b)$ have opposite signs, then there is a $c \in [a,b]$ such that $\phi(c) = 0$. I will generally refer to this proposition as *General Mean*

[14] By this Bolzano meant a proposition to the effect that *every continuous line of simple curvature of which the ordinates are first positive and then negative (or conversely), must necessarily intersect the abscissa-line somewhere at a point lying between those ordinates*. I'll refer to this as *Geometrical Mean*.

to the less general, and not from the less to the more general. This latter, though, was, in Bolzano's view, exactly what did occur in those proofs which reasoned from Geometrical Mean to General Mean. In Bolzano's view, this was a serious defect.

What was the nature of this defect? More specifically, what was it about such reasoning that would justify Bolzano's claiming that it represented "an unacceptable breach of *good method*" (*loc. cit.*)? Bolzano's answer was not simple. In the end, though, it centered on a charge of circularity:

> [A]nyone who considers that scientific proofs should not merely be *confirmations* (*Gewißmachungen*), but rather *groundings* (*Begründungen*), i.e. presentations of the objective reason for the truth to be proved, realizes at once that the strictly scientific proof, or the objective reason of a truth, which holds equally for *all* quantities ... cannot possibly lie in a truth which holds merely for quantities which are in space. If we adhere to this view we see instead that such a geometrical proof is, in this as in most cases, really circular. For while the geometrical truth to which we refer here[15] is ... obvious and therefore needs no *proof* in the sense of *comfirmation*, it none the less does need a *grounding*. For ... we cannot hesitate ... to say that it cannot possibly be one of those *simple* truths, which are called *axioms*, or *base truths* (*Grundwahrheiten*), because they are the *basis* (*Grund*) for other truths and are not themselves consequences. On the contrary, it is a *theorem* or *consequent truth* (*Folgewahrheit*), i.e. a kind of truth that has as its basis certain other truths and therefore, in science, must be proved by a derivation from these other truths. [2, p. 254–255]

Bolzano thus suggested that the basic defect of an attempted proof of General Mean from Geometrical Mean was that it was circular. His description of this circularity was in keeping with traditional characterizations of the fallacy of *petitio principii*—the use, for purposes of providing proof, of a judgment which itself requires proof. In Bolzano's terminology of grounding, we can roughly paraphrase this as the use, for purposes of providing a ground, of a judgment which itself requires a ground.

To describe such reasoning as circular was in agreement not only with the traditional understanding of *petitio principii*, but also with an understanding of it that was common in Bolzano's day. Kant's characterization of *petitio principii* in the *Jäsche Logic* illustrates this:[16]

> By a *petitio principii* one understands the acceptance (Annehmung), for purposes of serving as a ground of proof (Beweisgrunde), of a proposition as immediately

---

[15] That is, *Geometrical Mean*.

[16] The other common sub-variety of circularity, *circulus in probando* or *circulus in demonstrando*, was distinguished from *petitio principii* by Kant and described as follows: "[O]ne commits circular proving when he lays the very proposition he wants to prove as a ground of its own proof." [14, §92], my translation.

certain (unmittelbar gewissen), despite the fact that it still requires a proof (obwohl er noch eines Beweises bedarf). [14, §92] (my translation)[17,18]

Bolzano's description of the defect of using Geometrical Mean to establish General Mean follows this characterization of *petitio principii* closely. Such reasoning is circular because it amounts to arguing *for* something which needs a ground *from* something which is just as much (indeed, even more) in need of a ground.

> [W]hile the geometrical truth to which we refer here[19] is ... obvious and therefore needs no *proof* in the sense of *comfirmation*, it none the less does need a *grounding*. For ... we cannot hesitate ... to say that it cannot possibly be one of those *simple* truths, which are called *axioms*, or *base truths* (*Grundwahrheiten*), because they are the *basis* (*Grund*) for other truths and are not themselves consequences. [2, p. 254]

The general idea seems to be as follows: if I appeal to $\mathcal{P}$ in order to ground $\mathcal{C}$, but $\mathcal{P}$ itself is as much in need of grounding as $\mathcal{C}$, then my appeal to $\mathcal{P}$ does not advance my original aim of providing a ground concerning $\mathcal{C}$, and I am justificatively *idling*.[20] More exactly, I stand in the same position with respect to the scientific justification of $\mathcal{C}$ as I was in before I appealed to $\mathcal{P}$, namely, that of *petitioner*. I have offered nothing that is capable of rationally moving a believer to scientific belief in $\mathcal{C}$, and my original aim in appealing to $\mathcal{P}$—namely, to secure a basis for scientific belief in $\mathcal{C}$—is thus thwarted.[21] I have moved, but I have not advanced beyond my starting point. My movement (i.e. my reasoning) has thus been circular rather than progressive.

---

[17] Similar characterizations can be found in other versions of Kant's logic lectures (cf. [13, p. 414]).

[18] Such statements remained common in logic texts of the nineteenth and early twentieth centuries. The following characterization by Welton is an example: "*[P]etitio principii*—or the assumption without proof of a proposition requiring proof." [28, p. 232].

[19] That is to say, Geometrical Mean.

[20] Views of this basic type seem to have been a common way of understanding *petitio principii* in Bolzano's time. To take Kant as an example (but only one) again, we see it expressed in the *Blomberg Logic*: "*[P]etitio principii* ... comes from *peto*[,] I beg ... namely, I have to beg the other, as it were, for his approval, and from this we see, then, that this cannot be called a proof." [12, §411].

[21] This reasoning essentially assumes that the end of my justificative efforts was to prove $\mathcal{C}$. This points to a difference between Kant's characterization of *petitio principii* and Welton's. Both agree that *petitio* involves the assumption without proof of a proposition that requires proof. Kant adds, however, that the proposition so assumed is assumed *for the purpose of using it as a ground*. The reasoning above makes use of this added assumption concerning purpose.

5 Probative Rigor & Its Value

The last passage quoted above clearly indicates that Bolzano's probative ideal of rigor was based on a special conception of what constitutes a genuine *axiom* or *Grundwahrheit*. Rigorous proof is probatively complete proof, and probatively complete proof is proof which traces the propositional content of the judgment proved back to genuine axioms or *Grundwahrheiten*.

This naturally leads to the crucial question of what it is that properly qualifies a judgment as a *Grundwahrheit*. In the passage mentioned, Bolzano mentions three characteristics—namely, that (a) they are simple, (b) they are grounds (or parts of grounds) for other truths and (c) they are not themselves grounded by other truths. Taking these characteristics at face value, it may not be immediately clear what distinctive epistemic gain there might be in the achievement of probative completeness (i.e. in tracing things back to genuine axioms or *Grundwahrheiten*). I will therefore briefly clarify what I take the gain to be. I believe that what I have to say fits with the Bolzanian texts, though I would make no claim of uniqueness in this connection.

My view of Bolzanian axioms is closely related to that of a probatively terminating reason or ground given earlier in the characterization of probative termination. In order for $\mathcal{A}$ to serve as an axiom for $\mathcal{C}$, it must serve as a probatively terminal reason or part of a probatively terminal reason for $\mathcal{C}$. I thus allow for a distinction between axioms and probatively terminal reasons (or grounds). Specifically, I do not require that Bolzanian axioms by themselves be probatively terminal reasons or grounds, but only that they be parts of them.

As I see it, the salient feature of a probatively terminal reason $\mathcal{R}$ for a given judgment whose propositional content is $\mathcal{C}$ is that it is believed to be (1) the maximally general (i.e., the logically most general) logically sufficient basis for $\mathcal{C}$ that is also (2) fundatively necessary for $\mathcal{C}$.[22]

This critical feature of probative termination is worth a brief further comment. What is perhaps its most striking characteristic is the tension which exists between conditions (1) and (2). This is due to the fact that, generally speaking, as the logical strength of $\mathcal{R}$ increases, the likelihood of its being fundatively necessary for the logically less strong $\mathcal{C}$ must seemingly decrease. In other words, the greater $\mathcal{R}$'s generality, the greater its logical

---

[22] I speak here as if there is a unique judgment that satisfies the simultaneous ends of maximal generality and fundative necessity. I do not do so from conviction, though, but for reasons of simplicity or convenience. It would complicate and obscure the basic idea of the present line of reasoning to change the formulation in such a way as to reflect the possibility of non-uniqueness. This, however, is my only reason for not formulating things in this way.

strength, and the greater its logical strength, the seemingly less likely it is that its falsehood will imply the falsehood of $\mathcal{C}$.

To manage this puzzle, we must bear in mind what appears to be an important dissimilarity between the grounding relationship and the relationship of logical implication. In order for $\mathcal{R}$ to ground $\mathcal{C}$ (briefly, $\mathcal{R} \rightsquigarrow \mathcal{C}$), $\mathcal{R}$ must surely logically imply $\mathcal{C}$ (in symbols, $\mathcal{R} \Longrightarrow \mathcal{C}$). In addition, however, $\mathcal{R}$ must also be fundatively necessary for $\mathcal{C}$, and this means that there is an associated conditional relationship $\looparrowright$ according to which $\neg \mathcal{R} \looparrowright \neg \mathcal{C}$. The grounding conditional ($\rightsquigarrow$) is thus different from logical implication ($\Longrightarrow$) in that $\mathcal{R} \rightsquigarrow \mathcal{C}$ implies $\neg \mathcal{R} \looparrowright \neg \mathcal{C}$, while $\mathcal{R} \Longrightarrow \mathcal{C}$ does not. Unlike a logical ground, then, a Bolzanian ground is not only sufficient for what it grounds, but also, in an important sense, it is necessary for it.

What then is the distinctive epistemic benefit of Bolzanian proof? The clearest part of an answer is that it provides for knowledge—specifically, knowledge that $\neg \mathcal{R} \looparrowright \neg \mathcal{C}$—for which other types of proof or re-proof do not generally provide. In making $\mathcal{R}$ not only sufficient but necessary for $\mathcal{C}$, knowledge that $\neg \mathcal{R} \looparrowright \neg \mathcal{C}$ sharpens our understanding of the sources or bases of $\mathcal{C}$. Specifically, it indicates that although these sources need not be broader than $\mathcal{R}$, they cannot (in some important sense) be narrower than it either. This is what knowledge that $\neg \mathcal{R} \looparrowright \neg \mathcal{C}$ implies.

Thus, even though from a purely logical point of view, $\mathcal{C}$ might require only a part of $\mathcal{R}$ for its derivation, from what I am calling a fundative point of view, it requires $\mathcal{R}$ as a whole. To put it another way, reasons or fundative bases do not necessarily cleave along purely logical lines.

Knowledge of the fundative necessity of $\mathcal{R}$ for $\mathcal{C}$ thus sharpens our knowledge of the reasons for $\mathcal{C}$. More exactly, knowledge of the fundative necessity of $\mathcal{R}$, coupled with the attempt to generalize (or simplify) it to the furthest point possible (i.e., to the most general/simple choice of $\mathcal{R}$ for which its fundative necessity w.r.t. $\mathcal{C}$ remains assertable) is the Bolzanian ideal. It represents the most perfect balance of the twin ideals of Bolzanian proof, namely, generality/simplicity, on the one hand, and fundative necessity, on the other. What I referred to above as sharpening of a proof π of $\mathcal{C}$ essentially comes to finding a proof π^* which improves the generality/simplicity of π without sacrificing the fundative necessity of the reason it provides for $\mathcal{C}$.

Sharpening of this type was the theme of Bolzano's critical approach to foundations in the early nineteenth century, but key elements of this theme (e.g. that of a ground's being fundatively necessary for that which it grounds) have figured prominently in foundational enterprises throughout the history of mathematics.

6 Unfinished Business

If the reasoning sketched above is correct, Bolzanian pursuit of a probative ideal of rigor promises distinct epistemic benefits. The distinct benefit in question, though, is the addition of knowledge that $\neg \mathcal{R} \looparrowright \neg \mathcal{C}$. It is then natural to ask what the value of this knowledge is. In particular, we would like to know whether it somehow constitutes or supports improvement of our knowledge that $\mathcal{C}$, or, if it is not our knowledge of $\mathcal{C}$ that is the beneficiary, we would like to know what other knowledge it is for the sake of whose attainment or improvement we might reasonably pursue Bolzanian proof of $\mathcal{C}$.

We want an answer to these questions because, without one, knowledge that $\neg \mathcal{R} \looparrowright \neg \mathcal{C}$, though it may be knowledge that is added by adherence to a Bolzanian ideal of rigor, will not clearly qualify as knowledge that we ought to pursue or value as part of a rational project of properly proving $\mathcal{C}$. The natural assumption concerning such a project is that its goal is to advance our knowledge of $\mathcal{C}$. If this is not the goal that is advanced by gaining knowledge that $\neg \mathcal{R} \looparrowright \neg \mathcal{C}$, then we will need to be told what goal is advanced, and how it is advanced by pursuing proof of $\mathcal{C}$.

There are also questions of a more practical sort concerning the pursuit of probative rigor. Among these are questions regarding how, when it has been achieved, we might know that this is so. Bolzano said that to know that a reason is probatively terminal, we must know clearly that and why the demand for further proof is pointless:

> I propose the rule that the evidentness (*Evidenz*) of a proposition does not free me from the obligation to continue searching for a proof of it, at least until I clearly realize that and why absolutely no proof could ever be required (*bis ich deutlich einsähe, daß und warum sich durchaus kein Beweis fernerhin fordern lasse*). [3, p. 31]

He thus suggested that, for a given proposition $\mathcal{C}$, probation of $\mathcal{C}$ is not properly terminable until it is known, of an evident reason $\mathcal{R}$ for $\mathcal{C}$, that and why a grounding for $\mathcal{R}$ could not rightly be demanded. The question then, of course, becomes one of when (i.e. under what conditions) a prover might properly be regarded as having such knowledge, and how she might tell that she has it.

In my view, Bolzano did not develop effective responses to these questions. Later nineteenth century figures who also pursued probative ideals of rigor did a little better. I am thinking here particularly of Frege and Dedekind, both of whom gave essentially logicist responses to such questions—namely, responses which saw probation as being wanted primarily for the purpose of ridding broadly arithmetical proofs of appeals to intuition,[23,24] and to replace them with such seemingly more basic operations or judgments as may seem necessary for the existence of any substantial body of rational thinking whatever.

Closer examination of these ideas must await another occasion, however. I mention them here only to to give the reader a better idea of what remains to be done in order to achieve a fuller account of probative rigor. These tasks include that of giving a principled response to the question whether, in order to achieve its more significant epistemic benefits, probation must terminate and whether there are practical criteria for determining if and when it has.

In the context of the larger critical movement in foundations in the nineteenth and twentieth centuries, a probative conception of rigor made sense. Reliance on at least certain types of intuition in mathematical reasoning had proven risky. More radical proposals for managing this risk called for sweeping reforms of then-current mathematical practice. More conservative responses attempted one or another principled separation of those parts of that practice which deeply depended on such intuition from those which did not. The idea was then to re-prove what could be less riskily re-proved, and to reject only those parts of traditional mathematical practice where the dependency on risky methods was too deep for re-proof to be plausible (or perhaps feasible). The probative conceptions of rigor considered here belonged for the most part to this more conservative type of approach.

BIBLIOGRAPHY

[1] Berkeley, G. *The Analyst; or, a Discourse Addressed to an Infidel Mathematician. Wherein It is examined whether the Object, Principles, and Inferences of the modern Analysis are more distinctly conceived, or more evidently deduced, than Religious Mysteries and Points of Faith*, Printed for J. Tonson, London, 1734.

[2] Bolzano, B. "Beweis des Lehrsatzes daß zwischen je zwey Werthen, die ein entgegengesetzes Resultat gewähre, wenigstens eine reele Wurzel der Gleichung liege", *Proceedings of the Royal Society of Sciences*, Gottlieb Haase, Prague, 1817. Page references and English translation as in [4].

[3] Bolzano, B. "Betrachtungen über einige Gegestände der Elementargeometrie". Translated as "Considerations on Some Objects of Elementary Geometry", in [4]. Page references are to this translation.

---

[23] Bolzano too had a program to eliminate intuition from broadly arithmetical reasoning as well, but the intuition he was concerned to eliminate was geometrical intuition. Frege's and Dedekind's programs were based on broader opposition to reliance on intuition in the foundations of arithmetic.

[24] Frege's abjuration of intuition in arithmetic are well known and do not need to be repeated again here. Dedekind's, though, are not so well known, and it therefore seems worthwhile to give one here:

"I hold the number-concept (Zahlbegriff) to be completely independent of the representations (Vorstellungen) or intuitions (Anschauungen) of space and time ... [I]t is much more an immediate outflowing (unmittelbaren Ausfluß) of *the pure laws of thinking (der reinen Denkgesetze)*." [5, p. 335] (emphases as in the text)

[4] Bolzano, B. *The Mathematical Works of Bernard Bolzano*, trans. and ed. by Steve Russ. Oxford University Press, Oxford, 2004.
[5] Dedekind, R. *Was sind und was sollen die Zahlen?*, Braunschweig: Vieweg, 1888. Reprinted in [6]. Page references are to this reprinting.
[6] Dedekind, R. *Gesammelte mathematische Werke* vol. III, R. Fricke, E. Noether and O. Ore (eds.), F. Vieweg & Sohn, Braunschweig, 1932.
[7] Detlefsen, M. "Formalism", *Oxford Handbook of Philosophy of Mathematics & Logic*, pp. 236–317, Oxford U. Press, Oxford, 2005.
[8] Engel, F. *Der Geschmack in der neueren Mathematik*, Alfred Lorentz, Leipzig, 1890.
[9] Frege, G. *Die Grundlagen der Arithmetik*, Koebner, Breslau, 1884.
[10] Frege, G. *The Foundations of Arithmetic*, Northwestern U. Press, Evanston, 1974. English trans. by J. L. Austin of [9].
[11] Frege, G. *Grundgesetze der arithmetik: begriffsschriftlich abgeleitet*, vol. I, Jena, Hermann Pohle, 1893.
[12] Kant, I. *The Blomberg Logic* (1770s). English trans. in [16]. Page and section references are to this translation.
[13] Kant, I. *The Hechsel Logic* (1780s). English trans. in [16]. Page references are to this translation.
[14] Kant, I. *Immanuel Kant's Logik: Ein Handbuch zu Vorlesungen*, J. J. Mäden, Reutlingen, 1801.
[15] Kant, I. *The Jäsche Logic* (1800). English trans. in [16]. Page references are to this translation.
[16] Kant, I. *Lectures on Logic*, Michael Young (trans. and ed.), Cambridge University Press, Cambridge, 1992.
[17] Keyser, C. "The Thesis of Modern Logistic", *Science*, New Series 30 (1909): 949–963.
[18] Keyser, C. "The Human Significance of Mathematics", *Science*, New Series 42 (1915): 663–680.
[19] Keyser, C. *The Human Worth of Rigorous Thinking*, Columbia University Press, New York, 1916.
[20] Klein, F. "On the Mathematical Character of Space-Intuition, and the Relation of Pure Mathematics to the Applied Sciences", Lecture VI in [21].
[21] Klein, F. *Lectures on Mathematics*, The Evanston Colloquium, Macmillan & Co., New York, 1894.
[22] Klein, F. *Vorlesungen Über die Entwicklung der Mathematik im 19. Jahrhundert*, Springer Verlag, Berlin, 1926.
[23] Klein, F. *Lectures on the Development of Mathematics in the 19th Century*, English trans. of [22] by M. Ackerman. Math Sci Press, Brookline, Massachussetts, 1979.
[24] Kneebone, G. T. *Mathematical Logic and the Foundations of Mathematics*, D. van Nostrand, Londeon, 1963.
[25] Merz, J. T. *A History of European Thought in the Nineteenth Century*, vol. II, William Blackwood & Sons, Edinburgh, 1903.
[26] Merz, J. T. *On the Development of Mathematical Thought During the Nineteenth Century*, ch. XIII of [25]. William Blackwood & Sons, Edinburgh, 1906.
[27] Miller, G. "A Popular Account of Some New Fields of Thought in Mathematics", *Science*, New Series 11 (1900): 528–535.
[28] Welton, J. *A Manual of Logic*, vol. II, W. B. Clive, London, 1896.

Mic Detlefsen
University of Notre Dame
Université Paris-Diderot
Université Nancy 2
Chaire d'excellence (ANR)
mdetlef1@nd.edu

Peut-on naturaliser le platonisme mathématique ?[1]

PASCAL ENGEL

1 Introduction : le naturalisme en mathématiques

Bien qu'on ait usé et abusé du terme « naturaliser » dans la philosophie récente, il a habituellement deux sens. Au sens ontologique, le naturalisme est la thèse selon laquelle il n'y a pas d'autres entités dans le monde que des entités naturelles, c'est-à-dire des entités du genre de celles que reconnaissent les sciences de la nature. Au sens explicatif ou épistémologique, le naturalisme est la thèse selon laquelle tout processus ou phénomène est susceptible d'explications du type de celles qu'on trouve dans les sciences de la nature, c'est-à-dire d'explications de type causal. Bien sûr ces deux versions de la thèse autorisent diverses variations, car certains admettent d'autres explications que causales (par exemple des explications téléologiques) en sciences de la nature, et il y a souvent désaccord sur les entités qui sont reconnues comme acceptables par les sciences de la nature.

De prime abord il est douteux que le naturalisme ontologique soit compatible avec un anti-naturalisme épistémologique, mais le naturalisme épistémologique n'implique pas nécessairement le naturalisme ontologique. Rien n'interdit d'accepter une conception naturaliste de la connaissance mathématique tout en ayant une conception non naturaliste de l'ontologie mathématique. Plusieurs auteurs ont soutenu cette combinaison. Ainsi Quine et Putnam soutiennent-ils que l'on peut combiner une ontologie platonicienne avec une épistémologie naturaliste scientifique, sur la base de leur argument d'« indispensabilité » selon lequel les entités abstraites sont indispensables à la connaissance scientifique. Inversement les nominalistes contemporains,

---

[1] Cet article est un descendant d'une conférence inédite au Colloque « Philosophie des mathématiques » qui eut lieu à l'ENS rue d'Ulm en 2000. Cette date explique qu'il ne discute pas des vues plus récentes de Maddy. Je remercie pour son invitation à ce colloque Martin Andler. Pour la présente circonstance, c'est pour moi un plaisir de le publier dans un hommage à mon vieil ami Gerhard Heinzmann pour son soixantième anniversaire, et de saluer, je l'espère de manière pas trop indirecte, son travail en philosophie de la logique et des mathématiques. Merci à Manuel Rebuschi de sa relecture attentive.

comme Field, soutiennent au contraire qu'une ontologie scientifique doit s'en dispenser et revendiquent une harmonie entre ontologie et épistémologie.

Roger Penrose [25] est lui aussi une sorte de compatibiliste, bien que d'une espèce très différente de celle de Quine et de Putnam. Il soutient qu'on peut accepter conjointement les thèses suivantes :

i Les processus cérébraux causent la conscience, mais aucun processus algorithmique ne peut simuler ces processus ;

ii Bien que l'univers platonicien ne se laisse pas réduire à nos constructions mentales imparfaites, notre esprit y a toutefois directement accès grâce à une « connaissance immédiate » des formes mathématiques et à une capacité à raisonner sur ces formes.

Penrose pense qu'on peut expliquer scientifiquement la connaissance intuitive immédiate que nous avons des entités mathématiques. Selon lui, la conscience est un processus naturel, explicable par une physique de l'esprit, mais il faut concevoir de manière totalement différente la physique telle qu'elle est actuellement conçue pour comprendre la base naturelle de l'esprit[2].

Pourtant cette combinaison, qu'on peut appeler « naturalisme platoniste » ou « platonisme mathématique naturalisé »[3], semble, de prime abord, incohérente, au regard du célèbre « dilemme de Benacerraf »[4] :

1. Il y a des entités mathématiques abstraites, indépendantes du langage, et sans localisation spatio-temporelle ni contact causal avec l'esprit humain ;

2. La connaissance se définit comme une forme de contact causal avec les entités connues ;

3. Par conséquent il ne peut y avoir de connaissance des entités abstraites des mathématiques.

---

[2] On pourrait néanmoins appeler Penrose un physicaliste plutôt qu'un naturaliste au sens assez large admis ci-dessus. Ce qu'il y a de dommage est que les physicalistes qui comme lui soutiennent que le physicalisme a besoin d'une physique réformée et plus complète nous expliquent rarement en quoi cela modifie les arguments classiques (*i.e.*, de Smart à Kim en passant par Quine et Lewis) en faveur du physicalisme en philosophie de l'esprit. Je suis peut être réactionnaire en philosophie, mais je ne vois pas bien en quoi les thèses de Penrose ou d'autres en physique modifient en quoi que ce soit les problèmes que Kim, par exemple, pose pour le dualisme et le physicalisme (voir [18], par exemple).

[3] Le platonisme de Quine et de Putnam peut aussi être appelé un « platonisme naturalisé », à cette nuance importante près, qu'ils ne recourent pas à une quelconque notion d'intuition. Quand ils soutiennent que la connaissance scientifique a besoin des entités mathématiques abstraites, c'est sur la base d'un holisme épistémologique selon lequel la science en général, dont les mathématiques font partie, doit intégrer dans certaines de ses parties des entités abstraites (cf. plus bas).

[4] [3] ; cf. [10] pour une discussion des thèses de H. Field en réponse à ce dilemme.

En d'autres termes il n'est pas possible de réconcilier l'ontologie d'entités abstraites du platonisme avec son épistémologie : le platoniste ne peut expliquer comment cette connaissance est possible, et ne peut donner aucune réponse évidente, sauf à recourir à une faculté mystérieuse d'intuition.

Si l'on accepte la seconde prémisse de l'argument, la conclusion semble s'imposer : si l'on veut réconcilier l'ontologie avec l'épistémologie, il faut renoncer à la thèse ontologique platonicienne : les entités mathématiques ne sont pas des entités abstraites. On peut le concevoir soit comme des formes de constructions mentales, soit comme des entités physiques, de l'espèce des symboles d'un langage, et épouser ainsi une forme de nominalisme.

Telle est, semble-t-il, la position des neuroscientifiques qui entendent soutenir qu'il y a des bases neuronales et cérébrales de notre connaissance mathématique. Ceux-ci admettent la seconde prémisse, et soutiennent que la seule épistémologie correcte des mathématiques doit impliquer un rejet du platonisme. Le dialogue entre Changeux et Connes [4] illustre en fait le dilemme de Benacerraf, que Changeux et Dehaene, quant à eux, estiment aisément résolu :

> Les progrès rapides des sciences cognitives permettent d'envisager une alternative avec sérieux : les mathématiques résulteraient, pour une grande part, de la capacité de notre cerveau à « inventer » des règles et des langages nouveaux, et explorer les conséquences logiques de ces règles. Les mathématiques devraient alors être considérées comme une activité, en perpétuelle évolution, du cerveau de l'homme, plutôt que comme un monde préétabli que les mathématiciens explorateurs découvriraient progressivement. [7]

Penrose ne voit pas les choses ainsi, puisqu'il semble soutenir que les deux prémisses peuvent être maintenues sans que la conclusion (3) s'ensuive. Il soutient que la faculté d'intuition par laquelle on accède aux entités abstraites est une connaissance naturelle, qu'une physique de l'esprit peut expliquer, même si nous ne disposons pas encore de la physique appropriée et pouvons seulement en indiquer la nature.

Mais cette position avait déjà, en un sens, été défendue de manière célèbre par Gödel, qui soutenait que :

> Les ensembles peuvent être conçus comme des objets réels, existant indépendamment de nos définitions et constructions. (...)
> L'analogie entre les mathématiques et la science naturelle compare les axiomes de la logique et des mathématiques aux lois de la nature et l'évidence logique avec la perception sensorielle.
> Nous avons quelque chose comme une perception également des objets de la théorie des ensembles. [16]

Ou bien cette perception est à rapprocher de la faculté mystérieuse d'intuition comme contact non causal avec des entités abstraites, ou bien elle est, comme la perception ordinaire, une capacité parfaitement naturelle et analysable comme telle.

188   Pascal Engel

Penrose suggère une position de ce type, c'est-à-dire une forme de platonisme naturalisé. Mais ce n'est pas sa position que je veux examiner. Une philosophe en fait, a défendu, en réponse au dilemme de Benacerraf, une position de ce genre : Penelope Maddy [20], [21]. Comme c'est l'une des versions les plus développées de platonisme naturaliste, il me semble intéressant de l'examiner, et de voir dans quelle mesure elle est tenable. J'en doute fort.

2   Connaissance numérique et cognition

Pourquoi le platonisme naturalisé, malgré son caractère bizarre, est-il une position attrayante? Elle ne l'est pas simplement parce qu'elle nous promet une réconciliation de l'épistémologie mathématique avec la conception courante et officielle des mathématiciens en ontologie, incarnée par Alain Connes, qui penche toujours en faveur d'une forme de platonisme. Elle l'est aussi parce les conceptions qui semblent le mieux respecter la prémisse (2) du dilemme de Benacerraf ne sont, malgré les apparences, satisfaisantes ni sur le plan épistémologique ni sur le plan ontologique.

Commençons par le plan ontologique. Un grand nombre de travaux de psychologie cognitive et de neurosciences établissent qu'un certain nombre d'espèces animales, les primates supérieurs et les enfants humains, ont une sensibilité aux nombres, et que cette sensibilité est basée dans les structures d'organisation cérébrale. Les célèbres travaux de Karen Wynn [28] montrent que les enfants de 5 mois sont capables de calculer les résultats précis de d'additions et de soustractions simples, et que « les symboles mentaux sur lesquels les animaux et les enfants opèrent ont une structure qui leur permet d'abstraire de l'information des relations numériques précises entre les numérosités » [28, p. 317] et donc qu'il y a une représentation innée des nombres. Bien sûr Wynn ne suggère pas que toutes les mathématiques sont innées, ni que la notion d'infini puisse résulter de ces mécanismes élémentaires, mais elle suggère que « notre connaissance numérique initiale *d'une façon quelconque* sert de base au développement des mathématiques », et que « déterminer comment la transition à partir de cette base initiale vers une connaissance plus abstraite pourrait être obtenue serait une entreprise majeure » [28, p. 330]. Elle en conclut qu'une conception selon laquelle la connaissance mathématique est de nature essentiellement empirique, comme celle que Mill défendait et que des auteurs contemporains comme Kitcher [14] ont renouvelée, pourrait bien, à partir de ces travaux, se révéler correcte. De leur côté, Changeux et Dehaene [7] ont soutenu qu'on peut formuler des modèles neuronaux du développement numérique élémentaire, qui « indiquent clairement que le concept de nombre possède une réalité psychologique » et que le cerveau humain possède un ou plusieurs « organes numériques ».

Le problème que posent ces conceptions, relativement à l'ontologie des nombres, est qu'ils font appel à une notion de « capacité numérique » et de « numérosité » qui ne nous garantit nullement que les comportements indiquant la sensibilité à ces numérosités, ni les structures neuronales qui les sous-tendent, peuvent compter comme une sensibilité aux nombres eux-mêmes. En premier lieu, si la connaissance des nombres est supposée acquise à partir de la sensibilité à des numérosités physiques, il n'est pas clair que l'on ait affaire réellement à une connaissance des *nombres* comme telle, et pas plutôt à une connaissance d'*agrégats* physiques. Mais comme l'a montré Frege contre Mill, la notion de nombre ne peut se réduire à celle d'agrégat[5]. En second lieu, la reconnaissance, dans les expériences de Wynn, de certains objets, tels que des petits Mickeys ou des poupées par les enfants, suppose la connaissance d'objets distincts, et par conséquent quelque chose comme l'appareillage de la quantification et de l'identité. Mais, même s'il est légitime de leur attribuer cet appareillage, il ne constitue pas encore une connaissance des nombres comme tels. Entre le quantificateur « Il existe un x » et le quantificateur numérique « il existe exactement n x », il y a un fossé, dont il n'est pas évident qu'il soit franchi par l'enfant [14]. Le concept même de « numérosité » pose exactement ce problème : la numérosité est-elle identique à la *numéricité*, ou à la connaissance de nombres ?

Rien de ceci évidemment n'implique que les nombres soient des objets, au sens où un philosophe des mathématiques platonicien peut l'entendre. On peut parfaitement soutenir que les nombres ne sont pas des objets, et qu'ils se réduisent à des symboles et à des règles pour manipuler des symboles. Mais alors il faut développer une alternative nominaliste au platonisme, peut être dans le style de celle proposée par Field [12], [13]. Mais on n'aura pas pour autant comblé le vide qui permettrait d'échapper au dilemme de Benacerraf, car le nominalisme lui-même est une reconstruction théorique (logique) des nombres, et tant que cette reconstruction théorique n'est pas établie comme concordant avec les structures cognitives et cérébrales des symboles mentaux eux-mêmes, rien n'a été montré du passage des numérosités aux nombres.

Passons maintenant au plan épistémologique. Supposons que la difficulté ontologique ait été résolue, que ce soit dans le sens d'une conception nominaliste ou d'une conception constructiviste (la conception platonicienne étant exclue de prime abord comme incapable de satisfaire à la condition

---

[5] Je présuppose évidemment ici cet argument fregéen. Si l'on admet la conception de Husserl dans *Philosophie Der Arithmetik* (1900), récemment ravivée par Peter Simons [27], mon argument ici est affaibli...

causale (TC) énoncé par la seconde prémisse du dilemme de Benacerraf).
De toute évidence, la découverte de fondements neuronaux et cognitifs à
notre connaissance mathématique, soit dans un sens innéiste soit dans un
sens empiriste, satisferait à la seconde prémisse de Benacerraf, puisque ce
fondement neuronal et cognitif assurerait le contact causal avec les objets
appropriés, qu'ils soient des symboles ou des structures cognitives.

Mais pourquoi devrait-on exiger une telle condition *causale* sur la connaissance en premier lieu ? Le platoniste ne peut-il pas répondre au dilemme de Benacerraf en disant qu'elle n'est pas nécessaire ? Ici il faut faire un petit excursus au sein de la théorie de la connaissance. La notion traditionnelle de connaissance héritée de Platon implique que la connaissance n'est pas seulement la croyance vraie, mais la croyance vraie *justifiée*. Mais les contre-exemples de Gettier [15] montrent que cette définition est insuffisante[6]. Par exemple, Pierre entre dans la pièce, voit une pomme sur la table. Il croit qu'il y a une pomme sur la table. Sa croyance est vraie, car il y a bien une pomme sur la table. Elle est justifiée par les données perceptuelles dont il dispose. Mais en fait la pomme qu'il voit n'est pas celle qui est sur la table, mais une autre pomme, dont la perception lui est induite par un jeu de miroirs disposés de manière à ce qu'il croie voir la pomme, mais qu'il voie en fait seulement son reflet dans ces miroirs. Dans ce cas, la croyance de Pierre est vraie, justifiée, mais n'est pas une connaissance. Les théoriciens de la connaissance soutiennent ici [17] que pour que Pierre puisse avoir une connaissance authentique, il faut qu'il existe une chaîne causale *appropriée* entre la pomme perçue par Pierre et son appareil cognitif. Dans l'exemple en question, la chaîne causale n'est pas appropriée. Mais quelles sont les conditions d'une chaîne causale appropriée ? Comment s'assurer que dans des circonstances données nous avons affaire à un cas de cognition normale, et non pas à un cas déviant, susceptible d'induire des exemples de ce type ? En d'autres termes, pour qu'une croyance vraie que P soit justifiée il faut que la condition suivante soit remplie :

(A^*) il y a une connexion causale appropriée entre la vérité de P et la croyance que P.

Mais il ne peut être requis que (A^*) soit vraie pour que la croyance que P soit justifiée, car cela impliquerait qu'aucune croyance fausse ne puisse être justifiée. Or il y a clairement des croyances fausses qui le sont. Il ne peut pas non plus être requis que (A^*) soit connue de manière justifiée pour que P soit connue de manière justifiée, car cela impliquerait une régression à l'infini : il faudrait aussi qu'une proposition (A^{**}) :

(A^*) il est connu de manière justifiée (par une chaîne causale appropriée) que (A^*).

---

[6] Pour plus de détails, cf. [9] et [11].

soit connue de manière justifiée, et ainsi de suite (cela revient à admettre un réquisit *internaliste* quant à la justification). Mais comment est-ce possible ? Par exemple, les anciens pouvait-ils être justifiés à croire des vérités astronomiques alors même qu'ils soutenaient des croyances qui nous apparaissent aujourd'hui bizarres sur la mécanique céleste ou même sur les causes des croyances humaines ? Pour échapper à cette conséquence, les théoriciens de la nature causale de la connaissance sont amenés à soutenir que la justification ne doit pas dépendre du fait que l'on croit que les justifications en question existent, autrement dit, ils doivent admettre qu'une croyance puisse être justifiée sans qu'on croie qu'elle l'est. Cela entraîne une forme d'externalisme quant à la justification. Mais celui-ci a des conséquences aussi problématiques que l'internalisme. Comment peut-on être justifié, ou non justifié, à croire quelque chose que l'on ne croit pas et auquel on n'a aucun accès cognitif ? Comment peut-on, par exemple être justifié à croire une proposition qui serait la conséquence logique de propositions que nous croyons, mais sans avoir la moindre idée de l'existence de cette proposition ni des étapes déductives qui seraient requises pour l'obtenir ?[7]

Il n'est donc pas évident que la théorie causale de la connaissance impliquée par la prémisse (2) du dilemme de Benacerraf soit assurée. Et pourtant elle est très plausible. Néanmoins, si l'on ne peut pas donner une explication satisfaisante de cette condition, quelles raisons avons-nous de l'adopter ?

Nombre de philosophes sont cependant prêts à l'adopter, sur une base plus faible. Ils peuvent refuser de chercher une forme *a priori* de justification, et soutenir que nos croyances en général, et nos croyances aux entités mathématiques, sont justifiées par nos canons généraux de connaissance scientifique. C'est ici qu'intervient l'argument dit d'« indispensabilité » de Quine-Putnam. L'idée est que si notre connaissance scientifique en général, et les canons qui la gouvernent, établissent que les objets mathématiques, et en particulier les objets abstraits, sont présupposés, ou impliqués par nos meilleures théories scientifiques, alors nous avons toutes les bonnes raisons – les justifications – de croire en l'existence de ces entités. L'argument d'indispensabilité est une forme d'argument abductif, dans la terminologie de Peirce, ou un argument reposant sur « l'inférence à la meilleure explication », de nature pragmatique. Si la meilleure explication que nous avons de nos croyances aux objets mathématiques, celle qui est impliquée par notre connaissance physique, puisque la physique utilise les mathématiques, présuppose l'existence d'objets abstraits, alors il est rationnel, ou justifié de croire à l'existence de ces objets. Cette position est naturaliste, et causale,

---

[7] C'est la raison pour laquelle le principe de clôture épistémique est souvent formulé ainsi : si X sait que P, et sait que P implique Q, et est capable de déduire de manière compétente Q de P, alors X sait que Q.

en un sens non pas étroit comme précédemment, mais en un sens faible ou général : notre connaissance n'excède pas ce que la physique peut nous amener à croire sur le monde naturel, et puisque la théorie de la connaissance la meilleure que nous ayons doit se réduire à une connaissance naturelle – la connaissance qui nous est fournie par la psychologie, les sciences cognitives, qui se réduisent à la physique –, alors notre meilleure théorie naturaliste doit postuler l'existence d'entités abstraites. C'est aussi une forme de platonisme naturalisé, mais à la différence de la théorie causale de la connaissance, il n'implique pas que nous soyons en mesure de donner une analyse détaillée des connexions causales qui nous relient aux entités abstraites, mais seulement que nous ayons une justification générale de cette causalité. C'est pourquoi Quine peut à la fois défendre une forme d'« épistémologie naturalisée », selon laquelle il ne peut pas y avoir d'autre canons de la connaissance que ceux que nous donne notre pratique scientifique globale, et une forme de platonisme stipulatif.

Le problème le plus sérieux que rencontre cette forme de platonisme est que les mathématiques *non appliquées* sont sans justification. Or il semble que les mathématiques non appliquées reposent bien sur des pratiques de justification, sans être liées à « notre pratique scientifique globale ». C'est une objection que fait Maddy [20, p. 31]. Et cela la conduit à proposer une autre forme de platonisme naturalisé.

3 Le platonisme naturalisé de Maddy

Ce que montrent ces difficultés est qu'il est bien imprudent de soutenir, comme le font Changeux et Dehaene [7, p. 123] que le débat quant à l'ontologie des mathématiques et quant à leur épistémologie, exprimé par le dilemme de Benacerraf, est d'ordre purement philosophique, et qu'il peut être résolu par l'expérimentation en se passant complètement de toute théorie épistémologique de la justification et de toute ontologie des entités mathématiques.

Maddy entend au contraire proposer une conception naturaliste qui rende justice aux deux dimensions. Elle reformule, à partir du platonisme de Gödel, le dilemme de Benacerraf. D'un côté la meilleure explication que nous ayons des objets mathématiques et celle qui s'accorde le mieux avec la pratique des mathématiciens est la conception platoniste. D'un autre côté, la conception gödelienne de la justification de notre connaissance de ces objets par l'effet d'une intuition ou d'une évidence transcendante est mystérieuse. Sa solution pour échapper au dilemme consiste à soutenir que cette intuition n'est pas autre chose qu'une connaissance parfaitement naturelle, qui est en fait une forme de *perception*, qui est elle-même une forme d'interaction causale avec les entités mathématiques. Elle soutient que les objets mathématiques sont des ensembles, et que nous en avons une connaissance perceptive, en d'autres termes, que :

(M) Nous avons une forme de connaissance *observationnelle*, perceptive des ensembles

Maddy avance en effet la thèse radicale selon laquelle nous pouvons interagir causalement, et interagissons causalement avec des ensembles. En d'autres termes, nous pouvons les voir, les sentir, et même, semble-t-il, les manger.

> Considérez le cas suivant. Steve a besoin de deux œufs pour son omelette. La boîte à œufs qu'il prend dans le réfrigérateur lui semble extrêmement légère. Il ouvre le carton et voit, à son grand soulagement, qu'il y a là trois œufs. Ma thèse est que Steve a perçu un ensemble de trois œufs. Selon l'analyse de la perception que je propose, ceci requiert qu'il y ait un ensemble de trois œufs dans le carton, que Steve acquière une croyance perceptive à leur sujet, et que l'ensemble d'œufs participe dans l'engendrement de ces croyances perceptives de la même manière que ma main participe dans l'engendrement de ma croyance qu'il y a une main devant moi quand je la vois sous un éclairage approprié. [20, p. 58]

Mais l'objection immédiate à cela n'est-elle pas que les ensembles sont des entités qui ne sont pas localisées spatio-temporellement ? À cela Maddy répond :

> Il n'y a pas de véritable obstacle à l'idée que l'ensemble d'œufs vient à l'existence et en sorte, et que spatialement comme temporellement, il est localisé exactement là où se trouvent ses membres, c'est-à-dire là où l'ensemble d'œufs et l'ensemble de mains se trouvent, c'est-à-dire là où se trouvent les œufs et les mains. Et n'importe quel nombre d'ensembles différents peuvent être localisés au même endroit : par exemple l'ensemble de l'ensemble des trois œufs et l'ensemble des deux mains est localisé dans le même lieu que l'ensemble de l'ensemble des deux œufs et l'ensemble de l'autre œuf et des deux mains. Rien de ceci n'est plus surprenant que le fait que les cinquante deux cartes puissent être localisées au même endroit que le paquet de cartes. [20, p. 59]

Une seconde objection est qu'il n'est pas évident que la croyance perceptive que Steve acquiert soit une croyance au sujet de l'ensemble des œufs, et que cet ensemble ait trois membres. À cela Maddy répond que la croyance numérique – qu'il y a trois œufs dans le carton – est une croyance perceptive. Elle est bien, nous dit-elle, une croyance perceptive non inférentielle, qui peut néanmoins influencer des inférences sur d'autres croyances perceptives, et sur d'autres croyances, par exemple qu'il y a assez d'œufs pour faire l'omelette. Mais alors, est-ce une croyance au sujet d'un ensemble ? Le problème est que l'amas physique qu'il y a dans le carton n'a pas de propriété numérique déterminée : il contient trois œufs, mais quantité d'autres molécules, et encore plus d'atomes, et seulement le quart d'un carton d'œufs. Pour toute masse d'une substance physique, il n'y a pas de manière prédéterminée dont elle peut être divisée, et sans cette division, il n'y a pas de propriété numérique prédéterminée. C'était précisément la difficulté que nous avons rencontrée au sujet de la « numérosité ».

On peut répondre que le sujet d'une propriété numérique est un agrégat, mais la réponse de Frege est qu'il s'agit d'un concept, ou une autre réponse est qu'il s'agit de l'extension du concept, une classe. Maddy préfère dire que c'est un ensemble.

Mais quelle sorte d'ensemble ? On distingue les ensembles *purs*, c'est-à-dire les ensembles figurant dans la hiérarchie itérative construite à partir de l'ensemble nul à travers les opérations de création des ensembles comme l'opération qui nous donne la puissance d'un ensemble (par exemple l'ensemble nul et l'ensemble des ordinaux de von Neumann) et les ensembles *impurs*, qui ont des choses physiques dans leur clôture transitive (Les ensembles impurs sont ceux qui existent si et seulement si leurs membres existent. Par exemple les divers ensembles composés de Pierre et de Paul sont : {Pierre, Paul}, {{Pierre}, {Pierre, Paul}}, etc. Mais parmi ces ensembles sont impurs seuls ceux qui existent quand Pierre et Paul existent et sont localisés spatio-temporellement). Si la thèse de Maddy porte sur ces derniers, on peut parler d'un platonisme physicaliste proprement dit ; si elle porte sur les ensembles impurs seulement, on ne peut parler que d'un platonisme physicaliste hybride [1], admettant que nous ne percevons pas les ensembles purs. Mais elle ne décide pas en faveur de l'une ou l'autre de ces thèses. Si elle défend le platonisme physicaliste hybride, elle peut soutenir que notre connaissance des ensembles purs est obtenue inférentiellement à partir de notre connaissance perceptive des ensembles impurs. Mais le problème avec la thèse hybride est que le platoniste traditionnel peut défendre exactement la même idée, et par conséquent que la thèse hybride n'offre pas une alternative authentique au platonisme traditionnel, dont Gödel est peut être un représentant. Il vaut mieux alors concevoir sa position comme une défense du platonisme physicaliste *stricto sensu*. Sa théorie implique que si nous ne percevons pas directement toutes les propriétés des ensembles physiques que nous observons, nous percevons bien les propriétés des ensembles que nous observons, et pouvons inférer les autres. En fait sa thèse implique bien que les nombres soient des propriétés, c'est-à-dire des universaux, et non pas, comme celle de Frege, que les nombres soient les propriétés de propriétés, ou de concepts. Bigelow [3] a défendu, sur le plan ontologique, une telle théorie des nombres comme universaux. On retrouve ainsi l'idée gödelienne selon laquelle les mathématiques sont une partie de la science de la nature.

En outre, Maddy, après avoir accepté à un moment l'argument quinien de l'indispensabilité, a tendu par la suite [21] à le rejeter. Elle entend donc s'en tenir à une théorie causale de la justification des croyances perceptives au sujet des ensembles, et elle spécifie les processus appropriés de perception à partir à la fois de modèles neuronaux empruntés à Hebb et de considérations développementales piagétiennes. Comme on l'a vu, les travaux de Wynn et ceux de Dehaene et Changeux lui permettraient d'améliorer ces hypothèses quant à la perception numérique, et sans doute de les modifier. Mais ils ne changeraient pas substantiellement la nature causale de la théorie épistémologique proposée.

La théorie de Maddy tient à son hypothèse selon laquelle certains ensembles sont localisés là où se trouvent leurs membres et ne sont pas moins observables que ne le sont leurs membres. Comme elle le dit :

> Dix est localisé là où se trouve l'ensemble de mes doigts, en mouvement sur les touches de mon traitement de texte. Mais si c'est correct, alors dix est localisé là où se trouve la première ligne d'une équipe de *baseball* américain, et sur la liste des best-sellers du *Times*, et dans de nombreux autres endroits. ... Par les critères traditionnels cela fait de l'ensemble des joueurs de baseball un particulier et du nombre dix un universel. [20, p. 87]

Mais pourquoi devrions-nous accepter cette hypothèse ? La réponse de Maddy est que si l'on reconnaît l'existence des ensembles, il n'y a pas d'obstacle réel à soutenir que les ensembles formés d'objets spatio-temporels sont localisés là où se trouvent ces objets, et que nous acquérons des croyances directes au sujet des ensembles par la perception.

Mais le fait que les ensembles d'objets physiques soient localisés dans l'espace-temps ne transforme pas *les ensembles* en objets physiques ! Car si ces ensembles sont des objets physiques, on devrait pouvoir les distinguer par leurs propriétés physiques. Mais les ensembles physiques occupent exactement les mêmes lieux spatio-temporels que leurs membres et ils participent exactement aux mêmes événements, et par conséquent nos moyens habituels pour distinguer les objets physiques ne s'appliquent pas à eux. Mais alors quelles sont les propriétés physiques qui distinguent un ensemble de deux livres de l'ensemble de cet ensemble ou de l'ensemble des sous-ensembles non vides de cet ensemble ? Maddy répondrait qu'ils diffèrent par le fait qu'ils ont des membres distincts. Mais *Avoir des membres distincts* est une propriété des ensembles, et ce n'est une propriété physique qu'en vertu de la stipulation selon laquelle les ensembles sont des objets physiques. Par conséquent, Maddy fait ici une pétition de principe [26, p. 95].

Qu'en est-il alors de la thèse de Maddy selon laquelle nous pouvons voir directement certains ensembles ? Tout le problème est ici celui de savoir si nous les voyons directement. Mais elle défend aussi l'idée que la perception est faite de croyances perceptives, de jugements, et d'inférences à partir de ces croyances. Or, on peut « voir » des électrons à partir de données sur un écran d'ordinateur. Mais cela n'implique pas que l'on voie les électrons eux-mêmes, pas plus que la thèse de Maddy n'implique que les propriétés des ensembles soient vus directement.

Elle est parfaitement consciente de la difficulté, car elle écrit dans une note :

> Steve n'a pas besoin d'exprimer sa croyance [qu'il y a trois œufs dans cette boîte] sous cette forme [que cet ensemble a trois membres] : implicite dans le mot « ensemble », il y a une théorie plus sophistiquée que celle dont la plupart des gens sont conscients. Quand je dis qu'il acquiert une croyance perceptive au sujet d'un ensemble, je veux dire qu'il acquiert une croyance perceptive au sujet de quelque chose qui a une propriété numérique, que les théoriciens connaissent comme étant un ensemble. De la même manière, quand il perçoit l'arbre devant lui, il a acquis une croyance perceptive qui a un contenu théorique plus faible que celui qu'un botaniste fournirait. Néanmoins, ce qu'il a perçu était l'arbre du botaniste. [20, p. 63]

Tout le problème est là. Fred Dretske [8] a distingué le « voir non épistémique » du « voir épistémique », le voir sans jugement identifiant du voir avec un tel jugement identifiant. Mais les propriétés des ensembles dépendent du second type de voir, et non pas du premier. Que je voie *trois pommes*, quand je vois trois pommes entraîne certes que je vois un *ensemble de trois pommes* (en vertu de la factivité du verbe « voir »). Mais cela signifie-t-il que je voie *l'ensemble de cardinalité trois* ? Non, et c'est toute la difficulté des thèses qui essaient d'établir la généalogie psychologique et cognitive de notre connaissance des nombres à partir de notre perception de la numérosité.

4 Conclusion : naturalisme et naturalisme

Cela ne sonne pas le glas des théories naturalistes des mathématiques ; mais tant que celles qui s'appuient sur les neurosciences n'ont pas pris parti sur la question ontologique de la nature des nombres et sur la question épistémologique de la nature de leur connaissance, elles sont vouées à rester indéterminées, et à rester prises dans le dilemme de Benacerraf. Il y a bien d'autres manières d'être naturaliste en philosophie des mathématiques que celles que j'ai évoquées ici – celles de Quine et de Maddy principalement – à commencer par celles qui adoptent des formes d'antiréalisme et de constructivisme. Il ne fait pas de doute que la vie est bien moins dure pour le naturaliste quand il ne souscrit pas au platonisme ou au réalisme ontologique. Plus récemment, Maddy ([21], [23], voir [24]) a adopté une vision beaucoup moins unifiée du naturalisme, en proposant une conception « hétérogène » qui admet des engagements méthodologiques et ontologiques distincts. Il n'est plus très clair que cette version méthodologique se distingue de la position quinienne. C'est tout le mérite d'avoir relevé le défi d'essayer de concilier l'ontologique et l'épistémologique, et d'avoir proposé la version la plus audacieuse à ce jour de platonisme naturalisé. Mais c'est aussi la plus délicate si elle est supposée unifier ontologie et théorie de la connaissance. Le défi posé par leur intégration réciproque reste encore à relever.

BIBLIOGRAPHIE

[1] Balaguer, M., 1994, "Against (Maddian) Naturalized Platonism", *Philosophia Mathematica*, 2, 97–108.
[2] Benacerraf, P. & Putnam, H. (eds.), 1983, *Philosophy of Mathematics, Selected Readings*, Cambridge, Cambridge University Press.
[3] Benacerraf, P., 1965, "What Numbers Could Not Be", *in* Benacerraf & Putnam, 1983.
[4] Bigelow, J., 1988, *The reality of Numbers, A Physicalist View of Mathematics*, Oxford, Clarendon Press.
[5] Boghossian, P. & Peacocke, C. (eds.), 2000, *New Essays on the A Priori*, Oxford, Oxford University Press.
[6] Changeux, J.-P. & Connes, A., 1989, *Matière à pensée*, Paris, Odile Jacob.
[7] Changeux, J.-P. & Dehaene, S., 1993, "Pensée mathématique et modèles neuronaux des fonctions cognitives", *in* Houdé, O. (ed.), *Pensée logico-mathématique, nouveaux objets interdisciplinaires*, Paris, PUF.
[8] Dretske, F., 1980, *Seeing and Knowing*, London : Routledge.
[9] Dutant, J. & Engel, P. (eds.), 2005, *Philosophie de la connaissance*, Paris, Vrin.
[10] Engel, P., 1995, "Platonisme mathématique et antiréalisme", *in* Salanskis, J.-M. & Panza, M. (eds.), *L'objectivité mathématique*, Paris, Masson.
[11] Engel, P., 2007, *Va savoir ! De la connaissance en général*, Paris, Hermann.
[12] Field, H., 1981, *Science Without Numbers*, Blackwell, Oxford.
[13] Field, H., 1989, *Realism, Mathematics and Modality*, Oxford, Blackwell.
[14] Galloway, D., 1992, "Wynn on Mathematical Empiricism", *Mind and Language* 7 : 333-58.
[15] Gettier, E., 1963, "Is Justified True Belief Knowledge ?", *Analysis*, 23 , 121–123, tr. fr. *in* Dutant & Engel, 2005.
[16] Gödel, K., 1944, "Russell's Mathematical Logic", *in* Benacerraf, P. & Putnam, H., 1983.
[17] Goldman, A., 1986, *Epistemology and Cognition*, Harvard, Harvard University Press
[18] Kim, J., 2005, *Philosophy of Mind*, Westview Press, tr.fr. *Philosophie de l'esprit*, Paris, Ithaque.
[19] Kitcher, P., 1984, *The Nature of Mathematical Knowledge*, Oxford, Oxford University Press.
[20] Maddy, P., 1990, *Realism in Mathematics*, Oxford, Oxford University Press.
[21] Maddy, P., 1997, *Naturalism in Mathematics*, Oxford, Oxford University Press.
[22] Maddy, P., 2000,"Naturalism and the A Priori", *in* Boghossian, P. & Peacocke, C. [5].
[23] Maddy, P., 2007, *Second Philosophy*, Oxford, Oxford University Press.
[24] Paseau , A., 2007, "Naturalism in Mathematics", *Stanford Encyclopedia of Philosophy*, http ://plato.stanford.edu/entries/naturalism-mathematics/.
[25] Penrose, R., 1989, *The Emperors's New Mind, Concerning Computers, Minds, and The Laws of Physics*, Oxford University Press, tr. fr. *L'esprit, l'ordinateur et les lois de la physique*, Paris, InterEditions, 1991.
[26] Resnik, M., 1997, *Mathematics As a Science of Patterns*, Clarendon Press, Oxford.
[27] Simons, P., 2007, "What Numbers Really Are", *in* Auxier, R. E. & HahnL. E. (eds.), *The Philosophy of Michael Dummett*, La Salle, Open Court, 229–247.
[28] Wynn, K., 1992 "Evidence Against Empiricist Accounts of the Origins of Numerical knowledge", *Mind and Language*, 7, 4, 317-332.

Pascal Engel
Université de Genève
Pascal.Engel@unige.ch

Sous la plume de Julius König, ultimes traitements des paradoxes
Marcel Guillaume

À *Gerhard Heinzmann, pour son soixantième anniversaire.*

1 Introduction : la doctrine de Julius König, en bref.

L'ultime ouvrage de Julius König[1], posthume, ses *Neue Grundlagen der Logik, Arithmetik und Mengenlehre* [8], un essai, inabouti, de philosophie des mathématiques visant le grand public cultivé, esquissait des anticipations de développements futurs, sous des formes qui cependant n'ont finalement pas été retenues. De [2] ressort qu'en dépit de maintes faiblesses, cet ouvrage, lu dans l'optique des idées que l'auteur cherche à débrouiller, présente un indéniable intérêt historique.

Julius König avait tenté, dans [6], de réfuter l'existence d'un bon ordre du continu en avançant un paradoxe voisin de celui de Richard [12][2], tous deux vite récusés par Peano [9, 157] : « *Exemplo de Richard non pertine ad Mathematica sed ad Linguistica.* »

Dès sa parution, les raisons du paradoxe de Richard (déjà abordées par Richard lui-même) avaient été commentées par Poincaré [10]. L'analyse des ambiguïtés du langage courant, susceptibles de produire des énoncés paradoxaux, faisait alors débat parmi mathématiciens et logiciens. Ces questions sont mises en rapport dans [8] avec les notions que Julius König tenait à traiter. Le tout fait un petit dixième du texte.

Certes, toute argumentation s'appuie sur les bases du raisonnement correct, à savoir, sur la logique, à laquelle on adjoint en axiomes, pour les raisonnements menant à des conclusions paradoxales, les propositions au départ des arguments présentés pour y aboutir.

La logique sur laquelle König s'appuie, et qu'il dit « pure » [8, 99], est la *logique positive intuitionniste*, à laquelle il adjoint :

---

[1] Dans les citations de Julius König, les italiques sont siens, les passages sautés sont signalés par des points de suspension, les transpositions ou ajouts sont placés entre crochets.

[2] Paru, à une semaine près, au moment où sort [6], note van Heijenoort [15].

– d'abord, un connecteur d'*isologie* auquel il donne un sens proche de celui du concept d'*assimilation* des mathématiciens, et qu'il pose formellement comme une équivalence forte, impliquant le biconditionnel usuel, et pouvant s'y réduire ;

– puis, des prédicats de vérité et de fausseté, obéissant aux tables de vérité *classiques* pour la conjonction, la disjonction (non exclusive) et la négation, traduites en isologies.

En vue d'un traitement semi-formel d'argumentations à discuter, Julius König forme, dans une généralité qui va bien au-delà de celle des sources de paradoxes, ce qu'il nomme [8, 139] des *domaines axiomatiques*, en ajoutant, aux formes fondamentales de logique, d'autres formes admises, pouvant s'écrire dans un langage étendant celui de la logique, les *axiomes*, pour lui, de ce domaine, et en étendant à celui-ci, telles quelles, les règles de déduction admises en logique.

Les domaines de formes, tels celui de la logique pure et les domaines axiomatiques, tombent sous la notion plus générale de *domaine de pensée* placée par [8, 15] à la base de sa doctrine. Celle-ci accepte axiomatiques et formalisation, mais conserve les conceptions qualifiées par Hilbert [4] de *génétiques* : les êtres mathématiques s'engendrent de proche en proche à partir des plus primitifs. Dans [8] s'y ajoutent des créations d'êtres de plus en plus complexes, bâtis à partir de plus anciens. Chaque construction est comme planifiée par un *domaine de pensée* qui en recueille les futurs constituants et fait l'objet d'une *description* faisant pour ainsi dire fonction de notice d'assemblage ; sa mise en œuvre par la pensée *engendre* l'être imaginé.

Pour les constructions de base, il s'agit d'attribuer un nom (commun) à des « vécus » au sens de la théorie de la connaissance et de la phénoménologie, et que l'on veut faire instances d'une même propriété ; la description peut se contenter de listes de noms (propres) dans les cas les plus simples, mais doit souvent recourir aussi à une propriété commune explicite, puis à des noms pour désigner des éléments de structure : sitôt l'être bâti, fût-il un ensemble (dont il faut *planifier* que ses éléments vont bien avoir à lui appartenir), le nom décrit devient le sien. Dès le niveau de la logique, il devient clair que *la description amorce la métamathématique* (terme absent de [8]) propre à l'être à créer.

La création envisagée peut avorter : un domaine de pensée est souvent décrit, comme pour la logique, en listant des « vécus » à introduire dans le domaine *au départ* de sa construction, puis des *règles* dont les suites d'applications font connaître les autres « vécus » devant faire partie du domaine ; se peut-il qu'il soit requis, par une suite de recours aux règles, d'inclure un « vécu », et de l'exclure, par une autre ? Dès [8, 11, 17], le domaine est alors reconnu « impossible » ; « possible » sinon. Ainsi, les ensembles dits « Cantoriens » [8, 148], décrits par des données listées *positives* et par des règles n'excluant aucun être, listées dans [8, 142], sont-ils de ce fait « possibles ».

Possible, un domaine de pensée peut être *réutilisé pour en décrire un nouveau*, plus complexe ; par exemple, celui de l'ensemble qui en sera le support, pour décrire un ensemble ordonné : on lui ajoutera la donnée du graphe de son ordre [8, 56]. De même, en décrivant un domaine axiomatique, on y inclura le domaine de pensée des formes de logique pure.

Un nouveau domaine de pensée, dont la description réutilise un ancien tel domaine, est qualifié par [8, 254] de *supérieur* à cet ancien lorsque naît, du savoir acquis sur les suites finies d'emplois des règles de celui-ci, une intuition (justifiée) sur le comportement *collectif* des « vécus » qu'il incorpore.

Un domaine de pensée est qualifié d'« *achevé* » pour insister sur ce qu'une telle intuition touche jusqu'aux « vécus » de ce domaine qui restent encore à trouver[3] en appliquant les règles de sa description : celles-ci ne permettent d'établir que la *présence* ou l'*absence*, dans ce domaine, de « vécus » *individuels* ; incorporer, à ce domaine, une intuition au-delà des conclusions issues des suites finies d'emplois de ces règles, *modifierait* ce domaine, le transformerait en le domaine supérieur obtenu en le réutilisant avec adjonction d'un axiome formalisant cette intuition. Ainsi en va-t-il d'un domaine axiomatique dont on a *établi* la non-contradiction [8, 140] : il serait inacceptable d'asserter ce résultat dans ce domaine lui-même, mais permis de le faire dans un domaine supérieur.

À chacune des façons dont [8] traite des (types de) paradoxes dits, respectivement, du Menteur, de Russell, de Richard et de Burali-Forti, nous allons consacrer une section[4]. On y verra le rôle fondamental joué, dans les traitements faits de ces paradoxes, par les notions rappelées ci-dessus ; la recherche de ces traitements a aussi joué, pensons-nous, un rôle fondamental dans l'élaboration de ces notions. Nous nous bornerons à rappeler et commenter ce qui est dit de ces paradoxes ; cela va nous conduire à de longues citations.

2 Le Menteur.

[8, 154] traite de ce paradoxe dans un domaine axiomatique obtenu en adjoignant en axiome, à la logique, la forme qui formalise, et l'énoncé paradoxal qu'il note e, et la relation de e avec son contenu, objets de l'interrogation, à savoir :

---

[3] *Cf. e.g.* [8, 126, 189, 209].
[4] Nous laissons ainsi de côté ce que [8] dit de « l'antinome dite de l'ensemble de toutes les choses » ; ce qui peut en être appris sur la doctrine prônée n'outrepasse pas ce qu'en disent les traitements commentés ci-après.

$$e\overset{\smile}{=}[e \frown\!\frown \mathfrak{v}'],$$

où $\overset{\smile}{=}$ dénote l'isologie ; $\mathfrak{v}'$, le prédicat de fausseté ; et le signe $\frown\!\frown$, l'application de ce prédicat à e : cet énoncé dit de lui-même qu'il est faux. Il s'ensuit que la forme

$$[e \frown\!\frown \mathfrak{v}] \Leftrightarrow [e \frown\!\frown \mathfrak{v}']$$

où $\Leftrightarrow$ est bien le signe employé par König pour le biconditionnel et où $\mathfrak{v}$ est le prédicat de vérité, fait partie du domaine, par déduction[5].

Ainsi, que l'un des deux membres devienne déductible, soit parce qu'on le désire axiome à son tour, soit parce qu'il se déduit d'autres axiomes, rend le domaine contradictoire. Il n'y a qu'une échappatoire : maintenir l'un et l'autre hors du domaine axiomatique.

C'est un théorème sur les prédicats de vérité et de fausseté, laisse entendre König, qui trouve qu'en se bornant à questionner, les Grecs n'auraient pas traité le paradoxe jusqu'au bout. Est-ce si sûr ? Ce théorème dit qu'en intégrant à la logique un prédicat de vérité (et un prédicat de fausseté qui en est la négation, car même en y restant implicite, cela est opératoire en plusieurs endroits dans [8]) tel qu'affirmer « A est vrai » ne soit qu'une manière plus insistante d'affirmer A, on produit un énoncé *indécidable*, sauf contradiction. Comment faire comprendre une proposition aussi abstraite à des esprits moins subtils que celui du découvreur ? N'aurait-il pas eu l'idée de la parer à cet effet du tour plus poétique d'une devinette embarrassante pour l'interlocuteur ?

3 Le paradoxe de Russell.

Il n'échappe pas à König que celui-ci relève d'une analyse analogue, où interviennent le langage de la théorie des ensembles et une indéterminée x : l'énoncé paradoxal s'axiomatise dans [8, 153] sous la forme

$$[(x \text{ elem.}_\alpha x) \frown\!\frown \mathfrak{v}'] \Leftrightarrow [x \text{ elem.}_\alpha R],$$

où les symboles non encore expliqués ont une signification évidente, sauf l'indice α, un paramètre arbitraire, qui n'intervient pas dans le raisonnement, classique, à venir, censé formalisé. Nous reviendrons ensuite sur ce paramètre.

Bien sûr, R est une des valeurs que x peut prendre, et on peut donc déduire de l'axiome ci-dessus que

$$[(R \text{ elem.}_\alpha R) \frown\!\frown \mathfrak{v}'] \Leftrightarrow [R \text{ elem.}_\alpha R]$$

est une forme du domaine axiomatique dans lequel on se place.

La situation est la même qu'avant, avec $[R \text{ elem.}_\alpha R]$ au lieu de e : pour échapper à former une théorie contradictoire, on ne peut introduire

---

[5] En fait, König affirme cela, mais par erreur, de la forme $[e \frown\!\frown \mathfrak{v}]\overset{\smile}{=}[e \frown\!\frown \mathfrak{v}']$; or, la forme avec le biconditionnel suffit tout à fait à mener à la conclusion visée.

un ensemble α de tous les ensembles α qui ne sont pas éléments au sens α d'eux-mêmes.

Car dans [8, 32], König tient qu'à partir des mêmes éléments, il peut y avoir plusieurs sens en lesquels former un ensemble. Voyons,

> personne ne s'est avisé d'ignorer la nature du rassemblement dans des concepts collecteurs comme « un sac de pommes de terre » ou « le corps professoral de l'Université de Berlin » !

Dans [8, 31], traitant, informellement encore, de *prédicats*, à l'instar de Russell [18], König commentait :

> Lorsque nous assignons, ou n'assignons pas, X à X dans « X tombe sous lui-même », ou dans « X ne tombe pas sous lui-même », il est question d'un vécu dans lequel nous comparons X avec les choses qui définissent, à titre de « données », le concept de classe X. De même pour Y. L'assignation se fait donc sur la base d'une instruction dépendant de X, c'est-à-dire, différente pour des X différents. Mais, en assignant à R, nous comparons X avec les choses qui, à titre de « données », définissent le concept de classe R, nous utilisons une instruction qui est donc indépendante de X. Or, lorsque nous usons, pour deux instructions différentes, d'exactement la même expression de la langue courante, nous commettons une faute qu'à juste titre même la logique de l'École connaît et prohibe, le « *quaternio terminorum* ».

Mais il fait dans [8, 42] une remarque prémonitoire : si le domaine de pensée décrit par la définition de R comme ensemble α des ensembles α qui ne sont pas éléments au sens α d'eux-mêmes est impossible et si donc, comme on le dit couramment, cet ensemble « n'existe pas », rien de tel n'affecte le domaine de pensée qui définirait R comme l'ensemble β des ensembles α qui ne sont pas éléments au sens α d'eux-mêmes, *pourvu que β soit différent de α*.

Bien qu'elle en appelle à des notions encore inconnues avant 1913, cette idée est proche d'une idée que nous défendons depuis longtemps[6] : comparez, de nos jours, la *classe propre* de tous les ensembles (non éléments d'eux-mêmes, par l'axiome de fondation) d'un modèle α de ZF, plongé dans le modèle β qui le suit dans la hiérarchie de Zermelo [17], où cette classe devient un ensemble.

Là réside, pour nous, la seule solution philosophiquement tenable au paradoxe de Russell : car, les systèmes axiomatiques formels et leurs modèles ne sont que des *outils* créés par nos esprits, pour mieux comprendre l'architecture des mathématiques. Seuls des présupposés métaphysiques infondés nous contraignent, pour appréhender les mathématiques, à nous enfermer dans un système de pensée unique, formalisé en un système axiomatique unique. Rien ne nous empêche de travailler simultanément avec plusieurs tels outils pour appréhender la pensée mathématique. Et l'ensemble des ensembles qui n'appartiennent pas à eux-mêmes, sans plus de précision, n'est

---

[6] Évoquée, sous une forme plus générale, dans un courriel adressé à Newton da Costa, bien avant d'entreprendre, en 2004, la lecture de [8].

ni un ensemble, ni une classe propre, et il est en même temps les deux à la fois, mais à condition de jouer d'un même mouvement sur deux tableaux différents, ce que notre liberté de penser nous permet tout à fait, alors que l'histoire de notre réflexion collective, qui se poursuit au-delà de nous, nous *contraint* par là même à *ne pas figer la totalité* des créations potentielles de nos esprits.

4   Le paradoxe de Richard.

Pour traiter d'une version de celui-ci, [8, 211] introduit la notion de *suite finie de caractères* d'imprimerie, signes de ponctuation *et intervalle séparant les mots de la langue* compris ; la notion de *nom écrit* (à l'aide d'un tel alphabet) peut ainsi recouvrir de très longues suites d'explications en mots de la langue, au besoin jusqu'à former un livre, et bien au-delà.

[8] introduit ensuite la notion d'*occurrences* d'un caractère dans un mot *de l'alphabet*, et s'en sert pour montrer que ces mots forment un ensemble infini dénombrable ; puis, il use d'une *représentation* (bijective) d'une partie de l'ensemble des noms écrits *sur* l'ensemble des êtres nommés, pour avoir, par transport de structure, un bon ordre de type ω sur ce dernier. Le domaine de pensée de cette application, noté $\{\Delta, \Sigma\}$, réutilise les domaines de pensée indispensables à sa description : celui des noms écrits, Σ, et celui des êtres qu'ils nomment, Δ.

Il définit alors la *langue écrite* comme constituée de l'ensemble des noms écrits *retenus*. Et peut alors la qualifier d'*idéale, achevée* au sens où il l'entend pour un domaine de pensée, puisque, dit-il, il n'y aura plus à recourir aux autres noms écrits, censés perdre leur sens.

Revenant alors au paradoxe intervenant dans ce cadre, il poursuit :

> La plus simple de telles antinomies ... est celle qui a été commentée par Dixon [1][7].
>
> Dans n'importe quelle langue de culture, par exemple la langue écrite [française][8], nous disposons, pour tout « nombre entier »[9] quel qu'il soit, de noms écrits qui lui correspondent ... ; les nombres entiers qui sont associés en langue [française aux] noms écrits se composant de moins de mille caractères forment ... un ensemble fini. Et « il y a donc un plus petit nombre entier, déterminé, dont les noms écrits comportent tous mille caractères ou plus » ....
>
> Mais ... cette dernière phrase est aussi un nom écrit de ce nombre déterminé-là. Et ce nombre ... a donc un nom écrit qui comporte moins de mille caractères ; ... contradiction « insoluble ». Mais cette « insoluble contradiction » repose sur une inférence fautive .... *La phrase alléguée n'est pas du tout un nom écrit de ce*

---

[7] [Note de König] .... Une version qui en est à peine différente dans son principe, et qui revient à *Berry*, a été commentée en détail par Russell [14] ....

[8] König se réfère à la langue allemande. Nous transposons le nom de la langue de l'allemand au français, puisque les mots allemands qu'il emploie sont ici traduits en mots français.

[9] [Note de König] Parmi lesquels les nombres entiers positifs, entendus, comme toujours — comme numérals, donc, ou encore, comme nombres cardinaux.

nombre, mais un nom écrit d'une définition de ce nombre. Ce n'est pas le nombre qui lui est assigné, mais une règle d'après laquelle ce nombre peut être distingué de chaque chose autre, et donc déterminé ... en une suite finie de pas. Si l'assignation $\{\Delta, \Sigma\}$ est présente avec suffisamment de clarté dans notre conscience, le nom écrit de ce nombre générera immédiatement la représentation de ce nombre. Le nom écrit de la règle n'engendre que la représentation du processus de pensée qui détermine le nombre. L'antinomie se produit quand nous confondons cette règle avec le nombre qu'elle détermine ; et il faudra une immense dépense de labeur pour trouver effectivement, par cette règle, le nombre cherché, à savoir, son nom écrit.

Qu'à lui seul, l'élément *imprédicatif* de cette phrase nous contraigne à rejeter cette phrase comme dénuée de sens — comme Poincaré [10, 307] le pensait à l'origine — ne peut être juste. Pour le voir, il suffit de former la phrase [française] suivante : « Le plus petit nombre entier dont les noms écrits en langue [française] comportent tous plus de mille caractères est N » (où N est à remplacer par le nom écrit de ce nombre).

Par la suite, Poincaré a changé sa façon devoir, et cru trouver la source de l'antinomie de Dixon dans les considérations qui suivent[10].

En demandant si un nom écrit comporte moins de mille caractères ou non, nous admettons implicitement que la partition des noms écrits correspondante est déjà donnée et immuable. Mais ce serait impossible. Une telle classification n'est certes donnée que lorsque tous les noms écrits de moins de mille caractères ont été passés en revue et que tous ceux qui sont dénués de sens ont été rejetés. Mais parmi ces noms écrits, « il y en a où il est question de cette classification elle-même, qui n'ont de sens que lorsque cette classification est arrêtée »[11]. Mais il est évident que cela est faux ; la règle de pensée qui correspond au nom écrit a un sens déterminé qui est clair, même si la classification nous est inconnue. Qu'à défaut des données s'y rapportant, nous ne puissions utiliser la règle, n'a rien à voir avec le sens de la règle.

D'après Poincaré[12], « la classification ne pourrait alors définitivement être arrêtée qu'*une fois* arrêté le tri des noms écrits ; mais vice versa, le tri des noms écrits ne peut être arrêté qu'*une fois* arrêtée la classification des nombres. Et c'est pourquoi la classification, aussi bien que le tri des noms écrits, est impossible ». Et voilà un processus de pensée qualifié d'impossible, alors que nous l'éxécutons avec la plus grande sûreté ! .... Les noms écrits de la langue peuvent aussi correspondre à des vécus provenant de la langue achevée. Qui contesterait, par exemple, le sens d'un nom écrit tel par exemple « cette chose s'appelle une rose en [français] » ? Toute langue est apte à former des propositions imprédicatives relatives à la langue.

Le « problème » tout entier est réglé par la remarque que *le nom écrit de la définition d'une chose ne doit absolument pas être confondu avec le nom écrit de la chose elle-même.*

C'est de finiment définie ... que l'on a qualifié jusqu'ici — que j'ai moi-même qualifié, dans des publications antérieures[13]— une chose à laquelle correspond un nom écrit .... D'après ces examens approfondis, nous pourrons qualifier et devrons qualifier une chose de finiment définie quand il se présente un nom écrit (fini) d'une définition de cette chose.

---

[10] [*Note de König*] Poincaré [11] ... , 461-465. [König renvoie au seul § 1 ; réimprimé *in* : [3, 235-239].]

[11] *Ibid.* 462.

[12] *Ibid.* 463.

[13] [*Note de König*] L'auteur rétracte donc les conséquences en théorie des ensembles de ses Notes ... [6] et [7] et leurs traductions françaises]. Ses vues définitives en la matière sont exposées avec tant de détails dans ce livre qu'il n'est vraiment pas nécessaire de revenir particulièrement sur la critique digne d'attention qu'ont apportée à ces Notes MM. Hobson [5] ... , Vivanti [16] ... , et autres.

Nous découvrons, dans ce passage clôturant une des controverses que [3] s'est attaché à reproduire, un Julius König capable de critique publique envers ses *propres* écrits, acceptant des critiques à lui adressées ; puis, critique à l'égard de certaines des vues de Poincaré, dont il partage pourtant l'essentiel[14]. La doctrine ébauchée dans [8] cherche d'ailleurs à concilier des vues proches de celles de Kronecker et de Poincaré, avec d'autres émanant de Cantor et de Hilbert.

5 Le paradoxe de Burali-Forti.

Nous passerons ici sur l'usage fait par König de l'*isologie* pour *assimiler* une instance d'un bon ordre à l'instance de mêmes rangs d'un autre bon ordre, ou à toutes celles d'une famille de bons ordres des mêmes rangs, pour expliquer une limite inductive, préliminaires aujourd'hui bien compris.

Le vide dû aux « quelques pages » manquant à [8] à sa mort (selon son fils Dénes dans [8, III]) place cinq pages avant l'ultime la note, au bas de [8, 254], où il expose en détail sa « solution ». Voici cette note :

> En considérant avec minutie « l'ensemble de tous les nombres ordinaux W », nous voyons que les vécus qui font partie du domaine de pensée $\{W\}$ définissant l'ensemble W sont, de bout en bout, des [instances de] relations d'appartenance et d'ordre ; ainsi justement reconnaissons-nous W comme ensemble Cantorien. Dans ces vécus, et de même dans ceux qui peuvent être déduits de ces « axiomes » du domaine de pensée par déduction logique, ne se trouve pourtant aucune trace du fait que cet ensemble contienne *tous* les nombres ordinaux pour éléments. Ce n'est que lorsque nous objectivons ce domaine de pensée lui-même, le regardons comme une chose dont les propriétés sont décrites dans un domaine de pensée supérieur, que ce fait peut être mis en évidence. C'est en ce sens que la propriété de contenir tous les nombres ordinaux qu'a cet ensemble n'est pas un vécu qui appartient au domaine de pensée $\{W\}$, mais [est] une intuition éventuellement acquise sur le domaine depensée « achevé »..... De même, l'absence de contradiction d'un domaine de pensée n'est pas un vécu qui appartient à ce domaine de pensée, mais [est] une intuition que nous conquérons ... sur ce domaine de pensée en tant que tel. Nous pouvons assurément axiomatiser ces faits eux-mêmes, en conjonction avec d'autres, indispensables à cette intuition, parvenir encore ainsi à un domaine de pensée supérieur $\{W\}'$, qui est essentiellement différent de $\{W\}$. Que tout nombre ordinal soit un élément de W est un vécu de $\{W\}'$, mais non un vécu du domaine de pensée originel $\{W\}$, mais au contraire une intuition conquise sur ce domaine de pensée-ci.
>
> La confusion des domaines $\{W\}$ et $\{W\}'$, qui n'est manifestemment pas permise, conduit à l'antinomie dite de l'ensemble W. Séparément, exposons

---

[14] Il en va de même à l'égard des *Grundlagen der Geometrie* de Hilbert, dans une note au bas de [8, 161].

... comment l'« apposition d'un élément » à W s'accomplit en tant qu'extension du domaine de pensée $\{W\}$, et comment par la suite cette « apposition » est comprise comme extension du domaine de pensée $\{W\}'$. Dans le premier cas cette extension est faisable, dans l'autre impossible. La confusion, un *quaternio terminorum*, produit l'antinomie.

La première fois, nous étendons le domaine de pensée $\{W\}$ moyennant les stipulations suivantes. Soit m une chose donnée par la propriété que, quand x est un élément de W, et seulement alors, on ait
$$x \mid \prec \mid m,$$
et qu'en outre, m soit à présent aussi un élément de W. Bien entendu, la signification de W va s'en trouver changée. Appelons $\{W\}_m$ le domaine de pensée étendu; il définit un ensemble Cantorien ... possible et dénué de contradiction. Il n'y a là rien du tout d'étrange non plus; car, du fait que W renferme tous les nombres ordinaux, il n'est question ni dans $\{W\}$ ni dans $\{W\}_m$. Ce fait n'est pas présent tant que notre pensée n'englobe que des vécus qui appartiennent à ces domaines de pensée. Or, si je dis que selon cette stipulation, m arrive *de fait* derrière tous les éléments de W, c'est tout à fait évident; mais il est tout aussi évident que je ne me suis absolument pas soucié du fait que W renferme tous les nombres ordinaux; ... *c'est* $\{W\}$*, mais pas du tout* $\{W\}'$*, que j'ai étendu en* $\{W\}_m$. C'est« possible », exactement au sens des considérations ici développées. Mais l'extension de $\{W\}'$ par apposition de l'élément m est impossible; car ici, la détermination selon laquelle tout nombre ordinal est élément de W est justement déjà devenue un « vécu du domaine de pensée ». C'est de ce que nous confondons les deux domaines de pensée que provient l'antinomie.

... [J]e peux étendre le domaine de pensée $\{W\}$ en $\{W\}_m$ et aussi en $\{W\}'$. Mais de cela ne s'ensuit pas du tout que tous les vécus de $\{W\}_m$ et de $\{W\}'$ puissent être réunis en un domaine de pensée possible et dénué de contradiction. *Et c'est justement ce qui est fait dans l'inférence de Burali-Forti, dont le contenu peut être représenté avec exactitude en s'appuyant sur les considérations faites jusqu'ici dans le texte.*

Ce texte nous éclaire sur le rôle assigné à ses domaines de pensée par [8] et sur le fonctionnement de ses distinguos quant à l'organisation rationnelle des connaissances qu'ils lui semblent permettre. D'une réflexion partie d'analyses des difficultés en théorie des ensembles en son temps, il fait surgir une doctrine applicable à toutes les mathématiques, qui les unifie en un certain sens.

Remerciements L'auteur remercie les promoteurs de cet ouvrage de leur invitation, et tout particulièrement Manuel Rebuschi pour le soin tout à fait minutieux qu'il a pris à l'excellente réalisation matérielle de cette contribution.

BIBLIOGRAPHIE

[1] Dixon, Alfred Cardew, 1906, On 'Well-Ordered' Aggregates, *Proceedings of the London mathematical society* 4, 18-20

[2] Guillaume, Marcel, 2008, Some of Julius König's mathematical dreams in his "New Foundations of Logic, Arithmetic and Set Theory", *in* van Atten, Mark; Boldini, Pascal; Bourdeau, Michel; Heinzmann, Gerhard (eds.) *One Hundred Years of Intuitionism (1907-2007) : The Cerisy Conference*. Publications des Archives Henri Poincaré. Basel-Boston-Berlin : Birkhäuser, 178-197.

[3] Heinzmann, Gerhard, 1986, *Poincaré, Russell, Zermelo et Peano. Textes de la discussion(1906-1912) sur les fondements des mathématiques : des antinomies à la prédicativité*, réunis par Gerhard Heinzmann. Paris : Blanchard.

[4] Hilbert, David, 1900, Über den Zahlbegriff, *Jahresbericht der deutschen Mathematiker-Vereinigung* 8, 189-194.

[5] Hobson, Ernest William, 1906, On The Arithmetic Continuum, *Proceedings of the London mathematical society* (2) 4, 21-28.

[6] König, Julius, 1905, Über die Grundlagen der Mengenlehre und das Kontinuumproblem, *Mathematische Annalen* 61, 156-160.
Traduction française dans les *Acta Mathematica* 30, 265-296.

[7] König, Julius, 1906, Über die Grundlagen der Mengenlehre und das Kontinuumproblem, *Mathematische Annalen* 63, 217-221.
Traduction française dans les *Acta Mathematica* 31, 89-93.

[8] König, Julius, 1914, *Neue Grundlagen der Logik, Arithmetik und Mengenlehre*. Leizig : von Veit.

[9] Peano, Giuseppe, 1906, Additione, *Revista de mathematica* 8, 143-157.
Texte reproduit dans [3], 106-120.

[10] Poincaré, Henri, 1906, Les mathématiques et la logique, *Revue de métaphysique et de morale* 14, 294-317.
Texte reproduit dans [3], 79-104.

[11] Poincaré, Henri, 1909, La logique de l'infini, *Revue de métaphysique et de morale* 17, 461-482.
Texte reproduit dans [3], 235-256.

[12] Richard, Jules Antoine, 1905, Les principes des mathématiques et le problème des ensembles (lettre à M. le Rédacteur de la Revue Générale des Sciences), *Revue générale des sciences pures et appliquées* 16, 541.

[13] Russell, Bertrand Arthur William, 1903, *The Principles of Mathematics I*. Cambridge (UK) : Cambridge University Press.

[14] Russell, Bertrand Arthur William, 1908, Mathematical Logic as Based on the Theory of Types, *American Journal of Mathematics* 30, 222-262.
Texte partiellement reproduit [222-244 & 262] dans [3] : 200-223.

[15] Van Heijenoort, Jean, 1967, *From Frege to Gödel. A Source Book in Mathematical Logic 1879-1931*. Cambridge, Mass. : Cambridge University Press.

[16] Vivanti, Giuseppe, 1908, Sopra alcune recenti obiezoni alla teoria dei numeri transfiniti, *Rendiconti del Circolo Matematico di Palermo*, 25, 205-208.

[17] Zermelo, Ernst Friedrich Ferdinand, 1930, Über Grenzzahlen und Mengenbereiche, *Fundamenta mathematicae* 16, 29-47.

Marcel Guillaume
Université de Clermont-Ferrand
mguil@wanadoo.fr

Was ist Mathematik?
Versuch einer wittgensteinschen Charakterisierung der Sprache der Mathematik[1]

RALF KRÖMER

Die Philosophie darf den tatsächlichen Gebrauch der Sprache in keiner Weise antasten, sie kann ihn am Ende also nur beschreiben.
Denn sie kann ihn auch nicht begründen.
Sie läßt alles, wie es ist.
Sie läßt auch die Mathematik, wie sie ist, und keine mathematische Entdeckung kann sie weiterbringen. Ein 'führendes Problem der mathematischen Logik' ist für uns ein Problem der Mathematik, wie jedes andere.
(Ludwig Wittgenstein, *Philosophische Untersuchungen*, §124)

1 Einleitung

Das philosophische Anliegen Ludwig Wittgensteins – sowohl in der Phase des *Tractatus* als auch in der Phase der *Philosophischen Untersuchungen* – war es (wie uns Kuno Lorenz in seinem Wittgenstein-Artikel in der *Enzyklopädie Philosophie und Wissenschaftstheorie* klarmacht)[2], das Problem des Zusammenhanges von Welt und Sprache als Scheinproblem zu entlarven. Allerdings wird die Radikalität der Sprachkritik in den *Philosophischen Untersuchungen* gegenüber dem *Tractatus* noch erweitert. Grammatische Regeln legen zahlreiche syntaktische Formen anstelle der einen logischen Form von Sätzen fest. Überhaupt muss der von einem Kalkül abgelesene Begriff der Regel im Kontext der Grammatik einer Sprache erheblich liberalisiert werden, um einen sinnvollen Sprachgebrauch charakterisieren zu können; an die Stelle grammatischer Regeln treten die "Sprachspiele". Statt der ausschließlichen Betrachtung der Darstellungsfunktion werden nun zahllose Funktionen

---

[1] Der vorliegende Aufsatz ist aus zwei Vorträgen entstanden, die ich 2007 auf dem 13. CLPMS in Peking und 2009 auf der Tagung "Allgemeine Mathematik" in Siegen gehalten habe; die zugehörigen Diskussionen haben mir sehr geholfen, meine Gedanken weiterzuentwickeln, wofür ich den Diskutanten hiermit danken möchte.

[2] Die knappe Zusammenfassung der Sprachphilosophie Wittgensteins, mit der der vorliegende Aufsatz beginnt und von der ausgehend ich mein Vorhaben darstellen werde, ist fast wörtlich dem Lorenzschen Artikel entnommen. Es erschien mir unsinnig, das Inspirierende dieser Passagen durch bemüht-gekünstelte Paraphrasen zu verschleiern.

von Sprache in Betracht gezogen. Eine Umwandlung von Gebrauchssprache in Wissenschaftssprache ist beim "zweiten Wittgenstein" nicht mehr das Ziel; es ist der sprachkritischen Tätigkeit sogar hinderlich, dieses Ziel vor Augen zu haben: eine nicht mehr legitimierbare Forderung würde die Maßstabfunktion der durch Familienähnlichkeiten verbundenen Sprachspielentwürfe übernehmen. Lorenz sieht darin den Grund, daß Wittgenstein den Begriff der Regel im mathematischen Kontext nicht mehr weiter verfolgt. Lorenz wünscht sich schließlich dennoch eine stärkere Rezeption des zweiten Wittgenstein in den erklärenden (Natur-)Wissenschaften; gerade die Überlegungen Wittgensteins zu den Grundlagen der Mathematik, deren Erforschung erst am Anfang stehe, versprächen weiterführende Einsichten über den Umgang mit dem cartesischen Erbe der Trennung mentaler und körperlicher Tätigkeit und dem davon implizierten Subjekt-Objekt-Problem.

Hier setzt mein Beitrag an: ich will aufzeigen, dass sehr wohl auch Sprachspielentwürfe in der Mathematik von Familienähnlichkeiten zusammengehalten werden. Man erlernt solche Sprachspielentwürfe auf ganz bestimmte Weise, die von der Weise, auf die mathematische Begriffe üblicherweise systematisch eingeführt bzw. präsentiert werden, völlig verschieden ist.

Ich möchte in zwei Schritten vorgehen: zunächst wird die herkömmliche Auffassung dekonstruiert, die Sprache der Mathematik sei von anderen Sprachen unterschieden durch die formale Präzision der Definition ihrer Begriffe. Ich zeige vielmehr auf, dass die Verwendung einiger Grundbegriffe der Mathematik im üblichen mathematischen Diskurs ebenso "vage" ist wie die Verwendung zentraler Begriffe in anderen Sprachen, insbesondere der Umgangssprache, auch. Und zwar denke ich hier an die Begriffe Zahl, Menge, Raum, Struktur, Funktion.[3]

In einem zweiten Schritt werbe ich dann für die These, dass es gerade das Auftreten dieser Grundbegriffe ist (und sodann das "typische" Operieren mit ihnen), das die Sprache der Mathematik von anderen Sprachen unterscheidet.

2 Wittgensteins Begriff der "Familienähnlichkeit"

Ich möchte zunächst die Begriffsbildung der "Familienähnlichkeit" aus den *Philosophischen Untersuchungen* Wittgensteins in Erinnerung rufen. (Diese

---

[3] Ähnliche Überlegungen hat auch Herbert Mehrtens [10] angestellt; er identifiziert Wandlungen in der Verwendung der Begriffe "Zahl" (S.26ff), "Raum" (S.42ff), "Funktion" (S.84ff) und das Hervortreten des Begriffs "Struktur" (S.315ff) als Schritte hin zur "mathematischen Moderne". Im Fall der modernen Verwendung des Begriffs "Raum" spricht er explizit von "Familienähnlichkeit" (S.44), allerdings ohne sich bei dieser Wortwahl auf Wittgenstein zu beziehen.

ist wohlbekannt; ich stelle sie hier hauptsächlich deshalb erneut dar, um meine Interpretation transparent zu machen.)[4]

Ausgehend vom Augustinus-Zitat in §1[5] stellt Wittgenstein zunächst ein Bild der Sprache dar, das man getrost das herkömmliche nennen mag:

> Die Wörter der Sprache benennen Gegenstände – Sätze sind Verbindungen von solchen Benennungen. – In diesem Bild von der Sprache finden wir die Wurzeln der Idee: Jedes Wort hat eine Bedeutung. Diese Bedeutung ist dem Wort zugeordnet. Sie ist der Gegenstand, für welchen das Wort steht.

Am Beispiel der Anweisung "kauf fünf rote Äpfel" erläutert Wittgenstein dann seine eigene Auffassung: nicht irgendeine *Bedeutung* des Wortes "fünf", sondern der *Gebrauch* dieses Wortes ist Gegenstand der philosophischen Betrachtung.

Einer der Gründe hierfür ist, dass es Wörter gibt, deren Gebrauch sich nicht durch eine ein für allemal gegebene Erklärung eindeutig umreißen läßt, z.B. das Wort "spielen" (§3). Das Phänomen des verschwommenen Begriffs zeigt sich dann noch bei anderen Wörtern, z.B. beim Wort "Sprache".

> Statt etwas anzugeben, was allem, was wir Sprache nennen, gemeinsam ist, sage ich, es ist diesen Erscheinungen gar nicht Eines gemeinsam, weswegen wir für alle das gleiche Wort verwenden, – sondern sie sind miteinander in vielen verschiedenen Weisen *verwandt* (§65).
>
> Ich kann diese Ähnlichkeiten nicht besser charakterisieren als durch das Wort 'Familienähnlichkeiten' (§66).

Erklärungen solcher Wörter (bzw. die Einübung ihres Gebrauchs im Rahmen eines Sprachspiels) bestehen dann in der Exemplifizierung (§69).

3 Die Grundbegriffe der Mathematik: zusammengehalten von Familienähnlichkeiten

Nach meiner Wahrnehmung kann man auch im fachmathematischen Diskurs solche verschwommen verwendeten Begriffe finden.[6]

Dies mag zunächst erstaunen, denn seit Euklid ist es üblich, Begriffe der Mathematik zunächst präzise zu definieren, um sodann in der Lage zu sein, Resultate über diese Begriffe logisch zwingend aus möglichst einfachen Grundannahmen zu deduzieren – eben *more geometrico*.

Andererseits war und ist das Begriffs- und Grundannahmensystem der Mathematik einer geschichtlichen Entwicklung unterzogen. Im Laufe dieser

---

[4] Werner Stegmaier hat – bei der oben genannten Siegener Tagung – im selben Zusammenhang den Begriff "Bedeutungsspielraum" diskutiert.

[5] Alle Paragraphenangaben in diesem und dem folgenden Abschnitt beziehen sich auf die *Philosophischen Untersuchungen*.

[6] Eine eingehendere Untersuchung dieses Diskurses wird hier nicht vorgenommen. Eine zumindest etwas eingehendere Untersuchung zumindest eines Ausschnitts desselben ist in [7] enthalten.

Entwicklung haben sich einige Grundbegriffe herauskristallisiert. Bislang sind dies aus meiner Sicht die Begriffe Zahl, Menge, Raum, Struktur, Funktion.[7]
Ich behaupte nun:

1. Die genannten Begriffe können, allen entsprechenden Bemühungen zum Trotz, nicht zugleich präzise und aus Sicht des vorfindlichen mathematischen Diskurses zufriedenstellend definiert werden.

2. Die Mannigfaltigkeit ihrer Verwendungen in diesem Diskurs wird vielmehr durch Wittgensteins Konzept der Familienähnlichkeit zutreffend charakterisiert: ihre Bedeutung ist nicht klar umrissen, ihre "Ränder" sind "verschwommen".[8]

3. Die "vernünftige" Verwendung[9] der Begriffe wird im Zuge der "Initiation" des Mathematikers (also seiner oder ihrer Abrichtung auf den mathematischen Diskurs) durch Exemplifikation erlernt, nicht durch Vorgabe einer präzisen, alle solchen Verwendungen abdeckenden Definition.

4. Dieser Diskurs und was für vernünftige Verwendungen gehalten wird entwickeln sich in einem historischen Prozess ständig weiter.

5. Dieser Prozess ist kollektiv, diachronisch, den Akteuren immer nur teilweise gegenwärtig; damit hängt es zusammen, dass es sich mit diesen Verwendungen so verhält wie ich glaube.

6. Falls es sich mit diesen Verwendungen so verhält wie ich glaube, liegt es auf der Hand, dass eine Philosophie der Mathematik, die mit dem Anspruch antritt, die mathematische Gebrauchssprache normativ in eine Wissenschaftssprache zu verwandeln (z.B. durch Einsatz formalsprachlicher Mittel), verfehlt ist.

Ich werde im folgenden einige Bemerkungen zur Unterstützung der Thesen machen. Diese Bemerkungen sind sowohl ihrem Umfang als auch ihrer Methode nach sehr heterogen; insgesamt hoffe ich aber doch, einige Indizien für die Thesen zusammenzubringen. Am kontroversesten ist möglicherweise

---

[7] Diese Liste ist zweifellos erweiterbar.

[8] Letztlich gehört auch der Begriff "Mathematik" zu dieser Art von Begriffen – mit dem Unterschied, dass die verschiedenen Verwendungen des Worts "Mathematik" nicht Gegenstand der Untersuchungen, die wir gemeinhin als "Mathematik" bezeichnen, sind.

[9] wie ich mich in *Tool and Object* ausgedrückt habe; Wittgenstein hat in diesem Zusammenhang die Redeweise angeführt, etwas sei so und so "gemeint", vgl. *Philosophische Untersuchungen* §190.

der Fall des Begriffs "Funktion"; für diesen stelle ich daher im anschließenden Abschnitt den historischen Befund etwas ausführlicher dar.

Was den Begriff Zahl betrifft, möchte ich zunächst Wittgenstein selbst sprechen lassen:

> [...] die Zahlenarten [bilden] eine Familie. Warum nennen wir etwas 'Zahl'? Nun etwa, weil es eine – direkte – Verwandtschaft mit manchem hat, was man bisher Zahl genannt hat; und dadurch, kann man sagen, erhält es eine indirekte Verwandtschaft zu anderem, was wir auch *so* nennen. Und wir dehnen unseren Begriff der Zahl aus, wie wir beim Spinnen eines Fadens Faser an Faser drehen. Und die Stärke des Fadens liegt nicht darin, daß irgend eine Faser durch seine ganze Länge läuft, sondern darin, daß viele Fasern einander übergreifen. (§67)
>
> 'Gut, so ist also der Begriff der Zahl für dich erklärt als die logische Summe jeder einzelnen miteinander verwandten Begriffe: Kardinalzahl, Rationalzahl, reelle Zahl etc., und gleicherweise der Begriff des Spiels als logische Summe entsprechender Teilbegriffe' – Dies muß nicht sein. Denn ich *kann* so dem Begriff 'Zahl' feste Grenzen geben, d.h. das Wort 'Zahl' zur Bezeichnung eines fest begrenzten Begriffs gebrauchen, aber ich kann es auch so gebrauchen, daß der Umfang des Begriffs *nicht* durch eine Grenze abgeschlossen ist. Und so verwenden wir ja das Wort 'Spiel'. (§68)[10]

Es ist nicht sinnvoll, hiergegen einzuwenden (wie es mir geschehen ist), alle von den Mathematikern verwendeten Zahltypen seien im Rahmen der Mengenlehre definiert und insofern präzise definiert. Denn das trifft auch auf andere Dinge zu, die wir *nicht* als Zahlen bezeichnen; das ist kein Merkmal des Begriffs "Zahl".

Nun zum Begriff Menge. Es ist wohlbekannt, dass die naive Definition des Begriffs "Menge" (genauer: des Begriffs "Klasse" als der Umfang eines Begriffs) durch Russells Antinomie zum Scheitern gebracht wurde. Seitdem hat man sich in der Mathematik darauf verlegt, den Begriff axiomatisch zu definieren (bzw. axiomatisch festzulegen, mit welchen Operationen man aus gegebenen Mengen neue erhält). Hierbei gilt zwar ein Axiomensystem als weithin bevorzugt (nämlich ZFC), aber eine Reihe von Sachverhalten macht dies zu einer keineswegs zwingenden Wahl. Zum ersten ist das Auswahlaxiom von den übrigen Axiomen unabhängig und als besonders "unintuitiv"

---

[10] Wittgenstein vergleicht auch die Nichtumrissenheit des Begriffs "Satz" mit der des Begriffs "Zahl"; §135. Allgemeiner unterstreicht Wittgenstein diese Nichtumrissenheit von der Geschichte der Mathematik her (in obigem Zitat ist es ja wesentlich, dass die Verwendung des Worts 'Zahl' eine Geschichte hat):

> Wieviele Arten der Sätze gibt es aber? Etwa Behauptung, Frage und Befehl? – Es gibt *unzählige* solcher Arten: unzählige verschiedene Arten der Verwendung alles dessen, was wir 'Zeichen', 'Worte', 'Sätze' nennen. Und diese Mannigfaltigkeit ist nichts Festes, ein für allemal Gegebenes; sondern neue Typen der Sprache, neue Sprachspiele, wie wir sagen können, entstehen und andere veralten und werden vergessen. (Ein *ungefähres Bild* davon können uns die Wandlungen der Mathematik geben.) §23

keineswegs von allen Mathematikern akzeptiert. Auch Mengenlehren ohne Fundiertheitsaxiom sind in manchen Zusammenhängen gebräuchlich;[11] ebenso werden je nach Zusammenhang verschiedene Axiome über große Kardinalzahlen hinzugenommen.[12] Es wird zwischen Mengen, Klassen und "Kollektionen" unterschieden, wobei man sich letztere wohl doch wieder als naive Mengen jenseits der Axiomatisierung vorzustellen hat.[13] In der Topostheorie werden der Kategorie der ZFC-Mengen andere Kategorien zur Seite gestellt, deren Objekte ebensogut als die "Mengen" für den Aufbau einer Mathematik gelten können.[14] Den Gebrauch des Begriffs "Menge" erlernen Mathematiker ohnehin nicht anhand irgendeines all dieser axiomatischen Systeme, sondern anhand von Beispielen und von im Zusammenhang mit diesen Beispielen eingeübten Methoden (die sich zum Teil, aber eben nur zum Teil, decken mit den Mengenbildungsoperationen, die in den Axiomen implementiert sind). Es dürfte beispielsweise sehr selten vorkommen, dass ein Mathematiker auch nur einen Augenblick zögert, ob er in der und der Situation tatsächlich die Menge aller Objekte mit einer bestimmten Eigenschaft (also das Komprehensionsaxiom) verwenden darf: die Praxis bleibt naiv.

Im Falle des Begriffs "Raum"[15] könnte man nun ähnlich auf die Entdeckung der nichteuklidischen Geometrien verweisen, auf den Übergang zum n-dimensionalen Raum, auf die Wandlungen des Raumbegriffs der mathematischen Physik mit der Entwicklung der relativistischen Physik, auf die verschiedenen Kombinationen, in denen der Begriff auftritt, die auch ihrem Wesen nach sehr verschieden sind, wie Vektorraum, topologischer Raum usw. Worauf es jeweils ankommt, ist, dass, sobald in einer Situation von "Raum" die Rede ist, bestimmte Techniken oder Methoden beim mathematischen Bearbeiten der Situation auftreten, etwa dass bestimmte Objekte als Punkte eines Raumes behandelt werden, und seien es so wenig "punktartige" Dinge wie Funktionen usw.

Für den Begriff "Struktur" habe ich schon an anderer Stelle[16] ausführlich dargelegt, dass er für die informelle Kommunikation der Mathematiker untereinander seit der ersten Hälfte des 20. Jahrhunderts sehr wichtig ist, sich aber einer zufriedenstellenden formalen Definition bisher entzogen hat; den vielleicht prominentesten Versuch in dieser Richtung unternahm Bourbaki,

---

[11] Vgl. z.B. [1].
[12] Vgl. [7] Abschnitt 6.4.5.
[13] Vgl. [12].
[14] Vgl. [7] Abschnitt 7.3.
[15] den ich vor allem deshalb in meiner Liste habe, um alles Geometrische subsumieren zu können; ich behaupte nicht, hier einen originellen Beitrag zur Geschichte des Raumbegriffs in der Mathematik zu leisten.
[16] Vgl. [7] Abschnitt 5.3.1.

doch selbst den (in seiner Verwendung zweifellos spezielleren) Begriff der strukturierten Menge wird man danach noch nicht als erfolgreich definiert ansehen können.

4 Verschiedene Identifikationskriterien für Funktionen

In der Mengenlehre bezeichnet man als eine (totale) *Funktion* von einer Menge X in eine Menge Y eine Teilmenge $F \subset X \times Y$ mit der Eigenschaft

$$\forall x \in X \; \exists! \; y \in Y : (x,y) \in F.$$

Diese Definition steht bekanntlich am (vorläufigen?) Ende eines historischen Prozesses.[17] Zu Eulers Zeit lag sie oder eine äquivalente Definition noch nicht vor; insbesondere nannte Euler eine Funktion noch *stetig*, wenn ihre Werte für alle Argumente durch einen einzigen Ausdruck gegeben sind. Cauchy wies in seinem "Mémoire sur les fonctions continues" (1844) darauf hin, dass die Ausdrücke

$$f_1(x) := \begin{cases} x, & x \geq 0 \\ -x, & x < 0 \end{cases}, \quad f_2(x) := \sqrt{x^2}, \quad f_3(x) := \frac{2}{\pi} \int_0^\infty \frac{x^2}{t^2 + x^2} dt$$

allesamt die selben Werte für das Argument x liefern; modern ausgedrückt sind es verschiedene Ausdrücke für ein und dieselbe Funktion (die wir $|x|$ schreiben).

Dies macht Eulers Stetigkeitsbegriff offensichtlich unbrauchbar (weil die betreffende Funktion sowohl stetig als auch unstetig wäre). Entsprechend ging man zu einem anderen (dem modernen) Stetigkeitsbegriff über: kleine Änderungen im Argument ergeben kleine Änderungen beim Wert. Zugleich stellte sich natürlich die Frage, was in diesem neuen Rahmen unter einer allgemeinen (gegebenenfalls unstetigen) Funktion zu verstehen ist. Dirichlet beantwortete diese Frage folgendermaßen: eine Funktion ist eine eindeutige Zuordnung im allgemeinstmöglichen Sinn, ohne dass man zwingend einen Ausdruck angeben können muss. Das Identifikationskriterium lautet: zwei Funktionen werden als gleich angesehen, wenn sie für gleiche Argumente stets die gleichen Werte haben (extensionale Gleichheit).

Aber, und hiermit kommen wir zur Diversifizierung des Gebrauchs des Wortes 'Funktion', es gibt zahlreiche mathematische Kontexte, in denen als Funktionen angesprochene Objekte nicht gemäß der extensionalen Gleichheit, sondern gemäß anderer Kriterien identifiziert werden. Weniger interessant sind an dieser Stelle die verschiedenen Vergröberungen des Kriteriums, wenn also extensional verschiedene Funktionen entlang irgendeiner Äquivalenzrelation identifiziert werden, wie es z.B. in der Maß - und Integrationstheorie häufig vorkommt. Ich möchte hier nun einige Beispiele dafür

---

[17] Zur Geschichte des Funktionsbegriffs vgl. [17], [2], [13].

anführen, dass man zuweilen auch strengere Kriterien als das extensionale antreffen kann.

So unterscheidet man im λ-Kalkül Funktionen voneinander, die extensional gleich, aber durch verschiedene Ausdrücke gegeben sind.[18] Ein weiteres Beispiel liefert die Kategorientheorie. Diese rührt, wie zuvor schon die aus Kleins Erlanger Programm hervorgegangene Theorie der Transformationsgruppen,[19] vom Studium der Operation der Auswertung von Funktionen, deren Inversion und Iteration und der dadurch bestimmten Strukturen [sic!] her. Wie sieht nun das kategorientheoretische Identifikationskriterium für Funktionen (oder, wie man in der Kategorientheorie sagt, für Pfeile)[20] aus? Die Funktionen

$$x^2 : \mathbb{R} \to \mathbb{R} \quad \text{and} \quad x^2 : \mathbb{R} \to \mathbb{R}_0^+$$

sind *extensional* gleich, aber als Pfeile verschieden. Die Motivation hierfür erklärt McLarty:

> A closed curve in a space S has long been seen as a map from a circle to S. And no one would confuse curves on the torus with curves in 3-space [...]. Every circle in 3-space can be continuously contracted to a point while a circle drawn around a torus can not. Such differences are crucial in topology. [8]

Ein weiteres Beispiel einer Verwendung des Begriffs Funktion abseits des extensionalen Kriteriums findet sich in der algebraischen Geometrie Grothendiecks. Um dieses Beispiel verständlich zu machen, zeichne ich kurz die Entwicklung der Rolle des Funktionsbegriffs in der algebraischen Geometrie von Riemann bis Grothendieck nach.

Riemann untersucht in seiner "Theorie der abel'schen Funktionen" (1857) Riemannsche Flächen und die regulären (= überall lokal rationalen) Funktionen auf einer solchen Fläche. Ziel der Untersuchung ist es, Erkenntnisse über (abelsche) Funktionen zu gewinnen anhand des Studiums der Flächen als ihrer natürlichen Definitionsbereiche, die also nur stellvertretend für die eigentlich interessierenden Funktionen auf ihre Geometrie hin untersucht werden. Gleichwohl bedient sich Riemann zur Untersuchung der Flächen dann wieder darauf definierter Funktionen; die Rollenverteilung zwischen

---

[18] Vgl. hierzu ausführlicher [6].

[19] Zur Geschichte der Theorie der Transformationsgruppen vgl. [16].

[20] Es ist legitim, hier "Funktion" und "Pfeil" in einen Topf zu werfen. Zwar ist "Pfeil" zunächst ein formaler Begriff der Kategorientheorie, und Pfeile müssen nicht unbedingt Funktionen im Sinne der obigen mengentheoretischen Definition sein. Aber zum einen sind Funktionen eben auch ein Beispiel von Pfeilen – und werden insofern in der Kategorientheorie einem anderen als dem extensionalen Identifikationskriterium unterworfen; und zum andern ist die Kategorientheorie historisch eben doch angetreten mit dem Anspruch, eine (Neu-)Explikation des Funktionsbegriffs zu sein.

den pragmatischen Kategorien Werkzeug und Objekt ist in dieser Untersuchung schillernd (und würde es verdienen, eingehend analysiert zu werden).

Dedekind und Weber unternehmen in ihrer "Theorie der algebraischen Functionen einer Veränderlichen" [3] eine algebraische Ausarbeitung von Riemanns Ideen; die von ihnen studierten Objekte sind, modern ausgedrückt:

- algebraische Varietäten V, also Nullstellenmengen eines Systems von m Polynomen in n Variabeln mit Koeffizienten in einem gegebenen Körper k;
- die Ideale $I(V)$ des Polynomrings in n Variabeln $A = k[X_1, \ldots, X_n]$, die diesen Varietäten entsprechen;
- der sogenannte affine Koordinatenring $A(V) = A/I(V)$ von V, isomorph zum Ring $\mathcal{O}(V)$ der regulären Funktionen von V.

Grothendieck hat auf dem Internationalen Mathematikerkongress von 1958 seine Strategie zur Verallgemeinerung dieser Begriffe präsentiert [5]. Der Funktor $V \mapsto A(V)$ liefert eine duale Äquivalenz der Kategorie **AffVar**(k) der affinen Varietäten über k und der Kategorie **Int**$_{\text{end}}(k)$ der Integritätsbereiche von endlichem Typ über k. Grothendieck ersetzt **Int**$_{\text{end}}(k)$ durch die grössere Kategorie **KommR** der kommutativen Ringe und macht die zu *dieser* dual äquivalente Kategorie (die sogenannte Kategorie der Schemata) zum Gegenstand der algebraischen Geometrie.

Formal kann man hier wieder über reguläre Funktionen sprechen; diese sind nun allerdings Elemente eines beliebigen kommutativen Rings A, also im allgemeinen keine Funktionen im mengentheoretischen Sinn. Man kann sie allerdings für jeden Punkt p des Schemas "auswerten".[21]

Solche "Funktionen" sind *nicht durch ihre Werte bestimmt*: $g \in A$ kann für jeden Punkt p des Schemas den Wert $g(p) = 0$ haben und dennoch von der Null-Funktion verschieden sein. (Algebraisch gesprochen kommt dies dann vor, wenn g nilpotent ist.)[22] David Mumford formulierte hierzu: *It is this aspect of schemes which was most scandalous when Grothendieck defined them* [11].

Wir könnten noch weitere Beispiele finden, kommen aber bereits jetzt zu dem Ergebnis, dass der Terminus "Funktion" (und so viel von den dahinter stehenden Ideen – oder besser, von der gewohnten Verwendung –, dass man

---

[21] Die genaue Definition der Auswertungsoperation ist kompliziert und tut hier nichts zur Sache; sie ist angelehnt an Hensels p-adische Zahlen, die ja auch als Funktionen aufgefasst werden können – vgl. z.B. [4, 126].

[22] Genaueres findet man bei McLarty [9], der mich auf dieses Beispiel aufmerksam gemacht hat.

das in Ordnung findet) in zahlreichen Kontexten verwendet wird, obwohl die betreffenden Objekte nicht in jeder Hinsicht der mengentheoretischen Definition des Begriffs "Funktion" entsprechen. Es scheint keine formale Definition des Begriffs "Funktion" zu geben, die die ganze Bandbreite seiner als legitim angesehenen Verwendungen abdeckt; vielmehr scheint es, dass die Mathematiker hier ein Sprachspiel im Sinne Wittgensteins spielen, dass zwischen den verschiedenen Verwendungen des Wortes allenfalls das besteht, was Wittgenstein eine Familienähnlichkeit nennt.[23]

5 Schlussfolgerungen und Thesen

Wir sehen also, dass die Sprache der Mathematik aus der Sicht der Wittgensteinschen Sprachanalyse eine Sprache ist wie andere auch. Es sieht also zunächst so aus, als verlöre man durch diese Einsicht jegliches Unterscheidungsmerkmal zwischen Mathematik und anderen Sprachen – und müsse sich ein solches von woanders her holen.

Um dies zu vermeiden, möchte ich nun neben der bisher vertretenen deskriptiven These, die das herkömmliche Bild von der Sprache der Mathematik dekonstruiert hat, noch eine konstruktiv-spekulative These formulieren. (Ich vermeide hier bewußt das Wort "normativ". Der Unterschied zwischen dem deskriptiven und dem "spekulativen" Teil scheint mehr ein quantitativer zu sein: beim erstgenannten Teil geht es um eine Beschreibung des (vergleichsweise überschaubaren) Gebrauchs von fünf Wörtern – natürlich nicht statistisch untermauert –, beim zweiten um eine (notwendigerweise hypothetische) Aussage über die mathematische Erkenntnis im Allgemeinen. Diese "Aussage" will aber nicht als Festsetzung einer Norm verstanden sein, sondern als Hypothese, die zu einem partiellen Befund "passt", aber noch weiterer exemplarischer Überprüfungen harrt.)

Falls mit dem Gesagten die diskursive Verwendung der genannten Begriffe zutreffend beschrieben wird, halte ich dies keineswegs für ein negatives, sondern vielmehr für ein positives Ergebnis für die Philosophie der Mathematik. Es ist nicht so, wie es zunächst scheinen könnte, dass hierdurch die Grundlagen der Mathematik ins Wanken geraten. Die genannten Begriffe sind dann zwar entgegen der bisherigen Meinung nicht mehr geeignet, am

---

[23] Wittgensteins eigene Äußerungen zum Funktionsbegriff können teilweise so gelesen werden, dass sie diese Auffassung unterstützen, aber diese Interpretation scheint nicht zwingend. Wittgenstein sieht "die Lehre von den Funktionen als ein Schema, in das, einerseits eine Unmenge von Beispielen paßt, und das andererseits, als ein Standard zur Klassifikation von Fällen dasteht" (*Bemerkungen über die Grundlagen der Mathematik*, IV, §35); "Wenn man sich den allgemeinen Funktionen-Kalkül ohne die Existenz von Beispielen denkt, dann sind eben die vagen Erklärungen durch Wertetafeln und Zeichnungen, wie man sie in den Lehrbüchern findet, am Platz, als *Andeutungen*, wie etwa diesem Kalkül einmal ein Sinn zu geben sein möchte" (ebd. §39).

Anfang einer strengen Deduktion zu stehen; es scheint mir aber ein Irrtum zu sein, zu glauben, dass nur auf einer solchen Basis mathematische Erkenntnis möglich wäre (ich bestreite umgekehrt sogar, dass, wäre eine solche Basis vorhanden – was sie meiner Meinung nach nicht ist –, dies für die Möglichkeit mathematischer Erkenntnis schon ausreichend wäre). Nach meiner Auffassung werden die genannten Begriffe gerade dadurch, dass ihre Verwendung von der genannten Art ist, zu tatsächlichen Ausgangspunkten der mathematischen Erkenntnis, nicht weil man von ihrer jeweiligen Definition ausgehend logisch schließen kann, sondern weil durch ihr Auftreten (und zwar ihr "rechtmäßiges" Auftreten im Sinne des gerade gültigen Diskurses) in irgendeinem Zusammenhang dieser Zusammenhang überhaupt erst als ein *mathematischer* erkennbar wird. Sie bilden also insbesondere die Grundlage mathematischer Erkenntnis in dem Sinn, dass sie diese Erkenntnis praktisch erst ermöglichen (denn erst sobald einer von ihnen "im Raum steht", zeigen sich die entsprechenden mathematischen Methoden als anwendbar).

Kurz gefaßt ist meine These also: die Begriffe Zahl, Menge, Funktion, Struktur, Raum stiften Mathematik, weil Mathematiker, die den mathematischen Diskurs erlernen, zu ihrer vernünftigen Verwendung letztlich durch Angabe von zahlreichen miteinander "irgendwie" verwandten Beispielen hingeführt werden, nicht durch Angabe einer präzisen Definition, und sie gerade deshalb als undefinierbar, unabgeleitet, grundlegend, die Mathematik charakterisierend wahrnehmen. (Und diese Wahrnehmung schafft Klarheit, denn den Begriff "Mathematik" verwendet man ja auch in zahlreichen verschiedenen Zusammenhängen, die zunächst nur eine Familienähnlichkeit zueinander besitzen.)

Ich möchte zum Schluß noch meine Antworten auf zwei denkbare Einwände gegen diese These vorwegnehmen. Der erste Einwand könnte lauten, dass ich meinem eigenen Befund, die Verwendungen des Wortes Mathematik seien letztlich nur durch eine Familienähnlichkeit zusammengehalten, gleich wieder widerspräche dadurch, dass ich etwas aufweise, was all diesen Verwendungen gemeinsam ist. Dies ist aber nicht der Fall, denn dass, wie ich behaupte, im Zusammenhang all dieser Verwendungen irgendeiner jener Grundbegriffe bzw. eine darauf bezogene Methode auftritt, ist ja nicht "etwas" gemeinsames, sondern eine bloße Aufzählung eben einer Familie von sehr verschiedenen Situationen.

Der zweite, wichtigere Einwand könnte lauten, dass ich, wenn ich vom "Auftreten" dieser Begriffe in einem "Zusammenhang" rede, offenbar von der Ebene der "Gegenstände", der "Bedeutung" der Begriffe spreche, denn diese Begriffe bezeichnen ja jeweils bestimmte Typen von Gegenständen mathematischer Untersuchung. Und dies wäre nun wahrhaftig nicht im Sinne des späten Wittgenstein. Ich möchte dem entgegenhalten, dass es mir vielmehr auf das Operationale ankommt, also darauf, dass im Zusammenhang mit der Verwendung jener Begriffe stets gewisse Methoden in den Sinn und zur Anwendung kommen.

Um diesen Unterschied etwas näher zu erläutern, möchte ich nochmals auf das Beispiel des Begriffs "Zahl" zurückkommen. Wie wir oben gesehen haben, hat Wittgenstein auf die historisch-systematische Ausdehnung des Zahlbegriffs in verschiedenen Etappen rekurriert. Es ist klar, dass man die Legitimität der jeweiligen Rede von "Zahl" auch in Bezug auf völlig andere Legitimitätsbegriffe untersuchen kann als den, um den es bei der Wittgensteinschen Sprachkritik geht. Michael Detlefsen etwa interessiert sich im Rahmen seines *Ideals of proof*-Projekts für die Unterscheidung zwischen realen und idealen Elementen auf der Gegenstandsebene der Mathematik:

[Are] the several stages of the successive extension of the number-concept [...] alike[,] or [are] there [...] significant differences between them[?] Each stage of extension requires the abrogation of certain theorems. Are the theorems relinquished at one stage of the same basic character and centrality as those relinquished at others? If there are differences, how important are they, and what do they signify? If, for example, one stage of extension were to require relinquishment of more basic or important theorems than another, would this be evidence of a difference in the degree or character of the imaginariness or ideality between them?[24]

Detlefsen diskutiert in diesem Sinne, ob die komplexen Zahlen noch "Größen" sind, da mit dem Trichotomiegesetz ein zentrales "Größengesetz" verletzt ist. Es mag zunächst scheinen, als müßte ich auch nach meiner Interpretation die Rede von "Zahl" im Zusammenhang der komplexen Zahlen als illegitim auffassen, weil in dem so erweiterten Zahlbereich eine bestimmte, auf den Größenvergleich von Zahlen gestütze Methode nicht mehr anwendbar ist. Aber natürlich ist auch das Arsenal der jeweils "typischen" Methoden nicht als normativer Kanon zu denken, sondern wieder einer sozialen Bestimmung und historischen Entwicklung unterworfen; und darüber hinaus wurden die komplexen Zahlen gerade entwickelt, um die Anwendbarkeit anderer für Zahlen typischer Methoden auszudehnen. Es wird also gerade nicht versucht, gewissermaßen doch noch eine Definition zu geben, wenn auch implizit über eine feste Liste kanonisierter Methoden, sondern es gibt eben eine ständig weiterentwickelte und überprüfte Reihe (eine Familie) von dem jeweiligen Begriff zugehörigen Methoden, von denen wenigstens manche anwendbar sein müssen, damit die Verwendung des Begriffs im betreffenden Kontext legitimiert ist.

---

[24] http://www.univ-nancy2.fr/poincare/idealsofproof/description.html

LITERATURVERZEICHNIS

[1] Jon Barwise and Larry Moss. Hypersets. *Math. Intell.*, 13(4):31–41, 1991.
[2] Umberto Bottazzini. *The Higher Calculus: A History of Real and Complex Analysis from Euler to Weierstrass*. Springer, 1986.
[3] Richard Dedekind and Heinrich Weber. Theorie der algebraischen Functionen einer Veränderlichen. *J. Reine Angew. Math.*, 92:181–290, 1880.
[4] Heinz-Dieter Ebbinghaus et al. *Zahlen*. Springer, Berlin, 1992. 3.Auflage.
[5] Alexander Grothendieck. The Cohomology Theory of Abstract Algebraic Varieties. In *Proc. ICM (Edinburgh, 1958)*, pages 103–118. Cambridge Univ. Press, New York, 1960.
[6] Ralf Krömer. Le concept de fonction dans les mathématiques du 20e siècle : quelques éléments d'une interprétation philosophique. *Cahiers critiques de Philosophie*, 3:149–166, 2006.
[7] Ralf Krömer. *Tool and Object. A History and Philosophy of Category Theory*, volume 32 of *Science Network Historical Studies*. Birkhäuser, Basel, 2007.
[8] Colin McLarty. The Uses and Abuses of the History of Topos Theory. *Br. J. Philos. Sci.*, 41(3):351–375, 1990.
[9] Colin McLarty. The Rising Sea. Grothendieck on Simplicity and Generality I. In Jeremy Gray and Karen Parshall, editors, *Episodes in the History of Recent Algebra*. American Mathematical Society, 2006.
[10] Mehrtens, Herbert, *Moderne Sprache Mathematik. Eine Geschichte des Streits um die Grundlagen der Disziplin und des Subjekts formaler Systeme*, Frankfurt am Main: Suhrkamp 1990.
[11] David Mumford. *Lectures on Curves on an Algebraic Surface*. Princeton University Press, Princeton, 1966.
[12] Michael D. Potter. *Mengenlehre*. Spektrum Akademischer Verlag, Heidelberg, 1994.
[13] Klaus Thomas Volkert. *Die Krise der Anschauung*. Vandenhœck & Ruprecht, Göttingen, 1986.
[14] Ludwig Wittgenstein. *Philosophische Untersuchungen*. Werkausgabe Band 1, Suhrkamp Taschenbuch Wissenschaft 501. Suhrkamp, Frankfurt am Main, 1984.
[15] Ludwig Wittgenstein. *Bemerkungen über die Grundlagen der Mathematik*. Werkausgabe Band 6, Suhrkamp Taschenbuch Wissenschaft 506. Suhrkamp, Frankfurt am Main, 1984.
[16] Hans Wussing. *Die Genesis des abstrakten Gruppenbegriffs*. Berlin, 1969.
[17] A. P. Youschkevitch. The Concept of Function up to the Middle of the 19th Century. *Arch. Hist. Ex. Sci.*, 16:37–85, 1976.

Ralf Krömer
Universität Siegen
L.H.S.P. – Archives Henri Poincaré (UMR 7117)
kroemer@mathematik.uni-siegen.de

La revanche des bergers
PHILIPPE LOMBARD

> *L'induction est « pragmatiquement » évidente,*
> *épistémiquement significative, mais formellement impénétrable.*
> Gerhard Heinzmann

Il y avait jadis à Suse, en Elam – c'est-à-dire dans l'ouest de l'Iran actuel, non loin de Babylone et de Sumer –, un roi perse qu'on appelait Artaxerxès Mnémon. C'était le sept ou huitième roi de la dynastie des Achéménides fondée il y a plus de 2500 ans par Cyrus Le Grand et son fils Cambyse. Il venait après Darius Le Grand, auquel avait succédé son fils Xerxès, celui que la Bible appelle Assuérus. Il venait après un premier Artaxerxès, appelé Longue Main on ne sait pas trop pourquoi. Il venait après Darius Le Roi. C'était son fils, mais certains prétendent que c'était son frère.

Bien qu'il y ait eu un premier Artaxerxès, on ne l'appela pas Artaxerxès II, sans doute parce que les chiffres romains n'étaient pas encore à la mode, on l'appela Mnémon, c'est-à-dire « Mémoire ». Etait-ce un insupportable rancunier ? Etait-ce un pieux amoureux du passé ? Lui fallait-il tout simplement des capacités exceptionnelles pour se souvenir du nom de ses cent-quinze fils et de ses trois-cent-soixante concubines ?... Nul ne semble le savoir : le monde a oublié depuis longtemps la raison exacte pour laquelle on l'avait surnommé « Mémoire » !

Quoi qu'il en soit, cet Artaxerxès Mnémon n'a évidemment qu'un rapport indirect avec notre sujet puisque, vous le savez, il s'agit ici de philosophie des sciences, et même plus précisément de philosophie des mathématiques. Seulement voilà : si le mathématicien a une telle habitude d'utiliser des symboles et des formalismes qui ont été inventés (ou découverts ?) il y a belle lurette qu'il se moque pas mal de leur origine, de leur valeur et de leur portée, le philosophe au contraire ne saurait faire l'économie d'une réflexion historique approfondie et d'une analyse épistémologique sérieuse avant de percer tous les secrets de l'intuition qui a bien pu leur donner naissance. Il en va ainsi pour toutes les grandeurs étudiées par la science, il en va de même pour toutes les figures de la géométrie, il en va naturellement de façon analogue pour ce qui constitue sans doute l'une des clefs les plus puissantes de toute mathématique : la maîtrise du nombre – et même des nombres – depuis les nombres entiers les plus simples jusqu'aux ressources numériques les plus sophistiquées permises par la numération décimale de position. Je m'en excuse donc auprès des spécialistes, mais il va nous falloir tout d'abord faire un détour aux origines mêmes de notre sujet, et tout particulièrement à celles de la numération et de l'invention du « zéro », avant de pouvoir pénétrer dans une réflexion plus approfondie sur l'intuition mathématique.

Et c'est précisément ce qui nous ramène directement à cet Artaxerxès Mnémon. Enfin, plus ou moins directement...

Comme vous allez vous en apercevoir en effet, cet Artaxerxès deuxième du nom n'a en vérité que tout à fait indirectement à voir (et encore !) avec le problème lui-même de l'invention du zéro. Aucun historien des sciences n'a jamais songé à lui attribuer le mérite de l'invention de ce chiffre magnifique, ni même d'un quelconque autre nombre, ni d'ailleurs de quoi que ce soit. C'était un roi perse comme vous et moi, mais il possédait à Suse un merveilleux palais (du moins si l'on en croit l'Ancien Testament) et il se trouve que c'est à la recherche des ruines de ce palais que se lancèrent, au dix-neuvième siècle, les tout premiers archéologues.

Le site avait en effet été retrouvé par hasard vers 1850 par une expédition anglaise, mais de ce côté-ci de la Manche on considère plutôt qu'il a été découvert par les Français en 1884, date à laquelle une délégation officielle, dûment mandatée par le ministère de l'Instruction publique, s'embarqua vers la Perse dans la ferme intention de retrouver les restes du fameux palais.

Dévorée par les moustiques, rôtie par le soleil de Susiane, attaquée par les maraudeurs, rançonnée par les autorités locales ou les pillards, cette délégation officielle du ministère de l'Instruction publique campa de longs mois près des ruines de l'ancienne cité, au pied des hauts plateaux de la Perse antique. Elle remua des tonnes de terre et des monceaux de gravats. Elle découvrit quelques belles statues, d'étonnants fragments de frises en céramique, de magnifiques morceaux de poteries brisées et des tombereaux incalculables de tessons en terre cuite. Elle rentra avec tous ses trésors, un peu déçue de ne pas avoir retrouvé la moindre trace des portes du fameux palais, mais sa moisson fait aujourd'hui la fierté de nos musées, à commencer par la fameuse frise des « immortels » ou par celle des « lions ».

Et c'est ainsi que des tombereaux de tessons soigneusement étiquetés dormiront sans doute longtemps encore, bien alignés sur des étagères, dans les réserves du grand Louvre. Mais en vérité, ce sont précisément ces tombereaux de tessons qui nous ramènent à notre sujet.

Les premiers Français qui fouillèrent le site de l'ancienne Suse s'appelaient Marcel et Jane Dieulafoy. C'était en 1884, ils n'étaient évidemment pas archéologues professionnels, puisque l'archéologie existait à peine. Lui était ingénieur, elle un tantinet garçonne mais indéniablement romanesque. Ils rêvaient tous les deux, au fond, de retrouver les traces et l'atmosphère biblique des amours du roi perse et de la belle juive qui sont relatées au Livre d'Esther. Ni lui ni sa femme n'imaginaient, semble-t-il, que nous pourrions nous intéresser un jour à quelques hiéroglyphes indéchiffrables tracés sur d'anodins débris d'argile...

* * *

C'est qu'on ne comprit vraiment que plus tard la façon dont les palais du quatrième siècle avant Jésus Christ avaient été eux-mêmes construits sur des vestiges datant de plusieurs millénaires, vieux comme les rues de Sumer ou de Babylone, et que ces vestiges dévoilaient une part de ce qui constitue désormais nos connaissances sur les numérations anciennes. Grâce à eux, bien à l'abri des moustiques, du soleil et des pillards, nous pouvons à notre tour rêver de comprendre l'origine des nombres, imaginer que nous allons percer le mystère de cette grande aventure de l'esprit humain et prétendre (pourquoi pas?) que nous sommes capables d'en mesurer la portée... En effet, parmi les objets de terre cuite, on retrouva – plus ou moins ébréchées évidemment – de nombreuses boules fermées et creuses, grosses comme des œufs. Les rares qui n'étaient pas cassées contenaient en fait des pierres ou, pour être aussi précis qu'il convient en la matière... : *un certain nombre de cailloux*. Toutes étaient gravées de signes étranges, parmi lesquels figuraient aussi bien des sortes de hiéroglyphes représentant divers objets ou animaux, que quelques glyphes que l'on soupçonnait depuis longtemps devoir être associés à des lettres ou à des chiffres.

En réalité (qui peut dire le contraire?) ce serait là la clef de l'invention des nombres par les civilisations proches de l'Euphrate d'il y a quelques cinquante ou soixante siècles !

Imaginez. Périodiquement, à la saison sèche, les petits éleveurs de la vallée confient leurs moutons à des bergers chargés de les emmener paître sur les hauts plateaux. Ceux-ci rassemblent alors les animaux de plusieurs propriétaires et partent en longs troupeaux, pour des mois, vers l'herbe de la montagne. Seulement voilà : il faut encore que celui qui a confié ses bêtes à un berger consigne cela d'une manière ou d'une autre pour que chacun soit sûr de ce qu'il a donné ou reçu... Et c'est précisément le rôle de ces mystérieuses bulles d'argiles scellées : je te confie tant de têtes, alors je mets exactement autant de cailloux dans cette boule d'argile que je referme sous tes yeux. Nous allons la cuire après que j'y aie apposé – pour nous prémunir des faussaires... – la marque de ce petit sceau cylindrique gravé, que je suis le seul à posséder. Tu devras me la rapporter avec les moutons et nous pourrons à ce moment-là comparer ce qu'il y avait au départ avec ce qu'il y a au retour !

L'explication est indéniablement bien trop séduisante pour ne pas être tout bonnement la vraie vérité historique... D'autant qu'effectivement les bulles d'argiles les plus anciennes qui furent découvertes ne présentaient, comme marques en relief, que les traces imprimées avant cuisson de sceaux cylindriques dont on avait par ailleurs trouvé de multiples exemplaires.

Mais que dire alors de l'intuition du nombre à ce stade de l'humanité ? L'idée de nombre semble évidemment présente, du moins comme « point commun entre deux collections qui peuvent être mises en relation biunivoque l'une avec l'autre » (pour parler comme les zélateurs de la réforme des mathématiques modernes). Et si le signe du nombre est manifestement des plus rudimentaires, il n'en est pas moins un signe, par le fait même d'avoir décidé de mettre dans une boule scellée des objets privés de toute autre destination que de signifier une idée abstraite : celle de nombre des objets d'une collection quelconque ! Il a évidemment la qualité de ne pas permettre d'équivoque et de ne pas nécessiter l'apprentissage compliqué d'un code quelconque, mais la méthode a certainement très vite rencontré ses limites si on imagine qu'on a eu besoin de l'appliquer à des troupeaux de plus en plus importants... Toujours est-il que ces bulles d'argile – que l'on appelle aujourd'hui des calculis – se sont mises à contenir des « cailloux » de formes différentes dont la signification était probablement de représenter des quantités d'importances différentes. Elles se sont mises aussi à présenter à leur surface des stries qui ne correspondaient plus simplement à la signature apposée par quelque sceau, mais que l'on a fini par décoder comme étant des signes appartenant à un véritable système de numération, analogue à celui que nous connaissons aujourd'hui.

Les exemples ne manquent pas, et on trouve (notamment au musée du Louvre) de nombreux restes de calculis plus ou moins intacts, avec leur contenu épars et des inscriptions cunéiformes dans lesquelles les spécialistes ont appris à lire les nombres et le système (semi-)sexagésimal utilisés à l'époque. Plus besoin d'ouvrir l'œuf d'argile pour savoir ce qu'il contient : c'est indiqué dessus ! Le signe s'est fait « chiffre ». Les signes se sont faits « nombres ».

Jusqu'à la première dizaine, chaque trait gravé dans l'argile représente un caillou, et le scribe s'est efforcé de les grouper ou de les accoler de manière à faciliter la reconnaissance au premier coup d'œil de la quantité correspondante. Mais, de la même façon qu'il avait sans doute fallu se servir de cailloux plus gros pour signifier des quantités plus élevées, les bâtonnets ne pouvaient à eux seuls suffire pour représenter le contenu correspondant aux boules d'argiles. La trouvaille aura été – et semble-t-il, d'entrée de jeu !

– d'avoir utilisé les mêmes « chiffres » allant de un à neuf pour indiquer les quantités de cailloux de chacune des tailles significatives : il suffisait de mettre côte à côte le nombre de soixantaines présentes dans le calculi, puis le nombre de soixantaines de soixantaines, etc., etc.

Comment rêver mieux en matière d'ingéniosité ? C'est exactement le système que nous pratiquons toujours aujourd'hui. Et même sous la forme où l'on apprenait naguère encore dans les petites écoles : dix petites bûchettes pour les unités, des bûchettes plus grosses qui valaient dix petites bûchettes chacune, des grosses bûchettes qui en valaient dix moyennes, et ainsi de suite. Mais surtout, comment rêver mieux en matière de symbolisme ? La syntactique sophistiquée des numérations de position, les pictogrammes épurés qui prendront peu à peu leur autonomie vis-à-vis des « traits » originels représentent directement les unités mises en jeu... Et, par dessus tout, cette étape inespérée, presque magique – forcément transitoire – qui nous aura permis de rencontrer des « signifiants gravés » qui semblent littéralement receler leur signifié, cardinal invisible, secrètement tapi au fond de sa coquille en terre cuite !

* * *

Reste naturellement le problème du zéro : « de ce symbole qui remplace dans la numération finie les ordres d'unités absentes et multiplie ainsi à l'infini toutes les mathématiques »...

D'une certaine manière, les bulles d'argile ou les diverses tablettes (qui finirent sans doute par devenir plus pratiques et moins fragiles) témoignent très tôt de la présence d'une forme de « zéro ». Il s'agissait naturellement de signifier, dans la liste de chiffres indiquant le nombre de cailloux de chaque type, l'absence éventuelle de tel ou tel degré ou, si l'on préfère, la présence de « zéro exemplaire » d'unités, de soixantaines, de soixantaines de soixantaines, etc. Eh bien si les objets les plus anciens paraissent se contenter pour cela de laisser un espace vide entre les chiffres significatifs pour marquer de telles absences, il est apparu ensuite une marque particulière, une sorte de double apostrophe composée de deux petits traits obliques, destinée en quelque sorte à souligner ces absences : ce sont donc indéniablement les premiers chiffres « zéro » connus dans l'histoire de l'humanité. Il n'empêche. Les historiens considèrent depuis longtemps ces signes comme sans grande valeur, comme des zéros au rabais, des zéros de pacotille et même, il faut le dire, des zéros de rien du tout !

Que leur faudrait-il donc de plus ? Ils voudraient simplement que le zéro soit un nombre...

La nuance est évidemment subtile, mais il me faut bien reconnaître que c'était sans doute aller beaucoup trop vite en besogne en confondant sans plus de formalités – comme je viens de le faire – le fait de *signifier l'absence d'unités d'un certain ordre* avec le fait de *dire qu'il y aurait zéro exemplaire* de ces mêmes unités. Disons-le très simplement pour bien nous faire comprendre de tout un chacun : le premier « zéro » serait d'origine et de nature purement syntaxiques... le second se verrait conférer une valeur sémantique permettant de le ranger parmi les autres chiffres de la tribu... Dit encore plus clairement : il faudrait aux historiens la chance de dénicher dans quelque couche de poussières archéologiques correspondant à quelque bergerie (ou à quelqu'école de village ? ou à quelqu'académie savante ? ou à quelque « Pavillon de Breteuil » ?) une bulle d'argile intacte, sans aucun caillou à l'intérieur, mais marquée d'un unique symbole, de cette seule espèce d'apostrophe, bien lisible, chargée habituellement d'indiquer les « ordres d'unités manquants » et à laquelle un scribe génial – allez savoir pourquoi – aurait décidé de faire dire tout simplement : « il n'y a rien ». Bref : un exemplaire étalon de l'ensemble vide !

En attendant, l'opinion la plus répandue est qu'il faudra attendre longtemps encore pour que l'humanité parvienne à forger le « zéro » tel que nous le connaissons, dans toute sa plénitude. Et c'est d'ailleurs si vrai qu'aujourd'hui encore le mystère reste entier : personne ne saurait dire ni où, ni quand, ni comment, ce chiffre magnifique a bien pu être inventé. On en trouve de premières traces en Inde quelques 3500 ans après nos bulles d'argile. Il resurgit trois ou quatre siècles plus tard vers Bagdad, Tabriz, Tachkent ou Samarcande avant de se diffuser peu à peu dans le monde occidental. Les connaissances des historiens des mathématiques semblent bel et bien s'arrêter là. Le problème reste entier. Je veux dire évidemment : le problème philosophique de l'invention du zéro. De la valeur et de la portée de ce symbole du « rien » à partir duquel les formalistes modernes, de Frege à Bourbaki, ont pourtant l'ambition de faire jaillir tous les autres nombres. Jusqu'à l'infini. Sans compter évidemment que, sans le zéro, les numérations de position ne seraient pas complètes et ne nous auraient certainement jamais donné aussi efficacement cette extraordinaire faculté d'inventer des nombres plus grands que l'univers, ni cette capacité inouïe de nous approcher progressivement de l'infiniment petit en imaginant des abîmes de décimales...

Que serait donc notre géométrie – c'est-à-dire rien moins que notre espace et notre temps – si les bergers de Susiane et les mathématiciens d'Asie centrale ne nous avaient permis de revisiter toute la géométrie des Grecs au travers d'une telle vision des nombres ?

Mais si nous voulons comprendre cette invention hors du commun, ce n'est donc pas aux historiens qu'il faut désormais nous adresser : il faut tout bonnement nous tourner vers les philosophes, vers ceux qui, bien entendu, ne renonceront jamais à percer les secrets des nombres, de l'arithmétique et de la géométrie. Et c'est ainsi que nous nous intéresserons, pour commencer, à la branche spécialisée de la philosophie, connue sous le nom d'épistémologie, qui est plus particulièrement chargée d'étudier l'origine, la valeur et la portée de toutes nos connaissances scientifiques.

C'est qu'en effet le problème n'est pas simple. Peut-être que durant des millénaires ce fameux signe qui finira par désigner « notre » zéro actuel a posé autant de problèmes symboliques et ontologiques que le signe de l'infini a pu en soulever depuis le dix-septième siècle et dont nous gardons encore quelques traces. Mais faute de vérité historique – même en prenant les choses, si j'ose dire, *ab ovo* – l'épistémologie n'a en définitive guère d'autre piste que d'inventer l'histoire. Ou plutôt d'inventer des fictions. Bref : l'épistémologue est un menteur, mais un menteur qui doit trouver le moyen de nous convaincre que les choses se sont passées plutôt comme ceci ou plutôt comme cela. Et de ce fait, il est bien connu que les meilleurs épistémologues sont naturellement des conteurs ; des conteurs talentueux qui nous entraînent à « faire comme si » leur histoire était vraie, « comme si » les choses s'étaient réellement passées à la manière où ils nous la racontent...

Dans ce domaine, le meilleur épistémologue que je connaisse était français. Il s'appelait Jean Giono. Il a justement écrit en 1970 (c'est sa dernière œuvre) un essai consacré à notre sujet qui s'appelle *L'iris de Suse* et dont le prière d'insérer ne laissait aucun doute :

> L'iris de Suse n'a jamais été une fleur (il n'y a pas d'iris à Suse) ; c'était en réalité un crochet de lapis-lazuli qui fermait les portes de bronze du palais d'Artaxerxès (voir Mme Dieulafoy).
>
> Ici, il n'est qu'un os minuscule, pas plus grand qu'un grain de sel (au surplus inventé) qui crochète la voûte crânienne des oiseaux.
>
> Que de merveilles dans un crâne d'oiseau (imaginez !), autant que dans un palais persan.
>
> J'ai eu plusieurs fois l'intention d'intituler ce récit *L'invention du zéro* ; en effet, un de mes personnages est en définitive amoureux de ce symbole qui remplace dans la numération finie les ordres d'unités absentes et multiplie ainsi à l'infini toutes les mathématiques.
>
> C'est aller plus loin que la Lune, mais qui le saura ? [1, pp. 1052-3]

* * *

Vous connaissez sans doute les linguistes. Ils se sont précipités sur cette introduction dans laquelle Giono leur apportait sur un plateau les clefs de son livre ! Fascinés par les chiffres et les nombres – comme la plupart des experts en sciences humaines –, ils ont commencé par passer le texte au crible de la statistique ; comptant et recomptant les apparitions du mot « zéro » ou de ses synonymes, ainsi que de tous les termes qui pouvaient s'y rattacher...

Peine perdue ! Les fréquences observées ne mettaient en évidence aucune sorte de lexème spécialisé dans l'expression de la nullité sous toutes ses formes. Ils trouvèrent juste à se mettre sous la dent l'utilisation par un personnage de la formule : « vous n'êtes rien, zéro en chiffre ». Pas de quoi satisfaire, évidemment, la somme des espoirs suscités par le « prière d'insérer », mais tout de même : l'occasion de comparer l'expression choisie par Giono à celle retenue par Shakespeare dans son *Roi Lear* : « à présent tu n'es qu'un zéro sans chiffre ». Or selon Littré : « des grammairiens ont prétendu qu'il fallait dire non zéro en chiffre, mais zéro sans chiffre », pour la bonne raison « qu'un zéro sans chiffre n'a aucune valeur », mais que mis avec des chiffres, ce même zéro hérite d'une valeur particulièrement importante : celle de pouvoir tous les multiplier...

On voit évidemment sur un tel exemple la profondeur des analyses épistémologiques nécessaires pour conduire une réflexion sur un sujet aussi difficile. Mais en vérité le « prière d'insérer » de Giono est nettement plus que cela. C'est tout simplement la preuve même, gravée en quatrième de couverture, du fait que l'ouvrage considéré est bien celui d'un conteur, c'est-à-dire d'un menteur véritable. Autant dire d'un fieffé épistémologue. En effet : tout est magistralement faux – et même archi-faux – dans ces quelques lignes offertes au lecteur !

Ne parlons pas de cet « iris de Suse » – qui ne serait pas une fleur, alors que Giono lui-même en possédait une reproduction dans un album – et de cette affirmation éhontée attribuant à Madame Dieulafoy le fait qu'il n'y a pas d'iris à Suse... Non seulement on voit mal cette brave Jane revenir en consignant dans son Journal des fouilles qu'il n'y aurait pas telle ou telle fleur en Susiane, mais il se trouve au surplus qu'elle décrit explicitement – dans le deuxième tome il est vrai – l'éclosion des iris, un matin, autour de leur campement ! Ne cherchons ni ce crochet de lapis-lazuli, ni les portes du palais dans les trouvailles archéologiques de l'époque, ni d'ailleurs de quelqu'époque que ce soit. Et contentons-nous de ce que l'auteur dit ingénument de cet os au surplus inventé qui crochèterait la voûte crânienne des oiseaux, alors même que c'est d'un crâne de mulot d'Amérique qu'il est essentiellement question dans le récit.

Bref. En épistémologie, il est clair que la vérité passe par la fiction. On se rend très vite compte, à cet égard, que *L'iris de Suse* est une très grande œuvre épistémologique...

C'est l'histoire d'un petit malfrat de Toulon, au tout début du vingtième siècle, après un cambriolage qui semble avoir rapporté gros. Il s'appelle Tringlot et il est obligé de quitter discrètement la ville, autant pour éviter la justice que pour échapper à des complices auxquels il vient de subtiliser le butin. Le récit le prend au moment où il se joint nuitamment à un convoi de bergers et de moutons qui partent en transhumance pour les Alpes de la Haute-Provence : notre héros s'achète un pantalon de toile, un béret alpin, un Opinel, quelques croûtes de fromage et hop, il se fait adopter par la caravane pour la suivre jusqu'à sa destination finale, vers les environs de Barrême, de Castellane et du mont Chiran. Bien entendu, un malfrat qui aime les croûtes de fromage ne saurait être complètement mauvais et le récit est tout bonnement l'histoire de sa rédemption au milieu des moutons, des bergers et des habitants perdus dans la montagne où vont paître les troupeaux. C'est là que Giono va s'ingénier à lui faire toucher du doigt les divers aspects du « zéro » et que notre épistémologue va en profiter pour soulever à notre intention quelques coins du voile qui en obscurcissent habituellement la compréhension...

* * *

Comme on pouvait le prévoir, trois des personnages de *L'iris de Suse* sont susceptibles, comme le dit leur auteur, d'être amoureux de ce symbole.

Naturellement, il y a d'abord Tringlot, le héros principal. Citadin habitué des bars louches de Toulon, amoureux de l'or jusqu'à en trahir ses amis, arrivé là par hasard pour fuir la vengeance de ses anciens complices, il finira par se fixer dans la montagne, amoureux d'un curieux personnage emblématique : l'Absente. Femme mystérieuse, dont on ne sait pas grand chose si ce n'est qu'elle est muette, jeune et jolie (mais « zéro pour la question »...) et surtout simple d'esprit – ou mieux parfaitement sans esprit –, elle traverse le récit comme une apparition, comme un simple signe : celui du zéro comme symbole de l'absence. Le zéro ontologique, pourrait-on dire, mais qui va peu à peu remplacer l'or dans le désir de Tringlot : « je suis comblé maintenant, j'ai tout », dira-t-il au terme du roman, après avoir enfin réussi à épouser cet objet impénétrable de sa passion si paradoxale.

Et puis il y a un autre personnage qui pourrait bien être celui auquel Giono fait allusion dans son avertissement : Alexandre le berger.

Bien que sa bien-aimée soit physiquement « absente » durant la plus grande partie du roman (mais c'est une autre histoire...) lui n'est pas amoureux d'une simple d'esprit, mais véritablement du symbole zéro en tant que chiffre – d'un zéro syntactique si l'on préfère – peut-être même du zéro bouche-trou originel, celui que les scribes d'il y a cinq mille ans gravaient sur les calculis d'argile, au départ des transhumances, en Susiane ! Cet Alexandre est d'un curieux tempérament taciturne ; il passe le plus clair de son temps plongé dans un livre qui ne le quitte jamais et dont ses compagnons ont bien du mal à percer le secret :

> « Tu l'as vu son livre ? C'est plein de chiffres ; rien que des chiffres. J'ai regardé : il n'y a pas un seul mot ; des colonnes de chiffres, un point c'est tout. Je me demande comment il fait pour le lire. » [1, p. 395]

Mais Giono finira par lever le mystère :

> « Tu ne lis que des chiffres, dit Tringlot.
> – Qu'est-ce que tu veux lire d'autre ? dit Alexandre. » [...]
> Tringlot s'arrangea pour regarder le titre sur la couverture cartonnée ; c'était « Les comptes faits ». « Les comptes faits » par M. Barême. [1, p. 452]

Autant dire « LE barême » ! De ce monsieur du dix-septième siècle qui a donné son nom au barême « liste de nombres » qui est devenu pour nous, aujourd'hui, un simple nom commun... Son ouvrage réédité pendant plus de deux siècles n'était effectivement qu'une interminable liste de chiffres bien rangés en colonnes, destinées à couvrir tous les cas de figures possibles en matière de change de monnaies ou de prix à la pesée...

Mais il y a surtout un troisième personnage, peut-être l'un des plus fascinants jamais créés par Giono, et auquel il a semble-t-il confié toute la portée poétique condensée dans ce symbole du « rien » susceptible de « multiplier à l'infini » les possibilités de l'esprit humain. C'est Casagrande, sorte d'ermite flamboyant, druide et philosophe à la fois, exilé volontaire dans un étrange domaine situé au-delà des alpages. Héros imprévisible – ou héraut imprévisible ? – du zéro imaginaire. C'est évidemment lui qui est chargé de la métaphore de cet « os magnifique » dont il est question au prière d'insérer. C'est avant tout une espèce de « structuraliste » qui, lorsqu'il ne joue pas au sage retiré du monde ou au médecin de la montagne, passe son temps à nettoyer et polir des os d'oiseaux ou de petits animaux pour reconstituer leur squelette :

> « Je n'empaille pas, jamais. [...] Là au contraire, regardez ! [...] il est réduit à sa plus simple expression : son squelette, son essence, le contraire de son accident [...] le squelette est le fond de l'être. La fin et l'essence des êtres resteront impénétrables. » [1, p. 447]

Puis, avisant sa dernière création :

> « Regardez-le, celui-là : impénétrable. J'ai nettoyé ses os un à un, du plus gros au plus petit ; je les ai fait tremper dans cent mille vinaigres, je les ai brossés, poncés, polis et je les ai remontés un à un du fond de l'enfer. » [1, p. 447]
>
> « J'avais peur de perdre le plus petit de ses os imperceptibles. [...] Tenez : qu'est-ce que c'est celui-là ? Il faut le regarder à la loupe. Ah ! c'est l'os qu'on appelle l'Iris de Suse, en grec : Teleïos, ce qui veut dire : « celui qui met la dernière main à tout ce qui s'accomplit » [...] Et il n'est pas plus gros qu'un grain de sel. [...] Je vais le placer où il doit être, comme l'a voulu Dieu-le-père, un très vieux Dieu, vieux comme les rues.
>
> On ne le voit pas, on ne le soupçonne pas, on ne le soupçonnera jamais, mais, s'il n'y était pas, il ne serait pas complet. Je ne le sentirais pas complet. » [1, p. 503]

Puis Casagrande quittera le pays pour aller Dieu sait où, laissant à Tringlot le soin de veiller sur les alpages et sur l'Absente. Nul ne pourrait dire ce qu'il est devenu.

* * *

J'ai un ami philosophe. (Sa modestie dût-elle en souffrir, je devrais d'ailleurs dire : « j'ai l'honneur d'avoir un ami philosophe ».) C'est un philosophe des mathématiques et il m'est toujours apparu comme fasciné par les nombres. Pas fasciné par les nombres comme peuvent l'être les mathématiciens qui cherchent depuis des millénaires à percer les secrets de leurs agencements les plus complexes, un peu à la manière de ces kabbalistes qui croiraient pouvoir y déceler les desseins mêmes de quelque créateur omniscient. Non. Bien entendu. Mais fasciné par les nombres à sa façon de philosophe, c'est-à-dire passionné par la question de savoir d'où ceux-ci ont bien pu émerger pour habiter ainsi l'esprit des hommes et par quelle intuition – inaccessible, évidemment, au commun des mortels –, ils ont bien pu être engendrés, pour pouvoir nous emporter aussi aisément vers l'infini...

Oh bien sûr, sa façon de philosophe est assez différente de celle des mathématiciens, qui pourraient même souvent trouver qu'elle est bien trop naïve pour être propice aux recherches de l'arithmétique... Et il faut malheureusement reconnaître qu'en adoptant l'approche et la définition les plus subliminales possibles des nombres entiers – celle, m'a-t-on dit, des intuitionnistes, ou même d'un très vieil Italien nommé Peano – il me donne parfois l'impression de se complaire un peu dans le stade où les enfants jouent encore avec des bûchettes, en les mettant patiemment côte à côte, bien rangées l'une à côté de l'autre, tout en les comptant à haute voix : « un, deux, trois, quatre, cinq », et cætera, et cætera.

Pourquoi diable les philosophes s'échinent-ils donc à ne rentrer ainsi dans l'univers des nombres qu'à coup de traits – et peut-être même « d'instances de traits »... – et à se contenter d'égrener patiemment : « I bâton, I bâton et un bâton donnent II bâtons, II bâtons et un bâton donnent III bâtons, III bâtons et un bâton ... », et cætera, et cætera ?

Mais c'est parce que les philosophes s'intéressent (m'a-t-il expliqué) aux nombres entiers réduits à leur plus simple expression ! Cette façon de prendre le problème permet de mettre en évidence le geste principal, fondamental – essentiel ! – qui consiste précisément à ajouter une bûchette à un paquet de bûchettes et sans lequel la collection même de tous vos nombres entiers ne serait rien. Rien qu'une sorte d'amas informe, qu'un accident, à partir duquel toute votre « science arithmétique », toute votre « reine des mathématiques », et même toute votre « mathématique », n'existeraient absolument pas. L'adjonction d'un trait – ou plutôt, d'une « instance de trait » – à côté d'une autre instance de trait est ce qui constitue la structure géologique profonde, le squelette, l'essence de la collection toute entière des nombres entiers. Le contraire de son accident, si bien que ce squelette est le fonds de toute arithmétique !

Soit. Il nous faut bien convenir que ce raisonnement est on ne peut plus logique. Ce serait donc aussi simple que la marche : sans répétition d'un pas après l'autre, pas de marche ! Et s'il n'y avait finalement rien d'autre à découvrir – je veux dire en matière d'intuition mathématique – dans la si mystérieuse infinité des nombres entiers ? Mettre un pied devant l'autre, une deux, une deux, ... et en avant ! Seulement voilà : c'est peut-être là une explication suffisante pour le mathématicien, mais ce serait naturellement compter sans la persévérance et la profondeur d'analyse des philosophes des mathématiques.

Il n'y a surtout pas que cette idée d'enchaînement. Il y a ce que j'ai laissé percer au début de notre histoire (pour ne pas dire « au début de l'Histoire »), il y a le Signe. C'est-à-dire le Symbole. Bref, là où le non-initié ne verrait qu'un trait anodin ou peut-être même un simple bâton, il y a bien plus que le simple trait : il y a le trait comme représentation du nombre, et pour tout dire, le trait comme volonté du nombre... Sans cette volonté, l'arithmétique se réduirait sans doute à la récitation d'une comptine : « marabout – bout d'ficelle – selle de ch'val – ch'val de course – etc., etc. », et – pire ! – elle ne pourrait que boucler un jour ou l'autre... Faute de mots en assez grande quantité... Or chacun sait bien que la volonté du philosophe comme celle du mathématicien est précisément que la comptine : « trait, trait-trait, trait-trait-trait, etc., etc. », ne boucle jamais et nous emporte au contraire vers l'infini, alors même que l'on serait parti de rien... Tout le mystère est là : partir de rien, ajouter un trait à rien pour obtenir un trait, ajouter au trait un trait pour obtenir trait-trait, ajouter..., ajouter..., ajouter,... et gravir ainsi pour soi-même, barreau après barreau, l'échelle apparue en songe à Jacob [*Genèse*. 28 : 11-19] et sur laquelle des anges montaient et descendaient, entre la Terre et les cieux...

Partir de rien ? Comment est-ce possible ? L'homme aurait-il donc l'intuition du zéro avant même d'avoir celle du « un » ? Et n'obtiendrait en réalité le « un » qu'en rajoutant la « volonté du un » à droite du rien pour obtenir le symbole du « un » ? Diable !

« Et pourtant il faut bien partir de zéro ! me dit mon ami philosophe, sans lui la collection des nombres ne serait pas complète ! Je ne la sentirais pas complète. » Certes ! Mais quel peut bien être son symbole, à ce fameux zéro ? J'ai beau écarquiller les yeux, il n'y a rien à gauche du trait isolé qui est censé représenter le « un ». Pas le moindre fantôme de symbole, pas le moindre vestige du moindre frôlement de signe qui aurait pu représenter ce « zéro » à droite duquel on aurait eu la volonté de mettre un trait pour décider du « un »... Et puis il faut bien le dire : où aurait-il donc été placé ce symbole vide du zéro vide ? Qui donc aurait su décider un jour que c'est à droite de ce zéro vide placé là, mais nul ne pouvant savoir où – autant dire

nulle part – qu'il fallait venir inscrire notre volonté irrépressible du nombre
« un », droit comme un I, à côté de ce symbole du « rien » représenté... par
rien ?

Peut-être un tout petit symbole de rien du tout, à peine gros comme
un grain de sel (au surplus invisible), le *teleïos* indispensable à l'accomplissement de la voûte des nombres, et dont seul les mathématiciens et
les philosophes des mathématiques pourraient avoir la perception ou même
simplement l'intuition ? La fin et l'essence des nombres, comme dirait Casagrande, et sans doute plus encore celles du zéro, resteront impénétrables...

* * *

Mais si cette importance presque incompréhensible donnée au « non-symbole »
du zéro n'était qu'une espèce de leurre, une sorte de diversion destinée à masquer au profane que le seul véritable enjeu et le seul mystère de la collection
des nombres ne sont pas celui de son origine... mais celui de sa fin ? Et si le
zéro n'était au fond que le miroir de l'infini ?

Oh ! entendons-nous bien : pas de l'infini des géomètres ! Pas de cet infini
du continu qui voudrait, depuis Euclide, que le plus petit segment puisse –
soi-disant – se prolonger au-delà de toute limite... Ou qui voudrait en même
temps que les figures les plus imposantes puissent se réduire indéfiniment,
jusqu'à se dissoudre en un point sans épaisseur, sans étendue et sans dimension... Pas plus, d'ailleurs, de l'infini des peintres, celui des peintres florentins
du quattrocento qui réussirent à inscrire dans leurs toiles cette sorte d'infini en acte qui leur permit de précipiter l'au-delà du paysage en chacun
des points de fuite qui parsèment la ligne d'horizon. (Encore que j'aurais
peut-être pu vouloir parler de cet infini-là... Les peintres de la Renaissance
n'avaient-ils pas eu la géniale intuition, qu'en définitive, cette coagulation
des images les plus éloignées ne devait pas être recherchée ailleurs qu'au plus
profond de l'observateur lui-même, sur sa rétine, et presque étrangement,
au point même où celle-ci se projette sur le tableau ?)

Non. Je veux essentiellement parler ici de cette infinité particulièrement
ordinaire cachée au cœur même de notre liste interminable de bâtons, de
notre volonté de liste interminable... L'infinité de l'inépuisable kyrielle des
barreaux escaladés un à un par les anges sur l'échelle de Jacob. L'infinité
de l'intarissable litanie des instants égrenés par Zénon et qui sépareront
éternellement Achille de la tortue qu'il poursuit. L'infinité qui se résume, en
définitive, en une et une seule toute petite locution : Et cætera.

Comment décrire en effet l'abîme insondable ouvert par la simple action
de tracer un bâton à côté d'un quelconque paquet de bâton, et ceci à seule fin
de lui ajouter indéfiniment une unité ? Quelles possibilités avons-nous donc
d'imaginer et de prédire les contrées où nos pas, l'un après l'autre, vont nous

mener lorsque nous serons au-delà de l'horizon ? Chacun sait, au fond de lui-même, qu'ils ne nous découvriront, de loin en loin, qu'un nouvel horizon toujours recommencé ; et que chacun des horizons rencontrés, puis dépassés, ne pourra que s'ouvrir sur une promesse tout identique : une nouvelle infinité parfaitement inentamée d'horizons semblables, éternellement renouvelés. Et ainsi de suite...

C'est évidemment à juste titre que les philosophes s'intéressent à ce mystère indépassable, à cette « inexprimable possibilité infinie » offerte par la chaîne des nombres. Est-ce en s'inspirant du stratagème des peintres : ils semblent même, parfois, avoir réussi à se rapprocher de l'infini... en ramenant celui-ci au zéro ! Quelle plus malicieuse manière en effet, que de remplacer la sempiternelle addition d'une unité par une cascade inverse de soustractions de cette unité même : « Tu veux savoir si tous les nombres imaginables sont susceptibles d'être obtenus en alignant une quantité suffisante de bâtons à droite du zéro ? C'est très simple : tu me proposes un nombre – aussi grand que tu le veux, celui qui te passe par la tête – et je te montre comment je peux le réduire petit à petit à rien en lui enlevant un à un ses bâtons... ». Il ne restera plus qu'à se convaincre que la démonstration en question n'est pas vraiment plus difficile à atteindre pour le paquet de bâtons choisi que pour celui qui contiendrait exactement un bâton de moins... Passez muscade !

Non seulement on voit donc par là que les philosophes ont trouvé quelques manières particulièrement efficaces pour laisser aux autres la charge d'assumer leurs propres « et cætera », mais on voit aussi au passage à quel point ce zéro sans symbole est en réalité aussi important : ce signe vide situé nulle part n'est pas tant le point de départ à partir duquel on commencerait la suite illimitée des nombres, c'est à la vérité le point d'arrivée de tous les effaçages possibles. Pas de « zéro » pas de possibilité d'enlever un bâton au paquet qui n'a plus qu'un seul bâton : et ce zéro n'est donc pas autre chose que le signe de l'absence.

On ne peut évidemment s'empêcher de penser au héros de Giono qui transmute son désir d'infini en amour du zéro... Mais pour être entièrement franc, les mathématiciens – qui sont naturellement des esprits supérieurs – savent bien, surtout en ce domaine, que leurs méthodes sont fondamentalement plus efficaces que celles du philosophe. A commencer par la possibilité de s'inventer des nombres qui dépassent toutes les imaginations ! Admettons par exemple, vous diront-ils, que nous voulions explorer cet infini du « et cætera » avec beaucoup plus de rapidité que celle offerte par la désespérante progression de vos bâtonnets posés péniblement côte à côte, les uns après les autres. Ce n'est certes pas à ce système enfantin de bûchettes que nous ferons appel. Au contraire, nous nous servirons d'entrée de jeu du système de numération inventé par les bergers et nous utiliserons très vite des bûchettes – ou plutôt des cailloux – de différentes tailles afin de n'avoir besoin que de très peu de signes pour atteindre les quantités les plus exorbitantes.

Pour ma part, je l'ai souvent fait remarquer à mon ami philosophe : même les Romains – qui n'avaient pourtant pas un système de numération particulièrement pratique (c'est le moins qu'on puisse dire) – se sont contentés d'utiliser des bâtons accolés pour leurs seuls trois premiers nombres. Et les scribes de Babylone ou de Suse ont vite compris que les systèmes qui consistent à aligner des traits pour représenter les nombres trouvent vite leur limite. S'ils ont utilisé des traits pour les nombres de un à dix, ils se sont empressés de ranger les traits qu'ils assemblaient de manière à obtenir des configurations reconnaissables au premier coup d'œil ! Et lorsqu'ils ont été obligés d'aller au-delà, ils ont vite changé de méthode et ils ont introduit les différents ordres d'unités qui leur permettaient de dire en peu de signes des nombres de plus en plus grands !

Avec trois simples traits, les scribes ne représentaient pas simplement le nombre trois, ils pouvaient désigner tout aussi aisément le nombre cent onze s'ils écrivaient en base dix, ou le nombre trois mille six cent soixante et un s'ils travaillaient en base soixante... et cela sans compter l'utilisation du zéro qui leur permettait, à discrétion, de multiplier les nombres par soixante. Imagine, lui dis-je – parce que je ne le crois pas insensible aux misères des humbles – qu'un beau jour, les éleveurs de Susiane décident qu'au retour des troupeaux ils exigeraient des bergers un nombre de moutons calculé à partir des calculis emportés au départ, mais pour lesquels ils auraient doublé subrepticement la valeur des cailloux désignant auparavant les soixantaines, quadruplé les soixantaines de soixantaines, etc. Les bergers se verraient dans l'obligation de rendre un nombre de bêtes extraordinairement plus grand que celui sur lequel ils comptaient.

Ce serait peut-être là une des raisons historiques de l'invention du capitalisme, tant les pauvres bergers se trouveraient dans l'obligation de s'endetter à jamais pour rendre les moutons réclamés... Et si tu imagines que chaque année la manœuvre indigne des possédants se renouvelle, tu atteindras très vite des troupeaux pharamineux ! En peu de lustres, tous les grains de sable des hauts plateaux ne suffiront pas pour compter les moutons à ta manière... Puis tous ceux de la Terre entière... Et même sûrement tous les atomes de la Terre et de l'univers tout entier !

Naturellement, c'est aller plus loin que la Lune, mais qui le saura ?...

Quelque peu troublé, mon ami philosophe des mathématiques me sembla un moment tout près de changer d'avis. Je l'observais réfléchir calmement aux avantages et aux inconvénients de son système « intuitionniste », croulant sans doute sous des montagnes et des montagnes de bâtons enchevêtrés, lorsqu'il me dit sereinement : Je pense que tu te trompes ! Ta fable n'est pas suffisante pour mettre mon système à bas... Il te faudrait sans aucun doute pour cela rendre tes éleveurs beaucoup plus malins ; et je vais te le prouver ! Autoriserais-tu mes bergers couverts de dettes à conserver chaque année, au moment de repartir, un mouton (un seul mouton) pour leur usage personnel ? Oui ? Alors si c'est le cas, je vais t'expliquer pourquoi, avant la fin des fins, ce sont mes bergers qui n'auront plus rien à rendre et qui posséderont tous les moutons jamais imaginés par tes éleveurs :

Il y avait jadis à Suse, en Elam – c'est-à-dire dans l'ouest de l'Iran actuel, non loin de Babylone et de Sumer...

BIBLIOGRAPHIE

[1] Jean Giono, L'Iris de Suse, dans *Œuvres romanesques complètes* VI, Bibliothèque de la Pléiade, Gallimard 1983.

Philippe Lombard
L.H.S.P. – Archives Henri Poincaré (UMR 7117)
`Philippe.Lombard@irem.uhp-nancy.fr`

The Reasonable Effectiveness of Mathematics in the Natural Sciences

ULRICH MAJER

About 50 years ago, the Nobel-Laureat Eugene Wigner worried the community of natural scientists (primarily physicists) by writing an essay with the rather provocative title, "The Unreasonable Effectiveness of Mathematics in the Natural Sciences", [11]. This title was well chosen for a number of reasons, of which I will mention only the two most important: First, there is indeed a certain gap in our understanding the reason *why* the application of mathematics in the natural sciences is so extraordinarily effective as it is, for example, in quantum mechanics. Second, the restriction of the effectiveness-claim to the *natural sciences* is entirely justified because in other disciplines, like economics or psychology, the application of mathematics is by far not as effective as in the natural sciences. I have only to remind you of notorious false predictions of economists and frequently vacuous explanations of psychologists. I will return to these points later. First let me say what I will do, or perhaps better, what I will not do in this talk.

Contrary to the expectations the title of my talk may awake, I will not offer a solution for the indicated problem. This is to say I will not present an *explanation* for why mathematics is so surprisingly effective in the natural sciences. My aim is more modest; it has two interrelated parts. First, I would like to understand more precisely what the problem consists of, what the constituents of the problem are. Once I have identified the constituents I will discuss different strategies of 'how to tackle the problem'. This stepwise procedure seems to me necessary because the problem as stated above is not well defined. Different people understand the problem in different ways. Some even *deny* that the effectiveness of mathematics in science is a problem at all; they regard it as an inherent consequence of the essential *mathematical character* of the natural sciences. (Kant is the most prominent representative of this view.)[1] Furthermore, the problem seems to depend on a number of presuppositions with respect to the *essence* of mathematics

---

[1] His transcendental philosophy can be seen as an explanation *why* mathematics is a necessary and, hence, indispensable ingredient of all *proper* sciences. See the preface to his "Metaphysische Anfangsgründe der Naturwissenschaft" [A IX].

and its *role* in science, particularly in measurements and quantitative observations and experiments. Therefore, I think that one has first to clarify what the constituents and presuppositions of the problem are, before one begins the search for a solution. More precisely speaking, I will proceed in the following way:

First, I will present some formulations of the problem and then show that their authors have slightly *different* problems in mind and offer correspondingly different solutions. Next I will explain what, to my mind, the common core of the problem is, and why the 'solutions', presented so far, do not really address the core problem. Furthermore, I will argue that nobody can expect to find a "simple and non-circular" solution for the core-problem, because there are a number of facts, *undeniable* facts that together prevent a "straight and simple" solution. Consequently, different long-term strategies have been developed to address how to treat the problem. Because I find these strategies not very promising, I will sketch yet another proposal, of which I hope that it will lead to a solution of the core-problem in the long run.

To begin let me remind you of Galileo's famous statement that "the book of nature is written in the language of mathematics". This sentence does not immediately express a problem, but it expresses a main *presupposition* for the realization of a problem: according to Galileo's view, we can read the book of nature "but it cannot be understood *unless* one first learns to comprehend the language in which it is written" –and this is the language of mathematics. If we now ask: 'Why is the comprehension of mathematics a condition *sine qua non* for our *understanding* of nature?', we have a problem, because Galileo does not offer an answer –at least no answer that we today are prepared to accept. (His answer is very roughly that God is a mathematician; he created the world *according* to the laws of mathematics.)

Now let me turn to Wigner: Although he stands in the same tradition of mathematical physics like Galileo, his problem with the *unreasonable* effectiveness of mathematics is not the same as the obvious problem of Galileo. Let me quote the decisive sentence: "The enormous usefulness of mathematics in the natural sciences is something bordering on the mysterious and there is no rational explanation for it." If we ignore for a second the mysterious and ask why there is no rational *explanation* for the usefulness of mathematics, Wigner's answer is straightforward and cannot be mistaken: "Because we do not understand the *reasons* of the usefulness." Therefore, he speaks of the *unreasonable* effectiveness of mathematics. This means, like in Galileo's case, that the 'lack of reasons' and, consequently, the *absence* of an explanation is the fundamental problem in Wigner's eyes. But what is the supposed difference to Galileo? The answer is simple: the respective *explananda* are different. In Galileo's case it is the *necessity* of mathematics that has to be explained, whereas in Wigner's case, it is almost the opposite, namely an *abundance* of mathematical concepts and theories for the tasks of science to understand and to predict the processes in nature. Wigner illustrates the surplus of mathematics with respect to the tasks of physics by means of a pretty analogy:

> We [the scientists] are in a position similar to that of a man who was provided with a bunch of keys and who, having to open several doors in succession, always hit on the right key on the first or second trial. He became skeptical concerning the *uniqueness* of the coordination between keys and doors. [11, p. 2]

Stephen Weinberg has a similar, closely related point in mind when he says: "It is positively *spooky* how the physicist finds the mathematician has been there before him or her." [10, p. 725] What he has in mind is a kind of *rabbit and hedgehog* phenomenon; he offers many examples for this perplexing effect; the most prominent is, of course, Hilbert's 'general theory of linear integral-equations' published 1912 – i.e. 20 years before its successful application in the new quantum-mechanics by J. von Neumann, [9].

The three positions taken together reflect in a certain sense the historical change in the relation of mathematics to physics. Where Galileo, Kepler and Newton had to set up many of the required mathematics on their *own behalf,* because the contemporary mathematics offered no solution to their problems, the modern physicist can choose from a vast collection of mathematical concepts and theories that are 'well established' and ready for use in scientific problems and applications.

Beside Galileo, Wigner and Weinberg there are, of course, yet more scientists considering the peculiar relation of mathematics and physics. I will mention only two of them, because their views differ remarkably from the positions discussed so far. The first is Einstein, the other is Bridgman, author of the well-known book *The Logic of Modern Physics*, [1]. Let me begin with Einstein and his famous lecture *Geometrie und Erfahrung* presented 1921 at the Prussian Academy of Science of Berlin, [4].

Considering the reputation of mathematics and its role in the natural sciences, Einstein identifies a "riddle" that has troubled researchers of all times: "How is it possible that mathematics, which after all is a *product* of human thinking *independent* of all experience, fits the *objects of the real world* so excellently?" Einstein's answer to the riddle is condensed in his famous statement: "Insofar as the sentences of mathematics refer to reality they are *not certain,* and insofar as they are certain they do *not refer to reality.*" I suppose most of you will agree without hesitation, but by closer inspection, the answer turns out to be rather misleading, not to say, empty!

In a certain sense the answer is only a *rephrasing* of the *original* riddle, notwithstanding the fact that it touches an important aspect of the riddle, as I will show next.

Einstein tries to justify his short answer by referring to "that direction in mathematics", as he says, that became known under the name "Axiomatik". The crucial point now is his understanding of the term 'axiomatic'. He explains his view in the following way: "The progress achieved through the axiomatic-point of view is namely that through it a clean *separation* was achieved between the *logical-formal* and the *factual* or *intuitional* content; only the logical-formal, but not the intuitional or otherwise content (tied up with the logical-formal) forms according to the axiomatic point of view the *object* of mathematics." In other words, Einstein connects the axiomatic point of view with the *form-content* dichotomy and equates mathematics with the logical form or structure of a theory and banishes the whole content of a physical theory to its *descriptive* vocabulary. Hence, it is no wonder that according to this 'logicist' view mathematics *in itself* is absolutely certain and *a priori,* whereas mathematics in connection with some descriptive content becomes *a posteriori* and not certain. But this is only a more pointed reformulation of the original riddle and does not explain why mathematics as an a priori discipline matches so perfectly reality as it indeed does.

The last position concerning the relation of mathematics and physics, which I want to discuss, is that of Bridgman. His view is almost the exact opposite to Einstein's view. Bridgman develops his particular point of view in a little book entitled *The Nature of Physical Theory* [2].[2] After a brief 'analysis of the fundamental nature of mathematics' he begins his considerations with an inquiry "what we do in applying mathematics to any concrete physical problem, or in attempting to set up a mathematical theory of some physical phenomenon." The first preliminary answer goes like this: "presented with a set of equations by the theoretical physicist, which [he tells me] contains the theory of the phenomenon in question, I discover at once that the *equations are only part* of the story. The equations always have to be accompanied by a 'text' telling what the significance of the equations is and how to use them." If *text* here means the observable or descriptive content of a theory the quotation sounds rather like Einstein's but it is not, as will become clear from the next argument. After having dismissed the

---

[2] I should point out that Bridgman's epistemological point of view in this book is rather different from the "operational" view that he developed in his well-known book *The Logic of Modern Physics*, [1]. In the essay *Operational Analysis*, [3], he says: "It will perhaps pay [...] if I attempt to state what I conceive it to be all about, particularly since I have never attempted such a statement and since my own ideas on the subject have been developing since I first wrote *Logic of Modern Physics*." [3, p. 114].

necessity of *physical models* for a physical interpretation of mathematical theories and equations Bridgman continues:

> All that is required of the theory is that it should provide the tools for calculating the behavior of the physical system, and it is capable of doing this if there is a correspondence between those aspects of the physical system, which it engages to reproduce, and *some* of the results of the mathematical manipulations.   [2, p. 65]

Obviously, Bridgman advocates an *instrumentalist* view, regarding mathematics as a mere *tool* for the calculation of the behavior of a physical system – without a distinct physical meaning. This alone, however, would neither suffice to bring him in opposition to Einstein nor to avoid Einstein's riddle, because also an *instrumentalist* has to explain the miraculous success of mathematics in the natural sciences. But if we also take Bridgman's radical view of the *nature of mathematics* into account, according to which mathematics is in the last analysis really an *empirical* discipline, made to serve the needs of science, we arrive at the supposed opposition and the riddle doesn't arise.

However, Bridgman is too clever not to know that his radical position is not the whole story, that the actual relation of mathematics to physics is a lot more complicated. I'll return to his analysis of physical theories later; first let me draw a provisional result.

The common core of the different opinions

As we have seen, there is a wide variety of opinions regarding the interaction between mathematics and physics and the true nature of this interplay. In spite of this, it seems dangerous to draw a conclusion with respect to a *common core* of the different opinions. But I think I can take the risk, because I am convinced that the relation entails a general problem, or bundle of problems, and that it has a rational core, although most of the time we are not aware of it.

The deepest source of the problem comes to my mind from the fundamental different character of mathematics and physics: the first being a highly *autonomous* discipline connected with our *mental* activity, the second being an inquiry of the *external* world, as we experience it through our sensory activities. Of course, this alone does not establish a problem; we must take the historical fact into account that physics is *in need* of mathematics. So far I agree with Einstein. The decisive question is however, what does here mean 'in need'. Should it be denoted a *necessary* condition, as Galileo assumed, or is mathematics only a useful *means* to facilitate the work of the physicist, a work that can be done – at least in principle – without an incorporation of mathematics.

Unfortunately, this question cannot be decided simply by reference to *present* physics and the *history* of physics is no great help too, although it favors as a whole the view that mathematics is de facto an *indispensable* constituent of physics, because without it, physics would become vague and complicated. But this is, of course, no *proof* of its necessity, because the latter would demand a demonstration that physics, devoid of all mathematics, is *impossible*. Whether this can be done, I do not know. In any case it is important to note that no instantaneous decision regarding the indispensability of mathematics in physics. In spite of this situation different long-term strategies have been proposed in order to clarify the functional *role* of mathematics in physics: How *much* mathematics do we need –if we need any– and what *kind* of mathematics is that?

Before I sketch some of these strategies and their general idea let me present a list of simple facts regarding the application of mathematics in physics, which –according to my mind– have to be reflected by any of these strategies:

- Not the entire corpus of mathematics, that is known today, is used in physics

- In some important branches of physics, like quantum-field-theory, we do not know, which mathematics is needed eventually

- Certain mathematical concepts and theories are used in every physical theory

- Not all mathematical concepts, used in a physical theory, also have a physical meaning; some of them have no physical meaning at all

- In some cases we can represent one and the same physical theory by means of different mathematical concepts and theories

- Frequently mathematical concepts and theories become applied in basically different physical theories

- Many applications of mathematical theories are not specific for physics.

This list is, of course, neither exhaustive nor objective. It can and should be supplemented by further facts. I have mentioned only those facts that seemed important to me. Because one point may not be obvious, let me explain it briefly. In point four, I maintain that *not all* mathematical concepts, used in a physical theory, have a physical meaning too. By 'too' I indicate that all mathematical expressions in a physical theory have a *mathematical* meaning, to be sure, but some of them, and that is the real point, may have no *physical* meaning. Now you may wonder and ask, whether this is not a *defect* that should not arise. But I assure you this is much more the *normal* case than an *exception*! Already a simple law like the ideal gas-law can serve as an example:

By the ideal gas-law, $P \cdot V = nR \cdot T$ the physicist wants to express that a certain relation exists between pressure, volume and temperature and that this relation is valid for any *ideal* gas, at least approximately. Now, these properties are of a very different nature, so that it is difficult to see how we can express a relation between them. Indeed, taken as mere *qualities*, this seems impossible. What has temperature, as an *intrinsic* quality of a gas, to do with the *extrinsic* volume of the container in which the gas is enclosed? However, as soon as we transform the physical parameters into *quantities*, measurable quantities with real numbers as values, the task can be fulfilled immediately. Different as the three properties are, taken qualitatively, there is *one* thing they have in common as quantities: their *values* can be expressed by real numbers and precisely this circumstance can be utilized to express a relation between them. We just have to introduce a ternary relation between the possible values of the 3 quantities, i.e. between 3 sets of real numbers that represent the respective values. And this is exactly what the gas-law expresses when we maintain that the arithmetical product of the *values* of pressure and volume (for a fixed amount n of gas) is always equal to the *value* of its inner temperature [multiplied with n and a universal constant R that is the same for all gases].

Now let me come back to the question whether there are some mathematical elements in the gas-law that have *no* physical interpretation. The answer is YES, because what I have stated before means, strictly speaking, that the wanted relation between the three quantities is at first only defined on the level of the *real numbers* and cannot be transferred –at least not without further considerations– to the level of *physical meaning*. If we now ask which possibilities we have to transfer the mathematical relation to the physical level we recognize at once that there is no way, because the only connection between the mathematical and physical level is the relation between the *real numbers* and the *values* of the three quantities. But this relation does not include a 'transfer' of the arithmetical operations of multiplication and division into physical operations. We have no idea, at least no immediate idea, what *multiplication* of pressure with volume *physically* means.[3]

---

[3] What we have is an *indirect* idea: we know how to double the pressure or the volume of a gas; and we know how to change temperature by heating or cooling. By means of these concrete operations we get an indirect idea what complex operations like multiplication or division of pressure and volume physically mean.

In order to avoid possible misunderstandings I should add two remarks: (1) The result that the gas law contains mathematical relations possessing no physical meaning is by no means caused by the circumstance that I chose the "ideal" gas law as example; it is equally valid for the real-gas-laws. (2) If we go from the 'phenomenological' theory to the kinetic theory of gases the result of the corresponding considerations is somewhat different insofar pressure and temperature both become explained through the motion of molecules. This has the consequence that a change of the temperature is *physically* connected with a corresponding change of the pressure and vice versa. In other words, the mathematical relation between pressure, volume and temperature receives a physical interpretation in terms of 'mean kinetic energy' etc.; this new understanding is part of the progress in physics; but, of course, with it, new and unexpected problems arise.

Finally, the example of the gas-law also shows why always at least *some* elements of the mathematical apparatus of a physical theory must have a physical meaning, and which elements these are: every physical theory contains a (non empty) set of quantities and these quantities must have a mathematical representation as numbers, vectors or whatever; and inverse: the numbers, vectors etc. representing the values of a given quantity denote –at least on an intentional level– the corresponding physical property. Of course, all this is more or less *trivial,* but I see no way, how to *avoid* mathematics, if we want to talk honestly about physics. The only serious question, it seems to me, is a different one, namely: How much, and what kind of mathematics do we really need for the aims of physics? Or even more important: did we incorporate too much –or a wrong kind– of mathematics into a physical theory, for example into quantum theory?

After this long detour let me come back to the different strategies to clarify the role of mathematics in physics and ask: Which aim or aims shall be achieved by means of the different strategies? As far as I can see there are two fundamental tendencies pointing in *opposite* directions: The first group wants to eliminate as much mathematics as possible from physics, that means from the physical theories as they are presented in textbooks. The aim of the second group is somewhat more involved. It consists in the first line in a clean *separation* of the mathematical part from the *proper physical content* of a physical theory. This sounds of course rather *obscure* and therefore I should add that the idea beneath this aim is quite reasonable. It is the old idea to separate that what is *man-made* from that what is *independent* of the existence of human beings. Whether a corresponding separation-program for physical theories is likewise reasonable or only obscure depends very much on its design. I will return to this point in a moment. First let me say a few words to the attempt to eliminate as much mathematics from physics as possible.

The best-known representative of this direction is Hartry Field –a philosopher! He has published a book with the title 'Science Without Numbers'. Already the title is so provocative that I feel obliged to say something in defense of it. If it is Field's goal to oppose *Platonism* with respect to 'abstract entities like numbers, functions, or sets', then I agree, because these pure mathematical entities do not exist in nature. But if he takes the title literally as a *request* to eliminate all numbers, functions etc., as I suspect, then he will have hard times. This can be seen already from our discussion of the ideal gas-law. The physically crucial relation between the pressure, volume and temperature of a gas was defined as a ternary relation between *real numbers* and –equally important– there was no way to define this very same relation on a *pure physical* level, because the arithmetical operations themselves had no direct physical meaning. [This means there are no simpler physical concepts - than pressure, volume, and temperature - by means of which one could define the gas-law.] Consequently, if the numbers become *eliminated,* we cannot formulate the gas-law as a universal relation between the three quantities pressure, volume and temperature. And that is the end of the story.

Now you may speculate whether this impossibility is a *special feature* of the gas-law as an instance of a mere *phenomenological* law. But this is not the case. We use basically the same mathematical *technique* in all empirical laws, as far as I can see. Take for example Galileo's *law of free fall* or Planck's *radiation-law*; in these cases too, the actual physical law is established by means of certain arithmetical relations, and I see no way how to get around this. But not only this; I see also *no* reason *why* one should avoid this. On the contrary, I suspect that Field has become the victim of a serious ontological misunderstanding: The fact that "in nature" *exist* no numbers does not mean that we, as human beings, do not need numbers –and many more abstract entities– in order to *recognize* nature and its physical laws. [On the contrary if we could not count, we could not measure and, consequently, could not recognize the quantitative laws of nature, not to speak of statistical laws and theories, which in a certain sense need even *more* mathematics than the usual physics with its differential-equations.]

This becomes clear, I think, if we get to quantum mechanics, in which fundamentally the same mathematical *technique* is used (as in the case of the simple *empirical* laws) –only on a much more *advanced* and utmost *sophisticated* level– as you will recognize from the next quote. In a pioneering paper *On the foundations of Quantum-mechanics,* published 1928 [6], Hilbert, v. Neumann and Nordheim set out to "unify" the different approaches in the new quantum-theory by Heisenberg, Schrödinger, Born, Jordan and Dirac into a *single* all approaches embracing theory. This paper initiated the axiomatic investigation of quantum mechanics as it finally culminated in von Neumann's book. In the introduction of this paper the three authors explain, what they want to do and how they will achieve their goal. Let me quote the central passages, because they are very instructive with respect to the interlocking of the mathematical apparatus and the physical content and, of course, corroborate my point I made above:

> Der physikalische Grundgedanke der ganzen Theorie besteht darin, daß an Stelle von strengen funktionalen Beziehungen der gewöhnlichen Mechanik überall Wahrscheinlichkeitsrelationen treten. [Die Art dieser Relation wird am besten durch ein besonders wichtiges Beispiel erklärt. Ist der Wert W_n der Energie des Systems bekannt, ..., so ist nach Pauli
>
> (1) $\quad |\Psi_n(X)|^2 \, |n(x)|2$
>
> die Wahrscheinlichkeitsdichte dafür, dass die Koordinate des Systems einen Wert zwischen x und $x+dx$ hat, wenn Ψ_n die zu dem Eigenwert W_n gehörige Eigenfunktion bedeutet.]
>
> Der Weg, der nun zu dieser Theorie führt ist, folgender: Man stellt gewisse physikalische Forderungen an diese Wahrscheinlichkeiten, [[die durch unsere bisherigen Erfahrungen und Entwicklungen nahe gelegt sind, und]] deren Erfüllung gewisse Relationen zwischen den Wahrscheinlichkeiten erfordern. Dann sucht man zweitens einen einfachen analytischen Apparat, in dem Größen auftreten, die genau dieselben Relationen erfüllen. [Dieser analytische Apparat und damit die in ihm auftretenden Rechengrößen, erfahren nun auf Grund der physikalischen Forderungen eine physikalische Interpretation.]
>
> Genauso [wie in der Geometrie] ordnet man in der neuen Quantenmechanik formal nach einer bestimmten Vorschrift jeder mechanischen Größe ein mathematisches Gebilde als Repräsentanten zu. das zunächst eine reine Rechengröße ist, aus der man aber Aussagen über die Repräsentanten anderer Größen, und dann durch Zurückübersetzung Aussagen über wirkliche physikalische Dinge erhalten kann.
>
> Es ist schwer eine solche Theorie zu verstehen, wenn man diese beiden Dinge, den Formalismus und seine physikalische Interpretation, nicht scharf genug auseinander hält.

The last remark brings me to the second of the two tendencies and its goal: the strict separation of the mathematical apparatus and the proper physical content of a theory. To this direction belong not only such famous physicists as C. Maxwell and H. Hertz but also, as we have seen, Einstein and Bridgman and of course, Hilbert himself. Now, the circumstance that these people pursue the same aim does not imply that they do it in the same way. On the contrary, there are significant methodological differences, in particular with respect to the question, how to draw the line between mathematics and the pure descriptive content of a physical theory. Hertz for example draws in his book *Die Prinzipien der Mechanik* [5] the borderline precisely between that, what he regards as the *a priori* part of mechanics, namely geometry and the kinematics of material points and puts the whole descriptive content in one and only one *empirical* law, namely the law of the "straightest path". Hilbert on the other hand, who was an admirer of Hertz, regards geometry as belonging to the natural sciences and hence as an integral part of an empirical discipline. He rejects the (geometrical) conventionalism of Poincaré and Einstein, who acknowledged a certain sympathy for Poincaré point of view. Einstein again regarded the whole of mathematics including geometry as a mere formal-logical discipline, which had to be "filled" with descriptive content. Accordingly, he felt free to "exchange" from time to time the whole formal apparatus, as T. Sauer has shown in an interesting yet unpublished paper.

I could go on, but the reason why I mention these examples is not to present you a list of different opinions, but to point to a deeper problem, a problem that I have not made explicit so far, but which seems to me very important and difficult to answer, namely the question: What is the "objective" content of a physical theory and what is only an "anthropomorphic" ingredient. [8] In order to give you a concrete example ask yourself: Is the irreversibility of time an *objective* feature of nature or only the *consequence* of a certain *theory* –namely the "kinetic theory of gases"? [7] This and similar questions are closely connected with another intricate question that is particularly pressing in case of quantum mechanics: Is the mathematical apparatus, by means of which we want to describe a collection of phenomena, too *rich* or too *poor* (or even both) to capture *all and only* the well established phenomena? In case of quantum mechanics some physicists have the suspicion that the theory of Hilbert-spaces, as it is applied in v. Neumann's book is too rich, and for this reason they try to find a weaker foundation of quantum mechanics by an analysis of the measurement-process. How this can be achieved is still an open problem.

BIBLIOGRAPHY

[1] Bridgman, P. W., 1927, *The Logic of Modern Physics,* New York, MacMillan.
[2] Bridgman, P. W., 1936, *The Nature of Physical Theory,* Princeton, Princeton University Press.
[3] Bridgman, P. W., 1938, "Operational Analysis", *Philosophy of Science,* 5, 114.
[4] Einstein, A., 1921, *Geometrie und Erfahrung,* Springer.
[5] Hertz, H., 1894, *Die Prinzipien der Mechanik.*
[6] Hilbert, D. et al., 1928, "Über die Grundlagen der Quantenmechanik", *Math. Annalen,* 98, 1–3.
[7] Majer, U., 2001, "Lassen sich phänomenologische Gesetze 'im Prinzip' auf mikrophysikalische Theorien reduzieren?", in Stephan, A., *Phänomenales Bewußtsein: Rückkehr zur Identitätstheorie?,* Paderborn, Mentis.
[8] Majer, U. & Sauer, T., 2006, "Intuition and Axiomatic Method: Hilbert's Foundation of Physics", in Huber, R. & Carson, E., *Intuition and the Axiomatic Method,* Dordrecht, Springer.

[9] Neumann, J. von, 1932 *Mathematische Grundlagen der Quantenmechanik*, Berlin, Springer.
[10] Weinberg, S., 1986, "Mathematics: The Unifying Thread in Science", *Notices of the Amer. Math. Soc.*, 33, 716-733.
[11] Wigner, E., 1960, "The Unreasonable Effectiveness of Mathematics in the Natural Sciences", *Communications in Pure and Applied Mathematics,* vol. 13, n° 1.

Ulrich Majer
Universität Göttingen
umajer@yahoo.com

Anschauung as Evidence
GIUSEPPINA RONZITTI

1 Mathematical evidence

The notion of *evidence* has a central place in the philosophical discussion of what counts as knowledge. Irrespective of what type of knowledge one considers,[1] the notion of evidence figures as a determinant element when it comes to assessing whether or not one manifestly possesses a certain type of knowledge. Lack of *supportive evidential basis*, also due to the possible difficulty of determining what constitutes evidence for something, can disqualify one's purported "informational state", "skills", "behavior" etc., from being regarded as constituting, expressing or manifesting knowledge.[2] A primary concern of the philosophical discussion about knowledge in a given field is, therefore, that of ascertaining what counts in such a field as evidence for the possession of knowledge.

A main divide between possible *sources of evidence* is that between evidence which derives from *sensory experience* and evidence which derives from *reason*.[3] Almost all fields of knowledge benefit from both sensory and rational sources of evidence and their respective specific contribution may be difficult to assess. Mathematics is traditionally seen to constitute an exception to this, mainly because sensory experience cannot be taken to provide the type of evidence sought for in mathematics, namely *conclusive evidence*. Conclusive mathematical evidence, it is largely agreed, is obtained by (some kind of) proving and in this sense proof is considered to be the evidential basis of mathematical knowledge.[4] The canons of proofs are not, in general, indisputable. They have, of course, changed

---
[1] Types of knowledge considered in philosophy include *a priori* knowledge, *a posteriori* knowledge, *propositional knowledge* (knowledge *that* something is so), *non-propositional knowledge* (knowledge *of* something), knowledge of *how* to do something and knowledge by acquaintance.

[2] Examples where supportive evidential basis is difficult to assess include such fields as religion and moral theories.

[3] Another possible source of evidence discussed in philosophy is *internal awareness*.

[4] There are of course dissenting voices. For example Maverick philosophers (and mathematicians) disagree with the claim that in mathematics evidence is essentially a matter of proving. See [1].

over time with the changing of mathematical practice and in consequence of mathematical advancements, but also at a given time mathematicians may not be consonant with each other about what they would consider as a proof. Notoriously, starting from the shift between the nineteenth and the twentieth century, many developments took place which contributed to substantially reassess the notion of proof.[5] One of the main changes this reassessment brought about was the dismissal of the role *intuition, Anschauung* in the sense codified by Kant's philosophy of mathematics, in mathematical proof.[6]

That mathematical reasoning in general, and geometrical reasoning in particular, cannot consider as conclusive the evidence which derives from some form of concrete intuition, such as what is present to our senses when we examine a particular geometrical figure, is no news.[7] What is new, at least relatively, in the philosophical discussion concerning mathematics starting from the beginning of the twentieth century, is the emphasis on the envisaged possibility of proving in a way that completely dismisses resorting to any form of intuitive reasoning. Direct reasoning about objects conducted with the help of visual representations is to be substituted by some sort of codified manipulation of symbols to which no representative function is attached. The origins of this trend of thought is commonly traced back to David Hilbert (1862-1943) as the initiator of both the modern axiomatics and the formalist program [6].

Among the first to express adherence to the newly established methods is, notoriously, Felix Hausdorff (1868-1942) who demanded for modern mathematics autonomy from any form of *Anschauung*:[8]

> In all philosophical debates since Kant, mathematics, or at least geometry, has always been treated as heteronomous, as dependent on some external instance of what we could call, for want of a better term, intuition (*Anschauung*), be it pure or empirical, subjective or scientifically amended, innate or acquired. The most important and fundamental task of modern mathematics has been to set itself free from this dependency, to fight its way through from heteronomy to autonomy.[9]

---

[5] The advancements in analysis and logic, the introduction of a new axiomatics by Hilbert [6], Hilbert's formalist program (in the early 1920s) of founding mathematics on a finitary basis.

[6] *Anschauung* is usually translated as *intuition*. Kant uses *Anschauung* as meaning empirical or concrete intuition and *pure Anschauung* in the sense on pure intuition. Gödel translates the term *Anschauung* as *concrete intuition* and we will mostly adopt this translation.

[7] Kant's problem was indeed to justify the idea that *a posteriori* mathematical representations are in some sense *a priori* in the sense that our sensory impressions are determined by the constitution of our intellect.

[8] It should be remarked, though, that Hausdorff's adherence to the formalist program probably outreached Hilbert's own aims.

[9] Quoted in [9].

Appealing to some form of *Anschauung* in mathematical reasoning was not a desirable move, as intuition started to be seen as something that exercised an *external* control and therefore made mathematical knowledge to rely on a sort of evidence which is not of a purely mathematical nature. At the same time the new advancements in logic and foundations seemed to provide the possibility of using, in proving, only resources *internal* to mathematics.[10]

2 *Anschauung* in formal proof

Beyond the scope of the formalist program as originally formulated by Hilbert, and also beyond Hilbert's own views regarding the scope of his program, we may probably generically speak of a *formalist attitude* concerning mathematical proof.[11] The claim underlying what I call the formalist attitude is that formal proofs constitute a better source of evidence (for the truth of a mathematical proposition) than non-formal proofs. The reason why formal reasoning provides a better form of evidence as compared to non-formal reasoning is that, purportedly, formal proofs do not rely on any sort of intuition. For example, formal proofs concerning geometry, unlike their informal counterparts, purportedly do not make use of the type of intuition Kant thought to be fundamental for geometry, namely spatial intuition. The formalist attitude can be seen at work in many approaches that emphasize, at various degrees, the role of formalization and logical reasoning in the practice or justification of mathematics.[12]

What interests us here is to investigate the question of whether it is really so that formal proving, in the general sense previously indicated, does not rely on any form of (concrete) intuition. Erik Stenius has an argument towards showing that this is not the case:

> Although *that* kind of specifically *spatial Anschauung* which Kant thought to be an essential epistemological basis of geometrical proof can be dispensed with by a strict axiomatization of geometry, *Anschauung* is not thereby entirely eliminated as an epistemological basis of proof. In a more or less formalized proof it is replaced by an *Anschauung* applied to the linguistic expressions used in the proof. [10]

Linguistic expressions in a formal proof are combinations of (logical and non-logical) symbols of a given alphabet. What is meant here by *Anschau-*

---

[10] Another question is, of course, that of the relation between logic and mathematics.

[11] While it seems clear that today's formalists' claims have gone beyond the original intentions and motivations of Hilbert, it seems also undeniable that Hilbert's foundational contribution constitutes the main source of inspiration of various types of formalist approaches which are widely spread today.

[12] Such emphasis is not uniform among the supporters of such an approach and is not always taken to mean the same thing. For a recent weak example of the formalist attitude, see Azzouni [2] where the author suggests that "[...] a proof of a theorem reveals a derivation of that theorem".

ung as applied to linguistic expressions used in a proof is not the sort of intuition that derives from *meaning*, but rather the sort of active, concrete, attention that we must pay to the arrangement of the symbols constituting the expressions and to the structure of the formal proof itself. According to Stenius, when we prove formally a theorem we need to "inspect a figure" in the sense that we concretely need to actively observe the form of the expressions and the structure of the formal proof. "Form" and "structure" are indeed the primary objects of our visual attention. The claim is that things like the spatial disposition of the formulas, the structure of the diagram constituting the proof, the internal structure of the combination of symbols, etc. have indeed a crucial role in *proving formally*. If this is so, which indeed seems undeniable, formal proofs, as much as non-formal proofs, rely on a source of evidence which is *external* to the proof itself and is dependent, for example, on our act of inspecting a figure and our ability of doing so.

Stenius's own example [10, p. 61] proceeds by considering an informal proof in geometry, performed by making direct reasoning on the figures as they are drawn, and then substituting for the geometrical elements of a certain figure (points and lines), first symbolic figures (circles and squares), then *letter tokens* (for example Latin letters for circles and Greek letters for squares) and finally *letter types*. In the passage from the actual geometrical elements by means of which we construct a figure (say a parallelogram, a triangle, and so on) to *letter types*, we gradually abstract from the concrete representation of an object (for example a particular triangle), the representative of a class of objects whose properties we are investigating (a certain class of triangles), and arrive at a purely symbolic representation of the relations we are interested in. Letter tokens bear the same relation to letter types as concrete representations of objects bear to the class of all objects of the same kind.

The observation is now that in a formal proof (dealing not with representations of objects, but with symbolic signs) we draw conclusions *by inspecting the figure* constituted by the sequences of formulas. This type of inspection, inspection of the figure constituted by the signs and by the sequences of signs involved in the proof, is a necessary step in the recognition of a sequence of formulas *as a proof*, as much as inspection of a geometrical figure, in informal proofs, is a necessary step in drawing conclusions related to the objects in question.

Stenius's argument can be easily generalized to any kind of *formal proving*. Consider formal proofs in any logical calculus. Formal rules of inference take into account the *form* of (the inductively defined) configurations of signs (formulas). The indications they provide on *how to proceed in proving* instruct us in fact on how to manipulate linguistic expressions according to their form.[13] It seems therefore obvious that in order to make sure that we perform the right steps we need "to look at" the configurations of signs. More explicitly, consider the notion of deduction of a formula A from a set of formulas Σ. This is defined as a finite sequence of formulas such that the last formula is A and each formula in the sequence either belongs to Σ or results from the application of some inference rule to previous formulas in the sequence. The definition of the notion of deduction clearly refers to the spatial *disposition* of the formulas involved in a formal proof.

The claim that in formal proofs *Anschauung*, intended as *spatial intuition* or *inspection*, does not play any role seems therefore not completely accurate, especially if such a claim is used to substantiate the idea that formal proofs constitute a more reliable type of evidence than non-formal proofs.

The easy objection to this argument is that the "looking at" we use in formal proofs is not really a *substantive* source of evidence. For, suppose we want to prove A, suppose that we have a formal proof which starts with the appropriate assumptions Σ and whose last formula is A. Our "looking at" in such a (formal) proof, namely our looking at a certain configuration of signs, is intended to state something regarding a certain configuration of signs, namely that such a configuration of signs, a syntactic object, satisfies certain requisites (for example, it starts in such and such a way, it ends in such and such a way, it proceeds according to certain accepted rules, etc.) and is, accordingly, a *proof* in a certain formalism. This type of "looking at" is to be contrasted with the "looking at" we use in non-formal geometrical proofs. In this case our inspection of the figure is directed towards ascertaining that a certain pictorial representation of an object, representing a class of objects of the same type, possesses a certain property which is therefore extended to all the objects of a certain class. The formal "looking at" is not directed towards assessing a "truth" regarding the mathematical objects under consideration, and is therefore used instrumentally and does not contribute to making a substantive claim. At the same time the "looking at" at work in non-formal proofs is of a substantive type.

A supporter of the formalist attitude of the *deductivist* brand could respond in this way to the claim that spatial inspection is necessary and used also in formal proof. But, by the same token, the deductivist would also be obliged to recognize that the evidence presented by formal proof is not, by itself, evidence for the truth of a proposition and therefore cannot constitute a *better* or *more reliable* type evidence than the evidence provided by

---

[13] Note that in this case, symbols are not taken to have a representative function, they do not stand for any object.

informal proving. It is just a different type of evidence or, more precisely, evidence for something else.

In conclusion, the claim made by the supporters of the formalist approach – that formal proofs offer a better kind of evidence than non-formal proofs because formal proofs do not make use of any form of intuition – can be attacked in two ways. First, it can be argued that indeed some kind of spatial intuition is involved and is actually essential also in the case of formal proof. Second, it can be argued that formal and non-formal proofs produce different types of evidence and that therefore they cannot be compared on this basis. This second objection, at which we hinted, is of course well known, even if perhaps it has not been framed in the context of the conceptual scheme provided by the notion of mathematical evidence, and we will not be pursuing it further. More intriguing for our purposes is to come back to the first argument against the thesis that formal proofs constitute a better kind of evidence because they do not involve any form of intuition. We have tried to show that this is not so and we want to refine in the next paragraph our argument.

3 Inspection and meta-inspection

Let us start by recalling that the role of intuition in mathematics is not negated by Hilbert's original reasons for proposing a formalist/finitist foundations of mathematics. Hilbert's intention was in fact to provide a method for founding mathematics on a "purely intuitive basis of concrete signs", signs which are "intuitively present as immediate experience prior to all thought". *Looking at* concrete signs was not just admitted, but also considered as unavoidable:

> If logical inference is to be reliable, it must be possible to survey these objects completely in all their parts, and the fact that they occur, that they differ from one another, and that they follow each other, or are concatenated, is immediately given intuitively, together with the objects, as something that neither can be reduced to anything else nor requires reduction. [7]

Both the "looking at" that takes place in geometrical constructions of figures and the "looking at" that takes place in formal proving are examples of *concrete intuition* and therefore sources of *concrete evidence*, to use Gödel's terminology [4, p. 273]. The difference is that in non-formal reasoning we inspect representations of mathematical objects while in the formal case we inspect a finite number of symbols with no representative role. Why this difference matters is explained by Stenius by introducing the notion of *meta-inspection*.

What makes that *spatial inspection*, whether this be spatial inspection of a geometrical figure or inspection of a configuration of signs, will result in a conclusive argument, is not the act of inspecting in itself, what Stenius calls "the actual 'Kantian' inspection of the figure as it is drawn", but the way the result of such inspection is used in drawing conclusions [10, p. 60]. In simple words, beside the actual inspection of a figure or of a configuration of symbols, we have to meta-inspect our actual inspection, namely inspect the way we have used our inspection in drawing conclusions. For example, in the case of non-formal geometrical proofs, by inspecting a figure we observe certain relations and we draw the conclusion that a class of objects has this and that property. By meta-inspecting the way we have used our inspection of the figure we make sure that in drawing our conclusions regarding that particular figure we have not made use of any specific feature of the figure itself, for example its particular position, its size, etc. In short, by meta-inspection we decide whether our particular example can be taken as a model of all objects of the same type. In this sense we can say that the use of Kantian inspection (actual inspection of a figure as it is drawn) is not problematic insofar as it can be guaranteed by meta-inspection.

Now, it seems clear that the problem we face in the case of non-formal geometrical proof is that such meta-inspection is based, once again, on the very same spatial intuition.[14] The case of formal proof is different as the primary spatial inspection concerns symbols and combinations of symbols (on the given alphabet) which by definition represent any other symbols or combinations of symbols of the same type. In this sense, when we prove formally we succeed in eliminating the need for meta-inspection, or rather we succeed in making meta-inspection a trivial step.[15] One may argue that indeed, when the supporters of formal proofs claim that formal proofs are more evident than non-formal proofs as these do not rely on intuition, the sense of the allegation is precisely that in formal proofs the intuition at work is safe, it does not need to be secured.

4 Conclusion

Because of the previous observation, along the distinction between "inspection" and "meta-inspection" it is useful, for the purpose of our discussion, to distinguish between "evidence" and "meta-evidence". By inspection we achieve evidence and by meta-inspection we secure the achieved evidence, in short we achieve meta-evidence. Our aim was to analyze the question of whether it really is so that in formal proofs concrete intuition has no role. The interest of the question lies in the fact that the thesis according

---

[14] We may try to imagine or represent many other objects of the same type and observe that indeed we did not use any particular features of our examples. The limitations of such a method are easily seen.

[15] As I take it, this is the sense in which Gödel [3] speaks of formalism as the "formalization of evidence".

to which formal proofs provide a better form of evidence as compared to non-formal proofs is based on this claim. We have argued that visual inspection has a role also in formal proofs and that therefore the thesis that formal proofs provide a better form of evidence than non-formal proofs is not substantiated on this basis. We have also observed that, crucially, the evidential support provided by means of visual inspection, both in the case of formal proofs and non-formal proofs, in order to function as conclusive evidence must be supplemented by means of some further argument. We could observe then that the weak point of non-formal proofs lies in the fact that the required approbation is to be achieved again by means of visual inspection, while in the case of formal proofs generality is just a trivial consequence of the fact that we deal with symbols. At this point we can conclude that as the question of whether formal proofs provide a better type of meta-evidence than non-formal proofs has, according to the analysis just outlined, a positive solution, a further problem is whether this solution also offers an answer to the question regarding the notion of evidence in formal and non-formal mathematical proof. In other words, we should analyze whether the claim that formal proofs do not rely on any form of intuition is, for our purposes, equivalent to the claim that the form of intuition involved in formal proofs is of a more reliable type. This seems to us the core of the whole problem and we will leave it open for further analysis.

Acknowledgments

This contribution is based upon work financially supported by Ella and Georg Ehrnrooth foundation. I am grateful to Denis Bonnay and Manuel Rebuschi for helpful comments.

BIBLIOGRAPHY

[1] Aspray, W. and Kitcher, P. (eds.), 1988, *History and Philosophy of Modern Mathematics*, Volume XI (Minnesota Studies in the Philosophy of Science).
[2] Azzouni, J., 2004, "The Derivation-Indicator View of Mathematical Practice", *Philosophia Mathematica* 12(3): 81–105.
[3] Gödel, K., 193?, "Undecidable Diophantine Propositions", in [5], pp. 164–174.
[4] Gödel, K., 1972, "On an extension of finitary mathematics which has not yet been used", in Gödel, K., 1990, *Collected Works*, Vol. II, Oxford: Oxford University Press, pp. 271–280.
[5] Gödel, K., 1995, *Collected Works, Volume III: Unpublished Essays and Lectures*, New York and Oxford: Oxford University Press.
[6] Hilbert, D., 1899, "Grundlagen der Geometrie", in *Festschrift zur Feier der Enthüllung des Gauss-Weber-Denkmals in Göttingen*, Leipzig: Teubner, 1-92, 1st ed.
[7] Hilbert, D., 1926, "Über das Unendliche", *Mathematische Annalen* 95: 161–190. English translation in [11], pp. 367–392.
[8] Heinzmann, G., 2002, "Quelques aspects de l'histoire du concept d'intuition: d'Aristote à Kant", Colloque International *"L'oeuvre de Jules Vuillemin"*, CNRS, Paris, 2002, URL = <http://www.univ-nancy2.fr/ poincare/perso/heinzman/ documents/talk2002-06-b.pdf>.

[9] Purkert, W., 2002, "Grundzüge der Mengenlehre. Historische Einführung", in Felix Hausdorff, *Gesammelte Werke* II, Springer.
[10] Stenius, E., 1978, "*Anschauung* and Formal Proof: A Comment on Tractatus 6.244", in *Wittgenstein and His Impact on Contemporary Thought*, Elisabeth Leinfellner et al. (eds.), Vienna: Hölder-Pichler-Tempsky, pp. 162–170.
[11] van Heijenoort, J. (ed.), 1967, *From Frege to Gödel: A Source Book in Mathematical Logic*, Cambridge: Harvard University Press.

Giuseppina Ronzitti
Department of Philosophy, History, Culture and Art Studies
University of Helsinki
`giuseppina.ronzitti@helsinki.fi`

Nominalisme ancien, nominalisme moderne
Les entités mathématiques sont-elles des créations de notre esprit ?

HOURYA BENIS SINACEUR

Je veux examiner ici un seul aspect de la réfutation par Gödel du nominalisme : les raisons avancées pour soutenir que les objets mathématiques ne sont pas des créations de l'esprit. Je me limite, faute de plus de place, à l'examen de « Some Basic Theorems on the Foundations of Mathematics and their Implications », texte de la vingt-cinquième conférence J. W. Gibbs à la réunion annuelle de l'*American Mathematical Society* [G 1951], avec quelques renvois aux versions III et V de « Is Mathematics Syntax of Language ? » [G 1953-59]. La version VI, éditée avec la version II par Rodriguez-Consuegra en 1995 dans *Unpublished Philosophical Essays*, est la plus courte ; elle serait la plus proche de ce qu'aurait publié Gödel, s'il s'y était décidé. Gödel a écrit qu'il *pourrait* publier ses textes, mais il ne l'a pas fait. Sans entrer dans les motifs de cette rétention, on peut juste observer que les questions de philosophie ne se laissent pas trancher définitivement à la manière d'un résultat mathématique démontré.

Mon propos se limite à examiner l'affirmation de Gödel selon laquelle ses deux théorèmes d'incomplétude auraient pour *conséquence* un réalisme des idées à la Platon. Ma question est : s'agit-il de conséquence au sens propre, c'est-à-dire de conséquence logique ? Mon intérêt est double : 1) comprendre [G 1951], 2) évaluer le platonisme qui y est défendu par de brefs rapprochements avec d'autres points de vue en philosophie des mathématiques.

Je rappelle les énoncés de 1931 de manière informelle : 1) dans tout système formel du type de celui des *Principia Mathematica* de Russell et Whitehead où l'on peut exprimer l'arithmétique élémentaire, on peut construire une proposition F telle que ni F ni sa négation ne sont démontrables, ou encore une proposition F vraie et non démontrable ; 2) pour tout système formel S supposé consistant, la démonstration de sa consistance est impossible à conduire dans les limites du cadre du langage du système. Ces théorèmes expriment ce que Gödel appelle le caractère incomplétable ou inexhaustible des mathématiques. Ce caractère manifesterait l'existence indépendante de notre esprit d'objets mathématiques et de concepts abstraits. Thèse d'abord présentée à travers la critique des positions qui tiennent les concepts mathématiques pour des créations de notre esprit.

Quelques rappels, pour commencer, montreront que par 'nominalisme' les philosophes modernes des mathématiques entendent diverses positions, qui diffèrent largement des premières conceptions, forgées au Moyen-Age.

1 Questions de mots : nominalisme, conceptualisme

1.1 Nominalisme

A l'origine ce terme désigne l'attitude philosophique qui consiste à réduire les universaux (genres, espèces) à des *noms*. Avec l'*Isagogè* [14] du néo-platonicien Porphyre (234-305 ?) apparaît le questionnaire d'où sortira, au Moyen-Age, la querelle des universaux opposant réalistes et nominalistes [8]. Il s'agissait de déterminer

1. Si les genres et les espèces (a) existent ou bien (b) s'ils ne consistent qu'en des noms désignant des concepts,
2. A supposer qu'ils existent, sont-ils des corps $(1, (a + c))$ ou des incorporels $(1, (a + d))$?[1]
3. Si ce sont des incorporels sont-ils séparés $(1, (a + d + e))$, ou bien existent-ils dans les sensibles et en rapport avec eux $(1, (a + d + f))$?

Porphyre n'apportant pas de réponse, les sources des discussions médiévales sont plutôt dans les *Commentaires* de l'*Isagogè* rédigés au début du VIe siècle par Boèce, traducteur d'Aristote et de Porphyre.

1. Contre les Platoniciens, Boèce soutient que les universaux ne subsistent pas séparés des sensibles mais sont seulement « *conçus* comme tels », c'est à dire sont des constructions de l'esprit.
2. Il soutient aussi, contre les Stoïciens, que les concepts universels ne sont pas des concepts fictifs ou vides.

Boèce généralise à toutes les formes matérielles (formes engagées dans une matière) une théorie de l'abstraction initialement formulée par Aristote pour les notions de géométrie. Point, ligne, cercle sont les exemples paradigmatiques des « intelligibles abstraits », dont nous parlons *comme s'ils étaient séparés* [*hôs kekhôrismena*] des choses mais qui, en fait, ne le sont pas. Ces produits de l'opération « d'abstraction » [*aphairesis*] aristotélicienne, destinée à négliger les particularités au profit du général, ont tantôt été interprétés comme entités mentales, tantôt comme formes immanentes aux choses et perceptibles dans les choses *en tant que* celles-ci *apparaissent d'une certaine manière*. Dans la première interprétation on peut parler d'un *point de vue sur* les choses, dans la deuxième d'*aspects* des choses elles-mêmes.

---

[1] Pour les Stoïciens, presque tout est corporel, sauf le lieu, le temps, le vide et l'exprimable ; pour Platon, l'universel est un incorporel.

La tradition a retenu la première interprétation, tout en assumant la thèse aristotélicienne que les mots nomment les concepts, qui, eux, *signifient* les choses. Un lien d'adéquation est donc maintenu entre le point de vue sur les choses et les aspects des choses. Le concept n'est pas un être fictif, totalement résorbé dans l'idéalité de la pensée, mais l'acte d'intellection même en connexion avec les choses.

1.2 Guillaume d'Ockham (1287-1347) et Jean Buridan (vers 1300-1361)

Le mot latin « *Nominalistae* » s'est imposé au XVe siècle, probablement chez les adversaires de Guillaume d'Ockham et de Jean Buridan, deux auteurs qui ont transformé la tradition aristotélicienne et professé un *nominalisme* de type moderne[2].

Selon Ockham les seules entités à pouvoir être des universaux sont les concepts. Du point de vue métaphysique, un concept est un singulier, un terme mental ; il n'est un universel que dans le sens où il se prédique de plusieurs choses, et correspond ainsi à l'*acte de penser* plusieurs objets d'un seul et même coup. Le concept en lui-même n'est ni l'essence des choses ni le mot qui le désigne[3], mais un geste mental spécifique : le signifier, lequel ne vise pas *à vide* (le signifié étant *transparent* dans le concept). Aussi tient-on la position d'Ockham pour un « conceptualisme réaliste » : les concepts sont des actes de signification, ou, pour employer un terme commode de la phénoménologie, des « noèses »[4]. On peut aussi parler, comme A. de Libéra, de « réalisme gnoséologique » ; ou encore de « réalisme noétique ».

Le nominalisme de Buridan est surtout une attitude de parcimonie philosophique. Buridan professe que nous pouvons significativement utiliser des propositions contenant des termes comme 'infini' ou 'point' sans pour autant poser l'existence de grandeurs infinies ou de points indivisibles. Plus généralement, un universel ne désigne pas quelque chose mais *comment* nous *concevons* certaines choses.

Le nominalisme implique un conceptualisme obéissant aux deux thèses essentielles suivantes :

1. Les universaux (les entités abstraites) sont des noms, des termes.
2. Rien n'existe en dehors du particulier.

---

[2] Sur le nominalisme de G. d'Ockham, cf. l'ouvrage de Michon [9]. Sur la sémantique d'Ockham analysée du point de vue du nominalisme moderne, voir le livre de Pannacio [12].

[3] C'est bien entendu l'idée que la sémantique n'est ni le langage matériel, oral ou écrit, ni l'ontologie. Panaccio [12, p. 74-76] souligne la révolution par rapport à la tradition antérieure : la signification est portée par les concepts, non par les mots.

[4] Spinoza, influencé par la tradition thomiste qui a considéré les concepts comme des actions mentales, a de même distingué l'*idea* de son *ideatum*.

Le nominalisme médiéval a éliminé tant la théorie platonicienne des Idées que la théorie des intelligibles abstraits comme formes immanentes aux choses au profit de l'idée de langage mental, auquel sont subordonnés les langages écrit et oral.

En posant la question du statut de l'objet de la science, le nominalisme engage une prise de position sémantique et/ou ontologique en relation avec la logique. Pour Ockham l'objet d'une science est n'importe quelle *proposition* qui est démontrée, et non la chose singulière extra-mentale à laquelle la proposition renvoie. Pour Grégoire de Rimini (vers 1300-1358) l'objet n'est pas la proposition elle-même mais le signifiable complexe dont elle est l'expression. Buridan critique cette position en arguant que les signifiables sont superflus et peuvent être éliminés sans perte : c'est le principe de parcimonie popularisé sous l'expression « rasoir d'Ockham », qui sera vigoureusement défendu par W.V. Quine notamment.

1.3 Les entités abstraites en mathématiques : brèves remarques

En philosophie moderne des mathématiques, on parle d'entités abstraites et non pas d'universaux. A juste titre, car les entités abstraites d'aujourd'hui sont généralement comprises par référence à l'interprétation reçue des Formes ou Idées platoniciennes comme subsistant de manière séparée, et diffèrent donc des universaux du Moyen-Age. En fait, les philosophes des mathématiques discutent de « platonisme » sans renvoyer aux textes de Platon, et on a pu soutenir que l'étude des textes montre que Platon lui-même ne prêtait pas aux objets mathématiques les caractères que le platonisme mathématique actuel attribue aux Idées ou Formes. Platon n'était donc pas 'platoniste' au sens des philosophes actuels des mathématiques (cf. McLarty [11]). Le cœur des discussions actuelles concerne l'hypothèse que les entités abstraites ne sont ni termes ni signes de choses réelles, mais elles-mêmes une réalité intrinsèque *d'un type différent* de celui des choses effectivement existantes. Quant au concept, il apparaît comme *constitutif* de l'objet scientifique, lequel est censé ou non renvoyer de manière plus ou moins indirecte et médiate à un phénomène. En ce sens le conceptualisme est une composante de postures mathématiques associées à des positions philosophiques diverses. Dedekind a notoirement mis en avant le rôle de la formation de concepts dans l'innovation mathématique. Pour lui tout objet de pensée est une « chose mentale » [*geistiges Ding*], et un concept est le corrélat d'un point de vue de l'esprit réunissant plusieurs choses, éventuellement une infinité, en un tout [3, p. 154]. Naturellement Dedekind travaille sous l'hypothèse rationaliste, que conserve Hilbert, d'une structure donnée de l'esprit.

A l'opposé, Gödel attribue aux concepts un type de réalité spécifique *et indépendante de l'esprit*. Il oppose son réalisme (platoniste) au « réalisme aristotélicien » : « J'ai intentionnellement parlé, écrit-il, de deux mondes distincts (le monde des choses et le monde des concepts), car je ne crois pas que le réalisme aristotélicien (selon lequel les concepts sont des parties ou des aspects des choses) soit tenable. » [5, G 1951, III, p. 321, lignes 32-34]

Le nominalisme moderne pose la question de savoir s'il est bien nécessaire d'admettre un type de réalité, celui des entités abstraites comprenant notamment des objets (le troisième monde de Frege), des concepts, des propriétés, des ensembles, des relations et des relations de relations (Gödel), comme distinct de l'existence effective, la « *Wirklichkeit* », qui renvoie au monde sensible ou psychique. Une réponse négative à cette question implique (ou est impliquée par) une attitude empiriste, laquelle conduit assez naturellement à ne voir dans l'usage de termes correspondant à des entités abstraites que des conventions de langage. Par ailleurs, la formalisation conduit à la manipulation de signes d'un langage formalisé sans recours à leur *signification*. D'où le lien intime entre formalisme, nominalisme et empirisme dans les discussions philosophiques du premier tiers du XXe siècle. [1]

Pour Gödel, le nominalisme est très précisément la philosophie correspondant au « programme syntaxique » de Hilbert et de Carnap. Dans [G 1951] il écrit que le nominalisme implique comme cas particulier le formalisme. Ou encore que « la faisabilité du programme nominaliste implique celle du programme formaliste. » Dans [G 1953-59], on lit qu'« une grande partie du travail de Hilbert sur la formalisation et la non-contradiction peut être interprétée comme une élaboration partielle de ce programme syntaxique, auquel, philosophiquement, correspond le nominalisme ou le conventionnalisme. » [5, G 1953-59, vol. III, p. 336] Et un peu plus loin : « le schème du programme syntaxique [est] de remplacer l'intuition mathématique par des règles pour l'usage des symboles ».

Gödel traite ensemble du nominalisme et du conventionnalisme, et parfois emploie le premier terme pour le second. Nominalisme et conventionnalisme peuvent en effet aller de pair, mais pas forcément. Cependant, Gödel veut montrer que les axiomes et les règles *ne peuvent pas* remplacer l'intuition.

2 « Les mathématiques ne sont pas notre libre création, notre libre invention »

Pour Dedekind, Cantor ou Hilbert les concepts mathématiques sont de libres créations de l'esprit humain[5]. Naturellement 'libres' ne voulait pas dire 'arbitraires'. La liberté de l'esprit créatif est soumise aux lois de l'entendement

---

[5] Voir Dedekind [3, p. 62-63, 74, 138, 150, 226, 229, 246, 292-293, 337], Cantor [2, p. 182 et 206] et Hilbert [7].

et à la contrainte de cohérence intrinsèque locale (rigueur logique) et de cohérence globale (ajustement de ce qui est créé avec ce qui a été créé et confirmé). Philosophiquement, ce courant d'idées est souvent rapporté à Kant, mais alors on doit retrancher ou réinterpréter l'esthétique transcendantale. Sans qu'il y ait filiation, mais seulement affinité (comme chez Dedekind) ou justification (comme l'a fait Cantor), on peut invoquer plutôt Spinoza qui caractérise le concept comme une « action de l'esprit » (*Éthique*, II, déf. III). On évitera de confondre ce courant *idéaliste* avec une position platoniste, car il soutient que la vérité est *immanente* à l'idée adéquate. On pourrait dire au contraire que Gödel tendait à « falsifier » ce point de vue spinoziste, qui dérive de la tradition scolastique, et à rétablir le recours aux Idées comme garant *transcendant* de la vérité.

Gödel désigne son platonisme comme un « réalisme conceptuel » : « les concepts mathématiques constituent une réalité objective autonome, que nous ne pouvons ni créer ni changer, mais seulement percevoir et décrire » [5, vol. III, p. 320]. Il est clair que ce réalisme conceptuel se distingue du conceptualisme réaliste de la tradition nominaliste médiévale, qui considère les concepts comme des actes de l'esprit, n'ayant de réalité que noétique. On peut même dire que le réalisme conceptuel de Gödel, tout en écartant fermement l'ontologie immanentiste ou l'hylémorphisme aristotélicien, revient à réfuter autant le conceptualisme réaliste du nominalisme médiéval que le nominalisme moderne. Il est utile de reprendre l'analyse par Hao Wang du réalisme des concepts en deux composantes : le conceptualisme et le réalisme. Dans le texte examiné ici, il apparaît que le réalisme est assumé à titre de composante essentielle et non à titre de composante complémentaire du conceptualisme, ainsi que Hao Wang le présente pour son propre compte, en précisant que le conceptualisme laisse ouverte la question de l'existence des concepts mathématiques [17, p. 260].

La critique de Gödel s'appuie sur ses théorèmes d'incomplétude, reformulés à la lumière de la définition du concept de procédure finie par machine de Turing. Le caractère incomplétable ou inexhaustible des mathématiques qu'ils indiquent est illustré par deux exemples.

2.1 Premier exemple

L'axiomatique appliquée non pas à un système hypothético-déductif comme celui de la géométrie, dans laquelle, d'après Gödel, la vérité des théorèmes est seulement conditionnelle, mais aux « mathématiques proprement dites », c'est-à-dire « au corps des propositions mathématiques vraies en un sens absolu » [5, vol. III, p. 305]⁶.

Ces mathématiques au sens propre sont réductibles à la théorie abstraite des ensembles. Or pour celle-ci Gödel constate : « au lieu d'aboutir à un nombre fini d'axiomes, comme en géométrie, on est en face d'une suite infinie d'axiomes qui peut être continuée sans fin visible et, manifestement, sans possibilité de comprendre tous ces axiomes dans une règle finie les produisant ». [5, vol. III, p. 306-307] Le processus est ouvert doublement : 1) chaque étape de la hiérarchie produite par l'itération de l'opération 'ensemble de' conduit à un nouvel axiome et cela indéfiniment ; 2) à aucun stade on ne peut enfermer toute la théorie dans un nombre fini d'axiomes. En effet, compte tenu de la définition du concept de procédure finie par machine de Turing, le premier théorème d'incomplétude « est équivalent au fait qu'il n'existe aucune procédure finie pour décider systématiquement tous les problèmes diophantiens du type [$\forall a_j \, \exists x_i \; P(a_j, x_i) = 0$, où P est un polynôme à coefficients entiers à n variables x_i et à m paramètres a_j, a_j et x_i ayant des valeurs entières]. »⁷

Mais l'incomplétabilité n'est pas liée à l'axiomatique de la théorie des ensembles ; c'est un fait indépendant du point de vue adopté, qu'il soit classique, intuitionniste ou finitiste [5, vol. III, p. 308-309]. Et en effet, les théorèmes d'incomplétude sont valides dans une logique intuitionniste. Il en résulte qu'ils peuvent donc aussi bien s'accommoder d'une conception non platoniste. Mais Gödel tend à montrer, au contraire, que l'intuitionnisme n'exclut pas le platonisme, en arguant par exemple que les constructions de l'esprit travaillent sur un donné⁸.

Pour Gödel un axiome mathématique proprement dit doit être « correct et évident »⁹. Le point de départ des preuves est nécessairement assumé sans preuve car (ou donc) vrai par évidence. Le raisonnement de Gödel conjoint deux éléments : 1) le fait qu'on n'échappe pas à la nécessité d'assumer sans preuve le (je dirai un) point de départ ; 2) puisque les propositions de départ

---

⁶ La distinction de Gödel – semblable à celle de Frege – entre géométrie et « mathématiques proprement dites » et le partage corrélatif vérités conditionnelles/vérités absolues sont discutables.

⁷ Si $m = 0$, c'est le 10ᵉ problème de Hilbert, dont Y. Mattiassevitch a démontré l'indécidabilité en 1970.

⁸ Le point est développé plus tard dans la seconde version du texte de Gödel sur le continu de Cantor [5, 1964, II, p. 268]. Cf. aussi H. Wang [17, p. 248].

⁹ « Correct » selon quelles normes ? Le problème avec « l'évidence » a été clairement formulé par Gödel lui-même dans les termes suivants : « Il y a des degrés dans l'évidence. La clarté avec laquelle nous percevons quelque chose est surestimée. Plus les choses sont simples, plus elles sont utilisées, plus elles deviennent évidentes. Ce qui est évident n'a pas besoin d'être vrai » [17, p. 237]. L'évidence peut donc aussi provenir d'une pratique, fait que Gödel veut absorber dans sa conception platoniste de l'intuition.

ne peuvent pas être vraies d'après une *preuve* et qu'elles sont vraies, elles doivent être vraies par *évidence*[10]. Les concepts de preuve, de vérité et d'évidence sont noués selon la disjonction exclusive suivante : une vérité est ou bien prouvée ou bien évidente (dans les deux cas elle est « absolue »). Le cas de proposition ni évidemment ni démonstrativement vraie n'a donc pas à être envisagé pour les propositions primitives ; il ne se présente que par construction dérivée à partir de propositions primitives évidentes.

Comme le souligne Gödel, sa conception des axiomes est au rebours du mouvement axiomatique du XIXe siècle, dont une des conséquences philosophiques fut de déboulonner le concept d'évidence de son statut d'ancrage fondateur, de souligner la faillibilité de l'intuition, d'ébranler le caractère absolu de la vérité et de battre en brèche « la théorie sur le monde » pour reprendre l'expression de Quine. Gödel réhabilite les vérités absolues et la connexion de l'intuition à l'évidence de ce qui *s'impose* à elle. Ce qui complique les choses c'est que cette réhabilitation n'implique pas, selon Gödel, l'assomption du point de vue philosophique *essentialiste* qui voulait que les axiomes soient des vérités *a priori*. Selon Gödel, on peut bien considérer les faits mathématiques *comme* des faits physiques et donc laisser ouverte la voie empiriste [5, vol. III, p. 313, 2e alinéa et note 20]. Il importe davantage à Gödel de développer l'analogie entre mathématiques et sciences de la nature que d'exclure l'empirisme en faveur de l'apriorisme. Cependant, même dans une conception empiriste on se heurte à l'impossibilité de démontrer la consistance des propositions primitives par les seuls moyens admis au départ. C'est donc que l'empirisme lui-même conduit à constater l'*indispensabilité* d'un certain platonisme, comme Gödel l'indique. Selon Gödel le platonisme s'impose donc 1) parce que les axiomes sont des propositions évidemment vraies, 2) parce que la question de la consistance conduit à constater qu'il est indispensable d'accepter 1). Fondée sur un argument d'indispensabilité, la posture philosophique impliquée en 2) est différente de celle du platonisme « direct » exprimé par 1).

2.2 Deuxième exemple

Reformulation du second théorème d'incomplétude.

Le deuxième théorème rend l'incomplétabilité « particulièrement évidente », car « *il rend impossible que quelqu'un doive établir un certain système bien défini d'axiomes et de règles d'inférence et faire de manière consistante à son propos l'assertion suivante : "je perçois (avec une certitude*

---

[10] Plus tard, Gödel écrira : « 'axiome' signifie proposition assumée sur la base d'une évidence intuitive ou à cause de son succès dans les applications » [5, G 1953-59, vol. III, p. 361]. Voir aussi [5, vol. II, p. 361]. Ici encore pratique et fécondité contrebalancent l'évidence intuitive.

mathématique)[11] *que tous ces axiomes et règles sont corrects et, de plus, je crois qu'ils contiennent toutes les mathématiques".* Si quelqu'un fait cette assertion, il se contredit lui-même. » [5, vol. III, p. 309]

On relève la formulation, faite non pas d'un point de vue objectif comme c'était le cas pour la reformulation du premier théorème en termes d'indécidabilité d'une certaine classe de problèmes diophantiens, mais du point de vue d'un sujet qui fixe un système, asserte, perçoit, croit et se contredit.

"Toutes les mathématiques" signifie "toutes les propositions mathématiques vraies" et non "toutes les propositions mathématiques démontrables". Gödel reflète la distinction vrai/démontrable, présentée d'abord comme *fait* mathématique *révélé* par son premier théorème, dans la distinction mathématiques objectives/mathématiques subjectives, qui introduit le paramètre de la *connaissance*. Les mathématiques objectives concernent des entités en tant qu'elles existent – ou des propositions vraies – indépendamment de notre pensée. Exemple : $35 = 7 \times 5$; $\forall x \, \exists y \, (xy = yx)$. Les mathématiques subjectives concernent ces mêmes objets, mais en tant qu'ils sont démonstrativement *connus* par nous. Il est clair que toute mathématique subjective est objective. Mais l'inverse n'est pas vrai : il y a des mathématiques objectives non (ou non encore) démonstrativement connues de nous. Ainsi, connaissance et preuve sont subjectives et n'épuisent respectivement ni l'être ni le vrai.

Dans l'assertion ci-dessus le 'je perçois' renvoie à une intuition mathématique non dérivable des axiomes. Du point de vue des vérités démontrées, royaume des mathématiques subjectives, il peut exister une règle produisant tous les axiomes évidents. Mais l'entendement humain ne pourrait alors jamais connaître avec une certitude mathématique que *toutes* les propositions ainsi supposées produites sont correctes ; il ne pourrait percevoir la vérité que d'un nombre fini de propositions et seulement successivement l'une après l'autre. L'assertion que toutes les propositions sont vraies ne pourrait donc être retenue qu'avec une certitude empirique, par induction à partir d'un nombre fini de propositions perçues comme vraies. L'esprit serait ainsi équivalent à une machine finie qui ne comprendrait pas complètement son propre fonctionnement. Ce qui manifesterait selon Gödel non pas l'inexhaustibilité de l'esprit, mais celle des mathématiques objectives, et cela non seulement relativement à un système donné d'axiomes mais relativement à tout système.

---

[11] L'intuition consiste en une perception. La certitude mathématique est nécessairement différente de la prouvabilité dans un système formel donné, puisqu'il peut exister dans ledit système des propositions vraies non prouvables.

Ce second cas d'inexhaustibilité indique aussi un processus ouvert : on ne peut pas enfermer toutes les propositions mathématiques vraies dans un système fini d'axiomes. Mais à l'analogie esprit/machine finie, il ajoute la distinction être/connaître. Si *le sens* d'un concept, *la vérité* d'une proposition peut excéder le cadre d'un système axiomatique, c'est que l'être ne se réduit pas à la connaissance.

Gödel note [5, vol. III, p. 310, note 15] que pour un intuitionniste il n'y a que des mathématiques subjectives, c'est-à-dire qu'il n'y pas de distinction entre être et connaître. Un intuitionniste admet en effet que toute vérité est une vérité connue et admet aussi que toute vérité n'est pas une vérité prouvée dans un système formel donné. Il en résulte qu'il y a un autre mode de connaissance que le mode de la preuve, le mode intuitif. Avec cette conclusion Gödel est d'accord, mais il veut en plus l'existence objective préalable et indépendante de vérités mathématiques qui s'imposent à l'intuition. Pour lui l'intuition nous connecte à quelque chose d'extérieur à l'esprit.

2.3 La disjonction inclusive

La célèbre disjonction inclusive (notons la D) affirme :

(a) Ou l'esprit dépasse infiniment le pouvoir de n'importe quelle machine finie,
(b) Ou il existe des problèmes diophantiens absolument indécidables.

L'intérêt philosophique de D, souligne Gödel, est d'être vraie indépendamment de la position prise quant aux fondements, pourvu que soient admises comme ayant un sens [*meaningful*] les propositions portant sur tous les entiers [5, vol. III, p. 310-311]. Gödel précise qu'un intuitionniste affirme la vérité de (a) et nie (b) au sens où il peut exister des propositions dont l'indécidabilité ne peut pas être démontrée[12], et qu'un finitiste tient probablement (a) pour fausse[13] (donc affirmerait la vérité de (b)). Bref, « le phénomène de l'inexhaustibilité des mathématiques est toujours présent sous une forme ou sous une autre [5, vol. III, p. 305]. » Cependant *dériver* D du second théorème pose des difficultés qui n'échappent pas à Gödel.

Certains logiciens considèrent qu'envisager la question "Existe-t-il des propositions vraies dont on ne peut absolument pas démontrer la vérité ?" caractérise une position platoniste, qui y répond affirmativement, comme

---

[12] En ce qui concerne (b), Mark van Atten m'a signalé que dans une note datant de 1907/1908 Brouwer montre qu'on ne peut jamais démontrer pour une proposition donnée qu'elle est absolument indécidable, une telle démonstration devant utiliser une réduction à l'absurde. Heyting fait le lien explicite de l'affirmation que l'on ne peut indiquer aucun problème absolument insoluble avec le rejet du tiers exclu [6, p. 16].

[13] D'après Wang 1974 [16, p. 324-326], Gödel pensait que Hilbert avait raison de rejeter (b) ; en effet poser des questions insolubles tout en affirmant que seule la raison peut les résoudre serait admettre une irrationalité de la raison.

le fait Gödel en assumant (b). Pour Prawitz (1980) la réponse est négative, puisque 'vrai' signifie que l'on dispose d'une méthode de preuve. Pour Martin-Löf (1996) c'est à peine si la question se pose, car la réponse est évidemment négative dès qu'on tient compte de sa propre explication des termes 'proposition', 'vérité', 'preuve'[14]. Le caractère platoniste de la réponse affirmative de Gödel est donc déjà présent dans la question qui présuppose que être et connaître sont distincts. Cela explique l'affirmation de Gödel selon laquelle son platonisme a joué un rôle heuristique dans la conception tant de son théorème de complétude que de ses théorèmes d'incomplétude[15].

2.4 Deuxième partie de [G 1951] : « les conséquences philosophiques »

Cette seconde partie sous-entend que la première partie *n*'a traité *que* des aspects mathématiques des théorèmes d'incomplétude, ce qui n'est pas tout à fait le cas.

Avertissement préalable : l'état insuffisamment développé de la philosophie ne permet pas de tirer ces conséquences avec une rigueur mathématique (logique). Gödel continue néanmoins à utiliser les termes 'conséquence' et 'implication', peut-être en attendant que le développement de la philosophie permette ultérieurement de leur donner la rigueur logique voulue. De fait, une tension se manifeste entre, d'une part, la prudence de Gödel qui reconnaît qu'il ne peut y avoir de lien de dépendance logique entre ses théorèmes et le platonisme, et d'autre part, sa propension à invoquer constamment ses résultats logiques pour *légitimer* d'une *manière scientifique* ses vues philosophiques.

Ainsi il fait observer que D milite contre le matérialisme, que l'on affirme la vérité de (a), ou de (b), ou des deux à la fois. En effet si (a) est vraie, alors on affirme que l'esprit humain ne peut pas être réduit au cerveau (machine ayant un nombre fini de parties). Si (b) est vraie, alors il « semble » que les mathématiques ne se réduisent pas au pouvoir de création de notre esprit. D semble ainsi impliquer une forme de platonisme tout en laissant la porte ouverte à l'empirisme. En fait, l'analogie entre le monde mathématique et le monde physique porte *en elle-même* la double option du platonisme (les objets mathématiques existent d'une manière aussi objective que les objets physiques) et de l'empirisme (les mathématiques comportent des *faits*[16]).

---

[14] Sémantique de la preuve plutôt que sémantique de la vérité, la conception de Martin-Löf focalise l'intuition sur le processus de la preuve tandis que pour Brouwer l'intuition construit d'abord des objets (intuition de la dyade) sur lesquels se greffent les constructions ultérieures.

[15] Lettres à Hao Wang [16, p. 8-9].

[16] Plus tard Gödel soulignera, inversement, que même concernant des objets physiques nos idées contiennent des éléments abstraits.

Cependant sont présentés trois arguments censés montrer chacun un lien de *dépendance* entre le rejet de l'idée que nous créons les concepts mathématiques et l'affirmation du platonisme.

1er argument. Si les mathématiques étaient notre libre création, l'ignorance relative aux objets créés serait due seulement à un manque de clarté ou à des calculs compliqués, et disparaîtrait (en principe) une fois atteinte la clarté et maîtrisés les calculs. Or les développements des fondements des mathématiques ont permis d'atteindre, un « indépassable » degré d'exactitude, ce qui n'a pourtant presque en rien aidé la solution de problèmes mathématiques. Notre ignorance persistante et l'existence de problèmes insolubles conforte la croyance en l'existence d'objets et de faits mathématiques indépendants des actes et décisions de notre esprit. Car nous ne pouvons pas ne pas connaître assez clairement les objets que nous créons. Le créateur « connaît nécessairement toutes les propriétés de ses créatures, car celles-ci n'ont aucune autre propriété que celles qu'il leur a données. » [5, vol. III, p. 311]

Mais sommes-nous si *définitivement* au clair sur les fondements ? Le rationalisme radical de la conscience, œuvrant dans la pleine transparence instantanée, résiste-t-il au témoignage de nombreux mathématiciens, tel Poincaré, qui porte au contraire à penser que l'intuition suit un cheminement mental plus ou moins long et complexe dont seul le terme ultime apporte éventuellement une illumination décisive et à effets nécessairement rétrospectifs ?

Gödel disqualifie par avance cette dernière objection en disant que, de toutes façons, nous ne créons pas à partir de rien, mais à partir d'un donné.

Mais la position de Gödel est étrangement atténuée lorsqu'il ajoute que si nos créations étaient le produit de notre raison, alors les faits mathématiques exprimeraient au moins en partie les propriétés de la raison, laquelle, par ce biais, aurait « une existence objective. » [5, vol. III, p. 312]. En effet, considérer la facture de la raison comme une *donnée objective* est accepté aussi bien par les empiristes (comme l'indique Gödel [5, vol. III, p. 313]), les intuitionnistes (Brouwer), les mathématiciens classiques affirmant que notre esprit crée les *concepts* mathématiques selon des processus fondamentaux de l'esprit (Dedekind, Cantor, Hilbert), et même les matérialistes qui développent une conception neuronale de l'activité du cerveau (Changeux). Comprendre 'existence objective' en un sens platoniste ne va donc pas de soi. De même, s'il y a toujours forcément un « donné » *préalable* au travail de l'esprit, ce préalable n'est pas *ipso facto* extérieur à l'esprit.

Dans la dernière phrase de la version V de [G 1953-59], Gödel écrira que le contenu d'une proposition est fonction de la question que l'on pose à son propos. La position de Gödel sur le rapport du contenu d'une proposition à l'activité de l'esprit apparaît plus complexe si l'on tient compte d'observations de ce genre qui viennent modifier son credo fondamental selon lequel nous percevons les concepts et leurs relations par une intuition de la raison comparable à la saisie sensorielle d'objets physiques [17].

2ᵉ argument. A supposer que nous créons quelque chose (des entités nouvelles), les théorèmes viennent restreindre la liberté de création. Pour Gödel, ce qui exerce une contrainte, cela existe nécessairement indépendamment de et extérieurement à l'acte de création. Au fond, pour Gödel, les *théorèmes* renforcent l'effet supposé des *problèmes* : nous ne faisons pas ce que nous voulons, nous sommes « menés » par des questions et des réponses qui s'imposent à nous (c'est l'argument essentiel du platonisme spontané de nombreux mathématiciens, par exemple Alain Connes).

Ici encore, la situation est plus complexe qu'il n'y paraît au premier abord. En effet, en tant que contraintes les théorèmes sont indépendants de notre création mais en tant que démontrés ils appartiennent au royaume des mathématiques subjectives. Ils conjoignent ainsi un donné (la proposition *en tant que telle*, appréhendée comme *vraie*) et un construit (la *preuve* de ladite proposition).

On peut toutefois objecter que le fait pour les objets et relations mathématiques d'obéir à des contraintes de validité n'implique pas *ipso facto* qu'ils soient *indépendants de* notre création [18]. Cela peut impliquer seulement que leur création n'est pas *arbitraire*, qu'elle est conditionnée par un ensemble de facteurs, parmi lesquels on compte la facture de notre esprit, les données du problème[19] à résoudre, les caractéristiques des phénomènes physiques ayant éventuellement suscité le problème, les outils dont nous disposons ou que nous forgeons pour le résoudre, les normes spécifiques de cohérence du ou des champs où s'inscrit, actuellement ou potentiellement, le problème. Il est possible de soutenir à la fois, ainsi que l'a fait Dedekind, que les concepts mathématiques sont créés, construits, plutôt que découverts et que la construction n'est ni arbitraire ni conventionnelle mais correspond à certaines connexions objectives nécessaires : celles conformes aux lois de l'esprit et celles dictées tant par la cohérence logique que par l'ajustement des concepts mathématiques nouveaux aux concepts anciens (cohérence mathématique). Pour Dedekind, l'entendement fini et progressif (*Treppen-Verstand*) vise à s'ap-

---

[17] Cf. Detlefsen [4] pour une discussion plus détaillée, en particulier de l'argument que « les axiomes s'imposent à nous comme étant vrais » développé par Gödel dans la seconde version de son article sur le continu de Cantor (1964).

[18] Hao Wang, qui pense ne pas pouvoir éviter une forme de platonisme, concède que l'objectivité des vérités mathématiques est moins sujette à controverses que l'existence autonome d'objets mathématiques.

[19] 'Problème' doit, selon moi, être conçu comme une tâche et non comme une proposition du langage sur des objets non linguistiques.

procher indéfiniment de la Vérité, point de fuite de l'inlassable recherche de définitions précises et de preuves rigoureuses [3, p. 136 et p. 222]. Les concepts, que Dedekind caractérise (« crée ») par des définitions explicites énonçant des conditions nécessaires et suffisantes (en bref, par des axiomes) n'existent pas par eux-mêmes de toute éternité ; ils sont des *instruments* inventés par l'esprit à un moment déterminé pour poursuivre cette recherche. Dedekind prend en compte le développement historique : c'est le processus de la connaissance qui est indéfiniment ouvert et cela ne témoigne en rien de l'existence d'un royaume de mathématiques objectives.

Par ailleurs, on peut considérer que l'objectivité des théorèmes est contemporaine de la preuve, non pas antérieure à elle. Déconnecter *l'objectivité* des théorèmes de l'existence d'*objets extérieurs* revient à distinguer la *vérité* d'une proposition de sa supposée *existence* indépendante, c'est-à-dire à distinguer la sémantique de l'ontologie, et à distinguer la connaissance intuitive de l'existence d'une « réalité » antérieure et extérieure à cette intuition[20]. Gödel affirme que la connaissance intuitive précède nécessairement la preuve [5, p. 317]. Cela n'implique cependant pas que l'*être* est antérieur au *connaître* ou indépendant de lui. Gödel dit que toute vérité connue implique une vérité indépendante de la connaissance. On peut aussi considérer que toute vérité est une vérité connue (Brouwer, Prawitz, Martin-Löf).

3e argument. Si les objets mathématiques sont notre création, alors nous créons, par exemple, les entiers et les ensembles d'entiers par deux actes différents. Or, pour prouver certains théorèmes sur les entiers nous avons besoin du concept d'ensemble d'entiers. Donc, pour trouver les propriétés de certains objets de notre imagination, il nous faut d'abord créer d'autres objets, ce qui est, selon G, une bien « étrange » situation.

Cette « étrange » situation est familière en mathématiques : recourir à l'invention d'un nouveau concept ou de nouvelles méthodes permettant de démontrer ou redémontrer différemment des théorèmes sur des concepts anciens. C'est typiquement le cas, par exemple, de la théorie des proportions d'Euclide et de la méthode des coupures de Dedekind, ou du théorème fondamental de l'algèbre pour lequel il existe différents énoncés et de nombreuses démonstrations[21], qui furent un puissant moteur pour l'évolution de la re-

---

[20] Même un sympathisant du platonisme comme Ch. Parsons reconnaît qu'il y a une différence entre dire que nous avons une intuition des vérités mathématiques et dire qu'il existe des objets transcendant notre connaissance auxquels se rapportent ces vérités - il qualifie ce second point de vue de « réalisme transcendantal » [13, p. 71]. La présente étude montre que ce « réalisme transcendantal » fait partie du « platonisme » tel que l'entend Gödel.

[21] Cf., de nos jours encore et entre autres, la récente démonstration de Michael Eisermann, de l'Université de Stuttgart, à paraître dans *The American Mathematical Monthly*.

cherche et une meilleure compréhension des nombres complexes. Par ailleurs, du point de vue philosophique, et en réponse à ce malaise de Gödel, on pourrait dire qu'on peut concevoir, à la manière de Husserl, les propriétés comme des objets potentiels qui s'actualisent dans un acte de thématisation. Mais en 1951 Gödel n'a pas la familiarité qu'il aura ultérieurement avec l'œuvre de Husserl.

3 Conclusion

[G 1951] appuie le platonisme sur divers arguments qui introduisent beaucoup plus de nuances qu'il n'est aisé d'en retenir brièvement. Sans parler des surdéterminations apportées par les textes postérieurs. En particulier, j'ai laissé de côté l'argument selon lequel nous devons d'abord connaître le sens [*meaning*] des concepts mathématiques avant de poser les axiomes les mettant en œuvre et qu'une proposition analytique est vraie « en vertu du sens de ses termes » ou « en vertu de la nature des concepts qui y occurrent ». Autrement dit quelle relation y a-t-il entre sens d'un terme et nature du concept désigné par ce terme? Le sens préexiste-t-il au concept? L'intuition se rapporte-t-elle à un objet ou à une signification? Questions pour une autre étude.

Gödel précise pour finir qu'il n'a évidemment pas apporté de preuve du platonisme, mais que le platonisme, c'est-à-dire « la conception selon laquelle les mathématiques décrivent une réalité non sensorielle existant indépendamment des actes et des dispositions de l'esprit humain », lui semble la seule position tenable. Ce qu'il pourrait maximalement asserter, selon lui, c'est d'avoir réfuté le nominalisme syntaxique, et fourni de forts arguments contre l'idée de création des concepts mathématiques. La stratégie de ces arguments vise toujours à montrer que telle ou telle position *n'exclut pas* le platonisme, même si implicitement ou frontalement elle le combat.

Finalement il faut bien reconnaître que le lien des théorèmes d'incomplétude au platonisme mathématique ne pourrait se présenter comme une contrainte, du reste non nécessairement identique à la relation de conséquence logique, que sous l'assomption de thèses philosophiques particulières sur la vérité et la connaissance. Plutôt que conséquence le platonisme est la présupposition.

Remerciements Je remercie très vivement Mark van Atten, Charles Parsons, Michael Detlefsen, Manuel Rebuschi et Joseph Vidal-Rosset, auxquels je dois de nombreuses améliorations.

BIBLIOGRAPHIE

[1] Benis Sinaceur, Hourya 2009. « Tarski's Practice and Philosophy : Between Formalism and Pragmatism », in Lindström et alii eds., *Logicism, Intuitionism, Formalism*, Synthese Library 341, 357-396.
[2] Cantor, Georg 1932. *Abhandlungen mathematischen und philosophischen Inhalts*, éd. E. Zermelo ; reproduc. Olms, 1966.
[3] Dedekind, Richard 2008. *La création des nombres*. Textes réunis, traduits, introduits et annotés par Hourya Benis Sinaceur. Paris, Vrin.
[4] Detlefsen, Michael 2010. *Discovery, Invention and Realism : Gödel and others on the Reality of Concepts*. A paraître.
[5] Gödel, Kurt 1986-2003. *Collected Works*, volumes I, II, III, IV, V. S. Feferman & *alii* (ed.). New-York / Oxford, Oxford University Press.
[6] Heyting, Arend 1934. *Mathematische Grundlagenforschung, Intuitionismus, Beweistheorie*. Berlin, Springer.
[7] Hilbert, David 1926. « Über das Unendliche », *Mathematische Annalen* 95, 161-190.
[8] Libéra, Alain de 1999. « Nominalisme ». *In* D. Lecourt (dir.), *Dictionnaire d'Histoire et Philosophie des Sciences*. Paris, PUF, 694-698.
[9] Michon, Cyrille 1994. *Nominalisme, la théorie de la signification d'Occam*. Paris, Vrin.
[10] Martin-Löf, Per 1996. « On the Meanings of the Logical Constants and the Justifications of the Logical Laws », *Nordic Journal of Philosophical Logic*, 1(1), 11-60.
[11] McLarty, Colin 2005. « Mathematical Platonism *versus* Gathering the Dead : what Socrates Teaches Glaucon », *Philosophia Mathematica* (III) 13, 115-134.
[12] Panaccio, Claude 1991. *Les mots, les concepts et les choses. La sémantique de Guillaume d'Occam et le nominalisme d'aujourd'hui*. Montréal-Paris, Bellarmin-Vrin.
[13] Parsons, Charles 1995. « Platonism and Mathematical Intuition in Kurt Gödel's Thought », *The Bulletin of Symbolic Logic* 1, 44-74.
[14] Porphyre 1995. *Isagogè* ou *Introduction aux Catégories d'Aristote* (vers 268). Trad. latine par Boèce (508), trad. fr. J. Tricot (1947), introd. A. de Libera, Paris, Vrin, 1995.
[15] Prawitz, Dag 1980. « Intuitionistic logic : A Philosophical Challenge », *in* G. H. von Wright (ed.), *Logic and Philosophy*. The Hague, Martinus Nijhoff Publishers, 1-10.
[16] Wang, Hao 1974. *From Mathematics to Philosophy*. London, Routledge and Kegan Paul.
[17] Wang, Hao 1991. « To and from Philosophy-Discussions with Gödel and Wittgenstein », *Synthese* 88, 229-277.

Hourya Benis Sinaceur
Institut d'histoire et de philosophie des sciences et des techniques (UMR 8590)
CNRS-Université Paris 1-ENS Ulm
Hourya.Sinaceur@ens.fr

Logic, Mathematics, and General Agency

JOHAN VAN BENTHEM

1 Mathematics and common sense: two competing paradigms?

If logic is the general study of a priori valid reasoning, then where is the paradigmatic area where we see this reasoning in its full glory? To some, this is clearly mathematics, where precision is relentless, and strings of inferences are taken to impressive lengths. But on another view, the highest form of reasoning is displayed in the ordinary world of common sense – say, when engaging in conversation about something that matters, where pure information is deeply intertwined with evaluation and goals, and where, crucially, we are surrounded by further agents like us that we must interact with. On the first view, to simplify things a bit, logic is about mathematical proof and related processes like computation, making mathematical logic and foundations of mathematics the heart of the field. Agency is not even needed, and no human aspects are modeled. On the second view (frankly speaking: my own), logic is about interactive agency and all that entails, making philosophical logic and much more equally central to the discipline. The purpose of this brief note is to bring the two perspectives together – though admittedly, only in a light and preliminary manner.

But before I do, let me make sure that I am not setting up the wrong debate. First, from the viewpoint of agency, there is no competition. Mathematics is an important special form of human cognitive behaviour – and the fact that it has developed historically out of our daily social planning abilities does not detract from its power and importance. Any general logic of agency must come to terms with our mathematical activities. Moreover, one can even grant that agenda contraction and restriction to a subdomain can be a winning move in terms of scientific progress: the more specialized concerns of the foundations of mathematics have had immense benefits for logic in general.

Also, a distinction needs to be kept in mind here. It might well be that mathematical logic should still be the hallmark of logic at a meta-level, in terms of the *methods* and standards that it provides for system building.[1] But that does not imply, at the object level of reasoning practices, that the mathematical activity itself should be the paradigmatic area of study for logicians. So much more is worthy of our admiration!

But even with these reasonable distinctions, the contrast may just be overstated. Looking more closely at what professional mathematicians actually do, we see about every feature of general agency: they have knowledge, but also expert beliefs, their research is guided by values they put on results and excitement about new questions, and despite occasional fads of social ineptitude, they manage to interact very successfully. In this lively setting, classical logic has made some extreme abstractions. A 'theory' is a set of formulas in some formal language, a 'proof' is a string of formulas satisfying simple combinatorial criteria. No agents enter the story: only the products of their activities matter. Perhaps surprisingly, these abstractions have been successful. When all traces of human activity are stripped off, we find fundamental insights like Gödel's Theorems, or other major results that have set logic on its modern course.

But now let's move beyond this austere format. Even Euclid's *Elements*, a key document in the history of foundational research, has many further lively aspects that seem crucial to mathematics as understood and practised. There is an active role for definitions, proofs come in a task-oriented format, theorems often come hand in hand with algorithmic constructions, there are tantalizing glimpses of dual methods of 'analysis' and 'synthesis', and so on. Despite centuries of increased formalization, the reality of mathematics today is still of this richer sort. Say, an area like 'Arithmetic' is much more than a formal system of Peano axioms plus first-order inference rules: it is also an agenda of questions, a set of methods, skills, and also, styles of interacting with other mathematicians. These richer intellectual features of mathematical activity have been noted by many authors, from Lakatos in the delightful *Proofs and Refutations* [19] to Brouwer's view of the creative mathematical activity, or in terms of more-agent interaction, Lorenzen's dialogue systems underpinning logical laws.[2]

Indeed, perhaps paradoxically, interactive human activity is a major motivation for the process of formalization itself. Formalizing scientific reasoning and raising precision are all about providing more precise *intersubjective* styles of communication.

In this brief note, I put together current logics of agency with mathematical activities, and discuss what issues arise. I have no deep results to offer, and indeed, I mainly find challenges to my own dynamic logics, rather than

---

[1] I also see drawbacks to its 'systems' methodology, but will not raise them here.
[2] [24] even claims an actual dialogical origin for Euclid's format and terminology.

sweeping insights into mathematics. But this is just an opening round, and I make some broader suggestions at the end.

2 Dynamic logics of agency

Before making concrete comparisons, here is a very brief tour of some recent dynamic logics of agency, as these are much less-known than standard logical frameworks.

Rational agents Let us first look at what a logic of full-blooded agency involves.[3] Rational agents are endowed with a number of powers and can perform many cognitive tasks. I think of them as a next stage after Turing machines, that were simple robot-like agents for basic computational tasks. Here are some core features of agency that have turned out amenable to logical investigation. First of all, agents exercise *informational powers*, through external acts of observation, or internal acts of inference, introspection, or memory retrieval. In doing so, they change their knowledge, but also other attitudes that guide behaviour, such as their beliefs. But this information gathering is not a blind process: it has a *direction*, given by an agenda of current 'issues', and the agenda items are steered by agents' questions, and other acts. In a stronger sense, these directions are tied up with genuine goals, having to do with agents' preferences and *evaluation* of situations, another crucial aspect of rational agency. Without the latter, there is just logical 'kinematics', but no deeper explanatory 'dynamics' of behaviour. And finally, human agency is crucially *interactive*, largely taking place in social settings. As in physics, where many-body interaction is the key, strategic many-mind interactions drive logical behaviour, including conversation, argumentation, or more general games. Thus, we get a picture of individual agents endowed with a set of core capacities, involved in dynamic transitions of various kinds from one state to another, and in the process, creating long-term practices over time, with larger groups of participants.

Logical dynamics of information While all this might read like an empirical account of human behaviour, the point is that this picture of agency also admits of normative logical study. In particular, information flow though observation or communication of facts is the area of modern *dynamic-epistemic logics*, where successive events of public or private observation or communication change a current epistemic information state, represented by some standard epistemic model $\mathcal{M}$ for one or more agents.

---

[3] This section is an executive summary of [7], a book that sets out the program of Logical Dynamics and the technical results cited in what follows in great detail.

Here is a standard example of this methodology, concerning an act

!φ of public observation, or public announcement,

that the proposition φ is currently true. The resulting *update* trims the current epistemic model $\mathcal{M}$ to the model $\mathcal{M}|_\varphi$ retaining just the worlds that satisfy φ. This shrinking of one's current epistemic range by events of 'hard information' makes information flow through reduction of uncertainty. Characteristic logical laws of such updates are recursion equations telling us what agents i know after some informational event has taken place, in terms of a standard epistemic modality $K_i\psi$ ('agent i knows, or is informed that ψ'). Letting a further dynamic action modality [!φ] refer to the new model $\mathcal{M}|_\varphi$ arising here, the following key equivalence then holds:

$$[!\varphi]K_i\psi \leftrightarrow (\varphi \rightarrow K_i(\varphi \rightarrow [!\varphi]\psi))$$

Thus, events of hard information change agents' current knowledge, and therefore also, in the process, epistemic statements may change their truth-values. The recursion principle stated just now then reduces knowledge after the event to conditional knowledge before, while taking proper care of these possible truth-value changes.

We will not go into details of these systems, which can also handle more sophisticated events with private information. Our point here is that these phenomena admit of logical study in terms of mathematical systems obeying the usual criteria of the discipline.[4] And therefore, bringing logics of common sense agency to bear on mathematical practice is not a matter of informal talk, but an appeal to concrete logical systems.

Logical dynamics of belief Similar logical principles govern further informational acts, and other attitudes that agents can have, such as their beliefs. Consider doxastic-epistemic 'plausibility models' where epistemic equivalence classes are now ordered by a relation of relative plausibility. In such models, an agent believes that α if α is true in the most plausible epistemically accessible worlds. The more general notion needed in such a doxastic setting is that of *conditional belief* $B^\psi\alpha$, which says that the formula α is true in all most plausible epistemically accessible worlds that satisfy ψ.

In this setting, beliefs can change in at least two ways. First, they can change under the above events !φ of hard information, validating the following recursion equation:

$$[!\varphi]B^\psi\alpha \leftrightarrow (\varphi \rightarrow B^{\varphi \wedge [!\varphi]\psi}[!\varphi]\alpha)$$

---

[4] We will mostly drop agent subscripts i in the rest of this paper, for greater readability.

But the setting is richer now, and there are also events $\Uparrow\varphi$ of *soft information*, that do not eliminate worlds, but merely change the plausibility order, making (former) φ-worlds more plausible than the $\neg\varphi$-ones. The following recursion equation then states how an agent's conditional beliefs $B^\psi\alpha$ change systematically:

$$[\Uparrow\varphi]B^\psi\alpha \leftrightarrow$$
$$(\Diamond(\varphi \wedge [\Uparrow\varphi]\psi) \wedge B^{\varphi \wedge [\Uparrow\varphi]\psi}[\Uparrow\varphi]\alpha) \vee (\neg\Diamond(\varphi \wedge [\Uparrow\varphi]\psi) \wedge B^{[\Uparrow\varphi]\psi}[\Uparrow\varphi]\alpha)[5]$$

We state this rather technical axiom here, not for further use in what follows, but to stress an earlier point. Logic of agency is not primarily about mathematical activity, but its methods are mathematical. Indeed, dynamic logics of agency often merge ideas from 'philosophical', 'mathematical', and even 'computational' logic, making all these labels somewhat obsolete as separate subdisciplines. All are parts of the same story.

A general dynamic turn For the purpose of this paper, it is enough to see the general Dynamic Turn in logic at work here. In every province of agency, we look for the crucial events that drive it, and then model these explicitly in the logic, including the recursion laws that specify how agents' attitudes change under these triggers. By now, dynamic logics have been written for many other items in the above picture of agency, including events of *preference change* (such as commands by an authority) that affect our evaluation of worlds, or events of *issue management* (such as questions changing the current agenda of issues), or indeed inference itself (see below).

Interaction, games and groups Finally, the preceding laws merely describe single steps of information flow or attitude change of single agents. In general dynamic logics, these are just building blocks for two further levels. One is *longer-term temporal patterns* of behaviour, with moves made in response to others, as in argumentation or *games* in general. Significantly, games are a powerful paradigm in logic,[6] and the above dynamic logics analyze their fine-structure. The other aggregation level is that of *larger groups of agents* engaging in shared activity, such as coalitions in games, or communities of speakers and hearers in communication. Epistemic logic has long studied common knowledge and other crucial informational notions concerning groups, and the dynamic perspective adds issues like the formation of group knowledge and group belief through communication and interaction. While there is some awareness of the role of process structure

---

[5] In this axiom, $\Diamond$ is the existential modality associated with the earlier epistemic knowledge operator K.

[6] [5] is a history of Brouwer's ideas on foundations of mathematics up to modern game semantics of computation and linear logic. [4] is an extensive survey of 'logic games', and conversely, of 'game logics' applying logic to general games.

in general logic,[7] groups have been less of an explicit theme. But clearly, much of human reasoning is a social group activity, in the form of argumentation,[8] and much of science is even a group process par excellence: 'organized rationality'.

From common sense to science Now, what does general agency have to do with something as pure as mathematics? I myself think: a lot, because I fail to see any strict boundary between science and common sense.[9] Science is just one striking form of cognitive behaviour of our human species, using general cognitive skills honed first in biological survival, and then refining them for specific purposes. Indeed, the picture of agency that I have sketched in all its aspects, with systematic information gathering, goal management, evaluation, and temporal social structures, seems also a realistic description of science as a rational activity. Despite some undeniable differences in emphasis, theme and structure of the community,[10] no principled border-line seems to separate general intelligent action from mathematical proof or other scientific activities.

But if this is so, can the dynamic logics discussed here throw new light on scientific activity, the same way that the traditional more austere logical analysis has done? And can benefits flow the other way? What can a logic of general rational agency learn from a study of mathematical activity? The sections that follow discuss a few encounters.

3 Dynamics of inference, and mathematical proof

Information and knowledge Empirical science involves two main information sources in general cognition: experimental observation – or if you wish: questions to Nature – entangled with deductive, and perhaps also other styles of inference.[11] This interplay has long been emphasized by logicians like Hintikka (cf. [17]). But the case of mathematics is special, since there is no empirical observation – if one disregards some recent com-

---

[7] [6] is a study of this theme in the modal semantics of intuitionistic logic.

[8] One can even defend the view that single-agent reasoning is a mere limit case of the multi-agent scenario, with different voices in my head stating relevant assertions and objections. Manuel Rebuschi reminds me of Plato's *Sophist* here: "*Stranger*: Well, then, thought and speech are the same; only the former, which is a silent inner conversation of the soul with itself, has been given the special name of thought. Is not that true?" (Soph. 263e).

[9] This is not the place for a detailed assessment, but all the usual criteria for making a sharp distinction in an influential book like [20] seem a matter of degree to me.

[10] The latter may be less complex in terms of dimensions involved (compare proving a theorem to writing a successful application letter), but it will be much more focused and probing combinatorially.

[11] [8] brings dynamic-epistemic views to the philosophy of science. [2] have a concrete new dynamic logic analysis of quantum mechanics.

putational experimental developments whose status is not yet clear. What happens to our dynamic logics in this setting? Can there still be knowledge update, belief revision, goals, and even broader concerns?

Inference and mathematical knowledge A first striking feature of mathematics at once poses a challenge to the dynamic logics given here, connecting up with a major issue in epistemology. There does not seem to be any broadly accepted model for mathematical knowledge that would allow us to state simple truths like "I don't know if Goldbach's Conjecture is true". At least, epistemic logic has no obvious format for this purpose, as the requisite semantic variety cannot arise in its models. For, mathematical statements are either true in all worlds, or false in all of them. And in line with this lack of a paradigm, there is no accepted model of mathematical acts of knowledge dynamics.[12]

Inference and fine-grained information One factor is that the *syntactic information* provided by inference is not at all the same as the *semantic information* derived from observation or related acts. [10] show how this problem occurs much more broadly in logic, starting from the tension between the usual notion of validity: 'valid conclusions add no semantic information to premises', and the feeling that, on the other hand, valid inference is undeniably useful in 'unpacking information'. While there is no consensus on how to best draw the distinction, most approaches to inferential information make an appeal to syntax, one way or another.[13]

The perspective that we will use here stays with the earlier dynamic-epistemic logics. We now assume that epistemic worlds w come with sets of syntactic formulas E_w *explicitly entertained* at them by the agent.[14] These formulas can be true or false, in line with the fact that, in inference, the manipulated formulas need not be true. This extension suggests enriching the usual epistemic language with a new operator

$E\varphi$, the formula φ is in the current entertainment set.

Now we can define new epistemic attitudes that go beyond the implicit knowledge $K\varphi$ of epistemic logic. One such new notion is

explicit knowledge $EX\varphi$, defined as a conjunction $K\varphi \wedge EK\varphi$: the agent knows that φ implicitly, and is aware of this knowledge.

---

[12] [6] shows how the usual semantics of *intuitionistic logic* may be (re-)interpreted as an *implicit* account of various kinds of informational action in mathematics.

[13] While the syntax level has had a bad press in philosophical analysis as being overly detailed, it is of course the crucial medium for subtleties of formulation and procedure.

[14] True entertained formulas model the *explicit access* an agent has to the current world.

For this 'introspective strengthening' of semantic knowledge, cf. [14], [11]. Again, this is not a technical paper with details, but complete proof systems for such extended logics are easy to find. I will assume in the rest of this discussion that agents have implicit knowledge of what they entertain: i.e., the entertained formulas are the same in all worlds that an agent finds epistemically indistinguishable. 'Implicit introspection' $E\varphi \to KE\varphi$ seems quite reasonable to me.

Syntax dynamics But the job of analyzing inference in our present style is not yet done. The dynamic-epistemic logics of the preceding section enumerate validities that hold about informational acts, but they do not address the *dynamics of inference itself*. To make the latter explicit, we need more fine-grained events, beyond the earlier ones that changed domains of worlds or plausibility relations over these. In particular, we now need syntactic update of entertainment sets, and a typical example will be an act

$+\varphi$, adding formula φ to all current sets E_w
('awareness raising').

In general, such an awareness raising act will not occur randomly. It might be induced an act of inference: say, drawing a conclusion φ from premises that we already knew. Or it could be licensed by an act of introspection, or by memory search. And once we have such model-changing actions available, we can write a dynamic logic describing their effects on agents' attitudes: semantic implicit knowledge, syntactic entertainment, and mixed notions defined from these such as the above explicit knowledge.

A complete dynamic logic of semantic and syntactic information
More precisely, the earlier logical methodology still applies in this extended setting. Say, a typical recursion axiom for an act $+\varphi$ would now be the following equivalence:

$$[+\varphi]E\psi \leftrightarrow E\psi \vee \psi = \varphi^{15}$$

Here are three other recursion laws, with implicit knowledge and semantic update. Two of them say that syntactic and semantic update work only within their own domain:

$[+\varphi]K\psi \leftrightarrow K[+\varphi]\psi$
$[!\varphi]K\psi \leftrightarrow (\varphi \to K(\varphi \to [!\varphi]\psi))$
$[!\varphi]E\psi \leftrightarrow (\varphi \to [!\varphi]E\psi)$

While these laws are extremely simple, they can analyze somewhat interesting notions. For instance, one law of the system is this:

---

[15] The second disjunct involves some abuse of notation, being a syntactic identity.

$$\varphi \to [+\varphi]\varphi$$

that is, entertainment acts have no side effects on the truth of the formula involved.[16] Using this first observation, here is a second basic validity:

$$K\varphi \to [+K\varphi]EX\varphi$$

This says that an 'entertainment act' for an implicit knowledge statement turns the latter into explicit knowledge. Here is a formal derivation:

$K\varphi \to [+K\varphi]K\varphi$	(by the preceding observation)
$[+K\varphi]EK\varphi$	(by one of our dynamic axioms)
$K\varphi \to [+K\varphi](K\varphi \land EK\varphi)$	(using propositional logic)

But the calculus can also analyze more standard issues concerning inference:

Example The missing action in logical closure.

Consider the vexed problem of logical omniscience. The following closure principle holds in our logic for implicit semantic knowledge, as it quite properly should:

$$(K\varphi \land K(\varphi \to \psi)) \to K\psi$$

But what does not hold, and should not hold is

$$(EX\varphi \land EX(\varphi \to \psi)) \to EX\psi$$

Entertaining the premises of Modus Ponens does not imply entertaining its conclusion (yet). But in our dynamic perspective, neither of these assertions touches the crux of the matter. That is rather that agents can come to explicit knowledge if they are willing to make an effort. Thus, the above implication contains a *'gap for an action'* [...]:

$$(EX\varphi \land EX(\varphi \to \psi)) \to [...]EX\psi$$

And indeed, our logic proves the following:

$$(EX\varphi \land EX(\varphi \to \psi)) \to [+K\psi]EX\psi$$

Example From proof to refutation.

But the usual discussions of omniscience are biased, since they only emphasize one role of deductive inference: taking us from known truths to known truths. That is not even its only function inside mathematics. How do we analyze a refutation, going from known falsehoods to new ones? Simply in terms of dynamic validities like this:

---

[16] The reason is this: the formula φ has no sub-formulas long enough to be affected by $E\varphi$'s becoming true.

$$(EX(\varphi \to \psi) \land EX\neg\psi) \to [+K\neg\varphi]EX\neg\varphi$$

Thus, our dynamic logic can a least get some basic features right for acts of inference and the two sorts of logical information, in one simple framework.[17]

4 From general agency to mathematics, and back

How does the dynamic-epistemic logic of inference apply to mathematical reasoning, that takes place in the setting of mathematical theories?

Inference and syntax dynamics Semantically, one can represent the mathematical theory one is working with as the set of its models. Then, to deal with inferential information, these models have to be multiplied, as each now comes with its syntactic 'access set' of currently considered facts.[18] There are even two versions for this:

Some mathematical theories describe one standard model, say, the natural numbers $\mathbb{N}$. This is like the 'actual world' in epistemic logic, and the agent already knows $\mathbb{N}$ implicitly, while the real task is to enrich its syntactic description. Thus, the universe would consist of pairs $(\mathbb{N}, X)$, with X a set of arithmetical formulas. There would be no equivalent of public announcement then, since we will never rule out the topic $\mathbb{N}$ from consideration. One might think that representing $\mathbb{N}$ is redundant then, but we may keep it around when comparing different mathematical theories of this kind.

But when the mathematical theory consists of, say, the axioms for groups, we want many different models $(\mathcal{M}, X)$ for different groups $\mathcal{M}$ – and adopting new mathematical axioms (say, specializing to commutative groups) would now be like the earlier public announcements of new semantic facts.[19] Either way, the earlier framework applies.

As in the above dynamic logic, knowledge growth by deduction can be represented as extension of the current access set through acts of entertainment, without change in the class of models. But mathematics may have other awareness-raising dynamic events as well, beyond inference: our

---

[17] I am not entirely happy with the current proposal, since explicit knowledge may be more than implicit knowledge plus 'thinking about it'. I could be thinking about my implicit knowledge of your salary, without being aware that I in fact know it. Epistemic 'awareness that' might be a stronger notion, sui generis, and then the dynamic logic needs to be extended accordingly. This raises some unsolved problems with awareness-raising acts for complex epistemic statements. But it may be the better account of what happens when we consciously *draw* a conclusion.

[18] We can think of some of these as explicitly known, while others are just open problems currently under investigation, as in the earlier-mentioned syntactic notions of agenda and issue management.

[19] Manuel Rebuschi has pointed at the intermediate case of mathematicians reasoning about some 'generic model' that looks singular, but stands for a whole family of structures.

dynamic logic is neutral on this. Candidates for such events are acts of geometrical intuition making us aware of some truth already implicit in our semantic information. Still, all this stays close to reformulation – and at present, I can only offer the above system as a perhaps illuminating way of recasting things.[20] I have no applications yet, and the reason may be the poverty of our model so far, ignoring the rich structure of dynamic acts that create and modify mathematical proofs.

Higher-order knowledge More subtle features of our dynamic-epistemic logics have to do with what agents know 'socially', not about facts, but about each others' knowledge and ignorance. Observational update becomes exciting precisely because truthfully stating that something is true may have dynamic effects on epistemic statements, changing the original situation. A famous scenario of this kind are true self-refuting

Moore-style sentences $\neg Kp \wedge p$ ("you do not know it, but p")

that become false upon being stated. This shows the subtleties of complex epistemic assertions, and a theory of short- and long-term update behaviour has taken off here. In particular, the non-monotonicity of ignorance statements drives crucial information flow in communication. But in mathematics, facts about epistemic states of the reasoner (either her knowledge or ignorance) are not part of the mathematical theory itself.[21]

Still, I am not completely satisfied with this negative assessment either. First, we all agree that truly *competent* scientists are those who also know what their community does not know. And also, mathematics seems the subject par excellence where meta-statements about provability, unprovability, and consistency can be coded back into plain mathematics, and hence be part of arithmetic, set theory, or other theories with enough coding power. But this raises large issues of operator treatments of knowledge versus predicate-based ones (cf. [13]) that would lead me too far afield here.

Let me now turn the other way, and ask what new things a closer study of mathematical reasoning has to offer to the dynamic logic of general agency as sketched in the above. I will only mention two themes here that make the point:

Dynamics of proof The High Mass of dynamic analysis is finding the natural repertoire of acts or events that change the relevant information states. But what are the natural dynamic steps in deductive inference?

---

[20] But cf. [25] for a more detailed epistemic-dynamic logic of inference.
[21] Admittedly, intuitionistic logic gives an epistemic flavour to logical constants, and hence also to mathematical statements containing these. But intuitionism is only about 'monotonic' established knowledge, and not about 'non-monotonic' ignorance statements.

There are acts of 'drawing a conclusion', and maybe we have thrown some light on these. But there are also 'making an assumption', 'refuting a claim', and others. In fact, deduction is so interesting precisely because it is a rich cognitive practice full of rather subtle actions. And these actions also come with a rich repertoire of epistemic attitudes. Deduction is not just about knowledge or belief, but about entertaining hypotheses, and further ways of having propositions in mind that never made it into standard philosophical logic. Finding dynamic logics for this rich cognitive practice is a challenge, and it would require a fresh look at Proof Theory. But it has not yet been done in the logics of agency that I have presented.

There is even one more good reason for doing so:

Proofs and skills Analyzing inference steps still does not come to grips with the crucial role of proof in mathematics. Proofs generate evidence, but they do much more than that, being also generic methods that can be reapplied in other settings than those where they were first constructed. Going beyond mathematics, much learning is about general cognitive *skills*, but dynamic-epistemic logic has not had anything substantial to say about this 'know-how' versus 'know-that'.[22] What seems missing in our earlier picture of rational agency is an account of *methods*, in inference, but also for computation, and other tasks. Some of this is happening in dynamic logics of games [5] that also contain explicit strategies or plans of action. But we have no good account of the dynamics of creating and modifying plans. What we need is an integration of proof theory and dynamic logic – but this is an open problem, also in other settings.[23]

Conclusion We have seen how logics of agency and mathematical proof can be put side by side, but in doing so, we mainly discovered new open problems for investigation.

5 Further dynamic patterns in mathematics: from proof to belief revision

Information, knowledge and proof are just one aspect of mathematical activity. We can use our more general picture of agency to unveil more of its interesting features.

Belief revision In daily life, knowledge is usually too hard a currency. Most of what we say and do is driven by *beliefs*. And this is not a concession to stupidity and ignorance, since we have sophisticated ways of revising beliefs when they go bad. True rationality shows in adversity. Indeed, be-

---

[22] See [15] for a pioneering discussion of this important point in epistemic logic.

[23] Cf. [1] on proof theory vs. model theory in studying processes, and the related distinction between 'logic about process' and 'logic as process'.

liefs are much too important to leave to the psychologists, or the popular press. True, but does pure mathematics involve beliefs in any but an autobiographical way? Can we find a foothold for belief revision theory concerning mathematical theories? I think we can, because belief-contravening surprises and the resulting theory revisions are an essential part of science, too. The quality and power of science shows precisely in the way it learns from mistakes, and corrects itself, and revision mechanisms are therefore essential. I think this is true even for mathematics: incorrect proofs get re-analyzed, problematic theories get changed, and these processes and dynamic practices seem as important in understanding the stability of the discipline as any Hall of Fame of established theorems.

Against this background, here is a modest goal: can we extend our dynamic logics for belief revision to deal with mathematical reasoning? We briefly discuss one way:

A first attempt A first semantics for belief change might work as before in the epistemic case. We enrich worlds with sets of syntactic formulas, and distinguish implicit beliefs $B\varphi$ from, say, explicit beliefs $B\varphi \wedge EB\varphi$, where the latter grow through acts of inference or other awareness-raising events. This is feasible, with logics as before, now merging the earlier dynamic doxastic systems with awareness structure.

But this is still not fine-grained enough. We would be analyzing beliefs about the world, based on incoming information, and the extent to which we have made these beliefs explicit to ourselves. Here crucially, our account of belief change presupposed genuine variation in the underlying sets of worlds, ordered by relative plausibility, and belief change was about changes in that world ordering. But this picture fails for mathematics when we focus on one particular model. In particular, our earlier weak introspection condition that sets of entertained formulas be the same between epistemic alternatives, implies that, when we know a single target structure already (say, again the natural numbers $\mathbb{N}$), there can be no further variation in associated sets of formulas. But this is wrong. We want to be able to say that we believe that Goldbach's Conjecture is true, as a statement about one single world $\mathbb{N}$. How can we achieve that?

Plausibility syntax models We just sketch a format, without complete definitions. We now allow any set of formulas attached to our worlds. The sets of formulas X in these pairs can be seen as the formulas 'considered true' at (w, X). In full generality, there need not be any systematic coherence constraints on these sets, but we can think of the whole as a possibly *nonstandard valuation* sending all formulas in X to 1, and those in its complement to 0. Viewed in the latter style, this format has the same generality as *impossible worlds* in paraconsistent logics.[24] Of course, a model need not contain all pairs (w, X), and in excluding some, it may already encode constraints on what agents know. If all sets in the family of available pairs contain some formula φ, then we may consider φ as already explicitly known about the underlying structure.

Next, we postulate *plausibility relations directly between pairs* (w, X), (v, Y), not reduced to any relations on separate components.[25] Agents' beliefs are then expressed by formulas that are present in the sets of what we consider *the most plausible pairs* (w, X). An immediate question is if there is a mathematical basis for such plausibility relations. We do not have a concrete proposal, but will mention one option below.

Again, this setting invites a look from different directions. We start with a theme in mathematics viewed from our logics of agency. A central issue with knowledge update was finding the right dynamic acts. So, what natural acts create or modify belief? In mathematics, inference comes to mind. For a start, acts of hard information in our new setting are *deductive inferences* $\mathbf{P} \Rightarrow C$, placing the conclusion in all awareness sets. Knowledge grew when the premises already occurred in all sets present in the model. But for the purpose of generalization, we reformulate the mechanism slightly:

Classical inference as hard information With worlds viewed as possible non-standard valuations, think of an inference rule as a *constraint* between truth-values for the premises and the conclusion. Adopting an inference rule $\mathbf{P} \Rightarrow C$ is then the *hard public announcement* that only valuations remain where truth of the premises implies truth of the conclusion. If the access set X contains all formulas from $\mathbf{P}$, it should also contain C. Thus, we now have introduced a relation between truth values for premises and conclusions as explicitly represented in our worlds.[26,27] On this basis, we can now move on:

Default inference as soft information For belief change, one interesting act is still inference, but this time not deduction, but non-monotonic *default inference*. Intuitively, a default inference does not say that the conclusion C must always hold, but that, given the premises $\mathbf{P}$, drawing the inference *makes it more plausible* that C holds. Thus, a default inference is like the earlier upgrade act $\Uparrow \varphi$: no worlds are eliminated, but *the plausibility ordering changes* in favour of φ. Likewise, as a first stab,

---

[24] The set of all formulas is a possible X, modeling inconsistency of our theory.
[25] This would also be an interesting generalization to explore in the epistemic case.
[26] We omit more detailed comparisons with our earlier formulation of inferential update.
[27] We forego some complications with modeling *refutational uses* of inference acts, where we may have to work with formulas that are 'accepted', 'refuted', or 'neither'.

among pairs (w, X) with $\mathcal{M}, w \vDash K\&\mathbf{P}$, and $\mathbf{P} \subseteq X$, a default inference $\mathbf{P} \Rightarrow C$ makes pairs with $C \in X$ more plausible than pairs where C is absent from X.[28]

This is only one of several formulations that come to mind. But that is fine, since the precise ways in which this can be done will show the same variety as in belief revision policies: it would depend on how much force we assign to the particular default rule.

Default inferences are important in common sense reasoning, and in science (witness the non-monotonic nature of the usual accounts of confirmation or explanation), Do they also make sense in a mathematical setting? [12] argue that classical dialectics assumed that statements become more plausible, even in a deductive setting, when they have survived a new round of attempted refutation.

We will not develop all these ideas in any further technical detail, but hope they are suggestive. See [26] for a further development, including the soft informational role of default inference and its effect on beliefs.

From mathematics to agency: revolutionary revisions Conversely, the concrete domain of mathematical reasoning again offers new ideas for a logic of general belief-revising agents, for instance, by paying attention to the procedural details of how they do so. As I said before, there is much fine-structure to scientific reasoning that we tend to neglect in logic or epistemology. Think of acts of *suspending belief* in hypothetical reasoning, or to a researcher's attitude of *being in two minds* when simultaneously exploring proofs and counter-examples for an assertion.[29] But here I conclude with another challenge, the striking phenomenon of *inconsistency* in mathematical theories:

Suppose that deduction has found a contradiction in our current theory, a trigger for belief revision if ever there was one. In terms of the earlier model, we would now only have worlds (w, X) left, where X contains some formula φ and its negation.[30] This challenges our dynamic approach to belief change so far. Clearly, the contradiction can no longer be modeled by a mere plausibility reshuffling of worlds. The model itself becomes a point of contention. We now have to revise the conceptual framework it was based on, throwing away axioms, or even changing the whole language.

To me, this calls for a *revolutionary belief revision* in a Kuhnian sense, as opposed to normal science-type belief revisions that can be dealt with by plausibility changes of given models in the above dynamic logics. But

---

[28] Technically, this is a special case of the earlier $\Uparrow \varphi$, only in a definable subdomain.
[29] For an implementation of this dual method, cf. the well-known semantic tableaux.
[30] We could then add all formulas, but this would be just uninformative 'rubbing in'.

I admit that these are just names, not solutions – and this remains to be incorporated in our logics of agency.

The aspect of language change in all this is quite faithful to mathematics:

Language and conceptual dynamics A crucial aspect of mathematical practice is the creation of new notions, hand in hand with proof. It has often been observed that, despite an emphasis on valid consequence as the measure of all things, the reality of modern logic has long put *definability* and meaning on an equal footing with deduction.[31] For instance, returning to the foundational question of consistency, many of our best correction moves involve changing the language, or a whole conceptual framework. We often resolve contradictions in discourse by sharpening meanings, and contradictions in scientific theories are often resolved by new distinctions (cf. [27]).

As we have admitted, no dynamic logic so far sheds any deep light on this phenomenon – though the systems that we gave are certainly compatible with language change.[32]

6 Further aspects of agency in mathematics

I am almost done, but will just list some further topics that would merit systematic comparison. Science creates more complex *theories* than the (presumably) simple common sense knowledge that guides our daily lives. Even so, structured notions of theory structure that have been proposed for agency would bear comparison with those in mathematics. Likewise, we emphasized the importance of *questions* to rational agents, to give direction to what they are doing. But in mathematics, too, actions are not blind uses of available inference steps. Proof search has a purpose, and it proceeds on the basis of beliefs and experience.[33] Mathematical research comes with both local and global agendas of issues to be resolved, and we should understand the dynamics of that, too.[34] Next, we have seen that one only gets to an explanatory dynamics of human behaviour by considering the crucial phenomenon of *evaluation* that guides our choices and actions. At some level, this is also crucial to mathematics. While people are fond of saying that mathematical truth is objective, and achievement an 'absolute' feature, the reality is that 'importance' drives mathematical progress and esteem, just as much as in other areas of intellectual activity. Papers

---

[31] The third major theme since the 1930s is surely the theory of computation, of which our logical dynamics of agency is a successor – in a suitably modern sense of computing.

[32] There are a few attempts at incorporating language change in logic: cf. [21].

[33] Similar points have been made recently by Jaakko Hintikka on the importance of 'strategic aspects' in reasoning.

[34] Cf. the Stanford course of George Smith on 17th century physics, [22].

in mathematical journals get rejected for incorrectness, but much more often, for lack of importance. Careers are made in terms of importance of contributions, as judged by the community. Thus, there is a dynamics of preference and taste underlying the field. A final aspect of agency that needs to be mentioned is its *interactive social* character. While science is often associated with individual insight into the truth, separate from the usual social graces, the reality is the opposite. Science is one of the most evident and successful forms of social organization that humanity has developed. And mathematics is no exception. Theories are community constructs, and the certainty of mathematics has much to do, not with the brain power of individuals, but the ever-turning grind-stone of many minds absorbing and using new propositions. Indeed, [23] has proposed that formalization is the ultimate form of 'democratization' of science, serving the primary purpose of communication and reproduction of thoughts in other minds.

7 Conclusion

Logics of general agency meet mathematics at two levels. First, dynamic calculi strive for the same technical standards as their 'static' predecessors, and thus mathematics is essential to their design and study. The less obvious encounter arises when we view the mathematical activity itself through the lense of dynamic logics. I have suggested that new features become visible then that are worth contemplating. In doing so, it soon became clear that this is not simply reforming mathematical logic with agent logics. In terms of immediate benefits, agent logics rather seem to learn from mathematical practice, since it offers such a rich and well-defined set of cognitive skills. More concretely, it suggests a procedural fine-structure underneath existing logics of agency.

Still, I would hope also for a beneficial converse aspect, changing the unthinking identifications of logical analysis of mathematics with foundational research and formal systems. Using logic to get closer to practice would have great benefits, if only to make mathematicians feel that logic actually talks about their discipline *at all*, instead of some self-created world of formal systems (cf. the criticisms in [18]). More concretely, I have suggested that a logic of belief revision and theory correction can contribute to old foundational questions, by giving a better account of the *dynamic stability* of mathematics. Like in general agency, theories that stand refuted are replaced by more sophisticated ones – and it is in that much richer rational process that the safety and stability of science resides. By contrast, Hilbert's Program of proving consistency both asks too much and does too little, as it does not analyze the former phenomena.

The dynamic agenda extension also shifts traditional battle lines. In the philosophy of science of the 1960s, people felt one had to choose between neo-positivist logical analyses of reasoning and theory formation versus Kuhn's historical and sociological accounts of normal scientific activity and occasional framework-changing 'revolution'. Faced with that dilemma, many chose against logic. But revolutions are not necessarily irrational phenomena: they clearly involve belief revision, language change, and agenda change. But these are all crucial features of rational agency, and there is no reason at all why they could not be incorporated into a modern logical view of science.

Finally, expanding the logical agenda also has a social benefit. On a narrow conception of logic, the purest form of rationality is mathematical proof, and everything else is either a watered down approximation of that ideal, or just an instance of 'irrationality'. But that is dangerous, since it surrenders to irrationality most of the world of ordinary human behaviour, while rationality gets just a tiny rarified corner.[35] By contrast, I am an optimist, pleading for the opposite cutting of the cake, seeing that there is an enormous amount of rationality to our ordinary lives – while mathematics shows what we can achieve when we harness some of that general intelligence to one fixed purpose.

Acknowledgment I thank Manuel Rebuschi for several useful comments. In addition, Franck Lihoreau suggested many features of actual reasoning that challenge my simple dynamic model of awareness raising steps. They all point to the need for a richer inferential structure, including evidence, and perhaps a more structured background as in argumentation theory. I find this persuasive, but it seems a subject for another paper – one that I would love to write.

Dedication Together with Gerhard Heinzmann, I have engaged in pleasant and useful enterprises. In particular, with our friend and colleague Henk Visser, we once edited a book called *The Age of Alternative Logics* [9], documenting a lively Nancy conference organized by Gerhard on how the current plethora of alternative logics might come to influence the philosophy of mathematics. This paper could have fit there, but I do not see things so much in terms of 'alternatives'. Logical dynamics is not alternative medicine: it rather proposes an agenda extension of logic, while sticking to classical standards. I believe that Gerhard's work represents similar views. And also, while I am all for a dynamic turn in logic, some things in life had better remain static: let our friendship persist!

---

[35] I also take this to be a central point in [16], leading to a theory of dialogue postulates for genuine conversation and 'communicative competence'.

BIBLIOGRAPHY

[1] S. Abramsky & J. van Benthem, in progress, 'Logic as Game versus Logic of Games: Categorial versus Modal Approaches', working paper, ILLC Amsterdam & Computing Lab, Oxford University.

[2] A. Baltag & S. Smets, 2008, 'A Dynamic-Logical Perspective on Quantum Behavior', In L. Horsten & I. Douven, eds., Special Issue on Applied Logic in the Methodology of Science, *Studia Logica* 89, 185-209.

[3] J. van Benthem, 2001, *Logic in Games*, Lecture Notes, ILLC Amsterdam. Revised version to appear in *Texts in Logic and Games*, Springer.

[4] J. van Benthem, 2007, 'Logic Games, From Tools to Models of Interaction', in A. Gupta, R. Parikh & J. van Benthem, eds., *Logic at the Crossroads*, Allied Publishers, Mumbai, 283 – 317.

[5] J. van Benthem, 2008, 'Een Postzegel Vol Logica', *De Gids*, Amsterdam, March 2008, 191–205. Also available as 'A Stamp Full of Logic', to appear in V. Hendricks, ed., *Yearbook of Philosophical Logic*, Automated Press, Copenhagen.

[6] J. van Benthem, 2009, 'The Information in Intuitionistic Logic', *Synthese* 167:2, 251–270.

[7] J. van Benthem, 2010, *Logical Dynamics of Information and Interaction*, Cambridge University Press, Cambridge.

[8] J. van Benthem, to appear, 'The Logic of Empirical Theories Revisited', *Synthese*.

[9] J. van Benthem, G. Heinzmann, M. Rebuschi & H. Visser, eds., 2006, *The Age of Alternative Logics*, Springer, Dordrecht.

[10] J. van Benthem & M. Martinez, 2008, 'The Stories of Logic and Information', in P. Adriaans & J. van Benthem, eds., *Handbook of the Philosophy of Information*, Elsevier Science Publishers, Amsterdam, 217–280.

[11] J. van Benthem & F. Velazquez-Quesada, 2009, 'Inference, Promotion, and the Dynamics of Awareness', to appear in *Knowledge, Rationality & Action*.

[12] B. Castelnérac & M. Marion, 2009, 'Arguing for Inconsistency: Dialectical Games in the Academy', Philosophical Institute, University of Montréal.

[13] P. Égré, 2004, *Attitudes Propositionnelles et Paradoxes Épistémiques*, Ph.D. dissertation, Université Paris 1 & IHPST.

[14] R. Fagin & J. Halpern, 1987, 'Belief, Awareness, and Limited Reasoning', *Artificial Intelligence* 34:1, 39–76.

[15] P. Gochet, 2006, 'La Formalisation du Savoir-Faire', Lecture at Pierre Duhem Colloquium IPHRST Paris, Philosophical Institute, Université de Liege.

[16] J. Habermas, 1971, 'Vorbereitende Bemerkungen zu einer Theorie der Kommunikativen Kompetenz', in J. Habermas & N. Luhmann, eds., *Theorie der Gesellschaft oder Sozialtechnologie*, Suhrkamp, Frankfurt, 101–141.

[17] J. Hintikka, I. Halonen & A. Mutanen, 2002, 'Interrogative Logic as a General Theory of Reasoning', in D. Gabbay, R. Johnson, H. Ohlbach & J. Woods, eds., *Handbook of the Logic of Argument and Inference*, Elsevier, Amsterdam.

[18] Ph. Davis & R. Hersh, 1980, *The Mathematical Experience*, Birkhäuser, Basel.

[19] I. Lakatos, 1976, *Proofs and Refutations*, Cambridge University Press, Cambridge.

[20] E. Nagel, 1961, *The Structure of Science*, Harcourt, Brace & World, New York.

[21] R. Parikh, 2009, 'Beth Definability, Interpolation and Language Splitting', CUNY New York. To appear in J. van Benthem, Th. Kuipers & H. Visser, eds., Proceedings Beth Centenary Symposium 2008, *Synthese*.

[22] G. Smith, 2009, Seminar on 17th Century Astronomy, Program in History and Philosophy of Science, Stanford University.

[23] F. Staal, 2007, 'The Generosity of Formal Languages', in *Proceedings of the Second Workshop on Asian Contributions to the Formation of Modern Science*, Amsterdam, May 18-20, 2006. Journal of Indian Philosophy 35/5–6: 405–626.

[24] A. Szabó, 1969, *Anfänge der Griechischen Mathematik*. R. Oldenbourg, München & Akadémiai Kiadó, Budapest. 1978 English edition: *The Beginnings of Greek Mathematics*, Reidel, Dordrecht.
[25] F. Velazquez-Quesada, 2009, 'Inference and Update', *Synthese (Knowledge, Rationality and Action)* 169: 2, 283–300.
[26] F. Velaquez-Quesada, 2010, *Small Steps in the Dynamics of Information*, Dissertation, ILLC, University of Amsterdam.
[27] O. Weinberger, 1965, *Der Relativisierungsgrundsatz und der Reduktionsgrundsatz – zwei Prinzipien des dialektischen Denkens*, Nakladatelství Ceskoslovenské akademie Ved, Prague.

Johan van Benthem
Amsterdam & Stanford
Johan.vanBenthem@uva.nl

PART III

HISTOIRE ET PHILOSOPHIE DE LA LOGIQUE / HISTORY AND PHILOSOPHY OF LOGIC

Charité et pluralisme logique[1]

DENIS BONNAY

Le développement de nombreux systèmes logiques 'non-classiques' pose la question du statut, privilégié ou non, de la logique classique et de la nature des rapports entre ces systèmes. D'un côté, les tenants du pluralisme logique ont cherché à soutenir que plusieurs systèmes logiques pouvaient coexister en quelque sorte pacifiquement. D'un autre côté, la possibilité même de logiques rivales de la logique classique a été contestée sur la base d'arguments d'inspiration quinienne liés au principe de charité. Dans quelle mesure l'acceptation du principe de charité est-elle compatible avec la reconnaissance de l'utilité et de la fécondité des logiques non-classiques ? Je me propose d'apporter quelques éléments de réponse à cette question, dans un cas bien particulier, celui de la modélisation de la compétence inférentielle. Il s'agira d'abord de distinguer deux manières différentes d'invoquer le principe de charité, l'une 'linguistique' portant sur la possibilité de logiques rivales de la logique classique, l'autre 'cognitive' portant sur la rationalité des agents. Je soutiendrai qu'il est possible d'accepter la première utilisation du principe de charité tout en refusant la seconde. Reste alors la question de savoir quels genres de systèmes logiques non-classiques sont susceptibles d'éclairer notre compréhension de la compétence inférentielle des agents sans pour autant constituer des rivaux à la logique classique. Cette dernière question sera discutée sur la base restreinte d'une comparaison entre plusieurs sémantiques paraconsistantes.

---

[1] A l'instar des autres articles de ce volume, la présente contibution est dédiée à Gerhard Heinzmann. Comme en témoigne le titre d'un volume [2] coédité par Johan van Benthem, Manuel Rebuschi, Henk Visser et ... Gerhard Heinzmann, il n'est pas inapproprié de parler d'« âge des logiques alternatives » pour résumer les tendances actuelles de la logique philosophique. L'influence sur la communauté des logiciens français de Gerhard Heinzmann a certainement contribué à rendre possible et à favoriser l'étude de ces systèmes en France, aux Archives Poincaré et ailleurs. Qu'il en soit remercié. La discussion proposée ici trouve son origine lointaine dans un exposé présenté à l'Institut Finlandais en juin 2003 lors d'un atelier consacré à « l'alogique ». Je remercie les participants pour leurs commentaires. Je remercie également Sandra Laugier, avec qui j'ai commencé à réfléchir à ces questions, ainsi que Mikaël Cozic et Henri Galinon pour les nombreuses discussions que nous avons eues quant à la portée du principe de charité « à l'âge des logiques alternatives ».

1 Deux versions de la charité

1.1 Absence de rivalité logique et thèse de rationalité

Une formulation possible du principe de charité, tel que mis en avant par Quine, est que « la stupidité [de l'interlocuteur] est, au-delà d'un certain point, moins probable qu'une mauvaise traduction – ou dans le cas domestique, une divergence linguistique » [11, p. 59]. Ce principe a été utilisé afin de défendre deux thèses substantiellement différentes. La première thèse porte sur la nature des rapports entre les différents systèmes logiques possibles.

Thèse 1 (Absence de rivalité logique). *Les systèmes logiques déviants ne sont pas réellement des rivaux de la logique classique.*

La seconde thèse porte sur l'évaluation de la rationalité des individus.

Thèse 2 (Rationalité des agents). *La faculté humaine de raisonnement est en accord avec les principes normatifs du raisonnement.*

Dans la formulation de la thèse 1, j'emprunte la terminologie de S. Haack [9], qui distingue rivaux de la logique classique (comme la logique intuitionniste ou les logiques multivalentes) et extensions de la logique classique (comme la logique modale ou la logique du second ordre). Un système logique déviant est un système qui prétend contester la validité de certains principes de la logique classique[2]. Par exemple, en logique intuitionniste, le tiers-exclu, qui est valide classiquement, cesse d'être un principe logiquement valide : la logique intuitionniste prétend contester la validité du tiers-exclu. En l'espèce, la thèse 1 dit que la prétention de la logique intuitionniste à rivaliser avec la logique classique n'est qu'apparence.

La thèse 2 est discutée sous le nom de thèse de rationalité (*rationality thesis*) par Stein [19]. L'idée est la suivante. Les individus humains ont une certaine capacité à faire des inférences. Ils disposent d'une certaine compétence inférentielle (abstraction faite des erreurs de performance qu'ils sont susceptibles de faire sous le coup de la fatigue, de l'émotion, etc.). On fait l'hypothèse que cette capacité peut être représentée comme consistant en la maîtrise de certaines règles (comme l'on fait par exemple, en linguistique, l'hypothèse que la compétence syntaxique des locuteurs peut être représentée comme consistant en la maîtrise de certaines règles syntaxiques). Se pose alors la question de savoir si ces règles sont en accord avec les règles de la logique. La réponse n'est pas évidemment positive, car les règles logiques sont normatives, tandis que rendre compte de la compétence inférentielle de

---

[2] Quine s'est par ailleurs efforcé de caractériser ce qui fait le caractère classique de la logique classique. Je tiendrai ici simplement pour acquis que la logique classique est la logique normative de référence.

certains sujets est une entreprise descriptive. La thèse 2 dit toutefois que la réponse est bien positive.

Revenons pour commencer sur l'argument de Quine, argument célèbre parmi les arguments célèbres, afin de voir comment il s'articule aux thèses qui viennent d'être énoncées. Il s'agit d'un argument qui concerne la traduction, qui consiste en la recommandation d'une maxime de traduction. La traduction des connecteurs d'une langue indigène doit se faire à partir des dispositions des indigènes à exprimer leur assentiment ou leur dissentiment à l'égard d'énoncés complexes en fonction de leur attitude face aux énoncés simples qui les composent. Par exemple si l'indigène est prêt à donner son assentiment à une phrase complexe seulement s'il donne son assentiment à ses composés, on a là une bonne raison pour traduire cette construction comme une conjonction, alors que dans le cas contraire on a une bonne raison pour ne pas traduire cette construction comme une conjonction. La logique – notre logique – est ainsi projetée dans la traduction, pour la simple raison qu'il n'y a pas d'autres critères d'identification des particules logiques indigènes que leur conformité aux propriétés vérifonctionnelles de nos connecteurs. La maxime générale selon laquelle il faut « sauver l'obvie » commande de respecter ces critères d'identification, parce que rien n'est plus obvie qu'une vérité logique.

1.2 L'argument pour l'absence de rivalité logique

On obtient un argument en faveur de la thèse 1 en appliquant ce raisonnement à l'idiolecte d'un logicien déviant :

Argument 1 (a) S'il y a un changement de signification dans les constantes logiques, il n'y a pas réellement de désaccord entre logique classique et logique déviante.
(b) Une logique déviante est nécessairement interprétée comme une logique qui donne une signification non standard aux constantes logiques.
(c) Il n'y a pas réellement de désaccord entre logique classique et logique déviante.

Cet argument est l'argument ressaisi dans la formule frappante de Quine, disant à propos du logicien déviant qu'il change le sujet quand il prétend changer la doctrine. La prémisse 1(a) exprime une condition nécessaire à l'existence d'un désaccord. Il ne peut y avoir désaccord sur quelque chose que si l'on parle de la même chose. L'argument de la traduction permet d'établir la prémisse 1(b). Considérons le cas *extrême* où un locuteur utiliserait le mot « et » selon les règles qui gouvernent la disjonction et le mot « ou » selon les règles qui gouvernent la conjonction. Ce comportement linguistique ne nous amènerait pas à attribuer une logique exotique au locuteur en question, mais bien plutôt à retraduire son idiome logique, en traduisant son « et » par notre « ou » et son « ou » par notre « et ». L'impossibilité d'une traduction homophonique montre qu'il y a bien eu changement de signification. Ce qui est évident dans ce cas extrême vaut, selon Quine, dans tous les cas. Le fait par exemple qu'un logicien dialéthéiste soit prêt à considérer comme vraie une conjonction de la forme $p \wedge \sim p$ détruit dans l'instant ses prétentions à utiliser notre conjonction et notre négation.

1.3 La thèse de rationalité, objections et contre-objections

La thèse 1 se place au niveau logique, en se prononçant sur l'existence ou non d'un désaccord substantiel entre la logique classique et les systèmes logiques alternatifs. Ce n'est pas le cas de la thèse 2 qui se situe explicitement à un niveau psychologique. Elle concerne les capacités effectives des agents, et notre évaluation de ces capacités. Les questions auxquelles répondent chacune des deux thèses sont différentes. La question à l'origine de la thèse 1 est essentiellement théorique. On demande ce qu'il faut penser des logiques alternatives, comme on demandait ce qu'il faut penser des géométries non-euclidiennes. La question à l'origine de la thèse 2 est empirique : que faut-il penser des données qui suggèrent que le comportement inférentiel des agents s'écarte systématiquement de la norme ? La norme en question peut relever aussi bien de la logique pour le raisonnement déductif que de la théorie des probabilités pour le raisonnement dans l'incertain. Les expériences de psychologie du raisonnement qui fournissent ces données, comme la tâche de sélection de Wason [21], sont au moins aussi fameuses que le principe de charité quinien. Suivant Stein [19], on peut préciser le problème lié à leur interprétation en mobilisant la distinction chomskyenne entre compétence et performance : faut-il interpréter les fautes de raisonnement des agents comme des *erreurs de compétence* (la compétence inférentielle des agents n'est pas en accord avec les normes du raisonnement, en particulier avec les normes logiques) ou plutôt comme des *erreurs de performance* (les agents sont rationnels, mais ils commettent néanmoins dans certains cas des erreurs systématiques) ? En linguistique, la distinction entre compétence et performance permet précisément de rendre compte des erreurs toujours possibles des locuteurs sur les jugements de grammaticalité : ce sont des erreurs de performance. Il est impossible de poser un écart entre la compétence linguistique des locuteurs et la théorie syntaxique. Les règles syntaxiques n'ont d'autre raison d'être que de représenter la compétence des locuteurs. Dans le domaine de la rationalité, la caractérisation de la compétence inférentielle des agents ne vaut pas immédiatement caractérisation des règles logiques. La théorie logique se donne d'abord comme une théorie normative, et non pas comme la représentation d'une compétence cognitive. Défendre la thèse 2, c'est alors soutenir, contre les données expérimentales illustrant l'apparente irrationalité des individus, qu'il y a des raisons conceptuelles supplémentaires pour affirmer l'accord entre notre compétence inférentielle et les normes du raisonnement. Cette défense peut être présentée de la manière suivante :

Argument 2 (a) Si les erreurs relevées par les expériences de psychologie du raisonnement sont des erreurs de performance, alors elles ne démontrent pas réellement l'irrationalité des agents.
(b) On ne peut pas considérer que les humains divergent systématiquement des principes normatifs du raisonnement.
(c) Les expériences de psychologie du raisonnement ne démontrent pas réellement l'irrationalité des agents.

Le principe de charité intervient pour justifier la prémisse 2(b). Les inférences concernent la dynamique de nos croyances, et il n'y a pas d'attribution de croyances sans attribution d'un haut degré de rationalité. En effet, il est constitutif de ce qu'est une croyance que d'interagir avec les autres croyances d'une manière qui reflète les lois de la logique[3]. Croire que p, c'est, entre autres choses, ne pas agir sur la base de $\sim p$. Croire que si p alors q, c'est, entre autres choses, être prêt à agir sur la base de q si l'on apprend que p. La prémisse 2(a) affirme que la rationalité des agents est compatible avec des erreurs de performance. 2(a) et 2(b) semblent bien impliquer ensemble la conclusion. Si 2(b) est vraie, les erreurs documentées par les expériences de psychologie du raisonnement ne peuvent être que des erreurs de performance, donc, comme le pose 2(a), elles ne remettent pas en cause la rationalité des individus.

La prémisse 2(b) opère le même genre de radicalisation que la prémisse 1(b). Il est clair qu'il est impossible d'attribuer des croyances sans attribuer un *minimum* de rationalité[4], mais il est moins clair que *toute* attribution d'irrationalité obère l'attribution de croyances. Jusqu'à quel point un agent doit-il être rationnel pour qu'on puisse lui attribuer des croyances ? Le défenseur du principe de charité se retrouve ici devant un dilemme. Soit il est prêt à soutenir une version forte de la thèse de rationalité (les individus ne sont pas minimalement rationnels, ils sont pleinement rationnels). Mais les agents n'ont que des capacités finies, de sorte que, par exemple, leurs

---
[3] Cette lecture du principe de charité a notamment été développée par Davidson, voir [8].
[4] L'idée de rationalité minimale a été introduite par Cherniak [7].

croyances ne sont évidemment pas closes sous la conséquence logique. Il est clairement impossible de leur attribuer une rationalité parfaite, et, si l'attribution de croyances supposait l'attribution d'une rationalité parfaite, on se retrouverait tout simplement dans l'impossibilité d'attribuer des croyances. Soit, c'est la deuxième branche du dilemme, le défenseur du principe de charité ne soutient qu'une version faible, selon laquelle il suffit d'accorder une rationalité minimale (les agents raisonnent parfois en accord avec les principes normatifs du raisonnement). Mais alors, cette version faible ne suffit plus à établir la prémisse 2(b)[5].

2 Modéliser la rationalité limitée

2.1 La question des limites de la charité

Le point important est donc l'extension du principe de charité. S'agissant de la thèse 2, il ne semble pas possible de lui donner, dans la prémisse 2(b), toute l'extension nécessaire à la correction de l'argument. Qu'en est-il dans le cas de la thèse 1 ?

Il n'est pas évident que la même restriction s'applique. Le domaine des lois logiques peut sembler être un domaine où le tout ou rien prévaut. Dès qu'on a fixé l'interprétation vérifonctionnelle des connecteurs, sont données 'gratuitement' toutes les vérités logiques. Réciproquement, comme le souligne aussi Quine, abandonner une loi logique conduit à une indétermination « dévastatrice par son étendue » des valeurs de vérité des contextes dans lesquels figurent les particules logiques incriminées, de sorte que ne demeure « aucune fixité sur laquelle se reposer dans l'usage de ces particules » (Quine, [11], p. 60). Dans la situation de traduction, il est nécessaire de fixer la traduction des particules logiques, et l'argument de Quine vise à montrer que cette fixation ne peut se faire que par la mise en correspondance, et donc aussi la mise en conformité, avec notre logique. L'argument est-il pleinement convaincant ? Parmi les innombrables travaux consacrés, avant et après Quine, à l'étude des logiques déviantes, nombre d'entre eux l'ont été à la mise en évidence des points communs qui existent entre ces logiques déviantes et la logique classique, qu'il s'agisse de propriétés métathéoriques des logiques considérées ou de la signification de leurs connecteurs. Peut-être la logique n'est-elle pas, après tout, un domaine où le tout ou rien prévaut.

Nous reviendrons sur cette question dans la section 2.3. Insistons pour l'instant sur le fait qu'il n'y a pas de raison de supposer que les limites de la thèse 2 sont aussi les limites de la thèse 1. On pourrait objecter à ce découplage que la traduction commence toujours « at home ». Après tout, ce qui fait le parallèle entre les deux argumentations, c'est que c'est bien à

---

[5] Cette ligne d'argumentation contre le principe de charité est notamment développée par Stich [20].

chaque fois l'*usage* des constantes logiques, leur contribution à la sémantique de la langue ou à l'articulation des croyances qui est en cause. Pourquoi alors ne pas compter les erreurs de raisonnement des agents comme des raisons pour re-traduire les mots logiques utilisés ? Cette position n'est pas tenable. Poussée à la limite, elle impliquerait de soutenir que le caractère obvie de la logique interdit l'attribution de toute erreur logique, même une simple erreur de performance. Ce qui vaut pour la thèse 1 ne vaut pas nécessairement pour la thèse 2. Il est sans doute nécessaire de supposer ou d'imposer un certain degré de rationalité à un agent auquel nous attribuons des croyances. Il n'est pas pour autant nécessaire de lui attribuer une rationalité parfaite, pas plus qu'il n'est nécessaire de manière générale de lui attribuer des croyances identiques aux nôtres[6].

2.2 Modéliser l'irrationalité

Cette asymétrie dans la force des arguments 1 et 2 pose-t-elle problème ? À première vue, non. Elle montre simplement que l'argument quinien initial est pleinement compatible avec la normativité de la logique. Ce n'est pas parce qu'on accepte une forme de principe de charité qui garantit la place de la logique classique qu'on est obligé de considérer que la compétence inférentielle humaine est alignée sur les principes de cette même logique. Le problème apparaît à partir du moment où l'on cherche à représenter cette compétence inférentielle. En effet, si cette compétence doit être représentée par un système logique, comment ce système logique pourrait-il à la fois ne pas être un rival de la logique classique (si l'on accepte la thèse 1) et s'écarter des principes normatifs de la logique classique (si l'on n'accepte pas la thèse 2).

Tout écart du comportement inférentiel des agents relativement à la norme de la logique classique n'a sans doute pas à être représenté par un système logique « créé pour l'occasion ». Il importe de distinguer deux types d'écart du comportement inférentiel par rapport à la norme logique, des *écarts non-pertinents*, dans lesquels il n'y a pas de rationalité à sauver, et des *écarts pertinents*, dans lesquels il semble y avoir une rationalité à sauver. Par exemple, les échecs face à la tâche de sélection de Wason semblent non-pertinents, notamment parce que le taux de réponses correctes est très sensible au contenu (si les contenus sont familiers, les gens cessent de se tromper systématiquement). Il est toujours possible d'invoquer une rationa-

---

[6] Davidson [8], dans sa théorie de l'interprétation radicale, insiste au contraire sur le fait que traduction et attribution de croyances sont deux processus intimement liés. Contre Davidson, Mikaël Cozic et moi [3] avons rappelé que l'attribution d'états mentaux ne reposait sans doute pas uniquement sur une base théorique, mais aussi sur une base simulationniste, de sorte qu'il n'y a en particulier pas de difficulté à attribuer à autrui des erreurs que nous pourrions nous-mêmes faire.

lité globale du comportement inférentiel. Par exemple, il nous est peut-être plus utile d'avoir une compétence inférentielle qui nous permette de raisonner bien et rapidement dans les situations familières mais qui soit moins performante lorsqu'on passe à des contextes non-familiers, plutôt qu'une compétence inférentielle qui soit moins rapide mais d'une efficacité identique quels que soient les contenus. Quoi qu'il en soit, il n'appartient pas à la logique de rendre compte de biais de raisonnement liés à la nature des contenus.

Mais il y a d'autre cas où le fait de ne pas faire certaines inférences valides classiquement semble pleinement rationnel. Les agents qui se trouvent à un moment donné entretenir des croyances contradictoires n'appliquent pas le principe du *ex falso quodlibet sequitur* (par la suite, EFQ), et ne se mettent pas à croire n'importe quelle proposition. Cet écart semble rationalisable. Si je me rends compte que j'entretiens des croyances contradictoires, il est certes rationnel pour moi de chercher à les modifier, mais, en attendant d'avoir opéré cette modification, il n'est pas rationnel de me mettre momentanément à croire n'importe quoi en invoquant la validité de EFQ. Dans ce genre de cas, le type de clôture sous la conséquence logique qu'on obtient avec la logique classique n'est satisfaisant ni pour modéliser la compétence inférentielle des agents ni pour rendre compte de ce que doit être la gestion rationnelle d'un système de croyances. Du point de vue d'un système de croyances, la trivialisation est ce qui peut arriver de pire.

Il semble que l'on ait affaire à un écart pertinent[7]. Pour l'expliquer, il n'est pas nécessaire de faire appel aux contraintes pratiques, externes, qui pèsent sur la manière dont nous gérons notre stock de croyances et faisons nos inférences. Au contraire, c'est la nature même de la croyance qui suffit à justifier l'écart. Or dès que l'on reconnaît l'existence d'écarts pertinents, l'asymétrie entre la thèse 1 et la thèse 2 pose problème. En effet, ce que semble établir la thèse 1 c'est qu'il n'y a pas d'autre logique qui puisse rivaliser avec la logique classique pour défendre ce qui serait la rationalité de l'absence de clôture sous EFQ par exemple. Mais la rationalité qui est en jeu dans le refus d'appliquer EFQ à un stock de croyances contradictoires semble avoir un contenu positif qu'on aimerait pouvoir analyser logiquement. En particulier, une analyse logique devrait nous dire quelles sont les lois de la logique classique que l'on doit abandonner en même temps que EFQ et quelles sont celles que l'on peut conserver. La position consistant à continuer à accepter la thèse 1 tout en renonçant à la thèse 2 devient problématique parce qu'elle semble *de facto* nous priver d'instruments logiques pour ce faire. Il serait impossible sans « changer de logique », c'est-à-dire sans donner

---

[7] La suite de la discussion se concentre sur EFQ, sans préjuger de l'existence d'autres types d'écarts pertinents.

un autre sens aux connecteurs logiques, de rendre compte de la pertinence des écarts de notre compétence inférentielle par rapport aux normes de la logique classique.

2.3 Peut-on être charitable et réaliste à la fois ?

Une solution pour résoudre ce problème serait d'attaquer 1(b) comme on a attaqué 2(b). Il est possible notamment de contester 1(b) en isolant un noyau de signification pour les connecteurs logiques, noyau que l'on retrouverait dans les différentes logiques susceptibles de rivaliser entre elles. Dans le cas du débat entre intuitionnisme et logique classique, on peut ainsi argumenter que les règles de la déduction naturelle intuitionniste fournissent une telle base. Elles constitueraient le noyau de signification commun aux constantes intuitionnistes et classiques, indépendamment de l'adoption ou du rejet du tiers-exclu. Cette stratégie peut être étendue afin de couvrir davantages de systèmes logiques. En particulier, il a été suggéré de considérer les règles logiques d'un système de séquents comme caractérisant le noyau de signification commun aux connecteurs à travers différentes logiques, ces différentes logiques étant engendrées en faisant varier les règles structurelles qui complètent les règles pour les connecteurs[8]. Des réponses similaires peuvent être apportées dans d'autres cadres, qu'il s'agisse d'un cadre sémantique traditionnel[9] ou du cadre offert par l'analyse dialogique du rôle des connecteurs logiques dans l'argumentation (voir notamment les travaux de Rahman et Keiff [12]).

Cependant, il n'est pas évident que l'on puisse donner suivant cette ligne une réponse satisfaisante pour une logique qui rejette EFQ. Slater [18] propose ainsi un argument visant à montrer qu'il ne peut y avoir de logique paraconsistante, une logique paraconsistante étant définie comme une logique dans laquelle EFQ n'est pas valide. Le point de Slater est intéressant car il se situe à l'intersection problématique des thèses 1 et 2. Voici l'argument :

Argument 3 (a) Si p et $\sim p$ ne sont pas contradictoires dans une logique, alors $\sim$ n'est pas une véritable négation dans cette logique.

(b) Si EFQ n'est pas valide, alors il faut qu'il soit possible qu'une proposition et sa négation soient vraies ensemble.

(c) Une logique paraconsistante ne contient pas de négation.

---

[8] Cette solution est défendue par Haack [9]. Une élaboration logique systématique a été développée notamment par Sambin, voir [16].

[9] Quine a notamment été critiqué sur ce point par Putnam [10]. On trouve chez Quine lui-même des éléments allant en direction d'une position à la Putnam (voir [4]).

La prémisse 3(a) fixe des conditions nécessaires pour qu'un symbole interprété soit reconnu comme une négation. 3(a) est d'autant plus plausible qu'il semble difficile d'isoler un noyau de signification pour la négation qui n'implique pas 3(a). 3(b) est un corollaire de la définition sémantique de la validité comme préservation de la vérité. 3(c) suit bien de 3(a) et 3(b), deux énoncés contradictoires étant deux énoncés qui ne peuvent être vrais ensemble. Une fois la conclusion 3(c) établie, nous sommes confrontés au problème de la compatibilité du refus de la thèse 2 combiné avec l'acceptation de la thèse 1. Le refus de la thèse 2, lorsqu'il porte notamment sur le refus de EFQ, rend nécessaire l'utilisation d'outils logiques non classiques pour représenter la compétence inférentielle des agents. L'acceptation de la thèse 1, nourrie dans ce cas particulier par l'argument de Slater, implique qu'il n'existe pas d'outils logiques de ce genre : il n'existerait pas de systèmes logiques *parlant de la même chose que la logique classique* dans lesquels EFQ n'est pas valide.

3 Modéliser sans déviance

Il est possible de contester 3(a), et une discussion plus détaillée de l'argument de Slater se devrait de le confronter avec les stratégies précédemment évoquées qui consistent à isoler un noyau commun de signification pour les connecteurs. Néanmoins, force est de constater qu'au moins lorsque la signification des connecteurs est donnée par des fonctions de vérité, refuser 3(a) semble constituer une violation très directe du principe de charité. Il est intéressant de voir si le problème peut être résolu sans renoncer à 3(a). Reste alors la possibilité de refuser 3(b). Cela implique de réviser la définition classique de la validité, dont 3(b) suit, cette révision devant être commandée par le projet de rendre compte de la compétence inférentielle des agents. La validité est classiquement définie comme préservation de la vérité dans toutes les situations possibles (celles-ci étant représentées par les structures d'interprétation des langages logiques). Dans l'optique qui est la nôtre, au moins deux points peuvent être contestés. Premièrement, on peut contester la restriction aux situations *possibles*, dans la mesure où un agent peut se retrouver en train de considérer à tort comme possibles des situations qui ne le sont pas. Deuxièmement, on peut contester le caractère suffisant de la préservation de la vérité, dans la mesure où l'agent peut être en train de considérer des propositions qui ne peuvent pas être vraies ensemble, ce qui trivialise le réquisit de préservation de la vérité. Voyons une implémentation de chacune de ces deux idées.

3.1 L'approche *per impossibilia*

À la suite notamment de Rantala [13], Restall [14] propose de modéliser des situations impossibles tout en s'écartant minimalement du cadre habituel pour la modélisation des situations possibles. Si EFQ n'est pas valide, alors il doit exister une valuation[10] qui assigne la valeur vraie à p et à $\sim p$,. Mais dire qu'il existe une valuation n'implique pas nécessairement de dire qu'il existe une possibilité réelle correspondant à ce que dit la valuation. Tout le problème réside alors dans la nature de ces valuations qui ne correspondent pas à des possibilités. Si on interprète les valuations classiques comme représentant des situations possibles, l'idée naturelle est de rajouter des mondes impossibles qui nous donnent le surcroît de modèles permettant d'invalider EFQ. Mais le risque serait de n'avoir fait que déplacer le problème. Peut-être le fait de les considérer revient-il précisément à changer l'interprétation des constantes logiques, et donc à changer de sujet.

Qu'est-ce donc qu'un monde impossible ? L'idée de Restall est de répondre simplement : une superposition, si l'on veut une confusion, de mondes possibles (c'est ici que Restall s'écarte de Rantala). Un monde est défini techniquement comme un ensemble de mondes possibles, les singletons étant intuitivement distingués comme les seuls 'vrais' mondes possibles. Les mondes possibles, dans le cadre propositionnel, sont quant à eux assimilés à des ensembles d'atomes (intuitivement : l'ensembles des atomes vrais dans le monde en question). La définition de la vérité ($\Vdash^+$) et de la fausseté ($\Vdash^-$) en un monde se font de manière indépendante mais naturelle.

DÉFINITION 1 *La vérité $\Vdash^+$ et la fausseté $\Vdash^-$ relativement à un monde X, avec $X \subseteq W$, où W est l'ensemble des mondes possibles, sont définies par co-induction sur la complexité des formules de la manière suivante :*
- $X \Vdash^+ p$ *ssi il existe $x \in X$ tel que $p \in x$*
- $X \Vdash^- p$ *ssi il existe $x \in X$ tel que $p \notin x$*
- $X \Vdash^+ \sim A$ *ssi $X \Vdash^- A$*
- $X \Vdash^- \sim A$ *ssi $X \Vdash^+ A$*
- $X \Vdash^+ A \wedge B$ *ssi $X \Vdash^+ A$ et $X \Vdash^+ B$*
- $X \Vdash^- A \wedge B$ *ssi $X \Vdash^- A$ ou $X \Vdash^- B$*
- $X \Vdash^+ A \vee B$ *ssi $X \Vdash^+ A$ ou $X \Vdash^+ B$*
- $X \Vdash^- A \vee B$ *ssi $X \Vdash^- A$ et $X \Vdash^- B$*

On peut alors définir de la façon habituelle la relation de conséquence logique $\vDash_R$ relative aux mondes de Restall. Lorsque Γ est un ensemble de formules, $\Vdash \Gamma$ abrège $\Vdash \phi$ pour tout $\phi \in \Gamma$.

DÉFINITION 2 *Γ a pour conséquence logique ϕ relativement aux mondes (notation $\vDash_R$) ssi pour tout $X \subseteq W$, si $X \Vdash^+ \Gamma$ alors $X \Vdash^+ \phi$.*

---

[10] Je me place ici dans un cadre propositionnel. Tout ce qui suit peut être adapté à un langage plus riche comme la logique du premier ordre.

Dans ce cadre, EFQ n'est évidemment pas valide, car si w et w' sont deux mondes possibles tels que p appartient à l'un des deux seulement, $\{w,w'\}$ sera un modèle de $p \wedge \sim p$. Plus généralement, Restall montre que $\models_R$ est identique à la relation de conséquence $\models_{LP}$ de la logique LP de Priest – la « logique des paradoxes » qui est la logique paraconsistante la plus simple. Mais contrairement à ce qui se passe dans LP, où à première vue l'existence d'un point fixe pour la négation semble indiquer qu'il ne s'agit pas d'une vraie négation, on a ici des arguments pour défendre l'idée que les connecteurs – dans le contexte étendu où vérité et fausseté sont définies pour les éléments de $\wp(W)$ et pas simplement de W – sont toujours les mêmes connecteurs.

En particulier, si on associe à chaque formule la proposition qui lui correspond, sous la forme d'un couple d'ensembles de monde, les opérations ensemblistes qui correspondent aux connecteurs sont les mêmes que pour les connecteurs classiques. Si $[p] = \langle X^+, X^- \rangle$ et $[q] = \langle Y^+, Y^- \rangle$, $[p \wedge q] = \langle X^+ \cap Y^+, X^- \cup Y^- \rangle$ et $[p \vee q] = \langle X^+ \cup Y^+, X^- \cap Y^- \rangle$ et $[\sim p] = \langle X^-, X^+ \rangle$.

3.2 Approche préservationniste

Voyons maintenant une mise en œuvre de la seconde stratégie. L'idée est de contester la définition de la validité comme préservation de la vérité, et donc le passage de la non-validité à l'existence d'une valuation. Cette option a été défendue par une tradition de logiciens paraconsistants sous le nom d'approche « préservationniste » (Bryson et Schotch [6][11], et avant eux à Scotch et Jennings [17]). Le point de départ consiste à jeter un œil neuf sur la définition classique de la notion de conséquence logique :

$\Gamma \models \phi$

ssi tout modèle de Γ est un modèle de ϕ

Un modèle de Γ précise, outre les formules de Γ, quelles autres formules sont vraies. Voici une définition équivalente de la conséquence logique, qui quantifie sur toutes extensions de Γ en exigeant la préservation de la consistance :

$\Gamma \models \phi$

ssi pour tout $\Gamma' \supseteq \Gamma$, si Γ' préserve la consistance de Γ, alors $\Gamma' \cup \{\phi\}$ préserve la consistance de Γ.

où une extension de Γ qui préserve la consistance de Γ est simplement une extension qui est consistante si Γ l'est. Cette reformulation fait apparaître clairement l'origine de EFQ. L'exigence de préservation de la consistance est

---

[11] Bryson et Schotch présentent déjà leur travail en réaction à [18].

trivialisée lorsque Γ n'est, dès le départ, pas consistant. On pourrait donc considérer que la définition de la conséquence logique est simplement inadaptée au traitement des ensembles de formules contradictoires. Une bonne définition de la conséquence logique devrait être équivalente à la définition classique lorsque Γ est consistant, mais elle ne devrait pas être trivialisée lorsque Γ ne l'est pas. Plus précisément, si l'on retient l'idée de préservation de la cohérence, la forme générale d'une définition de la conséquence logique préservationniste $\vDash_{\text{pres}}$ serait :

$\Gamma \vDash_{\text{pres}} \phi$
ssi pour tout $\Gamma' \supseteq \Gamma$, si Γ' a le même de degré de consistance que Γ, alors $\Gamma' \cup \{\phi\}$ a le même degré de consistance que Γ.

On obtient véritablement une définition de la conséquence logique lorsqu'on définit ce qu'est le « degré de consistance de Γ ». Schotch et Jennings [17] définissent le degré de consistance d'un ensemble Γ comme la taille de la plus petite partition de Γ dont tous les éléments sont consistants. Brown [5] propose une caractérisation alternative que nous allons adopter.

DÉFINITION 3 *Soit Γ un ensemble de formules et $Y = \{p_1, ..., p_n, ...\}$ un ensemble d'atomes propositionnels. Une désambiguisation de Γ fondée sur Y est un ensemble Δ obtenu à partir de Γ en remplaçant chaque formule $\phi \in \Gamma$ par une formule ψ qui est ϕ où chaque occurrence d'un atome $p_i \in Y$ est remplacée soit par $p_{i,1}$ soit par $p_{i,2}$ (où $p_{i,1}$ et $p_{i,2}$ sont deux nouveaux atomes associés à p_i).*

Une *base consistante* pour Γ est un ensemble Y d'atomes propositionnels tel qu'il existe une désambiguisation de Γ fondée sur Y consistante. Une *base minimale consistante* pour Γ est une base consistante Y telle qu'aucun sous-ensemble propre de Y n'est une base consistante pour Γ. La *base de consistance* de Γ, notée $L(\Gamma)$ est l'ensemble des bases minimales consistantes pour Γ. On obtient alors une relation de conséquence $\vDash_P$ qui est de la forme $\vDash_{\text{pres}}$ indiquée plus haut.

DÉFINITION 4 $\Gamma \vDash_P \phi$
ssi pour tout $\Gamma' \supseteq \Gamma$, si $L(\Gamma') = L(\Gamma)$, alors $L(\Gamma' \cup \{\phi\}) = L(\Gamma)$.

La définition classique se retrouve bien comme un cas particulier lorsque Γ est consistant (un ensemble est consistant si et seulement si sa base de consistance est $\{\emptyset\}$).

3.3 Unification des approches

Les intuitions à l'origine de la solution de Restall et de la solution préservationniste, bien qu'elles ne soient pas identiques, sont néanmoins similaires.

Du point de vue préservationniste, il est crucial que l'absence de consistance ne trivialise pas la relation de conséquence. La solution de Restall est d'ajouter des modèles pour que la quantification sur tous les modèles n'implique pas la trivialisation pour les ensembles inconsistants. Du point de vue de Restall, il est crucial que les possibilités 'subjectives' de l'agent soient prises en compte par la définition de la conséquence. La solution préservationniste est d'exiger plus que la préservation de la vérité à travers les possibilités objectives en exigeant la préservation du degré de consistance des ensembles de propositions susceptibles d'être conjointement acceptées par un agent.

Cette parenté d'inspiration peut être ressaisie en montrant l'équivalence des deux cadres. Plus précisément, nous allons montrer pour conclure que l'on peut interpréter les mondes de Restall de manière purement instrumentale[12] dans un cadre préservationniste, en les considérant non pas comme des modèles supplémentaires représentant des possibilités supplémentaires, mais comme le moyen d'une mesure des degrés de consistance à préserver. L'idée est que le degré de cohérence d'un ensemble de formules est d'autant plus faible qu'il faut nécessairement recourir à des ensembles plus 'diversifiés' de mondes possibles pour le satisfaire.

Soit Γ un ensemble de formules, l'interprétation de Γ, notée $||\Gamma||$ est donnée par :

$$||\Gamma|| = \{X \subseteq \wp(W) \ / \ X \Vdash^+ \phi \text{ pour tout } \phi \in \Gamma\}$$

A tout monde $X \subseteq \wp(W)$, on peut associer sa base d'inconsistance $d(X)$, définie par $d(X) = \{p \in At \ / \ \exists w, w' \in X \ p \in w, p \notin w'\}$. La relation $\precsim$ définie par $X \precsim X'$ si et seulement si $d(X) \subseteq d(X')$ est une relation d'ordre. On définit ensuite $Min(\Gamma) = \{X \in ||\Gamma|| \ / \ X \text{ est } \precsim \text{ minimal}\}$. $Min(\Gamma)$ est $\{\emptyset\}$ quand Γ est consistant. La préservation du degré de consistance peut alors être vue comme le fait de ne pas faire grandir $Min(\Gamma)$. En effet si $Min(\Gamma') \subseteq Min(\Gamma)$, cela veut dire qu'on n'a pas besoin, pour trouver un modèle de Γ', d'aller chercher des mondes plus compliqués que ceux nécessaires pour rendre vraies les formules de Γ. On peut maintenant définir $\models_{P'}$ toujours selon la forme de $\models_{\text{pres}}$:

DÉFINITION 5 $\Gamma \models_{P'} \phi$

ssi pour tout $\Gamma' \supseteq \Gamma$, *si* $Min(\Gamma') = Min(\Gamma)$, *alors* $Min(\Gamma' \cup \{\phi\}) = Min(\Gamma)$.

PROPOSITION 6 $\Gamma \models_P \phi$ *ssi* $\Gamma \models_{P'} \phi$

---

[12] Voir les mondes de manière purement instrumentale est bien conforme à l'esprit de la distinction de Restall entre mondes et mondes possibles.

Preuve. La proposition suit indirectement de résultats déjà connus[13]. Restall [14] montre que $\vDash_R$ est équivalent à $\vDash_{LP}$, la relation de conséquence logique correspondant à la logique paraconsistante LP de Prior. Brown [5] montre indépendamment que $\vDash_P$ est également équivalent à $\vDash_{LP}$. Il suffit alors de remarquer que $\vDash_{P'}$ est équivalente à $\vDash_R$. L'implication de droite à gauche est immédiate. De gauche à droite, supposons que $\Gamma \vDash_{P'} \phi$, et soit X tel que $X \Vdash^+ \Gamma$. On veut montrer que $X \Vdash \Gamma$. Il existe une base minimale consistante $X' \subseteq X$ pour Γ. Comme $\Gamma \vDash_{P'} \phi$, $X \Vdash^+ \phi$. $\Vdash^+$ est monotone à gauche, donc comme $X \supseteq X'$, $X' \Vdash^+ \phi$. ∎

Conclusion

La thèse 1 concernant la rivalité logique et la thèse 2 concernant la rationalité des agents sont deux applications substantiellement différentes du principe de charité. On peut accepter la thèse 1 tout en refusant la thèse 2. Il est alors intéressant de considérer la place qui peut revenir à des systèmes logiques interprétés non pas comme des rivaux de la logique classique, mais seulement comme des outils destinés à représenter une compétence logique dédiée à la gestion des croyances. Les systèmes proposés par Restall et par les logiciens préservationnistes constituent deux exemples remarquables de systèmes interprétables de cette manière, et le résultat élémentaire d'équivalence donné montre que la parenté de ces systèmes n'est pas que d'inspiration.

Une leçon générale à tirer de ce qui précède concerne la nécessité d'adopter, dans les discussions du principe de charité, un point de vue intensionnel sur les systèmes logiques. La logique des paradoxes de Priest, la logique des superpositions de mondes possibles de Restall et la logique préservationniste de Brown sont extensionnellement équivalentes – $\vDash_{LP}$, $\vDash_R$ et $\vDash_P$ coïncident. Du point de vue qui nous intéresse – modéliser la compétence inférentielle sans changer de logique – ces systèmes ne sont pas équivalents. On peut soutenir que la logique des paradoxes tombe sous le coup des critiques de Slater alors que la logique préservationniste de Brown et le système de Restall y échappent.

---

[13] On pourrait également démontrer la proposition directement, en montrant que $X \Vdash^+ \Gamma$ si et seulement si Γ peut être rendu vrai par une désambiguisation sur $d(X)$ et en remarquant que la minimalité sur les bases d'inconsistance du côté des mondes de Restall correspond à la minimalité sur les bases de consistance du côté des désambiguisations de Brown. Pour le dire autrement, parler en termes de mondes $\precsim$ minimaux ou en termes de bases minimales consistantes revient au même.

BIBLIOGRAPHIE

[1] Beall, J.C. et Restall, G. "Logical Pluralism", *Australian Journal of Philosophy*, 78 (2000), 853-860.
[2] van Benthem, J., Heinzmann, G., Rebuschi, M. et Visser, H. (eds) *The Age of Alternative Logics : Assessing Philosophy of Logic and Mathematics Today*, Springer, 2006.
[3] Bonnay, D. et Cozic, M. « Principes de charité et sciences de l'homme », *in* Th. Martin (ed.) *La scientificité des sciences de l'homme*, Vuibert, à paraître.
[4] Bonnay, D. et Laugier, S. « La logique sauvage de Quine à Lévi-Strauss », *Archives de Philosophie* (2003) 66-1, 49-72.
[5] Brown, B. "Yes, Virginia, There Really Are Paraconsistent Logics", *The Journal of Philosophical Logic*, 28 (1999), pp. 489-500.
[6] Brown, B. et Schotch, P. "Logic and Aggregation", *The Journal of Philosophical Logic*, 28 (1999), pp. 265-287.
[7] Cherniak, Ch. *Minimal Rationality*, M.I.T. Press, 1986.
[8] Davidson, D. (1973) "Radical Interpretation" *in Inquiries into Truth and Interpretation*, Clarendon Press, 1984.
[9] Haack, S. *Deviant Logic, Fuzzy Logic* The University of Chicago Press, 1996.
[10] Putnam, H. "Three-valued Logic", *Philosophical Studies*, 8 (1957), p. 73-80.
[11] Quine, W.V.O. *Word and Object*, MIT Press 1960.
[12] Rahman, S. et Keiff, L. "On How to be a Dialogician", *in* Vanderveken, D. (éd.) *Logic, Thought and Action*, Springer Verlag, pp. 359-408, 2004.
[13] Rantala, V. "Impossible Worlds Semantics and Logical Omniscience", *Acta Philosophica Fennica*, 35 (1982), pp. 106-15.
[14] Restall, G. "Ways Things Can't Be", *Notre Dame Journal of Formal Logic*, 38 (1997), pp. 583-596.
[15] Restall, G. "Paraconsistent Logics !", *Bulletin of the Section of the Polish Academy of Sciences* 26 (1997), pp. 156-163.
[16] Sambin, G., Battilotti, G. et Faggian, C., (2000) Basic Logic : reflection, symmetry, visibility, *Journal of Symbolic Logic*, vol. 65, p. 979-1013.
[17] Schotch, P.K. et Jennings, R.E. "On Detonating" in Graham Priest, Richard Routley and Jean Norman (eds), *Paraconsistent Logic : Essays on the Inconsistent*, Philosophia, 1989, 306-327.
[18] Slater, H. "Paraconsistent Logics ?", *The Journal of Philosophical Logic*, 24 (1995), pp. 451-454.
[19] Stein, E. *Without Good Reason*, Oxford University Press 1998.
[20] Stich, S. *The Fragmentation of Reason*, MIT Press 1990.
[21] Wason P.C. et Shapiro, D. "Natural and Contrived Experience in a Reasoning Problem", *Quarterly Journal of Experimental Psychology*, 23 (1971), pp. 63-71.

Denis Bonnay
Université Paris Ouest
Ireph (EA 373, Paris Ouest)
IHPST (Paris 1 et ENS, DEC)
`denis.bonnay@ens.fr`

A Dialogical Semantics for Bonanno's System of Belief Revision

VIRGINIE FIUTEK, HELGE RÜCKERT & SHAHID RAHMAN

Introduction

Belief revision is the process of changing one's beliefs when taking into account new pieces of information. The logical formalization of belief revision began in the 1970's. The dominant theory of belief revision is the AGM model, so-called after its three originators Alchourrón, Gärdenfors and Makinson. They wrote a paper that provided a formal framework for the study of belief change that was published in the *Journal of Symbolic Logic* in 1985 [1]. The AGM model postulates properties that an operator of belief change has to satisfy in order for the process of belief revision to be considered rational.

In an article written in 2007 Giacomo Bonanno provides a characterization of the AGM theory within a multimodal temporal framework.[1] Since belief revision deals with the interaction of belief and information over time, temporal logic seems to be a natural setting for a theory of belief revision. Bonanno formulates a semantics and an axiomatics for belief revision. He adds five operators to his logical language: the next-time operator F and its inverse P,[2] the belief operator B, the information operator I and the "all state" operator A. Three logics of increasing strength are studied by Bonanno: the first logic considers only cases where new information confirms the initial beliefs of an agent; the second logic considers cases where new information is not surprising, i.e. compatible with the initial beliefs of the agent; the third logic is an axiomatic characterization of AGM theory. It is the strongest logic because it considers also cases where new information is surprising, i.e. incompatible with the initial beliefs of the agent.

In this paper our aim is to provide a dialogical semantics for Bonanno's logics. Dialogical logic was first introduced by Paul Lorenzen in the 1950's

---

[1] Modal analogues of AGM have also been explored by other authors. See for example [13].

[2] Note that we change the notation of Bonanno who uses the following symbols: O and its inverse O^{-1}.

and then developed by Kuno Lorenz.[3] The aim was to propose a semantics based on argumentation games as a new alternative to model theory and proof theory, thus rethinking the link between logic and argumentation. In a dialogical game two players interact by alternately choosing moves. Each move is a speech act, either an assertion or an interrogation. Every play of the game is won by one of the players, the other one loses. Validity can be defined in terms of winning strategies.

For our dialogical reconstruction, we will focus on Bonanno's third logic because it is the most interesting logic for belief revision. First, we present a dialogical semantics for what Bonanno calls his basic logic and illustrate it by several examples. In the second part of our paper we focus on the logic AGM. Bonanno strengthens his basic logic by adding further axioms to eventually receive his version of AGM. For each axiom we will add a corresponding structural rule to our dialogical semantics which captures the content of the respective axiom. In a third section we give a sketch for the proof of the correspondences between the axioms and our structural rules.

1 The basic logic L_0

1.1 Bonanno's semantics and axiomatics

Bonanno uses an extension of propositional classical language. The formal language is built from a countable set of propositional atoms $(p, q, r \ldots)$, the usual connectives $(\neg, \wedge, \vee, \rightarrow, \leftrightarrow)$ and five operators (F, P, B, I, A) such that $I\varphi$ is a well formed formula if and only if φ is Boolean.

The intended interpretation of the operators is as follows:

1. $F\varphi$ at every next instant it will be the case that φ
2. $P\varphi$ at the previous instant it was the case that φ
3. $B\varphi$ the agent believes that φ
4. $I\varphi$ the agent is informed that φ[4]
5. $A\varphi$ it is true at every world that φ

(the operator A is needed in order to capture the non-normality of the information operator I)

Bonanno's semantics

Bonanno considers branching-time structures with the addition of a belief relation and an information relation for every instant t. A temporal belief

---

[3] The most important early papers on Dialogical Logic are collected in [8].
[4] Remember that, while the other operators apply to arbitrary formulas, the information operator is restricted to apply to Boolean formulas only. The information operator is related to the 'only know' operator in [6].

revision frame is an ordered set $\langle T, R^T, W, R^{B_t}, R^{I_t} \rangle$, where $\langle T, R^T \rangle$ is a next-time branching frame and:

- T is a non-empty, countable set of instants
- R^T is a binary relation on T, called accessibility relation in standard modal logic. This relation determines the immediate successor or the immediate predecessor of an instant t.

  It satisfies the following properties: for every $t_1, t_2, t_3 \in T$,

  1. if $t_1 R^T t_3$ and $t_2 R^T t_3$ then $t_1 = t_2$
  2. if $\langle t_1, ..., t_n \rangle$ is a sequence with $t_i R^T t_{i+1}$ for every $i = 1, ..., n-1$, then $t_n \neq t_1$

  Every instant has at most one unique immediate predecessor but can have several immediate successors. More explicitly: the interpretation of $t_1 R^T t_2$ is that t_2 is an immediate successor of t_1 or t_1 is the immediate predecessor of t_2.

- W is a non-empty set of possible worlds
- R^{B_t} and R^{I_t} are binary relations on W for every $t \in T$, called accessibility relations in standard modal logic. The belief relation determines the set of worlds that the individual considers possible at a given world and a given instant. The information relation determines the set of worlds compatible with the information received.

  More explicitly:

  1. The interpretation of $w_i R^{B_t} w_j$ is that at world w_i and time t the individual considers world w_j possible.
  2. The interpretation of $w_i R^{I_t} w_j$ is that at world w_i and time t according to the information received, it is possible that the real world is w_j.

Let $R^{B_t}\{w_i\}$ denote the set of worlds that the individual considers possible at world w_i and time t, that is, every $w_j \in W$ such that $w_i R^{B_t} w_j$. And let $R^{I_t}\{w_i\}$ denote the set of worlds which are possibly true according to the information received at world w_i and time t, that is, every $w_j \in W$ such that $w_i R^{I_t} w_j$.

A belief revision model results from the addition of a valuation function v to a frame which assigns, for each world $wi \in W$, a truth-value $v(p)$ to each propositional variable of the language. In his paper, Bonanno focuses on belief revision – not on update –, so the value of an atomic proposition

p only depends on the world, not on time. Indeed, in belief revision the objective facts describing the world do not change, only the beliefs of the agent change over time.

If $\mathcal{M}$ is a belief revision model then $v_{\mathcal{M},w_i,t}(\varphi)$ (the truth value of φ in w_i at t given $\mathcal{M}$) is defined as follows:

$v_{\mathcal{M},w_i,t}(\varphi) = 1$ iff $w_i \in v(p)$, for each atom p

$v_{\mathcal{M},w_i,t}(\neg\varphi) = 1$ iff $v_{\mathcal{M},w_i,t}(\varphi) = 0$

$v_{\mathcal{M},w_i,t}(\varphi \wedge \psi) = 1$ iff $v_{\mathcal{M},w_i,t}(\varphi) = 1$ and $v_{\mathcal{M},w_i,t}(\psi) = 1$

$v_{\mathcal{M},w_i,t}(\varphi \vee \psi) = 1$ iff $v_{\mathcal{M},w_i,t}(\varphi) = 1$ or $v_{\mathcal{M},w_i,t}(\psi) = 1$

$v_{\mathcal{M},w_i,t}(\varphi \to \psi) = 1$ iff $v_{\mathcal{M},w_i,t}(\varphi) = 0$ or $v_{\mathcal{M},w_i,t}(\psi) = 1$

$v_{\mathcal{M},w_i,t}(F\varphi) = 1$ iff $v_{\mathcal{M},w_i,t'}(\varphi) = 1$
for every $t' \in T$ such that $tR^T t'$

$v_{\mathcal{M},w_i,t}(P\varphi) = 1$ iff $v_{\mathcal{M},w_i,t''}(\varphi) = 1$
for every $t'' \in T$ such that $t'' R^T t$

$v_{\mathcal{M},w_i,t}(B\varphi) = 1$ iff $v_{\mathcal{M},w_j,t}(\varphi) = 1$
for every $w_j \in W$ such that $w_i R^{Bt} w_j$

$v_{\mathcal{M},w_i,t}(I\varphi) = 1$ iff $v_{\mathcal{M},w_j,t}(\varphi) = 1$
for every $w_j \in W$ such that $w_i R^{It} w_j$
and there is no other world in W
where φ is true at t

$v_{\mathcal{M},w_i,t}(A\varphi) = 1$ iff $v_{\mathcal{M},w_j,t}(\varphi) = 1$ for every $w_j \in W$.

Given a temporal belief revision model $\langle T, R^T, W, R^{Bt}, R^{It}, v \rangle$: a formula φ is valid in the model if it is true at every world of W at every instant of T.

A formula φ is valid in a frame if it is valid in every model based on that frame.

Bonanno's axiomatics

The basic logic is given by the following axioms and inference rules.[5]

Axioms:
1. All propositional tautologies
2. Axiom K for B: $\quad B(\varphi \to \psi) \to (B\varphi \to B\psi)$
3. Axiom K for F: $\quad F(\varphi \to \psi) \to (F\varphi \to F\psi)$
4. Axiom K for P: $\quad P(\varphi \to \psi) \to (P\varphi \to P\psi)$
5. Axiom K for A: $\quad A(\varphi \to \psi) \to (A\varphi \to A\psi)$
6. Temporal axioms: $\quad \varphi \to F(\neg P \neg \varphi)$
   $\quad \varphi \to P(\neg F \neg \varphi)$
7. Backward Uniqueness axiom: $(\neg P \neg \varphi) \to P\varphi$

---

[5] In [4] it is proved that this axiomatics is sound and complete with respect to the semantics for his basic logic that we presented in the preceding section.

8	Axiom T for A	$A\varphi \to \varphi$
9	Axiom 5 for A	$\neg A\varphi \to A\neg A\varphi$
10	Inclusion axiom B	$A\varphi \to B\varphi$
11	Axioms to capture the non-standard semantics for I	
		$(I\varphi \wedge I\psi) \to A(\varphi \leftrightarrow \psi)$
		$A(\varphi \leftrightarrow \psi) \to I(\varphi \leftrightarrow \psi)$

Rules of inference:

1	Modus ponens	if φ and $\varphi \to \psi$ then ψ
2	Necessitation for A	if φ then $A\varphi$
3	Necessitation for F	if φ then $F\varphi$
4	Necessitation for P	if φ then $P\varphi$

Note, that from Modus ponens and Necessitation for A one can derive necessitation for B.

1.2 Dialogical reconstruction

In a dialogue, two players confront each other: on the one hand, the Proponent who defends a thesis, and on the other hand, the Opponent who attacks the thesis of the Proponent. A dialogue game is played according to a set of rules that have to be obeyed by the players. There are two kinds of rules: particle rules and structural rules. Particle rules define how formulas containing connectives and operators can be attacked and defended. These rules are symmetric, that is, they are the same no matter whether it is the Proponent or the Opponent who attacks (defends) a certain formula. (That's why we use the symbols "**X**" and "**Y**" for the players with $\mathbf{X} \neq \mathbf{Y}$.) Structural rules define the general course how a dialogue unfolds.[6]

We use an extension of the dialogical language for propositional logic. A dialogical language for propositional logic is obtained from standard propositional language by the addition of metalogical symbols "!" and "?", standing for assertions and interrogations, and of labels "**O**" and "**P**", standing for the players (Opponent, Proponent) of dialogue games. We further extend this dialogical propositional language by the addition of Bonanno's operators.

Particle rules

Our dialogical semantics for belief revision requires the introduction of two labels: one indicating the context (or world), and the other indicating the instant (or time) in which the move has been made.

First, we present the particle rules for the standard connectives:

---

[6] For a more extensive general introduction to Dialogical Logic see [12] or [11].

Assertion	Attack	Defence
$\mathbf{X}!\ \neg\varphi\ w, t$ $\mathbf{X}$ asserts $\neg\varphi$	$\mathbf{Y}!\ \varphi\ w, t$ $\mathbf{Y}$ attacks by asserting φ	$\otimes$ No defence possible. Only a counterattack is available.
$\mathbf{X}!\ \varphi \wedge \psi\ w, t$ $\mathbf{X}$ asserts $\varphi \wedge \psi$	$\mathbf{Y}?\ \wedge_1$ or $\mathbf{Y}?\ \wedge_2$ $\mathbf{Y}$ attacks by choosing one of the conjuncts	$\mathbf{X}!\ \varphi\ w, t$ $\mathbf{X}$ defends himself by asserting φ *respectively* $\mathbf{X}!\ \psi\ w, t$ $\mathbf{X}$ defends himself by asserting ψ
$\mathbf{X}!\ \varphi \vee \psi\ w, t$ $\mathbf{X}$ asserts $\varphi \vee \psi$	$\mathbf{Y}?\ \vee$ $\mathbf{Y}$ attacks by asking one of the disjuncts	$\mathbf{X}!\ \varphi\ w, t$ $\mathbf{X}$ defends himself by choosing to assert φ or $\mathbf{X}!\ \psi\ w, t$ $\mathbf{X}$ defends himself by choosing to assert ψ
$\mathbf{X}!\ \varphi \to \psi\ w, t$ $\mathbf{X}$ asserts $\varphi \to \psi$	$\mathbf{Y}!\ \varphi\ w, t$ $\mathbf{Y}$ attacks by asserting φ	$\mathbf{X}!\ \psi\ w, t$ $\mathbf{X}$ defends himself by asserting ψ

The particle rules for the supplementary operators look as follows:

Assertion	Attack	Defence
$\mathbf{X}!\ F\varphi\ w, t$ $\mathbf{X}$ asserts $F\varphi$ in w at t	$\mathbf{Y}?\ F_{t'}$ $(tR^T t')$ $\mathbf{Y}$ attacks by choosing an instant t' such that t' is an immediate successor of t	$\mathbf{X}!\ \varphi\ w, t'$ $\mathbf{X}$ defends himself by asserting φ in w at t'
$\mathbf{X}!\ P\varphi\ w, t$ $\mathbf{X}$ asserts $P\varphi$ in w at t	$\mathbf{Y}?\ P_{t'}$ $(t'R^T t)$ $\mathbf{Y}$ attacks by choosing an instant t' such that t' is the predecessor of t	$\mathbf{X}!\ \varphi\ w, t'$ $\mathbf{X}$ defends himself by asserting φ in w at t'
$\mathbf{X}!\ B\varphi\ w_i, t$ $\mathbf{X}$ asserts $B\varphi$ in w_i at t	$\mathbf{Y}?\ B_{w_j}$ $(w_i R^{Bt} w_j)$ $\mathbf{Y}$ attacks by choosing a context w_j such that w_j is B-accessible from w_i	$\mathbf{X}!\ \varphi\ w_j, t$ $\mathbf{X}$ defends himself by asserting φ in w_j at t

Assertion	Attack	Defence
X! $I\varphi\ w_i, t$ **X** asserts $I\varphi$ in w_i at t	**Standard attack** **Y?** I_{w_j} $(w_i R^{I_t} w_j)$ **Y** attacks by choosing a context w_j such that w_j is I-accessible from w_i	**X!** $\varphi\ w_j, t$ **X** defends himself by asserting φ in w_j at t
	Non-standard attack **Y!** $\varphi\ w_j, t$ **Y** asserts φ in a context w_j such that w_j is not I-accessible from w_i	**X!** $w_i R^{I_t} w_j$ **X** defends himself by asserting that the context w_j is I-accessible from w_i
X! $A\varphi\ w_i, t$ **X** asserts $A\varphi$ in w_i at t	**Y?** A_{w_j} **Y** attacks by choosing a context w_j	**X!** $\varphi\ w_j, t$ **X** defends himself by asserting φ in w_j at t

The notation $w_i R^{B_t} w_j$ will be read as: the world w_j is B-accessible from w_i at the instant t. The notation $w_i R^{I_t} w_j$ will be read as: the world w_j is I-accessible from w_i at the instant t.

Note that I is a non-normal operator. The challenger can choose between two attacks. The second attack plays on the assertion of the defender which says that there is no other world where φ is true at t.

Structural rules

(SR-0) (Starting rule) The moves of a play are numbered. The thesis has number 0 and is asserted by **P** in an initial context and at an initial time. Moves are made alternately by **P** and **O** according to the other rules, so every move after the initial thesis is a reaction to an earlier move of the other player.

(SR-1) (Classical structural rule) In any move each player may attack any complex formula asserted by the other player, or he may defend himself against any attack, including those which have already been defended.

(SR-2) (No delaying tactics rule) No irrelevant moves that unnecessarily prolong a play are allowed.[7]

(SR-3) (Formal use of atomic formulas) **P** cannot introduce positive literals in a context w. Any positive literal must be stated by **O** first in this

---

[7] This rule could be given a more precise formulation by using Lorenz's conception of attack and defense ranks (cf. [7, pp. 40, 84-85, 98-99]), but for the purposes of this paper, when dealing with an extension of propositional logic and not with predicate logic, the rule is intuitively clear enough.

context. If **O** has stated a positive literal in a context w at an instant t, **P** can reuse this positive literal in this context at any time. Positive literals cannot be attacked.

(SR-4) (Winning rule) **X** wins a play iff it is **Y** to move and **Y** has no other move available according to the other rules. In such a case **Y** is said to have lost.

(SR-5) (Formal rule for instants)
(SR-5.1) **O** may introduce a next instant anytime the other rules let him do so. **O** may introduce a previous instant provided that if **O** has introduced an instant t' such that $t'R^T t$, then during the dialogue **O** cannot introduce another immediately preceding instant t'' such that $t''R^T t$. **P** cannot introduce an instant. He can only reuse instants already introduced by **O**.
(SR-5.2) If **O** introduces an instant t' such that $t'R^T t$ or $tR^T t'$, at the instant t' **P** can reuse t in order to respectively attack: a F operator or a P operator.

(SR-6) (Formal rule for contexts) **O** may introduce a context anytime the other rules let him do so. **P** cannot introduce a context. He can only reuse contexts already introduced by **O** at the same instant that they have been introduced.

Validity A formula is valid in a certain dialogical system if and only if there exists a (formal) winning strategy for **P** in the dialogue about this formula.

1.3 Examples

To illustrate the dialogical semantics for the basic logic L_0 we will present two examples. In the examples we always note attacks and corresponding defenses on the same line. Attacks of **P** that refer back to an earlier move by **O** are indicated by the number of the attacked move (**O**'s attacks are usually always directed against the immediately preceding move of **P**).

In all examples we just present one play, but as it is always easy to see that the losing player could not have played essentially differently, a player winning always means that there also exists a winning strategy for that player in the respective dialogue.

We give details only for the first example.

Example 1 $B\varphi \to F(I\varphi \to B\varphi)$

				O	**P**			
					$B\varphi \to F(I\varphi \to B\varphi)$	0	w_0	t
1	w_0	t	$B\varphi$		$F(I\varphi \to B\varphi)$	2	w_0	t
3	w_0	t	$?F_{t'}\ (tR^T t')$		$(I\varphi \to B\varphi)$	4	w_0	t'
5	w_0	t'	$I\varphi$		$B\varphi$	6	w_0	t'
7	w_0	t'	$?B_{w_1}\ (w_0 R^B_{t'} w_1)$		☺			

O wins.

According to the starting rule, the thesis is asserted by the Proponent in an initial context and at an initial time. It has number 0. In move 1 the Opponent attacks the implication, according to the corresponding particle rule by asserting the antecedent. The Proponent defends himself by asserting the consequence in move 2. In move 3 the Opponent attacks the operator F, according to the corresponding particle rule, by choosing an instant t' such that t' is an immediate successor of t. The Proponent defends himself in move 4 by asserting the respective formula in w at t'. In move 5 the Opponent attacks the implication. The Proponent defends himself in move 6. In move 7 the Opponent attacks the B-operator by choosing a context w_1 which is B-accessible from w_0 at t. The Proponent loses: he cannot reuse context w_1 introduced by the Opponent in the first move because this context is introduced at instant t, but he must challenge the belief operator at instant t. Neither can he attack the information operator of the fifth move because he has not at his disposition any context which is I-accessible and he is not allowed to introduce positive literals in a context himself (see **SR-3**).

Example 2

					O	**P**			
						$(\neg P\neg\varphi) \to P\varphi$	0	w_0	t
1	w_0	t	$\neg P\neg\varphi$			$P\varphi$	2	w_0	t
3	w_0	t	$?P_{t'}\ (t'R^T t)$			φ	8	w_0	t'
			⊗	1		$P\neg\varphi$	4	w_0	t
5	w_0	t	$?P_{t'}\ (t'R^T t)$			$\neg\varphi$	6	w_0	t'
7	w_0	t'	φ			⊗			

P wins

It is easy to check that given our dialogical semantics for L_0, there exists a winning strategy for **P** for each axiom and inference rule of Bonanno's axiomatics for L_0. We leave that to the reader.

2 The logic of AGM

Starting from his basic logic, Bonanno introduces six further axioms to strengthen L_0 in order to receive the system AGM. We will now have a closer look at each of those axioms, point out by which condition characterizes the respective axiom within a model-theoretic semantics based on belief revision frames, before we introduce a corresponding structural rule within our dialogical semantics.

Bonanno's aim consists in modelling how the beliefs of an individual change over time in response to factual information. Thus, his further axioms are restricted to Boolean formulas.

1. ND (No drop) $\quad (\neg B\neg\varphi \wedge B\psi) \rightarrow F(I\varphi \rightarrow B\psi)$

This axiom says that if the agent considers φ possible and believes that ψ, then at every next instant, if he is informed that φ, it will still be the case that he believes that ψ. That is, the agent does not drop any of his current factual beliefs at any next instant at which he is informed of some fact that he currently considers possible.

Within the semantics based on belief revision frames, ND is characterized by the following condition: If the information received in w_i at the instant t' does not contradict beliefs in w_i at t such that $tR^T t'$ then $B_{t'}(w_i) \subseteq B_t(w_i)$. In other words, if there is a world B-accessible in w_i at the instant t and I-accessible in w_i at t' such that $tR^T t'$, then the worlds which are B-accessible in w_i at t' are a subset of the worlds which are B-accessible in w_i at t.

$\forall w_i \in W, \forall t, t' \in T$, if $tR^T t'$ and $B_t(w_i) \cap I_{t'}(w_i) \neq \varnothing$ then $B_{t'}(w_i) \subseteq B_t(w_i)$

In dialogical terms this is captured by the following structural rule:

(SR-6.1) **P** can reuse a B-accessibility introduced by **O** in a context w_i at an instant t' in order to attack a belief operator in w_i at t with $tR^T t'$, if **O** has conceded that there is a world such that it is B-accessible in w_i at t and I-accessible in w_i at t'.

Example 3 : The dialogue for ND

				O	**P**			
					$(\neg B\neg\varphi \wedge B\psi)$ $\rightarrow F(I\varphi \rightarrow B\psi)$	0	w_0	t
1	w_0	t		$\neg B\neg\varphi \wedge B\psi$	$F(I\varphi \rightarrow B\psi)$	2	w_0	t
3	w_0	t		$?F_{t'}\ (tR^T t')$	$I\varphi \rightarrow B\psi$	4	w_0	t'
5	w_0	t'		$I\varphi$	$B\psi$	6	w_0	t'

A Dialogical Semantics for Bonanno's System of Belief Revision   325

			...		...			
7	w_0	t'	$?B_{w_1}(w_0 R^{Bt} w_1)$		ψ	20	w_1	t
9	w_0	t	$\neg B \neg \varphi$	1	$?_{\wedge 1}$	8	w_0	t
			$\otimes$		$B \neg \varphi$	10	w_0	t
11	w_0	t	$?B_{w_2}(w_0 R^{Bt} w_2)$		$\neg \varphi$	12	w_2	t
13	w_2	t	$?\varphi$		$\otimes$			
15	w_0	t	$B\psi$	1	$?_{\wedge 2}$	14	w_0	t
17	w_1	t	$w_0 R^{It} w_2$	5	φ	16	w_2	t'
19	w_1	t	ψ	15	$?B_{w_1}$	18	w_0	t

P wins.

Structural rule (SR-6.1) allows the crucial move 18.

2. **NA (No Add)** $\neg B \neg (\varphi \wedge \neg \psi) \rightarrow F(I\varphi \rightarrow \neg B\psi)$

This axiom says that if the agent considers $(\varphi \wedge \neg \psi)$ possible, then at every next instant, if he is informed that φ, it will still be the case that he does not believe that ψ. That is, if at a next instant he is informed of some fact that he currently considers possible, then he cannot add another factual belief if he considered its negation compatible with the new information before.

Within the semantics based on belief revision frames this axiom amounts to the following: If the information received in w_i at the instant t' does not contract beliefs in beliefs in w_i at t such that $tR^T t'$ then $B_{t'}(wi) \subseteq B_t(w_i)$. In other words, if a world is B-accessible in w_i at the instant t and I-accessible in w_i at t' such that $tR^T t'$, then this world is B-accessible in w_i at t'. Thus, NA is characterized by the following condition:

$$\forall w_i \in W, \forall t, t' \in T, \text{ if } tR^T t' \text{ then } B_t(w_i) \cap I_{t'}(w_i) \subseteq B_{t'}(w_i)$$

The corresponding dialogical rule is:

(SR-6.2) If **O** has conceded that a world is B-accessible in a context w_i at an instant t and I-accessible in w_i at t' such that $tR^T t'$, then **P** can reuse this world in order to attack a belief operator in w_i at t'.

Example 4 : The dialogue for NA

			O		P			
					$\neg B \neg (\varphi \wedge \neg \psi)$			
					$\rightarrow F(I\varphi \rightarrow \neg B\psi)$	0	w_0	t
1	w_0	t	$\neg B \neg (\varphi \wedge \neg \psi)$		$F(I\varphi \rightarrow \neg B\psi)$	2	w_0	t
3	w_0	t	$?F_{t'}(tR^T t')$		$I\varphi \rightarrow \neg B\psi$	4	w_0	t'
5	w_0	t'	$I\varphi$		$\neg B\psi$	6	w_0	t'
7	w_0	t'	$B\psi$		$\otimes$			
			$\otimes$	1	$B \neg (\varphi \wedge \neg \psi)$	8	w_0	t

			...		...			
9	w_0	t	$?B_{w_1}(w_0 R^{Bt} w_1)$		$\neg(\varphi \wedge \neg\psi)$	10	w_1	t
11	w_1	t	$\varphi \wedge \neg\psi$		$\otimes$			
13	w_1	t	φ		$?_{\wedge_1}$	12	w_1	t
15	w_1	t	$\neg\psi$		$?_{\wedge_2}$	14	w_1	t
17	w_1	t'	$w_0 R^{I_{t'}} w_1$	5	φ	16	w_1	t'
19	w_1	t'	ψ	7	$?B_{w_1}$	18	w_0	t'
				15	ψ	20	w_1	t

P wins.

Structural rule (SR-6.2) allows for the crucial move 18.

The logic obtained by adding ND, NA and the further axiom QA (*Qualified Acceptance*: $\neg B \neg \varphi \rightarrow F(I\varphi \rightarrow B\varphi)$) to L_0 is called L_{QBR} (logic of the Qualitative Bayes Rule). But, as we focus on the system AGM, we continue with the following axiom:

3. A (Acceptance) $\quad (I\varphi \rightarrow B\varphi)$

This axiom is a strengthening of *Qualified Acceptance*, and it says that if the agent is informed that φ, then he believes that φ (no matter whether he considered φ possible before, or not).

In terms of belief revision frames this means: The worlds which are B-accessible in w_i at the instant t are a subset of the worlds I-accessible in w_i at t. In other words if a world is B-accessible in w_i at the instant t, then this world is also I-accessible in w_i at t.

$$\forall w_i \in W, \forall t \in T, B_t(w_i) \subseteq I_t(w_i)$$

The corresponding dialogical rule is:

(SR-6.3) If **O** has conceded that a world is B-accessible in a context w_i at an instant t, then **P** can reuse this world in order to attack an information operator in w_i at t.

Example 5 : The dialogue for A

			O		**P**			
					$(I\varphi \rightarrow B\varphi)$	0	w_0	t
1	w_0	t	$I\varphi$		$B\varphi$	2	w_0	t
3	w_0	t	$?B_{w_1}(w_0 R^{Bt} w_1)$		φ	6	w_1	t
5	w_1	t	φ	1	$?I_{w_1}$	4	w_0	t

P wins.

Structural rule (SR-6.3) allows for the crucial move 4.

4. K7 $\neg F\neg(I(\varphi \wedge \psi) \wedge B\chi) \rightarrow F(I\varphi \rightarrow B((\varphi \wedge \psi) \rightarrow \chi))$

This axiom says that if there is a next instant where the agent is informed that $\varphi \wedge \psi$ and believes that χ, then at every next instant it must be the case that if the agent is informed that φ then he must believe that $(\varphi \wedge \psi) \rightarrow \chi$.

If $I_{t''}(w_i) \subseteq I_{t'}(w_i)$ with $tR^T t'$ and $tR^T t''$, then a world which is B-accessible in w_i at the instant t' is a world B-accessible in w_i at the instant t'' if and only if it is compatible with the information received in w_i at t''. In other words, if the worlds which are I-accessible in w_i at the instant t'' are a subset of the worlds which are I-accessible in w_i at t' such that $tR^T t'$ and $tR^T t''$, and if a world is B-accessible in w_i at t' and I-accessible in w_i at t'', then this world is also B-accessible in w_i at t''.

$\forall w_i \in W, \forall t, t', t'' \in T$, if $tR^T t'$, $tR^T t''$ and $I_{t''}(w_i) \subseteq I_{t'}(w_i)$,
then $I_{t''}(w_i) \cap B_{t'}(w_i) \subseteq B_{t''}(w_i)$ $B_t(w_i) \subseteq I_t(w_i)$

The corresponding dialogical structural rule is:

(SR-6.4) If **O** has conceded that the worlds which are I-accessible in a context w_i at an instant t'' are a subset of the worlds which are I-accessible in w_i at an instant t' such that $tR^T t'$ and $tR^T t''$,[8] and if **O** has conceded that a world is B-accessible in w_i at t' and I-accessible in w_i at t'', then **P** can reuse this world in order to attack a belief operator in w_i at t''.

Example 6 The dialogue for K7

			O	**P**			
				$\neg F\neg(I(\varphi \wedge \psi) \wedge B\chi) \rightarrow$ $F(I\varphi \rightarrow B((\varphi \wedge \psi) \rightarrow \chi))$	0	w_0	t
1	w_0	t	$\neg F\neg(I(\varphi \wedge \psi) \wedge B\chi)$	$F(I\varphi \rightarrow B((\varphi \wedge \psi) \rightarrow \chi))$	2	w_0	t
3	w_0	t	$?F_{t'} (tR^T t')$	$I\varphi \rightarrow B((\varphi \wedge \psi) \rightarrow \chi)$	4	w_0	t'
5	w_0	t'	$I\varphi$	$B((\varphi \wedge \psi) \rightarrow \chi)$	6	w_0	t'
7	w_0	t'	$?B_{w_1} (w_0 R^B_{t'} w_1)$	$(\varphi \wedge \psi) \rightarrow \chi$	8	w_1	t'
9	w_1	t'	$\varphi \wedge \psi$	χ	22	w_1	t'
			$\otimes$	1 $F\neg(I(\varphi \wedge \psi) \wedge B\chi)$	10	w_0	t
11	w_0	t	$?F_{t''} (tR^T t'')$	$\neg(I(\varphi \wedge \psi) \wedge B\chi)$	12	w_0	t''
13	w_0	t''	$I(\varphi \wedge \psi) \wedge B\chi$	$\otimes$			
15	w_0	t''	$I(\varphi \wedge \psi)$	$?\wedge_1$	14	w_0	t''
17	w_1	t''	$w_0 R^I_{t''} w_1$	$\varphi \wedge \psi$	16	w_1	t''
19	w_0	t''	$B\chi$	13 $?\wedge_2$	18	w_0	t''
21	w_1	t''	χ	$?B_{w_1}$	20	w_0	t''

P wins.

---

[8] For the sake of simplifying the formulation of the structural rules we make use of set-theory language though it is not really appropriate in a dialogical framework. (The same applies to rule (SR-6.5).)

We left out some trivial moves as it will obviously not help **O** to attack **P**'s conjunction in move 16 as he himself had already granted this very conjunction in the same world (move 9).

Structural rule (SR-6.4) allows for the crucial move 20.

5. K8.
$$\neg F \neg (I\varphi \wedge \neg B \neg (\varphi \wedge \psi) \wedge B(\psi \rightarrow \chi)) \rightarrow F(I(\varphi \wedge \psi) \rightarrow B\chi)$$

This axiom says that if there is a next instant where the agent is informed that φ, he considers $(\varphi \wedge \psi)$ possible and he believes that $(\psi \rightarrow \chi)$, then at every next instant, it must be the case that if the agent is informed that $(\varphi \wedge \psi)$ then he believes that χ.

What this axiom amounts to can be rephrased with respect to belief revision frames like this: If $I_{t'}(w_i) \subseteq I_{t''}(w_i)$ with $tR^T t'$ and $tR^T t''$, then a world which is B-accessible in w_i at the instant t' is a world B-accessible in w_i at the instant t'' if and only if the information received in w_i at t' is compatible with beliefs in w_i at t''. In other words, if the worlds which are I-accessible in w_i at the instant t' are a subset of the worlds which are I-accessible in w_i at the instant t'' with $tR^T t'$ and $tR^T t''$, and if there is a world such that it is B-accessible in w_i at t'' and I-accessible in w_i at t', then the worlds which are B-accessible in w_i at t' are B-accessible in w_i also at t''.

$\forall w_i \in W, \forall t, t', t'' \in T$, if $tR^T t'$, $tR^T t''$, $I_{t'}(w_i) \subseteq I_{t''}(w_i)$ and $I_{t'}(w_i) \cap B_{t''}(w_i) \neq \emptyset$, then $B_{t'}(w_i) \subseteq B_{t''}(w_i)$.

The corresponding dialogical rule is:

(SR-6.5) If **O** has conceded that the worlds which are I-accessible in a context w_i at an instant t' are a subset of the worlds which are I-accessible in w_i at an instant t'' such that $tR^T t'$ and $tR^T t''$, **P** can reuse a B-accessibility introduced by **O** in a context w_i at an instant t' in order to attack a belief operator in w_i at an instant t'' with $tR^T t'$ and $tR^T t''$, if **O** has conceded that there is a world such that it is B-accessible in w_i at t'' and I-accessible in w_i at t'.

Example 7 : The dialogue for K8

			O	P			
				$\neg F\neg(I\varphi \wedge \neg B\neg(\varphi \wedge \psi)$ $\wedge B(\psi \rightarrow \chi))$ $\rightarrow F(I(\varphi \wedge \psi) \rightarrow B\chi)$	0	w_0	t
1	w_0	t	$\neg F\neg(I\varphi \wedge \neg B\neg(\varphi \wedge \psi)$ $\wedge B(\psi \rightarrow \chi))$	$F(I(\varphi \wedge \psi) \rightarrow B\chi)$	2	w_0	t
3	w_0	t	$?F_{t'}\ (tR^T t')$	$I(\varphi \wedge \psi) \rightarrow B\chi$	4	w_0	t'
5	w_0	t'	$I(\varphi \wedge \psi)$	$B\chi$	6	w_0	t'
7	w_0	t'	$?B_{w_1}\ (w_0 R^B_{t'} w_1)$	χ	32	w_1	t'
				1 $F\neg(I\varphi \wedge \neg B\neg(\varphi \wedge \psi)$ $\wedge B(\psi \rightarrow \chi))$	8	w_0	t
			$\otimes$				
9	w_0	t	$?F_{t''}\ (tR^T t'')$	$\neg(I\varphi \wedge \neg B\neg(\varphi \wedge \psi)$ $\wedge B(\psi \rightarrow \chi))$	10	w_0	t''
11	w_0	t''	$I\varphi \wedge \neg B\neg(\varphi \wedge \psi)$ $\wedge B(\psi \rightarrow \chi)$	$\otimes$			
13	w_0	t''	$I\varphi$	$?_{\wedge 1}$	12	w_0	t''
15	w_0	t''	$\neg B\neg(\varphi \wedge \psi)$	$?_{\wedge 2}$	14	w_0	t''
			$\otimes$	$B\neg(\varphi \wedge \psi)$	16	w_0	t''
17	w_0	t''	$?B_{w_2}\ (w_0 R^B_{t''} w_2)$	$\neg(\varphi \wedge \psi)$	18	w_2	t''
19	w_2	t''	$\varphi \wedge \psi$	$\otimes$			
21	w_2	t''	$w_0 R^I_{t'} w_2$	5 $\varphi \wedge \psi$	20	w_2	t'
23	w_0	t''	$B(\psi \rightarrow \chi)$	11 $?_{\wedge 3}$	22	w_0	t''
25	w_1	t''	$\psi \rightarrow \chi$	$?B_{w_1}$	24	w_0	t''
27	w_1	t'	$\varphi \wedge \psi$	5 $?I_{w_1}$	26	w_0	t'
29	w_1	t'	ψ	$?_{\wedge 2}$	28	w_1	t'
31	w_1	t''	χ	25 ψ	30	w_1	t''

P wins.

Again, it is obvious that **O** will not be successful by attacking **P**'s conjunction in move 20. Structural rule (SR-6.5) allows for the crucial move 24.

6. WC (Weak Consistency): $(I\varphi \wedge \neg A\neg\varphi) \rightarrow (B\psi \rightarrow \neg B\neg\psi)$

This axiom says that if the agent receives consistent information, then his beliefs are consistent, in the sense that he does not simultaneously believe a formula and its negation.

If the agent receives a consistent information, then his beliefs are consistent, i.e. there is at least one world which is B-accessible. In other words, if there is at least one world which is I-accessible in w_i at the instant t, then there also is at least one world which is B-accessible in w_i at the instant t.

$$\forall w_i \in W, \forall t \in T, \text{ if } I_t(w_i) \neq \varnothing \text{ then } B_t(w_i) \neq \varnothing$$

The corresponding dialogical rule is:

(SR-6.6) If **O** has conceded that a world is I-accessible in a context w_i at an instant t, then **P** can reuse this world in order to attack a belief operator in w_i at t, unless **O** has already granted another I-accessibility in w_i at t.

Example 8 : The dialogue for WC

				O		**P**			
				$(I\varphi \wedge \neg A\neg\varphi)$ $\to (B\psi \to \neg B\neg\psi)$			0	w_0	t
1	w_0	t	$I\varphi \wedge \neg A\neg\varphi$	$B\psi \to \neg B\neg\psi$			2	w_0	t
3	w_0	t	$B\psi$	$\neg B\neg\psi$			4	w_0	t
5	w_0	t	$B\neg\psi$			$\otimes$			
7	w_0	t	$I\varphi$		1	$?_{\wedge_1}$	6	w_0	t
9	w_0	t	$\neg A\neg\varphi$		1	$?_{\wedge_2}$	8	w_0	t
			$\otimes$			$A\neg\varphi$	10	w_0	t
11	w_0	t	$?A_{w_1}$			$\neg\varphi$	12	w_1	t
13	w_1	t	φ			$\otimes$			
15	w_1	t	$w_0 R^{It} w_1$		7	φ	14	w_1	t
17	w_1	t	ψ		3	$?B_{w_1}$	16	w_0	t
19	w_1	t	$\neg\psi$		5	$?B_{w_1}$	18	w_0	t
			$\otimes$			ψ	20	w_1	t

P wins.

Structural rule (SR-6.6) allows for the crucial moves 16 and 18.

Now, we are finished with our discussion of the axioms that Bonanno adds to his basic logic in order to get AGM. L_{AGM} is obtained by adding ND, NA, A, K7, K8 and WC to L_0.

3 Validity and the modal structural rules: proofs

In section II we have already seen that the axioms of Bonanno are valid according to our dialogical semantics when appropriate further modal structural rules (SR-6.1) - (SR-6.6) are added. Now, we show that if the axioms are valid, the respective structural rules are necessary in our dialogical system. The latter, by contraposition, amounts to show that for any dialogical system where a certain modal structural rule (of our reconstruction of Bonanno) is lacking,[9] the respective axiom is not valid. In other words, in our dialogical system specific structural rules are needed in order to make the corresponding axioms of Bonanno valid. Thus, we need to show that if we don't have a certain modal structural rule, the corresponding axiom of

---

[9] When we say that a certain modal structural rule does not hold in a dialogical system (or when we use similar formulations), this always includes that there also is no other structural rule that allows for the same moves as the structural rule we are concerned with.

A Dialogical Semantics for Bonanno's System of Belief Revision 331

Bonanno is not valid anymore. We will sketch here this kind of proof using the falsifiability operator **F** introduced by [9].

In stating the formula $\mathbf{F}\varphi$ the argumentation partner **X** asserts that there are conditions such that φ can be attacked successfully. Thus, in order to challenge $\mathbf{F}\varphi$, the other argumentation partner **Y** asserts that there is no condition under which φ can be attacked successfully, that is, he asserts that fφ can be defended under any conditions. A subdialogue is opened for that purpose, in which **Y** has to defend φ while **X** is allowed to determine the conditions (the modal structural rules included) under which the subdialogue is played. If **X** wins the subdialogue he has defended his **F**-operator successfully against the attack:

Assertion	Attack	Defence
$\mathbf{F}\varphi$	?$_\mathbf{F}$	(winning the subdialogue)
	Subdialogue	Subdialogue
	φ	
	(The challenger must play formally in the subdialogue)	(The defender chooses the conditions in the subdialogue)

We will show that if there is a winning strategy for $(I\varphi \to B\varphi)$ then structural rule (SR-6.3) is necessary. Making use of the **F**-operator the thesis of **P** can be written in the following way:

$\mathbf{F}(I\varphi \to B\varphi)$ [(SR-6.3) does not apply]

The qualification in parentheses means that **P** determines that in the subdialogue modal structural rule (SR-6.3) does not hold, while he is indifferent with respect to other modal structural rules.

	I			$\mathbf{O_B}$	$\mathbf{P_N}$			
					$\mathbf{F}(I\varphi \to B\varphi)$ [(SR-6.3) does not apply]	0	w_0	t
1	w_0	t		?$_\mathbf{F}$	Subdialogue II won	2	w_0	t
	II			$\mathbf{O_N}$	$\mathbf{P_B}$			
0	w_0	t			⊗			
2	w_0	t		$B\varphi$	$I\varphi$	1	w_0	t
				☺	?B_{w_1} $(w_0 R^{B_t} w_1)$	3	w_0	t

According to the starting rule, the Proponent asserts the thesis in an initial context and at an initial time. In move 1 the Opponent attacks the **F**-operator by opening subdialogue **II**, in which he accepts to defend the formula at stake within an arbitrary dialogical system without (SR-6.3). In other words, in this subdialogue modal structural rule (SR-6.3) does not hold. Furthermore, the Opponent must now play formally because he is the challenger: the roles are switched. So the Opponent cannot introduce positive literals in a context w, introduce an instant, or introduce a context and so on, whereas the Proponent is allowed to do so in the subdialogue.[10] In move 1 of the subdialogue the Proponent attacks the implication by asserting the antecedent. The Opponent defends himself by asserting the consequent in move 2. In move 3 the Proponent attacks the B-operator by choosing a context w_1 which is B-accessible from w_0 at t. The Opponent can neither answer to this attack because he is not allowed to introduce positive literals (SR-3), nor can he attack move 1 because of this again and the fact that no I-accessible context is available (modal structural rule (SR-6.3) would provide him with such an I-accessibility, but (SR-6.3) does not hold in the subdialogue). Thus, the Opponent loses the subdialogue. So, the Proponent can successfully defend the attack against his **F**-operator in the main dialogue.

It is easy to check that it works similarly for the other rules. We leave that to the reader.

If certain modal structural rules do not hold, the corresponding axioms of Bonanno are no longer valid. In other words, if the axioms are valid then the modal structural rules of our dialogical system are necessary.

4 Concluding remarks

We have presented our dialogical reconstruction of Bonanno's system for belief revision. First, we have presented a dialogical semantics for his basic logic, and then we have formulated corresponding dialogical structural rules that have to be added to our dialogical semantics for L0 in order to obtain a dialogical semantics also for LAGM. Lastly, we have presented a sketch of proof for the structural rules.

For future work we have several aims. First, we would like to point out that Bonnano's work as well as our own in this article is based on a propositional language. It will be interesting to study how to generalize this approach to a language that is an extension of first-order predicate logic, thus also taking into account quantifiers.

---

[10] In our notation, we use the subscript "N" to mark the player who has to play formally and the subscript "B" for the other player.

Furthermore, in future research we would like to focus more on inconsistent information. Although Bonanno's system allows for inconsistent information, it does not say much about what happens to the set of beliefs of the agent in such a case. It is only required that the agent believes new information, but apart from some general constraints it is not determined whether it is more rational to maintain certain of ones old beliefs or others when faced with new information that is incompatible with the previous set of beliefs as a whole. So the question is: how does a rational agent exactly react when confronted with inconsistent information? Bonanno does not answer this question. Our aim will be to study more closely cases which involve inconsistent information in our dialogical system and capture the resulting dynamics.

Finally, we would like to enrich Bonanno's system by converting it into a multi-agent system. In such a system it would become possible to study the change of beliefs due to interactions between various agents. Agents could give wrong information to others and so on. Our aim will be to introduce parameters that allow the agents to identify information that might be wrong, like the credibility attached to an agent and the information that he passes on. This will be the subject of an ambitious future research project.

Acknowledgements
We would like to thank two anonymous referees for very helpful comments.

BIBLIOGRAPHY

[1] Alchourrón, C.E., Gärdenfors, P., & Makinson, D.: On the logic of theory change partial meet contraction and revision functions, *Journal of Symbolic logic*, 50, 1985, pp. 510-530.

[2] Bonanno, G.: Belief revision in a temporal framework, *Proceedings of the 7th conference on Logic and the Foundations of Game and Decision Theory*, University of Liverpool, 2006, pp. 43-50.

[3] Bonanno, G.: Axiomatic Characterization of the AGM Theory of Belief Revision in a Temporal Logic, *Artificial Intelligence*, 171 (2-3), 2007, pp. 144-160.

[4] Bonanno, G.: A Sound and Complete Temporal Logic for Belief Revision, *Dialogues, Logics and other Strange Things. Essays in Honour of Shahid Rahman*, edited by C. Dégremont, L. Keiff & H. Rückert, College Publications, London, 2008.

[5] Fontaine, M. & Redmond, J.: *Logique dialogique: une introduction – Première partie: Méthode de dialogique: Règles et Exercices*, coll. Cahiers de logique et Epistémologie, Vol. 5, edited by D. Gabbay & S. Rahman, College Publications, London.

[6] Levesque, H.: All I know: A Study in Autoepistemic Logic, *Artificial Intelligence*, 42 (2-3), 1990, pp. 263-309.

[7] Lorenz, K.: Dialogspiele als semantische Grundlage von Logikkalkülen, *Archiv für mathematische Logik und Grundlagenforschung*, 11, 1967, pp. 32-55, 73-100.

[8] Lorenz, K. & Lorenzen, P.: *Dialogische Logik*, Darmstadt, Wissenschaftliche Buchgesellschaft, 1978.

[9] Rahman, S.: *Die Logik der zusammenhängenden Behauptungen im frühen Werk von Hugh MacColl.* (Habilschrift), Universität Saarbrücken, 1997.
[10] Rahman, S.: Abduction, Belief-Revision and Non-Normality, Contribution to the International Meeting "Abduction and the Process of Scientific Discovery", Lisbon, Museu de Ciência da Universidade de Lisboa, 4-6 May 2006 (forthcoming).
[11] Rahman, S. & Keiff, L.: On How to be a Dialogician, *in* Vanderveken, D. (ed.): *Logic Thought and Action*, Springer Verlag, Dordrecht, 2005, pp. 359-408.
[12] Rückert, H.: Why Dialogical Logic?, *in* Wansing H. (ed.): *Essays on Non-Classical Logic* (Advances in Logic - Vol. 1), World Scientific, Singapore, 2001, pp. 165-185.
[13] Segerberg, K.: Belief Revision From the Point of View of Doxastic Logic, *Bulletin of the Interest Group in Pure and Applied Logics*, Vol. 3, 1995, pp. 535-553.

Virginie Fiutek
Université Lille 3
fiutek.virginie@gmail.com

Helge Rückert
Universität Mannheim
rueckert@rumms.uni-mannheim.de

Shahid Rahman
Université Lille 3
shahid.rahman@univ-lille3.fr

Some Remarks on Relations between Proofs and Games

DIDIER GALMICHE, DOMINIQUE LARCHEY-WENDLING
& JOSEPH VIDAL-ROSSET

This paper aims at studying relations between proof systems and games in a given logic and at analyzing what can be the interest and limits of a game formulation as an alternative semantic framework for modeling proof search and also for understanding relations between logics. In this perspective, we firstly study proofs and games at an abstract level which is neither related to a particular logic nor adopts a specific focus on their relations. Then, in order to instantiate such an analysis, we describe a dialogue game for intuitionistic logic and emphasize the adequateness between proofs and winning strategies in this game. Finally, we consider how games can be seen to provide an alternative formulation for proof search and we stress on the possible mix of logical rules and search strategies inside games rules. We conclude on the merits and limits of the game semantics as a tool for studying logics, validity in these logics and some relations between them.

1 Proofs and Games

In this section, we present a common terminology to present both proof systems and games at a relatively abstract level. Our aim consists in obtaining tools on which bridges can be built between the proof-theoretical approach and the game semantics approach in establishing the (universal) validity of logical formulæ. We explain how proofs and games can be viewed as complementary notions. We illustrate how proof trees in calculi correspond to winning strategies in games and vice-versa.

1.1 Rule instances in deduction systems

We start with the definition of deduction system: it is composed of a set of *statements* denoted stm and a set of *(rule) instances* denoted inst. The notion of statement is basic and depends on the particular deduction system which is currently considered. It intuitively represents objects that can either be valid or invalid. An instance is a pair $([p_1,\ldots,p_n],c)$ in stm* × stm composed of a finite list $[p_1,\ldots,p_n]$ of *premises* and a *conclusion* c. Both

$p_1, \ldots, p_n$ and c are statements. An instance is usually denoted:

$$\frac{p_1 \quad \cdots \quad p_n}{c}$$

In case $n = 0$, i.e., when the list of premises is empty, the instance is called an *axiom*. Remark that inst is not the set of all instances but only a selection of some instances. This set is usually described by *logical rules* which generate instances by substitution of their parameters (see below). Let us illustrate these points through examples.

Examples of deduction systems

Hilbert type systems for classical logic. In this case, statements are just formulæ and stm is the set of formulæ of classical propositional logic. The set of instances is composed of axioms like for example $([\,], (A \wedge B) \supset A)$ (for any formulæ A and B) and the instances of the *modus ponens rule* $([A, A \supset B], B)$ (for any formulæ A and B) denoted by:

$$\frac{}{(A \wedge B) \supset A} \langle \mathrm{Ax}_1 \rangle \qquad \frac{A \quad A \supset B}{B} \langle \mathrm{MP} \rangle$$

The axiom $\langle \mathrm{Ax}_1 \rangle$ has two parameters (A and B) and we denote by $\langle \mathrm{Ax}_1 \rangle(A, B)$ the instance displayed. For rule $\langle \mathrm{MP} \rangle$, the parameters are A and B and the instance displayed is denoted $\langle \mathrm{MP} \rangle(A, B)$. We might omit the value of parameters when they are obvious.

Gentzen sequent calculus for intuitionistic logic. The statements are sequents of the form $A_1, \ldots, A_k \vdash B$, where $A_1, \ldots, A_k, B$ are formulæ of intuitionistic logic. $A_1, \ldots, A_k \vdash B$ denotes a pair composed of a *multiset of hypotheses* $A_1, \ldots, A_k$ and a *conclusion* B.[1] In the case of the sequent calculus, instances look like

$$\frac{\Gamma, A \vdash C \quad \Gamma, B \vdash C}{\Gamma, A \vee B \vdash C} \langle \vee_L \rangle \qquad \frac{\Gamma \vdash A}{\Gamma \vdash A \vee B} \langle \vee_{R1} \rangle \qquad \frac{\Gamma \vdash B}{\Gamma \vdash A \vee B} \langle \vee_{R2} \rangle$$

$$\frac{\Gamma, A \supset B \vdash A \quad \Gamma, B \vdash C}{\Gamma, A \supset B \vdash C} \langle \supset_L \rangle \qquad \frac{\Gamma, A \vdash B}{\Gamma \vdash A \supset B} \langle \supset_R \rangle$$

where Γ is an arbitrary multiset of formulæ and A, B, C are arbitrary formulæ. These instances are denoted $\langle \vee_L \rangle(\Gamma, A, B, C)$, $\langle \vee_{R1} \rangle(\Gamma, A, B)$, $\langle \vee_{R2} \rangle(\Gamma, A, B)$, $\langle \supset_L \rangle(\Gamma, A, B, C)$ and $\langle \supset_R \rangle(\Gamma, A, B)$ respectively.

---

[1] Note that in this case, the term conclusion is used both as a qualifier for formulæ and for sequents/statements. It is up to the reader to distinguish those two notions depending on the context.

Validity, derivability and proofs

A *validity* $V \in \mathbb{P}(\mathsf{stm})$ is the set of statements which are supposed to be valid. Statements which do not belong to V are considered as invalid. The validity V is said to be *closed w.r.t. an instance* $([p_1,\ldots,p_n],c)$ if $p_1,\ldots,p_n \subseteq V$ implies $c \in V$. In other words, the conclusion must be valid when the premises are. Usually, validities are defined through semantic means, i.e., by interpreting statements as semantical objects in some mathematical universe.

Any deduction system generates a particular validity called *derivability* which is the least validity closed under all the instances in the set inst. It is possible to provide an extensional definition of the notion of derivability through the notion of proof. A *proof tree* is a finite ordered tree labeled with statements such that for any node labeled by c, with a list of sons labeled by $p_1,\ldots,p_n$ respectively, the inclusion $([p_1,\ldots,p_n],c) \in \mathsf{inst}$ holds. Thus a proof tree is build by composing instances, starting from axioms such as the following tree for Gentzen sequent systems:

$$\frac{\dfrac{}{A, A \supset B \vdash A}\mathrm{Ax} \quad \dfrac{}{A, B \vdash B}\mathrm{Ax}}{A, A \supset B \vdash B}\supset_L$$

When c appears as the label of the root node of a proof tree T, we say that T is a *proof of c*. The notion of proof characterizes the notion of derivability because it can be shown that the statements which are derivable are exactly those which have a proof. Thus exhibiting a proof is a necessary and sufficient condition to establish derivability and the notions of derivability and provability are one and the same.

The notion of *underivability*, i.e., the opposite of derivability, can also be defined extensively through the concept of *refutation*. A refutation tree is also a tree labeled with statements but contrary to proof trees, they can be infinite both in width or depth. The condition is that for each node labeled with c in the refutation tree, there is a one to one correspondence between the sons of c and those instances in inst which have c as conclusion and that each son is labeled with one of the premises of its corresponding instance (see [17] for more detailed presentation).

1.2 Games and strategies

Now let us define the notion of *game* within this setting. A game has two players: the proponent P and the opponent O. Intuitively, the proponent P tries to *prove* (aka *defend* in game terminology) statements and O tries to *refute* (aka *attack*) the application of rule instances.

Each step of the game is a play by either P or O: first, the player *receives* the previous move, then he makes some *choice* (maybe according to a predefined strategy, see later), and finally *moves* by transmitting its choice to the other player. P plays instances in inst whereas O plays statements in stm.

Formally, a game is a strictly alternating sequence of plays by P and O which is non-empty, either finite or infinite, of the form:

$$O \to c_0 \to P \to i_1 \to O \to p_1 \to \ldots \to p_{k-1} \to P \to i_k \to O \to p_k \to \ldots$$

and which verifies the following rules:

1. the first move is by O which transmits a statement $c_0 \in$ stm to P;

2. when P receives a move $c \in$ stm from O, he choose an instance $i \in$ inst for which c is the conclusion, i.e., i must be of the form $([\ldots], c)$, and plays i;

3. when O receives a move $i \in$ inst for P, he choose a statement $p \in$ stm which is one of the premises of i, i.e., i must be of the form $([\ldots, p, \ldots], \ldots)$, and plays p.

A *game for the statement* c is a game where the first move (played by O) is the statement c. A *P-game* is a (finite) game where the last move is played by P and an *O-game* is a (finite) game where the last move is played by O. An ∞-*game* is an infinite game. So each game is either a P-game, an O-game or an ∞-game and these three cases are mutually exclusive.

A *game is finished* if it cannot be extended anymore, i.e., either it is an ∞-game or when it is finite, the last player's move made it impossible for the other player to move further.

A *game is won by* P when it is a finished P-game. Thus it is a finite game and O cannot move anymore because the game cannot be extended. This happens when and only when the last move of P is an axiom. A game won by P is also called a *winning* P-*game*. Here is an example of winning P-game in the Gentzen system for intuitionistic logic:

$$O \to A, A \supset B \vdash B \to P \to \langle \supset_L \rangle \to O \to A, B \vdash B \to P \to \langle Ax \rangle \to O$$

A *game is won by* O when it is finished and not won by P, i.e., either it is an ∞-game or it is an O-game where P cannot move further, i.e., O played a statement which the conclusion of no instance in inst. A game won by O is also called a *winning* O-*game*.

Supposing that X and Y are distinct logical variables, here is a finite winning O-game:

$$O \to X \vdash X \vee Y \to P \to \langle \vee_{R2} \rangle \to O \to X \vdash Y \to P$$

and an infinite winning O-game:

$$O \to X \supset Y \vdash X \to P \to \langle \supset_L \rangle \to O \to X \supset Y \vdash X \to P \to \cdots \texttt{cycle}$$

A *strategy for* P is a procedure that tells P how to move when it is up to him to play, but not necessarily in all circumstances. Thus a strategy can be defined as a partial function from O-games to inst. And a *strategy for* O is a partial function from P-games to stm.

A *game is played according to a strategy* φ *for* P if every move of P is determined by the strategy: for every partial game (i.e., prefix of the alternating list of plays) of the game of the form

$$O \to c_0 \to P \to i_1 \to O \to p_1 \to \ldots \to p_{k-1} \to P \to i_k \to O$$

we have

$$\varphi(O \to c_0 \to P \to i_1 \to O \to p_1 \to \ldots \to p_{k-1} \to P) = i_k$$

When a strategy determines the behavior of P, bifurcations might still occur depending on the behavior of O. A strategy for P can be represented by a tree where branches represent the games played according to the strategy (see Figure 1 for an example).

A strategy φ is a *winning strategy for* P *on* c if φ is a strategy for P such that every finished game for c played according to φ is won by P. In other words, whatever O does, every game for c in which the behavior of P is determined by φ must stop on a move from P which prevents any further move from O.

It is also possible to define *winning strategies for* O *on* c as determinations of the behavior of O that either lead to finished O-games (where P cannot move further) or develop ∞-games where P and O play indefinitely.

1.3 Proofs vs. Games

The key result that relates proofs and games is the following:

> There is a winning strategy for P on c if and only if c has a proof.

The demonstration is done by showing how proofs and strategies correspond to each other.[2] We do not give the details here but illustrate this result with an example.

---

[2] Dually, it is possible to show that there is a winning strategy for O on c if and only if c has a refutation, see [17].

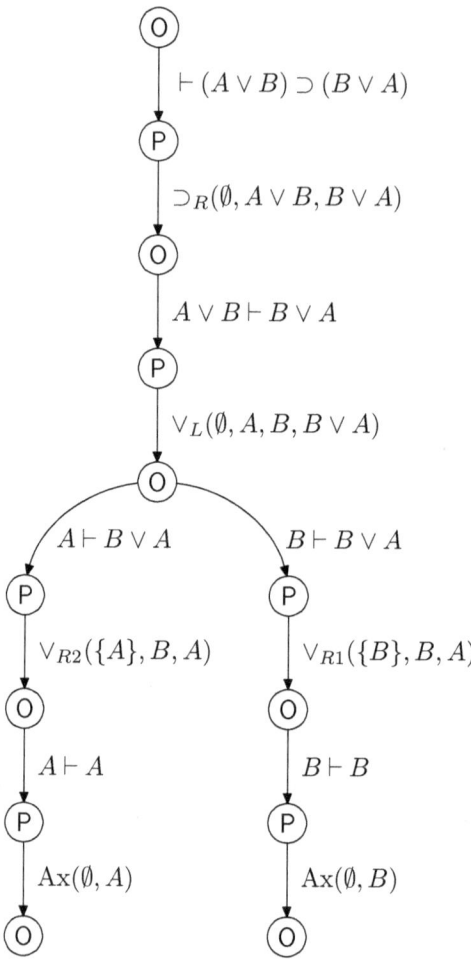

Figure 1. A winning strategy for P on the sequent $\vdash (A \vee B) \supset (B \vee A)$.

In Figure 1, we consider the sequent $\vdash (A \vee B) \supset (B \vee A)$ and we display a winning strategy for P on this input. The strategy g is a tree composed of two branches with a bifurcation. It is winning for the sequent $\vdash (A \vee B) \supset (B \vee A)$ because the two outcomes are winning for P and no other sequence of moves by O could have lead to another outcome.

If we compare the strategy with the following Gentzen proof of the same sequent, the correspondence between the proof branches and the branches of the strategy tree is obvious, considering that the proof tree is upside-down compared to the strategy tree:

$$\cfrac{\cfrac{\cfrac{\overline{A \vdash A}\,\text{Ax}}{A \vdash B \vee A}\,\vee_{R2} \quad \cfrac{\overline{B \vdash B}\,\text{Ax}}{B \vdash B \vee A}\,\vee_{R1}}{\cfrac{A \vee B \vdash B \vee A}{\vdash (A \vee B) \supset (B \vee A)}\,\supset_R}\,\vee_L}$$

1.4 From IL deduction systems to Game rules

Now let us concentrate on the games generated by the Gentzen system for intuitionistic logic. Let us consider the two rules for the intuitionistic implication $\supset$:

$$\cfrac{\Gamma, A \supset B \vdash A \quad \Gamma, B \vdash C}{\Gamma, A \supset B \vdash C}\,\langle \supset_L \rangle \qquad \cfrac{\Gamma, A \vdash B}{\Gamma \vdash A \supset B}\,\langle \supset_R \rangle$$

If we focus on rule $\langle \supset_R \rangle$, it has three parameters: Γ, A and B and the rule generates a set of instances that have two premises when these parameters are substituted with values. Rules represent sets of instances of a particular shape.

Now if we interpret the rule $\langle \supset_L \rangle$ in terms of choices of moves for either P or O, it corresponds to the following sequence in the game:

- if P receives the sequent $\Gamma, A \supset B \vdash C$ and chooses to play the move $\langle \supset_L \rangle (\Gamma, A, B, C)$ (aka attack $A \supset B$ in game terminology);
- then O can either play $\Gamma, A \supset B \vdash A$ (aka attack A) or play $\Gamma, B \vdash C$ (aka grant B and attack C).

For rule $\langle \supset_R \rangle$, we obtain:

- if P receives the sequent $\Gamma \vdash A \supset B$ and chooses to play the move $\langle \supset_R \rangle (\Gamma, A, B)$ (aka defend $A \supset B$);
- then O must play $\Gamma, A \vdash B$ (aka grant A and attack B).

At this step we aim at focusing on the development of game rules from proof systems in intuitionistic logic. In this perspective, the next section is devoted to particular games, called *dialogue games*, introduced by Lorenzen [19]. Here we consider such games for intuitionistic logic through a recent formulation by Fermüller et al [11]. Let us mention that similar work has been done for intermediate logics, like Gödel-Dummett logics, fuzzy logics and multi-valued logics [9; 11; 5; 10].

2 Dialogue Games

Logical dialogue games have many forms and versions nowadays. The main formulations are the one in Blass-Abramsky style [1; 4] in which logical connectives are game combinators, and the one in Lorenzen style that is based on idealized confrontational dialogues. They all refer in different ways to Lorenzen's idea to identify the logical validity of a formula A with the existence of a winning strategy for a proponent P in a idealized dialogue in which P tries to show A against systematic doubts by an opponent O [19]. This idea was first rigorously developed in order to provide an alternative characterization of intuitionistic logic in [7]. Here we aim at presenting a version of dialogue games, provided by Fermüller in [9; 11], that is well suited for showing the relationship between such games and Gentzen systems and that is equivalent to other versions of dialogue games for intuitionistic logic.

Here an atomic formula (atom) is either a propositional formula or $\bot$ (falsum). Compound formulæ are built from atoms using the connectives $\wedge, \vee, \supset$; $\neg A$ abbreviates $A \supset \bot$. Moreover the signs $?$, $?_{Left} ?_{Right}$ can be stated by players P and O as shown below.

Dialogues games are characterized by two kinds of rules: logical ones and structural ones. The *logical dialogue rules* define how to attack a compound formula and how to defend against such an attack. They are summarized in the following table:

X:	attack from Y	defense of X
$A \wedge B$	$?_{Left}$ or $?_{Right}$ (Y chooses)	A or B according the choice of Y
$A \vee B$	$?$	A or B (X chooses)
$A \supset B$	A	B
$\neg A$	A	No defense

Note that X and Y can be each one either P or O, according to the state of game. Then both players may launch attacks and defend against attacks during the course of a dialogue.

In this context a *dialogue* is a sequence of *moves* which are either attacking or defending statements following the logical rules. Each dialogue refers to a finite multiset of formulæ that are *initially granted* by O and to an initial formula to be defended by P. Moves can be seen as state transitions. In any state of the dialogue the formulæ initially granted or stated by O are called *granted formulæ* at this state. The last formula stated by P and that either already has been attacked or must be attacked in O's next move is called *active formula*. Then in each state of the dialogue we can associate a so-called *dialogue sequent* $\Pi \vdash A$ where Π denotes the granted formulæ and A the active formula.

The *structural dialogue rules* regulate the succession of moves. A number of different systems of structural rules have been proposed and analyzed in [8; 16]. Here these rules are the following:

- **Start:** O starts by attacking P's initial formula;
- **Alternate:** moves strictly alternate between players O and P;
- **Atom:** atomic formulas (including $\bot$) can neither by attacked or defended by P;
- **E-rule:** each move of O reacts directly to the immediately preceding move by P. It means that if P attacks a granted formula the O's next move either defends this formula or attacks the formula used by P to launch this attack. If P's last move was a defending one then O has to attack immediately the formula stated by P in that defense move.

Quite a number of different systems of structural rules have been proposed for dialogue games in the literature (see [16] for more details). To complete this presentation we give the *winning conditions* (for P):

- **W:** O has attacked a formula that has already been granted, either initially or in an alter move, by O;
- **W$\bot$:** O has granted $\bot$.

A *dialogue tree* dt for $\Pi \vdash C$ is a rooted directed tree with nodes labelled with dialogue sequents and edges corresponding to moves, such that each branch of dt is a dialogue with initially granted formula Π and initial formula C. Then the nodes of such trees correspond to states of a dialogue. We have two kinds of nodes, namely P-nodes and O-nodes, depending if it is P's or O's turn to move at the corresponding state.

A finite dialogue tree is a *winning strategy* (for the player P) if the following conditions hold:

1. Every P-node has at most one successor O-node.
2. All leaf nodes are P-nodes in which the winning conditions for P are fullfiled.
3. Every O-node has a successor node for each move by O that is a permissible continuation of the dialogue at this stage.

In this context a dialogue game can be viewed as a state transition system where moves in the dialogue correspond to transitions between O-nodes and

P-nodes. A dialogue then is a possible trace in the system and a winning strategy can be obtained by a systematic "unraveling" of all possible traces. More details are given in [11].

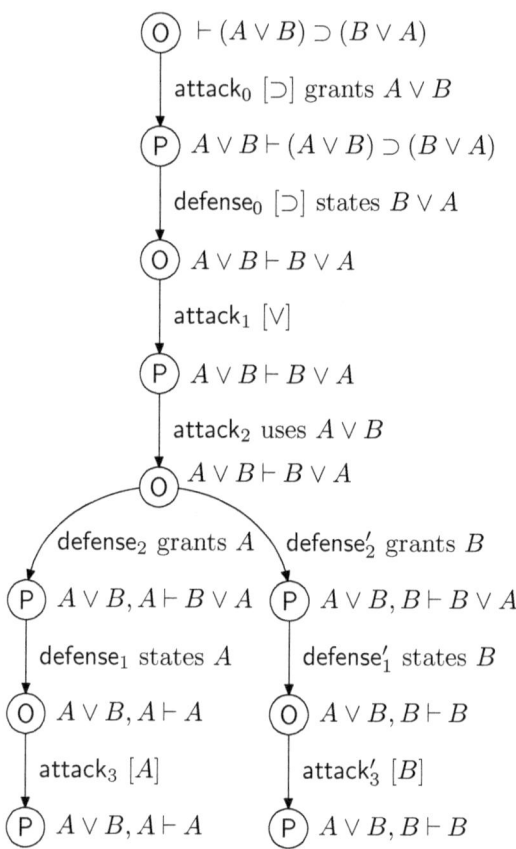

Figure 2. A winning strategy for P in Fermüller's dialogue games.

Let us illustrate in Figure 2 the dialogue games defined by Fermüller on the example of the intuitionistic formula $(A \vee B) \supset (B \vee A)$. The figure displays a winning strategy for P which ends on the winning condition that O attacks a formula he has already granted (attack_3 and attack'_3).

Having defined such dialogue games for intuitionistic logic, a key step consists in proving their adequateness, namely their soundness and completeness. Such a proof is given by showing that winning strategies can be transformed into proofs in a sequent calculus for intuitionistic logic, and vice-versa. All details about these dialogue games and its adequateness proof can be found in [9; 11].

In the next section we aim at studying the real interest of dialogue games for proof search. We have illustrated, through the above dialogue games for intuitionistic logic, the connections between sequent proofs and winning strategies. Many works have been devoted to proof search in intuitionistic logic following different formalisms like standard calculus [6] or sequent calculus with labels [2] or constraints [24] with a focus on the capture of semantics or algorithmic properties, like termination or non-duplication of formulæ [13; 18]. In front of such works and results the real interest and positive impact of dialogue games for proof search in intuitionistic logic cannot be claimed and merit more studies.

3 Dialogue Games and Proof Search

Dialogue games seem to be another way to mimic what happens in some sequent calculi but it is not clear that this formalism is an appropriate formalism in the perspective of improvements in proof search procedures. It is the case in intuitionistic logic but what about other logics?

A parallel version of dialogue games for intuitionistic logic has been shown to be adequate for a number of intermediate logics [9]. In this case the soundness and completeness proofs are based on the relations between so-called hypersequent proofs and winning strategies for parallel dialogue games. Hypersequent calculi have been proposed as a flexible type of proof system for many logics. However, the relation between hypersequent proofs and the semantics of the logics is much less clear than in the case of classical and intuitionistic sequents. The hypersequent calculi formulated for intermediate logics like Gödel-Dummett logics (LC) do not directly relate to a semantic foundation of these logics.

In this context, hypersequents have a strong relation to dialogue games that constitute an alternative to standard semantics. Then the proposal of parallel dialogue games appears as semantic foundations for proof search. It allows to understand the claim that LC is related to parallel programs but mainly to study relations between different intermediate logics through game rules. It could be seen also a tool for studying models of parallel proof search but also as a formalism for modeling proof search and to directly represent important proof search strategies.

It appears that logical rules and strategies can be mixed in game rules. It could limit some choices in the proof search process, simplify this one but with an underlying problem that is: what about the adequateness with logical rules in sequent formalisms?

In order to illustrate this point of mixing rules and strategies into game rules we come back to intuitionistic logic and consider a related work on dialogue games which has been developed during these last years by Rahman and his school for a lot of systems of formal logic [21; 22].[3]

Here we stress on four specific rules in this intuitionistic dialogue:

(a) **Atoms**: every player can assert atomic formulæ, but P cannot assume the atomic formula q if q has not before been conceded by O.

(b) **Elimination of negation**: if one player X asserts $\neg\varphi$, the attack of the other player Y must be φ.

(c) **Intuitionistic Round Closure Rule**: whenever player X is to play, he can attack any move of Y in so far as the other rules let him do so, or defend against *the last attack* of Y (the attack in the game with the highest rank), provided he has not already defended against it. A player may postpone a defense as long as there are attacks he can put forth.

(d) **Intuitionistic No-Delaying-Tactics Rule**: if O has introduced an atomic formula which can be now used by P, then P may perform a repetition of an attack. No other type of repetition is allowed [15].

The rule (a) is in relation to the intuitionistic sequent calculus where the right part of the sequent must be a single formula and not a disjunction of formulæ. That is why if atomic formulæ cannot be attacked, they *are used* as attacks by O. For example if the previous P's formula is the sequent $p \vdash q$, then O attacks by playing *via* the atom p and the attack is $\vdash p$.

Two comments on the rule (b): suppose that $\varphi = p$ (that φ is atomic) and that O asserts $\neg p$, then P cannot attack $\neg p$ if O has not conceded p before. Moreover this rule on negation corresponds to the intuitionistically admissible rule $\dfrac{\Gamma \vdash \neg A}{\Gamma, A \vdash}$

The structural rule (c) must be put in contrast with the *Classical Round Closure Rule*: whenever player X is to play, he can attack any move of Y in so far as the other rules let him do so, or defend against any attack of Y (even the ones against which he has already defended). In other terms, players can play again earlier defenses (which makes sense when another move is available). Of course this rule is not compatible with the "intuitionistic closure round rule" [15].

---

[3] Thanks a lot to Shahid Rahman whose correspondence was a great encouragement for this inquiry.

The sequent calculus can both express and justify the previous dialogical rules. The rules (c) and (d) are based on the specific feature of intuitionistic logic which contains non-invertible rules. Let us recall that an inference rule is called "invertible", if the validity of the conclusion of the rule implies the validity of all the premises of the rule. The difference between invertible rules and non-invertible rules is crucial for proof search [17] and influences the intuitionistic search of proof. To show it, we are going to give two examples.

Intuitionistic dialogue game for the Law of Excluded Middle (LEM)[4]

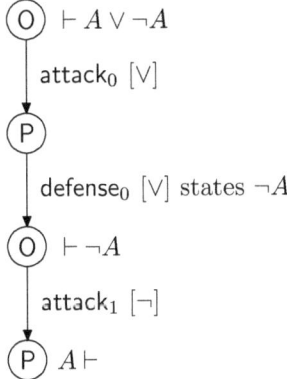

The previous dialogue game proves that the LEM is not intuitionistically valid. It can be understood as a picture of the following failed search for a proof in LJ sequent calculus for intuitionistic logic, read from the bottom to the top:

$$\cfrac{\cfrac{A \vdash}{\vdash \neg A} \neg r}{\vdash A \vee \neg A} \vee_r^r$$

But the proof search in LJ could also give the following failed proof attempt:

$$\cfrac{\cfrac{\neg A \vdash}{\vdash A} \neg l}{\vdash A \vee \neg A} \vee_r^l$$

---

[4] Compare with [9], section 4. The tableau should be read like that: at the top of the player X there is the formula that he receives; his action on the formula is explained in the box and can be seen on the right of the arrow below. At the top of Y there is that attack or defense, received by Y and to which he replies, and so on.

The replacement the *Intuitionistic Closure Rule Round* by the *Classical* one would allow the revision of the defense of P and then the dialogue game would prove the LEM:

$$\text{O} \quad \vdash A \lor \neg A$$
$$\downarrow \text{attack}_0 \; [\lor]$$
$$\text{P}$$
$$\downarrow \text{defense}_0 \; [\lor] \text{ states } \neg A$$
$$\text{O} \quad \vdash \neg A, A \lor \neg A$$
$$\downarrow \text{attack}_1 \; [\neg] \text{ grants } A$$
$$\text{P} \quad A \vdash A \lor \neg A$$
$$\downarrow \text{revision of defense}_0 \; [\lor] \text{ states } A$$
$$\text{O} \quad A \vdash A, A \lor \neg A$$

Notice that $\vdash A \lor \neg A$ is proved in three lines only in the LK sequent calculus for classical logic:

$$\dfrac{\dfrac{\dfrac{}{A \vdash A} \text{Ax}}{\vdash A, \neg A} \neg_r}{\vdash A \lor \neg A} \lor_r$$

The key point to explain the difference between the LK proof of the validity of the LEM in classical logic and the disproof of its validity in intuitionistic logic lies in the fact that the LK rule

$$\dfrac{\Gamma \vdash A, B, \Delta}{\Gamma \vdash A \lor B, \Delta} \; \langle \lor_r \rangle$$

is invertible, while the LJ rules

$$\dfrac{\Gamma \vdash A}{\Gamma \vdash A \lor B} \; \langle \lor_r^l \rangle \quad \text{and} \quad \dfrac{\Gamma \vdash B}{\Gamma \vdash A \lor B} \; \langle \lor_r^r \rangle$$

are not invertible; and that crucial difference between LK (for classical logic) and LJ (for intuitionistic logic) explains that the derivation of the LEM as well as the elimination of the double negation are possible in LK, but not in LJ. That point is translated in dialogue games à la Rahman, by the difference of two structural rules. We are going to conclude this section by an example slightly more difficult, but more interesting.

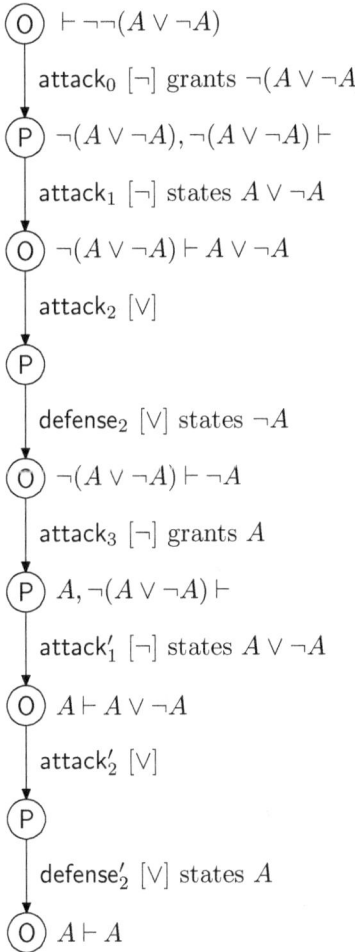

Figure 3. Dialogue games as proof of $\neg\neg(A \vee \neg A)$.

The dialogue game of Figure 3 proves that the double negation of the LEM is intuitionistically valid. It is the mirror image of the following derivation in LJ, read from the top to the bottom:

$$\cfrac{\cfrac{\cfrac{\cfrac{\cfrac{\cfrac{\cfrac{\overline{A \vdash A}\,\text{Ax}}{A \vdash A \vee \neg A}\,\vee_r^l}{\neg(A \vee \neg A), A \vdash}\,\neg_l}{\neg(A \vee \neg A) \vdash \neg A}\,\neg_r}{\neg(A \vee \neg A) \vdash A \vee \neg A}\,\vee_r^r}{\neg(A \vee \neg A), \neg(A \vee \neg A) \vdash}\,\neg_l}{\neg(A \vee \neg A) \vdash}\,\text{contraction}_l}{\vdash \neg\neg(A \vee \neg A)}\,\neg_r$$

The interest of the previous proof is to shed light on the last structural rule of the dialogue game, which allows the repetition of attack if an atomic formula has been conceded by O. When that proof is read from the bottom to the top, one sees that the repetition of the attack can be made at the penultimate step, just before the Axiom which replies on the attack on the disjunction of the consequent (and which of course does not appear in the sequent calculus style). Notice that the Weakening (resp. the Contraction) rule of the sequent calculus is the rule thanks to which the first attack of P is possible. Contraction and Weakening are the structural rules allowing the duplication or the omission of the hypothesis in the search proof. The fallacious impression that the last structural rule of the intuitionistic dialogue game is maybe *ad hoc*,[5] disappears when one understands that this structural dialogical rule is closely related with Weakening and Contraction which concern the "management of resources" inside the search of proofs in sequent calculus [17; 12].

4 Concluding Remarks

The relation between dialogue games and sequent calculus shows how some strategies of proof are already contained in logical rules and structural rules. It shows also that if dialogue games may appear easier to learn and to use, that method of logic is not deeply different from other methods like tableaux methods or sequent calculi. The game semantics in deduction systems does not escape to the logico-mathematical necessity. The trip in the dialogical

---

[5] Because it make possible the proof of the intuitionistic validity of every formula like $\neg\neg(A \vee \neg B)$, i.e., every formula belonging to the famous Gödel-Gentzen translation phenomena.

games is like a linguistic journey to a country where similar laws exist as elsewhere, but expressed differently.

From this perspective the term "dialogical logic" can be seen as an ambiguous or misleading expression.[6] The impressive work of Rahman and his school shows that in fact the dialogue games are like a general method of logic allowing to translate a number of different systems of logic. But one must draw a distinction between the ways of expressing rules and calculi, and the logical systems themselves. Strictly speaking there is no "dialogical logic", but there are different dialogue games according different logical systems in different logics. In some cases, dialogue games is a formalism to study relations between some logics and can appear as a semantic framework to study logics.

Another false impression, more seriously flawed, could have its cause in the ease with which it is possible in the dialogue, of thinking the intuitionistic validity test as a first step before the classical proof, inside a unified dialogical logic [12]. This elegant feature of the dialogical method might be a trap for a philosopher who could imagine that one gets, via the dialogue games, a unified logical theory apt to prove both the theorems of intuitionistic logic and the theorems of classical logic:

> *The semantics stays the same, only the rules change. The relationship between logical systems become more transparent (see [14] p. 260).*

Unfortunately, a too strong enthusiasm for dialogue games can lead to forgetting of what semantics really is, from a logical point of view. The semantics changes with the change of structural rules, and the relations between logical systems become more transparent only if one keeps in mind what the reasons of the rules are and which rules can be changed in order to change of system of deduction. For example, dialogue games do not change the fact that the semantics of intuitionistic logic and the semantics of the classical logic are different, both in the philosophical sense and in the algebraic sense of the word: if one deals with the latter sense of "semantics", in classical logic we adopt an algebra of truth functions over the set of two truth values, and that is not true for the intuitionistic logic. [7] last, from the "philosophical" sense of semantics, one cannot forget that the classical logic gives up the constructivist meaning that the intuitionistic school assigns to

---

[6] See the title of the papers [14; 15] and of the book [12].

[7] [3], p. 195, proposition 5.2: "No truth-functional, faithful n-valued logic, for any fixed, finite n, can provide a semantics appropriate for intuitionistic propositional logic.". See also [23], pp. 106-107, for the distinction between the "philosophical" sense of "semantics" and the "algebraic" sense of that word.

the logical connectives. Thus, the Quinean slogan remains relevant: *"change of logic, change of subject"* [20], chap. 6.

To conclude this paper, we can wonder the pedagogical analogy that Rahman uses sometimes between logic and the chess play. This analogy seems in agreement with a radical anti-realism and with a "pragmatism" as philosophy of logic: it seems possible to change indefinitely the structural rules of logic, and to indefinitely combine these rules in order to play with systems of deduction. The method of logical games gave birth to the motto on the character "pragmatic" and "dynamic" of logic, which is akin to a post-Wittgensteinian philosophy of logic and to a supplementary critic against Platonism. This article has not even touched the profound and difficult debate on the nature of logic. But if the translation of logical proofs into games is an interesting method or tool, it leaves that philosophical question still open.

BIBLIOGRAPHY

[1] S. Abramsky. Semantics of Interaction: An Introduction to Game Semantics. In *Semantics and Logics of Computation*, pages 1–32. Cambridge University Press, 1997.

[2] V. Balat and D. Galmiche. *Labelled Deduction*, volume 17 of *Applied Logic Series*, chapter Labelled Proof Systems for Intuitionistic Provability. Kluwer Academic Publishers, 2000.

[3] J.L. Bell, D. DeVidi, and G. Solomon. *Logical Options: An Introduction to Classical and Alternative Logics*. Broadview Press, Peterborough, Ontario, Canada, 2001.

[4] A. Blass. A Game Semantics for Linear Logic. *Annals of Pure and Applied Logic*, 56:183–220, 1992.

[5] A. Ciabattoni, C. Fermüller, and G. Metcalfe. Uniform Rules and Dialogue Games for Fuzzy Logics. In *Int. Conference on Logic for Programming, Artificial Intelligence, and Reasoning, LPAR 2004, LNAI 3452*, pages 496–510, Montevideo, Uruguay, 2004.

[6] R. Dyckhoff. Contraction-Free Sequent Calculi for Intuitionistic Logic. *Journal of Symbolic Logic*, 57:795–807, 1992.

[7] W. Felscher. Dialogues, Strategies and Intuitionistic Provability. *Annals of Pure and Applied Logic*, 28:217–254, 1985.

[8] W. Felscher. Dialogues as a Foundation for Intuitionistic Logic. In *Handbook of Philosophical Logic*, volume III, pages 341–372. Reidel, 1986.

[9] C. Fermüller. Parallel Dialogue Games and Hypersequents for Intermediate Logics. In *Int. Conference on Analytic Tableaux and Related Methods, TABLEAUX 2003, LNAI 2796*, pages 48–64, Rome, Italy, 2003.

[10] C. Fermüller. Dialogue Games for Many-Valued Logics – An Overview. *Studia Logica*, 90:43–68, 2008.

[11] C. Fermüller and A. Ciabattoni. From Intuitionistic Logic to Gödel-Dummett Logic via Parallel Dialogue Games. In *33rd IEEE International Symposium on Multiple-valued Logic, ISMVL 2003*, pages 188–195, Tokyo, Japan, 2003.

[12] M. Fontaine and J. Redmond. *Logique Dialogique – Une Introduction*, volume 1. Lightning Source, Milton Keynes, UK, 2008.

[13] D. Galmiche and D. Larchey-Wendling. Structural Sharing and Efficient Proof-search in Propositional Intuitionistic Logic. In *Asian Computing Science Conference, ASIAN'99, LNCS 1742*, pages 101–112, Phuket, Thailand, December 1999.

[14] G. Heinzmann. La logique dialogique. *Recherches sur la philosophie et le langage*, 14:249–261, 1992.

[15] L. Keiff. Dialogical Logic. In *Stanford Encyclopedia of Philosophy*. University of Stanford, http://plato.stanford.edu/entries/logic-dialogical/, 2009.
[16] E.C.W. Krabbe. Formal Systems of Dialogue Rules. *Synthese*, 63:295–328, 1985.
[17] D. Larchey-Wendling. *Preuves, réfutations et contre-modèles dans des logiques intuitionnistes*. PhD thesis, Université Henri Poincaré, Nancy 1, 2000.
[18] D. Larchey-Wendling, D. Méry, and D. Galmiche. STRIP: Structural Sharing for Efficient Proof-Search. In *First International Joint Conference on Automated Reasoning, IJCAR 2001, LNCS 2083*, pages 696–700, Siena, Italy, 2001.
[19] P. Lorenzen. Logik und Agon. *Atti Congr. Internat. di Filosofia*, 4:187–194, 1960.
[20] W.V.O. Quine. *Philosophy of Logic*. Prentice Hall, Englewood Cliffs, 1970. trad. fr. Largeault, Aubier-Montaigne, Paris, 1975.
[21] S. Rahman. *Über Dialoge, Protologische Kategorien und andere Seltenheiten*. Peter Lang, Frankfurt am Main, 1993.
[22] S. Rahman and L. Keiff. How to be a Dialogician - A Short Overview on Recent Developments on Dialogues and Games. In D. Vandervecken, editor, *Logic, Thought & Action*, pages 359–408. Springer, 2005.
[23] N. Tennant. *Natural Logic*. Edinburgh University Press, Edinburgh, 1978.
[24] A. Voronkov. Proof-Search in Intuitionistic Logic Based on Constraint Satisfaction. In *5th Int. Workshop on Theorem Proving with Analytic Tableaux and Related Methods, LNAI 1071*, pages 312–327, Terrasini, Italy, May 1996.

Didier Galmiche
LORIA UMR 7503 – UHP Nancy 1
galmiche@loria.fr

Dominique Larchey-Wendling
LORIA UMR 7503 – CNRS
larchey@loria.fr

Joseph Vidal-Rosset
L.H.S.P. – Archives Henri Poincaré (UMR 7117) – Nancy 2
joseph.vidal-rosset@univ-nancy2.fr

La théorie de l'objet de Meinong à la lumière de la logique actuelle

Paul Gochet

Introduction

En 1905 un débat philosophique mémorable a eu lieu entre le philosophe autrichien Alexius Meinong et Bertrand Russell. On a cru longtemps que le débat avait tourné à l'avantage de Russell. Gilbert Ryle a écrit dans le numéro spécial de la *Revue internationale de Philosophie* consacré à Meinong en 1973 : « Concédons franchement d'entrée de jeu que la *Gegenstandstheorie* elle-même est morte et enterrée et n'est pas près d'être ressuscitée » [17, p. 255]. Cependant les progrès réalisés en logique ont permis de jeter une lumière nouvelle sur le débat et de développer formellement la théorie de Meinong (voir [8]).

Les critiques adressées à la théorie de l'objet de Meinong sont de trois ordres : (1) cette théorie serait devenue inutile avec l'avènement de la théorie russellienne des descriptions, (2) elle serait viciée par des contradictions, (3) elle traiterait d'objets difficiles à cerner : les objets inexistants et les objets impossibles. Nous examinerons les réponses possibles à ces critiques.

1 Le premier reproche adressé à la théorie de Meinong : elle est superflue

En 1905, Russell invente la théorie des descriptions saluée comme le paradigme de l'analyse philosophique. Cette théorie permet effectivement d'élaguer l'ontologie luxuriante de Meinong décrite comme une jungle. En 1953, Quine reconnaît les mérites de la dite théorie dans le passage suivant :

> Russell, dans sa théorie de ce qu'on appelle les descriptions singulières, a montré clairement comment nous pourrions utiliser, de façon non dépourvue de signification, des noms apparents, sans pour autant supposer qu'il y ait des entités prétendument nommées. Les noms auxquels la théorie de Russell s'applique directement sont des noms descriptifs complexes tels que 'l'auteur de Waverley', 'l'actuel roi de France', ou 'la coupole ronde carrée de Berkeley College'. [13, p. 31].

Le verdict de Quine doit être nuancé. Certes la théorie des descriptions est un progrès philosophique considérable, mais elle a ses limites. Elle n'est pas applicable aux verbes qui expriment une relation intentionnelle [au sens de Brentano] tels que « craindre », « désirer ». La théorie des descriptions déforme le sens de l'énoncé paraphrasé. L'énoncé « Les enfants craignent le monstre du Loch Ness », ne peut manifestement pas être paraphrasé par « Il existe un et un seul monstre du Loch Ness et les enfants le craignent ». Il ne peut pas non plus l'être par « Les enfants craignent qu'il n'existe un et un seul monstre du Loch Ness ». La transformation des *présuppositions* d'existence et d'unicité en *affirmations* d'existence et d'unicité produite par la paraphrase a un effet inattendu : les deux *présupposés* de la description définie deviennent des objets de la crainte. Un changement de sens inacceptable en résulte. Les enfants ne craignent certainement pas l'unicité du monstre. Pour éviter ce problème, il faut traiter les descriptions définies qui désignent le *relatum* d'un verbe intentionnel comme un désignateur non accessible à la paraphrase russellienne et pourvu d'une référence convenable. La sémantique d'inspiration meinonguienne présentée dans la Section 3 atteint cet objectif.

2 Les idées de Meinong comme moteur du progrès en logique

La logique classique nous interdit d'utiliser des noms propres qui ne dénotent pas. Quine le reconnaît dans le passage suivant de *Methods of Logic* : « les techniques déductives de la théorie de la quantification avec variables libres conviennent très bien aux inférences dépendant de termes singuliers chaque fois où nous sommes assurés de l'*existence* d'objets comparables à ceux que ces termes sont censés nommer » [12, p. 226].

Cette contrainte nous empêche d'exprimer des énoncés importants. Voici un exemple. Pour expliquer les perturbations de l'orbite de Mercure, certains astronomes du XIXe siècle ont postulé l'existence d'une nouvelle planète appelée « Vulcain ». L'observation n'a pas permis de la repérer dans le système solaire là où elle devait se trouver et une autre explication a été proposée, explication reposant sur la Théorie de La Relativité. L'historien des sciences désire donc pouvoir affirmer que Vulcain n'existe pas, ce qui formellement s'écrit :

(1) $\neg \exists x (x = \text{Vulcain})$

Cette affirmation apparemment inoffensive a des conséquences indésirables. En effet, de l'énoncé (1), on déduit l'existence de Vulcain par des transformations triviales, ce qui justifie l'interdiction quinéenne d'employer en logique des constantes individuelles dépourvues de dénotation.

(2) $\forall x \neg (x = \text{Vulcain})$ 1, loi des quantificateurs
(3) $\neg (\text{Vulcain} = \text{Vulcain})$ 2, instanciation d'une universelle
(4) $\forall x (x = x)$ Loi de la logique de l'identité

(5) (Vulcain = Vulcain)   4, instanciation d'une universelle
(6) contradiction   3 et 5
(7) $\exists x(x = \text{Vulcain})$ 6, preuve par l'absurde.

On voudrait que l'historien des sciences puisse décrire une théorie T qui parle de Vulcain *sans qu'il doive attribuer lui-même* une référence au nom « Vulcain ». La logique du premier ordre ne le permet pas. Pour lever l'obstacle, on peut recourir à deux méthodes. La première, c'est de paraphraser « Vulcain n'existe pas » en « 'Vulcain' ne dénote rien » dans lequel le nom entouré de guillemets n'occupe plus une *position référentielle*. Si on adopte cette méthode, on ne peut toujours pas parler de Vulcain, mais, en parlant de son nom, on peut, au moins, communiquer l'information désirée. La deuxième méthode, c'est de réviser la logique.

H. Callaway adopte la première solution. Il distingue la référence prétendue de la référence authentique au moyen des deux équivalences suivantes :

(8) « Vulcain » *prétend se référer à (Vulcain)* si et seulement si la théorie T *assume ontologiquement (Vulcain)*.

(9) La théorie T *assume ontologiquement (Vulcain)* si et seulement si T implique « $\exists x \cdot x = \text{Vulcain}$ ».

Dans ces deux équivalences, le nom entre parenthèses est présenté par l'auteur comme occupant une position non référentielle (comme les mots entre guillemets) et les mots en italique sont traités comme des prédicats inanalysables à une place [1, p. 96-97]. Callaway a le mérite de reconnaître implicitement que la solution offerte par la théorie des descriptions ne s'applique pas aux noms propres. Le rôle principal de ceux-ci est de dénoter un référent, non de le décrire.

La solution de Callaway nous oblige à faire de « prétend-se-référer-à-Vulcain » un prédicat unaire, et donc à abandonner le principe de *compositionnalité du langage*, ce que les linguistes refuseront (voir [3]). Un langage qui enfreindrait systématiquement le principe ne pourrait être appris. D'autre part, il nous priverait de la possiblité d'exprimer des inférences telles que « l'agent A prétend-se-référer-à-Vulcain donc il y a quelque chose à quoi l'agent A prétend-se-référer. » Examinons maintenant la deuxième solution.

Pour bloquer les raisonnements indésirables tels que (1)–(7), tout en nous permettant d'utiliser des noms propres qui ne dénotent pas, des logiques nouvelles sont apparues, appelées *logiques libres*, qui diffèrent de la logique classique tant sur le plan de la théorie de la preuve que sur celui de la théorie des modèles.

En théorie de la preuve, on impose à l'axiome d'instanciation universelle l'exigence que la constante individuelle, par exemple a, dénote un existant, ce que l'on exprime formellement par $E!a$ [qui se lit « a existe »]. L'axiome d'instanciation universelle révisé s'énonce ainsi :

(10) $\forall x A \supset (E!a \supset A(a/x))$

On voit tout de suite que cette restriction interdit l'usage de l'axiome de l'instanciation universelle (3) et (5) dans le cas de « Vulcain ».

Remarque 1 : Hintikka [4] a prouvé le théorème suivant :

(11) $E!a \equiv \exists x(x = a)$

Appliquant ce théorème à la prémisse (2), on obtient

(12) $\neg E!$ Vulcain

qui bloque l'usage de (10) quand « a » est « Vulcain ».

Remarque 2 : On peut bloquer la dérivation (1)–(7) en interdisant l'application de la loi de l'identité (4) aux termes qui ne dénotent pas. Dans ce cas on ne change rien à l'axiome d'instanciation universelle, mais on change la logique de l'identité [Nous devons cette observation à J. Vidal-Rosset].

3 Une sémantique formelle pour la logique libre

La théorie des modèles de la logique libre est neutre à l'égard du débat Meinong-Russell. Elles propose deux théories des modèles. Nous ne mentionnerons que celle qui est explicitement présentée comme incorporant une *vision du monde meinonguienne* ([20], cité par [6, p. 9]). Nous ferons appel ici à une variété de logique libre appelée logique libre positive. Les modèles du calcul des prédicats classique comportent deux composants : un domaine non vide d'individus existants et une fonction d'interprétation qui assigne aux constantes individuelles des individus du domaine et aux prédicats à n places des classes de n-uples d'individus du domaine, éventuellement l'ensemble vide [pour interpréter des prédicats tels que « licorne », « descendant de centaures »]. Formellement $M = \langle D, f \rangle$.

Les modèles de la logique libre comportent trois composants : un *domaine extérieur (outer)* D_0, un *domaine intérieur (inner)* D_1 et une fonction d'interprétation f. D_1 est l'ensemble des objets existants, D_0 est l'ensemble des objets inexistants. Ces deux ensembles sont disjoints. En d'autres termes, aucun objet n'est à la fois existant et non existant. La rue appelée « Baker Street » dans les romans de Conan-Doyle et qui existe effectivement à Londres ne fait pas exception. La rue du roman n'est pas identique à la rue réelle. Elle n'est que sa contrepartie partielle et divergente.

Chacun de ces ensembles D_0 et D_1 peut être vide, mais leur union est non vide.

(a) La fonction d'interprétation f assigne à une constante individuelle a un membre de l'union des domaines. On peut donc donner une dénotation au nom « Vulcain » qui ne dénote rien aussi bien qu'au nom « Neptune » qui dénote une planète du système solaire.

(b) La fonction d'interprétation f associe à chaque prédicat à n places un n-uple de membres puisés dans $D_0 \cup D_1$. On peut donc donner

une interprétation à des phrases telles que « Jean pense à Vulcain », « Pégase ≠ Cerbère », « les enfant craignent le monstre du Loch Ness ».
(c) Chaque membre de $D_0 \cup D_1$ a un nom.

Fournir une sémantique à un nouveau calcul logique tel que la logique libre, ce n'est pas seulement lui donner un modèle, c'est aussi donner une définition récursive de la vérité pour les énoncés bien formés du langage de cette logique, c'est-à-dire fournir les conditions de vérité et de fausseté des différentes sortes de phrases.

La clause pour l'interprétation des phrases atomiques est standard :
- Si A est de la forme $P(a_1 \ldots a_n)$, alors A est vrai dans le modèle juste si $\langle f(a_1) \ldots f(a_n) \rangle \in f(P)$. Sinon A est faux.

En revanche, les clauses concernant les phrases quantifiées universellement ou particulièrement sont nouvelles. Elles s'énoncent respectivement :
- Si A est de la forme $\forall x B$, alors A est vrai dans le modèle juste dans le cas où $B(a/x)$ est vrai dans le modèle pour tous les a tels que $f(a) \in D_1$ (*domaine intérieur*). Sinon A est faux dans le modèle.
- Si A est de la forme $\exists x B$, alors A est vrai dans le modèle juste dans le cas où $B(a/x)$ est vrai dans le modèle pour au moins un a tel que $f(a) \in D_1$ (*domaine intérieur*). Sinon A est faux dans le modèle.

4 De la logique libre à la logique meinonguienne

La logique libre est plus expressive que la logique classique. Elle nous permet d'utiliser des constantes individuelles qui ne dénotent rien, mais les quantificateurs de cette logique ne s'appliquent qu'au domaine des existants D_1. Or on voudrait pouvoir quantifier aussi sur les inexistants, notamment pour formuler les engagements ontologiques d'une théorie fausse, ou simplement pour pouvoir exprimer en logique la fameuse déclaration de Meinong : « *Es gibt Gegenstände, von denen gilt, dass es dergleichen Gegenstände nicht gibt* » [7, p. 29]. Pour atteindre cet objectif, il faut s'écarter davantage de la logique classique et adopter la logique meinonguienne dans laquelle figurent des « quantificateurs sans présupposition existentielle ou ontique » [5, p. 154].

J. Paśniczek distingue la *logique meinonguienne* de la *logique libre* par le fait que la première, contrairement à la seconde, quantifie sur des objets inexistants qui possèdent néanmoins une certaine forme d'existence (la subsistance, l'*Aussersein* ou le *Sosein*) [9, p. 228]. La logique meinonguienne de Routley et de Priest ne recourt pas à ces notions. Elle admet un domaine d'objets qui contient à la fois des objets existants et des objets inexistants. Deux sortes de quantificateurs sont utilisés : les uns prennent comme domaine tous les objets, les autres, uniquement le sous-domaine d'objets existants.

La logique classique ne distingue pas l'*idée de quantité* (particularité-universalité) exprimée par les pronoms indéfinis « quelques-uns » et « tous » de l'*idée d'existence*. Pour Whitehead et Russell, le quantificateur particulier est *ipso facto* un quantificateur existentiel :

nous dénoterons 'φx parfois' par la notation : $\exists x \cdot \varphi x$. Ici '$\exists$' est mis pour 'il existe' et toute l'expression symbolique peut être lue 'Il existe un x tel que φx'. [21, p. 127]

Contrairement à la logique classique, la logique meinonguienne introduit ce que Routley appelle des quantificateurs neutres : $(\mathcal{S}x)$ et $(\mathcal{A}x)$ qui se lisent « quelques » et « tous » [Les symboles sont empruntés à [10]]. On peut ensuite retrouver les quantificateurs classiques en combinant les nouveaux quantificateurs avec le prédicat d'existence (E) :
- $\exists x \cdot Ax$ a la même valeur de vérité que $\mathcal{S}x(Ex \wedge Ax)$
- $\forall x \cdot Ax$ a la même valeur de vérité que $\mathcal{A}x(Ex \supset Ax)$

Priest note qu'on peut définir les anciens quantificateurs à l'aide des nouveaux, mais non l'inverse [11, p. 207].

Muni du quantificateur particulier neutre et du prédicat d'existence, on formalise ainsi la déclaration apparemment paradoxale de Meinong citée au début de cette Section :

(13) $(\mathcal{S}x)\neg Ex$.

La formalisation dissipe l'apparence de paradoxe en exprimant les deux sens de « *Es gibt* » à l'aide de symboles distincts, à savoir « $\mathcal{S}$ » et « E », ce qui lève définitivement l'ambiguïté. Dans sa présentation, J.-F. Courtine signale que Meinong lui-même utilisait « *Es gibt* » dans deux sens : « être donné » et « exister effectivement » [7, p. 33], distinction qui disparaît dans la traduction française : « Il y a des objets dont il est vrai de dire qu'il n'y a pas de tels objets ».

5 La deuxième critique adressée à la théorie de l'objet : elle est contradictoire

Dans « On Denoting », Russell reproche à la théorie de Meinong et aux théories apparentées d'être contradictoires : « On soutient par exemple », écrit Russell, « que le roi de France actuellement existant existe et n'existe pas ; que le carré rond est rond et n'est pas rond. Mais cela est intolérable » [19, p. 207].

On doit concéder à Russell que « le carré rond est rond et il n'est pas rond » est un énoncé contradictoire, mais avant d'affirmer que toute théorie qui admet des *objets impossibles* tels que l'objet rond et non rond implique des *propositions contradictoires* et est donc elle-même contradictoire, il importe d'examiner le raisonnement par lequel d'une *description définie décrivant un objet impossible* on dérive une *proposition contradictoire* (c est rond et c n'est pas rond).

La dérivation que nous proposons ici fait usage du principe appelé *principe de caractérisation* qui, sous sa forme la plus générale, s'énonce comme suit : « l'x qui est P est P », ce qui formellement s'écrit :
(14) $P(\iota x P x)$
Substituons à la variable prédicative P la constante prédicative « rond et non rond » $[R \wedge \neg R]$ nous obtenons la proposition (15) :
(15) l'x qui est rond et non rond est rond et non rond.
Formellement $(R \wedge \neg R)(\iota x((R \wedge \neg R)x))$.
Appliquons à (15) les équivalences (16) et (17) de Carnap [2, p. 107] :
(16) $((F \wedge G)x) \equiv (Fx \wedge Gx)$ et
(17) $(\neg F)x \equiv \neg(Fx)$
nous obtenons :
(18) $R(\iota x((R \wedge \neg R)x)) \wedge \neg R(\iota x((R \wedge \neg R)x))$.
Appelons c l'x qui est rond et non rond :
(19) $c = (\iota x((R \wedge \neg R)x))$.
Substituons « c » à $(\iota x((R \wedge \neg R)x))$ » dans (18). Nous obtenons la contradiction :
(20) $Rc \wedge \neg Rc$.

6 Les restrictions au principe de caractérisation

Routley propose de restreindre le principe de caractérisation (14). La restriction proposée s'appuie sur une distinction due à Meinong, la distinction entre deux sortes de négation : la négation interne qui s'applique à un prédicat [« Le carré est non rond »] et la négation externe qui s'applique à une proposition [« *Il n'est pas le cas que* le carré est rond »]. Routley fait observer dans le passage suivant que la conversion d'une négation de prédicat en négation d'une proposition n'est pas permise *quand le sujet est une description inconsistante* : « 'y est non rond' n'implique pas 'il n'est pas le cas que y est rond' quand y est inconsistant » [14, p. 498].

Le rejet de cette conversion est efficace. La dérivation d'une contradiction (20) que nous avons obtenue à partir du principe de caractérisation non restreint (14) a effectivement exigé que l'on transforme un prédicat complexe formé d'une conjonction de prédicats et d'une négation de prédicat (*négation interne*) en une conjonction d'énoncés dont le second est préfixé d'une négation externe [en employant les équivalences de Carnap]. Nous avons donc appliqué la conversion que Routley interdit quand le sujet de l'énoncé est inconsistant. Si on rejette cette conversion, la dérivation de la contradiction est bloquée.

Le rejet par Routley de la conversion de la négation interne en négation externe dans le cas présent est justifié. L'énoncé « l'objet rond et non rond *est non rond* » est analytique (le prédicat est contenu dans le sujet). L'énoncé

« *Il n'est pas le cas que* l'objet rond et non rond est rond » est la négation d'un énoncé analytique. Le premier de ces deux énoncés n'implique donc pas le second.

Remarque : l'opérateur lambda et la lambda conversion permettent de faire les mêmes opérations que les équivalences de Carnap, mais il faut alors sortir de la logique du premier ordre.

7 Examen de la troisième objection faite à Meinong

Quine applique le principe *No entity without identity* pour rejeter les objets possibles et, *a fortiori*, les objets impossibles. Dans « On What There is », premier chapitre du livre *Du Point de Vue Logique*, figure le passage suivant :

> Prenez par exemple le gros homme possible dans l'embrasure de la porte, et en même temps cet homme chauve possible dans la même embrasure. Sont-ils le même homme possible, ou deux hommes possibles ? Comment en décidons-nous ? Combien d'hommes possibles dans cette embrasure de porte [...] Est-ce que *deux* possibles sont toujours dissemblables ? Est-ce la même chose que de dire qu'il est impossible pour deux choses d'être semblables ? Ou en fin de compte le concept d'identité est-il simplement inapplicable aux possibles inactualisés ? [13, p. 28–29]

Dans « On What There Isn't », Routley a entrepris de répondre point par point aux objections formulées par Quine dans « On What There Is ». Nous ne retiendrons que les réponses les plus importantes.

Tout d'abord, observe Routley, il existe une relation d'identité qui vaut pour les objets inexistants comme pour les objets existants, à savoir l'*identité extensionnelle*, c'est le fait de posséder les mêmes propriétés extensionnelles [Routley reprend la définition de l'identité de Leibniz : deux choses sont identiques si et seulement si elles ont toutes leurs propriétés en commun]. C'est ce critère qui nous permet d'affirmer que Hercule et Héraclès sont le même personnage, mais que Pégase et Cerbère sont des êtres différents [15, p. 414].

Quant à la question des hommes possibles susceptibles de se trouver dans l'embrasure d'une porte, Routley distingue la lecture *de dicto* : « Combien est-il possible de mettre de personnes dans l'embrasure de la porte ? » de la question *de re* « Combien d'hommes possibles y a-t-il dans l'embrasure de la porte ? ». A la première question, on peut répondre « quelques-uns ». A la deuxième, on doit, selon Routley et Priest, répondre « aucun ».

La sémantique proposée dans la Section 3 permet ici de donner cette réponse : « être dans l'embrasure » est une relation physique dont les *relata* doivent tous deux appartenir au domaine des existants D_1, contrairement à la relation intentionnelle « penser à » qui prend son deuxième terme dans le domaine $D_0 \cup D_1$.

Comment traiter l'énoncé « la planète Vulcain tourne plus vite autour de son axe que la Terre autour du sien » ? Une solution envisageable serait de paraphraser cet énoncé en « le nombre qui exprime la vitesse de la rotation de Vulcain autour de son axe est plus grand que le nombre qui exprime la vitesse de la rotation de la Terre autour de son axe » et de reconnaître que les nombres, en tant qu'universaux, sont communs au domaine intérieur et au domaine extérieur, ce qui est difficile à concilier avec l'affirmation que ces domaines sont disjoints.

Remerciements L'auteur remercie les organisateurs du Séminaire d'ontologie de l'Université de Liège (B. Leclercq, J-R. Seba et A. Stevens) où une première version de ce texte a été discutée et R. Demolombe, M. Fontaine, P. Gribomont, Isabelle Joly, F. Orilia, M. Rebuschi, J. Vidal-Rosset, Marion Renauld et J. Riche pour leurs précieuses questions et suggestions.

BIBLIOGRAPHIE

[1] Callaway, H. G. [1982] « Sense, Reference and Purported Reference », *Logique et Analyse*, 97, 93-103.
[2] Carnap, R. [1958] *Introduction to Symbolic Logic and Its Applications*, New York Dover.
[3] Gochet, P. [2008] « L'impact de la philosophie et de la logique sur la linguistique », *Le français moderne*, numéro spécial du 75e anniversaire, 2008, 6-14.
[4] Hintikka, J. [1959] « Existential Presuppositions and Existential Commitments », *The Journal of Philosophy*, vol.56, 125-137.
[5] Jacquette, D. [1996] *Meinongian Logic*, Berlin, de Gruyter
[6] Lambert, K. [1991] *Philosophical Applications of Free Logic*, avec une introduction et édité par K. Lambert, Oxford, O.U.P.
[7] Meinong, A. [1904, 1999] *Théorie de l'objet et présentation personnelle*, trad. Courtine et de Launay, Paris, Vrin.
[8] Orilia, F. [2004] *Ulisse, il quadrato rotondo e l'attuale re di Francia*, Pisa, Edizioni ETS. 2d edition.
[9] Paśniczek, J. [2001] « Can Meinongian Logic Be Free ? » in Edgar Morscher and Alexander Hieke (Eds.) *New Essays in Free Logic*, Kluwer Academic Publishers.
[10] Priest, G. [2005] *Towards Non-Being. The Logic and Metaphysics of Intentionality*, Oxford Clarendon Press.
[11] Priest, G. [2008] *An Introduction to Non-Classical Logic*, Second edition, Cambridge, C.U.P.
[12] Quine, W.V.O. [1950, 1973] *Méthodes de logique*, traduction de Maurice Clavelin, Paris, Armand Colin.
[13] Quine, W.V.O. [1953, 2003] *Du point de vue logique*, traduit sous la direction de Sandra Laugier, présentation de Sandra Laugier, Paris, Vrin.
[14] Routley, R. [1980] *Exploring Meinong's Jungle and Beyond. An Investigation of Noneism and the Theory of Items*, Canberra, Departmental Monograph 3, Philosophy Department, RSSS, ANU.
[15] Routley, R. [1982] « On What There Isn't », *Philosophy and Phenomenological Research*, vol.43, 151-78, chapitre 3 de l'ouvrage précédent.
[16] Routley, R. & Routley, V. [1973] « Rehabilitating Meinong's Theory of Objects », *Revue internationale de Philosophie*, numéro consacré à Meinong, vol. 104-105, 224-254.
[17] Ryle, G. [1973] « Intentionality Theory and the Nature of Thinking, *Revue internationale de Philosophie*, numéro consacré à Meinong, vol. 104-105, 255-265.
[18] Russell, B. [1903] *The Principles of Mathematics*, Cambridge, Cambridge University Press.

[19] Russell, B. [1905, 1989] « De la Dénotation » dans Russell, *Ecrits de logique philosophique*, avant-propos et traduction de Jean-Michel Roy, Paris, P.U.F., 201-218.
[20] Scales, R. [1969] *Attribution and Reference*, University of Michigan Microfilms.
[21] Whitehead, A. N. & Russell, B. [1910–1913, 1962] *Principia Mathematica to 56** Cambridge, C.U.P.

Paul Gochet
Université de Liège
pgochet@ulg.ac.be

Reforming Logic (and Set Theory)

JAAKKO HINTIKKA

1 Frege's mistake

Frege is justifiably considered the most important thinker in the development of our contemporary "modern" logic. One corollary to this historical role of Frege's is that his mistakes are found in a magnified form in the subsequent development of logic. This paper examines one such mistake and its later history. Diagnosing this history also reveals ways of overcoming some of the limitations that Frege's mistake has unwittingly imposed on current forms of modern logic.

Frege's mistake concerns the semantics (meaning) of quantifiers. The mistake is to assume that this semantics is exhausted by the quantifiers' (quantified variables') ranging over a class of values. These values are the members of the domain (universe of discourse) of the language to which the quantifiers belong. The entire job description of the quantifiers is to indicate whether or not at least one member of the domain has a certain (possible complex) predicate (existential quantifier) and to indicate whether all of them have one (universal quantifier). In other words, quantifiers are higher order predicates indicating whether or not a given lower-order predicate is nonempty or exceptionless. This is in fact precisely how Frege proposes to treat quantifiers in his logical theory. (See [3] pp. 153-154, pp. 26-27 of the original.)

This is obviously part of the semantical task of quantifiers. However, it is not the only one. Quantifiers have another function in language. There is a task that any language must be capable of fulfilling if it is to serve as a language of science and for that matter as a language suitable for innumerable purposes in everyday life. This task is to indicate what depends on what, more explicitly, to express relations of dependencies and independencies between variables. It is easily seen that the only way of expressing such dependencies in an ordinary logical language on the first-order level is through formal dependencies and independencies between quantifiers. That the variable y depends on x (in the sense of ordinary-life dependence) is expressed by the fact that the quantifier (Q_1y) formally depends on the quantifier $(Q_2 x)$ to which x is bound. Thus in an (interpreted) sentence of the form

(1.1) $(\forall x)(\exists y) F[x, y]$

the variable y depends on the variable x, as is seen e.g. from the fact that the truth-making value ("witness individual") of y depends on the value of x. (About witness individuals, see also sec. 9 below.)

Such dependence can be expressed on the second-order level by quantifiers asserting the existence of a function that embodies this dependence. For instance, (1.1) is equivalent with

(1.2) $(\exists f)(\forall x) F[x, f(x)]$

Here f picks out as its value $b = f(a)$ a truth-making value b of y that corresponds to the value $a = x$ of each x. It will turn out that this way of expressing the dependence of variables can also be expressed on the first-order level by means of the dependence relations of first-order quantifiers. This can be done in IF logic; see section 2 below. The independence of the two aspects of the semantics of quantifiers of one another is vividly seen in many-sorted quantification theory. The two quantifiers can range over different and even exclusive domains, and yet be either dependent or independent of each other, as the case may be.

It is not anachronistic to call Frege's neglect of the role of quantifiers as expressing such dependencies a mistake. Frege's own co-discoverer of the logic of quantifiers, C.S. Peirce, was fully cognizant of this dimension of their semantics. In practice, its most basic manifestation is the importance of quantifier ordering. In Peirce, this ordering comes up in the form of the distinction between the two players of the semantical games and quantifiers of whose importance Peirce was aware. Peirce's penpal Ernest Schröder struggled with the problems of coping with the same aspect of the meaning of quantifiers in less vivid terms. (See here [8] and the references given there.)

2 IF logic and scope

One consequence of Frege's mistake has been pointed out earlier and corrected, at least in part. (See e.g. [7].) Since part of the task of quantifiers is to express dependencies between variables, our logic should be able to do this job completely. In other words, we should be in a position to express any possible pattern of dependencies and independencies between variables. These interpreted dependencies between variables are expressed by the formal dependencies between the quantifiers to which they are bound. Now how are these formal dependencies codified in the usual logical notation?

The obvious answer is: By the nesting of quantifier scopes. But this nesting relation is of a rather special kind. It is among other features transitive and antisymmetric. Furthermore, it is linear in the sense that the scopes of two quantifiers cannot overlap only partially. Hence only such dependence patterns can be formulated in the received logic of quantifiers when the dependence relation has these special properties. As a consequence, only some of all possible patterns of dependence and independence can be expressed in the received first-order logic. Hence this logic does not fulfill its whole job description. Frege's mistake thus gave rise to a flaw in the received first-order logic.

This flaw is corrected in what has come to be called IF logic (For it, see e.g. [7], [13].) This can for most purposes be accomplished by introducing an independence-indicating / ("slash") that makes a quantifier (Q_2y/Q_1x) (replacing (Q_2y)) independent of another quantifier (Q_1x) even when it occurs in the syntactical scope of (Q_1x).

It is thus seen that IF logic is not a special logic alternative to the received logic of quantifiers. On the contrary, it is our usual Frege-Russell first-order logic that is unnecessarily restricted in its expressive power and hence should be considered a special logic among alternatives. In contrast, IF logic is the unrestricted logic of quantifiers. In this essay, IF logic is not discussed further and is not relied on, either, except as an object lesson. It is nevertheless in order to point out some consequences of its very existence.

Once we realize that the nesting of syntactical scopes is not an ideal method of expressing dependence and independence, we realize also that we have to be careful of the traditional notion of scope as an explanatory notion in semantics. (Cf. here [9].) The traditional notion combines two things that per se have nothing to do with each other. Syntactical scope is used to indicate the dependence and independence of quantifiers and other logical operators of each other. (This might be called dependence scope or priority scope.) But it also makes the syntactical segment of a sentence (or discourse) where a variable is bound to a given quantifier. (Binding scope.)

Once the difference between these two is understood, certain problems in the semantics of natural language are solved. A case in point is the semantics of the so-called donkey sentences.

(2.1) If Peter owns a donkey, he beats it.

(2.2) If you give each child a gift for Christmas, some child will open it today.

The meaning of (2.1)-(2.2) cannot be expressed in the notation of the received first-order logic. But if a binding scope is expressed by parentheses ( ) and dependence scope by brackets [ ], the logical form of these two will be

(2.3) $[(\exists x)(O(p,x) \supset B(p,x))]$

(2.4) $[(\forall x)((\exists y)G(x,y)] \supset (\exists z)O(z,y))$

The apparent difficulty with such "donkey" sentences as (2.1)–(2.2) is largely due to the very same mistake we saw Frege committing. What distinguishes expressions like (2.3)–(2.4) from familiar ones is conspicuously the use of the dependence-indicating brackets [ ]. A failure to use them is accordingly not to give the dependence-identifying role of quantifiers their full due.

Much of what has been said of dependence relations between quantifiers can be said of dependence relations of other logically active notions, including propositional connectives, epistemic and modal operators etc. For instance, epistemic logic was held back for years before it was realized that wh-knowledge can only be adequately expressed by means of quantifiers that are independent of clause initial epistemic operators, as e.g. in "It is known who is F" whose logical form turns out to be

(2.5) $\mathbf{K}(\exists x/\mathbf{K})F[x]$

where the stroke / expresses independence. (See here [10].)

In general, by freeing the conventions governing the scope we can achieve the same result as by introducing an independence indicator. In this way, we will be able to express patterns of dependence and independence between quantifiers (and propositional connectives) and constants that cannot be expressed in the received first-order logic. (Constants may also have to be included in the arguments of Skolem functions.) The fact that we can thus carry out the liberation of quantifiers by changing only the punctuation of logical sentences is vivid evidence for the naturalness and indeed indispensability of IF logic.

It is even possible in this way to turn Tarski's T-schema into a truth definition. Let us assume that x is a variable for the Gödel numbers $x = g(S)$ of sentences S. Then Tarski's T-schema summarizes all sentences of the form

(2.6) $\mathsf{T}(a) \leftrightarrow S[a]$

where $\mathsf{T}(x)$ is a truth predicate. Tarski is right in that we cannot have

(2.7) $(\forall x)(\mathsf{T}(x) \leftrightarrow S[x])$

As I have pointed out on other occasions, this failure is due to the fact that quantifiers and other logical operators in $S[x]$ should not depend on the variable x, which has a purely syntactical role in $S[x]$. Such dependencies can be ruled out by writing instead of (2.7)

(2.8) $(\forall x)([\mathsf{T}(x)] \leftrightarrow S[x])$

Of course, this is no longer equivalent to any ordinary first-order sentence. The same thing can be expressed in IF logic by making all the quantifiers and propositional connectives in (2.8) (other than $(\forall x)$) independent of the initial universal quantifier $(\forall x)$. Either way, our liberated notation enables us to do what Tarski proved impossible to do by means of the received Frege-Russell first-order logic: convert the T-schema into a genuine truth definition.

3 From existential instantiation to functional instantiation

Another consequence of Frege's mistake that is (perhaps unwittingly) repeated by later logicians looks so insignificant that it has not attracted much attention. It concerns the formulation of the rules of inference for our basic first-order logic. There it looks very much as if the meaning of quantifiers is done full justice to (in a context of deduction) by the usual rules of instantiation. The rule of existential instantiation applies to a sentence $(\exists x)F[x]$ with an initial existential quantifier. It allows the replacement of this formula by $F[\beta]$ where β can be thought of as standing for a possibly unknown individual of the kind the given formula says is instantiated. This obviously captures the force of the existential quantifier as expressing non-emptiness.

Intuitively, the term β operates just like the "John Does" and "Jane Roes" of lawyers' jargon. (Wallis thought that historically such legal usage was the historical model for algebraic symbols; see [14, p. 321].) Formally, the term β can be a "dummy name" or in our deductive practice simply a new individual constant.

Likewise, the usual rule of universal instantiation might seem to capture adequately the semantical force of a universal quantifier as expressing universality (exceptionlessness).

But even though these instantiation rules express truth and nothing but the truth about the meaning of quantifiers, they do not tell us the whole truth. One at first sight inconspicuous feature of theirs is that they apply only to sentence-initial quantifiers. They do not apply to quantifiers inside a formula, not even if this formula is assumed to be in the negation normal form. (This assumption is routinely made in this paper.) Every logic instructor who has taught to her students the usual rule of existential instantiation is likely to find herself later correcting students who are proposing to apply it to quantifiers inside a formula, perhaps within the scope of universal quantifiers. At this point, a clever student could try to embarrass the instructor by asking: "Since the rule of existential instantiation is obviously based directly on the meaning of the existential quantifier, surely it ought to be applicable independently of the context. What happens in such an application is that we merely choose one individual of a certain kind among existing ones for our attention."

If the instructor is up to her task, she will point out that the choice of the "arbitrary individual" β is not absolute, not a once-and-for-all matter, but depends on other individuals. More specifically, it depends on the values of the universal quantifiers within the scope of which the existential quantifier occurs (in a sentence that is in the negation normal form).

This answer points to an important truth. Existential instantiation can take place inside larger formulas, if we use as an instantiating term a function term that takes into account the dependence of the existential quantifiers to which it is applied on other quantifiers in the same sentence. If we heed those dependencies, we can generalize the rule of existential instantiation. The generalized formulation might run as follows:

Assume that S is a sentence in the negation normal form and that the formula

(3.1) $(\exists x)F[x]$

occurs somewhere in $S = S[(\exists x)F[x]]$. Then S may be replaced by

(3.2) $S[F[f(y_1, y_2, \ldots)]]$

where $(\forall y_1), (\forall y_2), \ldots$ are all the universal quantifiers whithin the scope of which $(\exists x)$ occurs in S, and f is a new function constant. If there are no such universal quantifiers, the function term $f(y_1, y_2, \ldots)$ is replaced by a new individual constant. The old rule of existential instantiation is thus a special case of the new one, viz. the case of sentence-initial existential quantifiers.

More generally, we can stipulate that $(Q_1 y_1), (Q_2 y_2), \ldots$ are all the quantifiers in S on which the quantifier $(\exists x)$ depends on there. This formulation can be used also in IF logic.

Notice that this is a first-order rule in the crucial sense that no quantification over higher-order entities is involved. The reason why we have considered instantiation by functions rather than individuals should be obvious. It reflects the fact that witness individuals may depend on other witness individuals.

By the same token the rule of existential generalization has to be liberated. It will allow the replacement of any function term of the form $f(x, y_1, y_2, \ldots)$ to be replaced by a variable z bound to an existential quantifier $(\exists z)$. This quantifier must occur within the scope of all the quantifiers $(\forall y_1), (\forall y_2), \ldots$. Otherwise its location is free, assuming only that we are dealing with a formula in the negation normal form.

4 Uses of the rule of functional instantiation

The relative neglect of the generalized rule of existential instantiation can be taken to be an instance of the same mistake as has been here attributed to Frege. But is it a mistake in the present context? Defenders of status quo can try to claim that the rule of functional instantiation is dispensable, and that its neglect is therefore justified, perhaps in the interest of theoretical economy.

Admittedly, the rule of functional instantiation is redundant in the received treatment of first-order logic. In this logic, we can let an existential formula wait in our logical argumentation until by means of applications of other rules it has been brought to the surface of our formulas, in other words until it has been brought to a sentence-initial position. But in principle we have to ask whether this dredging process affects the semantics of an existential quantifier, including its dependence relation to other quantifiers. Logicians have been victims of bad luck in that the process of bringing an existential quantifier to the surface of a sentence does not affect its deductive function in the received first-order logic. This is bad luck in that it has directed their attention away from those aspects of the logic of quantifiers that are due to dependence and independence relations between them, thus making this instance of Frege's mistake a mistake.

An example can illustrate the way in which functional instantiation helps to make logical proofs shorter and more natural. Consider the conditional

(4.1) $(\forall x)(\exists y)(\forall z)(F(x,y) \,\&\, G(y,z)) \supset (\forall x)(\forall z)(\exists y)(F(x,y) \,\&\, G(y,z))$

Its proof e.g. by the *tableau* method would involve six instantiations, three layers of formulas and two branches on the right side. In contrast, consider an application of the rule of functional instantiation to the antecedent of (4.1). It yields

(4.2) $(\forall x)(\forall z)(F(x, f(x)) \,\&\, G(f(x), z))$

An application of the rule of existential generalization yields the consequent. This proof is not only simpler than e.g. a *tableau* proof. It is obviously far closer to the ways in which mathematicians actually think. If you do not see this at once, think of the ways in which you would express the functional instantiation proof in the jargon of mathematicians. The antecedent would be read somewhat as follows:

> Given (only) x, there is an object y such that for any z, $F(x,y)$ and $G(y,z)$.

But if so, since this object depends only on x, it will trivially satisfy for any x and z the same conjunction.

This inference would be considered completely trivial. Yet in reality it involves an appeal to a principle of reasoning too strong in its general form to be accommodated in the current first-order axiom systems of set theory, as we will see.

We can use functional instantiation systematically and obtain a huge simplification of many first-order logical proofs. What one can do is to turn a proposition into a negation normal form and eliminate all existential quantifiers by means of the rule of functional instantiation. The remaining quantifiers are all universal. They can all be moved to the beginning of the sentence and largely neglected. The reason is that all the variables bound to them admit arbitrary substitutions. Without any great loss of generality, we can assume that all predicates have been replaced by functions, perhaps by their characteristic functions. (The characteristic function of a one-place predicate $A(x)$ is a function $f(x)$ such that $A(x)$ iff $f(x) = 1$. This is easily generalized.)

When all this is done, all usual formal first-order logical proofs become literally symbolic calculations in which all of the logic of quantifiers is reduced to substitutions of terms (usually function terms) for free variables in equations combined with each other truth-functionally. It would be interesting to see what a proof theory for such a logic of equations might look like.

A logic developed along these lines does not have theoretical interest only. It yields a proof method which often is in practice incomparably handier than the usual first-order proof methods. In order to see this, consider an example. Suppose that we have to prove the proposition about Abelian groups that would usually be expressed as follows

(4.3) $\quad x \circ (z \circ y) = (x \circ y) \circ z$

where ∘ expresses the group operator. (The symbol ∘ expresses a two-argument function.) Even to express (4.3) by means of quantifiers would require seven of them:

(4.4) $\quad (\forall x)(\forall y)(\forall z)(\forall u)(\forall v)(\forall w)(\forall t)$
$(((z \circ y) = u \,\&\, (x \circ u) = v \,\&\, (x \circ y) = w \,\&\, (w \circ z) = t) \supset v = t)$

The associative and commutative laws would likewise require several quantifiers. To deduce from them (4.3) by means of ordinary first-order logic would be a messy enterprise. In contrast, the functional deduction is trivial

(4.5) $\quad x \circ (z \circ y) = x \circ (y \circ z) = (x \circ y) \circ z$

The first identity is justified by the commutativity of ∘, the second by its associativity. But not only does functional instantiation facilitate formal logical proofs, tacit instantiation plays a pervasive role in ordinary human reasoning. Take, for instance the old chestnut of a puzzle that I have used earlier to illustrate reasoning in ordinary life:

(4.6) A gentleman and his sister are sitting on a bench in a park. Pointing to a child playing nearby, he says: "That's my niece." His sister says, "But not mine." How is it possible for both of them to be right?

How do we solve in real life such problems? Let us try to do so, and watch ourselves in process. The child is the brother's niece if and only if she is female and

(4.7) $(\exists x)(S(b,x) \,\&\, P(x,c))$

Here c = the child, s = the sister, b = the brother, $S(x,y) = x$ and y are siblings, and $P(x,y) = x$ is a parent of y. Obviously, (4.7) is tacitly obtained from the definition of a niece. Our singular terms b and c are tacitly instantiating certain variables (say y and z) in such a definition. In order to argue further, we obviously have to instantiate the x in (4.7). This should introduce a function term $p(y,z)$ for the so far unidentified parent of c. But of course our reasoning practice suggests its dependence on y and z, and argue in terms of it as if it were a simple term p, and argue simply as follows: Both s and p are siblings of b, while p and s are not siblings. This is possible only if $p = s$.

Here it is seen how we spontaneously argue in terms of function terms as if they were constants. In contrast, a conventional first-order proof would be so complicated as to tax severely one's patience, and would not be halfway as *übersichtlich*.

In more general terms, the rule of functional instantiation thus allows an automatic concrete interpretation of what is going on in a purely formal or "symbolic" proof. It can be viewed as a codification of the idea behind mathematicians' time-honored locution for an existential quantifier: "One can find." This verbal formula leaves unexpressed the crucial question: What has to be known before one can find it?

This interpretability is relevant to the philosophical problem of understanding the interpretational (semantical) meaning of formal logical proofs. Wittgenstein was especially keenly attuned to this problem, but never found a solution that would have satisfied him. Here we can see what kinds of interpretations of logical arguments might have satisfied him. (I can imagine Frank Ramsey surviving and forcing Wittgenstein to see the point.)

5 Functional instantiation is a first-order rule

It is worth emphasizing that a first-order logic amplified with a rule of functional instantiation is still a first-order logic. Considered alone, such a logic is precisely as strong as the received first-order logic, not any stronger. Moreover, it is first-order in the crucial sense that it involves no quantification over any higher-order entities. We all know Quine's quip "to be is to be a value of a bound variable". In the present context, it is much more that a clever slogan. I am convinced Hilbert was right in thinking that our difficulties in the foundations of mathematics are due to problems concerning the existence of higher-order entities. (Those problems are e.g. instantiated by a problem of choosing the axioms of set theory.) A first-order logic that includes functional instantiation is free from all such problems. The fact that in the rule of functional instantiation we introduce function constants over and above individual ones merely reflects the trivial fact that the witness individuals that show (in the sense of displaying) the truth of a quantificational sentence can depend on other such witness individuals.

By the same token, we need not worry about the consistency of the rule of functional instantiation.

Another indication of the first-order status of the rule of functional instantiation is that this rule is a valid logical principle of independence-friendly first-order logic. Even the dispensability of the rule of functional instantiation in the received first-order logic is interesting in the present context. It can be considered a proof of the fact that the rule of functional instantiation expresses a purely logical principle, and a first-order one to boot.

It might nevertheless seem that the main role of the rule of functional instantiation is to provide us with a way of improving first-order logic, but not anything relevant to foundational issues. This can perhaps be said if first-order logic is considered only by itself. When it is used in wider context, it turns out to have remarkable powers.

For one thing the rule of functional instantiation is no longer dispensable in IF logic. The dependence and independence relations admitted there are more sensitive than those to which received logic confines us, so sensitive that they can be disturbed in the process of bringing an existential quantifier to a sentence-initial position.

6 The axiom of choice – an axiom of choice?

The rule of functional instantiation might still seem to be only a handy tool in improving the theory and practice of our basic first-order logic. In reality, its most striking repercussions lie in the foundations of mathematics, especially in set theory.

In dealing with these foundations, we have to go beyond first-order logic. The received first-order logic is too weak for the purpose, and therefore has to be considered as a part of a larger enterprise, be it set-theory or higher-order logic. Now what happens if our modified first-order logic that now includes the rule of functional instantiation operates as a part of second-order logic? Obviously, we have to assume that this second-order logic includes the usual unproblematic second-order quantifier rules, including universal instantiation. Consider, then, a sentence of the following form

(6.1) $(\forall x)(\exists y)F[x,y] \supset (\exists f)(\forall x)F[x,f(x)]$

Given the rule of functional instantiation, (6.1) is logically true. In order to see that it is, consider its negation

(6.2) $(\forall x)(\exists y)F[x,y]$ & $(\forall f)\sim(\forall x)F[x,f(x)]$

An application of the rule of functional instantiation to the first conjunct of (6.2) yields a formula of the form

(6.3) $(\forall x)F[x,g(x)]$

Universal instantiation as applied to the second conjunction yields

(6.4) $\sim(\forall x)F[x,g(x)]$

which contradicts (6.2). Hence (6.1) is logically true.

In a similar way we can obviously prove any conditional of the form

(6.5) $(S \supset S^{(\text{sk})})$

where S is a first-order sentence and $S^{(\text{sk})}$ the second-order sentence that asserts the existence of a full array of Skolem functions for S.

What is remarkable about (6.1) is that it is an application of what is usually called the axiom of choice. Indeed the schema instantiated by (6.1) is sometimes used as a formulation of the axiom of choice. Since (6.1) is provable by using only first-order principles including the rule of functional instantiation (over and above trivially valid ones), it follows that *the (so-called) axiom of choice is a valid first-order logical principle.*

This conclusion is reinforced by the fact that the axiom of choice is valid in first-order IF logic. For instance, it is easily seen that the counterpart of (6.1) in IF logic is a logical truth there. In IF logic, the consequent of (6.1) becomes

(6.6) $(\forall x_1)(\forall x_2)(\exists y_1/\forall x_2)(\exists y_2/\forall x_1)$
$(((x_1 = x_2) \supset (y_1 = y_2))$ & $F[x_1,y_1]$ & $F[x_2,y_2])$

This is logically equivalent with the second-order sentence

(6.7) $(\exists f_1)(\exists f_2)(\forall x_1)(\forall x_2)$
$(((x_1 = x_2) \supset (f(x_1) = f(x_2)))$ & $F[x_1,f(x_1)]$ & $F[x_2,f(x_2)])$

Here the first conjunct says that f_1 and f_2 are the same function. Hence (6.7) is equivalent with

(6.8) $(\exists f)(\forall x)F[x, f(x)]$

which is the consequent of (6.1).

In short, the rule of functional instantiation is tantamount to a strong form of the axiom of choice. In the rest of this paper much of the discussion is formulated in terms of the axiom of choice. It should not be forgotten that we shall be in effect talking about the first-order rule of functional instantiation.

In view of what has been found out about the first-order status and the consequent indispensability of this rule, the nature and status of the axiom of choice have to be reconsidered. Indeed the first-order status of the axiom of choice is in stark contrast to the ways it is usually dealt with. Usually, it is considered a set-theoretical principle. Often, this principle is codified into the axiom system of set theory. This is where the term "axiom" in "*axiom* of choice" comes from. Even though this term will be seen to be inappropriate, it will nevertheless be used in what follows.

What has been seen is that the rule of functional instantiation has the effect of turning the "axiom" of choice into a first-order logical truth. This is interesting also in view of the history of foundational studies. The ideal that the great Hilbert had was to do mathematics entirely on the first-order level. (He blamed all the ills in the foundations of mathematics on the use of higher-order conceptualizations.) [4, pp.162-163]

The first and foremost example of an indispensable higher-order mode of reasoning is the axiom of choice. Hilbert's e-calculus was an attempt to bring the axiom of choice down to the first-order level. (See [5].) It was not a complete success in this respect. For one thing, it did not facilitate consistency proofs for elementary arithmetic.

One can even pinpoint the crucial shortcoming of Hilbert's epsilon-technique. He was on the right track in using choice terms, but he failed to indicate explicitly what the choices in question depend on. It is a variant of the mistake we found in Frege: A failure to appreciate fully the role of dependence relations in first-order logic.

We have now seen that this mistake is not inevitable. By showing that the "axiom" of choice is a first-order logical principle, we have realized an important part of Hilbert's hopes. This has repercussions for the evaluation of Hilbert's foundational work in general. For instance, when elementary number theory is based on IF first-order logic instead of the received one, it becomes possible to prove its consistency by arguably elementary means. (See [12].)

7 Axiom of choice vs. axiomatic set theory

The first-order character of the axiom of choice means that it is inappropriate to construe it as an axiom of a nonlogical mathematical theory, viz. axiomatic set theory. It ought to be instead a part of the logic which is used in set theory and in terms of which proofs in set theory are being couched. The failure of logicians to do that is attributable to the disregard of dependence relations between quantifiers that has been called Frege's mistake. Indeed, from (6.1) one can see how the axiom of choice is a matter of spelling out what the dependence of an existential quantifier on a universal one means.

It might at first look as if it were merely a matter of terminology whether the assumption we are dealing with is called a first-order logical principle or a set-theoretical axiom. However, calling it an axiom of a mathematical theory has a point only if this axiom makes a difference in the sense of ruling out otherwise conceivable alternatives. The claim that is made here is therefore that a set theory without the axiom of choice involves serious interpretational problems. Later in this essay, it will be discussed how these difficulties are manifested in the foundations of set theory.

But what is the difficulty here? A version of the axiom of choice is included in the usual axiom systems of set theory. And there does not seem to be any difficulties in formulating the first-order logic that is used as a basis of set theory so as to include a rule of functional instantiation. Here the issue seems to be merely a matter of philosophical emphasis.

Things are not so simple, however. Here we meet the feature of the problem situation that has not been completely unknown but whose full significance has not been appreciated. Logicians are here facing a dilemma. On the one hand, the form of the axiom of choice that is used in first-order axiomatic set theories does not capture the same full force of the principle that is among other formulations captured by (6.1). On the other hand, if we try to incorporate assumptions codifying this force in the usual first-order axiom systems of set theory, they become uninterpretable and even inconsistent. This happens independently whether the strong axiom of choice is introduced by a separate set-theoretical axiom or whether it is introduced by strengthening the underlying logic used in set theory by incorporating the role of functional instantiation in it.

The fact that the full force of the axiom of choice cannot be stated in first-order axiomatic set theories without making them uninterpretable as set theories can be seen in different ways. Any set theory AX that can serve as a basis of mathematical theories should allow the reconstruction of elementary arithmetic. Hence we can use Gödel numbering or an equivalent technique to discuss the syntax of AX in the very same set theory based on AX. Among other things, we can then formulate a numerical predicate $K(g(S)) = K(x)$ that says that the sentence with the Gödel number $x = g(S)$ does not have all its Skolem functions. By the diagonal theorem there is then a sentence S of the form $K(\mathbf{n}) = K(g(S))$ with the Gödel number $\mathbf{n}$. Here $\mathbf{n}$ is the numeral expressing n. Intuitively (although slightly inaccurately) S could be taken to say, "My Skolem functions do not all exist" in the same sense as the famous Gödel sentence which says, "I am unprovable." Thus S must be true, for if it were false, its Skolem functions would exist. Such existence is enough to guarantee the truth of S. Hence S will be true but without its Skolem functions, which violates the notion of truth.

Moreover, the existence of S can be proved formally in the set theory in question. This does not mean that the set theory in question is inconsistent. But it means that it does not admit of the intended kind of interpretation, that is, an interpretation where the objects quantified over are sets. For the allegedly true sentence S would be false in such a model.

Furthermore, an incorporation of the full axiom of choice in conventional axiom systems of set theory would make them inconsistent. In the self-applied set theory we could form a predicate P that applies to the Gödel number $\mathbf{n} = G(S)$ if and only if the Skolem functions of S all exist. Such a predicate would be a truth condition for set theory. Alas, from Tarski's impossibility theorem it follows that such a truth predicate is impossible on the pain of inconsistency, as it would allow for a truth definition for a first order theory in the same theory. This observation turns out to touch some of the most important presumed uses of set theory; see sec. 9 below.

The use of a restricted form of the axiom of choice in axiomatic set theory is sometimes motivated by reference to the distinction between sets and classes that is made in some set theories. The axiom of choice is taken to be applicable to sets only, not to proper classes. This is not very satisfactory theoretically, either. There does not seem to be anything intrinsic to a collection of objects that would make it a proper class instead of a set. For instance, what is it about the class of all unit sets that makes it a proper class? Frege even identified this class with the number one. Surely the number one should be capable of serving as a value of any set-theoretical variable x even in a context like $x \in c$.

8 Set theory vs. model theory

Is there an explanation of this tremendous strength of the rule of functional instantiation? Yes. Its strength is not accidental. It is based on the very nature of quantificational discourse. More specifically, it is based on the fact that the existence of a Skolem function for a quantificational sentence S is the natural truth condition for S.

One way of seeing this is in terms of the idea of "witness individuals" vouchsafing the truth of S. For a sentence of the form $(\exists x)F[x]$, a witness individual b is one satisfying $F[x]$, that is, making $F[b]$ true. For a sentence of the form $(\forall x)(\exists y)F[x,y]$, witness individuals a, b must satisfy $F[a,b]$. But here the choice of b depends on the choice of a. Hence the existence of suitable witness individuals means the existence of a function $f(x)$ such that, for each a, a and $f(a)$ can serve as witness individuals. This is generalizable as a matter of course to the existence of Skolem functions as guaranteeing the existence of the appropriate witness individuals.

This truth condition is equivalent to any other adequate truth condition. This explains the significance of the rule of functional instantiation, for it is what provides for the existence of Skolem functions for any true sentence. If those Skolem functions do not always exist for a true sentence, truth is not expressible in the language in question. In this sense, the ultimate reason why the strong form of the axiom of choice which is codified in the rule of functional instantiation is not available in first-order axiomatizations of set theory is Tarski's impossibility theorem: such a strong form of axiom of choice would make truth expressible in those axiomatizations.

Some philosophers have earnestly tried to find "truthmakers", that is entities of some kind or other that serve to make true sentences true. The search has not revealed unproblematic truthmakers. Now we can see what the true truthmakers of a quantificational sentence S are. They are the Skolem functions of S.

The persuasiveness of this answer is enhanced by the game-theoretical interpretation of first-order logic. There Skolem functions are codifications of those strategies that enable a verifier in a semantical game always to win. Such a win may be considered as a tentative verification of the sentence S which is the object of the semantical game $G(S)$ associated with S.

The failure of the rule of functional instantiation in a first-order axiomatized set theory therefore means that truth is not definable in it. It may look as if truth may be definable in a suitably formulated axiomatic set theory on the first-order level. Such appearances are deceptive, however. What happens in such cases is that the pseudo-definition yields sometimes wrong results. In particular, there will be in any model (in the first-order sense of a model) of first-order axiomatic set theory allegedly true sentences whose Skolem functions do not exist and therefore are not true on a set-theoretical interpretation of the model. Now the availability of a truth predicate is a condition sine qua non for any realistic model theory. The failure of all truth predicates in a first-order axiomatic set theory therefore means that first-order axiomatic set theory is an inadequate framework for model theory of itself.

This is a striking result in that it contradicts the widespread idea of axiomatic set theory as the natural medium of all model theory. This idea is simply wrong. For any halfway adequate model theory you need the notion of a truth, which just is not available in a set theory using traditional first-order logic. First-order axiomatic set theories are poor frameworks even for their own model theory. A fortiori, they are likely to be poor frameworks for any theory formulated in set-theoretical terms.

The inadequacies of first-order axiomatic set theory as a framework of model theory are made especially serious by the role of metatheoretic conceptualizations in modern mathematical practice. Philosophers often seem to entertain an oversimplified picture of a mathematician as a chap who sets up axiom systems and then draws logical conclusions from them. Perhaps this oversimplification is not peculiar to philosophers only. Even some practicing mathematicians think that all mathematics can do is to draw conclusions from the axioms of ZF set theory. (Cf. [16, pp. 63, 73-74].) Model-theoretic questions are on this view a superstructure that may perhaps be the business of logicians and philosophers rather than mathematicians *per se*.

This is a radical misrepresentation of current mathematical practice. Not only has the line between mathematical theories and their model theories become inconspicuous. Much of what counts as actual mathematical theorizing is in fact model-theoretical. Consider, as an example, group theory. Only a miniscule part of any work in group theory consists of deductions from the axioms of the theory. The bulk of the actual work in group theory is metatheoretical, consisting largely in such things as classifications of groups of different kinds, representation theorems, and other ways of gaining an overview of the models of group theory (i.e. groups) of different kinds. Particular deductive consequences of the axioms do not play a much bigger role in the real theory than particular numerical equations like Kant's $5 + 7 = 12$ play in actual number theory.

This feature of mathematical practice explains a curious episode in the history of twentieth-century logical theory. (Cf. [11].) Tarski's preferences in logic were algebraic rather than geometric or set-theoretical. In the forties, he ganged up with Quine to criticize Carnap's attempts to build a model theory in the form of "logical semantics". This makes it prima facie surprising that it was Tarski who in the fifties and sixties led the development of the present-day model theory. The solution lies in the fact that Tarski was virtually forced to develop a model theory by his pursuits in the theory and metatheory of different algebraic systems. It was not initially thought of as a separate branch of logical studies, comparable to proof theory or recursion theory. It was created as part of the metamathematics of algebra.

9   The meaning of quantifiers and the foundations of mathematics

The rule of functional instantiation does not presuppose any particular "standard" conception of logic, either. In fact, it offers means of interpreting such "nonstandard" variants of logic as constructivistic and intuitionistic ones and also bringing out their precise differences from the "classical" logic. We can simply interpret them as restricting the function constants introduced in functional instantiation in some desired way, for instance as a restriction to constructive functions or to known functions.

The problems discussed in this paper are thus likely to come up in any reasonable approach to the foundations. In view of the role the axiom of choice plays in the arguments marshaled here, it is therefore instructive to see that, for all the lip service to the contrary, some of the most prominent constructivists among philosophers of logic (for some reason they call themselves intuitionists) have ended up endorsing the axiom of choice. They include Michael Dummett [2, pp. 52-59] and Per Martin-Löf [15, pp. 50-52]. This strikingly illustrates the fact that what is at issue in the axiom of choice is the meaning of quantifiers, not the interpretation of mathematical truth in general.

This can be generalized. The introduction of the rule of functional instantiation has striking consequences for the understanding of what is referred to as "mathematical practice" and what has recently become a revered holy cow in semi-popular philosophy of mathematics. In spite of the attention ostensibly paid to this practice, some of its significant features have not been noted. One of them is the fact that mathematicians routinely use functional instantiation in their reasoning. As soon as objects of a certain kind exist, mathematicians introduce symbols for them, even though those objects depend on others. Often that dependence is not explicitly indicated.

For one simple example, one of the axioms of group theory could be expressed as

(9.1) $(\forall x)(\exists y)(x \circ y = e)$

But nobody in actual practice (other than a logic student) starts a proof from (9.1). A mathematician immediately introduces a symbol, e.g. x^{-1} for the y. This is but an application of functional instantiation.

Likewise, in defining the continuity of a function $f(x)$ at the value x_0 in an interval $x_1 \leq x_0 \leq x_2$ by the usual ϵ-δ method, textbooks write out only one symbol for ϵ and δ, respectively, even though δ in reality is a function $\delta(\epsilon)$ of ϵ. Moreover, δ depends also on x_0 so that it should strictly speaking be expressed as $\delta(\epsilon, x_0)$, even though in introductory texts this is never expressed. (If δ actually can be chosen independently of x_0, we have a definition of uniform continuity, instead of continuity *simpliciter.*)

In many, probably most cases, such functional instantiations can be treated as expository tricks. But this does not change the fact that mathematicians routinely rely on a rule of inference that is (in suitable contexts) extremely strong, in fact so strong that it is incompatible with the usual axiom systems of set theory. This in turn refutes the commonplace belief that first-order axiomatic set theories can be considered a lingua franca of all mathematics.

The fact that axiomatic set theory does not capture certain obviously acceptable modes of inference must also be considered a serious limitation to the uses of first-order axiomatic set theory. It seems to me that we should pay much more attention to these limitations. Thus we should for instance consider Gödel's and Paul Cohen's unprovability results as warning signs, as symptoms of shortcomings, rather than informative achievements concerning the continuum hypothesis or the axiom of choice. (Cf. [1].)

In sum, what the logic is that practicing mathematicians in effect use is a version of first-order logic that includes functional instantiation. This logic is easily confused in its applications with ordinary first-order logic. The reason is that when mathematicians instantiate their (usually tacit) quantifiers, the dependence of the instantiating "arbitrary object" on other objects is often, perhaps typically, left unexpressed. This is not merely a matter of exposition. Since mathematicians are frequently using functional instantiations in contexts involving sets or other higher-order entities, their logic is in fact much stronger than the received first-order logic and in fact stronger than the usual first-order axiomatized set theories. This shows how unrealistic these first-order axiomatic set theories are as frameworks of mathematical practice.

It is no excuse for this failure that its roots may lie in the nature of literally hardwired human preferences in logic reasoning. In general, human reasoners like to operate with free variables or other symbols that behave like constants in that their dependencies on other objects can be disregarded, rather than bound variables or other symbols whose dependence on others is spelled out. The exception is a variable bound to a sentence-initial universal quantifier. Such a variable can be thought of as representing "an arbitrary individual" or perhaps "an unknown individual" about which we can reason in the same way as ordinary known ones. This instinctive preference may be due to the hardwired characteristics of the human information-processing faculty. (See [17], [6].) Now we have seen that this preferred method of reasoning can be made possible by the rule of functional instantiation. This rule has therefore an important role in any humanly natural system of reasoning.

Perhaps we can from the vantage point that has been reached also put the large-scale history of modern logic into an interesting and perhaps ironic perspective. One characteristic feature of the entire logicist enterprise of Frege, Russell and Whitehead and their ilk is that they tried to reduce mathematical reasoning to purely logical reasoning. For instance, in Frege's axiomatization of his *Begriffsschrift* there are no characteristically higher-order assumptions. Frege thought he could formulate the crucial assumptions in terms of the identity conditions of extensions and value-ranges of propositional functions. (Cf. the Basic Law V of his *Grundgesetze*.) This enterprise might seem hopelessly unrealistic, in view of the apparent limitations of first-order reasoning. However, it is now seen that logicists' reliance on first-order logic is not entirely misplaced. Unfortunately, what later logicians and mathematicians did was look for the sources of the missing greater strength outside logic, mainly in set theory, instead of making the most of what they already had in first-order logic.

If the idea behind the rule of functional instantiation is as simple as it has been seen to be and yet so consequential, how come it has not been used and studied before? It does not seem unfair to blame it on the same neglect of the role of quantifiers as dependence indicators as we initially diagnosed in Frege.

One form of this neglect is a failure to pay attention to the assumptions that are actually made in the reasoning used in mathematical practice. When the axiom of choice was first formulated, it turned out that it had unwittingly been used frequently in accepted mathematical arguments, sometimes by the very critics of the axiom. It seems that this self-examination should be continued. It has turned out that what looks like a simple first-order inference may in fact be an appeal to a strong version of the axiom of choice. This is important in a foundational perspective for the purpose of understanding mathematical practice. This practice may involve assumptions that go well beyond, not only our usual first-order logic, but our usual axiomatic set theory. This provides an interesting perspective on projects like the "reverse mathematics" of Harvey Friedman. It is of great interest to see precisely what assumptions an actual mathematical argument presupposes.

10 Quo vadis?

Where should foundational studies be headed after Frege's mistake has been rectified? This is too large and too sweeping a question to be dealt with in one paper. Some observations nevertheless seem pertinent. For one thing, set theory should in the future be based on some logic that allows the formulation of a truth predicate for set theory by the means of set theory itself. One such logic is IF first-order logic. But whatever logic can serve this purpose presumably must dispense with the law of excluded middle, as IF logic does. This would necessitate giving up of Frege's well-known requirement on sets, viz. that the membership in one of them is well defined, not allowing indeterminate cases. This would mean a significant change in our very notion of set.

One can also ask: In the light of these results, where should the study of set theory be heading? Or should we rather ask: What should set theory be taken to be? There is an age-old debate as to what logic really is, a theory (alias "science") or a conceptual tool for all sciences, an *organon*. This question is still very much alive. For instance, are the axiomatizations of this or that part of logic on a par with the axiomatizations of scientific theories? The deep differences between the two are sometimes overlooked.

The same question should be asked about set theory. It is often taken to be like any other mathematical theory. But if so, how can it be a way of codifying logical principles of reasoning, such as in the axiom of choice? In any ordinary axiomatic theory, we need some logic by means of which we reason about its models. Now the axiomatic assumptions in set theory are assumptions concerning those models. How can they at the same time codify modes of reasoning about those models?

The interpretation of axiomatic set theory as a normal mathematical theory leads to other strange results. For what are the objects which it theorizes about? All actually existing sets? But how do we know what there actually exists? Either we have to postulate an upper floor of our universe populated by abstract Platonic objects or else we have to envisage a super-universe of possible structures, some sort of "model of all models". Neither conception can be easily disproved, but neither has much appeal to a thinker who takes set theory to claim to have a special foundational role. For surely we need some subject-independent logic in order to reason about such entities.

What has been found in this essay suggests an unpopular answer. It has been found that one of the kingpins of set theory, the axiom of choice, must be considered a logical principle, even a first-order one. This strongly suggests looking at the entire set theory in the same way, as a part of logic rather than as a separate mathematical theory. This suggestion is supported strongly, virtually conclusively by developments starting from IF logic. Many mathematical conceptualizations and modes of reasoning that go beyond the resources of the received logic and hence were typically considered set-theoretical rather than logical, for instance equicardinality and König's lemma, are captured by means of IF logic. Indeed, if we are willing to use very strong forms of tertium non datur, the entire force of second-order logic can be captured in a suitably enriched first-order logic. Since second-order IF logic arguably catches all the inferences needed in normal mathematics, set theory becomes dispensable as a foundational enterprise, unless it merges with the strengthened first-order logic.

A revision of set theory along the lines sketched here is not a retreat. On the contrary, it opens new opportunities. It was seen that the full force of the rule of functional instantiation cannot be realized within the framework of first-order axiomatic set theory. Small wonder, therefore, that important problems such as the truth of the continuum hypothesis cannot be solved in a system like ZF set theory. With the help of a logic incorporating the rule of functional instantiation these problems become more easily accessible already on the first-order level. Hence even if you do not want to give up first-order axiomatic set theory *tout court*, you may be interested in examining what can be done in an alternative approach.

BIBLIOGRAPHY

[1] Cohen, Paul, 1066, *Set Theory and the Continuum Hypothesis*, W.A. Benjamin, New York.
[2] Dummett, Michael, 1977, *Elements of Intuitionism*, Clarendon Press, Oxford.
[3] Frege, Gottlob, 1984 (original 1821), "Function and Concept", in Gottlob Frege, *Collected Papers*, Basic Blackwell, Oxford, 137–156.
[4] Hilbert, David, 1922, "Neubegründung der Mathematik, Erste Mitterlung", *Abhandlungen aus dem Mathematik Seminar der Hamburger Universität*, vol. 1, 157–177.
[5] Hilbert, David, and Paul Bernays, 1934-39, *Grundlagen der Mathematik*, Springer, Heidelberg and New York.
[6] Hintikka, Jaakko, 1990, "The Languages of Human Thought and the Languages of Artificial Intelligence", *Acta Philosophica Fennica*, vol. 49, 307–330
[7] Hintikka, Jaakko, 1996 (a), *The Principles of Mathematics Revisited*, Cambridge U.P., Cambridge.
[8] Hintikka, Jaakko, 1996 (b), "The Place of C.S. Peirce in the History of Logical Theory", in J. Brunning and P. Forster, editors, *The Rule of Reason: The Philosophy of Charles Sanders Peirce*, University of Toronto, Toronto, 13–33.
[9] Hintikka, Jaakko, 1997, "No Scope For Scope?", *Linguistics and Philosophy*, vol. 20, 515–544.
[10] Hintikka, Jaakko, 2003, "A Second-Generation Epistemic Logic", *in* Vincent F. Hendricks et. al, editors, *Knowledge Contributors*, Kluwer Academic, Dordrecht, 33–56.
[11] Hintikka, Jaakko, 2004, "On Tarski's Assumptions", *Synthese* vol. 142, 353–369.
[12] Hintikka, Jaakko, and Besim Karakadilar, 2006, "How to Prove the Consistency of Elementary Arithmetic", in T. Aho and A.-V. Pietarinen, eds., *Truth and Games* (*Acta Philosophica Fennica* vol. 78), Societas Philosophica Fennica, Helsinki, 1–15.
[13] Hintikka, Jaakko, and Gabriel Sandu, 1997, "Game-Theoretical Semantics" in J. von Benthem and Alice ter Meulen, editors, *Handbook of Logic and Language*, Elsevier, Amsterdam, 361–410.
[14] Klein, Jacob, 1968, *Greek Mathematical Thought and the Origin of Algebra*, the MIT Press, Cambridge, MA.

[15] Martin-Löf, Per, 1984, *Intuitionistic Type Theory*, Bibliopolis, Napoli.
[16] Ruelle, David, 2007, *The Mathematician's Brain*, Princeton U.P. Princeton.
[17] von Neumann, John, 1958, *The Computer and The Brain*, Yale U. P., New Haven.

Jaakko Hintikka
Department of Philosophy
Boston University
hintikka@bu.edu

Heinzmann, Hintikka, et la vérité

MANUEL REBUSCHI

Jaakko Hintikka promeut depuis plusieurs années une conception de la vérité « post-tarskienne » appuyée sur la logique IF [9]. Dans un article publié en 2004, Gerhard Heinzmann a confronté la logique IF et la conception de la vérité qui en ressort à la critique poincaréenne de la logique moderne [2]. Dans la présente contribution je souhaite reprendre cette discussion et contraster les points de vue de Hintikka et de Heinzmann, tous deux fervents adeptes de sémantique à base de jeux, sur la question du réalisme.

1 La conception post-tarskienne de la vérité par Hintikka

Depuis son [7], Hintikka met en avant l'idée que les travaux de Tarski ont été contraints et biaisés par la logique classique du premier ordre. La logique IF (*independence-friendly*) est une extension de la logique habituelle du premier ordre obtenue par l'ajout d'un marqueur syntaxique signalant l'indépendance sémantique entre constantes logiques (le *slash* : /). Il y a différentes manières de comprendre la logique IF. L'une d'elles s'appuie sur la sémantique des jeux.

Initialement conçue pour les langages du premier ordre ordinaire, mais également pour des fragments des langues naturelles, la théorie sémantique des jeux (GTS pour *Game-theoretical semantics*) est une méthode d'évaluation des énoncés complexes relativement à une évaluation préalable des énoncés atomiques dans un modèle $\mathcal{M} = \{D, I\}$. A chaque énoncé (formule close) du premier ordre φ et chaque modèle $\mathcal{M}$ est associé un jeu $G(\varphi, \mathcal{M})$ mettant aux prises deux joueurs, le *vérificateur initial* (qui défend φ) et le *falsificateur initial* (qui le conteste)[1]. Si le vérificateur initial dispose d'une stratégie gagnante dans le jeu, autrement dit s'il dispose d'une méthode pour gagner toutes les parties contre son adversaire, alors l'énoncé est *vrai au sens de GTS* dans le modèle $\mathcal{M}$. Moyennant l'axiome du choix et l'interprétation standard de la logique du second ordre, la notion de vérité au

---

[1] Ce n'est pas ici le lieu de présenter le détail des règles des jeux sémantiques. Le lecteur pourra se reporter à [4] pour une présentation complète de GTS.

sens de GTS coïncide avec la notion standard, à la Tarski, de vérité dans un modèle.

Parmi les concepts issus de la théorie des jeux et transposés à la sémantique, celui de jeu à information imparfaite a retenu l'attention de Hintikka (rejoint par Sandu). Les jeux sémantiques pour les énoncés du premier ordre ordinaire sont en effet des jeux à information parfaite, i.e. tels que chaque joueur peut accéder en permanence à toute l'information sur l'historique de la partie. A l'inverse, les jeux à information imparfaite supposent que certaines informations, p.ex. certains des coups préalablement joués par l'adversaire, peuvent rester inaccessibles à l'un des joueurs.

C'est ici qu'intervient la sémantique des quantificateurs indépendants. Pour une formule $\forall x \exists y S(x,y)$ évaluée relativement à un modèle $\mathcal{M}$, un premier coup est joué par le falsificateur initial qui choisit un objet $\mathbf{d}$ dans le domaine du modèle, et un nom a pour cet objet (une constante éventuellement ajoutée au vocabulaire), de sorte que la partie se poursuive avec $\exists y S(a,y)$; ensuite, le vérificateur initial choisit un objet $\mathbf{d}'$ dans le domaine, un nom b pour cet objet, de sorte que la partie se poursuive avec $S(a,b)$; si la formule atomique $S(a,b)$ est vraie dans $\mathcal{M}$, alors le vérificateur initial gagne la partie, sinon il la perd.

La victoire du vérificateur initial dépend donc de sa capacité à choisir un bon objet « témoin » $\mathbf{d}'$ en fonction du choix préalablement effectué par le falsificateur initial. Dans un jeu à information imparfaite, le vérificateur initial peut être contraint de procéder au choix d'un objet sans connaître le coup joué par son adversaire, i.e. sans savoir quel objet a été choisi pour x en début de partie. Ce choix indépendant est repéré syntaxiquement par la marque d'indépendance citée plus haut : $\forall x (\exists y / \forall x) S(x,y)$ signifie que le choix d'une valeur pour y est indépendant du choix d'une valeur pour x. L'introduction de l'information imparfaite dans les jeux sémantiques se traduit par une restriction sur la classe des stratégies disponibles pour le vérificateur initial : seules les stratégies dites *uniformes* (relativement aux valeurs des variables à l'égard desquelles il y a des quantificateurs indépendants) sont en effet susceptibles d'être retenues.

Les quantificateurs indépendants permettent une expressivité accrue de la logique du premier ordre. Si l'exemple de formule ci-dessus équivaut à une formule du premier ordre ordinaire ($\exists y \forall x S(x,y)$), d'autres formules n'ont pas de traduction semblable. Les formules IF équivalant à des formules à quantificateurs branchants, comme $\forall x \forall y (\exists z / \forall y)(\exists t / \forall x) R[x,y,z,t]$, ne sont ainsi pas réductibles à des formules du premier ordre ordinaire. La logique IF correspond en fait au fragment Σ_1^1 de la logique du second ordre, qui comprend exactement les formules pouvant être mise sous la forme :

$\exists X_1 \ldots \exists X_k \phi$, où les $\exists X_i$ sont des quantificateurs existentiels du second ordre, et ϕ une formule du premier ordre.

Un apport remarquable de l'expressivité accrue des langages IF est la possibilité de définir un prédicat de vérité pour ces langages « de l'intérieur », i.e. sans recourir à un métalangage [8]. Chaque formule φ du premier ordre (ordinaire ou IF) peut être transformée par *skolémisation*, une procédure qui consiste à remplacer les quantificateurs existentiels par des symboles inédits représentant des fonctions, éventuellement constantes, dites *fonctions de Skolem*[2]. On obtient ensuite une formule du second ordre (en fait Σ_1^1) φ' par généralisation existentielle sur les fonctions de Skolem. Ainsi à partir des deux formules considérées plus haut, on obtient :

Pour $\forall x \exists y S(x,y)$: $\quad \exists f \forall x S(x, f(x))$
et pour $\forall x \forall y (\exists z/\forall y)(\exists t/\forall x) R[x,y,z,t]$: $\quad \exists f \exists g \forall x \forall y R[x,y,f(x),g(y)]$

Or la sémantique des jeux offre une interprétation naturelle des fonctions de Skolem en tant que *composants des stratégies* du vérificateur initial dans un jeu sémantique. L'expression des conditions de vérité pour φ relativement à $\mathcal{M}$ suivant GTS, qui consiste en l'affirmation de l'existence d'une stratégie gagnante[3] pour le vérificateur initial dans le jeu $G(\varphi, \mathcal{M})$, se trouve ainsi exprimée au moyen de la formule φ'. Cette expression relève donc du fragment Σ_1^1 de la logique du second ordre, qui peut être traduit en logique IF. Pour Hintikka, la malédiction de Tarski est ainsi exorcisée, la sémantique cessant pour de bon d'être ineffable [5].

2 La critique pragmatiste par Heinzmann

La définition de la vérité en termes de jeux par Hintikka semble cependant pouvoir se dispenser des jeux. C'est ce qui revient sous la plume de Heinzmann [2] lorsqu'il s'interroge sur la possibilité de fonder la vérité sur des stratégies apprises et maîtrisées au cours des parties de jeux sémantiques. C'est en fait explicite chez Hintikka lui-même lorsqu'il propose des définitions alternatives de la vérité en termes de fonctions de Skolem [11]. L'apport des jeux se réduit-il à un habillage prétendument ludique de la bonne vieille théorie des modèles ?

Ce qui est ici en cause, c'est essentiellement la question du *réalisme*. Pour Hintikka, s'il existe une stratégie gagnante pour le vérificateur initial d'un jeu sémantique, il serait trompeur de parler en termes de stratégie « connue »

---

[2] La procédure est bien connue pour les formules du premier ordre ordinaire – elle est employée notamment par la méthode de résolution. Hintikka y ajoute l'introduction de fonctions de Skolem pour les disjonctions, et il étend donc la procédure aux formules IF.

[3] Donc d'une collection de fonctions de Skolem, ce qui fait dire à Hintikka [10] que s'il doit y avoir des vérifacteurs (*truthmakers*), ce doivent être les fonctions de Skolem.

ou « maîtrisée » par ce joueur : cette existence ne fait que révéler une propriété du modèle. Une des questions en jeu dans ce débat, si l'on peut dire, est celle de la signification de *l'existence* d'une stratégie gagnante. On peut avoir une approche réaliste de l'existence en général, et de celle des stratégies en particulier ; ou bien défendre un concept constructif d'existence. Selon Heinzmann, cette seconde voie implique d'avoir une théorie de l'apprentissage des stratégies[4]. Pour Hintikka, à l'inverse, le constructivisme est envisagé tout au plus comme une restriction sur la classe des stratégies gagnantes : ces dernières étant analysables en termes de fonctions de Skolem, une logique constructive pourrait être élaborée qui se contenterait d'imposer aux stratégies gagnantes d'être uniquement constituées de fonctions récursives. La constructivité selon Hintikka est donc nettement moins radicale que celle qui porte sur l'existence même des stratégies.

Je voudrais tenter une explication de ce qui a pu motiver l'écart de conception entre les deux auteurs. Elle est en partie historique : Hintikka et Heinzmann ont beau parler de jeux et de logique, ils n'en sont pas moins affiliés à deux traditions distinctes [16]. Tandis que Heinzmann revendique son appartenance à la tradition dialogique forgée par Lorenzen autour de l'intuitionnisme, Hintikka est à l'origine d'un autre courant, celui de la sémantique des jeux, qui ne remet pas fondamentalement en cause la logique standard.

L'écart ne réside cependant pas tant entre la déviance originelle de l'un et la normalité de l'autre des deux auteurs, que dans le sujet des travaux respectifs des deux courants. La logique dialogique propose une sémantique à base de jeux principalement centrée sur la question de la *vérité logique*, alors que la sémantique des jeux propose avant tout des jeux d'évaluation permettant d'établir la *vérité matérielle* des formules (relativement aux formules atomiques qui les composent, et en dernière analyse relativement à un modèle). En bref, le centre d'intérêt des deux courants n'est pas le même[5]. Plus important, la *vérité logique* n'est pas conçue de la même manière : appréhendée de façon standard par GTS, autrement dit comme vérité dans tous les modèles, elle est définie indépendamment de la vérité matérielle en logique dialogique[6].

---

[4] Intervention en réponse à J. Dubucs pendant la soutenance de thèse de F. Tremblay, le 10 décembre 2008 à Nancy.

[5] Le passage d'un formalisme à l'autre n'a par ailleurs été établi que très récemment, et il est tout sauf trivial (cf. [13], [19]).

[6] Quand ils sont *formels* et permettent donc d'établir la vérité logique, les jeux dialogiques peuvent être appréhendés comme des jeux purement linguistiques. A l'inverse, les jeux sémantiques de GTS qui visent à établir la vérité matérielle des formules peuvent être décrits comme d'authentiques « jeux de recherche et de découverte » d'objets *dans le monde* [18].

Or de façon générale, il semble beaucoup moins coûteux d'être antiréaliste à propos de la vérité logique qu'au sujet de la vérité matérielle. Dans ce qui suit, j'emploierai – conformément à l'usage – l'expression d'*antiréalisme logique* pour le premier sens, et celle d'*antiréalisme sémantique* pour le second. Etre antiréaliste sémantique suppose de subordonner la vérité d'énoncés empiriques contingents comme « L'herbe est verte » ou « Platon est mort » à leur connaissabilité en principe – donc à la possibilité que ces énoncés soient tenus pour vrais. Il faut alors renoncer à toute conception d'une vérité comme correspondance avec des faits réalisés dans le monde : la notion de fait dans le monde elle-même n'a pas véritablement de sens, seule celle de fait connaissable ou réfutable en a un.

L'antiréalisme logique peut se défendre de différentes manières. On peut considérer, à la manière de Frege, que (*a*) les vérités logiques sont les vérités les plus générales sur le monde. L'antiréalisme logique consiste alors à subordonner ces vérités, au même titre que les vérités empiriques et contingentes, à leur connaissabilité en principe. S'il partage cette conception de la vérité logique comme vérité mondaine, un partisan de l'antiréalisme sémantique, qui subordonne les vérités mondaines à leur connaissabilité en principe, devrait naturellement étendre son antiréalisme aux vérités logiques. Symétriquement, dans le cadre de cette conception de la vérité logique un partisan de l'antiréalisme logique serait *ipso facto* engagé à défendre l'antiréalisme sémantique : une conception unifiée de la vérité logique et de la vérité matérielle comme vérités portant sur le monde conduit à une uniformité d'attitudes à leur endroit.

Une autre conception des vérités logiques leur dénie le statut de vérités sur le monde. Les vérités logiques sont alors conçues (*b*) comme des vérités analytiques, ou comme dépendant de notre appareil cognitif; elles sont résolument du côté normatif, à l'écart des faits. Il semble alors que l'antiréalisme logique acquière dans ce cas une relative neutralité quant à la question du réalisme sémantique. On peut en effet être antiréaliste logique au sens où on considère que les vérités logiques doivent encoder nos capacités limitées d'inférence, tout en étant réaliste sémantique parce qu'on pense qu'il y a des faits au-delà de ce que nous pouvons savoir[7], ou antiréaliste sémantique parce que qu'on pense que cela n'est pas le cas.

Un antiréaliste logique se reconnaîtra plus facilement dans la seconde conception de la vérité logique (*b*) que dans la première (*a*). Par ailleurs, la conception (*b*) est à première vue plus proche de l'approche dialogique, qui

---

[7] La position inverse n'est pas intenable en principe. Elle consisterait à affirmer que les vérités mondaines dépendent de nos moyens de connaissance, alors que les vérités logiques, normatives, n'en dépendent pas. Cette position aurait au mieux un caractère très artificiel.

réussit à définir la vérité logique indépendamment de la vérité des atomes, que ne l'est la conception (a). L'antiréaliste logique nourri de dialogique serait ainsi dans une position neutre quant à l'antiréalisme sémantique.

Cela étant dit, un antiréaliste authentique rejettera probablement la coupure proposée par (b) entre vérités logiques et vérités empiriques. Séparer les choses de cette manière fleure bon le dogmatisme empiriste vilipendé par Quine, et aura de quoi énerver tout pragmatiste convaincu d'une forme de holisme englobant notre logique, nos théories, et nos prétendus « faits » empiriques. Un pragmatiste ou antiréaliste authentique prônera un alignement « par le haut » des vérités empiriques sur les vérités logiques : toutes ces vérités dépendent essentiellement de notre capacité à les appréhender. Cette conception n'est bien entendu pas impliquée par la dialogique elle-même, qui peut parfaitement s'accorder avec une conception standard (réaliste) des vérités matérielles. Il me semble cependant qu'elle découle du pragmatisme défendu par Heinzmann. Dans la suite, je vais essayer d'explorer quelle pourrait être une conception de ce type, basée sur les jeux.

3 Un antiréalisme ludique jusqu'au-boutiste ?

Jusqu'où peut-on faire dépendre la vérité matérielle de nos moyens de connaissance ? Faut-il rendre l'existence des stratégies gagnantes des jeux sémantiques dépendante de notre aptitude à les trouver ? Nous risquerions alors de devoir considérer de nombreuses vérités empiriques ou mathématiques comme des énoncés indéterminés. Mais après tout, les exigences intuitionnistes ou constructivistes ont pu conduire à de telles restrictions. Il existe cependant une menace plus grande : une conception qui non seulement écarterait des vérités reconnues, mais également intègrerait parmi les vérités des énoncés qui ne sont pas réputés vrais.

Une idée dans ce sens s'appuierait sur la poursuite des jeux sémantiques avec les énoncés atomiques. Non pas des jeux qui reproduiraient les données d'un modèle préexistant[8], mais des jeux qui *constitueraient* les faits atomiques d'un modèle. Une telle approche est-elle tenable ? Cela semble pour le moins délicat. Sur quels critères décider de la victoire dans un jeu argumentatif – i.e. du type d'un jeu dialogique – s'il n'y a pas de modèle préfixé, entre deux joueurs de force égale ? Si l'un des joueurs se trouve dans une meilleure posture pour défendre son argument, cela peut-il reposer sur des éléments exclusivement internes au jeu ? N'est-on pas obligé de recourir à des facteurs externes, i.e. relevant du modèle ?

D'autre part, si elle était tenable, cette approche serait-elle souhaitable ? La vérité serait alors entièrement construite, certes en interaction dialogique donc de manière intersubjective, mais sans interaction pratique avec

---

[8] Un type de jeu sémantique « étendu » reproduisant le modèle est proposé dans [15].

le monde. Du simple révisionnisme, on serait ainsi passé à une forme de relativisme extrême. On peut trouver une formalisation de cette idée chez Fitting [1] qui définit la vérité d'une formule comme la classe des agents tenant cette formule pour vraie. Il semble cependant que cette approche soit trop radicalement antiréaliste. Que les faits et/ou les objets dépendent constitutivement des agents est une chose, qu'ils ne dépendent *que* des agents en est une autre. Cette position extrême paraît aller au-delà de l'intention de Heinzmann, selon qui le pragmatisme dialogique qu'il revendique doit envisager « la simultanéité de la construction *et de la description* de l'objet, insérées dans un processus de socialisation » [3, p. 292] (je souligne).

On conçoit pourtant aisément qu'un pragmatiste rejette la conception correspondantiste de la vérité. Qualifier la vérité comme correspondance avec les faits suppose qu'il y ait des faits, ce qui est forcément sujet à caution. En outre, comme le soulignait Frege cette conception est menacée de régression : si j'affirme que « p est vraie ssi p correspond aux faits », il reste à montrer que « p correspond aux faits » est vraie, autrement dit correspond aux faits, et ainsi de suite. Faut-il conclure, avec Frege, que la vérité n'est pas une propriété substantielle ? Il doit y avoir de cela dans une position pragmatiste dialogique, mais pas seulement. En guise de conclusion, je voudrais défendre deux idées :

(i) dans la mesure où une théorie de la vérité est justifiée aux yeux d'un pragmatiste, celle de Hintikka est certainement l'une des meilleures ;

(ii) plutôt que de faire la théorie et définir, i.e. *dire* ce qu'est la vérité, une position pragmatiste peut vouloir *montrer* ce qu'elle est.

Des mérites (plus ou moins cachés) de la vérité IF. Un avantage immédiatement apparent de la logique IF aux yeux de tout antiréaliste est son allure de *système embarqué* : Hintikka vante à juste titre l'extraordinaire expressivité de cette logique qui permet de définir la vérité[9] et d'échapper à la régression signalée plus haut, tout en évitant de recourir à des moyens plus forts que ceux mis en œuvre pour la maîtrise des jeux sémantiques de base :

> ... the values of the second-order quantifiers that are needed in the truth-conditions I have formulated are (parts of) strategies used in the semantical games that give the original first-order language its meaning. Hence we understand them as soon as we understand the original semantical games. Hence no more language learning or language understanding is presupposed in my truth conditions than is required for the purpose of a realistic mastery of the original "object language". [6, p.27]

---

[9] Même si l'on peut reprocher à la définition de la vérité par la logique IF de ne pas faire le tour complet de la question, puisqu'elle ne permet pas d'exprimer l'*adéquation* du prédicat de vérité qu'elle permet de définir. Ce point a été souligné par Rouilhan & Bozon [17] – contrairement au compte-rendu erroné que j'en ai fait dans la préface de la traduction française de Hintikka [7] – et il a finalement été reconnu par Hintikka le 7 juin 2007, à l'Institut Finlandais de Paris.

Cet avantage – relativement aux exigences formulées par Heinzmann – n'est pas isolé. La définition IF permet en outre de combiner une conception minimaliste (du type de la *vérité redondance*) avec les intuitions correspondantistes. Hintikka [6] souligne qu'il faut distinguer, dans l'expression IF des conditions de vérité, le résultat, relativement trivial, du processus qui y aboutit. Ce dernier consiste à traduire une formule d'un langage du premier ordre (IF ou ordinaire) dans le fragment Σ_1^1 de la logique du second ordre, puis de traduire cette nouvelle formule en logique IF. Le résultat peut parfois être tout simplement la formule de départ, ce qui revient au truisme « p est vraie ssi p ». Il est donc relativement trivial, et la définition de la vérité qui en est le décalque (formulée à l'aide d'un prédicat $T(x)$ s'appliquant aux nombres de Gödel des seuls énoncés vrais[10]) est en ce sens minimaliste.

Pour autant, le processus qui produit ce résultat n'est pas trivial : la traduction en second ordre, étape intermédiaire, est en fait l'expression des conditions de vérité GTS de la formule de départ. Ce qui apparente sa conception à la théorie correspondantiste selon Hintikka[11], et quoi qu'il en soit, à une conception substantielle de la vérité. Cette dimension est cependant cachée dans le résultat.

Faut-il vraiment *définir* la vérité ? On peut mettre en cause l'ensemble de la stratégie qui consiste à vouloir *définir* théoriquement la vérité. Pourquoi une théorie de la vérité ? Ne vaut-il pas mieux *montrer* comme elle se construit dans les faits, voire la naturaliser [3] ?

La distinction entre processus et résultat dans la définition théorique de la vérité par Hintikka suggère ici une sorte de partage du travail. Aux théoriciens de la vérité, confions la tâche d'une définition minimaliste, non substantielle, de la vérité. C'est ce qui ressort de la définition de Tarski, quoique avec des moyens extravagants aux yeux d'un pragmatiste. C'est ce qui ressort de la définition de Hintikka, avec des moyens plus raisonnables car maîtrisés dès le langage-objet.

Le travail est-il alors terminé ? Non, car il reste à offrir une compréhension substantielle, philosophique de la vérité, qui soit compatible avec la définition théorique retenue. Ici, les objets, relations, suites d'objets ou faits

---

[10] "The truth-predicate ... looks complicated but this is only because it codifies in effect truth-conditions for all the different types of sentences. Applied to any particular one, these different conditions come to play one by one in the most straightforward manner. ... In general, when my truth-definition is applied to a sentence S, little more is involved in simple cases than the decoding of the Gödel number representation of the sentence S. Only when we come to sentences which themselves involve the truth-predicate do we get nontrivial results." [6, pp. 37-38]

[11] Il lui faut pour cela ajouter l'interprétation objectuelle des quantificateurs. Cela n'est cependant pas obligatoire pour GTS, puisqu'on peut combiner la sémantique des jeux avec une interprétation substitutionnelle de la quantification – cf. [14] sur ce point.

élémentaires qui servent de substrat aux définitions théoriques peuvent être appréhendés dans leur genèse, naturalisés ou non. Il ne s'agit pas d'une quête des fondements ultimes de la vérité, mais plutôt d'explorer les jeux de langage premiers qui sont les préconditions d'une définition de la vérité.

Heinzmann [4] mentionne ces énoncés du *sens commun* qui ne sont ni vrais ni faux mais constituent le point de départ d'un processus d'abstraction conduisant aux attributions de valeurs de vérité. Le sens commun n'est donc pas le lieu d'une théorie, il est le « niveau intuitif » de départ, celui d'un usage non réflexif du langage [3, p. 289]. Notre compréhension de la vérité, pour être complète, ne peut donc pas se contenter de la meilleure des théories : elle doit atteindre le lieu de l'ineffable, où il vaut mieux montrer et observer, plutôt que de s'acharner à essayer de dire théoriquement les choses.

Remerciements Je tiens à remercier ici Pierre-Edouard Bour, Helge Rückert et Tero Tulenheimo pour leurs commentaires critiques sur une version antérieure de cet article. Je reste bien entendu seul responsable des erreurs.

BIBLIOGRAPHIE

[1] Fitting, M., 2009, "How True It Is — Who Says It's True", *Studia Logica* (2009) 91, 335–366.
[2] Heinzmann, G., 2004, "Comments on Jaakko Hintikka's Post-Tarskian Truth", in P. Weingartner (ed.), *Alternative Logics. Do Sciences Need Them?*, Dordrecht, Springer, 165–173.
[3] Heinzmann, G., 2006, "Naturalizing Dialogic Pragmatics", in J. van Benthem et al. (eds.), *The Age of Alternative Logics. Assessing Philosophy of Logic and Mathematics Today*, Springer, Dordrecht, 285–297.
[4] Heinzmann, G., 2008, "A Non Common Sense View of Common Sense in Science", in C. Dégremont et al. (eds.), *Dialogues, Logics and Other Strange Things. Essays in Honour of Shahid Rahman*, London, College Publication, 189–194.
[5] Hintikka, J., 1985, "Is Truth Ineffable?", trad.fr. par F. Schmitz *in* J. Hintikka, 1994, *La Vérité est-elle ineffable ?*, Combas, L'Eclat, 9–47.
[6] Hintikka, J., 1991, "Defining Truth, The Whole Truth And Nothing But The Truth", *Reports from the Department of Philosophy, University of Helsinki*, No 2 1991.
[7] Hintikka, J., 1996, *The Principles of Mathematics Revisited*, Cambridge U.P., Cambridge. Trad.fr. M. Rebuschi, 2007, *Les Principes des mathématiques revisités*, Paris, Vrin.
[8] Hintikka, J., 1998, "Truth Definitions, Skolem Functions and Axiomatic Set Theory", *Bulletin of Symbolic Logic* 4, 303–337.
[9] Hintikka, J., 2001, "Post-Tarskian Truth", *Synthese* 126, 17–36.
[10] Hintikka, J., 2006, "Truth, negation and some other basic notions of logic", in J. van Benthem *et al.*, eds., *The Age of Alternative Logics*, Dordrecht, Springer: 195–219.
[11] Hintikka, J., 2009, "How To Define (Self-Applied) Truth: Why Tarski Could Not Do It", Manuscript.
[12] Hintikka, J. & G. Sandu, 1997, "Game-Theoretical Semantics", in J. van Benthem & A. ter Meulen (eds.), *Handbook of Logic and Language*, Cambridge, Mass., MIT Press, 361–410.

[13] Rahman, S., & T. Tulenheimo, 2009, "From Games to Dialogues and Back: Towards a General Frame for Validity," in O. Majer *et al.* (eds.), 2009, *Games: Unifying Logic, Language, and Philosophy*, Berlin, Springer, 153–208.
[14] Rebuschi, M., 2003, "About Games and Substitution", in J. Peregrin (ed.), *Meaning: The Dynamic Turn*, London, Elsevier (2003), 241–257.
[15] Rebuschi, M., 2010, "Extended Game-Theoretical Semantics", in M. Trobok *et al.* (eds.), *Between Logic and Reality. Modeling Inference, Action and Understanding*, Springer. (*à paraître*)
[16] Rebuschi, M., & T. Tulenheimo (eds.), 2004, "Des Jeux en Logique", *Philosophia Scientiae*, Volume 8/2, 1–14.
[17] Rouilhan, Ph. de, & S. Bozon, 2006, "The Truth of IF: Has Hintikka Really Exorcised Tarski's Curse?", in R. E. Auxier & L. E. Hahn (eds.), *The Philosophy of Jaakko Hintikka*, La Salle (Illinois), Open Court, The Library of Living Philosophers, 2006, 683–705.
[18] Tulenheimo, T., 2009, "On Some Logic Games in Their Philosophical Context", Manuscript.
[19] Tulenheimo, T., 2010, "Comparative Remarks on Dialogical Logic and Game-Theoretical Semantics", ce volume.

Manuel Rebuschi

L.H.S.P. – Archives Henri Poincaré (UMR 7117)

MSH Lorraine

Université Nancy 2

manuel.rebuschi@univ-nancy2.fr

Russell and the Meaning of Contradiction[1]

PHILIPPE DE ROUILHAN

1 Introduction

Russell – the immense stature of the man, of his life, of his work – lived for almost an entire century (1872-1970), never stopped writing and publishing, changed his mind countless times, broached every subject, stood up courageously for some ideas (from the time of his imprisonment during the first World War to the creation of the famous Russell tribunal at the time of Vietnam war). It is impossible to do him justice in single stroke. It is necessary to limit oneself to some one angle of the story.

In the course of my own research on Russell, I have pursued the Ariane's thread of logic and the paradoxes, up to the point at which, I believe, Russell attains true greatness. And what I would like to say today is not unconnected to this. But when dealing with Russell's logic and with the question of the paradoxes one ordinarily limits oneself to the period extending from 1901, the date of Russell's discovery of a famous paradox which bears his name, to 1910-13, the date of the first edition of the three enormous volumes of *Principia Mathematica* [7], where the said paradox finally appears to find its solution in the enormous machinery of the ramified theory of types. One may extend the dates as far forward as 1925-27, the date of the

---

[1] Lecture given to the Polish Society of Philosophy at Łódź on September 27, 2000. As is frequently the case with my English written papers, the good English was that of Claire O. Hill, and the bad my own. I later adapted it for the French presentation of a special issue of the *Revue Internationale de Philosophie* devoted to Russell published in 2004, of which I was the guest-editor. The text of the lecture itself, addressed to philosophers who were not specialists in logic and analytic philosophy, seems to me today to be of sufficient, proven pedagogical interest to figure worthily in a volume paying homage to a teacher and researcher like Prof. Heinzmann. I share with him, among other things, the lofty idea of what the French university could be if the blindness of some and the cynicism of others had not been, for decades, tirelessly and irresistibly working together to destroy it, and we know that the destruction is still going on today. In Nancy, Gerhard has been setting an example of what to do in order to reverse the course of events, but how many, in France, are prepared to do as much?

second edition. This is what I have done in my own work, and I believe that I have been right to do so.

However, today, I would like to go back further. Because, even before the discovery of his famous paradox in 1901, the question of paradoxes – let us rather say, to use Kantian or Hegelian terminology, the question of the antinomy, of the contradiction, in general – had played a central role in Russell's thought.

In 1990, long before my own book on Russell appeared (*Russell et le cercle des paradoxes* [2]), a very fine book by Peter Hylton was published, entitled *Russell, Idealism and the Emergence of Analytic Philosophy* [1], in which, among other things, the author thoroughly recounts the evolution of Russell's thought from the time of his earliest work in the 1890s up until the discovery of the famous paradox in 1901 from this vantage point (meaning, from the vantage point of antinomy, or contradiction, in general). It was unnecessary, in my opinion, to cover this territory once again, and that is why I began my own inquiry from that later date without going back any further. Today, however, I will take up this little known period of Russell's thought freely echoing Hylton's book, and afterwards I will connect that onto the period that I myself have most particularly studied.

2 The idealist period (from the beginning of 1894 to the end of 1898) and the *Essay on the Foundations of Geometry* (1897)

> I was at this time a full-fledged Hegelian, and I aimed at constructing a complete dialectic of the sciences (...). I accepted the Hegelian view that none of the sciences is quite true, since all depend upon some abstraction, and every abstraction leads, sooner or later, to contradictions. [6, p. 32]

Russell refers to Hegel, but one must also recognize in him, in those days, the influence of Kant, upstream from Hegel, and, downstream, that of Bradley and Mc Taggart. His 1897 book on geometry [3] perfectly reflects Russell's early thought and the influence of those philosophers. Russell defended essentially two theses there. The first concerns the status of geometry, the roles the *a priori* and the experience play there; Kant's influence is visible, even if Russell does not come to the same conclusions. The second concerns the irremediably contradictory nature of the concept of space, and therefore of geometry; and there Hegel's influence is palpable. Moreover the book claims to be the examination of one stage in the dialectic of the sciences.

2.1

The first thesis is the less significant fort us. It concerns the epistemological status of geometry. Recall Kant's position: geometry, i.e., the science of space, is *a priori*, and its content is none other than that developed by the Euclidean tradition. In other words, what is *a priori* is the Euclidean science of space, Euclidean geometry, and there is no other possible *geometry* – no other theory of space – worthy of this name.

Russell, himself, took a subtler stand, making some profound concessions to the development of non-Euclidean geometries during the XIXth century. For Russell, as opposed to Kant, geometries other than Euclidean geometry would be possible, and if the latter is the true geometry (which Russell believed) that is an empirical fact and nothing more, which is not imposed *a priori* in any way. Of course, Kant knew well that it is possible to deny, in one way or another, any particular axiom of geometry without falling into contradiction, but, in his opinion, Euclidean geometry remained the only possible one and there was nothing *geometrical* about the systems alternative to the Euclidean system. For Russell, on the contrary, these alternative systems, at least certain of them, definitely represented possible *geometries* worthy of that name, and it was experience and experience alone that was to decide among rival geometries. Certain would prove false, but they would nevertheless still be *geometries*, meaning theories (albeit false) of *space*. Admittedly, experience could not decide between a Euclidean geometry and another geometry attributing minute curvature to space. Russell acknowledged the difficulty, but he did not let himself be stopped.

So what remains of the *a priori* in geometry? Russell's answer was: what rival geometries, that of Euclid and the others, have in common. A certain "form of externality" is necessary for experience in general to be possible, and more precisely this must be a form other than that of time – thus a form of spatial externality, involving at least two dimensions. This form must be relative ("relativity of space"), therefore homogenous, therefore with constant curvature. This is what is *a priori*, what determines what a possible geometry is, everything else is *a posteriori*, in particular the fact – supposing that it is true – that the curvature of space is constantly null, in other words that Euclidean geometry is the true geometry.

Before moving on to the second essential thesis of the *Essay*, I must make it clear, to do justice to Russell, that he was not content with correcting the Kantian thesis on the *a priori* nature of geometry. He also tried to correct the notion of *a priori* itself. He reproached Kant for having given in to psychologism. Remember that Kant criticized Locke for the same thing. Later Hegel would criticize Kant in this regard; and here Russell is, in his own way, echoing Hegel by saying that in defining the *a priori* Kant confused logic and psychology. It is not here a matter of formal logic, but of transcendental logic, or of what this logic had become through Hegelianism at that time (as regards to logic, in those days, Russell placed his faith in

Bradley, Sigwart and Bosanquet). Whence the definition that Russell gave of the *a priori* as "what is *logically* presupposed in the experience" (the emphasis is Russell's).

2.2

I come now to the second thesis, the one that is most interesting for us, namely, that geometry inevitably runs up against contradictions. And that is not a weakness which a better presentation of geometry could remedy, but a contradiction inherent in geometry as such and in its object. The contradiction lies in the concept of the space itself. Russell's attitude may surprise us, but it is actually part of a long tradition going back to Zeno (and his arguments against movement), and to which belong, in modern times, Kant (and his second antinomy of pure reason concerning what is simple and what is composite) and Bradley (and his arguments concerning the contradictory nature of space).

What contradiction did Russell believed there is in geometry? It was a contradiction linked to the relativity of space – or rather to a failure to appreciate, or a denial of, this relativity on the part of geometry. Indeed, in defiance of this relativity, geometry, with its claim to be an independent science, grants its object (space) independence, hypostasizes it as an independent, autonomous entity, treats it as absolute space, and analyzes this absolute space as being ultimately composed of *points*. But this final notion is contradictory for the points must be unextended: if not they would not be the *ultimate* components of space; but they must also be extended: if not they could not *compose* an extension. This is what Russell called the "point antinomy".

Once again, this contradiction could not be resolved through a simple reform of geometry, by rectifying one of its principles, and a closer study of its object (space) in the first place. It can only be resolved by calling the ontological status of this object into question, recognizing the illusory nature of its independence and of the independence of geometry itself. Space is nothing but an abstraction. It is nothing more than a moment or an aspect of a more concrete totality. The contradiction can only be resolved by going beyond geometry, within in a higher science having this totality as its object, and one from the point of view of which geometry will appear as having its consistency, its intelligibility, and its truth outside of itself. This new science would no longer be a science of empty space (geometrical space composed of geometrical points, the very concept of which leads to contradictions), but a science of the spatial order between material points.

But this new science would in turn encounter analogous difficulties, and a new dialectical transition to a new, even more concrete science would still be necessary. With, on the horizon of this dialectical process, the idea of *the* (absolutely true) science of *the* (absolutely concrete) totality, in other words of the idea of the "Absolute Idea".

3 The 1898 Conversion and the Philosophy of Leibniz (1900)

> It was toward the end of 1898 that Moore and I rebelled against both Kant and Hegel.... I felt it, in fact, as a great liberation, as if I had escaped from a hot-house on to a wind-swept headland. I hated the stuffiness involved in supposing that space and time were only in my mind. I liked the starry heavens even better than the moral law, and could not bear Kant's view that the one I liked best was only a subjective figment. In the first exuberance of liberation, I became a naïve realist and rejoiced in the thought that grass is really green, in spite of the adverse opinion of all philosophers from Locke onwards. [6, pp. 42, 48]

Two dangers threaten Idealism, and Russell, along with George E. Moore, came to consider that Idealism had succumbed to them and that it must be abandoned.

3.1

The first danger is that of psychologism. Hegel had already criticized Kant, who denied it, of having fallen prey to it. Russell and Moore criticized Idealism in general (Kant, but also Hegel and their successors) for the same thing. Idealism believes it can escape this by dealing, not with experience, the thought of human minds with its natural, unique reality, but rather with Experience, with Thought, with the Mind in general and as such. But from then on, Moore and Russell did not wish to hear any more of that kind of metaphysics: if these notions have any meaning, it can only be a psychological meaning. And psychology is only one particular science which does not have any right to impose its ideas on a general science like philosophy. Like any science, philosophy must try to know what is, but what is what it is is independently of the knowledge that one has of it, and knowing it is knowing it as it is in this independence. Philosophy needs not raise the question of the conditions of the possibility of knowledge, for these conditions are not conditions of the possibility of the object of knowledge, with the result that the knowledge of the conditions in question does not in any way condition the knowledge of this object.

3.2

The second danger threatening Idealism is more complex. It is bound to the conception that it has of what there is to be known as a complex totality having organic unity in which – to put it bluntly – "everything is in everything and vice versa" (*"tout est dans tout et réciproquement"*), and the knowledge (the Absolute Idea) of which conditions the knowledge of the tiniest parts. As a result, for want of being made from the point of view of the Absolute Idea, all our ordinary (non-philosophical) judgments, without exception, are fatally vitiated by error, by illusion. How, in these conditions, could Idealism admit – and account for – the possible truth of these ordinary judgments as opposed to their possible falsity in the ordinary sense of the distinction between true and false? Russell and Moore thought that it could not. Of course, Idealism definitely distinguishes between degrees of truth (or falsity) in terms of the distance separating the point of view adopted within a particular science from the point of view of the Absolute Idea, but this is not the difference looked for between truth and falsity in the ordinary sense.

In the new philosophy, our ordinary judgments, the propositions making up their objective content, are not anathematized. The world is constituted of separate, separately knowable objects (in the broadest sense). Idealism was a form of monism (and a holism); as a form of pluralism (and atomism), the new philosophy is opposed to this. In particular, the ways an object stands in relation to the others are no longer one of the essential properties of this object (as they were for Leibniz). They are no longer "internal" to this object. They are "external". This is the famous "doctrine of external relations". The propositions expressed in our ordinary judgments are true or false. There are no degrees of truth, no middle road between true and false, *tertium non datur*. And, in the same way, there is no hierarchy of being, no intermediary ontological status between being and non-being, etc.

3.3

In 1899 Russell gave a series of lectures on Leibniz, which would be published in 1900 under the title *A Critical Exposition of the Philosophy of Leibniz* [4], and which shows the new direction that his thought had taken: realism and pluralism. He criticized the philosophy of Leibniz, but his critical ambitions reached higher. For he thought that he had discovered the fundamental error common to Leibniz and to numerous philosophers, if not all, who had gone before or come after him, for example, Descartes, Spinoza, Kant, Bradley. According to Russell, all these philosophers had failed, in one way or another, to recognize the reality of relations and the irreducible nature of relational propositions. They had accorded subject-predicate structure a privileged role that it did not deserve. Without a doubt Russell had carried out an interpretative takeover by force, but there is no doubt that he thus succeeded in identifying the error of the philosophy to which he had adhered and from which he would turn away from then on and forever.

There is no need here to go into the arguments that Russell advanced against the Leibnizian version of the error which, according to him, had governed traditional logic and the history of philosophy. I will simply say that Russell brought the debate into a field where the error in question, according to him, makes its effect felt in the philosophy of Leibniz, namely the field of space, the very field in which he had exercised his mental faculties in his first book and that he returned to now to defend diametrically opposed theses.

For Russell, Leibniz's fidelity to the traditional logic of subject and predicate, his lack of recognition of the reality of relations, had kept him from understanding the true objectivity of space. Leibniz had been condemned to a relative, or relational, theory of space that the Russell of the *Essay* on geometry [3] would not have disavowed, but against which Russell was now setting Newton's theory of absolute space.

But then, what about the contradictions which the *Essay* claimed to have found in the space of the geometers and which in Russell's eyes justified the dialectical transition to a higher science from the point of view of which the reality, the absoluteness, of space would appear to be an illusion? Well, the contradictions involving the infinitesimal, infinity and the continuum, and through that space, time and movement, were still there, but and this is a crucial difference – *a priori* these contradictions were no longer in the object of the theory. They were no longer the apagogical proof of its irreality. Now they were only in the theory. They showed that something had not well been understood, and that the right theory – the right geometry in this case – remained to be found, and first of all the right theory of the infinitesimal, of infinity, and of the continuum.

4 The honeymoon of the year 1900, meeting with Peano and the discovery of modern logic, and the writing of the first version of *The Principles of Mathematics*

One may be surprised to find that, at the very end of the 1890s, Russell was once again prepared to wish for the coming of a right theory of the infinitesimal, infinity, and the continuum, which would make a right theory of space, time and movement possible. Hadn't the mathematicians of the XIXth century (Cauchy, Bolzano, Weierstrass, Dedekind and Cantor) already responded to his expectations? Russell had at least partial knowledge of Dedekind's and Cantor's works. Perhaps he had not understood them well, or perhaps he had found that these admirable works were still lacking the precision and logical rigor that he would soon find in Peano, and later in Frege (whose first works dated from the end of the 1870s!). Here, in any case, is what he recounted of his meeting with Peano:

> It was at the International Congress of Philosophy in Paris in 1900 that I became aware of the importance of logical reform for the philosophy of mathematics. It was through hearing discussions between Peano of Turin and the other assembled philosophers that I became aware of this. I had not previously known his work, but I was impressed by the fact that, in every discussion, he showed more precision and more logical rigour than was shown by anybody else. I went to him and said, "I wish to read all your works. Have you got copies with you?" He had, and I immediately read them all. It was they that gave the impetus to my own views on the principles of mathematics. [6, p. 51]

It was with the impetus received from this meeting with Peano and this discovery of modern logic that Russell went back to his own work and began writing *The Principles* [5]. He completed the first version on December 31, 1900. In this work, Russell championed a philosophy of mathematics that Frege had already been championing since 1879 and that would later go by the name of "logicism". The fundamental thesis of logicism is that mathematics (at least arithmetic, in the broad sense of analysis, but not geometry, which must be approached with greater caution than Russell himself displayed) is a part of logic and nothing more. Its concepts are definable in purely logical terms and its theorems provable by using purely logical principles. In light of the new logic and of the logical reconstruction of mathematics (at least of analysis), Russell finally recognized the satisfactory nature (and in particular the consistency) of the theories of the infinitesimal, infinity and the continuum proposed by the mathematicians of the XIXth century. The basic difficulties of geometry seemed to him to have been overcome now.

The case of infinitesimals deserves particular mention. In Russell's opinion, the contradiction that hit them did lie, as Hegelian or neo-Hegelian philosophy wanted it, in the things themselves and did constitute an apagogical proof of their unreality. But in no way did the construing of infinitesimals as mere *façons de parler* look like a dialectical transition to a higher science in the constitution of which all the Calculus would have been just a moment of illusion. To the contrary, the Calculus now found its substance and truth in itself, so to speak, in the lower science of finite numbers and the finite notion of limit.

5 The discovery of the paradoxes of logic. The long process culminating in *Principia Mathematica*

> I finished this first draft of *The Principles of Mathematics* on the last day of the nineteenth century – i.e., 31st December, 1900. The months since the previous July had been an intellectual honeymoon such as I have never experienced before or since.

> Every day I found myself understanding something that I had not understood on the previous day. I thought all difficulties were solved and all problems were at an end. But the honeymoon could not last, and early in the following year intellectual sorrow descended upon me in full measure.... It was the discovery of... [a] contradiction [within logic itself], in the spring of 1901, that put an end to the logical honeymoon that I had been enjoying. I communicated the misfortune to Whitehead, who failed to console me by quoting, "never glad confident morning again". [6, pp. 56, 58]

I am now coming near the end of this talk and to the place where, in my book, my study of Russell's logic begins. In 1901, Russell discovered the famous paradox that bears his name. It was the examination of the proof of one of Cantor's theorems that had led him to make that horrible discovery. During the course of that examination he had indeed been led to consider a very special class: the class of classes that are not members of themselves; and to realize that it was no more difficult to prove that the class in question was a member of itself than to prove the contrary.

The rest of the story is like that of a major setback from which one slowly recovers: the 1903 publication of *The Principles*, in which the problem is posed for the first time, an attempt is made toward a solution, and the problem is finally left open; and the long process culminating in *Principia Mathematica*, the first volume of the first edition of which would appear in 1910, and in which the famous ramified theory of types would be developed, the only thing able, in Russell's opinion, to solve the paradox in question and all those that he believed had to be solved at the same time.

It was one result of my inquiry that the popular story is seriously mistaken about what paradoxes were at stake. It is widely held that Russell wanted to solve not only the logical paradoxes (like his own), but also the semantic ones (like the Liar), and that that is why he had to resort to a *ramified* theory of types. Otherwise (one goes on), a *simple* theory would have been sufficient. The popular story is here at fault at least three times. The first is a matter of history: never was Russell really interested in properly so-called semantic paradoxes. The second is a matter of logic: anyway, the ramified theory of types does not solve the semantic paradoxes. The third is still a matter of logic, and the most important one: because of the intensional, or better "hyperintensional" (I borrow the term from Cresswell), a simple theory of types would not have been sufficient. Indeed, it would have been *inconsistent*!

Be that as it may, Russell would encounter a thousand difficulties, after 1910 as well. In 1913 he would even experience the profoundest dejection owing to the pitiless criticism that Wittgenstein leveled upon him, but never, absolutely never, would he ever again change his attitude regarding contradiction. Far from being something inevitable striking particular sciences so long as they failed to fall within the orbit of the Absolute Idea, contradictions were, more prosaically, the symptom that something was not correctly understood, some that it must be possible to understand perfectly, here and now, without waiting for the end of History.

BIBLIOGRAPHY

[1] Hylton, P. (1990). *Russell, Idealism and the Emergence of Analytic Philosophy*. Oxford, Clarendon Press.
[2] Rouilhan, Ph. de (1996). *Russell et le cercle des paradoxes*. Paris, PUF.
[3] Russell, B. (1897). *An Essay on the Foundations of Geometry*. Cambridge, Cambridge University Press.
[4] Russell, B. (1900). *A Critical Exposition of the Philosophy of Leibniz*. London, George Allen & Unwin
[5] Russell, B. (1903). *The Principles of Mathematics*. Cambridge, Cambridge University Press.
[6] Russell, B. (1959). *My Philosophical Development*, London, George Allen & Unwin.
[7] Whitehead, A.N., & Russell B. (1910–1913). *Principia Mathematica*, 3 vols. Cambridge, Cambridge University Press.

Philippe de Rouilhan
IHPST (Université Paris 1, CNRS, ENS)
rouilhan@orange.fr

Trois paralogismes épistémiques, une logique des énonciations

FABIEN SCHANG

Considérant[1] qu'un paralogisme est un paradoxe relatif à un certain point de vue, nous l'illustrerons par le biais de « paradoxes » épistémiques : les paradoxes de Fitch, de Moore, et de Zemach. Un même symptôme est invoqué à la base de ces trois paralogismes, qui concerne les conditions de satisfaction du discours de vérité. A partir d'une lecture anti-réaliste des paradoxes, nous proposerons un cadre sémantique dans lequel la signification des énoncés repose sur un jeu de questions-réponses. Puis nous exposerons quelques propriétés de ce cadre multivalent, avant de l'appliquer aux trois paradoxes précédents et d'en exposer les ambitions futures.

1 Les paradoxes logiques : un problème, deux types de solution

Le *paradoxe logique* est un défaut de la pensée qu'il s'agit de corriger ; il se produit dans un raisonnement, lorsque les prémisses sont considérées comme unanimement vraies mais conduisent à une conclusion qui, elle, ne l'est pas. L'issue du paradoxe est sa résolution : comprendre par quelle voie la conclusion a été introduite, et décider des moyens par lesquels ce produit indésirable doit être éliminé. D'autres modes de pensée défaillante sont présentés comme de faux paradoxes : les *paralogismes*, dans lesquels le raisonnement contient une prémisse unanimement vraie en apparence mais fausse d'un certain point de vue. La conclusion repose dans ce cas sur un vice de forme initial, et le problème est résolu parce qu'il est devenu un faux problème. Un exemple célèbre de paralogisme est le paralogisme naturaliste, dans lequel le problème vient du fait de prendre un jugement de valeur pour un jugement de fait. Dans le même ordre d'idées, nous porterons l'attention sur un autre type de paralogisme : un *paralogisme épistémique*, où le problème vient du fait de prendre une énonciation sur la connaissance pour un énoncé de connaissance.

---

[1] L'auteur a bénéficié du soutien de la FMSH et de la Fondation Thyssen pour la rédaction de cet article.

Dans le registre des analyses logiques au service de la philosophie, la logique philosophique désigne notamment l'ensemble des systèmes logiques développés en vue de traiter des paradoxes et de mieux comprendre les concepts philosophiques qui en sont la cause. Or si un paradoxe est considéré comme un défaut du raisonnement, il existe une différence de taille entre la *rectification* de ce raisonnement et sa *clarification* : le premier élimine le défaut en question pour soumettre la pensée aux normes de la logique ; le second tient compte du défaut en recherchant les mécanismes de la pensée qui conduisent à la conclusion indésirable. Rectifier le raisonnement revient à utiliser la logique comme un canon normatif de la pensée. Clarifier le raisonnement revient à traiter la logique comme un instrument descriptif, c'est-à-dire un moyen parmi plusieurs de décrire l'ensemble des étapes du raisonnement qui conduisent à la conclusion incriminée. La logique actuelle fait moins de cas de la fonction rectificatrice et mise bien plus sur son rôle descriptif dans le processus d'explication. A tort ou à raison, selon l'éclairage apporté par la description.

Considérons trois exemples de paradoxes épistémiques qui, selon nous, sont des paralogismes contenant une seule et même prémisse fausse d'un certain point de vue. Fausse, au sens où son introduction est inacceptable du point de vue de la logique assumée par son *locuteur*.

2 Les paradoxes épistémiques : trois symptômes, une explication

La définition traditionnelle de la connaissance a beau aller de soi, elle peut conduire à une situation paradoxale si l'on ne prend pas garde au contexte dans lequel le concept est introduit. En vertu de la définition issue du *Théétète* de Platon, un agent x sait quelque chose (exprimé par un énoncé p) si et seulement si : (1) x croit que p, (2) x a une justification en faveur de p, et (3) p est vrai. Une formalisation de la condition (3) de la définition platonicienne du savoir aboutit au principe de factivité de la connaissance : $Kp \to p$, qui signifie que la connaissance de p implique la vérité de p. Ce principe semble aller de soi et faire consensus en vertu de la signification même du concept de connaissance ; mais son application au sein de certains contextes de discours peut être contestée, si l'on tient compte de la façon dont la connaissance peut être attribuée à un agent.

Prenons le cas de l'anti-réalisme. Cette théorie épistémologique prend le contre-pied de la définition platonicienne du savoir, dans la mesure où elle renverse les rôles des concepts de connaissance et de vérité : ce n'est pas la vérité qui doit intervenir comme une condition nécessaire à la définition de la connaissance mais, au contraire, la connaissance qui doit servir à caractériser la vérité d'un énoncé en termes de connaissabilité. Or la logique semble montrer que cette théorie, aussi légitime soit-elle, aboutit à un paradoxe qui menace son existence même : le Paradoxe de Fitch. A partir du principe anti-réaliste de connaissabilité, qui dit que si un énoncé est vrai alors il est possible pour un agent d'avoir une preuve de cette vérité, l'analyse logique introduit un opérateur de possibilité pour exprimer le principe en question sous la forme suivante : $p \rightarrow \Diamond Kp$. Pour résumer le problème, l'introduction en apparence valable de l'antécédent $p \wedge \neg Kp$ – i.e. sa substitution à p dans $p \rightarrow \Diamond Kp$ – implique au final que tout énoncé vrai est connu : $p \rightarrow Kp$. Une telle conclusion a-t-elle réellement démontré que le principe anti-réaliste de connaissabilité est logiquement indéfendable, ou le problème vient-il plutôt d'une des règles d'inférences appliquées ? A la question de savoir laquelle de ces règles d'inférence est responsable de la conclusion indésirable, un certain nombre de solutions différentes a été proposé dans la riche littérature consacrée au paradoxe de Fitch et à sa résolution.[2]

Il s'agit maintenant de revenir sur l'origine du problème de la dérivation : le choix de l'instance de substitution $(p \wedge \neg Kp)$. Plutôt que d'incriminer les règles d'inférence, notre évaluation reproche à ce paralogisme d'introduire une prémisse incompatible avec le point de vue de l'anti-réaliste : comment un tel agent peut-il dire d'un énoncé qu'il est vrai s'il n'est pas en mesure de le savoir ? C'est pourtant ce que pousse à dire l'instance de substitution, à l'origine du problème. Si nous visons juste, alors le problème ne vient pas tant du principe de connaissabilité que des énoncés susceptibles d'être connus par l'anti-réaliste. Car à la différence de l'agent réaliste qui, pour des raisons d'ordre métaphysique liées à sa conception de la vérité, est en droit d'affirmer la vérité d'énoncés qu'il n'est pourtant pas capable de justifier par lui-même, l'agent anti-réaliste doit restreindre la classe de ses déclarations de vérité aux énoncés pour lesquels il a une preuve effective de la vérité.

Mais n'en restons pas là, car la dissolution du « paradoxe » de Fitch n'a pas grand intérêt si elle ne trouve pas d'application au-delà de ce contexte restreint. C'est le cas, semble-t-il : ce paradoxe apparaît comme un symptôme particulier du problème général de l'expression du discours de vérité. Fitch [1] généralise ce problème sous la forme de trois théorèmes, dont le suivant :

---

[2] Il existe plusieurs versions du paradoxe, et nous n'avons examiné ici que la version à l'origine du paralogisme épistémique. Pour une exposition détaillée du Paradoxe de Fitch et de la gamme des solutions proposées, voir notamment [3]. La majorité des solutions consiste à rejeter l'une ou l'autre des inférences pour bloquer la conclusion indésirable, et le choix de l'inférence incriminée peut dépendre du système logique assumé par l'argumentateur : logique intuitionniste, paraconsistante, relevante, etc. Nous ne suivons pas ce mode de clarification du paradoxe, ici, puisque le problème vient selon nous de la signification d'un des énoncés admis par tous ces systèmes logiques.

Théorème 1. Si α est une classe de vérité qui est close vis-à-vis de l'élimination de la conjonction, alors nécessairement la proposition $[p \wedge \neg(\alpha\ p)]$, qui asserte que p est vraie mais n'est pas un membre de α (où p est une proposition quelconque), n'est pas elle-même un membre de α. [1, p. 138][3]

Les deux paradoxes qui suivent sont la meilleure illustration de cette règle d'usage pour le discours de vérité, où α s'applique au concept de connaissance et s'étend également au concept de croyance. Certes, l'opérateur modal de croyance ne fait pas partie de cette classe de vérité dont Fitch parle ici, dans la mesure où le paradoxe de Fitch fait appel au principe de factivité pour obtenir la conclusion paradoxale. Mais au-delà de ce Théorème particulier, le Paradoxe de Moore va montrer que connaissance et croyance sont les deux symptômes d'un problème général qui concerne le discours de vérité plutôt que la vérité en soi. Il s'agit d'un problème de *véridicité* des énonciations, plutôt que d'un problème de factivité des connaissances énoncées.

Le premier exemple est le Paradoxe de Moore, aussi familier que le précédent en logique modale épistémique. G. E. Moore prétend que deux types de formule sont tout aussi absurdes que non-contradictoires : « il pleut, mais je ne le crois pas », et « il ne pleut pas, mais je le crois ». Il est vrai que ces deux formules ne sont pas contradictoires en logique modale doxastique, tant que l'expression d'une vérité est représentée par l'occurrence d'une simple variable propositionnelle p. La première formule prend la forme logique $p \wedge \neg Bp$, et la seconde donne la forme $\neg p \wedge Bp$ qui n'est pas plus répréhensible d'un point de vue sémantique. Elles le sont en revanche d'un point de vue pragmatique, comme le déclare notamment Hintikka [2] : le problème ne vient pas de ce dont ces énoncés parlent mais de celui qui en parle, c'est-à-dire de leur énonciation par un locuteur. D'où le caractère pragmatique du paradoxe de Moore, en vertu duquel l'acte de prononcer un énoncé sur un état de choses engage le locuteur à dire la vérité à son sujet[4]. Appelons « clause de sincérité » ce principe pragmatique hérité d'Austin, qui stipule qu'un discours déclaratif s'apparente à un acte d'assertion dont la satisfaction exige du locuteur qu'il croie à la vérité de son discours. Le traitement de ce problème exige ainsi une transition du niveau sémantique

---

[3] La « classe de vérité » correspond à l'ensemble des propositions (ou énoncés) qui satisfont le principe de factivité : $\alpha p \rightarrow p$.

[4] Hintikka [2] s'explique ainsi : « Compte tenu de l'aspect fallacieux des arguments de l'introspection, il est important de se rendre compte qu'aucune des conditions ou règles que nous avons adoptées n'est basée sur elles. Les arguments que nous avons donnés en leur faveur concernaient tous les circonstances dans lesquelles on peut raisonnablement dire d'un ensemble de déclarations faites explicitement qu'elles sont défendables. Aucune référence n'a été faite à ce que l'on peut savoir en recherchant dans son esprit. » (p. 55, italiques ajoutées) Pour une revue en détail du paradoxe de Moore et de son interprétation illocutoire, voir [4] et la section 2.2.4.2.2. en particulier.

des relations entre le langage et le monde vers le niveau pragmatique des relations entre le langage et ses utilisateurs, conformément à la tripartition de Charles Morris entre les aspects syntaxique, sémantique, et pragmatique du langage. Hintikka [2] a pris acte de cette transition au sein de son langage formel : en logique modale doxastique, la formalisation du problème consiste à passer du niveau consistant (logiquement admissible) des énoncés $p \wedge \neg \mathrm{B}p$ et $\neg p \wedge \mathrm{B}p$ au niveau contradictoire (logiquement inadmissible) de leurs énonciations '$p \wedge \neg \mathrm{B}p$' et '$\neg p \wedge \mathrm{B}p$', et la traduction formelle de la clause de sincérité peut être effectuée en plaçant les énoncés de départ dans la portée d'un opérateur doxastique qui rend compte de cette attitude de sincérité : $\mathrm{B}(p \wedge \neg \mathrm{B}p)$ et $\mathrm{B}(\neg p \wedge \mathrm{B}p)$. La distributivité de la croyance sur la conjonction et l'application de l'axiome 4 d'introspection positive ($\mathrm{B}p \rightarrow \mathrm{BB}p$) impliquent que le locuteur croit à une contradiction, et l'exercice intermédiaire de formalisation permet de montrer que l'absurdité initiale des énoncés s'accompagne désormais d'une contradiction dans leur énonciation. L'axiome 4 qui précède se justifie par une explication pragmatique en termes d'actes de langage : celui qui affirme p s'engage à dire qu'il croit à sa vérité, en vertu de la clause de sincérité ; l'implication obtenue ainsi entre $\mathrm{B}p$ et $\mathrm{BB}p$ épargne un détour compliqué par des arguments psychologiques d'introspection ou de transparence des états mentaux afin de justifier la présence du paradoxe : le locuteur mooréen croit qu'il croit qu'il pleut (ou pas) pour la simple raison qu'il vient de le dire et que, ce faisant, il ne peut pas dédire ce qu'il vient d'affirmer.

Le second exemple confirme le précédent sous la forme d'une circularité logique apparente mais qui, comme nous l'avons déclaré dans la première section, a l'avantage de mettre l'origine du problème en évidence. Zemach [8] l'a présenté comme un paradoxe pragmatique qui concerne le troisième critère de la connaissance platonicienne. Si l'on se place encore une fois du point de vue du locuteur, celui-ci est en droit de dire qu'il sait que p est vrai s'il est disposé à reconnaître qu'il croit que p est vrai, qu'il a une preuve en faveur de p, et que p est vrai. Mais dire que p est vrai exige au préalable que l'on en ait la preuve et, donc, qu'on le sache. Le critère d'énonciation d'une vérité est donc tel que c'est la connaissance qui devient une condition nécessaire à l'affirmation de la vérité, car

> dès que je découvre que la première condition est satisfaite, i.e. que p est le cas, je sais que p : il est impossible pour moi d'établir le fait que p sans parvenir à savoir que p. [8, p. 284]

L'auteur précise dans le même temps que ce paradoxe pragmatique n'entraîne pas une circularité logique dans la définition de la connaissance :

> Je ne prétends pas que la définition admise du savoir est logiquement circulaire. Mais je prétends qu'elle est pragmatiquement circulaire, i.e. qu'elle devient nécessairement circulaire à l'opposé du but recherché, dans son application à elle-même.

Autrement dit, sa relation au cas de circularité ci-dessus est pareille à la relation de 'p, mais je ne crois pas que p' ou 'je ne sais pas faire d'affirmation en [français]' à 'p et non p'. [8, p. 283][5]

Formellement, cela veut dire que $Kp \to p$ est toujours valide mais qu'un acte d'assertion n'entraîne évidemment pas la validité de sa converse $p \to Kp$; cette dernière formule ne constitue donc pas une juste formalisation de la condition d'énonciation d'une vérité. Une version modale plus appropriée de cette condition donnerait plutôt la forme $K(p \to Kp)$ qui, par distributivité de l'opérateur de connaissance, implique la validité de $Kp \to KKp$ et confirme l'idée précédente de Hintikka [2] selon laquelle le théorème d'introspection épistémique est lié à la même logique de l'énonciation que celle des trois paradoxes épistémiques examinés dans cet article.

L'apparence de paradoxe tient ici à la double lecture sémantique et pragmatique du problème. D'un côté, la connaissance présuppose la vérité : p est connu à condition que p soit vrai ; mais d'un autre côté, le discours de vérité présuppose la possession de connaissance : on peut dire de p qu'il est vrai à condition que l'on sache que p est vrai. Bien qu'apparent seulement, ce paralogisme ne fait que mettre en évidence la difficulté exprimée dans le Théorème 1 de Fitch et incarnée par les énonciations de Moore : les énoncés déclaratifs ne partagent pas la même logique que leurs énonciations, et le paradoxe de Fitch montre dans quelle mesure un usage imprudent du formalisme risque bien plus de brouiller les pistes que d'apporter un quelconque éclairage sur le problème initial.

Pour insister sur le rôle de l'énonciation dans l'interprétation de nos raisonnements, nous proposons dans ce qui suit la construction d'un langage formel d'aspiration anti-réaliste : centré sur les attitudes du locuteur, d'une part ; basé sur une sémantique non-référentielle, d'autre part.

3 Un cadre explicatif : la Sémantique des Questions-Réponses

Si l'évaluation d'un raisonnement doit prendre en compte le contexte dans lequel ce dernier est effectué, alors le point de vue de Dieu que symbolise la définition platonicienne de la connaissance devrait laisser place à un point de vue plus circonstanciel. Nous défendons pour notre part une conception *subjectiviste* des attributions de connaissance : on peut dire d'un agent qu'il connaît la vérité d'un énoncé s'il a suffisamment de preuves à son actif pour le justifier et nier l'inverse (qu'il ne sait pas que p est vrai ou, pire, qu'il sait que p est faux). Cette approche prend le risque d'assimiler la croyance à la connaissance : si la vérité 'objective' de p n'entre pas en ligne

---

[5] Le lien est établi de nouveau, dans cette citation, entre le Paradoxe de Moore et celui de Zemach.

de compte, la connaissance devient synonyme de certitude ou de croyance forte. Mais cet inconvénient apparent peut être compensé à deux égards : la connaissance peut être présentée comme une croyance commune partagée par un ensemble de locuteurs ; le cadre sémantique qui suit compte apporter d'autres avantages en retour.

Par une Sémantique des Questions-Réponses (**SQR**), on entend un cadre sémantique dans lequel la signification d'un énoncé est déterminée par un ensemble de questions relatives à cet énoncé et de réponses correspondantes. Notre approche subjectiviste implique que les significations sont fixées par le locuteur : c'est dans un acte de langage que l'énoncé prend son sens et en donne un aux raisonnements dans lesquels il apparaît. Cela a un effet sur les conditions de synonymie des énoncés. Deux énoncés sont synonymes si leur signification est identique, mais cette identité n'est pas établie par les énoncés eux-mêmes : elle repose à la fois sur l'identité des questions posées à un locuteur sur ces énoncés et sur l'identité des réponses données par un locuteur.

Pour mieux comprendre ce rôle des questions et des réponses dans l'interprétation d'un énoncé, considérons le cadre sémantique de **SQR**. Il se compose d'un opérateur d'énoncés formateur d'énonciations **Q**, d'une matrice logique et d'une fonction de valuation Λ ; lorsque les questions portent sur la valeur de vérité d'un énoncé, il en résulte des logiques d'acceptation et de rejet ($\mathbf{AR}_V$). Pour tout énoncé p, un opérateur déclaratif **Q** s'applique à p pour former une énonciation déclarative ; le but de cet acte de langage est de dire la vérité, conformément aux actes de discours que Searle & Vanderveken [7] qualifiaient d'actes assertifs. $\mathbf{Q}(p) = \langle \mathbf{q}_1(p), ..., \mathbf{q}_n(p) \rangle$ se compose d'au moins $n = 2$ questions adressées à un énoncé, avec $\mathbf{q}_1(p)$: 'p est-il vrai ?' et $\mathbf{q}_2(p)$: 'p est-il faux ?'. La question est d'ordre métalinguistique : elle s'adresse implicitement au locuteur, et celui-ci y répond en effectuant son acte de discours. Si le sens de l'énoncé est fixé par l'ensemble de ces questions, sa référence est dénotée par l'ensemble des réponses correspondantes et correspond dans **SQR** à une valeur logique : 'oui' et 'non' sont les réponses de base, symbolisées par 1 et 0. Mais on peut imaginer d'autres types de réponses possibles, dans une approche plus probabiliste où 'peut-être' s'insérerait entre 'oui' et 'non'. De façon générale, le nombre des valeurs logiques est égal à $V = m^n$, où n symbolise le nombre des questions et m le nombre des types de réponses pouvant être donnés à chaque question.

Algébrique, cette sémantique établit une relation d'ordre entre les valeurs logiques pour définir les opérations logiques. Elle est aussi non-référentielle, au sens où la valeur logique n'est pas une valeur de vérité habituelle mais représente une déclaration de vérité et prolonge ainsi la distinction précédente entre vérité et discours de vérité. Si $n = m = 2$, on obtient un système $\mathbf{AR}_4$ composé de 4 valeurs logiques dont chacune exprime le « degré de force » d'une attitude déclarative : $\mathbf{A}(p) = \langle 1, 0 \rangle$ pour la certitude positive, $\mathbf{A}(p) = \langle 1, 1 \rangle$ pour la conjecture, $\mathbf{A}(p) = \langle 0, 0 \rangle$ pour le doute et $\mathbf{A}(p) = \langle 0, 1 \rangle$ pour la certitude négative. On peut faire varier sinon le nombre n des questions pour donner une autre caractérisation des déclarations de vérité. Soit par exemple $\mathbf{Q}(p) = \langle \mathbf{q}_1(p), \mathbf{q}_2(p), \mathbf{q}_3(p) \rangle$, avec $\mathbf{q}_1(p)$: 'l'énoncé p a-t-il toutes les raisons d'être considéré comme vrai ?', $\mathbf{q}_2(p)$: 'l'énoncé p a-t-il quelques raisons (mais pas toutes) d'être considéré comme vrai ?', $\mathbf{q}_3(p)$: 'l'énoncé p a-t-il toutes les raisons d'être considéré comme faux ?'. On obtient alors une logique enrichie $\mathbf{AR}_8$, dotée de huit valeurs logiques et qui assimile les déclarations de vérité à des degrés de croyance dont les éléments optimaux incarnent des cas de 'connaissance' subjective.

La notion de degré de force est héritée de la théorie des actes de discours de Searle [6] mais, contrairement à son expression formelle ultérieure en logique illocutoire, notre cadre sémantique n'est pas un modèle de Kripke composé de mondes possibles mais un modèle multivalent. $\mathbf{SQR}$ partage également avec la dialogique la volonté de contester la distinction traditionnelle entre pragmatique et sémantique, une fois l'approche référentielle ou vériconditionnelle rejetée, et de faire reposer la signification des énoncés sur un jeu de questions-réponses, que ce soit entre deux agents ou entre Moi et la Nature. Mais il prétend aussi aller plus loin, en faisant varier la signification des énoncés selon le contenu des questions qui leur sont associées. Les questions formulées ci-dessus caractérisent les actes déclaratifs, mais d'autres types d'actes illocutoires pourraient être formalisés dans $\mathbf{SQR}$ et participer à des raisonnements où le souci de vérité n'est plus le seul centre des débats.

Pour revenir aux trois paradoxes épistémiques précédents, $\mathbf{AR}_4$ rend facilement compte des cas dans lesquels un problème se pose ou ne se pose pas. Le Théorème 1 de Fitch expose une forme logique répréhensible, parce que c'est la même attitude α qui est en cause dans l'acte d'énonciation et dans le contenu propositionnel ; dans ce cas de figure, le cadre sémantique de $\mathbf{AR}_4$ montre que la prémisse à l'origine du Paradoxe de Fitch est *incohérente*[6] puisqu'elle affirme et dénie une même attitude de certitude de la

---

[6] Nous parlons d'*incohérence*, ici, et non d'*inconsistance*. Un agent ne peut pas donner deux réponses distinctes à une même question dans $\mathbf{AR}_4$, ce qui caractérise la propriété d'incohérence. En revanche, il peut donner la même réponse à deux questions différentes : il peut admettre à la fois la vérité et la fausseté d'un même énoncé, s'il n'asserte rien à leur égard et ne fait que conjecturer. Le cas de la conjecture est un exemple d'inconsistance admis dans $\mathbf{AR}_4$, puisque la valeur logique $\langle 1, 1 \rangle$ signifie que le locuteur croit en un sens affaibli du terme que p et que $\neg p$. Sur la différence entre incohérence et inconsistance, voir [5], en particulier la section 4.

part du locuteur : $\mathbf{A}(p) = \langle 1, 0 \rangle$, et $\mathbf{A}(p) \neq \langle 1, 0 \rangle$. En fait de solution, notre approche énonciative *dissout* le problème de Fitch au lieu de le *résoudre* : considérant qu'un paradoxe est un raisonnement dans lequel des prémisses vraies conduisent à une conclusion fausse, il n'y a plus de paradoxe proprement dit dès lors qu'une des prémisses est considérée comme contradictoire et, donc, logiquement fausse.

Cela dit, la logique des énonciations met en évidence un paramètre supplémentaire pour l'analyse des énoncés épistémiques : la formule incriminée $p \land \neg Kp$ n'est pas contradictoire tant que son énonciation revêt un degré de force inférieur à celui de l'attitude exprimée dans le contenu propositionnel. Tandis que, dans le cas précédent de Fitch, l'agent anti-réaliste était tenu d'énoncer une connaissance et produisait ainsi une énonciation contradictoire, la version suivante du Paradoxe de Moore n'est en rien contradictoire : 'p, mais je ne sais pas si p est vrai', où l'attitude exprimée dans le contenu propositionnel correspond à une connaissance. Dans ce cas, aucune contradiction n'apparaît tant que le locuteur énonce une simple croyance synonyme de conjecture et avoue ne pas avoir de preuve en faveur de p. Hintikka a fait état de cette variante dans sa logique épistémique : $B(p \land \neg Kp)$.

Notre analyse sémantique a modifié le statut logique des notions épistémiques de départ : les concepts de connaissance et de croyance ne sont plus des opérateurs modaux mais des valeurs logiques qui caractérisent des degrés de croyance, et ces degrés de croyance correspondent à leur tour aux degrés de force des actes déclaratifs. Dans le cas de Moore, le locuteur croit simplement p ($\mathbf{A}(p) = \langle 1, 1 \rangle$) sans en avoir la certitude ($\mathbf{A}(p) \neq \langle 1, 0 \rangle$). Dans le cas de Fitch, en revanche, l'agent anti-réaliste est tenu d'avoir la preuve de ce qu'il énonce chaque fois qu'il déclare la vérité d'un énoncé. Puisque la prémisse $p \land \neg Kp$ signifie que cet agent déclare la vérité de p, il est donc tenu d'en avoir une preuve ($\mathbf{A}(p) = \langle 1, 0 \rangle$) et son énonciation est incompatible avec son ignorance de la vérité de p ($\mathbf{A}(p) \neq \langle 1, 0 \rangle$). Quant au cas de Zemach, le problème est similaire à celui de Fitch parce que la déclaration d'une vérité est assimilée à un aveu de connaissance : je ne peux pas énoncer une vérité sans la connaître, donc la déclaration de la vérité de p est indissociable de la connaissance de p ($\mathbf{A}(p) = \langle 1, 0 \rangle$).

4 Conclusion : la réponse est dans la question

Si l'intérêt des paradoxes logiques réside dans ce qu'ils peuvent nous apprendre sur nos manières de raisonner, une logique philosophique devrait mériter davantage de considération si elle porte l'attention sur l'origine du problème avant sa résolution. L'unique souci d'une résolution des paradoxes logiques ne produit qu'une dissolution du problème de départ, dont le profit est insignifiant, et notre traitement du paralogisme épistémique espère avoir justifié l'introduction d'une sémantique multivalente en insistant sur le rôle des degrés de force dans l'analyse d'un acte d'énonciation.

Ce choix de la multivalence n'est pas simplement technique et prétend satisfaire d'autres besoins explicatifs. D'une part, **SQR** restaure le Principe de Bivalence à un certain égard et montre que celui-ci persiste sous d'autres formes dans nos raisonnements : le choix des réponses entre 'oui' et 'non' témoigne de cette persistance, au sein d'une sémantique où les deux valeurs centrales ne sont plus les propriétés sémantiques du vrai et le faux mais les actes pragmatiques d'affirmation et de dénégation. D'autre part, **SQR** est le résultat d'une réflexion plus générale au sein de laquelle les trois paradoxes épistémiques ne sont que des symptômes particuliers : une sémantique anti-réaliste des actes de discours a débouché sur un jeu de questions-réponses dont les applications dépassent le simple cadre des modalités épistémiques. Quant à la théorie de la signification qui sous-tend ce jeu, elle a été décrite comme une extension de la distinction fregéenne entre sens et référence, les valeurs de vérité en moins et de nouvelles valeurs logiques en plus.

BIBLIOGRAPHIE

[1] Fitch (1963) : "A Logical Analysis of Some Value Concepts", *The Journal of Symbolic Logic* **28**, pp. 135-142
[2] Hintikka (1962) : *Knowledge and Belief. An Introduction to the Logic of the Two Notions.* Cornell Univ. Press, New York
[3] Kvanvig, J. (2006) : *The Knowability Paradox.* Oxford University Press, Oxford
[4] Schang, F. (2007) : *Philosophie des modalités épistémiques (La logique assertorique revisitée).* Thèse de doctorat de philosophie, Univ. Nancy 2
[5] Schang, F. (2009) : "Relative Charity", *Revista Brasileira de Filosofia* **233**, pp. 159-172
[6] Searle, J. (1969) : *Speech Acts*, Cambridge Univ. Press
[7] Searle, J. & Vanderveken, D. (1985) : *Foundations of Illocutionary Logic*, Cambridge Univ. Press
[8] Zemach, E. (1969) : "The Pragmatic Paradox of Knowledge".

Fabien Schang
Technische Universität, Dresden
Institut für Philosophie
schang.fabien@voila.fr

Comparative Remarks on Dialogical Logic and Game-Theoretical Semantics

TERO TULENHEIMO

We turn attention to dialogical logic (henceforth DL) and game-theoretical semantics (or GTS), which both are game-based approaches to philosophical meaning theory. DL was first sketched by Paul Lorenzen in his 1958 talk 'Logik und Agon' [8]. Kuno Lorenz, starting from his 1961 doctoral thesis *Arithmetik und Logik als Spiele* [5], has further elaborated ideas which presently constitute the main body of DL. Jaakko Hintikka first expounded his ideas on GTS in his John Locke lectures at Oxford in 1964; the first publication, 'Language-Games for Quantifiers' [2], appeared in 1968.[1] We will make formal comparisons between DL and GTS as applied to the characterization of material truth.

Section 1 explains the basic ideas of DL and GTS. In Section 2 we recall Lorenz's notion of strict dialogue [5] and formulate a related restricted variant of dialogues, the 'memoryless dialogues.' A formal comparison of memoryless dialogues and GTS is then presented for propositional logic with the connectives $\wedge, \vee, \neg$. It is noted how the smooth correlations between the two approaches break down when $\to$ is allowed as a syntactically given connective. Section 3 closes the paper by summarizing what was accomplished.

1 Basic notions

We restrict attention to *material dialogues*,[2] i.e., dialogues in which matters of fact set limits to what is defensible. This is because we wish to enable a comparison with GTS, in which exclusively material truth and material falsity are analyzed. A perhaps better-known variety of dialogues — the *formal dialogues* — is left out of discussion here. For simplicity attention is restricted to *propositional logic* with the connectives $\vee, \wedge, \neg, \to$, denoted $L(\vee, \wedge, \neg, \to)$. The formulation of propositional logic in which implication is not syntactically available will be referred to as $L(\vee, \wedge, \neg)$.

---

[1] For recent discussions on DL and/or GTS, see, e.g., [4; 12; 15; 16].
[2] Cf., e.g., [9, pp. 34–35]. In [13; 14] material dialogues go under the name 'alethic dialogues,' while dialogues qualified as 'material' are not material in the present sense.

1.1 Dialogical logic

The basic idea of the dialogical approach is that meanings of expressions are connected with actions regulated by certain sorts of argumentative norms. When this idea is stretched far enough, the dialogical meaning theory appears to be rather original: semantics is specified in terms of game rules — rules that specify how to attack and how to defend an utterance of a given form — instead of being laid down with reference to such global or 'strategic' notions as truth, or proof, or assertibility.[3] Game-theoretically expressed, for the dialogician semantics is a matter of the level of plays, not that of strategies. This viewpoint gets easily blurred by the terminology that the dialogicians themselves use. All defenses and certain attacks in a dialogue are usually referred to as *assertions*;[4] generally, moves in dialogues might be termed *utterances*. It is very hard not to think of asserting or uttering in strategic terms: if I assert that S, do I not get committed to being able to present a winning strategy in a certain dialogue witnessing that indeed S is true? Or, if I utter S, do I not thereby implicitly utter that S is true — or ascribe some other semantic attribute to it? The consistent dialogician simply does not use the relevant words in this way, which is extremely important to keep in mind when assessing what the dialogicians are doing. Asserting and uttering are literally just moves in a 'language game.'

It is customary to distinguish between *particle rules* (Partikelregeln) and *structural rules* (Rahmenregeln). The former incorporate the idea that utterances induce commitments. They tell how such commitments may be tested (attacks), and specify the utterer's obligations triggered by a given test (defenses). If γ and δ are metavariables standing for distinct players, the rules may be given as follows:

(R.∧):	utterance	$\gamma : (A \wedge B)$
	attack	$\delta : ?_L$ or $\delta : ?_R$
	defense	$\gamma : A$ resp. $\gamma : B$

(R.∨):	utterance	$\gamma : (A \vee B)$
	attack	$\delta : ?_\vee$
	defense	$\gamma : A$ or $\gamma : B$

(R.→):	utterance	$\gamma : (A \to B)$
	attack	$\delta : A$
	defense	$\gamma : B$

(R.¬):	utterance	$\gamma : \neg A$
	attack	$\delta : A$
	defense	$\gamma : -$

The rule $(R.\neg)$ states that no response to an attack on $\neg A$ is possible. (Insofar as the attack is concerned, this leaves for γ only the possibility to present a counterattack, i.e., to attack against δ's utterance of A.)

It is a part of the set-up of material dialogues that a valuation (truth-value distribution) V has been fixed in advance — a function assigning to

---

[3] I am thankful to Helge Rückert for discussions which have made me aware of the dialogician's view on semantics; see also [16, pp. 23–24].

[4] Cf., e.g., [9; 7; 13; 16].

each propositional atom one of the two values *true* and *false*. Structural rules complement the particle rules by a sufficient number of additional stipulations so as to determine how a dialogue can be conducted. Jointly these rules specify, *for each sentence A of $L(\vee, \wedge, \neg, \rightarrow)$*, how the material dialogue $\mathcal{D}(A, V)$ about A is played. The sentence A is termed the *thesis* of the dialogue. Dialogues have two players or dialogue partners, X and Y. We say that Y is the 'adversary' of X and *vice versa*. Before a dialogue starts, it must be decided which player is going to make the first move. The one that will, is referred to as **P** (or 'proponent') and the other as **O** ('opponent').[5] Here is a formulation of the structural rules for *material* dialogues:

1. **Starting rule:** The initial move consists of **P**'s uttering the thesis. Next, player **O** chooses a positive integer n whereafter player **P** chooses a positive integer m. Then the players move alternately, each move being an attack or a defense.

2. **Repetition rule:** The numbers n and m chosen initially are termed the *repetition ranks* of **O** and **P**, respectively.[6] In the course of the dialogue, **O** (**P**) may attack or defend any single (token of an) utterance at most n (respectively m) times.

3. **Winning rule:** Whoever utters a false atomic sentence has *lost* and his or her adversary has *won*. Likewise, whoever cannot move (either attack or defend) has *lost* and his or her adversary has *won*.

4. (a) **Classical rule:** Each player may attack any complex sentence uttered by the adversary, or respond to *any* attack against his or her earlier utterance, including those that have already been defended.

   (b) **Intuitionistic rule:** Each player may attack any complex sentence uttered by the adversary, or respond to *the last attack to which no defense has yet been presented*: the move that has been attacked last must be defended first.

The particle rules combined with the structural rules (1), (2), (3) and (4a) give rise to *classical material dialogues*; to obtain *intuitionistic material dialogues*, rule (4a) is replaced by rule (4b). From the strategic viewpoint it does not matter which set of rules is adopted: there is a winning strategy for a given player in the classical material dialogue $\mathcal{D}(B, V)$ if and only if there

---

[5] Let us agree that **O** is female ('she') and **P** male ('he').
[6] For attack and defense ranks, cf. [6, pp. 40, 84–85, 98–99], [9, p. 28].

is a winning strategy for this player in the intuitionistic material dialogue $\mathcal{D}(B, V)$.[7] In order to see that this equivalence holds, it suffices to note that in classical material dialogues neither player can actually ever improve his or her payoff by making moves that violate the intuitionistic rule. That is, in classical material dialogues it is an optimal move for each player, when carrying out a defense, to respond to the most recent attack to which no defense has yet been presented (in particular, one can never benefit from revising one's earlier defenses). To illustrate, let us consider the two types of material dialogues about the sentence $(\neg\neg p \to q)$, assuming that the propositional atoms p and q are both true. The following diagram depicts a play of the classical material dialogue about $(\neg\neg p \to q)$.

	O			**P**	
				$(\neg\neg p \to q)$	0
1	$n := 1$			$m := 1$	2
3	$\neg\neg p$	0		q	6
	—		3	$\neg p$	4
5	p	4		—	

P wins the play: after the sixth move which consists of **P**'s uttering the true atom q, player **O** could only move by repeating one of her earlier attacks, but this option is blocked by her having chosen the repetition rank 1. It can actually be seen by inspecting the diagram that for example the following is a winning strategy for **P** in the dialogue in question: let **P**'s repetition rank equal that of **O** and if **O**'s attack consists of uttering $\neg\neg p$ (respectively p), let **P** utter $\neg p$ (respectively q). Note that the above play does *not* respect the intuitionistic rule: In move 6, **P** has not presented a defense against the most recent attack by **O**, namely the attack made in move 5 (actually, there is no defense available); instead **P** has proceeded to present a defense to an earlier move: move 6 is **P**'s defense against the attack **O** made in move 3. By contrast, the play depicted by the following diagram does respect the intuitionistic rule (and therefore, trivially, also the classical rule):

	O		**P**	
			$(\neg\neg p \to q)$	0
1	$n := 1$		$m := 1$	2
3	$\neg\neg p$	0	q	4

Also this play is won by **P**. The play suggests a very straightforward winning strategy for **P**: choose the repetition rank 1 no matter which repetition rank was chosen by **O**, and always immediately utter the true atom q as a defense against **O**'s attack on the thesis. Nothing prevents **P** from adopting a needlessly complicated winning strategy respecting the classical but

---

[7] In connection with *formal* dialogues there is a crucial difference between dialogues using the structural rule (4a) and those employing the rule (4b).

not the intuitionistic rule, but there is available a simpler winning strategy respecting the intuitionistic rule and therefore, *a fortiori*, the classical rule.

Let us observe the following facts. (**a**) If the thesis is a false atom, uttering the thesis brings the play to an immediate end, with **P** losing. Generally, uttering a false atom always ends a play and the player having uttered it loses. (**b**) If the thesis is a true atom, the dialogue rules do not allow any further move, whence **O** loses. Generally, uttering a true atom does not end a play, unless no further moves happen to be available. (**c**) Not being able to move stems either from the chosen repetition ranks or from the fact that the thesis is a *literal* (i.e., an atom or the negation of an atom). **O** cannot move if the thesis is a true atom, and **P** cannot move after **O**'s attack if the thesis is the negation of a true atom. If the thesis has a more complex form, the possibility to move is a matter of repetition ranks.

In the course of a dialogue, the players typically have a choice between attacking and defending. If the thesis, say, is $((p \wedge q) \to r)$ and **O** has attacked the thesis by uttering $(p \wedge q)$, then **P** has the choice between attacking **O**'s utterance, or defending himself against **O**'s attack by uttering r. This fact may be conceptualized by speaking of two 'roles' among which a player may choose: *Challeger* and *Defender*. There is in dialogues also another, totally unrelated notion of role that might considered; in this sense 'being the first to move' and 'being the second to move' are roles among the players X and Y. These latter roles cannot be changed in the course of a dialogue.

In DL the notion of truth (falsity) of a sentence B relative to a valuation V can be *defined* as the existence of a winning strategy for player **P** (respectively **O**) in $\mathcal{D}(B, V)$. These dialogical definitions of the notions of truth and falsity can be shown to coincide with the standard definitions formulated in terms of truth tables. Observe that there is an *almost* complete symmetry between the two players of material dialogues; the only source of asymmetry is that one of the two must make the first move. This asymmetry creates the relevant difference between the players enabling to define truth (falsity) as the existence of a winning strategy for the player who makes (respectively, does not make) the first move.

1.2 Game-theoretical semantics

Also in GTS a crucial connection is seen between meanings of expressions and correlated actions. Here the relevant actions are *not* any sort of speech acts. Instead, we could say, the activities are nonverbal actions of *witnessing* and *instantiating*. These actions should be primarily thought of as creating links between language and the reality of which the language speaks — instead of creating language-internal links among utterances. The activities are governed by practices giving rise to certain 'language games' — *semantic games*. The ideology behind semantic games lacks the sort of anti-realist flavor that the ideology behind dialogues has:[8] the semantic links are created by human activities, but at the same time facts about them are perfectly objective [3, pp. 42–43]. The dialogicians put all or almost all semantic weight on game rules, considered as rules that specify the meanings of logical expressions. By contrast, they tend to view the notions of truth and falsity, defined with reference to strategies, as metatheoretical notions. In GTS, again, the transition from the play level (game rules) to the strategy level (the notions of truth and falsity) does not mark an ascent to metatheory. Game-theoretically these are indeed two sides of the same coin, and jointly they provide both the meanings of logical expressions and the meanings of sentences. It is impossible to fix the level of plays without thereby fully specifying also the level of strategies. The notion of truth (as the existence of a suitable winning strategy) is constituted by those very same language games that yield the meanings of logical operators [3, p. 128].

It is customary in GTS to take $(A \to B)$ as an abbreviation of $(\neg A \vee B)$, which makes it unnecessary to associate a separate game rule with implication. However, as it serves our comparative purposes, we formulate a GTS rule for implication as well. Semantic games are played relative to a fixed valuation V. They are games between two players, call them $\exists$ and $\forall$.[9] In addition to the two players of the semantic games, there are two *roles* to be considered: call them $\mathbb{V}$ (*'Verifier'*) and $\mathbb{F}$ (*'Falsifier'*). Bijective maps $\rho : \{\mathbb{V}, \mathbb{F}\} \to \{\exists, \forall\}$ are *role distributions*. There are exactly two such maps, to be referred to as ρ_0 and ρ_1:

$$\rho_0 : \mathbb{V} \mapsto \exists, \mathbb{F} \mapsto \forall, \qquad \rho_1 : \mathbb{V} \mapsto \forall, \mathbb{F} \mapsto \exists.$$

The *transposition* of a role distribution ρ satisfies $\rho^*(\mathbb{V}) = \rho(\mathbb{F})$ and $\rho^*(\mathbb{F}) = \rho(\mathbb{V})$; it is denoted by ρ^*. For every sentence A of propositional logic, valuation V and role distribution ρ, a semantic game $G(A, V, \rho)$ is associated:

1. Suppose A is atomic. If $V(A) = true$, the player whose role is $\mathbb{V}$ wins and the one whose role is $\mathbb{F}$ loses; otherwise $\rho(\mathbb{F})$ wins and $\rho(\mathbb{V})$ loses.

2. If $A = (B \wedge C)$, then $\rho(\mathbb{F})$ makes a choice between *left* and *right*, and if D is the corresponding conjunct, the play continues as $G(D, V, \rho)$.

---

[8] By 'anti-realism' I mean the idea, prominent notably in the philosophy of Michael Dummett, according to which truth-ascriptions are meaningful only in the presence of means of recognizing whether the ascription is correct (cf., e.g., [1, Ch. 5]).

[9] Let us agree that player $\exists$ is female ('she') and player $\forall$ male ('he'). The reader is discouraged to make any inferences concerning **O** and **P** from the genders of $\exists$ and $\forall$, and *vice versa*. Cf. Subsection 2.1.

3. If $A = (B \vee C)$, then $\rho(\mathbb{V})$ makes a choice between *left* and *right*, and if D is the corresponding disjunct, the play continues as $G(D, V, \rho)$.

4. If $A = \neg B$, the play continues as $G(B, V, \rho^*)$. That is, the players' roles get switched and the play continues with the sentence B.

5. If $A = (B \to C)$, then $\rho(\mathbb{V})$ makes a choice between *left* and *right*. If the choice is *left*, the players' roles get switched and the play continues as $G(B, V, \rho^*)$. Otherwise the play continues as $G(C, V, \rho)$.

The game rule for $\to$ reflects the equivalent formulation of $\to$ in terms of $\neg$ and $\vee$. In GTS we may *define* the notion of truth (falsity) of a sentence B relative to a valuation V as the existence of a winning strategy for player $\exists$ (respectively $\forall$) in $G(B, V, \rho_0)$. Recall that we defined ρ_0 so that $\exists = \rho_0(\mathbb{V})$ and $\forall = \rho_0(\mathbb{F})$. The GTS definition of the notions of truth and falsity can be proven to be equivalent to the standard definitions formulated using truth tables, and hence (by what noted in the end of Subsection 1.1) also equivalent to the definitions of these notions in terms of DL.

2 Formal correlations between the frameworks

We will explain how the basic ingredients of the two frameworks, DL and GTS, relate to each other. Notably we wish to indicate how the following components get mirrored: *players*, *rules regulating the moves*, *roles the players may assume*, and *criteria for terminating a play*.

We begin by singling out two variants of material dialogues, obtained by limiting the moves available to the players. (**1**) The *strict dialogues* (strenge Dialogspiele) introduced by Lorenz [5] result from the rules of Subsection 1.1 by stipulating that the repetition ranks of the both players must equal one: both defenses and attacks may be performed at most once per utterance (see [11, pp. 55–57], [6, p. 50]). If attention is confined to the language $L(\vee, \wedge, \neg)$, it is not difficult to see that exactly the *same dialogues* are obtained independently of whether we impose this restriction on classical or intuitionistic material dialogues.[10] However, in connection with an attack on an implication, the classical rule allows indefinitely postponing the one and only permitted defense against the attack — while the intuitionistic rule dictates that a postponed defense is only possible if one has first successfully responded to all intervening attacks. (**2**) We may also consider the following restriction: after the initial move, the player whose turn it is to move must react to the *immediately preceding* move of the adversary. These dialogues will be termed *memoryless dialogues*.[11] Repetition ranks

---

[10] Games $\eth$ and $\eth'$ are the same if their game rules lead to the same game tree.

[11] The players need not keep track of the past course of a play; they might just as well have forgotten it.

are vacuous in memoryless dialogues: the rules prevent both players from exploiting any rank greater than one. These dialogues enjoy the specific property that as soon as one of the players utters an atom, the play ends. In all material dialogues this is so when a *false* atom is uttered, but in a memoryless dialogue even uttering a true atom brings the relevant play to an end — no reaction pertaining to an atom is possible. The table below explicates which type of move must be performed in which case:

previous move	move to be made
attack on a disjunction	defense: a disjunct
attack on a conjunction	defense: a conjunct
attack on a negation	counterattack on the negated sentence (unless atomic)
attack on an implication	counterattack on the antecedent (unless atomic) or defense: the consequent
defense of a conjunction, disjunction or implication	attack on the result of defending (unless atomic)

Table 1. Dependence of a move on the previous move in memoryless dialogues.

Even in the presence of $\rightarrow$, exactly the same memoryless dialogues are obtained independently of whether we impose the relevant restriction on classical or intuitionistic material dialogues. Observe that the only case in which the previous move does *not* uniquely determine the sentence to which the current move must pertain — the sentence which is to be 'processed' — is the case that the previous move is an attack on an implication. The player having uttered the implication can choose between a counterattack and a defense. If the player decides to counterattack, he or she will never be able to defend the utterance, while if the player decides to defend the utterance, he or she will never be in a position to counterattack the adversary's attack on the implication. It is readily seen that for the language $L(\vee, \wedge, \neg)$, memoryless dialogues coincide with strict dialogues.[12] However, memoryless dialogues are less permissive with respect to the defensibility of *implications* than strict intuitionistic dialogues (which again are less permissive than strict classical dialogues): e.g., the rules do not prevent a strict intuitionistic dialogue about $((A \wedge B) \rightarrow C)$ from proceeding as follows: **O** attacks by uttering $(A \wedge B)$, **P** counterattacks by asking, say, $?_R$, **O** responds by uttering B, whereafter **P** finally decides to defend himself against the attack on the implication and utters C. A memoryless dialogue could not proceed in that way. After **O**'s attack on the implication **P** must decide once and for all whether to counterattack **O**'s utterance of $(A \wedge B)$ or defend himself by uttering C, one choice excluding the other for good.

---

[12] Unlike Lorenz, Lorenzen [10, pp. 35–37] actually explicitly excludes implication from the language for which strict dialogues are defined and notes that in such strict dialogues the players must always react to the immediately preceding move of the adversary.

Van Benthem [17] discerns a variant of dialogues, the 'one-shot dialogues,' with the following distinctive property: when player **P** has a turn to move, he has full freedom in choosing which available sentence to process, but — crucially — the sentence he ends up processing becomes thereby immediately unavailable for any further processing. That is, notably in a first-order setting **P** had better think carefully *how* to process a given quantified sentence, as he can only have one try. A referee suggested that memoryless dialogues might be conceptually related to van Benthem's one-shot dialogues. Any such relation is actually rather coincidental. In one-shot dialogues **P** has full liberty of selecting a sentence to be processed, usually from a variety of options. In memoryless dialogues neither **P** nor **O** has any such choice at all: the processing must pertain to the sentence given by the immediately preceding move. It is correct that in dialogues of both sorts, once the relevant sentence is processed, it is no longer available for further processing at a later stage in the play. In memoryless dialogues this is so simply because the same sentence cannot *also later* be the result of the most recent move! It is worth noting that *strict* dialogues indeed constitute a strong form of one-shot dialogues: in them, both players are allowed only one defense or attack per utterance, while the utterance to be processed may be chosen freely. Both one-shot dialogues and strict dialogues can be seen as generalizations of *intuitionistic* dialogues.

2.1 Semantic games vs. memoryless dialogues for $L(\vee, \wedge, \neg)$

As implication is usually not discussed as a separately given connective in GTS, let us first confine attention to $L(\vee, \wedge, \neg)$. There is an obvious correspondence between the ingredients of semantic games and memoryless dialogues for this language — yet perhaps not as straightforward as one might expect. Since memoryless and strict dialogues coincide in the case of $L(\vee, \wedge, \neg)$, all we say about memoryless dialogues here holds of strict dialogues as well. The most crucial observation is that players of dialogues have a double function from the viewpoint of GTS.

*What in the GTS framework is the counterpart of the two players **P** and **O** of the DL framework?* The question is ambiguous: the dialogician's **P** and **O** have two parts to play, when analyzed from the viewpoint of GTS. On the one hand, it is important in dialogues that certain utterances are classified as those that are uttered by **P** and the rest as those uttered by **O**. Seen from this perspective, we refer to **P** and **O** as 'players as utterers.' This division between **P** and **O** is needed for the analysis of negation.[13] Graphically it is this aspect that is typically marked by having two columns separated by a divide when writing down what happens in the course of a dialogue, one side

---

[13] And implication, when $L(\vee, \wedge, \neg, \rightarrow)$ is considered.

representing utterances by **O** and the other those by **P**. On the other hand, the players are agents, whose moves (and strategic decisions) often involve choices. Conceptually, making choices is an additional aspect of what the players do — over and above their having uttered something. From this viewpoint we refer to **P** and **O** as 'players as choosers.'

It would be a mistake to simply correlate the players **P** and **O** of the dialogues with the players $\exists$ and $\forall$ of the semantic games (or with the two possible roles of the players of semantic games, viz. $\mathbb{V}$ and $\mathbb{F}$). Actually, **P** and **O** as utterers correspond respectively to the *role distributions* ρ_0 and ρ_1 of the semantic games,

$$\rho_0 : \mathbb{V} \mapsto \exists, \mathbb{F} \mapsto \forall, \qquad \rho_1 : \mathbb{V} \mapsto \forall, \mathbb{F} \mapsto \exists.$$

These same players as choosers, again, correspond respectively to the GTS players $\exists$ and $\forall$. Let us consider the situation in some detail.

Why should sentences uttered by **P** be correlated with the role distribution ρ_0 and those uttered by **O** with its transposition ρ_1? Indeed, supposing that initially **P** has uttered a sentence, what is **O** needed for? For one thing, **O** questions **P** about utterances **P** has put forward: **O** requires **P** to provide *witnesses* for his claims with existential force (disjunctions) and requires **P** to admit *instances* of his claims with universal force (conjunctions). If these were **O**'s only tasks, the dialogues would be of a particularly simple kind — they would reduce to monologues — and we would never need to keep track of the two 'sides' of a dialogue. **O**'s utterances would not commit her in any way. What renders **O** a more substantial role is that when attacking negations uttered by **P**, she herself ventures to take a risk, so to say, by uttering the negated sentence.[14] Her utterance yields additional material which might enable **P** to force a win in the dialogue — **O**'s utterance will indeed be of use for **P** if the sentence **O** utters happens to be materially false. This dynamics from an utterance of **P** to an utterance of **O** is the way negations uttered by **P** are processed in the dialogical framework. Given, then, that we need to consider utterances of **O**, it can of course happen that *they* are of negative form,[15] so there will likewise in general be traffic from **O**'s utterances to **P**'s utterances. Processing negations, uttered by one player, will lead to utterances of the other player. For $L(\vee, \wedge, \neg)$, what the two players are needed for is precisely to enable processing negations. But now, what is it in the GTS setting that corresponds to processing a negation? Shifting the roles of the players. This provides the rationale for correlating **P** with ρ_0 and **O** with ρ_1. Simply, in DL we crucially need the two players to deal with negations. In GTS we crucially need for the same

---
[14] The same holds when **O** attacks an implication.
[15] Or, in the more general setting, of implicational form.

purpose the two role distributions. In both cases negations are processed via a transition from one side of the opposition to the other.

What about players **P** and **O** as choosers, then? Role distributions do not make choices, so the chooser aspect of the dialogical players must find its counterpart elsewhere. In dialogues for $L(\vee, \wedge, \neg)$, it is up to a player to make a choice when defending a disjunction uttered by himself, and when attacking a conjunction uttered by the adversary. **P**'s choices correspond to those choices in semantic games that are made by the player whose role under the role distribution ρ_0 is *Verifier* ($\exists$). Similarly **O**'s choices correspond to those choices that are made by the player whose role under the role distribution ρ_1 is *Verifier* ($\forall$). As an agent making choices, **P** compares with $\exists$ and **O** compares with $\forall$.

In memoryless dialogues for $L(\vee, \wedge, \neg)$, the dialogical roles of *Challenger* and *Defender* are vacuous: whenever a player has a turn to move, the adversary's previous move uniquely determines whether the player must perform an attack or a defense. In GTS there are no genuine counterparts to the dialogical roles. Disjunctions are 'defended' but not 'challenged,' and conjunctions are 'challenged' but not 'defended.' Both actions take place via choices. Negations are 'attacked' in the passive sense that they trigger a role shift. In brief, like in memoryless dialogues, also in semantic games the previous move uniquely determines what sort of move occurs next.

In memoryless dialogues, uttering an atom ends a play. Also in semantic games a play always comes to an end when an atomic sentence is reached. If the atom is false (true), the play is lost (won) by the player who carries the role of *Verifier*: if the atom is associated with the role distribution ρ_0, corresponding to **P** as an utterer, then player $\exists$, who corresponds to **P** as a chooser, loses (wins), whereas if it is associated with the role distribution ρ_1, corresponding to **O** as an utterer, then player $\forall$, who corresponds to **O** as a chooser, loses (wins).

DL	GTS
P and **O** as utterers	ρ_0 *resp.* ρ_1
P and **O** as choosers	$\rho_0(\mathbb{V}) = \exists$ *resp.* $\rho_1(\mathbb{V}) = \forall$
dialogical roles of *Challenger* and *Defender*	—
negation attacked by uttering the negated sentence	role shift
play lost (won) by uttering an atomic falsehood (truth)	play lost (won) by arriving at a false (true) atom while having the role of *Verifier*

Table 2. Ingredients of DL (memoryless dialogues) and GTS compared.

2.2 Adding implication

Let us consider adding $\to$ among the syntactically given connectives. The GTS rules laid down in Subsection 1.2 were formulated in terms of two components: *choices* and *role distributions*. One way of conceptualizing what happens in semantic games would be to say that complex sentences are always processed by means of *actions* understood as choices which intrinsically involve either retaining or transposing the current role distribution. This general form of actions is easy to miss, since the actions involved in processing $\vee$ and $\wedge$ keep the role distribution intact (they essentially only call for a binary choice), whereas the choice component of the action that goes together with $\neg$ is degenerate, there being just one alternative to choose from. From the perspective of generalized actions, negation however involves a choice (albeit trivial) by the *Verifier* — a choice which leads to the negated sentence being considered under the transposition of the current role distribution. Implication genuinely forces the recognition of both aspects: choice between the antecedent and consequent together with an operation, dependent on the choice made, acting on the current role distribution. When actions of the players in GTS are viewed in the generalized way, the discrepancy between the actions corresponding to $\wedge$ and $\vee$ on the one hand, and those corresponding to $\neg$ on the other, disappear. In DL, a uniform perspective on different actions available to the players is provided by the dialogical roles of *Challenger* and *Defender*. Any complex sentence is processed in terms of attacks and defenses. In particular, $\neg$ and $\to$ are in this respect treated on a par with $\vee$ and $\wedge$. The two aspects of the dialogical players — utterer and chooser — are coordinated in terms of these dialogical roles.

In the case of $\wedge$, $\vee$ and $\neg$, it was possible to establish a rather smooth correlation between the basic conceptual ingredients of DL and GTS. That is not possible to the same extent for $\to$. Whereas in GTS the processing of $\to$ requires — at the level of rule application — a choice between the antecedent and the consequent, no choice is involved in processing $\to$ in DL. Instead, if a player has uttered an implication, the adversary may attack it by uttering the antecedent. Furthermore, this is the only way to make 'argumentative use' of the adversary's implicational utterance. In GTS, again, it is perfectly possible for the *Verifier* to process implication by directly selecting the consequent. Indeed, in DL the corresponding choice is not a matter of rule application — rather, it is a matter of *strategy*. The player whose utterance of $(B \to C)$ was attacked by means of the adversary uttering B, may as a matter of strategy choose between attacking the antecedent B or defending himself or herself by uttering the consequent C instead. In DL, negation and implication differ from the junctions in that in connection with the former, attacking induces a 'commitment' on the part of the player who attacks. This special character is reflected in the discrepancy between the ways in which GTS and DL respectively deal with implication. A smooth analogue still exists in the case of negation, since in this case there is no genuine choice to be made from the perspective of either approach.

2.3 From memoryless to general dialogues

Compared with memoryless dialogues, the players of general material dialogues have much more freedom in their actions. (The classical variant allows even more freedom than the intuitionistic variant.) The players are not obliged to react on the immediately preceding move, but may in general choose between attacking an earlier utterance by the adversary and responding to an earlier attack. Notably in classical material dialogues the players have the full freedom to respond to any earlier attack. During a single play of a general material dialogue many more things can happen than during a play of a memoryless dialogue. Indeed, if there is a winning strategy σ for **P** in a general material dialogue about B, then for any repetition rank n chosen by **O**, only one *play* is needed to observe, relative to the rank n, that **O** cannot beat σ — if **P** makes his choices in accordance with σ. In memoryless dialogues, only in the extreme special case that **O** gets no chance to make any binary choice can one play reveal the information that the strategy **P** is following cannot be beaten by suitable choices of the adversary. A generalization analogous to the one from the degenerate dialogical roles of memoryless dialogues to the dialogical roles of general material dialogues is entirely foreign to GTS, where repeating or postponing moves is not possible, but after each move the most recently introduced sentence is to be processed. In GTS, in one play essentially nothing more and nothing less happens than producing one vector of instantiations and witnesses (left/right choices) in conformity with the limitations specified by the syntax of the sentence considered.

3 Conclusion

Various formal correlations between DL and GTS were observed. We singled out a restrictive variant of dialogues — memoryless dialogues — and indicated that between them and GTS a particularly smooth comparison is possible for $L(\vee, \wedge, \neg)$. Relative to this language, memoryless dialogues coincide with Lorenz's strict dialogues. It was noted that already the treatment of $\rightarrow$ creates an essential difference between GTS and DL: while in GTS the processing of implications involves making a choice between the consequent and the antecedent, the dynamics of the dialogues forces an implication to be processed by the adversary's uttering its antecedent, and the choice made at the play level in GTS receives its counterpart at the strategy level in DL, it being a matter of strategy whether the player counterattacks the adversary's utterance of the antecedent or presents a defense by uttering the consequent.[16]

BIBLIOGRAPHY

[1] Dummett, M., 2006, *Thought and Reality*, Oxford: Clarendon Press.
[2] Hintikka, J., 1968, "Language-Games for Quantifiers," in *Studies in Logical Theory*, N. Rescher (ed.), Oxford: Basil Blackwell, pp. 46–72.
[3] ——, 1996, *The Principles of Mathematics Revisited*, Cambridge: Cambridge University Press.
[4] Hintikka, J., and Sandu, G., 1997, "Game-Theoretical Semantics," in *Handbook of Logic and Language*, J. van Benthem, and A. ter Meulen (eds.), Amsterdam: Elsevier, pp. 361–410.
[5] Lorenz, K., 1961, *Arithmetik und Logik als Spiele*, Ph.D. thesis, Universität Kiel.
[6] ——, 1967, "Dialogspiele als semantische Grundlage von Logikkalkülen," *Archiv für mathematische Logik und Grundlagenforschung* 11: 32–55 & 73–100.
[7] ——, 2001, "Basic Objectives of Dialogue Logic in Historical Perspective," *Synthese* 127: 255–263.
[8] Lorenzen, P., 1960, "Logik und Agon," in *Atti del XII Congresso Internazionale di Filosofia (Venezia, 1958)*, Firenze: Sansoni, pp. 187–194.
[9] ——, 1969, *Normative Logic and Ethics*, Mannheim: Bibliographisches Institut.
[10] ——, 1982, "Die dialogische Begründung von Logikkalkülen," in *Argumentation: Approaches to Theory Formation*, E. M. Barth, and J. L. Martens (eds.), Amsterdam: John Benjamins, pp. 23–54. Originally appeared in *Theorie des wissenschaftlichen Argumentierens*, C. F. Gethmann (ed.), Frankfurt am Main: Suhrkamp, 1980, pp. 43–69.
[11] Lorenzen, P., and Lorenz, K., 1978, *Dialogische Logik*, Darmstadt: Wissenschaftliche Buchgesellschaft.
[12] Majer, O., Pietarinen, A.-V., and Tulenheimo, T. (eds.), 2009, *Games: Unifying Logic, Language, and Philosophy*, Berlin: Springer.
[13] Rahman, S., and Keiff, L., 2005, "On How to Be a Dialogician," in *Logic, Thought and Action*, D. Vanderveken (ed.), New York: Springer, pp. 359–408.
[14] Rahman, S., and Tulenheimo T., 2009, "From Games to Dialogues and Back: Towards a General Frame for Validity," in [12, pp. 153–208].
[15] Rebuschi, M., and Tulenheimo, T. (eds.): *Logique & théorie des jeux (Philosophia Scientiæ* 8:2), Paris: Editions Kimé.
[16] Rückert, H., 2007, *Dialogues as a Dynamic Framework for Logic*, Ph.D. thesis, Universiteit Leiden.
[17] van Benthem, J., 2006, "Logical Construction Games," in *Truth and Games*, T. Aho, and A.-V. Pietarinen (eds.), Helsinki: Acta Philosophica Fennica 78, pp. 123–138.

Tero Tulenheimo
STL-CNRS / University of Lille 3
tero.tulenheimo@univ-lille3.fr

---

[16] The research for the present paper was funded by a personal grant from Ella and Georg Ehrnrooth foundation. I wish to thank the two referees for useful comments.

PART IV

PRAGMATISME / PRAGMATISM

„Man kann nur philosophieren lernen"
Gerhard Heinzmann enseignant

PIERRE EDOUARD BOUR

Quiconque a eu l'occasion de suivre les cours de Gerhard Heinzmann aura sans doute été frappé par le caractère remarquablement peu classique de sa manière d'enseigner la philosophie. Au sortir de ma première heure avec lui, un Lundi matin de l'automne 1989, j'ai ressenti tout autant que les autres une certaine panique après avoir entendu parler, une heure durant, de concepts et d'auteurs dont j'ignorais tout, et sur lesquels cet enseignant, nouvel arrivé comme nous, nous demandait de surcroît un avis argumenté. Je dois confesser qu'il me fallut quelques temps avant de m'habituer à la méthode si particulière qui était la sienne. Auprès d'un certain nombre de mes camarades ou de leurs successeurs, elle n'a pas cessé de provoquer la surprise et un sentiment d'étrangeté. Ainsi ai-je entendu dire de lui un jour qu'il n'avait « même pas de plan ». Dans un pays comme la France où l'histoire de la philosophie et une certaine tradition de l'enseignement magistral à l'Université comme en classes préparatoires ont le poids qu'on leur connaît, on mesure la profondeur d'un tel reproche. Beaucoup d'autres se sont, à l'inverse, retrouvés dans cette autre manière d'enseigner. Force est de constater, dans tous les cas, qu'elle ne laisse personne indifférent.

Bien entendu, mon propos n'est pas ici de dresser un panégyrique de l'enseignant, pas plus que de défendre ses options pédagogiques, lesquelles n'ont, à l'évidence, nul besoin d'être défendues. Je souhaite simplement faire quelques remarques nécessairement fragmentaires, au titre d'ancien étudiant et, pour une brève période, d'« assistant » de Gerhard Heinzmann, sur sa conception de l'enseignement de la philosophie, d'un point de vue lui-même philosophique. Je souhaite souligner en premier lieu l'importance de la notion pragmatiste de construction au sein de cette conception, laquelle est en cela pleinement cohérente avec les orientations philosophiques de Gerhard Heinzmann. Précisons qu'il ne s'agit pas de référer ici au contenu doctrinal distinctement pragmatiste de la pensée heinzmanienne, mais d'affirmer son caractère pragmatiste en un sens fort que j'énoncerai ainsi : enseigner la philosophie a pour but de permettre l'acquisition de compétences d'action particulières. J'essaierai de montrer que les concepts de situations de construction et d'apprentissage ne jouent pas seulement chez lui un rôle théorique, mais trouvent une application dans le contexte de son enseignement de philosophie.

Dans un texte célèbre, Kant a opposé l'apprentissage de la philosophie comme ensemble de doctrines à son apprentissage comme aptitude rationnelle.

> L'enfant, au terme de sa scolarité, était habitué à *apprendre*. Il pense maintenant qu'il va *apprendre la Philosophie*, mais c'est impossible car il doit désormais *apprendre à philosopher*. [4, p. 515][1]

Selon Kant, le trait distinctif de l'apprentissage philosophique, c'est qu'il ne repose pas sur « quelque chose qui est donné en fait, que par conséquent on a d'avance et qu'il suffit, pour ainsi dire, de prendre » [4, p. 515]. Au contraire des autres sciences, historiques (qui reposent sur l'expérience personnelle ou le témoignage) ou mathématiques (qui reposent sur l'évidence des concepts et l'infaillibilité de la démonstration), dans lesquelles la connaissance est semblable à un ensemble d'objets que l'on peut s'approprier, c'est d'abord en une *aptitude* que consiste la connaissance philosophique, capacité à laquelle renvoie « philosopher »comme verbe. Pour Kant, apprendre à philosopher suppose d'abord une maîtrise de l'usage de la raison et consiste même essentiellement en cette maîtrise, avant que l'on puisse envisager d'apprendre des doctrines philosophiques.

On peut s'interroger sur la distinction ainsi établie entre la philosophie et les autres disciplines intellectuelles, tout comme sur la vision de la rationalité législatrice que l'on devine, comme souvent, en arrière-plan de la pensée kantienne. Reste que le mot d'ordre donné par Kant est repris régulièrement comme un slogan : la philosophie jouerait ainsi le rôle de la prestigieuse école du penser par soi-même, de la voie royale vers le jugement critique. Mais la question des moyens par lesquels est effectué ce chemin vers l'autonomie du jugement n'admet pas de réponse claire et consensuelle. S'agit-il pour l'apprenti philosophe d'intérioriser l'aptitude à la pensée critique telle qu'elle est exemplifiée dans l'œuvre des grands philosophes du passé, auquel cas les vrais *maîtres* seraient en dernière analyse ces philosophes eux-mêmes ? S'agit-il au contraire de donner à voir des constructions argumentatives plus ou moins désincarnées, à charge pour l'étudiant d'apprendre à se mouvoir dans ces constructions et à apporter à son tour sa part à l'édifice ? Le risque de la première méthode est de favoriser l'intériorisation d'une doctrine davantage que d'une démarche de pensée ; le risque de la seconde est

---

[1] Quoiqu'il ne soit pas un zélateur de Kant, Gerhard Heinzmann me pardonnera certainement de partir de ce texte.

à l'inverse d'encourager une conception de l'activité philosophique comme externe, n'engageant son auteur que d'un point de vue technique.[2]

Dans les deux cas toutefois, et qu'il soit demandé de les intérioriser ou d'y prendre place, les contenus d'apprentissage sont d'abord présentés comme extérieurs à l'étudiant et donc, pour reprendre l'expression kantienne, comme « quelque chose qui est donné en fait ». Or, sur ce point comme sur d'autres, la position heinzmanienne consiste d'abord à tenir cette idée pour problématique. Comme on le sait, il s'agit là du cœur de son pragmatisme, tel qu'il l'hérite de Kuno Lorenz :

> Pour un *pragmatiste*, la communication ne présuppose pas simplement l'existence des objets ; les objets dépendent inversement aussi de la fonction du langage. Ainsi, les objets ne peuvent pas être considérés indépendamment des actions. Comprendre une action signifie comprendre l'aspect symbolique d'une action. Cependant, l'aspect symbolique d'une action n'est pas donné avec l'acte, c'est-à-dire la manière dont l'action se trouve exécutée. Ce n'est qu'à condition de réussir à faire comprendre l'exécution d'une action en tant que réalisation d'un schème que l'acte en question devient le signe du schème d'action [1, p. 99].

Le constructivisme dialogique théorisé par Lorenz, dont le principe est exposé ci-dessus de manière synthétique, part donc de l'idée que notre connaissance des objets passe par l'apprentissage d'actions : les situations d'apprentissage, conçues sur le modèle des jeux de langage wittgensteiniens[3], sont les processus à l'aide desquels notre connaissance et nos compétences d'actions sont construites. Or, il n'y a aucune raison que ce schéma ne soit pas appliqué aux objets particuliers que sont les connaissances philosophiques, en termes de *contenus* (historiques, argumentatifs) et aux aptitudes philosophiques (au raisonnement). De ce point de vue, la distinction (retenue également par Kant) entre *connaissances* et *méthodes* doit être relativisée, les connaissances comme objets n'étant pas indépendantes des raisonnements comme actions méthodiques dans lesquels ils interviennent[4].

On peut donc caractériser l'approche heinzmanienne (pragmatico-sémiotique) de la façon suivante :

> *Les connaissances philosophiques ne peuvent être comprises en tant qu'objets donnés, mais seulement au travers d'un processus de construction d'actions, au terme duquel elles sont saisies en tant que signes.*

Reste que, d'une part, cette caractérisation demeure abstraite et doit être étudiée dans sa mise en application, et que si, d'autre part, l'on s'en tient

---

[2] Liste évidemment non-exhaustive.

[3] S'il est éventuellement douteux que le concept d'apprentissage ait chez Wittgenstein une signification pédagogique et non simplement paradigmatique (voir [5]), le but du présent texte est de montrer que les deux aspects sont liés et complémentaires pour ce qui est de Gerhard Heinzmann.

[4] Par ailleurs, les actions méthodiques peuvent elles-mêmes être saisies comme objets, à un niveau d'abstraction supérieur.

à une description aussi générale que celle-ci, on voit mal en quoi une telle déclaration d'intention se distingue de la rhétorique commune (dans sa variante « kantienne ») concernant l'enseignement de la philosophie. L'idée de construction n'est en elle-même pas suffisante pour caractériser l'approche pragmatique heinzmannienne. Et notamment, elle ne garantit pas que le moyen de la construction, c'est-à-dire le langage philosophique, n'échappe pas lui-même au mouvement pragmatique de la construction. Il s'agit certes d'une thèse désormais répandue, quoique non universellement acceptée et encore moins pratiquée, que la philosophie ne peut faire l'économie d'une analyse du langage, et que cette analyse est même l'un de ses outils privilégiés. De ce point de vue, le fait que Gerhard Heinzmann a assuré, plusieurs années durant, un cours d'analyse logique du langage à destination des étudiants de première et deuxième année de Philosophie est très révélateur, et suffit à indiquer sa communauté de vues à ce niveau avec la tradition analytique. Cette adhésion n'exclut pas cependant une certaine forme de recul critique quant à la manière de considérer le langage comme « tout fait » [3, p. 3] : il n'est ni suffisant ni surtout légitime de présupposer un langage commun et une disposition à le comprendre, que l'on pourrait se contenter de décrire. En d'autres termes, la thèse de la construction ne vaut qu'à la condition que le langage, parce qu'il est à la fois objet et moyen de la philosophie, ne soit pas lui-même considéré comme un « objet donné ».

On comprend mieux de ce fait pourquoi il est arrivé à Gerhard Heinzmann de débuter son cours de première année en lançant à ses étudiants quelque peu médusés : « Gavagai! », et en attendant que ceux-ci répondent, fût-ce d'ailleurs par un « Gavagai! » identique. Le clin d'œil à Quine n'est pas tant là pour signifier une adhésion aux thèses de *Word and Object* que pour indiquer dans quel type de situation de traduction radicale il souhaite placer les étudiants. On se tromperait à voir là une sorte d'attitude cartésienne de refondation absolue ; il faut plutôt comprendre cette radicalité comme pointant vers un présupposé essentiel de l'entreprise philosophique, que l'on peut énoncer comme suit : « on observe d'abord que le parler fait lui-même partie des objets, de sorte qu'il ne va pas de soi que le niveau du langage est un méta-niveau par rapport aux objets » [3, p. 6]. La première leçon de philosophie, si on conçoit cette dernière comme reposant *d'abord* sur une enquête quant à notre langage, doit donc consister à placer les étudiants dans une sorte de rapport pré-réflexif à la pratique langagière. Non pas se « défaire de toutes les opinions » et « commencer tout de nouveau dès les fondements », mais donner un aperçu du radeau de Neurath, dans la lignée des fondateurs de l'Ecole d'Erlangen qui « commencent leur travail au milieu et à l'aide de notre langage courant, produit de l'histoire » [3, p. 4].

Il est à noter que, si les principes énoncés ci-dessus valent pour le langage ordinaire, ils s'appliquent également au langage philosophique, produit historique s'il en est. D'où un rapport particulier à l'histoire de la philosophie, dont la source polémique se trouve déjà dans le débat Lorenzen-Kamlah quant à l'étude des problèmes philosophiques : comprendre un problème suppose-t-il « la connaissance des étapes de la tentative imaginée pour le résoudre », ou simplement la capacité à en systématiser la réponse, c'est-à-dire à en manifester le « contenu raisonnable » au travers d'une construction de sa « genèse logique » [3, p. 4] ? Quoique ce débat ait trouvé sa réponse au niveau systématique dans le constructivisme dialogique évoqué plus haut[5], il n'est pas certain que du point de vue pratique de l'enseignement philosophique, la polarité soit aussi clairement dépassée. Il me semble que, sur ce point, et malgré sa curiosité et son souci des détails historiques, Gerhard Heinzmann a toujours abordé les problèmes et les auteurs avec une attitude franchement systématique. Ainsi écrivait-il dans l'introduction d'un polycopié de cours sur l'intuition en 2002 :

> D'abord, je me propose de montrer que l'on peut déceler dans les « fondements intuitifs » de plusieurs auteurs (Aristote, Descartes, Locke) des difficultés systématiques provenant du fait qu'ils ont négligé l'intuition ou qu'ils lui ont attribué une fonction qu'elle ne peut remplir. Ensuite, on étudiera la transformation de l'intuition opérée par Kant et Helmholtz pour finalement aboutir à notre but principal, à savoir d'argumenter pour la conjecture qu'il existe une manière parfaitement cohérente de parler d'un aspect intuitif de notre connaissance et que celui-ci est même un élément nécessaire là où on estimait l'avoir éliminé il y a cent ans : en mathématiques.[6]

Il ne s'agit donc pas d'évacuer toute référence ou tout questionnement historique, mais de les subordonner à la position et à la tentative de résolution systématiques d'un problème d'ordre conceptuel[7], prééminence de la thématique sur les auteurs dont témoignent d'ailleurs, dans leur majorité, les titres des cours de Gerhard Heinzmann depuis 1989[8]. D'autre part, et de manière cohérente avec les principes énoncés plus haut, il est intéressant de remarquer que l'introduction dans le cours d'auteurs encore récemment as-

---

[5] Voir [3, p. 5]
[6] « Qu'est-ce que l'intuition ? », Première leçon du 16 octobre 2002.
[7] En tant qu'enseignant, je lui suis particulièrement redevable de ce principe.
[8] Outre l'analyse logique du langage et l'intuition, déjà citées, on peut évoquer ses cours sur la théorie des ensembles, la logique dialogique, le pragmatisme, la philosophie des mathématiques, etc. Une des exceptions notables a consisté en un cours de deux ans portant sur l'œuvre de Henri Poincaré, professé durant les années universitaires 1989-90 et 1990-91. Il faut cependant en nuancer le caractère « exceptionnel », dans la mesure où le contenu du cours était lui-même très largement systématique. Par ailleurs, au vu de l'importance tant scientifique qu'institutionnelle de Poincaré pour Gerhard Heinzmann, il n'est pas interdit de penser que le choix de ce sujet pour entamer sa carrière professorale à Nancy n'était pas anodin.

sez étrangers au corpus classique de la philosophie française[9] comme Helmholtz, Frege, Russell, Peirce, Quine, Goodman, Wittgenstein ou les auteurs du Cercle de Vienne, ne fait pas l'objet de la part de Gerhard Heinzmann de précautions particulières[10] : en effet, il n'y a pas lieu de considérer ces auteurs comme plus exotiques que d'autres comme Aristote, Hume, Descartes ou Kant, qui devraient être considérés comme canoniques de façon évidente, et faisant donc partie d'un bagage culturel commun qui n'aurait pas besoin d'être lui-même construit. Certes, c'est peut-être là faire fi de l'enseignement reçu par les élèves en classe de Terminale, mais au bout de vingt ans de carrière universitaire en France, on peut supposer qu'une certaine ignorance première de cette condition particulière a cédé le pas à une stratégie délibérée, comme pour provoquer chez les étudiants l'idée que les philosophes dont ils ont déjà entendu parler ne leur sont finalement pas mieux connus que ceux qui leur sont ainsi présentés sans façon[11].

Toutefois, le rapport aux auteurs introduit par Gerhard Heinzmann se caractérise également, à un autre niveau, par une conception de leur statut qui soit compatible avec l'idée d'une construction des connaissances philosophiques au sein d'un dialogue. En d'autres termes, le respect que l'on peut éprouver pour les thèses et les arguments des philosophes ne doit pas nous amener à considérer ces thèses et arguments comme indiscutables ou à tenir leurs auteurs hors du dialogue philosophique. Si cette idée de traiter les philosophes passés (et non seulement contemporains) comme des interlocuteurs privilégiés dans l'activité et l'apprentissage philosophiques peut apparaître comme un lieu commun, comme on l'a dit plus haut, il n'est pas étonnant qu'elle trouve une réalisation vigoureuse dans une conception dialogique comme celle que soutient Gerhard Heinzmann. Soutenir que l'apprentissage philosophique doit prendre la forme d'un dialogue revient ici à insister sur la dimension pratique de la philosophie et de son apprentissage, donc à retrouver le mot d'ordre kantien. Au vu de l'objectif d'un apprentissage pratique, c'est-à-dire d'une acquisition d'aptitudes pragmatiques à faire de la philosophie, on conçoit qu'une approche purement théorique paraisse vouée à l'échec. Cependant, il semble difficile d'attendre des étudiants qu'ils puissent acquérir spontanément des aptitudes à philosopher. Il me semble

---

[9] Corpus très lié au programme d'auteurs des classes de Terminale et aux programmes des concours d'enseignement du second degré.

[10] Effet de notre inculture, Laurent Rollet et moi-même avons mis quelque temps avant de réaliser que le « Piano » dont parlait le cours à propos des axiomes sur les entiers naturels, s'écrivait en fait « Peano », et n'avait donc rien à voir avec la musique.

[11] Au vu de la liste des « grands noms » du 19e siècle présents dans le programme de philosophie des classes de Terminale (on pense notamment à Hegel, Schopenhauer, Kierkegaard, Marx ou Nietzsche), il y a bien entendu une démarche provocatrice à présenter de manière répétée Charles Sanders Peirce comme « le plus grand philosophe du 19e siècle »...

que la solution heinzmanienne à ce dilemme consiste en un jeu sur le schéma lorenzien de construction dialogique.

En effet, la construction dialogique telle que la théorise Kuno Lorenz repose sur un schéma bipolaire agent / patient, que l'on peut retrouver au niveau de l'apprentissage philosophique de la façon suivante : l'agent (ici le philosophe) exécute/crée des actions (raisonnements, lignes d'argumentation) qui sont vécues/analysées par le patient (ici l'étudiant)[12]. Si toutefois l'étudiant en reste à ce niveau théorique, il ne peut pas acquérir d'aptitudes pratiques. Il est donc nécessaire de le placer en position d'agent, afin qu'il s'entraîne à *créer* lui-même. Le rapport passif aux auteurs et à leurs thèses peut certes donner lieu dans un premier temps à une *répétition*, mais il est indispensable qu'il débouche sur une *imitation*, c'est-à-dire une action qui manifeste de manière pragmatique que le discours des auteurs a été compris sémiotiquement et qu'une compétence schématique en a été tirée. Nous retrouvons là le principe de construction dégagé plus haut, et comprenons pourquoi Gerhard Heinzmann a toujours manifesté le désir que ses étudiants entrent eux-mêmes dans le jeu de l'argumentation, quitte d'ailleurs à le faire contre les auteurs philosophes, et en particulier contre lui-même. Ainsi disait-il d'un étudiant qui avait l'habitude de le contredire systématiquement pendant ses cours : « je l'aime bien parce qu'il a toujours quelque chose à dire contre ».

Comment, dès lors, concevoir le rôle de l'enseignant dans un tel schéma ? On aurait tort, me semble-t-il, d'estimer que Gerhard Heinzmann se considère comme un simple *animateur*, dont le rôle se limiterait à une distribution des prises de paroles. En homme attaché à l'idée de vérité, fût-elle définie en termes intuitionnistes, il ne se tient pas pour exempt de la responsabilité du *magister*. Je crois toutefois qu'il conçoit cette responsabilité, qui implique d'instruire les étudiants et de rectifier leurs erreurs quand elles se produisent, dans l'optique d'une collaboration et sur le modèle qui lui est cher d'une « philosophie ouverte »[13]. En un sens, le risque de la contradiction mentionné plus haut renvoie à l'idée que le cours est en soi une *recherche*, ce par quoi on rejoint ici encore Kant lorsqu'il écrit : « la méthode spécifique de l'enseignement en philosophie est *zététique*, [...] c'est-à-dire qu'elle est une méthode de *recherche* et elle ne devient *dogmatique*, c'est-à-dire *assurée*, que pour une raison déjà exercée » [2, p. 516]. Il m'a cependant toujours semblé évident que Gerhard Heinzmann ne considérait pas que le propre d'une raison exercée est d'être *dogmatique*, même en cette acception posi-

---

[12] Je m'inspire du résumé de l'approche lorenzienne et de la terminologie de [3, p. 5].
[13] Voir [2].

tive, mais bien au contraire de s'engager dans une recherche, et que par ailleurs, ses propres recherches n'étaient pas exposées, mais bien *menées* dans ses cours. C'est là, si l'on veut, une conception qui s'accommode difficilement de l'exigence d'avoir un plan préétabli dans les moindres détails, mais il est peut-être préférable d'échanger un bel ordonnancement contre la possibilité d'apprendre quelque chose dans son propre cours.

On me permettra de souligner à quel point Gerhard Heinzmann me semble exemplifier de ce fait, et d'une manière particulièrement convaincante, le *type* de l'enseignant-chercheur. A mes yeux, et pour conclure sur une note qui n'est que superficiellement psychologique, l'approche que j'ai tenté de décrire quant à l'enseignement de la philosophie est indissociable de trois traits de caractère[14] saillants chez lui. Le premier est l'exigence, puisqu'une pratique de ce genre demande beaucoup aux étudiants mais également à soi. Le deuxième est une certaine audace, non dénuée d'une nuance de jubilation, à bousculer ainsi les habitudes pédagogiques de chacun. Le troisième, enfin, est la grande humilité dont fait preuve l'enseignant qui ne se présente pas en cours paré des attributs de l'infaillibilité. On peut espérer qu'un peu de ces trois qualités sont passées, dans des proportions variables, dans l'esprit de ceux qui ont eu la chance de prendre avec Gerhard Heinzmann quelques leçons de philosophie.

BIBLIOGRAPHIE

[1] Heinzmann, Gerhard, 1997 « La pensée mathématique en tant que créatrice de réalités nouvelles », in G. Heinzmann, M. Astroh & D. Gerhardus (éds.) *Dialogisches Handeln. Festschrift für Kuno Lorenz*, Spektrum Verlag, Heidelberg, 1997, 41 ; également dans *Philosophia Scientiæ* 3(1) (1998).

[2] Heinzmann, Gerhard, 2001 « Paul Bernays et la philosophie ouverte », in : J. Gasser & H. Volken (eds), *PhilSwiss Schriften zur Philosophie*, Band 1, Bern 2001 (ISSN 1424-8875), disponible à l'adresse suivante :
http ://www.philosophie.ch/assets/files/preprints/PhilSwiss1.pdf.

[3] Heinzmann, Gerhard, 2008 « La systématicité du dialogue en tant que "structure pragmatique" de la proposition élémentaire – Proposition élémentaire et intuition épistémique », conférence donnée au Collège de France, séminaire de Jacques Bouveresse, « La philosophie peut-elle être systématique et doit-elle l'être ? », 12 mars 2008. Cité depuis le texte en ligne disponible à l'adresse suivante :
http ://poincare.univ-nancy2.fr/Presentation/ ?contentId=1502.

[4] Kant, Immanuel, 1765 « Annonce de M. Emmanuel Kant sur le programme de ses leçons pour le semestre d'hiver 1765-66 », trad. J. Ferrari, in *Œuvres philosophiques*, publiées sous la direction de F. Alquié, Tome I, Paris : NRF Gallimard, Bibliothèque de la Pléiade, 1980, 511-523.

---

[14] D'aucuns diront, de trois *vertus*.

[5] Macmillan, C.J.B., 1982 « Wittgenstein and the Problems of Teaching and Learning », in W. Leinfellner & alii, *Language and Ontology*, Proceedings of the 6th International Wittgenstein Symposium, Vienna : Hölder-Pichler-Tempsky, 483-486.

Pierre Edouard Bour

L.H.S.P. – Archives Henri Poincaré (UMR 7117)

Université Nancy 2

`pierre-edouard.bour@univ-nancy2.fr`

Hans Vaihinger : un pragmatisme « faible » ?
CHRISTOPHE BOURIAU

Introduction

En référence à Peirce, qu'il considère comme le représentant d'une version forte du pragmatisme, Gerhard Heinzmann soutient que la « philosophie du comme si » de Hans Vaihinger illustre une version faible de cette famille de pensée. Je souhaite ici à la fois manifester la singularité de Vaihinger par rapport à d'autres versions du pragmatisme de son temps, et présenter les raisons qui conduisent Gerhard Heinzmann à soutenir que Vaihinger présente une version faible du pragmatisme. Tout d'abord, qu'il me soit permis de dire quelques mots sur ce néokantien aujourd'hui quelque peu tombé dans l'oubli, alors même qu'il a exercé une influence considérable sur certains auteurs majeurs du XXe siècle (j'y reviens en conclusion). Né en 1852 à Nehren, près de Tübingen, Vaihinger s'est éteint en 1933 dans la ville de Halle. Fondateur des fameuses *Kantstudien* en 1897, de la Kant-Gesellschaft en 1904, il codirige avec son disciple Raymund Schmidt les *Annalen der Philosophie* de 1919 à 1930. Ses ouvrages les plus connus sont d'une part son volumineux *Kommentar zu Kants Kritik der reinen Vernunft* paru en 2 volumes (1881-1892) et sa non moins volumineuse *Philosophie des Als Ob* (1911) de 804 pages, dont la version abrégée et populaire de 1923, comportant 364 pages, a été récemment traduite par le signataire de ces lignes [10]. Dans sa *Philosophie du comme si,* Vaihinger se présente lui-même comme un pragmatiste selon lequel théorie et pratique, pensée et action sont intimement liées [8, p. xv]. La manière dont nous constituons la connaissance du réel, sur la base du chaos sensoriel, est indissociable selon Vaihinger de l'« action » humaine au sens large. Cette expression en elle-même assez vague renvoie précisément pour lui aux déterminations suivantes :

1. La manière dont nous formons nos idées et constituons nos connaissances est guidée par des fins pratiques, de sorte que ces fins sont impliquées d'une certaine manière dans le processus de construction de l'objectivité. Nous verrons que Vaihinger distingue deux types de fins « pratiques » qui interviennent selon lui de deux manières diffé-

rentes dans le procès cognitif : des fins rationnelles conscientes d'une part, des fins adaptatives plus ou moins conscientes d'autre part.

2. Si l'on entend avec James le pragmatisme comme une méthode d'évaluation des idées, Vaihinger est assurément pragmatiste en ce qu'il se propose d'évaluer à partir des conséquences pratiques (concrètes) de leur usage, certaines idées bien particulières : les fictions, constructions en elles-mêmes sans valeur de vérité (soit contradictoires : ce sont d'« authentiques fictions », soit contrefactuelles : ce sont des « semifictions »). Vaihinger s'attache à justifier dans les sciences l'emploi de certaines fictions, en manifestant leur aptitude à servir opportunément telle ou telle fin théorique.

3. Concernant la théorie de la vérité, Vaihinger partage un autre trait typique du « pragmatisme classique » (j'entends par ce terme Peirce, James, Dewey, Schiller, lus et cités par Vaihinger) : il s'oppose fermement à la thèse du scepticisme dogmatique selon laquelle une connaissance vraie de la réalité serait impossible. Vaihinger développe une logique de la découverte relativement originale lui permettant d'expliquer pourquoi l'introduction de fictions dans les raisonnements ne compromet pas la découverte de la vérité.

4. Il n'est pas possible selon Vaihinger de séparer de manière stricte, comme le voudra un certain courant du positivisme logique, faits et valeurs. Des valeurs qui pourraient sembler étrangères à la sphère strictement théorique et qui concernent notre manière d'agir ou d'opérer, telles que la commodité, la simplicité, la facilité opératoire sont selon lui nécessairement impliquées dans le choix des outils théoriques qui régissent la constitution des faits.

Procédons à l'analyse de chacun de ces points pour tenter de cerner à la fois 1) la singularité du pragmatisme de Vaihinger ; 2) en quel sens sa version du pragmatisme peut être qualifiée de « faible » – notamment par rapport à celle de Peirce.

1 La finalité pratique de la pensée

1.1 Le primat de la pratique en philosophie

Si l'on se reporte à l'interprétation de Putnam selon laquelle, chez Kant, « la pratique est première en philosophie », on peut dire que Vaihinger donne à cette thèse une grande importance et un prolongement original. En invoquant un primat du pratique chez Kant, Putnam entend « pratique » au sens kantien de « ce qui est possible par liberté », et il songe au rôle fondamental des libres fins qui, selon lui, commandent chez Kant le développement de sa philosophie toute entière : la paix, l'épanouissement de l'homme et de ses facultés, le souverain bien [7, p. 42–43]. La première *Critique* possède une orientation pratique au sens où elle vise la paix entre les écoles philosophiques, en mettant la raison en accord avec elle-même par la révélation de ses limites. Elle vise d'autre part à reconstruire la métaphysique en donnant à cette discipline une destination essentiellement « pratique », celle de fournir les postulats qui donnent sens à l'action morale.

Vaihinger souligne nettement cette dimension fondamentalement pratique de la philosophie kantienne et la fait sienne :

> La conquête de Kant est que le pratique, l'agir occupe le premier rang. C'est ce qu'on nomme le primat de la raison pratique. Cette idée convenait tout particulièrement à mon être le plus intime. [9, p. 183]

Par ce primat du pratique, Vaihinger ne veut nullement dire que chez Kant déjà, la prise en compte de l'action intervient au niveau même de l'enquête théorique. De fait, ce sera l'apport propre de Peirce que de surmonter la séparation qui existe encore chez Kant entre raison théorique et raison pratique, en montrant que raisonner correctement implique d'emblée d'intégrer la considération de l'action dans la formation et clarification de nos concepts et jugements – j'y reviens dans la suite.

Ce que veut seulement dire Vaihinger, c'est que ce sont des finalités extra-théoriques : la paix, l'épanouissement personnel, la quête du souverain bien, qui déterminent et doivent déterminer le développement de la philosophie toute entière. Ces fins toutefois, selon Vaihinger, sont elles-mêmes subordonnées à des fins plus fondamentales et non rationnelles : la conservation de l'espèce et l'adaptation au milieu – par quoi Vahinger se démarque de Kant.

Vaihinger entend à son tour développer une théorie de la connaissance favorable à la paix ou à l'entente des esprits. Il s'agit non pas de supprimer toute forme d'opposition intellectuelle entre penseurs, mais seulement les oppositions inutiles, qui n'ont pas lieu d'être. Sa solution propre est le *fictionnalisme*.

Une des idées centrales de *La philosophie du comme si* est que tout au long de l'histoire, les hommes sont entrés en conflit pour n'avoir pas su considérer leur concepts ou leurs théories comme de simples constructions utiles, en elles-mêmes sans prétention ontologique. Par exemple, selon Vaihinger, le conflit entre Leibniz et Clarke sur « l'espace absolu » vient de leur incapacité à reconnaître qu'il s'agit là d'une fiction positive, c'est-à-dire d'une construction certes contradictoire et sans répondant réel comme le souligne Leibniz, mais néanmoins indispensable à la pratique scientifique comme le souligne Clarke [10, p. 236]. Dans le même ordre d'idées, ce qui confère sa valeur à l'idée d'espace euclidien ou encore à l'idée d'atome, par exemple, ce n'est pas le fait que ces idées soient « vraies » au sens de correspondant à la réalité. À cet égard, les querelles entre savants et philosophes sur la correspondance ou non de l'espace euclidien à l'espace physique, ou sur l'existence effective ou non des atomes sont selon Vaihinger parfaitement vaines. Ce qui fait la valeur de telles idées, ce n'est pas qu'elles puissent correspondre à quelque chose dans l'être. C'est seulement le fait que grâce à elles, il devient plus facile de traiter scientifiquement les phénomènes. Tant que pareilles idées se montrent opportunes au vu de telle ou telle fin scientifique, il est vain d'en demander plus et de s'engager dans d'inutiles débats ontologiques.

1.2 La finalité adaptative de la pensée humaine

Vaihinger déclare avoir trouvé d'abord chez Schopenhauer, mais encore chez A. Horwicz et A. F. Lange, les bases de sa propre conception de la subordination de l'activité intellectuelle aux fins fondamentales de l'espèce humaine en tant qu'espèce vivante. Vaihinger se démarque de Kant en récusant l'autonomie de la raison humaine à l'égard des fins pathologiquement conditionnées de l'être humain. Ces fins sont la conservation de soi, l'évitement de la peine ou recherche du plaisir, le souci d'adaptation au milieu [8, p. 176]. Vaihinger établit notamment une continuité entre les analyses de Adolf Horwicz [3] et celles de Schopenhauer. Horwicz, souligne-t-il, « travaillait sur la même ligne » que Schopenhauer : pour lui également, notre activité cérébrale est au service des fins fondamentales (plus ou moins conscientes) précitées. Mais Horwicz a su établir scientifiquement la thèse du schéma réflexe ébauchée par Schopenhauer, selon laquelle la pensée humaine n'est qu'un moyen terme entre nos impressions sensorielles et nos actions volontaires, servant à traiter l'information pour assurer une réaction la plus appropriée possible aux circonstances actuelles :

> [À la suite de Schopenhauer,] Horwicz a placé ce qu'on nomme le schéma réflexe au fondement de toute la psychologie : les excitations provoquent des impressions sensorielles qui provoquent des représentations, puis des pensées, lesquelles provoquent un mouvement vers l'extérieur et une conduite volontaire. [10, p. 9]

Cette fonction adaptative de la pensée humaine est également fortement soulignée par James, qui assume parfaitement la théorie du schéma réflexe héritée de Schopenhauer, Horwiz, Bain ou encore Spencer, et qui développe lui aussi, à sa manière, la thèse d'une subordination de la pensée à une exigence vitale d'adaptation et de « bien-être » :

> Le courant de la vie qui pénètre par nos yeux et nos oreilles doit ressortir par nos mains, nos pieds ou nos lèvres. S'il engendre une pensée, celle-ci aura pour rôle de choisir, parmi nos organes, le plus propre à agir, dans chaque cas, conformément à notre bien-être. [4, p. 133]

Sur la fonction adaptative de la pensée humaine, l'originalité de Vaihinger par rapport à James consiste à exploiter cette thèse pour développer une théorie des fictions visant à justifier l'usage de certaines d'entre elles. Il revient à Vaihinger de montrer que l'usage d'idées fictionnelles, c'est-à-dire en toute rigueur fausses, est légitime pourvu que ces fictions permettent à la pensée humaine de répondre de manière appropriée à certaines exigences théoriques, éthiques, vitales enfin. Vaihinger est pragmatiste au sens où il met en place, lui aussi, une méthode d'évaluation « pratique » des idées, mais les idées auxquelles il s'attache sont tout spécialement des « fictions ».

2 La méthode d'évaluation des idées

2.1 Le critère de l'opportunité

Évaluer pratiquement des idées consiste à déterminer leur valeur en fonction des implications pratiques au moins concevables de ces idées. La « valeur » qui intéresse Vaihinger, ce n'est pas essentiellement la clarté des idées (chère à Peirce), pas davantage la « vérité » possible d'idées à vérifier (James), mais l'« opportunité » de certaines idées qui ne répondent pas aux conditions formelle et matérielle de la vérité (non contradiction logique, vérifiabilité empirique). Ces idées sont des « fictions », à savoir des constructions contradictoires (logiquement impossibles) ou contrefactuelles (dont le contenu « s'écarte » des faits observables). Selon Vaihinger, le fait qu'une idée soit reconnue comme fictionnelle n'autorise pas à l'exclure de la démarche scientifique. Certaines fictions peuvent être maintenues si elles sont opportunes, *zweckmäßig*, c'est-à-dire si leur usage permet d'atteindre *efficacement* telle ou telle fin théorique. Le propos de Vaihinger est de présenter un système des principales fictions qui sont utilement impliquées dans les sciences.

Par exemple, raisonner « comme si » l'homme était motivé par le seul égoïsme (alors que d'autres motifs inspirent en réalité ses actions) relève selon Vaihinger d'une méthode fictionnelle opportune. La fiction de l'homme mû par le seul égoïsme est ce qui, selon lui, a permis à Adam Smith de mettre à jour les lois générales des échanges commerciaux, lois qui réclameront cependant d'être affinées au cours de l'expérience. Ainsi, ce n'est pas parce qu'une idée est en toute rigueur inexacte (l'homme motivé par le seul égoïsme) qu'elle ne peut pas s'intégrer utilement dans un processus de découverte de la vérité. Réciproquement, ce n'est pas parce que la construction utilisée permet d'atteindre un résultat correct qu'il faut la tenir pour vraie. De l'utile au vrai, soutient Vaihinger à maintes reprises, la conséquence n'est pas bonne. La confiance attachée à l'usage d'une fiction porte non sur le *contenu* de la fiction elle-même (reconnue comme fausse), mais sur la pertinence de son usage, ou encore sur la valeur de la *méthode* qui utilise la fiction en question [8, p. 343].

2.2 La part de l'action dans la démarche théorique : la force du pragmatisme de Peirce

Sur la question de l'évaluation des idées, Gerhard Heinzmann considère que Vaihinger développe une version faible du pragmatisme si on la compare à celle de Peirce. Vaihinger en effet n'accorde pas à un certain aspect de « l'action » l'importance que Peirce lui accorde dans la détermination du contenu théorique des idées elles-mêmes. Ce qui caractérise le pragmatisme de Peirce, c'est qu'il fait intervenir « l'action », ou du moins la « conception » des conséquences pratiques des idées, dans la détermination même de la signification théorique de ces idées. Le lien entre théorie et pratique est ici beaucoup plus étroit que chez Vaihinger, car le contenu même d'une idée ne reçoit de détermination, selon Peirce, qu'au gré d'une réflexion sur ses conséquences pratiques possibles (à supposer qu'elle soit vraie). C'est le sens de la fameuse maxime pragmatiste :

> Considérer les effets, pouvant être conçus comme ayant une incidence pratique, que vous concevez qu'a l'objet de votre conception. Alors la conception de ces effets constitue la totalité de votre conception de l'objet. [6, p. 35]

Alors que Vaihinger se demande si utiliser telle idée ou opérer avec elle permet d'atteindre des résultats théoriques positifs, Peirce s'attache avant tout à clarifier le contenu des idées en concevant quelles seraient leurs conséquences pratiques à supposer qu'elles soient vraies. Ainsi, l'on clarifie le sens de la proposition : le diamant est dur, par exemple, en concevant les réactions du diamant aux actions portées sur lui – si on le soumettait à la pression d'un couteau, il ne se rayerait pas, etc. L'action intervient chez Peirce dès le niveau théorique. Rien de tel chez Vaihinger, qui s'attache uniquement aux conséquences bonnes ou mauvaises de l'usage des idées. L'implication de l'action dans la démarche théorique est ainsi beaucoup plus forte dans le pragmatisme de Peirce que dans celui de Vaihinger.

3 La théorie de la vérité

3.1 L'interaction des chercheurs

Non seulement, contrairement à Peirce, Vaihinger ne fait pas intervenir l'action (la conception des conséquences pratiques des idées) dans la détermination même de leur signification, mais, en outre, il n'accorde pas une importance majeure à l'interaction dialogique de la communauté de chercheurs, se contentant d'invoquer occasionnellement le critère de l'intersubjectivité comme critère de l'objectivité (au moins provisoire) d'une proposition ou d'une théorie. En d'autres termes, Vaihinger reconnaît bien à la suite de Kant que l'intersubjectivité est critère d'objectivité, mais il laisse entièrement de côté la question de la nature des échanges et interactions entre chercheurs. Cette interaction est en revanche décisive pour Peirce, puisqu'elle détermine la qualité même de l'enquête scientifique et participe pleinement à son objectivité. Pour pouvoir prétendre à la vérité, une croyance doit pouvoir obtenir l'approbation de la communauté complète des chercheurs [6, p. 230]. Ceci suppose une interaction dialogique au sein d'une communauté ouverte à la critique et à la discussion, en vue d'atteindre au final un ensemble de croyances qui résistent au doute et à la critique.

Parce qu'il ne prend pas en compte l'action dialogique dans la constitution de la vérité, on peut dire que le pragmatisme de Vaihinger accorde moins d'importance à l'action que celui de Peirce. Mais la « faiblesse » du pragmatisme de Vaihinger peut s'entendre également en un autre sens : elle peut signifier non seulement une moindre importance accordée à l'action, mais encore une faiblesse théorique (une lacune, un manque de cohérence). C'est notamment par l'absence d'une logique de la justification que le pragmatisme de Vaihinger, selon Gerhard Heinzmann, fait preuve d'une certaine « faiblesse » comparé à celui de Peirce.

3.2 L'absence d'une logique de la justification

Vaihinger emprunte au mathématicien Lazare Carnot sa méthode des erreurs compensées, afin de montrer l'emploi fécond de fictions non seulement en mathématiques, mais encore dans d'autres disciplines. Pour mieux résoudre certains problèmes mathématiques, cette méthode consiste à introduire dans le raisonnement une fiction qui est ensuite annulée ou compensée par l'introduction d'une seconde fiction, de sorte que l'erreur est absente du résultat final. Soit le problème de géométrie : quelle est la formule permettant de calculer la surface d'un cercle ? Pour la découvrir, on peut commencer par regarder le cercle « comme » un polygone régulier composé d'un grand nombre de côtés [1, p. 5]. Ces côtés sont construits à partir de tangentes au cercle. Il s'agit là d'une première fiction ou « erreur » au sens où un cercle n'est pas un polygone. Toutefois cette « erreur » est compensée par une seconde fiction ou « erreur », qui consiste à multiplier à l'infini les côtés de ce polygone, de manière à le faire ressembler de plus en plus à un cercle : c'est encore une « erreur », au sens où un cercle ne saurait équivaloir à une figure faite de segments de droites, fussent-ils en nombre infini. À partir de cette identification toutefois, c'est-à-dire une fois le cercle considéré « comme » un polygone aux côtés infiniment petits et infiniment nombreux, il devient possible d'appliquer au cercle la formule qui sert ordinairement à calculer la surface de tout polygone régulier [10, p. 246–247].

Au chapitre XXVI de la première partie de son ouvrage, Vaihinger montre la fécondité de cette méthode en arithmétique pour résoudre certaines équations. Pour débloquer certaines équations, il faut introduire une certaine quantité positive supplémentaire de chaque côté de l'égalité (première erreur car cela fausse les données de l'équation). Cet ajout se justifie s'il permet de simplifier l'équation et d'avancer dans sa résolution. Ensuite, on réduit la quantité fictionnelle ajoutée de chaque côté de l'équation à zéro (seconde fiction « erreur » selon Vaihinger, car on traite alors une quantité *positive* comme un *rien*). De cette manière, on ne commet au final aucune faute, la quantité initialement rajoutée étant ensuite supprimée du calcul [8, p. 200-201]. Grâce à la « méthode des erreurs ou fictions compensées », souligne Vaihinger, on ne garde de la fiction que les avantages (son opportunité pour résoudre un problème donné) sans les inconvénients (l'erreur).

Concernant les sciences appliquées, la méthode des erreurs compensées subit une modification : soit la fiction smithienne précitée des hommes motivés par le seul égoïsme, par la seule recherche du profit. Cette semi-fiction, souligne Vaihinger, a certes permis à Smith de dégager les lois générales des échanges, toutefois ces lois générales doivent être ensuite affinées au cours du temps. Il faut alors « corriger » la fiction initiale en prenant en considération d'autres motifs que le simple profit individuel [10, p. 115-116]. Il en va de même pour les classifications des espèces qui comportent une part d'artifice et de fiction, mais qui peuvent tendre vers la vérité à la faveur de corrections progressives. Dans ces cas de figure, ce n'est pas comme en mathématiques une seconde fiction qui compense la fiction initiale, mais un ajustement progressif guidé par l'expérience.

Gerhard Heinzmann reproche ici à Vaihinger une lacune : le philosophe allemand ne donne pas de réelle *justification* à cette logique de la compensation, il n'explique pas *pourquoi* on obtient des résultats corrects en suivant cette logique. Sur ce point il se distingue nettement de Peirce dont la « méthode scientifique », en revanche, offre à la fois une logique de la découverte et une logique de la justification, expliquant à la fois *comment* on découvre la vérité et *pourquoi* la méthode préconisée (la méthode scientifique) permet de l'atteindre [2, p. 406].

4 L'interconnexion entre faits et valeurs

4.1 Les valeurs intégrées par Vaihinger

La force du pragmatisme de Peirce apparaît enfin dans le rôle qu'il reconnaît aux valeurs pratiques ou éthiques au sein de l'enquête théorique. Le lien entre faits et valeurs, en effet, est beaucoup plus développé dans sa perspective que dans celle de Vaihinger.

Certes Vaihinger n'a de cesse, à l'instar de Henri Poincaré qu'il cite parmi ses principaux précurseurs [8, p. xvii], de souligner l'implication de la valeur de commodité (incluant simplicité et facilité opératoire) dans le choix de nos outils scientifiques, par exemple dans celui des axiomes géométriques à partir desquels nous construisons la mesure des phénomènes et de leurs rapports.

En mécanique, souligne Vaihinger, nous devons « faire comme si » les corps externes étaient situés dans un espace géométrique euclidien [8, p. 497]. Ce qui motive ce choix est un critère de commodité : l'espace euclidien possède les caractéristiques les plus proches de celles de notre espace physique (notamment le libre déplacement des corps rigides), ce qui rend son application aux corps naturels plus commode que ne le serait l'application d'un espace non euclidien. Le critère de *commodité* est ainsi déterminant dans le choix d'une géométrie parmi d'autres possibles, en vue de la détermination la plus simple et facile possible des « faits » physiques.

Vaihinger souligne également l'importance du critère de la fécondité dans le choix des présupposés et des « constructions conceptuelles » qui président à la découverte et à la constitution des faits [10, p. 48]. À cet égard, l'on peut dire que Vaihinger partage avec Poincaré, mais encore Peirce, James et Dewey l'idée d'une nécessaire implication de certaines valeurs (commodité, cohérence, fécondité) dans la sélection des outils conceptuels impliqués dans l'élaboration des faits. Vaihinger se rallie ainsi à une thèse majeure du pragmatisme classique et s'oppose (indirectement) à un courant du positivisme logique qui préconise une séparation tranchée entre le domaine des valeurs et celui des faits.

Cependant, Vaihinger laisse complètement de côté la question de l'implication des valeurs pratiques ou éthiques au sein de l'enquête théorique, question essentielle en revanche dans le pragmatisme de Peirce.

4.2 L'élision des vertus épistémiques

Vaihinger n'évoque jamais le rôle décisif des vertus et des comportements éthiques (courage, intégrité, etc.) au sein de la démarche scientifique, contrairement à Peirce (cf. par exemple [5, p. 234]). C'est une raison supplémentaire d'invoquer à son sujet un « pragmatisme faible », pour reprendre la formule de Gerhard Heinzmann. Il est « faible » au sens où il n'intègre pas au sein de la démarche théorique cet autre aspect essentiel de l'action : le comportement raisonnable envers soi-même et envers les autres membres de la communauté des chercheurs. Le pragmatisme de Peirce, en revanche, intègre pleinement dans l'enquête théorique non seulement les aspects précités de « l'action », mais encore l'action au sens de comportement éthique : « Joindre l'éthique à la logique est quelque chose que la pensée pragmatiste a rencontré au beau milieu de son chemin » [6, p. 128]. Pour être un vrai chercheur, souligne Peirce, il faut avoir « des vertus telles que l'honnêteté intellectuelle et la sincérité, et un réel amour pour la vérité » [CP, 2.82]. Les idéaux d'une bonne logique sont selon lui « de la même nature générale que les idéaux d'une belle conduite », faisant intervenir la beauté de la conduite, sa cohérence, les recommandations à suivre avec constance, etc. En outre, contrairement à Vaihinger, Peirce souligne l'importance du comportement à adopter à l'égard de la communauté scientifique : ouverture d'esprit, acceptation de la critique, volonté de dialogue, etc., qui sont autant de comportements indispensables à la rigueur de l'enquête. La communauté nous aidant à contrôler nos croyances en vue de parvenir à un ultime consensus, le « principe social » est, selon Peirce, « enraciné dans notre logique » [5, p. 106].

Assurément, Vaihinger élude cette dimension proprement « pratique » de l'enquête scientifique, intégrant l'exigence d'un certain comportement éthique. Cette dimension fut pourtant largement développée par les grands représentants du pragmatisme classique que Vaihinger avait lus et qu'il cite : non seulement Peirce, mais encore James, Dewey, ou encore Ferdinand Schiller.

Conclusion

Nous espérons avoir montré en quoi il est pertinent de distinguer, avec Gerhard Heinzmann, entre une version forte du pragmatisme, donnant une part déterminante aux différents aspects de l'action au sein de la démarche théorique elle-même, et un pragmatisme faible, qui comparativement minore la part de l'action dans la démarche théorique en se contentant de fonder la pertinence d'une idée sur ce qui résulte de son usage, c'est-à-dire sur son caractère opératoire et opportun au sein d'un projet, théorique ou autre. Le second critère de la force d'un pragmatisme, avons nous vu, est le fait qu'il ne présente pas de lacunes ou d'incohérences. Sous ces deux points de vue, on peut assurément reconnaître que la version vaihingerienne du pragmatisme est plus « faible » que celle de Peirce.

Pour autant, Gerhard Heinzmann est tout à fait prêt à reconnaître la « force » du pragmatisme fictionnaliste de Vaihinger sous une autre perspective, celle qui mesure la force d'une pensée notamment à sa capacité d'être reprise non seulement dans le champ de la philosophie, mais encore dans d'autres disciplines. De fait, Vaihinger a eu un impact décisif sur des auteurs aussi variés et importants que le philosophe Rudolf Carnap, l'écrivain Aldous Huxley, le théoricien du droit Hans Kelsen, le psychologue Alfred Adler, et, de manière au moins indirecte, le philosophe de l'art Kendall Walton (établir l'influence de Vaihinger sur ces auteurs est la tâche actuelle du signataire de ces lignes). Une version faible du pragmatisme n'est pas synonyme d'une philosophie faible, comme Gerhard Heinzmann le reconnaît du reste parfaitement.

BIBLIOGRAPHIE

[1] Carnot, L., 1797, *Réflexions sur la métaphysique du calcul infinitésimal*. Réimpression de la seconde édition (1813), Paris : Gabay, 2006.
[2] Heinzmann, G., 2006, « Henri Poincaré et sa pensée en philosophie des sciences », in : Charpentier, E., Ghys, E., Lesne, A. (éds), *L'Héritage scientifique de Poincaré*, Paris, Belin (collection Échelles), 404–423.
[3] Horwicz, A., 1872-1878, *Psychologische Analysen auf physiologischer Grundlage. Ein Versuch zur Neubegründung der Seelenlehre*, 3 tomes (1872, 1875, 1878), Halle.
[4] James, W., 1930, *La volonté de croire*, trad. Moulin, L., Paris : Flammarion, 1930.
[5] Peirce, C. S., 2002 *Œuvres philosophiques*, volume I, *Pragmatisme et pragmaticisme*, trad. Tiercelin, Cl. et Thibaud, P., Paris, Cerf.
[6] Peirce, C. S., 2003, *Œuvres philosophiques*, volume II, *Pragmatisme et sciences normatives*, trad. Tiercelin, Cl. et Thibaud, P., Paris, Cerf.
[7] Putnam, H., 1995, *Pragmatism*, Oxford/Cambridge, Blackwell.
[8] Vaihinger, H., 1911, *Die Philosophie des Als Ob. System der theoretischen, praktischen und religiösen Fiktionen der Menschheit auf Grund eines idealistischen Positivismus. Mit einem Anhang über Kant und Nietzsche*, Berlin. Dernière réédition : VDM Verlag, Collection « Edition classic », Esther von Krosigk (éd.), 2007.
[9] Vaihinger, H., 1921 « Wie die Philosophie des Als Ob entstand », in : *Die deutsche Philosophie der Gegenwart in Selbstdarstellungen*, Zweiter Band, hg. Von Raymund Schmidt, Leipzig, 175–193.
[10] Vaihinger, H., 2008 *La philosophie du comme si. Système des fictions théoriques, pratiques et religieuses sur la base d'un positivisme idéaliste. Avec une annexe sur Kant et Nietzsche* (1923), traduction par C. Bouriau de l'édition populaire et abrégée de son ouvrage donnée par Vaihinger en 1923, *Philosophia Scientiæ*, Cahier spécial 8[1].

Chrisophe Bouriau
L.H.S.P. – Archives Henri Poincaré (UMR 7117)
Université Nancy 2
Christophe.Bouriau@univ-nancy2.fr

---

[1] Je renvoie dans mes citations à la pagination allemande, signalée dans ma traduction par des crochets.

Y-a-t-il une grammaire de la science ?
CHRISTIANE CHAUVIRÉ

En 1892 paraît *The Grammar of Science* de Karl Pearson, un ouvrage marqué par les conceptions épistémologiques de Mach (dont Pearson avait suivi les cours sur le Continent), et qui entend examiner de façon critique les notions de fait, de loi, de force[1], de nécessité, pour les dépouiller de leurs connotations métaphysiques et imposer l'idée d'une science économique, abrégeant les trop longues descriptions en formulant des lois. C'est la première fois qu'on traite explicitement de « grammaire » la partie la plus théorique de la science[2], et il faudra attendre le second Wittgenstein pour retrouver expressément le même propos. Le présent article entend examiner, en s'appuyant sur Peirce (qui avait lu et recensé le livre de Pearson) et sur Wittgenstein (qui connaissait Mach et Poincaré), en quel sens on peut vouloir grammaticaliser la partie de la science la plus fondamentale, celle qui est tenue pour *a priori*, et notamment les notions de nécessité, de loi et de causalité.

Certes, la notion de causalité ou de nécessité physique n'a pas manqué d'être critiquée depuis Hume, notamment par Mach, Pearson, Hertz[3], Russell [13, chap. V, p. 86] et Wittgenstein, au profit, notamment chez Mach et

---

[1] Peirce jeune, encore dans sa période nominaliste, s'est illustré par une réduction, quasi-opérationnaliste avant la lettre, du concept de force à l'ensemble de ses effets expérimentaux. A cette époque il veut éviter que le langage de la physique ne conduise à hypostasier des substances à partir des substantifs. Plus tard il a des remarques intéressantes sur le mot « maladie », qui ne devrait pas être un nom de substance, mais recouvrir un ensemble d'effets pratiques. L'application du test pragmatiste à des concepts ordinaires ou scientifiques relève, notons-le, en un certain sens, d'un exercice grammatical. Les remarques sur le concept de cause en 1898 dans les Conférences de Cambridge en fournissent aussi un exemple. Remarquons toutefois que le tournant réaliste de Peirce rétablit sinon l'hypostase, du moins l'"abstraction hypostatique », qui permet de dire qu'il y a bien dans l'opium quelque chose de réel – de l'ordre des Troisièmes – qui fait dormir. Il faudrait aujourd'hui reprendre cette discussion à la lumière des travaux de Nancy Cartwright sur les « pouvoirs causaux » dans la nature.

[2] L'application du mot « grammaire » à la science remonte à Berkeley, mais aux alentours de 1900, trente ans avant la *Grammaire philosophique* de Wittgenstein [15] (dont le titre n'est d'ailleurs pas de lui), Peirce et Husserl sont deux, parmi d'autres, à être à la recherche d'une grammaire pure ou spéculative. L'expression « grammaire de la science » peut avoir été à la mode à partir de la publication de Pearson.

[3] L'étude de Guillaume Garreta [9] montre bien toute l'importance de Hertz pour Wittgenstein.

Wittgenstein, de celle de nécessité logique, ou de dépendance fonctionnelle. Et souvent dans le but de dénoncer dans cette notion de causalité une illusion métaphysique imaginant des relations de contrainte ou de production nécessaire entre des évènements dont le seul lien est l'application qui leur est faite par nous d'un principe de liaison *a priori*, de sorte que les phénomènes semblent se couler dans le moule opportun de la causalité ou de la nécessité physique. On trouve notamment chez Wittgenstein à la fois 1) une critique machienne de la causalité dans le *Tractatus* : rien ne fait arriver quoi que ce soit dans la nature, il n'y a de nécessité que logique, 2) une déconstruction de la conception platonicienne de la nécessité logique, devenue liaison grammaticale chez le second Wittgenstein, et 3) à partir de 1929-1930 une grammaticalisation nette des principes de la science déjà amorcée dans le *Tractatus*.

Ces conceptions se marient chez le second Wittgenstein avec un certain instrumentalisme épistémologique [6] : déjà le Traité annonçait que nos principes scientifiques sont des « vues (*Einsichten*) *a priori* concernant la mise en forme possible des propositions de la science » (6.34) ; dans la période 1929-début des années 1930 ces principes seront tenus pour des règles permettant de traiter les énoncés empiriques de la science. Dans le *Tractatus*, à cet égard assez kantien, qu'il y ait de telles vues *a priori* ne veut pas dire que la science ne parle pas de la réalité, bien au contraire, c'est du réel qu'elle parle, selon Wittgenstein, à travers toute cette armature *a priori* qu'il nommera grammaire par la suite : « A travers tout leur appareil logique, les lois physiques parlent cependant des objets du monde » (6.3431, nous soulignons) ; « Les propositions de la logique décrivent l'échafaudage du monde, ou plutôt le présentent. Elles ne « traitent » de rien. Elles présupposent que les noms ont une signification et les propositions élémentaires un sens : tel est leur lien avec le monde. Il est clair que *quelque chose du monde doit être indiqué* par le fait que certaines combinaisons de symboles – qui ont par essence un caractère déterminé – sont des tautologies » (6.124 ; nous soulignons).

On peut alors se demander ce qu'il en est de Peirce, fondateur du pragmatisme[4], exact contemporain, et lecteur de Mach, concerné en tant que logicien par le problème de la nécessité. Quelle a été sa conception de la nécessité, tant physique que logique ? N'a-t-il pas été, en bon darwinien, tenté par une déconstruction naturaliste de la nécessité logico-mathématique ? Peut-on le situer du côté de ceux qui pensent qu'il n'y a de nécessité que

---

[4] Le pragmatisme est présenté par son auteur sous la forme d'une maxime – et non d'une doctrine – qui invite à trouver la signification d'un concept dans la somme de ses effets pratiques (5.2, 5.9) ; cette maxime sert 1) à donner le sens des termes théoriques, 2) à éliminer les faux problèmes en détectant les mots sans signification. Les mots-clés du pragmatisme sont habitude, croyance, disposition, effets pratiques.

logique, et non physique (Mach et Wittgenstein) ? Peirce n'a-t-il pas dès avant le second Wittgenstein sapé la conception platonicienne de la nécessité logique ? Les notions pragmatistes d'*habitude de pensée* ou d'*habitude de raisonnement* n'ont-t-elles pu l'aider en cela ?[5]

Pour l'auteur du *Tractatus* la causalité fait partie, en tant que schème normatif, de la grammaire (même si le mot n'est pas encore prononcé) de la description de la nature ; la physique (essentiellement envisagée à partir de la mécanique de Newton) a quelques grands principes formels, dont le principe de causalité, qui déterminent la forme de nos énoncés nomologiques. Mais notre science pourrait avoir d'autres principes *a priori*, le filet (auquel est comparée la science de Newton) pourrait avoir un maillage différent : « cette forme », souligne Wittgenstein, « est optionnelle » (6.341). On sent ici l'influence de Poincaré – bien connu de Russell, et peut-être aussi, par le biais de son mentor, de Wittgenstein – autant que celle de Mach. Au contraire chez Peirce, et ce en opposition avec la majeure partie de l'épistémologie de son temps, les lois de la nature, loin d'être de la grammaire, ont pleine réalité, comme toutes les entités de la troisième catégorie ; la nécessité qui travaille la nature est une légalité relevant de cette catégorie qui est celle des êtres généraux, notamment des lois et des règles, et non d'une série de simples actions causales relevant de la seconde catégorie (action causale brute du type du choc des boules de billard) ; ce sont des lois dispositionnelles réelles qui opèrent réellement dans la nature, à laquelle cette régulation est immanente ; l'énoncé d'une loi ne relève donc pas simplement de notre façon d'écrire la science, de la grammaire de nos descriptions scientifiques, comme le croient les conventionnalistes et/ou nominalistes que Peirce, seul contre tous, critique durement.

Pour le Wittgenstein du *Tractatus*, tout est contingence dans la nature, il n'y a de nécessité que logique et elle n'a d'autre raison d'être que le besoin que nous avons d'avoir des principes généraux de liaison des phénomènes

---

[5] Ce sont des habitudes éprouvées qui guident nos raisonnements et en garantissent la validité : « Ce qui nous détermine à tirer de prémisses données une conséquence plutôt qu'une autre est une certaine habitude d'esprit, soit constitutionnelle soit acquise » (« Comment se fixe la croyance ? » (1878)). Il y a peut-être une connotation naturaliste et darwinienne dans cette notion d'habitude de pensée. Mais par la suite Peirce a été amené à réagir au naturalisme de Dewey et à affirmer que la logique n'est pas « l'histoire naturelle de la pensée ». Wittgenstein de son côté, pourtant très intéressé par notre « histoire naturelle », cherchera aussi à se démarquer de conceptions caricaturalement pragmatistes, en déclarant, entre autres, que nous n'avons pas notre schème de pensée parce qu'il nous est profitable ou utile (à Cambridge, le pragmatisme était connu d'Ogden, de Ramsey, et attaqué par Russell, mais dans une version caricaturale). Russell a polémiqué contre James et Dewey. Wittgenstein évoque parfois le « pragmatisme », mais en mauvaise part (« *crass pragmatism* »), même s'il avoue en définitive dans *De la certitude* « croiser » le pragmatisme.

pour décrire la nature. La nécessité n'est donc pas immanente à la nature, mais elle garde une certaine objectivité car elle est un fait de langage qui s'impose *a priori* à nous ; ainsi, quand on a posé une formule, on ne peut plus écrire n'importe quelle autre formule, dans la déduction on ne fait pas n'importe quoi, car la logique est *a priori* et transcendantale. « Nous avons dit que plusieurs choses sont arbitraires dans les symboles que nous utilisons et que plusieurs ne le sont pas. En logique ce sont seulement les secondes qui expriment : mais cela veut dire qu'en logique nous n'exprimons pas ce que nous voulons à l'aide des signes, mais plutôt qu'en logique la nature même des signes naturellement nécessaires exprime » (6.124). L'attitude du second Wittgenstein, qui grammaticalise toute la partie théorique de la science, est bien différente : la nécessité devient purement grammaticale, donc, en un sens, optionnelle (même si elle reste une nécessité priori, selon un sens renouvelé de l'*a priori*), car elle n'est faite nécessité que sur notre décision ; ce n'était pas le cas dans le *Tractatus* où je ne pouvais rien faire ni pour ni contre la nécessité logique, je ne pouvais que la reconnaître, elle s'imposait à moi objectivement, chaque proposition déroulant implacablement ses conséquences ; ici, c'est moi, ou plutôt la communauté, qui décide de la nécessité ; elle n'est en soi rien d'autre que notre décision de lier *a priori* tel et tel concepts de telle façon : par exemple « deux » et « pair », ou « bleu ciel » et « bleu marine ». Wittgenstein insiste aussi sur le « cousinage » entre « preuve mathématique » et « accord »[6] : la preuve est ce qui fait l'unanimité, mais la seule unanimité ne fait pas la preuve, contrairement à ce que pense Kripke.

Chez Peirce, en revanche, il existe bien des rapports bruts de causalité dans la nature (le choc des boules de billard), mais ce sont des rapports binaires entre Seconds, alors que l'intervention d'une légalité, loin d'être simplement ce que la grammaire de la description nous impose (ce serait trop proche du conventionnalisme et du nominalisme), est Troisième : des lois gouvernent réellement le comportement des seconds dans un cadre plus téléologique et triadique que causal et binaire. En outre, pour Peirce comme pour Wittgenstein, dire qu'un fait en cause un autre est de la mauvaise grammaire, mais pour d'autres raisons que celles du Viennois : cela tient à la définition du « fait ». C'est parce que, loin d'être, comme le croit Stuart Mill, « l'histoire objective même de l'univers pendant une courte période,

---

[6] Peirce déjà notait, dans une formule à tonalité très wittgensteinienne : « La certitude du raisonnement mathématique [...] réside en ce que, dès qu'une erreur est soupçonnée, tout le monde se met rapidement d'accord sur elle » (5. 577). Wittgenstein, de son côté, lie indissolublement les concepts de règle et d'accord : il faut qu'il y ait accord sur ce qui fait la correction d'une preuve ou d'un calcul pour qu'il s'agisse bien de preuve ou de calcul, c'est-à-dire d'une activité où la possibilité de faire n'importe quoi ou d'obtenir des conclusions ou de résultats divergents est absolument exclue.

dans son état d'existence objectif en soi », un FAIT est, selon Peirce, « un élément qui est abstrait de la réalité » de manière telle qu'il soit exprimable par une proposition : le fait est en ce sens découpé en fonction de notre langage propositionnel, il n'est en somme que grammaticalement déterminé. Par exemple dans le choc des boules de billard, le fait pertinent comporte certains paramètres mais pas par exemple la couleur blanche des boules : en langage peircien, un fait est le résultat d'une abstraction « précisive » [1].

Pour Mach, on le sait, la notion de causalité ou de nécessité physique est mythologique et/ou métaphysique, la physique devrait la remplacer par une relation de dépendance fonctionnelle, de covariance entre des *concepts*, et non entre des éléments de la nature ou entre des états d'esprit. Il n'y a donc de nécessité que logique, idée que Wittgenstein reprendra directement dans le *Tractatus*, ou encore, comme il le dira par la suite, la nécessité fait partie de la grammaire de notre *description* de la nature (mais elle pourrait ne pas en faire partie, ladite grammaire étant optionnelle) ; quant à la nécessité logique, la seule qui existe selon le *Tractatus*, elle deviendra clairement grammaticale chez le second Wittgenstein. Selon ce dernier, la notion de causalité fait partie, comme schème normatif *a priori*, de notre grammaire de la description de la nature, une thèse que le Traité anticipait en définissant la causalité comme la *forme* d'une loi, comme un principe purement formel. Surtout, chez le second Wittgenstein, si nécessité naturelle il y avait elle ne pourrait « s'exprimer dans le langage que sous la forme d'une « règle arbitraire. C'est la seule chose d'une telle nécessité qu'on peut présenter dans le langage » [15, X, § 133]. Tel est le paradoxe de la nécessité : c'est nous qui l'inventons, et pourtant, une fois posée, elle nous contraint *a priori*. La nécessité ne peut être qu'interne à la grammaire, marquer des rapports entre concepts, et ces liens conceptuels (établis par nous) deviennent normatifs : ils acquièrent le caractère *a priori* d'une *règle* d'utilisation de ces concepts. En revanche « la grammaire n'est redevable d'aucune réalité » (*ibid.*)

Nous voudrions soutenir ici la thèse que la grammaticalisation d'une partie de la science en épistémologie a commencé à la fin du XIXe avec Mach et Pearson (*The Grammar of Science*) d'un côté et les conventionnalistes comme Poincaré de l'autre[7], des auteurs tous bien connus de Peirce, puisqu'il guerroie contre le « nominalisme » dominant selon lui en épistémologie, qui déréalise les lois naturelles réduites à des formules verbales conventionnelles et commodes, voire des fictions linguistiques. En langage wittgensteinien le nominalisme ainsi compris relativise les lois et la causalité au genre de grammaire que nous souhaitons adopter pour décrire la nature en physique, mais

---

[7] Sur les relations internationales entre savants et entre philosophes des sciences à cette époque, cf. [3]. Poincaré et Duhem, qui étaient germanistes, avaient lu Mach ; il existait entre eux des échanges et une proximité théorique bien oubliés ensuite.

cela n'en fait pas pour autant des conventions totalement *arbitraires*, car loin d'être choisis au hasard, les principes grammaticaux de la description physique le sont pour de bonnes raisons, souvent des raisons de commodité. Reste que pour Wittgenstein, si notre grammaire est « conventionnelle », c'est en ce sens qu'aucun fait de nature ne nous l'a imposée ni ne pourrait nous contraindre à la révoquer, même si c'est sous la pression de certains faits que nos règles sont choisies : c'est en ce sens que la grammaire est *autonome*, c'est-à-dire non redevable à une quelconque réalité (idéale ou empirique).

Nous avons ailleurs suggéré [5] que le second Wittgenstein conçoit les normes de toutes natures comme immanentes aux routines collectives des hommes : les règles émergent de pratiques régulières qui se sont stabilisées, sans doute à cause de leur caractère profitable à la communauté (même si Wittgenstein se défend de verser dans la théorie selon laquelle nous avons nos concepts parce que cela s'est révélé profitable : nos concepts expriment peut-être des intérêts pratiques, mais surtout ils les dirigent ; les lois logiques expriment peut-être des habitudes de pensée, mais avant tout elles définissent ce qu'on appelle « pensée »). Les normes ne sont donc pas réductibles à des régularités, elles en sont catégorialement distinctes, leur concept suppose quelque chose de plus, une décision de notre part de les poser comme règles et de nous y tenir, une reconnaissance collective de l'autorité de la règle, une servitude volontaire. C'est le cercle bien connu de la servitude volontaire qui engendre toute la dialectique de l'objectivation et de la subjectivation relative au suivi de la règle, si bien décrite par Descombes [7] : la règle est bien la dernière instance à laquelle je puisse m'en remettre, et en même temps c'est moi qui décide de m'en remettre à elle. En un sens la règle détermine ses applications futures, mais c'est moi qui me détermine à la suivre, comme dans le cas de l'impératif moral kantien. Au moment d'objectivation de la règle succède, si je comprends bien Descombes, celui de l'ultime subjectivation : la règle vient de moi, de nous, et c'est moi qui, en toute autonomie, m'astreins à la suivre, comme la loi morale dans la *Critique de la raison pratique*.

Il peut certes y avoir une genèse naturaliste (une préhistoire), mais non une réduction naturaliste des normes. On pourrait transposer à la logique la question que soulève Hume à propos de la causalité et se demander ce qui reste de la nécessité logique une fois qu'on en a retiré le simple fait d'écrire des formules les unes à la suite de autres conformément à la règle. Il ne reste rien sauf précisément le *respect* de la règle. Et cela déplace le problème d'un cran : que veut dire alors suivre ou obéir à une règle ? Wittgenstein développe une longue méditation sur ce sujet. Ce n'est pas laisser un hypothétique mécanisme mental appliquer automatiquement la règle à une série de cas dont le résultat est prédéterminé causalement par le contenu de la règle, ou imprimé dans un ciel platonicien. Ni suivre des rails mentaux déjà tracés et allant à l'infini[8]. C'est suivre la règle comme on se laisse orienter par un poteau indicateur qui vous dit où aller sans vous forcer à y aller, la règle guide sans contraindre, elle n'exerce sur vous aucune force physique mais possède une autorité. Suivre une règle est un acte d'autonomie au sens de Rousseau et de Kant. La « dureté » du « *Muss* » logique ne tient pas à des essences idéales qui s'y exprimeraient mais à notre propre intransigeance quand nous suivons une règle ; ce n'est pas tant la règle qui est inexorable, insiste Wittgenstein, que nous qui sommes « inexorables » envers nous-mêmes.

Cela veut dire le refus de la conception platonicienne de la nécessité logique ; la nécessité ne tombe pas d'un ciel platonicien, c'est nous qui l'instaurons et décidons de la reconnaître comme telle, elle est un artefact, le produit d'une décision humaine, ancrée dans nos pratiques, us et coutumes, dont les régularités spontanées sont comme des proto-règles. Ainsi n'y a-t-il pas chez Wittgenstein déconstruction naturaliste ou psychologiste de la nécessité logique analogue à la déconstruction de la causalité par Hume, et pas non plus de relativisme pur et dur, mais plutôt une relativisation anthropologique de la logique (des extra-terrestres pourraient avoir une autre logique ; notre logique est « un fait d'histoire naturelle »[9]). Anti-platonisme ne veut pas dire relativisme, Wittgenstein a en réserve une troisième solution, ni platonicienne ni réductrice, centrée sur la notion d'autorité de la règle (un mot qu'il n'emploie mais qui correspond à ce qu'il veut dire). D'ailleurs les mathématiques sont une science purement constructive, elles construisent des concepts au lieu d'enregistrer des faits idéaux, ou « super faits » ; devant servir d'armature *a priori* pour la physique, elles n'ont pas de contenu cognitif, mais leur rôle n'en est pas moins déterminant.

Quant au fondateur du pragmatisme, on pourrait attendre de sa part une tentative pour ramener la notion de « suivre » de son sens logique à son sens ordinaire et de réduire la nécessité de droit à une nécessité de fait, mais il n'en est rien, Peirce développant sur le tard toute une philosophie des sciences normatives dont la logique fait partie ; ce n'est que dans le cadre de son combat contre les conceptions psychologiques des logiciens allemands de son époque, dans son refus de la réduction psychologiste de la nécessité logique qu'il fait d'elle une nécessité objective qui résiste à toute subjec-

---

[8] « Les lois de la déduction ne le contraignent pas à dire ou à écrire telle ou telle chose à la manière dont les rails contraignent le train [...]. Néanmoins on peut dire que les règles d'inférence sont contraignantes au sens où le sont d'autres lois dans la société humaine » (notamment les lois juridiques) (BGM II 116).

[9] Le darwinisme fait d'ailleurs dire à nombre d'auteurs que les lois logiques ont été sélectionnées par l'évolution.

tivation : *une formule suit ou ne suit pas d'une autre, c'est un fait*[10]. La nécessité logico-mathématique n'est pas à chercher ailleurs (par ex. dans un monde platonicien ou dans un « sentiment de rationalité ») que dans l'application objective de règles de formation et de transformation à des formules (équations, diagrammes), elle ne relève pas de la psychologie ou de notre façon de penser ; la logique n'est pas l'histoire naturelle de la pensée : « La logique n'est pas la science de la manière dont nous pensons ; mais au sens où elle traite de la pensée, elle détermine seulement la manière dont nous devrions penser ; non pas comment nous devrions penser conformément à l'usage, mais comment nous devrions penser afin de penser ce qui est vrai. Le fait qu'une prémisse puisse convenir à une conclusion exige qu'elle soit rapportée, non à la manière dont nous pensons, mais à la connexion nécessaire de différentes sortes de faits » (2.52). Or la « connexion nécessaire » est une question de fait, il y a une factualité de la connexion logique. C'est ainsi que la logique est tout à la fois, et sans contradiction, catégorique (ou positive) et normative. Par ailleurs, en caractérisant la déduction par son analyticité, Peirce est un des premiers à avoir donné de l'analyticité une définition quasi contemporaine, la même en tout cas que celle de Frege : « Une proposition analytique est une définition, ou une proposition déductible de définitions » (6.595).

Concernant les mathématiques, Peirce adopte une vision pragmatiste, non platonicienne, qui fait de la déduction une pratique effective, et non « une simple inspection de l'esprit ou effort de vision mentale » ; il s'agit d'une activité effective de manipulation de signes et de construction de diagrammes, mobilisant un ensemble de techniques et de règles de transformation des signes : les constructions, ou diagrammes, exhibent dans l'intuition des relations entre des parties d'un état de choses mathématique schématiquement représenté : « il est nécessaire que quelque chose soit *fait*. En géométrie on trace des lignes subsidiaires, en algèbre, on opère les transformations permises » (4.233 ; nous soulignons). La déduction est une sorte de test pragmatiste appliqué à un état de choses figuré dans un diagramme : on opère des transformations selon des règles et on en tire les conséquences nécessaires. Le second Wittgenstein verra quant à lui la preuve mathématique

---

[10] « A étant les faits posés dans les prémisses et B étant les faits que l'on conclut, la question est de savoir si ces faits sont réellement dans une relation telle que si A est, B est généralement. Si c'est le cas l'inférence est valide ; sinon elle ne l'est pas. La question n'est pas du tout de savoir si, quand les prémisses sont acceptées par l'esprit, nous nous sentons contraints d'accepter aussi la conclusion. Il est vrai que nous raisonnons en général correctement par nature. Mais c'est un accident, la conclusion vraie resterait vraie si nous ne nous sentions pas contraints d'accepter aussi la conclusion et la fausse resterait fausse même si nous ne pouvions résister à la tendance à croire en elle » (5.365). « Car le seul propos du raisonnement est, non de satisfaire à un sens de rationalité analogue au goût ou à la conscience, mais d'établir la vérité » (2.153).

comme un mouvement dans la grammaire, et résumera les mathématiques à un ensemble de techniques spécifiques, de jeux de langage avec des signes : pour lui les signes mêmes sont opérants dès lors qu'ils sont en usage, « les signes mêmes font la mathématique et ne décrivent pas la mathématique » ; écrire la mathématique, c'est la faire [16, p. 178]. Ainsi pour les deux penseurs, les mathématiques prennent soin d'elles-mêmes[11]. Il ne s'agit pas là d'une variante du formalisme où les signes tracés sont tout, car ni Peirce ni Wittgenstein ne conçoivent la manipulation des signes comme de la pensée aveugle, elle s'effectue dans l'intuition visuelle chez le premier, dans l'intuition du langage chez l'autre, et aucun des deux ne réduit le symbolisme mathematico-logique à de simples traces d'encre sur le papier, Wittgenstein s'est même, comme Frege, élevé contre idée, renvoyant dos à dos dans le *Cahier bleu* Frege et les formalistes. Peirce remet au fond à l'honneur le schématisme kantien sous une forme sémiotique, les diagrammes jouant le rôle des schèmes : il est plus kantien que leibnizien. Wittgenstein connaît les formalistes de son époque et se démarque d'eux. Il refuse d'assimiler l'arithmétique à un simple jeu d'échecs dans la mesure où leur *application* n'est pas la même dans la « vie civile ». Ce qui compte pour lui est le rôle des signes fixé par les règles adoptées. Quant à certitude des preuves, elle ne peut aller au-delà de leur « certitude géométrique », laquelle, surtout si la preuve est synoptique comme le recommande Wittgenstein, mobilise une intuition visuelle. Les deux philosophes réhabilitent dans le même geste les signes, mais sans tomber dans le formalisme. Les signes ne sont rien sans

---

[11] D'autant plus que chez Peirce la mathématique est plus fondamentale que la logique et ne saurait fonder sur la logique la certitude de ses preuves, qui sont les plus certaines possibles. Pareillement chez Wittgenstein le logicisme est critiqué car la reformulation logique des preuves mathématiques dénature ces dernières sans les fonder vraiment : « Ce qu'il y a de pernicieux dans la logique c'est qu'elle nous fait oublier la technique mathématique spéciale » (BGM, IV, 24) ; en effet « chaque branche des mathématiques est « une technique qui a sa vie propre » (BGM, II, 51. Le technicisme et le constructivisme de Wittgenstein en matière de mathématiques sont proches du pragmatisme. Les mathématiques chez Peirce comme chez Wittgenstein sont autonomes vis-à-vis de la logique, « elles effectuent leur raisonnement à l'aide d'une *logica utens* qu'elles développent par elles-mêmes, et n'ont pas besoin de recourir à une *logica docens* » 51.141). D'ailleurs « Nous reconnaissons simplement une nécessité mathématique... La reconnaissance de la nécessité mathématique s'accomplit de façon parfaitement satisfaisante, antérieure à toute étude de la logique. Le raisonnement mathématique ne tire aucune justification de la logique. Il n'a besoin d'aucune justification. Il est évident en lui-même » (2.191). Si une erreur se glisse dans une inférence on la détecte « sans appel à la logique, mais par simple réinspection attentive des mathématiques comme telles » (1.248) ; on reconnaît là l'idée qu'une preuve est une série de conduites autocontrôlées). D'ailleurs la logique est une partie des mathématiques et non l'inverse. On comprend donc la critique du logicisme qu'il connaît un peu par Dedekind, et qui est comparable à celle que fait Wittgenstein des preuves russelliennes. Il n'y a pour aucun des deux penseurs d'essence pré-technique des mathématiques.

les règles qui s'y appliquent. Mais les règles ont besoin des signes. L'un et l'autre dépsychologisent la preuve (à l'intuition des signes près). A noter que le formalisme s'accompagnant classiquement de nominalisme, on voit mal un anti-nominaliste aussi décidé que Peirce adhérer au formalisme d'un Hilbert, l'eût-il connu[12].

Dressons un rapide bilan. Le principal point commun à Wittgenstein et Peirce est qu'ils considèrent les mathématiques, non sur un mode platonicien, mais sous l'angle pratique, factuel, des constructions et des règles de transformation des signes. Souligner le rôle exclusif des règles et des signes est le début d'une démystification du platonisme de la nécessité. Insister sur le caractère objectif, non subjectif, de la nécessité logique, permet à Peirce d'en finir avec le psychologisme de ses contemporains allemands en matière de logique, sans que le pragmatisme ne vienne interférer avec cette objectivité dans le sens d'un quelconque relativisme, et sans que cela le conduise à un platonisme du genre de celui de Frege. En ce qui concerne Wittgenstein, le *Tractatus* maintient le caractère absolu de la logique et la nature objective du lien de conséquence logique, sans leur donner toutefois une explication platonicienne comme Frege ; mais dès cet ouvrage, et sans doute sous l'influence de Poincaré et de Mach, notre auteur soutient qu' il n'y a de nécessité que logique, et que la causalité n'existe pas dans la nature, ouvrant la voie à sa seconde philosophie où les grands principes de la science énumérés dans le Traité sont entièrement grammaticalisés : la nécessité devient alors contingente puisque la grammaire est relativement arbitraire et autonome : ce n'est pas nous qui décidons de ce qui est vrai et faux, mais nous choisissons les systèmes à l'intérieur desquels nous pourrons distinguer le vrai du faux. En un sens le traité préparait cette solution grammaticale en présentant la partie théorique de la science comme optionnelle, ou plutôt comme une combinaison de l'arbitraire et du non arbitraire (cf. 6.124) : c'était une étape dans la voie de la grammaticalisation partielle de

---

[12] On notera toutefois la présence chez lui de formulations qui semblent faire de l'arithmétique une sorte d'habillage mathématique de la théorie des relations transitives, et retirer tout contenu sémantique ou toute substance aux énoncés mathématiques, considérés comme formels et vides : « Une proposition n'est pas un énoncé de mathématiques parfaitement pures tant qu'elle n'est pas dépourvue de tout sens défini » (5.567) ; « Dire que l'algèbre signifie quelque chose d'autre que ses seules formes, c'est prendre une application de l'algèbre pour sa signification » (4.133). Quant aux nombres arithmétiques, ce ne sont que des « vocables dénués de sens » ou encore « de pures séries de vocables ne servant à rien d'autre qu'à exprimer des relations transitives » (4. 154). De même, axiomes et définitions ne devront pas « être contaminés par quelque substance que ce soit » mais rester quelque chose de « purement verbal » (4.246). C'est assez proche de ce que Hilbert et Russell ont soutenu à propos de la géométrie. Quant aux formules logiques, elles sont elles aussi formelles et vides, pour ainsi dire vraies en vertu de leur forme, leur validité n'étant qu'affaire d'agencement de leurs composantes.

la science. A tout le moins, Peirce et Wittgenstein s'accordent dans le refus du platonisme pour penser la nécessité logico-mathématique.

BIBLIOGRAPHIE

[1] Bourdieu, E. 1998. « Une conjecture pour trouver le mot de l'énigme : la conception peircienne des catégories », *Philosophie*, 58.
[2] Bouveresse, Jacques 1986. *La force de la règle*. Paris, Editions de Minuit.
[3] Brenner, Anastasios 2003. *Les origines françaises de la philosophie des sciences*. Paris, Presses Universitaires de France.
[4] Chauviré, Christiane 2003. *Le grand miroir. Essais sur Peirce et sur Wittgenstein*. Paris, Presses Universitaires de Franche Comté.
[5] Chauviré, Christiane 2004. *Le moment anthropologique de Wittgenstein*. Paris, Kimé.
[6] Chauviré, Christiane 2005. « Wittgenstein et les sciences », numéro spécial de la *Revue de métaphysique et de morale*, juin 2005.
[7] Descombes, Vincent 2005. *Le complément de sujet*. Paris, Gallimard.
[8] Garreta, Guillaume 2002a. « Ernst Mach. L'épistémologie comme histoire naturelle de la science », in Wagner P. (Ed.), *Les philosophes et la science*. Gallimard, Folio Essais.
[9] Garreta, Guillaume 2002b. « Remarques sur nécessité physique et nécessité logique chez Hertz, Mach et Wittgenstein ». Texte inédit.
[10] Gayon, Jean & Burian, R. M. 2007. *Conceptions de la science : hier, aujourd'hui, demain. Hommage à Marjorie Grene*. Ousia.
[11] Girel, M. 2007. *Croyance et conduite dans le pragmatisme*. Thèse soutenue à l'Université Paris 1.
[12] Mach, Ernst 1908. *La connaissance et l'erreur*. Traduction française par M. Dufour, Paris, Flammarion.
[13] Russell, Bertrand 2006. *Analyse de l'esprit*. Paris, Payot.
[14] Soulez, Antonia (Ed.) 1998-1999. *Interférences et transformations dans la philosophie française et autrichienne (Mach, Poincaré, Duhem, Boltzmann)*, Philosophia Scientiae, volume 3, cahier 2.
[15] Wittgenstein, Ludwig 1969. *Grammaire Philosophique*. Traduction française, Paris, Gallimard.
[16] Wittgenstein, Ludwig 1975. *Remarques philosophiques*. Traduction française, Paris, Gallimard.

Christiane Chauviré
UFR de philosophie de Paris 1 – Panthéon-Sorbonne
christiane.chauvire@noos.fr

« Pragmatisme et logique mathématique », de Giovanni Vailati

JACQUES LAMBERT

Présentation

À la demande de Gerhard Heinzmann, l'Académie Helmholtz a consacré, sous la présidence de Michel Meulders, plusieurs sessions de ses travaux à la réception du pragmatisme en Europe. La traduction proposée ci-après représente une contribution complémentaire à ce dossier. Elle devrait aussi contribuer à sa façon à la réparation d'un oubli : celui du rôle joué par les penseurs italiens dans cette réception il y a cent ans. Si l'on connaît le fameux colloque de Rome d'avril 1905 à l'occasion duquel William James parla de *la notion de la conscience,* on ignore plus souvent l'existence d'un authentique et riche courant pragmatiste italien qui eut une influence par exemple sur la pensée de Bruno De Finetti. Allant au-delà de son caractère évidemment daté, le lecteur trouvera un intérêt et une originalité dans cette publication : dans ce qui se dessinait alors comme le programme d'une nouvelle philosophie de la connaissance, un mathématicien collaborateur de Peano entend montrer la convergence des idées et des procédures de la nouvelle logique avec les thèses et les méthodes du pragmatisme. Cet exposé est publié dans la revue du pragmatisme italien, *Leonardo,* en 1906.

Giovanni Vailati (1863-1909), élève d'une école d'ingénieurs, accomplit dans le même temps ses études en mathématiques pures à Turin où il fut l'élève de Peano avant d'en devenir un collaborateur avec Burali-Forti, Pieri, Padoa et surtout son fidèle ami Vacca, cité dans l'article. Assistant de Peano en calcul infinitésimal (et plus tard de Volterra en géométrie projective), il proposa un enseignement d'histoire de la mécanique qui le mit en relation avec E. Mach. Il fut lié par la suite en Sicile avec Brentano. L'essentiel de son œuvre concerne, sous forme d'articles et de communications, la logique, la philosophie de la connaissance et l'histoire des sciences. Son ouvrage sur le pragmatisme, qu'il projetait avec M. Calderoni, resta inachevé.

Avec ce dernier, il participa dès le début (1904) aux activités de *Leonardo,* la revue du pragmatisme que venaient de créer G. Papini et G. Prezzolini. Insistant sur le rôle de la volonté et de la croyance, substituant une logique de la signification à celle de la vérité, les auteurs combattaient le rationalisme traditionnel et le positivisme scientiste et philosophique représenté principalement en Italie par R. Ardigo (1828-1920), qui défendait un monisme métaphysique dans des œuvres aux titres exemplaires comme *Il vero* (1891) ou *La ragione* (1895). Assez rapidement, le divorce apparut entre le pragmatisme "magique" des deux fondateurs se réclamant de William James, pour évoluer dans des directions diverses (Papini, via le futurisme, devint le héraut du fascisme, tandis que Prezzolini se ralliait à l'historicisme de B. Croce) et à l'épistémologie de Vailati et Calderoni, pour lesquels, suivant C.S.Peirce, le pragmatisme était avant tout une méthode pour rendre claires les idées. En avril 1907 parut le dernier numéro de la revue.

On trouvera aisément les recommandations du pragmatisme dans cette sorte d'examen comparatif, qu'il s'agisse de l'analyse de situations concrètes, de la substitution du « que veut-on dire ? » au « qu'est-ce que ? », de l'emploi des concepts comme instruments...

Quant à la critique du positivisme, on doit rappeler que bien des positivistes n'auraient sans doute pas adhéré aux thèses philosophiques d'Ardigo, dont ils ignoraient peut-être le nom, ni même à celles, alors connues, de Herbert Spencer. C'est certainement le cas d'E. Mach. Vailati critique néanmoins cette forme de positivisme moderne sur deux points : l'inductivisme et un certain « agnosticisme ». Il est facile de reconnaître l'influence des mathématiques et spécialement celle de l'école de Turin dans la critique d'un inductivisme que beaucoup de nos modernes ont qualifié de « naïf ». Quant à l'insistant respect des énigmes, cher au positivisme germanophone depuis le célèbre « Ignorabimus » du physiologiste berlinois Emil Du Bois Reymond, et que proclamera encore le jeune Carnap, c'est encore le mathématicien qui le dépasse (en d'autres écrits surtout) en rappelant le réel progrès des connaissances dans l'approche et l'emploi par exemple du concept d'infini.

N.B. La traduction reste au plus près d'un texte dans lequel les phrases ont parfois plus de dix lignes.

« Pragmatisme et logique mathématique » de Giovanni Vailati

Ce n'est certes pas l'un des moindres mérites de *Leonardo* que celui d'avoir établi des lignes de communication et provoqué des échanges d'idées entre des personnes s'intéressant aux études philosophiques tout en appartenant à des domaines les plus divers et à des sensibilités intellectuelles les plus éloignées, entre des logiciens et des esthéticiens, des moralistes et des économistes, des mathématiciens et des mystiques, des biologistes et des poètes.

En attendant de pouvoir procéder à un examen comparatif des résultats obtenus ou en cours à partir de ce mouvement d'idées et de cet échange intellectuel dans toutes ces directions variées, il ne sera pas hors de propos de résumer ici dans un aperçu schématique des résultats qui se rapportent à l'un des troncs les plus importants que *Leonardo* a contribué à former et à maintenir actif : celui qui établit les liens entre les différents domaines du pragmatisme et ceux qu'occupent et cultivent les mathématiciens.

On pouvait déjà voir un symptôme significatif des rapports étroits entre ces deux champs de recherche philosophique dans le fait que celui qui introduisit le mot et le concept de pragmatisme (Ch. S. Peirce) fut en même temps l'initiateur et le promoteur d'une direction originale donnée aux études logico-mathématiques.

Ce n'est pourtant pas des travaux de l'école de Peirce mais de ceux de l'école italienne dans la suite de Peano qu'il me semble opportun de partir pour définir ce que l'on pourrait appeler les caractères pragmatistes des nouvelles théories logiques.

On peut voir un premier point de contact entre logique et pragmatisme dans leur tendance commune à considérer la valeur, et même la signification, de tout énoncé comme quelque chose d'intimement lié à l'emploi que l'on peut ou que l'on désire en faire en vue de la déduction et de la construction de conséquences ou de groupes de conséquences déterminés.

Cette tendance se manifeste principalement, parmi les logiciens mathématiciens, dans le changement des critères qu'ils ont adoptés pour le choix et la définition des *postulats,* c'est-à-dire pour le choix de ces propositions qui doivent être admises sans démonstration dans toute branche de science déductive.

Au lieu de faire consister la différence entre les postulats et les autres propositions, qui sont démontrées à partir d'eux, dans le fait que les premiers posséderaient un caractère spécial qui les rendrait « par eux-mêmes » plus acceptables, plus évidents, moins discutables, etc., les logiciens mathématiciens voient dans les postulats des propositions *comme toutes les autres,* dont le choix peut être différent en fonction des *buts* visés par l'argumentation, et doit, de toute façon, dépendre de l'examen des relations de dépendance ou de connexion qui existent ou que l'on peut établir entre elles et les autres propositions d'une théorie donnée, ainsi que de la confrontation entre la forme que devrait prendre l'ensemble de l'argumentation en fonction des différents choix. Si l'on pouvait comparer les rapports entre les postulats et les propositions qui en dépendent aux rapports qui existent, dans un État à régime autocratique ou aristocratique, entre le monarque ou la classe privilégiée, et les autres parties de la société, l'œuvre des logiciens mathématiciens serait, d'une certaine manière, semblable à celle des instaurateurs d'un régime constitutionnel ou démocratique, dans lequel le choix ou l'élection des chefs dépend, au moins idéalement, de leur capacité reconnue à exercer temporairement des fonctions déterminées dans l'intérêt public.

Les postulats ont dû, autrement dit, renoncer à cette espèce de « droit divin » que semblait leur conférer leur prétendue évidence, et se résigner à devenir, plutôt que les arbitres, les *« servi servorum »* – les simples « employés » – des « associations » de propositions qui constituent les différentes branches de la mathématique.

À cette même tendance se rattachent encore les exigences relatives à leur meilleure « exploitation », à leur réduction à un nombre minimal, à la définition exacte de leurs attributions et de leur sphère de validité, etc.

On peut voir une seconde conformité, tout aussi importante, entre pragmatistes et logiciens mathématiciens, dans leur répugnance commune à tout ce qui est vague, imprécis, général, et dans leur détermination à réduire ou décomposer toute assertion en ses termes les plus simples : ceux qui se réfèrent directement à des *faits* ou à *des connexions entre faits*.

C'est en suivant cette voie que les uns et les autres sont parvenus, chacun pour leur compte et à leur manière, à reconnaître l'inconsistance d'une grande partie des distinctions qui, à partir de la logique scolastique, ont été transmises aux « théories de la connaissance » modernes, et à en soumettre d'autres à des analyses critiques dont elles sont sorties d'une certaine manière transfigurées, restaurées, enrichies de significations nouvelles et plus importantes.

Ainsi l'introduction du concept de « définition possible » (Dfp) a fait clairement reconnaître le caractère purement relatif de la distinction entre les « propriétés essentielles » d'une figure ou d'un être mathématique donné et leurs autres propriétés. De la même façon, la distinction entre propositions affirmatives et propositions négatives, comme celle entre propositions particulières et propositions générales, ont été absorbées dans une seule et plus importante distinction entre propositions affirmant la *dépendance* entre deux faits (faisant disparaître ainsi la distinction entre propositions générales catégoriques et hypothétiques) et propositions affirmant la *« pos-*

sibilité » ou la « *non absurdité* » de la vérification de deux ou plusieurs faits dans le même temps.

La reconnaissance du caractère hypothétique des propositions générales a aussi contribué à attirer l'attention sur les « restrictions tacites », ou sur les limitations non explicites, dont dépend leur validité. On en trouve un bon exemple avec l'observation due à Maxwell (rapportée par Róiti dans ses *Elementi di Fisica*, 1894, p. 65), selon laquelle même les propositions les plus simples sur les aires, par exemple celle d'après laquelle « l'aire d'un triangle est donnée par la moitié du produit de la base par sa hauteur », cesseraient d'être vraies si, au lieu de prendre pour unité de mesure des aires le carré ayant pour côté l'unité de longueur, on prenait le triangle ayant cette même unité pour base et hauteur.

Ces considérations sont étroitement liées à celles à partir desquelles les pragmatistes ont été conduits à donner une définition plus précise du contraste qu'exprime le langage commun quand il oppose les « lois » aux faits, et en présentant sous une forme entièrement nouvelle la controverse classique entre déterministes et contingentistes[1].

Un troisième point de contact entre pragmatistes et logiciens mathématiciens se trouve dans l'intérêt que montrent les uns et les autres pour les recherches historiques sur le développement des théories scientifiques, et dans l'importance que tous leur attribuent pour reconnaître l'équivalence ou la coïncidence des théories sous les formes variées qu'elles ont montrées à différentes époques et dans divers domaines, tout en exprimant en substance les mêmes faits en servant les mêmes buts.

Les logiciens comme les pragmatistes ont ainsi contribué et contribuent encore à détruire beaucoup de préjugés se rapportant à de supposées oppositions entre les théories courantes d'aujourd'hui et les vues des grands savants ou penseurs de l'Antiquité, mettant ainsi en lumière comment beaucoup de découvertes des mathématiciens modernes, et non des moindres, n'ont consisté en rien d'autre qu'à introduire de nouveaux procédés plus simples, plus commodes, plus parfaits pour exprimer des rapports, ou dénoter des procédures déjà adoptées et considérées soit sous d'autres noms, soit même sans nom, par leurs prédécesseurs. C'est ainsi que dans le *Formulario* de Peano l'importance accordée aux notes historiques est toujours allée en croissant, spécialement sous l'impulsion de l'un de ses principaux collaborateurs, Vacca (qui cultivait, parmi d'autres passions, celle des études sur le développement des mathématiques en Extrême-Orient)[2] ; l'importance qui

---

[1] *NdA* Cf. *Leonardo*, aprile 1905, p. 57, Poincaré, *Valeur de la science*. *NdT* Il s'agit vraisemblablement de *La valeur de la science* [2], chapitre 11 (La science et la réalité), §5 (contingence et déterminisme), pp. 248-261.

[2] *NdT* Giovanni Vacca (1872-1953), mathématicien, élève et collaborateur de Peano pour le *Formulaire*, étudia à Hanovre, avant L. Couturat (1898-1899), les manuscrits de

leur a été attribuée constitue réellement déjà l'un des caractères originaux les plus remarquables dans la manière de traiter les différentes branches de la mathématique qu'offre le *Formulario*.

Les théories y sont exposées, non pas selon la méthode habituelle, sous leur aspect, pour ainsi dire « statique » ou de repos, mais au contraire sous celui du mouvement et du développement; non pas comme des animaux empaillés dans les vitrines d'un *museum,* dans des attitudes conventionnelles et avec des yeux de verre, mais comme des organismes qui vivent, se nourrissent, luttent, se reproduisent, ou au moins comme des images dans un cinématographe se produisant et se transformant naturellement et logiquement.

À cette tendance à reconnaître la conformité des théories au-delà ou au-dessous de leurs différences d'expressions, de symboles, de langage, de conventions dans les représentations, etc., on doit également rapporter le constant intérêt des logiciens mathématiciens pour les questions linguistiques, de Grassmann, écrivant dans le même temps l'*Ausdehnungslehre* et le *Wörterbuch zum Rig-Veda,* à Nagy, chercheur de la tradition de la pensée grecque à travers les commentaires syriaques et arabes, de Couturat, auteur avec Léau, d'une histoire des projets de « langue universelle » à Peano, inventeur et propagateur de l'un des plus pratiques de ces projets : le « latin sans flexion »)[3].

Une autre série de points de rencontre entre pragmatistes et logiciens mathématiciens est présente dans les importants progrès effectués par ces derniers dans la « théorie de la définition ».

Avant tout, le schéma traditionnel qui fait consister la définition dans la recherche du « genre » et des « différences spécifiques », c'est-à-dire dans la recherche de classes à partir desquelles celle à définir serait déduite au moyen d'un « produit logique », a été élargie de manière à comprendre n'importe quel cas dans lequel la classe à définir puisse être obtenue *en fonction* de classes connues, au moyen d'une opération quelconque, ou d'une série d'opérations, antérieurement admises.

Dans une autre direction, les schémas scolastiques de la définition ont été élargis en prenant en considération les cas dans lesquels ce que l'on définit n'est pas un mot isolé mais un groupe de mots ou une phrase dans laquelle il apparaît *(définitions implicites).* Par-là, on en est venu à reconnaître plus

---

logique et d'arithmétique de Leibniz, avant de se consacrer à l'étude et à l'enseignement de la langue et de la culture chinoises à l'université de Florence puis à celle de Rome de 1924 à 1947. Ami intime de Vailati.

[3] *NdT* Langue universelle proposée par G. Peano qui l'utilise pour les explications des formules symboliques dans le *Formulaire* à partir de 1908. L'ouvrage de Couturat auquel fait allusion ici Vailati est son *Histoire de la langue universelle,* écrite en collaboration avec L. Léau (Paris, 1904).

clairement qu'on ne l'avait fait jusqu'alors, par exemple par Aristote, que les définitions de mots isolés ne sont qu'un cas particulier, le plus simple, dans le champ plus vaste des « définitions implicites », dans la mesure où définir, par exemple un nom A, ne signifie rien d'autre qu'indiquer le sens que l'on voudrait attribuer à la phrase : « Telle ou telle autre chose est un A. » En outre, il est devenu possible de caractériser et de justifier le procédé, déjà suivi instinctivement par les mathématiciens, de se servir successivement de diverses définitions d'un même signe, ou d'une même notation, en fonction des domaines (y compris ou non) dans lesquels il paraîtrait opportun de se servir de groupes de symboles dans lesquels il figurerait (définitions précédées d'hypothèses limitatrices et variant avec celles-ci).

Certaines définitions présentent un intérêt particulier dans les rapports avec le pragmatisme ; ce sont celles qu'on a appelées (Peano) « définitions par abstraction », dans lesquelles du fait qu'une relation donnée présente certaines des propriétés caractéristiques de l'égalité on en tire l'occasion de « forger » un nouveau concept ; par exemple, du fait que deux droites parallèles à une troisième sont parallèles entre elles, on tire le concept de « direction », ou du fait que deux quantités de marchandise qui ont été échangées avec une même quantité d'une troisième, s'échangent également entre elles, on tire le concept de « valeur », etc.

Parmi les nouveautés introduites par les logiciens mathématiciens dans la théorie traditionnelle des définitions, on notera un caractère commun à cette dernière et celle précédemment signalée ; elle consiste dans leur tendance à mettre en lumière les différents ordres de circonstances dont peut dépendre le fait que d'un mot, considéré en soi, on ne peut pas énoncer une phrase qui indiquerait directement le ou les caractères, propres aux objets auxquels le mot se réfère.

Non seulement la logique mathématique a conduit à reconnaître que parler de la « définissabilité » ou de l'« indéfinissabilité » d'un mot donné ou d'un concept donné, c'est dire une chose privée de sens tant qu'on n'a pas précisément indiqué de quels *autres mots* ou concepts on convient de faire usage dans la définition cherchée, mais elle a encore fourni une explication de ce fait que beaucoup des mots les plus importants de la science et de la philosophie sont précisément parmi ceux dont il est déraisonnable de demander ou de rechercher une définition, au sens scolastique du terme ; elle a ainsi contribué à combattre de la manière la plus efficace, au côté des pragmatistes, le préjugé « agnostique » qui attribue l'impossibilité de résoudre de telles questions à une prétendue incapacité de l'esprit humain à pénétrer l'« essence » des choses.

Ce que l'on appelle les « définitions-postulats », c'est-à-dire celles qui consistent à déterminer la signification d'un signe d'opération, ou de relation, en énonçant un certain nombre de normes qui, par hypothèse, doivent en régler l'emploi, ont au contraire à voir avec le pragmatisme dans la mesure où elles permettent de faire mieux reconnaître dans les postulats ce caractère d'arbitraire qui leur revient tout autant qu'aux définitions, en qualité de propositions ayant pour fonction de déterminer, en vue de buts précis et d'applications données, les différents domaines de recherche ; autrement dit, en qualité de propositions dont la seule justification consiste dans l'importance et dans l'utilité des *conséquences* qu'il sera possible de tirer d'elles.

Un autre caractère de la logique mathématique, par lequel, encore plus peut-être que par les précédents, elle montre son affinité avec le pragmatisme, est celui qui se rapporte à la fonction que sont venues jouer en elle la recherche et la construction d'« interprétations particulières » ou d'exemples concrets comme critères pour décider de l'indépendance réciproque ou de la compatibilité d'assertions données ou d'hypothèses.

Une telle recherche d'exemples particuliers, considérée au départ comme un simple moyen pour s'assurer de la *nécessité* (indispensabilité) de prémisses données ou de l'impossibilité de s'en passer pour obtenir des conclusions déterminées, a fini par être reçue comme le *seul* procédé apte à garantir qu'un ensemble quelconque d'hypothèses ne contienne pas de « contradictions implicites ». Autrement dit, la construction d'interprétations concrètes, pour lesquelles toutes les prémisses ou hypothèses placées à la base d'une théorie déductive donnée devraient être vérifiées en même temps, a acquis l'importance d'une condition sans laquelle les raisonnements, même les plus rigoureux, ne peuvent conduire qu'à des conclusions qui s'exposent à être contredites par d'autres, pouvant être obtenues au moyen de déductions tout aussi rigoureuses *à partir des mêmes prémisses*.

Plus encore : dans le choix même des exemples ont été formées des *hiérarchies*, selon qu'ils sont plus ou moins concrets ou déterminés. Aux plus concrets et aux plus déterminés d'entre eux – c'est-à-dire aux exemples qui appartiennent au domaine de l'arithmétique – certains ont attribué, en vertu du but signalé, une supériorité sur tous les autres, en particulier sur ceux qui font intervenir des considérations de continuité, ou qui appartiennent à des domaines dans lesquels il est moins facile de donner une caractérisation et une formulation exactes et complètes des faits.

Dans ce besoin qu'ont les théories les plus abstraites (et elles en ont d'autant plus qu'elles sont abstraites) du recours à des faits particuliers – non pas tant comme des faits qui doivent servir à confirmer ou à rendre probables par induction les prémisses particulières sur lesquelles elles se basent, mais comme des faits pouvant garantir la capacité de celles-ci à *coexister* et à *coopérer* utilement –, dans ce besoin qu'a la logique pure de trouver de la force, comme Antée, par un contact répété avec la terre, on ne peut faire moins que reconnaître l'un des symptômes les plus significatifs de cette correspondance secrète ou de cette mystérieuse alliance entre « les extrêmes de l'activité théorique » (entre l'intuition *du particulier* et la tendance à abstraire et à généraliser) que les théories pragmatistes – et ce n'est pas le moindre de leurs mérites – ont signalée et préconisée[4].

Pragmatistes et mathématiciens se trouvent donc d'accord dans la recherche de la plus grande *concision* et de la plus grande *rapidité* d'expression, dans la tendance à éliminer toute superfluité et toute redondance, tant dans les mots que dans les concepts.

Pour les uns comme pour les autres, la valeur des théories et des doctrines ne doit pas seulement être cherchée dans ce qu'elles disent mais également dans ce qu'elles *taisent* et dans ce qu'elles se refusent à exprimer ou à prendre en considération, cf. l'article de Giuliano il Sofista sur « la nourriture du jeûne » (*Leonardo*, avril 1905) [5].

L'un des principaux résultats de la logique mathématique consiste précisément à reconnaître combien de supposées *vérités mathématiques* ne doivent leur existence qu'à des imperfections de notation qui permettent d'énoncer le même fait de différentes manières, quitte à procurer ensuite le plaisir de le reconnaître identique sous ses diverses expressions. On en a un exemple dans les propositions de la trigonométrie reformulant sous différents habits des théorèmes de géométrie élémentaire et, mieux encore, les reformulant sous de multiples formes, dont les identités trigonométriques ne font qu'exprimer l'équivalence.

Par l'introduction d'autres symboles, on pourrait augmenter indéfiniment les « vérités » de ce genre, renouvelant pour la science le miracle de la multiplication des pains et des poissons, avec cette seule différence que les résultats ainsi obtenus serviraient beaucoup plus à gonfler qu'à nourrir les esprits auxquels ils seraient communiqués.

On pourrait même à ce propos, comme me le fait remarquer mon ami G. Vacca, énoncer une loi empruntant sa forme à celle de la loi de Malthus et qui postulerait qu'alors que les concepts ou les mots que l'on introduit dans une théorie croissent selon une proportion arithmétique, les propositions correspondantes – il resterait à la « science », pour être complète, de décider de leur vérité ou fausseté – croissent plus rapidement selon une progression géométrique (selon une loi exponentielle énoncée par Clifford (cf. Peano : *Calcolo geometrico*, 1888).

---

[4] *NdA* Cf. G. Papini « Les extrêmes de l'activité théorique », in *Comptes Rendus du IIe Congrès international de philosophie,* Genève, 1905.

[5] *NdT* Pseudonyme de G. Prezzolini dans *Leonardo*.

Contre une telle dégénérescence adipeuse des théories, le pragmatisme représente, lui aussi, une réaction énergique, en insistant sur le caractère *instrumental* des théories, en affirmant qu'elles ne sont pas une *fin pour elles-mêmes,* mais des *moyens* et des « organismes », dont l'efficacité et la puissance sont étroitement liées à leur souplesse, à l'absence d'embarras et d'obstacles dans leurs mouvements, à leur fait de ressembler plus à des lions ou à des tigres qu'à des hippopotames ou à des mastodontes. La maxime favorite de Platon *(creitton èmisu pantos)*[6] n'est pas moins applicable aux théories scientifiques qu'à n'importe quelle autre branche de l'activité humaine. »

BIBLIOGRAPHIE

[1] Louis Couturat & Léopold Leau *Histoire de la langue universelle*, Paris, Hachette et Cie, 1903. Réédition, Georg Olms Verlag, 1979.

[2] Henri Poincaré, *La valeur de la science*, Ernest Flammarion éditeur, Paris s.d., 1905.

[3] Giovanni Vailati, « Pragmatismo e logica matematica », *Leonardo*, février 1906. Repris in *Scritti filosofici* a cura di Giorgio Lanaro, Florence, La Nuova Italia Editrice, 1980, p. 237–243. — Dans une lettre adressée de Rome à Papini du 3 mars 1906, Vailati reproche amicalement à ce dernier « d'avoir omis dans le titre les deux articles *le* pragmatisme et *la* logique, ce qui ôte de l'énergie » (*Epistolario 1891-1909*, Einaudi, Torino, 1971, p. 433).

Jacques Lambert
Université de Grenoble
Académie Helmholtz
Jacques.Lambert@upmf-grenoble.fr

---

[6] « Mieux la moitié que le tout », proverbe déjà présent dans Hésiode.

Zum dialogischen Prinzip in der Philosophie der "Erlanger Schule"

KUNO LORENZ

1

Das Selbstverständnis konstruktiver Philosophie und Wissenschaftstheorie, wie sie in der "Erlanger Schule" entwickelt wurde, ist in Gestalt einer Reihe von Prinzipien artikuliert worden, über die bis heute sowohl bei ihren Verteidigern als auch bei ihren Kritikern heftig debattiert wird. Das sollte schon deshalb nicht überraschen, weil über die genaue Bestimmung dieser Prinzipien, insbesondere ihren Status und ihre Reichweite, schon bei den seit Jahrzehnten nicht nur in Erlangen tätigen Vertretern der "Erlanger Schule" keineswegs Einigkeit herrscht.

Zwei Prinzipien wurden insbesondere von Paul Lorenzen schon besonders hervorgehoben: Zum einen das Prinzip methodischer Ordnung, mit dem die Forderung nach einem lückenlosen und zirkelfreien Aufbau einer ihre Syntax und Semantik aus ihrer Pragmatik entwickelnden Wissenschaftssprache formuliert wird, zum anderen das als allgemeine Aufforderung zur Überwindung der je eigenen Subjektivität verstandene Transsubjektivitätsprinzip: "Let us transcend our subjectivity!".[1] Letzteres ist in Gestalt des für theoretische Philosophie und für praktische Philosophie – dort unter dem Titel "Moralprinzip" – als konstitutiv geltenden Prinzips vernünftigen Argumentierens oder "Vernunftprinzips" selbst zum Gegenstand vielgestaltiger Argumentationen geworden.[2]

Ein unvoreingenommen, zwanglos und nicht persuasiv verfahrender und aus diesem Grunde die Begründbarkeit gegenüber jedermann sichernder "rationaler Dialog" soll das Prinzip vernünftigen Argumentierens einlösen. Sowohl der Terminus als auch die drei Kennzeichen eines rationalen Dialogs gehen dabei auf Friedrich Kambartel zurück. So wollte er besonders sinnfällig machen, daß wir es mit einem nur "ideal", aber niemals auch real auftretenden Gebilde zu tun haben, einem "Maßstab" also – wie Wittgen-

---

[1] [24, Seite 82]; vgl. [5]; [10].
[2] Vgl. insbes. die Aufsätze in [2].

stein sagen würde – für die allerorten immer aufs Neue um Rechthaben oder Rechtbehalten geführten verbalen Auseinandersetzungen.

Wie immer man es daher wendet, mit der Berufung auf einen Dialog oder zumindest eine am Dialog orientierte Vorgehensweise wird auf eine verbale, mit Worten geführte Auseinandersetzung verwiesen. Obwohl die Lebenswelt in Gestalt gerade der Handlungszusammenhänge der Menschen ausdrücklich den Ausgangspunkt für die mit den Grundlagen der Wissenschaften befaßten Arbeiten der Erlanger Schule bildeten, das Messen und Zählen etwa für Geometrie und Arithmetik, wurden dialogische Gesichtspunkte zunächst allein auf der Ebene sprachlicher Darstellung lebensweltlicher Tätigkeit für relevant erachtet. So war es auch vor nahezu einem halben Jahrhundert, noch vor Beginn der "Erlanger Schule", wie sie durch die Zusammenarbeit von Paul Lorenzen mit Wilhelm Kamlah gestiftet wurde, zum dialogischen Aufbau – einer dialogischen Begründung – der formalen Logik gekommen.[3]

Lange blieb die Assoziationskette "Dialog – Argumentation – Begründung" die allein maßgebende, und wenn später dann auch noch von einem dialogischen Prinzip als konstitutiv für die Philosophie und Wissenschaftstheorie der Erlanger Schule die Rede war, so schien damit allein der besondere Charakter der Begründungsverfahren gemeint zu sein, denen zu folgen war, sollten Geltungsansprüche einzulösen sein. Schließlich gab es eine lange, für das Abendland mit Platon beginnende philosophische Tradition, in der Dialoge als Mittel sprachlicher Darstellung von Auseinandersetzungen, gerade auch von solchen, bei denen eine von beiden Parteien anerkannte Lösung scheinbar ausgeschlossen war, sich ohnehin breiter öffentlicher Anerkennung erfreuten. Man denke nur an Leibniz' dialogisch aufgebaute Auseinandersetzung mit Locke in den *Nouveaux essais sur l'entendement humain*.

Es ist daher nichts dagegen einzuwenden, wenn man anstelle des Vernunftprinzips der Erlanger Schule vom dialogischen Prinzip spricht, beide also dasselbe besagen läßt – ich selbst trete nachdrücklich dafür ein –, nur muß man sich dann darauf einstellen, daß bei einer Erweiterung des dialogischen Prinzips über seinen ursprünglichen Anwendungsbereich der Begründungsverfahren hinaus auch das Vernunftprinzip entsprechend erweitert verstanden werden sollte. Eine solche Erweiterung nun scheint unerläßlich zu sein.

Versucht man nämlich, der Aufforderung zur Überwindung der eigenen Subjektivität folgend, das Reden über Gegenstände transsubjektiv zu gestalten, also sich nur so auszudrücken, wie auch jeder andere sich ausdrücken könnte, der mit demselben Gegenstand zu tun hat, so gibt es zwei Probleme, die darüber hinaus sogar noch miteinander aufs Engste verbunden sind.

---

[3] Vgl. zum historischen Kontext [3].

Zum einen: Wie kann ich wissen, ob ein anderer angesichts desselben Gegenstands sich ebenso wie ich ausdrücken könnte? Mit anderen Worten: Wie lautet das, natürlich seinerseits bereits transsubjektiv zu formulierende, Kriterium, wann "meine" Aussage über einen Gegenstand dasselbe besagt, wie "deine" Aussage über denselben Gegenstand?

Und zum anderen: Wie kann ich überhaupt wissen, ob ein anderer über "denselben" Gegenstand spricht wie ich? Mit anderen Worten: Wie läßt sich ein transsubjektiver Bezug zu einem Gegenstand herstellen? Kann "mein" Gegenstand jemals "dein" Gegenstand sein?

Es sieht so aus, als bildete sich jeder von uns letztendlich nur ein, daß die Welt, in der wir leben, eine von uns gemeinsam geteilte ist, in Wirklichkeit lebte jeder nur in seiner eigenen Welt, in der die anderen mit allem, was sie sagen und tun, wiederum nur als Projektionen des jeweiligen Subjekts auftreten. Einer "virtual reality" könne man mit einem dialogischen Prinzip selbst dann nicht entrinnen, wenn es von der Ebene der Aussagen über das Konzept dialogischer Begründbarkeit auch auf die Ebene der Gegenstände im allgemeinen, nämlich über das Konzept dialogischer Konstruktion, ausgedehnt werde.

Auch wenn man sich auf das Konzept dialogischer Konstruktion schon so weit eingelassen hat, daß man sich einen Begriff von den Möglichkeiten bilden kann, die es eröffnet, ebenso wie von den Schwierigkeiten, die mit seiner Durchführung verbunden sind, ist es lohnend, noch einmal auf das Vexierbild einer scheinbaren Gefangenschaft in einer Welt virtueller Realitäten einzugehen und von dort aus den systematischen Ort des dialogischen Prinzips im erweiterten Sinn ausfindig zu machen. Vorweggenommen formuliert, nehmen diesen systematischen Ort die dialogischen Elementarsituationen ein, und zwar, wenn sie als Mittel zur Rekonstruktion unserer Erfahrung eingesetzt werden, einerseits des individuellen Erfahrungen-Machens und andererseits des sozialen Erfahrungen-Teilens vermöge einer Artikulation des Erfahrungen-Machens, ohne die nämlich niemand "wüßte", d. h. mit sich selbst teilen könnte, eine Erfahrung gemacht zu haben.

Das Vexierbild einer Welt virtueller Realitäten läßt sich als die Kehrseite des so gern meist mit Klageton diagnostizierten gegenwärtigen Zustands weitgehender theoretischer und praktischer Orientierungslosigkeit begreifen. Weder scheint es Weltansichten zu geben – höchsten dürftige Fragmente –, die sich fragloser allgemeiner Zustimmung erfreuen, selbst die Wissenschaften tun sich heute schwer damit, noch gibt es Lebensweisen – ausgenommen ganz elementare Teilbereiche –, die zwanglos und leidlich stabil geteilt werden; an dieser Stelle wird kulturelle Entwurzelung ohne Neuverwurzelung zu einer der Hauptursachen erklärt. Gleichwohl wird in Phasen der Orientierungslosigkeit, selbst wenn sie nur für solche gehalten werden, aus eben diesem Grunde eine eigentümliche, zu menschlicher Welt- und Lebenserfahrung gehörende Paradoxie sichtbar, oder sie läßt sich zumindest leichter bewußt machen als dann, wenn Weltansichten weitgehend unerschüttert und Lebensweisen grundsätzlich unangefochten herrschen.

Wir werden auf sie aufmerksam, wenn wir auf die zwei scheinbar gegensätzlichen elementaren Erfahrungen achten, die jeder Mensch, der nicht nur lebt, sondern dies bewußt tut, gemacht hat und immer wieder macht. Es ist auf der einen Seite die Erfahrung des Dazugehörens, des Ein-Teil-der-Welt-Seins, und auf der anderen Seite die Erfahrung des Nicht-Dazugehörens, als stände man völlig allein schlechthin allem, auch der eigenen Person, von einem imaginärem Ort aus gegenüber, eine Erfahrung des Der-Welt-gegenüber-Stehens.

Der paradoxe Charakter dieser beiden offensichtlich miteinander unverträglichen Erfahrungen wird besonders plastisch, wenn man sich klar macht, daß im Fall der Erfahrung des Dazugehörens dieser Erfahrung mit einer Erfahrung der Beschränkung der Reichweite der eigenen tätigen Einflußnahme begegnet wird – alles jenseits davon wird wie ein Ausgeschlossensein erlitten. Im Fall der Erfahrung des Nicht-Dazugehörens wiederum tritt diese Erfahrung als ein Erleiden des Eingebundenseins in Ursache-Wirkung-Zusammenhänge der naturalen Welt und in Mittel-Zweck-Zusammenhänge der kulturalen Welt auf, obwohl zugleich das Erlittene dabei in einem gewissen Maß als Ergebnis eigenen Tuns erfahren wird – "Was, daran soll ich beteiligt gewesen sein?".

Es sollte nicht überraschen, wenn auch hier schon eine ganz elementare Fassung des dialogischen Prinzips, nämlich stets Ich-Rolle und Du-Rolle bei einer Handlungsausübung angemessen zu berücksichtigen – als Imperativ formuliert: "Achte bei Deinem Umgang mit Menschen und Sachen stets auf die Differenz von Ich-Rolle und Du-Rolle" – zu einem Verstehen und damit einer Auflösung des paradoxen Charakters dieser Zwillingserfahrung verhilft. Schließlich stand seit alters außer Zweifel, daß es beim Zeichenhandeln, insbesondere dem Sprachhandeln oder Reden, für alle sich daran anschließenden Betrachtungen, gleichgültig welcher Art – z. B. sprachwissenschaftliche, argumentationtheoretische oder aber auch nur dem Verständnis alltäglicher Praxis dienende – entscheidend ist, seinen dialogischen Charakter nicht zu unterschlagen, sich vielmehr vom Unterschied zwischen Ich-Rolle und Du-Rolle beim Ausüben von Zeichenhandlungen einen klaren und deutlichen Begriff zu bilden. So ist es, um nur ein Beispiel zu geben, eher irreführend, den Unterschied von Ich-Rolle und Du-Rolle aus der Kommunikationsfunktion von Zeichenhandlungen abzuleiten. Man versteht die Kommunikationsfunktion viel besser als eine Erscheinungsform der Differenz von Ich-Rolle und Du-Rolle bei Zeichenhandlungen, dem Zu-Verstehen-Geben seitens Ich und dem Verstehen seitens Du, und zwar bei Zeichenhandlungen in ihrer Zeichenrolle und nicht etwa als gewöhnliche Handlungen, die sie ja auch sind.

Damit ist schon ausgesprochen, daß es nicht nur bei Zeichenhandlungen, sondern auch bei gewöhnlichen Handlungen auf die Differenz von Ich-Rolle und Du-Rolle bei ihrer Ausübung ankommen wird, es also der dialogische Charakter von Handlungen im allgemeinen ist – eben dadurch sind sie unter allen Gegenstandsbereichen ausgezeichnet –, der, in Handlungstheorien zum Beispiel, im Zentrum stehen sollte, was leider noch immer nur in Ansätzen geschieht.[4] Und man erkennt schon sehr deutlich, daß das dialogische Prinzip, in der angegebenen elementaren, nicht auf die philosophische Aufgabenstellung einer Rekonstruktion unserer Erfahrung zugeschnittenen, Fassung, in der dialogischen Verfaßtheit des Menschen verankert ist. Die Differenz von Ich-Rolle und Du-Rolle in einer Handlungsausübung hat einen anthropologischen Status.

Man möchte vielleicht – in rationalistischer Manier – gern sagen, daß sie zum "Wesen des Menschen" gehöre, oder – in empiristischer Manier – zur Grundausstattung der biologischen Spezies Mensch. Man hat dann aber übersehen, daß es sich bei Ich-Rolle und Du-Rolle in Handlungsausübungen gerade nicht um beobachtbare Daten und schon gar nicht um Setzungen handelt, ja gar nicht handeln kann, sie und ihre Differenz vielmehr zu der Zwillingserfahrung des zugleich Innen- und Außen-Seins gehören, die von jedem gemacht wird, der bewußt lebt, und deren paradoxer Charakter sich gerade unter Berufung auf die beiden dialogischen Rollen auflösen läßt. Bis das möglichst knapp gemacht werden kann, müssen allerdings noch einige Vorüberlegungen angestellt werden.

2

Es ist von grundlegender Bedeutung sich klarzumachen, daß der dialogische Charakter der Handlungen auch dafür verantwortlich ist, daß sie einem Menschen oder potentiellen Akteur nicht wie alle übrigen "Gegenstände" nur gegenüberstehen können, so daß der potentielle Akteur ihnen gegenüber allein in der Er/Sie-Rolle des unbeteiligten Dritten aufzutreten in der Lage wäre. Vielmehr können Menschen Handlungen gegenüber, und nur ihnen – das zeichnet Handlungen unter den Gegenständen aus –, auch die Ich-Rolle eines Agenten und die Du-Rolle eines "Patienten", des dialogischen Gegenübers eines Agenten, einnehmen. Dabei kann natürlich auch ein aktueller Akteur seinen eigenen Handlungsausübungen oder "Akten" gegenüber eine "neutrale" Er/Sie-Rolle spielen, nämlich wenn er nach der Handlungsaus-

---

[4] Zu den Ausnahmen gehört der symbolische Interaktionismus, als Programm entwickelt in [7].

übung umschaltet und gleichsam "vergißt", daß er einmal unmittelbar beteiligt gewesen ist: in Ich-Rolle handelnd und in Du-Rolle seinem Handeln "zuschauend", das heißt, um sein Handeln beim Handeln auch "wissend". Der Akt hat dann den Status eines gewöhnlichen, zwar nicht zur Kategorie der Dinge, wohl aber zu der der Ereignisse, gehörenden Gegenstandes, dem gegenüber die Er/Sie-Rolle eingenommen ist.

Wir wollen sagen, daß Handlungen, anders als alle anderen Gegenstände, neben ihrem gegenständlichen Charakter noch einen funktionalen Charakter haben, wobei beide Charaktere in einem komplementären Verhältnis zueinander stehen, weil sie einander ausschließen, besser noch: weil sie auf verschiedenen Ebenen liegen, dem der Gegenstände (von Verfahren) und dem der Verfahren (mit Gegenständen). Damit ist also nicht gemeint, daß ein Gegenstand außerdem auch noch als ein Mittel für etwas anderes angesehen werden kann – dergleichen instrumenteller Gebrauch von Gegenständen gehört schließlich zu den Selbstverständlichkeiten (z. B. ein Heraufklettern, um herunterzuspringen) –, was dann als der Zweck gilt, für den das Mittel eingesetzt wird. Vielmehr ist mit dem funktionalen Charakter einer Handlung darauf angespielt, daß *im Zuge der Ausübung*, nicht vorher und auch nicht nachher, jede Bezugnahme auf die Handlung und damit ihr gegenständlicher Charakter verschwindet, der ausübende Akteur im Zuge der Ausübung mit ihr gleichsam verschmilzt, er "im Handeln aufgeht". Für Wahrnehmungshandlungen ist dieses Phänomen seit Jahrhunderten beschrieben worden und hinlänglich bekannt.[5] Im Sehen einer Jagdszene etwa – ich meine kein Bild einer Jagdszene – kann jeder Bezug auf das Sehen, insbesondere jedes Wissen um das Sehen aufgehoben sein, der Seher ist mit seinem Sehen eins: Sehen tritt dann nur funktional und nicht gegenständlich auf. Aber natürlich gibt es diese Möglichkeit für jede Handlung, und davon ist sogar abhängig, ob es sich überhaupt um eine echte Handlung handelt und nicht, wie etwa für das Fliegen (ohne technische Hilfsmittel), bloß um die Vorstellung einer solchen.

Funktional nun sind Handlungen polar organisiert, eben dialogisch: Eine Handlung wird in Ich-Rolle *ausgeführt* oder vollzogen, in Du-Rolle hingegen *angeführt* oder erlebt. Die hier verwendeten Termini im Zusammenhang mit der Einnahme der Ich-Rolle und der Du-Rolle sind streng technisch gemeint, auf weitere Assoziationen kommt es nicht an, auch wenn zum Beispiel mit dem Ausdruck "erleben" auf historische Zusammenhänge mit der Philosophie Wilhelm Diltheys angespielt ist, auf die wir an dieser Stelle jedoch nicht weiter einzugehen brauchen. Wichtig hingegen ist zum einen, daß sich ein Akteur in Ich-Rolle, als Agent, *aktiv* verhält, in Du-Rolle hin-

---

[5] Vgl. die unter den Titel "Schlichte Wahrnehmung" gestellte, insbesondere auf Hegel bezogene Darstellung in [9].

gegen, als Patient, *passiv*. In der aktiven Ich-Rolle tut man etwas, in der passiven Du-Rolle hingegen erleidet man eben das, was getan wird. Tun und Leiden gehören schon bei Aristoteles, wie mehr als zwei Jahrtausende später bei John Dewey als *doing and suffering*,[6] zu den Grundkategorien, die man braucht, um das, was mit und um uns vorgeht, auffassen zu können. Dabei ist es von großer Bedeutung, ob sich *derselbe* Akteur in Ich-Rolle und in Du-Rolle befindet, oder ob – systematisch primär – die beiden Rollen von verschiedenen Akteuren eingenommen werden. Zum andern ist es ebenso wichtig, sich klar zu machen, daß ein Handlungsvollzug *singular* und nicht etwa ein gewöhnlicher partikularer Gegenstand ist, während ein Handlungsbild *universal* ausfällt (das Handlungsbild hier als der "Gegenstand des Erlebens" in einer uneigentlichen Redeweise, bei der zwischen dem Erleben und dem Erlebten ein nur grammatisch vorgespiegelter Unterschied gemacht wird, obwohl es sich nur um die Fähigkeit handelt, weitere Vollzüge als Vollzüge *derselben* Handlung zu "sehen"). Es ist üblich und dem Kenner vertraut, die singularen Vollzüge "Aktualisierungen", die universalen Bilder hingegen – wer möchte, darf hier durchaus an die Ideen Platons denken – "Schemata" zu nennen.[7]

Leider jedoch sind dieselben Termini auch in Gebrauch, wenn es – bei Handlungen im gegenständlichen Charakter, also "als Gegenständen" – um das *Ausüben* von Handlungen im Sinne eines Hervorbringens von Instanzen eines Typs geht. Auch hier ist es verbreiteter Sprachgebrauch, von den Handlungsaktualisierungen (oder "*token*") eines Handlungsschemas (oder "*type*") zu sprechen, ganz analog zu den dinglichen Instanzen eines Dingtyps. Das war lange Zeit auch die terminologische Praxis in der Erlanger Schule, als die Bedeutung der Komplementarität von "gegenständlich" und "funktional" bei Handlungen noch nicht begriffen worden war.

Der wichtige und alles entscheidende Unterschied ist der, daß Instanzen und Typen, also auch Akte (engl. "*individual actions*) und Handlungstypen (engl. "*generic acts*) selbstverständlich Gegenstände sind, also eine Bezugnahme auf sie erlauben. Akte sind dabei konkret und Handlungstypen abstrakt, durch Abstraktion und Konkretion gehen sie jeweils auseinander hervor. Die Handlungsvollzüge und Handlungsbilder jedoch, also "was" ein Akteur bei der Handlungsausübung, dem Hervorbringen eines Akts, in Ich-Rolle tut und in Du-Rolle erlebt, sind *keine* eigenständigen Gegenstände, weil es keine Bezugnahme auf Singulares geben kann – getan und vorbei – und auch nicht auf Universales, es ist erlebt und sonst nichts. Dem sprachlich möglichen Übergang vom Vollziehen zum Vollzug, dem wenigstens für einen Moment Bleibendem nach dem Vollziehen, wie es die grammatische

---

[6] Vgl. [1, Seite 86]; daneben Aristoteles, Top. 103b20ff.
[7] Zum systematischen Zusammenhang erfährt man Ausführlicheres in [4].

Konstruktion suggeriert, liegt nichts Wirkliches zugrunde, ebensowenig wie zwischen Erleben und erlebtem Bild ein Unterschied besteht. In dem Moment, wo wir von einer Handlung reden oder auf andere Weise uns auf sie beziehen, hat sie gegenständlichen Charakter, ist ein konkreter Akt oder ein abstrakter Typ. Vollziehen und Erleben hingegen sind "unmittelbar", machen den polar organisierten funktionalen Charakter einer Handlung aus, Handeln als Verfahren (im Zuge des Verfahrens) und nicht als Gegenstand. Wir bedürfen der Handlungen, um uns Gegenstände überhaupt zugänglich zu machen. Allein im Umgehen mit Gegenständen werden wir mit ihnen vertraut – und dabei tragen diese Handlungen des Umgehens selbst gerade keinen gegenständlichen Charakter, sie wären uns ihrerseits sonst unzugänglich und bedürften eines Umgehens logisch zweiter Stufe mit ihnen, um zugänglich zu werden.

Der Zusammenhang zwischen den beiden Charakteren einer Handlung läßt sich am besten so ausdrücken: Ein Akt als Instanz eines Handlungstyps ist eine solche Handlungsausübung eines Akteurs, die er – in Ich-Rolle – durch Vollziehen *aktualisiert* und – in Du-Rolle – durch Erleben *schematisiert*. Wer daher aus der Perspektive einer dritten Person eine Handlungsausübung zum Beispiel sieht und dem Ausübenden die Tat zuschreibt, unterstellt, daß dieser Ich-Rolle und Du-Rolle eingenommen, also die Handlung aktualisiert und schematisiert hat, was sich gerade *nicht* sehen oder in/mit irgendeinem anderen Sinn feststellen läßt – "tätiger Geist" und "schauender Geist" sind nur im zeit- und ortlosen Präsens, *hic et nunc*, zu haben. Nur dadurch, daß der Dritte zu einem Gegenüber des Akteurs wird und genau dann die Du-Rolle einnimmt, wenn der Akteur selbst die Ich-Rolle einnimmt, was sich nur so dingfest machen läßt, daß der Dritte auch fähig ist, die Ich-Rolle einzunehmen, wenn der Akteur die Du-Rolle einnimmt, kann der Dritte tatsächlich dem Akteur die Tat zuschreiben – er ist dann aber nicht mehr bloß ein Zuschauer (in der dritten Person), sondern ein Mitspieler geworden, ein zur Übernahme von Ich-Rolle *und* von Du-Rolle fähiges dialogisches Gegenüber.

Damit haben wir die Stelle gefunden, an der, ganz unabhängig von den weitergehenden Ansprüchen an eine Rekonstruktion der Erfahrung, das Konzept des Kompetenzerwerbs durch dialogische Elementarsituationen einsetzt. Die Fähigkeit, Ich-Rolle und Du-Rolle einer Handlung gegenüber einzunehmen – andernfalls wäre es gar keine Handlung –, läßt sich nur in einer Lehr- und Lernsituation ausbilden und damit als zugrundeliegende Fähigkeit nachweisen, bei der durch Repetition und Imitation ganz so, wie es einst schon in abgewandelter Form, die Umwelt in das Gegenüber einbeziehend, Jean Piaget mit *assimilation* und *accomodation* intendiert hatte,[8]

---

[8] vgl. [8].

beide Seiten zur Einnahme von Ich-Rolle *und* von Du-Rolle in der Lage sind, die Handlung also ausüben *können*. Mehr noch: Beide Seiten müssen sogar lernen, Handlungen auch von außen und damit gegenständlich identifizieren zu können. Das geschieht durch eine Iteration des Kompetenzerwerbs durch dialogische Elementarsituationen. Das Ausüben einer Handlung funktioniert nur so, daß der Akteur beide Rollen, Ich-Rolle und Du-Rolle, ihr gegenüber einnimmt; er wüßte sonst selbst nicht, daß er handelt. Und von dritter Seite, also von außen, läßt sich eine Ausübung erst dann als eine Ausübung begreifen, als etwas vom Akteur wirklich Hervorgebrachtes und nicht als etwas von oder auch nur bei ihm Vorgefundenes, etwa, weil ihm etwas zugestoßen ist, wenn die dritte Seite vom Zuschauer zum Mitspieler wird.

3

Damit können wir uns auch wieder dem paradoxen Charakter der Zwillingserfahrung vom Dazugehören und Nicht-Dazugehören in der berechtigten Hoffnung auf Auflösung zuwenden. Allerdings bedarf es noch der Klärung eines weiteren Schrittes, der von der Ich-Rolle zum Handlungssubjekt in der 1. Person und von der Du-Rolle zum Handlungssubjekt in der 3. Person führt. Ich greife noch einmal auf: Im Dazugehören erfahre ich mich als Teil der Welt, im Nicht-Dazugehören als an einem Ort außerhalb der Welt stehend. Und im ersten Fall wird das Dazugehören überlagert von einem Ausgeschlossensein, weil so vieles ohne mich zu funktionieren scheint, während im zweiten Fall das Nicht-Dazugehören von einem Wiedereingefangenwerden abgelöst wird, weil für so vieles ich auf einmal haftbar zu sein scheine.

Was führt zu einer derart paradox anmutenden Beschreibung? Zunächst sicher ein fehlendes Begreifen der Differenz von Ich-Rolle und Du-Rolle den Lebensweisen gegenüber, insbesondere wenn es sich einerseits um meine und andererseits um die der anderen handelt; dann aber, und dadurch erst wirkt sich das Nicht-Verstehen der Rollen-Differenz fatal aus, wenn ich beim Gegenüber der beiden Rollen – es sind die beiden Akteure nur hinsichtlich ihrer jeweiligen Rollen als Agent und Patient, also in einer *Ich-Du-Dyade* –, vom funktionalen zum gegenständlichen Verständnis übergehe, weil es darum geht, daß beide Akteure die Ich-Du-Dyade, der sie angehören, begreifen möchten.

Wir wissen schon, daß nur durch Handlungen des Umgehens Gegenstände zugänglich werden und sich so "begreifen" lassen. Dieses Verfahren ist natürlich wieder dialogisch strukturiert. Zum einen erfolgt eine *Aneignung* des Gegenstandes durch Vollzüge des Umgehens, d. i. seine *Pragmatisierung* bei Einnahme der Ich-Rolle. Zum anderen erfolgt eine *Distanzierung* des Gegenstandes durch Bilder des Umgehens, d. i. seine *Semiotisierung* bei

Einnahme der Du-Rolle. Die Handlungen des Umgehens sind dabei funktional und nicht etwa gegenständlich zu verstehen. Durch Aneignung und Distanzierung erst werden Gegenstände jemandem zugänglich, und zwar praktisch durch Aneignung (Ich-Rolle) und theoretisch durch Distanzierung (Du-Rolle). Wieder sind die beiden dialogischen Rollen ein Mittel, die ganz grundlegende Unterscheidung zwischen Theorie und Praxis zu fundieren.

Ich spreche deshalb auch gern vom Handeln im *epistemischen* Modus, wenn es um den funktionalen Charakter des Umgehens mit Gegenständen geht, und zwar im Unterschied zum *eingreifenden* Modus derselben Handlungen, wenn ihr gegenständlicher Charakter betroffen ist. Man muß sich nur darüber im Klaren sein, daß es natürlich nicht zwei Sorten Handlungen gibt, epistemische und eingreifende, sondern daß *jede* Handlung auf zweierlei Weise erscheint, funktional in der Ausübung im Zuge des Ausübens und gegenständlich im vertrauten Sinn eines Handelns mit Gegenständen in einem ganz allgemeinen Sinn, bei dem dann sowohl Ursache-Wirkung-Zusammenhänge als auch Zweck-Mittel-Zusammenhänge zum Gegenstand weiterer Erörterungen verschiedener Disziplinen werden können.

Sind die Gegenstände keine Handlungen, so wird ein solcher Gegenstand vermittelt angeeignet und distanziert – eben durch Einnahme der Ich-Rolle eines Umgehens mit dem Gegenstand im Aneignungsfall und durch Einnahme der Du-Rolle des Umgehens mit dem Gegenstand im Distanzierungsfall. Damit aber wird der Handlungsvollzug zu einem *Index* des Gegenstandes und das Handlungsbild zu einem *Ikon* desselben. Die Handlungen des Umgehens mit einem Gegenstand haben im epistemischen, also funktionalen Modus den Status einer *Handlungssprache*: Ich kann handelnd auf den Gegenstand sowohl zeigen als auch ihn bezeichnen, übrigens unbeschadet dessen, daß mit der Handlung im gegenständlichen Charakter auf die Gegenstände, mit denen dabei umgegangen wird, eingewirkt wird, wovon beim Zeigen und Bezeichnen abgeblendet ist.

Sind die Gegenstände hingegen Handlungen, so gibt es eine unvermittelte Möglichkeit ihrer Aneignung und Distanzierung, eben durch den Übergang in den epistemischen Modus, das Vollziehen und Erleben. Nun aber geht es darum, die Akteure in ihren beiden Rollen, also die Ich-Du-Dyade, als ein Selbstverhältnis zu begreifen, indem sie einer Aneignung und einer Distanzierung logisch höherer Stufe unterworfen werden. In der *Selbstaneignung*, der Ich-Perspektive des Selbstverhältnisses, wird die Du-Rolle internalisiert. Der Akteur in Ich-Rolle übernimmt durch Aneignung der Ich-Du-Dyade auch noch, logisch übergeordnet oder "reflektiert", eine Ich-und-Du-Rolle. Das reale Gegenüber wird virtualisiert. Wir alle sind mit dieser Situation aufs Beste vertraut. Wir wissen oft schon vorab, wofür jemand das, was ich gerade tue, halten wird, oder was jemand auf das, was ich jetzt sage, antworten wird. Im wissenschaftlichen Geschäft gehört es geradezu zur Pflicht, mögliche Einwände auf Thesen bereits vorwegnehmend zu behandeln und nicht erst auf wirkliche Einwände zu warten, Wissenschaft wäre anders gar nicht möglich. Geht allerdings die Fähigkeit, auf ein reales Gegenüber einzugehen, gänzlich verloren, sehe ich in Du nur noch ein Alter-Ego, so wird Selbstaneignung zur Ichbefangenheit. Mit unter Umständen klinisch relevanten Folgen.

Korrespondierend zur Selbstaneignung führt das Verfahren der Distanzierung zur *Selbstdistanz*, das Selbstverhältnis aus der Du-Perspektive. In diesem Fall wird die Du-Rolle externalisiert, indem der Akteur in Du-Rolle durch Distanzierung der Ich-Du-Dyade seine Du-Rolle, auf der logisch übergeordneten oder reflektierten Ebene, in eine Er/Sie-Rolle verwandelt. Das reale Gegenüber (auch mich selbst!) halte ich mir dort vom Leibe. Auch mit dieser Situation sind wir alle bestens vertraut, etwa wenn wir Menschen, unter Umständen gar uns selbst, als bloße Objekte aller möglichen Tätigkeiten, wissenschaftliche Versuchsobjekte zum Beispiel, ansehen, und, zum Beispiel, selbst Antworten auf Fragen nur als stimulus-response-Phänomene behandeln, und das heißt, als Reiz-Reaktions-Mechanismen wie im klassischen Behaviorismus. Die auf diese Weise nur noch vergegenständlicht auftretende Ich-Rolle eines Gegenübers erscheint dann in Gestalt seiner Präferenzen oder Lebensweisen, die ebenso vergegenständlicht auftretende Du-Rolle eines Gegenübers nur noch in Gestalt seiner Überzeugungen (*beliefs*) oder Weltansichten. Man mag sogar fragen, was es mit der Ambivalenz allein schon des Ausdrucks "Wissenschaft am Menschen" in diesem Zusammenhang für eine Bewandtnis hat. Betrifft das nur naturwissenschaftliches Vorgehen, oder ist sozialwissenschaftliches ebenso betroffen? Geht allerdings die Fähigkeit, einem realen Gegenüber und damit auch sich selbst nicht nur in Er/Sie-Rolle, als Objekt, sondern auch in Du-Rolle zu begegnen, verloren, so wird Selbstdistanz zur Selbstentfremdung. Das reflektierte Ich als Ich-und-Du oder reines Subjekt ebenso wie das reflektierte Du als Er/Sie oder bloßes Objekt sind für sich nicht lebensfähig. Vielmehr sollte man von einem (Handlungs-)Subjekt in der 1. Person sprechen, wenn es über die Ich-Rolle *und* über die Ich-und-Du-Rolle verfügt, und von einem Subjekt in der 3. Person, wenn es über die Er/Sie-Rolle *und* über die Du-Rolle verfügt.

Jetzt endlich läßt sich auch das Paradox der Zwillingserfahrung auflösen. Im Dazugehören habe ich die aneignende Gestalt des Selbstverhältnisses gewählt (Ich und Ich-und-Du), vergesse dann aber, daß ein Du als Gegenüber unentbehrlich ist; es ausnahmslos zu internalisieren, führt in eine Ich-Gefangenschaft, die dann als Ausgeschlossensein erfahren wird. Umgekehrt habe ich im Nicht-Dazugehören die distanzierende Gestalt des Selbstverhältnisses gewählt (Du und Er/Sie), in diesem Fall aber dann ebenfalls vergessen, daß ein Du als Gegenüber unentbehrlich ist; es ausnahmslos zu externalisieren, führt in eine Selbstvergessenheit, die sich, im Extremfall jedenfalls, als Vernichtungsangst bemerkbar macht.

Das Wechselspiel von Aneignung und Distanzierung ist im Detail von hoher Komplexität, auf die hier nicht näher eingegangen werden kann. Es hängt alles davon ab, im Reden und Antworten ebenso wie im Agieren und Reagieren auf die beiden dialogischen Rollen zu achten, die an jeder der vier Handlungsarten beteiligt sind: auf Ich-Rolle und Du-Rolle und die durch Reflexion daraus hervorgehenden Ich-und-Du-Rolle und Er/Sie-Rolle. Reaktion auf eine Aktion wäre nicht möglich, würde man nicht zuvor wissen, was der Agierende tut. Ganz entsprechend würde eine Antwort nicht als Antwort gelten, ginge nicht irgendein Wissen davon voraus, was der Redende gesagt hat. Jeder Handelnde verfügt im Vollzug auch über ein Bild seiner Handlung, ebenso wie jeder Redende beim Reden damit auch etwas meint. Dann nämlich ist die Konfrontation mit dem regelmäßig davon verschiedenen Verstehen des Handelns und Redens seitens der handelnd und redend darauf Reagierenden überhaupt erst artikulierbar. Das aber ermöglicht einen Prozeß des Voneinander-Lernens, in dem die anfängliche Konfrontation in eine Folge immer wieder neuer Auseinandersetzungen im Sinne verallgemeinerter Dialoge, auf der Sprach- *und* auf der Handlungsebene, verwandelt wird.

LITERATURVERZEICHNIS

[1] Dewey, John, 1921, *Reconstruction in Philosophy*, London.
[2] Kambartel, Friedrich, 1974 (Hrsg.), *Praktische Philosophie und konstruktive Wissenschaftstheorie*, Frankfurt, Suhrkamp.
[3] Lorenz, Kuno, 2001, "Basic Objectives of Dialogue Logic in Historical Perspective", *Synthese*, 127, 255–263.
[4] Lorenz, Kuno, 2009, *Dialogischer Konstruktivismus*, Berlin, New York, de Gruyter.
[5] Lorenzen, Paul, 1965, *Methodisches Denken*, Ratio 7, 1–23; wiederabgedruckt in: Lorenzen, Paul, *Methodisches Denken*, Frankfurt, Suhrkamp, 1968, 24–59.
[6] Lorenzen, Paul, 1969, *Normative Logic and Ethics*, Mannheim, Bibliographisches Institut.
[7] Mead, George Herbert, 1934, *Mind, Self and Society from the Standpoint of a Social Behaviorist*, ed. by C. W. Morris, Chicago, University of Chicago Press.
[8] Piaget, Jean, 1950, *Introduction à l'épistémologie génétique I-III*, Paris, Presses universitaires de France.
[9] Schmitz, Hermann, 1968, *Subjektivität. Beiträge zur Phänomenologie und Logik*, Bonn, H. Bouvier.
[10] Wohlrapp, Harald, 1978, "Was ist ein methodischer Zirkel? Erläuterung einer Forderung, welche die konstruktive Wissenschaftstheorie an Begründungen stellt", in: *Vernünftiges Denken. Studien zur praktischen Philosophie und Wissenschaftstheorie*, hrsg. v. J. Mittelstraß u. M. Riedel, Berlin, New York, de Gruyter, 87–103.

Kuno Lorenz
Universität des Saarlandes
`klorenz@mx.uni-saarland.de`

Between Saying and Doing: From Lorenzen To Brandom and Back

MATHIEU MARION

After a period of neglect, dialogical logic is now enjoying a revival, so its philosophical basis should be revisited. My aim here is merely to suggest the form of a rapprochement with Robert Brandom's 'inferentialism'.[1] One must therefore begin by separating dialogical logic from what I call here the 'philosophy of the Erlangen School', as one similarly free to separate intuitionistic logic from Brouwer's original philosophical stance. The basic ideas of dialogical logic were, as a matter of fact, put forward by Paul Lorenzen and Kuno Lorenz *before* the birth of the Erlangen School, with Lorenzen's *Ruf* to Erlangen in 1962.[2] The ensuing collaboration with Wilhelm Kamlah resulted in the School's 'Bible', *Logische Propädeutik* [16], which sets forth a philosophy of language and logic meant to provide foundations to dialogical logic.[3] There are reasons not to be satisfied with it – I have already given some arguments in [26], to which I shall not come back here. My suggestion is simply to hive off the logic from its philosophical basis and then to 'graft' it on Brandom's 'inferentialism'. As it stands, this suggestion is, how-

---

[1] I am here developing a little bit further an idea first put forth in [5, p. 260] and [26, p. 19-21].

[2] Dialogical logic was first proposed in [21], and further developed in particular in Lorenz's doctoral dissertation (under Lorenzen's supervision) at Kiel in 1961, now reproduced along with Lorenzen's original papers and other key papers in [24, p. 17-95]. The introduction of concepts from game theory are among the innovations in Lorenz's dissertation. It can be argued that Lorenzen actually introduced dialogical logic quite independently from possible motivations arising from the 'philosophy of the Erlangen School', in order rather to solve problems raised by his earlier attempt at providing 'operative' foundations of logic and mathematics in [20] (on this, see [18] and [2, p. 237]). Of course, the two are not unrelated, since Hugo Dingler – see, e.g., his *Philosophie der Logik und Arithmetik* [8] – is one of the precursors, with Herman Weyl, to Lorenzen's original 'operational' standpoint in the foundations of mathematics [20, p. 31] & [10, p. 10]. Furthermore, Dingler's ideas were further developed within the Erlangen School. Nevertheless, it remains that the key ideas of dialogical logic – the definition of logical connectives in terms of rules for non-collaborative games between two persons, along with the definition of truth in terms of the existence of a winning strategy – are not to be found in Dingler.

[3] Further English-language presentations are also found in Lorenzen's John Locke Lectures for 1967 [22] and in *Constructive Philosophy* [23].

ever, a bit misleading inasmuch as some adjustments to 'inferentialism' are needed before any such grafting could take place. It suffices to point out, for example, that Brandom sought to justify through his 'inferentialism' an 'incompatibility semantics', but one learns from *Between Saying and Doing*, that "any standard incompatibility relation has a logic whose non-modal vocabulary behaves classically" [5, p. 139]. In other words, the inferential practices justifiable through Brandom's notion of incompatibility are simply captured by the classical consequence relation. Some adjustments will therefore be needed, if one does not wish to be so constrained. For example, one may wish, in our current 'age of alternative logics', to provide instead a framework for logics as opposed to a philosophical argument in favour of one specific logic.[4]

Brandom first presented his 'inferentialism' in *Making it Explicit* [3] and in its précis, *Articulating Reasons* [4]. In *Between Saying and Doing*, he presented what he described as a distinct project [5, p. 234], which could not be fully taken into account here for reasons of space. After giving a brief argument against Lorenzen's grounding of logic in the *Lebensstandpunkt*, I shall then briefly suggest how one could look at dialogical logic as providing a possible logical continuation for 'inferentialism'.

* * *

In *Between Saying and Doing*, Brandom characterized what he calls the 'classical project of analysis' as aiming to

> exhibit the meanings expressed by various target vocabularies as intelligible by means of the logical elaboration of the meanings expressed by base vocabularies thought to be privileged in some important respects – epistemological, ontological, or semantic – relative to those others. [5, p. 3]

It is easy to think of examples, such as phenomenalism, i.e., the project of reducing the physicalist target vocabulary of how things objectively are to the phenomenalist base vocabulary of how things appear. It was hoped that by so doing one would have 'analysed away' the conceptual difficulties raised by the target vocabulary [5, p. 2]. Logic is here given a privileged role in the reduction of the target into the base vocabulary.

This 'classical project of analysis' had many variants, but did not remained unchallenged. As Brandom points out, "the most significant conceptual development in this tradition – the biggest thing that ever happened to it – is the *pragmatist challenge* to it" [5, p. 3], which amounted

---

[4] Lorenzen thought that his games would justify intuitionistic logic. See [21, p. 193-194] or, for a later statement, [22, p. 39]. A pluralist framework, based on game semantics was provided, for example, in [28].

to moving attention from meaning to use – or from semantics to pragmatics –, a challenge initiated by Dewey, Wittgenstein, and Sellars, who is said, according to Brandom, to have argued that "*none* of the various candidates for empiricist base vocabularies are practically autonomous, that is, could be deployed in a language-game one played though one played no other" [5, p. 3].

In the wake of this challenge, Brandom's project of an 'analytic pragmatism' is meant to unveil a pragmatic structure already at work within the classical, semantic project of analysis [5, p. 55]. Logic is again to play a key role, since it is with the introduction of logical vocabulary that one makes *explicit* in the form of *sayings* the *doings* that are *implicit* in a prior practice (on this basic point there is no change between Brandom's earlier and later projects), and the ability to deploy logical vocabulary is claimed to be presupposed by the deployment of any other vocabulary.

To my mind, the 'philosophy of the Erlangen School' belongs to this 'pragmatic challenge' to the 'classical project of analysis'. To make this point, I shall merely discuss the legacy of Hugo Dingler, since it seems to me to be at the root of the difficulties the 'philosophy of the Erlangen School' faces.[5] His key ideas can be construed with help of the Münchhausen Trilemma: any attempt at a foundation is bound either (1) to lead to an infinite regress, (2) to be circular, as one presupposes what one wishes to ground, or (3) to end arbitrarily, 'in the middle'.[6] Dingler and, following him, Lorenzen believed that one must start 'in the middle', but this '*Anfang in der Mitte*' was not meant to be arbitrary. Dingler thought that the regress actually ends in what he variously named the 'standpoint of everyday life' (*Standpunkt des täglischen Lebens*) [10, p. 22], 'our actual everyday situation' (*unserer gegenwärtigen Alltagssituation*) [11, p. 72], 'life standpoint' (*Lebensstandpunkt*) [10, p. 34], etc. This standpoint is meant to be an hypothetical state of logical and scientific innocence, where all we have is our concrete *acts* or *operations* [8, p. 31], but beyond which one cannot go. So Dingler focussed on 'basic abilities' (*Grundfähigkeiten*) as "immediate instruments of the active will" [11, p. 103], with which one *grasps reality*;[7] these are meant provide a foundation which possesses 'absolute certainty'. It follows

---

[5] For an introduction to Dingler, see [22]. There is also a brief overview, along with biographical elements, in [32].

[6] See [1, p. 18]. Dingler often talks in such terms, e.g., at [10, p. 23]. Lorenzen also uses Neurath's metaphor of the boat that has to be rebuilt at sea [23, p. 15-16].

[7] Hence the title of Dingler's posthumous book: *Die Ergreifung des Wirklichen* [11]. There is a lot more involved here, e.g., a metaphysics of the will – a *Voluntarismus* – and some sort of Kantian 'thing-in-itself' which he called '*das Unberührte*', about which it is better to keep silent here.

that "all sciences must have their ultimate basis in the theory of action" [8, p. 32].

It should be clear, therefore, that Dingler stood closer to the tradition of *Lebensphilosophie* than to the reductionist programmes of his days, such as Carnap's *Aufbau*. As a matter of fact, he despised the Vienna Circle, albeit partly for political reasons [9, 25n]. But he went further, as he insisted heavily on the *dynamics* of 'basic abilities'[8] and rejected the idea that the vocabulary of physics can be reduced to a *static* empirical base vocabulary, be it a phenomenal or a physicalist language. He argued, for example, that reductionist programmes would constitute an infringement of his *Prinzip der pragmatischen Ordnung* [10, p. 26], because they would still presuppose an ungrounded causal relation between external objects and our sensory apparatus; one would thus commit a *hysteron proteron* [11, p. 105].

For such reasons, it seems fair to place Dingler within the tradition of the 'pragmatic challenge' to the 'classical project of analysis'.[9] The same goes for Lorenzen and the Erlangen School. Indeed, Dingler asked that scientific discourse be methodically reconstructed 'from the ground up' step by step, so that it could be open to rational discussion and, in order to avoid circles, it was further required that every step must be constructed only on the basis of steps already carried out: Lorenzen remained faithful to this requirement in *Einführung in die operative Logik und Mathematik* [20], when he proposed a predicativist reconstruction of mathematics on an 'operative' basis, with 'counting' as the basic operation on strings of symbols. The extension of this approach to the foundations of physics is based on similar ideas.[10] This is not the place to discuss these, nor is it the place to discuss the evolution from the earlier 'operative' foundations of logic and mathematics to dialogical logic.[11] It suffices here that one notes that in later presentations of his dialogical logic, Lorenzen argued, in very much the same spirit, that his particle rules for logical vocabulary are abstracted from what he called our 'practical nonverbal activity' (*Praxis unseres sprachfreien Handelns*) or 'prelogical speech practice' (*vorlogische Redepraxis*) [23, p. 83 & 87]. So a rational reconstruction of logic will have as a starting point the activities within a 'prelogical speech practice',

---

[8] See e.g. [9, p. 32-33] [10, p. 33-37] [11, p. 103].

[9] This is the point of, e.g, the first part of *Das physicalische Weltbild* [9]. The opposite terms 'dynamic' and 'static' are mine.

[10] What we know about space is here said to depend on operations performed within the 'standpoint of life', and the axioms of (Euclidean) geometry are to be derived from these. The same goes for operations for measuring time, i.e. chronometry, and these geometric and chronometric operations were used as the basis for a reconstruction of physics within the Erlangen School.

[11] For a detailed discussion, see [2].

from which one can eventually extract (after going through some steps, e.g., concerning predication) particle and structural rules for dialogical games.

This is the idea on which I would like to put pressure. It results in claims such as this:

> Only by participating in an activity do we acquire the speech "appropriate" to that activity. We learn by practice what it is to assert propositions or to context the affirmation or denial of propositions (e.g., by nodding or shaking one's head). We introduce a negator, ¬, where ¬a is used to express that we are contesting a proposition a. [23, p. 83].

It should be readily granted, I hope, that a claim such as 'negation *means* shaking one's head' is utterly unenlightening. Furthermore, one might argue that the convention of shaking one's head to express dissent, may actually presuppose mastery of a language to begin with.[12] Lorenzen's rule for negation says that, when the attacker contests a negation ¬A put forth by the defender, they *exchange roles*, as the attacker must now defend A. It is odd that the very idea of exchanging roles does not even appear in the above justification in terms of shaking one's head. A proper diagnosis, if there were space to spell it out here, would show that the source of the problem is in Lorenzen's attempt, following Dingler, at a direct 'foundation' for logic in some concrete 'prelogical' acts of our *Lebensstandpunkt*, such as shaking one's head, as opposed to the more subtler approach of Brandom, who is seeking to introduce logic to make explicit some practical abilities that are implicitly at work in any 'speech practice'. These are *doings*, but not necessarily literally so, as the case of inference, which is an act, already shows.

* * *

Throughout *Making it Explicit*, Brandom pictures us as engaged in a perpetual game of 'giving and asking for reasons',[13] within which we keep score through 'deontic scoreboards' of each other's 'commitments' – sentences that we committed ourselves to by asserting them or as consequences of sentences one is already committed to – and 'entitlements' – assertions that we have successfully defended in this game [3, chap. 3]. The basis for this approach is a theory of assertions according to which the pragmatic dimension of the speech act of *asserting* includes the readiness to play this game of 'giving and asking for reasons' [2].[14]

---

[12] As Davidson famously put it "language is a condition for having conventions" [7, p. 280].
[13] For these games, see also [5, p. 111].
[14] The origins of the theory go back to chapter 10 of [12] on assertion.

So 'inferentialism' amounts to the claim that linguistic meaning can be captured through this 'game-semantical' framework, as opposed to the usual 'truth-conditional' semantics. In broad terms, what Brandom has done was to provide a characterisation of the meaning of logical connectives in terms of their inferential role, inspired the proof-theoretic semantics of (Prawitz and) Dummett,[15] but suitably re-described in terms of games of 'giving and asking for reasons' – therefore in what are more properly speaking 'game-semantical' terms – and extended it to the whole of linguistic meaning, something Dummett himself never properly did. For that reason, Brandom's *Making it Explicit* contains much more than a discussion of the logical connectives, e.g., detailed explanations of further linguistic phenomena such as substitution or anaphoric reference. And Brandom introduced the idea of incompatibility between commitments, i.e., the idea that commitment to some claim precludes entitlement to another (because these two claims are mutually incompatible), which lead to his incompatibility semantics. But none of this need detain us here, as we need already to part company: I wish merely to extract the notion of 'assertion games' presented in the previous paragraph, which owes nothing to the 'belief-desire-intention' model underlying the rival truth-theoretical semantics. My suggestion is simply that dialogical logic is perfectly suited for a precisification of these 'assertion games'. This opens the way to a 'game-semantical' treatment of the 'game of giving and asking for reasons': 'asking for reasons' corresponds to 'attacks' in dialogical logic, while 'giving reasons' corresponds to 'defences'. In the Erlangen School, attacks were indeed described as 'rights' and defences as 'duties',[16] so we have the following equivalences:

Right to attack ↔ asking for reasons
Duty to defend ↔ giving reasons

The point of winning 'assertion games', i.e., successfully defending one's assertion against an opponent, is that one has thus provided a justification or reason for one's assertion.

Referring to the title of the book, one could say that playing games of 'giving and asking for reasons' *implicitly* presupposes abilities that are *made explicit* through the introduction of logical vocabulary. To quote Brandom, logical vocabulary is "distinguished [...] by its expressive role in making *explicit*, as something that can be *said*, some constitutive feature of discursive practice that, before the introduction of that vocabulary, remained implicit in what is *done*" [3, p. 530]. Brandom's list of 'explicitating locutions' that make propositionally explicit pragmatic features of discourse is not limited,

---

[15] See his appeal to 'Dummett's Model' in [3, p. 116-118] and [4, p. 61-63].
[16] For example, in [17, p. 120].

as we saw, to logical vocabulary strictly speaking, i.e., the logical connectives, but also includes further vocabulary, e.g., 'true' and 'refers' that are needed in order to make explicit some anaphoric relations [3, p. 498]. Even the pronoun 'I' counts here as a 'logical locution' [3, p. 559]. Again, we need not follow Brandom here, whose project is much more ambitious, and thus keep to logical vocabulary strictly speaking. There are, however, problems with Brandom's own account of what the latter might be. Indeed, he relies on the doctrine of 'logic as form',[17] with an appeal to the Bolzano-Tarski definition of logical vocabulary in terms of semantic invariance under substitution [3, p. 104-105], while his wish is somehow to derive 'formally valid' inferences from 'materially correct' or 'good' inferences, such as the inference from 'a is red' to 'a is coloured'. Irrespective of the difficulties inherent to the approach in terms of invariance under substitution,[18] there are problems for Brandom that can be summarized by the fact that the latter inference is not 'formal', it has the form $Fa \vdash Ga$, which is invalid. So Brandom runs into difficulties on this score.[19]

One should reflect here on the fact that the pragmatic abilities that are made explicit by the introduction of logical vocabulary are also prior in a straightforward historical sense to the actual beginnings of logic with Aristotle. To claim the contrary would entail, e.g., the preposterous claim that no human being used the disjunctive syllogism prior to Aristotle. Let me now make the further suggestion that we take this point literally and observe how logic was introduced in Ancient Greece – and not in the 19th century under the misleading analogy with axiomatic systems in mathematics. It is obvious that there had been an already regimented practice of 'dialectical games' that were played publicly in Ancient Greece, prior to the introduction of syllogistic by Aristotle in his *Prior Analytics*. Plato's dialogues are an excellent source of examples – and meta-discussions about the nature and purpose of these games – and Book VIII of Aristotle's *Topics*, can be seen as a useful textbook. These verbal jousts were clearly already regimented: they begin with a proponent asserting a claim A, and then, through a chain of questions and answers, in which the adversaries move alternately, an opponent – the role usually played by Socrates – tries to show that the initial claim is part of an inconsistent set of claims $\{A, B, C\}$ held by the proponent (one might say: as part of his 'deontic scoreboard'). The opponent thus drives the proponent into an *elenchus*:

---

[17] The expression is taken from Etchemendy [14].
[18] See, e.g., the controversial criticisms in [15].
[19] In fairness to Brandom, I should point out that he has abandoned the doctrine of 'logic as form' in *Between Saying and Doing* [5, p. 50], where he has a subtler discussion of the issue of content over form. As I said earlier, however, the content of this book is outside the scope of this paper.

$$A, B, C \vdash \bot$$

As a matter of fact, these 'dialectical games' can be shown to proceed according to a set of rules that makes them a variant of Lorenzen's own dialogical games where, instead of the proponent arguing for validity, the opponent argues for inconsistency.[20] One could argue further that these 'dialectical games' formed the basis from which Aristotle introduces logic by making explicit in his syllogistic some the inference patterns already occurring in them, leading up to the *elenchus*.

Of course, there is no reason to remain historically limited to these 'dialectical games',[21] one could generalize the idea to include our modern dialogical games, and one could also provide other contexts for their systematic study.[22] The essential claim here is simply that the ability to play the game of 'giving and asking for reasons', which is closely associated to the fundamental speech act of asserting, presupposes implicit logical abilities that are made explicit by the introduction of logical vocabulary. This is the basis, I contend, for a fruitful *rapprochement* of dialogical logic with Brandom's 'inferentialism'.

BIBLIOGRAPHY

[1] Albert, H. 1985. *Treatise on Critical Reason*. Princeton NJ, Princeton University Press.
[2] Brandom, R. 1983. "Asserting", *Noûs*, vol. 17, 637-640.
[3] Brandom, R. 1994. *Making it Explicit*. Cambridge MA, Harvard University Press.
[4] Brandom, R. 2000. *Articulating Reasons. An Introduction to Inferentialism*. Cambridge MA, Harvard University Press.
[5] Brandom, R. 2008. *Between Saying and Doing. Towards an Analytic Pragmatism*. Oxford, Oxford University Press.
[6] Castelnérac, B. & Marion, M. 2009. "Arguing for Inconsistency: Dialectical Games in the Academy", *in* G. Primiero & S. Rahman (eds.), *Acts of Knowledge: History, Philosophy and Logic*. London, College Publication, 37-76.
[7] Davidson, D. 1984. *Inquiries into Truth and Interpretation*. Oxford, Clarendon Press.
[8] Dingler, H. 1931. *Die Philosophie der Logik und Arithmetik*. Munich, Eidos Verlag.
[9] Dingler, H. 1951. *Das physikalische Weltbild*. Meisenheim/Glan, Westkulturverlag Anton Hain.
[10] Dingler, H. 1964. *Aufbau der exacten Wissenschaften*. Munich, Eidos Verlag.
[11] Dingler, H. 1969. *Die Ergreifung des Wirklichen*. Kapitel I-IV, Frankfurt, Surhkamp.
[12] Dummett, M. A. E. 1981. *Frege. Philosophy of Language*. London, Duckworth.

---

[20] For details about this characterization of 'dialectical games', see [6].

[21] They are not the only case of regimented dialogues: there were also the 'obligationes' of medieval philosophy, on which see [13, part 3], and similar games in the Islamic world from 10th to 14th century, see [27]. One should note, however, that both are genetically related to the 'dialectical games' of the Greeks.

[22] For example, the 'eristic' and 'information-seeking dialogues' studied in argumentation theory. See [31] from which these expression are taken, and [30].

[13] Dutilh Novaes, C. 2007. *Formalizing Medieval Logical Theories. Suppositio, Consequentiae and Obligationes*. Dordrecht, Springer.
[14] Etchemendy, J. 1983. "The Doctrine of Logic as Form", *Linguistics and Philosophy*, vol. 6, 319-334.
[15] Etchemendy, J. 1991. *The Concept of Logical Consequence*. Stanford CA, CSLI.
[16] Kamlah, W. & P. Lorenzen 1984. *Logical Propaedeutic. Pre-School of Reasonable Discourse*. Lanham, University Press of America.
[17] Lorenz, K., 1981. "Dialogical Logic", *in* W. Marciszewski (ed.), *Dictionary of Logic as Applied in the Study of Language*. The Hague, Martinus Nijhoff, 117-125.
[18] Lorenz, K. 2001. "Basic Objectives of Dialogue Logic in Historical Perspective", *Synthese*, vol. 127, 255-263.
[19] Lorenz, K. & Mittelstrass, J. 1969. "Die methodische Philosophie Hugo Dinglers", in [11], 7-55.
[20] Lorenzen, P. 1955. *Einführung in die operative Logik und Mathematik*. Berlin, Springer.
[21] Lorenzen, P. 1960. "Logik und Agon", *in Atti del XII Congresso Internazionale di Filosofia*. Florence, Sansoni Editore, vol. 4, 187-194.
[22] Lorenzen, P. 1969. *Normative Logic and Ethics*. Mannheim, Bibliographisches Institut.
[23] Lorenzen, P. 1987. *Constructive Philosophy*. Amherst, University of Massachusetts Press.
[24] Lorenzen, P. & Lorenz, K. 1978. *Dialogische Logik*. Darmstadt, Wissenschafstliche Buchgesellschaft.
[25] Marion, M. 2006. "Hintikka on Wittgenstein : From Language-Games to Game Semantics", *in* T. Aho & A.-V. Pietarinen (eds.), *Truth and Games. Essays in Honour of Gabriel Sandu*, Acta Philosophica Fennica, vol. 78, 255-274.
[26] Marion, M. 2009. "Why Play Logical Games ?", in O. Majer, A.-V. Pietarinen & T. Tulenheimo (eds.), *Logic and Games, Foundational Perspectives*. Dordrecht, Springer, 3-26.
[27] Miller, L. B. 1985. *Islamic Disputation Theory. A Study of the Development of Dialectics in Islam form the Tenth through the Fourteenth Century*, doctoral dissertation, Princeton University.
[28] Rahman, S. & Keiff, L. 2005. "How to be a Dialogician", *in* D. Vanderveken (ed.), *Logic, Thought and Action*. Dordrecht, Springer, 359-408.
[29] Schroeder-Heister, P. 2008. "Lorenzen's Operative Justification of Intuitionistic Logic", in M. van Atten, P. Boldini, M. Bourdeau, G. Heinzmann (eds.), *One Hundred Years of Intuitionism (1907-2007). The Cerisy Conference*, Basel, Birkhäuser, 214-240.
[30] Walton, D. & Krabbe, E. C. W. 1995. *Commitment in Dialogue*. Albany NY, SUNY Press.
[31] Walton, D. 1998. *The New Dialectic*. Toronto, University of Toronto Press.
[32] Wolters, G. 1988. "Hugo Dingler", *Science in Context*, vol. 2, 359-367.

Mathieu Marion
Université du Québec à Montréal
marion.mathieu@uqam.ca

L'aspect pragmatique de la compréhension musicale dans la philosophie de Wittgenstein

Antonia Soulez

Quelques mots dédiés à Gerhard

Je réserve à Gerhard cet article écrit il y a deux ans et paru une première fois dans une revue canadienne de musique contemporaine, en souvenir de deux années nancéiennes (1993-1995) où j'eus la joie de partager l'expérience d'un séminaire Wittgenstein que nous organisâmes ensemble. Trop rares sont ces moments d'entente complice et de stimulation réciproque dans l'université, en sorte que j'en reparle volontiers maintenant pour témoigner, non seulement de la possibilité d'allier amitié et philosophie, mais aussi de celle d'instaurer dans l'université un climat favorable à la recherche commune. Un triste événement m'empêcha de continuer l'expérience, mais il est à parier qu'elle aurait pu déboucher sur d'autres réalisations intéressantes pour le domaine de pensée que nous défendions de concert.

J'ai cependant remanié cet article pour l'occasion. Je développe ici ce que j'ai appelé le « schème esthético-pragmatique » qui préside à la compréhension comme acte, à la fois réceptif et actif. Wittgenstein a parlé de musique comme ça lui venait, en musicien et en instrumentiste en particulier, au fil de ses réflexions sur le langage, l'image logique, la compréhension d'une phrase, le jeu de langage, et ses aspects. Ce schème éclaire la dimension pragmatique des jeux d'interprétation des formes d'une façon un peu nouvelle par rapport à mon article paru dans *Circuit*. L'aspect pragmatique, je sais, a toujours retenu l'attention de Gerhard. Et donc, je ne le souligne pas ici par hasard. Mais il est rare qu'il soit abordé dans l'approche des phrases musicales et de leur compréhension.

À cet égard, le point de vue instrumental a son importance. Notée très explicitement et plusieurs fois dans son œuvre par l'épistémologue contemporain, auteur des *Formes, opération, objets*, Gilles-Gaston Granger, [15], la part d'exécution que Wittgenstein accordait à la musique pour comprendre en quoi la philosophie « interprète » la science (au sens peircien du terme), sa portée dans une description du jeu, tant par rapport à une culture que dans le rendu expressif de structures de signification musicale, demeurent d'actualité pour le philosophe musicien d'aujourd'hui. Sans le rôle central de la construction des formes, il est difficile de parler de « signification musicale » et de son « analyse ». Cela reste vrai même si, aujourd'hui, le contexte des critères d'appréciation du musical a changé au point d'ébranler sans doute le parallèle qui a longtemps prévalu jusqu'à Schoenberg, entre un système de cohérences doté d'une relative autonomie et un langage. En effet, le paradigme de la signification musicale a changé. Il n'est plus la « phrase » comme il l'a longtemps été jusqu'à Schoenberg compris. Aujourd'hui, les compositeurs composent le son lui-même, et pas seulement « avec » les sons.

Wittgenstein n'aimait guère la musique dite « moderne » de son temps, celle de l'école de Vienne et de son maître Schoenberg. Ses goûts le portaient comme on sait plutôt vers la musique romantique. Mais ses réflexions, quant à elles, échappent à son esthétique personnelle, parce qu'elles touchent au « formel » dans l'art et à la construction des formes. Sous cet angle, ses réflexions échappent à diverses limitations inévitables. C'est à quoi peut se reconnaître une grande pensée sur la musique, même si elle n'est pas d'un professionnel de la musique et en l'absence d'une véritable « philosophie de la musique ».

1 La place de la musique chez Wittgenstein

Wittgenstein accorde à la musique une place prépondérante. On pourrait dire qu'avec lui, dans sa philosophie, la musique est partout, explicitement, implicitement. Elle habite son écriture, sa philosophie comme elle a habité sa vie dans l'intimité, mais aussi dans les cercles plus éloignés de sa vie privée, à commencer par ceux qui se formaient autour de sa propre famille qui débordaient évidemment le cadre étroitement familial, cf. [18]. Certains parlent à son propos d'une philosophie musicale. La musique qu'il aimait, du répertoire romantique, mais aussi la musique dont il ne parle pas, celle de ses contemporains de l'École de Vienne, et encore la musique qu'il déclare ne pas aimer, notamment Mahler, toutes ces musiques, tous ces styles sont présents dans son œuvre par un mode de présence qui même négatif ne laisse pas de frapper, d'impressionner le lecteur, et n'est en tous cas jamais anodin. Lui-même clarinettiste, il pratiquait la musique. Il pouvait, lors d'un concert de musique de chambre, faire part de son interprétation et montrer comment il fallait jouer telle partie, en prenant en quelque sorte virtuellement la baguette du chef d'orchestre. Le jeu d'exécution avait à ses yeux une importance très spéciale et peut-être ne serait-il pas exagéré d'y voir contenue toute une philosophie de l'interprétation associée au geste et à la physionomie de celui qui comprend et manifeste sa compréhension d'une manière qui fait partie du jeu en question, et où par conséquent comprendre et produire une compréhension comme on exécute une pièce musicale sont absolument solidaires.

Les philosophes qui se penchent sur l'importance que la musique représente aux yeux de Wittgenstein distinguent en général deux fonctions : la première est la fonction de modèle dans le *Tractatus Logico-philosophicus*, [31]. C'est pour définir celle-ci par rapport à la méthode de projection que Wittgenstein invoque la musique dans une série de propositions. Cette approche projective est centrale dans la méthode de Wittgenstein. Traduite dans les termes de l'architecture, elle a pu inspirer Thomas Bernhard dans son roman *Corrections*, [3], mais également nombre de travaux sur les rapports entre la maison que Wittgenstein a construite pour sa sœur Margarete à Vienne dans les années 1920 et l'architecture logique de son traité. Sous cet aspect architecturologique, la musique tombe en effet aisément sous le genre des arts constructifs. Ce point de vue est plutôt celui du compositeur.

La seconde fonction est celle de l'analogie pour saisir comment on comprend une phrase dans la philosophie seconde. Le rôle que joue le paradigme de l'œuvre d'art notamment la musique dans le cadre de la sémantique de la phrase retient en particulier l'attention. Au regard de la question du sens, de sa complétude, du raffinement de la forme et de son caractère structurellement achevé, le paradigme de la musique, associé parfois à celui de l'architecture (dont Goethe disait que c'est de la musique gélifiée), joue à différents niveaux qui méritent l'examen.

Les connexions avec les développements sur l'harmonie entre langage et monde, harmonie qui finit par prendre elle aussi un sens pragmatique dans la seconde philosophie de Wittgenstein, méritent également toute l'attention. Il faudrait pour les saisir une investigation à plusieurs registres nouant ensemble, quoique distinctement, théories des formes d'audition, jeux de langage conceptuels afférant à la psychologie de l'audition et de la compréhension de ce qui est entendu, et approches scientifiques de phénomènes psychophysiologiques et acoustiques. Les correspondances sémantiques entre ces trois registres sont nombreuses et dessinent des configurations propices à des réflexions théoriques croisées : les compositeurs se font philosophes, les philosophes discutent les thèses scientifiques, les scientifiques s'adressent aux artistes aussi. De plus, beaucoup d'expériences de pensée fictives menées par Wittgenstein devraient aussi intéresser le cognitiviste de l'audition : ainsi, les suppositions sur l'oreille absolue, entendre « comme grave » un son aigüe, « comme le son d'un violon » un son vocal, « comme continu » un son discontinu, ou l'inverse, etc. Un compositeur contemporain comme Jean-Claude Risset (Marseille) puise à ce genre d'« aspects », des formes d'« entendre-comme » qui sont une mine de ressources expérimentales pour des explorations sonores.

La raison à cela est l'inscription parfois revendiquée, parfois bafouée, de la musique dans l'histoire de la rationalité du XXe siècle. Les discussions et prises de position tournent alors autour du formel de l'informel, de la sérialité, du retour au matériau, ou au contraire de sa fétichisation. Ces derniers temps, les discussions tournent autour de la technologie de la composition des sons, du substrat et environnement acoustiques, de l'émergentisme et de la dynamique des sons, etc. Les philosophes se sont voulus un temps philosophes de la « nouvelle musique », comme Theodor Adorno, créant ainsi une tradition dont on n'a pas fini de mesurer la portée, encore aujourd'hui même auprès de penseurs pour qui la méthode dialectique (dont s'est réclamé Adorno en marxiste) a fait son temps.

Pierre Boulez lui-même ne s'est-il pas présenté dans ses débuts comme le continuateur d'une sorte de *Bauhaus* en faveur d'un formalisme postsériel, répondant en somme à une philosophie de la musique héritière non seulement du mouvement analytique viennois en musique, mais aussi de celui de l'empirisme logique transmis en France par son médiateur, ami de Moritz Schlick, Louis Rougier[1] ? Une place doit être encore faite aux réflexions du musicologue allemand Carl Dahlhaus, en particulier sur le thème crucial de l'autonomie de la musique dite « absolue », sa filiation et son héritage, auquel la philosophie de Wittgenstein n'est pas étrangère si l'on prend en compte la tonalité schopenhauerienne de son *Tractatus,* mais aussi le leg romantique de l'autosuffisance du musical pur transmis à l'École de Schoenberg par Eduard Hanslick et son « formalisme » en musique. Enfin, la manière dont Wittgenstein « pense la musique et la société (ou la Culture) », comme le disait Adorno, quoique sans dialectique, mérite la réflexion. Je ne la mène pas ici, car ce serait trop long. Il suffit cependant de rappeler que, comme Adorno, Wittgenstein et quelques autres intellectuels de son entourage à Vienne, dont Adolf Loos, l'architecte, et le polémiste Karl Kraus, étaient des « critiques de la culture ».

Enfin, dans la mesure où la question nous plonge en pleine analogie et peut-être nous y laisse, que penser de la référence à la musique ? Quel est exactement le statut de ce paradigme dont le fonctionnement ne doit jamais être que partiel ? Et quelle relation d'expression possible nous réserve-t-il, lui qui est d'ordinaire tenu pour vecteur d'indicible, face au problème délicat entre tous, de l'ineffabilité ? S'il est vrai que l'œuvre d'art donne accès à ce qui se trouve de l'autre côté du dicible, quelle en est au juste l'énigmatique place dans une philosophie du langage qui évalue le sens du langage comme celui d'une phrase musicale à l'aune d'un critère d'articulation ? N'est-il pas trop facile de faire de l'ineffable le vrai refuge de l'art ?

---

[1] Voir, par exemple, [4, p. 29], où le mot de « structure » est référé à Louis Rougier, médiateur du Cercle de Vienne en France dans les années 1930.

2 La musique : un paradigme de style projectif en philosophie dans le *Tractatus*

La musique apparaît dans le *Tractatus* comme l'exemple par excellence de ce qui est au fondement inexplicable et irréductible de la « représentabilité » *(Bildhaftigkeit)* de la forme logique en ce qu'elle projette l'un sur l'autre l'ensemble Monde et l'ensemble Langage, sans que l'on puisse justifier, ce qui rend possible cette représentation dite logique. Les propositions peuvent représenter le tout de la réalité, mais ne peuvent représenter ce qu'elles doivent avoir de commun avec elle pour pouvoir la représenter : à savoir, la forme commune logique. Il nous faudrait sortir du langage pour être capable de le faire, ce qui est impossible et folie (*Tractatus Logico-philosophicus*, 4.12 et Préface de Wittgenstein lui-même).

Il est frappant que, lorsque le *Tractatus* parle de musique, c'est à la partition qu'il nous renvoie comme à un système notationnel mis sur le même plan que des relations fonctionnelles. Les notes sur une portée fonctionnent comme des *Bilder* des faits. Selon la référence à Hertz et à sa mécanique dont on sait qu'elles ont inspiré à Wittgenstein ces mots « *Wir machen uns Bilder der Tatsachen* » (2.1), il est donc également tentant d'associer les concepts ou *Scheinbilder* à des entités notales, comme le fait d'ailleurs Ernst Mach dans un article de 1894 sur « La comparaison en physique » sur lequel nous reviendrons. Ce qui entraîne encore à reconnaître que le son auquel correspond l'entité notale est pris dans une relation conventionnelle de symbolisant à symbolisé dotée d'une détermination univoque et excluant toute ambiguïté, par exemple l'ambiguïté qu'introduiraient les dissonances, la microtonalité, les bruits auxquels s'intéressent les musiciens depuis les années 30 du siècle dernier.

Cependant, que dire concernant le plan de ce qui se projette ? Wittgenstein parle comme Schoenberg d'Idée musicale, *der musikalische Gedanke*. On remarquera que l'Idée musicale se trouve sur le même plan que ce qui est projeté, le disque, la partition, la performance orchestrale, et même, ajoute Wittgenstein, les ondes sonores. Or on aurait attendu que l'Idée musicale occupe une place au sommet, sur le plan supérieur de la projection. Elle a donc le statut d'un représenté, issu de la projection, et possédant un caractère relationnel et construit. Non le statut d'une forme première d'origine.

Alors qu'est-ce que la musique ? La 5e Symphonie elle-même ? Wittgenstein ne répond pas à cette question. Il ne la pose pas davantage. Elle est « ce qui doit être pour que puisse être le cas » (5.5542), étant entendu que l'on demandera jamais en quoi consiste ce qui doit être, ici le devoir-être de la musique. Il faut partir de l'œuvre, ce qu'Adorno appelle « partir d'en bas ». C'est le « cas » cette partition que l'on lit, cette musique que l'on entend, cette performance à laquelle on assiste, on dirait aujourd'hui ce

CD, c'est-à-dire, d'après 4.0141, l'ensemble ouvert des formes de projection, toutes projections isomorphes entre elles dans la mesure, bien sûr, où elles le sont ici de la même symphonie de Beethoven ou d'une autre œuvre. Cette « Idée » peut être mise sur le même plan que l'Idée architecturale du « cône » de Roithamer dans le roman de Thomas Bernhard *Korrektur*, [3]. Idée elle-même projetée d'achèvement par construction, nullement platonicienne, mais toute philosophique, la musique, comme l'architecture, est « ce qu'on ne peut anticiper que dans la mesure où cela se laisse construire ». L'Idée de cette concevabilité accomplie, pour « l'œuvre d'art d'une vie », dit encore le roman en désignant la sœur de Wittgenstein, [3, p. 243], est bel et bien objet de construction dotée d'une prose. Cette Idée ne s'approche pas, ne s'esquisse pas par défaut comme chez Platon à partir de traits partiels ou insuffisants. Elle est atteinte ou n'est pas du tout.

Il semblerait donc que la force exemplaire de la musique soit aussi de permettre de saisir par une sorte de *Gleichnis* l'indicibilité de l'Idée, étant entendu qu'on ne forcera pas cette indicibilité. Mais indicibles, les relations internes toutefois s'expriment. Il leur correspond dans les symboles des « traits » qui sont ceux de la réalité. Ces traits se laissent décrire. Ils ne sont donc pas synonymes d'ineffabilité absolue. De même, la musique montre comment se déploie ce qui, ne pouvant se dire, est doué d'auto-expressivité, et cela à l'aide de graphes. L'auto-monstration du sens articulé aussi bien non verbal est donc supposé être l'apanage de la musique d'après le *Tractatus* et il le faut bien pour que les analogies que nous avons mentionnées gardent toute leur portée. Wittgenstein compare ainsi la tautologie à la musique parce qu'elle « se dit ».

On peut alors se demander si Adorno a raison de déclarer que la philosophie de Wittgenstein, comme tout positivisme instaurant une ligne de partage nette entre le sens dicible et le non-sens, condamne l'art à l'ineffabilité, car dans son esprit, si l'art dépasse le dicible, c'est qu'il échappe à l'expression articulée. Or nous venons de montrer au contraire que le principe d'articulation est un principe qui transcende le langage et peut avoir une application plus large. Wittgenstein serait peut-être plus proche d'un Valéry qui, condamnant les « poètes-philosophes », renvoyait par une vigoureuse « critique du contenu », l'art à un pur déploiement formel.

L'assimilation par Adorno, certes rapide pour ne pas dire fautive, de Wittgenstein au positivisme ne doit pas nous cacher un autre trait bien particulier, c'est que la musique illustre « la possibilité de toute *Bildhaftigkeit* », de toute représentabilité ou figurabilité (cf. plus haut). Suivre Adorno en oubliant cette particularité, ce serait comme attribuer à Wittgenstein la thèse que la musique que l'on écrit ne s'entend pas. Rien n'est plus faux pour Wittgenstein qui, bien au contraire, confie à la musique le soin de faire *entendre* une prose qui se passe de tout support verbal. Cela veut dire que, en tant que « prose », la musique assure sa propre significabilité indépendamment des mots. Ce trait est propre à la conception de la musique dite « absolue », selon la tradition romantique de la musique « purement » instrumentale. En tant qu'elle « se dit », elle est sens plutôt qu'elle n'a un sens, écrit Boris de Schloezer dans son *Introduction à J.-S. Bach,* [25]. Dans cette mesure, on peut parler de « signification musicale », comme le fait plus tard la philosophe américaine de la musique, Suzanne Langer. Grande lectrice de Cassirer et Wittgenstein, mais aussi d'Eduard Hanslick qui, historien viennois de la musique du milieu de XIXe siècle, se fit le champion du « formalisme » de la musique autant que de l'anti-wagnérisme, Suzanne Langer a inauguré en effet une approche sémantique de la musique dans *Philosophy in a New Key,* [19], qui fit date et à la lecture de laquelle beaucoup de musiciens de notre génération (nés fin des années 1930, début des années 1940) ont été durablement formés.

Si Wittgenstein n'avait pas implicitement adhéré à cette filiation de la musique dite « autonome », il n'aurait pas pu, dans son *Traité,* faire de la musique le paradigme de la représentabilité logique. Dans les propositions 4.014 et suivantes, l'« Idée musicale »[2], ou *musikalischer Gedanke* ne se rapporte pas non plus à une représentation subjective. En disant *Gedanke,* qui est aussi le mot de Schoenberg, Wittgenstein introduit *mutatis mutandis* Frege dans le champ du musical. *Gedanke* n'est-il pas la pensée objective dont la logique s'occupe ? C'est donc à une certaine logique que l'exemple de la musique est capable de nous renvoyer dans la même mesure où « elle vise le vrai », comme a dit Adorno après Schoenberg, dans sa fameuse *Philosophie de la nouvelle musique,* [1].

Le thème, le motif, les variations et leurs développements, tout cela vient en effet servir l'Idée de manière à la fois constructive et expressive (en un sens non sentimental). Le mot de « pensée » vient souligner le caractère frégéen d'autonomie objective qui revient aussi à la musique.

Est « contenu expressif » pour Schoenberg, rappelle le musicologue allemand Carl Dahlhaus, [8], ce qui résulte du « tracé gestuel » que laisse après elle la construction de la forme entendue comme dépendance des relations particulières vis-à-vis du système qui en résulte. D'après lui, Schoenberg pense ici à Bach. Maintenant, il est crucial de comprendre que c'est cette même dépendance formelle instruisant un parcours d'objectivation, qui appelle à dépasser les schémas notationnels eux-mêmes, c'est-à-dire un certain formalisme. Le mouvement anti-formaliste qui irrigue la pensée tractatu-

---

[2] *Musikalischer Gedanke,* expression de Schoenberg, *Tractatus,* 4. 014 et suivantes. Je renvoie sur ce point à mon interview [30].

sienne du « formel » (comme dirait Gilles Granger aussi) a inspiré de la même façon le maître de l'École de Vienne.

Il ne s'agit pas de contrecarrer le « formalisme » au sens où on l'entend en référence à l'historien de la musique Eduard Hanslick qui, lui, entendait par-là s'opposer à la thèse traditionnelle du contenu sentimental de la musique que serait l'affect mélodique. Quand il affirmait l'idée que le contenu de la musique, ce sont des « formes sonores animées » (« *Tönend bewegte Formen* » in [16]), il voulait dire que dans la musique, la forme est contenu et le contenu forme, parce que la forme est « déjà pleine » et nullement un moule vide à remplir par du contenu. Il déclare : « Le contenu de la Symphonie en *si* bémol de Beethoven ? Quelle en est la forme ? Où commence celle-là ? Où finit celui-ci ?... On donnera le nom de contenu aux sons eux-mêmes, mais ils ont déjà reçu une forme... Et qu'appellera-t-on forme ? Encore les sons ; mais ils sont une forme déjà remplie. » « Le contenu n'est pas le sujet. » Ce sont les « thèmes servant de base à une certaine architecture ». Le contenu ne peut être compris comme sujet mais c'est « l'Idée musicale, ce que l'on entend concrètement à l'audition d'une œuvre », [16, p. 163–164].

Pour le musicologue allemand contemporain Carl Dahlhaus, le formalisme à dépasser est celui des schémas notationnels de l'écriture musicale. Le dépassement est finalisé par atteinte de la Forme en un sens supérieur, celui de la totalité organique, idée venue du système tonal mais restée chère à Schoenberg qui l'a maintenue en l'intégrant dans le langage atonal. L'œuvre ainsi architecturée par cette grande Forme s'articule telle une « prose » de relations sonores et c'est elle qui est dotée d'autonomie. En tant que « prose », l'œuvre se suffit en effet à elle-même, et n'a donc aucun besoin du secours d'un support textuel, récit ou histoire. « Prose » veut au contraire dire que la musique se passe de mots. L'idée, venue du romantisme allemand, caractérise la musique purement instrumentale « déliée » de toute référence au « vers poétique » comme le souligne le double sens de « *ungebundene Rede* » due à Johann Nikolaus Forkel, le grand biographe de Bach (Leipzig, 1802). Chez Schoenberg aussi, l'expression de « prose musicale » dénote un « langage musical délié » où les idées mélodiques sont fondées en elles-mêmes et nullement par rapport à un récit. Sous le titre du premier chapitre, « Prose musicale », de [8] (texte de 1964), Dahlhaus suggère la comparaison de ce dépassement des schémas notationnels de la partition avec le dépassement que Wittgenstein appelle le lecteur à opérer en ce qui concerne ses propositions du *Tractatus*, dans l'avant-dernière proposition 6.54. On sait qu'à cet endroit, Wittgenstein invite en effet à passer par-dessus les propositions *(ueberwinden)* en enlevant l'échelle que le lecteur a dû gravir pour le (Wittgenstein) comprendre. Il est intéressant de voir un musicologue, [8, p. 36 ;

p. 42], interpréter, en référence à la variation développée de Schoenberg[3], et comme un dépassement des notations musicales, cette proposition parfois qualifiée de sceptique[4]. Ce que, dans son livre, *L'Esprit réaliste*, [9], Cora Diamond appelle « le rejet de l'échelle » est l'opération qui débouche sur ce qui en résulte : « voir le monde tel qu'il est », et dans la musique, je dirais, l'harmonicité interne du monde sonore.

Comme dans l'œuvre du philosophe, la logique musicale se dédouble donc en logique du symbolisme pour des relations externes de combinaisons purement formelles – c'est le formalisme que l'on peut jeter par dessus bord, comme l'échelle – et la Logique du système d'ensemble qui incorpore l'Idée dans la grande forme organique de l'œuvre, laquelle est, chez Schoenberg également, l'expression objectivée d'une sorte de « volonté d'art », « *Kunstwollen* » (Alois Riegl)[5].

En résumé, Wittgenstein met en place un paradigme musical pour la sémantique de la projection dans le domaine de l'œuvre. La musique se dit, et ce qu'elle exprime en se disant, est intérieur à son expression elle-même. Elle exemplifie en tous cas le fait d'être comprise sans explication, ce qui ne veut pas dire qu'elle soit ineffable. J'ai montré dans un article sur Schoenberg qu'à bien des égards, les termes dans lesquels Wittgenstein parle de la musique recoupent le formalisme de l'École de Vienne quoique Wittgenstein n'y ait jamais reconnu la musique qu'il aimait[6].

Sous la plume de Schoenberg, le mot « Idée »[7], associé à « style » avait une connotation également fortement combinatoire. Tout en constituant « l'essentiel en art », elle est devenue synonyme de forme, non pas la forme opposée au contenu ni bien sûr la forme platonicienne, mais ce qui, exprimable en termes de fonction et relations, se laisse « construire » en une architecture de symboles caractérisée par la « compréhensibilité et la cohérence » des éléments par rapport à la totalité douée de sens qu'ils forment par leur interconnexions[8]. La dimension de la forme liée au contenu sentimental, l'*Affekt*, en musique, dont on ne séparait pas la « suavité » toute mélodique

---

[3] Cf. sur la variation développée, [27], fragments et écrits sur l'idée musicale, 1934.

[4] notamment par Fr. Mauthner, qui mentionne le « retrait de l'échelle » de Sextus-Empiricus à la fin de [21].

[5] Voir [24]. Cette expression n'est pas exempte de connotations qui se sont avérées problématiques. Voir à ce sujet [36]. L'expression dont les traductions sont variables (« volonté d'art », « impulsion à créer »...) semble être tombée en désuétude.

[6] Ce texte sur Schoenberg, penseur de la forme, traite des affinités entre le langage formel de L'École de Vienne (musique) et celui des philosophes viennois ; il est paru dans [28].

[7] Cf. [26] : ce titre, *Style et idée* correspond aussi à un texte de Schoenberg de 1946 qu'il complète : « la musique nouvelle, la musique démodée... », cf. [26, p. 93].

[8] Cf. note ci-dessus, la forme est « une organisation d'idées musicales intelligibles, logiquement articulées », [26, p. 15–17].

de la musique, n'a plus sa place dans cette conception « expressive » où, comme le montre le texte des manuscrits *Gedanke* de 1923, *Gedanke* ne renvoie plus à « mélodie » mais s'applique à la totalité formelle de l'œuvre composée.

Qu'une œuvre musicale « modélise » l'Idée musicale en la projetant, annonce par ailleurs un motif que Nelson Goodman exploitera dans [12] pour en tirer la thèse qu'il n'y a pas d'art sans un principe de projectibilité. En conférant ainsi à l'Idée musicale cette fonction d'analogon structural de la possibilité formelle du sens, Wittgenstein fait d'une pierre deux coups : il donne une place à l'entité ineffable sans tomber dans le mythe de l'ineffabilité puisqu'on ne peut, on l'a vu, anticiper que ce qui se laisse construire, et par ailleurs, il dote cet ineffable là d'une capacité auto-expressive exemplaire car aucun art mieux que la musique n'en dispose à ce degré, en toute indépendance vis-à-vis du texte comme d'un monde qui lui servirait de référence. Le paradigme logique de la « prose musicale » inspire ces pensées de la projection communes à Schoenberg, Wittgenstein, mais aussi à Goodman au point qu'il n'importe plus qu'il vienne de la musique à la philosophie ou à l'inverse de la philosophie à la musique.

Avec la musique, nous sommes donc en pleine comparaison, mais quelle sorte de « comparaison », et en quoi serait-elle une « méthode » Ce qui passe au premier plan, ce sont en effet des traits d'affinités entre registres hétérogènes réclamant une méthode rigoureuse d'évaluation de ces traits. Celle-ci va cependant bientôt quitter la méthode verticale de la projection, pour adopter le plan horizontal d'une comparaison entre jeux de langage en puisant aux ressources d'une grammaire comparative d'expressions de la « compréhension » : comprendre une phrase du langage, c'est comme comprendre une phrase musicale. Nous entrons dans une thématique comparative propre à la deuxième philosophie de Wittgenstein.

3 Geste et compréhension

Une conception compositionnelle de la philosophie comme *Dichtung* se dessine alors, à laquelle on voit Wittgenstein attacher une importance nouvelle détachée de la question transcendantale de « ce qui rend possible l'invention *(erfinden)* de formes » (5.555), laquelle reçoit d'ailleurs, comme on sait une réponse négative puisque, tout en portant sur la condition de possibilité de l'invention, elle n'est pas une question à poser. La formule présentée comme problématique, n'est pas exactement abandonnée plus tard, autour de 1930, mais plutôt, dans un contexte visant le « progrès moderne » et la science qui y tend, modulée en régime horizontal de questionnement sur la possibilité de la construction de formes, de préférence à la méthode de ceux qui, en science, s'intéressent aux constructions de superstructures. Si c'est bien encore le « compositeur » des formes qui parle, [31], ce n'est plus en vue de la construction d'un système, mais dans le but de « nur dichten » qui revient en propre à la philosophie comme activité comparative. La « prose musicale » n'est donc pas perdue de vue, mais affinée dans le sens horizontal d'une activité consistant à « exécuter des ressemblances et des différences » comme le rappelle Gilles Granger, dans son article 'Bild' et 'Gleichnis', resté célèbre [13]. Dans cette optique, nous restons à une distance critique de la poésie[9], tant il est vrai que traduire *dichten* par écrire de la poésie serait « poétiser » la philosophie, ce qui est profondément, selon moi, anti-wittgensteinien.

Ce motif de la composition en philosophie affleure chez Stanley Cavell, musicien lui-même. Dans *Must We Mean What We Say ?*, [6], Wittgenstein y est dit appeler à « jouer » la philosophie comme on joue de la musique. L'expression rejoint l'image pragmatique de l'interprétation en philosophie en tant qu'exécution de ressemblances et de dissemblances que mobilise Gilles Granger dans son livre *Pour la connaissance philosophique*, [14], pour l'opposer, écrit-il, à la musique à programme[10].

La deuxième approche de la relation de la musique avec le langage est celle qui inspire le plus de commentateurs et amène même certains à parler de « philosophie musicale » chez Wittgenstein[11]. Elle est centrée sur un schème de compréhension très proche de ce que nous dit Valéry dans ses *Cahiers*. Mais ce schème est constructif. Aldo Gargani a vu quelques affinités cruciales entre la construction de la phrase au sens formel chez Wittgentein et la construction de la phrase chez Schoenberg. Dans son article [10] qui a fait date, il montre que ce qui est commun aux deux est le passage d'une forme à une autre pour la construction de nouvelles configurations qu'une simple démonstration logique ne réussit pas à faire voir ; ainsi la preuve en mathématiques fait voir une figure harmonieuse, une organicité esthétique, plutôt qu'une déduction[12]. Une organicité esthétique se présente sous la forme d'une synopsis de traits, une configuration ou mieux une « constellation », par opposition à la linéarité de l'inférence. L'idée de « constellation » évoque aussi une opposition benjaminienne qui a frappé Adorno.

La citation qui a fait couler tant d'encre est celle-ci, bien connue : « Comprendre une phrase du langage est comme comprendre une phrase musicale », Remarque 527 des *Recherches philosophiques*, [32], de Wittgenstein. Le « est comme » est très important. Quelques *Remarques Mêlées*, [35], maintenant bien connues font état de cette similarité qui n'est évidem-

---

[9] Je rappelle ici un problème de traduction (de *Dichtung* = poésie) que j'ai soulevé à plusieurs reprise, notamment encore dans [29].
[10] Dans la partie finale sur trois styles d'argumentation philosophique (chez Kant, Russell et Wittgenstein).
[11] Par exemple, récemment [20].
[12] Ce point est développé, sans référence à Schoenberg, dans [11].

ment pas une ressemblance visuelle, ni auditive, mais structurale. Rappelons quelques points importants à ce sujet :

Suivant l'idée du geste comme « mouvement orienté » dont une Remarque Mêlée, rapprochant musique et architecture, fait état, ce qui constitue le schème de la compréhension d'une phrase est la réponse à ce geste venu de l'œuvre, communiqué depuis elle, en réaction à ce geste, à savoir une réplique compréhensive. Cela sonne comme une variante du principe du « *Zweckmässigkeit ohne Zweck* » de Kant. Le geste se maintient comme visible tout seul. Il est tension maintenue du moyen à l'état nu de communiquer un sens, quand on a enlevé à cette communication sa chair expressive, dit Giorgio Agamben, [2].

Mais s'arrêter au « gestural » ne suffit pas à produire la similarité de la proposition avec la musique. Le gestural se laisse trop aisément sublimer en tension ineffable. La critique wittgensteinienne de l'ostension, avec le doigt du sujet pointé vers un objet au-delà du langage, dénonce la magie de la visée dans cette perspective de renvoi à quelque chose d'halluciné plutôt que réel. Ici encore, nous sommes invités à refuser les facilités de la thèse de l'ineffabilité dont la musique servirait confusément la cause, en faisant ressortir plus de traits différentiels encore. Les lecteurs de Wittgenstein aujourd'hui sont tous unanimes à s'attaquer au « mythe » de l'ineffabilité dont la musique serait le vecteur privilégié. Et c'est, je pense, à bon droit. L'obnubilation fixée sur le geste aboutirait à la même impasse.

Le geste est une réponse-réaction à un geste. Un « document humain » plutôt qu'une flèche d'accès vers un objet à connaître. Acte en « résonance » pris dans le cadre d'une culture, il manifeste ce que « me fait » l'œuvre, indépendamment de ce qu'« exprime » (affectivement) celle-ci, ou de ce que je ressens moi-même.

À ce point, le monodrame *Erwartung* de Schoenberg collerait assez bien avec l'analyse de l'attente dans les *Remarques philosophiques* de Wittgenstein, [34, p. 63]. Les procédures de structuration de la phrase se laissent comparer. Comme tel et dans l'interaction gestuelle, ce qui est important est le site, le lieu actif devenu opératoire de cette action-réaction. La musique fait événement en répondant à l'attente dans son déroulement effectif. Elle exemplifie la résolution de la question que je formule quand je dis que j'attends d'entendre telle phrase mélodique en substituant à mon énoncé d'attente, cette phrase qui sonne à mon oreille et me surprend encore. L'intention compositionnelle en ce sens est « composée » comme est jouée l'interprétation d'une pièce. Ainsi, l'intentionnalité cesse-t-elle, dans l'accomplissement, d'être un « problème ». Seules comptent les formes résultantes. L'œuvre n'a pas à être rapportée à une intention subjective. L'intentionnalité est « résorbée » en elle, et acquiert ainsi une « objectivité ».

De plus, en philosophie comme en musique, on opère avec des « contenus formels » en quelque sorte « à la main » sur le mode artisanal d'un faire[13]. Nietzsche a pressenti ce motif esthétique du « contenu formel », pour reprendre l'expression grangérienne, en déclarant que « ce qui est formel pour le commun des mortels est contenu pour l'artiste, et inversement du contenu ». Autrement dit, c'est une affaire de point de vue. On peut dès lors comprendre que la solidarité du comprendre et du créer ou du performer oblige à nouer les deux en une seule détermination.

Toutefois, un des premiers à avoir relié aussi étroitement forme et contenu au point d'en faire une seule et même chose, c'est justement Eduard Hanslick, l'historien de la musique viennois du milieu de XIXe que nous avons cité plus haut. Nous avons aussi rappelé comment, à l'encontre de l'esthétique du sentiment, il a introduit le formel dans la musique comme contenu. La source de ce que Gilles Granger appellera plus tard le « contenu formel » pourrait bien s'annoncer pour la première fois dans l'esthétique musicale en étroit rapport avec le motif de l'autonomie de la signification musicale, avant de revêtir plus tard, chez Granger notamment, un sens épistémologique bien plus technique et d'ailleurs inspiré par une distinction plutôt linguistique (le danois Hjelmslev). Pour revenir à la musique, Boulez l'affirme aussi en s'appuyant sur une citation de Levi-Strauss, dont il n'est pas exclu que Granger ait tiré une part de son inspiration : « Forme et contenu sont de même nature, justiciables de la même analyse. Le contenu tire sa réalité de sa structure et ce qu'on appelle forme est « la mise en structure » de structures locales, en quoi consiste le contenu », [5, « Formes », chap. 29, p. 359].

Cependant, la référence au « gestural » n'a de sens que si on l'articule avec le « mouvement orienté » par lequel je fais mien le geste de l'œuvre, mouvement d'intégration, d'intériorisation absolument crucial que l'on retrouve dans l'approche artisanale des formes à construire. Au lieu que je m'assimile à l'œuvre, par « mimesis », comme de bas en haut en partant de ma condition, c'est au contraire d'une intégration qu'il s'agit (projective par *Eindruck* ou « impressionnement »), et cela de l'œuvre à moi. Cette intégration d'une structure gestuelle de l'œuvre venue de l'œuvre me modifie, m'affecte en profondeur. Elle présente quelques affinités intéressantes avec le procès que Michael Polanyi appelle *« subreption »* dans son livre *The Tacit Dimension,* [22], et qu'il voit à l'œuvre tout particulièrement dans les arts et les techniques. Cette « appropriation » se fait de l'œuvre à moi qui m'approprie le geste de l'œuvre, en réaction à ce qu'elle me fait. Ainsi, je la « comprends » activement sans avoir à identifier des parties constituantes de sa forme, sans passer par conséquent par un quelconque procédé de connais-

---

[13] Dimension soulignée à juste titre par Allan Janik, en référence à Hertz, [17].

sance. Dans ce texte clef des *Remarques mêlées*, et daté de 1948 (note)[14], auquel je pense ici, et qui à mon sens est resté incompris, Wittgenstein précise en effet de façon frappante que le geste de l'œuvre « s'insinue en moi » et que c'est ainsi que « je le fais mien ».

Cependant, une question se pose : qu'en est-il de la phrase eu égard à ce qu'elle « nous dit » et pas seulement en tant qu'elle « se dit » sans référence à autre chose qu'elle-même ?

Dans la *Fiche* [33, § 16], Wittgenstein nous rappelle en effet qu'il s'agit moins de saisir en quoi consiste ceci ou cela que la phrase « voudrait dire », que de voir les manières, les mimiques, le ton et le mode affectés pour le dire, bref le comment sous l'aspect des modalités physionomiques. Le renversement est complet de l'objet dit, – perspective exclue car l'objet n'est plus représenté mais dans la 2e philosophie, « paradigme » ou moyen de représentation – en manières de le configurer. Cependant pour ressaisir la manière dont il est possible de comprendre une phrase dans le langage comme l'on comprend une phrase musicale, poussons un peu plus loin l'analyse.

Dans les § 527–531 des *Recherches philosophiques*, [32], Wittgenstein propose une grammaire comparée du « comprendre » dont il accentue l'aspect pragmatique. Rappelons ces remarques §527–531 des *Recherches philosophiques*. Dans ces passages, il s'agit de la comparabilité des phrases du langage avec celles de la musique, mais l'affinité d'air de famille entre des phrases au sein-même de la musique est également éloquente. La grammaire comparée du « comprendre » est un exercice grammatical de caractère, je dirais, pluri-registre, servant à éclairer ce que c'est que « comprendre ». Elle propose des jeux en révélant chemin faisant que seul un autre jeu montre en quoi consiste le jeu précédent. La méthode est donc d'invention et de production d'autres parallèles, moins pour avérer des traits d'affinité que pour dévoiler des différences. Elle nous apprend aussi qu'entre langage et musique, qui ne sont certes pas identiques en tous points, passe le même fil d'Ariane qui permet de saisir le lien entre comprendre ce qui est exprimé et exprimer ce qui est compris[15], et cela toujours dans un jeu effectif. Ce fil d'Ariane n'est pas une forme logique commune qui serait sous-jacente à la comparaison, car il n'y a plus place, désormais, contrairement au *Tractatus*, pour une notion de forme commune de représentation (logique), et aucune classe de FRP [Family Resemblance Predicates ou prédicats de ressemblance de famille] n'est ici envisageable[16].

---

[14] [35, p. 73] ; avec association à la danse, [35, p. 69].
[15] Sur cette articulation, cf. [33, § 157–158, 160–161, 163–166].
[16] Voir la très belle analyse de cette impossibilité de construire une classe de FRP par Andrès Raggio [23].

Il s'agit d'un schème que j'appelle « esthético-pragmatique » où performer ce qui est entendu ne se distingue pas de comprendre, car la compréhension elle-même s'avère en acte. La compréhension est aussi peu la moitié de cet acte que la performance n'est la moitié de la compréhension. Cette solidarité lie les deux faces de ce qui constitue en réalité une seule et même action, au sens où l'on n'a pas un comprendre sans un jeu qui le montre, ni un jeu sans un comprendre. Elle les soude de telle façon qu'on n'a pas l'un sans l'autre. Elle a aussi quelques conséquences de poids sur le rapport d'intentionnalité entre comprendre et agir. Tel que je le comprends, ce schème « esthético-pragmatique » donne corps au motif dont le sens serait non seulement partiel s'il se limitait seulement à un trait de réception, mais inaccompli.

Aux yeux de Wittgenstein en effet, il n'y a désormais d'expressivité que moyennant ce passage à l'action consistant à performer ce qui est compris en le mettant en acte, acte qui à son tour produit des signes de reconnaissance par l'autre que j'ai effectivement compris. Le caractère esthétique lui-même se mesure à cette dimension d'efficience dans ce domaine où comprendre inclut un moment de « réaction » à ce que la chose entendue vous « fait ». Ainsi, le moment de l'appropriation du geste de l'œuvre auquel je faisais allusion plus haut en référence à la *Remarque Mêlée* de 1948 débouche-t-il ultimement sur l'action. Ce moment d'acte n'est pas le monopole du récepteur, et ne décrit pas une expérience seulement esthétique. Il résume aussi ce que le compositeur intègre comme une partie intégrante du processus compositionnel et qu'il appelle un moment d' « écoute active » (v. les témoignages de Boulez, Nunes, Boucourechliev à ce sujet), indispensable à la composition.

Bref la forme n'en est qu'une que si elle va jusqu'à l'acte. C'est son dynamisme qui est en jeu dans les formes de vie auxquelles chacun contribue activement en tant qu'« agents » du symbolisme et non pas en tant que simples sujets assujettis à l'usage des formes reçues. Comme l'écrit Gilles Granger, « le signe est une œuvre ». On peut ainsi parler des « œuvres d'art du symbolisme ».

BIBLIOGRAPHIE

[1] Adorno, T. W. (1949), *Philosophie der neuen Musik*, Tübingen, Mohr ; trad. fr., *Philosophie de la nouvelle musique*, Paris, Gallimard, 1962.
[2] Agamben, G., 1992, « Le geste et la danse », *Revue d'esthétique,* n° 22, 9–12.
[3] Bernhard, T., 1975, *Korrektur*, Francfort, Suhrkamp, trad. Kohn, A., *Corrections*, Paris, Gallimard, 1978.
[4] Boulez, P., 1963, *Penser la musique aujourd'hui,* Paris, Denoël Gonthier.
[5] Boulez, P., 1995, *Points de repère, Tome I : Imaginer,* Christian Bourgois éd..
[6] Cavell, S., 1969, *Must We Mean What We Say ? A book of essays,* New York, Scribner ; rééd., Cambridge, Cambridge University press, 2002. Trad. française de Laugier S. et Fournier, C., *Dire et vouloir dire. Livre d'essais,* Paris, Le Cerf, 2009.

[7] Dahlhaus, C., 1978, *Die Idee der absoluten Musik,* Kassel, Bärenreiter-Deutscher Taschenbuch Verlag; trad. fr., *L'idée de la musique absolue,* Genève, Contrechamps, 1997.
[8] Dahlhaus, C., 1997, *Schoenberg,* trad. Leveillé, D., Genève, Contrechamps.
[9] Diamond, C., 1995, *The Realistic Spirit : Wittgenstein, Philosophy And The Mind,* Mit Press Ltd. Trad. française de Halais, E. & Mondon,J.-Y., Paris, PUF, 2004.
[10] Gargani, A. G., 1986, « Procédures constructives et techniques descriptives : Schoenberg/Wittgenstein », *Revue Sud,* 74–121.
[11] Gargani, A. G., 2003, « Le paradigme esthétique dans l'analyse philosophique de Wittgenstein », *Rue Descartes,* n° 39, « Wittgenstein et le paradigme de l'art », Soulez, A. (dir.).
[12] Goodman, N., 1968, *Languages of Art; an Approach to a Theory of Symbols,* Indianapolis, Bobbs-Merrill; 2e éd., Indianapolis, Hackett ; trad., fr., *Langages de l'art : une approche de la théorie des symboles,* Paris, Hachette, 2005.
[13] Granger, G.-G., 1986 « 'Bild' et 'Gleichnis'. Remarques sur le style philosophique de Wittgenstein », *Sud,* vol. 16, 122–134.
[14] Granger, G.-G., 1988, *Pour la connaissance philosophique,* Paris, Odile Jacob.
[15] Granger, G.-G., 1994, *Formes, opération, objets,* Paris, Vrin.
[16] Hanslick, E., 1854, *Vom Musikalisch-Schönen,* Leipzig, Rudolph Weigel ; rééd. Wiesbaden, Breitkopf und Härtel, 1980 ; trad. fr., *Du beau dans la musique : essai de réforme de l'esthétique musicale,* G. Pucher (dir.), introduction par Nattiez, J.-J., Paris, Christian Bourgois éditeur, 1986.
[17] Janik, A., 2003, « Art, artisanat et méthode philosophique selon Wittgenstein », *Rue Descartes,* n° 39, « Wittgenstein et le paradigme de l'art », A. Soulez (dir.), 18–27.
[18] Koder, R. & Wittgenstein, L., 2002, *Wittgenstein und die Musik. Briefwechsel Ludwig Wittgenstein-Rudolf Koder,* Alber, M., McGuiness, B. & Seekircher, M. (eds.). Zwei Essays über musikalische Aspekte in Leben und Werk von Ludwig Wittgenstein, Alber, M., Innsbruck, Haymon.
[19] Langer, S. K., 1957, *Philosophy in a New Key : A Study in the Symbolism of Reason, Rite, and Art,,* 3rd edition, Cambridge, Harvard University Press.
[20] Lara, P.de, 2003, « Wittgenstein : une philosophie musicale ? », *Rue Descartes,* n° 39, « Wittgenstein et le paradigme de l'art », Soulez, A. (dir.), 41–55.
[21] Mauthner, Fr., 1901-1923, *Beiträge zu einer Kritik der Sprache,* 3 vol., Stuttgart, Cotta.
[22] Polanyi, M., 1966, *The Tacit Dimension,* London, Routledge.
[23] Raggio, A., 1969, « "Family Resemblance Predicates". Modalité et réductionnisme », *Revue Internationale de philosophie,* Granger, G. (dir.), 339–355.
[24] Riegl, A., 1893, *Questions de style. Fondements d'une histoire de l'ornementation,* (Stilfragen. Grundlegungen zu einer Geschichte der Ornamentik, Siemens, Berlin), trad. Baatsch, H. A. & Rolland, F., Préface, Damisch, H., Paris, Hazan, 1992.
[25] Schloezer, B. de, 1947, Introduction à J.-S. Bach : essai d'esthétique musicale, Paris, Gallimard.
[26] Schoenberg, A., 1975, *Style and Idea,* Selected Writings of Arnold Schoenberg, Leonard Stein (dir.), Londres, Faber and Faber ; trad. fr., *Le Style et l'idée,* Paris, Buchet/Chastel, 1977 ; nouvelle éd. par Danielle Cohen-Levinas, 2002.
[27] Schoenberg, A., 1995, *The Musical Idea and the Logic, Technique, and Art of its Presentation,* edited, translated, and with a commentary by Carpenter, P., & Neff, S., New York, Columbia University Press.
[28] Solomos, M., Soulez, A. &t Vaggione, H., 2003, *Formel / Informel : musique, philosophie,* Paris, L'Harmattan.
[29] Soulez, A., 2003, *Comment écrivent les philosophes ? de Kant à Wittgenstein ou le style,* Paris, Kimé.
[30] Soulez, A., 2004, « Wittgenstein et l'Idée musicale (Schoenberg) », Interview (par J.-B. Para), in *Revue Europe.*

[31] Wittgenstein, L., 1922, *Tractatus Logico-philosophicus,* avec une introduction de Bertrand Russell, Londres, K. Paul.
[32] Wittgenstein, L., 1953, *Recherches philosophiques (Philosophische Untersuchungen)*, éd. et trad. en anglais de Anscombe, G.E.M., Oxford, Blackwell, 1998.
[33] Wittgenstein, L., 1971, *Fiches,* Anscombe, G. E. M. et von Wright, G. H. (dir.), Paris, Gallimard.
[34] Wittgenstein, L., 1984, *Remarques philosophiques,* Paris, Gallimard, Collection Tel.
[35] Wittgenstein, L., 2002, *Remarques mêlées,* Paris, Flammarion.
[36] Zerner, H., « L'histoire de l'art d'Aloïs Riegl : un formalisme tactique », *Critique*, n° 339–340, 940–952.

Antonia Soulez
Université de Paris 8-St-Denis
Maison des sciences de l'homme de Paris-Nord
antonia.soulez@wanadoo.fr

Comment accéder à la connaissance mathématique ?
Quelques suggestions peirciennes
CLAUDINE TIERCELIN

L'« accès » à la connaissance mathématique pose problème aux réalistes comme aux anti-réalistes, (Macbride [15]). Mais pour les réalistes « platonistes », la situation est pire. Car le réalisme en mathématiques se présente, sur le plan ontologique, comme l'étude scientifique d'entités d'un certain type, et sur le plan sémantique et épistémologique, comme la thèse selon laquelle ses énoncés sont vrais ou faux, indépendamment de notre capacité (ou incapacité) à déterminer lesquels. Le platonisme implique davantage : que les entités mathématiques sont abstraites, extérieures à l'espace physique, éternelles et immuables, nécessairement existantes, quel que soit l'ameublement du monde. De plus, il tient la *connaissance* de ces entités pour *a priori*, certaine, à la différence de la connaissance scientifique, par nature faillible. Aussi le platonisme, plus encore que le réalisme, rend-il particulièrement aiguë la question de savoir comment nous autres humains accédons à la *connaissance* de telles certitudes mais aussi celle de l'application réussie d'un domaine qui n'est pas spatio-temporel à ces choses ordinaires du monde physique où nous vivons (Maddy [16, p. 21]). Y a-t-il la moindre justification à postuler l'existence de telles entités (question épistémologique)[1] ? Et si la référence à des objets présuppose, comme la connaissance, que nous puissions les observer et/ou interagir causalement avec eux, et que tel n'est pas le cas avec des nombres ou des objets mathématiques, causalement inertes, comment y faire référence (question sémantique), (Benacerraf [1] ; Putnam [21, p. 150]) ? Il semble impossible de réconcilier l'ontologie platoniste des entités abstraites et son épistémologie (Maddy [16, p. 37]), ou que le seul moyen d'y parvenir soit, au choix : 1) de recourir à une mystérieuse faculté d'intuition (stratégie de Gödel) ; 2) de rétorquer que les théories causales sont inadaptées en mathématiques, domaine de la connaissance *a priori* et nécessaire, car ce sont des théories *a posteriori*, contingentes ; mais un « platoniste de compromis », qui suivrait l'ontologie révisée de Quine ou de Putnam, risque fort de remettre en cause ces distinctions elles-mêmes

---

[1] Voir Quine [23, p. 1–19], [24, p. 149] ou Putnam [19, p. 346–347].

(Maddy [16, p. 41]) ; 3) de se débarrasser de l'ontologie platoniste : les entités mathématiques ne sont pas des entités abstraites ; il faut les traiter comme des « fictions », des constructions mentales, et suivre telle ou telle piste intuitionniste, finitiste, formaliste, ou nominaliste, en les tenant pour les symboles d'un langage. Le rejet du platonisme est le plus souvent allé de pair avec l'adoption d'une forme ou une autre d'*anti-réalisme*[2].

Aussi attirants soient-ils, ces programmes qui permettent de montrer comment les mathématiques peuvent avoir des applications *utiles* sans être *vraies*, ont l'inconvénient majeur de rendre inexplicable l'idée même de *connaissance* mathématique et la manière dont on peut y avoir accès. Est-on prêt à en payer le prix (Maddy [16, p. 47]) ? Plusieurs tentatives, dans les années récentes, ont été menées pour tenter de répondre au dilemme de Benacerraf, et parmi elles, la version naturalisée du platonisme de Maddy ou celle, réaliste et pragmatiste, de Putnam constituent des approches fructueuses. Mais elles se heurtent aussi à des difficultés. On se propose, dans ce qui suit, de suivre une autre route, plus judicieuse, celle que choisit en son temps C. S. Peirce. Non seulement il identifia le problème majeur : comment il se fait que, « bien que les mathématiques ne traitent que d'idées et pas d'objets du monde de l'expérience sensible, leurs découvertes ne soient pas des rêves arbitraires, mais quelque chose vers quoi nos esprits ont été poussés, sans que cela fût prévu » (NEM 2 : 346) ; mais il proposa d'y apporter une solution réaliste, bien que non platoniste, qu'il vaut la peine de reconsidérer[3].

1 Pourquoi nous faut-il avoir les idées claires sur la connaissance mathématique ?

Dans la classification peircienne des sciences, les mathématiques ont un rôle fondationnel, n'ont nul besoin de la logique[4], se définissent moins par leurs objets que comme une science du raisonnement, reposant sur des formes *corollarielle* et *théorématique* de déduction (Tiercelin [26], [28], Heinzmann [9]). Contrairement à la logique, science de « faits », c'est une science d'hypothèses et d'abstractions. Ce rôle architectonique explique que pour Peirce, comme pour Wittgenstein, elles soient moins un moyen de découvrir des vérités qu'elles ne montrent que notre compréhension de la vérité et de la réalité reflète une saisie préalable des nécessités mathématiques (Hookway [11, p. 183]). Qu'elles soient une science du raisonnement signifie ensuite

---

[2] Voir par ex. Field [6], Hellman [10], Kitcher [14] ou Resnik [25].

[3] J'ai donné des arguments en ce sens dans [28], antérieurs à ces tentatives de Maddy et de Putnam ; le relatif échec de celles-ci mettent encore mieux en lumière les mérites de la solution peircienne. Je développe plus en détail cette thèse dans [31] (à paraître).

[4] Cf. Tiercelin [26], Haack [8] et Houser [13].

que tout raisonnement *a priori* relève des mathématiques, de notre pratique quotidienne du raisonnement « nécessaire » à la pratique plus rigoureuse du mathématicien professionnel. Ce dont il s'agit, du reste, c'est d'introduire la rigueur mathématique en philosophie. Enfin, tout raisonnement mathématique, aussi simple soit-il, étant foncièrement diagrammatique (NEM 4 : 47), le caractère iconique, observationnel, expérimental de la déduction mathématique vaut pour toutes les déductions et implique une révision de notre conception de la nécessité logique.

D'emblée, le risque de platonisme direct – car il en reste des relents dans certains textes sur l'arithmétique[5] – est évité, et à bien des égards, la position de Peirce s'apparente même plutôt à celle d'un « partisan du si-alors » *(if-thenism)* ou du conventionalisme conceptualiste[6].

Mais cela ne signifie pas que Peirce échappe au dilemme de Benacerraf, au contraire, il prend même chez lui un tour plus aigu, d'abord parce qu'il reste à expliquer le fondement de la validité de nos énoncés mathématiques, ensuite, parce que le pragmatisme oblige à ne voir rien de plus dans l'essence d'un nombre que la vérité des propositions auxquelles il donne lieu[7], et que cette vérité est elle-même inconcevable sans la prise en compte des effets sensibles, pratiques, et donc de ses usages non seulement réels mais possibles, comme le veut le réalisme scotiste qui va de pair avec ce pragmatisme[8]. Enfin, sur le plan de la référence, aucun objet, mathématique ou

---

[5] Cf. Tiercelin [28]. Voir : CP 2.361 ; 4.114 ; 4.118 ; 4.161 ; 6.455 ; 6.595. Mais ce platonisme est toujours nuancé, même en arithmétique où Peirce tient plus les nombres pour des variables (Russell, Peano) que pour des concepts primitifs, envisage plusieurs constructions de systèmes du nombre pur (4.160 sq., 677–81 ; 3.562sq.), et tient les *ordinaux* et non les cardinaux *(contra* Cantor) pour primitifs (3.628sq. ; 4.332, 657–59, 673sq., etc.). Les nombres ne sont que des *vocables* servant à compter, d'autant plus utiles qu'ils sont dénués de sens (4.658–59). Même en arithmétique, ce n'est pas le type d'*objet* mais l'apprentissage de *règles* par représentations *iconiques* qui importe (NEM 1 : 212sq. ; 1 : 107 sq.) et implique un travail d'imagination, de concentration et de généralisation (NEM 1 : 213).

[6] La nécessité mathématique dérive non des choses mais du lien de *conséquence logique* entre prémisses et conclusion (4.232–3 ; NEM 4 : 164 ; 4 : 270 ; 4 : 149 ; 3.560 ; 4 : 157) et des hypothèses, conventions et règles qu'a choisi d'adopter le mathématicien (cf. NEM 2 : 251). Sur le formalisme : cf. 5.567 ; 4.314 ; 3.20. Sur l'importance des procédures de démonstration : 4.429 ; NEM 2 : 10–11, de l'iconicité du raisonnement : 2.279 ; NEM 4 : 47–48. Dans le sens anti-réaliste va aussi le rôle décisif que donne Peirce à l'abstraction « hypostatique » qui permet de traiter « adjectivalement » tout substantif et de définir les entités mathématiques, conformément à la maxime pragmatiste, dans les termes des conditions de vérité des propositions induites.

[7] « La manière d'enseigner à un enfant ce que signifie le nombre, c'est de lui apprendre à compter. C'est en étudiant le processus de comptage que le philosophe doit apprendre l'*essence* du nombre » (NEM 1 : 214).

[8] Cf. Tiercelin [27]. Ce réalisme scotiste implique notamment qu'on puisse parler d'individus imparfaitement déterminés (NEM 4 : xiii ; 4.232) et de l'infini. Il n'est pas

autre n'est indissociable du système de signes et d'interprétations indéfinies (ou triadiques) dans lequel il est pris. Comment dès lors la fixer ?

Il faut donc répondre à ces difficultés et expliquer que, aussi formelles et idéales soient-elles, les mathématiques puissent nous faire découvrir tant de choses aussi riches et surprenantes que n'importe quelle science d'observation (3.363). Comment ces *entia rationis*, ces énoncés qui semblent tautologiques, analytiques, vrais en vertu du sens des expressions qu'ils impliquent, peuvent-ils avoir une application garantie, si tant est qu'il faille (comme l'ont aussi rappelé Quine et Putnam contre les anti-réalistes) insister sur l'aspect *pratique* réel des mathématiques ou encore justifier le choix de nouveaux axiomes (Maddy [16, p. 27]) ? Comment accédons-nous à la connaissance de nombres et d'ensembles si nous ne pouvons les percevoir ou interagir causalement avec eux ? Ou se pourrait-il, finalement, que nous les percevions ? Et si oui, comment[9] ?

2 Trois suggestions peirciennes pour sortir du dilemme

Abduction perceptuelle, expérimentation iconique et métaphysique « héréditaire » de règles-habitudes de raisonnement, telles nous semblent être les trois clés de la réponse originale que choisit ici Peirce.

1. On ne saurait comment une rencontre causale, mais déjà en partie « théorisée » ou interprétée, se produit dès le seuil de la perception, à mi-chemin entre un voir et un penser, sans voir le rôle capital que donne Peirce à l'abduction (Tiercelin [30, p. 224 sq]), sorte d'instinct naturel qui nous met en contact avec les secrets de la nature mais n'en est pas moins, à l'instar de la déduction et de l'induction, une forme authentique d'inférence (OP1 : 413–415). Cette « logique abductive de la perception », parfois présentée comme l'essence du pragmatisme, suppose que nous percevions d'emblée, par degrés successifs (*gradation, shadings*), une forme de généralité (ou Tiercéité) qui n'est pas le résultat d'une étape inférentielle contrôlée (ce qui ne fait pas d'elle, *contra* la critique d'Hintikka, une inférence à la *meilleure* explication), mais qui, en quelque sorte, *émerge* au cours du raisonnement lui-même, sur le mode suivant :

    Le fait surprenant, C, est observé ;
    Mais si A était vrai, C irait de soi.

---

sans rapport non plus avec certaines hésitations de Peirce sur la question de savoir si le faillibilisme s'applique ou non aux mathématiques (Haack [8, p. 37]).

[9] Je suis ici en désaccord avec Hookway qui ne semble pas penser qu'il y a bel et bien, pour Peirce, un aspect causal et perceptuel important (comme chez Maddy) dans nos rencontres avec le domaine mathématique [11, p. 185].

Partant, il y a des raisons de soupçonner que A est vrai (OP1 : 425).

2. Ce qui est caractéristique de cette perception de la généralité est qu'il s'agit d'une perception non d'éléments ou de caractères, mais de classifications, ou plus exactement, de *formes réelles ou possibles de relations* (Hookway [12])[10] : appliqué à ce qui se produit au niveau de la perception mathématique, où celui qui raisonne « voit » la nécessité de la règle, en expérimentant sur des icônes ou des diagrammes, par « observation abstractive », cela signifie que rien ne nous empêche de penser que nous sommes directement en présence d'universaux (position défendue, par exemple, par Bigelow [3]).

Si Peirce souligne bien la différence entre le raisonnement théorématique qui, à la différence de la déduction corollarielle, permet seul d'imaginer des idées nouvelles et surprenantes, (NEM 4 : 38, 49, 288), son idée force est de souligner le caractère foncièrement iconique (et pas uniquement symbolique) de toute déduction qui permet, par une expérimentation semblable à celle qui se fait dans les sciences de la nature, de percevoir la nécessité de nos inférences (NEM 4 : 318 ; 2.279 ; 3.363) en exhibant une *forme de relation* (4.530), en un mot, une sorte d'isomorphisme entre la théorie et la réalité.

3. Si le mathématicien traite bien d'hypothèses, à la différence de celles du poète, elles sont soumises aux règles de la déduction (NEM 4 : 268). Si la nécessité logique n'a rien d'arbitraire, c'est aussi parce que ces règles que nous suivons dans nos démonstrations ne font rien d'autre que manifester les habitudes que nous avons acquises en raisonnant (5.367). Les principes directeurs de l'inférence ne sont que la formulation linguistiquement codifiée, notre *logica docens* (1.417) de ces habitudes de raisonnement, qui expriment moins une contrainte psychologique (sur le mode de Sigwart ou Schröder 2.52, 209 ; 3.432), qu'elles n'expriment un fait qui a valeur d'« autorisation épistémique » *(entitlement)* ou de justification *prima facie*. Peirce est ici proche de Wittgenstein : la nécessité est présente dans nos actes et nos pratiques d'une manière qu'il est moins impossible que dénué de sens de chercher à justifier (NEM 4 : xiv ; 2. 173 ; 2. 191). Qu'on soit ou non convaincu par l'argument, le réalisme scolastique peircien intervient aussi pour renforcer la thèse selon laquelle cette contrainte de la nécessité est de l'ordre de ces faits-habitudes absolument réels et pourtant irréductiblement vagues.

---

[10] Selon Hookway [12], cette position rapproche Peirce de certains courants structuralistes contemporains, notamment celui du structuralisme *ante rem* de Shapiro. Voir aussi Dipert [4], qui montre mieux, à mon sens, la dimension spécifiquement métaphysique et dispositionnaliste de Peirce.

3 Un autre chemin réaliste pour accéder à la connaissance mathématique ?

L'anti-réalisme, sous ses diverses formes contemporaines, a donné lieu à plusieurs réactions réalistes. Parmi elles, deux au moins, ont été l'objet de critiques : celle, tout d'abord, issue des arguments d'indispensabilité de Quine et Putnam, jugée incapable de rendre compte des mathématiques non appliquées et, ne faisant intervenir les mathématiques qu'à un niveau théorique assez élevé, d'expliquer le caractère obvie des mathématiques élémentaires (C. Parsons [18, p. 151]) ; d'où son incapacité à rendre compte de la pratique mathématique. On connaît la deuxième sorte de réalisme, incarnée par Gödel qui a l'avantage de mieux expliquer la force d'imposition sur nous des axiomes les plus élémentaires de la théorie des ensembles (Gödel [7, p. 484]), mais le défaut d'invoquer une faculté d'intuition mystérieuse, et de manquer d'un « argument direct en faveur de la vérité des mathématiques » (Maddy [16, p. 35]). Faut-il en conclure avec Putnam que « rien ne marche » [21, p. 142] ?

Sans doute la position de Peirce est-elle plus proche de deux autres approches réalistes, celles précisément de Putnam ou de Maddy. Comme Putnam, Peirce recourt à l'argument d'indispensabilité ; il juge utile de ne pas tenir les problèmes des mathématiques pour *sui generis,* de ne pas poser trop de frontières entre mathématiques et physique, de ne pas oublier que les mathématiques doivent rendre compte de nos meilleures théories du monde et pouvoir s'appliquer à lui. De même, Peirce suivrait Putnam dans ses critiques récentes de concepts « platonistes » aussi « mystérieux » et « suprasensibles » ou « vains » que ceux d'objet et d'existence mathématique (dont Quine, selon Putnam, ne s'est jamais départi). Les énoncés mathématiques ne sont pas censés « décrire la réalité » ou être « *à l'arrière* de nos jeux de langage ». Putnam adopte un réalisme « pluraliste » pragmatiste ou « wittgensteinien », qui voit les mathématiques comme un domaine de « conventions », de « langages optionnels », ou même de « vérités conceptuelles » corrigibles, où il s'agit moins de se « conformer aux standards d'une communauté » (selon une lecture kripkéenne sceptique) [21, p. 144] que de suivre une *pratique* profondément normative (selon une lecture réaliste et pragmatiste), ne présupposant aucun « supra-mécanisme » mentaliste ou ontologique [21, p. 145–147]. Mais Peirce s'éloignerait aussi sur plusieurs points de Putnam (ainsi que de Wittgenstein) : il souligne les limites d'une approche trop conventionaliste du raisonnement mathématique. Les conventions ne sont pas de simples *façons de parler* [22, p. 43], ce qui impliquerait que nous soyons principalement attentifs à la compréhension de « la vie que nous menons avec nos concepts » dans le domaine des mathématiques [20, p. 263–264]. Si les vérités conceptuelles sont censées être sensibles à l'interpénétration de la vérité conceptuelle et de la vérité empirique, que de telles vérités ne sont ni triviales ni non révisables mais supposent une activité de correction [22, p. 61] ; si « nous apprenons ce qu'est la vérité mathématique en apprenant les pratiques et les standards des mathématiques elles-mêmes », plus qu'en « supposant que les vérités mathématiques sont 'rendues vraies' par tel ou tel ensemble d'*objets* » [22, p. 66], Peirce serait en un sens d'accord. Son réalisme insiste autant sur le vague irréductible de nos habitudes de raisonnement que sur le fait que la Tiercéité est la catégorie de la généralisation, de l'abstraction, de toutes les opérations du raisonnement pour lesquelles le contrôle de soi et le sens critique sont toujours aux aguets. En ce sens, les mathématiques ne constituent pas, en principe, une exception au principe du faillibilisme. C'en est plutôt, le plus souvent, une exception : « La certitude mathématique n'est pas la certitude absolue. Car les plus grands mathématiciens font parfois des gaffes et il est donc possible, tout simplement possible, qu'ils aient tous gaffé chaque fois qu'ils ont additionné deux par deux » (4.478). Mais cela ne fait pas des mathématiques une simple affaire de conventions ou de notations arbitraires. L'étudiant en mathématiques ne doit pas laisser la notation penser *pour* lui : il doit expérimenter en imagination son raisonnement (Eisele [5, p. 186]). Les règles résultent d'un usage contrôlé par l'intelligence. C'est toute la différence entre penser *dans* des images (un handicap plus souvent qu'une aide) et expérimenter *sur* des images, c'est-à-dire, des icônes ou des schèmes abstraits. Parce que l'intelligence règle la pratique, cela importe peu que l'on utilise des formules ou notations qui sont de purs *flatus vocis*. Plus en fait elles sont vides, plus elles facilitent, comme dans les comptines enfantines, le raisonnement et l'apprentissage. « L'un des secrets de l'art du raisonnement, c'est de *penser* » (NEM 1 :136). Autant dire que les règles que nous suivons quand nous raisonnons sont plus que des standards fixés par la communauté (même si elles expriment bien des pratiques collectives et non subjectives et supposent un accord des membres de la communauté, décisif pour le genre d'exactitude visé en mathématiques 5.577) – mais plus aussi que le simple exercice d'une pratique, aussi réglée et normative soit-elle (Putnam [21, p. 144–147]). À la différence de Wittgenstein, qui dénonçait chez Ramsey une approche « supra » mentaliste ou platoniste, l'analyse peircienne de ce qui se passe quand nous suivons des règles, vues comme des habitudes dispositionnelles foncièrement intelligentes, à la fois contrôlées et non contrôlées, impliquant selon notre « métaphysique héréditaire » n'est pas hostile, mais au contraire souscrit à une étude cognitive ou même physiologique, de la manière dont la normativité peut émerger de la nature (Tiercelin [29]).

À cet égard, Peirce approuverait le « platonisme naturalisé » de Maddy, du moins au sens où ce projet est de « rejeter la caractérisation traditionnelle des objets mathématiques et de les faire entrer dans le monde que nous connaissons et de les mettre en contact avec notre constitution cognitive familière par une analyse de nos connexions de type perceptif » [16, p. 48]. Il s'agit bien de donner sens à un réalisme qui resterait fidèle à certaines « intuitions » platonistes tout en élucidant les mécanismes de la perception à l'œuvre dans notre accès au domaine mathématique et au type de justification épistémique que nous pouvons lui accorder, d'une manière qui, tout en soulignant l'aspect causal de l'autorisation épistémique, ne la tient pas pour une analyse complète de ce qui se joue dans le concept de *connaissance* mathématique. Comme Maddy, et Piaget avant elle, Peirce est sensible au rôle de la pédagogie dans notre acquisition des nombres et à l'intérêt que peut avoir une étude cognitive de cet apprentissage, et la logique de l'abduction perceptuelle indique que Peirce ne serait pas hostile à cette idée que développe Maddy dans son approche réaliste (proche aussi de certaines analyses structuralistes), selon laquelle c'est par la perception que nous parvenons à des croyances directes sur les ensembles [16, p. 87]. À ceci près toutefois que Peirce ne jugerait pas que cette localisation spatio-temporelle des objets mathématiques en ferait des objets *physiques*, et suivrait plus Frege qui objectait déjà à Mill qu'une capacité numérique, ou une sensibilité à la « numérosité » n'est pas un gage de sensibilité aux *nombres* eux-mêmes, plutôt qu'à de purs et simples agrégats physiques.

L'approche réaliste non platoniste de Peirce nous semble donc supérieure à bien des égards : elle manifeste d'abord (effet du pragmatisme comme méthode de clarification conceptuelle), une conscience rare de la difficulté d'une position cohérente, une insistance sur les *méthodes* à suivre et sur le *raisonnement*, autant que sur la nature des *objets* et propositions mathématiques ; un fort souci *épistémologique* ensuite, quant au type de connaissance qui se présente à nous, et quant à la manière dont nous pouvons y avoir accès et comprendre les découvertes que nous faisons en mathématiques ; une attention à l'aspect sémantique du problème : il ne s'agit pas d'un domaine totalement indépendant de notre possibilité de le connaître ou constitué par des significations pré-établies qu'il suffirait, sans construction, de découvrir. Il n'en reste pas moins qu'il est impossible de prononcer en mathématiques « l'obituaire de l'ontologie » (Putnam [22]). En un sens, les hésitations de Peirce sur l'essence réelle des nombres trahissent une certaine ambiguïté. Mais il ne fait aucun doute pour lui que si nous voulons avoir une chance de parvenir à une solution du dilemme de Benacerraf, il nous faut chercher à comprendre à quel type d'entités nous avons affaire en mathématiques : pour lui, comme on l'a souvent noté, l'universel par excellence est le continu, et peut-être y a-t-il, dans ce concept lui-même, pas mal d'obscurité, autant qu'il peut y en avoir dans ceux d'objet, d'existence, d'ensemble, de classe, de structure ou de système. Mais Peirce n'en a pas moins le mérite (qui constitue, à cet égard, un clivage fort avec Putnam) d'avoir perçu que le problème de l'accès ne doit pas être seulement abordé sur le plan *épistémologique*, mais aussi sur le plan ontologique, ce que pour sa part il a fait, non pas en se débarrassant, une fois pour toutes, de l'ontologie, mais en essayant d'ériger une métaphysique scientifique réaliste. Faute de rester sur le terrain de la métaphysique, nos chances de résoudre le dilemme de Benacerraf risquent fort d'être assez limitées.

BIBLIOGRAPHIE

[1] Benacerraf, P., 1973, "On Mathematical Truth", *Journal of Philosophy,* 70, 661–680, repris in Benacerraf & Putnam (eds.), 1983.
[2] Benacerraf, P. & Putnam, H. (eds.), 1983. *Philosophy of Mathematics, Selected Readings,* Cambridge, Cambridge U. P.
[3] Bigelow, J., 1988, *The Reality of Numbers: a Physicalist View of Mathematics,* Oxford, Clarendon Press.
[4] Dipert, R., 1997, "The Mathematical Structure of the World: The World Graph", *Journal of Philosophy,* LCIV, 7, 329–358.
[5] Eisele, C., 1979, *Studies in the Scientific and Mathematical Philosophy of Charles S. Peirce,* Martin, R. M. (ed.), The Hague, Mouton.
[6] Field, H., 1981, *Science without Numbers,* Blackwell, Oxford.
[7] Gödel, K., 1947-1964, "What is Cantor's Continuum Problem?", repr. in Benacerraf & Putnam, 1983, 470–485.
[8] Haack, S., 1979, "Fallibilism and Necessity", *Synthese,* 41, 37–63.
[9] Heinzmann, G., 1994, "Mathematical Reasoning and Pragmatism in Peirce", *in* Prawitz, D. & Westerstahl, D. (eds.), *Logic and Philosophy of Science in Uppsala,* Dordrecht/Boston/London, Kluwer, 297–310.
[10] Hellman, G., 1989, *Mathematics Without Numbers,* Oxford, Oxford U. P.
[11] Hookway, C., 1985, *Peirce,* London, Routlegde & Kegan Paul.
[12] Hookway, C., 2010 (à paraître), " 'The form of a relation': Peirce and Mathematical structuralism", in *Peirce's Philosophy of Mathematics,* Moore, M. (ed.), La Salle, Open Court.
[13] Houser, N., 1993, "On 'Peirce and Logicism' A Response to Haack", *TCSPS,* vol. XXIX, n° 1, 57–67.
[14] Kitcher, P., 1984, *The Nature of Mathematical Knowledge,* Oxford, Oxford U. P.
[15] Macbride, F., 2007, "Can *ante-rem* Structuralism Solve the Access Problem?", *Philosophical Quarterly,* 57, 1–10.
[16] Maddy, P., 1992, *Realism in Mathematics,* Oxford, Oxford U. P.
[17] Moore, E. C. (ed.),1993, *Charles S. Peirce and the Philosophy of Science* (Papers from the Harvard Sesquicentennial Congress), Tuscalosa and London, The University of Alabama Press.
[18] Parsons, C., 1979-1980, "Mathematical intuition", *Proceedings of the Aristotelian Society,* 80, 145–168.
[19] Putnam, H., 1971, *Philosophy of Logic,* Harper & Row, repr. from Putnam, H., 1979, 337–357.
[20] Putnam, H., 1996, "On Wittgenstein's Philosophy of Mathematics", *Proceedings of the Aristotelian Society,* Suppl. 70, 243–264.
[21] Putnam, H., 2001, "Was Wittgenstein *Really* an Anti-Realist about Mathematics", in McCarthy, T. G. & Stidd, S. (eds.), *Wittgenstein in America,* Oxford, Clarendon Press, 140–194.
[22] Putnam, H., 2004, *Ethics without Ontology,* Cambridge, Harvard U. P.

[23] Quine, W. V. O., 1954, "Carnap on Logical Truth", repr. in Benacerraf & Putnam, 1983, 355–376.
[24] Quine, W. V. O., 1980 *From a Logical Point of View,* 2nd ed. rev. Cambridge, Harvard U. P.
[25] Resnik, M., 1981, "Mathematics as a Science of Patterns: Ontology and Reference", *Nous,* 15, 529–550.
[26] Tiercelin, C., 1991, "The Semiotic Version of the Semantic Tradition in Formal Logic", in *New Inquiries into Meaning and Truth,* Cooper, N. & Engel, P. (eds.),. London, Simon & Schuster, 187–213
[27] Tiercelin, C., 1992, "Vagueness and the Unity of Peirce's realism", *TCSPS,* vol. XXVIII, n° 1, 51–82.
[28] Tiercelin, C., 1993, "Peirce's Realistic Approach to Mathematics: Or, Can One Be a Realist without Being a Platonist", in Moore, 1993, 30–48.
[29] Tiercelin, C., 1997, "Peirce on Norms, Evolution and Knowledge", *TCSPS,* 33, 35-58.
[30] Tiercelin, C., 2005, *Le doute en question, parades pragmatistes au défi sceptique,* Paris, Éditions de l'éclat.
[31] Tiercelin, C., 2010 (to appear), *Peirce on Mathematical Objects and Mathematical objectivity,* Moore, M. (ed.), La Salle, Open Court.

TCSPS abrège les *Transactions of the Charles S. Peirce Society.*

Les références à Peirce sont données : 1) par volume et paragraphe [ex. : (CP : 5.414)] des *Collected Papers of Charles Sanders Peirce,* Hartshorne, P., Weiss, Ch. & Burks, A. (eds.), 8 vol. (Cambridge, Mass. : Harvard University Press, 1931-1958) ; 2) par volume et page [ex. : OP1 : 420)], des *Œuvres Philosophiques de C.S. Peirce,* Tiercelin, C. & Thibaud, P. (éd.), Paris, éditions du Cerf, 2002-2003) par volume et page [ex. NEM 4 : 318] des *The New Elements of Mathematics,* Eisele, C. (ed.), The Hague : Mouton, 1976.

Claudine Tiercelin
Institut Universitaire de France
Université de Paris Est-Créteil
`ctiercelin@gmail.com`

Variété de pragmatisme
FRÉDÉRICK TREMBLAY

Gerhard Heinzmann a discuté de la question du pragmatisme non propositionnel dans nombre de ses articles, [6], [7], [9], [8], et c'est cette question qui fera l'objet de ce texte. Sa réflexion s'inscrit dans la suite du constructivisme allemand, tel qu'il a été articulé dans le programme de l'École d'Erlangen. Or, la compréhension et l'interprétation de la philosophie constructive de l'École d'Erlangen sont plus souvent qu'autrement absentes de la sphère philosophique non germanophone. Une exception, celle de Heinzmann, doit cependant être mentionnée, et il s'agit d'une partie non négligeable de sa contribution à la philosophie de langue française et anglaise. C'est à cette contribution que je souhaite faire écho dans ce texte par la discussion et l'exposition du pragmatisme de l'École d'Erlangen. Pour ce faire, je présente rapidement la thèse du pragmatisme propositionnel ou sémantique. J'introduis ensuite une conception alternative du pragmatisme, le pragmatisme non propositionnel, qui prend sa source dans la pensée de Wittgenstein, et je la situe dans le contexte plus général de la critique de la tradition analytique par l'École d'Erlangen. Enfin, je termine en suggérant un parallèle entre cette critique et la désapprobation par Brandom, dans ses *John Locke Lectures*, [1], à l'égard du projet classique de la tradition analytique.

1

Il y a (au moins) deux caractérisations non équivalentes de la pragmatique, l'une négative et l'autre positive. Dans la version négative, la pragmatique traite des phénomènes linguistiques laissés de côté, entre autres, par la syntaxe et la sémantique. Dans la version positive, la pragmatique est l'étude des propriétés des mots et des phrases en relation avec la manière dont ils ont été performés par les utilisateurs du langage et de la façon dont ceux-ci réagissent à ces performances. Similairement, il y a (au moins) deux caractérisations non équivalentes de la sémantique. Dans la première, la sémantique est concernée par certaines relations entre les phrases et le monde et, en particulier, par celles qui en établissent la vérité ou la fausseté. Dans la seconde caractérisation, la sémantique prend la forme d'une théorie de la signification et son objectif est de fixer la signification des mots et des phrases d'un langage donné, qu'il soit formel ou non. En combinant ces définitions, on obtient la définition 'standard' de la sémantique comme théorie des conditions de vérité des phrases, et ces conditions de vérité donnent, en retour, la signification des phrases. La pragmatique est, subséquemment à cette définition, l'étude de la façon dont la vérité des mots et des phrases dépend des circonstances dans lesquelles ces mots et ces phrases sont produits. Cette approche est celle développée, entre autres, par Austin, Ryle et Searle et elle est tributaire de la supposition que la deuxième caractérisation de la pragmatique et la première caractérisation de la sémantique ont un domaine identique[1]. La vérité est, dans ce contexte, cette relation entre représentants phrastiques et subphrastiques et la validité prend la forme d'une relation d'inclusion ensembliste entre des ensembles de conditions de vérité. C'est précisément en réaction à cette approche que le pragmatisme non propositionnel s'est constitué comme une variété de pragmatisme.

Il y a ainsi (au moins[2]) une alternative à ce programme classique des philosophies d'ascendance anglo-saxonne qui se sont inscrites dans le sillage du tournant linguistique en philosophie et il s'agit de celle défendue par Lorenzen, Lorenz et Heinzmann, entre autres[3]. L'idée à sa base prend aussi sa source dans les travaux de Wittgenstein, mais en refusant d'y opposer systématiquement le *Tractatus*, [31] aux *Recherches philosophiques*, [32], comme l'a fait la tradition analytique jusqu'à tout récemment. Il y est plutôt question d'établir un parallèle entre le rôle que joue l'image *(« picture », « Bild »)* dans le *Tractatus* et le rôle des jeux de langages (et du *« Satz »*) dans les *Recherches philosophiques*. C'est à ce rapprochement qu'est consacrée la prochaine section.

---

[1] Cette caractérisation de la sémantique comme théorie de la référence ou théorie des modèles tire son origine de la tradition qui va de Bolzano, Frege et Tarski à Carnap. Elle a été revigorée, au cours des années 1960, dans les travaux de Kripke, Kaplan, Montague et Scott dans le cadre des fondements sémantiques de la logique intensionnelle et par Stalnaker dans le cadre de la pragmatique formelle et des expressions *« token-reflexive »*. Le projet, au même moment, d'appliquer les sémantiques référentielles aux langues artificielles au langage naturel a été entrepris par des philosophes comme Davidson et Montague. Ces travaux s'inscrivent dans ce qui prend la forme d'un vaste programme de recherche dont l'objectif est l'obtention d'un format commode pour les sémantiques qui puissent servir pour une grande variété de langages logiques, ce que Lewis a nommé *« General semantics »*. Il s'agit dès lors d'associer la théorie de la signification à la sémantique sous un objectif commun : expliquer et donner les conditions sous lesquelles les phrases et les énoncés sont vrais ou faux. Voir [28].

[2] Le pragmatisme analytique développé récemment par Brandom, [1], [2] en est une autre.

[3] Je renvoie aux travaux suivants de Lorenz, desquels je me suis inspiré, [23], [14], [15], [16], [17], [18], [20], [22].

2

Dans un passage bien connu des *Notebooks*, [30, 27.10.1914], Wittgenstein affirme, en parlant de la théorie de la proposition-image qui sera celle du *Tractatus* :

> The difficulty of my theory of logical portrayal was that of finding a connexion between the signs on paper and a situation outside in the world. I always said that truth is a relation between the proposition and the situation, but could never pick out such a relation.

Or, deux mois plus tôt (03.09.1914), Wittgenstein déclarait que l'obscurité, à l'origine de la difficulté mentionnée dans la citation précédente, réside dans la question suivante :

> (...) what does the logical entity of sign and thing signified really consist in ?

Cette question, poursuit-il, est « a main aspect of the whole philosophical problem ». Ce problème est celui de la prédication dont est tributaire la référence des signes aux choses signifiées. Il y est question du rôle de la copule qui relie un terme à un ou plusieurs objets et qui n'est pas une relation ordinaire entre objets, mais plutôt un moyen permettant d'exprimer qu'une telle relation a lieu. Dans le *Tractatus*, l'identité logique du signe et de la chose signifiée repose sur une relation interne qui se montre d'elle-même, mais qui ne peut être dite[4]. Si toute relation interne est une relation formelle et, symétriquement, si toute relation externe est une relation matérielle, alors on peut parler du niveau de l'objet (matériel) et de ce qui peut être exhibé comme étant nécessaire à la constitution de l'objet (formel).

Certains passages du *Tractatus*, interprétés ensemble, suggèrent que les propriétés internes des objets sont effectivement des propriétés formelles (leur forme) :

> 4.124 : The existence of an internal property of a possible state of affairs is not expressed by a proposition, but it expresses itself in the proposition which presents that state of affairs, by an internal property of this proposition. It would be as senseless to ascribe a formal property to a proposition as to deny it the formal property.
> 2. 0123 : If I know an object, then I also know all the possibilities of its occurrence in atomic facts. (Every such possibility must lie in the nature of the object.) A new possibility cannot subsequently be found.
> 2.01231 : In order to know an object, I must know not its external but all its internal qualities.
> 2.0141 : The possibility of its occurrence in atomic facts is the form of the object.

En effet, si connaître un objet c'est i) connaître toutes ses propriétés internes et ii) connaître toutes ses occurrences possibles dans les états de

---

[4] Et ce, bien que la relation entre la proposition et l'objet soit une relation externe qui, de toute évidence, n'existe pas. Je pense ici au paradoxe de Bradley sur les relations externes.

choses, et si iii) la forme des objets est justement la possibilité de ces occurrences dans les états choses, alors iv) les relations internes sont des relations formelles. La forme des objets détermine donc complètement la structure des états de choses dans lesquels ils peuvent être des occurrences, d'où l'on conclut que les états de choses du monde extérieur n'ont aucune relation externe. La relation interne entre le langage et le monde est, selon le paragraphe 4.01, celle de la proposition comme « image » ou modèle de la réalité « *as we think it is* ». Cet aphorisme est quelquefois interprété comme postulant l'existence d'un isomorphisme entre le langage et le monde puisque dans des paragraphes précédant le 4.01, il est dit que le niveau langagier, celui des signes et des symboles (3.326 & 3.327[5]), et le monde ont en commun la structure logique. Cette « *internal similarity* » entre les différentes images du monde se montre dans les propositions, mais ne peut se dire (4.122)[6]. Le problème de la possibilité même d'une telle « structure logique » ou « similarité interne » est soulevé dans la citation suivante :

> 2.15 : This connexion of the elements of the picture is called its structure, and the possibility of this structure is called the form of representation of the picture.

Wittgenstein utilise alors la métaphore de l'échelle pour qualifier les formes de représentations de l'image qui, dit-il, sont appliquées à la réalité « *like a scale* » (2.1512). Cette métaphore de l'échelle de mesure est aussi présente dans les *Recherches* [32, § 130]. Dans le *Tractatus*, ce sont les propositions qui sont les porteurs de vérité (leurs formes logiques), dans les *Recherches*, ce sont les jeux de langage. Ceux-ci sont des étalons de mesure dont l'une des fonctions est de montrer ce qu'il y a (« *measuring rod* » § 131)[7].

Le langage idéal, tel que développé dans le *Tractatus*, doit être considéré comme un langage comprenant tout langage symbolique bien construit ainsi que toutes les règles de traduction de la syntaxe logique (voir les définitions 3.343). Dès lors, la signification des signes doit être complètement éliminée de cette dernière. Le symbole ou le signe sont alors pensés comme ce qui est invariant dans toutes les traductions entre langages et ce, en accord avec les règles de la syntaxe logique. Toujours selon le *Tractatus*, le sens d'une phrase est complètement dévoilé par l'usage que l'on en fait, en accord avec les règles syntaxiques, et ce, à la condition expresse que l'on soit conscient de ce qui se montre de lui-même en utilisant la proposition ou l'énoncé. La transition du *Tractatus* aux *Recherches* s'accompagne, comme cela est

---

[5] Le signe détermine seulement la forme logique avec « *its logical syntactic application* » (3.327) et « *The rules of logical syntax must follow of themselves, if we only know how every single sign signifies* » (3.334).

[6] Selon les notes de lecture de Moore 1930-1933, elle relève, en tant que relation interne, de la grammaire.

[7] Voir aussi ce que dit Wittgenstein, [29, p. 185] du *Tractatus*.

généralement reconnu depuis les travaux des membres de l'École d'Oxford, de celle du langage idéal à celui du langage ordinaire. Les jeux de langage des *Recherches* peuvent être tenus comme des outils d'explicitation de ce qui se montre de lui-même lorsque l'on utilise les phrases (ce qui est implicite). Si cette reconstruction est acceptable, alors il y aurait ainsi une continuité entre le *Tractatus* et les *Recherches*[8].

3

La philosophie constructive de l'École d'Erlangen est justement motivée par « le souci de défendre Wittgenstein contre une mécompréhension courante dans la philosophie analytique » (Lorenz, [19, p. 73]) qui consiste à opposer les savoirs pratiques (au sens de ce que Hintikka, [10, p. 14], [11, p. 97] appelle « the skill sense of "knowing how" ») et les savoirs théoriques (correspondant à la connaissance par description chez Russell). Le projet classique de la tradition analytique, dont les principaux représentants sont l'empirisme et le naturalisme sous leurs diverses formes, s'est développé sur l'idée que la sémantique a préséance sur la pragmatique.

En effet, à la suite de Frege et Russell, cette tradition a systématiquement favorisé le champ de la théorie, comme analyse du langage, plutôt que celui de la pratique et par là même celui de la connaissance par description. La théorie ainsi conceptualisée qui a résulté de ce choix méthodique est subordonnée à l'admission de l'existence de données primitives qui doivent être schématisées à travers l'élimination du vague propre au langage naturel en faveur d'un langage idéal, comme le suggère Carnap. Selon celui-ci, l'épistémologie, du moins dans sa partie non empirique, se présente comme une théorie des langages scientifiques dans laquelle la philosophie est réduite à être « la logique de la science » et, en ce sens, à une *« knowledge by description »*. L'entreprise sous-jacente à ce choix épistémologique se résume à transformer une théorie scientifique en un calcul dans lequel la pensée formelle ne peut plus être une justification de la pensée informelle.

---

[8] Cette relation entre ce qui est implicite et ce qui est explicite est aussi présente chez Lorenz et Heinzmann dans les termes de la connaissance passive (ce qui se montre de soi-même) par opposition à la connaissance active ; c'est-à-dire à ce que les jeux de langage rendent explicite (ce qui est montré). La lecture iconique de la représentation des faits de notre langage (leurs traits symboliques ou sémiotiques), telle qu'elle est articulée par Lorenz et Heinzmann, est une explicitation de ce qui est implicite dans l'aspect pragmatique (leurs caractères symptomatiques), ceci bien que Lorenz et Heinzmann maintiennent que ces deux « aspects » sont coprésents. Dans cette interprétation, les jeux de langage ne sont pas des moyens permettant de parler des objets, mais des outils qui révèlent quel type d'objets est concerné par nos actions. Ces jeux de langage généralisés sont des situations qui visent à rendre compte de la façon dont une expression en vient à être signifiante et à communiquer, c'est-à-dire à jouer le rôle d'un terme (ou d'un mot) et le rôle d'une phrase.

Dans cette approche formaliste et théorique, la forme logique d'une expression linguistique est obtenue par la construction d'un langage idéal, à l'image de celui des *Principia Mathematica* de Russell et Whitehead dont le *Tractatus* est l'écho. Cette approche repose pourtant sur la présupposition expresse que l'on formalise quelque chose de donné et conséquemment que l'on dispose déjà d'une théorie précise pour un fragment de langage non formel à partir duquel on évalue si le calcul est *adéquat*. Or, ce « langage authentique », ce qui est formalisé, ne contient pas les critères permettant d'établir les principes de sa description. Il faut donc, suivant le constructivisme de l'École d'Erlangen, revitaliser ce que Russell appelait *« knowledge by acquaintance »* et cela ne sera possible qu'en la libérant du « sensualisme » des évidences non linguistiques que sont les « impressions sensorielles données » *(sense-data)* de Russell.

À cette fin, les philosophes de l'École d'Erlangen proposent de reconstruire le lien entre le langage idéal du *Tractatus* et la pratique des jeux de langage des *Recherches* dans ce que Husserl a appelé, dans son œuvre tardive, la *Lebenswelt*. C'est ainsi qu'ils interprètent le lien entre la forme logique du *Tractatus* et l'usage dans les *Recherches*. La forme logique des expressions linguistiques ne peut être découverte qu'en ayant recours à leur usage dans la pratique de la vie de tous les jours. Ce pragmatisme radical est motivé par la volonté d'éviter le cercle vicieux qui consiste à justifier le savoir théorique et propositionnel par le recours à des données, elles-mêmes théoriques et propositionnelles. C'est pourquoi Kamlah et Lorenzen [13] recommandent, suivant en cela Dingler, [4], [24], d'asseoir le savoir propositionnel et théorique sur un « savoir » non propositionnel qui ne correspond pas à une réduction à des données empiriques. Pour éviter le cercle vicieux qui peut encore apparaître en justifiant les pratiques sur d'autres pratiques, les constructivistes d'Erlangen isolent une sphère particulière d'activités, celles de la vie de tous les jours. Ces pratiques ne sont pas susceptibles de recevoir à leur tour une justification. À l'instar des jeux de langages wittgensteinien, elles sont là, un point c'est tout.

Ces jeux de langage que Wittgenstein ne définit pas, mais qu'il introduit au moyen de plusieurs jeux de langages dont l'exemplification abondante dans les *Recherches* est peut-être tout ce qui peut en être dit (ou, plutôt, ce qui se montre de lui-même). Ces jeux, qui partagent un « air de famille », n'acquièrent un sens qu'au travers de leurs applications, c'est-à-dire de la dynamique entre ceux-ci. Selon Hintikka & Hintikka [12], Lorenz [21] et Heinzmann [8], ce qui vient ancrer le langage dans le monde pour Wittgenstein, c'est la pratique, c'est-à-dire les activités non ou pré-linguistiques. Elles sont le socle commun du langage et du monde. La sémantique, dès lors, doit être postérieure à la pratique puisque le « sens » *(Sinn)* n'apparaît qu'avec celle-ci. Il s'agit de porter attention aux pratiques déployant différents vocabulaires – plutôt que sur le sens que ceux-ci expriment – et sur ce qui doit être fait par les agents pour que l'on puisse dire qu'ils expriment quelque chose. Ce que Wittgenstein enseigne, ou plutôt, ce qui se « montre de lui-même » à travers les jeux de langage, est que le signe de la compréhension, une fois présenté un exemplaire, n'est rien de plus rien de moins que la capacité (pratique) à poursuivre le jeu (l'exemple du « Slab » *Sprachspiel* de Wittgenstein ou le rôle des situations empratiques (*empraktisch* ou *empragmatisch*) chez Bühler, [3] et Lorenzen).

Le pragmatisme ainsi reconstruit suppose un réseau de savoir comment (joués !) non encore explicités. Évidemment, une telle lecture des propos de Wittgenstein soulève la question de la transcendantalisation de la pragmatique (comme chez Grice et Apel ou encore chez Habermas pour la vie morale, [5]), mais peut aussi être interprétée comme une mise en garde contre celle-ci. Selon cette dernière interprétation, la pluralité même des jeux de langage pose naturellement la question de la dynamique entre ceux-ci. Cette dynamique est plutôt « une forme de vie » et constitue un système d'expressions (et de communications) qui demande en contrepartie l'exploitation d'un savoir autre que sémantique et syntaxique comme en témoigne l'invitation de Wittgenstein à ne pas analyser cette pluralité en terme descriptif de « métajeux » avec « métarègles » et ainsi de suite.

4

La philosophie de l'École d'Erlangen s'inscrit dans le prolongement de celle de Wittgenstein dans la mesure où celui-ci veut rendre compte des relations internes entre objets et signes d'objets. Le problème de l'identité du signe et de la chose signifiée qui, par le recours à la prédication, explique la possibilité de référer aux objets est le problème central de la reconstruction dialogique. Ce problème est aussi à la base du pragmatisme inhérent au constructivisme méthodique et est le tremplin pour la caractérisation de la prédication en tant qu'action indépendante du mode de prédication.

Selon Lorenz :

> La révolution wittgensteinienne consiste donc à remplacer les idées ou les concepts considérés comme moyens traditionnels de réflexion par des capacités à agir de manière déterminée (...). [21, p. 85]

Les jeux de langage sont des éléments pragmatiques reliés à des rôles réflexifs. Comme cela est bien connu, ils sont aussi des aptitudes à se comporter selon une règle (ces règles ne sont ni des règles de syntaxe, ni des règles de sémantique, « il s'agit des règles d'un jeu de langage incluant des pans d'activité linguistique et d'activités non linguistiques » [21, p. 84]). Dans le langage de Wittgenstein, ces outils d'élucidations sont « des formes de vie ». Pour Lorenz, ce sont des procédés d'acquisition d'une compétence (c'est-à-dire d'une habitude d'agir déterminée). Mais ce sont aussi et surtout des outils qui révèlent ce qui est en train de se produire, ce qui relève d'une stratégie de pragmatisation de la sémantique qui contrecarre la stratégie inverse qui domine la philosophie analytique de langue anglaise : les jeux de langages ne sont pas une théorie de l'usage du langage, mais une façon de prendre conscience de nos « modes de vie » ou, dans les termes de Lorenz et de Heinzmann, une reconstruction de l'usage du langage par l'introduction du langage.

Suivant la perspective de l'École d'Erlangen, dans cette reconstruction, chaque notion sémantique doit elle-même être systématiquement fondée sur le concept de jeu de langage et sur ses dérivés. Il y a ainsi un compromis entre l'approche pragmatique et l'approche sémantique, compromis qui est instancié par la logique dialogique[9] dans laquelle la théorie de la vérité en tant que consensus, ou consentement partagé, n'est qu'un cas particulier de la théorie de l'argumentation. C'est à cette étape de la reconstruction qu'interviennent les fondements de la logique dialogique dans la lignée de laquelle la formalisation des langues naturelles (et des langages scientifiques) ne doit pas prendre, comme dans la philosophie analytique, la forme d'une réduction des langages non formels à un calcul logique (par exemple le calcul des prédicats).

En terminant, j'aimerais attirer l'attention sur une interprétation récente de la réception du pragmatisme wittgensteinien dans le projet classique de la tradition analytique. Dans son avant-dernier livre [1], Brandom affirme que le pragmatisme de Wittgenstein, correctement reconstruit, constitue le plus grand challenge jamais adressé au projet classique de la tradition analytique depuis Russell et Moore :

> ...Wittgenstein is putting in place a picture of discursive meaningfulness or significance that is very different from that on which the classical project of analysis is predicated. In place of semantics, we are encouraged to do pragmatics (...) in the sens of the study of the use of expressions in virtue of which they are meaningfull at all. To the formal, mathematically inspired tradition (...) is opposed an anthropological, natural-historical, social-practical inquiry aimed both at demystifying our discursive doings and at deflating philosophers' systematic and theoretical ambitions regarding them.

Et il poursuit :

> But I do not think we are obliged to choose between these approaches. They should be seen as complementing rather than then competing with one another. [1, p. 7–8]

C'est ce pont entre le pragmatisme qui émerge de la tradition de l'École d'Erlangen et celui développé par Brandom dans la philosophie analytique

---

[9] Pour un aperçu récent de la logique dialogique, le lecteur intéressé pourra consulter Rahman & Keiff [26] et [27].

qui a motivé ce texte. Je suggère qu'ils viennent d'une même volonté de répondre au défi wittgensteinien et dans ce contexte le récent projet de Brandom pourrait être une continuation de ce programme, mais par d'autres moyens (faute d'espace, je ne peux développer ce point ici). Les deux relèvent le défi de réconcilier pragmatique et sémantique en regardant du côté de ce que Wittgenstein, dans les *Recherches,* nommait une « gemeinsame menschliche Handlungsweise » (§ 206).

BIBLIOGRAPHIE

[1] Brandom, R., 2008, *Between Saying and Doing. Toward an Analytic Pragmatism,* Oxford : Oxford U. Press.
[2] Brandom, R., 2009, *Reason in Philosophy. Animating Ideas,* Cambridge, Mass./London : Harvard U. Press.
[3] Bühler, K., 1990, *Theory of Language,* Amsterdam/Philadelphia, John Benjamins.
[4] Dingler, H., 1944, *Lehrbuch der Exakten Naturwissenschaften,* ed. Lorenzen (P.) as *Aufbau der Fundamentalwissenschaften,* Munich : Eidos-Verlag, 1964.
[5] Habermas, J., *Morale et communication. Conscience morale et activité communicationnelle,* Paris, Flammarion.
[6] Heinzmann, G., 1987, Philosophical Pragmatism in Poincaré, ed. Srzednicki, J., *Reason and Argument, Initiatives in Logic,* Dordrecht/Boston/Lancaster, Nijhoff, 70–80.
[7] Heinzmann, G., 1992, La Logique Dialogique, ed. Vernant, D., *Recherches sur la Philosophie et le Langage,* n° 14 : Du Dialogue, 249–261.
[8] Heinzmann, G., XXXX, Les dogmes rationaliste et empiriste face à leur révision poïétique en philosophie des mathématiques, ed. Schwartz, E., *Actes du Colloque Jules Vuillemin,* Hildesheim, Olms, disponible en ligne à http ://poincare.univ-nancy2.fr/Presentation/ ?contentId=1502.
[9] Heinzmann, G., 2006, Les langages d'Ajdukiewicz, le conventionnalisme et le pragmatisme, in *La philosophie en Pologne. 1918-1939,* ed. Pouivet, R. & Rebuschi, M., Paris, Vrin, coll. Analyse et philosophie, 67–79.
[10] Hintikka, J., 1975, *The Intentions of Intensionality and Other New Models for Modalities,* Boston, D. Reidel.
[11] Hintikka, J., 1998, *Paradigms for Language Theory and Others Essays,* Dordrecht, Kluwer.
[12] Hintikka, J. & Hintikka, M., 1991, *Investigations sur Wittgenstein,* Liège, Mardaga.
[13] Kamlah, W., & Lorenzen, P., 1984, *Logical Propaedeutic : Pre-School of Reasonable Discourse,* Lanham MD : University Press of America.
[14] Lorenz, K., 1973, Rules versus Theorems. A New Approach for Mediation between Intuitionistic and Two-Valued Logic, *Journal of Philosophical Logic,* 2, 352–369.
[15] Lorenz, K., 1979a, A Pragmatic Foundation for the Distinction of Symbols from Symptoms, *Language, Logic, and Philosophy, Proceedings of the 4th International Wittgenstein Symposium,* Hölder-Pichler-Tempsky, Wien, 132–135.
[16] Lorenz, K., 1979b, The Concept of Science. Some Remarks on the Methodological Issues "Construction" versus "Description" in the Philosophy of Science, Bieri, P., Horstmann, R.-P. & Krüger, L. (eds.), *Transcendantal Arguments and Science. Essays in Epistemology,* Boston/London/Dordrecht, Kluwer, 177–190.
[17] Lorenz, K., 1981, Dialogic Logic, Marciszewski, W. (ed.), *Dictionary of Logic as Applied in the Study of Language. Concepts, Methods, Theories,* The Hague : Martinus Nijhoff Publishers, 117–125.
[18] Lorenz, K., 1985, Intentionality and its Language-Dependency, Dascal, M. (ed.), *Dialogue–An Interdisciplinary Approach,* Amsterdam/Philadelphia, John Benjamins Publishing Co, 285–292.

[19] Lorenz, K., 1987, La rectification de la tradition analytique, *Manuscrito,* vol. 10, n° 2, 65–76.
[20] Lorenz, K., 1989, What Do Language Games Measure, *Critica,* 1, 63, 59–73.
[21] Lorenz, K., 1990, Un jeu de langage pour la logique, Soulez, A., *Acta du Colloque Wittgenstein 1988, Collège International de Philosophie,* Paris, T.E.R, 83–99.
[22] Lorenz, K., 1992, La valeur métaphorique du mot 'image' chez Wittgenstein, Sebestik, J. & Soulez, A. (eds.), *Wittgenstein et la philosophie aujourd'hui, Journées Internationales Créteil-Paris, 16-21 juin 1989,* Paris, Méridiens Klincksiek, 299–308.
[23] Lorenz, K. & Mittelstrass, J., 1967, On Rational Philosophy of Language : The Programme in Plato's Cratylus reconsidered, *Mind,* vol. 76, n° 30, 1–20.
[24] Lorenz, K. & Mittelstrass, J., 1969, *Die methodische Philosophie Hugo Dinglers,* Einleitung zum Nachdruck von : Hugo Dingler *Die Ergreifung des Wirklichen,* Kapitel I-IV, Suhrkamp, Frankfurt (Reihe Theorie 1), 7–55.
[25] Moore, G. E., 1954, Wittgenstein's lectures in 1930-1933, *Mind,* 1–15.
[26] Rahman, S. & Keiff, L., 2004, On How to be a Dialogician, Vanderveken, D. (ed.), *Logic, Thought and Action,* Dordrecht, Kluwer/Springer Academic Publishers, 359–408.
[27] Rückert, H., 2001, Why Dialogical Logic?, Wansing, H. (ed.), *Essays on Non-Classical Logic,* Singapore, World Scientific Pub Co., 165–185.
[28] Travis, C., 1997, Pragmatics, Hale, B. & Wright, C. (eds.), *A Companion to the Philosophy of Language,* Blackwell Companion to Philosophy, Oxford, Blackwell, 1997, 87–107.
[29] Wittgenstein, L., 1973, *Ludwig Wittgenstein and the Vienna Circle,* McGuinness, B. (ed.), Oxford : Blackwell.
[30] Wittgenstein, L., 1979, *Wittgenstein : Notebooks 1914-1916,* von Wright, G. H. (ed.), Oxford, Blackwell.
[31] Wittgenstein, L., 1991, *Tractatus Logico Philosophicus,* London, Routledge.
[32] Wittgenstein, L., 2001, *Philosophical Investigation,* Oxford, Blackwell.

Frédérick Tremblay
LHSP - Archives Henri Poincaré
frederick.tremblay@univ-nancy2.fr

PART V

VARIA / MISCELLANEOUS

Ausdruck und Darstellung
MICHAEL ASTROH

Die nachfolgende Erörterung versucht mittels phänomenologischer Beschreibung so zwischen Begriffen von Ausdruck und Darstellung zu unterscheiden, dass objektiv wie intersubjektiv verbindliche Erlebnisformen in ihrer lebensweltlichen Herkunft identifizierbar werden.

1 Leiblichkeit

Verständigung und Wahrnehmung bedingen einander. Wir leben in Sprachen. Ihre Gestaltung und Verwendung ergibt sich daher nur mittelbar und nur beschränkt aus Zwecken, denen ihr Einsatz dienen kann.

Sprachen sind uns natürlich. Versuchen wir sie zweckmäßig einzusetzen, zu revidieren oder neu zu entwickeln, haben wir uns längst miteinander verständigt. Sprachen sind Gestaltungen unserer Existenz. Sie bilden und wandeln sich mit den Lebensverhältnissen, die uns aneinander binden. Die leibliche Existenz, die unser Leben ermöglicht und begrenzt, prägt insbesondere die Arten von Verständigung und Selbstverständnis, in denen wir uns gegenwärtig sind und es eine Zeit lang bleiben.

Wie man sich miteinander austauscht, wie man einander erlebt, sind nur Momente der *einen* leiblich gebundenen Erfahrung, in der sich unser kulturelles Leben körperlich ausprägt. So, wie wir uns verständigen und uns selbst verstehen, treten wir füreinander in Erscheinung, zählen wir füreinander – aufmerksam auf die Art, in der wir uns jeweils äußern.

Verständigung ist somit ein Grundzug unserer Erfahrungswelt. Sobald wir leben, sind wir in unserem Verhalten und wechselseitigem Austausch auf gegenständliche Verhältnisse dieser Welt bezogen und lernen allmählich, darauf ausdrücklich Bezug zu nehmen. Was unsere Verständigung fördert, sie hemmt oder beschränkt, besitzt mithin so, wie es erscheint und verbindlich wird, Wert.

2 Reines Denken und sinnliche Sprache

Es mag überflüssig erscheinen, die ästhetische Verfassung aller, zumal sprachlicher Kommunikation hier einleitend hervorzuheben. Allerdings kennzeichnet es die Sprachphilosophie seit dem ausgehenden 19. Jahrhundert, dass ästhetische Qualitäten menschlicher Verständigung zugunsten semantischer, syntaktischer und pragmatischer Aspekte vernachlässigt werden. Exemplarisch sei auf Gottlob Freges Auffassungen verwiesen, der die rhetorische Artikulation eines Gedankens wie auch Vorstellungen, die seine Artikulation begleiten können, für wissenschaftlich gleichgültig hielt, andererseits kein angemessenes Kriterium für die Identität von Gedanken fand und dennoch den Zweck seiner *Begriffsschrift* in der ästhetischen Aufgabe sah, „die Gesetze des reinen Denkens zur Anschauung zu bringen."

Diese radikale Konzeption wissenschaftlicher Sprache und Kommunikation unterstellt, dass der Bereich des Logischen die Sphäre eines von sinnlicher Erfahrung unabhängigen, mithin reinen Denkens sei. Die sprachliche Gestalt, in der Gedanken erfasst und vermittelt werden, ist der ihnen eigenen Gliederung so äußerlich, dass selbst ihre schematische Wiedergabe mittels einer künstlichen, hierzu eigens entworfenen Sprache nur im Ansatz gelingen kann.

Natürliche Sprachen können dieser Zielsetzung nicht hinreichend gerecht werden, da ihre zumeist unwillkürliche Gestaltung nicht generellen Erkenntniszielen, sondern der Verständigung in einer vielfältig beschränkten Welt dient. Die an Raum- und Zeiterleben gebundene, sinnliche Verfassung insbesondere sprachlicher Verständigung erscheint in dieser wissenschaftstheoretisch motivierten Perspektive höchstens als eine hinlänglich angemessene Vermittlungsform, die es Menschen in ihrer individuell körperlichen Existenz ermöglicht, miteinander zu urteilen und zu handeln.

Die gegenwärtigen Überlegungen zielen nicht darauf hin, szientistische Tendenzen zeitgenössischer Sprachphilosophie ausführlich zu erörtern. Der bloße Hinweis auf ein Sprachverständnis, das sinnliche Differenzierungen nur als unverzichtbares Mittel zur Darstellung logischer Ordnungen gelten lässt, gibt hinreichend deutlich zu erkennen, dass philosophische Perspektiven dieser Provenienz die Leistungen einer vielfältig lebendigen Kultur weder im einzelnen angemessen noch auch systematisch zu bestimmen vermögen. Nur in dem Maße, in dem ein philosophisches Selbstverständnis des Menschen mit der ästhetischen Verfassung seiner Existenz rechnet, lässt sich die produktive Wechselwirkung zwischen Formen kultureller Lebensgestaltung erfassen, unter denen Kunst und Wissenschaft prominente Sphären sind. Weite Bereiche des in einer Kultur alltäglichen Lebens können auf sehr anspruchsvolle, verbindliche Art Ausdrucks- und Darstellungsverhältnisse erfordern und anbieten, ohne hierzu als Beitrag zu wissenschaftlicher Erkenntnis und verantwortungsvollem Handeln legitimiert zu sein.

3 Erfahrung und Verständigung

Ästhetische Werte sind nicht ausschließlich und nicht vorrangig durch ihnen übergeordnete Werte begründet. In zahlreichen und entscheidenden Hinsichten sind es *eigenständige* Werte. An ihrer Verwirklichungen ist uns nicht nur um anderer Werte willen gelegen. Sie zählen für sich genommen, und doch auch nur in Einheit mit anderen Werten, unter anderem denen des Handelns und Erkennens. Ein alltägliches Leben zum Beispiel, das wir vielleicht als harmonisch oder als kurzweilig, zu anderen Zeiten vielleicht als abenteuerlich empfinden, kann durch seine ästhetischen Prägung durchaus einem Zweck dienen. Nur wird es sich hierin nicht erschöpfen, sondern so, wie es sich für uns artikuliert und vollzieht, ein mehr oder weniger lebenswertes Leben sein.

Welche Differenzierung eine Lebensform auch gewinnt – sie wird sinnlich vollzogen. Die leibliche Verfassung menschlichen Lebens lässt sich in Grenzen gestalten, allerdings nicht überwinden. In welchem Maße sich Existenzweisen nun nicht nur lebendig vollziehen und erhalten, sondern in sich als solche bekannt werden, ergibt sich aus den Erlebnisweisen, die ihre körperliche Verfassung zulassen.

Leben, das eigenständige Bewegung zulässt, erfährt sich in sinnlichen Routinen. Es erfasst sich als solches, zumindest rudimentär, als einen mehr oder weniger gestörter Lebensvollzug, der sich in Grenzen, sei es aktuell, sei es dispositionell, in tätigem Lernen an seiner Störung ausrichtet.

Störungen sind in geringerem oder höherem Grade die einzigen Zäsuren, die den sinnlichen Lebensvollzug nachhaltig gliedern können. Welcher Art sie sind, in welchem Maße sie eintreten, sich wiederholen, sich ankündigen oder mit der Zeit oder plötzlich abklingen werden, wird in der sinnlichen Erfahrung selbst bekannt, mithin durch senso-motorische Kompetenz verfügbar.

Je reichhaltiger sinnliche Erfahrung durchlebt wird und sich in Dispositionen zu alternativer Erfahrung und modifiziertem Verhalten umsetzt, desto differenzierter in Intensität und Vielfalt nimmt das sinnliche Erleben Gestalt an. Ausbleibende Störungen werden als Bestätigungen, Überraschungen, als entspannende Wendungen, in jedem Fall als Übergänge im engagierten Lebensvollzug erfahren werden. Diese Differenzierung der anhaltenden, dann wieder wechselnden Erlebnisphasen bilden je nach ihrem Stellenwert in mehr oder weniger weitreichenden Erlebniskontexten somit affektive Stadien aus, die sich im fortwährenden Wandel des sinnlichen Materials partiell von ihm lösen und zu Formen affektiver Orientierung entwickeln können. Jede Bestätigung oder Enttäuschung zählt, prägt auf ihre Art das sinnliche Lebensengagement, zeichnet sich zuletzt in einem Stil des Verhaltens und Erlebens ab.

Sensibilisierung, allgemeiner gesagt: ästhetisches Lernen, ist ein sowohl sensitiver als auch affektiver Prozess, der in beiden Hinsichten zu einer internen Gliederung sinnlicher Erfahrung führt, sie in beiden Hinsicht als gegliederten Prozess erscheinen und gegebenenfalls verfügbar werden lässt. Beide Aspekte, das sinnliche Material einerseits und in Einheit damit Erfolg oder Störung des unausgesetzten Erlebens andererseits sind notwendige Aspekte eines engagierten Lebensvollzugs.

Wandlungen und auch Zustände zählen sinnlich. Sie werden im elementaren Lebensvollzug selbst, nicht schon in Einstellungen zu Gegenständen maßgeblich. So hört oder sieht man zum Beispiel nicht, wie das, was man zu sehen oder zu hören bekommt, im Erlebniskontext zählt. Sondern so, wie man eine Färbung sieht, einen Ton hört, fühlt man, wie grell oder schrill, passend oder störend es jeweils wirkt.

Unter Umständen ist es möglich, gegenüber dem eigenen sinnlichen Erleben gleichgültig zu werden. Gewöhnlicher Stumpfsinn ist im gegenwärtigen Zusammenhang allerdings unerheblich. Der Fall des Heiligen oder Helden, der körperliches Leiden wie unbewegt erträgt, bestätigt indessen die vorgeschlagene Differenzierung. Denn die so genannte Selbstüberwindung und auch andere übernatürliche Fähigkeiten, die Helden und Heiligen gern zugeschrieben werden, sollen schließlich diese Ausnahmen erklären.

4 Verbindlichkeiten

Unabhängig davon, ob sinnliches Erleben in sich als intersubjektives Geschehen erfahren wird, wird es gemeinsam als sensomotorische Adaptation vollzogen. Dass ihre gegenständlichen, genauer gesagt körperlichen Voraussetzungen in ihr nicht auch leiblich zur Geltung kommen, ist in zahlreichen Fällen ein Anzeichen der natürlichen Vertraulichkeit, in der Intersubjektivität rudimentär besteht. Das gemeinschaftliche Verhältnis, in dem man einander ursprünglich begegnet, ist nicht auf eine wechselseitig einseitige Anerkennung des Gegenübers reduzierbar, geschweige denn ausgerichtet. Man zählt füreinander, unabhängig davon, ob einer den anderen als solchen vorsätzlich gelten lässt. Gemeinschaften, die man vorsätzlich miteinander stiftet, beruhen auf einem fraglos entstandenen, aber durchaus schon kulturellen Umgang miteinander.

Ausdruck und Darstellung sind erst dann konstitutive Kennzeichen einer kulturellen Lebensform, wenn es den Beteiligten gemeinsam gelingt, ihr sinnliches Erleben so zu gestalten, dass es wechselseitig und in sich gegliedert auf ihr gemeinsames Erleben und darin so auf Variantes und Invariantes Bezug nimmt, wie sich die betreffenden Erlebnisse darauf ihrerseits beziehen. Konfigurationen, die unter anderem als Gesten, Bilder, sprachliche Äußerungen und anderes mehr gelten, werden, in Grenzen wechselseitig wiederholbar, so vollzogen, dass zumindest die folgenden Voraussetzungen erfüllt sind.

Aufnahme und Äußerung der Zeichen sind sinnlich affektiv voneinander abgehoben. Die Beteiligten bemerken so, wie sie ihren Austausch erleben, ob sie sich äußern oder ob sie das, was sie äußern oder äußern könnten, ihrerseits aufnehmen. Sie benötigen hierzu keinen Begriff von sich selbst, die sich miteinander verständigen und jeweils Urheber ihrer Äußerungen sind. Ein Selbstverständnis dieser Art gewinnen sie allenfalls unter der Voraussetzung ihrer unbedacht erworbenen Verständigung.

Der Umstand, dass sie von sich, in ihrer wechselseitigen Verständigung keinen Begriff haben, ihn hierin erst erwerben müssen, entscheidet darüber, was den Zeichen, die sie austauschen, zugeordnet sein kann. Da Verständigung sich zunächst schlicht vollzieht, nicht schon begriffen sein kann, können die Erfahrungsphasen, auf die einzelne Abschnitte der Verständigung bezogen sind, eben nur als jeweils und in Grenzen wiederholbar Erfahrenes zählen. Erst im sich weiter differenzierenden Vollzug kommunikativer Erfahrung kann es gelingen, Erfahrung und Erfahrenes so grundlegend voneinander zu unterscheiden, dass Spielarten und Bedingungen sinnlicher Kenntnisnahme sich von Zuständen oder Ereignissen, bestenfalls Sachverhalten, die in ihnen bekannt werden, deutlich abheben.

Um Erlebnis und Erlebtes voneinander unterscheiden zu können, muss man gemeinschaftlich dazu in der Lage sein, eigene Täuschungen zu bemerken und sie als solche zu bestimmen. In diesem Fall wird man mit einer gewissen Berechtigung etwa von einem Gegenstand, der in einem bestimmten Licht grau erscheint, sagen können, man sehe, dass er weiss ist.

Kommunikation kann sich nur sachlich, in einem vorläufigen Sinn realistisch entwickeln. Denn Kenntnis der intersubjektiven Voraussetzungen objektiver Bezugnahme ergibt sich sekundär, durch ihren fraglosen Vollzug selbst. Dass die Differenzierung von Verständigungsmöglichkeiten im Kontext von Erfahrungsmöglichkeiten überhaupt jeweils zu denselben Differenzierungen zwischen objektiven und intersubjektiven Erfahrungsaspekten führen, ist durch nichts gewährleistet. Wie eine Kultur das Verhältnis zwischen Verständigung und Wahrnehmung unter ihren je eigenen Bedingungen organisiert, ist Widerschein ihrer Lebensform. Sie zeichnet sich vorrangig in den Äußerungs- und Wahrnehmungsweisen ab, die eine lebendige Kultur ihren Subjekten einräumt, und es ist zumindest fraglich, ob sich dieses Verhältnis so kanonisch festlegen lässt, wie es die Struktur von Wissenschaft anscheinend erfordert. Wie scharf die Trennung zwischen Objektivem und Subjektivem auch gezogen wird – in der persönlichen Lebenserfahrung bleibt die Kenntnis dieser Grenzen doch recht prekär.

Verständliche Äußerungen und die ihnen zugeordneten Erfahrungen individuieren und differenzieren sich allmählich. Es bilden sich nicht nur Möglichkeiten aus, gleiches unterschiedlich zu äußern, zu verstehen, es dementsprechend auf unterschiedliche Art wahrzunehmen. Auch Relevanz und Wert einer aktuell verstandenen Äußerung im interaktiven, kooperativen, auch kompetitiven Verhältnis der Beteiligten zueinander differenzieren sich. Insbesondere wird es möglich, gegenseitig und sachlich zwischen Einflußnahme und Anerkennung zu unterscheiden. Man lernt, sich wechselseitig als Handelnde unterschiedlicher Kompetenz zur Kenntnis zu nehmen. Verhältnisse, über die man sich verständigt, und Verhältnisse, in denen man sich verständigt, werden sich von einander abgrenzen lassen. Intersubjektivität und Objektivität, die grundlegenden Hinsichten kommunikativer Verbindlichkeit, müssen sich zu ihrer verlässlichen Unterscheidung in unterschiedlicher Betonung artikulieren und entsprechend unterschiedliche Wahrnehmungsformen mit sich bringen.

Die elementare Gliederung, die dieser zweifachen Verbindlichkeit Rechnung trägt, wird sich je nach Medium und Zeichenart weitreichender noch entfalten können, sich stets jedoch doppelt motiviert artikulieren. Der grundlegende Sinn von Verständigung organisiert sich in komplementären, durchaus konflikträchtigen Hinsichten. Einerseits wird Kommunikation darin verbindlich, dass man anderen über auch ihnen Bekanntes Unbekanntes mitteilt. Andererseits ermöglicht sie es, bekannte Verhältnisse gemeinsam und planmäßig zu verändern und auch sie zu erhalten.

5 Allgemeinverbindlichkeit

Medien, sprachliche oder bildliche Kommunikationsformen zum Beispiel, organisieren sich auf sehr unterschiedliche Arten. Die gegenwärtige Erörterung erfordert es nicht, solche Unterschiede im einzelnen herauszustellen. Wesentlich für die hier zu bestimmenden Begriffe von Ausdruck und Darstellung ist allerdings, dass die Grammatik der betreffenden Medien stets beiden Hinsichten von Verbindlichkeit, der intersubjektiven wie der objektiven, Rechnung trägt. Die sprachliche Gliederung einer Äußerung, etwa in Subjekt und Prädikat, ist ein äußerst sinnfälliges Anzeichen der hier angesprochenen Verbindlichkeit. Die den Äußerungen zugeordneten Wahrnehmungsverhältnisse weisen eine analoge Gliederung auf und beziehen sich auf Gegenstände, im besonderen Dinge als Träger ihrer Eigenschaften. Gegenüber lebensweltlichen Üblichkeiten werden derart kategoriale Differenzierungen allerdings als ideale und definite Bestimmungen maßgeblich.

Allgemeinverbindlichkeit ist das historisch entscheidende Ideal, das sich mit der Konstitution menschlicher Verständigungsformen ausgebildet hat. Es rechnet mit einer uneingeschränkten Reproduzierbarkeit menschlicher

Lebensverhältnisse. Seiner forschreitenden, technisch und institutionell vermittelten Realisierung stehen menschliche Individualität und existentielle Aktualität entgegen, die ihrerseits erst in idealisierten Lebensformen als Werte in Erscheinung treten. Die Konflikte, die derart divergente Ideale strukturell bedingen, sind zweifellos offensichtlich.

Ungeachtet dieser für das Entstehen von Wissenschaft, Kunst oder auch Recht so entscheidenden Ideale darf nicht außer Acht bleiben, dass auch der hier leitende Begriff eine zumindest habituellen Zuordnung von Erfahrungsroutinen zueinander idealische Züge besesitzt. Erlebnisphasen gehen so ihrer sinnlichen Gestalt nach auseinander hervor, ineinander über oder begleiten einander, einander ergänzend im Kontext desselben Sinns oder unterschiedlicher Sinne. Die sinnliche Ordnung, in der Erfahrungsstadien rück- und vorgreifend relevant werden, ist einerseits eine materiale Ordnung. Sie ist Teil der Lebensverhältnisse, an die Erlebnisse unabhängig davon gebunden sind, ob sie nicht nur zur Kenntnis genommen, sondern als solche auch wahrgenommen und begriffen werden. Andererseits gelingt es unter Umständen, jenen Verhältnissen weitere Erfahrungsroutinen so zuzuordnen, dass sie sich möglichst unabhängig von diesen Verhältnissen in Äußerungen und deren Aufnahme zur Geltung bringen lassen – so sehr, dass es den Beteiligten, sei es in der Art, wie sie ihre Kompetenz erleben, sei es durch ihr begriffliches Selbstverständnis, uneingeschränkt oder gar prinzipiell möglich scheint, sich in ihren Lebensverhältnissen über sie auszutauschen. Sie muten sich aufgrund der Spielräume, die ihre Sinnlichkeit ihnen eröffnet, ein idealisches Selbstverständnis zu, von dem sie nicht wissen können, ob, von dem sie jedoch erwarten müssen, dass ihm ihr Leben entgegensteht – einer Idealisierung ihrer Existenz, die ihr Dasein einerseits einzigartig erscheinen lässt, es andererseits allgemein verbindlichen Prinzipien unterwirft.

6 Ausdruck und Darstellung

Unter einer Darstellung im hier entworfenen Sinne, kann nun eine in Grenzen reproduzible, gemeinsam artikulierte und reproduzierte Erlebnisphase verstanden werden, der in diesem Vollzug bestimmte Erlebnisphasen zugeordnet sind. Vorkommnis, Gliederung und Ausgestaltung der ersteren bestimmen, welche Phasen ihnen jeweils zugeordnet sind. Diese Bestimmung entscheidet, was Phasen dieser und Phasen jener Art respektive der Zuordnung gemeinsam ist und sich als das in ersteren Dargestellte auffassen lässt. So ist einem bildlichen Erleben, zum Beispiel einer Person, ein Bereich von gegebenenfalls nur möglichen Erfahrungen zugeordnet. Die abgebildete, vielleicht nur mögliche Person ist das, was jenem Erleben und diesem Erfahrungsbereich gemeinsam ist.

Über den Stellenwert einer Darstellung in der Erfahrung der Beteiligten entscheidet, wie eine maßgebliche Erlebnisphase zu den ihr zugeordneten Phasen im gemeinsamen Erleben mittelbar oder unmittelbar ins Verhältnis gesetzt ist. So kann es in wechselseitigem Einverständnis erforderlich werden, eine ihr zugeordnete Phase herbeizuführen. Umgekehrt wird unter Umständen letztere ersterer vorausgegangen sein und entscheidet nun respektive möglicher Alternativen, ob sie, die vorliegende Darstellung, der ihr zugeordneten Phase angemessen ist. In anderen Fällen wird es gleichgültig sein, eine zugeordnete Phase überdies zu realisieren. Es kann stattdessen darauf ankommen, welche Phasen, denen ihrerseits weitere Phasen zugeordnet sind, der aktuellen Darstellung vorausgehen oder folgen. Dieser dritte Fall betrifft unter anderem den Wert von Aussagen, deren Verifikation und Wahrheit gleichgültig ist, die aber als fiktionale Darstellungen in ihrem sich fortschreitend realisierendem Verhältnis zu anderen Darstellungen Wert besitzen.

Zahlreiche Geltungsbegriffe lassen sich unter Bezugnahme auf diesen Darstellungsbegriff und seine lebensweltlichen wie auch idealisierten Fassungen unterscheiden. Wichtiger als eine systematisch fortschreitende Differenzierung des angezeigten Darstellungsbegriffs oder die Klärung zugehöriger metonymisch motivierter Verwendungen des Terminus ist es im gegenwärtigen Kontext, einen ihm entsprechenden, gleichermaßen weiten Begriff von Ausdruck anzugeben, somit den hier leitenden Begriff des Erlebens vollständiger zu skizzieren.

Unter Ausdruck im weitesten und grundlegenden Sinne kann die Art verstanden werden, in der sich im Erleben, im selben oder in unterschiedlichen Sinnen, die Relevanz seiner gleichzeitigen oder einander mittel- oder unmittelbar folgenden Phasen manifestiert. Der Ausdruck, den eine sinnliche Konfiguration mit sich führt, ist anders gesagt die Art und Weise, in der sie unter anderen möglichen oder aktuellen Konfigurationen mehr oder weniger störend oder bestätigend zählt.

Ausdruck organisiert sich einerseits als fortschreitende Aus- und Umgestaltung, andererseits als Bruch und Diskrepanz. Nicht das sinnliche Material selbst, das in Raum und Zeit des Erlebens nur willkürlich vorkommen könnte, sondern seine konkrete, sich in Grenzen wiederholende, variierende Anordnung bringt es artikuliert, eben mehr oder weniger ausdrücklich zur Geltung. In dem Maße, in dem sich Ausdrucksfiguren abheben und es den Beteiligten gelingt, diese Konfigurationen in Raum und Zeit ihres Erlebens angemessen miteinander zu durchleben, bildet sich eine gemeinsame Lebenswelt aus, eine Erfahrungswelt, in der praktische Kompetenz im habituellen, kontextuell angemessenem Einsatz von Umgangsformen besteht – ein Dasein, in dem man sich in der mehr oder weniger natürlichen Architektur der

Lebenslandschaft auskennt, sie aber nicht wissentlich darzustellen vermag. Ohne Freiheit im Erlernen und eigenständigen Gestalten solcher Umgangs- und Ausdrucksformen kann sich eine Kultur nicht entfalten. Die Kunst, eine Zeit lang gemeinsam zu leben, ist vorrangig eine Kunst, sich verhalten miteinander ins Benehmen zu setzen, die Bewegung der wechselseitigen Erfahrung so zu gestalten, dass füreinander offenkundig wird, wie die gemeinsamen Verhältnisse, selbst wenn man sie nicht begreift, zählen. Kein Sachwissen, das sich in differenzierten Sprachformen präsentiert und eine gemeinsame Welt fasslich, zumindest im Ansatz gegenständlich verfügbar werden lässt, kann diese elementare Verhaltenskompetenz der Artikulation ersetzen. Sie ist im Gegenteil notwendige Voraussetzung aller in Darstellungsformen vermittelter, sachlicher Kompetenz.

Zahlreiche Verwendungen des Terminus Ausdruck lassen sich auf sein hier vorgeschlagenes Verständnis zurückführen.

Insbesondere ästhetischer Ausdruck läst sich in dieser Perspektive als Manifestation von Relevanz bestimmen. Betrachtet man die Gesichtszüge einer Person, so kann darin Freude zum Ausdruck kommen. Die freudigen Gesichtszüge spiegeln für den, der sie zur Kenntnis nimmt, unter Umständen nur das Gefühl von Freude wider, in dem der betreffende Mensch seine Verhältnisse wahrnimmt. Die entsprechenden Gesichtszüge sind für ihn so nur Anzeichen dessen, was ein anderer erlebt, er selbst in seinem Verhältnis zum anderen aber nicht miterlebt. Unter Umständen kommt die Freude nur beiläufig, schwächer als anderes zum Ausdruck. Die Person zeigt ihre Freude nicht eigentlich. Der Ausdruck ihrer Unsicherheit, die Unruhe in ihrer Augenbewegung wirkt, schon weil nicht unmittelbar offensichtlich, vielleicht stärker. Ein anderer, der es beobachtet, wird diese oder andere Differenzierungen des Gesichtsausdrucks, die ihm eigene Ambivalenz unter Umständen nicht richtig einschätzen. Andererseits können die Lebensumstände einer Person es begünstigen, dass sie sich über den Ausdruck ihres Gegenübers täuscht, seiner Erscheinungen einen Ausdruck beilegt, den sie nicht mit sich bringt.

Treten in der kulturellen Erfahrung Ausdruck und Darstellung auseinander, so setzen sie einander voraus. Kultur wird lebendig vollzogen. Je differenzierter die Darstellungs-, mithin objektbezogenen Lebensverhältnisse sich einrichten und entfalten, desto reichhaltiger müssen sich zugehörige Ausdrucksverhältnisse entwickeln. Es ist damit nicht gesagt, dass aller Ausdruck Ausdruck von etwas ist und diesbezüglich zu identifizieren sei. Deutungen, die auf den Ausdruck von Kunstwerken abzielen, wirken zumeist irreführend. Was zum Beispiel Richard Serras *Shift* oder die *Canti del Capricorno* von Giacinto Scelsi ausdrücken, lässt sich nicht sinnvoll beantworten.

Ausdruck deutend darzustellen kann kognitiv anspruchsvoll sein und sich als intellektuelle Herausforderung erweisen. Ein System logischer Folgerungsverhältnisse zum Beispiel lässt sich als ein System von Ausdrucksverhältnissen dadurch objektivierend deuten, dass ihm ein formales Objekt in seinen Eigenschaften genau eindeutig zugeordnet wird. In einem grundlegend anderen Sinne wird Ausdruck künstlerisch objektiviert. Seine Gestaltung lässt ihn als solchen zum Gegenstand von Erfahrung werden. Ausdruck wird in diesem Fall sowohl vollzogen als auch vorsätzlich gestaltet und in dieser elementaren Ambivalenz erfahrbar. Kunst gestaltet alle Darstellungsverhältnisse, auf die sie durch ihre Medien, Film und Fotografie zum Beispiel, bezogen ist, um des Ausdrucks willen, auf den sie verbindlich oder gar allgemein verbindlich hinzielt. Wissenschaft gestaltet Ausdrucksverhältnisse, auf die sie durch ihre Medien angewiesen ist, um der Gegenstände willen, auf deren Darstellung sie verbindlich, bestenfalls allgemein verbindlich hinzielt. Kunst und Wissenschaft sind so betrachtet in ihrer Verbindlichkeit Leistungen, die einander ergänzen.

Michael Astroh
Ernst-Moritz-Arndt-Universität Greifswald
astroh@uni-greifswald.de

L'intuition du temps dans la connaissance commune et dans la connaissance scientifique

Hervé Barreau

L'intuition du temps est un acte de synthèse dans la connaissance commune. Elle se traduit par l'idée d'une simultanéité absolue. C'est cette idée que met en défaut la relativité d'Einstein, qui relève, elle aussi, d'une sorte d'intuition : une intuition savante qui opère un choix. Dans la mécanique quantique aussi des choix sont opérés, dont le principal semble être la nature probabilitaire de la fonction d'onde Ψ. Cela n'empêche pas la physique atomique et quantique de fournir les horloges les plus robustes pour la mesure du temps. Dans tous les cas, l'intuition opère un choix et rassemble des connaissances, théoriques et expérimentales.

Les philosophes qui, tel Gerhard Heinzmann, font appel à l'intuition dans la connaissance scientifique, sont parfois embarrassés sur la façon dont ils peuvent définir cette intuition, qui n'est généralement pas aussi simple que l'usage habituel du mot le suggère. Il s'agit davantage d'une capacité de synthèse entre des données de diverses sortes, théoriques et expérimentales, que d'une pénétration exceptionnelle dans la réalité à laquelle se rapportent ces diverses données, quoique cette pénétration ne soit nullement exclue, et même se trouve médiatisée, grâce à cette intuition, d'une façon nouvelle et remarquable. La réalité concernée se trouve donc approchée, par cette sorte d'intuition, d'une manière inédite et même souvent décisive, du moins jusqu'à plus ample information. Une telle conception de l'intuition, différente de celle qu'on trouve par exemple chez Bergson, a été mise en relief par Ferdinand Gonseth, en particulier dans ses derniers ouvrages. Elle concerne directement la connaissance commune, mais également, comme nous le verrons la connaissance scientifique, bien que le mot « intuition » s'efface alors, chez Gonseth, pour laisser place à ce qu'il appelle « l'idonéité », mais qui désigne, nous le verrons, la même capacité. Il est significatif que ce soit à propos du temps que Gonseth ait fait appel à cette sorte de connaissance intuitive, à laquelle il consacre un chapitre dans *Le problème du temps*[4].

On peut extraire de ce chapitre un passage qui montre fort bien de quelle intuition il s'agit :

> Ce temps (intuitif) ne se réduit pas au temps vécu dans une cadence purement personnelle. Ce n'est pas non plus le temps avec lequel l'imagination joue dans une liberté presque totale, ni même un temps figuré par des représentations artificielles, conventionnelles ou occasionnelles. Le temps vécu, le temps imaginé et le temps figuré ont, en quelque sorte, une charnière commune sur laquelle ils sont articulés. Ils ont en commun, sur cette charnière, une certaine visée de réalité, un certain souci d'efficacité, une certaine intention de justesse, une certaine façon d'être, en même temps que le temps d'une personne, le temps des autres et le temps du monde. Synthétique au niveau de l'action quotidienne, cette variante est bien le temps intuitif. [4, pp. 282-283].

Il est clair que le temps intuitif ici caractérisé correspond bien à ce que nous pouvons appeler l'intuition du temps, puisque ce temps n'impose pas une conception différente de celles qui sont opérantes grâce à lui, mais se contente de les référer toutes à une réalité commune. On verra d'ailleurs que ce temps intuitif, qui ne diffère pas d'une intuition commune à toutes les représentations temporelles de la vie quotidienne, s'offre à une description plus complète que celle que propose Gonseth dans *Le problème du temps*. Nous essaierons ensuite de montrer que c'est bien une intuition savante du temps qui agit également dans l'appréhension du temps propre à la relativité einsteinienne et dans celle qui est propre à la mécanique quantique fondamentale. Toutes ces intuitions révèlent une capacité de l'esprit humain, et témoignent d'une certaine parenté, bien qu'elles aboutissent souvent à des conceptions presque contradictoires, du moins en apparence, puisque la différence du niveau d'approche prévient de prendre ces contradictions apparentes pour de vraies contradictions.

1 L'intuition du temps dans la connaissance commune

Il est frappant que, pour donner un exemple du « temps intuitif », Gonseth ait recouru aux célèbres expériences que l'éthologiste von Frisch avait faites sur les abeilles. On sait que ces insectes sont dotés d'une horloge interne, puisqu'elles sont capables de retrouver une même direction spatiale après un certain temps, en tenant compte du déplacement que le soleil apparent a effectué, par exemple d'une certaine après-midi au matin suivant. Par là elles montrent que leur horloge interne est réglée sur la marche apparente du soleil, c'est-à-dire qu'elle obéit, comme c'est le cas chez tous les animaux et végétaux, à un rythme circadien. L'existence de ces rythmes biologiques atteste, en effet, non seulement l'existence de telles « horloges internes », mais également le réglage que ces horloges subissent de la marche apparente du soleil. On s'aperçoit d'ailleurs que ce réglage, une fois établi, ne s'adapte pas facilement à des décalages importants durant une même journée, puisque nous avons peine, comme les animaux, à retrouver notre « orientation horaire » après des transports aériens d'assez longue portée. On voit que, lors d'un tel changement brusque d'environnement, c'est le déréglage, plutôt que le réglage, qui affleure à la conscience, tandis que le réglage habituel s'effectue d'une façon inconsciente. Il y a des « synchoniseurs » entre nos rythmes et les rythmes du soleil apparent. C'est la tâche des biologistes de les relever dans l'organisme et il semble que leur assemblage est complexe. De toute façon la vue y joue un rôle important, et l'on a montré que la plongée d'un sujet dans une obscurité durable, par exemple au fond d'une caverne, troublait les rythmes circadiens et les faisait diverger de plus en plus du rythme du soleil (expériences du spéléologue Michel Siffre).

Nous saisissons sur cet exemple des rythmes circadiens la fonction propre de l'intuition, telle que nous l'entendons à la suite de Gonseth, à savoir d'attester « une certaine visée de réalité, un certain souci d'efficacité, une certaine intention de justesse ». Et l'existence de cette intuition du temps ne doit pas nous étonner puisque, si l'individu vivant ne peut vivre qu'en s'adaptant au monde extérieur, alors il faut qu'il soit équipé de moyens « intuitifs » pour assurer cette adaptation.

Gonseth ne s'est pas penché sur les modes de cette adaptation selon l'âge de l'individu vivant. Et pourtant l'appréhension du temps n'est pas la même chez le bébé, l'enfant, le (la) jeune homme (fille), l'homme (la femme) adulte, le vieillard et le moribond. Là encore les biologistes ont pu montrer que « l'âge physiologique » est différent de « l'âge de l'état civil ».

D'une façon générale, il en résulte que le temps (extérieur) coule plus lentement dans les premiers âges de la vie, tandis qu'il s'accélère dans les derniers. Ainsi l'âge apprend une nouvelle propriété du temps, son écoulement irréversible du passé vers l'avenir. L'enfant s'aperçoit vite, malgré la répétition des jours, que le passé ne revient pas, tandis que l'avenir est incertain. La distinction du passé et de l'avenir a des origines vitales, avant de revêtir des significations plus amples. En s'inscrivant dans la suite des générations, tout homme apprend qu'il s'avance vers sa mort, par le fait même qu'il a été appelé à vivre.

La vie n'exige pas seulement une adaptation à tout âge, mais à tout moment, du moins à tout moment qui peut revêtir une importance particulière pour le futur de l'intéressé. Car le présent est doté d'un privilège particulier : c'est le seul moment où l'individu peut agir et s'insérer dans la trame complexe de la causalité. Il s'agit ici du passé et de l'avenir immédiats qui prendront une signification différente selon l'action manquée, ou réussie, de l'individu invité à « jouer » son rôle dans la société dont il fait partie. Chez les animaux aussi, l'instinct saisit les moments favorables à la satisfaction d'un besoin biologique. L'homme, qui est partagé entre des désirs multiples, est parfois maladroit à reconnaître les possibilités qui s'offrent à tel moment, et peut-être ne se retrouveront plus. Ce que la vie lui apprend, en tout cas, c'est qu'il faut saisir les opportunités quand elles se présentent, se concentrer vers l'obtention d'un but quand ce but est atteignable, et sacrifier, quand c'est nécessaire, le moins important à ce qui l'est davantage. C'est de cette façon que le présent peut créer un lien reconnaissable entre le passé et l'avenir, et le temps devenir, pour l'agent, un allié plutôt qu'un ennemi. Il est manifeste que les deux dernières manifestations temporelles de la vie (celle de l'âge irréversible et celle du présent comme moment de l'action) engrènent, selon les termes de Gonseth, le « temps de la personne » sur « le temps des autres »[1]. Par son activité et par le langage, par les deux réunis, l'enfant s'intègre dans « le temps social commun » qui est le milieu de tout son apprentissage des notions temporelles. N'est-ce pas déjà aussi, comme le suggère Gonseth, « le temps du monde » ? Certes, ce « temps du monde » est déjà connu intuitivement par le réglage des rythmes circadiens, les seuls qui sont, chez l'homme, universellement présents. Mais ce réglage étant inconscient, il ne joue pas un grand rôle dans la connaissance explicite du « temps du monde ». Au contraire, le « temps social commun » révèle comment cette vie commune s'accorde avec le déroulement du monde. Il faut entendre ici par « monde » aussi bien le monde physique, dont les saisons marquent le cours de l'année, que le monde historique, celui des événements et des commémorations qui marquent la vie d'une société donnée. La mémoire et le raisonnement concourent certainement à cette insertion du « temps social commun » dans le « temps du monde ». Mais l'intuition le fait spontanément car la simultanéité s'étend à tout l'espace et rien n'en limite la portée dans la vie commune. On peut même dire que la compréhension de la notion de temps est corrélative avec l'intuition d'une simultanéité universelle, manifestée par le cours des astres, ou par le cours d'un calendrier, le second s'appuyant d'ailleurs sur le premier. Ce n'est pas la multitude des calendriers qui peut troubler cette unicité du temps, car les calendriers historiques sont facilement mis en correspondance, et leur caractère conventionnel éclate dès que l'attention est portée sur leur origine. De cette façon, l'imagination forge, sous la dictée de l'intuition d'une simultanéité universelle, le mythe d'un temps qui coule pour tous les êtres du monde. Il suffit de rationaliser ce mythe en le rapportant à la fois aux astres, à la vie biologique et à la vie sociale, pour que s'affirme le concept du « temps cosmo-bio-social », qui est le temps de tous et de chacun. C'est ce temps qui se trouve officialisé par ce qu'il est convenu d'appeler le « temps universel » (TU) qui, en utilisant les horloges les plus précises possibles, devient le « temps universel coor-

---

[1] Pour le développement de tous ces points, je me permets de renvoyer à la première partie du « Que sais-je ? », *Le temps*, numéro 3180 [1], dont je suis l'auteur, en attendant un ouvrage à paraître : *Les racines communes de la notion de temps*.

donné », qui règle les montres portatives sur la planète entière, au décalage horaire près, qui est lui-même officialisé. Longtemps la science physique a elle-même adopté cette croyance, qui lui a apporté de très beaux résultats.

2 L'intuition du temps dans la connaissance scientifique

Si l'on considère les sciences de la vie et de la société, il faut reconnaître que le « temps cosmo-bio-social » défini précédemment fournit l'échelle de temps dont elles ont besoin. Ne font-elles pas continuellement référence aux ans, siècles, milliers, millions ou milliards d'années, qui se situent aisément par rapport à notre calendrier habituel ? Certes la périodisation peut différer selon les aspects de la vie biologique ou historique que l'on considère, mais l'idée d'une simultanéité universelle ne cesse pas de régner dans ces sciences et le repérage de cette simultanéité est facile à partir de l'échelle que nous fournit le calendrier. Avec ce calendrier, en particulier quand il a été raisonnablement réformé, comme ce fut le cas du calendrier grégorien, nous disposons des caractères de régularité, d'irréversibilité et d'universalité, qui conviennent au compte temporel dont font usage ces sciences. Cette convenance n'est guère étonnante, puisque ces caractères sont empruntés, comme on l'a vu, aux processus mêmes dont ces sciences constituent l'étude systématique.

Par contre, si l'on considère la science physique moderne, il faut reconnaître qu'elle a été bâtie sur des schèmes tout à fait différents. C'est un temps mathématique, suggéré par l'astronomie, mais dépouillé de ses références astrales traditionnelles, et réduit à un écoulement homogène et uniforme, qui est le temps de la mécanique, depuis Galilée et Newton. Une propriété de ce temps, associée aux lois dont il permet la formulation rigoureuse, est d'être réversible, c'est-à-dire d'ignorer la distinction passé / futur. Il faut reconnaître que cette propriété a été longtemps vérifiée pour notre système solaire et a permis d'évaluer correctement l'exactitude de phénomènes remarquables, comme les éclipses, qui avaient été déjà étudiés dans les sciences astronomiques anciennes. Aujourd'hui nous savons que cette propriété de réversibilité n'est pas indéfiniment extensible, car notre système solaire a eu un commencement et aura une fin. La propriété de réversibilité ne vaut que pour des systèmes relativement stables et pour le temps de leur stabilité. Nous retrouvons avec le « temps cosmique », c'est-à-dire avec le temps de l'Univers tel qu'il est défini par la cosmologie contemporaine, une échelle orientée du passé à l'avenir, qui a valeur de temps universel. Ce qui est étonnant cependant, c'est que ce concept de temps cosmique est né de l'application de la théorie relativiste de la gravitation à l'univers entier, alors que l'espace-temps de la relativité générale, qui se borne à fournir une telle théorie, ignore la direction privilégiée du temps, tout comme l'espace-temps de la relativité restreinte. La révolution einsteinienne en physique a donc eu des effets contraires, fortifiant finalement les présupposés de la physique classique, mais non sans avoir ouvert d'abord des possibilités nouvelles, selon que le concept moderne de « loi » se trouva d'abord corroboré puis, au contraire, relativisé dans un sens nouveau, quand il était placé dans une perspective évolutionniste de tout l'univers matériel.

A) La question qui se pose, concernant cette révolution, est de savoir s'il y a eu des éléments d'intuition dans la découverte initiale d'Einstein. Sur ce point, Gonseth était bien placé pour répondre, car il fut l'un des premiers étudiants d'Einstein à l'Ecole Polytechnique de Zürich, quand Einstein y accepta une chaire de physique (1909), quatre ans après l'invention de la relativité restreinte. Il est intéressant de relever que, lorsque Gonseth, un demi-siècle après ses années d'étudiant à Zürich, eut l'occasion d'évoquer à l'UNESCO l'enseignement de son maître, il ne cacha pas la perplexité où le jeta cet enseignement :

> Contrairement à ce qui paraissait évident, il (Einstein) posa que la vitesse de la lumière serait la même pour tous les observateurs animés d'une vitesse uniforme, quelle que fût d'ailleurs cette vitesse. Partant de là, il examina soigneusement comment les horloges d'un même système, les horloges invariablement liés à un même observateur, pourraient être synchronisées par le seul moyen de signaux lumineux. Il établit ensuite comment on pouvait mettre en rapport de façon cohérente les temps et les distances mesurés par deux observateurs en état de vitesse uniforme (en état inertiel), l'un par rapport à l'autre. Cette façon de faire avait des conséquences drastiques. Le principe de simultanéité était par exemple perdu. Mais les formules de Lorentz étaient retrouvées, et avec elles - sans avoir à faire l'hypothèse d'un éther aux propriétés spectaculaires - on retrouvait aussi l'explication des phénomènes qui demandaient à être expliqués, tel que le résultat négatif de l'expérience de Michelson-Morley, l'effet Doppler, etc. Eh bien, après plus de cinquante ans, je ressens encore le sentiment d'insécurité et même de trouble que cette façon de procéder éveillait en moi [5, pp. 23-24].

On aura reconnu dans l'exposé de cet enseignement l'ordre même de la démarche que suivit Einstein dans son fameux Mémoire de 1905. L'étudiant Gonseth n'en était guère satisfait. Tout cela lui semblait horriblement contre-intuitif, contraire, tout au moins, à l'intuition du temps, telle que nous l'avons développée à sa suite dans la première partie de cet article. Gonseth raconte cependant, en 1965, comment il en est venu « à y voir plus clair ». C'est quand il entendit Einstein, un peu plus tard, probablement dans un séminaire, exposer à ses étudiants la situation devant laquelle les physiciens se trouvaient en 1905 : il fallait ou bien renoncer à la cinématique classique avec sa loi de composition des vitesses, ou bien aux équations de Maxwell, dont l'expérience montrait qu'elles étaient satisfaites en tout référentiel d'inertie. Einstein, après mûre réflexion, opta pour la première branche de l'alternative. De ce choix, Gonseth fait, en 1965, le commentaire suivant :

> La solidité d'une telle trame (les équations de Maxwell et ce qui en dérive) et la sécurité qu'elle offre aux chercheurs peuvent être telles que lorsqu'elles entrent en conflit avec certaines des évidences les plus ancrées, c'est en optant pour ces évidences qu'on s'expose aux risques d'erreur les plus graves. Dans une situation de ce genre, la raison théorique n'est plus la seule maîtresse du jeu. Mais d'elles seules, les raisons pratiques ne le seraient pas davantage. C'est un ensemble de circonstances et de conséquences qu'il s'agit d'apprécier, d'évaluer. Ce qui doit être aperçu, c'est ce qu'il convient au mieux de retenir ou d'écarter, de faire ou de laisser ; on peut en faire un principe, celui de la meilleure convenance. Je préfère dire le principe de *l'idonéité la meilleure*. [5, p. 25]

Il est clair que, bien que Gonseth ne parle pas ici d' « intuition », c'est bien d'une intuition savante qu'il est question, puisque le choix heureux ne résulte ni de « la raison théorique » ni de « raisons pratiques ». On sait d'ailleurs que les formules de Lorentz sont tout à fait compatibles avec l'hypothèse de l'éther, à laquelle Lorentz fut d'abord fidèle, et dont Poincaré lui-même se fit le champion jusqu'à sa mort (1912). Il ne faisait aucun doute, pour Gonseth, dans sa maturité, qu'Einstein adopta la convention la meilleure, ou, comme il disait, la « convenance » optimale. C'est même, semble-t-il, de cette adoption d'importance historique, qu'on doit d'abord à Einstein, que Gonseth tira sa philosophie de la connaissance scientifique, à savoir l'idonéisme. On peut dire que l'idonéisme est une sorte de réalisme teinté de pragmatisme fondé sur l'intuition. Car puisque les bons choix ne dérivent pas d'une conception toute faite de la raison, il faut bien les attribuer à cette fonction de l'intelligence dans le choix des principes, que, depuis Aristote, on a toujours appelée « intuition ». On a vu qu'il y a des intuitions dans la connaissance commune, il faut dire qu'il y a aussi des intuitions dans la connaissance scientifique. Ces dernières intuitions peuvent contredire les premières, du moins l'usage irréfléchi qu'on en fait quand on les transporte telles quelles dans les circonstances où la vitesse de la lumière prend une importance primordiale. Alors, s'il s'agit du temps, il faut dire qu'il est défini, avec la simultanéité qu'il comporte avec lui, pour un seul référentiel d'inertie, muni d'une loi de synchronisation de ses horloges. La théorie einsteinienne nous permet cependant de caractériser la marche du temps pour un autre système d'inertie en déplacement rectiligne et uniforme par rapport au premier : s'il s'agit de mesurer un phénomène qui se passe dans ce dernier système, elle ne diffère en rien de la mesure qu'effectuerait d'un phénomène semblable lié au premier système l'observateur de ce même système (en cela consiste le principe de relativité) ; mais s'il s'agit de mesurer précisément ce phénomène semblable, quand il est vu par un observateur lié au second système, alors la marche du temps est plus rapide (c'est ce qu'on appelle « la dilatation du temps »). L'admirable, qui est conforme au principe de relativité dans sa forme la plus stricte, mais qui est la découverte propre d'Einstein, c'est que cette caractérisation est symétrique, quand on considère le deuxième référentiel comme un système au repos, vis-à-vis duquel le premier référentiel est alors en déplacement rectiligne et uniforme (en sens inverse) par rapport à l'autre.

B) Est-ce que la mécanique quantique nous révèle un choix « intuitif », comparable à celui que fut pour Einstein le principe de l'invariance absolue de la vitesse de la lumière ? Il est difficile de répondre sur ce point de façon définitive, car la mécanique quantique est toujours sujette à des interprétations différentes, qui peuvent marquer différemment le point où se manifeste « l'intuition ». Qu'y a-t-il, pour parler comme Gonseth, de plus « idoine » dans la mécanique quantique, telle qu'elle est généralement retenue et enseignée ? Il nous semble que le point d'« intuition », celui où justement Einstein se refusa à suivre Born, fut atteint quand ce dernier considéra que la fonction d'onde Ψ de Schrödinger devait être considérée comme l'amplitude d'une onde complexe (c'est-à-dire dont les valeurs sont des nombres complexes) dont le carré du module désignait la probabilité, relative à l'endroit et au temps, de trouver le système quantique en question en tel endroit ou avec telle impulsion. Il en résultait que le temps, en mécanique quantique, n'est pas une propriété observable d'un système quantique, ni donc un opérateur que la théorie définit comme désignant une observable.

On doit donc se demander s'il n'y a pas une raison de « convenance » à cette exclusion du temps comme une grandeur observable dans la microphysique. C'est la question que s'était posée un philosophe des sciences, proche de Louis de Broglie, Jean-Louis Destouches, dans un article publié en 1935 [2]. Trois quarts de siècle après la première parution de cet article, on peut en extraire des remarques qui signalent, pour l'essentiel, la pertinence de l'analyse faite par cet épistémologue dans les années 30. D'abord on pouvait, certes, imaginer que, malgré l'impossibilité de mesurer le temps par le trajet d'une seule particule, « on pourrait adopter un système quelconque et mesurer l'écoulement du temps par l'augmentation de l'entropie du système ». En fait, la question ne se pose plus dans ces termes, car il existe bien une augmentation de l'entropie de tout système quantique dans l'acte de mesure, si l'on adopte la théorie de la décohérence, mais cette augmentation est si rapide, si instantanée, qu'elle ne peut servir à mesurer le temps. Ce qu'elle montre, c'est que l'irréversibilité, caractéristique de l'entropie, s'introduit en mécanique quantique en vertu de l'acte de mesure, puisque l'équation de Schrödinger est invariante par renversement du temps. D'autre part il est vrai que, si l'on se base sur l'entropie d'un système physique, « le procédé qui semble le plus simple pour la mesure du temps est celui basé sur la désintégration radioactive ». Ce procédé est devenu, en effet, d'usage courant. On définit la période d'un élément radioactif comme le temps nécessaire pour décomposer la moitié de l'élément parental en isotope fils. Enfin il est vrai « qu'il n'y a pas d'horloge microscopique ». Mais là, nous devons ajouter : pourtant sont apparues des horloges atomiques ! Ces horloges sont évidemment macroscopiques, mais leur originalité réside dans le fait qu'elles utilisent comme régulateur (cet organe essentiel d'une horloge, comme le pendule pour l'horloge de Huyghens) une population d'atomes passant d'un niveau d'énergie à un autre. On sait que cette transition s'accompagne de l'émission ou de l'absorption d'un rayonnement électromagnétique de fréquence ν, liée à la différence d'énergie entre les niveaux considérés et qui s'exprime par la relation : $\Delta E = h\nu$. Cette fréquence est beaucoup plus stable que tous les autres systèmes macroscopiques utilisés antérieurement. C'est pourquoi la définition de la seconde, depuis 1967, est devenue un nombre énorme de périodes de la radiation correspondant à la transition entre deux niveaux hyperfins de l'état fondamental de l'atome de césium 133. La mécanique quantique fournit donc ce à quoi elle semblait radicalement étrangère à l'origine : l'étalon physique du temps. Et cet étalon est utilisé non seulement dans les laboratoires, mais il est devenu l'étalon du « temps universel coordonné », qui règle toutes nos horloges et nos montres. Il faut seulement considérer ici que l'invention des horloges atomiques (à partir de 1950), est une affaire de technique, bien davantage que de science, comme ce fut d'ailleurs le cas pour la bombe atomique. Rien n'empêchait certes, s'il s'agit de l'horloge atomique, le théoricien d'y rêver, dès le temps de Planck, mais il fallait qu'intervienne, outre la pratique des émissions de radiation stimulées, l'invention de sélecteurs d'états, de cavités résonnantes et de mensurateurs de fréquence. Ici l'intuition est d'ordre technico-pratique plutôt que d'ordre scientifique, bien qu'elle mette en relation, sous le principe directeur de la stabilité obligatoire d'une fréquence, des éléments que seule la science peut découvrir.

3 Conclusion

Que l'on considère la connaissance commune, la connaissance scientifique, ou même le progrès des techniques dans la mesure du temps, il semble que l'intuition consiste toujours dans un acte de synthèse qui ne se contente pas de réunir des données déjà acquises mais les subordonne à un principe directeur. Dans le cas de la connaissance commune du temps, le principe directeur semble être la simultanéité de processus qui ne sont pas indépendants les uns des autres et semblent aller du même pas, comme s'ils étaient reliés à une horloge unique.

Dans le cas de la révolution einsteinienne, le principe directeur c'est la constance absolue de la vitesse de la lumière, qui met en défaut, en même temps que la cinématique classique, le principe intuitif de la simultanéité absolue. Dans le cas de la révolution quantique, le principe directeur semble être la probabilité des évolutions élémentaires, substituée au déterminisme. Il semble que dans la connaissance commune comme dans l'habileté technique, il y ait beaucoup plus de principes qu'il s'agit d'ajuster que dans la connaissance scientifique pure, qui relèverait toujours, d'une certaine façon, de ce que Pascal appelait « l'esprit géométrique ». Cependant l'esprit de finesse est toujours nécessaire, même dans la connaissance scientifique pure, quand il s'agit de faire un choix, car alors on se trouve en face de principes multiples, entre lesquels il faut choisir, ce qui exige, comme le notait Gonseth, l'examen de nombre de « circonstances » et de « conséquences ». C'est pourquoi il est légitime de parler d'« intuition », dans tous les cas où il s'agit d'inventer. Dans tous ces cas, en effet, l'intuition conduit à la réalité, qu'elle soit sentie, comme c'est le cas dans la connaissance commune, inférée dans le cas de la connaissance théorique ou construite dans le cas technique. Sans l'intuition la connaissance tournerait à vide, dans la pure logique des concepts ou dans l'éparpillement des données empiriques. C'est de la synthèse des uns et des autres que naît un principe de compréhension ou éventuellement de réalisation, quand il s'agit, comme par exemple dans le cas évoqué, d'obtenir un régulateur d'horloge le plus parfait possible.

Remerciements L'auteur remercie les referees dont les remarques judicieuses lui ont permis d'améliorer son texte sur quelques points sensibles.

BIBLIOGRAPHIE

[1] Barreau, Hervé 1996. *Le temps*, collection « Que sais-je ? », Paris, Presses Universitaires de France, 2005 pour la 3e édition.
[2] Destouches, Jean-Louis 1994. « Les notions d'espace et de temps dans leurs rapports avec les théories atomiques », *Thalès*, 1935, p. 136 et suivantes. Reproduit dans Paulette Février, Hervé Barreau, Georges Lochak (Dir.), *Jean-Louis Destouches physicien et philosophe (1909-1980)*. Paris, CNRS Editions, pp. 177-178.
[3] Février, Paulette & Barreau, Hervé & Lochak, Georges (Dir.), 1994. *Jean-Louis Destouches, Physicien et Philosophe (1909-1980)*, Paris, CNRS Editions.
[4] Gonseth, Ferdinand 1964. *Le problème du temps*, Neuchâtel, Editions du Griffon.
[5] Gonseth, Ferdinand 1967. « Connaissance de la nature et connaissance philosophique chez Albert Einstein », *in* René Maheu, Ferdinand Gonseth, Robert Oppenheimer, Werner Heisenberg, *et alii, Science et synthèse*. Paris, Gallimard, Idées, pp. 23-24.
[6] Maheu, René & Gonseth, Ferdinand & Oppenheimer, Robert & Heisenberg Werner 1967. *et alii, Science et synthèse*. Paris, Gallimard, Idées.

Hervé Barreau
L.H.S.P. – Archives Henri Poincaré (UMR 7117)
hbarreau@noos.fr

Quelle science pour quelle société ?
MICHEL BOURDEAU

Les frontières disciplinaires ont pour effet de créer des *no man's land* où il ne fait pas toujours bon s'aventurer. Frege attribuait l'absence de réception de ses travaux aux habitudes intellectuelles des philosophes et des mathématiciens : *mathematica sunt, non leguntur* disaient les uns, *philosophica sunt, non leguntur* rétorquaient les autres. Poincaré, pour sa part, rappelait la boutade d'un physicien sur la loi des erreurs : personne ne s'interroge sur son statut car « les mathématiciens s'imaginent que c'est un fait d'observation, et les observateurs que c'est un théorème de mathématiques » [9, p. 155]. De la même façon, philosophie des sciences et philosophie politique s'ignorant presque totalement l'une l'autre, la question *quelle science pour quelle société ?* est d'ordinaire négligée. L'épistémologie classique, celle de Frege et de Poincaré, la récuse. A ses yeux, étudier la science, étudier la société sont deux entreprises qu'il importe de garder strictement séparées. La science a en propre de décrire de façon de plus en plus précise la réalité et l'étude de cette propriété remarquable épuise le domaine de l'épistémologie. S'interroger sur le rapport de la science à la société, c'est s'engager sur un terrain glissant et chacun a en mémoire les discours sur la science bourgeoise ou la science aryenne.

La question ne se laisse toutefois pas éluder aussi facilement. En raison de ses applications, la science occupe une place de plus en plus grande dans nos sociétés. Le secteur *Recherche et Développement* est considéré comme le moteur de la croissance économique, de sorte que la politique scientifique est devenue une des préoccupations majeures de nos gouvernants. Simultanément, un phénomène nouveau est apparu : la science fait peur. Pour essayer de réconcilier le public avec elle, les gouvernements ont donc lancé de vastes programmes *Science et société*, où l'indifférence des philosophes a laissé le champ libre à des approches souvent bien peu satisfaisantes.

Croire que la philosophie des sciences a toujours ignoré ce genre de questions serait toutefois inexact. La désaffection pour la politique positive a fait oublier que le positivisme n'est pas seulement, ni même d'abord, une philosophie des sciences. Depuis le *Plan des travaux scientifiques nécessaires pour réorganiser la société*, ouvrage écrit alors qu'il n'avait que vingt quatre ans et dont le titre est à lui seul un programme, Comte n'a cessé de se situer au point d'articulation de la science et de la société. Et il n'est pas le seul. Chacun à sa manière, Dewey, Neurath ou Popper partageaient le même souci et, tout récemment, certains philosophes ont réinvesti le domaine [7][1]. L'originalité de Comte est de traiter la question d'un *point de vue sociologique*. La sociologie – c'est lui qui a forgé le mot – exerce en effet chez lui une double fonction. Science des faits sociaux, elle est tout naturellement amenée à traiter de ce fait social qu'est la science. Mais en tant que science finale, seule science pleinement humaine, elle est également appelée à présider l'échelle encyclopédique et à assurer la bonne marche de l'ensemble de la science. Elle est donc en mesure à la fois de dégager les grandes constantes de la vie sociale et de fixer les grandes orientations de la science qu'il convient d'y développer.

* * *

Quelle société ? La structure de la question invite à commencer par la fin. Si, de quelque façon, la science est là *pour* la société, il faut en premier lieu savoir ce qu'est cette société dans laquelle s'inscrit l'activité du savant. Il est clair que la question ne peut être prise en un sens purement factuel : la société dans laquelle nous vivons n'est pas celle dans laquelle vivaient nos grands-parents et il s'agit aussi de savoir dans quelle société nous souhaitons que vivent nos petits-enfants. Dans ce qui suit, j'essaierai de m'en tenir à la réponse que l'on peut tirer des oeuvres de Comte et devrai me contenter d'en esquisser les grands traits. Ce choix a pour conséquence immédiate d'écarter la réponse qui vient peut être la première à l'esprit : nous vivons à l'ère de la démocratie. D'un point de vue sociologique, cette focalisation sur le concept de société démocratique enveloppe une erreur de méthode. Elle privilégie indûment le plan politique, oubliant que celui-ci ne constitue jamais qu'une des dimensions de la vie sociale, qu'il importe de saisir d'abord dans sa généralité.

En premier lieu, il n'y a pas de société sans ordre social. La notion d'ordre étant éminemment équivoque (elle désigne tantôt un arrangement, tantôt un commandement) on répugne souvent à rappeler cette évidence, en raison de toutes les connotations négatives associées au second sens. Il est toutefois impossible d'en faire l'économie et même les libéraux le reconnaissent, quitte ensuite à se réserver le droit de diverger sur les conséquences à en tirer. C'est ainsi que la notion de société bien ordonnée est une des premières à être mises en place par Rawls dans sa théorie du libéralisme politique. Mais l'exemple de Hayek est sans doute encore plus éloquent. Non seulement ce

---

[1] Sur la position du Cercle de Vienne, voir par exemple E. Nemeth « Logical Empiricism and the History and Sociology of Science » [8].

qu'il se propose d'établir est un *ordre social* libéral; mais encore il voit parfaitement la dimension épistémologique de la notion d'ordre : elle est l'équivalent de la notion de loi pour les phénomènes complexes [11, chap. 2 (*The theory of complex phenomena*) et chap. 11 (*The principle of liberal social order*)]. A ce titre, elle constitue la condition de possibilité d'une science sociale et c'est une raison supplémentaire pour commencer par là. – Ceci étant, l'équivoque de la notion n'est sans doute pas due au seul hasard. Qu'il s'agisse de syntaxe en grammaire ou de taxinomie en biologie, l'idée d'ordre appelle celles de coordination ou de subordination, et cette dernière introduit à son tour les rapports hiérarchiques. La théorie de l'ordre social prend ainsi, chez Comte, la forme d'un classement. Parler de hiérarchie suscite vite les pires soupçons, lesquels reposent peut-être pour une bonne part sur des malentendus. Il existe en effet un double classement. Le premier, qui découle de la division du travail entendue au sens large, porte sur les fonctions plus que les individus; il avalise l'existence de supérieurs et de subordonnés, ainsi qu'une inégale répartition de la grandeur et de la richesse. Il peut se produire toutefois que le « fonctionnaire » ne soit pas adapté à sa fonction. Pour remédier à ce défaut, un second classement s'impose, beaucoup plus délicat il est vrai, puisque fondé cette fois non sur la puissance matérielle, mais sur le seul mérite intellectuel et moral. Cette théorie de l'ordre social inclut donc une théorie de la mobilité sociale, entendue comme visant à faire s'accorder les deux classements.

En deuxième lieu, il n'y a pas de société sans lien social. Si le terme n'est pas comtien, l'idée, elle, l'est si bien que toute la religion de l'Humanité se résume dans la maxime « *lier* le dedans par l'amour et le *relier* au dehors par la foi » [5, p. 62][2]. Un lien constituant une entrave à la liberté de mouvement, rappeler l'existence du lien social invite à se démarquer du libéralisme aujourd'hui de mise et il est d'autant plus important de remarquer que l'idée a joué un rôle moteur dans la genèse du projet d'une science sociale. Pour Comte, comme pour nombre de ses contemporains, un constat s'impose : avec la révolution, la structure sociale héritée de la féodalité a été détruite, mais on ne peut laisser ainsi l'individu abandonné à lui-même. A une période critique doit donc succéder une période organique. L'insistance sur le lien social sert ainsi d'antidote aux effets néfastes de l'individualisme. Les positivistes ont identifié à tort ce dernier et l'égoïsme, pour leur opposer l'altruisme. Inversement, le lien social a été perçu, à tort, comme imposé de l'extérieur à un individu censé libre d'entretenir ou non des rapports avec ses semblables. Les tenants de l'individualisme ont négligé de proposer des valeurs de solidarité qui puissent se substituer au tissu de rapports interpersonnels qui avaient fait jusqu'alors la vie concrète des individus. Le succès

---

[2] Les italiques sont de Comte.

rencontré par les Etats totalitaires au sortir de la première guerre mondiale s'explique en partie par ce qu'ils comblaient le vide ainsi créé et il n'est pas interdit de penser que le « communautarisme » remplit une fonction voisine. Toute demande ne doit pas nécessairement être satisfaite et certains verront dans celle-ci comme une vaine nostalgie de l'enfance. Reste que le lien social est fragile et, autant que l'esprit d'initiative cher aux individualistes, demande à être entretenu.

Le lien social se décline selon des modalités diverses. Peuvent varier son extension ou sa direction. Dans le premier cas, on distinguera la famille, la cité et l'Eglise, autrement dit l'humanité. « C'est à la cité, est-il précisé, qu'il faut surtout rapporter l'homme, mais en la concevant sans cesse comme préparée par la famille et complétée par l'Eglise » [6, p. 357]. Alors que le surgissement des Etats-nations, à la sortie du Moyen-Age, a conduit la philosophie politique classique à accorder une place centrale à la notion d'Etat, la politique positive a d'emblée récusé cette façon de voir et maintenu la nécessité de penser en termes européens[3]. L'Europe y est considérée sous deux aspects. Au plan pratique, il s'agit d'instituer une République occidentale. Au plan théorique, tout en condamnant la politique coloniale de ses contemporains, Comte n'hésitait pas à reconnaître à l'Europe, conçue comme élite de l'humanité, une mission universelle. L'humanité ayant en propre d'être composée de plus de morts que de vivants, c'est avec elle que la nécessité du second principe de distinction apparaît le plus clairement. Le lien social opère selon deux axes orthogonaux : celui de l'espace et celui du temps, celui de la solidarité et celui de la continuité. Si la prééminence du présent nous pousse à privilégier les liens qui nous relient à nos contemporains, la solidarité est loin d'être toujours volontaire et nous expérimentons chaque jour à quel point ce qui se passe à l'autre bout du monde peut nous affecter. Pour être moins sensible, le lien qui nous unit à la postérité et à ce que Comte proposait d'appeler la *priorité* n'en est pas moins plus essentiel encore, s'il est vrai que l'action des générations les unes sur les autres est ce qui distingue l'homme des autres animaux. Il importe donc de lutter sans répit contre l'oubli, d'entretenir le souvenir de ceux qui nous ont précédés et à qui nous devons tant et il n'y a pas de société qui n'institue à cette fin tout un système de commémoration.

En dernier lieu, (et le principe de la dépendance de l'organisme à l'égard du milieu aurait même voulu que l'on commençât par là), une société humaine est une société planétaire. L'expression peut s'entendre de deux façons. Aujourd'hui, elle évoque avant tout la mondialisation : est planétaire ce qui s'étend à l'ensemble de la planète. De fait, les différences culturelles

---

[3] Sur le caractère surfait de la notion d'Etat, Hayek rejoint Comte. Voir *Droit, législationnet liberté* [12, tome 1, p. 56].

ont tendance à s'estomper et nous assistons à une uniformisation des modes de vie : aux quatre coins du monde, les êtres humains ont de plus en plus tendance à s'habiller ou à s'alimenter de la même façon. Mais il est un sens beaucoup plus fondamental : à quelque époque que ce soit, un être humain est d'abord et avant tout un habitant de la planète Terre. Il s'agit cette fois de notre attachement à un sol toujours déjà là, attachement assez fort pour que la découverte du double mouvement de la planète humaine n'ait pas réussi à l'ébranler. Le fait n'est pas propre à l'espèce humaine. Il illustre la dépendance de la vie en général à l'égard des conditions astronomiques : une autre inclinaison de l'écliptique, une orbite plus excentrique et toute vie devenait impossible. De la même façon, l'action sur la nature ne nous est pas propre : tout organisme modifie le milieu dans lequel il vit et l'homme ne se distingue que par l'ampleur des modifications qu'il introduit autour de lui. Les conséquences pour le développement durable sont trop manifestes pour qu'il soit nécessaire d'y insister et il suffira de signaler que dès 1840 Comte avait proposé la création d'un « département spécial du monde extérieur » chargé de « régler convenablement les relations politiques les plus générales, celles de l'humanité envers le monde, et surtout vis-à-vis des autres animaux » [4, 52e leçon, tome 2, p. 263].

* * *

Quelle science ? Pour une société comme celle qui vient d'être brièvement caractérisée, quelle science ? Il convient tout d'abord de remarquer que les deux concepts ne se situent pas sur le même plan. La vie scientifique ne constitue jamais qu'un des aspects de la vie sociale et l'on pourrait tout aussi bien demander : quel art pour quelle société ? quelle forme de vie politique, de vie économique, pour quelle société ? S'il est vrai que la vie sociale englobe tout, on court le risque, à y rapporter indifféremment tout, de laisser échapper ce qu'a en propre l'objet étudié. Pour éviter de tomber dans ce piège, il faut donc commencer par dégager ce qui fait la spécificité de la science, faute de quoi tout ce qu'on pourrait en dire serait aussitôt disqualifié. En première approximation, la science se présente comme le meilleur moyen de *fixer* la croyance, pour reprendre une expression de Peirce. Fixer et non figer, la méthode scientifique se caractérisant au contraire par cette propriété remarquable qu'elle a de permettre un progrès, c'est-à-dire d'approcher de plus en plus du réel qu'elle se propose de connaître. Le savant se trouve ainsi voué au réalisme, sans être pour autant tenu de prendre parti dans les controverses sans fin que le terme a suscité chez les métaphysiciens. Ce souci d'objectivité ne lui est toutefois pas propre : il le partage, par exemple, avec le juge, qui veut lui aussi connaître la vérité. Que l'on parle d'expliquer ou de prédire, de cause ou de loi, la science exige en outre un travail d'abstraction, un détachement du sensible, qui est comme le garant de sa fécondité. J'ai presque honte à énoncer de telles banalités mais, face aux méfaits d'un certain constructivisme social, il est indispensable de rappeler ce qui devrait aller de soi.

Que la science soit une activité théorique ne signifie pas toutefois qu'elle soit sans effet pratique. A cet égard, l'idée de science pure apparaît pour le moins malencontreuse, comme si les sciences appliquées étaient impures, inférieures. En réalité, s'il existe bien un désir naturel de connaître, l'amour désintéressé de la vérité, l'amour de la vérité pour la vérité, est bien trop faible pour mettre à lui seul en branle notre intelligence et, quand cela se produit, ce motif, dans la mesure où il reste égoïste, n'en confère pas une valeur beaucoup plus grande pour autant. La sagesse populaire fait de la nécessité la mère de l'invention et il est admis depuis longtemps que toute science est née d'un art correspondant. Plus près de nous, il est bien connu que la révolution industrielle est comme la sœur cadette de la révolution scientifique. Des créations comme celles de l'Observatoire ou du Jardin du Roi n'étaient pas de simples opérations de prestige et les astronomes du dix-huitième siècle avaient clairement conscience de contribuer, par leurs travaux, aux progrès de la navigation. Ces liens étroits entre la science et l'industrie n'ont cessé de se renforcer avec les années. D'un point de vue sociologique, la science apparaît tout d'abord comme la base rationnelle de l'action de l'homme sur la nature et l'intérêt croissant de nos gouvernants pour la recherche tient avant tout à ce que celle-ci est devenue un des vecteurs du développement économique. Ceux qui s'imaginent que le savant vit dans sa tour d'ivoire verront dans ce souci des applications un phénomène contingent, quand ce n'est pas une déchéance. En réalité, il n'y a aucune raison de remettre en cause dans son principe le rapport existant entre science et industrie. Il est parfaitement normal de demander que le travail du savant débouche sur des résultats qui soient utiles à ses semblables, toute la difficulté étant de savoir ce qui est utile et ce qui ne l'est pas. Les géomètres grecs, quand ils étudiaient les sections coniques, pouvaient-ils savoir qu'une propriété de l'ellipse permettrait à Kepler de caractériser la trajectoire des planètes, et que leurs travaux allaient ainsi être très utiles au marin devant faire le point au milieu de l'océan ?

Un pas nouveau a toutefois été franchi ces dernières décennies avec l'extension du droit de propriété intellectuelle à des domaines qui avait toujours été considérés comme réfractaires à la logique économique. Des accords signés dans le cadre de l'Organisation Mondiale du Commerce ont permis à des intérêts privés de confisquer à leur profit des biens relevant jusqu'alors du domaine public et échappant à ce titre à toute tentative d'appropriation. La situation qui en a résulté a suscité les plus vives inquiétudes, quand ce n'est pas l'indignation, tant dans l'opinion publique que parmi les scientifiques. Le cas le plus connu est sans doute celui du génome humain, la société *Celera Genomics* ayant prétendu s'approprier à des fins commerciales des données fournies par un organisme public. Inversement, des entreprises pharmaceutiques ont fait valoir des droits sur des pharmacopées millénaires, au détriment des savoirs traditionnels autochtones, dont l'antériorité est pourtant incontestable. Qu'on songe encore à la querelle des logiciels libres. Quoi qu'en disent les partisans de ce genre de pratiques, loin de favoriser l'innovation, elles tendent plutôt à créer des situations de monopole. Aussi des institutions scientifiques aussi prestigieuses que la *Royal Academy* se sont déclarées inquiètes de cette privatisation à outrance et ont proposé des régulations plus respectueuses des intérêts publics[4].

De toute façon, considérée d'un point de vue sociologique, la valeur de la science ne saurait se réduire à ses seules applications industrielles. Encore que nos gouvernements donnent parfois l'impression du contraire, ils ont d'autres raisons que l'homme d'affaire de s'intéresser à la science. Le meilleur exemple de cette dimension directement politique est offert par l'éducation. L'industrie voit dans la science un moyen de mettre continûment sur le marché de nouveaux produits, que le consommateur à l'affût du dernier cri n'aura plus qu'à acheter et c'est pour satisfaire à cette demande incessante d'« innovations », pour reprendre le jargon d'aujourd'hui, que les grandes entreprises créent des divisions *Recherche et développement*. Si l'adjectif *scientifique* ne figure pas dans l'expression, c'est sans doute qu'on ne conçoit plus aujourd'hui de recherche qui ne soit scientifique, ce qui veut aussi dire inversement qu'une certaine idée de la science est en passe de disparaître. La science en effet n'est pas seulement recherche. Le savoir acquis demande à être transmis et la science, c'est aussi l'enseignement. C'est une erreur de croire que l'enseignement des sciences, dans le secondaire, doit viser à la professionnalisation ; il vise plutôt à donner, comme disait Molière « des clartés de tout ». Si tout le monde n'est pas destiné à être docteur, tout le monde a le droit de comprendre. L'enseignement scientifique, en tant qu'il développe l'esprit d'observation, le raisonnement, le sens critique, est un instrument d'émancipation intellectuelle et joue un grand rôle dans la formation d'une opinion publique éclairée.

Pourtant, on observe depuis quelque temps un phénomène qui aurait surpris nos grands-parents. Au milieu du siècle dernier, Russell, quand il se faisait l'écho des craintes de ses contemporains après l'explosion de la bombe atomique, ne mettait en cause que la technique. Le prestige de la science restait intact et elle continuait à incarner les espoirs que les hommes

---

[4] Voir « Keeping science open : the effects of intellectual property policy on the conduct of science » (KSOE03) http ://www.britac.ac.uk/reports/eresources/report/app5.

du dix-huitième siècle et leurs successeurs avaient mis dans le progrès des lumières [10]. Aujourd'hui, il n'en est plus ainsi et le capital de confiance dont elle jouissait est désormais bien entamé. En même temps qu'elle devenait de plus en plus présente par ses conséquences, son mode de fonctionnement devenait de plus en plus opaque. A cet égard, il est significatif que, dans l'enseignement supérieur, les filières proprement scientifiques attirent de moins en moins, au profit de formations plus courtes, censées, souvent bien à tort, offrir plus de débouchés.

Conscients des dangers pouvant résulter de ce divorce, les hommes politiques ont entrepris de développer la « médiation scientifique », dans l'espoir de réduire le fossé qui s'est creusé entre la science et les citoyens. Simultanément faisait son chemin l'idée d'un contrôle social de la science, idée dont il faut bien reconnaître qu'elle prête à confusion. A une époque où les idéaux démocratiques triomphent, le mode de fonctionnement de la science peut sembler faire problème. La cité savante ressemble en effet à un club : n'y entre pas qui veut. Les critères de sélection sont très stricts et les décisions sont loin d'y être prises de façon démocratique. La vérité ne se met pas au voix et le respect des compétences introduit de très fortes inégalités. On voit mal comment il pourrait en être autrement. Considérée sous cet angle, l'idée d'un contrôle social n'a pas grand sens. Sur les questions théoriques, personne ne songe, semble-t-il, à entreprendre de vastes consultations populaires. Le problème se situe ailleurs et concerne plutôt la détermination des politiques scientifiques. Dans la mesure où les grandes orientations de la recherche scientifique possèdent une dimension politique, il est normal que les décisions reviennent en dernière instance aux gouvernants. Le principe du respect des compétences fait que ceux-ci s'entourent de conseillers dont ils suivent d'ordinaire les avis. Mais, à mesure que le champ d'application de la science s'étendait, ces décisions ont affecté de plus en plus la société dans son ensemble et c'est pourquoi des citoyens ont demandé à prendre eux aussi part aux débats. Ceci suppose toutefois une opinion publique éclairée. Les connaissances acquises sur les bancs de l'école demandant à être régulièrement mises à jour, les experts sont souvent amenés à jouer également le rôle de médiateur. Il en résulte une certaine confusion entre les deux fonctions. Si les notions d'expert et d'expertise sont assez anciennes, elles ont été assez profondément renouvelées ces dernières décennies et l'usage actuel demanderait à être clarifié. On peut y distinguer deux composantes. A la différence du concept purement cognitif de compétence, le concept d'expert comprend en outre un aspect social, à savoir la reconnaissance en quelque sorte publique de cette compétence. C'est pourquoi la question du choix des experts, de leur indépendance, suscite tant d'intérêt et de controverses.

* * *

Ce qui précède apparaîtra bien sommaire. Dans certains cas, les détails ont été fournis ailleurs; dans d'autres, le gros du travail reste à faire. Toutefois, plus que l'absence de détails, c'est l'approche choisie qui peut faire problème. Pour l'épistémologie classique, quel qu'en soit le degré d'élaboration, ce style d'approche restera toujours superficiel – en ce sens que ce qui est au cœur du travail du savant est relégué à l'arrière-plan – et, pour le dire d'un mot, peu philosophique. S'il est vrai qu'y est laissé de côté l'aspect le plus original et le plus ardu de l'activité scientifique, et que le niveau de rigueur s'en ressent, c'est pourtant bien de science qu'il s'agit. De surcroît, les questions examinées sont bien là, et appellent une réponse. On peut continuer à les ignorer et estimer qu'elles ne concernent pas la philosophie; mais c'est abandonner ce nouveau champ thématique à des disciplines dont il y a tout lieu de penser qu'elles sont moins bien armées pour en traiter. Une autre attitude consiste à tenir compte de ce que la perception de la science a changé et à élargir en conséquence le domaine de la philosophie des sciences, ce qui, faut-il le dire, n'affecte en rien la légitimité du point de vue de l'épistémologie classique.

Dans ces pages, il s'agissait avant tout d'inviter le lecteur à accepter de prendre en considération la question posée. La réponse proposée pourra ne pas convaincre, mais là comme ailleurs il ne faut pas surestimer la valeur du consensus. On dira encore qu'il faut se méfier d'un point de vue sociologique qui, bien avant les égarements actuels d'une certaine sociologie des sciences, peut être tenu responsable de bon nombre de ceux qui ont discrédité la seconde philosophie de Comte. Mais, de ce que le chemin est ardu, faut-il en conclure qu'il ne faut pas l'emprunter? Entre la peur et la sacralisation, il n'est pas facile de trouver le juste rapport à la science, alors pourtant que nous avons besoin de ses lumières pour aborder de façon féconde les problèmes que pose la construction de la société de demain.

BIBLIOGRAPHIE

[1] Bourdeau, Michel 2004. « L'idée de point de vue sociologique », *Cahiers internationaux de sociologie* CXVII, p. 225-238.

[2] Bourdeau, Michel 2009. « Agir sur la nature : la théorie positive de l'industrie », *Revue philosophique* CXCIX, p. 439-454.

[3] Bourdeau, Michel. « Pouvoir spirituel et fixation de la croyance », *Commentaire*, à paraître.

[4] Comte, Auguste 1830-1842. *Cours de pilosophie positive*. L'édition utilisée ici est l'édition Hermann, 1970.

[5] Comte, Auguste 1852. *Catéchisme positiviste*. L'édition utilisée ici est l'édition Garnier Flammarion, 1970.

[6] Comte, Auguste 1851-1854. *Système de philosophie positive*. Paris, Mathias.

[7] Kitcher, Philip 2001. *Truth and Democracy*. Oxford, Oxford University Press.

[8] Nemeth, E. 2007. « Logical Empiricism and the History and Sociology of Science ». *In* Richardson, A. & Uebel, Th., *The Cambridge Companion to Logical Empiricism*. New-York, Cambridge University Press.

[9] Poincaré, Jules Henri 1902. *La science et l'hypothèse*. Paris, Flammarion. L'édition citée dans ce texte est l'édition Flammarion de 1920.

[10] Russell, Bertrand 1967. *The Impact of Science on Society*. Londres, Allen & Unwinn. 1952 pour la première édition.

[11] Von Hayek, Friedrich 1967. *Studies in Philosophy, Politics and Economics*. Chicago, Chicago University Press.

[12] Von Hayek, Friedrich 1980. *Droit, législation et liberté*. Paris, Presses Universitaires de France.

Michel Bourdeau

Institut d'histoire et de philosophie des sciences et des techniques

`Michel.Bourdeau@ehess.fr`

Au commencement était l'Action
DOMINIQUE FAGNOT

Lorsqu'il y a quelques mois Pierre-Edouard Bour, Manuel Rebuschi et Laurent Rollet m'ont demandé si je souhaitais participer à ce Festschrift, j'ai d'emblée donné mon accord, pensant alors rédiger un court article sur la construction piagétienne des structures mathématiques à partir des schèmes d'action, développant ainsi certains points du travail de doctorat que j'avais commencé – sans jamais l'avoir mené à son terme – sous la direction de Gerhard Heinzmann. Les mois passant, ce projet d'article connut diverses déclinaisons, dont la dernière consistait en une comparaison des points de vue de Piaget et de Gonseth se fondant sur l'analyse qu'avait faite Gerhard Heinzmann des conceptions de ce dernier dans son ouvrage *Schematisierte Strukturen*, mais ne se concrétisait pas. Le manque de temps, mais aussi et surtout de pratique philosophique, firent, qu'au pied du mur, armé de quelques ouvrages dont celui cité ci-dessus, je pris conscience que je ne pouvais décemment donner suite à ce projet. Les arcanes de la philosophie des mathématiques m'étaient devenues beaucoup trop lointaines pour que je puisse produire quelque chose de pertinent. Comme il ne pouvait être question de renoncer tant à ma promesse qu'à reconnaître, d'une manière ou d'une autre, la dette que j'ai envers Gerhard Heinzmann, j'ai entrepris bien plus modestement de montrer en quoi l'éditeur que je suis devenu, est redevable à l'enseignement de Gerhard Heinzmann.

Je suis entré en philosophie par intérêt pour l'esthétique et pour l'épistémologie. L'esthétique par inclination et fréquentation de la littérature et de la peinture, bien plus que suite à une réflexion sur ces arts, et ce n'est qu'en licence que pour la première fois j'entendis le nom de Goodman, lors d'un cours de Gerhard Heinzmann sur l'induction ; l'épistémologie par goût des mathématiques, goût qui prenait des tours de « vénération » pour ce que je pensais être la seule science capable d'atteindre à la vérité, vénération toutefois tempérée par une exigence d'explicitation et d'éclaircissement, de fondement dirai-je par la suite, que mes professeurs de mathématiques du secondaire n'avaient jamais été capables d'assouvir. Aussi, lorsque au début de ma deuxième année de Deug, un nouveau professeur entreprit de faire un cours sur Poincaré et tenta de faire comprendre à des étudiants, pour la plupart totalement décontenancés, les rudiments d'une philosophie fondée sur le langage et l'action, ai-je très rapidement été de ceux qui virent là une voie nouvelle où s'engager. J'adhérais pleinement à cette philosophie enfin redescendue des cieux d'une métaphysique ronflante, métaphysique qui me semblait-il se permettait les jugements les plus arrogants sur toutes choses, sans même prendre en considération les points de vue et apports des spécialistes, et dans le domaine de la science en particulier cette arrogance m'avait toujours révolté. Je ne pus que me délecter lorsque Gerhard Heinzmann nous fit travailler sur « Le dépassement de la Métaphysique par l'analyse logique du langage » de Carnap.

Nous ne fûmes pas nombreux à partager ce penchant et, l'année suivante, c'est à deux que nous suivîmes le cours de licence sur la philosophie des mathématiques et de la logique, et lorsque par hasard, nous fûmes tous deux absents lors d'une séance, Gerhard Heinzmann crut alors que nous avions définitivement abandonné... C'est lors de ce séminaire quasi-privé que nous travaillâmes sur Carnap et Gödel, et en guise de travail de fin d'année, je me livrai à l'étude du manuscrit, alors inédit, de Gödel « Is Mathematics Syntax of Language ? », étude qui consistait à restituer les appels de note et renvois de paragraphe manquants à l'intérieur du texte et, bien entendu, à justifier mes choix. Ce travail éditorial s'est enrichi par la suite d'une traduction que nous avons réalisée ensemble, traduction dont Gerhard Heinzmann a eu la générosité, lors de sa publication en revue, de ne s'en déclarer que collaborateur, alors que sans les nombreuses soirées qu'il a passées à éclaircir les points délicats du texte, à relire et corriger mes erreurs, sans ces heures de travail qu'il m'a accordées, je n'aurais jamais pu venir à bout de cette tâche. Ce travail d'édition scientifique et de traduction reste ma seule et unique contribution, et encore n'est-elle que partagée, à la littérature philosophique.

Par la suite, j'entrepris un travail de doctorat, où j'escomptais appliquer à la pensée de Piaget, qui, me semble-t-il encore, s'y prête à merveille, l'enseignement de Gerhard Heinzmann à propos des fondements des mathématiques. Moi qui, au début des mes études philosophiques, voyais, tel un petit Faust, dans les mathématiques de simples formules, un Verbe pur, pensais ce Verbe comme abstraction, Idée pure, et leur attribuais, au final la Force de la Vérité, vérité qu'elles seules pouvaient revendiquer, j'avais enfin compris Goethe, et j'affirmais, moi aussi « Au commencement était l'Action ». Mais nul Méphistophélès ne m'avait inspiré, j'avais simplement compris une certaine approche de la philosophie. (Je ne crois pas que la formule de Faust soit si hérétique que l'on pourrait le penser, et le « *Fiat lux !* » n'est-il pas, tout compte fait, qu'un simple performatif ?) Si j'ai depuis renoncé à l'habit de philosophe, endossant celui d'un autre ordre, je ne pense pas pour autant être apostat et avoir renié l'enseignement de Gerhard Heinzmann.

Le travail, réalisé sous sa direction, sur le texte de Gödel m'a enseigné un souci du texte qui m'habite toujours et me fait revendiquer la pleine polysémie du terme français d' « éditeur » : je ne serai jamais un simple *Verleger*, ou un *publisher*, pour reprendre les terminologies allemande et anglo-saxonnne, privilégiant l'aspect purement productif et commercial du métier d'éditeur. Je suis aussi un *Herausgeber*, un *editor*, celui qui cherche à rendre justice à des textes, tout comme je m'étais efforcé de rendre justice à celui de Gödel. Quant au travail de traduction, aux choix nécessaires qui y président, à cette préoccupation de fidélité au texte original guidée non par une servitude à la lettre mais par le souci de restituer l'esprit même du texte, c'est aussi le travail commun réalisé avec Gerhard Heinzmann sur « Les mathématiques sont-elles une syntaxe de la langue ? » de Gödel qui m'y a initié, et elle ne m'a en rien quitté, puisque nous publions, mon épouse et moi, nombre de traductions.

Le choix que nous avons fait d'éditer avant tout des textes de littérature autrichienne, est sans doute, de ma part, dû à cette tradition de critique du langage qui a profondément marqué cette littérature, tradition à laquelle le cours de Gerhard Heinzmann sur le Cercle de Vienne m'avait sensibilisé. C'est aussi cet enseignement et l'intérêt que j'ai depuis pour la philosophie du langage qui a fortement pesé sur ma décision d'entreprendre la publication en français des *Beiträge zu einer Kritik der Sprache* de Mauthner.

Enfin, et je crois que c'est là ce que j'aimerais retenir avant tout de Gerhard Heinzmann, il m'a inculqué l'honnêteté et la rigueur intellectuelles. Lors d'une présentation par Jacques Bouveresse de son livre *Bourdieu savant & politique*, Gerhard Heinzmann avait donné sous une forme ramassée un aperçu de sa conception morale de l'activité intellectuelle, alors que venait d'être évoqué le cas de certains intellectuels prétendant défendre telle ou telle cause, ou penser de telle ou telle manière, mais dont les actes ne répondaient en rien à leurs dites pensées ou prises de position, sorte d'« acrasie » intellectuelle. Gerhard Heinzmann était intervenu pour affirmer que l'on devait tout simplement considérer qu'il ne pensaient pas ce qu'ils disaient penser. En effet, ils ne pouvaient avoir les idées qu'ils disaient avoir, puisqu'ils n'agissaient pas en conséquence. Cette conception pragmatique de la morale qui invite à une cohérence de l'action et de la pensée ou de la parole, ce qui n'est pas toujours facile, est une leçon que j'espère ne pas oublier.

Dominique Fagnot
Editions Absalon
Nancy
`editions.absalon@orange.fr`

Giving and Taking as a Background Model of Locke's Empiricism
BERTRAM KIENZLE[1]

1 Introduction

From antiquity onwards the model of giving and taking (g/t-model) belongs to the background models of philosophical theories. Its key words figure in the Greek expression "λόγον διδόναι καὶ δέχεσθαι" whose literal translation is "to give and take *logos*", meaning "to justify". This expression forms part of Plato's discussion of the concept of knowledge (see his [9, 202c2f.]) The theory of perception provides further motivation for discussing the g/t-model. The English noun "perception" goes back to the Latin *"percipere"* which is a compound of the preposition *"per"* and the verb *"capere"*, "to take". Semanticists very often follow Gottlob Frege's talk of ways of being given. And even in the context of speech act theory we can find the g/t-model; in an early phenomenological version of it Adolf Reinach argues that speech acts, as for example promising, require uptake if they are to occur at all [see Mulligan 1987, 41]. Communication theory abounds with talk of sender, receiver and message, thereby testifying to the omnipresence of the g/t-model with its three elements: the giver, the givee, and the given. The concept of the given is central not only to 20th century logical empiricism, but to empiricism in general. Although Wilfrid Sellars unmasked it as a myth [10, §38 *et passim*], his criticism is not meant to get scientists to drop their notion of *data* which is a rather innocent word for their empirical evidence.

Of course, giving and taking do not only play a significant role in theoretical, but also in practical contexts. The Golden Rule goes back to the formula *"do ut des"*, "I give so that you may give", or it is at least closely related to it [3]. Marcel Mauss has investigated into giving and taking in different archaic, and not so archaic, societies; his by now classical book

---
[1] An earlier version of this contribution was delivered at Filosofisk Institut of Universitetet i Oslo on 23rd February 2007. I am grateful to Meinhard Glitsch, Freiburg, for helping me with my English. Of course, any shortcomings in grammar and style are to be blamed on me.

The Gift [7] caused a flood of sociological literature (see, for instance, [1] and the bibliography in the editors's introduction). And if an action is to result from self-determination there must be a motive for choosing it over against its rivals. But no motive can influence a person's choices unless she lets herself be determined by it. Since "to let oneself be determined by a motive" is tantamount to "to let oneself be given a motive" the g/t-model even goes into elucidating the concept of self-determination.

Last but not least, there is a huge amount of give and take in an academic teacher's career. So it is perhaps not far-fetched to deal with this topic in order to contribute to a *Festschrift* in honour of a dear friend and colleague.

In view of the variety of contexts in which g/t-models can be found it is surprising how little attention has been paid to it in philosophy. The present paper is an attempt at overcoming this situation. Since it was John Locke's version of empiricism that opened my eyes to the g/t-model I decided to deal with his model in order to draw attention to one of the most widespread structures to be found both in philosophical theorizing and in everyday life.

2 Exposition of Locke's model

Starting out from the received opinion of his day, Locke opens the main part of his investigations in his *Essay Concerning Human Understanding* with the following words:

> It is an established Opinion amongst some Men, That there are in the Understanding certain *innate Principles*; some primary Notions, Κοιναὶ ἔννοιαι, Characters, as it were stamped on the Mind of Man, which the Soul receives in its very first Being; and brings into the World with it. [I.ii.1]

In an argumentation which is rich in variants and full of testimonies to his remarkable acumen Locke is putting forward his reasons against the existence of innate principles and ideas and, consequently, against any innate knowledge. But if there is nothing innate to the understanding, "[w]hence has it all the materials of Reason and Knowledge?" [II.i.2] Locke's answer is comprised "in one word, From experience" [*ibid.*].

This answer seems far too strong. For what about the ideas of a winged horse or a centaur? Can we take them from experience? Obviously not. So we seem to be well advised to distinguish two sorts of ideas: those which are immediately got from experience and those which are not. The idea of a winged horse can only belong to the ideas mediately got from experience. It may easily be composed from those of a horse and of wings which in turn may have an immediate foundation in experience. Hence Locke draws a distinction between simple and compound ideas:

> When the Understanding is once stored with these simple *Ideas*, it has the Power to repeat, compare, and unite them even to an almost infinite Variety, and so can make

at Pleasure new complex *Ideas*. But it is not in the Power of the most exalted Wit, or enlarged Understanding, by any quickness or variety of Thought, to *invent or frame one new simple* Idea in the mind, not taken in by the ways before mentioned: nor can any force of the Understanding, *destroy* those that are there. [II.ii.2]

Which are those "ways before mentioned"? How do simple Ideas get into the understanding? Locke knows two kinds of inlets which he calls "internal perception" or "reflection" and "external perception" or "sensation"; taken together they form our experience [II.i.2]. As we may gather from the phrase "not taken in" what Locke has in mind when describing the ways of experience is the model of giving and taking. This is confirmed by what, a little further on in his text, he is saying about the understanding:

The Understanding seems to me, not to have the least glimmering of any *Ideas*, which it doth not receive from one of these two [= sensation and reflection, B.K.]. *External Objects furnish the Mind with the* Ideas *of sensible qualities*, which are all those different perceptions they produce in us: And the *Mind furnishes the Understanding with* Ideas *of its own Operations*. [II.i.5]

The use of the verb "to receive" confirms that Locke takes his orientation from the g/t-model. For if the understanding receives its ideas from internal and external perception it does so only if it is given them by these two sources of knowledge. Besides the two generic verbs "to give" and "to take" Locke uses several other verbs:

to give	to take
to supply	to receive
to convey	to get
to furnish	to take notice

More important than to list the linguistic and stylistic variants Locke uses for the g/t-model is to answer the question: who or what is playing which role in this model? Where there is giving and taking there are three main roles: the giver, the givee, and the given. So we have to face three questions: Who or what is playing the role of the giver? Who or what is playing the role of the givee? And who or what is playing the role of the given? Or, to put it into just one single question:

Who or what is giving whom or what to whom or what?

There are two types of answers in Locke:

Type 1 Our Observation [...] *supplies our Understanding with all the materials of thinking.* [II.ii.2]

Type 2 (a) *External Objects furnish the Mind with the* Ideas *of sensible qualities* [...]:
(b) And the *Mind furnishes the Understanding with* Ideas *of its own Operations*. [II.i.5]

In the answer of type 1 the role of the giver is played by our observation, in the answers of type 2 it is played by what is observed. How do these answers belong together?

3 Type 1 answer: Observation in the role of the giver

According to the distinction between internal and external perceptions, Locke offers two explanations for his type 1 answer.

The first explanation concerns external perception or *sensation*:

> Our Senses, conversant about particular sensible Objects, do *convey into the Mind*, several distinct *Perceptions* of things, according to those various ways, wherein those Objects do affect them: And thus we come by those *Ideas*, we have of *Yellow, White, Heat, Cold, Soft, Hard, Bitter, Sweet,* and all those which we call sensible qualities, which when I say the senses convey into the mind, I mean, they from external Objects convey into the mind what produces there those *Perceptions*. [II.i.3]

Locke's use of the verb "to convey" is very instructive because it does not put three but four things in relation to one another:

> x from o conveys y to z.
>
> The senses "from external Objects convey into the mind what produces there those *Perceptions*".

Three out of these four things may be used to fill the main roles of the g/t-model. The variable "x" ranges over givers, whose role is occupied here by the senses; the variable "y" ranges over the given, whose role is occupied here by "what produces there those *Perceptions*"; and the variable "z" ranges over givees whose role is occupied here by the mind. But what or who belongs in the range of the variable "o"? Is this variable not completely irrelevant and redundant in a g/t-model? Are three roles not sufficient? Not necessarily. A fourth role is needed if the one who is giving us something is only a transmitter. Seen that way, in using the four-place schema "x from o conveys y to z", Locke is telling us that the senses give something to the mind which they were given by external objects. From this we can conclude that his conception is based on a model which combines two g/t-triads:

4-place schema		1st g/t-triad		2nd g/t-triad
x from o conveys y to z	iff	o gives y to x	and	x gives y to z.
The senses "from external Objects convey into the mind what produces there those *Perceptions*"		the external objects give y to the senses		they (= the senses) give y to the mind.

The epistemological point of Locke's double triad lies in the fact that the first one can occur without the second one. In chapter ix of book II, which is a jewel of the literature on perception, he considers the following everyday situation:

> How often may a Man observe in himself, that whilst his Mind is employ'd in the contemplation of some Objects; and curiously surveying some *Ideas* that are there, it takes no notice of impressions of sounding Bodies, made upon the Organ of Hearing, with the same alteration, that uses to be for producing the *Idea* of a Sound? A sufficient impulse there may be on the Organ; but it not reaching the observation of the Mind, there follows no perception: And though the motion, that uses to produce the *Idea* of Sound, be made in the Ear, yet no sound is heard.
> [II.ix.4]

Although our eardrums are stimulated to swing back and forth not even the faintest idea of sound is communicated to the mind. This does not come from our deafness or from insufficient strength of the impulse but from not taking notice of the stimulation. Therefore we have to distinguish two components in Lockean perception: a physiological one which is encapsulated in the first g/t-triad, and a mental one which is encapsulated in the second triad. These two triads melt into a single four-place g/t-relation if we take notice of what we are given by the senses. Observations of this kind consist in our minds accompanying the given with awareness.

The second explanation for Locke's type 1 answer to the question "Who or what is giving whom or what to whom or what?" has to do with internal perception and is contained in the following passage:

> This Source of *Ideas*, every Man has wholly in himself: And though it be not Sense, as having nothing to do with external Objects; yet it is very like it, and might properly enough be call'd internal Sense. But as I call the other *Sensation*, so I call this REFLECTION, the *Ideas* it affords being such only, as the Mind gets by reflecting on its own Operations within it self. By REFLECTION then, in the following part of this Discourse, I would be understood to mean, that notice which the Mind takes of its own Operations, and the manner of them, by reason whereof, there come to be *Ideas* of these Operations in the Understanding. [II.i.4]

As this passage clearly shows, internal perception, too, possesses the structure of a g/t-model. Reflection "affords" ideas which "the Mind gets by reflecting on its own Operations". As instances of such operations Locke is mentioning "*Perception, Thinking, Doubting, Believing, Reasoning, Knowing, Willing,* and all the different actings of our own minds" [*ibid.*].

It is of utmost philosophical importance that neither in the passage quoted nor anywhere else in Locke's discussion of reflection can we find any trace of the twin g/t-model which in sensation was contained in the four-place schema "x from o conveys y to z". The reason for using two triads seems to be that it enables him to distinguish between a physiological and a mental component in external perception and to account for the phenomenon of unobserved or, as they are called today, unconscious impressions. But does this mean that Locke refuses the notion of unconscious operations of the mind? Exactly so. He emphatically rejects this notion. According to him, the mind does not operate in concealment: "it being hard to conceive, that any thing should think, and not be conscious of it" [II.i.11].

4   Type 2 answer: Observed objects in the role of the giver

Corresponding to the distinction between internal and external perception, the second type of answering the question "Who or what is giving whom or what to whom or what?" has two parts as well.

Part (2a) says that it is external objects that "furnish the Mind with the *Ideas* of sensible qualities". Thus external objects play the role of the giver, the mind the role of the givee and ideas of sensible qualities the role of the given. Now compare the personnel in this model with the one in the four-place schema "x from o conveys y to z". There is a difference in how "y", the role of the given, is filled. In answer (2a) it is sensible qualities which are cast in it, whereas in the four-place schema it is what produces perceptions in the mind. This difference is due to the fact that the ideas of the sensible qualities are what produces perceptions in the mind.

In order to understand this difference we have to take a closer look at Locke's conception of ideas. He had the printer put the word *"idea"* in italics throughout the whole *Essay*. By italicizing a word English printers use to inform their readers that they are reading a foreign language. So, by being italicized the word *"idea"* is earmarked as a foreign word. In this way Locke alerts us to the fact that we are reading the Greek word "ἰδέα", written in Latin characters (*cf.* [2, S. 97]). This Greek word is both morphologically and etymologically related to the Latin *"videre"*, "to see", and may be translated as "view", "quality", or "representation". Of course, you will search in vain for an English word with exactly the same multiplicity of meaning as the Greek "ἰδέα"; otherwise Locke would not have needed a Latin transliteration of it in his English text.

The word *"idea"* can refer to what we received from something (*our* representations of it), or to what we built on it (*our* views that it is such and such), but it can also refer to what something is offering to our senses (*its* qualities). It is only in the first two senses that ideas are something mental, psychic, or subjective; in the last sense they are something physical or objective. It is pretty unusual to be told that ideas are something in the objects themselves; but that is what Locke actually says [*cf.* II.viii.7]. For him there are ideas which are not dependent upon mind. They are like shadows whose projection onto a surface requires rays of light, but never minds.

In order to forestall misunderstanding I should add that Locke does not exploit the second, the propositional, sense of the term *"idea"*. In chapter xxxii of book II in which he is discussing the distinction between true and false ideas he would have had ample opportunity to do so. But right from the beginning he keeps his distance from the propositional conception of ideas (see [II.xxxii.1]).

Having seen that Locke's ideas are not only in the mind but also in the objects, we can interpret his claim that the senses "from external Objects convey into the mind what produces there those *Perceptions*" to mean "The senses convey ideas from external objects to the mind." This interpretation excellently matches part (2a) of Locke's answer to the question "Who or what is giving whom or what to whom or what?" Remember: "*External Objects furnish the Mind with the* Ideas *of sensible qualities* [...]." This answer is a good starting point for an explanation of the y-place of the four-place schema "x from o conveys y to z" since it replaces the locative preposition "from" with the preposition "of" and thus transposes the locative phrase "from external objects" into the genitive phrase "of sensible qualities". The locative phrase mentions the source of what the mind is given by the senses and the genitive phrase represents the content of what is given. The transposition is mirroring the fact that the content of an idea has to do with the very entity it was taken from. If it was taken *from* an external object the mind is given the idea *of* an external object, if it was taken *from* a quality of an external object the mind is given the idea *of* a quality of an external object.

The whole value of this transposition depends on the ambiguity of the phrase "ideas *of* so-and-so". It vacillates between two constructions. In the first construction it relates to ideas which external objects are giving to the mind; *their* ideas are aspects or views which they are offering to our senses. In the second construction it relates to ideas the mind is receiving from the senses, *their* ideas being views that they take from the external objects. The first construction has to do with objective ideas and the second one with subjective ones. This difference is paralleled by the difference in what the possessive pronoun "their" in the phrase "their ideas" relates the ideas to. If the ideas of so-and-so are ideas got by the senses *their ideas* are objective in being views or aspects external objects *gave* to the senses; and if the ideas of so-and-so are ideas the mind gets from the senses *their ideas* are subjective in being views that they *take* from the external objects. This pair of differences suggests that we fill the y-place in Locke's twin g/t-model as follows:

4-place schema		1st g/t-triad		2nd g/t-triad
x from o conveys y to z	iff	o gives y to x	and	x gives y to z.
The senses "from external Objects convey into the mind what produces there those *Perceptions*"		the external objects give *their* ideas of external objects to the senses		they (= the senses) give *their* ideas of external objects to the mind.

In the first g/t-triad the genitive in "ideas of external objects" is a subjective one (*genitivus subiectivus*), and the external objects are playing the role of the subject of the triad. In the second g/t-triad the role of the subject is played by the senses, and the genitive in "ideas of external objects" must be an objective one (*genitivus obiectivus*); for the senses are not what their ideas are ideas of. Moreover, in the first g/t-triad the possessive phrase "their ideas" is tantamount to "the ideas of the objects", whereas in the second g/t-triad it is tantamount to "the ideas of the senses" relating the ideas both times to their origin.

The difference of what is filling the y-place can be used to account for mistakes of perception. Moreover, it can be used to explain why we have ideas of external objects and their qualities that do not resemble the ideas offered by them without our ideas being erroneous, though. For, like names ideas are signs; and like names which do not normally resemble their bearers ideas need not resemble what they are ideas of. Consider the case of qualities; if there is such a resemblance we have ideas of primary qualities, otherwise we have ideas of secondary qualities before us (*cf.* [5]).

Locke's discussion of the relation between ideas and what they are ideas of is actually to be found in the very last chapter of book IV. It is only then that he distinguishes between three kinds of sciences: the physical, the practical, and the semeiotical. There is another name for the third kind; it is also called "Doctrine of Signs" [IV.xxi.4]. And since the most usual signs are words, Locke goes on,

> it is aptly enough termed also λογική, Logick; the business whereof, is to consider Names of Signs, the Mind makes use of for the understanding of Things, or conveying Knowledge to others. For since the Things, the Mind contemplates, are none of them, besides it self, present to the Understanding, 'tis necessary that something else, as a Sign or Representation of the thing it considers, should be present to it: And these are *Ideas*. [IV.xxi.4]

Locke's use of the explanatory "or" in "Sign or Representation" hints at what he expects from the use of signs: they are means of representation. In order to understand what he is saying we have to interpret the noun "representation" literally in the temporal sense of "making present". According to this interpretation Locke is attributing to the mind the task to make present to the understanding what is no more or not yet present to it. Past and future must be made present to the understanding before it can construct knowledge from them together with what is already present to it.

The point of Locke's argument becomes evident as soon as one realizes the g/t-model that looms in its background. This is easier if one notices that the English word "present" is ambiguous. Taken as a noun it cannot only have the meaning of "presence" but also the meaning of "gift". So we may reformulate the passage quoted from IV.xxi.4 as follows:

> since the Things, the Mind contemplates, are none of them, besides it self, present to the Understanding, 'tis necessary that something else, as a Sign or *gift* of the thing it considers, should be present to it: And these are *Ideas*.

After being presented to the understanding, the *gift* by then is given to it so that we could even replace the adjective "present" with the participle "given". But since there are two occurrences of the adjective "present" in our quotation we must be careful in doing so. Because its first occurrence refers to something whose presence to the understanding is not due to an act of presentation, it is only its second occurrence which is open to replacement. This manipulation yields the following rephrasing of what Locke says:

> since the Things, the Mind contemplates, are none of them, besides it self, present to the Understanding, 'tis necessary that something else, as a Sign or *gift* of the thing it considers, should be *given* to it: And these are *Ideas*.

From this passage it is clear that the mind is present to the understanding. Hence it does not need anything which takes an idea from it and passes it on to the understanding. Being present to it, it *is immediately presenting* its ideas to the understanding—"it being hard to conceive, that any thing should think, and not be conscious of it" [II.i.11]. Therefore we do not need the four-place schema "x from o conveys y to z" or a twin model for the g/t-relation between mind and understanding. This is to say:

> (b) And the *Mind furnishes the Understanding with* Ideas *of its own Operations*.

This exactly is *part (2b)* of Locke's answer to the question "Who or what is giving whom or what to whom or what?" According to our interpretation of his notion of representation, we may interpret this answer as follows:

> (b') And the *Mind gives/presents to the Understanding* Ideas *of its own Operations*.

Of course, we could interpret part (a) of Locke's type 2 answer correspondingly:

> (a') *External Objects give/present to the Mind the* Ideas *of sensible qualities* [...].

But how do external objects achieve this feat? To give and to present are actions which are normally attributed to humans. The answer lies once more in Locke's twin g/t-model of perception. Perception is only to be found where we take notice of the impressions made upon the surfaces of our senses:

> [...] whatever impressions are made on the outward parts, if they are not taken notice of within, there is no Perception. [II.ix.3]

Irrespective of how intensively a trumpet may be blown, we shall not hear it if the fluctuations of the air pressure that are produced by the blowing and transmitted to the eardrums are not taken notice of. Once more a linguistic observation may be helpful. The word „mind" is not only a pet noun of neopsychologism, but also a verb. The verb "to mind" occurs in warnings like "Mind the step!" This is tantamount to "Be aware of the step!" or "Take notice of the step!" Using this verb, we may describe the necessary condition of our hearing a sound as our minding the stimulation of our eardrums. Seen in this light, the objects need not do anything in order to present us their aspects; it it sufficient that we do something, namely mind their ideas, in order to bring them into the role of what is giving or presenting us something, namely, an idea of them.

Either we leave it at the anthropomorphic view that the external objects present ideas of sensible qualities to the mind. In this case we have to admit that it is them that cast us in the role of receivers of their ideas. Consequently, we are playing a passive part in perception and the phenomenon that we are presented with sounds without hearing them is inexplicable. *Or* we take this anthropomorphism as a consequence of the fact that we let external objects give us ideas of themselves. In this case we are playing an active part in perception and must admit that it is ourselves who cast the objects in the role of givers of their ideas. So we make them appear to be active givers although, actually, they are but givers by our grace. It is in exactly this sense that, a century after Locke, Immanuel Kant will formulate the claim that "objects have to conform to our knowledge" [4, B XVI], thereby launching his famous *Copernican revolution*.

5 Comparing the two types of answers

On the basis of the g/t-model we are finally in a position to discuss the relation between the two types of answer Locke gives to the question "Who or what is giving whom or what to whom or what?" In his type 2 answer he is focusing on the objective side of perception. It is the external objects or the operations of the mind that give or present to the understanding "all the materials of thinking". In his type 1 answer he is focusing on the subjective side of perception. It is our minding what we are given or presented that "supplies our Understanding with all the materials of thinking". In the case of external objects we must make sure that it is not upon them to do something in order to present us their ideas; it is us who do something in order to be given or presented their ideas: we must mind (observe, take notice of, be aware of) what we are given or presented. In the case of the operations of our minds things are less complicated. It is us who are cast in the role of the giver by our minding the operations of our minds. That is what brings Locke to endorse the thesis that thinking is a self-conscious activity, that every episode of thinking is accompanied by thinking.

6 Summary

Let me summarize the results of our journey through three of the most interesting chapters of John Locke's *Essay Concerning Human Understanding* (II.i, II.ix, and IV.xxi). His claim is that the understanding is constitutive of all our knowledge. For it is the receiver of the ideas which are made present or given to it either by external objects or by the operations of our minds. In taking notice of, or in observing, these ideas the understanding gets "all the materials of thinking".

There is an important difference between giving and receiving ideas. But this difference is only to be found in external, not in internal perception. The ideas presented by external objects need not be the ideas we take notice of because of the interference of our senses which are mediators between objects and mind. From the objects they receive ideas which they transmit to the mind. In perceiving external objects we have to distinguish between two g/t-triads:

1. o gives y to x – the objects give ideas to the senses
2. x gives y to z – the senses give ideas to the understanding

It is a well-known phenomenon that even amidst the loudest of noises one does not always hear any sound although "the motion, that uses to produce the *Idea* of Sound, be made in the Ear" [II.ix.4]. Locke is able to explain this phenomenon on the basis of his sophisticated twin g/t-model. This model enables him to distinguish between physiological and psychological aspects of perception. The ideas of external objects start their career as "impressions [...] made on the outward parts" [II.ix.3] of our sense organs. In order to clarify the relations between external objects and these impressions one has to study the sound waves that move our eardrums, the light rays that hit our retinas, the nerve impulses which are forwarded to special brain areas, the electric currents and chemical processes induced in the brain and many things more. These acoustic, optical, physiological, and neurological details are covered by the first g/t-triad and belong to physics, biology, chemistry, and medicine. But these disciplines do not exhaust the philosophical theory of perception. It is only as something that is taken notice of by the mind that the ideas gain cognitive value. Therefore the second g/t-triad lies at the heart of Locke's empiricism.

BIBLIOGRAPHY

[1] *Vom Geben und Nehmen*, Zur Soziologie der Reziprozität, ed. by Frank Adloff and Steffen Mau, Frankfurt, New York 2005.
[2] Peter Alexander, *Ideas, Qualities and Corpuscles*, Cambridge [etc.] 1985.
[3] Albrecht Dihle, *Die Goldene Regel*, Göttingen 1962.

[4] Immanuel Kant, *Kritik der reinen Vernunft*. 2nd ed. 1787, in: *Kants Werke*, Akademie-Textausgabe, unveränderter photomechanischer Abdruck des Textes der von der Preußischen Akademie der Wissenschaften 1902 begonnenen Ausgabe von Kants gesammelten Schriften, vol. III: *Kritik der reinen Vernunft, 2. Aufl. 1787*, Berlin 1968.

[5] Bertram Kienzle, *Locke's Qualities*, in: *Perception and Reality. From Descartes to the Present*, ed. by Ralph Schumacher, Paderborn 2004, p. 122–145.

[6] John Locke, *An Essay Concerning Human Understanding*, ed. by Peter H. Nidditch, Oxford 1975. Repr. (with corrections) 1979.

[7] Marcel Mauss, *Die Gabe*. Form und Funktion des Austauschs in archaischen Gesellschaften, Frankfurt 1990, 2nd ed. Frankfurt 1994.

[8] Kevin Mulligan, *Promisings and other Social Acts: Their Constituents and Structures*, in: *Speech Act and Sachverhalt*, ed. by Kevin Mulligan, Dordrecht, Boston, Lancaster 1987, p. 29–90.

[9] Plato, *Theaetetus*, *Platonis Opera*, ed. by I. Burnet, vol. 1, Oxford 1900.

[10] Wilfrid Sellars, *Empiricism and the Philosophy of Mind*, in: Wilfrid Sellars, *Science, Perception and Reality*, London, New York 1963, p. 127–196.

Bertram Kienzle
Universität Rostock
`bertram.kienzle@uni-rostock.de`

Est-ce que les hirondelles se retirent au fond de l'eau en hiver ?
À propos d'une observation peu ordinaire
ALEXANDRE MÉTRAUX

Le *Journal des sçavans* publie dans sa huitième livraison de la douzième année, datée du 11 avril 1677 (c'est un lundi), le compte rendu d'un livre récemment paru à Kiel, cité membre de la Ligue hanséatique située sur la côte sud-ouest de la mer Baltique. L'ouvrage auquel la plume anonyme consacre presque trois pages imprimées est laconiquement répertorié ainsi : *IOH. PECKLINII D. M. DE AERIS ET alimenti defectu & vita sub aquis.* Pas de mention de lieu, ni de millésime de parution ni, enfin, de nom d'éditeur ou d'imprimeur. Aucun des nombreux dictionnaires biographiques, aucune bibliographie ne connaît un savant, médecin ou auteur nommé Pecklinius ou Pecklin. Une recherche à partir du titre (que l'on peut traduire par « De la défaillance » ou « Du manque d'air et d'aliment ainsi que de la vie sous l'eau ») est par contre plus prometteuse. Elle révèle en effet que Johann Nikolaus Pechlin[1] est l'auteur du traité dont l'objet principal est constitué par ce que l'on pourrait appeler, en des termes modernes, quelques cas extraordinaires (ou extrêmes) de physiologie végétale et animale.

Le début du compte rendu indique sans tarder de quoi il est question :

> L'Histoire d'un Suedois qui avoit demeuré 16. heures entieres sous l'eau, & qui en avoit esté retiré plein de vie a donné occasion à cet auteur de discourir en general dans ce traité touchant la proportion dans laquelle l'air & l'aliment sont necessaires pour la vie des Vegetables & des Animaux.

Après avoir à peine abordé la physiologie végétale du savant allemand, l'auteur du compte rendu résume une des idées ornithologiques majeures développées par Pechlin :

> Il [l'auteur du traité] vient ensuite aux Oyseaux, où il confirme ce qu'on a déja dit des hirondelles, qui se retirent au fond de l'eau pendant l'hyver, au lieu de passer les Mers comme on a cru iusqu'à present : Et il ajoûte que sur les costes de la Mer Baltique c'est une chose assez ordinaire aux Pescheurs de prendre dans leurs filets de gros pelotons d'hirondelles qui s'entre-tiennent par le bec & par

---

[1] Né en 1646 à Leyde, Johann Nikolaus Pechlin, docteur en médecine à l'âge de 21 ans, est nommé professeur de médecine à Kiel en 1673, où il est engagé en 1680 comme médecin ordinaire du duc de Holstein. Il meurt à Stockholm en 1706. Auteur de plusieurs ouvrages de médecine et d'histoire naturelle.

les pates, & qui estant mises en un lieu chaud se separent et voltigent comme au Prin-temps. [2, p. 89–90]

À la lecture des propos concernant les hirondelles se pose tout de suite la question de savoir si les faits rapportés (la pêche assez fréquente d'hirondelles ; les oiseaux se maintiennent dans un milieu liquide en grappes bec à bec et pied à pied ; l'éveil des hirondelles au contact de l'air clément, etc.) déjouent le sens d'observation que l'on attribue à soi autant qu'à des hommes avertis d'autrefois, ou si, au contraire, ils déjouent l'idée que l'on se fait de l'observation comme quelque chose allant toujours de soi. La différence entre ces options est de taille. Dans le premier cas, on aurait affaire à de mauvais observateurs, à des gens qui se sont trompés, à des faits qui ont été grossièrement méconnus, à des confusions, ou encore à des préjugés. Dans l'autre cas, on projetterait sur un passé vieux de trois siècles à peu près un concept dont la définition date du XIXe siècle au plus tôt ; on aurait alors affaire à un anachronisme qui déforme à tort un passé condamné à demeurer ainsi inconnu dans son étrange altérité.

Une réponse même provisoire à cette question rend nécessaire un retour aux sources. Notons donc tout de suite qu'il existe un autre compte rendu du livre de Pechlin. Pour être un peu plus précis, la publication de cet autre compte rendu a précédé celle dans le *Journal des sçavans* de quelques mois. La 127e livraison, datée du 18 juillet 1676, des *PHILOSOPHICAL Transactions : GIVING SOME ACCOMPT OF THE Present Undertakings, Studies and Labours OF THE INGENIOUS IN MANY Considerable Parts OF THE WORLD* (pour citer sans l'escamoter le titre des actes de la Royal Society de Londres) attire l'attention des curieux sur l'hibernation aquatique des hirondelles. L'anonyme anglophone écrit :

> Next he [sc. Pechlin] explains, how the same alteration of Life and Death holds in *Birds* (particularly in *Swallows* and *Storks,*) that is found in Insects ; and takes notice of the Swallows immerging themselves under the water on the sides of the Baltick Sea, and remaining there all winter, and reviving again in the Spring, flying about upon their being taken up in winter, and brought into a Hot stove.[2] [1, p. 675]

On note ensuite que la formidable hibernation des hirondelles est rapportée par les deux auteurs comme un fait dûment observé, donc avéré. Certes, dans le texte anglophone, il est aussi question de cigognes qui sont sujettes à l'alternance saisonnière de vie et de mort. Mais on ne sait pas comment le retrait et le retour de la vie se manifeste dans cette espèce, alors que l'auteur anglophone rattache exactement la même forme de vie par cycles

---

[2] « Il explique ensuite que la même alternance de vie et de mort que l'on trouve chez les insectes se retrouve chez des oiseaux (en particulier chez les hirondelles et les cigognes). Il observe que des hirondelles plongent dans les eaux près des côtes de la mer Baltique pour y demeurer tout l'hiver, et qu'elles reprennent vie au printemps. Mais pêchées en hiver, elles voltigent aussitôt transportées en un endroit chauffé. »

des hirondelles respectivement à l'air (pour l'éveil estival) et à l'eau (pour le sommeil – ou l'état de mort – hivernal).

En outre, on est frappé par le fait que l'observation d'hirondelles hibernant dans une cache sous la surface de la mer est rapportée par les deux comptes rendus comme ayant été faite par l'auteur du traité. Le chapitre 3 de l'ouvrage ne laisse pourtant pas de place au doute : Pechlin fait sien, en le citant textuellement, l'avis exprimé en 1555 par Olaus Magnus dans l'ouvrage que celui-ci dédie à l'ethnographie et l'histoire naturelle des pays d'Europe septentrionale. Dans la traduction exubérante parue en 1561, les quelques mots repris par Pechlin de la version originale latine indiquent qu'on a peu parlé des hirondelles :

> ...du Septentrion, léquelles sont souvent tirees par les pêcheurs hors de l'eau, comme une grosse boule, & s'entretiennent ensemble bec à bec, aile à aile, pié à pié, s'étans ainsi liees les unes aux autres vers le commencement de l'automne, pour se cacher dedans les cannes ou rouzeaus[3]. [9, p. 217r]

Le récit d'hirondelles tombées dans un état de sommeil profond ou de quasi-absence de vie dans un milieu liquide ne provient donc pas de Pechlin en personne. Le passage faisant immédiatement suite à la citation abonde dans ce sens : « Il est certain » *(certum hoc est)*, dit l'auteur, et « nos yeux [...] apportent la preuve » *(oculis nostris [...] probatum)*, [10, p. 36], que... Mais quoi au juste ? La subordonnée affirme que les hirondelles s'envolent vers des endroits moins rudes quand elles ne trouvent plus assez de nourriture ou quand l'air se rend inhospitalier. On en conclut que l'auteur n'a pas (pas encore = jamais) observé de prise d'hirondelles en hiver, ni non plus assisté à leur résurrection causée par la clémence de l'air ambiant. Il s'agit donc de faits constatés par autrui, d'observations pour ainsi dire médiates, de quelque chose qu'on n'a pas perçu soi-même, mais qui, grâce à la transmission par la parole, s'est déjà substitué (et continue de se substituer) à l'observation directe. D'ailleurs, ce n'est pas l'autorité d'un Olaus Magnus ou d'un Aristote, ni d'un des autres auteurs mentionnés dans les pages consacrées aux hirondelles qui, dans le cas présent, rend crédibles les énoncés concernant le simulacre de mort pendant la période d'hibernation. S'il en allait autrement, on ne comprendrait pas pourquoi Pechlin se croit

---

[3] Cf. le même propos selon l'édition parue en 1558 à Anvers : « in Septentrionalibus aquis saepius casu piscatoris extrahuntur hirundines, in modum conglomeratae massae, quae ore ad os, & ala ad alam, & pede ad pedem post principium autumni sese inter cannas descensurae colligarunt », [8, p. 486]. La citation de Pechlin [10, p. 36] ne correspond pas mot à mot à l'original latin ; ainsi y lit-on, p. ex., « saepius casu a piscatoribus » au lieu de « saepius casu piscatoris » ou encore « conglobatae » au lieu de « conglomeratae ». Mais ces altérations ne changent pas le sens de l'énoncé. On peut cependant se poser la question de savoir si Pechlin a utilisé la version originale de Magnus ou s'il a plutôt consulté un ouvrage contenant la citation de ce passage de Magnus.

autorisé à réexaminer la question de l'hibernation au lieu de se plier inconditionnellement à l'autorité de la tradition, c'est-à-dire à l'autorité des maîtres penseurs qu'il a consultés. Les parties restantes du chapitre 3 de *De aeris et alimenti defetcu* ne cessent de discourir sur les conditions de vie des hirondelles, en particulier sur les rapports qu'entretiennent ces êtres avec l'air, la densité d'insectes et autres proies variable selon les saisons, la température de l'air, ainsi que sur certaines spécificités anatomiques – autant de facteurs qui *rendent crédible* l'observation relatée ici et là soit par des témoins (p. ex. les pêcheurs), soit par des lettrés (p. ex. Olaus Magnus ou Johannes Schefferus[4]). Pechlin *(ibid.)* emploie pour caractériser ce qu'il fait dans ce chapitre 3 le verbe *enarrare,* qui signifie à la fois raconter, dire et expliquer[5]. Il se fait le narrateur de ce que d'autres ont vu ; il dit ce qu'il sait des hirondelles et accessoirement d'autres espèces volatiles ; enfin, il réunit tous les éléments d'histoire naturelle qui lui permettent d'affirmer que le fait observé – l'hibernation d'hirondelles dans les eaux de la mer Baltique – est très vraisemblable. En simplifiant, on pourrait dire qu'une hypothèse d'histoire naturelle (une hypothèse longuement développée et articulée avec finesse) crédibilise le substitut discursif (la parole circulant dans le monde savant) d'une observation ornithologique (les hirondelles hibernant en milieu aquatique d'après le récit transmis notamment par Magnus). En d'autres termes, c'est le travail théorique qui, dans ce cas, valorise l'observation, et non pas l'observation qui nourrit le travail théorique.

L'examen d'une opinion ancienne peut être cité en exemple de cette démarche. À l'encontre d'Aristote, qui les appela apodes[6], Pechlin souligne qu'on voit rarement les hirondelles se poser sur le sol. Mais une fois au sol, elles sont pourtant en mesure de se tenir debout grâce à l'agilité de leurs extrémités inférieures. Les hirondelles sont donc appelées apodes non pas parce qu'elles ne posséderaient pas de pieds, mais du fait que l'usage en est presque trop caché, [10, p. 41–42]. Le détail anatomique n'est pas sans importance, la conformation des pieds étant liée au vol presque ininterrompu des hirondelles. Elles se nourrissent pour ainsi dire d'air, dit Pechlin [10, p. 41] (« *aëre quasi victitent* ») ; elles déciment les armées d'insectes qui y naissent ; c'est pourquoi elles ne font que rarement usage de leurs pieds. Ainsi, quand les insectes et autres particules nutritives viennent à manquer

---

[4] Il s'agit de Johannes Schöffer, né en 1621 à Francfort, promis à une belle carrière de savant et venu s'installer en Suède en 1648 sous le nom de Schefferus ; il y mourut en 1679. Pechlin le mentionne à la p. 35 de son traité.

[5] Cf. Pechlin [10, p. 36] : « ... *censeo eam* [sc. res : la chose, i.e. les hirondelles hibernantes] *paulò latius enarrare.* ».

[6] Cf. le bref passage relatif aux pieds de certains oiseaux, notamment des hirondelles et des martinets, au chapitre 1er du livre I de l'*Histoire des animaux* d'Aristote [3, p. 5].

et que le froid les surprend, elles ne peuvent pas ne pas se précipiter vers le seul refuge certain pour tomber en un sommeil hiémal (au lieu de migrer vers des régions méridionales si les circonstances le permettent). Et pendant la période de léthargie, l'air et la chaleur stockés dans les cavernes de leur corps font qu'elles *semblent* mourir sans mourir pour de bon.

En cherchant, puis en invoquant de la sorte des raisons tantôt dérivées de l'anatomie, tantôt de la physique des corps animés, et tantôt de ce que l'on nommerait aujourd'hui l'éthologie, raisons censées rendre crédible un fait observé pour ainsi dire par le truchement de la parole, Pechlin rencontre un autre fait non moins remarquable : celui d'un oiseau du Nouveau Monde dont le comportement est presque l'inverse de celui des hirondelles. Il s'agit, selon Hernandez, d'une espèce au plumage riche en couleurs nommée huitzitzil. Cet oiseau se cache dans un trou de mur ou un antre semblable quand la chaleur est devenue insupportable ; il tombe dans un état de torpeur, demeure immobile, comme mort, pendant des mois, et ressuscite à la première baisse de température [5, p. 187r–187v]. Faisant allusion à cette observation, ou mieux : au récit de cette observation, Pechlin donne presque à penser qu'il s'émerveille à l'idée que le sommeil estival du huitzitzil mexicain résulte, considéré sous l'angle de la physique des corps vivants, des mêmes mécanismes que l'hibernation des hirondelles, sauf que c'est tantôt le climat torride et l'absence de matières nutritives, tantôt le climat glacial et la même absence de matières nutritives qui *expliquent* le comportement identique des deux espèces volatiles [10, p. 46–47][7].

Un exemple tiré de la relation que Linné donne de son voyage de 1741 à Gotland confirme la démarche suivie par Pechlin et d'autres savants des XVIIe et XVIIIe siècles. Près du lieu-dit Öja, au sud de l'île, il entrevoit une pierre tombale qui indique qu'un certain Berren Classon, chaudronnier de profession, est décédé en 1691 à l'âge de 305 ans. Là encore, la parole a pris la place d'un fait que d'autres prétendent avoir observé et constaté un demi-siècle plus tôt. Mais en l'absence d'une hypothèse pouvant crédibiliser cette observation, Linné est forcé d'affirmer, en fonction d'une hypothèse décrédibilisant le fait inscrit sur la pierre tombale, ou, ce qui revient à peu près au même, crédibilisant la négation de ce fait, que le tailleur de pierre doit avoir fait erreur en confondant l'année avec les monnaies de cuivre ([6, p. 254] ou [7, p. 88]).

---

[7] Pechlin *cite* l'observation du huitzitzil mexicain d'après la version donnée par le commentateur de l'ouvrage de Hernandez publié en latin (« ... *Ximenez scribit* ... »). Or, la version castillane n'a jamais été retraduite en latin, si bien qu'il faut avancer l'hypothèse d'une citation d'après une tierce source non nommée. Ceci pourrait confirmer le fait que la notion de sommeil prolongé dans lequel tombent certaines espèces d'oiseaux était assez répandue aux époques considérées dans la présente esquisse.

On est ainsi amené à contextualiser et la notion et les pratiques d'observation afin de se libérer des contraintes d'une historiographie conventionnelle trop cloisonnante et peu attentive aux détails d'ordre épistémologique. Il est sans doute utile de faire la différence entre :

(1) la démarche d'observation reposant sur la validation des opérations perceptives (passées ou présentes) par l'apport d'hypothèses et autres ingrédients théoriques ;

(2) la démarche d'observation qui aboutit à de simples constatations de faits perçus et enregistrés selon un ensemble de règles bien définies (démarche illustrée par la micrographie d'Antony van Leeuwenhoek, pour ne citer qu'un exemple parmi tant d'autres) ; et

(3) la démarche d'observation par délégation partielle à l'aide de dispositifs techniques qui se substituent aux organes de la perception (démarche illustrée par la sphygmographie de Marey dans les années 1860 et 1870).

On aurait en outre intérêt à mener un examen en profondeur dans le but de dépasser tout schématisme résultant du préjudice selon lequel le régime d'observation enseigné de nos jours est le seul valide.

Quant aux hirondelles, un doute plane sur leur lieu de séjour hivernal encore au Siècle des Lumières. Ainsi, Valmont de Bomare conclut l'article HIRONDELLE de son dictionnaire d'histoire naturelle par quelques considérations franchement interrogatives :

> Les Hirondelles restent-elles cachées pendant l'hiver dans les lieux où elles ont pris naissance, jusqu'à ce que le beau tems les fasse reparoître ? ou vont-elle passer l'hiver dans les pays chauds ? Où se retirent-elles ? enfin sont-elles passagères ? C'est une question qui a été agitée par les Anciens & par les Modernes : les uns disent qu'elles se cachent dans les trous des murailles & des arbres ; d'autres qu'elles vont chercher le fond des roseaux ou des étangs, où elles restent comme sans mouvement & sans vie [...]. [4, p. 13]

Les fonds de la mer Baltique se sont peu à peu métamorphosés en étangs de n'importe où, faisant ainsi de l'hibernation aquatique un phénomène qui n'est plus limité aux pays nordiques. Et les roseaux chers à Olaus Magnus et à Johann Pechlin figurent toujours en bonne place dans le décor de l'histoire naturelle d'une espèce dont l'observation semble avoir soulevé plus de difficultés qu'on imagine aujourd'hui.

BIBLIOGRAPHIE

[1] Anon., 1676, « IV. Joh. Nicolai Pechlinii M. D. &c. de AERIS & ALIMENTI DEFECTU, & VITA SUB AQUIS Meditatio. Kiloni. 1676. In 8° », in : *Philosophical Transactions of the Royal Society,* vol. 11, 675–678.

[2] Anon., 1677, « IOH. PECKLINII D. M. DE AERIS ET alimenti defectu & vita sub aquis », in : *Journal des sçavans,* vol. 12, 89–91.

[3] Aristote, 1964, *Histoire des animaux*, tome I, texte établi et traduit par Pierre Louis. Paris.
[4] Bomare, Jacques, Christophe (Valmont de), 1764, *Dictionnaire raisonné universel d'histoire naturelle ; contenant l'histoire des animaux, des végétaux et des minéraux, et celle des corps célestes, des météores, & des autres principaux phénomènes de la Nature [etc.]*, tome 3. Paris.
[5] Hernandez, Francisco, 1615, *Quatro libros de la naturaleza, y virtudes de la plantas, y animales que estan recevidos en el uso de medicina en la Nueva España*, [ouvrage traduit du latin et commenté par Francisco Ximenez]. Mexico.
[6] Linné, Carl (von), 1745, *Öländska och Gotländska Resa [...] förrättad Åhr 1741* [Voyage à Öland et à Gotland (...) fait en l'an 1741]. Stockholm et Uppsala.
[7] Linné, Carl (von), 2005, *Gotländska resa* [Voyage à Gotland], Stockholm.
[8] Magnus, Olaus, 1558, *De gentibus septentrionalibus historia : sic in epitome redacta, ut non minus clare quam breviter quicquid apud septentrionales sicut dignum est, compleantur*. Anvers.
[9] Magnus, Olaus, 1561, *Histoire des pays septentrionaux*. Paris.
[10] Pechlin, Johann Nikolaus, 1676, *De aeris et alimenti defectu, et vita sub aquis, meditatio ad nobilissimum & amplissimum virum D. Joelem Langelottum, Med. D. reverendissimi ac serenissimi Cimbriae Principis Archiatrum*. Kiel.

Alexandre Métraux
L.H.S.P. – Archives Henri Poincaré (UMR 7117)
Académie Helmholtz
Ametraux@aol.com

Les consonances, des mathématiques à la physiologie

MICHEL MEULDERS

On oppose généralement l'agrément que procure l'écoute d'un accord consonant au déplaisir qu'occasionne la dissonance. Si la consonance d'un accord ou d'un intervalle a souvent été définie de la sorte à partir de critères subjectifs, elle n'a pas échappé tout au long de l'histoire à de nombreuses définitions théoriques. Les travaux célèbres de l'école pythagoricienne, par exemple, ainsi que ceux plus proches de nous de Mersenne, Leibniz et Euler font appel aux mathématiques et aux rapports de chiffres simples pour attribuer aux accords un caractère plus ou moins consonant.

Ces travaux étaient certes fort séduisants pour l'esprit, mais leur caractère *a priori* ne pouvait faire front aux approches de Rameau et de d'Alembert plus soucieuses de la réalité naturelle, ni à celles plus récentes de Helmholtz et de Mach, basées sur l'expérimentation physique et physiologique.

C'est de cette coupure capitale dans l'histoire de la musique entre l'*a priori* de la pensée numérique et l'*a posteriori* d'une pensée expérimentale, que je voudrais parler aujourd'hui, mais sans aucune prétention d'être exhaustif. J'espère cependant sensibiliser le lecteur amoureux de musique à la complexité des mécanismes du langage affectif des sons, telle qu'on les concevait à la fin du XIXe siècle. Ce lecteur constatera aussi, que malgré les avancées de la science, la coupure entre les approches numériques et empiriques est souvent beaucoup moins tranchée qu'on pourrait le croire.

1 L'approche *a priori* des consonances

La consonance dans la pensée numérique

Pour Pythagore et ses disciples, la consonance était un accord agréable à écouter et certaines consonances étaient plus agréables que d'autres : dans un ordre décroissant, l'octave (*do*1-*do*2), la quinte (*do*1-*sol*1) et la quarte (*do*1-*fa*1). Les intervalles tels que la tierce (*do*1-*mi*1) ou la sixte (*do*1-*la*1) étaient considérés comme dissonants. D'après la tradition, Pythagore semble avoir découvert la relation entre ces accords et les longueurs de corde permettant d'obtenir successivement les sons constituant l'accord. Il constata en effet, grâce au monocorde, que pour faire rendre aux deux segments de la corde séparés par un chevalet les sons d'un intervalle consonant, il fallait que les longueurs respectives des deux segments soient entre elles comme le rapport des deux plus petits nombres entiers : si les longueurs de la corde de part et d'autre du chevalet étaient respectivement de deux tiers et de un tiers, le segment le plus long donnait le son le plus bas et le plus court le son le plus élevé, par exemple le *do*1 et son octave *do*2. Le rapport de 2/1 correspondait à l'octave, celui de 3/2 à la quinte et de 4/3 à la quarte. Les consonances étaient donc à mettre en relation avec les rapports des plus petits nombres entiers, et il n'est pas étonnant que Pythagore, qui était moins musicien que philosophe et métaphysicien, inscrivît ce fait remarquable dans une conception spéculative de l'équilibre des sphères célestes, dans laquelle le cosmos était régi par la puissance des nombres et plus spécialement des quatre premiers.

À la Renaissance, Johannes Kepler (1571-1630) tenta de reprendre le problème en substituant à la perfection des rapports de chiffres celle que l'on obtient grâce à l'étude géométrique des polygones. Pour expliquer les consonances, il substituait ainsi la métaphysique des formes à celle des nombres, et tout ceci, sans l'ombre d'une argumentation physique.

La théorie des coïncidences

René Descartes (1596-1650), dans son *Traité de musique* de 1618, étudia les harmoniques par la méthode des résonances, une corde donnant le son fondamental et les autres vibrant à l'octave, la quinte, la tierce et la quarte. Pour lui, les dissonances se définissent *a priori* comme ce qui n'est pas consonant. Il faut remarquer en outre que dans l'étude des consonances, Descartes est un des premiers à ne pas relier les rapports de nombres caractérisant les harmoniques à une quelconque mystique. Comme le suggère Lalo [3, p. 79], il a peut-être « cru voir dans le naturalisme naissant la recherche d'une harmonie réalisée dans la nature par une sorte de finalité ».

C'est à un ami de Descartes, le physicien Isaac Beeckman (1588-1637) que l'on doit la théorie des coïncidences (1614). Selon ce dernier, « le son est divisible en plusieurs chocs (...) et l'impression de consonance proviendrait de la simultanéité des coups des deux sons constituant l'accord (...) Les accords sont d'autant plus consonants qu'ils contiennent une proportion plus grande de coups coïncidents dans l'ensemble des coups » [1, p. 76–77]. On est déjà ici plus proche d'une pensée physique que numérique, mais il faudra encore attendre deux siècles avant la révolution de Helmholtz.

Marin Mersenne (1588-1648), pour sa part, reprit en 1637 la théorie des coïncidences de Beeckman et entreprit d'effectuer un classement « chiffré » non seulement des consonances mais aussi des dissonances, ce que n'avait pas voulu faire Descartes. Il réalisa à cette fin une échelle qui se voulait objective et à l'abri de toute appréciation subjective de qualité. D'après ses critères objectifs, la quarte était cependant plus consonante que la tierce, ce que refusaient d'admettre les musiciens de son temps. Ouvert aux idées de la physique de son temps, c'est dans le traitement numérique que Mersenne avait cherché une explication scientifique, et l'arithmétique seule n'avait évidemment pas pu la lui donner.

Une avancée scientifique significative se produisit cependant, au début du XVIIIe siècle. Joseph Sauveur (1653-1716), bien que sourd-muet, parvint en effet à calculer avec précision le nombre de vibrations d'une note donnée et confirmer ce dont on se doutait depuis longtemps, à savoir, la relation inverse entre la longueur d'une corde d'instrument et la fréquence du son obtenu. Par contre, la nature ondulatoire et le mode de transmission du son jusqu'à l'oreille restaient encore inconnus. Il en était de même du fonctionnement de l'oreille.

Le retour de la métaphysique

Le siècle des Lumières fut le théâtre d'une brusque flambée de la pensée numérique et métaphysique. Ce retour de flamme plutôt inattendu fut le fait du brillant mathématicien et adepte de la théorie des coïncidences Leonhard Euler (1707-1783). Pour lui, le plaisir que l'on ressent à écouter des sons est dû au fait que l'on percevrait alors la perfection et donc l'ordre qui préside à leur agencement. D'où l'importance pour lui de chiffrer les proportions liées aux sons et aux accords qu'ils forment entre eux, pour estimer le degré de plaisir ou de déplaisir qu'ils procurent. À l'appui de sa thèse, il apportait par ailleurs de nombreux arguments philosophiques.

Il est remarquable que, pour Euler, l'accession au plaisir musical passait par une perception *consciente* des proportions arithmétiques, tandis que, pour son aîné Leibniz (1646-1716), cette perception était occulte, c'est-à-dire *inconsciente* : « La musique est une pratique occulte de l'arithmétique dans laquelle l'esprit ignore qu'il compte »[1].

Il n'est pas question ici de traiter l'œuvre considérable de Euler de manière exhaustive, d'autant plus que P. Bailhache lui a consacré de nombreuses pages, montrant comment, grâce à son étourdissante virtuosité, le mathématicien avait développé un outil lui permettant de lier le *degré d'agrément* au niveau de complexité des accords et de leur succession mélodique. Il faut cependant admettre que les efforts de Euler pour trouver une base métaphysique et *a priori* pour une théorie du plaisir en musique se heurtaient à des réalités d'ordre musical et constituaient pour ce type d'approche un véritable chant du cygne.

---

[1] « *Musica est exercitium arithmeticae occultum nescientis se numerare animi* », citation, traduction et références dans [1, p. 115].

2 L'approche *a posteriori*, expérimentale, des consonances

Rameau et les encyclopédistes : l'ordre de la nature

Jean-Philippe Rameau était avant tout un musicien, mais son rôle dans l'approche du couple consonance-dissonance fut néanmoins considérable. Sa théorie repose sur deux faits de base : d'abord, le fait que « pour tout corps sonore, au son fondamental, viennent se joindre la douzième et la tierce immédiatement au-dessus, comme harmoniques ($do0$, $sol1$ et $mi2$), ensuite, que tout le monde apprécie la ressemblance entre un son quelconque et son octave. Le premier fait prouverait que l'accord majeur est le plus *naturel* des accords, le second, que la quinte et la tierce peuvent être abaissées d'une ou deux octaves sans changer l'essence de l'accord, ce qui permet d'obtenir l'accord majeur dans tous ses renversements ($do0$, $sol0$ et $mi0$). », dans [2, p. 299].

Sont seuls consonants pour Rameau les sons qui ont une basse fondamentale commune, c'est-à-dire qui sont les premiers harmoniques d'un même générateur (par exemple *mi-sol*, proches harmoniques du même générateur *do*). Les autres sont dissonants, bien qu'on ne sache pas pourquoi.

Charles Lalo remarque qu'avec Rameau, on passe « du mathématique au physique », [3, p. 84], car, comme le dit ce dernier : « C'est dans la musique que la nature semble nous assigner le principe physique de ces premières notions purement mathématiques sur lesquelles roulent toutes les sciences ; je veux dire, les proportions harmonique, arithmétique et géométrique. », J.-P. Rameau, dans [3, p. 84].

L'héritage de Rameau fut repris par l'encyclopédiste Jean Le Rond d'Alembert (1717-1783). Empiriste convaincu, et donc adversaire à la fois des spéculations mathématiques et de la théorie des coïncidences des coups, qu'il estimait non fondées sur l'expérience, il fut séduit par l'approche musicale de Rameau. Il développa les idées de ce dernier en affirmant qu'une théorie de la musique relevait avant tout de la physique et que la musique était par conséquent une science de la nature. La consonance était donc nécessairement un accord qui « par ses harmoniques, se trouve déjà dans la nature. Semblablement, est dissonante toute combinaison de sons qui ne peut être ramenée à un tel état naturel » [1, p. 137–138]. On verra plus loin ce que Helmholtz pensait de cette référence à la nature.

La *Théorie physiologique de la musique*

Les recherches de Helmholtz sur l'audition, audacieuses et d'une grande portée scientifique, suscitent encore aujourd'hui l'étonnement et le respect, car elles constituent un exemple, sans doute assez rare dans l'histoire des sciences, d'une recherche empirique aussi ambitieuse, menée par un seul homme en si peu de temps.

Dans son introduction, il se propose de rapprocher sur leurs frontières communes des sciences restées jusqu'ici trop isolées les unes des autres : acoustique physique et physiologique, science musicale et esthétique. Il ajoute que la science, la philosophie et l'art se sont séparés plus que de raison et qu'il en résulte une difficulté réelle à comprendre la langue, la méthode et l'objet de chacune de ces approches.

Son projet est donc clairement d'unir sur un même terrain la science et l'esthétique.

Ailleurs dans l'introduction, il précise sa pensée d'une manière très concrète : Pythagore savait déjà, rappelle-t-il, que des cordes de même nature, soumises à la même tension, mais d'inégales longueurs, donnent les consonances parfaites de l'octave, de la quinte et de la quarte si leurs longueurs respectives sont, entre elles, dans le rapport de 1 à 2, de 2 à 3, de 3 à 4. Néanmoins, on ne sait toujours pas ce que les accords musicaux consonants ont affaire avec les rapports des six premiers nombres entiers[2].

À cette question, dit Helmholtz, bien des musiciens, philosophes ou physiciens ont souvent répondu que l'âme humaine avait la faculté d'apprécier les rapports numériques des vibrations sonores et qu'elle éprouvait un plaisir particulier à trouver devant elle des rapports simples et facilement perceptibles. Le caractère consonant ou non des accords musicaux aurait-il donc quelque chose à voir avec une sorte d'ordre naturel ? Mais ne fallait-il pas au contraire chercher une explication de cette mystérieuse correspondance entre nombres entiers et consonances musicales dans le monde de la physique empirique ?

Nous verrons plus loin comment, grâce à d'impressionnantes expériences de laboratoire, Helmholtz trancha ce nœud gordien en faveur de l'hypothèse physique. Il manifesta cependant toujours une certaine ambiguïté dans les relations qu'il voyait entre la musique prise globalement et la Nature. D'une part, en effet, il est loin de nier le pouvoir du musicien de créer dans l'ordre esthétique et admet que « l'analyse esthétique des plus grandes œuvres musicales et la compréhension des causes de leur beauté se heurtent encore presque toujours à des obstacles apparemment insurmontables » [2, p. 479]. D'autre part, « le Beau est soumis à des lois et à des règles qui tiennent à la nature de la raison humaine » [2, p. 479], et nous apprenons à « reconnaître et à admirer dans l'œuvre d'art l'image d'un ordre semblable, qui règne dans l'univers où dominent sans partage la loi et la raison » [2, p. 481].

---

[2] « Was haben die musikalischen Konsonanzen mit den Verhältnissen der ersten sechs ganzen Zahlen zu tun ? »

Comme on peut le voir, les intentions de Helmholtz s'inscrivaient dans un vaste projet unificateur nécessitant des connaissances de physique, de physiologie, d'histoire, de musicologie et même de philosophie, sans oublier un prodigieux savoir-faire dans les techniques instrumentales de laboratoire.

Les dissonances

Helmholtz, le physicien, avait montré que chaque son musical était constitué d'un son fondamental et de sons partiels ou harmoniques, et que chaque timbre se caractérisait spécifiquement par les intensités respectives de ces derniers. Pour Helmholtz, le physiologiste, par ailleurs, l'oreille organisée de façon tonotopique comme un clavier fonctionnait comme un analyseur de Fourier puisqu'elle était capable de résonner spécifiquement à chaque son fondamental et chacun de ses harmoniques, rendant ainsi possible la perception du timbre sonore et donc l'identification de chaque instrument de musique.

Il restait cependant à connaître le sort qui serait réservé dans ce contexte aux concepts de consonance et de dissonance lorsque deux notes de musique ou davantage étaient données simultanément ou successivement. Il n'était pas question pour Helmholtz d'éluder ce problème, d'autant plus qu'il était violemment opposé aux théories numériques, depuis celles de Pythagore jusqu'à celles de Euler, car mystiques ou métaphysiques. Par ailleurs, bien que sincèrement respectueux de l'œuvre de Rameau et de d'Alembert sur l'accord parfait, il ne s'y ralliait pas davantage car elle se contentait d'invoquer, à l'appui des charmes de la consonance, le statut de phénomène naturel. « Rameau avait eu parfaitement raison de penser que les faits dont il s'agit [la ressemblance de l'octave avec le son fondamental] devaient être fondamentaux dans la théorie de l'harmonie. Mais tout n'est pas fini par là, car la nature présente également le beau et le laid, le bien et le mal. La preuve que quelque chose est dans la nature ne suffit donc pas, à elle toute seule, à en rendre compte esthétiquement... Le phénomène sur lequel s'appuie Rameau est un phénomène musical qui a besoin d'explication » [2, p. 300].

Cette explication, Helmholtz eut l'audace de la chercher dans le phénomène physique de battement survenant lorsque deux sons de hauteurs voisines et presque identiques sont donnés en même temps. Au moyen de sirènes comprenant deux plateaux percés par un même nombre de trous, il était possible, lorsqu'on les faisait tourner à des vitesses légèrement inégales, d'obtenir des sons dont la fréquence était voisine mais légèrement différente, par exemple 18 et 20 vibrations par seconde, respectivement. Le calcul montre que deux fois par seconde, les ondes sont en phase et ensuite en contrephase. Pour d'autres fréquences, par exemple 180 et 200 par seconde, il y aura chaque seconde une succession de 20 (200–180) chocs sonores dus au fait que les deux trains d'ondes sonores sont en phase 20 fois par seconde. C'est le phénomène de battement.

Il en résulte que, si, pour l'auditeur, un battement de 3 à 4 par seconde peut encore être aussi agréable que peut l'être un trémolo aux orgues, si les fréquences de battement s'accroissent jusque' à 20 ou 40 par seconde, en revanche, la masse devient confuse, dure et secouée par des roulements forts désagréables. Ce roulement est constitué par des à-coups sonores intermittents, un peu comme pour la lettre R. Au delà de ces fréquences, la dureté du son diminue et finit par être imperceptible. Ceci fait dire à Helmholtz que le battement est la vraie cause des dissonances, et que ces dernières sont physiquement aussi désagréables que le papillotement de la lumière pour l'œil. Il définit alors la consonance comme une sensation continue et la dissonance comme une impression sonore intermittente. Au passage, il rappelle la citation d'Euclide, pour qui « la consonance est l'association de deux sons, l'un aigu, l'autre grave. La dissonance, au contraire, est l'impossibilité pour deux sons de s'associer sans produire une impression dure sur l'oreille » [2, p. 291]. Dans la vision helmholtzienne, la dissonance est franchement désagréable, mais la consonance ne se définit que par l'absence de ce type de désagrément. Le plaisir n'est en fait que l'absence de déplaisir.

L'oreille joue pour lui un rôle déterminant, car « si les fibres de Corti sont en principe animées de deux mouvements correspondant aux deux sons donnés séparément, dans ce cas-ci, ils se renforcent et s'affaiblissent mutuellement, en donnant une sensation pulsée dans le nerf » [2, p. 210]. L'oreille devient ainsi l'arbitre des dissonances...

Dissonances et musique

Développant les conséquences de ses conclusions, Helmholtz testa alors systématiquement, grâce à ses sirènes à double plateau, les accords de deux notes données en même temps et constata qu'il y avait des degrés dans la consonance, des meilleures au moins bonnes, jusqu'à ce que l'on passe franchement à la dissonance. En effet, chaque note est accompagnée de son cortège d'harmoniques, et ceux-ci peuvent présenter des battements entre eux, parfaitement audibles pour une oreille exercée. Plus il y a d'harmoniques présentant des battements entre eux, moins l'accord est consonant et au dessus d'un certain nombre de battements, l'accord devient franchement dissonant.

Il poursuivit ses expériences avec des accords de trois ou quatre notes ainsi qu'avec les accords présentant des sons résultants. Dans la quasi totalité des cas, l'ordre des consonances et des dissonances, tel qu'il l'avait calculé grâce au concept de battement, coïncidait avec le goût et la tradition de l'harmonie musicale.

Et Helmholtz de conclure que pour Euler, l'âme perçoit comme tels les rapports rationnels des nombres de vibrations sonores et en tire du plaisir. Pour lui, au contraire, « l'âme ne perçoit qu'un effet physique dû à ces rapports, à savoir : la sensation continue ou intermittente des nerfs de l'audition » [2, p. 298]. L'oreille a presque le statut de cerveau, puisqu'elle analyse rigoureusement le son et reconnaît implacablement le caractère consonant ou dissonant des accords musicaux.

Il penchait manifestement vers une esthétique mécaniste, en affirmant sans modestie exagérée, que « dans beaucoup de compositions récentes, les accords dissonants forment la majorité et les accords consonants l'exception, que personne ne doute que c'est l'inverse qui devrait avoir lieu, et que l'emploi prolongé de modulations hardies et heurtées menace de faire disparaître le sentiment de tonalité. Ce sont là, dit-il, de fâcheux symptômes pour le développement ultérieur de l'art. La considération des mécanismes des instruments et des facilités d'exécution tend à prévaloir sur les exigences naturelles de l'oreille » [2, p. 432].

À cette tentation presque faustienne d'ériger une esthétique sur des bases essentiellement scientifiques, Helmholtz ne céda cependant que partiellement, car il était trop conscient de la complexité de la perception musicale. La perception comme telle, qui permet de reconnaître une voyelle, un instrument de musique ou l'auteur d'une composition musicale, s'expliquait pour lui en termes de psychologie, et il n'accepta jamais de voir réduire celle-ci à des mécanismes physiologiques. Il faut d'ailleurs rendre hommage à Helmholtz d'avoir tenté de conquérir pour la physique et l'oreille un rôle dans la perception euphonique de la musique qu'on n'avait pas osé imaginer avant lui, et de nous avoir laissé ainsi le souvenir d'une des plus brillantes entreprises scientifiques du XIXe siècle, que l'utopie scientiste de son auteur ne rend que plus attachante.

Quant à la beauté d'une composition musicale, et la grandeur du génie créatif auquel il croyait très sincèrement, il l'explique en termes métaphysiques à la fin de son ouvrage : « L'œuvre d'art, dit-il, fait naître le sentiment d'une rationalité qui s'étend très loin au-delà de ce que nous pouvons embrasser du regard, et à laquelle nous ne voyons ni bornes ni limites. »

Le dilemme de Helmholtz semble ainsi apparemment résolu, mais son déchirement entre la tentation faustienne d'une esthétique mécaniste et son attachement à une définition métaphysique du Beau persiste [5].

Ernst Mach et les consonances

Dans un ouvrage qui parut trois ans après celui de Helmholtz, un autre physiologiste, Ernst Mach, publia un ouvrage commentant celui de Helmholtz [4]. Pour lui, définir le plaisir comme l'absence de déplaisir ne lui paraissait pas une explication suffisante. Il eut fallu, disait-il, chercher plus loin dans l'approche physique et physiologique du phénomène. Il fit observer que deux sons paraissent à l'oreille d'autant plus apparentés et familiers qu'ils possèdent des harmoniques en commun. L'apparentement est le plus fort, affirme t-il, lorsque les harmoniques sont nombreux à coïncider, mais surtout lorsqu'ils sont intenses, ce qui est le cas d'harmoniques proches de la fondamentale (p. ex. la troisième harmonique de *mi* avec la quatrième de *do : mi,* dans les deux cas).

Sur le fond, Mach ne contredit donc pas Helmholtz, mais au lieu de mettre l'accent comme ce dernier sur la nécessité d'éviter les dissonances et donc les battements désagréables dans la succession mélodique des accords, il insiste plutôt sur l'importance de nombreux sons apparentés au sein d'accords dont la succession dans une même tonalité est alors d'autant plus harmonieuse. La consonance, pour lui, ne se définit pas seulement par l'absence de désagréments dus aux battements dissonants, mais elle résulte d'une propriété physique de l'oreille, une exigence de *simplification et d'économie de moyens* qui cherche à réunir et à unifier ce qui est semblable, et donc les sons apparentés.

L'approche cognitive de William James

Enfin, comment ne pas citer William James, pour qui, en matière intellectuelle ou esthétique, une sensation de plaisir semble tissée dans la représentation psychique elle-même, qui ne doit rien à des réverbérations éventuelles provenant des régions inférieures du cerveau, comme dans les émotions. En effet, tant qu'il n'y a pas de manifestations physiques concomitantes au jugement esthétique, il s'agit exclusivement d'une perception d'ordre intellectuel ou cognitif, une composition musicale de qualité étant jugée bien écrite, correctement orchestrée, au contrepoint intelligent. James cite ici Chopin, qui après avoir écouté un morceau de musique qu'il ne connaissait pas, n'avait jamais utilisé d'expression plus élogieuse que « rien ne me choque ».

3 En guise de conclusion

On peut conclure de ce rapide survol historique de la notion de consonance, qu'à la fin du XIXe siècle, toute référence à une métaphysique des nombres appartient au passé. La consonance est étudiée par Helmholtz dans le cadre d'une opposition consonance-dissonance, la dissonance étant alors expliquée essentiellement sur des bases physiologiques, et la consonance définie comme l'absence de dissonance. Démarche insuffisante aux yeux de Mach, qui se rallie aux idées de Helmholtz à propos des dissonances, mais invoque son propre principe d'*économie de moyens* pour expliquer l'harmonie des consonances. Quant à James, il remet le débat au niveau de la représentation psychique et des perceptions d'ordre intellectuel et cognitif. On le voit : l'aventure des consonances dans la conquête du savoir est loin d'être terminée.

BIBLIOGRAPHIE

[1] Bailhache, Patrice, 2001, *Une histoire de l'acoustique musicale*, Paris, CNRS Éditions.
[2] Helmholtz, Hermann (von,) 1863, *Die Lehre von den Tonempfindungen als physiologische Grundlage für die Theorie der Musik*, Braunschweig, Vieweg. Traduction française par M. G. Guéroult et M. Wolff, 1868, *Théorie physiologique de la musique, fondée sur l'étude des sensations auditives,* Paris, Masson, réédition Sceaux, Éditions Jacques Gabay, 1990.
[3] Lalo, Charles, 1939, *Éléments d'une esthétique musicale scientifique,* Paris, Vrin.
[4] Mach, Ernst, 1866, *Einleitung in die Helmholtz'sche Musiktheorie — Populär für Musiker dargestellt,* Graz, Sändig.
[5] Meulders, Michel, 2001, *Helmholtz, des Lumières aux neurosciences*, Paris, Odile Jacob.

Michel Meulders
Université Catholique de Louvain
meuldersm@scarlet.be

Les vertus académiques sont-elles chrétiennes ?

ROGER POUIVET

Parlant des vertus, Aristote fait le portrait d'un personnage, le *phronimos*, l'homme prudent. Les voir incarnées est indispensable pour comprendre la nature des vertus. Cela vaut aussi pour les vertus intellectuelles ou épistémiques, à l'œuvre dans la vie universitaire et dans la recherche scientifique. Je parlerai à leur sujet de vertus *académiques*[1]. Dût-il en rougir, je dirais que Gerhard Heinzmann les incarne. C'est en pensant à lui que les lignes suivantes sont écrites.

1 Vertus épistémiques et christianisme selon Newman

Dans le premier de ses *Sermons universitaires*, le Cardinal Newman affirme que :

> Certaines des attitudes d'esprit que la Bible représente partout comme les seules agréables aux yeux de Dieu sont précisément les attitudes nécessaires pour réussir dans la recherche scientifique, et sans lesquelles il est impossible d'étendre la sphère de nos connaissances[2].

L'affirmation a de quoi surprendre ; l'idée contraire, que la religion est l'ennemie de la pensée rationnelle, est aujourd'hui fortement répandue. Les religions seraient hostiles au progrès de la philosophie ; elles seraient des obstacles intellectuels et institutionnels à la pensée scientifique.

Daniel Dennett, l'un des philosophes en vogue aujourd'hui, en est persuadé :

> Si la religion n'est pas la plus grande menace à la rationalité et au progrès scientifique, qu'est-ce qui l'est ? L'alcool, la télévision ou l'addiction aux jeux vidéo, peut-être. Toutefois, même si chacun de ces fléaux – plutôt des bienfaits ambigus – a le pouvoir de submerger notre meilleur jugement et d'embrumer nos facultés critiques, la religion possède une caractéristique dont aucun d'eux ne peut se prévaloir : non seulement la religion est un handicap, mais elle cultive le handicap. [1]

---

[1] Sur l'importance de ces vertus dans une réflexion sur ce qu'est une université, voir [12].
[2] [6, p. 62]. Quand il prêche ce sermon, Newman n'est ni cardinal ni converti au catholicisme.

À l'inverse, en diagnostiquant dans la science un succédané de religion, Nietzsche, qui n'est pourtant pas le meilleur ami du christianisme, ne disait rien d'autre que Newman[3]. La science, comme la religion, recherche la vérité. La différence entre Newman et Nietzsche n'est pas dans le constat mais dans l'appréciation : ce dont Newman se réjouit, le désir de vérité, Nietzsche le rejette. Toute la Bible « nous dit sans cesse que la vérité est chose trop sacrée et religieuse pour qu'on la sacrifie au pur plaisir de l'imagination, ou au jeu des idées, ou à un esprit de parti, ou aux préjugés de l'éducation, ou à l'attachement (même louable) aux opinions de maîtres humains » [6, p. 63]. Dennett est en revanche représentatif d'une conception voltairienne, devenue dominante aujourd'hui : d'un côté les ténèbres religieuses dues à une carence de rationalité, de l'autre les lumières de la science[4].

À suivre Newman, les vertus intellectuelles ou épistémiques, grâce auxquelles la recherche scientifique est possible – pour lui, l'honnêteté, la modestie, la patience, la prudence – appartiennent à la liste des vertus chrétiennes. À l'inverse, la témérité intellectuelle, une assurance excessive dans notre finesse d'esprit et dans la puissance de notre jugement, sont à la fois des péchés et des vices épistémiques.

> Être prudent et sans passion, loyal dans la discussion, donner à chaque phénomène qui se présente son juste poids ; admettre candidement ceux qui combattent notre théorie, accepter d'être ignorant un temps, se soumettre aux difficultés, procéder patiemment et doucement en attendant plus de lumière : telle est la disposition (qu'elle soit difficile ou non aujourd'hui) que ne connaissait guère le monde païen ; et pourtant c'est la seule qui nous permet l'espoir d'interpréter véritablement la nature. Et c'est l'attitude même que le Christianisme préconise comme la perfection de notre caractère moral. [6, p. 64]

On soupçonne que pour Newman l'absence de certaines vertus intellectuelles, proprement chrétiennes, explique l'impossibilité pour les philosophes de l'antiquité d'entrer dans la voie sûre de la science. À son avis, la plupart d'entre eux faisaient de la spéculation philosophique un jeu de l'esprit, un exercice d'habileté grâce auquel ils rassemblaient des disciples et amassaient du gain. Ils n'aimaient pas la vérité. Le jugement est sévère, voire injuste. Les nombreux contemporains admiratifs des sagesses antiques, et persuadés que la lecture des philosophes grecs peut nous apprendre à vivre et à penser, en seront choqués[5]. À plus juste titre encore, les admirateurs des savants grecs (Hérodote, Euclide, Strabon, Galien, Ptolémée) protesteront. Comment contester le succès des sciences païennes dans les

---

[3] C'est le thème du §344 du *Gai savoir*[9].

[4] L'affirmation de Dennett est historiquement difficile à défendre. Dans [2] Stephen Gaukroger montre que l'association étroite entre science et religion chrétienne explique la révolution scientifique du XVIIe siècle, et particulièrement qu'elle ne se soit pas produite ailleurs (en Chine particulièrement).

[5] C'est la thèse qui prévaut en particulier dans la lignée de P. Hadot [4].

méthodes et les résultats. Comment auraient-ils pu être obtenus sans les vertus épistémiques ?

Cependant, il reste une différence majeure, reconnue par Newman, entre les vertus intellectuelles et l'état d'esprit du chrétien. Pour le croyant, exemplifier les vertus, c'est se reconnaître non seulement faillible dans la recherche de la vérité, comme le philosophe et le scientifique qui admettent pouvoir se tromper, mais c'est aussi se reconnaître *pécheur* et *corrompu* par le péché originel, comme devant tout attendre de la Rédemption et de la Grâce. Bien autre chose que la seule faillibilité, on en conviendra.

Pensons à l'épisode de la pêche miraculeuse dans l'Évangile de saint Luc (5, 1-11). Réalisant que Jésus est vraiment Dieu, Simon Pierre lui dit : « Éloigne-toi de moi, parce je suis un homme pécheur » (5, 8). Le disciple voit enfin la situation correctement ; il a compris qui est Jésus : le Fils du Dieu vivant, et la signification kénotique de sa condition humaine. Cette compréhension résulte certes de l'exercice de ses vertus intellectuelles. Il voit enfin les choses comme il convient de les voir. Mais la vérité qu'il découvre ne concerne pas les poissons ou la pêche. Si l'exercice de ses vertus intellectuelles par Simon Pierre a une signification religieuse, c'est que la vérité qu'il découvre est religieuse : la corruption de l'homme et l'attente de la Rédemption. Or, des chercheurs scientifiques, en particulier ceux du Centre National de la Recherche Scientifique, on ne va tout de même pas exiger que l'exercice des vertus épistémiques, à supposer qu'elles soient indispensables à la connaissance, les conduisent à se reconnaître pécheurs et corrompus ! L'exercice des vertus intellectuelles ne semble pas avoir la même finalité pour l'homme de science et pour l'apôtre du Christ. Newman peut-il alors justifier l'identification des valeurs cognitives à l'œuvre dans la recherche scientifique et des vertus intellectuelles chrétiennes si leur finalité est à ce point différente ?

Même si Newman a raison sur le rôle bénéfique de la préoccupation aléthique chrétienne dans le développement des sciences, il reste que l'exercice des vertus académiques n'aurait pas du tout la même signification que l'exercice des vertus intellectuelles permettant par exemple de saisir, comme ce fut le cas de Simon Pierre, que Jésus est vraiment Dieu.

2 Vertus efficaces et vices appropriés

Dans les affirmations de Newman, je distinguerai deux aspects. Premièrement, il me semble accepter une théorie connue aujourd'hui sous l'appellation d'*épistémologie des vertus*. Deuxièmement, il affirme que les vertus épistémiques sont des vertus typiquement chrétiennes. Considérons d'abord le recours à une épistémologie des vertus. Je reviendrai ensuite sur ce second aspect du premier sermon universitaire de Newman.

En gros, l'épistémologie des vertus consiste à soutenir que le *caractère* des personnes est décisif pour la légitimité de leurs croyances. Cette légitimité ne résulte pas de caractéristiques propres aux croyances elles-mêmes, par exemple d'être évidentes, ou d'être seulement engendrées par un processus fiable de formation, mais de la qualité épistémique de celui qui les possède. On ne se demandera donc pas quels sont les critères grâce auxquels il est possible de reconnaître une croyance justifiée, mais ce qu'est, pour une personne donnée, une bonne vie épistémique. On passe ainsi d'une *épistémologie déontologique*, qui affirme l'existence de règles épistémiques dont le respect légitime les croyances, à une *épistémologie arétique* pour laquelle l'attitude épistémique légitime est liée aux qualités épistémiques des personnes. Une croyance légitime est ce qu'une personne motivée par les vertus intellectuelles croirait dans des circonstances appropriées, et non pas une croyance ayant satisfait à un contrôle réflexif dont les normes sont des règles épistémologiques. Même si dans l'activité scientifique les connaissances dépendent du respect de procédures de justification, ce respect dépend finalement de l'exercice de vertus épistémiques, c'est-à-dire de certaines qualités intellectuelles ou vertus épistémiques que le chercheur met en œuvre. Le savoir scientifique résulte des *actes de vertu épistémique*. On a ainsi deux conceptions radicalement différentes de la rationalité de nos croyances, deux *éthiques des croyances* dont les normes sont incompatibles. Cependant, est-il exact que les vertus épistémiques soient des conditions nécessaires et suffisantes de la meilleure attitude épistémologique qui soit ?

Qui n'a jamais rencontré l'un de ses maîtres, ou lu une biographie à son sujet, pour s'apercevoir que la réussite intellectuelle de ce « modèle » s'accompagnait de certains vices à la fois moraux et intellectuels, voire y trouvait une source ? L'entêtement, l'intempérance, la prétention, l'assurance d'être plus intelligent que tout le monde, ont pu être des motivations efficaces dans la recherche scientifique. Et n'arrive-t-il pas aussi que les vertus intellectuelles soient un obstacle à la reconnaissance de la vérité ? Philip Kitcher remarque ainsi que « les Aristotéliciens qui refusaient d'entériner les arguments de Galilée ou leurs principes sous-jacents peuvent être tenus comme justifiés, au moins en un sens du terme : leurs propres processus de raisonnement acceptaient des méthodes, rendues honorables par leur ancienneté, pour former et évaluer des croyances ; avec une modestie louable, ils ne s'imaginaient pas capables d'avoir saisi un principe épistémologique que des générations de savants prédécesseurs auraient manqué de reconnaître » [8]. C'est l'exercice de certaines vertus qui empêchait ces Aristotéliciens de passer à la nouvelle physique. On pourrait être tenté alors de considérer que les vertus épistémiques, malgré ce que dit Newman, jouent un rôle pour le moins ambigu dans le développement du savoir scientifique : la vérité se donne parfois aux vicieux, et les vertueux en sont privés. Elles n'exercent pas toujours le rôle bénéfique qu'un épistémologue des vertus prétend leur donner.

Il conviendrait aussi de savoir si les vertus caractérisent des personnes, comme les épistémologues des vertus semblent presque tous le penser, ou des communautés scientifiques. Qu'elles doivent être vertueuses n'implique pas qu'en leur sein, chez ceux qui les composent, l'entêtement, l'intempérance intellectuelle et la prétention ne soient pas utiles ou même indispensables au bien commun scientifique ; ou qu'à l'inverse la modestie intellectuelle, le scrupule et la prudence épistémiques ne soient pas inefficaces. Christopher Hookway dit qu'« il est aisé de constater que les communautés peuvent également posséder des vertus (facilitant la discussion et régulant les progrès des recherches) et que ces vertus peuvent ne pas être réductibles aux vertus des individus qui appartiennent à ces communautés » [5, p. 277]. Les communautés scientifiques ne tirent-elles pas profit du dogmatisme de certains de leurs membres ? « Les qualités qui seraient des vices chez des chercheurs individuels pourraient être des vertus quand elles sont possédées par les membres d'une équipe », affirme aussi Hookway [5]. Ce sont les hypothèses et les théories examinées par une communauté de chercheurs qui comptent, bien plus que les qualités des personnes. La vision individualiste de la science pourrait nous conduire à en exagérer l'importance.

Ne pourrait-on pas soutenir également que la méthode scientifique élimine les vertus individuelles au profit de procédures comme les protocoles d'expérience, les reduplications, permettant de détacher les résultats des qualités des personnes. Même la méthode reste un idéal – ce que les sociologues des sciences s'attachent à montrer. Et la distinction entre activité et résultats, pour n'être pas absolue, ne doit-elle pas être prise en compte, même par l'épistémologue des vertus ? Il peut insister sur l'importance des vertus pour comprendre les résultats « dépersonnalisés », mais cette distinction n'est-elle pas une objection forte à l'application d'une épistémologie arétique dans le domaine des sciences dures ?

Ces objections sur l'efficacité des vertus en tant que motivations dans la recherche scientifique sont sérieuses. Je crois cependant que l'épistémologie des vertus reste défendable.

3 Connaissance et valeur de la connaissance

Que certaines vertus épistémiques n'apparaissent pas efficaces, alors que certains vices épistémiques semblent l'être dans l'activité scientifique, cependant qu'une communauté académique vertueuse s'accommode plus ou moins facilement de vices épistémiques individuels, cela implique-t-il que les vertus ne sont pas les motivations décisives de la recherche scientifique ?

Une réponse positive supposerait qu'il soit facile d'identifier dans les comportements réels l'œuvre véritable des motivations vertueuses ou vicieuses. Valorisant la prudence d'un chercheur, ne risque-t-on pas de la confondre avec une étroitesse d'esprit ? À l'inverse, méfions-nous en diagnostiquant une prétention excessive dont est supposé faire preuve un chercheur. Car rien n'y ressemble plus que le courage intellectuel. La caractérisation éthique de nos croyances et de notre qualité épistémique n'est guère plus facile et évidente que celle de nos autres comportements. Une *casuistique épistémique*, grâce à laquelle il deviendrait possible de décrire correctement les motivations à l'œuvre dans les activités académiques, nous fait défaut. Il me semble donc discutable d'affirmer que les vertus sont inefficaces et que le vice intellectuel triomphe dans les laboratoires et centres de recherche. La description correcte des attitudes intellectuelles demande beaucoup de soin. Toutefois, entretenir l'espoir que les vertus épistémiques sont efficaces et les vices rédhibitoires dans la vie intellectuelle ne me semble pas verser par principe dans des illusions moralisatrices en épistémologie.

Essayons de mieux comprendre pourquoi Newman anticipe ce qu'on appelle aujourd'hui l'épistémologie des vertus en disant que certaines vertus épistémiques constituent notre seul espoir d'interpréter correctement la nature, autrement dit de parvenir à la connaissance. Cette thèse se comprend mieux si l'on distingue deux modèles en épistémologie, le modèle déontologique et le modèle arétique, comme je l'ai déjà proposé, et à condition également de distinguer, dans chaque modèle, un aspect ontologique et un aspect évaluatif.

> *Ontologie déontologique de la connaissance.* La connaissance est l'effet de l'activité cognitive du sujet connaissant, qui en est la cause, grâce à un examen réflexif. La vérité résulte de la valeur du processus mis en œuvre par le sujet connaissant, qu'il s'agisse d'un examen réflexif de ses raisons de croire ou de la fiabilité de ses facultés.
>
> *Évaluation déontologique de la connaissance.* La connaissance résulte du processus cognitif et la valeur de la connaissance tient à la valeur de ce processus. La connaissance résulterait de l'activité cognitive, comme le café sort de la machine à café. Et dès lors la *valeur* de la connaissance s'explique par le bon fonctionnement du processus cognitif, tout comme un *bon* café sortirait, suggère-t-on, d'une bonne machine à café. (Dans l'analogie, le café lui-même correspond aux données examinées, les raisons de croire principalement, qui elles-mêmes doivent être de bonne qualité.)

Dans l'autre modèle épistémologique, le modèle arétique, la connaissance ne résulte pas du processus cognitif, comme l'effet suit de sa cause. Distinguons aussi dans ce modèle les deux aspects, ontologique et évaluatif.

Ontologie arétique de la connaissance. De même qu'un acte peut être compris non pas comme un produit de l'agent, mais comme ce que fait cet agent dans une certaine situation, la connaissance ne résulte pas de l'acte cognitif, comme un produit ; elle est cet acte lui-même.

Le modèle de la production est alors inopérant : la connaissance n'est pas à l'agent cognitif – qui n'est donc plus compris comme un sujet connaissant – comme le café est à la machine qui permet de le faire.

Évaluation arétique de la connaissance. Si la valeur d'un acte tient à la valeur de l'agent, de ses intentions ou de ses motivations, la valeur de la connaissance tient à la valeur de l'agent cognitif, à ses qualités intellectuelles propres, ses vertus épistémiques, comprises comme des intentions ou des motivations.

Dans le modèle arétique :

1. La connaissance n'est pas une proposition résultant d'un acte cognitif. (Dans « S sait que p », la connaissance est l'ensemble, y compris l'acte cognitif, non pas seulement p.)[6]
2. Un acte exprime la valeur de l'agent ; cela vaut aussi pour un acte cognitif. (« Exprime » veut dire ici manifeste ou exemplifie.)
3. Un acte cognitif possède une valeur cognitive relative à certaines qualités, dispositions ou motivations qui s'y exercent.

Parmi les motivations d'un acte cognitif, l'amour de la vérité, vertu épistémique fondamentale, est essentiel. Mais si la vérité est une propriété des propositions, il est difficile de penser qu'on puisse l'aimer ! « La neige est blanche » est vraie si et seulement si la neige est blanche. On ne pourrait être motivé par cette propriété de la proposition « La neige est blanche », et l'aimer (voir [11]). Cependant, dans la connaissance, la vérité n'est pas seulement une propriété des propositions ; elle parachève l'acte de l'agent cognitif exemplifiant des vertus épistémiques. Elle réalise sa nature même d'agent cognitif, celle d'un être fait pour la connaissance. Pour un être qui en est capable, connaître, c'est comme pour une fleur de s'épanouir. Ce qu'Aristote appelait *eudaimonia*, une vie humainement réussie, comprend ainsi l'exercice des vertus épistémiques et, dans certaines circonstances, des

---

[6] Il conviendrait ici d'examiner la thèse newmanienne de l'assentiment, dans [7].

vertus académiques. Cette pleine réalisation de la nature humaine par l'exercice des vertus épistémiques, dont l'amour de la vérité, est la raison pour laquelle nous louons les efforts intellectuels – la connaissance pouvant alors être définie comme un crédit (ou une valeur) accordé à l'agent (voir [3]). C'est à l'inverse pourquoi nous blâmons les vices épistémiques. Ils sont repoussants parce qu'ils témoignent d'une moindre réalisation de la nature humaine.

On pourrait alors définir ainsi la connaissance :

> *Définition de la connaissance.* La connaissance est l'acte d'un agent cognitif exemplifiant des vertus épistémiques et, par la même, réalisant sa nature[7].

4 L'épistémologie chrétienne

Supposons que cette conception arétique de la connaissance soit en gros correcte. En quoi est-elle chrétienne ? Après tout, chacun à sa façon, Platon, Aristote, les Stoïciens accordent une place importante aux vertus, qu'elles soient morales ou intellectuelles. La notion d'*eudaimonia* dont il a été question plus haut n'est-elle pas grecque ? Que change ici le christianisme ? Newman dit lui-même que « si une philosophie divine ne nous avait pas été donnée d'en haut, nous pourrions cependant l'emporter sur les anciens dans la méthode et l'étendue de nos acquisitions scientifiques » [7, p. 65]. Et même, le chrétien est-il seulement capable de reprendre l'idéal épistémique des Anciens ? Le christianisme, disent les historiens, aura été, surtout à ses débuts, une religion s'adressant non pas aux lettrés ou aux savants, mais plutôt aux milieux populaires, pour ne pas dire grossiers. Les lettrés et les savants étaient plutôt moqueurs ou atterrés à l'égard d'une religion avec des croyances aussi apparemment ridicules que la Trinité ou la résurrection des corps.

Cependant, Newman persiste :

Il est vrai aussi que l'Écriture a été la première à décrire et à inculquer cet esprit de simplicité, modeste, prudent et généreux, qui s'est trouvé, longtemps après, si nécessaire pour réussir dans la recherche philosophique[8]. [7, p. 65]

Mais quel rôle peut bien jouer l'Écriture s'agissant de l'exemplification par un agent cognitif de vertus épistémiques ? Pourquoi, donc, les vertus académiques seraient-elles chrétiennes ? L'épistémologie serait-elle un chapitre de la théologie ?

---

[7] Cette définition est proche de celle de Linda Zagzebski [13]. Cependant, je ne crois pas utile de dire que la connaissance est « état de croyance », comme elle le fait, en donnant ainsi une tournure inutilement mentaliste à sa définition.

[8] Ici, par « philosophique », il convient d'entendre ce que nous appellerions aujourd'hui « scientifique ».

Plaçons-nous dans la position d'un apôtre du Christ pendant sa vie terrestre. Nous voyons un homme nommé Jésus prêcher, faire des miracles, marcher sur les eaux, mourir sur la croix, et nous apprenons qu'il est ressuscité, voire nous le rencontrons après sa mort ; nous mangeons avec lui sur la route d'Emmaüs. Si nous en venons à croire qu'il est le Christ, c'est en nous fiant à notre perception (nous l'avons *vu* multiplier les pains), à notre mémoire (nous nous *souvenons* de ce qu'il a dit et nous nous *remémorons* ce que disaient les Prophètes), au témoignage (certains ont vu Jésus après sa mort et le *racontent*), à notre jugement (Il est le Fils de Dieu), à nos capacités d'inférer (s'Il est Fils de Dieu et s'il est Dieu lui-même, alors il n'y a qu'un seul Dieu, mais plusieurs personnes divines). L'épistémologie chrétienne semble supposer que tout commence avec notre confiance dans nos propres facultés sensibles et intellectuelles, la confiance finalement en nous-mêmes. Cette confiance est aussi présupposée dans l'appréhension de vérités surnaturelles, comme la Trinité par exemple. Nous devons déjà avoir confiance dans la perception, la mémoire, nos raisonnements, notre compréhension, pour saisir ce que Jésus dans les témoignages est supposé nous avoir dit. Alors voici ce qui importe vraiment : *l'épistémologie chrétienne affirme la possibilité, à partir du seul équipement humain, ce qui ne veut pas dire sans l'aide de Dieu, de passer aux vérités les plus élevées.* Mais à quelle condition ?

Finalement, mis à part Paul de Tarse, la plupart des premiers chrétiens ne reçoivent pas la révélation de façon brutale. Ils font un usage tout ce qu'il y a de plus habituel de leurs facultés sensibles et intellectuelles. Ils sont comme vous et moi. S'ils parviennent aux plus hautes vérités, c'est par l'exercice de leurs facultés sensibles et intellectuelles, et par leurs qualités intellectuelles, par leurs vertus épistémiques. La prudence sans passion, la loyauté dans la discussion, donner à chaque phénomène son juste poids, admettre ceux qui combattent nos idées, accepter d'être ignorant pour un temps, se soumettre aux difficultés, procéder patiemment et doucement en attendant plus de lumière : ce sont exactement les vertus épistémiques grâce auxquelles les apôtres découvrent que Jésus est le Christ, la vérité la plus haute.

Une épistémologie chrétienne affirme que nous pouvons parvenir à la vérité pour peu que nos facultés sensibles et intellectuelles soient fiables, que nous ayons confiance en nous-mêmes et que nous exercions certaines vertus épistémiques. Dans une épistémologie chrétienne, les capacités et dispositions humaines comprennent la possibilité d'entendre la Parole de Dieu et de voir l'activité de Dieu dans la création et dans nos propres vies. C'est ce qui fait sa différence, radicale en ce sens, avec toute autre épistémologie avant Jésus-Christ, même avec celles qui accordent un rôle aux vertus intellectuelles, comme chez Aristote, ou qui attribuent à l'homme la capacité (et le devoir) de saisir la cause de la Nature, à savoir Dieu. Malgré sa faillibilité, inscrite dans nos erreurs et nos illusions intellectuelles, un être humain est fait pour parvenir à la vérité. Cela ne laisse aucune excuse pour la paresse intellectuelle, même déguisée en scepticisme, ou pour l'hérésie selon laquelle l'assistance divine peut tout faire malgré nous. Dès lors on comprend mieux, je l'espère, pourquoi Newman, non sans raison me semble-t-il, pensait que la source du dynamisme dans la recherche scientifique est chrétienne. Les vertus épistémiques que le christianisme a promues ont permis le développement des sciences, mais elles étaient destinées en quelque sorte à autre chose : notre rédemption, qui passe par la reconnaissance de la divinité du Christ. Depuis le début du christianisme, *la recherche scientifique est, pour ainsi dire, un effet collatéral d'une épistémologie du salut*. L'effort épistémique du Chrétien a rendu possible la science.

Le lecteur agacé par ma dernière affirmation voudra certainement me rappeler les ennuis de Copernic, Galilée ou Darwin avec les autorités religieuses. Qu'il y ait eu à certains moments clés un divorce entre l'Église et certains des plus grandes figures de la pensée scientifique, il est difficile de ne pas le constater, même si l'on pourrait à l'inverse citer Boyle, Newton ou Faraday[9]. Il est possible que l'Église ne sache pas toujours reconnaître qu'elle a affaire à des savants épistémiquement vertueux, ce qui l'oblige parfois ensuite à faire amende honorable.

5 Conclusion

Il ne manque pas aujourd'hui de scientifiques hostiles aux doctrines de la Révélation chrétienne. Ils ont pourtant eux aussi profité de l'aimantation de la pensée chrétienne par la vérité. Mais l'objet de leurs vertus n'est pas celui du chrétien. Le désir de vérité en sciences est un substitut du religieux. Si les vertus académiques ont acquis une autonomie, voire une indépendance, deux menaces sont récemment apparues dans le monde académique. D'abord la forme particulière du cynisme des philosophies postmodernes, contestant la notion de vérité et l'idéal scientifique qui s'y rattache, réduisant la science à une idéologie. Ensuite, peut-être en liaison avec ce cynisme, l'exigence d'une recherche scientifique dont la valeur n'est pas la vérité, mais l'efficacité technique à des fins économiques. La question je crois se pose de savoir si les motivations dernières qui permettent de rejeter le cynisme et la marchandisation de la connaissance peuvent être sérieusement et longtemps cultivées loin de leur origine chrétienne, et plus encore dans l'hostilité à son égard.[10]

---

[9] Il convient d'être prudent en ces matières, car les rapports entre science et religion sont particulièrement propices à la mythologie historique, comme le montre [10].

[10] Je remercie chaleureusement Thomas Bénatouïl pour ses remarques éclairantes sur ce texte.

BIBLIOGRAPHIE

[1] Dennett, D., 2008, "Is Religion a Threat to Rationality and Science?", *The Guardian*, Tuesday 22 April 2008.
[2] Gaukroger, S., 2006, *Emergence of a Scientific Culture : Science and the Shaping of Modernity* Oxford, Clarendon Press.
[3] Greco, J., 2003, "Knowledge as Credit for True Belief", in DePaul, M. & Zagzebski, L. (eds.), *Intellectual Virtue, Perspectives from Ethics and Epistemology*, Oxford, Oxford University Press.
[4] Hadot, P., 1995, *Qu'est-ce que la philosophie antique ?*, Paris, Gallimard.
[5] Hookway, C., 2006, « Comment être un épistémologue des vertus », tr. fr. C. Hornung, in Bénatouïl, T. & Le Du, M. (éd.), *Les cahiers philosophiques de Strasbourg*, 20 : Le retour des vertus intellectuelles.
[6] Newman, J. H., 1843, *Sermons universitaires, Quinze sermons prêchés devant l'Université d'Oxford de 1826 à 1843*, tr. fr. P. Renaudin, Genève, Ad Solem, 2007.
[7] Newman, J. H., 1870, *An Essay in Aid of a Grammar of Assent*, Notre Dame, University of Notre Dame Press, 1979.
[8] Kitcher, P., 1992, "The Return of Naturalists", *The Philosophical Review*, vol. 101, n° 1.
[9] Nietzsche, F., 1882, *Le Gai Savoir*, tr.fr. P. Wolting, GF Flammarion, Paris, 2000.
[10] Numbers, R. L. (ed.), 2009, *Galileo Goes to Jail and Other Myths About Science and Religion*, Cambridge, Harvard University Press.
[11] Pouivet, R., 1997, « La vérité est-elle (encore) une question philosophique ? », in Quilliot, P. (dir.), *La vérité*, Paris, Éd. Ellipses.
[12] Skùlason, P., 2009, « L'université et l'éthique de la connaissance », *Philosophia Scientiæ*, vol. 13, 1.
[13] Zagzebski, L., 1996, *Virtues of the Mind, An Inquiry into the Nature of Virtue and the Ethical Foundations of Knowledge*, Cambridge, Cambridge University Press.

Roger Pouivet

L.H.S.P. – Archives Henri Poincaré (UMR 7117)

Université Nancy 2

roger.pouivet@univ-nancy2.fr

L'esprit et le cerveau comme système de contrôle adaptif : pour un D-fonctionnalisme

Joëlle Proust

Dans cet ouvrage d'hommage à Gerhard Heinzmann, j'ai choisi d'exposer un problème où les mathématiques permettent de repenser des questions philosophiques traditionnelles. Le problème des rapports entre l'âme et le corps est en effet insoluble si l'on n'en appelle pas à des compétences interdisciplinaires nouvelles : celles du neuroscientiste, du biologiste de l'évolution, mais aussi du mathématicien.

1 Réalisation multiple, héritage causal et identité de propriété

Le problème des rapports entre l'âme et le corps est celui de comprendre comment les états et événements mentaux (pourvus de propriétés intentionnelles et phénoménales) sont liés à des états et événements cérébraux. Le dualisme cartésien échoue, entre autres, à expliquer comment deux substances différentes (la matière et la pensée) peuvent entrer en interaction causale. Le monisme réductionniste avance que l'esprit est identique à l'ensemble des processus cérébraux (voir Place [17]) : il n'y a qu'une forme de causalité, la causalité physique, qui met en relation des événements physiques individuels. La principale objection au réductionnisme réside dans la thèse de la multiréalisabilité (TM), que l'on doit à Putnam [21]. Voici l'argument. L'activité mentale peut être représentée par analogie avec une Machine de Turing, dont les états (incluant les dispositions motrices) peuvent entretenir des relations de probabilité (avec des entrées et entre eux), se combiner et influencer les sorties. Deux états mentaux appartenant à des systèmes différents, ne peuvent dès lors être identiques entre eux s'ils ont la même réalisation physique, mais ont des tables de machine différentes[1].

---

[1] La table de la machine décrit les règles de transition entre d'une part, l'état présent, (q_i) le symbole sous la tête de lecture, et, d'autre part, des actions particulières : i) effacer ou écrire un symbole ; ii) déplacer la tête à gauche ou à droite ou la laisser où elle est ; iii) se rendre dans l'état prescrit (q_j).

Réciproquement, si deux organismes se trouvent avoir des tables de machine identiques, ils auront des états mentaux identiques, quoique réalisés de deux manières différentes. *La thèse de la multiréalisabilité pose donc que ce qui détermine le type mental d'un constituant fonctionnel, est son rôle dans la mise en relation entre des entrées, des sorties, et d'autres constituants fonctionnels.*

Le type de physicalisme compatible avec TM est le physicalisme de l'occurrence, selon lequel avoir un état mental *survient* nécessairement sur un substrat physique ou un autre (état neuronal humain ou animal, circuit d'ordinateur). Cependant, comme l'a observé Jaegwon Kim, la survenance baptise la difficulté plutôt qu'elle ne la résout. Il faut expliquer la survenance elle-même, et il y a mille manières de le faire. La manière dont TM le fait consiste à voir dans la relation entre l'état mental et sa base physique un rapport entre une propriété de second ordre M (comme la propriété d'avoir tel ou tel rôle fonctionnel) et la propriété de premier ordre P qui la *réalise* [13, p. 24]. Beaucoup d'auteurs ont jugé que la relation de réalisation était elle-même non réductive : les propriétés mentales, tout en étant physiquement réalisées, ne sont pas identiques avec leurs réalisations. Or cette position pose le problème bien connu de la surdétermination causale : s'il y a deux propriétés différentes susceptibles d'avoir un rôle causal, pourquoi considérer que c'est la propriété mentale qui le joue ? Pour bloquer cette « pré-emption causale » du physique sur le mental, Kim est en faveur d'une conception différente de la notion de réalisation, dans laquelle *les propriétés impliquées sont en fait identiques*[2]. Or la « fonctionnalisation » (la caractérisation des états mentaux par leur rôle fonctionnel) n'est compatible avec le réductionnisme des propriétés que si l'on peut transformer les relations issues des lois-pont en identités. La stratégie de Kim consiste à faire appel au principe suivant :

(1) Principe de l'héritage causal comme identité (PHCI)
« M est la propriété d'avoir la propriété ayant tel ou tel potentiel causal, et il se trouve (*it turns out*) que la propriété P est exactement la propriété qui remplit la spécification causale. Et cela fonde l'identification de M à P. »

Quoique conceptuellement correcte au sens nominal du terme, cette solution ne peut être agréée tant que l'identité nominale n'est pas convertie en identité réelle, réalisée dans nos dispositions psychologiques et cérébrales telles qu'elles sont. S'il est *contingent* qu'il existe une propriété P qui « remplisse la spécification causale », comme le dit (1), il faut montrer dans quelles conditions elle existe.

---

[2] Je ne peux résumer ici cette argumentation. Je renvoie le lecteur à Kim [13] et à sa critique par [15]. Voir aussi [14].

2 Les conditions de l'adéquation explicative de l'identité entre le mental et le physique

Pour qu'une telle explication soit adéquate, deux conditions doivent être remplies. D'abord, la *liaison* entre les propriétés mentales et physiques doit être *nomologiquement nécessaire*. Ensuite, l'explication doit être *dynamiquement intelligible*. Une explication adéquate doit non seulement caractériser les états mentaux par leur rôle fonctionnel ; elle doit montrer comment ce rôle fonctionnel s'acquiert et se stabilise. On objectera que la science contemporaine de l'esprit-cerveau ne peut répondre que partiellement à ces questions. À cette objection naturelle, on répondra que les conditions d'adéquation ont pour vocation de guider la recherche empirique, et non d'être à sa remorque. En outre, la recherche sur la dynamique du mental opère déjà une distinction métaphysiquement capitale entre trois types d'échelle temporelle impliquées dans la sélection des propriétés psychologiques.

La première est celle du niveau *phylogénétique*. L'étude de l'évolution de la morphologie des systèmes neuronaux au cours de la phylogénèse permet de comprendre l'évolution de la causation représentationnelle[3]. La seconde est au niveau *ontogénétique*. Les gènes s'expriment en fonction de leur interaction avec l'environnement physique et social des organismes. La troisième est celle de la dynamique de *l'apprentissage individuel*. L'application des capacités mentales au fil du temps rétro-agit dynamiquement sur elles.

3 Du fonctionnalisme standard au fonctionnalisme dynamique

La notion de causalité mentale qui est mise en œuvre dans le fonctionnalisme standard ne prend pas en considération la distinction ci-dessus. Du point de vue fonctionnaliste, l'esprit est une structure récurrente à un seul niveau, caractérisable à chaque point du temps de manière stable et atemporelle. On objectera que David Marr présente une théorie de l'organisation mentale plus complexe [16, pp. 22sqq]. D'après Marr, un dispositif fonctionnel doit être caractérisé, au niveau le plus abstrait, par les caractéristiques objectives de la tâche. Le deuxième niveau, dit « algorithmique », inclut les

---

[3] Cette étude prend deux formes principales. L'Écologie Comportementale — l'étude de la base écologique et évolutionnaire du comportement animal — voit dans les contraintes phylogénétiques et la signification adaptative les causes structurantes du comportement des organismes. De même, la psychologie évolutionnaire fait l'hypothèse que le comportement humain résulte d'adaptations psychologiques ; ces dernières ont été sélectionnées (sur la base d'adaptations antérieures) à résoudre des problèmes récurrents dans les environnements humains ancestraux (voir, entre autres, Gintis et al. [8, p. 613]). Ces deux types de recherche peuvent contribuer à éclairer la question métaphysique qui nous intéresse ici, sur la nature de la causation mentale. Pour une discussion générale, voir Sterelny [23], [24] et Proust [18], [19], [20].

représentations particulières que le système utilise, ainsi que l'algorithme qui transforme les entrées en sorties. Le troisième niveau « implémente » les représentations et leurs relations algorithmiques dans des structures physiques déterminées (neurones ou microprocesseurs en silicone). Le « dynamiciste » peut reconnaître qu'il y a une dualité théorique entre la méthode « à la Marr » qui part des états mentaux, pour reconstruire la dynamique qui les a engendrés, et la méthode qui part des faits dynamiques pour reconstruire les états mentaux. Mais il peut néanmoins faire valoir que seule la fonctionnalisation dynamique (ou « D-fonctionnalisme ») peut satisfaire les deux conditions d'adéquation qui sont requises pour la relation entre les événements M et P, soit la nécessité nomologique et l'intelligibilité dynamique. *Chaque esprit-cerveau ne peut être convenablement compris dans sa structure causale et dans son organisation fonctionnelle que par son évolution, son ontogénèse, et son environnement d'apprentissage.* La bonne manière de fonctionnaliser les faits mentaux consiste à discerner les divers systèmes co-évolutifs qui déterminent, à chaque instant, les patterns de sensibilité et de réactivité d'un organisme particulier.

4 Le D-fonctionnalisme : l'apprentissage et le changement cérébral

Le D-fonctionnalisme, à la différence du fonctionnalisme standard, cherche à expliquer comment un substrat neuronal donné acquiert un rôle fonctionnel particulier. La tripartition de la Section 2 suggère que la croissance cérébrale pourrait rendre compte de la stabilisation des fonctions mentales sous l'influence conjointe des trois niveaux. Deux types d'explications existent de ce phénomène. Le « Darwinisme neuronal » soutient que le développement du cerveau contrôle l'apprentissage sous l'influence des gènes[4]. Une compétition entre neurones s'opère en interaction avec les exigences de l'environnement : seuls les neurones les plus souvent activés survivent. Pour le constructivisme neuronal, en revanche, l'apprentissage est ce qui stimule et contrôle la croissance cérébrale, en induisant des changements dans les structures cérébrales impliquées dans l'apprentissage considéré[5]. L'une et l'autre considèrent que la trichotomie de Marr doit être réinterprétée comme une tripartition entre niveaux d'organisation *dans le système nerveux*.

---

[4] Au nombre des représentants de cette théorie, Edelman [7] et Changeux & Dehaene [4].

[5] Au nombre des représentants de cette théorie, Karmiloff-Smith [11], Thelen & Smith [25], Quartz & Sejnowski [22] et Christensen & Hooker [5].

1. Au niveau de base se trouve la cellule individuelle, qui se différencie fonctionnellement en axone, dendrite et synapse. À ce niveau, la fonction du neurone peut déjà être qualifiée de « cognitive » : elle consiste à transformer l'entrée en sortie, en vertu des patterns de propriétés électriques et chimiques porteurs de l'information. Un neurone individuel accomplit ce que Marr appelle une tâche computationnelle, relevant du « niveau du programme » : elle instancie un processus algorithmique, en vertu des propriétés physiques qui sont les siennes (les propriétés moléculaires de la synapse et de la membrane). Le niveau de la tâche n'est donc pas autonome relativement aux autres niveaux, contrairement à l'analyse fonctionnaliste standard, mais il y a une relation de « co-dépendance » entre les niveaux.

2. Le deuxième niveau d'organisation anatomique et fonctionnel comprend des « circuits », c'est-à-dire des assemblées de milliers de cellules neuronales présentant des activés synchrones liées à la tâche.

3. Le troisième niveau est constitué par les « métacircuits », soit les relations entre les assemblées neuronales. Les facultés mentales traditionnelles, dans cette analyse, correspondent à divers groupements de ces métacircuits.

Par opposition au fonctionnalisme standard, la question de savoir comment l'organisation émerge peut maintenant être posée, et trouver une réponse. Les Sélectionnistes disent qu'un processus récurrent à double phase est responsable de l'organisation cérébrale et de l'apprentissage. Dans la première phase, se produit sous l'influence des gènes une croissance exubérante de la structure neuronale, conduisant à une prolifération de synapses. Dans la seconde, un élagage des connexions synaptiques inemployées se produit [3, p. 249]. De leur côté, les Constructivistes neuronaux considèrent que l'organisation émerge des interactions avec le milieu où l'individu se développe, et non principalement du contrôle des gènes [22, p. 549]. La production endogène de neurotrophines stimulant la croissance dépend des signaux en feedback envoyés post-synaptiquement en fonction de l'activité [12].

En résumé : les deux théories neurocognitives examinées s'accordent à reconnaître le rôle capital de la dynamique du développement et de ses effets en cascade sur la structure et la fonction du cerveau. Elles sont en désaccord sur les relations entre le cerveau et l'environnement. Les Sélectionnistes considèrent que le cerveau impose ses biais innés à l'interaction avec un environnement non structuré. Les constructivistes neuronaux, réciproquement, estiment que le monde asservit le cerveau en lui imposant des patterns spatio-temporels de réactivité.

5 L'esprit-cerveau comme architecture de contrôle auto-organisée

Dans la Section 1, nous avons présenté la proposition de Kim : la fonctionnalisation permet de comprendre que les états mentaux héritent des propriétés causales des états cérébraux, et, de là, de concevoir l'identité des propriétés mentales et des propriétés cérébrales. La Section 2 a souligné que ce projet réductionniste exige que deux conditions soient satisfaites : la caractérisation fonctionnelle doit être nomologiquement nécessaire sous une description donnée, et elle doit être dynamiquement intelligible. La Section 3 a proposé le concept de fonctionnalisation dynamique, et la Section 4 l'a illustré par deux théories existantes. Nous n'avons encore rien dit de la nomologicité de la D-fonctionnalisation. Il faut maintenant montrer que les esprits-cerveaux sont dynamiquement déterminés, de par le fait qu'ils ont une structure de contrôle d'un type donné. La Section 6 aura pour objectif de montrer que c'est à ce niveau du contrôle adaptatif que se révèle le caractère nomologique de la D-fonctionnalisation.

Examinons d'abord les raisons qui permettent de soutenir, sur la base de ce qui précède, qu'un cerveau individuel acquiert ses propriétés D-fonctionnelles d'une manière non-contingente.

5.1 L'esprit-cerveau est un système de contrôle adaptatif

L'auto-régulation est une condition nécessaire, mais non suffisante de l'auto-organisation. Dans les systèmes auto-régulés, un contrôleur manipule les entrées pour obtenir, en sortie, un effet désiré. Pour que cela soit possible, un nombre variable de boucles de contrôle assurent l'interaction causale du dispositif avec son environnement. Les boucles de rétro-action utilisent le plus souvent du feedback négatif : la valeur observée est soustraite de la valeur désirée pour créer le signal d'erreur, lequel est transmis au comparateur. Celui-ci conduit à décider si la commande a été exécutée correctement ou doit être révisée. Le cerveau fait mieux que s'adapter à des paramètres prédéterminés : il peut aussi *créer ou changer des paramètres de régulation sur la base du feedback reçu* (de l'environnement, et des interactions entre ses propres comparateurs), c'est-à-dire s'auto-organiser.

5.2 La régulation et la réorganisation s'effectuent sous l'influence du feedback de l'environnement

Une des objections classiques adressées aux concepts de contrôle et de régulation est qu'ils semblent impliquer une interprétation téléologique, c'est-à-dire un dessein providentiel[6]. Les contraintes variationnelles dépendent en fait des invariants caractéristiques du système mécanique sous-jacent et

---

[6] Ce qui suit doit beaucoup à Granger [9].

de sa dynamique[7]. La théorie mathématique des « principes » d'extremum permet d'expliquer, par exemple, la propagation de la lumière dans l'espace sur la base des propriétés de symétrie du système physique sous-jacent, et *l'intention d'un agent par les contraintes variationnelles sur le système de contrôle instancié par cet agent*. Or ces contraintes sont propres au couplage environnement-organisme : la dynamique mentale dépend systématiquement à la fois de la croissance neuronale et des propriétés de la dynamique environnementale qui la pilote et la stimule.

5.3 Le feedback de l'environnement implique à la fois l'extraction de l'information et la sanction positive ou négative des buts de l'organisme

Quel est alors le rôle qui revient à l'information dans l'acquisition de représentations à partir du feedback ? Dans les formes plus élémentaires de régulateurs, comme les thermostats ou le régulateur à boules de Watts, l'organisation physique du dispositif neutralise les perturbations indésirables, et ramène le système à l'état désiré par suite de l'interaction causale entre le dispositif et l'environnement. Dans les systèmes auto-organisés, en revanche, les paramètres de contrôle doivent être constamment révisés, étendus ou remplacés. L'information joue-t-elle un rôle causal dans cette flexibilité ? La réponse négative, (éliminativiste), couramment utilisée dans le cas de la marche ou de la posture (voir par exemple [25]), est beaucoup moins convaincante dans le cas de comportements exigeant l'intégration de diverses modalités perceptives avec des contraintes nouvelles. Un théorème de la cybernétique théorique montre pourquoi. Il pose que, pour atteindre une efficacité optimale, les systèmes de contrôle doivent disposer de *modèles internes* capables de *représenter dynamiquement* les faits dynamiques du domaine à contrôler. La manière la plus précise et la plus flexible pour contrôler un système consiste à prendre le système lui-même comme medium représentationnel (voir [6]). Dans un système de contrôle optimal, par conséquent, les actions du régulateur simulent dynamiquement les opérations à effectuer sur le régulé. *Ce théorème permet d'expliquer pourquoi « l'esprit » doit être présent dans tout système de contrôle adaptatif (ou auto-organisé).*

5.4 Il existe beaucoup de niveaux distincts générativement imbriqués et interdépendants de régulation et de réorganisation

La notion de « niveau » pertinente pour le contrôle adaptatif, à la différence de la définition de Kim, reflète l'idée d'évolution de l'esprit-cerveau, de formes de contrôle antérieures vers des formes révisées et élargies des pre-

---

[7] C'est la conséquence du théorème de Noether. Voir Granger [9].

mières. Le cerveau est en effet soumis à la contrainte architecturale d'« enchâssement génératif » (voir [26] et [10]). Chaque contrôle nouvellement acquis s'effectue sur la base de contrôles existants : « l'espace du contrôle » est fondé sur un développement par enchâssements successifs. La notion de « niveau » de contrôle veut dire que des contraintes d'un type donné sont appliquées à la sélection des commandes à un stade donné de l'évolution du système ; ces contraintes étaient absentes des niveaux inférieurs, mais seront héritées par les niveaux supérieurs. Dans une cascade de ce genre, l'information est *héritée asymétriquement* en ce sens que le niveau le plus élevé combine davantage de contraintes dans une commande que le niveau inférieur ; la cascade implique un asservissement : les formes de contrôle inférieures sont automatiquement subordonnées aux formes supérieures.

Résumons cette Section : les deux fonctions (fonction exécutive relayée par des dispositifs physico-chimiques, et fonction informationnelle, assurée par le feedback), doivent nécessairement coexister, étant donné que c'est la sensibilité aux incertitudes de l'environnement (*monitoring*) qui régit la croissance cérébrale (contrôle). L'une et l'autre sont les constituants nécessaires de tout contrôle adaptatif. La Section suivante se propose de montrer qu'en dépit de la complexité des niveaux de contrôle et de leur interaction, la modélisation mathématique éclaire l'aspect nomologique de l'auto-organisation.

6 Les contraintes nomologiques sur l'évolution de l'esprit-cerveau et son développement

Ce que nous avons décrit dans la Section précédente peut être présenté de manière économique par deux conditions qui définissent le contrôle adaptatif :
 (1) $dx/dt = f(x(t), u(t))$
 (2) $u(t) \in U(x(t))$
La condition 1 décrit un système entrée-sortie, où x désigne une variable d'état, et u une variable de régulation. Elle pose que la vélocité d'un état x au temps t est fonction de l'état à ce moment et du contrôle disponible à ce moment, lequel dépend de l'état au temps t (défini dans la condition 2).

La condition 2 pose que le contrôle activé au temps t appartient à la classe des contrôles disponibles à cet état (il doit être inclus dans « l'espace de régulation »).

Une théorie générale des filtres adaptatifs – la théorie de la viabilité (abrégée TV) ([1], [2]) – s'intéresse à la manière dont ces équations différentielles peuvent avoir des solutions. Elle examine les trajectoires d'évolution de systèmes dynamiques confrontés à des contraintes endogènes et exogènes sous incertitude. La question qu'elle se pose est de découvrir la classe de feedbacks associés à une commande viable, telle qu'elle permette au système de continuer à se développer. La théorie définit le « noyau de viabilité » comme l'ensemble des conditions initiales à partir desquelles il existe au moins une trajectoire d'évolution qui a) satisfait définitivement l'ensemble des contraintes, ou qui b) parvient à son but en temps fini sans violer les contraintes. L'ensemble des états initiaux qui ne satisfait que la condition b est nommé « bassin de capture viable » de la cible. Toute sortie du noyau de viabilité constitue une erreur de pilotage qui menace la survie du système.

TV énonce les lois générales qui régissent la capacité d'un système de converger vers une solution (une commande viable) étant donné les propriétés de ce système et de l'environnement avec lequel il est dynamiquement couplé. Il en existe deux variétés, les *lois de régulation* et les *lois de feedback*. Les lois de régulation régissent l'évolution des systèmes adaptatifs en fonction de leurs propriétés dynamiques. Elles gouvernent, par exemple, le rapport entre la vitesse de changement de l'environnement et la vitesse de changement des commandes. Les lois de feedback énoncent les contraintes qui s'appliquent à la sélection d'un ensemble de commandes à un moment donné. Ces contraintes varient avec l'histoire présente et passée du système.

7 Conclusion

Quoiqu'il n'existe pas de loi-pont permettant d'effectuer directement la réduction du mental au physique-neuronal, il existe des lois dynamiques régissant l'évolution de systèmes auto-organisés. L'identification des propriétés physiques et mentales passe par la mise en évidence de l'organisation dynamique par laquelle le cerveau se construit en répondant à l'environnement. En tant que système auto-organisé, le cerveau intègre les propriétés informationnelles dans sa structure causale ; il le fait conformément aux lois qui régissent l'évolution des systèmes de contrôle adaptatif. La structure métaphysique de l'esprit-cerveau est celle d'un système informationnel asservi à l'environnement, et c'est dans les termes de cette structure que peut s'effectuer l'identification recherchée entre propriétés mentales et physiques.

Ces propositions justifient la reformulation suivante du principe de l'héritage causal comme identité :

> M est la propriété d'avoir une propriété ayant tel et tel potentiel causal-dynamique (D-fonctionnalisation). Il existe nécessairement une propriété neuronale ayant un potentiel causal-dynamique identique, en vertu des lois de régulation et des lois de feedback qui s'appliquent aux interactions cerveau-environnement. Ces deux ensembles de lois expliquent pourquoi P s'est développé en un état M. Ils justifient d'identifier M et P.

Remerciements Je remercie Max Kistler, Dick Carter et Reynaldo Bernal d'avoir bien voulu lire et commenter une version antérieure de ce texte ; Jean-Pierre Aubin et Hélène Frankowska d'avoir généreusement ouvert à des philosophes leur séminaire sur la théorie de la Viabilité. Cet article a été écrit avec l'appui de la Fondation Européenne de la Science, Programme EUROCORES CNCC, avec un financement du CNRS et du VIe Programme de la Communauté Européenne sous le Contrat n° ERAS-CT-2003-980409.

BIBLIOGRAPHIE

[1] Aubin, J.-P. & Frankowska, H.; 1990, *Set-Valued Analysis*, Basel, Birkhaüser.
[2] Aubin, J.-P., Bayen, A., Bonneuil, N. & Saint-Pierre, P., 2005, *Viability, Control and Games : Regulation of Complex Evolutionary Systems Under Uncertainty and Viability Constraints*, London, Springer.
[3] Changeux, J.-P., 1983, *L'homme neuronal*, Paris, Fayard.
[4] Changeux, J.-P. & Dehaene, S., 1989, « Neuronal Models of Cognitive Function », *Cognition*, 33, 63–109.
[5] Christensen, W. D. & Hooker, C. A., 2000, « An Interactivist-Constructivist Approach to Intelligence : Self-Directed Anticipative Learning », *Philosophical Psychology*, 13, 1, 5–45.
[6] Conant, R. C. & Ashby, W. R., 1970, « Every Good Regulator of a System Must be a Model of that System », *International Journal of Systems Science*, 1, 89–97.
[7] Edelman, G. M., 1987, *Neural Darwinism : The Theory of Neuronal Group Selection*, New York, Basic Books.
[8] Gintis, H., Bowles, S., Boyd, R. & Fehr, E., 2007, « Explaining Altruistic Behaviour in Humans », in : Dunbar, R. I. M & Barrett L. (eds), *Oxford Handbook of Evolutionary Psychology*, Oxford, Oxford University Press, 605–619.
[9] Granger, G.-G., 1979, « La langue comme système régulé », in : *Langages et Epistémologie*, Paris, Klincksieck.
[10] Griffith, P. E., 1996, « Darwinism, Process Structuralism and Natural Kinds », *Philosophy of Science*, Vol. 63, 1–9.
[11] Karmiloff-Smith, A., 1992, *Beyond Modularity*, Cambridge, Mass., MIT Press.
[12] Katz, L. C. & Shatz, C. J., 1996, « Synaptic Activity and the Construction of Cortical Circuits », *Science*, vol. 274, 1133–1138.
[13] Kim, J., 1998, *Mind in a Physical World*, Cambridge, Mass., MIT Press.
[14] Kistler, M., 1999, « Multiple Realization, Reduction, and Mental Properties », *International Studies in the Philosophy of Science*, 13, 2, 135–149.
[15] Kistler, M., 2007, « La réduction, l'émergence, l'unité de la science et les niveaux de réalité », *Matière Première* 2, 2007, 67–97.
[16] Marr, D., 1982, *Vision*, New York, W.H. Freeman and Co.
[17] Place, U. T., [1956] 1990, « Is Consciousness a Brain Process ? », Reprinted in : Lycan, W. G. (ed.), *Mind and Action, A Reader*, Oxford, Blackwell, 29–36.
[18] Proust, J., 2006a, « Agency in Schizophrenics from a Control Theory Viewpoint », in : Prinz, W. & Sebanz, N. (eds.), *Disorders of Volition*, Cambridge, Mass., MIT Press, 87–118.
[19] Proust, J., 2006b, « Rationality and Metacognition in Non-Human Animals », in : Hurley, S. & Nudds, M. (eds.), *Rational Animals ?*, Oxford, Oxford University Press.
[20] Proust, J., 2009, « What is a mental function ? », in : Brenner, A. & Gayon, J. (eds.), « French Studies in the Philosophy of Science. Contemporary Research in France », *Boston Studies in the Philosophy of Science*, vol. 276, New York, Springer.
[21] Putnam, H., [1967] 1975, « The nature of mental states », in : *Mind, Language and Reality, Philosophical papers*, Cambridge, Cambridge University Press, vol. 2, 429–440.

[22] Quartz, S. R. & Sejnowski, T. J., 1997, « The Neuronal Basis of Cognitive Development : A Constructivist Manifesto », *Behavioral and Brain Sciences*, 20, 537–596.
[23] Sterelny, K., 2000, « Development, Evolution and Adaptation", *Philosophy of Science*, 67, 369–387.
[24] Sterelny, K., 2003, *Thought in a Hostile World, The Evolution of Human Cognition*, Oxford, Blackwell.
[25] Thelen, E. & Smith, L. B., 1994, *A dynamic systems approach to the development of cognition and action*, Cambridge, Mass., MIT Press.
[26] Wimsatt, W. C., 1986, « Developmental Constraints, Generative Entrenchment, and the Innate-Acquired Distinction », in : Bechtel, W. (ed.), *Integrating Scientific Disciplines*, Dordrecht, Martinus Nijhoff, 185–208.

Joëlle Proust
Institut Jean-Nicod
DEC, EHESS-ENS
jproust@ehess.fr

Inter-Cultural Dialogue as a Form of Liberal Education

B. NARAHARI RAO

Socrates can be taken to symbolize whatever the European intellectual tradition has come to associate with the heritage from ancient Greeks. Of them, I would like to pick out two things: First, a notion of enquiry rooted in dialogue, and second, the question, what constitutes good life. Recently, the word 'culture' has come to be associated with the second element and it is often said that different cultures embody different notions of what good life consists of. These two taken together, therefore, yield a notion of inter-cultural dialogue, i.e. the notion of a co-operative enquiry into the different alternatives available of leading a good life. Socrates, in this reading, embodies the very notion of inter-cultural dialogue.

This reading raises, first, a historical question: whether attributing such a notion to the historical figure as represented by Plato is accurate, and second, a question of practical relevance: whether and what bearing this conception has on the problems of living in what has come to be termed as 'multicultural society', i.e. a social milieu generated by communities (immigrant or otherwise) from many different backgrounds living in the same city or State.

The historical question I will ignore: I will make allusions to Plato's delineation of dialogue in order to evoke associations with the ancient Greece but what I sketch below and call 'Socratic dialogue' can stand on its own without requiring to pass the test of historical lineage. However, the second question cannot be ignored so easily, especially in the current atmosphere, since, on the one hand, multi-culturalism as an ideal has come to disrepute due to developments such as terrorism, and on the other hand, very often in the public domain, *intercultural dialogue* is recommended as a strategy of conflict resolution. I want to claim, in contrast, that the value of intercultural dialogue lies elsewhere than in being an instrument of resolving conflicts in a multicultural society; the form of speech best suited for the latter is *negotiation* and inter-cultural dialogue has to be distinguished from it.

Obviously, this second proposition requires both a defense and an elaboration. How I do it, however, depends on what I take to be Socratic dialogue.

1 Socratic dialogue: *discourse* in *polis* versus *dialectic* in *academy*

I take the cue from a remark by Oxford Philosopher Gilbert Ryle. He traces the beginning of the notion of university to Plato's attempt (in *Parmenides*) to identify a particular function, and a corresponding form, of discourse[1].

To appreciate Ryle's remark we need to differentiate various functions served by speech in daily life and different institutions in society meant to enhance one or the other of them. We talk to each other

a) for the sheer pleasure of being with each other; or to overcome fear, anxiety, boredom, and such things;

b) in order to be able to perform an action together ? to arrive at a decision with regard to a particular practical course of action either to be jointly carried out or to be carried out by different individuals as part of living together;

c) in order to co-operatively search, *articulate*, and communicate knowledge.

Let me call the first the *conviviality* function, the second the *practical deliberative* function, and the third, the function of *gaining knowledge*. We can think of society as constituted by institutions embodying these functions in various measures. The family eating time and living room, the cafes and the clubs, and in an extended sense perhaps also theatre, opera and cinema are institutions where convivial function predominates. Legislative organs such as parliaments, on the other hand, are meant to embody practical deliberative function.

What Ryle perceives as the speciality of Plato's attempt would become clear if we contrast what the founding of *academy* by Plato was meant to establish as contrasted to something ancient Greeks already had and were very proud of.

They were proud of the form of their city, the *polis*, especially the institution for deliberation regarding the affairs of the community. That institution, possibly the forerunner of the present day institution of Parliament, was a place on the one hand for *negotiation*, and on the other for *persuasion*

---

[1] "The impersonality of Plato's late dialogues, like that of Aristotle's lectures, reflects the emergence of philosophy as an enquiry with an impetus, ... As the disputing for the sake of victory gives way to discussion for the sake of discovery, so the literature of the elenctic duel gives way to the literature of cooperative philosophical investigation. The university has come into being". See Ryle's "Plato" [10, p. 333].

and *debate*. That is, it was a place for: (i) the type of interaction between individuals or groups having antithetical interests, the kind, for example, now a days paradigmatically exemplified in the talk between unions and the management in contexts of resolving their disputes. (ii) The type involving what is today identified as speech geared to 'public relation', i.e., that involving in addition to antithetical parties, also a third party, the on-looking fellow citizens, and the manner of speech is devised also in order to gain attention and approval of them.

Both these types of speech are *reflective* as contrasted to *routine* actions, i.e. they do call for at least a minimum of taking another's perspective. They are exercises of putting oneself in another's place involving a shift back and forth from the perspective one is accustomed to.

Taking another's perspective has to be counted as the function of gaining knowledge. Nevertheless, in practical deliberation the overriding aim of speech is that of arriving at decisions one considers desirable regarding the affairs of the community. The knowledge aspect is present in articulating the interests, particular as well as those considered as in the interest of all. Also, since it is the social action which is the focus, speech has to apply conviviality function – conveying and evoking the feeling for the bonds of the community. However, both these are instruments towards arriving at decisions, and thus knowledge-aspect occupies a subordinate place to what can be called 'the person' or 'communicative-aspect' of speech[2].

In Ryle's reading, Plato's invention of *dialectic* and the establishment of *academy* were aiming at identifying and institutionalising a form of speech different from the above – a form of speech geared to knowledge-gain itself as the goal. To this goal convivial public relation aspect as also the pressure to arrive at socially acceptable decisions can as well be hindrances. Under some circumstances, convivial function *may* facilitate speech geared to knowledge-gain by opening up for smooth interaction. Nevertheless, one has to distinguish it as *facilitator* from it as *aim* of dialogue. Conceiving Socratic dialogue was an attempt to devise a form of speech interaction with some procedures in place to delimit such things as passion to win, the desire to please, and the craving for sympathy[3].

---

[2] The knowledge and person aspects obtain only as logically distinguishable but not as empirically separable aspects of speech. The distinction under different heads was made by Kuno Lorenz and I have elucidated them in [7, p. 43-44]. For more nuanced and detailed discussion see [4, p. 35-36].

[3] This is an appeal for observing *convivial function* of talking rather than the function of seeking knowledge.

2 What is the knowledge aimed at?

But formulating those procedures depend on what we understand by 'knowledge' that we aim at, since our model of dialogue is determined by the kind of aims we entertain.

Under knowledge we may understand

- Simple skills such as cycling and complex skills such as academic disciplines like physics or pedagogy.
- Information, or more generally, true propositions (this term, for the purpose of this essay, may be extended to encompass also linguistically articulated principles to guide actions).
- In addition to the above two, we can also identify the *attitudes* or, what I will call *'ethos'*.

I use the word 'ethos' as a contrast notion to an accidentally acquired habit: it refers to deliberately and reflectively cultivated habits with an ability to reflectively judge and control those very habits by devising some standards. The domain of ethics is, or at least ought to be, *ethos* understood in this way rather than the linguistically articulated principles or commands ('imperatives') for action. Perhaps, one of the convenient ways of reflecting on ethos is by articulating it in such linguistic representations; nevertheless, the former is distinct from the latter.

Which of the above is the knowledge aimed at in Socratic dialogue ? skill, information or ethos?

2.1 Criticism of opinions: 'example' and custom versus 'clear and distinct ideas'

There is a reading of Plato's conception of enquiry, and consequently, his delineation of Socratic dialogue, as criticism of the opinions passed on from the past in order to free them from error and confusions. The lead words here are 'opinion', 'confusion', and perhaps additionally, a word hovering around in the background, 'dogma'. This reading may appeal to us, especially, when we find in our midst political turmoil arising out of fanaticism. I will call this a 'Cartesian reading', for it makes Socratic dialogue a forerunner of what Descartes conceived as the enquiry into scientific principles: he counterposed 'clear and distinct ideas' against 'tradition and example'. The former, he says, is what is required for scientific knowledge; the latter is what our day today practice mostly relies upon[4].

---

[4] René Descartes says in the part II of his *Discourse on Method* (first published 1637) : "... the ground of our opinion is far more custom and opinion than any certain knowledge" and then says a little further that he decides to become skeptical of anything "of the truth of which I had been persuaded merely by *example and custom*" (Emphasis mine). In his *Meditations*, this skepticism is elevated into a method of finding the scientific principles. See, the *First Meditation*.

In such a reading, knowledge to be sought is of the form of propositions, and dialogue meant for that would turn out to be either exchange of information or arguing for or against the propositions put forward as true. Consequently, delineating Socratic dialogue is a task of articulating some rules for proposing and opposing some *theses* concerning some domain. Dialogue in such a conception can begin only when a proposition is at hand.

In actual practice, however, cognitively interesting speech interaction often begins where we have no proposition to put forward at all. For example, we may start wondering about our routine responses to some issue. Obviously, they stem from the ethos cultivated. The way it gets cultivated is rarely through beliefs. Even in cases where beliefs exist, they alone are hardly sufficient for ethos to get formed. Mainly, ethos get cultivated by participating in the processes and institutions passed on from the past. Thus, it is the result of experience and deliberations of past generations, i.e. it is *tradition*. It is only because our model of dialogue requires us to have a proposition, we start talking about 'implicit' propositions putting the ethos under suspicion of being the result of a confused state of mind or confused state of affairs until one can bring it under some identified belief. So long as what is passed on from the past is not captured into a system of beliefs, it is taken to be a bundle of confusions and errors.

Descartes' equation of *tradition* and *example* with *confusions* and *error* is rooted in this notion of knowledge as propositions.

2.2 Dialogue as reflection on *ethos*

I want to suggest an alternative reading of Plato's conception, which will give us a much richer notion of what he was after: The knowledge aimed at and gained by Socratic dialogue is of the sort of refining the ethos, and not that of arriving at specific propositions

This reading would appear more appropriate if we place Plato's notion of enquiry and knowledge in the context of ancient Greece. Unlike Descartes, the ancients viewed tradition as valuable fund of experiential heritage, available primarily as the prevailing ethos of a community rather than as articulated opinions. The *ethos*, in contrast to opinion, both *precedes* and *transcends* the linguistic articulation of it: It *precedes*, in the sense that whereas it can prevail without a linguistic articulation of it, the reverse cannot be the case, i.e. an articulation is parasitic on an available ethos. It *transcends* in a double sense: first, an ethos is not exhausted by any given articulation of it, and second, it is not derivable from any factual and other assumptions that may contribute to the shaping of it. How would an enquiry concerning ethos look like? It has to be distinguished, on the one hand, from the above Cartesian *method of criticism of opinions*, and on the other, from *practical deliberative dialogues* as instantiated in the institution of legislative bodies (in the ideal case).

2.3 'Situations of decision' versus 'situations of reflection'

The intellectual significance of the founding of the academy by Plato is that it recognises an important distinction between two types of reflection concerning actions: There are deliberations meant to enable taking appropriate decisions concerning specific actions. And there are situations where we ponder over the nature of the actions we are accustomed to perform, and the standards we use to pass judgements on them. In practice, perhaps, these two types of reflections intermingle to different degrees; nevertheless, it is worthwhile to recognize both their logical distinctness and the need for divergent types of procedures and institutions for their optimal practice.

To elucidate, let us start from the obvious: Actions, among other things, express the available social ethos. This, in turn, is the inheritance of the struggles and reflections of past generations congealed into certain standards of judgment and behaviour. While taking decisions in situations when an action is called for, those standards come to operate; deliberations consist of those to identify the situation properly, to choose the strategies and the appropriate standards to apply. To take an everyday example, if I see a child being beaten by the parents, and if that act is to be judged as cruel based on an ethos which formed me, it is my obligation to intervene. There may be questions of strategy involved as how best to intervene: whether to take a drastic action of calling police or to attempt common sense means of persuasion to stop beating. But, independent of the questions of strategy, my obligation is clear, even though, often, how to go about to fulfil this obligation may not be clear.

In contrast, we have situations of reflection on those very standards of judgement and behaviour, where the pressure of the moment to decide on one or other course of action is suspended. In fact, it is the achievement of civilization that such situations are made available both through social rituals and institutions. In the contemporary world, the academic conferences and institutions meant to enable them provide examples. Their primary aim is not that of arriving at consensus on some issue. Of course, in the public awareness as well as in the articulated justification now a days, the predominant tendency is to look at them as instruments of incremental advance of the available knowledge. However, there is a much older tradition, more justified one too, of looking at them as occasions and institutions for liberal education in the classical Humboldtian sense[5] : These are meant to build the *character* (both intellectual and moral) – the ethos – of the communities embedded within which academic institutions have their existence.

---

[5] For an elaboration of the Humboldtian idea of Liberal education or *Bildung* see my essay "Der Bildungsbegriff in Humboldts Konzept der Universiät und Wege zu seiner Erneuerung" [9].

Situated within the latter tradition, how would the reflection on ethos look like? First, it is the proper exercise of discourse itself rather than the resulting opinions or assertions that makes for the refining of the ethos of individuals or communities. Not the *conclusions* that may or may not be arrived at, but the *process* of arguments themselves, which bring enlarging of the intellectual horizon and intellectual discriminatory power of the participants. Second, the varieties of discourse occurring in reflection are not confined to the two familiar paradigms in the philosophical literature – search for 'true opinions' and search for 'correct principles' motivating an action.

Obviously, it is possible to judge an ethos as inadequate, deficient, or wrong. However, to claim an ethos as rational is not the same as claiming that underlying it there is some true opinion assented to. An ethos is rational in the sense that deliberation and thinking has gone into its formation. Consequently, enquiry is meant to recapture those considerations, the *rationale* rather than the *reasons* deliberately committed to. The verbal articulation of those considerations has to be looked at more as *articulations* of an available ethos rather than as *assertions* regarding it. Therefore, repertoire of signs available as vehicles of reflection is not confined to verbal language.

Formulating principles to direct actions, especially in arriving at decisions in order to perform concerted action, may be sometimes necessary. It is hardly sufficient, however. First, because taking decisions has more to it than merely fixing the principle to be followed; many aspects of the situation in which an action is performed have to be taken into account. Second, even if one is agreed on what principle to follow, there can be disputes as to how to apply it to the situation at hand. Further, one and the same ethos is amenable to be conceived as embodiment of many different principles. When it comes to situations of reflection, formulating principles may not merely be inadequate but also inappropriate. For, the task is that of getting an overview of the many actions and varieties of judgements accompanying them that flow from an ethos. Instead of *principles*, the form suitable for this purpose may be what Clifford Geertz calls 'thick description', i.e. the detailed narration of the varieties of actions and responses flowing from as well as exemplifying an ethos [3] . That is why stories can be equally vehicles for reflection on ethos as arguments.

3 Articulating cultural difference as a means of enriching the inherited *ethos*

This brings me to two of the consequences of the conception of ethos as knowledge: First, it directs attention to the *articulative* in contradistinction to the *argumentative* aspect in dialogues seeking knowledge; and second, it makes cultural difference cognitively valuable.

First, to the articulative aspect of speech: Most of us have some experience of the dialogue situation where one feels that one has something important to say, but unable to articulate satisfactorily at the moment. Similarly, with regard to the dialogue partner, without being satisfied with the articulation put forward, one may nevertheless think that he or she has hit on something important. Even though practically everyone has encountered such situations, yet our models of dialogue do not capture them as significant: dialogue rules handle them as if they belong to pre-dialogue phase.

In fact, putting heads together to articulate the ethos one is acquainted with is both important and fruitful, and they need to be recognised as cognitive processes by themselves. Articulation process enriches the ethos acquired from the past of a community and makes for self-controlled and self-directed habits. Especially when we conceptualise cultures such processes are important. In what sense a culture is an embodiment of 'good life'? Certainly not as an articulated idea but only as *ethos* which can be reflected upon. Consequently, the task of dialogue is that of articulating *important, fruitful* and *relevant distinctions* to capture the considerations that have gone into the formation an ethos.

Now to the cognitive value of cultural difference: It has to be noticed that the Cartesian conception of an opposition between scientific ideas on the one hand, and *custom* and *example* on the other, devalues the very idea of *cultures*: Culture *is* what is passed on from the past through *examples*, and difference in culture is rooted in different traditions resulting from different pasts of communities. If these are considered as repositories of error and confusion, then there is no value in entering into inter-cultural dialogue. For a Cartesian, knowledge is by definition only of the form of true propositions, there cannot be, therefore, different knowledge systems embodied by different communities. Consequently, inter-cultural dialogue as an endeavour of seeking knowledge *from* each other (note, not *of* each other) is superfluous. Only way cultural difference and knowledge have bearing on each other is when a particular group is enlightened and another not: In such a situation, dialogue is pedagogy by the enlightened to the not yet enlightened.

If Cartesian conception does make room for inter-cultural 'dialogue', it can only be in a sense that highlights the convivial function of speech: one may see speech as a way of purveying to different groups (the 'minorities', for example), a sense of community, thereby reducing the irritations and conflicts arising out of different habits. Inter-cultural dialogue is thus a *conflict management strategy.* Later I will show how this strategy is ill suited for the presumed purpose, and often aggravates rather than resolves cultural conflicts. However, my main objection is that it invalidates the cognitive value of cultural difference.

If, on the other hand, we look at knowledge in a community to be also available in the form of ethos, and not merely in the form of propositions, then *cultural difference* would be located where it properly belongs, namely in the ethos formed through different pasts of communities. Consequently, the scope and meaning of the inter-cultural dialogue is also perceived differently: In place of a device for managing conflicts, it becomes a way of enriching by means of reflection on the varieties of ethos available as human heritage on this globe.

For a Socratic dialogue as conceived in this paper an inter-cultural context offers an optimal situation: One of the reasons why a dialogue between persons having different pasts is interesting is that it provides a possibility of encounters between different ethos, thereby making the varied considerations that have gone into the formation of the character of one person or community available as experience to others who do not have those pasts. The more the difference in the formative pasts, the more marked would be the difference in the ethos. Cultural difference is the sum of the differences in formative pasts. Especially, with regard to the way one perceives what a good life consists of, the confrontation in reflection of markedly different ethos should prove fruitful. Therefore, inter-cultural dialogue recommends itself as an effective form of self-reflection, and thereby of liberal education.

What prevents its effective practice then? I want to focus now on one important obstacle, on one strain of *culture talk* predominant in Europe.

4 'Culture' and anguish about 'identity'

The word 'culture' has currency in Europe in many contexts. One harmless use, for instance, is found in Sunday supplement of newspapers to refer to theatre, music, painting exhibitions etc. But there is another harmful use that colours all discussion of 'culture' in the plural and the corresponding notions of 'multicultural' and 'inter-cultural'. One can glean this use in a strand of argument in the ongoing political debate regarding the membership of the European Union. The move is to say that there is a need to preserve the *identity* of European culture while drawing new members to European Union. One distinguishes the European cultures as having some very important traits that distinguish them from the non-European ones, and then ask, whether Turkey or Russia belong to Europe[6].

Underlying this anxiety is a model of understanding that is rooted in the sociological tradition of distinguishing 'modern' societies from 'traditional' ones and this usually comes along with a worry, whether these others have undergone 'reformation', 'enlightenment', and finally 'Women's emancipation' which Europeans are supposed to have undergone. It is noteworthy that corresponding to this anxiety in Europe, there is a mirror image sort of anguish in the elite of societies identified as 'Non-Western'. They see a problem of 'encroachment by Western culture' into their *Lebenswelt* thereby endangering their 'identity'. Underlying both is what I have elsewhere called 'the modernity paradigm' [8].

Use of the word 'dialogue' in such contexts either comes with a moral appeal to show 'understanding' in the sense of sympathy ('we have to show understanding to others', 'we should not be arrogant', thus stressing the conviviality function as we have identified above) or an implied appeal to the moral duty to uphold the flag (we find for instance, formulations such as 'we have to defend 'our' hard won freedoms, norms, and values' – they are hard won after the reformation, enlightenment, and two world wars, and of course the Womens' emancipation due to the developments after the 68 revolution. Obviously, here the anxiety is that one may commit to wrong decisions; the underlying model of dialogue is that of speech-interaction in the *situation of decision* as identified earlier.)

Thus the contexts in which the term 'intercultural dialogue' gets used, is some kind of conflict between groups (or, sometimes on an international plane, 'nations') and an expectation is raised in saying that the problem arises because of the 'cultural differences' – the use of this term is different from my use earlier, it is used here more as an euphemism for 'culturally backward' or 'culturally degenerate'. The intercultural communication then is a sort of conflict management strategy or technique.

However, surrounded as it is with associations of 'enlightenment', 'emancipation' or 'backwardness', the 'intercultural dialogue' can rather aggravate the conflict potential instead of being a means of managing it: if I am entering into dialogue in order to obviate the imminent dangers to my life style, then I am likely to see the utmost task to be that of minimising the danger, and the source from which the danger is coming can hardly be approached with any kind of intellectual distance. This is equally true of the opposite attitude, the desire to enter into dialogue in order to alleviate the

---

[6] I want to stress what should be obvious from the context: My concern is only to examine the *culture talk* in the argument, and not that of judging whether the policy of inclusion or exclusion of Turkey or Russia within EU is right or wrong.

fears of the dialogue partner that his or her life style is facing from my life style; again, my focus would not be on the knowledge involved in his inheritance, but rather a charitable attitude towards him. Situation of charity is problematic: it may ennoble the giver but hardly the receiver. Appeal to dialogue thus degenerates into appeals for 'understanding' – in the sense of sympathy and craving for sympathy .

5 The Global political ideologies and their institutional roots

How to free the theme of inter-cultural dialogue from the anguish about identity and the underlying framework of the contrast between 'Western' and 'Non-Western' cultures? One useful move, perhaps, is to point out that the very division of cultures into 'Western' and 'Non-Western' ones depends on some historical myth building, more meant to edify oneself than to identify situations empirically.

Consider the following paradox. Infosys, Wipro, and Tata Consultancy, the three of the software firms from India, founded, owned, and until recently even wholly staffed by Indians, is hardly identified as the manifestation of 'Indian culture'. But the institutions in UK founded by Indian or Pakistani families to organise their rituals or to press their community interests like temples or mosques or denomination councils bearing in their titles the adjectives 'Muslim' or 'Hindu' are often identified as the manifestation of South Asian culture. Why? One can press this question further, and ask, in what sense the Indian State and the problems and structures found in India are to be considered as the manifestation of the 'age old' South Asian traditions? Take the example of the state of Bihar, which by common consent embodies the worst of institutional malaise in India, but it is almost the first area to come under the British Raj. Most of the work carried recently by historians show that the institutional structures and the mentalities found in this region are very much the combined effects of various administrative measures, impact of developments in trade and other events in 18th to 19th century [1]. Citing this example is not meant to indulge in a blame game – whether the blame or praise for the state of Bihar is to be apportioned to British or Indians. Rather it is meant to illustrate how untenable our conceptual tools and habits are, i.e., the habits of tracing the institutional structures that exist in this world as the products of isolated cultures.

An anthropologist, Eric Wolf, already in the late 70s made the point that the prevalent way of looking at the history of the *modern period* places the phenomena of the formation of the Non-European societies, especially that in Asia and Africa, outside the common history of the Globe [11].

Globalisation is not a recent phenomenon. The rise of European powers from 17th century onwards, beginning in the even earlier expeditions to find easy trade routes, resulted in many levels of transformation of the ways of living all around the earth: It brought and spread the plant and animal species, as also the germs causing plant, animal and human diseases, from one corner of the globe to another, causing change in dietary habits and the food crops available; it changed the agrarian relations by converting vast swaths of land for planting crops for the purpose of selling in the markets in remote continents, far from the place of cultivation; this was part of an even larger change of where and how goods are produced , transported, and exchanged; it transformed civil and military administrations, ways of travel, industry and war, also the notions of medicine, law and education, and ways and means of health care and entertainment, in short, everything that we can think of have been restructured long before the word 'globalisation' has come into fashion.

Trade routes are not external connecting lines of otherwise isolated societies, but rather the very constitutive fabric of those entities – the 'societies', 'States', and 'Nations' – that came into being in the last few centuries. The best way to make this clear to oneself is to look into the history of everyday commodities like sugar, spices, tea, coffee, and the natural yarns from which our clothes are made. The way they came into being to their present mode as mass-consumption articles meant a lot of tumultuous social and political changes in places far away from Europe[7]. Already in 1848, *The Communist Manifesto* speaks of capital remaking the world in its image by smashing all the Chinese walls built up by previous civilizations. That was not only before the two world wars but even before the age of 'industrial revolution' so identified, and long before disciplines to study Non-European cultures such as Cultural Anthropology came into being. The assumption of there being isolated cultures leading the life of 'the same old traditions for hundred of years' that the clichés in European Journalism with regard to Asia and Africa still flaunt are in the realm of their imagination than the empirical world they are supposed to report about.

The consequences of such assumptions for our way of looking at contemporary society and political events are enormous. To bring home this, let me focus on one recurring theme in the *culture talk*. It is that whereas Europe had Reformation, Enlightenment and Women's emancipation etc. the

---

[7] The paradigm for such studies was initiated by the investigation into history of sugar in Sidney W. Mintz, *Sweetness and Power* [6]. The following two more recent books provide excellent integrated summaries of the recent historical Research: C.A. Bayly, *The Birth of the Modern World 1780-1914* [2], and Robert B. Marks, *The Origins of the Modern World: A Global and Ecological Narrative from the Fifteenth to the Twenty-First Century* [5].

Non-European cultures did not have it. After the terrorist attack in New York in 2001, and then in London and Madrid in 2005, this line of talk took the form of saying that the Koran has not been subjected to the type of critical studies analogously to that of old and new testament Bible. Let us leave it for the scholars of the respective domains to decide the veracity of these claims. Let us assume, for the sake of argument, this is the case. Is this relevant for understanding the mentalities of the youth involved in the London and Madrid attacks, and the masterminds behind them?

From the press reports it emerges that the youth who bombed in London are second or third generation descendants of immigrants, and the members belong to elite middle class rather than to poorer less educated sections; they had a good, if not the best, secular education that the upwardly mobile South Asian communities could aspire for[8]. In fact, some years ago a remark by an Indian government official was in the eye of a controversy in Britain: He said that the terror cells in Kashmir are manned and organised by political activists nurtured by the prestigious academic institutions of London. If those youth entertained the Muslim faith, it is in the fashion of 'the born again Muslims' something like born again Christians in USA[9] rather than the faith inherited from the family upbringing[10]. If they were fanatics, it is in the nature of having multitude of exaggerated political grievances coupled with the doctrinaire politics – more the variety of ideological fanaticism familiar in the history of political movements in Europe from the 19th century onwards rather than 'religious fanaticism' in the sense of unalterable conviction in literal understanding of some texts. Their looking for the 'pure religion, free from the corruption of the West' is the result of their espousing Muslim causes rather than it being the initiator of the espousal of Muslim causes. In fact, the biography of Omar Sheikh, the mastermind behind the kidnapping and killing in Pakistan in 2003 of Daniel Pearl, the Journalist of *Wall Street Journal*, is illustrative and quite

---

[8] See the report, "Mentor to the young and vulnerable", by Sandra Laville and Dilpazier Aslam, *The Guardian*, 14 July 2005.

[9] Many high level political and administrative elite in USA, including President Bush, are said to claim themselves "born again Christians". Such born again faiths, therefore, cannot be claimed to be the products of "traditional societies".

[10] The following from *J7: The July 7th Truth Campaign* is quite revealing: Two of Khan's friends from school were interviewed for a BBC radio documentary, "Biography of a Bomber" (http://julyseventh.co.uk/media/BBCRadio4-Koran-and-Country-Biography-of-a-bomber-KHAN.mp3), part of Radio 4's Koran and Country series (http://julyseventh.co.uk/media/BBCRadio4-Koran-and-Country-Biography-of-a-bomber-KHAN.mp3). The documentary revealed that Khan's friends were mainly white, that he considered himself Western, that he had returned from a trip to America besotted with all things American, and that he was more commonly known by an anglicised version of his name, 'Sid'.

revealing: A student of unexceptional achievement, he turned to politics of militancy and Muslim faith while studying in the prestigious LSE in the wake of Serb-Bosnian conflict in Balkans[11].

In other words, even though subjecting Koran to critical investigation may be needed on independent academic grounds, for the rage and the actions of these militants the remote texts in Koran calling for the destruction of 'the heathen customs' and temples are irrelevant. Culture talk of this variety has no cognitive value but only a harbinger of confusion. But for its blinkers, one would have raised and focussed on the sociological question, how such born again faiths originate in the *modern* or contemporary societies.

Constructing different traditions due to different pasts in different regions of this world is certainly useful, and even necessary, for reflecting on the multiple human heritages. However, it should be freed from the myth that there are unaltered 'traditional' societies in contrast to the dynamic 'Western' ones. If there is one thing that researches on socio- economic history of Asia have shown, it is that the type of world we are living – the institutions and mentalities not only of Europe but also in other parts of the Globe – are products of the 'modern era', in the sense of an era beginning roughly in the 16th century. The 'dynamism' of this era has remade the economic, social and State institutions of this world *both in desirable and undesirable ways*. Separating what one considers as the good elements as 'Western' and reserve the unacceptable elements as 'Non-Western', or vice-versa, may serve the needs of *edification*, but not that of *education*.

BIBLIOGRAPHY

[1] Bayly, C. A. 1999. *Rulers, Townsmen and Bazars: North Indian society in the Age of British Expansion*. Cambridge.
[2] Bayly, C. A. 2004. *The Birth of the Modern World 1780-1914*. Oxford, Blackwells.
[3] Geertz, Clifford 1973. "Thick description: Toward an Interpretative Theory", *The Interpretation of Cultures*. London, Fontana Press, p. 3-29.
[4] Lorenz, Kuno 2009. "Artikulation und Prädikation". *In* Kuno Lorenz, *Dialogischer Konstruktivismus*. Walter de Gruyter.
[5] Marks, Robert B. 2006. *The Origins of the Modern World: A Global and Ecological Narrative from the Fifteenth to the Twenty-First Century*. Rowman & Littlefield Publishers, 2nd edition.
[6] Mintz, Sidney W. 1985. *Sweetness and Power*. New-York, Viking books.
[7] Rao, Narahari 1999. "Begriff der Universität". *In* Kai Buchholz, Shahid Rahman, Ingrid Weber (ed), *Wege zur Vernunft*, Campus Verlag, Frankfurt am Main.

---

[11] See the report titled, "The English Islamic terrorist", by Stephen McGinty, Published Date: 16 July 2002 in NEWS.scotsman.com, and "The toughest boy in school", by Alex Hannaford (http://www.guardian.co.uk/profile/alexhannaford) in: *The Guardian* (http://www.guardian.co.uk/theguardian), Wednesday 23 February 2005.

[8] Rao, Narahari 1999. *Culture as Learnables, An Outline for Research on the Inherited Traditions*. Fachrichtung Philosophie, Lehrstuhl Prof. K. Lorenz, Universität des Saarlandes, Saarbrücken, Ch. 2, pp. 11-20.
[9] Rao, Narahari 2001. "Der Bildungsbegriff in Humboldts Konzept der Universiät und Wege zu seiner Erneuerung". *In* Karl-Otto Apel und Holger Bruckhardt (ed.), *Prinzip Verantwortung, Grundlage für Ethik und Pädagogik*. Würzburg, Köbigshausen und Neumann, p. 227-236.
[10] Ryle, G. "Plato". P. Edwards (ed.), *The Encyclopedia of Philosophy*. NewYork, London, p. 314-333.
[11] Wolf, Eric R. 1982. *Europe and People without History*. University of California Press.

B. Narahari Rao
Sarrebrücken University
narahari.b@gmail.com

Du directeur de laboratoire CNRS
Séverine Rollet

Sur les pages du site WEB du CNRS dédiées à l'administration de la recherche, on peut trouver différentes définitions du directeur d'unité mixte de recherche.

Sur le site de la Direction des affaires juridiques, la définition du directeur est strictement réglementaire ; elle est donnée par l'article 18 du décret 82-993 du 24 novembre 1982 portant organisation et fonctionnement du Centre national de la recherche scientifique :

> Les responsables des unités de recherche sont nommés par le directeur général du CNRS, après avis des instances compétentes du comité national et du conseil de laboratoire. Les responsables des unités associées au centre sont nommés conjointement par le directeur général et par les autorités dont dépendent ces unités. Les fonctions des responsables de ces unités ont une durée de quatre ans. Nul ne peut exercer plus de trois mandats consécutifs en qualité de responsable de la même unité [...].

Sur le site de la Direction des finances, la définition est très technique, et considère essentiellement le directeur sous l'angle de sa capacité à engager des dépenses. Il est la 'Personne Responsable des Marchés' (PRM), c'est-à-dire qu'il *doit veiller à respecter les principes fondamentaux de la commande publique : liberté d'accès à la commande publique, égalité de traitement des candidats, transparence des procédures. Il est garant de l'efficacité de la commande publique et de la bonne gestion des deniers publics [...]. Ces précautions sont de nature à prévenir les mises en cause pour « délit de favoritisme » au bénéfice d'un fournisseur (art. 432-14 du code pénal).*

Le site de la Coordination nationale en hygiène et sécurité souligne que le directeur d'unité est *responsable, dans le cadre des délégations qui lui sont consenties, de la sécurité des personnes de son unité, de la sauvegarde des biens et de la protection de l'environnement. Il lui appartient de se conformer aux dispositions réglementaires et aux directives internes du CNRS.*

Enfin, les pages de la Direction des ressources humaines mettent en avant ses nécessaires qualités de meneur d'homme, et de porteur du projet scientifique de l'unité de recherche qu'il dirige, ainsi que bon nombre d'autres prérogatives : organisation du travail dans la structure, arbitrage et validation des demandes de moyens, des demandes de promotions, de compléments de prime, des inscriptions en formation, des congés annuels des personnels, etc. Il fait partie de la catégorie des chercheurs dirigeants, c'est-à-dire des managers de terrain qui assument de manière quasi exclusive des responsabilités d'encadrement de la recherche.

Le directeur d'unité est enfin un chercheur confirmé, un scientifique de renom, reconnu par ses pairs ; il est soumis à des obligations de publication et d'enseignement.

* * *

Un directeur de laboratoire de recherche à l'image de Gerhard Heinzmann peut-il se résumer à la somme de ces définitions ? L'objet de ce court propos est de montrer, à travers son expérience, comment ces définitions institutionnelles, qui mettent en exergue les responsabilités administratives, devraient être inversées et mettre avant tout en avant des qualités de conviction et d'innovation, ainsi qu'une véritable force de travail.

Lorsqu'il a monté l'équipe des Archives Poincaré au début des années 1990 avec une poignée d'enseignants chercheurs et d'étudiants, Gerhard Heinzmann était à mille lieues des responsabilités administratives, de la PRM et de la validation des inscriptions en formation. En tant que responsable d'équipe, il développait une énergie considérable pour trouver des bureaux, asseoir son projet scientifique et fédérer des enseignants et des doctorants autour de son projet dans un département de philosophie qui n'était pas nécessairement acquis à sa cause.

Il finit par obtenir la reconnaissance de son équipe d'accueil, les Archives – centre d'études et de recherche Henri Poincaré (ACERHP), au sein de l'Unité Mixte de Recherche C9949 du CNRS, le Groupe d'études et de recherches sur les sciences de l'Université Louis Pasteur (GERSULP), basé à Strasbourg. Il défendait également avec vigueur la création d'un vaste espace de recherche transfrontalier Saar-Lor-Lux et travaillait d'arrache pied sur l'organisation du colloque international Henri Poincaré qui a rassemblé à Nancy en 1994 pas loin de 300 congressistes de multiples nationalités. Il a également rendu possible le doctorat honoris causa de Nelson Goodman à l'Université Nancy 2.

Il semble donc qu'avant même d'être en position d'endosser une responsabilité administrative, le directeur d'une UMR, et plus particulièrement celui qui a pour objectif de créer de toute pièce une unité de recherche, doit être porteur d'une vision et d'un projet, et développer une réelle compétence pour fédérer des hommes autour de ce projet. Il doit savoir s'entourer des talents (chercheurs, étudiants) qui lui permettront de mettre en œuvre ce dernier, et savoir convaincre ceux qui pourront contribuer à son financement. Ces éléments sont très marquants dans le parcours de Gerhard Heinzmann.

Ainsi, le rattachement au GERSULP devenant de plus en plus inconfortable, Gerhard Heinzmann a œuvré à la fin des années 90 à la création de son propre laboratoire, le Laboratoire d'histoire des sciences et de philosophie – Archives Henri Poincaré (UMR 7117 CNRS – Nancy Université). Il a à cette occasion construit un projet scientifique ambitieux et convainquant, et négocié avec ses tutelles afin de rassembler autour de lui les forces et les moyens financiers et humains nécessaires au fonctionnement de la future UMR. Il a ainsi pu rassembler autour de lui des chercheurs et enseignants chercheurs, des personnels administratifs et techniques de qualité. Il a patiemment œuvré pour rassembler et stabiliser autour de lui les jeunes chercheurs qui le suivaient depuis leur maîtrise. Il a également, de haute lutte, obtenu des locaux dans le nouveau bâtiment J, trouvé des sources de financement, construit une organisation du travail, une organisation financière et créé une revue, *Philosophia Scientiæ*.

Il a été nommé directeur d'unité en l'an 2000 et est devenu *cette personne responsable des marchés, responsable de la sécurité des biens et des personnes dans son laboratoire, qui anime, et gère aussi, les différentes équipes de recherche.* Il a su, jouant de son statut de nouveau directeur un peu naïf et dérouté par tant de tracas administratifs, amadouer la toute puissante administration de la recherche et négocier des moyens humains et financiers. Mais il a surtout fait preuve à cette occasion de force de conviction, d'opiniâtreté, et d'un redoutable talent de négociateur et de lobbyiste. Dix ans plus tard, le laboratoire des Archives Poincaré est considéré comme un des fleurons de la recherche en histoire des sciences.

Il apparaît donc bien qu'un directeur d'UMR ne saurait se résumer aux quelques définitions administratives données en introduction et que, même s'il en arrive à leur correspondre au bout de plusieurs années d'effort, elles ne sauraient couvrir complètement son champ d'intervention. On est maintenant en droit de se demander si, une fois parvenu à ce stade, le directeur trouve pleine satisfaction dans l'exercice de ces responsabilités administratives ? Si on regarde le parcours de Gerhard Heinzmann, on ne peut que répondre par la négative.

En effet, dès 2006, Gerhard Heinzmann s'est pleinement investi dans un nouveau projet : la création de la Maison des sciences de l'homme Lorraine, dont il est aujourd'hui le directeur. Il a défendu l'idée que cette MSH ne devait pas être uniquement un lieu où sont mutualisés des services, mission traditionnelle des maisons des sciences de l'homme, mais également un lieu d'animation scientifique. Gerhard Heinzmann a donc repris à cette occasion son « bâton de pèlerin » pour convaincre, fédérer, négocier et rallier à sa cause scientifiques et décideurs. Cette vision novatrice de la MSH, non seulement en tant qu'outil d'appui, mais également en tant qu'outil de pilotage de la recherche, a valu à la maison des Sciences de l'homme Lorraine le statut d'USR (Unité de service et de recherche), un des premiers du genre au CNRS. Gerhard Heinzmann siège également depuis 2008 au Comité national du CNRS. Il travaille enfin depuis 2008 à la réalisation d'un nouveau projet : l'organisation du 14e Congrès de Logique, méthodologie et philosophie des sciences qui se tiendra à Nancy du 19 au 26 juillet 2011. Ce congrès a lieu tous les 4 ans depuis 1960 et se déroulera pour la première fois en France à cette occasion. Il s'agit de l'une des plus grandes manifestations organisées mondialement dans les domaines concernés. Les Congrès LMPS rassemblent les meilleurs spécialistes en logique et philosophie des sciences.

* * *

Lorsqu'on examine le parcours de Gerhard Heinzmann, on est donc bien loin de la définition administrative, un peu stricte et nécessairement restrictive du directeur d'UMR donnée en introduction.

Je souhaitais à travers ces quelques lignes rendre hommage au directeur, au scientifique, et à l'homme de convictions qu'est Gerhard Heinzmann.

Je souhaitais également mettre en avant son parcours, impressionnant, et sa formidable énergie qui le pousse à bâtir, à organiser, à innover, sans jamais se reposer sur ses lauriers.

Je souhaitais enfin, tout simplement, et très sincèrement, le remercier pour tout ce qu'il m'a appris et apporté.

Séverine Rollet
Centre national de la recherche scientifique
`severine.rollet@dr6.cnrs.fr`

Gerhard Heinzmann
et les Archives Vuillemin

ELISABETH SCHWARTZ

« C'est bien, ce que fait Heinzmann ! » : j'entends encore ces mots de Jules Vuillemin, le maître disparu, qui réunissait, qui continuera longtemps de réunir, tant par l'envergure de son œuvre que par la puissance de son exemple, bien des contributeurs rassemblés en le présent hommage rendu aujourd'hui à l'un de ses élèves les plus fidèles. Parmi les multiples et riches facettes qui composent la personnalité philosophique de G. Heinzmann, en ses travaux personnels comme en son inlassable dévouement à une communauté de pensée et de travail, je voudrais donc choisir l'éclairage issu de l'une d'elles en particulier, en tâchant d'évoquer un Heinzmann élève de Vuillemin. Les quelques lignes ici déposées n'en pourront même capter qu'un trait partiel, la contribution de G. Heinzmann à la vie des Archives Vuillemin et la part qu'il n'a qu'indirectement prise à la réédition posthume, revue et augmentée, des *Cinq études sur Aristote* [5].

Mais ce travail d'Archives, définitoire plus largement du Centre de Nancy, illustre déjà en quel sens théoriquement exact et pratiquement exigeant, Gerhard entend unir la pensée philosophique à son histoire et à celle de la logique et des sciences exactes.

Nous évoquerons d'abord, faisant la place aux témoignages ou souvenirs personnels, l'animation de la recherche dont Gerhard Heinzmann s'est fait le porteur, et qu'il entend à bien des égards comme un passage de relai, de la génération des maîtres de la philosophie française du XXe siècle à celles qu'attire aussi la philosophie dite analytique, à laquelle Vuillemin avait introduit sans jamais s'y définir. L'exemple de l'Aristote récemment réédité nous vaudra ensuite illustration de cette possible inscription des recherches animées par le maître de Nancy dans le si libre sillage de la philosophie de Vuillemin.

1 Gerhard Heinzmann et les Archives

« C'est bien, ce que fait Heinzmann ! » : ces mots de Vuillemin s'adressaient, un jour de novembre 1986, à son ami de toujours, Gilles-Gaston Granger, dont il attendait l'opinion sur son élève et ancien Assistant au Collège de

France, alors encore très jeune mais déjà si actif et si engagé au sein du groupe de travail et d'échange dont Vuillemin et Granger avaient pris avec quelques amis l'initiative de l'instituer sous le nom de *Mercure philosophique*, et qui se réunissait à Grenoble à l'invitation d'H. Joly ce jour là. Le projet élaboré en 1983 s'inscrivait dans la continuité avec l'aventure qu'avait été la fondation de. la Revue *L'Age de la Science*, qui n'avait pu paraître que 3 ans chez Dunod, entre 1968 et 1970. C'est dans ces années là que le rôle de Vuillemin et Granger dans l'introduction en France des travaux et méthodes de la philosophie analytique de langue anglaise ou allemande fut le plus évident. Introduction vivante et libre, non pas culte passif de la nouveauté ou de l'exotique qui suffisent parfois, quel que soit le contenu, à séduire Paris... On y pouvait lire des articles originaux de Tarski, Quine, Goodman, Kreisel, Angelelli, Prior, Prawitz, entretenant un échange direct avec les articles français. Le *Mercure* espérait prendre une sorte de relai de la défunte Revue, qui se vit en réalité offrir, grâce à l'intérêt pris par O. Jacob aux travaux du groupe, une nouvelle, et tout aussi courte vie sous le même nom chez ce nouvel éditeur[1].

Le *Mercure* avait été fondé comme un groupe amical, dont les contributions étaient toutes bénévoles, et les déplacements effectués sans aucun financement institutionnel. L'organisation des sessions annuelles n'en représentait pas moins un gros travail. G. Heinzmann en assura plusieurs. Il y présenta très tôt à Aix, puis à Grenoble en 1986, ses recherches sur le pragmatisme, qui devait devenir un des pivots de ses travaux personnels et du programme de Nancy. C'est à Grenoble qu'il devait, parlant de Cavaillès et Lautman dans l'horizon des débats contemporains en philosophie de la logique, susciter en Vuillemin l'intérêt encourageant que je rappelais en commençant. En 1989 à Paris il faisait dans un exposé commun avec Joelle Proust bénéficier le groupe de l'exploitation de papiers des Archives Carnap et Gödel, dont les deux amis venaient de terminer une traduction et introduction communes. Il devait plus tard éditer et traduire un manuscrit de Gödel, souvent interrogé dans les derniers travaux de Vuillemin qui proposaient par métaphore platonicienne de voir en Carnap le sophiste et en Gödel le philosophe. L'un de ces textes fut prononcé par Vuillemin à Nancy sur l'invitation de Heinzmann au Congrès Goodman de 1997. Il devait être publié dans les Actes, au sein d'une lignée d'Actes de congrès mémorables, dans la Revue *Philosophia scientiæ*, dont Gerhard est le fondateur et Directeur dévoué. On peut penser que l'esprit qui portait la fondation de *L'Age de la Science*, puis le projet d'un *Bulletin du Mercure*, a trouvé en cette Re-

---

[1] *L'Age de la science – lectures philosophiques*, Paris, Odile Jacob. Cinq volumes publiés entre 1988 et 1993, avec un comité de rédaction en partie différent.

vue une suite, et on se réjouit qu'elle soit parvenue grâce à la personnalité de son rédacteur en chef, à défier plus durablement le temps.

Ce n'est donc pas par hasard ni par simple chance ou opportunité, si les Archives Vuillemin devaient trouver asile à Nancy et si c'est aux chercheurs nancéens collaborant avec Mme Gudrun Vuillemin, dont on connaît la précision et la rigueur en matière d'édition scientifique de manuscrits, et à l'inspiration tutélaire de G. Heinzmann, que l'on doit la publication récente de la seconde édition, retravaillée par Vuillemin, mais laissée posthume, de son Aristote.

2 Le sens de L'Aristote de Vuillemin : questions à Gerhard Heinzmann au sujet de l'édition posthume

L'ouverture de la philosophie française à ce qui se fait à l'étranger, et alors même qu'il peut y aller de l'ouverture à des méthodes toutes nouvelles, voire à une pratique, antithétique de la philosophie, tel est bien l'effort vivant que Vuillemin propose à ses lecteurs, et il avait pris les moyens, pionniers, heroïques, et souvent incompris, qui pourraient en faciliter la transmission. En cela G. Heinzmann serait bien l'élève de ce Vuillemin dont l'éditeur de l'Aristote révisé nous propose d'entendre l'originalité incarnée dans la méthode singulière des *Cinq études* « qui prétendent réunir souci « français » du système élaboré par chaque grand philosophe et attention « anglaise » à la rigueur logique des arguments philosophiques ».

En adoptant pour cette présentation des *Cinq études* la perspective ouverte par l'étude ancienne consacrée par J. Brunschwicg à cet ouvrage [1], l'édition récente tend naturellement à majorer ce point de vue de la méthode logique. Quitte à certes élargir ensuite le propos en faisant ressortir une double postérité des *Cinq études*. D'abord une « postérité involontaire et inconsciente », de l'ordre de la « coïncidence », ou même « virtuelle voire ironique », qui serait celle de la « philosophie analytique de la religion » ; mais par l'effet d'une ironie de l'histoire puisque Vuillemin aurait plutôt tenté une critique logique destructrice de l'idée de Dieu [5, p. XV, XVI, XVII]. Postérité réelle et fidèle en revanche, mais qui n'est pas de style analytique logique, dans le renouveau des études aristotéliciennes induit par la nouvelle conception, non taxinomiste, de la « biologie » du Stagirite, dont Vuillemin avait anticipé les traits dans la première des *Cinq études*, qui porte sur l'analogie.

Cette présentation laisse le lecteur incertain quant au crédit qu'il faut en fin de compte accorder à la méthode logique chez Vuillemin historien de la philosophie. Abusivement majoré dans le cas de la 4ème Etude ? – celle pourtant dont la version posthume est justement dite par son auteur « entièrement nouvelle » mais donnée comme le contraire d'une rétractation : « J'ai repris, corrigé, systématisé la question des « relations mixtes » dont j'avais traité en 1967 [...] J'ai confirmé mes conclusions. »[2] L'éditeur nancéen nous laisse en fin de compte ignorer en quelle mesure il pense que J. Brunschwig avait raison, puisqu'il ne nuance l'idée selon laquelle « l'insistance de la quatrième étude sur l'absurdité logique de relations sans converses avait légitimement fait croire à Jacques Brunschwig que Jules Vuillemin cherchait à disqualifier l'aristotélisme au moyen de la seule logique », que par le constat qu'ailleurs Vuillemin admet que la validité logique de certains raisonnements aristotéliciens, ainsi la réfutation par régression à l'infini, ne les soustrait pas à une invalidation de sa théologie venue de l'histoire des mathématiques et de la science de la Nature. En revanche la postérité qui majore la dimension logique du religieux est bien vue comme ironique. Certes, mais sans que cette ironie donne à réfléchir. Et la postérité qui prolonge dans le domaine des « *phuseis* » l'analyse de la *Première étude* sur l'analogie ne témoigne pas d'une conversion du Vuillemin parisien de la fin des années 60 aux seules méthodes logiques, substituées à l'éclairage induit en philosophie par et sur les mathématiques, que l'auteur pratiquait seul dans la période clermontoise. Bien au contraire, c'est dans l'interprétation que Marwan Rashed a récemment donnée des textes physiques d'Aristote, que se trouve illustré et précisé le lien que Vuillemin voyait entre l'analogie et les méthodes d'Eudoxe. Non qu'il s'agisse de « mathématiser » les « *phuseis* », mais parce que la méthode eudoxienne transposée de la mathématique où elle visait à maîtriser la crise induite par l'irruption du continu dans la théorie des proportions numériques, au grand problème de la physique, doit bien, selon M. Rashed y opérer un dépassement comparable, et non se réduire à une logicisation de l'analytique du devenir ou une généralisation du biologique sur un mode relativiste.

Ces brefs constats portent donc une première question : quel sens au juste faut-il ici accorder en général aux méthodes logiques, ou, plus largement, aux méthodes inspirées de la philosophie analytique chez Vuillemin, et chez son élève Heinzmann ? Vuillemin avait organisé en 1984 un colloque consacré à cette question « *Méthodes et limites des méthodes logiques en philosophie* ». G. Heinzmann en rend compte dans *L'Age de la Science* en 1993[3]. Il prenait le parti de résumer les conférences de « quelques uns des auteurs les plus qualifiés de la philosophie analytique », et au sein lesquels il rangeait un Vuillemin, un Granger et quelques autres français à côté d'un Dummett, un D. Kaplan, un B. Williams ou de R. Barcan-Marcus, plutôt que de chercher à dégager l'impossible réponse synthétique à une question selon lui « pas entièrement dépourvue de rhétorique, car le cadre d'une ré-

---

[2] *Annuaire des cours du Collège de France*, cité par M. Benatouïl, p. XV.
[3] *L'Age de la science*, Tome 5, 1993, p. 259-274.

ponse est fixé depuis longtemps », et l'est par la conjonction du programme de Russell et des nécessaires corrections à lui apporter. C'est à l'« éclaircissement plus fin de la relation entre gain de clarté... apporté par une structure logique,... et les limites d'une telle structure face à la complexité des langues naturelles » qu'il pensait le colloque ordonné, N'est ce pas une façon de poser la question à l'intérieur du seul cadre de la philosophie analytique ? Les textes, et les ouvrages de Vuillemin, ne manquent pas en lesquels il tient à se distinguer pourtant de celle-ci. Et ce même dans la période où il l'a si puissamment introduite en France, si vaillamment défendue et louée dans son ouvrage sur Russell[4]. C'est au contraire un arbitrage entre mérites et limites de cette méthode qu'il entendait justement ouvrir avec cette rencontre de 1984. Pour y avoir également assisté, je puis témoigner de quelques propos tenus par Vuillemin en privé à son ami Granger en ma présence, constatant que bien peu de conférences portaient sur l'objet du colloque...

Une seconde question porterait sur l'arbitrage plus particulier à rendre entre la *Quatrième étude* et la critique de J. Brunschwig. Comment comprendre en effet que Vuillemin ait souhaité reprendre la question des relations sans converse, mais pour confirmer, et non abandonner ses conclusions ? La question devrait faire l'objet d'un traitement serré de la Quatrième Etude, que nous nous proposons d'offrir ailleurs. On se bornera ici à l'instruire, en deux temps, au niveau plus général où la porte la Préface de M. Benatouïl.

Et d'abord, Vuillemin aurait il en réponse à son critique changé ou infléchi sa méthode en histoire de la philosophie ? L'aurait il infléchie en un sens plus « objectif », ou plus respectueux des évidences textuelles, en en rabattant de ses espérances logiciennes et d'une présomption partagée avec les philosophes analytiques face à des textes qu'il aurait d'abord cru à tort possible de juger, voire de corriger grâce à la logique au mépris de la littéralité ? Il nous semble qu'il n'en est rien, et que M. Benatouïl a raison de reproduire et commenter l'Avertissement méthodologique et les quatre privilèges dont Vuillemin demandait en 1967 au lecteur l'octroi. C'est bien en effet dans le lien des quatre privilèges : droit de raisonner, droit de traduire logiquement par fidélité à l'esprit, droit de recherche d'un système, droit d'être soi-même, que l'éditeur voit l'originalité de la méthode, et dans l'alliance des droits 2 et 3 celle de l'alliance entre esprit anglais et français... Mais est ce de cette alliance qu'il s'agit ? et surtout Vuillemin en

---

[4] Qu'il nous soit permis sur ce point de renvoyer à nos études consacrées à l'œuvre de Vuillemin, et tout récemment « Le sens et la portée de l'idéalisme allemand dans la philosophie de J. Vuillemin » [2]. Il suffit du reste de rappeler que la publication posthume, dûe à R. Rashed, d'un ouvrage de Vuillemin consacré aux *Mathématiques pythagoriciennes et platoniciennes*, en 2001, l'année même de la disparition de l'auteur, suffit à faire voir que la découverte des méthodes logiques n'avait pas éteint en lui l'inspiration mathématique.

aurait-il infléchi le sens dans le texte posthume ? C'est ce que laisse discrètement entendre la Préface en comparant la revendication d'*objectivité* du texte posthume à cet Avertissement de 1967, dont l'auteur aurait voulu éviter au moins les malentendus qu'il suscita auprès des historiens ; et moins discrètement lorsqu'il est suggéré que les critiques et réserves de V. Goldschmidt à l'égard de la lecture exclusivement analytique des textes antiques pouvaient viser J. Vuillemin... Il suffit de lire pourtant l'hommage à Gueroult rendu par Vuillemin, Guillermit, G. Dreyfus et V. Goldschmidt pour se convaincre d'une forte convergence de méthode qu'il ne s'agissait du reste pas, en 1977 [3] de dire française ou non française, mais déjà, objective d'une part, libre de l'autre, et cela en ce que précisément la synthèse devait couronner l'analyse et rendre raison de la systématicité. Nous voyons plutôt ici l'un des invariants les plus clairs de la pensée de Vuillemin, qui n'est d'ailleurs pas seulement affaire de méthode en histoire de la philosophie[5].

Vuillemin aurait il ensuite dû se rendre aux arguments techniques de son critique réfutant la monstruosité logique des relations incriminées ? Il nous semble qu'il faut comme M. Benatouïl prendre au sérieux le Cours du Collège de France qui reprenait en 1989 la question traitée dans la *Quatrième étude*, et dont la variante posthume est le fruit. Dans ce Cours, dont on rappellera ici que ce fut le dernier donné par son auteur[6], la référence à l'article de J. Brunschwig, est résumée comme la réponse à la thèse selon laquelle la *Quatrième étude* aurait commis l'erreur de confondre symétrie et conversion dans les relations. La réponse est claire : l'auteur pense n'être pas coupable de cette confusion. Aussi la réponse sur ce point sera-t-elle ramassée en un bref paragraphe liminaire de la nouvelle version « Question de symétrie ou question de conversion ? » sans que soit même indiquée une source polémique. Et c'est bien la polémique que le Cours dit explicitement vouloir délaisser, au profit d'une étude enrichie des textes relevant de cette question, qui fait bien plutôt le prix de cette révision[7]. Faute de place pour exposer ici les deux argumentations, nous nous bornerons à remarquer que si celle de J. Brunschwicg visait en effet la compétence de la logique en matière de critique philosophique, elle entendait le faire en soulignant la dimension systématique plutôt qu'analytique des *Cinq études*, et en avançant l'hypothèse d'un rôle central, et non marginal, de cette Etude logicienne. Et

---

[5] Il commande en particulier la structure de l'ouvrage sur les systèmes philosophiques (1984) et la Présentation du numéro de *l'Age de la Science* de 1990, consacré à la philosophie et son histoire, où la définition de l'objectivité, p. 13, ne doit rien à une revanche du littéral ou du textuel sur l'analyse logique...

[6] G. Heinzmann m'y tenait compagnie lors de la dernière Leçon, que nous étions venus écouter et qui s'est tenue devant un public clairsemé, les élèves parisiens étant ce jour là réunis ailleurs.

[7] *Annuaire des cours du Collège de France*, loc. cit., p. XIV.

nous le suivons. S'agissant en revanche du contenu de cette analyse logique, il apparaît pourtant clairement que ce que sans doute Vuillemin présentait dans une lettre à Brunschwig citée par l'éditeur comme « la plus importante de vos objections » n'est clarifié que par lui même comme cette accusation de confusion entre relation non symétrique et relation sans converse, et qu'il lui a semblé en conséquence nécessaire de revenir au détail des textes invoqués à bon droit par Brunschwig, en lesquels le Stagirite analyse et médite des exemples où interviennent des relations sans converse qu'il est impossible de confondre avec des relations non symétriques. Mais ce sont régulièrement au contraire des relations non symétriques que Brunschwig évoque sans en distinguer *la définition* de celle de relations sans converse, que ce soit dans les passages plaisants, pour éviter dit-il que le lecteur non spécialisé ne saute au lien entre critiques logiques (relation sans converse) et psychologiques (invraisemblance psychologique de l'amour non payé de retour), ainsi « Les amoureux éconduits sont assez malheureux pour qu'à la liste de leurs infortunes, on n'aille pas ajouter celle de constituer, par leur existence, un défi aux lois de la raison ; et si l'un d'eux s'avisait de fléchir sa belle, en l'implorant de faire cesser le supplice logique qu'elle lui inflige, il faut qu'il sache qu'elle n'aurait pas tort de lui rire au nez » ; ou que ce soit dans la partie plus proprement « technique » et l'appel aux distinctions ingénieuses qui sont résumées dans la Préface de M. Benatouïl entre « correspondant métalinguistique de la converse de R » et « converse du correspondant métalinguistique de R », supposées faire échapper l'analyse d'Aristote au reproche de contenir une monstruosité logique. Encore faudrait il avoir entendu ce que Vuillemin cerne comme défaut logique, du point de vue de la logique des relations qui est celle de Russell, et sur quel type de relations il le voit à l'œuvre, c'est à dire les relations mixtes, réelles par leur point de départ, idéales par leur point d'arrivée, Comme le redit Vuillemin dans la version posthume, c'est bien l'absence de converse et non l'asymétrie qui est mise en jeu dans les relations « *modo intelligentiæ* », et c'est bien ce qui fait que ces relations mixtes font l'objet d'un traitement distinct de celui des relations ordinaires, telles double et moitié, ou maître et esclave, qui ne sont pas symétriques et ne sont traitées ni par Aristote ni par Vuillemin, de monstres logiques. Dire avec Russell et le calcul des relations qu'une relation symétrique est identique à sa converse, ce n'est pas confondre les deux définitions de la symétrie et de la conversion ! Et dire qu'une relation sans converse est une aberration logique c'est dire avec Russell que la logique définit primitivement toute relation par la position de son champ, c'est à dire la somme d'un domaine et d'un domaine converse. Cela n'engage pas le sens de cette converse, ni par conséquent non plus la position de l'identité des domaines. Et non pas simplement comme l'objectait Granger parce qu'on se situerait à un niveau formalisé qu'Aristote ignorerait : pour le dire dans les mots imagés qu'aime à reprendre J. Brunschwig, aimer sans être aimé, ce n'est pas, contrairement à ce qu'il suggère, équivalent à aimer sans qu'il y ait un réel objet d'amour, qu'il nous paie ou non de retour, et si l'expérience psychologique des sentiments humains permet déjà de faire la différence, s'il existe des désirs mystiques réels dont l'objet n'est qu'idéalement relatif, c'est ce dernier trait de mixité supposant une relation sans converse qui est selon Vuillemin l'un des invariants les plus stables de l'idée de Dieu, que ce soit en contexte aristotélicien de Moteur non mû objet du désir des êtres, ou en contexte chrétien de Dieu aimant créateur et incarné. Bien des objections, corrections ou solutions « techniques » de l'article de Brunschwig, nous semblent donc sauf erreur de notre part souvent fondées sur un malentendu au plan logique. Et bien des objections ou solutions textuelles avancées déjà prévues par le texte de 1967.

Si enfin, et ce sera notre troisième question aux éditeurs nancéens, l'édition posthume ne retient pas l'argumentation brunschwigienne d'un Dieu d'Aristote traîné au tribunal de la logique, et sorti indemne de ses accusations, et si elle reprend les conclusions que lui suggérait la présence de relations sans converse dans la théorie de la connaissance aristotélicienne, ainsi le fondement en définitive théologiquement impuissant de son réalisme, est ce même d'un tribunal de la logique entendu comme rappel à l'ordre du raisonnement formellement défectueux, qu'il s'agit dans la *Quatrième étude* ?

N'est ce pas plutôt que Vuillemin saisit ici une des difficultés causées par le double jeu d'une logique substantialiste et d'une métaphysique de l'*energeia* qui accorde un statut mixte mais inéliminable à la relation. C'est dans cet emprunt philosophique à l'analyse russellienne des relations externes, qu'il faudrait à la rigueur chercher l'idée d'un tribunal de la logique. Pourtant si ce tribunal devait être chargé de requérir la mort du Dieu d'Aristote comme s'il était comme dit Brunschwig, « de ces morts qu'il faut qu'on tue »..., il faudrait bien prêter au... ministère public ! les « ressources d'une méthode attentive et sévère, dont la tension paraît s'alimenter au feu de je ne sais quelle passion sombre » . Mais Vuillemin fut il jamais un tel procureur ? ou le combat qu'il mena, il est vrai, toujours, et dès sa Thèse d'immédiat après guerre, pour cerner ce qui dans les puissances de mort menace en l'homme le libre *logos*, et ce jusque dans les grands systèmes rationalistes. n'a-t-il pas un sens à la fois plus profond, et plus secret ? Pas plus qu'il n'est tenable de lui imputer l'accusation faite au concept aristotélicien de Dieu de mettre en œuvre des relations non symétriques assimilées à des monstres logiques et la croyance d' avoir ainsi abattu l'idole, il ne l'est de suggérer qu'il ait pu voir en ce geste logiquement iconoclaste ce que l'Avertissement de 1967 nommait « une contribution, fort indirecte et parfois fort cachée, à l'analyse du concept de Dieu », qu'y aurait il de « caché » dans le réquisitoire logique ainsi compris ?

Plus cachée, et fort indirecte sans doute, mais plus effective, serait pour nous l'explication ainsi entretenue avec celui des grands rationalismes modernes dont Vuillemin, qui l'avait médité, s'est constamment méfié, et qui avait célébré l'*energeia* aristotélicienne en y voyant les prémisses, et même les effets d'une autre logique que celle de la seule substance ou de la simple réciprocité des corrélatifs. Sur cette question aussi quel serait l'avis de G. Heinzmann ? Lui à qui J. Vuillemin demandait en 1986 s'il donnait au mot « dialectique » dont il faisait revivre le programme, le sens hégélien jusqu'où le portait chez son maître Cavaillès l'exigence de la philosophie du concept ?

BIBLIOGRAPHIE

[1] Brunschwig, J. 1970. « Le Dieu d'Aristote au tribunal de la logique », *L'Age de la Science*, **4**.
[2] Schwartz, E. 2008. « Le sens et la portée de l'idéalisme allemand dans la philosophie de J. Vuillemin », *Revue d'Auvergne*, Clermont Ferrand.
[3] Vuillemin, J. & Dreyfus, G. & Guillermit & Goldschmidt, V. (ed.) 1977. « Martial Gueroult, In memoriam », *Archiv für Geschichte der Philosophie*, **59**, Heft 3.
[4] Vuillemin, J. 2001. *Mathématiques pythagoriciennes et platoniciennes*. Paris, Albert Blanchard.
[5] Vuillemin, J. 2008. *De la logique à la théologie. Cinq études sur Aristote. Nouvelle version remaniée et augmentée par l'auteur, éditée et préfacée par T. Bénatouïl*. Louvain-la-Neuve, Editions Peeters. Paris, Flammarion, 1967 pour la première édition.

Elisabeth Schwartz
Université Clermont-Ferrand II
schwartz.elisabeth@orange.fr

En marge de la science : du revenant de Brunswick à la nonne de Borley
Louis Vax

On a pu croire, écrit en 1747 le pasteur Georg Wilhelm Wegner[1], que les revenants[2] avaient renoncé à tout commerce avec les hommes. L'*Aufklärung* [10] leur avait en effet mené la vie dure. Johann Georg Schmidt, par exemple, avait publié un vaste recueil : *La philosophie tombée en quenouille. Recherches sincères sur des superstitions tenues en haute estime par des dames sûres d'elles-mêmes. Utiles à ceux qui ont été déjà trompés par l'une ou l'autre de ces superstitions, et qui pourraient l'être encore à l'avenir*, Chemnitz, 1718-1822. Pourtant, remarque Wegner, les revenants se sont enhardis depuis peu : ils revendiquent leurs anciennes prérogatives, et c'est même à des savants qu'ils imposent leur présence. Témoin un *Recueil de quelques observations relatives à plusieurs apparitions, à la fin de l'année 1746, au Collegium Carolinum de Brunswick, du fantôme d'un précepteur qui y est décédé* [1][3]. L'opuscule comprend essentiellement trois lettres, que Wegner ne discute pas. En philosophe, il entreprend de démontrer que les revenants ne peuvent pas exister.

Résumons l'affaire. Le *Collegium* est un internat d'esprit moderne créé à l'initiative du duc de Brunswick et Lunebourg, dirigé par J. F. W. Jerusalem pour préparer les étudiants à la vie active. Le corps enseignant - professeurs et "précepteurs" (*Hofmeister*) - est compétent. Le précepteur Melchior Carl Dörrien y meurt dans sa chambre le 8 juillet 1746.

---

[1] G. W. Wegner (1692-1765), « Prediger zu Germendorf und Nassenheide » était un ardent partisan de l'*Aufklärung*. Publiée à Berlin par A. Haude u. C. Spener en 1747, sa *Philosophische Abhandlung von Gespenstern, worin zugleich eine kurtze Nachricht von dem Wustermarckischen Kobold gegeben wird* vient d'être rééditée « mit Erläuterungen und Materialen » par Martin Völker [16]. Sauf indication contraire, c'est à cet excellent ouvrage, que m'a signalé le professeur Fernand Stoll, que je me réfère.

[2] Les auteurs cités emploient le terme 'Gespenst', qu'on traduit généralement par fantôme ou spectre. En fait ils ont en vue le plus souvent des revenants, fantômes de morts.

[3] L'opuscule reproduit trois lettres, dont les plus intéressantes sont la première, dans laquelle le Professeur Oeder affirme au duc Charles, qui n'est nullement disposé à le croire, avoir vu de ses yeux le fantôme de Dörrien, et la troisième, où Höfer rapporte les manifestations du revenant à lui-même et à Oeder.

Le 21 décembre de la même année, peu avant minuit, au cours de sa ronde d'inspection, le précepteur Johann Gottfried Höfer (1719-1796) croit apercevoir à une vingtaine de pas de lui, assis devant la porte de la chambre où Dörrien est mort, un personnage en robe de chambre et bonnet de nuit. Il s'approche et discerne avec terreur, à la lueur de sa lanterne, les traits en partie masqués du défunt. Il rapporte le lendemain son expérience au professeur de physique et de mathématiques Oeder[4], lequel refuse de le croire mais accepte de l'accompagner à la même heure à la même place. Oeder ne soupçonne pas qu'il s'engage sur son chemin de Damas : c'est lui qui, le premier, reconnaît les traits du défunt. Les deux hommes s'approchent du spectre et l'examinent, mais s'en éloignent sans oser le toucher ou lui adresser la parole. Si le fantôme veut communiquer quelque message, conclut Oeder, qu'il se manifeste à nouveau ! Il sera comblé. Quelques semaines plus tard, rapporte Höfer, le revenant apparaît à quatre reprises dans la chambre du mathématicien. Lors de sa première visite, il se tient à distance, immobile et silencieux, une vingtaine de minutes, puis disparaît. La nuit suivante, il s'enhardit, approche son visage de celui du mathématicien qui, effrayé autant que furieux, brasse l'air autour de lui sans rencontrer de résistance, traite l'intrus de mauvais esprit et le chasse. Lors de la troisième visite, le revenant apparaît distinctement visible, une pipe à la bouche, dans la chambre noire comme un four[5]. Comme il semble vouloir s'expliquer par gestes, Oeder lui demande s'il a laissé quelques dettes. Le spectre semble l'approuver. Le lendemain, le mathématicien demande au professeur de philosophie Johann Wilhelm Seidler de passer la nuit suivante en sa compagnie. Allongés côte à côte, deux honorables savants attendent avec anxiété la visite d'un revenant en robe de chambre verte et bonnet de nuit blanc. Dörrien apparaît en effet à Oeder, qui attire l'attention de son voisin de lit, lequel ne perçoit rien d'anormal. Pourtant le spectre s'était penché de tout son long sur le lit pour savoir qui était là[6]. (Il faut assurément en induire qu'un corps fantomatique a la même composition qu'un corps en chair et en os, et que les organes des sens, ceux de la vue en particulier, s'y trouvent à leur place normale.) Cependant le revenant s'attarde et finit par disparaître, non en marchant,

---

[4] Johann Lud(e)wig Oeder (1722-1776), savant compétent dans les domaines les plus variés, n'était nullement enclin à ajouter foi aux croyances superstitieuses. Il fut fortement troublé par un phénomène étranger aux sciences exactes et aux traditions académiques [15, p. 111].

[5] « Ob es gleich stock finster in dem Zimmer ist, so deutlich, und im Angesicht als noch niemals ». On peut s'étonner que le revenant ait pu se rendre de lui-même visible dans une chambre obscure, alors que c'est à la lueur d'une lanterne que Höfer avait identifié ses traits.

[6] « Darauf kommt das Gespenst, beuget sich ganz über das Bette, und will sehen, wer bei dem Herrn Prof. Oeder liegt : da es denn Herrn Seidel [sic] ebenfalls gesehen hat » [15, p. 74].

mais en faisant glisser ses pieds sur le sol. Mis en vente, les biens de Dörrien rapportent à sa sœur, qui en hérite, une somme qui lui permet de régler les dettes du défunt. Sans doute apaisé, le revenant cesse d'importuner les vivants.

Transmise de bouche à oreille puis diffusée par l'imprimerie, l'affaire soulève des controverses. « Quoi, s'écrie un "ami de la vérité", on ose affirmer qu'un savant qui connaît mieux que beaucoup les lois de la nature, qu'un homme normal qui n'était ni endormi ni fiévreux, qu'un témoin qui refusa de croire, avant de l'avoir vu de ses yeux et examiné sous toutes ses faces (von allen Seiten betrachtet) un objet réel (ein[en] wirkliche[n]Gegenstand), serait dupe d'une illusion ! » [7].

« Vraiment ! réplique un autre, un bon chrétien est-il tenu de croire aux histoires de revenants ? ». Dans son opuscule, Wegner définit le spectre : une substance spirituelle apparaissant dans un corps supposé dans lequel elle se laisse voir, entendre et toucher. Cette définition, qui exclut visions lointaines, illusions sensorielles et mystifications, convient au fantôme de Dörrien que Höfer aurait vu devant la porte de la pièce que le précepteur occupait de son vivant, et Oeder dans sa propre chambre. Or, soutient Wegner, nos sens physiques ne peuvent rien percevoir, sinon des choses dotées d'existence matérielle[8]. Les solides exclues par principe, restent les fluides : le feu, l'eau et l'air. Or la matière ignée est incapable de conserver une forme stable. A la supposer, contrairement à l'hypothèse, contenue dans un récipient solide, elle s'en échapperait de partout. L'eau est assurément moins volatile, mais une forme humaine aquatique serait, elle aussi, moulée dans un récipient solide. Le feu et l'eau écartés, reste l'air brumeux[9]. À condition que la forme fût constituée de milliers de particules disposées verticalement selon leur poids : les plus légères formant la tête, les plus lourdes les pieds, et les autres les organes intermédiaires. Me ferez-vous croire qu'un tel corps vaporeux soit aussi parfaitement agencé qu'un corps en chair et en os, doté comme lui d'organes de la parole ou de mains pour se faire comprendre par gestes, et de pieds pour se déplacer, et qu'une telle forme brumeuse résiste au moindre coup de vent ? Les fantômes ont la réputation de traverser les portes fermées. A qui ferez-vous croire qu'un corps fait de brouillard est capable de soulever une pince monseigneur ou de manipuler un rossignol ?

---

[7] « *Unparteiische Beurtheilung*[...] », Brunswick, avril 1747 [15, pp. 76-78]. Nous ignorons qui était ce *Freund der Wahrheit*.

[8] Le fantôme est physiquement présent dans votre chambre, il vous voit et vous entend comme vous le voyez et l'entendez. S'il ne parle pas, il se fait comprendre par signes. S'il se laisse rarement toucher, il dégage parfois une sensation de froid intense. Les romantiques en feront une vision interne projetée dans l'espace physique.

[9] On sait que les revenants abondent dans les pays brumeux, régions où ils disposent d'une matière propre à se rendre visibles.

À moins que, malléable et ductile, il ne se glisse sous la porte ou se faufile par le trou de la serrure sans détériorer son agencement avant de trouver à l'intérieur de la pièce hantée les matériaux qui lui permettront de le reconstituer instantanément et de se présenter décemment couvert de vêtements semblables à ceux qu'il portait de son vivant ? Le spectre de Dörrien, qui n'apparaît que la nuit, se présente dans la tenue qui convient : robe de chambre verte et bonnet de nuit blanc. D'où proviennent les textiles subtils dans lesquels ont été taillés ces vêtements ? Existerait-il des fantômes d'habits aussi bien que d'hommes, et pourquoi ne verrait-on pas aussi, comme le suggérera Ambrose Bierce, flotter des spectres de costumes sans fantômes à l'intérieur[10] ? M'expliquerez-vous enfin comment des masses de brouillards pourraient, conformément à la tradition, vous pincer ou vous gifler[11] ? ».

L'opuscule de Wegner ayant paru en 1747, Johann Georg Sucro en publie une réfutation l'année suivante [14]. Observés par des témoins dignes de foi, les spectres existent bel et bien. Comme tout ce qui est réel est possible, peu importe leur mode d'existence; par conséquent les spéculations de Wegner sont sans fondement.

Avant de se prononcer sur le fond d'une affaire, remarque de son côté le théologien Harenberg[12], il faut en connaitre les circonstances. Les adolescents qui ont, comme moi, vécu dans un internat, connaissent mille ruses capables de leurrer les surveillants. De la vue d'une perruque et d'un bonnet de nuit ceux-ci concluent à la présence d'un dormeur. Et n'oubliez pas que les visions de Höfer et Oeder furent tardives. Plusieurs récits d'apparitions avaient déjà couru, sans qu'on les prît au sérieux, après la mort de Dörrien. L'expérience nous apprend aussi qu'un mathématicien ne se comporte pas toujours en mathématicien, ni un philosophe en philosophe. Un savant est, comme chacun, sujet à la peur, à l'erreur et à l'illusion. Ajoutez qu'un souvenir n'avait cessé de hanter Höfer. Gravement malade, son ami intime Dörrien l'avait fait appeler à son chevet, mais il arriva trop tard : l'agonisant n'était plus en état de parler. Quel message aurait-il pu lui confier ? De quelle mission aurait-il voulu le charger ? Sans doute sincère, Oeder s'est

---

[10] « [...] does not the apparition of a suit of clothes sometimes walk abroad without a ghost in it ? ». *The Devil's Dictionary* [2], article "Ghost".

[11] S'il faut croire les philosophes platoniciens de Cambridge Henry More et Joseph Glanvill, le spectre du major Sydenham écarte les couvertures du lit où dort son ami, le capitaine William Dyke, empoigne l'épée qu'il lui avait offerte, la tire du fourreau et fait remarquer que son nouveau possesseur l'entretient mal. *Saducismus Triumphatus*, 1681, sign. Pp6-Qq1.

[12] Johann Christoph Harenberg (1696-1774), *Wahrhafte Geschichte von Erscheinung eines Verstorbenen in Braunschweig, nebst denen von diesem Gespenste gesammelten Nachrichten, ans Licht von Adeisidaimone*, Braunschweig, 1848. [15, pp. 91-96]. « Adeisidaimone » signifie dans ce contexte « ennemi de la superstition ». Sur les interprétations divergentes du terme « deisindaimonia ». Voir [10, p. 18].

laissé vraisemblablement gagner par l'émotion[13] et les visions de son collègue avant d'être induit en erreur par des « hallucinations hypnopompiques »[14].

Rappelons que c'est *Höfer qui rapporte les quatre apparitions de revenant dans la chambre de Oeder*. Nous ne disposons d'aucune relation orale ou écrite du témoin. Or les hommes sont naturellement portés à objectiver, c'est-à-dire à doter de représentations visuelles des impressions affectives. Ce n'est pas le fantôme qui cause la peur, c'est la peur qui engendre le fantôme. Sans compter que la parole aggrave la tendance à l'objectivation et que la rumeur enrichit une relation de détails et de précisions [3, chapitres I à III].

L'opinion officielle voulut que l'affaire n'eût d'autre origine qu'une farce d'étudiant, mais l'enquête ordonnée par le duc n'aboutit pas. Le revenant ayant renoncé à se produire et à alimenter des controverses, son souvenir s'effaça. Pourtant, au début du siècle suivant, le philosophe, médecin et écrivain Jung-Stilling consacrera à l'affaire une vingtaine de pages de sa *Théorie des esprits* [9]. Les faits sont certains. Oeder eut tort de traiter de mauvais esprit l'âme du malheureux Dörrien. chère bonne âme, aurait-il dû lui dire, tu te trompes de route. Ne t'occupe plus des choses terrestres : tes amis s'en chargeront. Si quelque poids pèse sur ta conscience, c'est à ton Sauveur que tu dois t'adresser : « Wende dich zu deinem Erlöser, der kann alles berichtigen : zu Ihm! zu ihm richte nun deine ganze Sehnsucht, da findest du allein Ruhe! ». Que le Seigneur te bénisse et t'accorde la paix! Et je te demande amicalement de ne plus m'importuner![15].

Récemment, Herr Prof. Dr. rer. nat. Werner Schiebeler rouvre le dossier [12, p. 53 et suivantes] en se plaçant à un point de vue moderne, qu'il donne pour celui de la parapsychologie[16] : par « hantise » (*Spuk*), précise-t-il, on entend des bruits, des odeurs, des impressions visuelles, des mouvements mécaniques qui, inexplicables par la science traditionnelle, se produisent plus ou moins régulièrement au cours de périodes d'étendue variable - des jours,

---

[13] « Plus l'état émotif est prononcé, moins la perception est complète et plus le raisonnement supplée (inconsciemment presque toujours) aux insuffisances de la perception. Dans un état émotif intense, un adulte de sa meilleure bonne foi peut confondre les images évoquées en lui par l'émotion avec ses perceptions réelles et peut en témoigner » (Etienne de Greef).

[14] Cette expression désigne les visions qui suivent parfois le réveil. C'est ainsi que Walter de la Mare vit en face de lui un petit homme debout devant une armoire en acajou. Il était bien là. L'auteur en fut surpris, mais moins peut-être que s'il avait cru le personnage réel. Silencieux comme un chat, le visiteur se résorba insensiblement dans les motifs du meuble et disparut (*Behold, this Dreamer*, 1939, p. 63).

[15] Homélie recommandée à l'usage de ceux qu'abordent des âmes errantes [9, paragraphe 224].

[16] Terme proposé en 1889, pour remplacer celui de « métapsychique », par le philosophe Max Dessoir (1867-1947).

des semaines, des décennies. On parle alors d'une manifestation paranormale liée soit à une personne déterminée, soit à une place précise (lieu hanté). Les hantises ont pour cause des morts, le plus souvent malheureux, accablés de souvenirs pénibles. Empêtrés dans des rets terrestres, ils appellent à l'aide et veulent parfois mettre en ordre leurs affaires d'ici-bas. il leur arrive aussi de rendre des services aux vivants ou de leur nuire. Les farces de plaisantins n'expliquent pas tout. De tout temps des faits ont été observés dans les châteaux, les cloîtres, les internats, les casernes. La parapsychologie, discipline scientifique dont nul n'avait alors le pressentiment, voit dans les phénomènes rapportés des indices de relations naturelles effectives avec l'au-delà, donc avec des morts.

Pourquoi Seidler n'a-t-il pas, comme Oeder, perçu le fantôme de Dörrien[17] ? C'est, explique Schiebeler, parce que la faculté de clairvoyance était moins développée chez le philosophe que chez le mathématicien. L'argument laisse rêveur. Le psychologue Jahoda rapporte qu'il a accepté de participer à la fin d'une soirée à une séance spirite. Il fut convenu que l'« esprit » répondrait en frappant un coup pour répondre « oui », deux pour « non », aux questions qu'on lui poserait. Notre psychologue produit sans le vouloir un premier bruit qu'on interprète comme une réponse de l'au-delà, puis, volontairement et avec le même succès, un second. Il est sur le point d'avouer sa supercherie quand un participant demande à l'« esprit » de se manifester. Et l'esprit se montre en effet dans un coin, sous l'apparence d'un petit homme gris. Jahoda a beau écarquiller les yeux : il ne perçoit qu'un coin de rideau agité par le vent. Il est alors décidé que les "voyants" se distinguent du commun par une faculté paranormale. La tension est telle que le psychologue ne se sent pas le courage de confesser sa farce. Il la révélera plus tard à l'un des participants, qui refusera de le croire. Sceptique jusqu'alors, l'homme avait été touché par la grâce spirite pendant la séance mémorable [8, pp. 50-51].

Höfer et Oeder, qui ont vu en même temps le revenant, jouissaient-ils l'un et l'autre de la faculté dont Seidler était privé ? N'étaient-ils pas plutôt victimes d'une "hallucination collective" ? L'expression, a-t-on dit, n'a pas de sens : une hallucination ne saurait être qu'individuelle. Mais la naïveté est universelle, l'autosuggestion et la suggestion sont fréquentes. Depuis les temps bibliques, des centaines de spectateurs ont assisté à des combats célestes mettant aux prises des troupes à pied ou à cheval dotées d'armes et

---

[17] Les contemporains de la vision semblaient convaincus que le fantôme était un objet spatial. Les romantiques émirent une interprétation différente : la vision intérieure était projetée dans l'espace objectif. Dans son *Versuch über das Geistersehn und was damit zusammenhängt*, Schopenhauer soutiendra que ce que nous appelons influx nerveux peut circuler dans les deux sens, si bien que le sujet croit voir dans l'espace des images provenant de son cerveau.

d'équipements calqués sur ceux d'armées terrestres contemporaines [13][18].
Plus récemment, un psychiatre a rapporté « le cas de toute une classe de jeunes garçons ayant cru voir un homme en caleçon bleu et blanc portant une longue barbe blanche, à travers le soupirail de la cave du lycée. L'hallucination collective dura des semaines. On était certain que « l'homme » était là. On ne vint à bout de ce danger qu'en affirmant avec ruse que le personnage de la cave était découvert, que c'était un tel[19] ».

Le domaine de la parapsychologie s'étend du music-hall à la science rigoureuse[20]. Discipline scientifique terrestre, elle traite des phénomènes qui paraissent contredire les lois physiques et laisse aux théologiens le soin de spéculer sur les diables et aux spirites celui de s'entretenir avec leurs chers disparus. Elle compte parmi ses adeptes des amateurs naïfs, des adeptes de la migration des âmes, des juristes expérimentés, des savants compétents dans leur discipline aventurés dans un domaine dont ils ne soupçonnent pas les traquenards[21], mais aussi des chercheurs exigeants, des spécialistes avertis sachant que tous les prodiges peuvent être simulés, des hommes et des femmes prêts à s'incliner devant l'évidence, mais habiles à découvrir les fraudes des médiums[22] comme les illusions des naïfs, et démentir les rumeurs dont sont friands les amateurs de 'sensations'. Le merveilleux stimule la curiosité du vulgaire, altère la perception, trouble le jugement, dérègle le raisonnement, attire les journalistes à sensation et provoque des pandémies de crédulité. Témoin l'affaire du presbytère de Borley (Essex), qui passa pour la maison la plus hantée du pays le plus hanté du monde : l'Angleterre. Elle fut l'objet d'une minutieuse enquête et d'un rapport publié sous les auspices de la Society for Psychical Research : *The Haunting of Borley Rectory*, par Eric J. Dingwall, Kathleen M. Goldney et Trevor H. Hall [5][23].

---

[18] On vit même une bataille navale en plein ciel !

[19] Propos rapporté par le Père Bruno de Jésus-Marie dans son introduction au recueil *Les faits mystérieux de Beauraing*, Paris, Desclée de Brouwer, 1933, p. 12 (la Vierge serait apparue, en présence de centaines de témoins, à cinq enfants d'une localité de la Belgique wallone).

[20] Malheureusement la parapsychologie « quantitative », qui tente de reproduire en laboratoire des phénomènes paranormaux, diffère de la « qualitative », qui expose et discute des témoignages (« Poltergeist », apparitions, etc.).

[21] L'astronome Camille Flammarion était persuadé que *toutes* les 47 pensionnaires d'une institution pour jeunes filles de Livonie avaient vu le « Döppelgänger » de leur professeur de français. Il soutient que ce double était réel et qu'on aurait sans doute pu le photographier, mais il ne cite aucun témoignage d'adulte [6, pp. 231-235]. Faits pour suivre les cours des astres, les yeux du savant ne l'étaient assurément pas pour sonder le cœur de petites demoiselles qui, s'ennuyant dans leur pensionnat, jouaient à se faire peur.

[22] Les illusionistes ont beaucoup appris aux parapsychologues exigeants.

[23] C'est à cet ouvrage (XIV-182 pages d'impression serrée) que j'emprunte les détails qui suivent.

L'affaire se développe à partir de 1929 sur un fond de légendes rivales. Selon l'une d'elles, un moine s'enfuit, au XIIIe siècle, d'un monastère imaginaire de Borley avec une nonne d'un couvent voisin qui n'existait pas davantage. Arrêté et mis à mort, les fugitifs apparaîtront dans un véhicule conduit par un cocher sans tête. Selon une autre tradition, les restes d'une novice française égorgée en 1667 sont jetés dans un puits creusé à la place d'un futur presbytère. Désireux de mettre fin aux rumeurs répandues par la légende et à l'indiscrétion des curieux, le pasteur G. Eric Smith et son épouse ont l'imprudence de s'adresser en 1929 à leur journal, le *Daily Mirror*. Journaliste spécialisé dans le paranormal, Harry Price (1881-1948) se saisit de l'affaire et se rend à Borley où les prodiges se multiplient en sa présence : sa secrétaire affirme qu'il a le don de les attirer. Un journaliste du *Daily Mail*, Mr Charles Sutton, le surprend en flagrant délit de fraude. Le directeur du journal le somme de garder le silence : deux témoignages adverses confondraient le sien, et la législation sur la diffamation ne badine pas[24]. Une spirite nous apprendra que la nonne, d'origine française, se nomme Marie Lairre. Elle griffonne sur les murs des appels à l'aide destinés à Marianne, l'épouse du nouveau pasteur, le Révérend Lionel A. Foyster[25]. Un dictionnaire français-anglais avait disparu des lieux dans les années 1880. Chaque chose a sa cause et sa raison d'être. Mais lesquelles ? Il faut citer dans le texte l'opinion d'un enquêteur zélé, le docteur W. J. Phytian-Adams, chanoine de Carlisle : « Am I seriously contending that a French girl (the "Nun") was haunting Borley all these years ans that she collected English words out of a dictionary in the 80s for an appeal [the wall-writings] which had to wait another half century ? I am *contending* [souligné par l'auteur] nothing. *I simply ask whether any other explanation will fit the facts* [souligné par moi] »[11, p. 214]. Comme l'écriture de Marie ressemble fort à celle de Marianne, il faut croire que la main du fantôme a guidé celle de la femme. En 1937, Price revient à Borley, loue pour un an le bâtiment inoccupé, engage une équipe de 48 chercheurs bénévoles et courageux, avertis de ce qui les attend. Il rapporte les prodiges de Borley en 1940 dans un premier ouvrage : *The Most Haunted House in England*. Le 5 octobre de la même année, la revue *Time and Tide* affirme que ce livre compte « among the events of 1940 ». C'est dire l'importance d'un livre publié au cours d'une année déjà marquée par quelques faits assez notables.

---

[24] Des pierres qui étaient censées s'envoler spontanément. Mais Charles Sutton oblige Price à retourner ses poches et les découvre. A deux reprises, de l'eau et du vin se changent en encre en présence de Price : les accessoires nécessaires pour produire à rebours ce miracle de Cana sont en vente dans les boutiques de farces et attrapes. Longuement interrogée, Mrs Smith déclarera qu'elle n'a jamais cru le bâtiment hanté. Elle se proposera d'offrir des rafraîchissements à tous les enquêteurs et au "ghost" lui-même.

[25] Les Foyster ont occupé le presbytère de Borley de 1930 à 1935.

Un second ouvrage, *The End of Borley Rectory* (1945), confirme et aggrave les fantaisies du premier. Ce qui n'empêche pas les prodiges de continuer après la guerre. La réputation d'un obscur hameau anglais gagne toute la planète. Parmi les témoignages recueillis dans les deux livres, des contes à dormir debout voisinent avec des relations d'incidents banals dûment interprétés. La découverte dans un endroit du cadavre desséché d'une grenouille, animal aquatique, incite à croire que cette place devait avoir été humide, qu'elle était donc vraisemblablement la place d'un puits, celui où furent jetés les restes de la nonne. Belle "déduction", digne de rendre jaloux Sherlock Holmes[26] ! Des formes spectrales apparaîtront aux fenêtres et gémiront dans les pièces désertes. Plus tard, un correspondant du *Suffolk Free Press* verra le coche fantôme occupé par des personnages en costume d'époque s'élever dans les airs avant de se disloquer, et d'éparpiller en tous sens ses roues et les membres de ses occupants. Le merveilleux contamine tout ce qu'il touche. Une aiguille à tricoter se brise en morceaux à une longue distance de Borley, mais c'est au cours d'une émission de la B.B.C. consacrée à l'affaire. Un visiteur, Mr S. L. Croft, écrit à Price qu'il a perdu le 27 avril 1947 un crayon qui resta introuvable malgré de minutieuses recherches. La belle affaire ! Mais c'est à Borley ! Dans les ruines couvertes de broussailles du bâtiment une branche s'accroche au mackintosh d'un autre explorateur. Le beau prodige que voilà ! Mais c'est à Borley !

Le rapport de la S.P.R. paraît en 1956, année beaucoup moins riche en événements mémorables que 1940. Mais l'ouvrage passe inaperçu, sinon des critiques qui en contestent la valeur. Qui s'en étonnerait ? La conclusion des rapporteurs laisse entendre que « la maison la plus hantée d'Angleterre » n'était pas hantée du tout.

Loin de servir la parapsychologie, Price a contribué à la discréditer. Où en est-elle ? Dans son dernier livre, Max Dessoir constate qu'aucune science d'observation n'a donné depuis un siècle et demi aussi peu de résultats que celle à laquelle il a consacré une longue partie de son existence [4, p. 4]. Je crains que cette constation désabusée n'ait rien perdu de sa force. Il est aussi permis de partager la conviction de Dessoir selon qui, si notre monde est plein de magie, il ne l'est assurément pas de fantômes des morts [4, p. 2].

---

[26] Le chanoine, ironise les rapporteurs, aurait pu tenir le mot « frog » propre à confirmer la nationalité de la nonne. Ne sommes-nous pas des *froggies*, des mangeurs de grenouille ?

BIBLIOGRAPHIE

[1] Anonyme 2006. *Sammlung einiger Nachrichten von dem gegen das Ende des 1746 Jahres auf dem Braunschweigischen Carolino vielmals erschienenen Gespenste eines daselbst verstorbenen Hofmeisters*, Leipzig, Gedruckt und zu bekommen in der Bauchischen Buchdruckerei, 1747. Reproduite dans Völker Martin, *Philosophische Abhandlung von Gespenstern, worin zugleich eine kurtze Nachricht von dem Wustermarckischen Kobold gegeben wird*. Hannover-Laatzen, Wehrhahn, p. 68 et suiv.
[2] Bierce, Ambrose 1911. *The Devil's Dictionary*.
[3] Condon, Edward U. (éd.). *The Complete Report Commissionned by the U.S. Air Forces : Scientific Study of Unindentified Flying Objects*, section XVI.
[4] Dessoir, Max 1947. *Das Ich, der Traum, der Tod*. Stuttgart, F. Encke.
[5] Dingwall, Eric J. & Goldney, Kathleen M. & Hall, Trevor H. 1956. *The Haunting of Borley Rectory*. London, G. Duckworth.
[6] Flammarion, Camille 1922. *La mort et son mystère*. Paris, Flammarion. C'est l'édition abrégée qui est utilisée dans ce texte, Paris, Editions J'ai Lu, 1974.
[7] Harenberg, Johann Christoph 2006. *Wahrhafte Geschichte von Erscheinung eines Verstorbenen in Braunschweig, nebst denen von diesem Gespenste gesammelten Nachrichten, ans Licht von Adeisidaimone*, Braunschweig, 1848. Reproduite dans Völker Martin (éd.), *Philosophische Abhandlung von Gespenstern, worin zugleich eine kurtze Nachricht von dem Wustermarckischen Kobold gegeben wird*. Hannover-Laatzen, Wehrhahn, pp. 91-96.
[8] Jahoda, G. 1962. *The Psychology of Superstition*. London.
[9] Jung-Stilling 1808. *Theorie der Geister-Kunde in einer Natur-Vernunft und Bibelmäsigen Beantwortung der Frage : Was von Ahnungen, Gesichten und Geistererscheinungen geglaubt und nicht geglaubt werden müsse*, Nürnberg.
[10] Pott, Martin 1992. *Aufklärung und Aberglaube, die deutsche Aufklärung im Spiegel ihrer Aberglaubenskritik*. Tübingen.
[11] Phytian-Adams 1946. « Plague of Darkness ». *Church Quaterly Review*, janvier-mars.
[12] Schiebeler, Werner 2001. « Spuk in einer höheren Lehranstalt in Braunschweig ». *Der Wegbegleiter, Unabhängige Zeitschrift zur Wiederbesinnung auf das Wesentliche*, Nr 2.
[13] Seguin, Jean-Pierre 1959. « Notes sur des feuilles d'information relatant des combats apparus dans le ciel ». *Arts et traditions populaires*, pp. 51-62 et 257-270.
[14] Sucro, Johann Georg 1748. *Widerlegung der Gedancken von Gespenstern*. Halle.
[15] Völker, Martin (éd.) 2006. *Philosophische Abhandlung von Gespenstern, worin zugleich eine kurtze Nachricht von dem Wustermarckischen Kobold gegeben wird*. Hannover-Laatzen, Wehrhahn de Wegner.
[16] Wegner, G. W. 1747. *Philosophische Abhandlung von Gespenstern, worin zugleich eine kurtze Nachricht von dem Wustermarckischen Kobold gegeben wird*. Berlin, A. Haude u. C. Spener. Réédité par Martin Völker, Hannover-Laatzen, Wehrhahn, 2006, 140 p.

Louis Vax
L.H.S.P. – Archives Henri Poincaré (UMR 7117)
`louis.vax@univ-nancy2.fr`

De la bipolarité des concepts, des théories & des axiomatiques

DENIS VERNANT

Pour Gerhard Heinzman,
amateur de précision & de rigueur.

« L'humanité a toujours pressenti qu'il devait exister un domaine de questions où les réponses sont – *a priori* – groupées symétriquement selon une configuration régulière et close ».
Wittgenstein, *Carnets*.

Notre objectif est ici purement méthodologique qui consiste à reprendre l'interrogation principielle sur la détermination du sens d'un concept et d'une théorie. Sont en jeu les modalités de définition du concept, d'élaboration de la théorie et de structuration de sa présentation axiomatique. Dans les trois cas, la réponse sera la même : la bipolarisation.

1 Bipolarité des concepts

Commençons par le premier niveau de détermination du sens dans le champ théorique, celui de la définition des concepts[1].

1.1 Concepts logiques

Nous aborderons la question de la bipolarité conceptuelle à partir de la logique. La raison en est double. D'abord, les concepts logiques s'avèrent

---

[1] Méthodologiquement, nous distinguons notion, concept ; vocable et symbole. Par exemple, la *notion* d'assertion, attestée en français depuis le XIIe siècle mais peu usitée, recouvre pour une part le sens d'affirmation avec laquelle elle reste souvent confondue. Par contre, le *concept* d'assertion possède une signification précisément déterminée par une théorie particulière. Comme on le verra, il convient de ne pas confondre le concept logique d'assertion tel qu'il fut utilisé par Frege et Russell avec celui de la théorie pragmatique contemporaine, cf. [9]. Le *vocable* est le terme de la langue naturelle qui nomme le concept. Quant au *symbole*, formel, il ne prend sens que dans une axiomatique, tel le symbole A dans notre axiomatique des actes véridictionnels, cf. *infra*. 2.2.3. (On distingue le symbole de ses diverses *occurrences* inscriptionnelles concrètes).

fondamentaux en ce qu'ils interviennent dans pratiquement toutes les architectures des théories particulières. Ensuite, c'est la logique propositionnelle qui fournit un exemple éminent d'introduction du concept de bipolarité avec la définition de la proposition que Wittgenstein, se distinguant à la fois de Frege et de Russell, construisit initialement. En rappelant cette définition, nous viserons à jeter les bases d'une approche bipolaire des concepts.

Considérons donc le concept central du premier des calculs standard, celui des propositions. L'approche bipolaire s'applique à la proposition elle-même ainsi qu'aux fonctions de vérité sur une proposition, simple ou complexe.

1.1.1. Bipolarité propositionnelle

Toute la réflexion inaugurale de Wittgenstein porte sur la nature de la proposition[2]. Son *sens* consiste à représenter un état de choses, l'image d'un fait du monde[3]. Son mode de représentation *détermine* un lieu logique qui ouvre la *possibilité alternative* de la vérité ou de la fausseté du fait décrit[4]. Ainsi, la proposition simple (*Elementarsatz*) p délimite à la fois l'image représentée par p et *en même temps* tout ce qui lui est extérieur comme *n'étant pas* p :

> « p » et « $\neg p$ » sont comme une image et la partie de son plan infini qui lui est extérieure (le lieu logique). Cet espace infini extérieur, je ne puis le produire qu'au moyen de cette image, en le *délimitant* par elle. [13, 9.11.14, p. 67] (Nous soulignons.)

Conformément à cette conception du sens de la proposition, Wittgenstein proposa dans la période préparatoire au *Tractatus* une définition et une notation bipolaires ab pour les propositions simples fondées sur l'idée selon laquelle :

> Toute proposition est essentiellement vraie-fausse. Une proposition a donc deux pôles (correspondant au cas de sa vérité et au cas de sa fausseté). C'est ce que nous appelons le *sens* d'une proposition. [13, p. 171][5]

Ainsi la nature d'une proposition s'exprime par le *schéma bipolaire* : a-p-b, autrement dit : Vrai-p-Faux. Il faut comprendre ici que le Vrai et

---

[2] On en trouve la trace dans les *Carnets, 1914-1916*, [13]. Ils sont composés de notations préparatoires de 1914 à 1916 ainsi que des *Notes sur la logique* envoyées à Russell en 1913 et des *Notes de Norvège* dictées à Moore en 1914.

[3] Le fait correspondant, lorsqu'il existe, est la *signification* (*Bedeutung*) de la proposition, le sens est son mode de représentation : « Qu'une proposition ait avec la réalité une relation (au sens large) autre que celle de *Bedeutung*, c'est ce que montre le fait que l'on peut la comprendre sans connaître sa *Bedeutung*, c'est-à-dire sans savoir si elle est vraie ou fausse. Exprimons cela en disant qu'elle a un sens (*Sinn*) », [13, p. 203].

[4] Cf. par exemple, [13, 1.11.14] : « La proposition doit déterminer un lieu logique ». Notre propos n'étant pas éxégétique, nous n'entrerons pas dans l'analyse détaillée de cette conception bipolaire de la proposition. Notons simplement que Wittgenstein s'inspire ici à la fois du modèle géométrique des coordonnées d'un point et des modèles mécaniques de Maxwell (cf. [13, 15.11.14, p. 71]) et de Hertz (cf. [13, 6.12.14, p. 79]).

[5] Voir aussi App. III, p. 224.

le Faux sont *les deux pôles constitutifs* de la proposition elle-même et non des facteurs externes d'évaluation. La proposition, *quatenus propositio*, est polarisée et, dans le schéma bipolaire, le symbole de proposition p ne peut être séparé de ses deux pôles a et b. Par elle-même, la proposition, comme énoncé déclaratif complet, ouvre ce que nous appelons un *espace de véridicité* doublement polarisé :

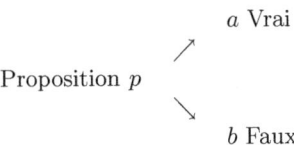

ce que Wittgenstein note linéairement par a-p-b[6].

Pour Wittgenstein, cette tension bipolaire détermine le sens *sémantique* de toute proposition. Mais ce sens dépend en amont d'un réquisit syntaxique : *la bonne formation* de cette proposition, le fait qu'elle puisse être engendrée récursivement à partir des règles de formation des formules du calcul. On sait par exemple que si la formule $p \to q$ est bien formée, l'écriture $\to pq$ est mal formée (*unsinnig*) en ce qu'elle ne respecte pas les règles syntaxiques de construction des formules[7].

Dès lors, pour toute écriture, on se demandera si elle est syntaxiquement bien formée. Si oui, c'est une proposition dont le sens, appréhendé sémantiquement cette fois, se déploie selon la bipolarité du vrai ou du faux. D'où le schéma :

Mal formée	Bien formée
⊘	Proposition p ↗ a Vrai ↘ b Faux

1.1.2. Affirmation/négation

La proposition ainsi caractérisée, on peut opérer logiquement dessus en introduisant des fonctions de vérité. Pour le premier Wittgenstein, ces « fonctions-*ab* » sont des opérations[8]. La première d'entre elles est la né-

---

[6] Notre usage des flèches est conforme à l'esprit de l'analyse wittgensteinienne : « Les propositions sont des flèches – elles ont un sens. Le sens d'une proposition est déterminé par les deux pôles *vrai* et *faux*. », [13, p.176].

[7] Pour un rappel du fonctionnement de la syntaxe logique du calcul des propositions, cf. [8, chap. 1]. Bien entendu, nous modernisons ici le vocabulaire de Wittgenstein en distinguant Bien formé/Mal formé et Doué de sens/Dénué de sens. L'opposition entre *unsinnig* et *sinnlos* apparaît dans les [13, p. 210 & 214].

[8] Nous n'entrerons pas ici dans le détail – complexe – du fonctionnement calculatoire de ces fonctions, cf. [13, p. 181-187 & p. 206-210].

gation symbolisée par $\neg p$. Mais il convient de ne pas confondre l'opération et son symbole car il est manifeste que :

> Le passage de p à $\neg p$ *n'est pas* caractéristique de l'opération de négation. (*La meilleure preuve* : la négation conduit aussi de $\neg p$ à p). [13, 17.4.15, p. 90]

Dès lors, la négation doit s'expliquer par la bipolarité foncière de la proposition :

> C'est la proposition *elle-même* qui sépare ce qui lui est congruent de ce qui ne l'est pas. Par exemple : si la proposition et la congruence sont données, alors la proposition est vraie quand l'état de choses lui *est* congruent ; ou bien la proposition et la non-congruence étant données, alors la proposition est vraie quand l'état de choses ne lui est pas congruent. [13, p. 61-62]

La proposition peut représenter sur un *mode affirmatif* et proposer sa congruence avec l'état de choses, ou bien, à l'inverse, adopter un *mode négatif* et proposer la non-congruence. D'où la bipolarité[9] :

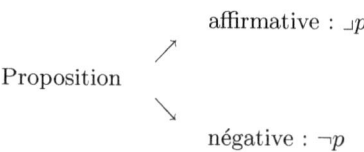

1.1.3. Tautologie/antilogie

Posant la question de la possibilité de la vérité, les propositions simples dont il est ici question sont des énoncés empiriques contingents qui ne relèvent pas à proprement parler de la logique. Pour le premier Wittgenstein, comparativement, les lois logiques ne sont que des *pseudo-propositions* (*Scheinsätze*) dans la mesure où elles ne disent rien du monde et ne proposent pas l'image d'un fait :

> La tautologie n'a pas de relation de représentation avec la réalité (elle ne dit rien). [13, 2.11.14, p. 60][10]

Si le sens de la proposition simple est dans sa possibilité bipolaire de représenter un fait du monde, la tautologie est proprement *dénuée de sens* (*sinnlos*). Les tautologies ne relèvent pas du monde, mais de la seule logique et leur caractère tautologique se *voit* dans leur forme :

---

[9] Nous introduisons ici notre symbole de la fonction d'affirmation, cf. [8, chap. 1, § 1.1.3.2]. Wittgenstein note la négation par *b-a-p-b-a*, cf. [13, p. 224]. En toute rigueur, il devrait noter la fonction inverse d'affirmation *a-a-p-b-b*. Mais on lit simplement la remarque suivante : « Mais *a-a-p-b-b* est le même symbole que *a-p-b* (ici la fonction-*ab* disparaît automatiquement) car les nouveaux pôles sont alors reliés aux mêmes côtés de *p* que les anciens », p. 185-186. Il est vrai que la fonction d'affirmation ne modifie en rien les valeurs de vérité de la proposition et n'est pas marquée en langue. Il faudra attendre les logiciens polonais pour symboliser comme fonctions unaires de propositions à la fois l'affirmation et la négation, cf. [5, p. 166]. Malheureusement, Leśniewski utilise le vocable *assertium* pour dénommer l'affirmation !

[10] « Si je sais que cette rose est rouge ou ne l'est pas, je ne sais rien. »[13, p. 183].

Les propositions de la logique, et elles seulement, ont la propriété de laisser s'exprimer leur vérité ou leur fausseté dans leur signe. [13, p. 231][11]

Reste toutefois que tautologies et antilogies fonctionnent de façon bipolaire « car elles sont, à tout le moins, de pôles opposés ». On a bien :

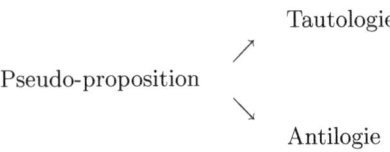

Ainsi la bipolarité Tautologie/Antilogie se détache sur le fond d'une opposition antérieure entre propositions empiriques contingentes (susceptibles d'être vraies ou fausses) et pseudo-propositions logiques (valides ou fausses en tout cas). On retrouve donc à ce niveau notre schéma initial :

Douées de sens	Dénuées de sens	
		Tautologies
Prop. contingentes	Prop. log.	↗ ↘
		Antilogies

Du point de vue qui est le nôtre ici, la théorie des fonctions ab de Wittgenstein présente un intérêt *méthodologique* majeur. Manifestement, elle résulte de l'application au problème du sens de la proposition du précepte frégéen selon lequel tout concept doit être *déterminé*[12] :

> Une définition d'un concept (ou d'un prédicat possible) doit être complète ; elle doit déterminer de façon non ambiguë, pour un objet quelconque, s'il tombe ou non sous le concept (si le prédicat peut lui être attribué ou non). [2, II, § 56]

D'où l'insistance wittgensteinienne sur la détermination complète du sens :

> La difficulté est en réalité que, même lorsque nous voulons exprimer un sens *complètement défini*, nous risquons cependant de n'y pas parvenir. [13, p. 131] (nous soulignons)[13]

---

[11] Wittgenstein fournit une règle pour lire par la seule notation-ab si une formule est tautologique, cf. p. 227. Sans reprendre l'exemple proposé p. 231 (qui d'ailleurs est erroné) considérons simplement la tautologie $p \equiv \neg\neg p$. On voit immédiatement que $a\text{-}p\text{-}b$ et $a\text{-}b\text{-}a\text{-}p\text{-}b\text{-}a\text{-}b$ – qui traduit la double négation – ont les mêmes pôles extérieurs. (Il en va de même pour la quadruple négation et tout nombre pair de négations).

[12] Cf. Frege [2, I, § 33 & II, § 56-67]. Wittgenstein y fait explicitement référence dans les [13, p. 190-191]. Sur ce point, cf. [3, p. 9-11].

[13] Cf. aussi [13, 16.6.15, p. 122].

Le concept de bipolarité est ainsi la réponse à cette question de la détermination complète du sens. Notre thèse est alors que cette réponse, appréhendée méthodologiquement, vaut *mutatis mutandis* pour d'autres concepts et est même applicable au niveau supérieur d'une théorie tout entière : *la détermination complète du sens d'un concept comme d'une théorie réside dans sa bipolarité.*

Nous allons le montrer – d'abord pour les concepts – en prenant pour exemple la théorie pragmatique, ce qui nous permettra de ne pas sortir du champ de l'analyse du langage et du discours.

1.2 Concepts pragmatiques

Si la sémantique (logique ou non) met en jeu des *énoncés* abstraits, la pragmatique porte sur des *énonciations* assumées par un locuteur face à un allocutaire dans une situation d'interlocution tributaire d'un contexte déterminé par un problème à résoudre, une difficulté à lever[14]. Dans ce cadre théorique, pour conserver notre thématique initiale, nous allons nous focaliser sur les actes de discours relevant du seul champ de la *véridicité*, ceux mettant en jeu l'attitude du locuteur vis-à-vis de la vérité de ce qu'il dit[15].

1.2.1. Assertion/Dénégation

Le premier acte véridictionnel – initialement dégagé par les logiciens[16] – est l'*assertion*. Cet acte consiste pour le locuteur à s'engager sur la vérité de ce qu'il dit. Noté par le symbole frégéen ⊢, cet acte peut porter sur un contenu propositionnel aussi bien affirmatif que négatif. D'où :

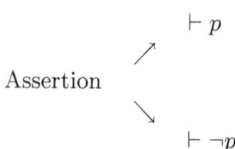

À ce premier niveau, on ne fait ici que retrouver la bipolarité logique de l'objet propositionnel sur lequel porte l'assertion. Toutefois, une bipolarité proprement pragmatique est ici impliquée dans la mesure où l'acte d'assertion ne peut être conçu indépendamment de son pendant : la *dénégation*. Si l'on peut asserter et s'engager sur la vérité d'un contenu propositionnel, on doit pouvoir tout aussi bien rejeter, dénier ce même contenu. Sans revenir sur la définition de ce concept de dénégation[17], nous importe seulement ici

---

[14] Cf. [7].
[15] Pour une définition précise des actes véridictionnels, cf. [11, chap. VI & VIII].
[16] Sur le traitement de l'assertion chez Russell et Frege, cf. [11, chap. I].
[17] Nous procédons à sa définition logique, puis pragmatique dans [11, chap. II & VIII].

le fait que l'on ne peut penser et conceptualiser l'assertion sans la dénégation et réciproquement. On a donc bien là *une bipolarité spécifiquement pragmatique* portant sur le concept de *pro-position* qui décrit toute énonciation déclarative exprimant un *engagement véridictionnel* du locuteur, que cet engagement soit un assentiment ou un dissentiment, une acceptation ou un refus[18]. Dès lors, nous retrouvons à ce niveau notre schéma bipolaire initial[19] :

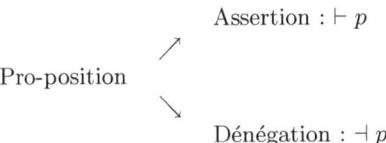

Comme il existe aussi des énonciations déclaratives sur lesquelles les locuteurs ne désirent pas, pour des raisons diverses, s'engager, mais qu'ils ne font que *considérer*[20], nous devons en amont faire le départ entre énonciations simplement considérées et pro-positions.

D'où le schéma devenu canonique[21] :

Désengagement	Engagement	
		Assertée
Enonc. considérée	Pro-position	
		Déniée

2 Bipolarité des théories

Outre la bipolarisation des concepts, s'impose à un niveau plus global la bipolarisation des théories. De même que les concepts qui les composent, les théories sont généralement présentées de façon statique et unipolaire. Il convient donc d'examiner ce que peut signifier la bipolarité d'une théorie.

Considérée globalement et exhaustivement, une théorie ne saurait se composer exclusivement des concepts « positifs » et des *thèses* qu'ils contribuent à constituer. De même que les concepts doivent être appréhendés dans leur dynamique bipolaire, les théories dans leur systématicité doivent se déployer

---

[18] On aura garde de confondre cette bipolarité pragmatique avec une valorisation axiologique sur le mode de la *diarèse* platonicienne. Pour une application au concept praxéologique de coopération, cf. [12, § 2.1.1].

[19] Bien entendu, ce schéma s'applique de même à une proposition négative.

[20] Nous reprenons le concept russellien introduit dans les *Principles of Mathematics*. Il correspond à l'*Annahme* meinongienne et frégéenne. cf. [11, chap. I].

[21] Un tel schéma s'étend aisément aux états doxastiques de croyance (*belief*) et d'incroyance (*disbelief*) qui leur sont liés, cf. [11, chap. VII].

dans la tension dynamique des thèses « positives » et « négatives » qu'elles proposent. En fait, l'étape zététique du processus de théorisation se fonde tout autant – sinon plus – sur ce que l'on veut rejeter que sur ce que l'on veut accepter. Dès lors que l'on peut la concevoir comme une *pro-position systématique*, une théorie doit articuler dynamiquement assertions et dénégations. La *détermination complète* de son sens réside dans cette tension bipolaire entre thèses assertées et *contre-thèses* déniées. Le géocentrisme n'a pas de sens indépendamment de l'héliocentrisme et réciproquement. D'où le schéma :

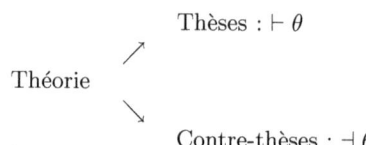

De telles considérations peuvent sembler fort vagues. Il est toutefois aisé de leur assigner une précision logique en examinant leurs conséquences sur la présentation formelle et axiomatique de la théorie en question.

2.1 Axiomatisation bipolaire d'une théorie

Sous forme axiomatisée, une théorie donnée se présente *classiquement* comme un ensemble, aussi limité que possible, d'idées et de propositions primitives auxquelles on adjoint des règles de définition explicite des idées dérivées, de bonne formation des formules et de transformation déductive de certaines de ces formules à partir des axiomes. L'axiomatique se résume alors à une triple procédure *effective*, c'est-à-dire algorithmique, de définition des idées dérivées, de formation des formules et de démonstration des théorèmes. La cohérence, la simplicité et la productivité d'un tel système axiomatique sont contrôlées par des métarègles[22].

À bien y réfléchir, une telle présentation axiomatique s'avère incomplète, proprement « hémiplégique ». En effet, cette forme « classique » ne prend en compte que les axiomes, c'est-à-dire les propositions primitives que, pour des raisons diverses, l'on *accepte*. Mais c'est oublier que si une théorie possède un pôle positif exprimant ce que l'on accepte et asserte, elle possède aussi un pôle négatif composé de ce que l'on rejette et dénie. Ainsi, pour exprimer cette tension bipolaire fondamentale, une axiomatique doit se construire de façon *bipolaire* en dédoublant le choix de ses axiomes et de ses règles.

Marqué par Twardowski[23], Jan Łukasiewicz proposa au début des années Trente une définition logique du concept de rejet (ou dénégation) et, avec

---

[22] Sur la présentation axiomatique d'un système formel, cf. notre [8, chap. III].
[23] Kazimierz Twardowski adopta la conception brentanienne selon laquelle le jugement ne met pas en relation deux représentations, mais le rapport intentionnel de la conscience à son objet. Juger est alors *accepter ou refuser* l'existence de l'objet présenté.

l'aide de son disciple Jerzy Słupecki, élabora une *axiomatisation bipolaire* de la syllogistique traditionnelle qui peut se résumer ainsi[24] :

TERMES
    primitifs Aab, Iab
    définis Eab, Oab

	ASSERTION	REJET
AXIOMES		
AA1	$\vdash A(a=a)$	AR1 $\dashv (Acb \circ Aab) \to Iac$
AA2	$\vdash I(a=a)$	
AA3	$\vdash (Abc \circ Aab) \to Aac$	
AA4	$\vdash (Abc \circ Iba) \to Iac$	
RÈGLES		
	détachement	
	DA	DR
	substitution	
	SA	SR
		SRR (règle de rejet de Słupecki)

Aux classiques règles de détachement (le *modus ponens*) et de substitution, l'on adjoint les règles correspondantes pour les contre-axiomes et contre-théorèmes ainsi que la règle spécifique introduite par Słupecki pour assurer la décidabilité du système[25].

Une telle axiomatique permet d'engendrer à la fois des théorèmes à partir des axiomes assertés et des « contre-théorèmes » à partir des axiomes déniés. Ainsi déployé de façon bipolaire, le *champ déductif* s'avère complet qui couvre aussi bien tout ce que l'on accepte que tout ce que l'on refuse :

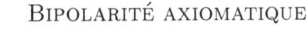
BIPOLARITÉ AXIOMATIQUE

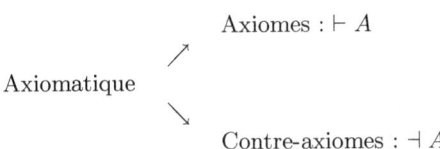

2.2 Théorie & axiomatique bipolaires pragmatiques

Une telle axiomatisation bipolaire vaut tout autant pour les axiomatisations appliquées des théories particulières que pour celles des systèmes

---

[24] Pour une présentation de la genèse du système Lukasiewicz-Słupecki, cf. [10].
[25] La règle DR spécifie que si le conséquent d'un conditionnel est dénié, on peut détacher la dénégation de l'antécédent ; SR applique la classique règle de substitution au cas d'une proposition déniée ; enfin SRR se trouve reprise dans notre axiomatique bipolaire des actes véridictionnels comme la règle R5, cf. *infra*, § 2.2.3.

formels logiques purs. Poursuivant sur notre thématique initiale, nous allons prendre pour exemple d'une telle axiomatique appliquée celle de la pragmatique véridictionnelle.

La pragmatique véridictionnelle résulte d'une théorisation des procédures langagières par lesquelles un locuteur s'engage ou non sur la vérité de ce qu'il dit. Sans entrer dans les détails, rappelons que nous avons proposé de distinguer un acte de simple *Considération* du contenu propositionnel sans aucun engagement du locuteur d'un acte contraire d'*Estimation*, d'engagement qui peut être celui, positif, d'acceptation, d'*Assertion*, ou, négatif, de refus, de *Dénégation*. L'ensemble des actes vériditionnels s'organise alors en :

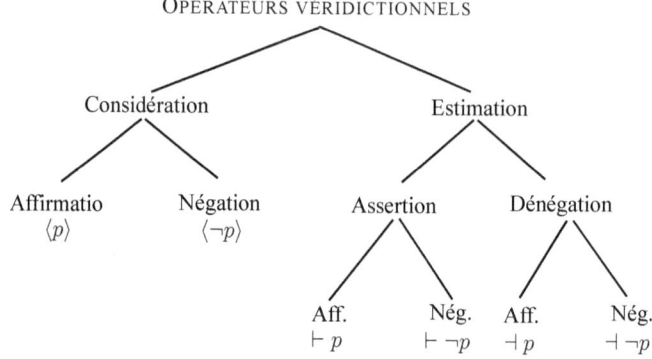

Le recours à l'outil logique et à ses capacités d'axiomatisation permet de préciser chacune des *définitions* de ces actes et surtout de spécifier leurs *relations* logiques en assurant de plus la systématicité et l'exhaustivité de l'analyse.

2.2.1. L'hexagone alternatif

Manifestement, les relations logiques entre actes véridictionnels fonctionnent selon un jeu d'« opposition ». Pour formaliser un tel jeu, nous avons recouru à l'hexagone d'Augustin Sesmat qui complète le carré dit des « oppositions » d'Aristote en ajoutant aux traditionnelles positions A, E, I, O, les sommets U et Y[26].

Conformément à l'intuition pragmatique, nous avons interprété U comme l'*Estimation* qui, en termes de disjonction exclusive, propose une *alternative* entre A, l'*Assertion* et E, la *Dénégation* : U ≡ (A w E). Quant à Y, le contradictoire de U, il correspond à la simple *Considération* et, *sous la contrainte d'incompatibilité entre A et E*, est définissable comme la conjonction de ¬A et ¬E. D'où l'*hexagone alternatif suivant* :

---

[26] Quoiqu'informelle, l'analyse de Sesmat s'avère remarquablement systématique, cf. [6, § 117 & 128].

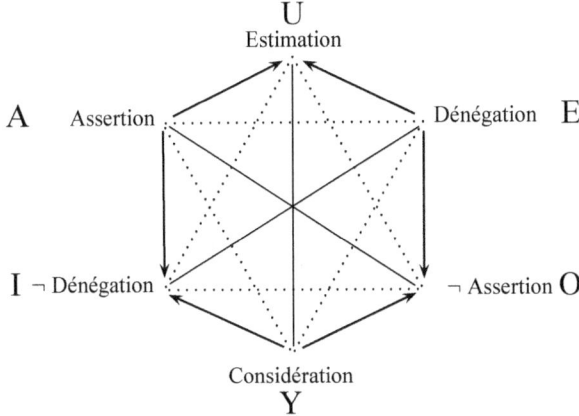

2.2.2. L'axiomatisation des actes véridictionnels

On peut formellement considérer les actes véridictionnels A, E, I, O, U, Y comme des opérateurs propositionnels, par exemple, AP signifie l'assertion de P et EQ la dénégation de Q, etc. (P et Q étant des métavariables de propositions, simples ou complexes).

L'analyse du fonctionnement logique de ces actes passe par une axiomatique qui définit rigoureusement leurs relations systématiques. Aussi avons-nous construit une axiomatique qui, prenant pour idées primitives les opérations d'assertion et de dénégation, se présente ainsi[27] :

IDÉES PRIMITIVES
    A   (assertion)
    E   (dénégation)

DÉFINITIONS
    D1 $IP =_{Df} \neg A \neg P$ (non assertion)
    D2 $OP =_{Df} \neg E \neg P$ (non dénégation)
    D3 $UP =_{Df} (AP \text{ w } EP)$ (estimation)
    D4 $YP =_{Df} \neg UP$ (considération)

AXIOMES
    AX0 $\vdash (AP \to \neg EP)$ (Axiome alternatif)
    AX1 $\vdash (AP \to P)$ (Axiome d'assertabilité)
    AX2 $\vdash \{[(AP \to Q) \circ AP] \to AQ\}$ (Axiome d'assertion)

---

[27] En annexe de [11] nous présentons une axiomatisation de l'hexagone alternatif ainsi que celle des opérateurs véridictionnels que nous présentons succinctement ici.

Règles de transformation :
Primitives :
   R0 Substitution   (notée Sub. P/Q)
   R1 $\vdash P \Rightarrow\ \vdash AP$
Dérivées :
   R2 $\vdash (P \to Q)\ \Rightarrow\ \vdash (AP \to AQ)$
   R3 $[\vdash A(P \to Q), \vdash AP] \Rightarrow\ \vdash AQ$ (*Modus ponens*)
   R4 $[\vdash A(P \to Q), \vdash EP] \Rightarrow\ \vdash EQ$ (*Modus tollens*)
   R3 $\vdash (P \equiv Q) \Rightarrow\ \vdash (AP \equiv AQ)$ (Règle d'extensionnalité)

Remarques :

- L'axiome alternatif permet la dérivation de toutes les relations composant l'hexagone alternatif, cf. [11, Annexe, p. 235-240]. On prendra garde au fait que désormais $\vdash$ est symbole logique de *thèse* du système et A de l'*assertion* pragmatique (*idem* resp. pour $\dashv$ et E).
- L'*axiome d'assertabilité* (qui formellement correspond à l'axiome de nécessité) n'affirme rien d'autre qu'en assertant P, le locuteur s'engage sur la vérité de P. Ce qui ne signifie en rien que P soit vrai, mais est *tenu pour vrai* dans le monde discursif proposé par le locuteur. Pour un traitement sémantique, cf. [11, chap. VI].
- Le choix de l'axiome AX2 correspond structurellement au « principe d'assertion » de Russell. Son sens ici ne doit toutefois pas être confondu avec celui du *Modus ponens*.
- L'écriture $\vdash P$ signifie dans cette axiomatique que la formule P est une *thèse* du système et « $\Rightarrow$ » est le métasymbole de *dérivabilité*.

Cette axiomatique mobilise toutes les ressources de la logique formelle standard et en particulier ses règles usuelles de transformation[28].

2.2.3. *L'axiomatique bipolaire des actes véridictionnels*

Telle que nous venons de la présenter, notre axiomatique garde une forme classique en ce qu'elle ne fait figurer que les axiomes admis et, partant, les théorèmes que l'on peut en déduire. Mais comme nous importe du point de vue de la théorisation pragmatique autant *ce que nous rejetons* que ce que nous acceptons, nous devons en proposer une présentation *bipolaire* qui autorise aussi bien la démonstration de tout ce qu'elle rejette, les *contre-théorèmes* que de ce qu'elle admet, les théorèmes. D'où la nécessité de lui adjoindre ceci :

---

[28] Cette axiomatique est logiquement équivalente au système modal T de Robert Feys qui se fonde sur l'axiome de nécessité ($Lp \to p$) et l'axiome $L(p \to q) \to (Lp \to Lq)$ correspondant dans notre axiomatique au théorème général 9, cf. [1, p. 217-252].

CONTRE-AXIOME
  CAX1 $\dashv (\neg AP \to \neg P)$ (contre-axiome de négation)
CONTRE-RÈGLES DE TRANSFORMATION
  CR0   SUBSTITUTION   (notée CSUB. P/Q)
  CR1 $[\vdash A(P \to Q), \dashv AQ] \Rightarrow \dashv AP$ (Détachement)
  CR2 $[\dashv (\alpha \to \Gamma), \dashv (\beta \to \Gamma)] \Rightarrow \dashv [\alpha \to (\beta \to \Gamma)]$

Remarque : α et β représentent des propositions simples et Γ des propositions élémentaires conditionnelles. CR2 est le contre-détachement de Słupecki.

On dispose alors d'une axiomatique complète de la théorie pragmatique des actes véridictionnels. Explicite, univoque, systématique et exhaustive, cette *axiomatique bipolaire* autorise une évaluation précise de la théorie de départ dans ses prémisses comme dans toutes ses conséquences, aussi bien dans ce qu'elle admet que dans ce qu'elle refuse. Ainsi permet-elle la *détermination complète de son sens*.

Pour donner un exemple de la fécondité d'une telle détermination théorique, arrêtons-nous sur un cas précis de théorème et de contre-théorème qu'elle permet de déduire.

D'un point de vue purement technique, l'enjeu est celui de l'itération de l'opérateur d'assertion. Il est aisé de démontrer dans notre axiomatique l'implication de gauche à droite. On obtient en effet le théorème général 11 à partir de l'axiome 1 par simple substitution :

  TG11 $\vdash (AAP \to AP)$

Par contre, on peut aussi démontrer le *contre-théorème 1*,

  CTG11 $\dashv (AP \to AAP)$[29].

Est ainsi logiquement démontré qu'il n'y a pas équivalence entre l'assertion et son redoublement. On sait qu'une telle équivalence n'est possible que dans un système formel de puissance égale au système modal $S4$ et non dans un système aussi faible que T[30].

Pareil résultat n'est donc en rien logiquement surprenant. Toutefois, il possède un intérêt pragmatique manifeste en ce qu'il prend position sur l'interprétation de l'itération de l'assertion.

D'un strict point de vue pragmatique, il convient en effet de ne pas confondre l'assertion et son itération. Ap symbolise l'assertion de p par un locuteur[31]. Le locuteur s'engage sur la vérité du contenu de la proposition p. C'est par exemple le cas lorsqu'il énonce : « Il pleut ». Par contre, AAp symbolise l'*opération seconde* qui a pour effet rhétorique de *renforcer* le degré

---
[29] Pour les démonstrations de TG11 et CTG1, cf. [11, Annexe, p. 244 & 247-8].
[30] Cf. [4, p. 43-44]
[31] Une formalisation plus sophistiquée est possible qui intègre le locuteur, on a alors $A_a p$, cf. [11, chap. VI].

de puissance de l'assertion initiale. Dans la langue naturelle, cela s'exprime par le fait que notre locuteur énonce cette fois : « J'affirme qu'il pleut ». Pragmatiquement, les deux actes diffèrent manifestement, le premier étant une simple *assertion*, vraie ou fausse, et le second un acte de nature métadiscursive – précisément un *expositif*[32] – qui, en tant que tel, ne peut pas ne pas être vrai dès lors qu'il est produit.

Si on admet cette distinction conceptuelle, l'on comprend que l'implication puisse valoir de gauche à droite puisque si l'on affirme une proposition, on ne peut pas ne pas l'asserter, l'engagement métadiscursif étant plus fort que la simple assertion. Par contre, une simple assertion n'implique pas nécessairement un engagement plus fort. Par où l'on voit que le fait de *rejeter* l'implication de droite à gauche explicite toute une conceptualisation de nature pragmatique.

Ainsi une présentation axiomatique *bipolaire* explicite le *sens complet* d'une théorie donnée en permettant de déployer à la fois son versant positif qui enchaîne déductivement les théorèmes à partir des axiomes et son versant négatif composé de la chaîne des contre-théorèmes obtenus à partir des contre-axiomes.

3 Conclusion

Du point de vue méthodologique, un concept n'est précisément défini que s'il est *déterminé*, c'est-à-dire s'il s'applique ou non à un quelconque objet. À cette exigence frégéenne première, Wittgenstein en ajoute une autre qui porte sur la *complétude* de la détermination du concept, à savoir celle de la totalité des choix possibles. Clairement délimité, le concept ouvre un *espace véridictionnel* comprenant ce sur quoi il porte et ce sur quoi il ne porte pas. Cette *bipolarité essentielle* assure la détermination complète de son sens. Ce précepte wittgensteinien de bipolarisation, qui vaut au premier chef pour les concepts, s'étend naturellement aux théories entières et, partant, à leur présentation axiomatique complète. Il fournit ainsi un précieux outil d'analyse, de définition conceptuelle comme d'élaboration théorique et de construction axiomatique.

Cela toutefois ne saurait constituer le dernier mot de l'examen complet d'un problème particulier. Dans notre approche *stratifiée* des problèmes, le niveau, *abstrait*, de l'analyse conceptuelle et de la théorisation logique doit être complété par les niveaux dialogique et praxéologique[33]. Dans cette perspective, l'axiomatisation des actes véridictionnels n'a d'autre objet que de définir *in abstracto* les relations logiques entre ces actes et ne saurait

---

[32] Pour une définition, cf. [11, chap. IV, § 2.1], où nous procédons à une analyse des métadiscursifs en tant que type spécifique d'actes de discours.

[33] Pour une application à la question de la vérité, cf. [11].

en rien déterminer les *fonctions dialogiques* qu'ils prennent dans leur *usage* effectif[34] ni leurs finalités praxéologiques.

De même, chez Wittgenstein, l'approche proprement conceptuelle ne saurait s'appliquer à la *vision* synoptique par *air de famille* des *appellations* des pratiques sociales[35].

Il reste donc à étendre la question de la déterminabilité au niveau non plus des concepts et de leurs organisations théorique et axiomatique, mais à celui des jeux dialogiques et des activités sociales.

Méthodologiquement, il convient de ne pas confondre les « domaines de question ».

BIBLIOGRAPHIE

[1] Feys, R. : « Les logiques nouvelles des modalités », *Revue néoscolastique de philosophie*, n°40, 1937, p. 517-553 ; n°41, 1938, p. 217-252.
[2] Frege, G. : *Grundgesetze der Arithmetik*, Darmstadt and Hildesheim, 1962.
[3] Griffin, J. : *Wittgenstein Logical Atomism*, Bristol, Thoemmes Press, 1997.
[4] Hugues, G.E. & Cresswell, M.J. : *An Introduction to Modal Logic*, Methuen, London, 1968.
[5] Miéville, D. : *Un développement des systèmes logiques de Stanisław Leśniewski*, Berne, Peter Lang, 1984.
[6] Sesmat, A. : *Logique*, Paris, Hermann, 1951, T. 2.
[7] Vernant, D. : *Du Discours à l'action*, Paris, PUF, 1997.
[8] Vernant, D. : *Introduction à la logique standard*, Paris, Garnier-Flammarion, 2001.
[9] Vernant, D. : « The Limits of a Logical Treatment of Assertion », dans *Logic, Thought and Action*, D. Vanderveken ed., Netherlands, Springer, 2005, chap. 13, p. 267-287.
[10] Vernant, D. : « La genèse logique du concept de dénégation de Frege à Słupecki », *La Philosophie en Pologne*, 1918-1939, R. Pouivet & M. Rebuschi eds., Paris, Vrin, 2006, p. 151-178.
[11] Vernant, D. : *Discours & Vérité, analyses logique, pragmatique, dialogique et praxéologique*, Paris, Vrin, 2009,
[12] Vernant, D. : « Dialogue & *praxis*, le cas Habermas », in *Langage & politique*, B. Geay & B. Ambroise éds., Paris, PUF, CURAPP, 2010.
[13] Wittgenstein, L. : *Carnets, 1914-1916*, trad. fr. G.G. Granger, Paris, Gallimard, 1971.
[14] Wittgenstein, L. : *Investigations philosophiques*, trad. fr. P. Klossowski, Paris, Gallimard, 1961.

Denis Vernant
Université Pierre-Mendès-France
Département de philosophie
`Denis.Vernant@upmf-grenoble.fr`

---

[34] Les actes de discours n'entrent dans un dialogue effectif qu'au titre d'*interactes* négociés par les interlocuteurs, cf. [11, chap. VIII & X].
[35] Cf. *Investigations philosophiques*, [14, § 68, p. 148-149].

La création des Archives Jules Vuillemin.
Remerciements à Gerhard Heinzmann

GUDRUN VUILLEMIN

Durant les premières années qui suivirent la mort de mon mari en janvier 2001, je me suis trouvée devant un problème dont nous n'avions jamais parlé : celui de ses manuscrits, de la masse de ses manuscrits. Il y en avait dans toutes les pièces de notre maison, jusqu'au garage et au grenier, des textes écrits à la main ou dactylographiés de toutes les époques de sa vie : avant, pendant et après son activité au Collège de France, des milliers de pages. Une partie avait été ordonnée (par son assistante, Catherine Fabre), mais dans leur grande majorité ils n'étaient pas classés. Il s'agissait pour certains de textes déjà parus sous forme d'articles ou de livres, mais beaucoup étaient inédits : manuscrits préparatoires pour ses cours (en France, aux États-Unis, au Canada, en Suisse), pour des séminaires ou des conférences. Il y avait aussi des livres entiers, rédigés plus ou moins définitivement et certainement ou vraisemblablement destinés à une publication : un livre en anglais sur Kepler (220 pages), un autre également en anglais, mais différent, sur l'histoire de l'Astronomie (ca. 360 pages), un livre sur *Zénon et l'indécidable* (320 pages), un livre sur le Beaux-Arts, un *Aristotelian Essay on Theatre* (avec des parties entièrement nouvelles par rapport aux *Éléments de Poétique*), une nouvelle rédaction des *Cinq études sur Aristote* (en vue d'une réédition, aujourd'hui chose faite), la préface, les premiers chapitres et les travaux préparatoires pour un dernier livre, non achevé, *Philosophie à l'âge de la Science*.

Avec l'aide des textes déjà ordonnés par Catherine Fabre et une bibliographie complète, j'ai d'abord établi une liste détaillée d'environ 400 manuscrits et documents des 30 dernières années, dans laquelle étaient indiqués le titre, le contenu principal et la longueur de chaque texte. Le travail ne concernait toutefois qu'une partie des documents, et ce classement n'était qu'un premier pas. Que fallait-il en faire ? D'autant qu'il n'y avait pas seulement ces manuscrits, mais aussi les livres, les articles, la bibliothèque scientifique. Il était clair qu'un pareil héritage ne devait pas rester, peut-être perdu pour toujours, dans la maison des Granges Berrard. Comment le conserver ? Nous avons donc pensé - ses deux enfants et moi - à faire une donation de l'ensemble de cet héritage. Mais qui pouvait l'accueillir ? Il fallait trouver une institution ou une bibliothèque où il serait en sécurité, tout en restant accessible à ceux qui seraient intéressés.

Il n'y avait au départ que des solutions vagues. Dans les archives de la Bibliothèque nationale ? Dans celles du Collège de France, pourtant établies entre-temps à Caen et gérées par le conseil général de Normandie ? C'est Catherine Fabre, la très fidèle assistante de mon mari au Collège de France pendant de longues années, qui nous a aidés. D'abord en suggérant l'École normale supérieure, rue d'Ulm : un fonds spécial pourrait y être créé; il y avait un précédent. Jean Vuillemin, professeur à l'École, voulait déjà prendre contact, quand elle eut une nouvelle proposition, la meilleure. Elle avait parlé à Gerhard Heinzmann. Je devais l'appeler.

Je n'oublierai jamais notre conversation téléphonique, au début de février 2003. Naturellement, je le connaissais, même si je ne l'avais pas souvent rencontré; je savais qu'il échangeait souvent des lettres avec mon mari, qu'il discutait avec lui, qu'il lui demandait conseil. Je savais que mon mari était souvent invité à Nancy, à des conférences, à des colloques, et qu'il estimait Gerhard, comme élève, comme assistant, collègue et ami. Je savais tout cela, mais je ne m'attendais pas à être accueillie avec tant d'empressement et d'amitié. Gerhard Heinzmann était vraiment enthousiaste à l'idée de recueillir cet héritage de Jules Vuillemin, et de lui donner toute sa place à côté des « Archives Poincaré ». Il considérait cette donation comme un cadeau, malgré tout le travail qu'elle allait lui donner; mais c'est pour moi, que sa réaction était un cadeau, une joie, un soulagement.

Comme nous en avions convenu au téléphone, je lui écrivis, le 11 février 2003, une lettre officielle proposant de donner à Nancy : (1) une partie de la bibliothèque de mon mari : histoire des sciences, logique, mathématique etc., (2) les manuscrits et documents que j'avais classés, à compléter éventuellement plus tard par des manuscrits plus anciens, (3) un exemplaire de chacun de ses livres et de chacun de ses articles publiés. Voici sa réponse :

Archives Henri Poincaré
Le Directeur

Nancy, 28/02/2003

Chère Madame Vuillemin,

J'étais très touché de votre lettre du 11 février 2003 et je vous en remercie vivement. Mais c'est en vérité toute mon équipe CNRS et toute l'Université de Nancy 2 qui se trouvent honorées par votre projet de nous faire don d'une partie de la bibliothèque de votre époux et de mon maître vénéré, le Professeur Jules Vuillemin. C'est un geste de grande générosité et je m'appliquerai à ne point trop démériter de votre choix et de votre confiance.

Le Président de notre Université se porte garant que ce fonds que nous acceptons avec le plus grand plaisir soit déposé dans notre bibliothèque de philosophie des sciences (Archives Poincaré) et qu'il soit accessible aux chercheurs qui souhaiteront le consulter. Dès réception, notre secrétaire de documentation commencera la saisie informatique des documents.

Comme convenu par téléphone, je me déplacerai en avril 2003 chez vous pour discuter les détails du transfert. Extrêmement impressionné par votre travail à propos de la liste des manuscrits, je mesure d'autant mieux la difficile décision de se séparer de cet ensemble. Nous prenons évidemment en charge tous les frais de photocopie que vous souhaitez faire des documents.

Etant à votre entière disposition, et en vous priant de bien vouloir transmettre mes hommages à Madame Françoise Létoublon et mon meilleur souvenir à Monsieur Jean Vuillemin, je vous prie d'agréer, chère Madame Vuillemin, l'expression de mes salutations les plus cordiales.

Gerhard Heinzmann
Visa du Président de l'Université Nancy 2 Herbert Néry.

Comme promis, Gerhard Heinzmann vint au mois d'avril 2003 aux Granges Berrard. Dans cette maison encore pleine de la présence de mon mari, ce fut une rencontre émouvante pour nous deux. Mais en même temps la tâche commune en faveur de son souvenir spirituel nous comblait de joie, et nous lie depuis par une belle amitié. Nous avons regardé en détail l'ensemble des matériaux, réfléchi aux modalités du transfert et aux préparatifs nécessaires pour son accueil à Nancy. Il me demanda de fixer par lettre les résultats de cette rencontre :

Les Granges Berrard, 10 mai 2003

Cher Monsieur Heinzmann,

Votre visite m'a fait un très grand plaisir, et je résume ici les résultats :

1. Livres de la bibliothèque de mon mari

Nous avons pu choisir ensemble les livres de la bibliothèque de travail de mon mari qui seront utiles pour les futures « Archives Jules Vuillemin » : les livres de logique, d'histoire des mathématiques, d'histoire des sciences en général, d'économie politique, etc., les encyclopédies scientifiques, ainsi que les livres des auteurs sur lesquels il travaillait, Descartes, Kant, Leibniz etc., et l'ensemble des tirés à part. Finalement il y a plus de volumes que je ne pensais dans ma dernière lettre : env. 15 mètres courants. Nous avons convenu (1) des modalités de leur intégration dans la bibliothèque des Archives Henri Poincaré, avec mention de leur provenance dans chaque volume, (2) et d'une liste de l'ensemble, qui sera établie quelques mois après le transfert et dont je recevrai une copie.

2. Publications de mon mari

Ses publications proprement dites sont énumérées dans la Bibliographie (23 pages) que je vous ai donnée.

a) Les livres : comme je vous ai montré, je donnerai tous ceux que je possède en double, à savoir la grande majorité, à l'exception de quelques livres plus anciens qui ne sont plus en vente chez les éditeurs.

b) Articles : vous aurez la totalité, en partie reliés, en partie dans des classeurs supplémentaires.

3. Manuscrits classés

Il s'agit des manuscrits datant des trente dernières années environ. Ils sont rangés dans 32 cartons d'archives. J'ai établi une liste très détaillée (41 pages) de tous ces manuscrits, avec un numéro d'ordre pour chaque manuscrit qui permet de le retrouver facilement dans le carton qui le contient. Je vous ai donné cette liste imprimée, mais je la donnerai également en disquette - la même chose pour la Bibliographie.

4. Manuscrits non classés

Il y a encore un ensemble de manuscrits plus anciens et non classés (à peu près la même quantité). En vue de constituer une documentation complète, je pourrais les donner également, si le classement pouvait être fait par vos soins dans un délai raisonnable, et si je recevais ensuite la liste de ces documents.

5. Conditions

Nous avons convenu que certaines conditions devaient être respectées. Il serait souhaitable de les mentionner dans un document (convention) établi par Les Archives Henri Poincaré et par le Président de l'Université de Nancy 2 :

(1) Toute la donation - livres de la bibliothèque, publications de mon mari et manuscrits - doivent toujours rester ensemble dans un même endroit.

(2) Le local dans lequel la donation sera accessible portera le nom « Jules Vuillemin ».

(3) En ce qui concerne les manuscrits, une liste permanente des consultants (nom, adresse, etc.) sera tenue.

(4) Pour des citations courtes (moins d'une page), l'auteur (Jules Vuillemin), la source (numéro du manuscrit, titre...) et le lieu de sa conservation (Archives Jules Vuillemin) devront être mentionnés.

(5) En ce qui concerne la publication éventuelle d'une partie plus longue d'un manuscrit (dactylographié ou non) ou d'un manuscrit entier, il sera nécessaire de demander ma permission : je garde le *Copy-right*, qui se transmettra après ma mort à mes héritiers, Jean Vuillemin et Françoise Létoublon, les enfants de mon mari.

Quant à la date du transfert, nous avons convenu la deuxième (ou la dernière) semaine de septembre, selon vos possibilités.

Laissez-moi encore vous remercier, cher Monsieur Heinzmann, de votre initiative, de votre compétence et de l'amitié que vous avez toujours témoignée à mon mari. Permettez moi aussi de vous dire combien nous sommes heureux, les enfants de mon mari et moi-même, que son héritage scientifique et philosophique soit dorénavant conservé dans un endroit et dans des conditions qu'on ne pouvait pas souhaiter meilleures, et qui donneront accès à des chercheurs intéressés par son travail.

Avec mes amitiés,

Gudrun Vuillemin

Tout s'est déroulé comme Gerhard Heinzmann l'avait prévu. Dans la deuxième semaine du mois de septembre, il arrivait dans une camionnette de l'Université, en compagnie de Philippe Nabonnand. Je ne connaissais pas encore Monsieur Nabonnand, mais j'étais heureuse de le rencontrer ; je savais qu'il avait échangé de nombreuses lettres avec mon mari à propos de l'article : « La méthode platonicienne de division et ses modèles mathématiques », dans lequel ses corrections et son aide - ainsi que celles de Roshdi Rashed - sont mentionnées avec gratitude. Ce fut une très agréable journée pour nous trois, qui est restée dans notre mémoire : nous avons rangé ensemble, dans la grande bibliothèque de mon mari, cette masse de livres et de documents avant de porter - les deux hommes surtout - les nombreux cartons et caisses dans la camionnette. Il nous resta encore le temps pour une belle promenade dans la forêt jusqu'à la frontière Suisse et un dîner à la maison, avant que je les voie partir, le lendemain, chargés des souvenirs d'une vie de travail.

L'inauguration des Archives Jules Vuillemin, préparée par Gerhard Heinzmann et son équipe, a eu lieu le 5 mars 2004 à Nancy, dans les locaux du Laboratoire d'Histoire et de Philosophie des Sciences – Archives Henri Poincaré, en présence du Président de l'Université de Nancy 2 et de nombreux collègues et amis de Jules Vuillemin. Elle était précédée par une réunion du Comité scientifique, qui discutait des travaux de la documentation informatique du fonds, de l'exploitation et du choix des manuscrits à publier dans un premier temps. Cinq ans plus tard, avec l'aide et l'encouragement de Gerhard Heinzmann, la constitution du fonds des Archives s'est achevée : le 23 novembre 2009 Gerhard est venu chercher, pour les amener à Nancy, le reste des documents, dont encore 19 cartons d'archives de manuscrits, qui vont ainsi venir s'ajouter à la donation et la compléter.

Gudrun Vuillemin
Les Fourgs
vuillemin.gudrun@free.fr

www.ingramcontent.com/pod-product-compliance
Lightning Source LLC
Chambersburg PA
CBHW060747230426
43667CB00010B/1464